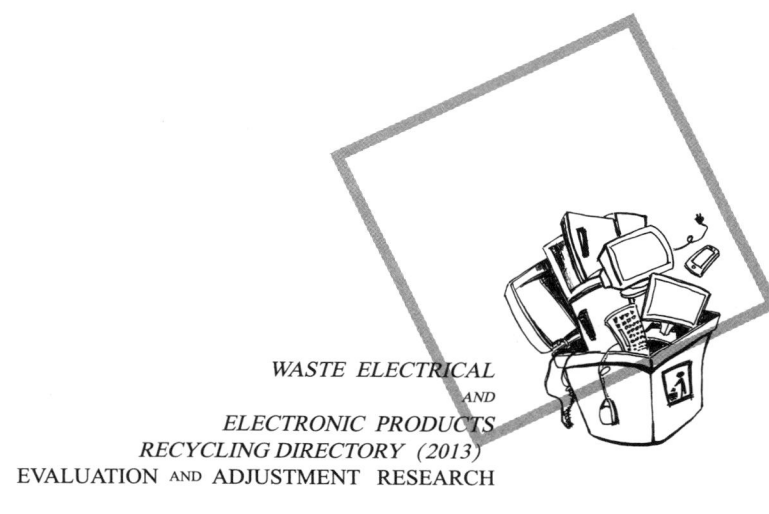

WASTE ELECTRICAL
AND
ELECTRONIC PRODUCTS
RECYCLING DIRECTORY (2013)
EVALUATION AND ADJUSTMENT RESEARCH

废弃电器电子产品处理目录（2013）

评估与调整研究（上）

国家发展和改革委员会资源节约和环境保护司　编

社会科学文献出版社
SOCIAL SCIENCES ACADEMIC PRESS (CHINA)

编 委 会

前　言

　　党的十八大报告首次单篇论述生态文明，首次把"美丽中国"作为未来生态文明建设的宏伟目标，把生态文明建设摆在总体布局的高度来论述，表明我党对中国特色社会主义总体布局认识的深化，把生态文明建设融入经济建设、政治建设、文化建设、社会建设，摆在五位一体的高度来论述。发展循环经济是我国经济社会发展的重大战略任务，是推进生态文明建设、实现可持续发展的重要途径和基本方式。加快培育和发展循环经济是党中央、国务院为推动我国经济发展方式转变和产业结构升级做出的重大战略决策。

　　资源环境是我们经济社会发展的制约因素，废弃电器电子产品同时具有环境污染与再生资源的双重属性。长期以来，对其缺乏规范的处理体系，尤其在部分沿海地区小作坊，为攫取大量贵重金属资源，粗制滥造，非法处理行为屡禁不止，对生态环境造成严重影响，并为人民健康安全埋下祸患。2008 年 8 月，国家颁布的《废弃电器电子产品回收处理管理条例》（以下简称《条例》）（国务院 551 号令）对规范我国废弃电器电子产品的回收处理活动进行了一系列制度设计。2010 年，国家发展改革委、环保部、财政部、工信部等部委，按照废弃量大、污染环境严重、回收成本高、处理难度大等原则，联合公布了《废弃电器电子产品处理目录（第一批）》（以下简称《目录》），并配合出台了《制订和调整废弃电器电子产品处理目录的若干规定》（以下简称《规定》）。

　　《目录》将电视机、洗衣机、房间空调器、电冰箱、计算机五种产品纳入，总的来看，经过几年的回收处理实践，符合我国国情和废弃电器电子产品回收处理现状，重点突出、目的明确，实施取得了预期效果。据有关部门统计，2009 年 6 月至 2011 年 12 月，全国家电以旧换新共销售五大类新家电超过 8000 万台，拉动消费 3000 亿元，通过招投标设立拆解处理企业超过 100 家，回收五大类旧家电超过 8000 万台，拆解处理 6000 多万台。2012 年 7 月，启动废弃电器电子产品回收处理基金补贴机制后至今，设立有资质拆解处理企业分三批共 91 家，至 2013 年底，共回收处理五大类废家电近 5000 万台。废弃电器电子产品回收处理产业化有效促进了废弃电器电子产品的回收，改变了废弃电器电子产品的流向，形成了正规化处理企业，杜绝了非法拆解；有效提高了废弃电器电子产品回收处理规范化管理水平，在政策预期的前提下，刺激了处理企业的稳定投入，促进了产业规模化发展，形成了一批设备较为先进、管理基本规范的处理企业；有效建立了可持续发展的经营模式，由于回收处理成本得到补偿，提高了各类主体的积极性。

2013 年初，国家发展改革委、财政部，按照国务院《规定》，对《目录》的实施情况应及时跟踪进展情况，进行科学评估和调整的要求，启动了对第一批处理目录中生产、销售、回收、处理、利用等多个环节实施情况的评估。通过评估和研究，以及根据评估结果和经济社会发展情况，审慎灵活地对《目录》进行调整。

评估研究分为四个方面。

第一方面，《目录》实施情况评估体系。包括：《目录》评估模式与程序研究及《目录》实施情况、《目录》产品资源化利用情况评估、《目录》产品资源化利用评价及相关标准、《目录》产品资源综合利用和无害化处理基金减征方案研究。废弃电器电子产品处理基金从起步实施至今，实施效果如何、《目录》产品选择是否合适、回收处理规模、资源利用是否达到预设要求等，均需启动全面系统的评估，是《目录》实施情况整体评估研究的基础。

第二方面，《目录》调整配套方案体系。包括：《目录》备选库研究、《目录》筛选指标体系研究、《目录》分档体系研究、《目录》调整方案研究。针对所定义的电子产品，首先通过汇选建立备选库，继而完善《目录》筛选及分档指标体系，再利用指标体系对备选库电子产品进行总体分类，为今后国家基金政策的陆续出台提供路线图，这也是整体评估研究的核心。

第三方面，同类政策对比研究。包括：中美、中澳目录及配套政策比较研究，政策实施对于产业发展及经济影响评价研究，废弃电器电子产品综合利用产业发展年度报告。《目录》产品的多项政策，涉及经济的方方面面，课题从横向比较政策经验到纵向分析政策影响，便于把握政策调控效果。

　　第四方面，项目管理平台。包括：年度工作会议、《目录》及相关政策培训会、抽查调研工作经费管理及课题研究汇编。

　　评估研究采取会议、查看文献、问卷、实地调研、专家论证、中期评估等方式，达到了预期的效果，在管理模式、方法研究与实证研究相结合、客观实际研究与专业发展相结合、课题研究与政策研究相结合等方面有所创新。通过对第一批处理《目录》的资源性、环境性、经济性、社会性的评估与研究，我们愈来愈认识到废弃电器电子产品回收处理的重要性；通过对生产—销售—消费—回收—处理全产业链环节的系统分析与研究，我们对废弃电器电子产品回收处理有了更加全面客观的认识；客观公正地对第一批处理《目录》的评估与研究，为下一步《目录》调整奠定了基础。为便于学习落实《条例》，现将此次对第一批处理《目录》的研究与评估及调整研究情况汇集起来，分上、下两册，编撰于此，希望对继续推动我国废弃电器电子产品回收处理工作，实现资源节约、环境保护和保障人体健康的多赢，对完善我国目前《目录》及配套政策体系有较强的借鉴意义。但书中有些观点仅代表笔者个人。

2014 年 1 月

目　　录

第二篇 比较篇

· 下 ·

第四篇　调整篇

第一篇　实施篇

废弃电器电子产品处理目录（2013）评估与调整研究

第一章
目录评估模式和程序研究
及目录实施情况

第一节 废弃电器电子产品处理目录评估的必要性

一 政策背景和预期目标

自 20 世纪 80 年代大量电器电子产品进入我国家庭，至今已经 30 多年了，目前我国已经开始进入电器电子产品报废的高峰期。为规范废弃电器电子产品的回收处理活动，促进资源综合利用和循环经济发展、保护环境、保障人体健康，自 2001 年起，我国开始着手研究建立废弃电器电子产品回收处理体系和立法工作，但实质性的政策出台要从 2009 年 2 月 25 日算起，国务院发布了第 551 号令《废弃电器电子产品回收处理管理条例》（以下简称《条例》）。《条例》为我国废弃电器电子产品回收处理政策体系设计出总体框架。

《条例》落实生产者责任延伸制度，规定生产者应当承担电器电子产品废弃后的管理责任，这是废弃电器电子产品回收处理制度的重大创新。同时规定了废弃电器电子产品处理目录、处理发展规划、基金、处理资格许可、集中处理、信息报送等一系列制度。由于从制度设计到具体落实需要出台大量相关配套政策，将相关制度细化为具体的、可操作性较强的程序和要求，为《条例》的实施提供支撑和保障，因此《条例》从颁布到实施留了近两年的准备时间。

2008 年以来，受全球金融危机影响，我国结合实施重点产业调整和振兴规划，于 2009 年 5 月 19 日召开国务院常务会议，研究部署鼓励汽车、家电"以旧换新"政策措施。2009 年 6 月 1 日，国务院批准了国家发展改革委等部门《促进扩大内需鼓励汽车、家电"以旧换新"实施方案》，以国办发〔2009〕44 号文件正式印发。该方案明确了家电"以旧换新"的试点范围、补贴范围、补贴对象、补贴标准和操作流程。2009 年 6 月 28 日，财政部、商务部、国家发展改革委、工业和信息化部、环境保护部、工商总局、质检总局发布关于印发《家电以旧换新实施办法》的通知（财建〔2009〕298 号），对补贴政策、操作流程、补贴资金申报、审核及兑付、资金来源、拨付及清算进行了细化，并规定了参与家电"以旧换新"的回收企业、销售企业、拆解处理企业应具备的基本条件。2009 年 7 月 1 日，环境保护部发布了《关于贯彻落实家电以旧换新政策加强废旧家电拆解处理环境管理的指导意见》（环发〔2009〕73 号），要求有关省市处理好当前与长远的关系，既要保障"以旧换新"的废旧家电得到妥善处理，又要与《条例》的施行相衔接，严格资格许可，强化环境监管（见表 1-1）。

《促进扩大内需鼓励汽车、家电"以旧换新"实施方案》在制度设计上与《条例》保持了一致。一是鉴于全国废旧家电回收处理体系还没有建立起来，提出了家电"以旧换新"要在有一定基础的省市先行试点；二是由于废旧家电回收处理的费用和补偿机制没有建立，提出财政对回收补贴范围内旧家电送到拆解处理企业的运输费用给予补贴。

2012 年起，我国废弃电器电子产品回收处理进入真正意义上的目录管理时期。根据《废弃电器电子产品处理目录（第一批）》（以下简称《目录》）和《废弃电器电子产品处理基金征收使用管理办法》，从 2012 年 7 月 1 日起，处理企业对列入目录的产品进行处理，可以申请基金补贴。2012 年 7 月 11 日、2013 年 2 月 4 日，财政部、环境保护部、国家发展改革委、工业和信息化部先后发布了《关于公布第一批废弃电器电子产品处理基金补贴企业名单的通知》（财综〔2012〕48 号）和《关于公布第二批废弃电器电子产品处理基金补贴企业名单的通知》（财综〔2013〕32 号），共 64 家处理企业进入基金补贴企业名单。

表 1-1 废弃电器电子产品处理目录政策体系一览

发布时间	政策法规名称	发布机构
2009 年 2 月 25 日	《废弃电器电子产品回收处理管理条例》	国务院
2010 年 9 月 8 日	《废弃电器电子产品处理目录（第一批）》《制订和调整废弃电器电子产品处理目录的若干规定》	国家发展改革委、环境保护部、工业和信息化部等
2010 年 9 月 27 日	《关于组织编制废弃电器电子产品处理发展规划（2011~2015）的通知》	环境保护部、国家发展改革委、工业和信息化部、商务部
2010 年 11 月 15 日	《废弃电器电子产品处理发展规划编制指南》	环境保护部
2010 年 11 月 16 日	《废弃电器电子产品处理企业建立数据信息管理系统及报送信息指南》《废弃电器电子产品处理企业补贴审核指南》	环境保护部
2010 年 12 月 15 日	《废弃电器电子产品处理资格许可管理办法》	环境保护部
2010 年 12 月 21 日	《废弃电器电子产品处理目录（第一批）适用海关商品编号（2010 年版）》	国家发展改革委、海关总署、环境保护部、工业和信息化部
2012 年 5 月 21 日	《废弃电器电子产品处理基金征收使用管理办法》	财政部、环境保护部、国家发展改革委、工业和信息化部、海关总署、国家税务总局

《目录》是《条例》的具体落实，目的是将社会保有量大、废弃量大、污染环境严重、危害人体健康、回收成本高、处理难度大、社会效益显著、需要政策扶持的废弃电器电子产品分批列入《目录》，对《目录》产品处理企业实行专项基金补贴。

《目录》政策的预期目标是通过对目录产品处理企业实行专项基金补贴，规范废弃电器电子产品的回收处理活动，引导我国废弃电器电子产品回收处理产业格局走向规模化、产业化、专业化，促进资源综合利用和循环经济发展，保护环境，保障人体健康。

二 我国废弃电器电子产品回收处理概况

（一）我国电器电子产品生产、销售、进出口情况

我国是电器电子产品生产大国，主要产品如电视机、电冰箱、洗衣机、空调器和计算机产量居世界前列。以 2012 年数据为例，据统计，

2012 年我国彩色电视机产量约 1.4 亿台，出口 6148 万台，其中液晶电视机出口 5503 万台，占彩色电视机出口量的 89.5%；电冰箱产量为 6600 万台，其中国内市场销售总量 4100 万台，出口 2006 万台；洗衣机产量为 5567 万台，其中国内市场销售 3481 万台，出口 2086 万台；空调器产量为 10050 万台，销量为 10048 万台，其中国内市场销售 4711 万台，出口 5777 万台；计算机产量为 3.5 亿台，整机出口额为 2382 亿美元。计算机和彩色电视机产量占全球出口量的比重均超过 50%，稳居世界第一（见表 1-2）。

表 1-2 2012 年我国"四机一脑"生产、销售及出口数量

单位：万台

	电视机	电冰箱	洗衣机	空调器	计算机
产　　量	13970.81	6600	5567	10050	35000
国内销售量	—	4100	3481	4711	—
出口量	6148	2006	2086	5777	—

资料来源：工业和信息化部。

据民间经济调查机构日本富士经济（FujiKeizai）2010 年在一项世界市场调查中预测，在未来 15 年内，我国电器电子产品世界生产占有率将达到 88.1%，世界销售占有率将达到 26.6%。

与我国电器电子产品的巨大产能和销售量相对应，我国废弃电器电子回收处理产业面临的压力和挑战也越来越大。

（二）我国废弃电器电子产品回收处理情况

2002 年之前，我国报废电器电子产品大多通过个体回收者进入二手家电市场，剩余的才被小作坊拆解。一般拆解出的塑料、金属材料及部分可再利用的零部件外售，电冰箱中没有利用价值的隔热层或废液、废渣等则随意丢弃。

2003 年起，我国确定浙江省、青岛市为废旧家电回收处理试点省市，北京、天津废旧家电回收处理项目为示范项目。四个废旧家电回收处理试点示范项目先后启动了回收网络体系建设，确定了"拆解—破碎—分选—处理—利用"的工艺路线，初步探索建立了信息化管理模式和产学研用一体化技术支撑体系。据国家发展改革委统计，2003 年 12 月至 2007 年 11 月，四个废旧家电回收处理试点示范项目共回收处理电视机、电冰箱、洗衣机、

空调器、微型计算机 19.19 万台，我国废弃电器电子产品回收处理模式初步建立。

2009～2011 年，在家电下乡、以旧换新、节能补贴、城市矿产示范基地建设等政策刺激下，在《条例》及其配套政策的引导下，我国废弃电器电子产品回收处理体系建设进一步加快。据商务部统计，2009 年 6 月至 2011 年 12 月，我国共回收电视机、电冰箱、洗衣机、空调器、微型计算机 9876.4 万台，处理 8013 万台。试点范围从北京、天津、上海、江苏、浙江、山东、广东和福州、长沙 9 省（直辖市）、市逐步向全国推广。截至 2011 年底，我国共有家电"以旧换新"中标回收企业 1125 家，指定拆解处理企业 105 家，列入环保部电子废物拆解处理名录的企业 84 家。我国废弃电器电子产品回收处理企业已经基本覆盖全国，处理能力明显提升。

2012 年以来，随着《目录》和《废弃电器电子产品处理基金征收使用管理办法》相继实施，我国废弃电器电子产品回收处理体系日益走向规范化、规模化和产业化。据环境保护部统计，2012～2013 年前三个季度我国进入基金补贴企业名单的企业共回收电视机、电冰箱、洗衣机、空调器、微型计算机 4045.045 万台，处理 3837.3655 万台。截至 2013 年上半年，共有两批 64 家处理企业进入基金补贴企业名单。

经过 10 年探索，通过建立试点并逐步推广的方式，我国目前已经逐步规范并扩大了废弃电器电子产品回收处理规模。

三　废弃电器电子产品处理目录评估的必要性

废弃电器电子产品处理目录评估从广义上说是指对《目录》管理政策全过程的分析和评判，狭义上是指依据一定的标准和程序，对《目录》的效果及价值进行判断。目的在于取得有关《目录》评估各方面的信息，作为决定政策变化、政策改进和制定新政策的依据。

废弃电器电子产品处理目录评估内容包括针对《目录》管理政策各方面所进行的评价，如方案的评估、执行的评估、结果的评估。评估层面有两个：一是事实层面，二是价值层面。主要是基于《目录》实施过程中的事实依据，分析《目录》政策发挥的宏观作用（如资源节约和环境保护）和微观作用（如对产业发展的推动作用）。

废弃电器电子产品处理目录评估的必要性主要体现在以下几方面。

第一，《目录》评估是检验《目录》管理政策效果的基本途径。表面的观察和实际情况有可能存在误差，为了避免《目录》政策实施的盲目性，有必要及时对目录政策效果进行分析判断。

第二，《目录》评估是决定《目录》管理政策走向的重要依据。我国废弃电器电子产品回收处理体系尚不健全，产业化还较薄弱，《条例》实施初期，不宜将所有电器电子产品一次性纳入管理范围。评估可为《目录》的延续、调整、终结提供依据。

第三，《目录》评估是合理配置政策资源的基础工作。发布《目录》，并通过《条例》设定的各项政策措施，建立规范的回收处理体系，实现多渠道回收和集中处理，可最大限度地循环利用资源，妥善处理其中的有害物质，有效控制对环境的污染。

第四，《目录》评估可以促进《目录》管理的科学化进程。分期选择部分重点产品纳入《目录》，通过评估及时发现问题，总结经验，有利于鼓励重点废弃电器电子产品处理技术的研发和推广，推动产业化发展，积累管理经验，为将全部废弃电器电子产品纳入《目录》管理奠定基础。

第五，《目录》评估是缓解社会矛盾的有效途径。长期以来，废弃电器电子产品回收处理一直是社会关注的热点，由于缺乏完善的回收处理体系，废弃电器电子产品流向分散在全国各地的小企业、小作坊，浪费大量资源，对环境造成严重危害，也给消费者带来安全隐患。针对上述问题，通过科学评估政策实施效果，展现产业发展取得的进展和成果，有利于让社会各界了解《目录》政策实施情况、取得的成果和需要进一步采取的措施，提高全民参与意识，打击非法拆解，从而缓解社会矛盾。

第二节　废弃电器电子产品处理目录评估模式和程序

一　废弃电器电子产品处理目录评估模式

本课题针对《目录》评估模式和程序的研究是为了编制出一套包含方法、指标和步骤的模型，用来对《目录》实施情况进行评估。

通过分析和借鉴国内外废弃电器电子产品《目录》管理政策体系，本研究根据系统性、实用性和可操作性的原则，确定我国《目录》评估模式采用效果模式、经济模式和职业化模式。其中效果模式用来评估《目录》

实施效果，经济模式用来评估《目录》政策的经济效益，职业化模式是通用模式（见图 1 - 1）。

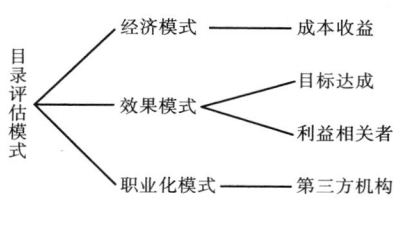

图 1 - 1　目录评估模式

　　经济模式主要用来评估政策投入成本和收益。当《目录》政策制定机构需评估该项政策涉及的资金投入和经济产出时，需运用经济模式分析《目录》政策所涉及的资金使用效率。

　　职业化模式指执行评估的机构或者人员为独立的第三方，这样可以体现评估的独立性、客观性、科学性，委托行业协会和科研院所等专业机构进行目录评估既是现实的需求也是发展的趋势。

　　效果模式主要用来评估《目录》实施成效或者结果，包括目标达成评估模式和利益相关者评估模式，属于时政研究范畴，侧重实用性，是应用最广泛的模式，也最便于操作。

　　目标达成评估模式是一种基于目标的评估，它从预期和执行情况出发评价政策效果，是一种应用最为广泛的评估模式。它可以评估政策执行的有效性、过程的可操作性、政策结果与影响等。运用目标达成评估模式进行废弃电器电子产品处理目录评估，前提是要明确废弃电器电子产品处理目录管理政策制定的背景和目标。在目标领域内才能分析取得的结果是否与目标一致、效率如何。

　　利益相关者评估模式是一种基于需求的评估，它从政策相关利益人的关注点和需求点出发评价政策的有效性，能充分表达各方意见，权衡各方利益。它可以评估政策制定过程的合理性、内容的公正性和服务提供的有效性，该模式的运用可以更好地达到政府与公众在政策制定过程中的互动，使得政策更加顺民心、合民意。运用利益相关者评估模式进行《目录》评估，关键是对利益相关者要有准确的定位。即：①直接受益者，即回收处理企业；②直接管理者，即各级发改委、工信、环保部门；③资源提供者，即消费者；④可能受到影响的人或机构，如生产商或进口商。

利益相关者评估模式的不足是评估成本过高，不同利益相关者的意见可能相去甚远，需要在评估中权衡和取舍，达到利益的协调。

二　废弃电器电子产品处理目录评估程序

根据《制订和调整废弃电器电子产品处理目录的若干规定》，我国废弃电器电子产品处理目录是否需要评估、何时评估、委托谁来评估，由《目录》管理委员会研究确定。

第一，《目录》管理委员会委托有关机构，根据《制订和调整废弃电器电子产品处理目录的若干规定》第五条，对《目录》实施情况进行评估。

第二，评估机构确定评估对象，制订评估方案，组织评估人员对《目录》执行过程、实施结果、《目录》实施对利益相关方产生的影响进行评估。

第三，评估人员进行评估报告的撰写和总结，形成评估结论，撰写评估报告，总结评估结果。

第四，评估报告送《目录》管理委员会，根据评估结果以及经济社会发展情况，提出《目录》调整意见。

具体到评估机构在评估过程中采用的评估程序，包括设计评估方案、实施评估和总结评估结果三个阶段。

第一阶段：设计评估方案。

首先，确定评估的具体内容，包括评估的对象与评估的目的。评估的对象可以是政策方案、政策执行或者政策结果，评估的目的一般是获取事实层面政策执行的信息，如执行结果与预期目标的差距、执行效率等。

其次，选择评价的标准。出于不同目的、在不同层面进行的评估会使用不同的评估标准。首先要确定具有可操作性的衡量指标。既要能够用来反映上述标准，或者能够用来计算出（或合在一起能够反映）上述标准，也要在实践过程中具有可操作性。

最后，确定采用的研究方法。一是定性方法还是定量方法。定性方法如逻辑推理、历史比较等方法；定量方法主要是统计分析方法。二是确定数据的搜集和处理方法。

第二阶段：实施评估。

主要通过搜集资料、分析资料，对评估对象进行评估。

第三阶段：总结评估结果。

主要通过政策实施前后的对比，从资源性、环境性、经济性和社会性等方面对该项政策的效果进行总结。

综上，我国废弃电器电子产品处理目录评估程序见表1－3。

表1－3　目录评估程序

目录评估程序	设计评估方案	确定评估内容	评估对象	（1）目录实施方案的评估 （2）目录执行过程的评估 　①生产；②回收；③处理 （3）目录实施结果的评估 　①资源性；②环境性；③经济性； ④社会性
			评估目的	（1）预期目标是否达到 （2）执行过程是否有效率
		选译评价标准	回收情况	（1）回收量（2）回收渠道
			处理情况	（1）处理量（2）处理能力
		确定研究方法	定量	经验测量、统计分析和建立模型
			定性	逻辑推理、历史比较
	实施评估	搜集、分析资料，进行评估		
	总结评估结果	目录实施前后对比总结	对国民经济社会发展和行业发展的作用	

本研究评价标准针对目录产品回收情况和处理情况，涉及的衡量指标主要有回收率、拆解率、拆解产出率、材料再生利用率、关键零部件再利用率、回收渠道建设情况、处理技术和创新能力8项指标。其中回收率、拆解率、拆解产出率、材料再生利用率、关键零部件再利用率5项是量化指标。即：

$$回收率 = \frac{回收数量}{报废数量} \times 100\%$$

$$拆解率 = \frac{拆解数量}{回收数量} \times 100\%$$

$$拆解产出率 = \frac{目录产品中拆解产出的原材数及零部件重量}{目录产品重量} \times 100\%$$

$$材料再生利用率 = \frac{拆解产出物加工利用重量}{拆解产出物重量} \times 100\%$$

$$关键零部件再利用率 = \frac{目录产品中拆解出的关键零部件再制造的数量}{目录产品中分离出来的关键零部件总量} \times 100\%$$

回收渠道建设情况考察现有回收渠道的回收量是否增加，是否拓展出新的回收渠道。

处理技术考察现有目录产品的处理技术水平，包括资源化和无害化技术。

创新能力考察现有目录产品拆解、资源综合利用和污染防治科技研发水平。

依据我国的实际情况，在《目录》实施以前，我国废弃电器电子产品进入回收处理渠道的，其回收率和拆解率是很高的，最直观的例子就是几乎见不到被扔在垃圾堆里无人问津的废家电，但最大的问题是非法拆解和野蛮拆解造成的环境污染和资源浪费。因此，本研究所指的回收率和拆解率是指具备废弃电器电子产品处理资质的企业的回收率和拆解率，通过这两个数据的变化，基本可以掌握我国目录产品规范拆解的比例，而且由于有翔实的数据可查，这样的对比更有实际意义。

关于回收率和拆解率的确定，本研究参照了欧盟和我国台湾地区的相关规定，欧盟要求成员国必须保证每年废弃电器电子设备回收率达到 75% ~ 85%，材料再生利用率达到 50% ~ 70%；我国台湾地区则要求再生利用率达到 70%。结合我国的情况，2010 年和 2011 年是目录产品回收处理规模空前的年份，2010 年回收率为 57.2%、拆解率为 91.9%，2011 年回收率为 88.2%、拆解率为 85%，本研究综合各方面情况认为，目录评估中回收率标准定为 75%、拆解率标准定为 85% 较为恰当。

由于最近 10 年我国废弃电器电子产品统计工作没有充分开展，目录产品拆解产出率、材料再生利用率、关键零部件再利用率没有历史数据可以比较，在《目录》实施至少 3 年以后开始评估这几项数据较为合理。

回收渠道建设情况、处理技术、处理规模和创新能力相对稳定，短期内变化较小，在目录实施至少 5 年后开始评估较为合理。

综上，遵循定量和定性结合、近期和长远兼顾的原则，目录评估指标如表 1 - 4 所示。

表 1 - 4 目录评估指标

指　标	项　目	标　准
一级指标	回收率	75%
	拆解率	85%
二级指标	拆解产出率	—
	材料再生利用率	—
	关键零部件再利用率	—

指　标	项　目	标　准
三级指标	回收渠道建设情况	现有回收渠道回收量是否增加，是否拓展出新的回收渠道
	处理技术	针对资源化和无害化技术
	创新能力	针对拆解、资源综合利用和污染防治科技研发水平

第三节　废弃电器电子产品处理目录实施情况评估

《废弃电器电子产品处理目录（第一批）》自 2011 年 1 月 1 日起施行，涉及电视机、电冰箱、洗衣机、房间空调器和微型计算机 5 种产品（以下简称"四机一脑"）。为调查了解第一批目录实施情况，本研究于 2013 年 8～10 月实地调研了北京危险废物处置中心等 13 家企业，陆续向 64 家定点企业发放了调查问卷，问卷内容包含电器电子产品生产、销售、回收、处理能力、处理技术、污染防治水平等基本情况和相关数据。截至 10 月 31 日共收到 28 家企业的反馈问卷。

实地调研的 13 家企业中有 7 家是第一批进入基金补贴范围的处理企业，3 家是第二批进入基金补贴范围的处理企业，2 家是没有进入基金补贴范围的处理企业，1 家是电器电子产品生产企业。发放问卷的 64 家企业均为第一批和第二批进入基金补贴企业名单的处理企业。

本研究对调研资料和调查问卷进行了整理，通过分析处理企业原料来源、处理能力和物料产出情况，对第一批废弃电器电子产品处理目录实施情况及其在资源性、环境性、经济性和社会性等方面取得的成效进行总体评估。

一　目录产品产销和回收处理情况

（一）目录产品生产、销售情况

我国是电器电子产品生产大国，据统计，2009～2012 年我国"四机一脑"产量为 261898.5 万台，其中 2011 年为 73595.91 万台，2012 年为 80360.99 万台，同比增长 9.2%。2012 年比 2009 年增长近一倍。微型计算机产量增长最为迅速，从 2009 年的 1.8 亿台增长到 2012 年的 3.8 亿台。其他产品如电视机、电冰箱、洗衣机保持稳定，空调器小幅增长。国内消费方面，以电冰箱为例，2011 年国内电冰箱消费量为 4500 万台，2012 年为 4100 万台，降幅接近 10%。出口方面，2009 ~ 2012 年我国累计出口"四机一脑" 11 亿台，其中 2011 年超过 4 亿台（见表 1 - 5 和表 1 - 6）。

表 1 - 5　2009 ~ 2012 年我国"四机一脑"产量

单位：万台

年份	电视机	电冰箱	洗衣机	空调器	微型计算机	总计
2009	9898.79	5930.45	4973.63	8078.25	18215.07	47096.19
2010	11830.03	7295.72	6247.73	10887.47	24584.46	60845.41
2011	12231.34	8699.20	6715.94	13912.50	32036.93	73595.91
2012	13970.81	8427.048	6741.53	13281.10	37940.50	80360.99

资料来源：工业和信息化部。

表 1 - 6　2009 ~ 2012 年我国"四机一脑"出口量

单位：万台

年份	电视机	电冰箱	洗衣机	空调器	微型计算机	总计
2009	5212	1538.10	1370.80	2375	12492.17	22988.07
2010	6446	2624.64	1758.90	4186	19935	34950.54
2011	6537.2	3271.2	2032	4261	24374.50	40475.90
2012	6148	3324	2282	2366	—	

资料来源：工业和信息化部。

进口方面，我国"四机一脑"进口量相对较少，其中进口量最少的是电视机，2011 年为 2.14 万台，2012 年为 3 万台，以我国相关技术尚未成熟的产品如平板液晶显示器居多；进口量最多的是空调器，2011 年为 32.52 万台，2012 年为 40.67 万台。

（二）目录产品回收情况

1. 回收量评估

本研究对回收量的评估立足于分析影响回收量的诸多因素。一般情况下，影响目录产品回收量的因素有四个，即产品、社会背景、消费者和企业。

（1）产品因素，包括产品技术进步、生命周期、消费地域。

（2）社会背景因素，包括相关政策法规的实施、非政府组织的监督。

（3）消费者因素，包括消费者的收入、收益、便利性和环保意识水平。

（4）企业因素，包括销售、回收、处理各环节的企业情况。

通常这四重因素同时发挥作用，但在不同时期起主导作用的因素不同，导致的结果往往也存在较大差异。

本研究以2012年为基点，分析2011～2013年前三个季度"四机一脑"回收数据，评估目录实施前后回收量的变化情况。需要特别注意的是，2011年影响"四机一脑"回收量的主导因素是"以旧换新"政策的经济刺激，主要目的是拉动消费。这项政策使消费者成为直接受益者，促使其更愿意将废弃电器电子产品交给销售、回收、处理企业，而不是囤积在家中或卖给个体回收者，因此2011年进入处理企业的"四机一脑"占整个处理量的绝大多数。2012年以来，目录政策和基金补贴的直接受益者是处理企业，目的是提高处理企业在回收环节的竞争力。在回收体系尚未健全、消费者环保意识普遍薄弱的情况下，消费者交投报废目录产品的动力下降，导致进入基金补贴企业的目录产品比例减少，进入无处理资质企业或作坊的目录产品比例相对增加。

根据商务部数据，2011年我国"四机一脑"回收量是6129.1万台，其中电视机5149.7万台，占84.02%；电冰箱222.8万台，占3.64%；洗衣机472.7万台，占7.71%；空调器22.4万台，占0.37%；微型计算机261.5万台，占4.27%。

根据环境保护部数据，2012年我国"四机一脑"回收量是1245.6381万台；2013年前三个季度我国"四机一脑"回收量是2799.4069万台（见表1-7）。

表1-7　2011～2013年前三个季度进入政府统计系统的"四机一脑"回收数量

单位：万台

时间	电视机	电冰箱	洗衣机	空调器	微型计算机	合计
2011年	5149.7	222.8	472.7	22.4	261.5	6129.1
2012年	1113.8901	27.6694	40.2377	0.4516	63.3893	1245.6381
2013年前三个季度	2562.0501	37.5470	108.2448	0.6684	90.8966	2799.4069

注：2011年数据为"以旧换新"中标企业的数据。

资料来源：商务部、环境保护部。

表 1 - 8　2011 ~ 2013 年前三个季度进入政府统计系统的"四机一脑"回收比例

单位：%

时间	电视机	电冰箱	洗衣机	空调器	微型计算机
2011 年	84.02	3.64	7.71	0.37	4.27
2012 年	89.42	2.22	3.23	0.036	5.09
2013 年前三个季度	91.52	1.34	3.87	0.024	3.25

注：为每种产品回收数量在当年"四机一脑"总回收量中所占比例。

分析表 1-7 和表 1-8，2011 年至 2013 年前三个季度《目录》产品回收量主要有以下两个特点。

第一，《目录》实施后回收量持续增长。2012 年上半年《废弃电器电子产品处理基金征收使用管理办法》尚未出台，处理企业由于担心在《废弃电器电子产品处理基金征收使用管理办法》出台前拆解《目录》产品拿不到补贴，基本上处在停产状态，回收不活跃，2012 年 7 月 1 日《废弃电器电子产品处理基金征收使用管理办法》实施后，处理企业才开始大量回收拆解，《目录》产品回收量持续增长，2013 年前三个季度回收量相当于2012 年全年的 2.25 倍。

第二，5 种《目录》产品在总回收量中所占比例差异大。电视机在总回收量中所占比例从 2011 年的 84.02% 提高到 2012 年的 89.42%，2013 年前三个季度为 91.52%；与 2011 年相比，2012 年以来电冰箱和洗衣机在总回收量中所占比例相对稳定，分别为 2.22% 和 3.23%；空调器和微型计算机在《目录》实施前的 2011 年总回收量中所占比例也不高，仅有 0.37% 和 4.27%，《目录》实施后，随着政策效应的逐步释放，2012 年有所增加，2013 年前三个季度略降。

总体来看，《目录》实施对《目录》产品回收产生了巨大影响，切实提高了目录产品回收量。对比《目录》实施前后情况来看，2003 年 12 月到 2007 年 11 月我国四个废旧家电回收处理试点示范项目回收处理"四机一脑"19.19 万台，2012 ~ 2013 年前三个季度共回收目录产品 4045.045 万台，2012 年一年的回收量就比 2003 年 12 月到 2007 年 11 月近四年的回收量多出近 65 倍。

同时，《目录》实施过程中还存在一些问题，例如对同类产品的补贴标准没有分级分类，小尺寸 CRT 电视机与大尺寸液晶电视机补贴标准相同，而大尺寸液晶电视机的回收价格和物流成本高于小尺寸 CRT 电视机，处理企业回收处理小尺寸 CRT 电视机的积极性更高，影响了《目录》产品回收率的进一步提升。但这也从另一个侧面表明，当前《目录》产品回收量继续增长的空间仍然很大，只要政策到位，尽快完善相关配套措施，细化目录产品分级分类补贴标准，目录产品回收量增长仍然有潜力可挖。

2. 回收渠道评估

近年来，我国废弃电器电子产品回收主体主要有五种。

①个体回收。主要以家庭用户为回收目标，其走街串巷的经营回收方式相对灵活，回收渠道畅通，劳动力成本低，回收旧家电占整个回收量的80%左右。

②销售商场回收。如国美和苏宁等企业就同时从事家电回收和销售。

③生产企业回收。如 TCL、海尔、美的等，这些家电生产企业熟悉家电构造，在拆解处理方面比其他企业更具优势。

④处理企业回收。有的进入社区定点回收，有的与企事业单位合作，有的开通在线回收平台，使回收渠道进一步扩大。

⑤专业回收公司。如供销社系统和物资系统的回收公司。

据商务部统计，2011 年我国共有回收企业 1125 家，其中处理企业 61 家，专业回收企业 228 家。

近年来，我国废弃电器电子产品处理企业的原料来源，即回收渠道主要有以下三种。

①市场收购。主要来自个体回收户和各级回收公司、社区回收站点、家电生产和销售商、消费者。

②政府机关企事业单位。主要是定向交投。

③自建回收网络。主要是处理企业自建或收编回收网点。

据调研了解，《目录》实施后处理企业的原料来源以上述三种为主。在企业反馈的调查问卷中，原料来源数据相对完整的有 20 份。其中原料100% 来自市场收购的 8 家、100% 来自自建回收网络的 1 家，原料来自市场收购、自建回收网络、政府机关企事业单位和其他渠道的 1 家，原料来自市场收购和自建回收网络的 1 家，原料来自自建回收网络和其他渠道的 2 家，原料来自市场收购和其他渠道的 1 家，原料来自市场收购和政府机关企事业单位的 5 家，原料来自市场收购、自建回收网络和政府机关企事业单位的 1 家。从上述企业原料来源所占比例来看，17 家企业原料主要来自市场收购，6 家企业自建了回收网络，13 家企业完全没有政府机关企事业单位定点处理业务。

分析目录实施后处理企业回收渠道建设情况，有以下几个特点。

①目录实施后，依托个体回收户和专业回收公司的市场收购渠道依然是处理企业最重要的原料来源。

②《目录》实施后处理企业自建回收渠道的情况比较普遍。

③大多数区域政府机关企事业单位还没有将报废的目录产品送到处理企业进行定点拆解。

对比《目录》实施前后我国目录产品回收渠道建设情况来看，《目录》实施前我国废弃电器电子产品回收环节已经实现了市场化，但是个体回收户和专业回收公司占据了绝对的主流。尽管家电生产商和销售商以及处理企业陆续进入回收渠道，但是所占比例相对较小，对回收市场的影响也不大。《目录》实施后，目录产品回收渠道保持了稳健发展，回收主体多元化和回收渠道市场化程度依然较高，通过各回收渠道回收的目录产品数量都出现较大增长，并且仍有较大提升空间。这也充分表明，当前政策有利于目录产品回收体系包括渠道建设市场化，有利于激发各回收主体的积极性和主动性，发挥各回收渠道的优势。但是暴露出的问题也比较突出：一是由于回收门槛低，竞争激烈，处理企业仍然面临原料短缺的困扰；二是针对政府机关企事业单位的宣传不足，导致该渠道大量目录产品没有流向进入基金补贴企业名单的处理企业。

（三）目录产品处理情况

1. 处理量评估

本研究所称处理是指将目录产品进行拆解，从中提取物质作为原材料或者燃料，不包括产品维修、翻新以及经维修、翻新后作为旧货再使用的活动。

影响处理量的最直接因素是回收量。本研究所指的处理量仅指进入政府统计体系的处理企业的拆解数量，这些处理企业回收的目录产品绝大部分都进行了拆解处理，只有极少量的库存。

据商务部统计，2011 年我国共拆解处理"四机一脑"5633.1 万台，其中电视机 4733.4 万台，占 84%；电冰箱 226.8 万台，占 4%；洗衣机 435.3 万台，占 7.7%；房间空调器 27.1 万台，占 0.48%；微型计算机（包括台式和笔记本）210.4 万台，占 3.7%。

据环境保护部统计，2012 年我国共拆解处理"四机一脑"990.8301 万台，其中规范拆解获得基金补贴的"四机一脑"767.8989 万台（电视机 721.4083 万台，约占 94%；电冰箱 15.5369 万台，占 1.6%；洗衣机

30.9009 万台，占 3.1%；房间空调器 528 台，微型计算机 0 台），占全年拆解数量比例为 77.5%（见表 1 - 9 和表 1 - 10）。

表 1 - 9　2011～2013 年前三个季度进入政府统计系统的"四机一脑"处理数量

单位：万台

时间	电视机	电冰箱	洗衣机	空调器	微型计算机	合计
2011 年	4733.4	226.8	435.3	27.1	210.4	5633.1
2012 年	899.7773	16.6766	33.8773	0.0556	40.4433	990.8301
2013 年前三个季度	2634.2023	42.5040	109.8530	0.3870	58.5891	2845.5354

注：2011 年数据为"以旧换新"中标企业的数据。
资料来源：商务部、环境保护部。

表 1 - 10　2011～2013 年前三个季度进入政府统计系统的"四机一脑"处理比例

单位：%

时间	电视机	电冰箱	洗衣机	空调器	微型计算机
2011 年	84	4	7.7	0.48	3.7
2012 年	90.81	1.68	3.42	0.006	4.08
2013 年前三个季度	92.57	1.49	3.86	0.014	2.06

注：为每种产品处理数量在当年"四机一脑"总处理量中所占比例。

2012～2013 年前三个季度目录产品处理量的特点。

（1）目录实施后处理量增长迅速，2012～2013 年前三个季度进入政府统计系统的处理企业共拆解目录产品 3836.3655 万台，2013 年前三个季度处理量相当于 2012 年全年的 2.87 倍。

（2）空调器处理量增幅最大。2012 年空调器在总处理量中所占比例仅为 0.006%，2013 年前三个季度空调器处理量在总处理量中所占比例达到 0.014%，超过 2012 年全年空调器处理量的 2 倍。

总体来看，目录实施对提高目录产品处理量产生了积极影响，主要是通过考核拆解数量和质量确定补贴金额的办法提升了处理企业的积极性，切实提高了目录产品规范处理的数量。对比目录实施前后的情况，2003 年 12 月到 2007 年 11 月我国四个废旧家电回收处理试点示范项目共拆解"四机一脑"近 20 万台，2012 年我国共拆解目录产品 990.8301 万台，其中经环境保护部确认拆解规范的数量为 767.8989 万台，规范拆解数量在总处理量中所占比例为 77.5% 。

在目录实施过程中同样存在目录产品处理量差距过大的情况，例如在 2012 年目录产品总处理量中，电视机占 90.81%，空调器占 0.006%，在 2013 年前三个季度目录产品总处理量中，电视机占 92.57%，空调器占 0.014% 。究其原因，一方面是由于电视机更新换代周期短，技术进步快，市场占有率远高于其他目录产品，基金补贴额度最高，为 85 元/台；另一方面是由于空调器的普及相对较晚，报废数量相对较少，本身价值较高，多数在回收后被翻新再次销售，而且基金补贴金额最少，为 35 元/台，回收企业没有积极性，导致处理企业缺乏原料来源。

2. 处理技术评估

废弃电器电子产品的处理技术是指针对废弃电器电子产品整机或零部件的拆解、破碎和分选技术，目前拆解环节比较普遍的是人工拆解和半机械化拆解，破碎环节基本上都采用机械或半机械破碎，分选环节有磁选、风选、涡流分选等。不同类别、不同型号的废弃电器电子产品，其物质组成差别很大。一般来说，钢铁用量最大，约占总重量的 50%，其次是塑料（21%）和有色金属（13%）。此外还有有害物质如铅、汞、铬、镉、阻燃剂、制冷剂等。采用适当的处理技术，目的就是最大限度实现资源化和无害化（见图 1-2）。

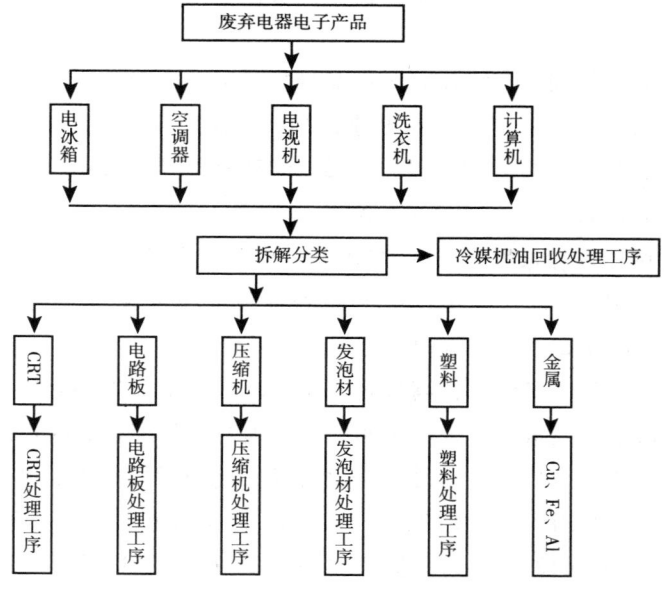

图 1-2 "四机一脑"拆解处理流程

经调研了解，目前处理企业的技术如下。

（1）废旧 CRT 电视机及计算机显示器处理技术

CRT 电视机主要由管屏和管锥组成，管锥含铅、需送到有资质企业进行后续处理。在 CRT 电视机处理技术上，主要是经过数个工位的人工（机械）进行屏锥分离，拆解成电路板、偏向线圈、显像管等部件。显像管单独进行切割破碎分选处理，电视机外壳进入塑料车间进行破碎分选处理。线路板经多级粉碎，粉末风选分离出金属与非金属，金属再经过火法、湿法熔炼出金属和贵金属（见图 1－3）。

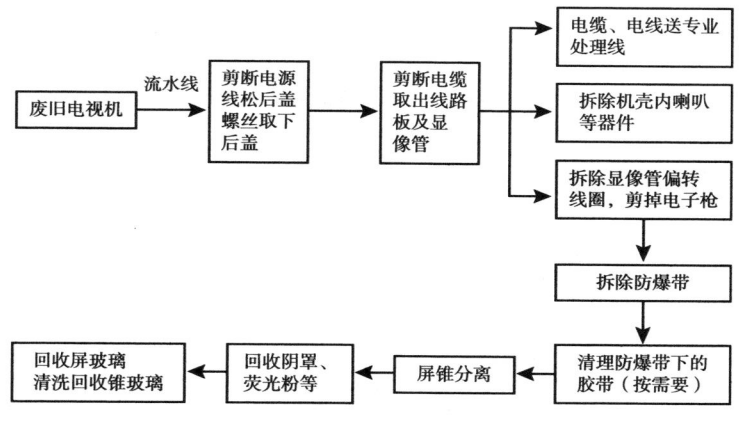

图 1－3　电视机、计算机 CRT 处理流程

2011～2013 年前三个季度，商务部和环境保护部统计的电视机处理量在当年目录产品中所占比例最大，2011 年占 84%，2012 年占 90.81%，2013 年前三个季度占 92.57%。随着处理量的累积，目前 CRT 电视机及计算机 CRT 显示器的拆解处理技术明显提高。在负压条件下，荧光粉、灰尘、烟气等残余物能够得到有效收集。

（2）电冰箱处理技术

电冰箱处理主要是人工拆除隔板、抽屉、封条、玻璃等，采用自动化装置抽取制冷系统的冷媒，切除压缩机、冷凝器后，余下的箱体经机械破碎分选分离，可回收到塑料、铁、铜、铝等再生原材料。

电冰箱处理的重点是制冷剂和发泡剂的处理。通常情况下，一台电冰箱中制冷剂的填充量为 80～200g，因此集中拆解有利于制冷剂的回收。回收方法有气体回收法、液体回收法和复合回收法三种。2010 年 12 月出台的

《废弃电器电子产品处理企业的资格认定管理办法》要求制冷剂必须回收，部分处理企业购置了国外先进回收设备，但大多数处理企业选用不回收发泡剂的技术，只对电冰箱进行破碎分选（见图1-4至图1-6）。

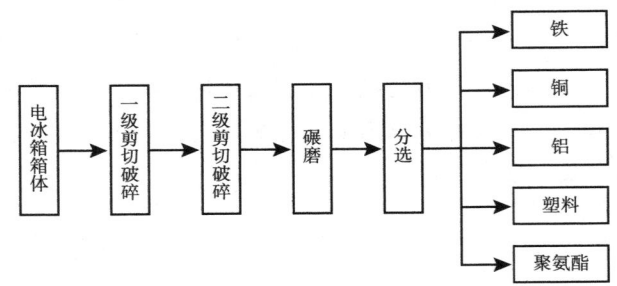

图1-4   电冰箱箱体处理流程

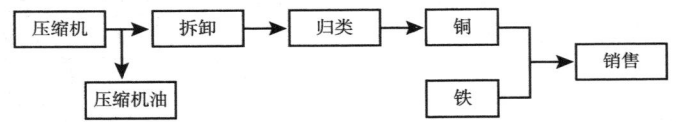

图1-5   电冰箱压缩机处理流程

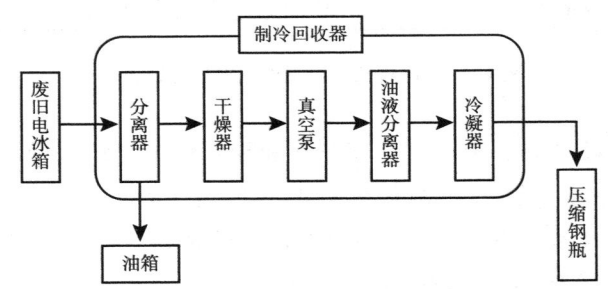

图1-6   电冰箱制冷剂回收工艺流程

（3）洗衣机处理技术

洗衣机在经过数个工位的拆解分类后，经破碎、分选，分离出塑料和金属类，塑料类部件进入塑料车间进行破碎减容处理，金属类零部件经磁选、风选分离出铁及其他金属。

目前我国大多数处理企业都采用手工拆解和机械破碎分选相结合的洗衣机处理技术，技术水平比较均衡（见图1-7）。

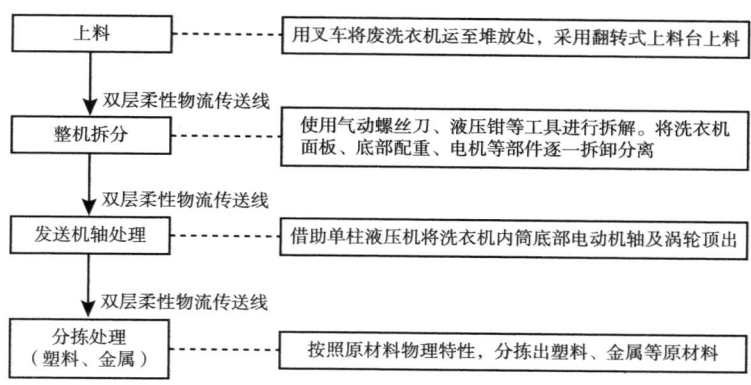

图1-7 洗衣机处理流程

（4）房间空调器处理技术

房间空调器处理分为空调器室外机、室内机、特殊空调器的处理。经过数个工位的拆解，热交换器、电机、塑料、电路板等零部件被拆解分类，氟利昂、润滑油被抽取，非塑料类零部件经破碎分离处理，分类成铜、铝、铁等再生原材料，塑料类零部件进入塑料车间进行破碎减容处理，空调器壳体、热交换器等经破碎成一定粒度，磁选出铁等其他金属。

受回收量影响，由于处理企业处理的房间空调器相对较少，当前很多处理企业在氟利昂和润滑油的抽取处理技术方面还不成熟，只有个别处理企业引进国外先进技术抽取氟利昂减容处理，而更多的处理企业不做相应处理（见图1-8）。

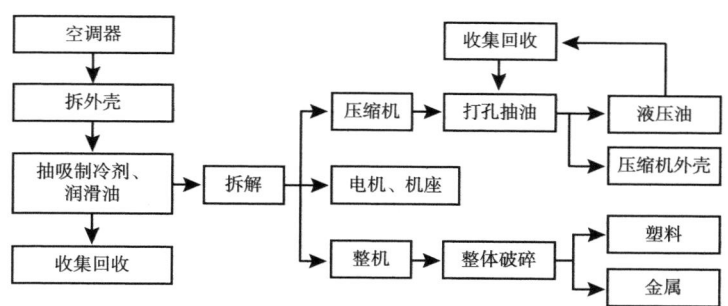

图1-8 房间空调器处理流程

（5）微型计算机处理技术

微型计算机的处理可分为主机和附件的拆解处理，经过数个工位的整机拆解分类，对非塑料类零部件进行分选，对玻璃屏等进行破碎处理，拆解零部件后余下的外壳进入塑料车间进行破碎减容处理。

我国微型计算机处理技术起步较晚，各处理企业工艺技术相似，普遍较先进，只是在机械化和半机械化的程度上有所区别，比较先进的处理企业采用单工位手工拆解，设备多为自主研发。

（6）印刷电路板处理技术

印刷电路板既是目录产品的拆解产物之一，也是危险废物。目录产品中拆解出的印刷电路板数量十分巨大，据环境保护部统计，2012年进入基金补贴名单的39家企业印刷电路板产生量为9737.90229吨，处理量为4549.6653吨，2013年前三个季度进入基金补贴名单的64家企业印刷电路板产生量为32267.77492吨，处理量为22496.13753吨（见图1-9）。

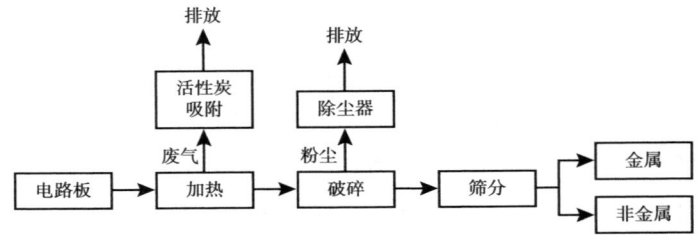

图1-9　印刷电路板处理流程

目前进入基金补贴范围的处理企业有的具备危险废物处理资质，印刷电路板处理技术主要是采用物理分离和火法冶金的工艺。但因印刷电路板中含有大量的有机物，在熔炼过程中会产生二噁英等污染物，对环境产生污染。目前有企业采用先进的熔炼技术——火法熔炼印刷电路板，这对熔炼炉及大气污染防治设施的设置规范要求比较严格。

根据调研了解的情况，2012~2013年前三个季度目录产品处理技术有以下特点。

第一，拆解技术基本上是手工拆解和机械化破碎分选相结合，兼顾资源化和无害化，符合我国国情。

第二，不同目录产品处理技术成熟度有差异，同类目录产品企业处理水平比较均衡。

第三，无害化技术还不成熟，如只有个别处理企业引进国外先进技术抽取氟利昂减容处理，更多的处理企业不做相应处理。

对比近年来我国目录产品处理技术发展情况，目录实施产生的影响主要是促进了目录产品预处理技术的提升。多年来，我国目录产品处理技术以人工为主，机械化程度很低。目录实施后，根据处理资质相关要求，处理企业购置了专业的拆解设备，对破碎分选环节的重视程度也有所加强，人工和机械化相结合的生产方式提升了目录产品的拆解效率。

从目录实施情况来看，以下问题值得关注。

第一，大多数企业技术水平差距不大，经简单拆解产出的初级原材料，技术含量和增值水平都比较低。

第二，电冰箱、房间空调器和微型计算机的处理技术仍然有较大的提升潜力，配套环保工艺和设备相对薄弱。

第三，2012～2013 年前三个季度印刷电路板的处理量仅为产生量的64%，大量印刷电路板没有得到及时处理。

二　目录产品处理企业和市场情况

（一）目录产品处理企业情况

目前我国从事目录产品拆解的企业主要有三类：第一类是进入基金补贴企业名单中的企业，第二类是没有进入基金补贴企业名单但具备目录产品处理能力而且合法的企业，第三类是非法拆解企业。由于第三类企业数量无法核实，第二类企业大多数正在申请目录产品处理资质，因此本研究只针对第一类企业进行分析。

2011 年以来，我国废弃电器电子产品回收处理行业得到快速发展，企业在数量上、规模上都有了大幅增加。据商务部数据，2011 年我国家电"以旧换新"指定拆解处理企业达到 105 家，据环境保护部数据，截至 2013年 4 月 30 日，我国已有 64 家企业进入废弃电器电子产品处理基金补贴企业名单，资质许可年处理能力达到 8800 万台。

从企业数量来看，《目录》实施前后我国废弃电器电子产品处理企业的数量并没有发生大的变化。根据《废弃电器电子产品处理资格许可管理办法》和《废弃电器电子产品处理企业资格审查和许可指南》，企业获得处理资质就可以进入基金补贴范围，但并不影响未提出资质核查申请或者审核未通过的企业继续从事目录产品的回收处理。从这个角度考虑，目前我国目录产品处理企业仍然在 100 家左右。

从企业规模来看，目前进入基金补贴范围的处理企业均达到了 30 万台/年的处理能力，折算成重量为 1 万吨/年，部分企业达到 3 万吨/年，个别企业达到 5 万吨/年，产业集中度和集约化水平显著提升。

从处理层次来看，大部分处理企业都只进行简单粗放的拆解，拆解后的产品分类卖给下游企业。目前个别企业开始延伸产业链，如将废塑料加工成塑木，用废铜生产电解铜，资源利用层次进一步深化。但是这样的例子只是特殊个案，不是未来鼓励和发展的方向，因为废弃电器电子处理企业拆解出的资源量通常达不到相关行业准入条件对生产规模的要求。

从企业盈利能力来看，目前电视机回收量占比超过 90%，其他目录产品回收处理量加起来不到 10%，处理企业盈利主要依靠电视机的基金补贴及拆解产物销售所得。处理企业购置的电冰箱、洗衣机、空调器和计算机拆解设备价格从数百万元到上千万元不等，有的企业由于收不到原料而闲置设备，有的企业收到的原料太少，导致设备能耗居高不下，企业的盈利能力受到很大影响。

综合来看，《目录》实施对处理企业的影响表现在以下两个方面。

（1）企业回收处理规模较《目录》实施前有所扩大。以国内最早的废旧家电回收处理试点青岛新天地生态循环科技有限公司为例，据《废弃电器电子产品回收处理研究与实践》数据，该企业 2006 年共回收处理各类废旧家电 5381 台。依据调研问卷数据，2012 年该企业仅目录产品回收处理量就达到 82.5649 万台，是 2006 年其各类回收处理产品总量的 153 倍（见表 1-11）。

表 1-11　2009~2012 年青岛新天地生态循环科技有限公司目录产品回收处理量

单位：台

项　目 年份		2009	2010	2011	2012
家用电冰箱		9114	62346	58827	29259
房间空气调节器		535	3091	2009	1210
洗衣机		12250	84462	120730	58001
阴极射线管电视机		71519	1196344	1536028	680473
平板电视机		—	—	—	22
便携式计算机		—	—	—	145
台式计算机	主机	4755	55580	80589	56539
	显示器	4755	55580	80589	57493

资料来源：青岛新天地生态循环科技有限公司。

（2）《目录》实施过程中对处理企业的生产环境、环保设施、有毒有害物质安置进行实时监控，目前 64 家处理企业对有毒有害物质的分类回收、存储、安置规范有序，减少了因不规范拆解、倾倒带来的二次污染，提升了处理企业的环保水平。

（二）目录产品处理能力建设情况

本研究对目录产品处理能力建设情况的评估主要针对生产设施、管理水平、创新能力三个方面，集中体现在目录产品的物料产出情况。

通常目录产品处理生产设施包括两类：一是处理车间和场地、贮存场所、拆解处理设备及配套的数据信息管理系统、污染防治设施等；二是分拣、包装设备以及运输车辆、搬运设备、压缩打包设备、专用容器及中央监控设备、计量设备、事故应急救援和处理设备等。管理水平主要指环境管理制度和措施，包括对不能完全处理的废弃电器电子产品的妥善利用或者处置方案，突发环境事件的防范措施和应急预案等。创新能力指的是企业人员素质和科技创新能力。

现场调研和调查问卷数据显示，由于企业申请进入基金补贴名单的前提是通过废弃电器电子产品处理资质核查，因此目前进入基金补贴名单的企业在生产设施方面都能达到相关政策法规的要求，都有环境管理制度，除个别企业拥有专业的研发团队和科研设施，能够自主研发符合国情的专利技术，能够针对不同品种的氟利昂冷媒进行分类、提纯、精制、除油、再生外，多数企业创新能力非常薄弱。

从目录产品的主要拆解产物来看，资源性产物包括各种塑料、玻璃、钢铁、铜、铝以及其他金属，此类产物都是简单处理后外售再次利用；零部件产品包括电线电缆、电机、压缩机等，经过专门的处置设备处理后外售再次利用；危险废物包括含铅锥玻璃、电路板、润滑油、发泡剂和制冷剂等，此类产物都是分类储存安置，交给有危险废弃物处理资质的企业进行处置。由于物料分类粗放、杂质多，大多数资源性产物都被下游企业降级使用，因此当前我国目录产品处理能力还处在初级阶段。

从《目录》实施前后目录产品处理情况来看，《目录》实施后对提高我国目录产品处理能力发挥了重要作用，最突出的表现是硬件设施得到改善，资源化利用程度提高。目前国内处理目录产品的特点是以资源最大化为目的，充分利用我国劳动力丰富、价格低廉的特点，针对废弃电器电子产品中可利用元件进行人工拆解分类，利用机械化进行破碎分选，提高了元器件的再利用率。同时，处理企业管理水平明显提高，创新能力提升的空间和潜力还很大。

（三）目录产品市场布局情况

我国废弃电器电子产品处理企业分布广泛，2012～2013 年上半年共有 64 家企业被纳入废弃电器电子产品处理基金补贴名单（见表 1 - 12 和表 1 - 13）。

表 1 - 12   第一批纳入废弃电器电子产品处理基金补贴范围的处理企业名单

序号	地区	企业名称
1	北京	北京华新绿源环保产业发展有限公司
2	天津	TCL 奥博（天津）环保发展有限公司
3		天津同和绿天使顶峰资源再生有限公司
4		泰鼎（天津）环保科技有限公司
5	山西	阳泉天元废旧电器回收处理有限公司
6		临汾拥军再生资源利用有限公司
7		山西洪洋海鸥废弃电器电子产品回收处理有限公司
8	黑龙江	黑龙江中再生废旧家电拆解有限公司
9	上海	上海新金桥环保有限公司
10		伟翔环保科技发展（上海）有限公司
11	辽宁	辽宁牧昌国际环保产业集团有限公司
12	江苏	南京凯燕电子有限公司
13		苏州同和资源综合利用有限公司
14		苏北废旧汽车家电拆解再生利用有限公司
15		苏州伟翔电子废弃物处理技术有限公司
16		扬州宁达贵金属有限公司
17		南通森蓝环保科技有限公司
18		常州翔宇资源再生科技有限公司
19		南京环务资源再生科技有限公司
20	浙江	浙江玉环县青茂废旧物资有限公司
21		浙江盛唐环保科技有限公司
22		浙江蓝天废旧家电回收处理有限公司
23		台州大峰野金属有限公司
24	福建	厦门绿洲环保产业股份有限公司
25		福建全通资源再生工业园有限公司
26	江西	江西格林美资源循环有限公司
27		江西同和资源综合利用有限公司
28		江西中再生资源开发有限公司
29		赣州巨龙废旧物资调剂市场有限公司
30	河南	中再生洛阳投资开发有限公司

续表

序号	地区	企业名称
31	湖北	荆门市格林美新材料有限公司
32		湖北金科电器有限公司
33		湖北鑫丰废旧家电拆解有限公司
34		武汉市博旺兴源物业服务有限公司
35	广东	佛山市顺德鑫环宝资源利用有限公司
36		广东赢家环保科技有限公司
37		惠州市鼎晨实业发展有限公司
38	四川	仁新电子废弃物资源再生利用（四川）有限公司
39		四川长虹电器股份有限公司
40		四川中再生资源开发有限公司
41		四川省中明环境治理有限公司
42	贵州	遵义绿环废弃电器电子产品回收处理有限公司
43		贵阳市物资回收公司

资料来源：财政部。

表 1-13 第二批纳入废弃电器电子产品处理基金补贴范围的处理企业名单

序号	地区	企业名称
1	天津	天津和昌环保技术有限公司
2	吉林	吉林省三合废弃电器电子产品回收处置有限公司
3		吉林市金再废弃电器电子产品回收利用有限公司
4	上海	森蓝环保（上海）有限公司
5		鑫广再生资源（上海）有限公司
6	山东	山东中绿资源再生有限公司
7		鑫广绿环再生资源股份有限公司
8		青岛新天地生态循环科技有限公司
9		烟台中祈环保科技有限公司
10	湖北	大冶有色博源环保股份有限公司
11	湖南	湖南绿色再生资源有限公司
12		湖南万容电子废弃物处理有限公司
13		湖南省同力电子废弃物回收拆解利用有限公司
14		株洲凯天环保科技有限公司
15	广东	清远市东江环保技术有限公司
16	广西壮族自治区	广西桂物资源循环产业有限公司

序号	地区	企业名称
17	重庆	重庆市中天电子废弃物处理有限公司
18		重庆中加环保工程有限公司
19	四川	什邡大爱感恩环保科技有限公司
20	甘肃	兰州泓翼废旧电子产品拆解加工中心
21	新疆维吾尔自治区	新疆金塔有色金属有限公司

资料来源：财政部。

截至第二批，我国目录产品处理企业分布呈现两个特点。

（1）进入基金补贴范围的处理企业分布广泛，涵盖4个直辖市和18个省、自治区。其中企业最多的区域是江苏省，共8家，其次是湖北、四川各5家，广东、浙江、天津、山东、上海各4家。

（2）处理企业与区域经济发展程度、目录产品报废量基本匹配。从2012年第3、第4季度各省处理情况来看，处理量居前10位的分别为四川165万台、湖北95万台、江西90万台、河南80万台、江苏65万台、天津61万台、黑龙江45万台、上海41万台、浙江40万台、北京25万台，人口密集、产品消费量和蓄积量相对较大的中东部省份较多。

从最近10年我国废弃电器电子产品回收处理产业布局来看，目录实施最直接的影响就是扩大了处理企业覆盖面，优化了产业布局，有利于目录产品回收处理产业稳健发展。随着规范处理企业数量的增加及其处理能力的不断提升，不规范拆解户的生存空间被进一步挤压。以国内最早形成废弃电器电子产品回收处理产业集聚的广东为例，目前该地区共有4家废弃电器电子产品处理企业，分布在广东佛山、惠州、清远3个地区，2012~2013年前三个季度上述4家基金补贴企业共回收目录产品191.8321万台，规范拆解量达到184.8571万台，对规范广东废弃电器电子产品回收处理产业格局具有重要意义。

三　目录实施效果评估

（一）资源性

第一批目录产品即"四机一脑"中含有金属、塑料、玻璃等材料，其中金属包括钢铁、铜、铝、稀贵金属等。

表1-14　2012年目录产品拆解产出产物

拆解产出物	产生总量（吨）	占比（%）	拆解产出物	产生总量（吨）	占比（%）
CRT屏玻璃	47431.94753	30.25	铁及其合金	16199.191	10.33
CRT锥玻璃	23033.98003	14.69	铜及其合金	4009.35254	2.56
CRT玻璃	19881.71963	12.68	铝及其合金	514.95669	0.33
印刷电路板	10928.78287	6.97	塑料	28961.12496	18.47
保温层材料	1389.2142	0.89	电线电缆	956.58379	0.61
制冷剂	3.34696	—	电动机	1650.54597	1.05
压缩机	1822.1748	1.16			

资料来源：环境保护部。

注：制冷剂占比为"—"，因为其比例过低，忽略不计。

表1-15　2013年前三个季度目录产品拆解产出产物

拆解产出物	产生总量（吨）	占比（%）	拆解产出物	产生总量（吨）	占比（%）
CRT屏玻璃	180673.8878	34.73	铁及其合金	52235.02646	10.04
CRT锥玻璃	92059.0458	17.70	铜及其合金	11896.26282	2.29
CRT玻璃	40024.33394	7.69	铝及其合金	1033.46528	0.20
印刷电路板	32267.77492	6.20	塑料	96764.1344	18.60
保温层材料	2959.58481	0.57	电线电缆	3194.63702	0.61
制冷剂	30.52504	0.01	电动机	3440.49897	0.66
压缩机	3573.22151	0.69			

资料来源：环境保护部。

表1-16　2012年至2013年前三个季度目录产品资源化产物

单位：吨

拆解产出物	2012年产生量	2013年前三个季度产生量	合　计
铁及其合金	16199.191	52235.02646	68434.21746
铜及其合金	4009.35254	11896.26282	15905.61536
铝及其合金	514.95669	1033.46528	1548.42197
电线电缆	956.58379	3194.63702	4151.22081
塑料	28961.12496	96764.1344	125725.25936
电动机	1650.54597	3440.49897	5091.04494
压缩机	1822.1748	3573.22151	5395.39631

资料来源：环境保护部。

　　从表1-14、表1-15、表1-16可知，2012年43家基金补贴企业拆解产出产物为15.6783万吨，2013年前三个季度64家基金补贴企业拆解产出产物为 52.0152 万吨，两项合计为 67.6935 万吨。

2012～2013 年前三个季度目录产品中拆解出的资源化产物包括铁及其合金 68434 吨、铜及其合金 15906 吨、铝及其合金 1548 吨、塑料 125725 吨、电线电缆 4151 吨、电动机 5091 吨、压缩机 5395 吨，其中电线电缆、电动机和压缩机可由处理企业自行或者外售进一步拆解，可以为我国经济社会发展提供大量宝贵原材料，同时可减少原生矿产的使用。据测算，与使用铁矿石相比，每多用 1 吨废钢，可少用 1.7 吨精矿粉，减少 4.3 吨铁矿石的开采；再生 1 吨铜可节约 4.5 吨铜精矿；再生 1 吨铝可节约 4 吨铝土矿；再生 1 吨塑料，可节约 1.6 吨原油；再生 1 吨玻璃可节约 2.2 吨原生矿，有效缓解我国资源短缺的矛盾。

2012～2013 年前三个季度我国基金补贴企业从目录产品中拆解出印刷电路板 43197 吨。以每吨印刷电路板含铜 12.16%、金 0.045%、银 0.077%、锡 2%、镍 1.82% 计算，如果这些印刷电路板能充分资源化利用，至少产出 5253 吨铜、19.438 吨金、33.261 吨银、864 吨锡、786 吨镍，以各类资源 2012 年平均价格计算，则可实现价值 66.63 亿元（见表 1-17）。

表 1-17　2012～2013 年前三个季度从目录产品拆解出的印刷电路板所含资源量及价值

材料名称	所占比例（%）	市场价格（万元/吨）	2012 年		2013 年前三个季度	
			含量（吨）	价值（万元）	含量（吨）	价值（万元）
金	0.045	30000	4.918	147540	14.520	435615
银	0.077	600	8.415	5049	24.846	14908
铜	12.16	5	1328.940	6645	3923.761	19619
锡	2	16	218.576	3497	645.355	10326
镍	1.82	12.5	198.904	2486	587.274	7341
树脂	33.18	0.4	3626.170	1450	10706.448	4283
聚苯乙烯	17.47	0.4	1909.258	764	5637.180	2255
聚丙烯	25.69	0.4	2807.604	1123	8289.591	3316
其他	7.558	—	825.997	—	2438.798	—

目前我国的矿产资源随着经济的快速增长而大量消耗，而且矿产品的品质越来越低，印刷电路板作为城市矿产资源，其资源化利用也越来越重要。以锡和镍为例，印刷电路板中的含量甚至超过矿产含量，资源稀缺性和替代性不言而喻。但是印刷电路板资源化利用的前提是要实现规模化，如果规模太小，在环保设施完善、工艺技术装备先进的情况下，资源产出不能抵消成

本，经济效益无法保障，企业没有积极性。小作坊以牺牲环境为代价实现的资源化，则应该是打击的重点。

（二）环境性

第一批目录产品即"四机一脑"拆解出的 CRT 屏玻璃、CRT 锥玻璃、CRT 玻璃、印刷电路板、保温层材料、制冷剂中含有大量有毒有害物质，如铅、汞、铬、镉、荧光粉、氟利昂、润滑油等，不仅严重污染环境，而且危害人体健康，需规范拆解和安全处置。评估目录实施以来的环境性，主要从减少固废排放、有毒有害物质无害化处理情况、节能减排情况三个方面入手。

从 2012 年至 2013 年前三个季度来看，共回收目录产品 4045.045 万台、72.4859 万吨，处理 3836.3655 万台、68.8258 万吨，目录产品随地丢弃造成的环境污染大为减少。

2012～2013 年前三个季度目录产品中拆解出的需无害化处置的产物为 CRT 屏玻璃（228106 吨）、CRT 锥玻璃（115093 吨）、CRT 玻璃（59906吨）、印刷电路板（43197 吨）、保温层材料（4349 吨）、制冷剂（34 吨）。规范拆解有效减少了因有毒有害物质不当处置造成的环境污染（见表 1–18）。

与原生金属生产相比，利用目录产品拆解出的再生材料做原料，每生产 1 吨再生钢铁可节约能源 60%、节水 40%、减少排放废水 76%、废气 86%、废渣 72%，每生产 1 吨再生铜、再生铝分别相当于节能 1054 千克标准煤、3443 千克标准煤，节水 395 立方米、22 立方米，减少固体废物排放 380 吨、20 吨，每吨再生铜相当于少排放二氧化硫 0.137 吨，节能减排效益显著。

表 1–18　2012～2013 年前三个季度目录产品需无害化处置产物

单位：吨

拆解产出物	2012 年产生量	2013 年前三个季度产生量	合　计
CRT 屏玻璃	47431.94753	180673.8878	228105.83533
CRT 锥玻璃	23033.98003	92059.0458	115093.02583
CRT 玻璃	19881.71963	40024.33394	59906.05357
印刷电路板	10928.78287	32267.77492	43196.55779
保温层材料	1389.2142	2959.58481	4348.79901
制冷剂	3.34696	30.52504	33.872

资料来源：环境保护部。

（三）经济性

对第一批目录实施情况的经济性效果分析，应主要参考物料价值、储存成本、处理难度、拆解成本、污染控制等因素，结合基金补贴管理办法。由于未获得企业储存成本、处理难度、污染控制成本等具体数据，本研究主要分析回收价格和拆解成本。在 28 份调查问卷中，目录产品回收价格和拆解成本数据可用的有 21 份，由于大部分企业回收拆解微型计算机和平板电视机数量较少，故只对 CRT 电视机、电冰箱、洗衣机和空调器进行比较。

企业目录产品回收价格存在较大差异，平均回收价格为 CRT 电视机 82 元/台，电冰箱 151 元/台，洗衣机 83 元/台，空调器 263 元/台。对比目录产品的基金补贴标准（即电视机 85 元/台，电冰箱 80 元/台，洗衣机 35 元/台，空调器 35 元/台，微型计算机 85 元/台）可知，企业在回收电视机时在价格上竞争力最强，这也是《目录》实施以来电视机回收量最多的主要原因；电冰箱和洗衣机的补贴资金仅为回收价格的 53% 和 42%，在回收市场上竞争力相对较弱；空调器的补贴资金仅为回收价格的 13%，远远低于二手市场平均每台 300～400 元的价格，处理企业在回收市场上完全没有竞争力。此外，微型计算机回收处理量相对较少也是同样的原因。

拆解成本通常受回收价格、物流成本、仓储成本、设备成本、人工成本、拆解数量、拆解程度等因素影响，从上述企业的拆解成本来看，数据差异非常大。分析其原因，主要是企业填报的拆解成本包含的要素不统一，数据可比性较差。

从政策的经济性角度分析，《目录》实施目标之一是通过经济杠杆即基金补贴的方式促进"回收成本高、处理难度大"的废弃电器电子产品如"四机一脑"的回收利用，提高处理企业在原料回收市场的竞争力，从而使目录产品得到规范处理。从这个角度来看，针对电视机的补贴收到了理想的成效，针对电冰箱、洗衣机、房间空调器和微型计算机的补贴标准有待进一步研究调整。

（四）社会性

电视机、电冰箱、洗衣机、房间空调器和微型计算机等"四机一脑"之所以被列入第一批目录，主要是因为这些产品社会保有量大、废弃量大、社会关注度高，有加强规范管理的迫切性，社会意义重大。

我国电器电子产品中电视机、洗衣机、电冰箱从 20 世纪 80 年代初开始进入城镇居民家庭，房间空调器、微型计算机从 20 世纪 90 年代开始在家庭中普及。经过三四十年的发展，报废高峰期已经到来。《家用和类似用途电器的安全使用年限和再生利用通则》规定，电视机使用年限 8 ~ 10 年、电冰箱 12 ~ 16 年、房间空调器 8 ~ 10 年、洗衣机 8 年、微型计算机 6 年，但由于我国是发展中国家，电器电子产品的使用寿命或多或少会比《通则》中规定的年限要长，加之有些废弃电器电子产品会流入二手市场，故测算理论报废量以社会保有量系数来测算相对合理。依据国家发展改革委《废弃电器电子产品回收处理研究与实践》相关数据可知，2009 ~ 2012 年我国第一批目录产品累计报废量为 25902.69 万台，其中电视机累计报废量 8573.24 万台，占 37%；电冰箱累计报废量 2798.56 万台，占 10.8%；洗衣机累计报废量 4591.37 万台，占 19%；房间空调器累计报废量 568.79 万台，占 2.2%；微型计算机累计报废量 7167.74 万台，占 27.7%（见图 1 - 10）。

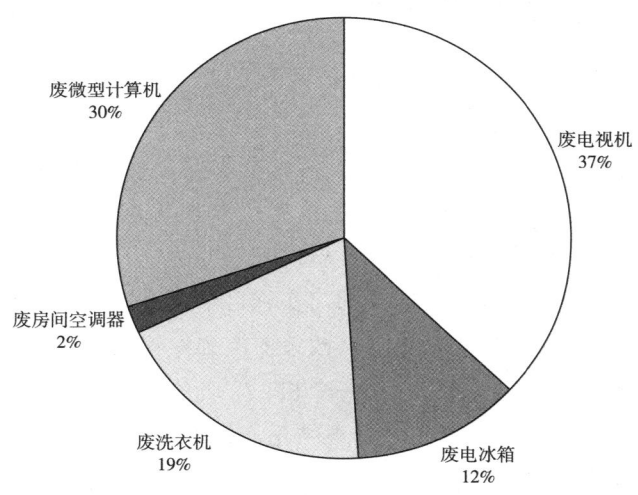

图 1 - 10 2009 ~ 2012 年目录产品累计报废量

据环境保护部数据，第一批目录实施以来，进入基金补贴企业名单的 64 家处理企业在 2012 年共回收目录产品 1245.6381 万台、20.2904 万吨，拆解 990.8301 万台、15.6290 万吨，2013 年前三个季度共回收目录产品 2799.4069 万台、52.1956 万吨，拆解 2845.5354 万台、53.1968 万吨。

表 1 – 19　2012 ～ 2013 年前三个季度进入基金补贴企业名单的
64 家企业目录产品回收处理量

时　间	回收数量		拆解数量	
	（台）	（吨）	（台）	（吨）
2012 年	12456381	202903. 5229	9908301	156290. 4621
2013 年前三个季度	27994069	521956. 1168	28455354	531968. 0939

资料来源：环境保护部。

从表 1 – 19 可见，2013 年前三个季度比 2012 年全年有较大幅度的增长，其中目录产品回收台数增长 125% 、回收重量增长 157% ，拆解台数增长 187% 、拆解重量增长 240% 。这充分表明，随着目录政策不断推进，处理企业数量增加，目录产品回收处理量呈快速上升态势，相比《目录》实施以前，社会效益更加显著。

四　目录实施情况评估结论

本研究对第一批目录实施情况的评估依据第二章确定的评估模式和程序。

采用经济模式来分析目录政策实施成本收益，首先要分析《废弃电器电子产品处理基金征收使用管理办法》施行以来基金征收和使用的相关数据，在此基础上，结合第一批目录实施以来取得的资源效益、环境效益、经济效益和社会效益，以及政府有关部门实施目录政策的管理成本，综合评判该项政策的资金投入和产出效率。从政策实施到发挥效用有一定时间差，效果也是逐步显现，因此经济模式是一个相对宏观的评估模式，如果评估区间太短，很难得出符合实际情况的客观结论。第一批目录自 2011 年起实施，扣除"以旧换新"的一年，第一批目录实施情况评估的区间应为 2012 ～ 2013 年前三个季度，由于时间只有不到两年，在此期间只完成了第一批基金补贴资金的拨付，各项配套政策还在磨合期，难以对第一批目录实施的资金投入和经济产出进行科学测算，因此本次评估不采用经济模式。

本次评估采用职业化模式，由国家发展改革委委托中国有色金属工业协会再生金属分会作为第三方机构对第一批目录实施情况进行评估。

本次评估重点采用效果模式来分析第一批目录实施情况取得的效果，评估对象分为目录方案、执行过程和实施结果。

从目录政策方案来看，从《废弃电器电子产品处理目录（第一批）》到《废弃电器电子产品处理目录（第一批）适用海关商品编号（2010年版）》《废弃电器电子产品处理基金征收使用管理办法》《废弃电器电子产品处理资格许可管理办法》，目录政策体系已经初步形成，并且和《电子信息产品污染控制管理办法》《危险废物经营许可证管理办法》衔接，有利于推进和加强目录政策管理。但是从物尽其用的角度来讲，还应进一步完善配套政策措施。例如，目前我国目录产品处理基本上都是人工拆解和机械化破碎处理，资源化产物除了初级原材料产物如金属、塑料等，单独分离出的零部件主要是电线电缆、电动机和压缩机，其实目录产品中还有不少可以再次利用的电子元器件，这些零部件的再制造也是一个值得关注和研究的问题。

从目录执行过程来看，目录实施以后，在目录管理委员领导下，国家发展改革委、环境保护部、工业和信息化部、海关总署、财政部相关部门依据《废弃电器电子产品处理基金征收使用管理办法》（财综〔2012〕34号）、《废弃电器电子产品处理企业补贴审核指南》（环境保护部公告2010年第83号）、《关于组织开展废弃电器电子产品拆解处理情况审核工作的通知》（环发〔2012〕110号）等政策法规，先后共同开展了处理企业资质核查、信息管理、补贴审核等工作。从政府相关部门和处理企业反馈的信息以及调研了解到的情况来看，目录执行情况整体上是规范有序的，对目录产品回收处理的引导和监管有所加强，为进一步发挥目录的作用积累了宝贵的实践经验。

从《目录》执行对生产、回收、处理各环节的影响来看，生产商普遍表示征收处理基金增加了企业负担，因为目前我国家电生产企业产能过剩严重，竞争激烈，利润空间十分有限。但是，生产商普遍认同生产者责任延伸，由于针对同类产品企业缴纳的处理基金标准相同，因此并未对企业生产经营和竞争力产生影响。从处理企业原料来源可知，目前多渠道回收最大限度地拓展了回收的可能性，集中处理则使处理过程更容易受控，避免二次污染，这完全符合《废弃电器电子产品回收处理管理条例》"多渠道回收和集中处理制度"。处理企业在基金补贴的激励下保持了较高的生产积极性，扣除市场价格因素影响，随着回收渠道建设的不断加强，处理企业的原料保障程度也在相应提高。与此同时，处理企业一方面受制于原料采购，回收价格随行就市拉高采购成本；另一方面在投入大量资金购置生产和环保设施却开工不足的情况下，收回成本变得十分困难；此外，补贴资金不能及时到位加重了企业的流动资金压力，在融资能力有限的情况下，很多企业采用减少收购、减少设备使用频率的方式降低成本。

从《目录》实施结果来看，《目录》实施带来的资源效益、环境效益、经济效益和社会效益十分明显。2012～2013年前三个季度目录产品中拆解出的资源化产品包括铁及其合金68434吨、铜及其合金15906吨、铝及其合金1548吨、塑料125725吨、电线电缆4151吨、电动机5091吨、压缩机5395吨（其中电线电缆、电动机和压缩机可由处理企业自行或者外售进一步拆解），为我国经济社会发展提供了大量宝贵原材料，减少了原生矿产的使用，有效缓解了我国资源短缺的矛盾。同时，目录产品随地丢弃和有毒有害物质处置不当造成的环境污染大为减少，节能减排效益突出。《目录》实施提高了全社会对目录产品回收处理的重视程度，引起了社会各层面如政府、企业（包括目录产品生产、销售、回收、处理企业）、社会和消费者层面的广泛关注，为进一步提高目录产品回收率创造了良好的社会氛围，社会意义重大。

从回收率和拆解率两个指标来看，《目录》实施后，2012年目录产品回收率为16%，拆解率为79.5%，与75%的回收指标差距较大，与85%的拆解指标较为接近。客观的原因是，2012年上半年大多数处理企业都处于停产状态，2012年7月1日《废弃电器电子产品处理基金征收使用管理办法》实施后才开始拆解，因此当年的回收量和拆解量只相当于下半年的数量，拉低了全年的回收率和拆解率。作为《目录》实施的起始年份，这种特殊案例在所难免。依据国家发展改革委《废弃电器电子产品回收处理研究与实践》采用的理论报废量测算方法，以2013年目录产品报废量的3/4测算，2013年前三个季度目录产品回收率为43%，拆解率为101.6%，与2012年相比有大幅提高。

从回收渠道建设情况来看，《目录》实施后，目录产品回收渠道保持了稳健发展，回收主体多元化和回收渠道市场化程度依然较高，通过各回收渠道回收的目录产品数量都出现较大增长，并且仍有较大提升空间。这也充分表明，当前目录政策有利于目录产品回收体系包括渠道建设市场化，有利于激发各回收主体的积极性和主动性，发挥各回收渠道的优势。但是暴露出的问题也比较突出，一是由于回收门槛低，竞争激烈，处理企业仍然面临原料短缺困扰。二是针对政府机关企事业单位的宣传、激励和引导不足，导致该渠道大量目录产品没有流向有处理资质的处理企业。

从处理技术来看,《目录》实施后,根据处理资质相关要求,处理企业购置了专业的拆解设备,对破碎分选环节的重视程度也有所加强,人工和机械化相结合的生产方式提升了目录产品的拆解效率。但是大多数企业技术水平差距不大,经简单拆解产出的初级原材料,技术含量和增值水平都比较低;电冰箱、房间空调器和微型计算机的处理技术仍然有较大的提升潜力,配套环保工艺和设备相对薄弱;2012～2013年前三个季度印刷电路板的处理量仅为产生量的64%,大量印刷电路板库存没有得到及时处理。

从处理规模来看,2012～2013年前三个季度我国进入基金补贴企业名单的企业共回收电视机、电冰箱、洗衣机、空调器、微型计算机4045.045万台,处理3836.3655万台。截至2013年4月30日,我国已有64家企业进入废弃电器电子产品处理基金补贴企业名单,资质许可年处理能力达到8800万台。

从创新能力来看,《目录》实施后,除个别企业拥有专业的研发团队和科研设施,能够自主研发符合国情的专利技术,能够针对不同品种的氟利昂冷媒进行分类、提纯、精制、除油、再生外,多数企业创新能力非常薄弱。我国目录产品回收处理产业创新能力提升的空间和潜力还很大。

（一）取得的成果

（1）有效扩大了目录产品回收处理规模,为推动国民经济和社会可持续发展做出积极贡献。

一方面,《目录》实施提高了全社会对目录产品回收的重视程度,为进一步提高目录产品回收率创造了良好的社会氛围,切实提高了目录产品回收量。2011～2013年前三个季度共回收目录产品10174.245万台,其中2012～2013年前三个季度共回收目录产品4045.045万台,与2011年目录政策实施以前相比,增长的速度和幅度都是十分巨大的。

另一方面,《目录》实施提高了目录产品规范拆解的比例,有利于进一步提高目录产品规范处理规模,在保护环境的前提条件下,实现最大限度的资源化和无害化,兼顾资源效益、环境效益、经济效益和社会效益。

（2）切实推动了废弃电器电子产品回收处理产业规模化、产业化、专业化进程,提升了产业集中度。

首先,《目录》实施促进了处理技术进步,特别是预处理技术有明显提

升。目录产品处理企业购置了专业的拆解设备，对破碎分选环节的重视程度
也有所加强，人工和半机械化相结合的生产方式大大提升了目录产品的拆解
效率。

其次，《目录》实施提高了我国目录产品处理能力，企业硬件设施得到
极大改善，资源化利用程度提高，环保意识增强，有毒有害物质安置规范、
处理企业生产环境和劳动保护条件明显改善。

此外，《目录》实施扩大了处理企业覆盖面，有利于区域目录产品就近
回收处理，降低物流成本。企业布局与区域经济发展程度、产品报废量基本
匹配，有利于目录产品回收处理产业稳健发展。

（二）存在的问题

（1）电冰箱、洗衣机、房间空调器和微型计算机回收量及其在总回收
量中所占比例严重偏低。电冰箱回收量不高的主要原因是补贴标准低于二手
市场收购价格，且资源化利用价值相对较大，进入监管体系以外的处理渠道
的比较多。洗衣机回收量不高的主要原因是补贴标准在目录产品中最低，且
资源化利用价值相对较小，处理企业积极性不高。房间空调器回收量严重偏
低的原因主要是废旧空调器经维修、翻新后大量作为旧货再使用，进入回收
处理流通渠道的极少，处理企业很难收购到空调器。微型计算机回收量偏低
的原因有两个：一是微型计算机的资源化和无害化技术要求在五种目录产品
中最高，有资质的处理企业由于设备投入大、环保成本高，相应抬高了微型
计算机处理成本，而非法拆解企业和作坊由于拆解成本低，回收价格相对具
有竞争优势，导致微型计算机进入规范处理企业的数量严重不足；二是微型
计算机报废周期短，大量进入梯度消费渠道，或者闲置在居民家中，没有进
入回收渠道。

（2）针对同类产品中不同规格产品的补贴标准没有分级分类，制约了
目录产品回收率和再生原材料附加值进一步提高。以 CRT 电视机为例，《废
弃电器电子产品处理基金征收使用管理办法》规定，电视机的补贴标准都
是 85 元/台，不分尺寸大小。但是在《目录》实施过程中，处理企业回收
拆解的 CRT 电视机尺寸为 9~32 英寸不等，不同规格的 CRT 电视机其回收
价格、物流成本和拆解产出物都有较大差异，小尺寸电视机拆解成本相对较
低，处理企业获利较多，其收购和拆解大尺寸电视机的动力就相对较弱，制
约了目录产品规范处理的规模。此外，目前处理企业存在同类产品拆解效率
不同的现象，以拆解产出物塑料为例，有的企业经过简单拆解破碎将大致分

类的塑料外售，这些塑料因为混杂较多，一般只能降级使用；有的企业则提高分选环节精细化程度，能够将不同规格塑料依次分类分选出来外售，这些原料往往能够保级利用。从提高资源利用效率的角度来讲，应鼓励高效拆解和精细化拆解，但是目前两者拿到的补贴金额相同，没有区别对待，制约了再生原材料附加值的进一步提高。

（3）整体技术水平有待提升。目前在目录产品处理技术中，电冰箱、房间空调器和微型计算机的处理技术仍然有较大的提升潜力，配套环保工艺和设备相对薄弱，对目录产品逆制造技术和装备创新引导与投入比较欠缺。

（4）从目录产品中拆解出来的印刷电路板数量巨大，但是在涉及印刷电路板管理的政策中，危险废物管理政策主要着眼于无害化，目录政策更重视资源化，两者如何衔接需要与时俱进加以研究。印刷电路板只是危险废物中的一类，目前我国拥有危险废物处理资质的企业中，能够实现印刷电路板高效利用和环保处置的并不多。而且目录产品中拆解出来的印刷电路板分散流向为数众多的危险废物处理企业，难以实现规模化利用。

第四节　建议

一　加大对非法拆解的打击力度

2012 年进入环境保护部统计体系的目录产品回收率为 16%，这说明 2012 年报废的目录产品约 84% 进入没有处理资质的企业和小作坊，无法得到规范拆解，"拆肥弃瘦"现象比较普遍，资源浪费和环境污染隐患巨大。为了加强有处理资质企业的原料保障，进一步提高目录产品规范回收处理规模，对非法拆解和不规范拆解严重污染环境的，应严格依照污染环境罪相关刑责处罚。

二　调整目录产品基金补贴额度

对同类目录产品的补贴额度应分类分级。如适当提高大尺寸电视机补贴额度，减少小尺寸电视机补贴额度；提高电冰箱、洗衣机、房间空调器和微型计算机的基金补贴额度。适当降低初级拆解的补贴额度，提高精细化拆解补贴额度，鼓励企业提高拆解技术水平和管理水平。

三　成立目录产品逆制造技术和装备创新基金

加大科技创新投入，鼓励和提升我国废弃电器电子产品处理技术和装备水平，酌情开展目录产品零部件再制造研究。

四　确定印刷电路板处理试点企业

在全国范围分区域选择数家具备危险废物处理资质的企业建立印刷电路板处理试点，严格控制试点企业数量，对印刷电路板进行规范的资源化拆解和无害化处置。

第二章

目录产品资源化利用情况评估

第一节 废弃电器电子产品处理行业概况

一 行业基本情况

（一）废弃电器电子产品回收渠道和回收量

我国废弃电器电子产品回收行业是随着我国居民生活水平日益提高、家用电器逐步进入报废期之后出现的。《目录》实施前回收环节已经初步实现了市场化，但是个体回收户和回收公司占据了绝对的主流。《目录》实施后，目录产品回收渠道保持了稳健发展，回收主体多元化和回收渠道市场化程度依然较高，通过各种渠道回收的目录产品数量都出现较大增长，并且仍有较大提升空间。

1. 回收渠道

目前废弃电器电子产品的回收渠道主要包括以下 5 种。

（1）个体回收。个体回收是废弃电器电子产品的回收主力军。个体回收中既有以家庭用户为回收目标的行商，主要通过走街串巷、上门收购、随行就市、就地成交；也有面向普通消费者和个体回收户的旧货经营业主。旧货经营业主有上下游之分，上游旧货经营业主多是些资金少、仓库小、收购量小、收购价低、转售价亦低的小业主。下游旧货经营业主则多是些资金多、仓库大、收购量大、收购价高、转售价亦高的大业主。大业主不是面向个体回收户而是上游小业主，一些大业主甚至与大型零售商合作直接参与"以旧换新"活动，有的还与企事业单位签订协议，定期回收其淘汰更新的废旧电子电器。

（2）家电销售商。大型家电卖场如国美和苏宁等企业利用其发达的销售网络同时从事家电回收和销售。

（3）家电生产商。一些主要的家电生产企业如 TCL、海尔、美的等，利用成熟的物流配送体系尝试开展逆向物流，涉足废弃电器电子产品的回收和拆解领域。同时这些企业熟悉家电构造，在拆解处理方面比其他企业更具优势。

（4）处理企业。拆解处理企业为扩展原料来源、保证原料供应的稳定，在自身回收渠道建设方面逐步加大投入，有的进入社区定点回收，有的与企事业单位合作，有的开通在线回收平台，使回收渠道进一步扩大。

（5）专业回收公司。是传统的正规回收渠道，以供销社系统和物资系统的回收公司、社区回收点、废品收购站为主。

2. 回收量

根据商务部公布的数据，2011 年我国"四机一脑"回收量是 6129.2 万台，其中电视机 5149.7 万台，占 84.02%，电冰箱 222.8 万台，占 3.64%，洗衣机 472.7 万台，占 7.71%，空调器 22.4 万台，占 0.37%，微型计算机 261.5 万台，占 4.27%。根据环境保护部固体废物管理中心公布的数据，2012 年我国废弃电器电子产品处理基金补贴企业共回收"四机一脑" 1245.64 万台，2013 年前三个季度共回收 2799.41 万台（见表 2 - 1）。

表 2 - 1　2011 ~ 2013 年前三个季度我国"四机一脑"回收量

单位：台

时间	电视机	洗衣机	计算机	电冰箱	空调器	合计
2011 年	51497000	4727000	2615000	2228000	224000	61292000
2012 年	11138901	402377	633893	276694	4516	12456381
2013 年前三个季度	25620501	1082448	908966	375470	6684	27994069

资料来源：商务部、环境保护部。

从总量来看，2011 年是"以旧换新"政策的最后一年，回收量也达到前所未有的高峰，部分原因是"以旧换新"政策的积极促进作用，部分原因是对政策之前多年积累的报废量的消化。2012 年回收量较 2011 年有大幅降低，有数据统计范围不同的因素，更主要的是上半年由于《废弃电器电子产品处理基金征收使用管理办法》尚未出台，处理企业基本上处在停产观望状态，7 月 1 日《废弃电器电子产品处理基金征收使用管理办法》实施后，处理企业才开始大量回收拆解。固废中心的数字显示，2012 年下半年的回收量占到全年回收量的 85％。2013 年的回收量明显增长，前三个季度的回收量就已经是 2012 全年的 2.25 倍。如果将 2012 年下半年和 2013 年前三个季度的回收量进行简单处理，可以发现 2013 年回收量比 2012 年增长了 76％，充分体现了基金政策稳定后，对企业的积极促进作用。

（二）废弃电器电子产品拆解产物和拆解量

1. 主要拆解产物分类及流向

废弃电器电子产品的拆解产物可以分为四大类：资源性产物、零部件产物、危险废物和其他废物。拆解产生的资源性产物主要包括各种塑料、废玻璃、钢铁、铜、铝以及其他金属，此类产物只需要简单处理后即可外售再次利用；拆解产生的零部件产品包括电线电缆、电动机、压缩机等，此类废物需要经过专门的处置设备处理后才能外售再次利用；拆解产生的危险废物主要包括含铅锥玻璃、电子废料、印刷电路板、润滑油，此类产物具有危险特性，如果处置不当可能对环境或者人体健康造成有害影响，需要按照危险废物进行管理；其他产物指除上述三类废物外的废物。目录产品的拆解产物分类见表 2-2。

表 2-2　目录产品的拆解产物分类

类别	资源性产品	零部件产物	危险废物	其他废物
电视机	塑料、铁、铜、铝、屏玻璃	电线电缆	锥玻璃（含铅）、线路板	—
洗衣机	各种塑料、铝、钢	电线电缆、电动机	电子废料	—
房间空调器	塑料、铁、铜、铝	电线电缆、压缩机、电动机	制冷剂	其他
电冰箱	塑料、铁、铜、铝、玻璃	电线电缆、压缩机	润滑油、发泡剂、制冷剂	聚氨酯
微型计算机	塑料、铁、铝、铜	电线电缆	线路板	—

根据对全国废弃电器电子产品拆解企业的调查，废弃电器电子产品拆解后产生的资源性产物，拆解企业多数是直接作为原料销售或者经过简单加工处理后外售；拆解产生的零部件产物，各拆解企业多数出售给加工企业处理；产生的危险废物，电子类危险废物外售给有处理资质的单位处理，其他危险废物交由当地有处理资质的危险废物处理企业处理。

拆解处理企业已处置废弃电器电子产品的产物去向见表 2 - 3。

表 2 - 3 拆解处理企业废旧家电拆解产物流向

资源性产物	零部件产物	危险废物
直接作为原料销售或者再加工后外售	销售给加工企业	交给有关资质单位处理

2. 拆解量

根据商务部数据，2010 年和 2011 年家电"以旧换新"政策期间，全国家电拆解企业实际拆解处理废旧家电分别为 2212.8 万台和 5633.1 万台。

2012 年基金政策实施以来，根据环境保护部固体废物管理中心公布的数据，2012 年第三、第四季度我国基金补贴企业申报的拆解量为 902.05 万台，确认获得补贴的拆解数量为 767.9 万台，2013 年前三个季度累计拆解量 2845.54 万台（见表 2 - 4）。

表 2 - 4 2010 ~ 2013 年前三个季度我国"四机一脑"拆解量

单位：台

时间	合计	电视机	洗衣机	微型计算机	电冰箱	空调器
2010 年	22128000	—	—	—	—	—
2011 年	56331000	—	—	—	—	—
2012 年第三、第四季度	7678989	7214083	309009	—	155369	528
2013 年前三个季度	28455354	26342023	1098530	585891	425040	3870

资料来源：2010 ~ 2011 年为商务部公布数据。2012 年为环保部确认拆解量，2013 年为环保部统计量。

二 废弃电器电子产品处理方式

废弃电器电子产品的处理方式分为拆解加工、深加工、二手电器、二手零部件、零部件再制造等。

（一）拆解技术

大型的正规废弃电器电子产品处理企业的拆解生产线采用流水线作业，按照工序对计算机、电视机、电冰箱、空调器、洗衣机等进行分类拆解，将拆解的材料进行分类存放。拆解线主要由输送机（辊筒输送、皮带输送、板链输送等）、工作台（滚珠工作台、万向工作台等）和工作板回送装置组成。工件首先经输送机送至不同的工作台上进行拆解分类。输送到拆解线末端的工装板利用回送装置自动送回拆解生产线开始端循环使用（见图2-1）。

其工艺说明如下。

（1）手工拆解，废家用电器首先进行人工拆解，主要目的是拆解处理难度大和有毒有害的零部件，如线路板、荧光屏、制冷压缩机等，然后分别进行处理。

（2）破碎及磁选，废家用电器部分零部件拆解出之后，主机进行破碎，经过磁选，分选出废钢铁。

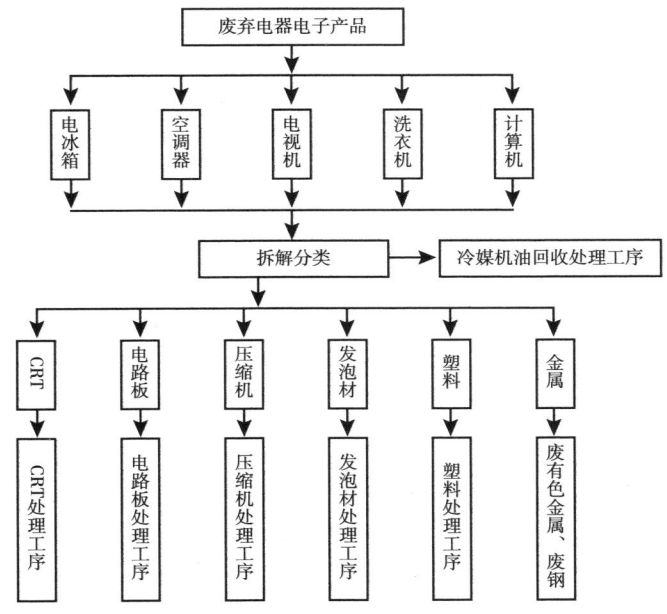

图2-1 废弃电器电子产品拆解处理生产线示意

（3）分选，主要目的是分选轻质材料。

（4）浮选，采用浮选法分选出废塑料等。

（5）涡流分选，通过涡流分选机分选出铝及其合金。

（6）荧光屏的处理，荧光屏要进行分离，将其分成前、后两部分（两者成分不一样），前玻璃分选出荧光粉等，废玻璃经过破碎、清洗等，返回荧光屏生产工厂。

1. 电视机

先进的废电视机处理生产线采用智能物流输送系统，采用机械为主、人工辅助的拆解工艺，将电视机、废旧计算机显示器整体拆解，以电热丝加热方式以及先进的技工切割设备，分离含铅锥形玻璃和屏玻璃，进行荧光粉回收，玻璃供回收再利用（见图 2 - 2）。

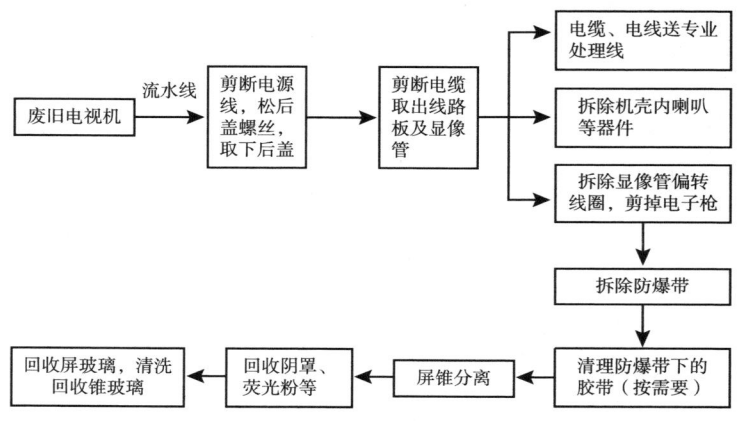

图 2 - 2　电视机、计算机 CRT 拆解处理生产线示意

2. 电冰箱

（1）电冰箱箱体

电冰箱内胆和聚氨酯泡沫通常牢牢黏结在一起，通常只能对箱体进行整体破碎。处理过程如下：①在密闭容器中对内箱进行二级剪切破碎、送入碾磨机，碾磨机冲击剥离铁板和附着在塑料内箱的聚氨酯泡沫，用风力分选机分选出金属和泡沫塑料，使轻的泡沫塑料破碎成细小的颗粒并放出气泡内的发泡剂（CFC - 11），然后用活性炭吸附 CFC - 11，吸足的活性炭加热后，逸出气化的 CFC - 11，再冷却液化加以回收。②风力分选出的金属和板状塑料，移送到破碎机的前部进行破碎。破碎金属通过磁力分选机将铁块分成四种尺寸筛选出来，再利用比重分选机、涡电流分选机等分选出不同材质的物品，如铜、铁、铝等金属，塑料，弱磁性物和粉尘等。③回收的塑料中，混有各种材质，包括细铜线、破碎线路板和金属片、导线包层聚氯乙烯等。将这些塑料混合物粉碎成小颗粒，用比重分选法选出金属，用静电分选法选出聚氯乙烯。具体工艺流程如图 2-3 所示。

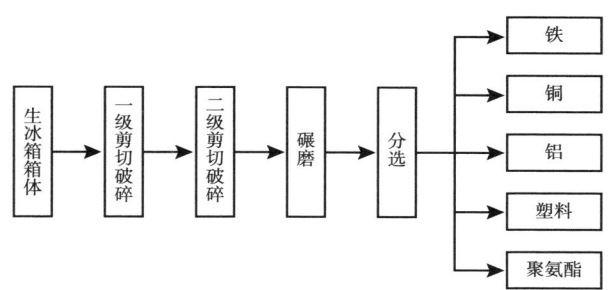

图 2-3　电冰箱箱体处理工艺流程

（2）压缩机回收处理工艺

压缩机外壳钢板厚 3 毫米，部件坚固。用普通破碎机破碎，振动大、噪声高、机器磨损严重。采用铣刀开盖或等离子切割、手提锯切割、氧乙炔气割等方案，实现定子绕组铜、铁分离。总之，对压缩机回收处理达到经济和环境两方面要求的理想效果，必须对压缩机进行初步拆卸分解处理。通过对压缩机的结构了解、拆卸分析，确定压缩机的回收工艺流程，如图 2-4 所示。

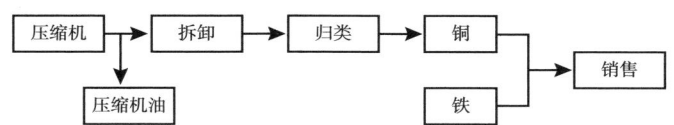

图 2-4　压缩机回收工艺流程

（3）氟利昂回收处理工艺

氟利昂是饱和碳氢化合物的氟、氯、溴衍生物的总称，它具有无味、毒性小、不燃烧，对金属不腐蚀且价格便宜等优点，20 世纪被广泛使用。但它对生态环境有着不良影响，氯与臭氧分子发生反应，造成臭氧层大规模破坏，与周围相比像是形成了一个"洞"，称为臭氧层空洞。

因此，世界各国广泛关注氟利昂的回收。家电产品电冰箱、空调器中制冷剂的回收属于高浓度回收范围，一般采用压缩冷凝法进行回收（见图 2-5）。

由于制冷剂在使用过程中发生化学反应，可能含有气体（CO、CO_2、H_2、HCl、甲烷、乙烷、乙炔等）、水分、杂质（油的结焦物、金属盐等）、润滑油及其氧化而形成的酸化物，所以制冷剂回收过程中一定要进行净化处理，尤其对分离生成的氯化物（冷冻油、空气、水分）要分别进行净化，达到再生净化制冷剂的目的。通常在制冷剂气态的时候通过多级过滤、干燥吸附、加热再生的工艺手段完全可以保证制冷剂的纯度。通常制冷剂回收的路线：液体回收—气体回收—系统抽真空—再生净化制冷剂—冷凝器回收钢瓶。

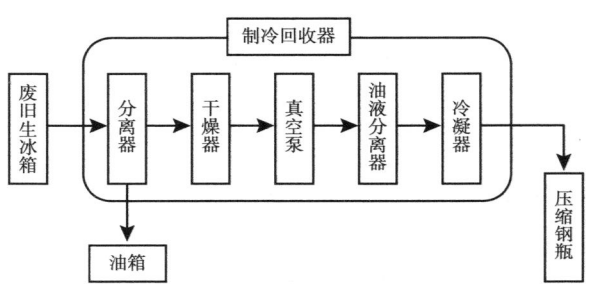

图 2-5　电冰箱制冷剂回收工艺流程

3. 洗衣机

废旧洗衣机在洗衣机拆解线上经过数个工位的拆解分类后，非塑料类零部件运至相应处理线，塑料类零部件进入塑料车间进行处理，壳体进入破碎车间进行破碎分选处理。流程图如图 2-6 所示。

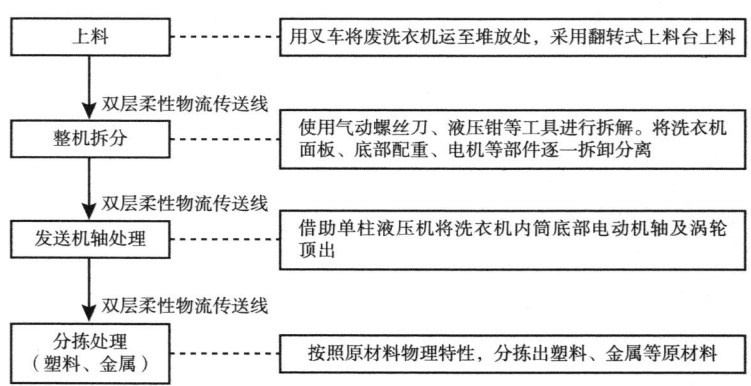

图 2-6　洗衣机回收工艺流程

4. 空调器

空调器拆解线可分为空调器室外机、室内机、特殊空调器的处理。经过数个工位的拆解，热交换器、电机、塑料、电路板等零部件被拆解分类，氟利昂、润滑油被抽取，非塑料类零部件运至相应处理线，塑料类零部件进入塑料车间进行处理，空调器壳体、热交换器等进入破碎车间进行破碎分选处理。流程图如图2-1所示。

5. 计算机

计算机拆解线可分为计算机主机和计算机附件的拆解，废旧计算机经数个工位的整机拆解分类，非塑料类零部件运至相应处理线，屏玻璃等进行破碎处理，拆解零部件后所余下的计算机外壳进入塑料车间进行破碎分选处理。流程图如图2-1所示。

（二）加工利用技术

废弃电器电子产品的处理处置，涉及的废弃物种类多，所含材料面广，各类材料分别通过专业化的处理工艺得以回收利用。

1. 废铜

再生铜行业技术路线主要由以下几个阶段组成。

（1）原料的预处理，根据不同原料主要有分选、废设备的解体等。

（2）火法熔炼，将废铜经火法熔炼成粗铜和阳极铜，然后再电解精炼成阴极铜。按废料组分不同，可采用一段法、二段法和三段法三种流程。

（3）电解，阳极铜通过电解精炼，产出阴极铜。采用的方法有传统法和永久阴极法两种。

国内再生铜企业的典型生产工艺如图2-7所示。

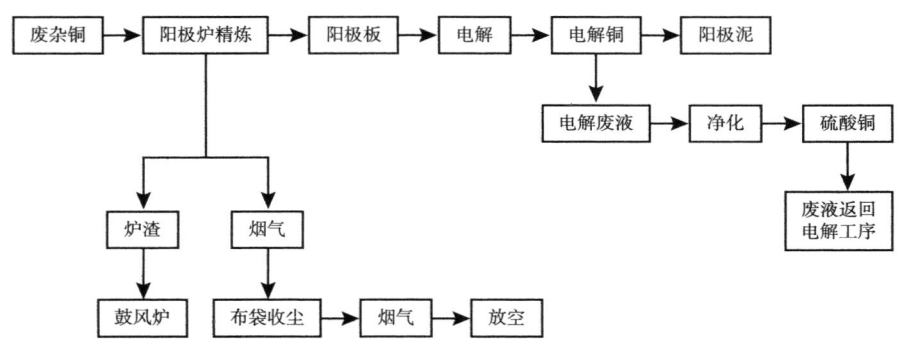

图2-7 典型再生铜生产工艺流程

2. 废铝

再生铝合金熔炼的目的就是把某种配比的金属炉料投入熔炉中，经过加热和熔化得到熔体，再对熔化后的熔体进行成分调整，得到合乎要求的铝合金液体，并在熔炼过程中采取相应的措施控制气体及氧化夹杂物的含量，使铝合金符合规定成分（包括主要组元或杂质元素含量），保证得到适当组织（晶粒细化）的高质量合金铸件。其基本的熔炼工艺见图 2 - 8。

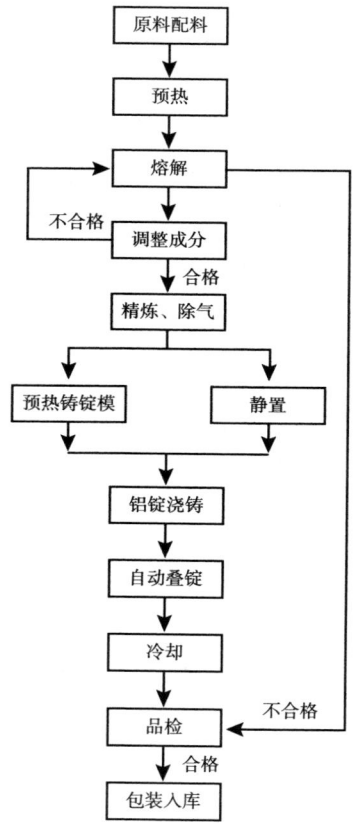

图 2 - 8　废铝熔炼铸造工艺流程

3. 废无机非金属材料

废弃电器电子产品中主要的无机非金属材料是废玻璃。国内目前一些企业建有废玻璃处理与再制造全自动生产线，通过生产线自动进行破碎、制粉、筛选、混合搅拌、高温烧成并最终再制造出玻璃成品。该生产线工艺流程如图 2 - 9 所示。

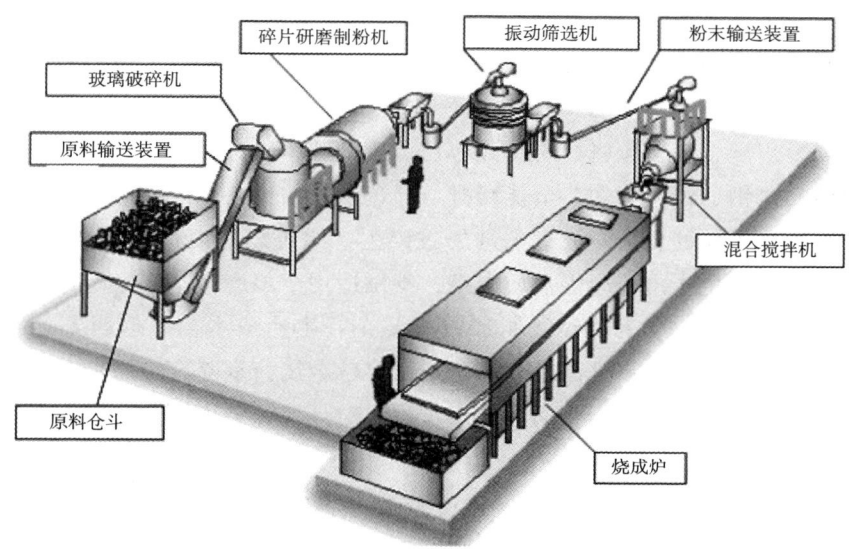

图 2 − 9　废玻璃处理与再制造工艺流程

4. 废塑料

废塑料的处理方法有物理法和化学法两种。物理法是不改变物质的性质，对塑料零部件进行破碎、造粒等机械处理，有机械回收循环法和离心法。化学法有热解法、溶剂法等。无论物理法还是化学法，都需要先对塑料进行分类与分离。目前，国内最主要的废旧塑料回收利用方法是机械回收循环再造法，即将废塑料直接回收或制成塑胶粒，然后将再造的胶粒送回塑料制造工序，用来制成新产品。

5. 废钢铁

废钢铁是炼钢不可缺少的主要原料，是铁矿石唯一的替代品。也就是说，在钢铁生产过程中，多使用废钢，就可以节约铁矿石，废钢供应不足，就要增加铁矿石的消耗。而且按照现行的炼钢工艺，无论是转炉炼钢或电炉炼钢，没有废钢就无法冶炼操作。

在现代的炼钢工艺中，按钢铁生产工艺流程分类，可分为长流程和短流程两种："长流程"是指"铁矿石开采→选矿→烧结→炼铁→炼钢→轧钢"；"短流程"是指"废钢→炼钢→轧钢"。废钢主要用于长流程转炉的炼钢添加料或短流程电炉的炼钢主料。在"长流程"炼钢工艺中，转炉炼钢废钢应用比可达粗钢产量的30%。在"短流程"炼钢工艺中，电炉炼钢废钢应用比可达粗钢产量的80%以上。

废钢回收加工配送过程是一个系统工程，从回收采购、装卸、分选、剪切、打包、破碎等不同的工序生产不同的产品，需要各类相关的设备去完成。需要用到金属打包机、鳄鱼式剪切、废钢破碎生产线等设备。由于近年来对精品废钢、精料入炉、节能减排、绿色钢铁的生产需要，对废钢的破碎生产线提出了新的要求。通过先进的破碎生产线可以把废钢的夹杂物分离，依附物清除，生产出纯净的优质废钢，特别适用于报废汽车、家电等轻薄料废钢的加工处理。废钢破碎线制造技术复杂，生产成本高，但因其技术先进、加工范围大、生产率高，又能分选出有色金属，剔除废金属夹杂物，加工出纯洁度高的优质废钢，而且加工过程中对环境污染少，是比较理想的废钢加工设备。

6. 废线路板

我国目前废线路板的工艺多采用"物理分离＋火法冶金"的工艺方法，其工艺流程为：

（1）废线路板通过传送带送到第一级破碎机中，破碎成15毫米以下的小块，然后再通过传送带送到磁选机上，分离出铁质材料，再送到涡流分选机中将铜分离出来。

（2）余下的线路板颗粒，通过第二级破碎机再破碎成3毫米以下的颗粒，经过筛选后，小于3毫米的颗粒传送到气动振动筛上，将铜和塑料进行第二次分离，再经过静电分离器，将铜和塑料进行第三次细分离。

（3）剩余的贵金属材料如金、银以及铜、锡等的回收采用火法冶炼工艺进行提取。使杂质形成炉渣，而铜及贵金属形成粗铜，粗铜再进入铜熔炼的工序生产精炼铜，进而回收金、银等贵金属。但因原料中仍含有大量的有机物，在熔炼过程中会产生二噁英等污染物，对环境造成污染。因此，采用火法熔炼废线路板必须采用先进的熔炼技术，对熔炼炉及大气污染防治设施的设置规范要求严格。

（三）二手电器

鉴于二手电器统计困难，本研究以北京周边一些典型社区的回收点为调查对象，了解北京市的大概情况，以此判断全国的情况。

根据调查，北京市社区回收站回收的有使用价值的电器电子产品，如电视机、洗衣机、电冰箱、空调器等，会直接销售给有需求用户或进入二手家电市场，目前对电器电子产品的回收处理也是以此类为主。只有很少的一部分失去使用价值的（即有故障的电器电子产品），才会去做拆解，其中除报废电视机将转到下游回收站集中送往定点拆解企业，其余电器则被回收点的个体户手工拆解，并未送到定点拆解企业。

从北京的情况来看，二手电器电子产品占相当大的比例，可以预计全国的二手电器电子产品也非常多，还有大量电器电子产品未进入报废拆解阶段。

三　废弃电器电子产品处理企业类型

从事废弃电器电子产品回收的主要经营者包括：家电销售（含生产企业的销售部门）企业、再生资源回收企业、拆解企业、家电维修经营者、旧货市场经营者。

废弃电器电子产品处理企业分为家电以旧换新中标回收企业、环保部废弃电器电子产品处理资质企业、基金补贴拆解企业等，有些企业同时具有多种资质，扣除重复统计的企业，各类正规拆解企业为 115 家。另外，还有一些非正规的拆解企业和个体拆解户，由于难以统计，具体数目不详。

四　国内外处理技术及资源化水平比较

国外处理废弃电器电子产品的特点是在处理过程中尽量减少人工拆解，大部分工作由机械自动化处理完成。以德国为例，全破碎设备自动化程度高、效率高，可节约部分劳动力费用，但设备投资庞大。例如，一套电冰箱整体破碎处理设备报价达 300 万欧元，并且处理过程中能耗较高。另外，由于全部粉碎后物料混杂，进行有效分离的难度较大，所以对后期处理设备和技术的要求较高，增加了后期处理成本。在德国的电子废弃物综合处理厂最终获得的是塑料、玻璃、不同的金属富集体，这类企业不负责对各种产品进行深加工，而是分别送到不同的加工企业进行再生利用。经过破碎处理后，90% 的物料可以得到回收，成为原材料（有色金属、钢铁、塑料、玻璃、稀贵金属等），对剩余的 10% 物料则采用填埋或焚烧技术处理。德国的北德冶炼厂于 20 世纪 90 年代采用艾萨技术处理废杂铜，其中包含废线路板，取得了成功，而且经过了多年的生产实践，证明艾萨技术处理废铜（含废线路板）是经济可行的，同时证明艾萨技术处理废线路板对二噁英有明显的抑制作用。

日本一大型铜冶炼企业采用预焚烧—烟气二次燃烧—焚烧料熔炼的工艺

处理废线路板。首先将原料加入固定式焚烧炉中进行焚烧，温度约为800℃，保证在焚烧过程中铜、贵金属和玻璃纤维不熔化，而有机物质全部燃烧掉。为了消除焚烧过程中产生的二噁英，在焚烧炉的下端设有烟气二次燃烧室，使焚烧炉产生的烟气迅速进入二次燃烧室，并在1200℃的温度下继续燃烧，使二噁英彻底分解。经过焚烧的废线路板已经不夹杂有机物，因此，焚烧料直接送铜熔炼系统，可以采用任何一种熔炼设备进行熔炼，在熔炼过程中已经不存在二噁英的污染问题。焚烧—熔炼法已经成为日本再生铜企业处理废线路板等电子废料的经典工艺之一。

国内处理废弃电器电子产品的特点是充分利用我国劳动力丰富、价格低廉的特点，针对废弃电器电子产品中可利用元件进行人工拆解分类，获得的金属、塑料直接出售给相关厂商，可再利用的元件经检测合格后销售给厂家降级使用。这种模式符合我国国情，提高了元器件的再利用率，但对于摘取可利用元件后的线路板等难以处理部分没有形成系统的处置工艺和设备。为了提取电子废弃物中蕴含的稀贵金属，有些厂家采用焚烧、水洗、酸浸等低水平处理方法，给环境造成了严重的二次污染。国内一些机构紧紧围绕废弃电器电子产品环保处理及资源回收，开展了较为深入的专业研究，结合国外先进的机械处理方法的特点和国内人工拆解的优势，推出了以资源最大化为目的、以机械处理为主要方法的废弃电器电子产品环保处置及资源回收处理工艺。目前，我国正在研究火法熔炼废线路板设备，还没有进入工业生产阶段，而大量的废线路板采用落后的鼓风炉熔炼，生产粗铜，对环境产生严重的影响，这是未来从技术方面亟待解决的问题。

第二节　目录产品资源化利用评估

一　资源化评估原则与方法

（一）评估原则

1. 宏观评估与微观评估相结合

在评价目录产品资源化的过程中，需要对宏观统计的各类目录产品拆解数量、拆解重量、各关键产出物的数量或重量来进行综合分析。同时，结合具体企业的调研获得的一些企业实际数据进行比较分析，通过局部研究全面的情况，并得出预测数据。通过分析宏观数据与微观数据的内在规律，对比宏观数据与预测数据，实现用宏观指导微观，用微观验证宏观来得出有价值的评估结论。

2. 定量分析与定性分析相结合

在评估过程中，凡能实现定量化评估的内容都应进行定量分析和计算。但是，目录产品资源化的评估是一个复杂的系统，总会有一些影响因素不能量化，不能进行直接的数量分析，对此则应进行实事求是的、准确的定性描述，结合定量分析得出评估结论。

3. 资源化原则

由于废弃电器电子产品物质构成的多样性和产品生命结束后零部件和材料使用级别的差异性，以及拆解的经济性和环保要求，所以资源化的原则是指在环保的前提下获取最大的利润，使零部件材料得到最大限度的利用，简化剩余物质的回收工艺，以使最终产生的废弃物数量最少。

4. 环保原则

废弃电器电子产品回收利用的目的，是以较经济的方式实现零部件的再利用、材料的回收和减少二次污染，使废弃电器电子产品中的材料根据自身的价值进行不同级别的物质循环。要求最大限度地保护环境，减少环境污染风险。因此，在评价目录产品资源化情况时，要充分考虑对环境的影响，对拆解产生的危险废物应做到妥善处置。

（二）数据来源

本报告的数据主要来自三方面。一是环保部固废中心提供的信息系统拆解统计数据，主要包括列入基金补贴目录的 64 家拆解处理企业在 2012 年 7 月 ~ 2013 年 9 月的拆解数量、拆解产物及去向、分产品的关键拆解产物、分企业处理数量，这部分数据主要用于宏观评估。二是实地调研和问卷调查所搜集的数据，针对 64 家企业共进行了两次问卷，收回问卷 28 份，实地调研企业 13 家，这部分数据主要用于微观评估。三是通过文献检索和专家咨询得到的数据，主要是对前两部分数据的补充和验证。

（三）评估指标

资源化利用情况评估分为宏观评估和微观评估两个方面。宏观评估选取了回收量、拆解量、拆解率、拆解产出物重量、拆解产出物价值等指标，分别对"四机一脑"的资源产出情况和价值进行评估。微观评估选取了企业产能利用率、回收渠道、工艺技术装备水平、资源化程度、各产品材料产出比例和价值、企业盈利空间等指标，对企业在废弃电器电子产品资源化利用方面的情况进行评估（见表 2 – 5）。

表 2 – 5　主要评估指标和说明

评估维度	评估指标	定义及说明	评估方法	用途
宏观评估	回收量（A）	环保部信息系统统计的目录产品回收数量及重量	定量分析	评估分析两年来回收拆解总体趋势
	拆解量（B）	环保部信息系统统计的目录产品拆解数量及重量	定量分析	
	拆解率	B/A（数量值）	定量分析	
	回收产品平均重量	回收产品重量/数量	—	评估分析资源量的变化趋势
	拆解产物重量（C）	目录产品中拆解产出的原材料及零部件重量	定量分析	
	拆解产出率	C/B（重量值）	定量分析	评估资源产出情况
	拆解产物价值	根据 2012 年平均价格计算得出的主要拆解产物价值	定量分析	评估资源产出的经济价值
微观评估	产能利用率	企业拆解数量/拆解产能	定量分析	评估企业运营效率
	回收渠道	企业回收渠道	定性分析	评估原料保障
	拆解能耗	单台产品拆解能耗	定量分析	评估拆解自动化程度
	危废处置	拆解产出的危险废物流向与处置情况	定性分析	评估企业运营规范程度
	产品资源产出量	"四机一脑"拆解产出物的重量占比	定量分析	建立电视机、电冰箱和洗衣机的资源产出量评估模型
	产品资源价值	"四机一脑"拆解产出物的资源价值	定量分析	
	拆解成本	根据企业填报数据计算的"四机一脑"平均拆解成本	定量分析	企业主要成本收入分析
	回收价格	根据企业填报数据计算的"四机一脑"平均回收价格	定量分析	

二 宏观评估

(一) 回收拆解总体变化趋势

1. 回收情况

根据商务部公布的数据，2011 年我国"四机一脑"回收量是 6129.2 万台，其中电视机 5149.7 万台，占 84.02%；电冰箱 222.8 万台，占 3.64%；洗衣机 472.7 万台，占 7.71%；空调器 22.4 万台，占 0.37%；微型计算机 261.5 万台，占 4.27%。

根据环境保护部固体废物管理中心公布的数据，2012 年我国废弃电器电子产品处理基金补贴企业共回收"四机一脑" 1245.64 万台，其中电视机 1113.89 万台，占 89.42%；电冰箱 27.67 万台，占 2.22%；洗衣机 40.24 万台，占 3.23%；空调器 4516 台，仅占 0.04%；微型计算机 63.39 万台，占 5.09%。

2013 年前三个季度共回收"四机一脑" 2799.41 万台，其中电视机 2562.05 万台，占 91.52%；电冰箱 37.55 万台，占 1.34%；洗衣机 108.24 万台，占 3.87%；空调器 6684 台，仅占 0.02%；计算机 90.90 万台，占 3.25%。

从"四机一脑"回收量占比来看，电视机占比最大且持续增加，从 2012 年的 84.02% 提高到 2013 年前三个季度的 91.52%。电冰箱和空调器占比逐年下降，分别从 2011 年的 3.64%、0.37% 降至 2013 年前三个季度的 1.34%、0.02%。洗衣机占比从 2011 年的 7.71% 下降到 2012 年的 3.23%，2013 年前三个季度略有回升，达到 3.87%。计算机则从 2011 年的 4.27% 增加到 2012 年的 5.09%，2013 年降至 3.25%（见表 2 - 6）。

表 2 - 6　2011 ~ 2013 年前三个季度"四机一脑"回收量

分类＼时间	2011 年		2012 年		2013 年前三个季度	
	回收数量（台）	占比（%）	回收数量（台）	占比（%）	回收数量（台）	占比（%）
电视机	51497000	84.02	11138901	89.42	25620501	91.52
洗衣机	4727000	7.71	402377	3.23	1082448	3.87
电 脑	2615000	4.27	633893	5.09	908966	3.25
冰 箱	2228000	3.64	276694	2.22	375470	1.34
空 调	224000	0.37	4516	0.04	6684	0.02
合 计	61292000	100.00	12456381	100.0	27994069	100.0

资料来源：环保部、商务部 CMRA 分析。

2. 拆解情况

根据商务部数据，2011 年我国共拆解"四机一脑"5633.1 万台，其中电视机 4733.4 万台，占 84.03%；洗衣机 435.3 万台，占 7.73%；计算机 210.4 万台，占 3.74%；电冰箱 226.8 万台，占 4.03%；空调器 27.1 万台，占 0.48%。

按照环保部固废管理中心的统计，2012 年列入基金补贴名单的企业共拆解"四机一脑"990.83 万台①。2013 年前三个季度共拆解 2845.54 万台，其中电视机 2634.2 万台，占 92.57%；洗衣机 109.85 万台，占 3.86%；计算机 58.59 万台，占 2.06%；电冰箱 42.50 万台，占 1.49%；空调器 3870 台，占 0.01%（见表 2-7）。

表 2-7   2011~2013 年前三个季度"四机一脑"拆解量

时间 分类	2011 年		2012 年		2013 年前三个季度	
	拆解数量（台）	占比（%）	拆解数量（台）	占比（%）	拆解数量（台）	占比（%）
电视机	47334000	84.03	8997773	90.81	26342023	92.57
洗衣机	4353000	7.73	338773	3.42	1098530	3.86
电 脑	2104000	3.74	404433	4.08	585891	2.06
冰 箱	2268000	4.03	166766	1.68	425040	1.49
空 调	271000	0.48	556	0.01	3870	0.01
合 计	56331000	100.00	9908301	100.00	28455354	100.00

资料来源：环保部、商务部 CMRA 分析。

3. 拆解率

2012 年"以旧换新"政策结束后，由于基金政策的配套措施出台较晚，对审核原则和方法一直没有正式的解释说明，造成废家电处理企业大多处于观望和等待状态，上半年基本没做拆解处理，因此 2012 上半年的总体拆解率仅为 16%。

2012 年 5 月，《废弃电器电子产品处理基金征收使用管理办法》出台，从 7 月 1 日起，处理企业对列入目录的产品进行处理，可以申请基金补贴。因此下半年处理企业的拆解率迅速提高，达到 90.6%，将全年的平均拆解率拉高到 79.5%。2013 年以来基金审核程序逐渐成熟，企业生产步入正轨，

---

① 2012 年下半年我国基金补贴企业申报的拆解量为 902.05 万台，确认获得补贴的拆解数量为 767.9 万台。

电视机、电冰箱、洗衣机的拆解率均超过 100%，企业总拆解量已经超过当期回收量，平均拆解率达到 101.6%，充分说明只要政策及时、配套完善，可以充分激发企业回收处理的积极性（见表 2-8）。

表 2-8　2012～2013 年前三个季度"四机一脑"拆解率

单位：%

项目	2012 年上半年	2012 年下半年	2012 年全年	2013 年前三个季度
CRT 黑白电视机	3.4	98.8	86.4	99.3
CRT 彩色电视机	21.5	87.7	77.4	104.0
电冰箱	10.6	69.9	60.3	113.2
洗衣机	35.4	106.1	84.2	101.5
房间空调器	15.5	10.9	12.3	57.9
微型计算机	3.5	68.5	63.8	64.5
平　均	16.3	90.6	79.5	101.6

资料来源：环保部 CMRA 分析。

（二）资源量变化趋势

从资源化利用的角度分析，废弃电器电子产品的资源量主要取决于两个因素。一是拆解的总重量和平均重量，一般而言，总重量越大，说明可以回收利用的资源量越多；单位产品的平均拆解重量越大，说明其蕴含的资源量越大。二是拆解产出物的品种和数量，具备回收价值的拆解产出物越多，说明企业拆解的精细化程度越高，可回收利用的资源效益越大。

1. 拆解重量

2012 年共拆解各类电器电子产品 15.63 万吨，2013 年前三个季度共拆解 53.2 万吨，这和上一节分析的拆解量大幅增长是一致的。

对各阶段拆解产品的平均重量分析可以看出，CRT 黑白电视机 2012 年上半年的平均重量仅为 4.26 千克/台，而下半年增长为 8.67 千克/台，2013 年前三个季度为 9.07 千克/台。说明 2012 年上半年拆解的黑白电视机主要是以 9～12 英寸为主，而下半年和 2013 年前三个季度拆解的多为 14 英寸左右的黑白电视机。同样，CRT 彩色电视机的平均重量从 2012 年上半年的 15.81 千克/台到下半年的 20.21 千克/台，再到 2013 年前三个季度的 21.88 千克/台，说明拆解的 CRT 彩色电视机逐步从 17 英寸为主向 21 英寸过渡。这一趋势与我国电视机拥有情况和报废情况的变化相吻合，说明了进入拆解企业的报废电视机中，小屏幕电视机逐步在减少，大屏幕电视机逐渐增加，这也符合课题组实地调研的观感（见表 2-9）。

表 2-9 2012~2013 年前三个季度废弃电器电子产品拆解重量

产品类别	2012 年上半年		2012 年下半年		2013 年前三个季度	
	总重量（吨）	平均重量（千克/台）	总重量（吨）	平均重量（千克/台）	总重量（吨）	平均重量（千克/台）
CRT 黑白电视机	80.02	4.26	31516.64	8.67	58217.71	9.07
CRT 彩色电视机	3665.21	15.81	103306.59	20.21	435922.67	21.88
电冰箱	213.27	44.81	7259.16	44.81	18304.06	43.06
洗衣机	855.58	19.39	4076.71	13.84	12131.20	11.04
空调器	14.27	67.64	20.79	60.27	159.65	41.25
计算机	30.88	19.29	5251.33	13.04	7232.80	12.34
合　计	4859.23	—	151431.22	—	531968.09	—

资料来源：环保部 CMRA 分析。

其他四种产品由于拆解数量相对较少，所表现出的变化趋势可能缺乏足够的准确性和代表性。简单来看，近两年来拆解的电冰箱平均重量基本保持在 43~44 千克/台。洗衣机的平均重量则表现了下降的趋势，从 2012 年上半年的 19.39 千克/台，降到下半年的 13.84 千克/台，再到 2013 年的 11.04 千克/台，可能说明了回收拆解的洗衣机在向小规格方向变化。对于空调器来说，拆解数量非常少，无法进行有效判断。对于计算机来说，从 2012 年下半年和 2013 年前三个季度的数据分析，单机重量变化不明显。

2. 拆解产出物

按照环保部固废中心的统计，废弃电器电子产品拆解产出物共分为 13 种。2012 年下半年拆解产出物为 14.9 万吨，拆解产出率为 98.4%（同期拆解总重量为 15.14 万吨）。2013 年前三个季度的拆解产出物为 52.02 万吨，拆解产出率为 97.8%。2012 年与 2013 年的拆解产出率均保持在较高水平，而且这一结果也得到了调查问卷中相关数据的支持（反馈问卷结果显示，企业电视机的平均拆解产出率达 99%），说明总体来看废家电基本得到了有效拆解（见表 2-10 和表 2-11）。

表 2 – 10　2012 年下半年废弃电器电子产品拆解产出物

序号	拆解产出物	重量（吨）	占比（%）
1	CRT 屏玻璃	45639.35	30.6
2	塑料	27539.63	18.5
3	CRT 锥玻璃	22141.80	14.9
4	CRT 玻璃（黑白）	19827.33	13.3
5	钢铁	15229.35	10.2
6	印刷电路板	9737.90	6.5
7	铜及其合金	3752.13	2.5
8	压缩机	1533.15	1.0
9	保温层材料	1298.08	0.9
10	电动机	1095.57	0.7
11	电线电缆	809.80	0.5
12	铝及其合金	408.86	0.3
13	制冷剂	3.24	0.0
	合　计	149016.19	100.0

资料来源：环保部 CMRA 分析。

表 2 – 11　2013 年前三个季度废弃电器电子产品拆解产出物

序号	拆解产出物	产生总量（吨）	占比（%）
1	CRT 屏玻璃	180673.89	34.73
2	塑料	96764.13	18.60
3	CRT 锥玻璃	92059.05	17.70
4	钢铁	52235.03	10.04
5	CRT 玻璃（黑白）	40024.33	7.69
6	印刷电路板	32267.77	6.20
7	铜及其合金	11896.26	2.29
8	压缩机	3573.22	0.69
9	电动机	3440.50	0.66
10	电线电缆	3194.64	0.61
11	保温层材料	2959.58	0.57
12	铝及其合金	1033.47	0.20
13	制冷剂	30.53	0.06
	合　计	520152.40	100.00

资料来源：环保部 CMRA 分析。

　　从表 2 – 11 的数据可以看到，2013 年前三个季度的废弃电器电子产品中主要拆解产出物（按重量计）为：CRT 屏玻璃占比 34.73%，塑料占比

18.60%，CRT 锥玻璃占比 17.70%，钢铁占比 10.04%，CRT 玻璃（黑白）占比 7.69%，印刷电路板占比 6.20%，铜及其合金占比 2.29%（见图 2-10）。

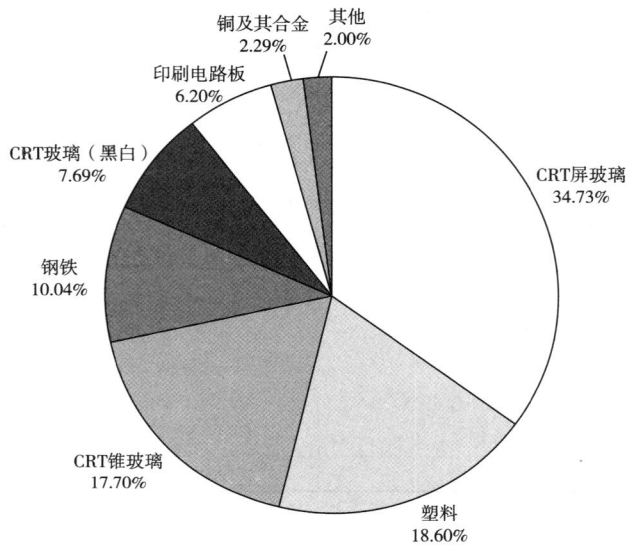

图 2-10 2013 年前三个季度废弃电器电子产品中主要拆解产出物的占比

（三）资源价值评估

拆解产出物的资源价值主要从两方面评估。一方面是有经济价值拆解物的表观价值，体现为市场销售额，这也是各拆解处理企业的直接收入来源之一。以拆解产出物的重量乘以市场平均价格（以 2012 年为计算依据），可以估算出 2012 年拆解产出物的总价值为 5.13 亿元，2013 年前三个季度拆解产物价值为 15.75 亿元（见表 2-12）。

表 2-12 2012 年至 2013 年前三个季度拆解产物资源量及价值

序号	资源类型	2012 年平均价格（元/吨）	2012 年拆解产物情况		2013 年前三个季度拆解产物情况	
			重量（吨）	价值（万元）	重量（吨）	价值（万元）
1	塑料	6000	28961	17377	96764	58058
2	印刷电路板	6000	10929	6557	32268	19361
3	铜及其合金	48000	4009	19245	11896	57102
4	压缩机	5500	1822	1002	3573	1965
5	电动机	8000	1651	1320	3440	2752

续表

序号	资源类型	2012 年平均价格（元/吨）	2012 年拆解产物情况		2013 年前三个季度拆解产物情况	
			重量（吨）	价值（万元）	重量（吨）	价值（万元）
6	电线电缆	22000	957	2104	3195	7028
7	铝及其合金	8000	515	412	1033	827
8	钢铁	2000	16199	3240	52235	10447
	合　计	—	65043	51257	204404	157540

资料来源：环保部 CMRA 分析。

　　资源价值的另一方面是拆解产出物的潜在价值，主要指线路板中所蕴含的大量稀贵金属资源。如果线路板中的资源量能够得到充分利用，产生的资源价值远大于以上的表观价值，而且所得到的金、银、铜等稀贵金属也是对国家资源的有效补充。根据理论测算，2012 年拆解所得的废线路板中含金4.918 吨、银 8.415 吨、铜 1329 吨、锡 219 吨、镍 199 吨等，潜在经济价值可达 16.86 亿元；2013 年前三个季度拆解所得的线路板中含金 14.52 吨、银 24.846 吨、铜 3924 吨、锡 645 吨、镍 587 吨等，潜在经济价值可达49.77 亿元（见表 2 - 13）。

表 2 - 13　拆解出的线路板中各种资源量及价值

材料名称	占比（%）	价格（万元/吨）	2012 年拆解出的线路板		2013 年前三个季度拆解出的线路板	
			含量（吨）	价值（万元）	含量（吨）	价值（万元）
金	0.045	30000	4.918	147540	14.520	435615
银	0.077	600	8.415	5049	24.846	14908
铜	12.16	5	1328.940	6645	3923.761	19619
锡	2	16	218.576	3497	645.355	10326
镍	1.82	12.5	198.904	2486	587.274	7341
树脂	33.18	0.4	3626.170	1450	10706.448	4283
塑料聚苯乙烯	17.47	0.4	1909.258	764	5637.180	2255
聚丙烯	25.69	0.4	2807.604	1123	8289.591	3316
其他	7.558	—	825.997	—	2438.798	—
合　计	100	—	10928.782	168554	32267.773	497661

资料来源：环保部 CMRA 分析。

三　微观评估

微观评估主要以调查问卷和实地调研所得到的数据为基础。本书共实地调研 13 家企业，向基金补贴企业发出 64 份调查问卷，返回 28 份，返回率为 43.8%。从反馈企业的拆解量来看，28 家企业 2013 年前三个季度总拆解量为 1384.2320 万台，占 64 家基金补贴企业的总拆解量 2845.5354 万台的48.6%。

（一）企业拆解产能利用情况

综合环保部的统计数据和 28 家企业填写的数据，可以得到 28 家企业 2012 年和 2013 年的产能利用率。需要说明的是，由于 2012 年的特殊情况，为保证数据分析的准确性，我们采用各企业 2012 年下半年的实际拆解量，将年产能减半处理，计算得出 2012 年产能利用率。2013年企业拆解量只有前三个季度数据，年化处理后计算 2013 年的产能利用率。

数据显示，2013 年前三个季度产能利用率较高的是浙江盛唐环保科技有限公司、清远市东江环保技术有限公司、重庆市中天电子废弃物处理有限公司、北京华新绿源环保产业发展有限公司、武汉市博旺兴源物业服务有限公司 5 家企业，均达到 85% 以上。产能利用率低于 30% 的企业是大冶有色博源环保股份有限公司、湖南万容电子废弃物处理有限公司、浙江玉环县青茂废旧物资有限公司、湖北金科电器有限公司、鑫广绿环再生资源股份有限公司、青岛新天地生态循环科技有限公司等，其中最低的为青岛新天地生态循环科技有限公司，其产能利用率仅为 7.92%。

从 2012 年和 2013 年的产能利用率变化来看，2012 年 17 家企业的总有效产能为 2995 万吨，下半年共拆解 415.2 万台，年化后产能利用率平均为 27.72%。2013 年 27 家企业的总有效产能为 4155 万吨（未计入烟台中祈），2013 年前三个季度共拆解 1384.232 万台，年化后产能利用率平均为44.16%。尽管 2013 年的产能利用率还是偏低，但是产能利用率明显提升的趋势是非常明显的，这表明基金补贴政策实施以来，企业生产经营逐步进入正轨。

（二）企业回收渠道

在企业反馈的调查问卷中，原料来源数据相对完整的有 20 份。从上述企业原料来源所占比例来看，17 家企业原料主要来自市场收购，这说明市场收购仍然是大多数企业的主要原料来源。

6 家企业自建了回收网络，特别是黑龙江中再生废旧家电拆解有限公司、四川长虹电器股份有限公司、贵阳市物资回收公司等企业，通过自建网络回收的废弃电器电子产品比较多。可以看出，自建网络回收的企业多为供销社系统、物资系统所属企业以及家电生产企业，其本身具有很好的回收渠道基础。而对新进入的处理拆解企业而言，虽然也有个别企业尝试网络在线回收和社区定点回收等方式，但自建回收网络成本较高、见效较慢、难度较大，多数企业还是希望国家能有进一步的支持措施。

通过政府机关企事业单位定点处理方式回收的比例非常低，而且基本上以计算机等办公类废弃电器电子产品为主，其他类型产品非常少。13 家企业完全没有政府机关企事业单位定点处理业务。有 8 家企业在 2010～2012 年是依靠以旧换新定点交投的方式进行回收。

（三）企业技术水平

由于企业对工艺技术装备等内容填报的信息和数据过于分散，且可比性非常差，无法对技术水平做出量化评估，仅做定性评价。通过各企业的拆解工艺、设备的分析可知，基本上各企业均以机械化加手工拆解工艺为主，也基本购置了比较先进的机械化破碎设备。

1. 电视机、洗衣机拆解

从企业拆解的单台电耗水平可以分析出一些有益的信息。对于电视机的拆解，基本上电耗水平集中在 0.1～0.2 千瓦·时/台。洗衣机的拆解电耗基本集中在 0.1 千瓦·时/台。这两类产品的电耗比较低，基本上是以手工拆解为主和部分机械辅助的工艺，各企业对这两类产品的拆解工艺技术水平大体相同。从前述企业资源水平评估中可知，电视机、洗衣机的资源量评估值与实际统计值相比误差较小，说明了我国目前对电视机和洗衣机拆解的工艺技术符合资源化的要求。

2. 电冰箱拆解

企业填报的电冰箱的拆解电耗差别较大，从 2～4 千瓦·时/台到 10～13 千瓦·时/台，范围比较宽。经分析知电冰箱拆解电耗高的企业自动化程度比较高，全部为机械破碎处理，破碎流程较长，对破碎产物的分选也加大了耗电量。而电冰箱拆解电耗低的企业多数辅助以人工拆解，破碎流程较短，破碎产物混杂较少，因此电耗低。通过电耗的参数可以初步判断企业的技术装备水平，电耗高的自动化水平高。

3. 计算机、空调器拆解

计算机拆解多数是和电视机使用同一条生产线，基本上还是以手工拆解为主，其电耗和拆解电视机的大致相同。而有些空调器企业是和电冰箱生产线共用，有些企业是进行单独的手工拆解处理，因此电耗的差别很大。

（四）企业危废处置现状

基于企业调研结果和调查问卷数据分析，总体来看，28 家企业对于拆解产出的危险废物及一般固废均按规定做了正规处理和处置。

对于拆解产出的泡沫材料有 10 家企业填写"填埋"，3 家企业填写送垃圾焚烧厂，6 家企业未拆解电冰箱因此无产出，还有 9 家企业未说明。通过向企业直接咨询了解，一般企业均为填埋处理。

对于拆解产出的废机油，仅有 4 家说明已送有资质处理企业处理，其余企业未说明，但通过电话了解均未送有资质处理企业处理。

对于氟利昂有 7 家企业送到有资质处理单位进行处理，其中青岛新天地生态循环科技有限公司为提纯后再利用，其他未说明去向。由于氟利昂并不做危废处理，对其有收集的企业一般是送给空调器或电冰箱维修点作为添加之用。

对于拆解产出的电视机锥玻璃，12 家企业填写送往"天津仁新"，1 家企业填写送往"四川仁新"，其余未说明，但通过电话了解均未送天津仁新处理。

对于废线路板的处置，有 6 家企业具有破碎分选处理资质，还有 1 家正在申请处理资质，14 家企业外售到有资质企业处理，有 7 家企业未说明情况。

（五）企业的资源化利用深度

对调研的 28 家企业资源化利用深度的分析表明，绝大多数企业只是简单拆解加工，将废弃电器电子产品中的各类有价资源拆解为初级再生原料后，外卖给下游加工利用企业。根据再生原料的不同，企业的资源化利用深度有所区别。

第一种是对废塑料的加工处理，多数企业将拆解得到的废塑料破碎和分选后，作为原料直接销售给下游企业，直接将再生塑料制成塑料产品的企业不多。

第二种是对金属材料的拆解加工处理，如对电线电缆的拆解，对废电机、压缩机的拆解等，拆分为铜、铝、钢铁等金属材料进行外售。

第三种是对印刷电路板的加工处理。前述对企业危废处置现状评估中，有 6 家企业对印刷电路板做了破碎加工处理，但绝大多数仅是将线路板中的铜、铝等金属及元器件等与环氧树脂分离，而对线路板中的稀贵金属进行提取加工的仅有苏州伟翔和江西格林美两家公司。

分析表明，制约企业资源化利用深度的主要原因是资源量不足。以资源化利用价值较大的铜来看，2013 年前三个季度一共拆解得到铜及其合金为 1.19 万吨，即使加上电线电缆、电动机拆解出的铜，总量也不足以满足一个再生铜企业的最低规模要求，更何况这些原料分散在 64 家企业。次要原因是技术能力不足，以印刷电路板为例，如果企业不具备多种稀贵金属绿色提取的技术，就无法实现印刷电路板的资源价值最大化，也无法达到保护环境、节约资源的目的。

因此，对大多数企业而言，以"回收—拆解—分选—外销"为代表的简单资源化利用模式是现实条件下的最佳选择，具有较大的可行性和经济性，没有必要盲目要求企业对拆解原料进行资源化深加工。当然，具备多重稳定原料来源、拥有较完善的回收网络、技术资金实力较强的个别企业可以考虑适当延伸资源化利用产业链、建设再生资源深加工项目。总之，针对目前行业实际情况，应该鼓励企业选择最合适的资源化水平，而非一味追求资源的深度加工处理。

（六）分品种资源产出量和资源价值

本节的分析主要根据调查问卷数据做出。由于计算机和空调器的数据样本不足，仅得出两种产品的拆解产出物及平均重量比例，不再进一步分析。电视机、电冰箱和洗衣机的数据相对完善，基于数据初步建立了资源产出评估模型，在得出拆解产物重量占比后，分析计算每年从三类产品拆解得到的主要资源量，同时进一步分规格计算出每种产品的拆解产出物重量和价值。

1. 电视机拆解的资源产出情况

根据企业调查问卷的反馈数据，电视机的拆解产出物主要是塑料（16.87%）、屏玻璃（41%）、锥玻璃（20%）、铜（1.12%）、印刷电路板（6.34%）、钢铁（5.38%）、扬声器（1.56%）、变压器（1%）、偏转线圈（2.58%）、混合杂料（3.11%）、不可利用废弃物（1%）。电视机拆解的平均资源产出率为99%（见表2-14）。

表2－14　废电视机的材料及部件拆解产出率

序号	拆解产出物	平均比例（%）
1	塑料	16.87
2	屏玻璃	41
3	锥玻璃	20
4	铜	1.12
5	印刷电路板	6.34
6	钢铁	5.38
7	扬声器	1.56
8	变压器	1
9	偏转线圈	2.58
10	混合杂料	3.11
11	不可利用废弃物	1

资料来源：CMRA 分析。

　　根据 9～32 英寸电视机的平均重量以及表 2－14，可以计算出各规格电视机的拆解产出物重量，再根据各产出物的单价，计算出各尺寸电视机的拆解产出资源价值在 7～140 元。这一价值区间与从企业咨询了解到的实际情况较为一致，说明表 2－14 和表 2－15 的数据可信度较高，可以作为今后一段时间对电视机资源产出量的评估依据。

表2－15　各规格废电视机的拆解产出物及价值

规格		9 英寸	12 英寸	14 英寸	17 英寸	21 英寸	25 英寸	29 英寸	32 英寸
单机重量（千克）		2.5	7.2	8.6	12	22	30	40	65
拆解产物总值（元）		7	20	24	32	60	83	111	140
拆解产出物（千克）	塑料	0.42	1.21	1.45	2.02	3.71	5.06	6.75	0.42
	屏玻璃	1.03	2.95	3.53	4.92	9.02	12.30	16.40	1.03
	锥玻璃	0.50	1.44	1.72	2.40	4.40	6.00	8.00	0.50
	铜	0.03	0.08	0.10	0.13	0.25	0.34	0.45	0.03
	印刷电路板	0.16	0.46	0.55	0.76	1.39	1.90	2.54	0.16
	钢铁	0.13	0.39	0.46	0.65	1.18	1.61	2.15	0.13
	扬声器	0.04	0.11	0.13	0.19	0.34	0.47	0.62	0.04
	变压器	0.03	0.07	0.09	0.12	0.22	0.30	0.40	0.03
	偏转线圈	0.06	0.19	0.22	0.31	0.57	0.77	1.03	0.06
	混合杂料	0.08	0.22	0.27	0.37	0.68	0.93	1.24	0.08
	不可利用废弃物	0.03	0.07	0.09	0.12	0.22	0.30	0.40	0.03

资料来源：CMRA 分析。

根据表 2 - 14、表 2 - 15 的结论及环保部统计的 2012 年和 2013 年前三个季度电视机拆解重量，可以计算出这两年拆解电视机所获得的主要材料和零部件的重量（见表 2 - 16）。

表 2 - 16 电视机的拆解产出资源量评估值

序号	拆解产出物	平均比例(%)	2012 年下半年（吨）	2012 年（吨）	2013 年前三个季度（吨）
1	塑料	16.87	22744.68	27167.50	83361.48
2	屏玻璃	41	55277.53	56813.07	202597.56
3	锥玻璃	20	26964.65	27713.69	98828.08
4	铜	1.12	1510.02	3815.00	5534.37
5	印刷电路板	6.34	8547.79	8785.24	31328.50
6	钢铁	5.38	7253.49	13153.00	26584.75
7	扬声器	1.56	2103.24	2161.67	7708.59
8	变压器	1	1348.23	1385.68	4941.40
9	偏转线圈	2.58	3478.44	3575.07	12748.82
10	混合杂料	3.11	4193.00	4309.48	15367.77
11	不可利用废弃物	1	1348.23	1385.68	4941.40
	合　计	100	134769.30	150265.08	493942.72

资料来源：CMRA 分析。

对表 2 - 16 中的数据分析计算，将零部件重量折算成主要资源量，可以估算出 2012 年从电视机中拆解出的各类资源量：塑料 27167.5 吨、铜 3815 吨（含线路板、变压器、偏转线圈等其他部件中的铜）、钢铁 13153 吨，线路板中含金 4.918 吨、银 8.415 吨、锡 219 吨、铅 254.77 吨、锑 87.85 吨、镍 199 吨、树脂 3626 吨。

2013 年前三个季度从电视机中拆解出的各类资源量：塑料 96883 吨、铜 13603 吨（含线路板、变压器、偏转线圈等其他部件中的铜）、钢铁 46904 吨，线路板中含金 14.50 吨、银 24.8 吨、锡 645.4 吨、镍 587.3 吨、树脂 10395 吨。

2. 电冰箱拆解的资源产出情况

根据企业调查问卷的反馈情况，电冰箱拆解主要产出物为塑料（14%）、保温层材料（17%）、铜（1%）、铝（3%）、钢铁（43%）、压缩机（19%）、玻璃（1%）、其他（1%）、不可利用废弃物（1%）。电冰箱拆解的平均产出率为 99%（见表 2 - 17）。

表 2 - 17　废电冰箱的材料产出率

序号	拆解产出物	平均比例(%)
1	塑料	14.00
2	保温层材料	17.00
3	铜	1.00
4	铝	3.00
5	钢铁	43.00
6	压缩机	19.00
7	玻璃	1
8	其他	1
9	不可利用废弃物	1

资料来源：CMRA 分析。

同样的方法，根据 96 ~ 180 升电冰箱的平均重量以及表 2 - 17 中废电冰箱的材料及部件产出率表，可知各典型电冰箱的拆解产出物重量，再根据各产出物的单价，可计算出各类电冰箱的拆解产出物的价值，详见表 2 - 18。

表 2 - 18　各类废电冰箱的拆解产出资源价值

电冰箱规格	96 升	130 升	160 升	180 升
单机质量(千克)	24	43	48	51
拆解产物价值(元)	76	137	153	162

资料来源：CMRA 分析。

表 2 - 18 中显示的各规格电冰箱的拆解产出资源价值为 76 ~ 162 元。通过向企业核实发现，一些企业反映其资源价值与表 2 - 18 数据基本吻合，但也有一些企业反映，计算值低于企业实际值。这可能是由于 2012 年基金补贴工作刚开始施行，许多企业对审核程序的细节没太注意，对回收的电冰箱未做太多要求，以至于进入拆解企业的电冰箱存在高价值材料缺失的情况（如暴露在电冰箱外面的铜管回收前就被部分或全部拆解），造成拆解产出物比例失真，导致产出资源价值相差较大。这与企业反映的有大部分回收电冰箱存在材料缺失的情况相吻合，也说明表 2 - 17 的数据还需要根据不断积累的数据进行及时调整。

电冰箱的拆解产出资源量评估值见表 2 - 19。可以计算出 2012 年从电冰箱中拆解出的各类资源量：塑料 1046 吨、铜 75 吨（含压缩机中的铜）、铝 224 吨（含压缩机中的铝）、钢铁 3213 吨、玻璃 75 吨。2013 年前三个季度从电冰箱中拆解出的各类资源量：塑料 2563 吨、铜 183 吨、铝 549 吨、钢铁 7871 吨、玻璃 183 吨。

表 2 - 19　电冰箱的拆解产出资源量评估值

序号	拆解产出物	平均比例(%)	2012 年下半年(吨)	2012 年(吨)	2013 年前三个季度(吨)
1	塑料	14.00	1016.28	1046.14	2562.568
2	保温层材料	17.00	1234.06	1270.312	3111.69
3	铜	1.00	72.59	74.72425	183.0406
4	铝	3.00	217.77	224.1728	549.1217
5	钢铁	43.00	3121.44	3213.143	7870.744
6	压缩机	19.00	1379.24	1419.761	3477.771
7	玻璃	1	72.59	74.72425	183.0406
8	不可利用废弃物	0.50	36.30	37.36213	91.52028
9	其他	1.50	108.89	112.0864	274.5608
	合　计	100.00	7259.16	7472.42583	18304.05698

资料来源：CMRA 分析。

3. 洗衣机拆解的资源产出情况

根据企业调查问卷的反馈情况，洗衣机的主要拆解产出物为：塑料 46.72%、铜 0.5%、铝 1.2%、钢铁 17.67%、金属混合物 1%、印刷电路板 0.2%、电动机 28.67%、其他 6%、不可利用废弃物 1.7%。洗衣机拆解的平均产出率为 98.3%（见表 2 - 20）。

表 2 - 20　废洗衣机的材料及部件产出率

单位：%

序号	拆解产出物	平均比例
1	塑料	46.72
2	铜	0.50
3	铝	1.20
4	钢铁	17.67
5	金属混合物	1
6	印刷电路板	0.20
7	电动机	28.67
8	其他	6
9	不可利用废弃物	1.70

资料来源：CMRA 分析。

为验证表 2-20 数据的准确性，我们将表 2-20 中电动机占比与环保部固废中心数据进行对比检验。后者数据显示，2012 年共拆解洗衣机 4905 吨，拆出电动机 1204 吨，占比为 25%。2013 年前三个季度共拆解洗衣机 12131 吨，拆出电动机 3412 吨，占比为 28%。这两年的数字与表 2-22 中电动机占比 28.67% 很接近，特别是 2013 年的数据更为吻合，这同样说明，在基金补贴政策实施后，拆解企业更加注意在回收中关注废弃电器电子产品的完整性。

根据洗衣能力在 3.6~7 千克洗衣机的平均重量以及表 2-20 中废洗衣机的材料及部件产出率表，可知各典型洗衣机的拆解产出物重量，再根据各产出物的单价，可计算出各类洗衣机的拆解产出物的价值。

表 2-21　各类废洗衣机的拆解资源价值

洗衣机洗衣能力（千克）	3.6	4	4.5	5	6	7
单机质量（千克）	7.5	11	12	13	18.5	20
拆解产物价值（元）	49	71	78	84	120	130

资料来源：CMRA 分析。

通过将表 2-21 的计算值与企业实际值对比检验发现，洗衣能力为 6 千克的洗衣机的拆解产出物价值可以达到 120 元左右，恰好和计算值相当，其他规格的实际值与计算值也比较吻合。

综上所述，表 2-20 和表 2-21 的数据可信度较好，可以作为对洗衣机资源量的预测评估基础，企业对洗衣机的拆解基本做到了资源的充分利用。

据此，结合 2012 年和 2013 年拆解的洗衣机重量，可以计算出这两年拆解洗衣机所获得的主要材料和零部件的资源量，详见表 2-22。

表 2-22　洗衣机的拆解资源量评估值

序号	拆解产出物	平均比例（%）	2012 年下半年（吨）	2012 年（吨）	2013 年前三个季度（吨）
1	塑料	46.72	1904.64	2304.37	5667.70
2	铜	0.50	20.38	24.66	60.66
3	铝	1.20	48.92	59.19	145.57
4	钢铁	17.67	720.36	871.54	2143.58
5	金属混合物	1	40.77	49.32	121.31

续表

序号	拆解产出物	平均比例(%)	2012 年下半年(吨)	2012 年(吨)	2013 年前三个季度(吨)
6	印刷电路板	0.20	8.15	9.86	24.26
7	电动机	28.67	1168.79	1414.09	3478.02
8	不可利用废弃物	1.04	42.40	51.30	126.16
9	其他	3	122.30	147.97	363.94
	合　计	100.00	4076.71	4932.30	12131.20

资料来源：CMRA 分析。

对表 2-22 数据分析计算，将零部件重量折算成主要资源量，可得出 2012 年从洗衣机中拆解出的各类资源量：塑料 2304 吨、铜 25 吨、铝 59 吨、钢铁 872 吨。

2013 年前三个季度从洗衣机中拆解出的各类资源量：塑料 5668 吨、铜 61 吨、铝 146 吨、钢铁 2144 吨。

4. 计算机拆解的资源产出情况

由于拆解计算机的企业非常少，加之企业填报的数据有些分散，很难像前述三类废弃产品那样，获得可信的资源产出理论比率。根据 3 家拆解计算机的企业填报的数据，归纳出废计算机的拆解产出率（见表 2-23）。这是本次研究取得的初步结论，仅能作为参考数据。若想归纳出废计算机的比较可信的资源产出情况，需待日后拆解量增长，增加数据样本，才能分析出比较符合实际的各类资源产出比率。

表 2-23　废计算机的拆解产出率

单位：%

序号	拆解产出物	平均比例
1	塑料	5.65
2	铜电线电缆	4.7
3	铝	1.7
4	钢铁	46
5	印刷电路板	7.63
6	硬盘	12.3

续表

序号	拆解产出物	平均比例
7	光驱	10.2
8	CPU	0.23
9	内存	0.19
10	电源适配器	8.47
11	其他	2.93

资料来源：CMRA 分析。

5. 空调器拆解的资源产出情况

与计算机的情况相似，基金政策执行以来，企业对空调器的拆解量较少，企业填写的数据非常分散，无法获得来自企业的资源产出的准确情况。因此表 2-24 显示的是 3 家企业的一个平均资源产出情况，仅作为此次研究取得的初步结论。

表 2-24　废空调器的拆解产出率

单位：%

序号	拆解产出物	平均比例
1	塑料	9
2	铜	4
3	铝	1.86
4	钢铁	38
5	压缩机	31.32
6	电动机	9.75
7	金属混合物	4.4
8	其他	2

资料来源：CMRA 分析。

（七）经济分析

由于无法获得企业的真实财务数据，加之企业填报数据不完整，难以进行全面准确的经济测算分析，只能根据企业填报数据分析计算电视机、电冰箱和洗衣机的平均拆解成本和回收价格，同时对企业主要成本收入进行初步分析。

1. 拆解成本

根据调查问卷，共有 16 家企业填写了电视机（含计算机 CRT 显示器）的拆解成本，平均为 27 元/台；共有 14 家企业填写了电冰箱的拆解成本，平均为 95 元/台；共有 13 家企业填写了洗衣机的拆解成本，平均为 45 元/台，7 家企业填写了空调器的拆解成本，平均为 133 元/台。

从数据质量来看，企业填写的电视机拆解成本数据较为集中，相对比较可信。其他数据比较离散，一致性较差，可信度不高，仅作为参考。对计算机的拆解成本数据不仅稀少而且更为分散，无法获得平均成本。

2. 回收价格

根据企业填报数据，电视机、电冰箱和洗衣机三种产品的历年平均回收价格见表 2 – 25。

表 2 – 25　三种产品历年回收价格

年份	电视机		电冰箱		洗衣机	
	价格（元）	样本数	价格（元）	样本数	价格（元）	样本数
2009	49	2	74	2	72	2
2010	27	7	57	7	39	7
2011	26	9	57	9	34	9
2012	67	16	131	17	74	18
2013	80	18	142	16	71	17

资料来源：CMRA 分析。

由于 2009～2011 年的样本数较少，参考价值不大。主要对 2012 年、2013 年的回收价格数据进一步分析判断。

表 2 – 26　三种产品回收价格详细分析

	电视机		电冰箱		洗衣机	
	2012 年	2013 年	2012 年	2013 年	2012 年	2013 年
样本数量	16	18	17	16	18	17
平均值	67	80	131	142	74	71
中位值	73	78	140	142	81	71
最大值	84	132	194	170	120	121
最小值	8	61	39	108	9	35
标准差	20	14	40	18	30	26

资料来源：CMRA 分析。

从表 2 - 26 可以看出，三种产品的平均值与中位值比较接近，标准差不大，说明样本数据较为集中，可信度较高。2013 年的平均值与中位值更为接近，标准差更小，说明 2013 年的数据一致性高于 2012 年，体现出企业的管理能力和精细化程度在逐渐提高。

3．企业主要收入成本分析

对于列入基金补贴目录的企业来说，补贴金额和拆解产物销售收入（近似于上文分析的拆解产物价值）是主要收入，拆解成本和回收价格是主要成本。分析收入和成本之间的关系，可以得出企业拆解电视机、电冰箱和洗衣机的基本收益情况，为今后的研究分析和政策调整奠定基础。为简便起见，分别选取 21 英寸电视机、130 升电冰箱、4.5 千克洗衣机进行收入成本分析，这三种产品是目前拆解的主流，较具代表性。

表 2 - 27 典型产品收入成本分析

指 标	21 英寸电视机	130 升电冰箱	4.5 千克洗衣机
主要收入（元）	145	217	113
其中：基金补贴	85	80	35
拆解产物价值	60	137	78
主要成本（元）	107	237	116
其中：回收价格	80	142	71
拆解成本	27	95	45
收入成本差（元）	38	- 20	- 3

资料来源：调查问卷 CMRA 分析。

需要说明的是，表 2 - 27 的数据并不完全准确，尤其是成本数据可能会有较大偏差。但是，基本的盈亏关系是可以肯定的：企业拆解电视机有一定盈余，拆解电冰箱和洗衣机的收益较低，甚至是亏损。如果将其他直接成本、间接成本和税金考虑进来，企业的利润空间会进一步压缩，亏损进一步加大。这也是目前企业以回收拆解电视机为主，很少涉及电冰箱和洗衣机的经济层面的原因。

第三节 主要研究结论与建议

一 主要研究结论

（一）废弃电器电子产品的回收量和拆解量均大幅增长

将 2012 年下半年和 2013 年前三个季度的数据进行简单年化处理分析可

以发现，2013年回收量比2012年增长76%，拆解量同比增长97%，拆解率提高了11个百分点。这说明基金补贴政策的实施和稳定运行对我国废弃电器电子产品的回收处理有着积极的促进作用。

（二）资源量的增长速度超过了拆解数量的增长幅度

按重量计算，2013年获得的拆解产出物比2012年增长132.8%，超过了拆解数量的增长幅度，同时拆解产出率均保持在较高水平。这说明以电视机为主的废弃电器电子产品的重量在逐步增加，资源量逐步放大，拆解水平保持高水平稳定。

（三）企业拆解产能利用率明显提高，但仍存在较大提升空间

2012年17家企业年化后产能利用率平均为27.72%，2013年27家企业年化后产能利用率平均为44.16%。尽管2013年的产能利用率还是有些偏低，但是产能利用率迅速提高的趋势是非常明显的，这表明基金补贴政策实施以来，企业生产经营逐步进入正轨。

（四）企业的原料采购和销售市场化程度较高

从原料采购角度看，大多数企业的原料来源以市场采购为主，个别企业有自建网络回收渠道。从产品销售看，绝大多数企业只是简单拆解加工，将废弃电器电子产品中的各类有价资源拆解为初级再生原料后，外卖给下游加工利用企业。这一状况既体现了企业较高的市场化运营程度，也说明企业经营易受市场价格波动影响，企业需要进一步提高抗风险能力。

（五）企业技术工艺水平较为一致，危废处置较为规范

得益于财政部、环保部、国家发展改革委和工信部对处理企业资质的严格管理要求，纳入基金补贴范围的64家企业都基本按照技术规范建设了正规的拆解生产线，各企业电视机、洗衣机的拆解工艺装备基本相同，电冰箱、空调器的拆解设备自动化程度有所差异。从调查问卷分析，28家企业对拆解产出的危险废物及一般固废均按规定做了正规处理和处置。

（六）以"回收—拆解—分选—外销"为代表的资源化利用模式是现实条件下的最佳选择

鉴于单纯从废弃电器电子产品拆解得到的资源量不足以支持企业进行深加工利用，加之多数企业的技术能力和资金实力不足，因此，对大多数企业而言，以"拆解—分选—外销"为代表的简单资源化利用模式是现实条件下的最佳选择，具有较大的可行性和经济性，没有必要盲目要求企业对拆解原料进行资源化深加工。

（七）初步建立了电视机、电冰箱和洗衣机的资源产出评估模型

综合调查结果和官方数据，分析得出了电视机、电冰箱、洗衣机三种产品的资源产出评估模型，可以作为对三种产品拆解产生的资源量进行宏观分析和判断的基础。根据模型，计算得出了 2012 年和 2013 年前三个季度三种产品拆解获得的资源量（见表 2 - 28）。

表 2 - 28　企业拆解各类电器电子产品的资源量预测评估值

单位：吨

资源类型	电视机		电冰箱		洗衣机	
	2012 年	2013 年前三个季度	2012 年	2013 年前三个季度	2012 年	2013 年前三个季度
塑料	27167.5	96883	1046	2563	2308	5678
铜	3815	13603	217	530	167	414
铝	—	—	366	572	202	493
钢铁	13153	46904	4349	10653	2003	4926
线路板	—	—	—	—	—	—
金	3.95	14.10	—	—	0.0044	0.01092
银	6.76	24.12	—	—	0.0076	0.01868
锡	175.7	626.57	—	—	0.197	0.485
铅	254.77	908.53	—	—	0.286	0.703
锑	87.85	313	—	—	0.0985	0.243
镍	159.89	570.17	—	—	0.179	0.441
树脂	2913	10395	—	—	3.27	8
合　计	47737.42	170241.49	5978	14318	4684.0425	11519.9016

（八）经济因素是电视机成为回收拆解主体的主要原因

对电视机、电冰箱和洗衣机三种典型产品的拆解收入成本初步分析表明，企业拆解电视机会有一定盈利，拆解电冰箱和洗衣机的收益较低，甚至是亏损，这说明在现有约束条件下，企业没有足够的经济动力进行除电视机之外的废弃电器电子产品的回收拆解，这是电视机成为回收拆解主要品种的经济层面原因。

二　资源化利用存在的主要问题

（一）废弃电器电子回收处理行业产能利用率仍很低

调查企业 2012 年产能利用率平均为 27.72%，2013 年前三个季度产能

利用率平均为44.16%，虽有明显提升，但依然处于明显偏低水平。企业填报的产能数字可能有所夸大，导致计算的产能利用率偏低，但是实际调研发现，多数企业的生产负荷率确实不高。其中的原因一方面是流入正规拆解企业的废弃电器电子产品有限，企业普遍达不到设计规模；另一方面是2012年度的基金补贴到位较晚，企业普遍存在资金流偏紧的情况，无法大量回收。

（二）基金补贴额对回收处理行业的影响很大

基金补贴对废弃电器电子产品处理行业具有至关重要的影响，基金实际上是对回收环节的补贴，只是通过拆解处理企业来操作。从对电视机的分析可以看出，对于25英寸以下的规格，补贴金额已经超过了拆解产生的资源价值，因此可以有效地阻止废旧电视机流入不正规的拆解企业，因此电视机成为回收拆解处理最多的一类产品。而其他产品的补贴额度不能很好地弥补企业的额外成本，企业盈利困难，个体拆解户有利可图，难以形成正规的回收拆解产业链，导致未能实现大规模的回收处理，这些类型产品的资源化受到直接影响。

（三）对违法拆解的管理难度巨大

我国家电处理行业门槛较低，个体拆解户仍占相当大的比例，处于小、乱、散的状态。这类企业更多的是对拆解利润比较高的空调器、计算机、电冰箱、洗衣机等产品进行拆解，而对拆解利润比较低的电视机却很少拆解，存在"拆肥弃瘦"的现象。由于这些小企业生产方式粗放，总体技术落后，金属回收率低，环境污染比较严重，造成产业集约化程度不高，先进产能利用率低，资源量无法保障。现实情况是行政主管部门对违法回收、拆解，以及造成的资源浪费、环境污染等管理的难度很大。个体拆解户的存在对正规的拆解企业的运营有着很大的影响，因此要对个体拆解户严格监管，使更多的废弃电器电子产品能够流入正规拆解企业，实现经济和环境效益。

三　建议

（一）严格控制基金补贴企业总数及规模，对企业实行动态管理

鉴于现有基金补贴企业的实际产能已经能够满足目前废弃电器电子产品回收处理量的需要，未来行业发展应该不以扩大企业规模为重点，而应以提高企业的实际运营效率为主，严格控制基金补贴企业总数及规模。同时，要对列入基金补贴名录的企业进行动态管理，按照相应的考核办法逐年考核，有进有出，实现企业的优胜劣汰，保证废弃电器电子产品能够流入优质企业，提高资源利用效率。

（二）鼓励正规企业高效拆解、精细化拆解、绿色拆解

随着我国再生资源加工利用行业发展的逐步成熟，对再生资源的分类处理、精料入炉、节能减排、清洁生产、绿色发展等方面均提出了更高的要求，因此要鼓励正规拆解企业对废弃电器电子产品中的各类资源进行高效拆解、精细化拆解，并将有毒有害物质提前收集、分类处理。建议制定废弃电器电子产品处理企业资源化评价规范，充分考虑精细化拆解的各类资源产出情况，以此作为企业基金补贴评估的重要依据。

（三）将企业经济效益分析作为基金制度调整的依据之一

废弃电器电子产品处理基金制度本质上是采取以政府为主导的经济补贴手段，对回收处理环节出现的市场失灵状况进行弥补，因此基金补贴标准的确定需要以对回收拆解企业的真实经济核算为基础。建议采集列入基金补贴目录企业的真实有效财务及经营数据，仔细分析企业回收拆解目录产品的经济收益，在此基础上优化调整基金征收额度和补贴标准，保证基金补贴的公正性，以经济杠杆引导企业提高回收处理除电视机之外的其他目录产品的积极性，提高资源回收量和利用效率。

（四）严厉打击违法拆解，有效治理环境污染

在继续保证企业基金补贴政策落实的及时性、有效性的同时，要严厉打击违法回收、拆解，治理环境污染，使废家电通过各种正规的渠道流向规范的拆解企业，提高资源的回收率，提高资源化效率，减少环境污染情况的发生。

第三章
目录及配套政策实施对于产业发展
及经济影响评价研究

第一节 我国废弃电器电子产品处理
目录及配套政策体系

随着经济发展和科技进步，电子信息技术产业已经成为我国发展最快的产业之一，电子产品的消费量也呈逐年递增的趋势。我国已成为家用电器及电子产品的生产、消费和出口大国。与此同时，由此产生的电子废弃物也在快速增长。据 2010 年联合国环境规划署发布的报告，我国已开始进入家用电器报废的高峰期，每年报废量超过 5000 万台，报废量平均每年增长 20%。中国已成为世界第二大电子垃圾生产国，每年生产超过 230 万吨电子垃圾，仅次于美国的 300 多万吨；到 2020 年，我国的废旧计算机将比 2007 年翻一番到两番，废弃手机将增长 7 倍。

电子废弃物虽然未被列为危险废物，但其含有的大量贵重金属和多氯联苯、铅、汞等有毒、有害成分，在回收及综合利用过程中，处理不当会不同程度地造成环境污染。此外，电子废弃物中也包含可以回收再利用的部分，属于可回收垃圾，做好回收利用，可以变废为宝，达到降低产品综合生产成本的目的。

然而，在目录及其配套政策出台之前，我国电子废弃物回收处理处于一种无序状态，没有专门的部门进行管理，没有正规的回收渠道，没有认证的无污染专业处理厂。在经济利益驱动下，大量处理厂用烧、烤、酸泡等原始手段处理电子废弃物，造成严重环境污染，而且在缺乏先进、适用的回收处理技术工艺的情况下，废旧电器电子产品中所包含的物料价值无法得到充分的利用。

在这种情况下，为了规范废弃电器电子产品的回收处理活动，促进资源综合利用和循环经济发展，保护环境，保障人体健康，国家有关部门开始加快推进相关法律法规的制定。2009 年 3 月，我国《废弃电器电子产品回收处理管理条例》（以下简称《条例》）正式颁布，自 2011 年 1 月 1 日起施行。为了落实条例的内容，陆续颁布和出台了包括《废弃电器电子产品处理目录》（以下简称《目录》）在内的一系列政策。

一　《条例》出台前我国对电子废弃物管理的政策

在过去的十几年里，中国政府颁布了一系列与电子废弃物管理相关的环境法律、法规、标准、技术指南和规范（见表 3 - 1）。

1. 《进口废物管理目录》

该目录包括许多禁止进口名单里的二手电器产品和电子废弃物，并且随着时间而更新。为了应对非法进口的电子废弃物带来的一系列问题，政府通过了相关法规来限制甚至禁止电子废弃物的进口，并签订了《控制危险废料越境转移及其处置巴塞尔公约》。该公约是多国共同遵守的环境协议，已有 100 多个国家签署了这项公约。

效果：尽管制定了这一政策，电子废弃物进口却并没有得到有效遏制。目前，中国已经成为最大的电子垃圾进口国，吸纳了全球 80% 左右的电子垃圾，亟须加强海关和环保等监管，保证该政策的有效性。

2. 《废弃家用电器与电子产品污染防治技术政策》

该政策主要是为了减少电子废弃物的总量，提高废弃电器电子产品的再利用率和电子废弃物的处理标准。推行了 3R 原则，即减量化（reduce）、再利用化（re-use）和循环使用（recycle），并提出实行"污染者负责"的原则，即电器电子产品的生产者、销售者和消费者为废弃产品负责。除此之外，该政策列举了一系列环境保护措施以最小化在储藏、再利用、循环使用和最后处理电子废弃物过程带来的环境污染，提出了产品环境友好设计的要求。

3. 《电子信息产品污染控制管理办法》

该办法的制定，一是为了减少危害和有毒物质在家电生产中的使用，二是为了减少在生产、回收和处理这些电子信息产品时造成的环境污染。办法还参考了欧盟 RoHS 指令，即危害物质限制指令，包括对环境设计的要求，限制在电子产品中使用 6 种危害物质（铅、汞、镉、铬、多溴联苯或多溴联苯醚），要求生产者公布产品中的成分信息、有害物质信息和安全使用的期限以及回收使用的潜力。

4. 《电子废物污染环境防治管理办法》

该办法在 2008 年制定，目的在于阻止在电子废弃物的储存、运输、拆解、循环利用和处理过程中带来的环境污染。该政策适用于一系列想要获得处理执照的处理企业，地方环境当局对企业是否符合处理标准和要求进行确认，然后决定是否颁发处理执照。这一政策规定环保部门要对阻止电子废弃物的污染负有监管责任。

5. 《中华人民共和国循环经济促进法》

该法是 2008 年在全国人民代表大会常务委员会第四次会议上通过的。该法主要是为了促进循环经济发展，提高资源利用效率，保护和改善环境，实现可持续发展。具体而言，《中华人民共和国循环经济促进法》建立循环经济规划制度，建立抑制资源浪费和污染物排放的总量调控制度，强化对高耗能、高耗水企业的监督管理，提出减量化、再利用和资源化。除此之外，该法建立了一系列激励机制，主要包括：建立循环经济发展专项资金，对循环经济重大科技攻关项目实行财政支持，对促进循环经济发展的产业活动给予税收优惠，对有关循环经济项目实行投资倾斜，实行有利于循环经济发展的价格政策、收费制度和有利于循环经济发展的政府采购政策。

表 3 - 1　《条例》出台前有关电子废弃物管理的主要法律政策

法律法规	颁布部门	重点内容	实施时间
《进口废物管理目录》	环保部、商务部、国家发改委、海关总署和质检总局	禁止进口电子废弃物	2009 年 8 月 1 日调整执行
《废弃家用电器与电子产品污染防治技术政策》	环保部	推行 3R 原则，实行污染者负责的原则，制定对电子废弃物的环境友好的回收、处理和再利用的措施	2006 年 4 月 27 日
《电子信息产品污染控制管理办法》	工信部	要求产品为环境而设计，限制使用有害物质，要求生产者提供商品信息	2007 年 3 月 1 日

法律法规	颁布部门	重点内容	实施时间
《电子废物污染环境防治管理办法》	环保部	呼吁阻止对电子废弃物回收、拆解和处理时带来的污染，制定电子废弃物处理企业许可框架	2008 年 2 月 1 日
《中华人民共和国循环经济促进法》	全国人民代表大会常务委员会	建立循环经济规划制度，建立抑制资源浪费和污染物排放的总量调控制度，强化对高耗能、高耗水企业的监督管理，提出减量化、再利用和资源化	2009 年 1 月 1 日

上述法律法规中提出了很多基本原则和立法精神，为《条例》以及《目录》及其配套政策的出台奠定了基础，如提出了 3R 原则和环保设计理念，并规定了电器电子产品生产者的相关责任等。

二 政策的进一步完善

《废弃电器电子产品回收处理管理条例》于 2011 年 1 月施行，《条例》的施行被认为与欧盟的废弃电器电子产品指令（EU's WEEE Directive）类似，对中国电子废弃物管理具有划时代的意义。《条例》规定电子废弃物应该通过多种途径回收，并且由取得处理执照的处理企业进行处理。《条例》规定了申请废弃电器电子产品处理资格的企业需要具备的条件，禁止无废弃电器电子产品处理资格证书或者不按照废弃电器电子产品处理资格证书的规定处理废弃电器电子产品；禁止将废弃电器电子产品提供或者委托给无废弃电器电子产品处理资格证书的单位和个人从事处理活动。《条例》规定的相关利益主体的责任如表 3-2 所示。

表 3-2 《条例》规定的相关利益主体的责任

相关利益主体	责任
生产者（包括进口商）	绿色设计和电器电子产品生产；按照销售到市场上的产品缴纳基金
经销商和相关公司	为商店和公司出售的产品提供电子废弃物回收和处理的合法途径的相关信息
维修公司	保证维修产品的质量和安全；说明所销售的维修产品为二手产品
电子废弃物回收企业	为消费者提供多渠道和途径以方便收集电子废弃物；将收集到的电子废弃物转移给取得执照的处理企业
电子废弃物处理企业	取得电子废弃物处理执照；遵守国家电子废弃物处理标准；建立处理设备的环境质量监控系统；为处理的电子废弃物建立信息管理系统，并报告给当地环保局

　　为了落实《条例》的各项规定，政府有关部门又颁布了一系列法律法规。2010 年，环保部发布《废弃电器电子产品处理发展规划编制指南》，细化了《循环经济促进法》的监督和报告责任。2012 年，财政部、环保部、国家发改委联合颁布了《废弃电器电子产品处理基金征收使用管理办法》，该《办法》细化了《废弃电器电子产品回收处理管理条例》，明确了基金征收和基金使用的条件，以及征收和补贴的对象。国家发改委、环保部、工信部在 2010 年 9 月联合颁布了《废弃电器电子产品处理目录（第一批）》（以下简称《目录》）和《制订和调整废弃电器电子产品处理目录的若干规定》，二者明确了《废弃电器电子产品处理资格许可管理办法》的约束范围。《目录》详细规定了第一批参与废弃电器电子产品处理的种类，为后续相关政策实践限定了范畴。

　　在回收处理方面，2010 年 12 月，环保部颁布了《废弃电器电子产品处理资格许可管理办法》，为废弃电器电子产品处理企业细化了《废弃电器电子产品回收处理管理条例》中的处理资格申请标准和违规处理办法。2010 年末，还颁布了三个与之配套的指南。一是《废弃电器电子产品处理企业资格审查和许可指南》，该《指南》进一步细化了处理企业日常运营记录和补贴申请方法。二是环保部于 2010 年还颁布了《废弃电器电子产品处理企业补贴审核指南》，从监管层面明示了补贴的依据、计算方法和操作程序。三是《废弃电器电子产品处理企业建立数据信息管理系统及报送信息指南》，该《指南》规定了企业的信息记录及披露的责任与方法。

三　当前目录及配套政策体系框架

　　上述法律以及一系列办法的颁布实施，初步构建了我国废弃电器电子产品管理的政策体系框架和独具特色的电子废弃物管理模式。分别从生产者、销售者、回收者、处理者等各个主体的角度对废弃电器电子产品的回收处理流程进行约束。政策体系由覆盖整个体系的法律法规和约束单一主体的法律法规共同组成，并且通过具体法规细化，现行政策法规体系已经覆盖了从产品生产到回收处理的整个生命周期，相关法规的主要内容以及法规之间的相互联系如图 3 - 1 所示。

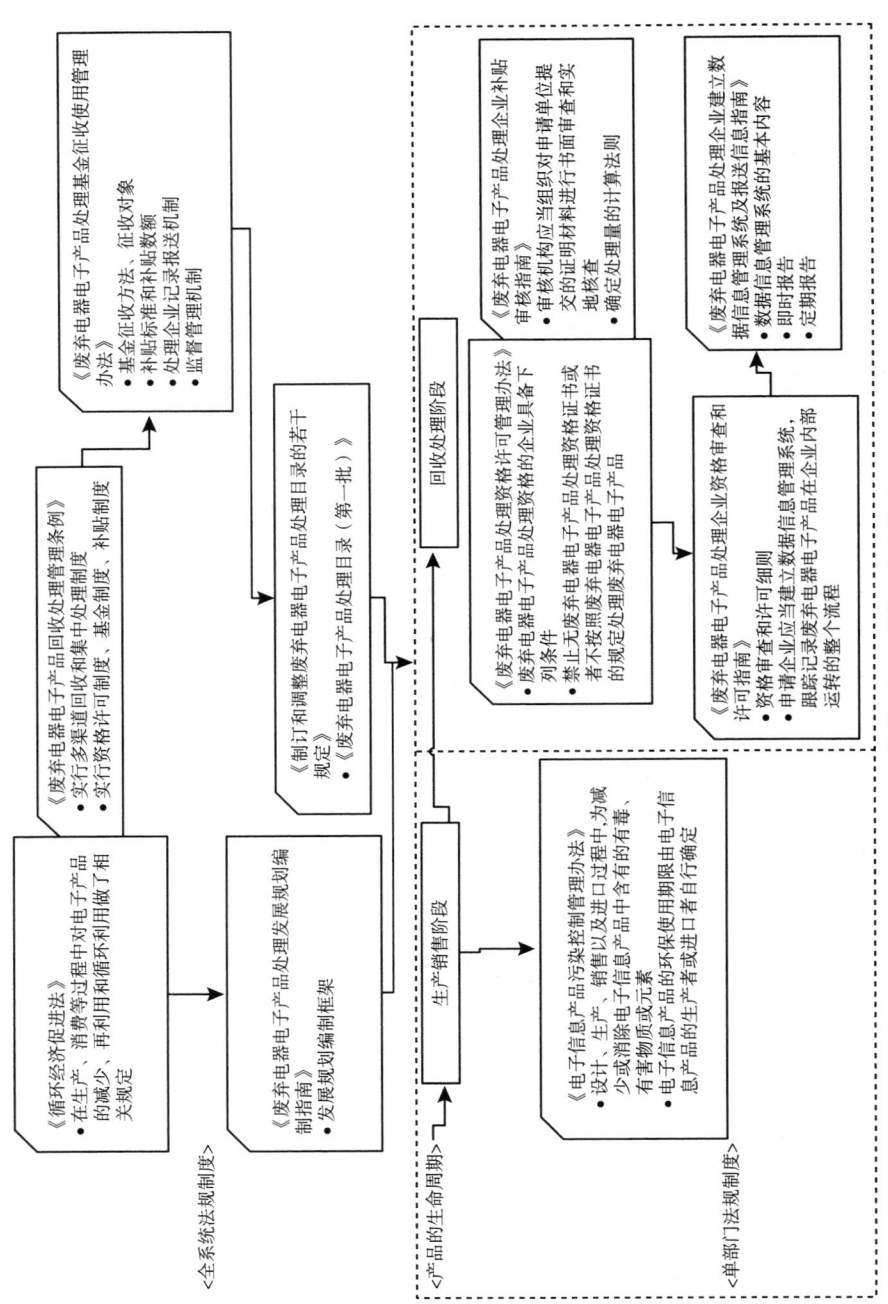

图 3－1 我国当前目录及配套政策体系

第二节 基金征收对目录产品行业的影响

2012 年 8 月 30 日，国家税务总局对外发布《废弃电器电子产品处理基金征收管理规定》，明确国家税务总局征收基金应使用税收票证，基金缴纳义务人违反基金征收管理规定的，税务机关比照税收违法行为予以行政处罚。在我国，处理基金征收的理论依据是通过让生产者履行延伸责任，弥补废弃电器电子产品对环境的负外部性。基金征收是将环境污染和生态破坏的社会成本，内化到生产成本和价格中去，再通过市场机制来分配环境资源的一种经济手段。基金征收对行业的影响类似征收庇古税（或生态税）对行业的影响。

一 基金征收的理论依据

基金征收包括两方面的政策内容：一是向谁征收，即征收对象；二是征收多少，即征收标准。向谁征收涉及环境责任主体的认定问题，征收多少则取决于外部成本的高低。

（一）通过让生产者承担延伸责任明确环境责任主体

让生产者承担延伸责任就是要将废弃电器电子产品对环境污染的责任追加到电器电子产品的生产厂商身上，使废弃产品的生产者承担废弃产品对环境污染的责任，实现外部成本"内部化"。

从整个产品的生命周期来看，可能造成污染的不仅仅是生产者，还包括销售者、消费者、废弃产品回收和处理者等，因此，理论上从产品中获益的主体都应当承担产品的环境成本，换句话说，产品的外部性成本应该由整个产业链负担。但从实际操作层面，准确划分产品生命周期中各环节的环境责任非常困难，而让生产者承担延伸责任更有利于取得比较好的环境效益。一方面，由于生产者是产品的设计制造者，对产品性质尤其是产品环境属性最具控制力，能够影响产品从"摇篮到坟墓"的过程；另一方面，生产者也是再生材料最主要的用户，最有能力挖掘废弃产品的利用价值，可以影响产品从"摇篮到摇篮"的过程。

（二）基金征收的目的是使产品成本反映其真实的社会成本

废弃电器电子产品对环境的污染，会危害人体健康，但如果生产和使用电器电子产品的生产者不承担这种危害的成本，他们就没有动力对这种环境危害进行消除。以计算机为例，一台计算机的制作材料中所含金属、有机物和玻璃超过几十种，其中包括铅、钡、镉、汞、炭粉、阻燃剂等高度危害人身健康的物质，如果回收处理过程不当，上述重金属及难以降解的高分子类物质将对河流、地下水、土壤、空气产生恶劣的影响，给环境带来危害。其他如报废电视机的显像管、报废电冰箱的冷冻压缩机以及它们的外壳等也都会对土壤、空气等产生危害。在《废弃电器电子产品回收处理管理条例》颁布之前，尽管废弃电器电子产品事实上给社会带来了严重的环境危害，即产生负外部性，但生产厂商作为污染者并没有为此付费，几乎不必为废弃电器电子产品承担环境成本。由于生产厂商给社会造成了额外的环境成本导致私人成本低于社会成本，厂商就会过度生产，从而使社会环境受到更大的危害。

　　负外部性会造成市场失灵，征收基金（类庇古税）成为解决负外部性问题的政策工具。征收基金直接提升了"污染者"的私人成本，使其与社会成本相一致，从而抑制了过量生产，以解决负外部性的问题。图 3－2 描述的情形就是通过庇古税提高厂商的成本，使之与社会总成本一致。

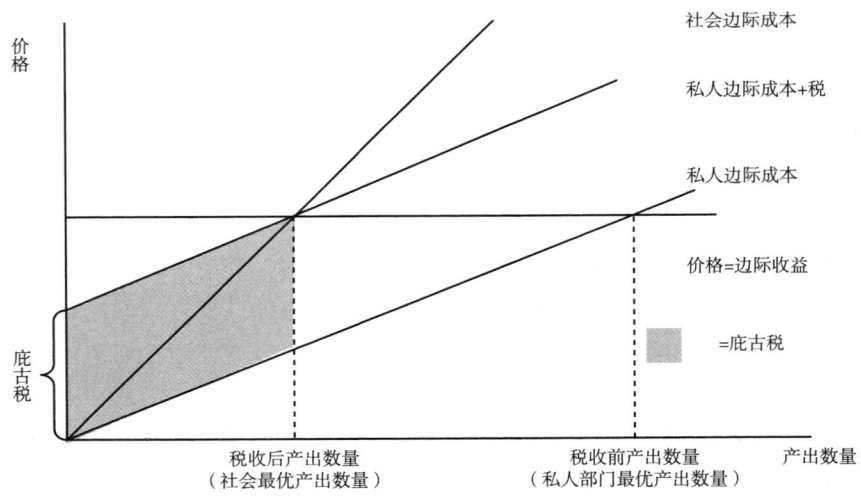

图 3－2　征收"庇古税"使私人成本与社会成本一致

资料来源：Wikipedia：Pigovian tax，http：//en. wikipedia. org/wiki/Pigovian_ tax。

　　图 3－2 中的灰色区域即为庇古税。从整个社会的角度来看，考虑了废弃电器电子产品的负外部性以后，社会边际成本很高，所以全社会范围内的

最优产量应该比较小（落在"社会最优产出数量"）。但是由于生产厂商没有承担废弃产品污染的成本，在社会最优产出数量下，私人部门的边际成本显著低于边际收益（也是社会边际成本），因此厂商会有动力继续扩大产量，使得市场均衡产量（私人部门最优产出数量）高于社会最优产出数量，导致过量生产。

在征收庇古税以后，私人的边际成本线上移，征收的数额恰好可以使私人部门的真实成本与社会成本相一致，也使新的均衡产量与社会最优产出数量相一致。

不难看出，基金征收的目的是让产品的实际成本回归真实的社会成本，使市场实现新的均衡。显然，如果基金征收正好等于负外部成本，就会得到最优的均衡产量，如果基金征收过高，会导致均衡产出下降，反之，如果过低会导致过量生产和环境恶化。

二　基金征收对目录产品行业的影响机理

基金征收对目录产品行业的影响主要有以下传导机制。

（一）价格传导机制

该机制的传导路径是：征收基金→私人成本回归真实社会成本导致行业成本上升→均衡价格提升→产出下降。

通过对基金征收的理论依据的分析，不难看出，对目录产品征收基金的目的是提高产品的生产成本使其反映其真实的社会成本。毫无疑问，理论上基金征收会对目录行业产生的最直接的影响是提高行业的生产成本。其实，无论是对生产者征收还是对消费者征收，基金成本作为"内部化"的外部成本都会由整个产业承担，提高产业成本，至于是否最终提高了商品的价格，以及最终消费者和生产者谁承担得更多则取决于该产品市场的供求关系。

（二）创新动力传导机制

该机制的传导路径是：根据产品的环境成本差异化征收基金→企业为降低成本而进行创新活动→产品生态设计和环境成本下降。

通过对生产者延伸责任制的分析，可以看出让生产者承担处理成本或者对生态设计产品进行基金减免，可以鼓励生产者为降低这一成本而进行生态设计。然而，目前我国并没有履行生产者责任延伸制度，只是无差异地对所有生产者生产的产品征收基金，所以这一传导机制目前不能发挥作用。

（三）行业整合传导机制

该机制的传导路径是：按照台套征收基金→附加值高的产品负担率低，附加值低的产品负担率高→行业内的优胜劣汰。

根据对电器电子行业市场结构的分析，我们认为目前"四机一脑"整体行业供给弹性大，处于行业整合和优胜劣汰的竞争阶段，对于附加值低和缺乏竞争力的企业，成本转嫁能力弱，征收基金意味着更大的经营亏损，甚至退出市场；而对于创新能力强、产品附加值比较高和竞争力比较强的企业，成本转嫁能力强，可把大部分基金征收成本转移给下游的买方。这本身也会促进行业结构的优化调整。

三　基金征收对"四机一脑"行业的影响分析

目前，我国电器电子产品行业处于整体供过于求和竞争比较充分的状况，普遍的观点认为基金对电器电子产品生产商的征收会进一步压缩电器电子厂商的利润空间。换个角度看，环境成本应是企业该承担的成本，以不补偿环境代价获取的价格优势和利润空间不具备可持续性，也不符合我国科学发展的理念。事实上，由于目前基金征收标准比较低，对行业总体影响很小，但不同行业的竞争格局不同，上述传导机制的作用和实际效果也会有所差异。

（一）电视机

1. 行业现状和特点

经历了20世纪90年代爆发式的增长，中国电视机总产量占世界电视机总产量的1/3还多，近年销售数量已经没有明显提升。在国内市场，2006年城市每百户家庭彩色电视机的拥有量为136台，现在很多家庭已经配备了两台电视机，家电下乡使得农村家庭的电视机覆盖率接近100%，电视机的普及率几近饱和。2011年起我国一系列刺激内需的家电优惠政策陆续淡出，2012年11月到期后，内销量面对更大的压力。节能惠民产品中电视机所占比例最高，超过90%[①]。2013年6月1日起，国家节能家电补贴政策结束，对电视机行业的影响也最大（见图3-3）。

虽然彩色电视机技术变化很快，但彩色电视机产品的同质化倾向越来越

---

① 《2012年国内电视机行业现状及2013年行业发展图表数据分析预测》，中国产业洞察网，http://www.51report.com/free/3004545.html。

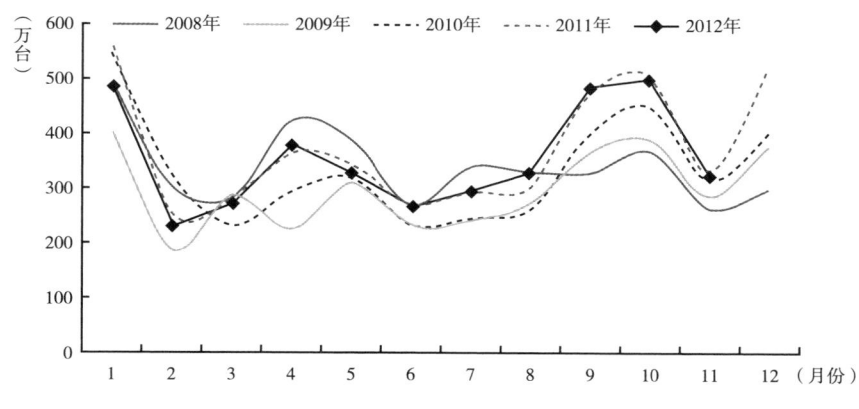

图 3 - 3　电视机历年内销量数据：近年已无明显提升

严重。从 CCFL 到 LED 背光的液晶电视机，从 2D 到 3D，特别是电视机的外观设计从宽边到窄边再到无边，可加以个性化的部分越来越少，而且不同厂商的技术差距不大，产品功能也很接近。行业同质化竞争加剧。

目前国内品牌企业主导了国内市场，尤其是海信、创维、TCL、康佳、长虹等几家大型企业经历 20 世纪 90 年代的价格血战之后生存下来，形成寡头之势（见图 3 - 4）。但是，技术门槛降低以及产品的同质化使得行业面临着潜在竞争压力，从价格表现上来看，很难表现出传统意义上寡头企业的定价能力。因此，呈现竞争型市场格局。

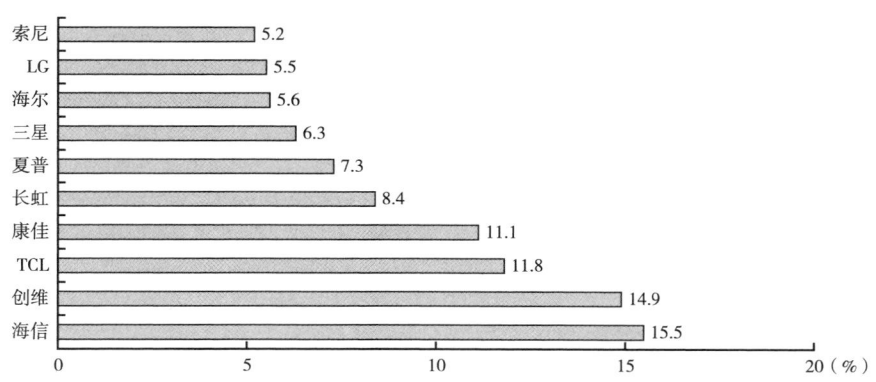

图 3 - 4　国内电视机市场品牌占有率

2. 供求特点及对基金分担的影响

从电视机行业整体来看，产能过剩使得整个行业面临较大的库存压力，供给曲线陡峭，供给弹性较小。随着计算机和网络的普及，电视机的必需品地位受到一定程度的冲击，但中长期的"刚需"特点仍然明显。短期来看，需求曲线相对平坦，弹性比较大。征收基金后，消费者负担的成本比较大（见图3-5）。

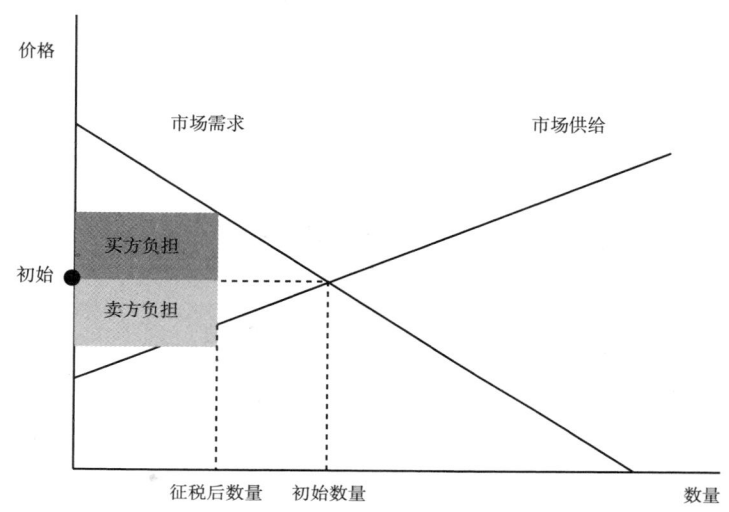

图3-5　基金在买卖双方之间的分担

3. 基金征收使行业成本上升，产出下降，可能加快行业整合

目前排名前5位的电视机企业的市场占有率已经超过60%，在电视机行业增长缺乏动力的情况下，征收基金让行业承担环境成本，可能会导致一些本来就利润微薄甚至濒于破产的企业压力加大，甚至退出，行业集中度会进一步增加。按照目前电视机基金征收标准13元/台，初步估算主要品牌基金负担率如表3-3所示。进口品牌基金负担率最低，在0.22%～0.65%，其次是国产一线品牌，一般在0.38%～0.81%，而其他普通品牌的基金负担率最高，有的已接近2%。第三类品牌往往附加值不高，受基金征收的影响也比较大。

（二）电冰箱

1. 行业现状和特点

2012年国内电冰箱产业降幅明显，据中国家电协会统计，2012年度我国电冰箱总产量为6600万台，同比下降了7.04%，其中，国内电冰箱市场销售总量为4100万台，同比下降约8.89%；出口2006万台，同比小幅增长5%。

表 3 - 3 主要电视机品牌基金征收负担率

单位：元，%

项目		销量最多产品价格	最低产品价格	销量最多产品负担率	最低价格产品负担率
进口品牌	索尼	5999	2499	0.22	0.52
	LG	3199	1799	0.41	0.72
	三星	4549	2599	0.29	0.50
	夏普	1999	1999	0.65	0.65
一线品牌	海尔	3399	2299	0.38	0.57
	长虹	2799	1498	0.46	0.87
	康佳	1498	949	0.87	1.37
	TCL	2998	1498	0.43	0.87
	创维	2999	1999	0.43	0.65
	海信	1599	1599	0.81	0.81
普通品牌	彩讯	1980	780	0.66	1.67
	凯虹	998	798	1.30	1.63
	哈尼	798	798	1.63	1.63
	SVA	1499	779	0.87	1.67
	创佳	1388	799	0.94	1.63

资料来源：京东商城网站。

经过前两年高歌猛进的扩产后，目前国内电冰箱产能已超过 1 亿台，与千万级的年销售量相比存在明显的产能过剩，中国电冰箱业产能过剩三成，新进者还在纷至沓来，将迎来行业洗牌。尤其是彩色电视机企业对进入电冰箱业表现非常积极。TCL 家电产业集团 CEO 陈卫东曾表示希望通过收购的方式，获得稳定的电冰箱产能。康佳凭借安徽滁州基地，想做大电冰箱业务。创维在南京的电冰箱基地 2012 年投产；空调器、洗衣机企业也没有落后，格力在合肥的基地目前生产"晶弘"牌电冰箱，销售走格力空调器专卖店的渠道；合肥三洋也进入电冰箱领域。

海尔领先，容声、美的、海信科龙、美菱、新飞紧随其后。从 2013 年第一季度的销售数据来看，市场份额排名前三的企业占有率已经超过一半，市场结构处在寡占与竞争市场形态边缘（见图 3 - 6）。

2. 供求特点及对基金分担的影响

与电视机行业相似，产能过剩给电冰箱行业带来了较大的销售压力。此外，行业呈现竞争格局，供给曲线平坦，供给弹性较大。与电视机行业不同

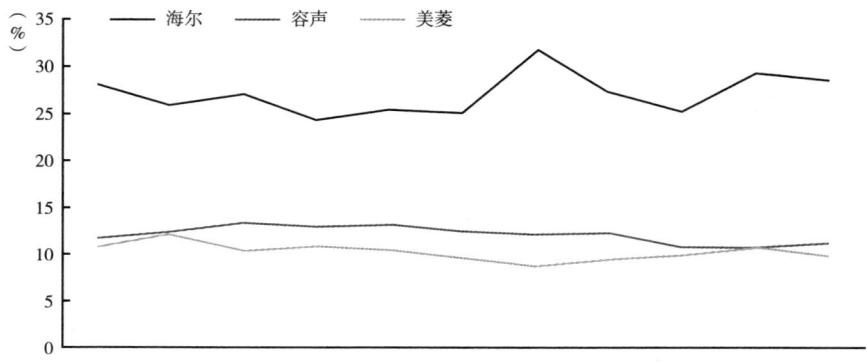

图 3 - 6　2013 年第一季度电冰箱销售市场份额

的是，电冰箱行业带有寡头垄断特点，寡占企业会考虑到下游买方的需求弹性，扩大市场份额而更多地承担基金成本。从需求方面来看，电冰箱是家庭生活的必需品，具有很强的不可替代性，尤其是城镇化进程将有效释放"刚需"。在这种情况下，绝大部分基金负担将转嫁给消费者。

3. 基金征收可能起到抑制产能过剩、加速行业调整的作用

尽管存在严重产能过剩，但电冰箱行业门槛不高，各家电商已经对电冰箱市场跃跃欲试。从基金负担率来看，电冰箱产品的基金负担率差距相对较小，附加值高的品牌产品负担率不足 1%；附加值低的产品的基金负担率最高超过 2.5%。由于不同企业承受能力不同，基金征收理论上有加速行业整合的效果，但这种效果可能由于征收比例低而显得微不足道（见表 3 - 4）。

表 3 - 4　主要电冰箱品牌基金负担率

项目		销量最多产品价格（元）	最低产品价格（元）	销量最多产品负担率（%）	最低价格产品负担率（%）
一线品牌	海尔	1499	699	0.87	1.86
	容声	1499	598	0.87	2.17
	美菱	1499	579	0.87	2.25
	美的	1399	599	0.93	2.17
普通品牌	海信科龙	599	549	2.17	2.37
	康拜恩	737	688	1.76	1.89
	SKG	748	688	1.74	1.89
	冰熊	748	499	1.74	2.61

资料来源：京东商城网站。

（三）洗衣机

1. 行业现状和特点

2012 年全年，洗衣机行业总出货量 5567 万台，基本与 2011 年持平。其中，内销 3481 万台，同比下滑 4.3%；出口 2086 万台，同比增长 7.6%。

从 2012 年全年累计数据看，海尔占据国内市场头把交椅，但总体而言市场竞争激烈，由于洗衣机的技术条件已经非常成熟，企业之间的产品技术差异不大。市场份额前四的企业市场份额不足 50%，市场没有形成寡占（见图 3 - 7）。

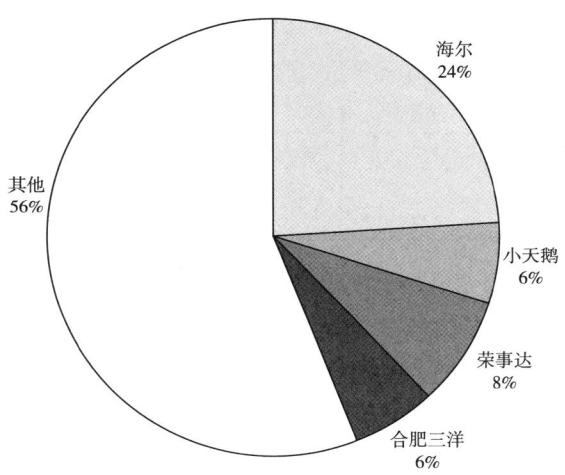

图 3 - 7　2012 年 1 ~ 12 月洗衣机分品牌总销量占比

2. 供求特点及对基金分担的影响

与电视机行业相似，产能过剩给电冰箱行业带来了较大的销售压力。行业内价格战的掀起加剧了市场竞争，行业供给曲线平坦，供给弹性较大，产量对价格调整非常敏感。虽然敏感性与前面两个行业相比较弱，但是仍然反映出行业利润空间有限，难有降价空间，很难分担更多基金负担。从需求方面看，经过家电下乡后，洗衣机整体渗透率已提高到较高水平，目前城镇洗衣机保有量达 96.8 台/百户，农村洗衣机保有量达 62.6 台/百户，渗透率很难再大幅提升。目前洗衣机销售主体依赖更新需求，行业增长放缓。但是，中长期城镇化进程同样会释放洗衣机的刚性需求，消费升级推动高端产品比重上升，大容量洗衣机受宠。

3. 基金征收的负担率比较高，可能加快洗衣机高端化趋势

普通单位价格低的洗衣机的基金负担率与一线品牌基金负担率差距很大，由于行业竞争比较充分，征收基金有助于行业集中度提高，也能有效促进企业开发高端产品，加快已经存在的高端化趋势（见表3-5）。

表3-5 主要洗衣机品牌基金负担率

项目		销量最多产品价格（元）	最低产品价格（元）	销量最多产品负担率（%）	最低价格产品负担率（%）
一线品牌	海 尔	1199	999	0.58	0.70
	小天鹅	998	599	0.70	1.17
	荣事达	898	898	0.78	0.78
	合肥三洋	1098	1098	0.64	0.64
	美 的	898	587	0.78	1.19
普通品牌	骆 驼	208	208	3.37	3.37
	申 花	299	299	2.34	2.34
	友 田	399	239	1.75	2.93

资料来源：京东商城网站。

（四）空调器

1. 行业现状和特点

中国空调器市场的品牌格局仍然为格力、海尔和格兰仕三足鼎立的局势，尤其在变频空调器市场三大品牌的领先优势更加明显。而借助家电下乡等政策的实施，三大厂家也趁机扩展渠道，全面布局于三、四级市场，进一步巩固了领先的优势。中国空调器市场呈现寡头竞争的格局（见图3-8）。

近几年空调器市场的红火促使众多空调器厂家积极扩张，建立新的生产基地，购置新的生产线。2011冷冻年结束的时候空调器厂家的库存就高达1080万台。库存如此之高会给企业带来巨大的价格压力，企业格局也面临洗牌。

2. 供求特点及对基金分担的影响

空调器市场有寡占特点，供给弹性相对其他市场较小，供给曲线相对陡峭，但是总体而言，市场上的竞争者众多，技术壁垒也不是很高，空调器产业竞争性依然很强。空调器行业的需求特点与电冰箱行业基本相似，二者都是家庭生活的必需品，具有很强的不可替代性，因此中长期城镇化进程可以释放刚性需求。但是需求增长预计放缓，需求弹性有所增强。这种供求结构

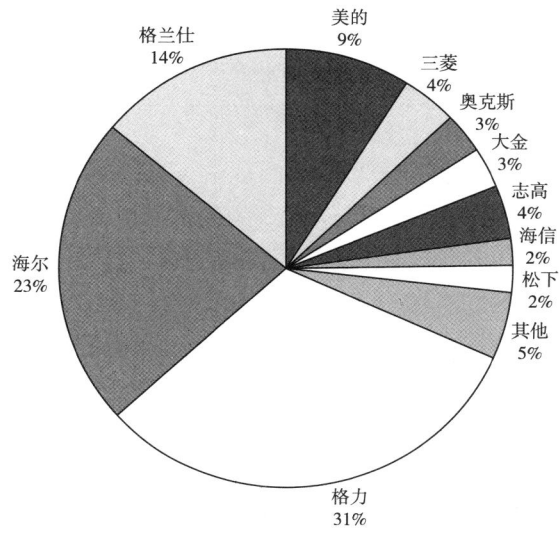

图 3 – 8 2012 年中国空调器市场品牌关注比例

资料来源：《2012 ～ 2013 年中国空调器市场研究报告》，http：// zdc. zol. com. cn/347/3478182. html。

使基金征收对产量影响有限，但基金成本可能更多地由生产者承担，因为这样可能使具有寡占特点的企业因扩大销售规模而获益。

3. 基金负担率比较低，对行业影响很小

尽管理论上，征收基金可能增加行业成本并促进行业整合，但空调器整体基金负担率比较低，都不足 0.5%，基金征收对行业的影响很小（见表 3 – 6）。

表 3 – 6 主要空调器品牌基金负担率

单位：元，%

项目	销量最多产品价格	最低产品价格	销量最多产品负担率	最低价格产品负担率
格 力	3699	2299	0.19	0.30
海 尔	2399	1899	0.29	0.37
格 兰 仕	2099	1699	0.33	0.41
美 的	2599	2199	0.27	0.32
三 菱	3680	3380	0.19	0.21
奥 克 斯	3888	1999	0.18	0.35
大 金	10800	4320	0.06	0.16

续表

项目	销量最多产品价格	最低产品价格	销量最多产品负担率	最低价格产品负担率
志　　高	1980	1980	0.35	0.35
海　　信	1999	1999	0.35	0.35
SKG	3998	1749	0.18	0.40
欧 菱 宝	2999	2999	0.23	0.23
奥　　力	2580	2188	0.27	0.32

资料来源：京东商城网站。

（五）微型计算机

1. 行业现状和特点

2012 年，中国市场 PC 出货量为 6900 万部，而美国为 6600 万部。这是中国首次超越美国而成为全球最大 PC 市场。联想、华硕、惠普领跑计算机市场。行业处于竞争与寡占边缘，略微偏向寡占。但是 PC 行业受摩尔定律支配的效应明显，产品更新速度非常快，销售压力普遍很大（见图 3 – 9）。

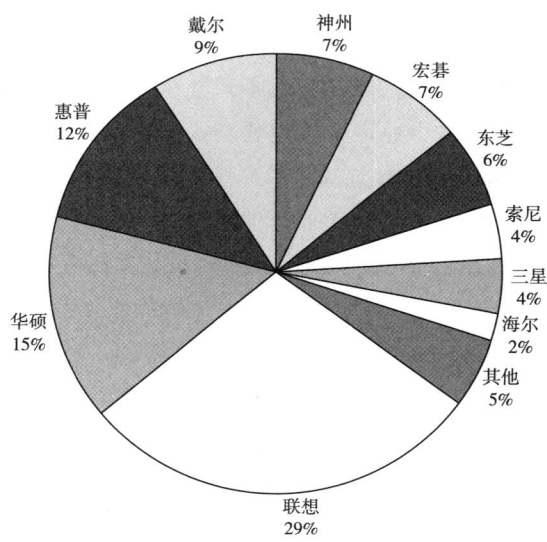

图 3 – 9　2013 年 2 月中国笔记本计算机市场品牌关注比例

2. 供求特点及对基金分担的影响

虽然行业集中度偏向寡占，但是除联想外规模相当，竞争者数量颇多，PC 淘汰落后速度快，供给弹性较大，供给曲线平坦。用户对于计算机的更新周期明显短于其他家电，这种更新需求近乎刚性，需求曲线弹性很小。这种情况下，基金成本多数由消费者承担。由于基金征收比率低，多数产品基金负担率尚且不足0.5%，对计算机行业整体影响很小（见表3-7）。

表3-7 主要计算机品牌基金负担率

单位：元，%

项目	销量最多产品价格	最低产品价格	销量最多产品负担率	最低价格产品负担率
联　想	5199	2399	0.19	0.42
华　硕	3799	2199	0.26	0.45
惠　普	3199	2099	0.31	0.48
戴　尔	3849	2599	0.26	0.38
神　州	4099	1549	0.24	0.65
宏　基	3599	1749	0.28	0.57
东　芝	2849	2799	0.35	0.36
索　尼	4399	3899	0.23	0.26
三　星	3799	2199	0.26	0.45
七　喜	1598	1499	0.63	0.67

资料来源：京东商城网站。

四　主要结论

第一，理论上，基金征收是为了缩小社会成本和私人成本之间的差距，让产品成本反映其真实的社会成本，有利于抑制生产商的过度生产。据此，征收基金能降低产出和提高价格。但由于我国基金征收额很小，这方面的效果不明显。

第二，征收基金虽然增加了生产企业的经济负担，但在普遍征收和基金负担率低于0.5%的情况下，基金征收的大部分转嫁给消费者，对生产者的行业竞争力影响也不大。

第三，由于目前目录产品行业普遍面临产能过剩的状况，基金征收对低附加值产品的影响比较大，征收基金可能有利于加速优胜劣汰的行业整合。

第三节　废弃电器电子产品处理政策对处理行业的影响

一　我国废弃电器电子产品回收处理业概况

根据联合国环境规划署数据，2010年我国废弃电器电子产品实际回收

利用率仅为 10% ，远低于日本（70%）、德国（48%）和韩国（44%）等
发达国家的水平。目前，我国废弃电器电子产品回收处理产业还很不成熟，
与发达国家相比，中国电器电子废弃物回收处理行业还处于起步阶段，我国
废弃电器电子产品正规渠道处理率不到 30% ，处理行业发展相对滞后。

（一）废弃电器电子产品处理行业上下游构成

我国电子废弃物的国内来源主要有三个方面，即居民日常生活中所产生
的电子废弃物，企事业单位和政府部门产生的电子废弃物，电器电子产品及
其组件、部件生产商生产过程中所产生的残次品。此外，非法从国外进口的
电子废弃物也是一个主要来源，进口电子废弃物在中国登陆的地域呈现日益扩
大的趋势，已经从广东蔓延到湖南、浙江、上海、天津、福建、山东等地区。

电子废弃物的流向主要有三个方面：通过废物处理厂再生利用；直接捐
赠或通过二手市场到农村和贫穷地区重复使用；丢弃至垃圾处理处置厂。
图 3 - 10 为我国电子废弃物流向。

相对于废弃物处理工厂与垃圾处理厂来说，农村和贫困地区是废家电和
电子产品的主要流向地。城市中已经报废或者过时的家电和电子产品经过简
单维修或改装后，仍然存在一定使用价值，大量流向经济相对落后的农村。
大城市已经形成电子废弃物回收网络，网络体系主要有个体商贩流动回收、
上门回收以及居民区固定回收等形式自发实现，缺乏专门管理，所回收的产
品大部分流向二手市场、农村、经济不发达地区或小型的回收利用厂。

（二）废弃电器电子产品的多元回收体系

我国电子废弃物收集的主体主要有：回收商、电器电子产品销售商、旧
货市场、维修场所、电器电子产品生产制造企业。

（三）废弃电器电子产品的再生利用及处理处置

城市产生的绝大部分电子废弃物主要通过三种途径重复使用。第一是通
过二手转让直接重复使用；第二是经过修理或者轻微组装重复使用；第三是
利用其中的一部分或者零件来生产新的电器。

废弃电器电子产品回收利用方式大致可以分成三种：整机的重复利
用；拆解后电子元件的重复利用；拆解后回收原材料。前两种回收利用方
式即指电子废弃物经过维修、改装，电子元件经拆解、检测、更换，最后
作为电子产品被消费者重复使用，这类废弃电器电子产品及元件的重复利
用技术与电器电子产品制造行业直接相关，而重复利用的废弃电器电子产
品及元件最终无法重复使用，仍须在保证环境无害化的基础上，分类拆解

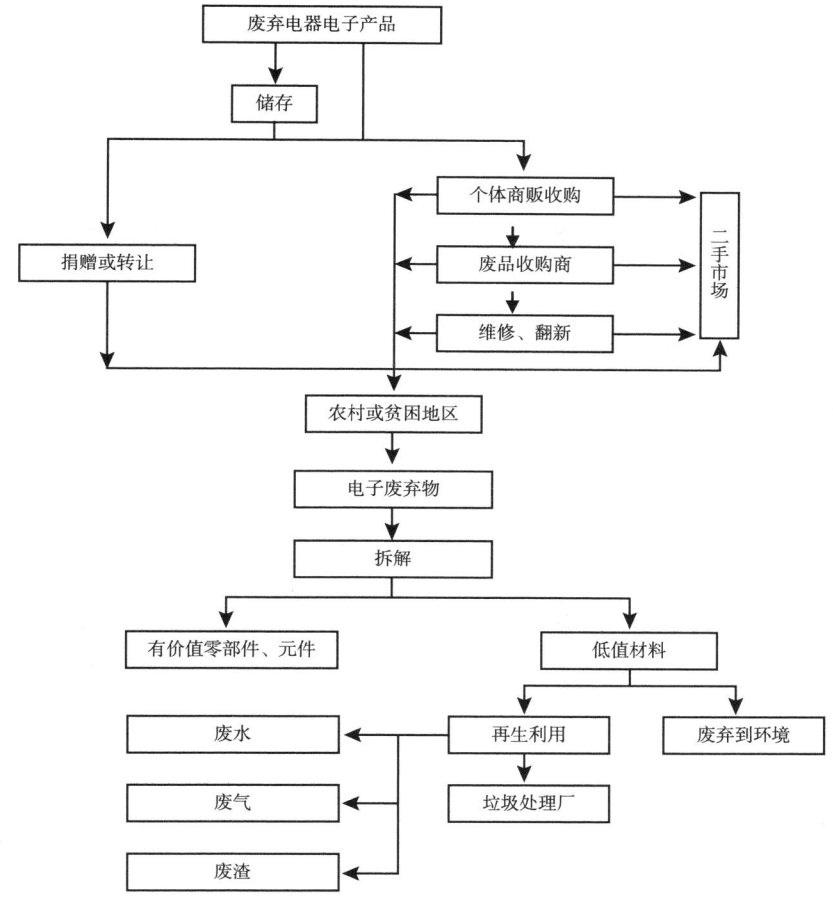

图 3 - 10 中国电子废弃物流向

回收各种再生资源。

我国目前电子废弃物处理大致有以下三种方式。

1. 家庭作坊式处理方式

采用手工或依靠最简单的工具（改锥、钳子等）进行电器电子产品的拆解，人工将有价成分分类回收；或者采用简单酸溶或露天焚烧等落后方式回收高附加值组分。难以回收利用的剩余组分随意堆放或抛弃。在过去相当长的一段时间里，这种处理方式在沿海地区广泛流行。

2. 中等规模企业处理方式

购买和安装了电子废弃物处置的主要设备设施，但是为了节约资金，必要的污染防护措施不配套，在连续生产过程中容易造成二次污染。

3. 环保型企业处理方式

严格按照环保要求，采用先进工艺，进行电子废弃物的资源化处理，加工处理过程中产生的废水、废气、废渣都能得以合理处置。

目前缺乏处理行业标准和技术标准是处理行业面临的最突出的问题。环保部许可的条件多集中在硬件投入如机器设备、厂房等方面，而对处理效果、处理工艺、处理技术、回收利用率等缺乏具体标准。

二　许可和补贴政策对回收处理业的有利影响

（一）促进处理业规模化和专业化发展

废弃电器电子产品的处理由一系列过程和工艺组成，其中包括将废弃电器电子产品进行拆解，从中提取物质作为原材料或者燃料，用改变废弃电器电子产品物理、化学特性的方法减少已产生的废弃电器电子产品数量，减少或者消除其危害成分，以及将其最终置于符合环境保护要求的填埋场的活动等。具体来说，对废弃电器电子产品的处理需要解决两个问题：其一是将废弃电器电子产品上的可再生资源回收利用，发展循环经济；其二是对废弃电器电子产品里危害环境和威胁人体生命安全的有害物质进行妥善回收处理。这两个过程对处理企业的技术都有一定的要求，不符合一定技术要求的企业在回收处理过程中不能将废弃电器电子产品里的有害物质消除，会对环境造成危害，进而损害人体健康。因此，从市场上分离出技术过硬、有资质的处理企业，能确保废弃电器电子产品得到有效妥善处理。

促进规范处理的企业加速发展，粗暴处理的企业迅速淘汰，这是许可政策和补贴政策的制定意图。通过补贴规范处理企业，惩罚不规范的处理企业，使规范处理企业回收价格下降，成本的降低和补贴会激励企业扩大处理能力。有实力的企业通过扩大产能进一步摊低成本，获得盈利，从而抢占更多的市场。通过许可政策，限制企业进入，通过给予符合资质的处理企业适当补贴，促进符合标准企业的健康发展，使其有动力继续从事废弃电器电子产品处理业务，实现行业集中。

随着我国废弃电器电子产品回收处理管理体系的不断完善，家电"以旧换新"政策的不断推进，许多企业的处理能力已经超过发达国家和地区废弃电器电子产品处理企业。很多科研院校和企业纷纷开展废弃电器电子产品拆解处理技术的研发和产业化推广，有力地促进了我国废弃电器电子产品回收处理行业的可持续发展。行业应用的废弃电器电子产品拆解技术装备、关键部件的处理分选技术也在不断升级。例如，线性的拆解工艺已向立体拆解工艺转变，关键部件的处理设备在不断更新换代，以保证设备的处理效率与稳定性的大幅提升。

（二）促进形成"中小企业搭建回收网络，大型企业集中处理"的产业格局

规范处理企业往往处于大中城市，网点覆盖不广，收集频率不高。补贴政策使得规范处理企业有动力扩张回收数量和产能，通过让利的方式，利用分散在各个城市、街道、社区的回收点收集废弃家电，是一种有效的扩张模式。原来技术原始、设备落后的中小处理企业，逐步会被整合到大型处理企业的回收体系中来，充分利用自身网点分布广、收集频率高、地域特点熟的优势，获得合理利润。

（三）促进资源循环效率的提高，拉动就业

从发达国家回收处理行业的发展经验看，业务本身的盈利性足以促成产业发展。补贴政策使处理行业实现比较高的盈利，大大促进了回收处理行业的技术升级和规范发展，有助于提升整个国民经济的资源循环效率，有助于遏制环境污染，推进绿色经济发展。随着行业规模的壮大，处理业成为新的经济增长点，更多劳动力会被吸纳进来，起到拉动就业的作用。

三 许可和补贴政策对行业发展的不利影响

尽管许可和补贴政策大大促进加快了处理行业的发展速度，但也是一把双刃剑，导致一些突出的矛盾和问题。

（一）许可制度设置的进入壁垒不利于行业运行效率的整体提升

许可制度虽然有利于提高行业集中度，行业集中度提高有利于废弃物集中处置，提高规模效益，但许可制度一定程度地抑制了市场自由竞争，导致市场垄断并大大降低了行业的运行效率。

第一，许可制度本身容易导致寻租的发生，拿到许可证书的企业可能是公关能力比较强的企业，而不一定是最有能力和市场竞争力的企业；第二，由于规划的限制，获取许可证的企业不会或较少受到潜在进入者的威胁，大大降低了处理企业的竞争意识，从而导致这些企业没有动力去提高废弃电器电子产品的处理技术和减少运营成本，这不利于废弃电器电子处理行业的发展；第三，许可制度使资源和要素不能自由流动，这种行政配置资源的手段从长期来看将造成巨大效率损失。

（二）存在套取补贴风险，监管成本高

由于补贴方式是按照拆解处理企业实际拆解处理台数进行补贴，处理企业有动力通过各种渠道获取废弃电器电子产品回收的货源。更重要的是，处理企业可能虚报处理量套取补贴。尽管《办法》中提出"处理企业应当按照规定建立废弃电器电子产品的数据信息管理系统，跟踪记录废弃电器电子产品接受、储存和处理，拆解产物出入库和销售，最终废弃物出入库和处理等信息"，理论上可以解决虚增回收处理量，套取政策补贴的风险，但事实上政策的落实需要付出高昂的监管成本，需要监管部门强化管控措施，确保各环节反馈信息的真实性和准确性。

（三）没有利用市场机制的价格发现功能，补贴额的确定缺乏依据

不同产品具体补贴额的确定需要综合考虑拆解处理行业的技术进步水平、拆解企业的环保处理成本、回收废弃产品和再生资源的市场价格等多种因素。随着废弃电器电子产品拆解处理行业的不断发展，其回收处理规模将不断扩大，因此，拆解处理企业的环保处理成本也在不断下降。同时，随着人们的环保意识、环保理念的不断加强，回收体系建设的不断完善，回收量也将不断扩大，回收成本也有望降低。这些情况下废弃电器电子产品回收处理的营利性将逐步增强。但上述因素都是不断变化的，实现企业微利的补贴标准也是动态的，在没有利用市场机制的价格发现功能的情况下，任何人为确定的补贴额都很难准确反映市场的复杂变化。

根据基金征收标准和基金补贴标准，基金征收能否满足基金补贴需求是衡量目录及其配套政策是否成功的重要依据。按照 2011 年中国目录产品的销售量和理论报废量（见表 3-8），我们可以 2011 年数据模拟计算基金使用的缺口（我们假设 2011 年生产和销售的目录产品都有征收基金，且报废量都得到补贴）。利用公式：补贴缺口 =（各产品报废产量×补贴标准）-（各产品产量×征收标准），我们计算发现补贴缺口 1 等于 1867.958 万元，而补贴缺口 2 等于 64.4 亿元。这两种数据得到的结果有很大的出入，但都能说明在现如今的征收标准和补贴标准条件下，基金征收无法满足基金使用政策对处理企业的财政补贴。在操作过程中，实际处理产量并不等于理论报废量，但目录产品的生产和销售也无法做到全部征收、无一遗漏。除此之外，基金使用除补贴处理企业外，还有其他用途，如果考虑到其他用途，基金使用的缺口将更大。

表 3 - 8　2011 年"四机一脑"产量和报废量

单位：万台

产品	电视机	电冰箱	洗衣机	房间空调器	微型计算机
产品产量	12436.20	8699.20	6671.20	13912.50	4419.74
报废产量 1	2548.04	744.17	1130.52	98.17	2149.82
报废产量 2	4000	980	1270	1960	6670

注：报废产量 1 的数据来自《中国废弃电器电子产品回收处理及综合利用》2012 年报告，报废产量 2 的数据来源于 Wang 等的估算数据。

实际上，目前享受补贴的企业主要处理的产品是电视机，换句话说仅给电视机补贴的情况下，基金已显不足。如果全部产品都进入渠道拆解，基金就更是捉襟见肘。基金征收无法满足对处理企业财政补贴的主要原因：一是基金征收的标准过低，目前基金征收标准不能反映产品的外部成本，甚至不能给生产厂商带来任何环境责任压力；二是补贴数额的需要量大，在存在大量非法处理的情况下，如果想将非正规渠道拆解量吸引到正规渠道中来，需要弥补的不仅是环保投入的成本，还包括税收成本，补贴的数额要求会比较大；三是大量非法进口的电子垃圾也可能流入渠道，享受处理补贴。

（四）补贴政策吸引企业扩大处理能力和新企业加入，造成处理行业能力过剩

随着补贴政策的实施，处理企业利润快速增长，吸引更多企业扩大处理规模和进入处理行业。继 2012 年首批 43 家废弃电器电子产品回收处理企业获得国家补贴资格后，2013 年 2 月，财政部发布了第二批共 21 家废弃电器电子产品处理企业入围补贴名单。而截至 2013 年 4 月 30 日，这 64 家企业的资质许可年处理能力为 8800 万台，预计 2015 年处理能力将达到 14000 万台/年。

然而，由于废弃电器电子产品供给有限，若总体处理能力远大于实际处理量，就会造成处理能力闲置、开工率低等问题。按 2011 年以旧换新回收量 6000 万台计算，处理企业平均开工率仅为 59.29%。按照 2012 年电子废弃物基金补贴规模 30 亿元计算，正规企业的处理规模在 4300 万台左右，平均开工率仅为 42.49%。如今仍有一些企业的处理能力没有得到完全释放，伴随着投资热情不断提高，格林美、东江环保、TCL、奥博等处理企业不断提高处理能力，加之第三批企业获得许可，企业开工率可能继续下降。

为了缓解处理企业能力过剩的问题，建立健全回收体系，可以提高废弃电器电子产品供给。但毕竟电器电子产品报废量有限，废弃电器电子产品的供给不足和处理企业货源竞争局面不可避免。

（五）补贴主要依据物理拆解量，政策环境效益受限

根据补贴审核标准，补贴政策主要关注处理规模。《废弃电器电子产品处理企业补贴审核指南》（以下简称《指南》）规定，申请补贴的处理企业应当提供相关处理数量的证明材料，《指南》还要求废弃电器电子产品处理数量以处理企业日常生产所记录的处理数量为主进行核定，并与依据关键拆解产物物料系数核算的数量进行核对。然而，基金设立的本意是为了消除废弃电器电子产品有害物质对环境的污染，减少对人体生命健康的伤害。目前，主要针对物理拆解量给予补贴，并不能保证废弃电器电子产品处理企业消除废弃物上的卤素阻燃剂和重金属等，也不能消除这些危害物质对环境的污染。补贴政策对规范化、技术化缺乏政策导向，这不利于处理行业的稳定健康发展，也不利于资源高效利用和减少环境污染政策目标的实现。

第四节　处理政策对我国相关产业和宏观经济影响的实证研究

一　国内外相关研究基础

（一）国外关于生产者责任延伸制度影响和效果的研究

大量研究通过理论分析证明了生产者责任延伸制度（EPR）在影响产品产量和回收处理量、提高资源利用效率、减少环境污染、产品生态化设计等方面的作用。

Fullerton 和 Wu（1998）通过求解代表性家庭效用最大化和厂商利润最大化问题，证明两阶段政策工具的效果相当于理论上的庇古税，能够促进产品生态设计。具体来讲，两阶段政策工具的影响机制是：对生产厂商按产量征税，则厂商会内生化外部成本而减少产量，对回收处理过程进行补贴，能够提高废弃物回收处理量，以有效实现减少环境污染的目标。

Calcott 和 Walls（2000，2002）通过求解厂商利润最大化问题，分析下游政策工具，例如回收处理费用和押金返还政策是否能够有效影响上游"厂商"生产决策，使其选择更环保、更易于回收利用的原材料进行生产，实现产品生态设计。

Jacobs 和 Subramanian（2012）假设制造企业生产的产品可以进行回收利用，且回收处理后得到的回收资源可以作为原材料的替代品，分析 EPR 制度对厂商最优产量和利润的影响，进而考虑 EPR 制度的经济效应和环境效应。

Özdemir（2012）通过求解企业利润最大化问题，分析"强制回收利用率与回收处理费结合"的 EPR 制度对企业是否进行产品生态设计选择的影响。

（二）国外对不同 EPR 制度的政策效果进行比较分析

Palmer 和 Walls（1997）假设产品废弃决策由消费者和生产者共同决定，并分别求解三种政策：预收处理费用、回收补贴及基金返还制度下的社会最优问题。文章认为，对任何固体废弃物来说，基金返还制度都是一种促进资源综合利用、减少环境污染的最有效政策。通过基金征收对污染环境的行为征收费用，通过基金返还对保护环境的行为提供收益，将负外部性内部化，体现了"污染者付费"的经济公平原则。

Palmer 和 Walls（1999）比较了三种不同的 EPR 制度：对上游制造企业征税并补贴下游回收处理企业（UCTS）、生产者回收要求（take - back requirement）和单位定价（unit - based pricing）制度，认为 UCTS 是成本最小且最有效的方式。对废弃物和原材料征税是提高原材料价格、促进回收处理循环利用的两种方法。

Conrad（1999）通过建立厂商最小化生产成本、政府最大化消费者剩余与生产者剩余之和的最优化模型，比较了对废弃物征税和对原材料征税在资源利用、产品生态设计、产量决定和减少废弃物方面的不同影响。分析结果表明，对废弃物征税相对于对原材料征税，更有利于减少环境污染、提高资源利用率。

Runkei（2003）分别考虑完全竞争市场和不完全竞争市场下，生产者责任延伸制度的政策效果。通过求解企业贴现利润和最大化问题，分析生产者责任延伸制度如何影响产品产量决定和产品使用时间。

Zhao 等（2010）将废弃物能否进行回收利用分为两类，求解制造企业效用最大化动态最优问题，分析废弃物回收利用补贴政策对回收利用率及污染水平的影响。文章认为相对于对生产或消费征税来讲，对回收利用进行补贴更有利于提高回收利用率和降低污染水平。

（三）国内相关研究

国内这方面研究相对较少。温丽琪（2005）借鉴 Dinan（1993）、Fullerton 和 Wolverton（1997）的模型，假设生产企业通过选择最优产量实现利润最大化，回收企业通过选择最优回收处理量实现利润最大化，在政府使用两阶段政策工具的情形下，分析税率、补贴率、产量、回收处理量之间的关系。赵一平等（2007）构建了政府和企业两主体博弈模型。模型中，政府可以选择是否实施 EPR 制度，而企业可以选择是否承担废弃产品回收处理责任，以及是否生产易于拆解、易于回收的"环境友好型"产品。文章分别计算了政府和企业选择（实施 EPR，承担责任）、（实施 EPR，不承担责任）、（不实施 EPR，承担责任）、（不实施 EPR，不承担责任）不同情形下企业的利润大小，分别通过静态博弈和动态博弈分析方法讨论 EPR 制度在我国的政策效果。类似地，郑云虹、田海峰（2012）采用博弈分析方法，通过计算政府和企业分别选择（实施政策激励，进行回收处理）、（实施政策激励，不进行回收处理）、（不实施政策激励，进行回收处理）、（不实施政策激励，不进行回收处理）四种情形下的企业收益大小，分析了 EPR 制度对废弃物回收利用程度的影响，并做出了相应的制度设计。文章认为，建立 EPR 制度可以有效提高废弃物回收利用的程度，促使生产企业积极承担延伸责任，从而实现提高资源利用水平、减少环境污染的最终目标。

二　本报告研究方法和范畴

（一）研究方法

目前欧美学术界相关研究的重点在于生产者责任制度，但我国目前的基金—补贴制度实际上不属于生产者责任制度，只是带有生产者责任制度的一些特征。

因此，对我国基金—补贴政策的研究需要考虑一些其他的技术方法，如微观经济学中的局部均衡分析、可计算一般均衡模型（CGE）等。此外，我国的现实经济情况和欧美也存在很大差异，如存在大量中小型作坊式的回收处理企业、政府对污染的监管能力较弱等。

本报告在借鉴 EPR 制度分析方法的基础上，基于我国相关的现实经济情况对相关政策对我国经济的影响进行实证研究。

分别针对不同的产品市场（各类电器电子产品市场）、不同的基金征收方式（差异化基金征收、一般化基金征收和出口退税政策）以及不同的补贴对象（物理拆解企业和深加工处理企业），研究基金和补贴政策的政策效果，从而对我国现有的基金、补贴政策提供政策建议。

（二）研究范畴

近年来，我国出台了《电子信息产品污染控制管理办法》《废弃电器电子产品回收处理管理条例》《废弃电器电子产品处理基金征收使用管理办法》《废弃电器电子产品处理资格许可管理办法》等一系列条例，对废弃电器电子产品的回收和处理给予支持和鼓励。相关政策主要包括以下几个方面。

一是对电器电子产品生产者、进口电器电子产品的收货人或者其代理人按照产品数量和标准征收基金，具体标准为：电视机 13 元/台、电冰箱 12 元/台、洗衣机 7 元/台、空调器 7 元/台和微型计算机 10 元/台。但对于出口企业，则免征基金。

二是设立一定的许可标准，对符合相关标准的企业给予废弃电器电子产品处理资格，并对这些企业按照实际完成拆解处理的废弃电器电子数量给予补贴，具体标准为：电视机 85 元/台、电冰箱 80 元/台、洗衣机 35 元/台、空调器 35 元/台和微型计算机 85 元/台。

三是对废弃电器电子产品处理企业从环保、技术、工艺等角度设立更为严格的标准，以促进处理企业改进技术。

四是鼓励和支持对废弃电器电子产品的相关技术研究以及新技术、新工艺、新设备的推广、示范和应用。

从上述各项政策来看，目前对宏观经济和产业影响最为直接的仍然是补贴和基金征收两项政策。这两项政策将直接影响企业的生产经营成本，从而会影响企业决策，最后对国民经济产生影响。而由于这些技术标准尚在制定之中，其对相关行业乃至全社会技术进步的影响尚未充分显现。

从量化分析的角度看，对基金和补贴这两类政策进行实证研究也较为容易。经济学理论可以证明，征收基金相当于在国民账户体系（SNA）中征收产品税；而补贴和降低税率在一定程度上也可以等价。在技术标准、技术支持等政策内容尚未确定之前，对其影响进行定量分析是十分困难的。因此，本书主要选择基金和补贴两项政策对相关产业和国民经济的影响进行实证分析。

三　基金征收对目录行业影响的实证研究

基金政策可以理解为增加企业的生产成本。显然，补贴政策也可以理解为对回收企业降低产品税，也就会降低回收企业的生产成本。显然，在现有政策机制的影响下，电器电子产品和回收资源的价格均会发生明显变化。

根据微观经济学的局部均衡理论，厂商严格按照利润最大化的偏好进行决策，消费者则按照效用最大化的偏好进行决策。当厂商产量和消费者需求量相等时，则实现了市场均衡状态，决定了此时的价格和产量。而厂商生产成本的变动必然会影响厂商和消费者的决策，因此导致最终产品价格和产量发生变化。价格和产量将会影响厂商的销售收入和利润，从而影响相关行业的发展状况。

然而，局部均衡理论也存在明显的缺陷，其中的完全市场竞争假设等因素在现实经济中并不存在。此外，局部均衡理论假设企业只能通过对价格和产量的调整应对税收、成本的变化，这和实际情况是不吻合的。此外，在成本变化不大的情况下，消费者对电器电子产品的需求量受价格的影响也可能不显著。

考虑到相关理论模型的缺陷，本部分展开以下研究：①运用局部均衡模型对基金政策对相关电器电子生产企业的影响进行模拟；②基于政策出台后目录行业的实际走势，对现实经济中目录产业所受的影响进行实证研究。

如前文所述，现有的基金征收政策相当于对这五类电子产品的生产企业征收产品税，其标准分别为电视机 13 元/台、电冰箱 12 元/台、洗衣机 7 元/台、空调器 7 元/台和微型计算机 10 元/台。

从经济学理论上看，一般用局部均衡模型分析在一个均衡市场中税收、生产成本等外部政策变化对经济的影响。相关分析表明，在假设厂商供给量是价格的线性递增函数，需求量是价格的线性递减函数的情况下，税负水平的提高会导致市场均衡价格提高，消费者消费量下降，但企业的生产者价格却下降，利润率降低，总产出减少。

（一）理论模型

本书用一个简单的模型进行分析，在该模型中，目录生产企业的产出为电器电子产品（"四机一脑"），供给量用 Q_1^s 表示，消费者对电器电子产品

的需求量用 Q_1^d 表示，价格用 P_1 表示。假设消费者对电器电子产品的需求函数可以表示为：

$$\ln Q_1^d = a_1 + \varepsilon_1^d \ln P_1$$

其中 ε_1^d 为需求弹性，小于零。

假设生产商制造企业的供给函数可以表示为：

$$\ln Q_1^s = b_1 + \varepsilon_1^s \ln P_1$$

其中 ε_1^s 为供给弹性，大于零。

当价格调整使得需求与供给相等时，市场达到均衡：

$$Q_1^d = Q_1^s$$

由此，我们可以求出均衡价格的表达式：

$$\ln P_1 = \frac{a_1 - b_1}{\varepsilon_1^s - \varepsilon_1^d}$$

同样可以求出均衡产量的表达式：

$$\ln Q_1 = \frac{a_1 \varepsilon_1^s - b_1 \varepsilon_1^d}{\varepsilon_1^s - \varepsilon_1^d}$$

而在对目录产品制造企业征税，税率为 τ_1 之后，需求函数不变，供给函数变为：

$$\ln Q_1^s = a_1 + \varepsilon_1^s \ln \left[(1 - \tau_1) P_1 \right]$$

由此，征税后均衡价格的表达式为：

$$\ln P_1 = \frac{a_1 - b_1 - \varepsilon_1^s \ln (1 - \tau_1)}{\varepsilon_1^s - \varepsilon_1^d}$$

同样可以求出均衡产量的表达式：

$$\ln Q_1^{'} = \frac{a_1 \varepsilon_1^s - b_1 \varepsilon_1^d - \varepsilon_1^d \varepsilon_1^s \ln (1 - \tau_1)}{\varepsilon_1^s - \varepsilon_1^d}$$

经过计算可以得出，征税后，均衡价格变化为：

$$\ln \frac{P_1^{'}}{P_1} = \frac{- \varepsilon_1^s \ln (1 - \tau_1)}{\varepsilon_1^s - \varepsilon_1^d}$$

由于税率小于 1，所以 $P'_1 > P_1$，但考虑到税收因素，生产者价格 P'_2 实际为 $P'_1(1 - \tau_1)$，即：

$$\ln \frac{P'_2}{P_1} = \frac{\varepsilon_1^d \ln(1 - \tau_1)}{\varepsilon_1^s - \varepsilon_1^d}$$

均衡产量降低：

$$\ln \frac{Q'_1}{Q_1} = \frac{-\varepsilon_1^s \varepsilon_1^d \ln(1 - \tau_1)}{\varepsilon_1^s - \varepsilon_1^d}$$

根据模型可以得出如下结论：在假设厂商只能通过调整产量和价格进行决策的静态均衡模型下，征收税收会导致消费者价格上升，生产者价格降低，产量下降。其中，产量降幅、消费者价格升幅、生产者价格降幅和税收水平、供给弹性成正比，和需求弹性的绝对值成反比。

（二）模拟测算结论

由于缺乏电器电子产品和回收资源产品的国内出厂价格数据，我们以电器电子产品的出口价格和进口价格为基础，运用双对数模型计算电器电子产品的需求价格弹性。此外，本书基于 2011 年电器电子产品产量、出口价格以及出口量的数据，计算了目前基金水平等价的这五种电器电子产品平均税负（以基金理论征收规模和五种产品销售额的比值计算），结果如表 3 - 9 所示。

表 3 - 9　"四机一脑" 2011 年计算局部均衡影响所需的相关参数

项目	产量（万台）	征收基金量（万台）	征收基金规模（亿元）	测算得到的税负水平（%）	供给弹性	需求弹性
电冰箱	8699.2	3674.3	4.78	0.40	2	- 0.5
空调器	13912.5	8237.3	5.77	0.49	2.5	- 0.55
洗衣机	6715.94	4683.9	3.28	0.58	2.5	- 0.6
微型计算机	32036.93	10678.9	10.68	0.11	2	- 0.55
电视机	12231.34	5696.3	6.84	0.41	2.5	- 0.6

资料来源：根据 UN COMTRADE 数据库等资料测算。

基于上述数据，可以计算出在局部均衡假设下，目前的税收征收标准对这五类产品消费者价格、生产者价格和产量的影响，并进而计算出对厂商利润总额和利润率的影响（见表 3 - 10）。

表 3 – 10　　"四机一脑" 2011 年价格、产量、利润率变化情况模拟测算

单位：%

项目	市场价格变化	生产者价格变化	产量变化	净利润率变化	利润变化
电冰箱	0.32	– 0.08	– 0.16	– 0.08	– 0.24
空调器	0.40	– 0.09	– 0.22	– 0.09	– 0.31
洗衣机	0.47	– 0.11	– 0.28	– 0.11	– 0.39
微型计算机	0.09	– 0.02	– 0.05	– 0.02	– 0.07
电视机	0.33	– 0.08	– 0.20	– 0.08	– 0.28

注：生产者价格是均衡价格扣除税收之后的价格，负值表明生产者承担了基金成本。
资料来源：根据前文数据测算。

基于这一测算，在"四机一脑"企业只能选择调整价格和产量的静态均衡分析框架下，可以得出如下结论。

1. 不会对整体行业利润水平有太大影响

根据各大家电企业上市公司年报公布的数据，我国家电大型品牌企业的净利润率近年来在 4% ～ 8%，如图 3 – 11 所示。因此，目前的政策对我国家电产业的整体影响是比较小的。以格力为例，格力 2013 年第二季度的利润率在 6% 左右，征收基金之后，利润率下降至 5.9% 左右，不会对其生产经营带来严重困难。

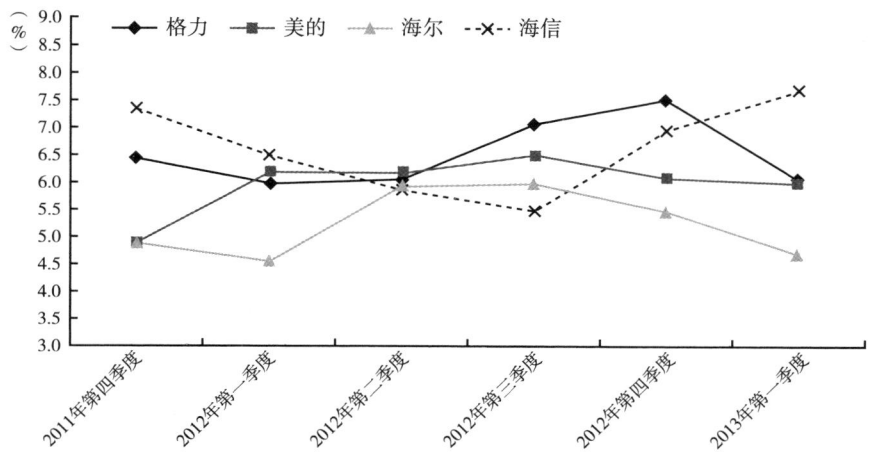

图 3 – 11　　近年来大型品牌家电企业净利润率走势

资料来源：上市公司年报。

2. 对于部分以低价产品主导市场的小型企业可能会有一定冲击

在家电企业中，不同企业所面向的市场差异较为显著。如在洗衣机领域，小鸭洗衣机的市场策略就是主打 500 元以下的低价产品，部分产品价格甚至低于 300 元。由于目前的政策对不同类型的洗衣机征收税负标准一致，因此对于这类低价产品相关厂商的影响将会较大。以小鸭洗衣机为例，假定小鸭洗衣机的平均销售价格为 400 元/台（基于京东商城数据分析），那么按照目前的征收标准，小鸭洗衣机的平均税负将达到 1.75%，远高于行业平均水平。在假设小鸭洗衣机供给、需求弹性和行业整体弹性一致的前提下，可以计算得出，小鸭洗衣机的利润率将下降 0.34%。考虑到低价产品厂商的利润率可能要低于大型家电企业，所受影响可能较大。

3. 对进口企业的影响要远低于本土企业

整体来看，我国进口家电的单位生产成本和销售价格远高于本土产品，空调器、电视机等产品的进口价格在 5000 元左右。因此，对于进口企业而言，目前的每台 7 ~ 13 元的征收水平所带来的税负增长幅度要明显低于本土企业，其影响更为微弱。

（三）企业可能采取化解基金征收的对策

需要说明的是，前文的分析属于静态均衡分析范畴，是在假设企业的各种原材料等固定生产成本不变、企业无法通过技术创新提升管理水平等措施降低生产成本或生产新产品的前提下得出的。

而在现实经济中，企业的应对策略则要更加复杂。基金征收的企业可以采取多种方式应对成本上升、税负增加所导致的利润率下降，如通过提升管理水平、改进生产工艺、采取替代材料、选择合适的市场策略以实现合理避税等，具体措施如下。

1. 加快产品更新换代进程

在现实经济中，企业往往同时推出一系列高档、中档、低档产品，不同档次的产品技术水平和利润率均存在明显差异。在市场竞争机制和技术进步的共同作用下，企业往往会将原来的高档产品逐渐降格为中低档产品，并推出新的高档产品。

在面对成本上升或税收压力时，低档产品的利润率所受的影响要远大于高档产品。在这种情况下，现实经济中的"四机一脑"企业可能会采取两种策略。

第一，若成本上升压力不是很大，则可能在各档产品系列中推出一些有着小幅技术水平改进的新产品取代市场现有热销产品，以保证市场占有率和利润水平。

第二，若成本上升压力较大，企业往往会加快将原来的高档产品推广成中档或低档产品。

以空调器为例，2011 年以来，随着国际铜、铝等资源价格大幅度上涨，空调器生产企业的成本压力凸显。在这一背景下，各大家电企业均采取了推广变频空调器以取代原定频空调器的营销策略。而在洗衣机、电冰箱和电视机等行业，波轮式洗衣机取代滚筒式洗衣机、等离子电视机取代传统 CRT 电视机等产品也是比较典型的案例。

2. 进军其他高利润率的领域

除在产品内部进行结构调整外，家电企业还往往选择进军利润率较高的其他领域以应对税率提高或成本上升导致的利润回落。如近年来，我国厨房电器的利润率要高于白电和黑电，因此格力等传统白电厂商近年来纷纷转向厨房电器市场，推出了压力锅、抽油烟机、电饭煲等一系列产品。

3. 将重心转向国外市场

由于家电企业出口免征基金，因此在不考虑其他因素的情况下，家电企业出口的相对利润率可能会提高，因此相关政策有可能发挥引导家电企业扩大出口的作用。

4. 提升管理水平、改进生产工艺、节约资源等常规措施

如格力空调器近年来为了应对各种成本上升的压力，对所采用的一种管材的形状进行了革新，从而减少铜资源的浪费；同时制定了更为严格的管理制度（如对关灯、工作时间、工作强度等予以严格规定），以达到节约资源的目的，收效明显。

基于上文的分析，可以将征收基金可能对企业产生的影响概括为五个方面，如表 3 - 11 所示。

表 3 - 11　征收基金可能对相关行业企业产生的影响

选择一	同时降低生产者价格（但销售价格由于税负增加而上升），降低产量
选择二	加快推出新产品，特别是高档产品
选择三	进军厨房电器等高利润率的领域
选择四	增加海外市场在企业中的比重
选择五	提升管理水平、节约资源等常规措施

资料来源：笔者整理。

（四）基金征收后的实际情况

然而，目前的基金征收政策是否真的导致企业采取了这些策略呢？需要通过实证进行分析。

1. 对于同种型号的家电产品而言，并未明显出现市场价格上升和销售量下降的情况

本书对比了几种有代表性的家电产品在征收基金之前（2012 年 1 月）和征收基金之后（2012 年 7 月）以及 2013 年 5 月的市场销售价格数据，如表 3 - 12 所示。结论表明，绝大部分家电产品在上市之后，价格均呈现一路走低的态势，并未因基金征收而出现市场价短期内上升的行为。个别家电产品（如三星的液晶电视机）曾出现过价格大幅度上调的情况，但其上调幅度巨大（1500 元左右），难以证明这种价格上调是由于每台 7 ~ 13 元的基金征收所致。

表 3 - 12　几种常见型号家电近期价格对比

单位：元

类别	型　号	2012 年 1 月价格	2013 年 5 月价格
空调器	格力 KPR - 35GW（35550）FNAa - 3	3910	3676
电冰箱	海尔 BCD - 185L	1999	1499
洗衣机	海尔 XQS60 - Z9288	1899	1799（已停产）
电视机	索尼 SDX650	5199	5099（已停产）

资料来源：各类电器的市场分析报告。

2012 年 7 月基金正式征收以来，这几大类家电的销售量仍然保持稳定增长趋势。2013 年 1 ~ 5 月电冰箱总销量为 3397 万台，同比增长 6.2%；2013 年 1 ~ 6 月洗衣机总销售量为 1342 万台，同比增长 19.1%；空调器总销售量为 1792.4 万台，同比增长 14.6%；电视机总销售量为 2455 万台，同比增长 33.93%；笔记本计算机总销售量为 2053 万台，同比增长 9.1%。2012 年以来，公开发布的各大家电市场分析报告均未将基金的征收列为影响家电市场的主要因素。因此，现实中，并未观测到基金征收对企业产销量有直接影响。

经济现实情况与基于局部均衡理论分析得出的结论有出入有多方面的原因。

一是在现实经济中，家电销售市场实际上并非一种接近均衡的状态。家电销售行业的销售策略决定了某种型号家电产品上市之后均会采取不断降价

的策略以吸引消费者，否则消费者必然会放弃该型号产品，转而购买新型号的产品。因此，一种产品新上市时的价格一定会高于均衡价格，然后再采取不断降价的方式吸引消费者，因此前文运用局部均衡假设推导得出的结论和实际存在一定偏差。

二是企业所面临的外部经营环境千变万化，销售商和制造企业的博弈能力、制造企业的生产战略、产品成本、用户需求偏好等多个因素均会导致企业调整发展战略，而前文的分析中表明，即便企业重点考虑基金征收这一因素，产量和价格变化规模也很小，因此基金征收往往不是企业决定战略的主要影响因素。

三是局部均衡分析实际上是一个理论分析，有着很多的假设前提，如前提之一是在均衡价格降低时，厂商会降低产量，但事实上厂商降低产量是有成本的，因此即便均衡价格降低，厂商也不一定会选择降价的行为。

2. 近年来，家电产业推出新产品、进军高利润率新兴行业的步伐加速，但基金并不是这一行为的主要外在动力

从现实中看，2012 年以来，家电企业的更新换代确实较为频繁，变频空调器在空调器市场的占有率呈现明显上升趋势，2013 年上半年变频空调器销售量增速高达 8.3%，高于空调器的平均水平；3D 电视机、智能电视机等新型电视机市场日益受到青睐；以轻便、时尚为特点的超极本也成为笔记本计算机的热点；等等。此外，由于传统家电（黑电、白电）领域利润率大幅度下降，相当一部分企业开始进军利润率较高的厨房家电领域，如奥克斯、格力等传统空调器巨头均推出了全套厨房家电产品，市场反应良好。但从多家分析机构的分析报告看，并未提及基金是家电产业市场经营战略变化的原因。

企业经营的外部环境变化较为剧烈，而税率并非主要影响因素。仅从空调器的生产成本考虑，铜、铝是空调器的主要消耗原材料，而这些金属大宗商品价格波动幅度巨大，年涨幅或跌幅甚至可以达到20%～30%。据测算，1 台 1 匹空调器需要消耗 6 千克铜或者铝。铜作为主要大宗商品，其价格波动幅度极大，年内变化可高达 10000 元/吨之多。以此估测，仅铜成本一项，就可能导致 1 台 1 匹空调器成本变化 60 元左右，远远大于 7 元/台的征收税率。若原材料和劳动力价格变动幅度远远大于这一基金征收水平，企业则不可能单独针对基金制定市场策略，基金征收对企业行为的影响也会被其他因素的影响所冲抵或加强。因此，不能说是基金的因素导致了企业加快推出新产品和进军高利润率的厨房电器等领域，只能说基金在一定程度上也有助于企业实施上述决策。

３. 基金对企业国内或者国外市场重心选择不会产生太大影响

虽然理论上基金可能导致企业扩大出口在其产值中的比重，但这一结论并未被事实所证实。2012 年是基金征收的第一年，当年家电业产值增长了10％，但出口额仅增长了 7％，低于总产值增速。2013 年以来，随着欧元区经济企稳、美国经济复苏等因素，空调器、电视机等出口量占总销售量的比重有所上升。2013 年第一季度空调器内销增速 4.5％，外销增速 5.5％。

单纯从理论假设上看，征收基金相当于增加了企业在国内市场销售的成本，因此有可能会引导企业转向海外市场。然而，现实经济的情况则相当复杂。企业的海外市场销售战略受多种因素的影响，东道国的经济发展状况、政治风险、市场状况、环保标准等都会对企业战略产生影响。格力、美的、长虹等大型家电企业在谈及海外发展战略时均称，需要综合考虑多种因素确定海外战略，基金只是其中非常小的一个因素，而国外经济发展状况的权重要远远高于基金。即便从环保成本这一环节考虑，基金政策仅仅使企业在国内销售增加了 7～10 元的成本，不太可能对企业海外战略产生重大影响。事实上，目前欧美发达国家的环保标准远高于我国，部分发展中国家的环保标准也高于我国，我国向欧美发达国家出口相关产品需要承担较高的环境成本，因此发达国家不是我国家电出口的主要市场。国内新增的这一成本对拉低两者环保成本之间的差距是有限的，我国目录产品在国外面临的技术和环境壁垒以及需要企业负担的环境成本仍可能远高于国内。

４. 客观上有助于大型品牌企业进一步提升管理水平，节约能源和资源消费

近年来，我国家电企业通过加强管理节约生产成本、节约能耗的成效较为显著。如格力电器因在"十一五"期间超额完成国家下达的节能指标任务，受到珠海市政府的表彰，被授予"珠海市'十一五'节能先进单位"称号，获得奖励 10.6 万元。同时格力电器 2011 年实施的喷涂线二次废气余热回收项目、空压机联机控制改造项目等 12 个优秀节能降耗技改项目经广东省和珠海市专家推荐及现场验收，共获得了省、市政府节能专项资金奖励 54 万元。

基金政策从理论上增加了企业的税收成本，在一定程度上可能会促进企业改进管理，节约能源。但如前所述，目前的基金政策规模很小，又不存在差异化政策，同时企业节能降耗受到国家节能减排、低碳发展等多个领域的政策影响，这些政策均会严重影响企业的融资成本、新增项目审批以及缴纳

的罚金、获得的奖励基金规模等，其影响要远大于基金政策。因此，基金政策的实际效果也不明显。

（五）主要结论

从理论上看，征收基金可能导致企业降低均衡产量，提高市场价格，也会导致企业改进技术、提高管理水平、升级产品结构、扩大出口；但从现实情况看，目前的基金征收政策对家电产量、价格、管理水平、产品升级以及家电出口的影响均不显著。

然而，从长期角度看，基金政策有可能发生调整，其税负水平上升的可能性很大，其影响则不能忽视。

四　补贴政策对回收处理业影响的实证研究

本报告在研究补贴政策对相关回收处理产业的影响时，除运用模型进行模拟之外，也考虑到我国电器电子回收处理行业大多数以中小企业为主的现状以及回收处理产业链上不同环节的技术水平、污染程度存在较大差异的现实，进行实证检验和分析。

（一）目前回收处理行业的现状

洗衣机、电冰箱、电视机等电器产品被消费者废弃后，仍然有两种可能的用途。

一是若产品功能较为健全，则可以远低于当初销售价格的低廉价位为其他消费者所购买使用。

二是若产品已经无法使用，由于这些产品中含有一定数量的资源（塑料、铜、铝、铁、稀有金属、电子元器件等），市场会自发对其进行回收，将其作为原材料进入生产环节，生产出各种新产品以供再利用。

显然，无论经过多少次消费，任何一台电器最终必然会进入第二个环节，因此第一种情况在分析中可以不加考虑。

21 世纪初，我国回收处理产业处于一种"半地下"状态，其产业链状况如下。

首先，从最终消费者手中回收废旧家用电器；其次，通过初步处理（主要是手工拆解），得到一些已经存在交易市场的中间产品（如废塑料、废铜、废铝、废旧电路板等）；最后，对初步处理后的产品进行深加工，得到可以使用的产品。不同家电所产生的中间产品和最终产品均存在很大差异。其整体产业链条如图 3 - 12 所示。

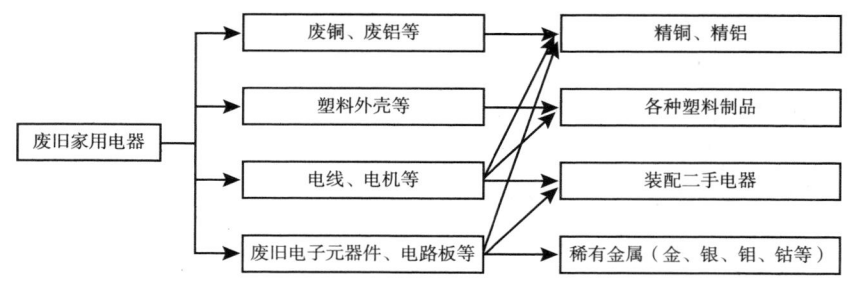

图 3-12 废旧电器处理加工环节价值链

将电器拆解成中间产品的这一环节存在的污染隐患主要在于：部分产品经济价值不高，但污染程度较大。若缺乏有效管理，拆解者可能会将这些产品废弃，从而造成严重的污染。如在空调器的拆解过程中，废旧空调器中残余的制冷剂如未采用合理的技术手段加以回收，则可能逐渐挥发至大气中，对臭氧层造成一定的破坏。而在电视机拆解过程中，其中的荧光屏含有大量的污染物，但价值很低，往往被简单处理成石英，甚至予以丢弃。

将中间产品进行深加工的环节则较为复杂。一般而言，电器所产生的中间产品包括废旧塑料、废铁、废铜、废铝和废旧电路板等。不同产品深加工的技术存在较大差异，所可能造成的污染也大不相同。但从整体上看，这些产品的深加工，特别是经过化学手段的深加工属于化工产业范畴，可能产生大规模的废水、废气、废渣等，其造成污染的风险整体上要高于上一个环节。

然而，由于不同的家电产品生产工艺、所用的原材料均不同，其不同环节的技术门槛、中间产品结构和可能造成的污染均存在较大差异，现具体分析如下。

1. 空调器

空调器的主要构成是铜、铝等金属和塑料。据了解，一台 2 匹空调器可能拆出 20~30 斤铜、35 斤重的压缩机、20~30 斤铁、废塑料、电路板以及电线、电机等。将空调器拆解出这些产品的技术难度很低，只需手工拆解即可完成。且废铜、废铝、废旧压缩机、废塑料、电线、电机等均已在国内形成了较好的流通市场。其中，铜、铝、压缩机和塑料占据了绝大部分空调器的重量，电路板所占比重较低。

在下一个环节中，主要是对废塑料、废铜、废铝、电路板、废旧压缩机等产品予以深加工。其中，废铜、废铝主要可以用于生产精铜和精铝，目前技术已经基本成熟；废塑料一般有一半加工和改性加工两种方式，用于生产再生塑料，后者的技术门槛要明显高于前者；废旧压缩机可以用来做钢材的原材料，但近年来已经有企业在讨论从废旧压缩机中提炼稀土等稀有金属。集成电路板中含有镍、镓、钯、金、银等多种稀有金属，其中相当一部分是重要的工业原材料，其深加工处理，有多种不同的方法。最简单的方法是采取焚烧或直接强酸溶解的形式，直接将集成电路板中的非金属成分予以清除，形成一种金属的混合物，再予以精密提炼，这种方式会造成严重的环境污染，且会造成一定的资源浪费；此外，可以采取萃取、电解、离心等复杂的物理化学工艺，对不同类型的金属进行分离。这种方式需要较高的投资门槛，若采取严格的环保措施，则可以有效地控制环境污染，其产品的总产值也要高于前者。从单位资源价值来看，稀有金属的价值要高于铜、铝、钢铁和塑料；但由于空调器中铜、铝的含量较高，集成电路板的含量很低，因此空调器的主要价值在于铜和铝。

2. 电冰箱

电冰箱和空调器具有一定的相似性，电冰箱手工拆解后所产生的中间产品和空调器也基本相似，但由于两者结构不同，单位重量电冰箱中所含有的铜、铝要少于空调器，而塑料要高于空调器。因此，单位重量电冰箱所拆解出中间产品的价值要低于空调器。中间产品深加工的技术门槛和空调器也基本相似。

3. 洗衣机

洗衣机的中间产品主要包括铁皮、废塑料、铝、铜和电路板等。其中废塑料主要来自机身外壳和滚筒，铝主要来自部分洗衣机的滚筒，铜主要来自电机，电路板所占比重很低。从产品结构上看，单位重量洗衣机中塑料的比重也要高于空调器，因此中间产品的价值也要低于空调器。中间产品深加工的技术门槛和空调器也基本相似。

4. 微型计算机

目前微型计算机主要包括主机和显示器。对于主机而言，其经简单的物理拆解后，主要回收的资源包括废旧电子元件、集成电路板以及废铁、废铜、废铝等金属。其中，废旧电子元件和集成电路板的比重要高得多，其深加工技术和前文也基本相似。显示器的拆解和电视机相似[①]。

---

① 调研中了解到，目前液晶显示器尚未成为主流。因此本书暂不讨论液晶显示器和液晶电视机的拆解问题。

5. 电视机

在技术门槛方面，电视机和空调器具有一定的相似性，其拆解的门槛较低，运用手工的方式就可以完成。但和上述几种产品不同，电视机所拆解得到的中间产品除废铁、废铜、废铝、电路板外，其显示屏中的荧光粉也具有严重的污染性，属于危险废弃物范畴。由于显示屏的回收利用价值比较低，多数情况下只能用于制作玻璃，因此电视机在手工拆解环节所造成的污染要高于前几类产品。

因此，在不考虑政策因素介入的情况下，这五种产品拆解市场的结构将呈现如下状况。

空调器和计算机主机的物理拆解市场将以微型企业为主。

其原因在于，一是空调器、计算机主机的回收再利用属于物理拆解范畴，其拆解门槛较低，运用设备进行拆解和手工拆解的效率差异并不大，且前者会显著提高生产成本。二是空调器拆解后的产品已经有了成熟的市场，中小型企业甚至微型企业进入这一市场的成本非常低。三是在普遍缺乏回收网络的背景下，大型拆解企业拆解空调器的物流成本远大于点状分布的中小型企业；在目前我国税收执法能力仍有待进一步提高的背景下，中小型企业甚至个体户规避各种税收的能力要优于大型企业，加之最新的政策已经对小微企业的增值税进行了减免，因此其承担的税收成本要远低于大型企业。上述这些因素决定了小企业可以更为优惠的价格从居民手中回收空调器，因此空调器和洗衣机拆解市场将以从事物理拆解的中小企业和个体小贩为主。

电冰箱、洗衣机和电视机物理拆解市场将呈现两种企业并存的格局。

其原因在于，一是电冰箱、洗衣机和电视机的拆解难度要大于空调器，运用机械进行拆解的效率要高于手工拆解。因此，手工拆解的微型企业和运用机械进行简单拆解的中小型拆解企业均有自己的生产空间。二是电视机拆解会产生较多的危险废弃物，且拆解得到的资源量偏低，手工拆解者往往不愿意冒着健康损害的危险进行拆解。

对于处理废旧电路板、电子元器件以及塑料的深加工环节而言，市场呈现多元化的格局。

整体来看，对上述物理拆解后得到的中间产品进行深加工有多种方式，既有简单焚烧、强酸溶解等高污染、低附加值、低技术和设备门槛的方式，也有运用高端设备进行萃取、分离、提纯的方式。在不考虑政策干预的情况下，仅仅从市场利益考虑，各种生产方式均有存在空间。

（二）基于局部均衡理论分析对回收处理行业的整体影响

本部分主要基于局部均衡理论分析补贴政策对整体回收处理行业的影响。从经济学理论看，对处理企业给予补贴，则会降低处理企业的生产成本，使得回收企业一方面提高收购价格，以扩大收购量；另一方面降低回收资源价格，以扩大市场。

模型假设如下：

回收处理企业向家庭购买废弃电器电子产品，需求量用 Q_2^d 表示，家庭供给废弃电器电子产品，供给量用 Q_2^s 表示，价格用 P_2 表示。回收处理企业对电器电子产品的需求函数可以表示为：

$$\ln Q_2^d = a_2 + \varepsilon_2^d \ln P_2$$

家庭供给函数可以表示为：

$$\ln Q_2^s = b_2 + \varepsilon_2^s \ln P_2$$

当价格调整使得需求与供给相等时，市场达到均衡：

$$Q_2^d = Q_2^s$$

由此，我们可以求出均衡价格的表达式：

$$\ln P_2 = \frac{a_2 - b_2}{\varepsilon_2^s - \varepsilon_2^d}$$

同样可以求出均衡产量的表达式：

$$\ln Q_2 = \frac{a_2 \varepsilon_2^s - b_2 \varepsilon_2^d}{\varepsilon_2^s - \varepsilon_2^d}$$

而在对回收处理企业进行补贴时，补贴率（补贴与销售收入之比）为 τ_2，供给函数不变，需求函数变为：

$$\ln Q_2^d = a_2 + \varepsilon_2^d \ln(1 - \tau_2) P_1$$

由此，征税后均衡价格的表达式为：

$$\ln P_2' = \frac{a_2 - b_2 + \varepsilon_1^d \ln(1 - \tau_2)}{\varepsilon_2^s - \varepsilon_2^d}$$

同样可以求出均衡产量的表达式：

$$\ln Q_2^{'} = \frac{a_2 \varepsilon_2^s - b_2 \varepsilon_2^d + \varepsilon_2^d \varepsilon_2^s \ln(1 - \tau_2)}{\varepsilon_2^s - \varepsilon_2^d}$$

给予补贴后，企业向居民回收的均衡价格提高：

$$\ln \frac{P_2^{'}}{P_2} = \frac{\varepsilon_1^d \ln(1 - \tau_2)}{\varepsilon_2^s - \varepsilon_2^d}$$

具体的回收量变化情况：

$$\ln \frac{Q_2^{'}}{Q_2} = \frac{\varepsilon_2^d \varepsilon_2^s \ln(1 - \tau_2)}{\varepsilon_2^s - \varepsilon_2^d}$$

到目前为止，对于这五类产品所回收的大多数产品，回收资源在国内市场中的比重并不高。因此，我们假设回收企业对国内市场价格的影响为零。基于上述的分析，可以计算出回收处理企业的利润率、需求量变化情况。

如果能够确定居民对废弃电器电子产品的供给弹性、企业对废弃电器电子产品的需求弹性以及回收企业的补贴率，就可以计算出企业回收均衡价格和回收量的变化情况。由于缺乏相关的统计资料，所以只能通过调研得到的信息予以估计。根据调研，居民对价格较为敏感，因此供给弹性应该比较大；相对而言，企业的需求弹性相对较小。我们假设这五种产品的供给弹性均为5，需求弹性均为 -0.5。考虑到这五种产品所能产生的资源量不同，因此不同产品的补贴率均不同，但缺乏相关资料予以计算。因此，本书通过调研中所得到的部分产品市场收购价格代替产生的资源价格，最终得到这五类产品的补贴率。相关参数如表 3 - 13 所示。

表 3 - 13　五类废弃电器电子产品的输出参数

单位：%

项目	居民的供给弹性	企业的需求弹性	补贴率
空调器	5	- 0.5	17.50
电冰箱	5	- 0.5	40
洗衣机	5	- 0.5	35
电视机	5	- 0.5	50
微型计算机	5	- 0.5	30

根据模型的测算结果如表 3 - 14 所示。

表3-14 五类电器电子产品模拟测算结果

单位：%

项目	购买废弃电器价格上升幅度	回收量上升幅度	利润率变化幅度
空调器	1.76	8.74	15.74
电冰箱	4.75	23.22	35.25
洗衣机	3.99	19.58	31.01
电视机	6.50	31.51	43.50
微型计算机	3.30	16.21	26.70

可以看出，由于空调器的补贴率最低，补贴对空调器回收企业的积极作用最小；而电视机的补贴率最高，补贴对电视机的回收量提升作用最大。

（三）许可制度下对回收处理行业市场结构影响的实证研究

前文的分析有一个隐含的假设，即补贴政策是对整个回收处理行业"一视同仁"的，但这一假设不完全符合现实情况。

目前的补贴政策不是普遍性的，由于存在许可制度，补贴政策具有排他性。政府针对部分符合政府制定标准的回收处理企业按处理的台数给予补贴，大量的中型、微型企业，特别是"手工作坊"式企业则不能享受补贴。因此，这将对行业内部不同企业的市场份额产生较大影响。

理论上，许可企业在接受补贴之后，则可以提高资源收购价格，从而扩大市场份额；而非许可企业的市场份额将会明显下降。

本书建立如下的模型对此进行分析。将回收处理企业按照有无许可划分为许可企业和非许可企业。基于目前的实际情况，我们认为，两者主要区别在于，许可企业技术设备更先进，因而处理后产生的污染物比例更小。但不同产品、不同处理环节两类企业的污染物产量差距是不同的。

许可企业具有固定资产数量 K_1，当设备使用时，每期会产生折旧，折旧率为 δ。许可企业通过回收废弃电器电子产品，对其进行物理拆解和深加工处理，生产回收资源。假设回收资源价格由回收资源市场外生给定，这里将其标准化为1。回收得到的废弃电器电子产品，每单位获得补贴 s。许可企业通过选择最优的回收量 Q_1，实现利润最大化。

$$\max_{Q_1}\pi_1 = K_1^\alpha (rQ_1) - \delta K_1 - P(Q_1 + Q_2)Q_1 + sQ_1$$

其中，r 表示废弃电器电子产品中含有的可回收资源的比例，r 越大，处理后得到的可回收资源比例越高。α 表示处理过程中设备和技术的重要程度，越不容易进行回收处理、处理工艺越复杂的产品，α 越大。对不同类型的废弃电器电子产品来讲，r 和 α 不同。

处理后每单位废弃电器电子产品造成污染为 $L_1 = 1 - rK_1^{\alpha}$。

非许可企业由于设备和技术差距，在处理过程中产生的污染物较高，并没有起到减少污染的作用，无法取得补贴。我们将非许可企业固定资产数量表示为 K_2，显然 $K_1 > K_2$。从事回收处理同样会产生折旧，我们假设折旧率与许可企业相同。同理，非许可企业通过选择最优的回收量 Q_2，实现利润最大化。

$$\max_{Q_2}\pi_2 = K_2^{\alpha}(rQ_2) - \delta K_2 - P(Q_1 + Q_2)Q_2$$

这里，我们认为回收处理企业具有一定的市场势力，其所选择的回收数量会影响均衡的回收价格，即回收价格 P 与 Q_1、Q_2 有关。

处理后每单位废弃电器电子产品造成污染为 $L_2 = 1 - rK_2^{\alpha} > L_1$，许可企业产生的废弃物污染更小。

家庭根据回收价格决定是否出售废弃电器电子产品，价格越高越愿意出售。因此，我们可以将废弃电器电子产品供给方程表示为：

$$Q^s = a + bP(Q_1 + Q_2), b > 0$$

供求相等时，市场达到均衡：

$$Q^s = Q_1 + Q_2$$

从而得到价格函数的表达式为：

$$P(Q_1 + Q_2) = \frac{1}{b}(Q_1 + Q_2 - a)$$

许可企业和非许可企业均会选择最优回收量，从而实现利润最大化。

$$\frac{\partial \pi_1}{\partial Q_1} = rK_1^{\alpha} - \frac{\partial P}{\partial Q_1}Q_1 - P + s = 0$$

$$\frac{\partial \pi_2}{\partial Q_2} = rK_2^{\alpha} - \frac{\partial P}{\partial Q_2}Q_2 - P = 0$$

即：

$$\frac{\partial \pi_1}{\partial Q_1} = rK_1^\alpha - \frac{1}{b}(2Q_1 + Q_2 - a) + s = 0$$

$$\frac{\partial \pi_2}{\partial Q_2} = rK_2^\alpha - \frac{1}{b}(2Q_2 + Q_1 - a) = 0$$

解得：

$$Q_1^* = \frac{1}{3}[b(2rK_1^\alpha - rK_2^\alpha + 2s) + a]$$

$$Q_2^* = \frac{1}{3}[b(2rK_2^\alpha - rK_1^\alpha - s) + a]$$

这时，价格为：

$$P^* = \frac{1}{3}(rK_1^\alpha + rK_2^\alpha + s) - \frac{a}{3b}$$

模型计算结果表明，可能出现如下几种情况。

情况一：

$$\pi_1(Q_1^*) = (K_1^\alpha r - P + s)Q_1 - \delta K_1 = \frac{1}{9b}[b(2rK_1^\alpha - rK_2^\alpha + 2s) + a]^2 - \delta K_1 \geq 0, 并$$

且 $\pi_2(Q_2^*) = (K_2^\alpha r - P)Q_2 - \delta K_2 = \frac{1}{9b}[b(2rK_2^\alpha - rK_1^\alpha - s) + a]^2 - \delta K_2 \geq 0$，则有如

下均衡价格和均衡产量：

$$Q_1^{ss} = \frac{1}{3}[b(2rK_1^\alpha - rK_2^\alpha + 2s) + a]$$

$$Q_2^{ss} = \frac{1}{3}[b(2rK_2^\alpha - rK_1^\alpha + s) + a]$$

$$P^{ss} = \frac{1}{3}(rK_1^\alpha - rK_2^\alpha + s) - \frac{a}{3b}$$

可以看出，$Q_1^{ss} > Q_2^{ss}$，许可企业与非许可企业相比，拥有更大的市场规模。

情况二：

如果 $\pi_1(Q_1^*) \geq 0$，并且 $\pi_2(Q_2^*) < 0$，非许可企业选择不进行回收，取得零利润，即 $Q_2^{ss} = 0$。这时，许可企业的均衡产量由下式决定：

$$\frac{\partial \pi_1}{\partial Q_1} \mid Q_{2=0}^{ss} = rK_1^\alpha - \frac{1}{b}(2Q_1 + Q_2 - a) + s = 0$$

这时，

$$Q_1^{ss} = \frac{1}{2}[b(rK_1^\alpha + s) + a]$$

均衡价格为：

$$P^{ss} = \frac{1}{b}(Q_1^{ss} - a) = \frac{1}{2}\left[(rK_1^{\alpha} + s) - \frac{a}{b}\right]$$

情况三：

如果 $\pi_2(Q_2^*) \geq 0$，并且 $\pi_2(Q_1^*) < 0$，许可企业选择不进行回收，取得零利润，即 $Q_1^{ss} = 0$。这时，非许可企业的均衡产量由下式决定：

$$\frac{\partial \pi_2}{\partial Q_2}\bigg|\; Q_2^{ss} = 0 = rK_2^{\alpha} - \frac{1}{b}(2Q_2 + Q_1 - a) = 0$$

这时，

$$Q_2^{ss} = \frac{1}{2}(brK_2^{\alpha} + a)$$

均衡价格为：

$$P^{ss} = \frac{1}{2}\left(rK_2^{\alpha} - \frac{a}{b}\right)$$

情况四：

$$Q_1^{ss} = Q_2^{ss} = 0$$

即两类回收处理企业均无利可图，市场回收量为零。

显然，给予补贴的目的是为了第三种情况不要出现，最好出现第二种情况。但由于不同产品的 K_1、K_2 等参数均差异很大，因此不同产品在给予补贴之后的市场结构变化程度是不一样的。

简单的数学推导可以得知，若 K_1 和 K_2 的差距越小，K_1^{α} 和 K_2^{α} 的差值越大，补贴 s 越高，第二种情况就越容易出现。即：

理论上，一定有一个补贴额度可以使得许可企业扩大市场份额，非许可企业缩小市场份额。若许可企业所产生的资源量价值与非许可企业差距越大，所消耗的资本投入和非许可企业的差距越小，将非许可企业挤出市场的补贴额度就越小；反之，若许可企业所产生的资源量和非许可企业相差无几，反而需要大量的资本投入，就需要较高的补贴额度才能将非许可企业挤出市场。

从调研中发现，在实施补贴之后，不同产品的市场份额变化情况是不一样的。几乎所有许可企业均反映出电视机基本上是处理的最主要产品，电冰箱和洗衣机次之，空调器和计算机主机基本没有。

该理论模型可以很好地对这一结论进行解释。如前所述，空调器、计算机主机是物理拆解技术门槛较低的产品，对于空调器和计算机主机的初步拆解环节而言，许可企业（主要具有较好的拆解设备）在拆解效率上相比非许可企业提高的并不大，反而生产成本会大幅度增加，因此，所需要给予的补贴额度也会明显上升才能发挥市场机制作用，从而解决这一问题。而事实上，对这两类产品的补贴额度是相对偏低的，因此很可能没有达到这一阈值。

而电视机则属于另外一类情况。电视机手工拆解的过程中涉及荧光粉处理的问题，技术门槛相对偏高，许可企业运用设备进行拆解的效率也要高于非许可企业。同时，电视机的补贴额度明显偏高，可能已经超过了这一阈值，因此补贴对电视机的作用较为明显。

此外，对补贴效果的衡量，不能仅仅用对市场结构的影响来衡量，必须考虑污染物排放量的问题。不同类型的产品许可企业和非许可企业的污染差异小，有的产品则很大。目前来看，在物理拆解环节，电视机采用环保手段和非环保手段拆解所产生的污染差异最大（荧光粉的污染较为严重），电冰箱、空调器和洗衣机次之。

（四）主要结论

（1）在空调器领域，目前的补贴水平不足以使市场从第三种均衡跳到第一或第二种均衡，即无法改变非许可企业占据市场主导地位的格局。

（2）在洗衣机和电冰箱领域，目前的补贴水平收到了一定的效果，市场基本处于第一种均衡状态。

（3）在电视机领域，补贴的效果最为明显。

（4）若许可企业的环保标准远高于非许可企业这一现实成立，目前在电视机领域补贴收到了较好的外部性效果，洗衣机和电冰箱次之，空调器和计算机主机几乎没有效果。

（5）若大幅度提高空调器等产品的补贴额度，可以有效地提高许可企业的市场占有率；但考虑到这些产品两类企业物理拆解的污染量差别不大，这种政策的有效性仍值得商榷。

五　对宏观经济影响的实证分析

上文的分析是将回收处理产业和电器电子产业作为一个孤立的部分进行实证研究。然而，现实经济是一个复杂的系统，回收处理产业和电器电子产业的发展状况会影响到各个上下游行业的生产和产品价格，进而影响全社会的物价水平、就业状况和总产出。对此，必须用一般均衡模型进行测算。

可计算一般均衡模型（CGE）是构建一组方程式来描述各个行业的生产者、消费者以及各个市场之间的关系，各经济决策行为基于一系列最优化条件，在市场机制的作用下达到各市场的均衡。该模型中，一般将政府行为作为外生变量予以考虑。

如前所述，可以将基金和补贴的相关政策作为相关行业产品税率的变化这一外生冲击放入模型，从而观察这一"冲击情形"相对"基准情形"的变化。

运用 CGE 模型的一个典型困难在于 CGE 模型只涉及国民经济行业分类下的 42 个行业，而基金和补贴所征收的对象分别仅仅限于这五类电器电子产品和电器电子回收企业，这一范围远小于 CGE 模型中的行业分类，因此很难准确判断目前所征收的基金水平所导致相关行业的税率变动。

从产品分类上看，目前所征收的五种家电中的电冰箱、空调器和洗衣机属于电气机械和器材制造业，而电视机和 PC 属于通信设备、计算机及其他电子设备制造业。因此，我们按照这两大类产品 2011 年的销售额和相关行业销售额比重，将基金征收额度折算成两个行业所负担的税率。

对于回收处理业，由于缺乏这五种电器电子产品回收处理业的产值数据，假设这五类产品产值是废弃资源和废旧材料回收加工业总产值的一半，并以此折算成废弃资源和废旧材料回收加工业税率的减轻幅度。

基于这种假设，可以计算出由基金折算的电气机械和器材制造业，通信设备、计算机及其他电子设备制造业的税率均为 0.3%，由补贴折算的废弃资源和废旧材料回收加工业税率负担约为 2.25%。基于 2007 年国民经济核算体系（SNA）对我国经济 2013~2022 年的 CGE 模型模拟结果如表 3-15 所示。

根据这一测算结果，可以得出如下结论。

（一）现有政策对国民经济整体上有负面冲击，但可以忽略

模型运行的情况表明，由于电气机械和器材制造业，通信设备、计算机及其他电子设备制造业两大行业的税率提高，这两大行业的产出均有轻微下降，并导致金属制品、化工等上游行业产出下降。虽然回收处理业由于补贴原因，产出较基准情形有所上升，但由于回收处理业产值明显低于上述两大行业，且对其他行业的拉动作用也要弱于这两大行业，因此，整体冲击为

表 3 – 15　当前基金和补贴水平对国民经济的影响

单位：%

项目　年份	2013	2014	2015	2016	2017
GDP	– 0.0060	– 0.0070	– 0.0083	– 0.0097	– 0.0114
居民消费	– 0.0093	– 0.0098	– 0.0105	– 0.0111	– 0.0119
总投资	– 0.0042	– 0.0036	– 0.0029	– 0.0019	– 0.0008
出口总额	– 0.0202	– 0.0251	– 0.0309	– 0.0375	– 0.0447
进口总额	– 0.0366	– 0.0452	– 0.0560	– 0.0690	– 0.0837
GDP 增长率	– 0.0061	– 0.0011	– 0.0014	– 0.0016	– 0.0018
价格水平	– 0.0005	– 0.0006	– 0.0008	– 0.0009	– 0.0011
劳动力需求	– 0.0005	– 0.0008	– 0.0011	– 0.0014	– 0.0019
项目　年份	2018	2019	2020	2021	2022
GDP	– 0.0132	– 0.0150	– 0.0166	– 0.0180	– 0.0192
居民消费	– 0.0126	– 0.0132	– 0.0138	– 0.0143	– 0.0147
总投资	0.0005	0.0018	0.0030	0.0041	0.0048
出口总额	– 0.0520	– 0.0588	– 0.0647	– 0.0694	– 0.0726
进口总额	– 0.0997	– 0.1156	– 0.1304	– 0.1433	– 0.1538
GDP 增长率	– 0.0019	– 0.0019	– 0.0018	– 0.0016	– 0.0013
价格水平	– 0.0013	– 0.0014	– 0.0016	– 0.0017	– 0.0019
劳动力需求	– 0.0024	– 0.0029	– 0.0034	– 0.0038	– 0.0042

负。但相对国民经济总量而言，基金和补贴涉及的范围非常小，因此这种影响基本可以忽略。从整体看，即便是影响最为明显的 2013 年，也只会导致实际 GDP 增速下降 0.006%，从长期看，随着市场逐渐适应了这种冲击，2014 年之后 GDP 增速的变化将会明显低于 2013 年的冲击，这种影响整体上将呈不断减弱的趋势。

（二）进口总额降幅高于出口总额降幅

由于对进口电器电子产品征收基金，在一定程度上会影响对五类电子产品的进口；由于对两大行业征收税收，所有行业均受到一定程度的负面影响，全行业进口也会受到影响。对回收处理行业增加补贴也有利于回收处理行业的进口，但回收处理行业进口额非常少，拉动作用极为有限。此外，各个行业产出的负面影响也会影响各行业的出口额。整体来看，对进口的负面影响要大于对出口的负面影响，但同样可基本忽略。模型结果表明，2013年，进口总额仅仅下降了 0.037%，出口总额也仅仅下降了 0.02%。

（三） 对消费的负面影响大于对投资的负面影响

五种电器电子产品属于消费品，因此对相关产品提高税率对整体消费的负面影响较大；但如前所述，由于行业间的关联效应，对五种电器电子产品生产行业的投资乃至其他行业的投资也会有一定的负面冲击。而补贴对回收处理及相关行业的投资的正面影响不能完全抵消这一负面影响。但由于基金和补贴的范围和金额均不大，因此影响也基本可以忽略。模型结果表明，居民消费仅仅下降了 0.009%，总投资则下降了 0.004%。

（四） 会导致物价整体回落，但这一影响非常微弱

一方面，五种电器电子产品是居民消费的重要部分，对相关产品征税会直接提高产品价格，从而导致物价水平上升；另一方面，整体经济受到冲击后，随着总产出的下降，物价水平也会有下行趋势，这两方面影响是反向的。模型测算表明，整体上看，物价水平仍然呈现下行趋势，但 2013 年也仅降低了 0.001%，完全可以忽略不计。

（五） 对就业的影响非常微弱

基金补贴政策调整对就业的影响也存在两方面。电器电子行业及上下游行业产出降低所导致的劳动力需求减少以及回收处理行业及上下游行业产出降低所导致的劳动力需求增加，这两者的影响也是反向的。回收处理行业偏于劳动密集型行业，但其规模较小；而电器电子行业属于资本密集型行业，但其规模较大。因此，很难判断对整体就业的影响情况。模型测算表明，在目前的基金和补贴水平下，两者基本抵消，对就业的影响可以忽略不计。

（六） 主要结论

然而，需要指出的是，CGE 模型测算的局限性，即只是按照国民经济核算的方法机械地对相关政策对经济的影响进行定量分析。而废弃电器电子基金的影响很大程度上并不是针对经济发展状况的，而是针对环境外部性、企业的环境保护意识以及资源的集约利用等方面的。特别是部分资源矿产开采困难（如镍和钴），且为重要的战略性资源，从废弃电器电子产品中获得资源的意义远非简单的经济影响所能衡量。但这些影响很难予以定量分析，关于资源再利用的战略意义在后面专章论述。

第五节　相关政策调整对相关产业和国民经济影响的实证模拟分析

目前基金和补贴政策未来有几个进一步的调整方向。

一是扩大基金征收的范围，不但对现有五种家电，而且对其他电器电子产品征收基金；

二是改变基金和补贴的额度；

三是采取差别性征收政策，对环保型产品减征或免征基金。

由于这些政策尚未出台，因此只能假设几种政策的变化情况进行模拟测算。

一　基金征收范围扩大对相关行业和国民经济的影响实证研究

（一）对相关生产行业的影响

目前政府正在研究是否将基金征收范围扩大到手机、电磁炉，如前所述，基金征收范围扩大后，其对电器电子产品的影响机制和前文的分析相似。目前基金征收只针对空调器、电冰箱、电视机、计算机、洗衣机五种产品，若也对手机、微波炉、电磁炉等产品的处理征收基金，对这些产品的市场同样会产生一定的影响。

同样可以通过局部均衡模型推算，在假设相关企业只能调整价格和产量的前提下，这些产品的生产价格也会下降，市场销售价上升，产量下降，其降幅和供给、需求弹性以及所征收的基金税率有关。然而，对于相关企业而言，小家电的利润率整体要明显高于大家电，因此假如维持目前的征收标准，对企业利润率的影响可能会更小。

和大家电相似，微波炉、电磁炉等小家电企业同样也可以通过产品结构升级、扩大出口以及提升管理水平等方法来消化成本和税收的上升。但和大家电相似，目前的征收标准对企业行为的影响也是有限的。

（二）对处理行业的影响

基于前文的分析，假如延续目前的政策模式，对手机、电饭煲等厨房电器和电风扇等小家电进行拆解，在宏观上会有利于提高回收价格和回收数量，其影响和补贴规模直接相关。

对市场结构的影响也可以借鉴上文的分析方法。整体来看，在物理拆解这个环节，小家电采用手工拆解和机器拆解的效率差异要低于大家电，而且污染差别也相对较低。因此，如果补贴额度不足，很可能使得小家电仍然在非许可企业进行物理拆解，导致补贴不能发挥实际效力。

（三）对国民经济的影响

由于上述政策实际上是扩大了征收基金和给予补贴的范围，所涉及的范围占上文提及的三个行业（电气机械和器材制造业，通信设备、计算机及其他电子设备制造业，废弃资源和废旧材料回收加工业）的比重将会有所上升，因此所折算的税率变化也要高于现有政策，对国民经济的影响也会更大。

在此，我们假设一种极端情形，即对两大行业所有的产品均征收目前标准的补贴，在这种情况下，由基金所导致两个行业的税率将由现在的0.3%分别上升到1%和0.5%，同时，对废弃资源和废旧材料回收加工业3/4以上的产品均给予补贴，因此对相关行业的补贴幅度将达到7.5%。据此，按照前文相同的方法，可以测算出对GDP、进出口、物价以及就业的影响，结论见表3-16。其结论与前文的分析基本相似，具体如下。

表3-16　扩大基金和补贴征收范围对国民经济的影响

单位：%

项目\年份	2013	2014	2015	2016	2017
GDP	-0.0200	-0.0231	-0.0269	-0.0313	-0.0363
居民消费	-0.0300	-0.0317	-0.0335	-0.0356	-0.0377
总投资	-0.0146	-0.0130	-0.0108	-0.0079	-0.0045
出口总额	-0.0627	-0.0775	-0.0948	-0.1147	-0.1362
进口总额	-0.1118	-0.1378	-0.1702	-0.2090	-0.2534
GDP增长率	-0.0154	-0.0015	-0.0017	-0.0019	-0.0021
价格水平	-0.0020	-0.0023	-0.0026	-0.0031	-0.0036
劳动力需求	0.0001	0.0003	0.0004	0.0006	0.0008

项目\年份	2018	2019	2020	2021	2022
GDP	-0.0417	-0.0470	-0.0520	-0.0563	-0.0598
居民消费	-0.0398	-0.0419	-0.0436	-0.0451	-0.0463
总投资	-0.0006	0.0033	0.0070	0.0100	0.0123
出口总额	-0.1581	-0.1787	-0.1963	-0.2102	-0.2201
进口总额	-0.3011	-0.3490	-0.3934	-0.4320	-0.4635
GDP增长率	-0.0023	-0.0023	-0.0021	-0.0019	-0.0016
价格水平	-0.0041	-0.0046	-0.0051	-0.0056	-0.0060
劳动力需求	0.0011	0.0013	0.0016	0.0018	0.0020

（1）对GDP的负面影响明显较当前政策加剧，但仍可以忽略。两个行业税负的提高明显导致对GDP的负面影响上升幅度要大于补贴额度提高所导致的正面影响。然而，2013年对实际GDP的增长率的影响仅为

－0.015％，仍然不会对国民经济造成严重的冲击。

（2）对消费、投资、进出口的影响同样较当前政策加剧，但也可以忽略。如前文分析，消费降幅仍然高于投资，进口降幅也同样高于出口。但可以看出，冲击情形下，居民消费较基准情形仅下降了0.03％，对宏观经济政策的干扰作用也可以忽略。

（3）对劳动力需求的影响由负转正，但极其微弱。在该种冲击情形下，由于对劳动密集型的废弃资源和废旧材料回收加工业的补贴力度增加较大，因此对劳动力需求的正面影响要大于负面影响。但这种影响是可以忽略不计的。2013年劳动力需求仅仅上升了0.00015％。

二　基金和补贴征收标准变化对相关行业和国民经济的影响实证研究

（一）对相关电器生产行业和回收资源利用行业的影响

在目前的理论报废量下，如果对所有报废的电器电子产品均征收基金，那么是不能达到"以支定收"原则的。表3－17基于五种产品2011年的产量、出口量、进口量计算出征收基金的台数，并推算出拟征收的基金总额。

表3－17　按照征收基金量所得到的2011年理论征收基金规模

单位：万台，亿元

项　目	征收基金量	征收基金总额
电冰箱	3674.30	4.78
空调器	8237.30	5.77
洗衣机	4683.94	3.28
微型计算机	10678.98	10.68
电视机	5696.34	6.84
合计	32970.86	31.35

资料来源：笔者测算。

然而，按照拆解量给予补贴，则补贴额远远高于征收的基金规模，所计算出的补贴支出额度如表3－18所示。显然，所需补贴额度远远大于目前征收的基金规模，即便是按照本书的假设仅对一半的处理量给予补贴，所需要的补贴规模也明显高于所征收的基金规模。但本书在进行模拟测算时暂不考虑这一状况。

表 3 - 18　按照 2011 年拆解量所得到的所需补贴额度

项　目	补贴额度（元/台）	拆解量（万台）	所需补贴额度（亿元）
电冰箱	80	1281	10.25
空调器	35	1954	6.84
洗衣机	35	1646	5.76
微型计算机	85	5819	49.46
电视机	85	5358	45.54
合　计	320	16058	117.85

资料来源：笔者根据中国家用电器联合会提供数据测算，拆解量数据来源于物资再生协会。

因此，未来基金和补贴标准变化的可能性很大，基金和补贴标准的变化会影响现有五类产品的生产成本，因此税率和补贴率也会发生相应的变动。基于目前的基金和补贴情况，本书设置如下几个场景进行模拟。

场景一：仍然假定一半的理论报废电器电子产品均需给予补贴，且必须遵循"以支定收"的原则，并以此确定基金的征收水平。

场景二：目前所有理论报废电器电子产品均需给予补贴，且同样遵循"以支定收"的原则，以确定基金的征收水平。

场景三：不考虑"以支定收"的原则，将所有理论报废电器电子产品均给予补贴（相当于将补贴水平提高一倍）的同时，将电器电子产品的基金水平也提高一倍。

经测算，在 2011 年这五类电器电子产品的基金征收金额比例不变的前提下，这三种场景下各类产品的基金征收水平如表 3 - 19 所示。因此，若假设所有理论报废电器电子产品均需按现行标准给予补贴，且完全遵循"以支定收"的原则，则需要约 86 亿元的财政资金予以补助（2011 年）。

表 3 - 19　三种场景下这五类电器电子产品征收的基金标准

单位：元/台

项　目	场景一	场景二	场景三
电冰箱	24.61	49.21	26
空调器	13.25	26.50	14
洗衣机	13.25	26.50	14
微型计算机	18.93	37.86	20
电视机	22.71	45.43	24

资料来源：笔者测算。

这三种场景下相关行业所受的影响如表 3 – 20 所示。

表 3 – 20 这三种场景下这五类电子产品所受影响

单位：%

项目	产品	市场价格变化	生产者价格变化	产量变化	净利润率变化	利润变化
场景一	电冰箱	0.61	– 0.15	– 0.30	– 0.15	– 0.45
	空调器	0.77	– 0.17	– 0.42	– 0.17	– 0.59
	洗衣机	0.89	– 0.21	– 0.53	– 0.21	– 0.74
	微型计算机	0.17	– 0.05	– 0.09	– 0.05	– 0.14
	电视机	0.63	– 0.15	– 0.38	– 0.15	– 0.53
场景二	电冰箱	1.23	– 0.30	– 0.61	– 0.30	– 0.91
	空调器	1.55	– 0.34	– 0.84	– 0.34	– 1.18
	洗衣机	1.80	– 0.43	– 1.06	– 0.43	– 1.48
	微型计算机	0.33	– 0.09	– 0.18	– 0.09	– 0.27
	电视机	1.28	– 0.30	– 0.76	– 0.30	– 1.06
场景三	电冰箱	0.64	– 0.16	– 0.32	– 0.16	– 0.48
	空调器	0.81	– 0.18	– 0.44	– 0.18	– 0.62
	洗衣机	0.94	– 0.22	– 0.56	– 0.22	– 0.78
	微型计算机	0.18	– 0.05	– 0.10	– 0.05	– 0.14
	电视机	0.67	– 0.16	– 0.40	– 0.16	– 0.56

资料来源：笔者测算。

在目前情况下，如果严格按照"以支定收"的方式征收基金，而又希望达到绝大部分这五类废弃电器电子产品均在有处理资格的企业进行处理，必须提高基金的征收水平，从而对电器电子产品相关产值的负面影响将明显提高。

当然，出于减少污染所造成的负外部性这一原则，以及严格遵守生产者责任延伸制度的理念，电子产品相关产值下调这一代价是可以接受的。

对回收资源行业而言，如果提高补贴额度，可以进一步提高许可企业的市场占有率，并将非许可企业逐渐挤出市场。但由于缺乏相关的数据，具体额度难以准确测算。

（二）对国民经济的影响

在 CGE 模型中，对于相关行业而言，对这五类产品增加征收规模和扩大征收范围的影响机制是一致的，都是导致这三个行业的税负发生变化。由于这五类产品占相关行业的销售额比重不到 1/3，因此即便是按照场景二的情况征收基金，也只会导致两个行业的税率上升 1.2% 左右，同时导致回收处理行业的补贴率提高到 9%。基于前文的 CGE 模型，所得到的结果见表 3-21。场景一和场景三的影响均要小于场景二，因此测算从略。从中可以看出，即便采取这一最高额度的基金，也只会导致基期 GDP 增长率下降 0.02%。而对于劳动力需求而言，由于基金额度征收大幅度增长，整体上对就业的效应再次转为负，但影响也十分微弱，其变化率不到十万分之一。

表 3-21　提高基金和补贴征收标准对国民经济的影响

单位：%

项目\年份	2013	2014	2015	2016	2017
GDP	-0.0268	-0.0315	-0.0372	-0.0438	-0.0513
居民消费	-0.0418	-0.0443	-0.0471	-0.0502	-0.0534
总投资	-0.0188	-0.0163	-0.0130	-0.0087	-0.0035
出口总额	-0.0909	-0.1130	-0.1391	-0.1688	-0.2012
进口总额	-0.1645	-0.2036	-0.2521	-0.3103	-0.3769
GDP 增长率	-0.0197	-0.0018	-0.0020	-0.0023	-0.0025
价格水平	-0.0020	-0.0024	-0.0028	-0.0032	-0.0038
劳动力需求	-0.0006	-0.0009	-0.0012	-0.0016	-0.0021
项目\年份	2018	2019	2020	2021	2022
GDP	-0.0593	-0.0673	-0.0747	-0.0812	-0.0865
居民消费	-0.0566	-0.0596	-0.0623	-0.0645	-0.0663
总投资	0.0023	0.0082	0.0136	0.0182	0.0216
出口总额	-0.2340	-0.2648	-0.2913	-0.3121	-0.3269
进口总额	-0.4485	-0.5203	-0.5870	-0.6448	-0.6921
GDP 增长率	-0.0026	-0.0026	-0.0025	-0.0022	-0.0019
价格水平	-0.0044	-0.0050	-0.0055	-0.0060	-0.0064
劳动力需求	-0.0026	-0.0032	-0.0037	-0.0042	-0.0046

三　差异化征收政策对相关产业的影响

《废弃电器电子产品处理基金征收使用管理办法》中指出，"对采用有利于资源综合利用和无害化处理的设计方案以及使用环保和便于回收利用材料生产的电器电子产品，可以减征基金"。虽然具体方案尚未出台，但可以看出，政策制定已经有向环保型产品偏向的趋势。很明显，对所有电器电子产品进行统一的基金征收，并不能够促进产业内部从非环保型产品向环保型产品的转移，优化产业结构。因此，未来对基金采取差异化征收已经是大势所趋。

（一）理论模型

若对环保型产品不征收基金，对非环保型家电征收基金，非环保型家电的成本将会上升，其生产厂商出于利润考虑，必须提高产品价格，这将会导致消费者转去购买环保型家电，带动环保型家电价格的消费量和价格上升。因此，非环保型企业的利润率和市场占有率将会下降，环保型家电的利润率和市场占有率将会上升。

其理论模型推导如下：

假设非环保型产品价格为 P_M，并对非环保型产品征收水平为 t 的基金，环保型产品价格为 P_D，对环保型产品不征收基金。由上面的模型设定，我们可以将环保型和非环保型产品的需求方程和供给方程表示如下。

环保型产品需求：$\ln Q_D = a_D + \varepsilon_D \ln P_D + \varepsilon_{DM} \ln P_M$

环保型产品供给：$\ln S_D = b_D + \varphi_D \ln P_D$

非环保型产品需求：$\ln Q_M = a_M + \varepsilon_{MD} \ln P_D + \varepsilon_M \ln P_M$

非环保型产品供给：$\ln S_M = b_M + \varphi_M \ln\left(\dfrac{P_M}{1+\tau}\right)$

供给和需求相等时，达到均衡条件：

$$Q_D = S_D$$
$$Q_M = S_M$$

整理，可以得到关于 $\ln P_D$、$\ln P_M$ 的方程组：

$$\begin{pmatrix} \varepsilon_D - \varphi_D \varepsilon_{DM} \\ \varepsilon_{MD} \quad \varepsilon_M - \varphi_M \end{pmatrix} \begin{pmatrix} \ln P_D \\ \ln P_M \end{pmatrix} = \begin{bmatrix} 0 \\ -\varphi_M \ln(1+t) \end{bmatrix}$$

进而解出 $\ln P_D$、$\ln P_M$ 的表达式：

$$\begin{pmatrix} \ln P_D \\ \ln P_M \end{pmatrix} = \begin{pmatrix} \ln(1+t)\dfrac{-\dfrac{\varphi_M}{\varepsilon_M - \varphi_M} \times \dfrac{\varepsilon_{DM}}{\varepsilon_D - \varphi_D}}{1 - \dfrac{\varepsilon_{DM}\varepsilon_{MD}}{(\varepsilon_D - \varphi_D)(\varepsilon_M - \varphi_M)}} \\[3em] \ln(1+t)\dfrac{\dfrac{\varphi_M}{\varepsilon_M - \varphi_M}}{1 - \dfrac{\varepsilon_{DM}\varepsilon_{MD}}{(\varepsilon_D - \varphi_D)(\varepsilon_M - \varphi_M)}} \end{pmatrix}$$

简单来说，对非环保型企业征收基金，不对环保型企业征收基金，提高了非环保型企业的生产成本，进而推动非环保型产品价格上升。由于消费者对两类产品的消费几乎是同质的，在非环保型产品价格上升的情况下，就会转而购买环保型产品。这时，环保型产品需求大于供给，价格会逐渐提高，产量同样逐渐提高。非环保型产品在新的高价格下，供给大于需求，价格逐渐降低，产量相对征收基金前下降。表现在价格上，两类产品价格均上升，但区别在于，非环保型企业需要在高价格下支付基金，而环保型企业不需要。价格上升的程度取决于两类产品的需求弹性、供给弹性、交叉价格弹性的大小，以及基金征收水平的高低。表现在市场份额上，为环保型产品市场份额上升，非环保型产品市场份额下降。同样，市场份额变化的程度也取决于两类产品的需求弹性、供给弹性、交叉价格弹性的大小，以及基金征收水平的高低。

（二）模型测算

下文对差别性征收政策对两类不同类型家电市场占有率的影响予以测算。

由于对环保型家电、非环保型家电的划分标准尚未出台，因此无法计算环保型家电和非环保型家电的供给、需求弹性及市场状况，只能设置相关参数予以计算。

对供给方而言，家电产业从接收价格信号变化到新增生产线投产的时间已经明显缩短，加之由于电器电子行业普遍存在产能过剩现象，产品同质化严重，市场格局呈现明显的竞争特性，因此可以认为家电产品的长期供给弹性较高，即价格变化将会导致家电企业迅速投产生产大量家电产品，此处将两类产品的供给弹性均设为 10。而对需求方而言，消费者对电子产品价格的波动也较为敏感，此处借鉴前文的测算数值，假设环保型和非环保型家电的需求弹性均为 -3。

环保型和非环保型家电之间的替代弹性取决于居民的环保意识。我们假设两种情况：一种情况是居民的环保意识非常强，导致替代弹性很大，即只要环保型家电价格稍有降低，人们就更愿意选择环保型家电；另一种情况是居民的环保意识相对较弱，即便环保型家电的价格降低，还有一部分居民出于型号、式样等考虑，坚持选择非环保型家电。前者的替代弹性设为 100，后者设为 5。

此外，假设在初始状态下，两类家电的市场占有率均为 50%。所有参数如表 3 - 22 所示。

按照前文的设计，我们同样假设另外两种情况：对非环保型产品征收基金额度为 0.6%（当前状况）或 2.12%（严格按照"以支定收"原则所导致的基金征收规模）。

因此，这将产生 4 个场景，4 个场景的参数如表 3 - 22 所示。

表 3 - 22　模拟 4 个场景的参数情况

项目	场景 1	场景 2	场景 3	场景 4
环保型产品征收基金水平（%）	0	0	0	0
非环保型产品征收基金水平（%）	0.60	0.60	2.12	2.12
环保型产品和非环保型产品间的替代弹性	100	5	100	5
环保型产品供给弹性	10	10	10	10
非环保型产品供给弹性	10	10	10	10
总需求弹性	-3	-3	-3	-3
环保型产品初始市场份额（%）	50	50	50	50
非环保型产品初始市场份额（%）	50	50	50	50

对于这 4 个场景，按照构建的上述理论模型，模拟运算的结果如表 3 - 23 所示。

表 3 - 23　4 个场景的模拟测算结果

单位：%

项目	场景 1	场景 2	场景 3	场景 4
环保型产品价格变化	0.20	0.03	0.71	0.11
环保型产品数量变化	2.05	0.31	7.37	1.08
环保型产品产值变化	2.26	0.34	8.14	1.19
非环保型产品价格变化	0.26	0.43	0.91	1.52
非环保型产品数量变化	-3.35	-1.67	-11.27	-5.75
非环保型产品产值变化	-3.10	-1.25	-10.46	-4.31
环保型产品市场占有率	51.35	50.40	54.71	51.40
非环保型产品市场占有率	48.65	49.60	45.29	48.60

（三）主要结论

根据测算，结论如下。

第一，这种差异性政策对促进企业生产环保型家电是十分有效的。即便在居民环保意识不强、当前基金的征收幅度不变的情况下（场景 2），也能够促进环保型产品产量上升、非环保型产品产量下降，环保型产品市场占有率将上升 0.4 个百分点。

第二，扩大基金规模能够有效促进企业生产环保型家电。即便在居民环保意识不强、当前基金的征收幅度增加到 2.12%（考虑以支定收的情况），环保型产品市场占有率将上升 1.4 个百分点，明显高于当前的基金征收幅度。

第三，提高居民环保意识的效果并不弱于扩大基金规模。若政府采取有效措施，提高了居民环保意识，使居民倾向于使用环保型家电，即便不扩大基金规模，也能够使环保型产品市场占有率上升 1.35 个百分点，效果和扩大基金规模基本等同。若两个政策同时使用，则会产生明显的政策放大效应，使环保产品市场占有率上升 4.71 个百分点。

四　针对不同拆解环节给予补贴政策的影响

从以上分析可以看出，废弃电器电子产品的回收再利用可以分为简单的物理拆解和化学深加工两个环节，这两个环节的投资门槛、技术需求和污染风险均大不相同。对大多数废弃电器电子产品而言，第一个环节的污染风险要明显小于第二个环节。目前的补贴政策是不考虑环节问题的，主要是根据厂房规模、资本数量来确定补贴政策。这种政策是否能够有效地引导处理企业降低污染，特别是降低深加工处理环节的污染，是需要进一步分析的。我们用一个简单的模型来对此进行判断。

我们将回收处理过程简化为物理拆解、深加工处理两大过程。企业进行物理拆解后，产生的中间产品可以有两种去向。一是直接出售给下游企业。二是进一步进行深加工处理，得到较多的资源；或交给深加工处理型处理企业进行处理（由于这两种做法实质上是相同的，我们将其统一为进行深加工处理）。

仅进行物理拆解时，所需的设备和技术水平较低，生产得到的回收资源价格较低，产量较低，废弃物污染程度较高。进行物理拆解和深加工处理时，所需的设备和技术水平较高，得到的回收资源价格较高，产量较高，废弃物污染程度较低。除此之外，对两个环节所产生的无法回收废弃物，企业需要进行无害化处理。

将回收价格标准化为 1，得到仅进行物理拆解时，企业利润函数为：

$$\pi_1 = P_1 F(K_1, Q) - \delta K_1 - Q - C(Q)$$

其中，$C(Q)$ 为污染处理成本，和最终产生的污染程度直接相关。假设污染程度为 L_1，则 $L'_1(C) < 0$，$L'_1(Q) > 0$。意味着投入污染处理的成本越高，该环节的污染程度越低。然而，所产生的中间产品出售之后，下游企业已经脱离了监管范围，其带来的污染程度是无法监管的。

若进行深加工处理时，企业的利润函数为：

$$\pi_2 = P_2 F(K_2, Q) - \delta K_2 - Q - D(Q) - C(Q)$$

其中，$D(Q)$ 为深加工处理污染处理成本，和最终产生的污染程度直接相关。假设污染程度为 L_2，则 $L'_2(D) < 0$，$L'_2(Q) > 0$。意味着投入污染处理的成本越高，污染水平越低。

根据前文对废弃电器电子产品拆解流程的分析，可以有如下假定：

第一，$|L'_1(C)| > |L'_2(C)|$，即深加工处理增加投入的环保效果要明显好于物理拆解。

第二，$P_1 < P_2$，$F(K_1, Q) < F(K_2, Q)$，$K_1 < K_2$，即深加工处理后产品价格要高于物理拆解，所得到的资源量要高于物理拆解，投入的成本要大于物理拆解。

显然，在没有补贴的情况下，企业必须满足如下条件才会选择深加工处理，不然将会选择物理拆解。

$$P_2 F(K_2, Q) - P_1 F(K_1, Q) > \delta(K_2 - K_1) + D(Q)$$

其经济学含义为：即增加深加工处理环节所导致的成本上升幅度大于收入上升幅度，导致利润降低。在这种情况下，企业会选择进行物理拆解，并将拆解之后的中间产品进行出售。

其中，环保投入是一个重要的变量，若企业的环保投入越小，越容易满足这一条件，因此企业就越有动机去进行深加工处理；但这可能造成严重的环境污染，多年前广东贵屿就是这一情况的典型。

政府的补贴政策有两个目标：一是增加资源回收利用的效率；二是减少环境污染。综合来看，第二个目标甚至要优于第一个目标，因此才出台了补贴政策。

下面讨论补贴方式不同，对企业选择深加工处理或付费填埋决策的影响。

假设两种补贴方式：

补贴1：目前的补贴方式，不分拆解过程直接进行补贴，补贴只与物理拆解环节的环境治理投入挂钩。

补贴2：对高污染的深加工处理过程进行补贴（或者称为仅当深加工处理时进行补贴），补贴和物理、化学两个环节的环境治理投入挂钩。

在补贴1下，企业在物理拆解后选择深加工处理都能得到补贴，企业选择进行物理拆解后出售中间产品，这时企业利润为：

$$\pi_1 = P_1 F(K_1, Q) - \delta K_1 - Q - C(Q) + sQ$$

企业选择物理拆解后进行深加工处理，这时企业利润为：

$$\pi_2 = P_2 F(K_2, Q) - \delta K_2 - Q - D(Q) - C(Q) + sQ$$

显然，企业仍然必须满足如下条件才会选择深加工处理，不然将会选择物理拆解。

$$P_2 F(K_2, Q) - P_1 F(K_1, Q) > \delta(K_2 - K_1) + D(Q)$$

可见，这种补贴政策无法改变企业决策。在无补贴的情况下，$\pi_1 > \pi_2$，在有补贴的情况下，仍然为 $\pi_1 > \pi_2$。因此，企业会将中间产品出售给其他企业，下游的高污染环节的深加工处理环节的污染并未受到任何影响。因此，这种补贴只能有效地防止物理拆解环节所产生的污染。

在补贴2下，企业选择进行物理拆解，则拿不到补贴，这时企业利润为：

$$\pi_1 = P_1 F(K_1, Q) - \delta K_1 - Q - C(Q)$$

企业选择物理拆解后进行深加工处理并严格进行污染治理，则可以拿到补贴，这时企业利润为：

$$\pi_2 = P_2 F(K_2, Q) - \delta K_2 - Q - D(Q) - C(Q) + sQ$$

显然，企业选择深加工处理的条件变为：

$$P_2 F(K_2, Q) - P_1 F(K_1, Q) > \delta(K_2 - K_1) + D(Q) - sQ$$

由于 $s > 0$，$Q > 0$，因此企业更容易选择深加工处理，使得污染降低。

这样就将补贴和深加工处理的污染程度进行了挂钩，使得高污染风险的深加工处理环节进入了监管流程，补贴能够有效地防止化学和物理拆解环节所带来的污染。由于深加工处理环节的污染风险要大于物理拆解，因此这种补贴较前一种方式更为有效。

五　对目前政策的初步建议

根据以上分析，本书认为，目前的基金和补贴政策已经一定程度地发挥了解决环境外部性问题的作用，但也存在诸多的不足。

（一）存在问题

1. 未能全面贯彻生产者责任

西方学术界所谈及的生产者责任，其核心在于权责的规定，即生产者的环境责任应延伸到之后的消费、回收等各个环节。基于科斯定理，在责任明晰之后，成熟的市场机制可以发挥效力，将新增的环境成本在厂商、消费者乃至处理商之间进行分摊，厂商也会努力去开发可再生、易回收的新产品。

我国目前所推行的基金——补贴制度表面上和生产者责任制度的原则基本相似，但实际上基金的收取、补贴的发放以及许可的标准完全都由政府制定，市场机制的作用实际上受到非常大的限制。

2. 政策的主要目标模糊

对于废弃电器电子处理行业，业界往往将其作为"城市矿山"的一部分，重视其内部蕴含的大量资源；同时，也注意到废弃电器电子产品如果随意弃置或采用非环保的处理方式，会产生较大的污染风险。因此，资源利用和环境治理就成为这一领域所关注的两大主要目标。但对于基金和补贴政策应主要作用于何种目标，存在分歧和一定模糊性。

本研究认为，政策的目标应更多考虑环保性而兼顾资源性。其原因在于，若某种资源具有市场开发潜力，市场能够自发地将资源用于回收再利用。目前，各地均有大量的中小型甚至是违规的电路板、塑料等回收企业就是证明。从这一角度看，政府对于资源利用的鼓励政策，应当是解决资源的物流渠道问题，降低市场获得相关资源的交易成本，无须动用基金的方式。而采取补贴和许可的方式，显然是对市场的一种外在强制力，应集中于解决环保外部性等方面。

3. 基金征收和补贴标准主观性较强，缺乏合理依据

在目前的政策框架下，政府基于所调研得到的市场状况，制定了基金征收标准和补贴标准，但从调研中看，相关政策虽然收到了很好的效果，以格林美为代表的大型企业的市场份额不断增加，但也存在一些不足，如对空调

器的补贴作用并不显著等。产生这些不足的原因在于，市场情况千变万化，政府很难准确地制定一个合理的基金征收和补贴的标准，引导市场将资源向环境保护领域流动。同时，不同产品的物理拆解、化学深加工的技术、污染风险和资本要求差异巨大，对于某一产品（如电视机）有效的政策设计未必适用于其他电子产品，统一的制度设计制约了政策效率的发挥。

（二）调整思路

第一，设计基于生产者责任延伸制度的新政策方案。生产者责任延伸制度的核心在于，政府将主要职能用于监管生产者履行环保责任，而具体生产者、消费者、回收者和处理厂商采用什么方式履行责任则由市场决定。但全面履行生产者责任要对目前的政策进行全面调整，成本较高。

第二，在现有政策下的小幅度调整，可从以下方面着手。

（1）实施差异化征收。差异化征收政策是最容易使用和推广的政策。前文的政策模拟表明，差异化征收政策能够有效地促进企业运用低污染的原材料生产电器电子产品，有助于环保型产品提高市场占有率。可考虑率先针对ROHS认证的产品减征或免征基金。

（2）弱化"以支定收"这一原则，改以产品的环保性能、污染程度等指标设定基金征收标准。目前的"以支定收"政策在实践中缺乏可操作性，这一政策唯一的目标是解决资金来源问题；但现实中，政府测算的支出额度、回收数量和真实情况基本无法吻合，基金必然会存在较大的缺口。因此，要弱化"以支定收"原则，仅将此作为一个参考的标准，并针对不同类型产品环保性能、污染程度等进行差异化基金征收。

（3）将基金征收标准由目前按台征收，改为按台和销售价格的一定比例征收。目前的这种基金征收政策有利于进口产品和国外品牌，而不利于本国企业。其原因在于，国外品牌的单台电器电子产品售价明显高于本国产品，因此基金所产生的真实税负要低于本国产品，这实际上带来了一定的不公平性。建议将政策改为每台征收销售价格的一定百分比，以保证税负的公平性。

（4）调整补贴政策，增强补贴的公正性和透明度。一是让深加工处理和补贴挂钩，即给予深加工处理的企业的补贴额度要高于简单处理的企业；二是让环保和补贴挂钩，补贴的发放标准应更多关注环保水平而非企业规模、资源处理能力；三是降低补贴企业门槛，考虑以认证制度作为许可制度的补充并逐步取消许可制度，增强补贴的公正性和透明度。

第六节　完善废弃电器电子产品回收处理政策的建议

目录及配套政策的逐步实施和完善显示出我国推动废弃电器电子产品回收处理、实现经济可持续发展的决心；而对于处理基金的征收与使用，体现出我国已依据国际普遍认同的生产者责任延伸制度（Extended Producer Responsibility，EPR）的要求，让电器电子产品生产商承担回收处理流程中经济层面的责任。尽管目前立法相对不完整，政策监督力量相对薄弱，生产商延伸责任并没有得到根本落实，生产商仅以缴纳基金的形式承担部分回收处理成本而未参与该流程，也未对生产商的生态设计从政策层面加以激励和引导。然而，以上举措已经在落实生产者责任延伸制度中迈出了重要一步，该政策体系的进一步完善必将对我国实现资源的集约化利用、经济的可持续发展、保障环境安全及国民生活质量的提高起到至关重要的作用。

一　加强废弃电器电子产品回收处理的重要意义

（一）有利于减少资源能源消耗，降低长期生产成本

废弃电器电子产品作为资源的综合体不仅含有高比例的塑料，可在熔化后作为生产新产品的原材料或燃料，同时还包含铜、铁、铝等大量金属以及金、银、铂等稀贵金属，贵金属品位是天然矿藏的几十倍甚至几百倍，且回收成本一般远远低于自然矿床开采后冶炼。一台空气调节器的蒸发器、冷凝器中约含有可直接重复使用的纯铜 8 千克、纯铝 4 千克，电子计算机中金属的含量约占 35%；1 吨回收处理的电路板中可提取 130 千克铜、200 千克锡、5 千克黄金，以及铝、铂、镍、钴、铅、硅、硒等众多金属与非金属资源。因而，废弃电器电子产品的回收利用可产生巨大的资源价值。除此以外，循环利用废弃电器电子产品中的资源可以显著减少能源的耗费，美国国家环境保护署（EPA）指出，使用从废弃电器电子产品中回收的废钢材代替通过采矿、运输、冶炼得到的新钢材，可降低 97% 的矿废物，减少 86% 的空气污染、76% 的水污染，节约 40% 的用水量、90% 的原材料、74% 的能源耗费，而且废钢材与新钢材的性能并无显著差异。

我国不仅面临着资源能源短缺问题，而且受技术水平的限制，生产单位

产品需要耗费更多的资源与能源，且资源回收利用效率较低。对于材料密集型的电器电子产品，这一现象尤为突出。2010 年我国仅有 10% 的废弃电器电子产品得到妥善科学的回收再利用，这一比例相比其他各国较低，同年美国的回收利用率为 19.6%，而日本已经高达 70% 左右。尽管短期看，让生产者履行生产者责任可能会增加企业成本，但从经济整体看，资源利用效率和再生资源利用率的提高，可以降低资源和能源消耗，从而起到降低长期生产成本的作用。

（二）有利于发展循环经济，降低经济发展对资源的需求压力

与传统经济"资源—产品—污染排放"的物质单向流动的经济模式不同，循环经济提倡"资源—产品—再生资源"的反馈式流程（见图 3 - 13），这使得整个经济系统以及生产和消费的过程基本上不产生或者只产生很少的废弃物。我国的废弃电器电子产品回收处理同样是循环经济理论的现实应用，废弃的电器电子产品并非传统意义上的废弃物或污染源，应被当作尚未得到妥善回收处理的宝贵潜在资源加以充分科学地利用。通过环保的拆解、粉碎以及提炼流程，由众多类资源与能源组合而成的废弃电器电子产品重新分解回到可使用资源的状态，紧接着进入下一个生产流程。借由资源的回收利用，使经济发展对自然资源的需求压力有所减轻，各行业内部因稀缺资源而产生的激烈竞争得到缓解。

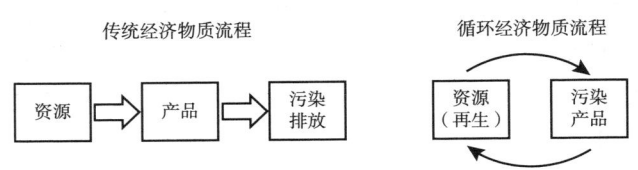

图 3 - 13   传统经济与循环经济物质流程

（三）有利于弥补我国资源短缺，降低对外依赖

作为能源资源消耗大国，我国一些重要的资源能源本身极度短缺或是存在明显的过度耗费现象，作为生产电器电子产品主要原材料的铁、铬、铜、铝等金属资源储量严重不足。2011 年，我国铁矿石消耗总量约为 9.84 亿吨，已探明的 192.76 亿吨储量仅可以支撑不足 20 年；而铜矿和铝土矿探明总储量分别为 2812.43 万吨与 10.51 亿吨，仅可支持 5 年和 12 年的使用（见表 3 - 24）。

表 3 - 24 2011 年我国重要资源能源储量及消耗量情况

项目	石油	天然气	铁矿石	铬矿石	铜矿	铝土矿	高岭土	硒矿
探明储量	32.40 亿吨	40206.4 亿立方米	192.8 亿吨	413.3 万吨	2812.4 万吨	105064.3 万吨	37764.6 万吨	15600.0 万吨
年耗费量	4.62 亿吨	1307.0 亿立方米	9.84 亿吨	600 万吨	560 万吨	8947.8 万吨	708.7 万吨	1440.0 万吨
采掘年数	7 年	31 年	20 年	1 年	5 年	12 年	53 年	11 年

资料来源：中华人民共和国国家统计局。

另外，近年来我国经济快速增长，但同时表现出高度依赖外部能源和资源的特征，由于经济增长所需的大量能源和资源相当一部分来自进口，我国的能源资源对外依赖度不断加深。中国作为铁矿石、铜矿、锰矿砂等多种矿物资源产品的最大进口国，2011 年矿产品的贸易逆差高达 3959.61 亿美元，出口额同比增长 33.9%，铁矿石的对外依存度也已达到 56.4%。表 3 - 25 显示，2011 年我国重要矿产进口量均出现明显增长，其中镍矿砂及精矿的进口量增长超过 90%。对外部资源的依赖越大，国家承担的风险也越大。无论对发展中国家还是发达国家，过度地依赖外部能源资源供给始终制约着发展。另外，随着能源资源需求的增加和开采难度的不断提高，进口成本也必将不断攀升。

表 3 - 25 2010 年和 2011 年我国重要矿产进口量与增长率

单位：万吨，%

项目	2010 年进口量	2011 年进口量	增长率
煤炭	18471	22228	20.34
原油	23931	25378	6.05
铁矿砂及精矿	61848	68584	10.89
锰矿砂及精矿	1158	1297	12.00
铬矿砂及精矿	866	944	9.01
铜矿砂及精矿	647	638	-1.39
铝矿砂及精矿	3007	4484	49.12
镍矿砂及精矿	2501	4806	92.16

资料来源：2011 年国土资源部公告。

通过废弃电器电子产品回收处理获取能源资源并加以重新利用是减少资源耗费、减轻采掘压力、弥补资源不足劣势的有效方法，同时也是降低对于特定资源进口依存度、提高经济发展独立性与贸易话语权的重要途径。在这方面，日本的经验值得借鉴。

日本自然资源匮乏，因此非常重视资源的回收再生利用，其在废弃电器电子产品资源回收利用方面的先进经验值得我国学习借鉴。例如，日本大型废弃电器电子产品处理企业横滨金属公司即从事从废弃手机中提取贵重金属的工作，每 100 克手机机身中约可获取 14 克铜、0.19 克银、0.03 克金和 0.01 克钯，为公司带来了相当可观的经济效益。

稀土是高科技产品不可或缺的重要原材料，日本经济产业省统计显示，2011 年日本进口的稀土中约有 90% 来自中国，受中日关系不明朗等多方面原因影响，日本相关企业已加快减轻对中国稀土进口依赖的研究步伐。日本汽车制造商和家用电器制造商加紧开发从废弃汽车和家用电器中回收稀土的技术，松下电器在兵库县的工厂引进一种新装置，实现从废弃家用电器中提取用稀土钕制作磁铁，并将磁铁重新使用在空调器压缩机和洗衣机的马达上。另外，本田公司于 2012 年 4 月起从废弃镍氢电池中回收超过 80% 稀土金属，用于制造新镍氢电池。

（四）有利于减少环境污染，提高环境承载力

目前，环境承载力不足已经成为制约我国经济可持续发展的首要问题。在 2012 年由美国耶鲁大学和哥伦比亚大学联合推出的"年度全球环境绩效指数"（EPI）排名中（见表 3-26），中国在 132 个国家中仅排第 116 位。环境绩效排名的前 10 位基本被欧洲国家包揽，而经济总量在世界名列前茅的中国、俄罗斯、印度等国，为追求经济增长大力发展工业却缺乏对环境保护的关注与投入。EPI 建立的指标体系关注环境的可持续性和国家的环境表现，旨在评估一个国家的环境政策、环境卫生与生态系统平衡性状态，涵盖气候变化、农业、渔业、森林、水源、空气污染及环境负担等在内的 10 个领域共 25 项环境指标。在环境绩效指数（EPI）中的较低排名显示，在各环境保护领域我国尚有漫长的道路要走，在坚持发展经济的同时兼顾资源环境的承载能力，在提高国民消费能力的同时保障其健康安全，是实现可持续发展与生态文明目标的必由之路。

随着人民生活水平的提高，良好的生态环境越发成为生活幸福的重要指标，降低污染水平也成为保障人民健康生活的必要条件。废弃电器电子产品本身虽未被列为危险废物，但其中含有的大量重金属及多氯联苯、铅、汞等有毒物质，会对环境和人体健康构成威胁。目前，电子信息技术产业已经成为我国发展最快的产业之一，从而导致电器电子产品的消费量呈逐年递增的趋势，每年产生的大量废弃电器电子产品若不能得到科学环保处理，必将对我国未来经济发展与人民生活构成重大隐患。

表 3 – 26 2012 年国际环境绩效指数（EPI）排名情况

国别	名次	国别	名次
瑞　士	1	美　国	49
拉脱维亚	2	中　国	116
挪　威	3	日　本	23
卢森堡	4	德　国	11
哥斯达黎加	5	巴　西	30
法　国	6	俄罗斯	106
奥地利	7	加拿大	37
意大利	8	印　度	125
英　国	9	澳大利亚	48
瑞　典	10	西班牙	32

资料来源：耶鲁大学环境法律与政策中心、哥伦比亚大学国际地球科学信息网络中心。

废弃电器电子产品根据其对环境的污染程度一般可分为两类。①电冰箱、洗衣机、空调器等家用电器以及医疗、科研电器等，使用的材料比较简单，拆解和处理相对容易，所含的有毒物质较为有限，对环境的危害较轻；②电子计算机及配件、电视机阴极射线管（CRT）、移动设备等则不同，所含材料比较复杂，多含有铅、砷、汞、镉及其他多种生物累积性极强的有毒物质，若非得到合理的环保处置，会对环境造成比较大的危害。比如，一台电子计算机通常包括 700 多个元件，其中有一半含有汞、砷、铬等各种有毒化学物质，电视机、移动设备等也都含有铅、铬、汞等重金属，激光打印机和复印机中则通常含有碳粉。

废弃电器电子产品若未采取科学环保的回收处理方式而被直接填埋，其中的重金属将渗入土壤及地下水系并造成污染，直接或间接地对当地的居民及动植物造成危害，其中铅会破坏人的神经、血液系统以及肾脏，影响幼儿大脑的发育；铬化物会破坏人体的 DNA，引致哮喘等疾病。低成本、高污染的民间回收处理者则通常采用火法或化学方法处理——火法处理是将废弃电器电子产品焚烧、熔炼、烧结，去除塑料和其他有机成分从而富集金属的方法，这种方法将导致二恶英、呋喃、多氯联苯类等多种致癌物质的释放；深加工处理方法通过向破碎后的废弃电器电子产品加入酸碱试剂，获得浸出液后再经过萃取、沉淀、置换、离子交换、过滤以及蒸馏等过程最终得到高品位的金属，但含有强酸和剧毒的氟化物的使用，会产生大量的废液并排放有毒气体，同样给环境带来巨大危害（见表 3 – 27）。

表 3 – 27　废弃电器电子产品处理方法及环境影响

处理方法	对环境的影响
填埋	主要导致土壤及地下水污染,污染物质包括钡、锡、铅、铬、汞等重金属
火法处理	主要导致大气污染,污染物包括二噁英、呋喃、多氯联苯类等有机物燃烧产生的有毒物质
深加工处理	主要导致土壤、水及大气污染,污染物包括强酸强碱溶液、重金属元素及化学反应产生的有毒气体等
机械处理	基本不会导致污染,流程简单环保

目前，各国在废弃电器电子产品处理流程中采用的主要方法为机械处理，即利用废弃物各组分之间物理性质的差异进行分选，包括拆卸、破碎、分选等多重步骤，分选处理后的物质再经过后续处理可分别获得金属、塑料、玻璃等可重复使用的部件或再生原料。这种处理方法具有成本低、操作简单、不易造成二次污染、易实现规模化处理等优势，也是我国具有资质的回收处理企业普遍采用的方法。在这种方法下，存在污染物质的组分（例如电视机的阴极射线管）会交由专业处理危害废弃物的处理企业作进一步处理，无污染的部件则加以重复利用或回收再利用，不存在废渣、废液未经处理即排放的情况，故而不会对环境产生污染，整个流程均具有环境友好性。然而由于该处理方法对仪器设备要求较高，需要企业较大的前期资本投入，故通常被具有较高处理资质和较大产出规模的企业所采用。

我国大量非法拆解和处理的存在给环境造成巨大的损害。加强废弃电器电子产品的回收和科学处置，降低废弃电器电子产品处理所造成的环境污染，已成为亟待解决的严峻任务。

专栏 1　贵屿非法拆解造成巨大的环境代价

远近闻名的"电子垃圾镇"广东省汕头市潮阳区贵屿镇，自 20 世纪 90 年代初便开始从事拆解从世界各地购进的废旧电器电子和塑料的工作。绿色和平组织提供的统计数据显示，贵屿镇从事废弃电器电子产品拆解加工的村庄有 20 个、企业 300 余家，贵屿全镇 80% 以上的人员从事废弃电器电子产品拆解工作，并有大量外来劳动力加入该行业，据估计贵屿镇全年废弃电器电子产品处理量高达 300 万吨左右。拆解废弃电器电子产品的高额利润为镇民带来可观的收入，据统计，从事该项工作的劳动力人均年收入为 1.5 万元，这一数额是全镇农民平均收入的 5 倍。然而，金钱的背后贵屿镇居民也为此付出了巨大的环境与健康代价，环保组织调查显示，贵屿生活用水所依赖的主要河流练江的环境激素（PBDEs）含量超过香港地区河流的 10 ~ 1000 倍；2003 ~ 2007 年贵屿的死胎率是对照组的 6 倍，而早产率则高出 62%，当地 70.8% 的儿童的血铅水平处于铅中毒的程度，大量人口死于白血病或其他类型的癌症。贵屿血淋淋的现实尖锐地指出，非法拆解处理废弃电器电子产品是在以数代人的生命健康为代价换取有限的发展，出台严厉的法律法规，推动规范化、环保的废弃电器电子产品回收处理流程势在必行。

二 现行制度存在的主要问题

在我国，处置废弃电器电子产品的途径一般可以选择将废弃电器电子产品交给非正规的回收处理商或者政府许可的正规回收处理商。由于非正规回收处理商往往采用家庭作坊式的拆解方法，只以获取废弃电器电子产品中的有价值的物料（如金属、塑料等）为目的，对于价值不高甚至价值为负的物品不加处理直接丢弃或交给普通垃圾处理厂进行填埋。这些物料（如显示器、电视机）中的阴极射线管（CRT）、含汞的零部件、强酸等往往会在焚烧或者填埋处理中对空气和土壤造成严重破坏。而按规定，政府许可的回收处理商必须对这些污染物进行无害化处理。因此，政府拟通过行政许可和补贴手段发展正规处理商，以此减少直至消除非正规厂商的"家庭作坊式"回收处理，使回收处理市场趋于规范。

现行制度下，我国回收处理业务流程如图 3 – 14 所示。

我国废弃电器电子产品回收处理制度主要的逻辑是：通过政府补贴弥补正规处理企业与零散处理商贩在环保投入和税收成本上的差额，以此挤垮零散处理商贩，从而实现废弃产品的集中和规范处理。这样一个看似合理的回收处理逻辑在实际操作中存在一些问题。

图 3 – 15 显示了 2009 ~ 2012 年包括电视机、洗衣机、电冰箱、空调器和计算机等"四机一脑"废弃电器电子产品的实际处理量及理论报废量。可以看出 2009 ~ 2011 年实行家电"以旧换新"政策，处理量有着显著的提高。而从 2011 年底政策结束到 2012 年开始实行新的基金征收与补贴政策，

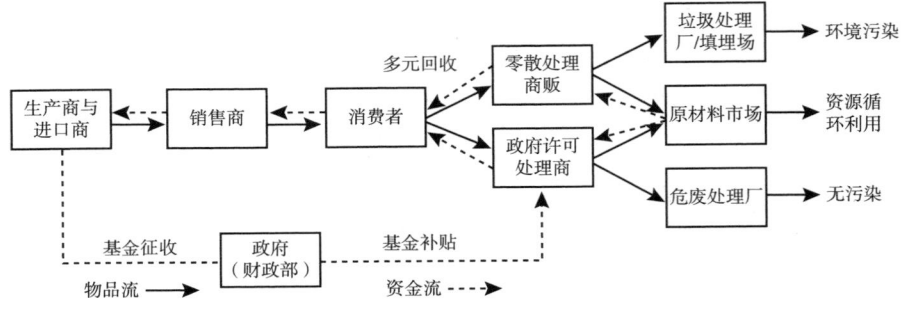

图3－14 我国现行制度下回收处理业务流程

"四机一脑"废弃电器电子产品处理量大幅回落。从2013年的情况看，除了电视机的处理量比较大，理论报废量和实际处理量差距相对较小外，其他四种目录产品实际处理量都很少，其中空调器处理量微乎其微，很多处理企业的处理量为零。理论报废量和实际处理量的差距说明"以旧换新"政策后实行的基金制度并没有达到理想的回收处理目标。

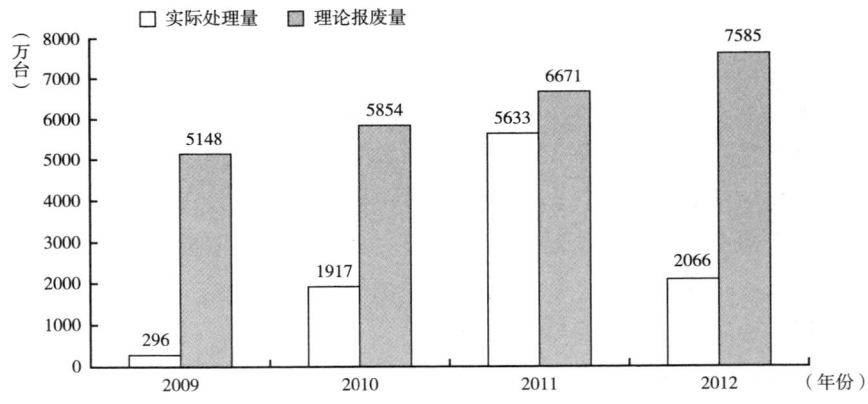

图3－15 "四机一脑"实际处理量和理论报废量

资料来源：《中国废弃电器电子产品回收处理及综合利用行业白皮书（2012）》。

概括起来，现行制度和政策主要存在以下四大问题。

第一，正规回收处理商回收比率偏低。目前，在我国废弃电器电子产品回收处理市场上，正规处理厂商与非正规处理厂商属于竞争关系。只有正规厂商具有绝对的回收价格的竞争优势，回收比例高于非正规商贩，才能有效遏制粗放式处理方式。从目前的情况看，即便享受补贴，正规处理企业在回收处理方面也并不占明显优势，原因有二。

一是非正规厂商的数量众多，他们很容易通过各种回收渠道获取废弃电器电子产品，并支付回收费。而正规厂商的数量非常有限，目前全国仅有64家企业列入财政部的处理基金补贴企业名单，而且由于宣传不足和回收渠道复杂，即使消费者考虑到环境因素，也往往无法了解如何将产品交由正规厂商处理。

二是正规厂商所支付给消费者的回收费用很难与不用支付环境成本和税收成本的商贩竞争。原因是正规厂商除了购置先进设备等产生的固定成本，还需要承担物流、人工、危废处理产生的费用以及税费。尽管有基金补贴，可是由于与其竞争的小商贩的成本太低（远低于社会成本），补贴资金完全不能弥补这一成本差额。而且给处理企业补贴后，回收价格也水涨船高，使正规企业无法实现盈亏平衡。目前补贴最高的为 CRT 电视机，为每台85元。因此，其占所有正规厂商回收比例的80%以上。而空调器的补贴仅为35元，正规厂商回收上来的空调器数量极少，原因就是由于废弃空调器资源量大，残值较高，即使不考虑设备成本分担，仅正规厂商需要缴纳的增值税一项就几乎把补贴完全吃掉，不能承受比非正规厂商更高的回收成本。

第二，政策环境效益有待进一步提高。理论上，正规与非正规厂商的最大区别在于正规厂商会按照规定处理 WEEE 中的污染物或危险废弃物。实际情况是，我国正规处理企业多数只从事物理拆解，发放补贴也是依据物理拆解数量。然而，而物理拆解过程本身并不是造成污染的最主要环节，是否构成污染取决于物理拆解后物料的去向，以及是否进行了再利用、资源化或者运输到专门的危废处理厂进行安全处理，而后面的环节无疑将增加处理商成本。为了提高自身的利润，在缺乏强有力监管的情况下，正规的回收处理厂商也很可能选择将污染物暂存甚至非法扔弃以降低成本。

此外，大量存在的非正规企业由于不用上缴税收和支付环保成本，仍然利润不菲，而且，这些企业处在监管真空的状态，继续给环境造成威胁。按照一些处理企业的诉求，就是要把补贴标准提高到能够弥补税收和环保投入成本，正规企业就有竞争力了。姑且不论这一让政府为环境代价、偷漏税行为和企业经营能力不足等埋单的做法是否公平合理，单就环境效益来说，提高正规企业的补贴标准也不可能阻止非正规处理企业继续采用非环保的处理工艺谋利，并给环境造成危害。

第三，基金征收与补贴政策的设计对生产者正面激励相对不足。按照生产者责任延伸制度，生产者需对产品整个生命周期负责，并在此压力下改良产品设计，减少使用对环境有污染的零部件。完善的生产者责任延伸制度能够通过强制约束、经济惩罚和激励等手段促进生产者或回收处理企业不断提高废弃产品的回收处理比率。EPR 基本原理是通过外部成本内部化有效发挥市场机制作用。在责任明确之后，即使政府不介入，生产者也可以自己或委托第三方履行延伸责任，即使有公共部门介入，生产者需要付费购买回收处理服务，生产者也可能因公共服务部门费用太高，而选择自己建立回收和处理体系来提高效率，降低回收处理成本。

而在目前的政策框架下，我国生产者实际并未完全履行延伸的生产者责任，对生产者没有强制约束其履行回收处理责任，生产者只需要为每台产品支付为数不多的基金后就不再对 WEEE 的回收处理负责。在此情况下，企业既缺乏动力去改良设计以减少废弃后回收处理成本，更缺乏积极性直接参与到废弃产品的回收处理中去。即使落实差异化的基金征收政策，对环保设计产品免征基金，企业也会因为改良设计所需的成本远远高于其所需支付的基金数额而缺乏创新动力。

第四，可能影响处理行业效率的提升。许可与补贴从经济学角度来说都会造成市场的无谓损失（deadweight loss）。许可制度将本该由市场决定谁更有能力和竞争力变成由政府决定谁更"规范"。许可保护下的企业会寻找各种借口推脱自身经营能力不足的责任，不断向政府申请更高的补贴，造成严重的效率损失。此外，企业的处理技术良莠不齐，有的企业只限于物理拆解和焚烧处理，而有的企业可以做到深加工处理甚至资源再生利用。目前，对所有处理企业采用同一标准进行补贴，这样对于技术先进的处理商并不公平，也降低了处理商提高处理技术的积极性。由于补贴在技术上不加以区分，技术先进的创新型企业和严格规范处理的企业反而失去了优势，甚至从盈利变为亏损。

可见，我国废弃电器电子产品回收制度亟待进一步改善。

三　我国废弃电器电子产品回收处理行业发展条件

作为世界上最大的发展中国家和人口最多的国家，又处在经济快速发展时期，我国的废弃电器电子产品处理面临着许多发达国家未遇到的难题。

（一）中国是世界第二大电子垃圾生产国，废弃电器电子产品的数量庞大

根据联合国环境规划署的报告，中国 2010 年产生 230 万吨电子垃圾，

仅比美国少 70 万吨，为世界第二，加上进口 280 万吨，电子废弃物总量为 510 万吨。2012 年"四机一脑"的理论报废量为 7585.01 万台。我国不仅电子垃圾产量大，还是电子垃圾进口大国。现在看来，中国是全世界最大的电子废弃物倾销国，接收来自美国、欧洲和亚洲邻国（包括韩国和日本）的废弃产品。据不完全统计，美国回收的 80% 的电子垃圾都流往亚洲国家，其中的 90% 流向中国（BAN et al.，2002）。尽管国家从 2001 年起明令禁止 WEEE 的进口，但每年仍旧有进口商设法使 WEEE 流入中国。1994～2007 年海关至少破获了 30 件走私 WEEE 的案件（Terazono, A., S. Murakami, et al.，2006）。一方面这样庞大的产品数量带给我国资源重复利用的巨大潜力，使得"城市矿山"得以实现。尤其是在目前保证经济快速平稳发展的大趋势下，这一行业为经济增长提供了动力。另一个方面也加大了对 WEEE 管理的难度。

（二）非正规回收处理业呈现利润高、从业人员多等特点

尽管我国在《电子废物污染环境防治管理办法》中规定"禁止任何未在电子废弃物拆解企业（含个人）列表（含临时名录）中列出的个人或企业从事电子废弃物的拆解、处理和处置"，但目前仍存在大量非正规厂商回收处理。在 2007 年，分别约有 44 万人从事电子废弃物的非正规回收，25 万人从事电子废弃物的非正规处理。仅在贵屿就有超过 300 家公司和 3000 家个体作坊。全镇的 28 个村子中，有 20 个村子从事电子废弃物的处理。基本上都是以"家庭作坊"式的拆解方式进行，不考虑对环境影响的回收体系严重影响了对污染物的控制，也对工人健康造成了严重损害。据评估，贵屿作为全国最大废弃电器电子产品处理集散地，处理产值在 2004 年达到了 80 亿元人民币（12 亿美元）。由于非正规处理行业没有环保投入，不承担税收成本，不注重劳动保护，呈现利润高、从业人员多、监管难度大等特点。

与发达国家不同，非正规厂商的大量存在，使从消费者那里付费回收和处理仍然有利可图。非正规厂商往往会用高于正规处理成本的价格从消费者手中购得废弃的电器电子产品。这就使得正规企业在收集废弃产品时很难像许多发达国家一样让消费者直接将产品送到指定回收点而不给予回收费，更不可能让消费者付费给回收处理商。

在存在巨大的非正规回收处理市场的情况下，力图通过补贴少数企业消灭非正规市场既不现实，也不合理。"不现实"是因为需要大幅度提高补贴和基金征收标准，使补贴标准高于环保投入和税收成本等成本的总和；"不合理"是因为意味着用政府补贴为全部环境成本以及环保和偷漏税等监管不到位成本埋单，从而变相承认了监管真空以及环境污染、偷漏税等违法行为的合理性。此外，非正规厂商为社会提供了大量就业，其中有些可能并未造成环境污染，如果为扶植少数厂商而打压非正规厂商，大量从业人员将失业，可能造成一定经济社会问题。

（三）我国领土面积大，废弃产品物流成本比较高

从全国收集废弃产品并将其运送到指定的处理厂商的运输费用极高，增加了废弃产品回收处理的成本和难度。尤其是在欠发达地区缺少国家许可的正规回收处理厂商。中国西部内蒙古、西藏、新疆、青海等土地面积广阔的省份在其辖区内仅有一两家处理企业，即使可以回收相当数量的废弃电器电子产品，将这些产品运送到正规厂商也需要花费相当高的运输费用。非正规厂商和一些正规处理厂商为了减少成本，不按照规定将污染物送去合法的危废处理场，而是将其违法倾倒。这对环境造成了极大的破坏。

（四）环境违法成本低，危废处理不到位

非正规厂商不会将拆解后的危险废弃物送去合法的危废处理厂进行安全处置，一些正规处理厂商为了减少成本，也可能不按照规定将污染物送去合法的危废处理场，而是将其违法倾倒。这对环境造成了极大的破坏。而目前，环境违法成本仍然比较低，在高利润的驱动下，非正规回收处理仍然普遍存在。

（五）电器电子产品的处理技术相对落后

非正规厂商往往以"简单粗暴"的方式拆解废弃产品，正规厂商的处理技术也是参差不齐。例如，贵屿的拆解活动导致大量有害的物质破坏当地生态环境，侵蚀土壤，污染水体，对当地人民的身体健康造成了极大危害。大部分正规厂商只能做到物理拆解，处理技术的落后造成了电器电子产品的"二次污染"。

（六）居民的环保意识淡薄

我国许多居民往往缺乏很强的环保意识，这使得许多消费者随意丢弃家中的 WEEE。对 WEEE 的正规回收途径及环境危害宣传不够是造成环保意识不如发达国家的重要原因之一。2009 年 2 月至 8 月，在北京就消费者对电子废弃物处理的意愿和行为进行了一项调查。该调查共收集了 1173 份问卷。在问卷中，受访者被问及他们对电子废弃物的处置状况以及意愿。结果

表明，每个家庭在近三年中平均有 1.93 件废弃电子产品需要处理，36.6%
的废弃电子产品被各种回收渠道所收集，41.79% 的废弃电子产品就像普通
生活垃圾一样被丢弃，其他 21.62% 被存放于家中。大部分受访者想把他们
的电子废弃物作为可回收利用产品卖给二手市场（58.59%），或作为材料
废品卖给小商贩（11.36%），以获得一定的经济收益。只有 12.6% 的受访
者愿意把电子废弃物运到回收点。

四 国外 EPR 制度主要政策工具

根据 OECD 的 EPR 制度政府手册的归纳和建议，发达国家主要采取以
下政策工具建立合适的 EPR 制度，其中包括产品回收、监管、行业自愿行
为、经济手段和信息手段（见表 3 - 28）。

表 3 - 28 EPR 制度主要政策工具

EPR 政策工具	举例
产品回收 (Product take - back programs)	强制回收(Mandatory take - back)
	自愿/协商回收(Voluntary/negotiated take - back)
监管 (Regulatory approaches)	设定产品最低标准(Minimum product standards)
	禁止特定物质(Prohibition of certain hazardous materials or products)
	弃置禁令(Disposal bans)
	强制再生循环(Mandated recycling)
行业自愿行为 (Voluntary industry practice)	自愿性准则(Voluntary codes of practice)
	公共/私人伙伴关系(Public/private partnership)
	租赁(Leasing/servicizing)
经济手段 (Economic instruments)	押金退款机制(Deposit - refund schemes)
	预付再生利用费(Advance recycling fee)
	处置费用(Fees on disposal)
	材料税/补贴(Material taxes/subsidies)
信息手段 (Informative instruments)	向政府报告(Reporting to authorities)
	标注产品和零件(Marking and labeling of products and components)
	向利益相关者提供信息(Information provision to stakeholders)

资料来源：Yu，J.，P. Hills 等（2008）。

EPR 制度的设计需要综合运用以上政策种类。

首先，对产品回收的数量以及方式进行规划和要求，例如政府是否设定
硬性的回收下限，例如生产商每年必须回收产量的 50% 以上，或者允许生

产商根据自己的需要自行回收废弃产品。

其次，政府对回收处理活动进行监管和限定，例如，给生产者设定产品的生产标准，使产品更加符合可回收、环保的要求，或者政府禁止直接填埋对环境造成危害的产品等。

另外，生产企业可以在回收处理中自愿开展有效的活动，例如自愿建立产品回收网络，与其他组织合作促进产品回收，自愿改善产品的设计使其更环保等。

再次，EPR 制度中经济手段必不可少。通过经济手段可以激励利益相关的各方参与到回收处理的活动中来。例如，预付再生利用费是向消费者在购买某种产品前收取再生利用费，生产商通过改善产品，降低该费用来吸引消费者。材料税和补贴是指对使用某些对环境污染大的工业材料征收税费，对更环保的材料进行补贴从而鼓励生产者使用环保材料。

最后，信息手段主要是为了促进信息在各利益相关者间顺利流通，尽量减少信息不对称造成的无谓经济损失，加强政府、民众对回收利用过程的监督，更加明确生产者责任。例如，将产品的零件标注生产商信息使得在回收处理过程中可以更好地统计某生产商回收再利用率或者危险废物处理率。

在完善我国政策时，需要根据我国废弃电器电子产品市场的特殊情况，结合发达国家的经验，灵活综合地运用以上 EPR 政策手段。

五　完善废弃电器电子产品回收处理政策的对策建议

随着废弃电器电子产品回收处理管理体系的不断完善，我国废弃电器电子产品回收处理行业正在逐渐向规范化、规模化和产业化发展。废弃电器电子产品目录和配套政策作为回收处理体系重要的组成部分，在过去一段时间内取得了良好的实施效果，不仅有效提高了资源的回收效率，而且还在较大程度上减少了对环境的污染。

但是，综合本研究已有结论，并认真审视过去我国废弃电器电子产品回收处理体系的实施现状后，我们认为，在目录和配套政策实施方面还存在进一步改进和完善的空间。

（一）关于完善许可制度的政策建议

1. 许可制度实施现状分析

当前，我国对废弃电器电子产品处理实行较为严格的许可制度。《废弃电器电子产品回收处理管理条例》第六条规定，"国家对废弃电器电子产品处理实行资格许可制度，设区的市级人民政府环境保护主管部门审批废弃电器电子产品处理企业资格"。第十二条中又指出，"废弃电器电子产品回收经营者对回收的废弃电器电子产品进行处理，应当依照本条例规定取得废弃电器电子产品处理资格；未取得处理资格的，应当将回收的废弃电器电子产品交有废弃电器电子产品处理资格的处理企业处理"，并且明令禁止未取得废弃电器电子产品处理资格的单位和个人处理废弃电器电子产品。

上述许可制度有效地规范了废弃电器电子产品的回收处理活动并维护了整个回收处理行业的经济秩序，同时有效地制止了不法经营和不正当竞争情况的出现，一定程度上解决了权力分散所带来的交易成本上升的问题。

当然，和其他制度一样，许可制度也无法摆脱利弊共存的辩证规律。每一项行政许可制度在它达到某种预期的时候，都会逻辑地暗含着许多消极影响（弗里德曼语）。具体到废弃电器电子产品回收处理行业而言，可以概括为如下三个方面。

一是许可制度的行政成本较高。和企业一样，政府也存在信息不对称的困境。一般来说，政府对废弃电器电子产品回收处理企业的现实状况和发展趋势往往不能获得完全的信息。这样一来，就容易产生机会成本，导致有些可以通过行政许可进行的资源配置与经济规律相悖，继而产生无效率的市场准入。此外，对回收处理企业的许可审批权过大，会进一步使政府缺少监督和制约，行政许可机关人员则较易产生腐败，导致"二次行政成本"的产生。

二是许可制度会降低市场运行的效率。按照现代经济学的一般观点，在完全竞争市场的长期均衡状态下，厂商的平均成本、边际成本和边际收益相等，都等于市场价格，即完全竞争市场是有效率的。而当对废弃电器电子产品处理行业实施行政许可时，就会人为降低整个处理行业市场竞争的程度，此时，市场效率会受到一定影响。与此同时，基金补贴政策又使得获取处理资质的企业的竞争能力得到了额外的扶持。这种强者愈强、弱者愈弱的"马太效应"（Matthew Effect）在一定程度上抑制了市场的自由竞争和人们创新的动力。

三是许可制度可能会给产业链带来一定的压力。具有处理资质的回收处理企业将利用其地位获取更大的行业话语权，并在获取废弃电器电子产品资源的价格博弈中占据优势。随着资质企业市场地位的提高，技术升级改造的动力将有所减弱，而这一趋势将不利于资源利用效率和环境保护能力的持续提高。

2. 认证制度的可行性分析

基于上述讨论，我们认为，政府在考虑对废弃电器电子产品回收处理行业加以监督规范的同时，应同时兼顾市场整体的运行效率高低。我们之前的调研曾发现，目前国内还存在一些并未获得处理资质，但处理能力与技术已经符合目标资源回收效率以及环保水平的回收处理企业，然而目前的许可审批制度却严格限制了这类企业的发展。这样一来，从长期来看，许可制度并不利于整个处理行业提高市场竞争性和效率。因此，允许更多的优质企业参与废弃电器电子产品回收处理流程，来激发废弃处理市场的活力与创新性，可能是下一阶段决策部门需要考虑的一个问题，而认证制度为我们提供了另一种可能性。

（1）认证的内涵和现有体系。认证是指由认证机构证明产品、服务、管理体系符合相关技术规范或者相关技术规范的强制性要求的评定活动。目前，我国有体系认证和产品认证（如图3－16和表3－29）两大类，而废弃电器电子产品回收处理企业的认证制度构建可以参照产品认证的方式来进行。

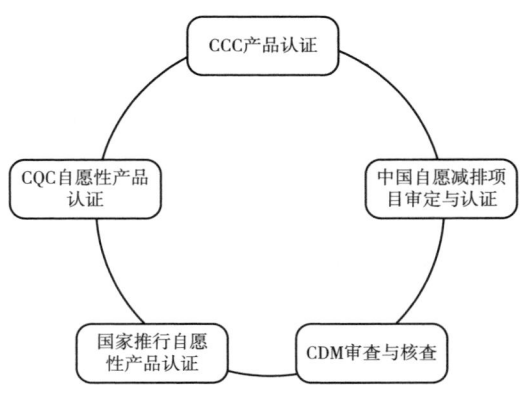

图3－16 目前我国的产品认证体系

表 3 - 29　目前我国的产品认证体系主要内容摘要

CCC 产品认证	中国强制性产品认证简称 CCC 认证或 3C 认证,是一种法定的强制性安全认证制度,也是国际上广泛采用的保护消费者权益、维护消费者人身财产安全的基本认证制度
CQC 自愿性产品认证	CQC 标志认证是中国质量认证中心开展的自愿性产品认证,以加施 CQC 标志的方式表明产品符合相关的质量、安全、性能、电磁兼容等认证要求,认证的范围涉及机械设备、电力设备、电器、电子产品、纺织品、建材等 500 多种产品
国家推行自愿性产品认证	国家推行自愿认证指由国家认证认可行业管理部门制定相应的认证制度,并经批准并具有资质的认证机构按照"统一的认证标准、实施规则和认证程序"开展实施的认证项目。国家推行自愿认证业务包括国家节能环保型汽车、有机产品和良好农业规范认证(GAP),上述三项认证主要以推荐性国标标准实施
CDM 审查与核查	CDM(清洁发展机制)审查与核查领域涉及可再生能源(风电、水电、太阳能发电、供热)、玻璃和水泥生产余热余压利用、垃圾填埋气处理、垃圾焚烧、煤层气、生物质等
中国自愿减排项目审定与认证	该认证是指在能源工业(可再生能源、不可再生能源)、能源分配、能源需求、制造业、化工行业、建筑行业、交通运输业、矿产品、金属生产、燃料的飞逸性排放(固体燃料、石油和天然气)、碳卤化合物和六氟化硫的生产和消费产生的飞逸性排放、溶剂的使用、废物处置、造林和再造林及农业等 15 个领域开展自愿减排项目的审定

资料来源:中国质量认证中心。

(2)废弃电器电子产品回收处理企业实施认证制度具备的条件分析。第一,我国认证事业的发展为废弃电器电子产品回收处理企业认证提供了良好的经验借鉴和制度保障。经过 20 多年的发展,我国的认证事业获得了长足的进步,在国民经济和社会发展中发挥了非常重要的作用。到目前为止,我国已经建立了包括认可约束、行业自律和社会监督在内的比较完善的认证认可管理体系。完善的认证认可管理体系为我们下一阶段制定废弃电器电子产品回收企业的认证制度提供了良好的经验借鉴。此外,从性质上而言,废弃电器电子产品回收处理企业的认证属于认证行业的某一项专项认证,2003 年 11 月 1 日起施行的《中华人民共和国认证许可条例》又为我们提供了坚实的法律和制度保障。第二,相关的环保认证为废弃电器电子产品回收处理企业认证提供了现实途径。

2010 年 5 月 18 日,为配合《电子信息产品污染控制管理办法》中相关工作的有效开展和实施，国家认监委、工业和信息化部，依据国家相关法律、法规和政策精神，编制完成了《国家统一推行的电子信息产品污染控制自愿性认证实施意见》（简称国推污染控制认证，如图 3 - 17 所示）。该意见对控制和减少电子信息产品废弃后对环境造成的污染，保护人体健康，推动电子信息产业持续、健康发展，并促进低污染电子信息产品的生产和销售，规范、指导并有效监管境内所开展的电子信息产品污染都具有重要的现实意义。此外，国家认监委与工业和信息化部进一步采取措施来鼓励、支持电子信息产品的生产者、销售者、进口者对其生产、销售、进口的电子信息产品申请国推污染控制认证。具体来说，主要包括如下五个方面：推动电子信息产品污染控制强制性认证对国推污染控制认证结果的采信；争取财税部门对满足国推污染控制认证要求的产品及相关获证企业给予各种扶持鼓励政策；争取国家政府采购部门对通过国推污染控制认证的产品优先进行政府采购；按照平等互利的原则，推动国推污染控制认证的国际互认；制定相关措施，促进电子信息产品污染控制新技术的研究、开发和推广应用。

图 3 - 17　国推污染控制认证图案

　　为确保国推污染控制认证制度实施的有效性和可操作性，2011 年 8 月 25 日，国家认监委、工业和信息化部又共同确定了国家统一推行的电子信息产品污染控制自愿性认证（以下简称国推污染控制认证）目录（第一批），该目录（第一批）包括有整机产品、组件产品、材料产品和部件以及元器件产品等。

国推污染控制认证作为目前我国官方推出的有关电子产品认证的一项重要制度安排，在认证机构、法律效力、结构体系、内容设定以及管理模式和相关制度方面的经验为我国实施废弃电器电子产品回收处理企业认证提供了有益的现实途径。

3. 废弃电器电子产品回收处理企业实施认证制度的流程构建

在构建我国废弃电器电子产品处理企业的认证流程之前，我们有必要先考察相关发达国家的实践情况。以美国为例，当前各州政府并未限制参与废弃电器电子产品回收处理的企业数量，而是充分调动市场力量参与到该流程的各个环节。统计显示，截至 2012 年，美国从事废弃电器电子产品回收、处置与利用的企业总计 2878 家，广泛分布于全美各州。在此种情况下，各个回收处理企业都会面临极大的竞争压力，因而有极大的动力来提升服务与技术水平。举例来说，全美规模最大的废弃电器电子产品回收处理企业 Electronic Recyclers International（ERI）每年平均回收处理 7.71 万吨废弃电器电子产品，然而仅仅占到 2011 年全美回收量的 2.3% 左右，由此可见美国废弃电器电子产品回收处理行业的高度竞争特点。在这一竞争压力之下，以 ERI 为代表的回收处理企业已实现对所有废弃电器电子产品采取粉碎处理、禁止非法出口和填埋处置以及资源 100% 的回收再利用。

借鉴美国等发达国家的相关经验后，我们试图构建适合我国国情的认证制度流程，具体如图 3 - 18 所示。具备相关资质的废弃电器电子产品回收处理企业向指定的被授权机构提出书面认证申请书，被授权机构做出实质审查，并根据企业申请材料、产品检验报告撰写评价报告，然后提交审查委员会审查，被授权机构收到审查委员会审查意见后，汇总审查意见，批准（或者不批准）认证，并由被授权机构颁发（或者不颁发）证书并公示，最后获得（或者不获得）认证资格。在整个过程中，由定点监测机构负责监督，并出具监督报告存档、备查。

4. 认证制度能否克服许可制度的弊端？一个经验的回答

世界近百年的认证的发展史已充分证明：认证既是国际通行的标准实施监督方式，也是一种质量监督的有效方法。发达国家环境保护史也已经证实，让政府逐渐退回监督者的角色，从宏观上引导环保经济的发展，而不直接介入环保工作的实际运作是顺应国际经济社会发展趋势的做法。

现代经济学的市场供需原理要求企业尽一切力量来满足消费者的现有或预期需求，由此再通过增加销售量、降低销售成本等手段来最大化自己的利

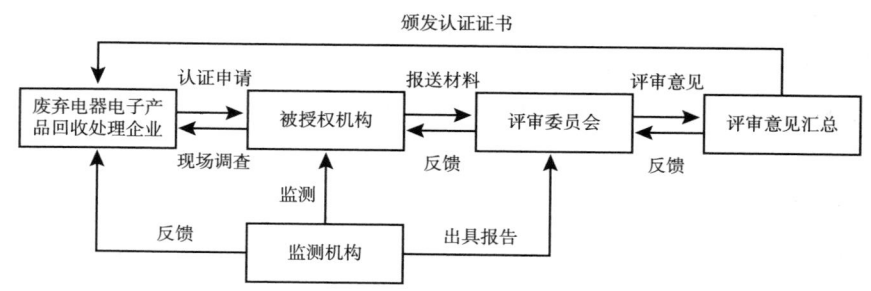

图 3 - 18　我国认证制度流程构建示意（初步构想）

润。具体到市场上的废弃电器电子产品回收处理行业来说，能够获得认证的企业是其中的最优秀者。因此，大多数企业为了获得更强的市场竞争力和争取更好的环境形象，将会不断地革新科学技术，使产品能够长期保持在认证技术的最前沿。但是，如本章开始所言，就目前中国经济社会发展的现实国情来说，许可制度也有其存在的必然性，因地制宜地选择合适的运行制度是各国的通行做法，这也告诉我们简单照搬国外经验是不可行的。

　　为此，研究建议对当前我国废弃电器电子产品回收处理行业实行许可制度的同时，逐步探索认证许可并行模式，最终向更有效率的认证模式转变。

　　5. 推行中国废弃电器电子产品回收处理企业认证制度的切入点

　　（1）开展认证试点示范。针对目前我国废弃电器电子产品回收处理的实际情况，结合《废弃电器电子产品处理目录（第一批）》以及《废弃电器电子产品处理基金征收使用管理办法》等配套政策，并根据"四机一脑"产品和企业的不同特性，选择若干有针对性、有代表性的产品和企业开展试点研究，试行回收处理企业的认证制度，为进一步全面推广提供必要的参考和借鉴。

　　（2）重视政府的支持作用。无论是从美国还是其他发达国家的经验来看，企业在由行政许可制度向认证认可制度过渡过程中，政府的支持都发挥着关键的作用。

　　（3）推动国际交流合作。当前，要尽快缩小我国与发达国家之间的差距，主动吸收现有的先进技术和经验，同时积极开展国际合作，通过共同研发、沟通交流等方式提高国内的科学技术水平和创新发展能力，继而建立起适合中国国情的废弃电器电子产品回收处理企业认证制度。

（二）关于废弃电器电子产品处理目录范围的政策建议

　　根据我国《废弃电器电子产品处理目录（第一批）》的规定，目前纳入目录的废弃电器电子产品包括电视机、电冰箱、洗衣机、房间空调器及微型计算机五类。而从国际来看（见表 3 - 30），各国（地区）对废弃电器电子产品处理目录的划分范围不尽相同。对于美国来说，各州政府更加关注的是黑色家电，比如电子计算机、电视机、硬拷贝设备和移动设备等，而没有将电冰箱、洗衣机等白色家电包括在废弃电器电子产品处理目录之内。欧洲多数国家（以德国为例）在制定废弃电器电子产品目录时都参考了 WEEE（Waste Electrical and Electronic Equipment Directive 2002/96/EC，WEEE，中文译名为废弃电子电机设备指令）的相关规定（见图 3 - 19）。容易发现，WEEE 规定的目录几乎囊括了所有种类的电子产品，是既大又全的废弃电器电子产品参考目录（共十大类）。然而，亚洲一些国家（例如日本和韩国）的目录则更加关注的是日常使用率高的一些电器电子产品，在"四机一脑"的基础上增加了音响、手机、复印机、传真机和干洗机等产品。中国台湾地区的回收处理目录包括容器、轮胎等九大类产品，电子电机设备除了电子电器产品（包括四机和电风扇）和信息产品（计算机等）外，还包括照明设备、铅酸蓄电池和干电池等废弃物。可见，和其他政策措施一样，废弃电器电子产品的目录管理要依据实际需求和社会经济发展的整体发展现状来综合考虑制定。

表 3 - 30　废弃电器电子产品处理目录的国际比较

国家或地区	主管部门	废弃电器电子产品处理目录
中国台湾	"环境保护署"	电子信息产品、照明设备、铅酸蓄电池、干电池和家电产品等
美国	各州政府	电子计算机、电视机、硬拷贝设备以及移动设备等黑色家电,而不包括电冰箱、洗衣机等白色家电,但各州都包括电视机和计算机显示器
德国	联邦环境署（WEEE）	大型家用电器、小型家用电器、资讯技术及电信通信设备、消费性耐久设备、照明设备、电气和电子工具(大型静态工业工具除外)、玩具休闲和运动设备、医用设备(所有被植入和被感染产品除外)、监视控制设备和自动售货机
日本	环境及经产省	计算机、小型充电电池、电冰箱、冰柜、洗衣机、干洗机、空调器和电视机
韩国	环保部	电视机、电冰箱、空调器、计算机、音响、手机、复印机、传真机和洗衣机

资料来源：公开资料整理。

就目前的中国实际情况而言，自公布的"四机一脑"目录实施以来，具有资质的废弃电器电子产品处理企业实际处理的废弃物组成中，相比于电

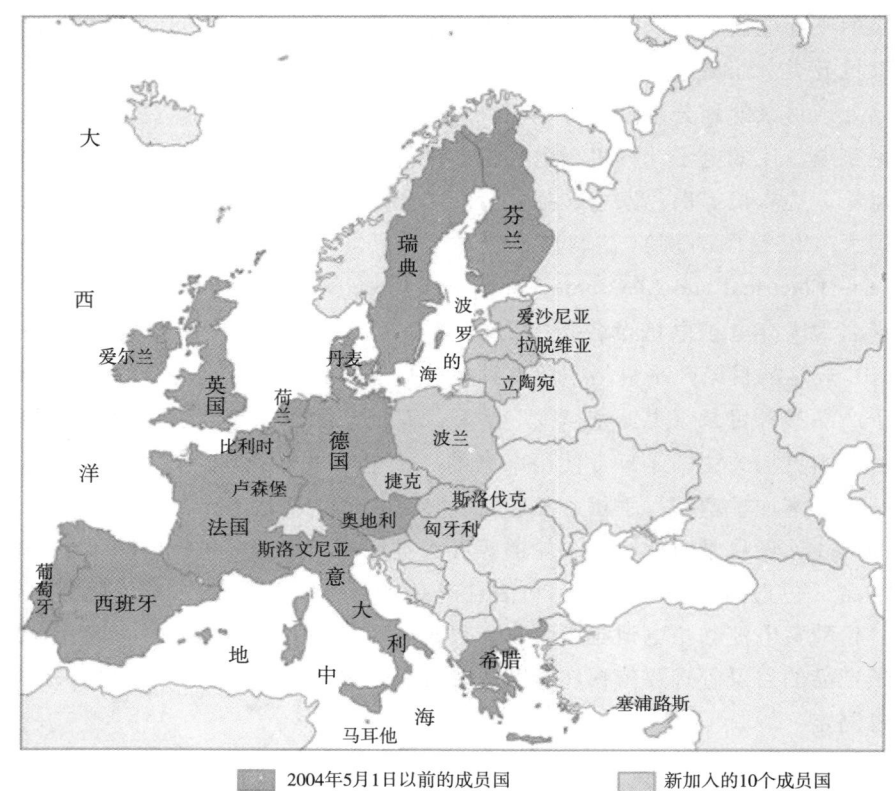

图 3 - 19   WEEE 通行国家示意（欧盟成员国）

视机和微型计算机而言，电冰箱、洗衣机和房间空调器三类废弃电器电子产
品占比较低。也可以认为，上述三种废弃物已经通过民间渠道与市场力量，
完成了资源的回收利用过程。这也就提醒我们，在现阶段的中国，有必要从
更深入的角度来考虑废弃电器电子产品目录范围的适用性。

　　众所周知，废弃电器电子产品处理目录制定推行的一个目的是提高资源
利用效率，在废弃电器电子产品领域实现资源的重复使用与再生利用。也就
是说，目录和配套政策实施的对象应重点考虑目前回收利用率较低的电器电
子产品。此类产品在无政策扶持的情况下无法依靠市场力量得到充分有效的
回收利用，需要政府以废弃电器电子产品处理基金征收与补贴的方式推动其
进行回收和处理。举例来说，房间空调器作为"四机一脑"目录产品之一，
除塑料外壳可以整体拆卸以外，其内部的压缩机、散热机、风扇马达以及热
交换器等组件可以直接实现铜、铁、铝等主要金属资源的回收，其余的铜

线、铜管也可以直接回收利用，故而产品本身便具有易于实现较高资源利用效率的特点。与房间空调器相似，电冰箱、洗衣机也不具有较大的回收处理难度，通过民间力量也可完成充分的拆解利用，且其中较高的资源量与资源价值能够保证资源量的回收。这样一来，将上述三类废弃电器电子产品纳入目录进行基金的征收与补贴，相关配套政策所导致的资源利用效率提高效果可能不会特别明显。

基于上述讨论，并结合目前中国经济社会发展的现实状况，我们认为，在参考现有的《废弃电器电子产品处理目录（第一批）》的基础之上，有必要进一步区分各类废弃电器电子产品资源特点及回收处理的市场力量，在条件适合的情况下，逐步剔除其回收处理流程可独立运行且无须行政力量过多干涉的产品种类，发现并增加目前依靠市场不能有效实现资源回收利用的品种，然后纳入目录并给予政策支持。

借鉴欧盟 2018 年之后适用的六类新目录、美国和台湾地区现行目录，修订我国废弃电器电子产品目录。考虑到不同的产品需要不同的生产者责任延伸制度，有必要对产品进行分类管理并实行差异化政策，建议综合考虑产品功能特点、产品结构特性、所含污染物料构成及其经济价值等因素，将新版目录产品分成五大类（电池虽不属于严格的电器电子产品，但可将其设为一类便于纳入条例管理），建议新目录调整如表 3-31 所示。

表 3-31 2013 年废弃电器电子产品目录（建议）

序号	类别	产品
1	电视机、监视器以及面积大于 100 平方厘米的显示屏	电视机、显示屏、LCD 照相机、笔记本、监视器
2	家用电器	电冰箱、空调器、洗衣机、电热水器
3	信息技术和通信设备	手机、GPS、路由器、调制解调器、个人计算机、打印机、复印机、电话机、主板、电源器、键盘、机壳、硬盘
4	照明设备	荧光灯、高强度照明灯管（HID）、直管日光灯、环管日光灯
5	电池	铅酸蓄电池、镍氢电池、镍镉电池

按照分类管理的原则，分别针对上述五类产品研究制定相应的政策。各类产品初步建议政策导向重点如下。

1. 电池

建立行业自律性回收体系，对制造商、零售商、消费者在废旧电池回收处理环节的责任都做出了明确的规定。

制造商责任：目录覆盖电池类型的制造商负责对电池回收处理进行融资或付费，并向消费者宣传他们的回收计划，报告回收进展。制造商需要向环保部门提交回收和处理计划。

零售商责任：目录覆盖类型的可充电电池的零售商需要在营业时间内接收消费者返回的废旧电池，并对消费者提供回收箱、回收点的信息。

消费者责任：消费者需要将废旧电池交到适当的回收者手中进行回收，不当的回收处理将被依法进行处罚。目录覆盖的电池不得作为固体废弃物进行处理。

2. 家用电器

借鉴美国的做法，不过于强调生产者履行生产者延伸责任。充分利用经济杠杆促进产品回收，处理企业应从废弃白色家电的物料出售中获得收益以弥补成本。但要明确禁止将废弃的白色家电产品丢弃在市场垃圾点并对其处理方式做出一定限制。要求任何修理或处理小型白色家电的人员必须回收80% ~90%的制冷剂，同时必须保存废旧白色家电中正确处理制冷剂的记录证明；制冷剂回收设备必须通过认可的检测部门批准；从事小型白色家电修理和回收制冷剂的人员必须在环保局备案等。

3. 信息技术和通信设备

实行生产者责任延伸制度，在基金制度的基础上选择某些产品（如复印机等）试行要求生产者履行行为责任，对履行行为责任的品牌企业免征收基金。该类产品的补贴可以打破以"整机按台"的方式，采取按重量并包括零部件的方式。

4. 照明设备

有针对性地制定政策。需要注意的是目前荧光灯属于危险废弃物，一般需要付费处理。为鼓励家庭用户回收荧光灯采取的补贴政策可能对目前市场格局和处理产业盈利模式带来影响。

5. 电视机、监视器以及面积大于100平方厘米的显示屏

可以继续沿用目前的基金政策，确定更合理的补贴标准。

（三）关于生产者延伸责任的政策建议

目前，我国推行废弃电器电子产品回收处理政策的初衷在于实践生产者责任延伸制度（EPR），即令电器电子产品生产者承担废弃物回收处理的责任。但是就当前的废弃电器电子产品回收处理政策的实施效果来说，离真正落实生产者责任延伸制度（EPR），真正实现生产前端资源集约使用及回收

处理后端资源高效利用，我国尚有一定距离。

相比之下，许多发达国家（地区）在制定废弃电器电子产品回收处理政策时，更加忠实于生产者责任延伸制度（EPR），强调电器电子产品生产者在此流程中的实际管理责任。例如，美国推行废弃电器电子产品回收处理法律法规的 25 个州政府，大多要求生产企业自身建立起废弃电器电子产品回收处理项目，其回收处理义务一般基于其市场份额决定。这一政策的优势在于，生产企业对于自身产品的构造与性能具有最为深入的了解，对于其资源量的构成及价值拥有最为准确的认识，并可为此建立起具有针对性的回收渠道与处理设备，以最高的效率完成回收、拆解以及资源的重复使用或再生利用。同时，由于废弃电器电子产品回收处理成本已自然而然内部化为生产企业生产成本的一部分，生产者从而获得较大的激励以改进产品设计，使其更易于拆解回收，在处理过程中不进行不必要的粉碎，并将回收再利用的资源作为新产品的原材料直接投入使用，真正实现了物料最大限度的内部循环。在欧盟、日本和中国台湾也明确规定并认真实施了"电器电子产品废弃物处理处置的经济责任、具体实施责任和信息责任均由生产者所承担"这一基本的生产者责任延伸制度（见表 3 - 32）。

表 3 - 32　生产者责任延伸制度实施的国际比较

国家或地区	生产者责任延伸制度实施现状
美国	在美国，倾向于利用市场的力量来实施生产者责任延伸制度，并同时支持各州政府探索创新电子废物的各种管理途径。自 2000 年以来，美国先后有 20 多个州尝试制定自己的电子废弃物专门管理法案，部分已经正式生效。联邦政府认为，如果企业自己不能解决问题，将进行强制立法，以此促进企业自己开展废弃产品的回收和处理行动
欧盟	在 2001 年之前，欧盟各国主要的任务是致力于探索电器电子废弃物的管理方法，并积极寻找符合本国特点的 EPR 政策体系。2001 年之后，欧盟颁布了两个关于废弃电器电子产品处理的整体性法令：《WEEE 指令》和 RoHS 指令。按照规定，电器电子产品废弃物处理处置的经济责任、具体实施责任和信息责任均由生产者承担
日本	日本于 2001 年 4 月开始实施《特定家用电器收集和再商品化法》，该法明确要求对于特定家用电器(电视机、电冰箱、洗衣机和空调器)的废弃物，产品生产者承担回收和再商品化义务；产品零售商承担回收和交付给处理企业的义务；而消费者有将废旧家电分类交给特定对象(零售商、回收点、处理企业)的义务
中国台湾	台湾地区实施的回收处理法规中明确要求制造或进口商承担废弃产品的回收处理费用；而废弃产品实物的处理处置由专门的处理工厂完成，并享受政府的专门补贴；政府有偿收购废弃产品并制定相应的补贴费率；但是消费者不承担回收处理费用且有偿出售废弃产品

资料来源：笔者整理。

对于当下中国而言，要真正落实生产者责任延伸制度（EPR），政府首先须从完善相关的法律法规开始。《废弃电器电子产品处理基金征收使用管理办法》中曾明确指出，"电器电子产品生产者、进口电器电子产品的收货人或者其代理人应当按照规定履行基金缴纳义务"，并将基金部分用于"废弃电器电子产品回收处理费用补贴"。由于基金减征办法迟迟未出台，"对采用有利于资源综合利用和无害化处理的设计方案以及使用环保和便于回收利用材料生产的电器电子产品，可以减征基金"的政策并未实施。这一基金征收政策对于电器电子产品生产者主动减少资源能源耗费、采用易于末端回收利用的产品设计等做法的激励作用并不明显；而缴纳废弃电器电子产品处理基金被企业认为履行了生产者责任，由于是否生态设计与企业是否承担回收处理成本无关，也会在客观上降低企业进行生态设计研发投入的动力。换句话说，目前我国废弃电器电子产品回收处理政策的相关法律法规在界定责任方面尚存在一定的改进空间。因此，有必要进一步完善相关法律法规，一方面对那些主动承担本品牌废弃电器电子产品回收处理责任的生产企业实施除外责任，另一方面要将企业承担成本与是否进行生态设计建立必要的联系。

其次，一个更为关键的命题是当前我们必须要对"延伸责任"进行更具体的界定。生产者到底需要承担多大的"延伸责任"，各国生产者责任延伸制度往往会因时间的推移、废弃产品成分差异和国情不同而有所不同。我们认为，对于目前的中国国情而言，《中华人民共和国清洁生产促进法》所规定的源头预防责任与产品环境信息披露责任也应该包括在生产者"延伸责任"内。这样一来，我们认为的"生产者责任延伸"制度的责任就应该包括对原材料采购和产品制造阶段的源头预防责任，对产品制造、运输、销售和消费阶段的信息披露责任，对废弃产品消费和回收的回收责任和对循环利用和废物处置的处置责任（图3-20）。

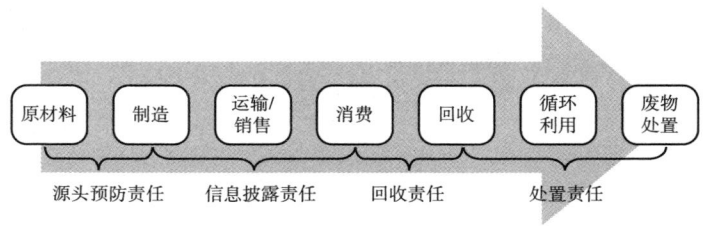

图3-20　生产者责任延伸制度中的"责任"界定示意

最后，下一阶段落实生产者责任延伸制度过程中有必要进一步理顺废弃电器电子产品回收处理中的运行机制问题。我们可以借鉴台湾地区的政策和统一管理模式，在法规中明确要求制造商或进口商承担废弃产品的回收处理费用；政府有偿收购废弃产品并制定相应的补贴费率，逐步理顺"生产者付费，补贴回收处理者"的机制，采取废弃电器电子产品运输转移网上申报、车辆实施监控等管理措施。各级环保部门，特别是地县市环境监察机构要强化对废弃电器电子产品的监管，加强对废弃电器电子产品产生和经营单位的现场检查和监督性监测，加强区域联动执法，联合打击废弃电器电子产品非法转移、利用和处置行为；同时规范企业废弃电器电子产品管理，实时掌握废弃电器电子产品产生、收集、贮存、运输、利用和处置情况。

总的来说，我国应在推行废弃电器电子产品回收处理政策时，切实实践生产者责任延伸制度（EPR），鼓励电器电子产品生产者负担资源回收利用责任，担当整个废弃电器电子产品回收处理流程的主导力量，而绝非仅作为处理基金缴纳者的辅助角色。只有如此，才能实现最大限度上降低资源过度耗费、提高资源利用率变废为宝、充分发挥废弃电器电子产品等废物资源的用途，并不断支撑我国经济社会可持续快速发展。

（四）关于补贴审核制度的政策建议

我国《废弃电器电子产品处理基金征收使用管理办法》第三十条要求，"环境保护部和各省（区、市）环境保护主管部门应当建立健全基金补贴审核制度，通过数据系统比对、书面核查、实地检查等方式，加强废弃电器电子产品拆解处理的环保核查和数量审核，防止弄虚作假、虚报冒领补贴资金等行为的发生"。然而这一现象的监管预防需要监督管理部门付出较高的监管成本，并与众多政府机构通力合作。从国际上来看（见表3-33），欧洲国家废弃电器电子产品基金征收后的使用效率较高，瑞典用在补贴回收处理的占比达95%，荷兰为90%，瑞士为89%，而中国台湾用在基金行政管理上的支出成本约为欧洲国家的2倍。需要特别指出的是，由于日本没有严格的关于废弃电器电子产品基金的管理机构，故其行政管理成本支出为零。

就目前的中国来说，在废弃电器电子产品回收处理行业的法律法规尚未完全有效落实的情况下，尚不能够做到日本那样，即在废弃电器电子产品基

表3－33　废弃电器电子产品基金征收用途的国际比较

单位：%

项目/国家或地区	荷兰	瑞士	瑞典	日本	中国台湾
补贴回收处理	90	89	95	100	80
行政管理成本	10	11	5	0	20
总　　计	100	100	100	100	100

金征收中行政成本为零。因此，进一步完善基金的补贴审核制度就显得尤为重要。现阶段，我们可以借鉴我国台湾地区的基金审核运行模式（见图3－21）。具体而言，首先由费率审议委员会研究出各种产品的基金征收费率；然后由制造企业提供产品产出量、产品销售量等相关数据，并根据该数据缴纳相应的基金费用；最后由稽核认证团体来进行电器电子废弃物回收处理企业回收量的核查工作，然后将正确回收和处理数量上报到基金管理委员会，由此来确定发放基金补贴的数额。此外，为更好地从台湾地区获取基金补贴审核经验，我们有必要更深入地说明台湾地区稽核认证团体所负责的对回收处理企业的审核工作。

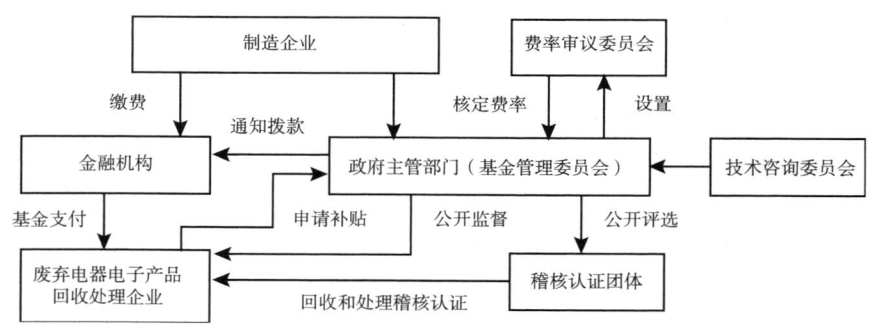

图3－21　台湾地区的废弃电器电子产品基金运行模式

（1）核查回收处理企业的回收、储存、清除、处理等作业程序是否符合该项废弃电器电子产品的回收储存清除处理方法及设施标准。

（2）核查回收处理企业有关废弃电器电子产品的再生材料或衍生废弃物的数量，并根据应回收的废弃电器电子产品的性质追踪其来源、流向、用途、运输里程、处理费用或其他相关数据。

（3）核查回收处理企业的进货、生产、销售、存货凭证、账册等相关报表及其他产销运营或进出口数据，以及应回收的废弃电器电子产品、再生材料、核心零部件及衍生废弃物的库存量等。

（4）核算接受补贴的回收处理企业应回收的废弃电器电子产品稽核认证量等。

因此，为切实促进废弃电器电子产品回收处理行业的发展，在借鉴学习台湾地区经验的基础之上，我国政府相关部门应当加强监督力度，从资质审核过程开始提高监管水平，确保资质处理企业确实具有行业领先能力；另外，在后续的废弃电器电子产品回收处理流程中，监管部门也应严格履行稽核管理义务，除了审查企业上报的数据信息外，核查再生材料的数量，并追踪其最终流向，一方面防止弄虚作假、虚报冒领补贴资金等行为的发生，另一方面确保危险废弃物能够得到安全处置。

（五）关于补贴的对象和环节的政策建议

就我国实施的现状来看，获得废弃电器电子产品处理资质的处理企业主要业务大多为废弃物的物理拆解与粉碎（见图 3 - 22），将废弃电器电子产品中的金属与塑料分开；采用这一方法，可以避免出现采用火法处理时塑料中的溴化阻燃剂由于燃烧而产生的二噁英、呋喃等致癌物质，也不会导致因采取化学处理法而出现酸性废水，对环境的不利影响最轻。然而这一过程仅仅将废弃物中的有毒组分，例如 CRT 玻璃分离出来，而并没有真正消除其污染性，而针对污染性组件的环保处理还需交由专门处理危险废弃物的处理企业进行进一步处理。这也就意味着，科学环保的物理拆解与粉碎流程不会造成额外的环境污染，但也不会彻底消除污染物。废弃电器电子产品处理基金补贴对象并非为确实消除环境污染的处理环节。以电视机中含铅的重要组件 CRT 玻璃为例，资质处理企业通常会将其交由专业危险废弃物处理企业——天津仁新玻璃材料有限公司加以处理，由此可见这类处理危险废弃物的企业才最终消除了废弃电器电子产品对自然环境的潜在威胁。因而，通过废弃电器电子产品处理基金补贴的方式对专业危险废弃物处理企业加以扶持，有利于废弃电器电子产品中的污染物质得到环保彻底的消除。

因此，有必要区分物理拆解、深加工处理和物料处置在废弃电器电子产品回收处理流程中所扮演的角色，针对真正消除环境污染物的处理流程进行基金补贴，切实实现通过废弃电器电子产品的科学环保回收处理保护生态环境的目标。

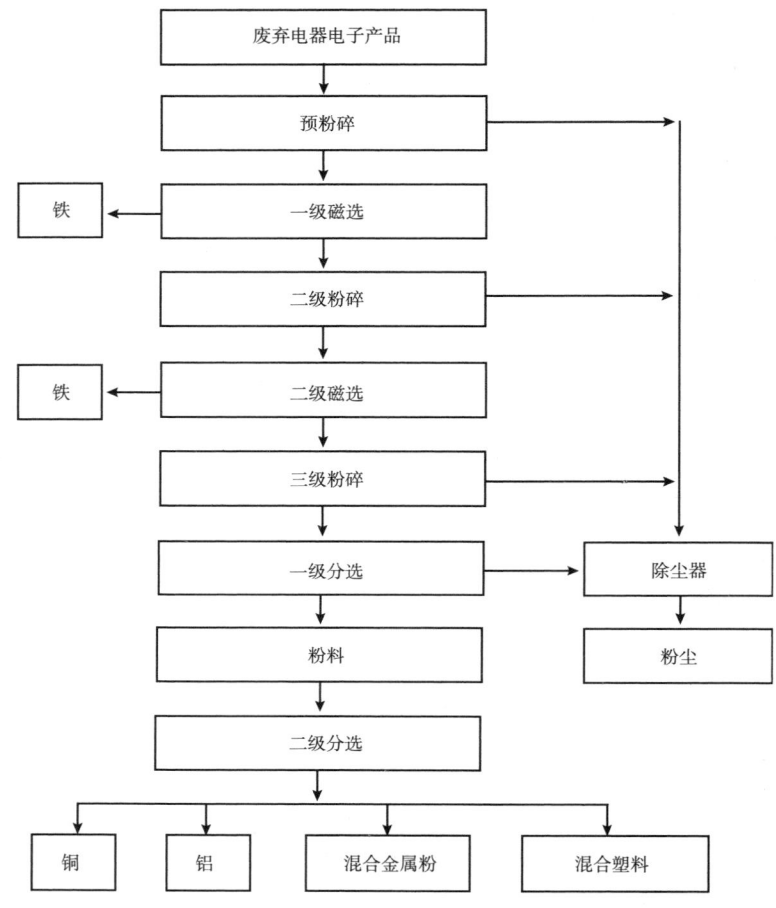

图 3 – 22　废弃电器电子产品物理处理一般工艺流程

　　而对于基金补贴的模式，目前国外常见的共有两种，即统一标准费率补贴和市场竞争费率补贴（见表 3 – 34）。统一标准费率补贴是指参考既定费率，然后委托特定回收处理机构进行回收处理的模式。这种补贴方式回收处理成本高，市场化程度低，但却有利于产业链的快速形成。正好相反，市场化费率补贴模式处理成本较低，市场化程度高，但制度设计环节复杂，容易造成暗箱操作、弄虚作假的现象。

　　就目前的中国来说，在借鉴国外先进经验的基础之上，我们建议运行初期采取更有利于运行稳定的统一标准费率补贴模式，然后逐步向更有效率的市场化费率的模式转变。

表 3 – 34　国内外废弃电器电子产品处理基金的补贴模式情况

补贴模式	国家或地区
统一标准费率补贴	中国台湾
	比 利 时
	日　　本
	荷　　兰
市场竞争费率补贴	瑞　　士
	德　　国

（六）关于鼓励企业技术创新和承担社会责任的政策建议

就电器电子产品的生产流程来讲，传统的工业生产仅仅关注如何将产品快速廉价地生产出来并销售给消费者，故而其产品设计主要考虑市场需求、美观程度、产品质量等因素，对环境因素则关注较少，对产品所使用原料的毒性、对消费者健康的威胁、产品的节能特性以及产品废弃后是否易于回收处理等因素未加以考虑。

然而，随着经济与认知水平的不断提高，消费者开始将目光转向高质量的生活与自身的安全，产品的节能、环保、安全设计成为普遍的需求。美国绿色电子委员会（Green Electronics Council）的研究显示，电器电子产品90%的环境属性来自其设计阶段。因此，将环境因素融入电器电子产品的设计中，改善产品在整个生命周期内的节能环保性能，降低对环境的负面影响，既满足了消费者与时俱进的消费需求，也是生产企业树立良好企业形象、巩固市场地位并不断扩大市场份额的重要途径。

我们认为，电器电子产品生产企业应该在废弃电器电子产品处理相关政策的激励下，从生产流程多个层面不断提升技术、改进设计，实现在产品生命链条前端减少废弃物与污染的目标。

（1）生产者在原材料的选取上应当避免使用有毒有害的材料与添加物而考虑引入环保替代材料，或尽量提高有毒物质的稳定性以降低毒物释放的可能。

（2）避免电器电子产品包装物的设计过于奢华，而应当简约、耐用且易于回收。

（3）在产品设计阶段则融入节能技术，切实降低电器电子产品使用中的能源耗费。

（4）电器电子产品生产企业在进行产品设计时，应当将其回收处理的难易程度纳入考虑范围，使用统一标准的连接点，以螺丝代替焊接或黏合，提供信息芯片或标示，生产出便于机械化拆解、有利于回收再利用的电器电子产品。

而废弃电器电子产品处理企业也应该在政策激励下，不断改善处理工艺和流程，提高资源利用效率和环境效益。

目前的政策设计并未能有效激励企业进行上述生态设计和技术创新。

首先，由于没有完全落实生产者责任延伸制度，废弃产品回收处理成本没有内化成企业的生产成本，环境成本仍然由社会负担，企业缺乏最直接的动力去进行生态设计。

其次，由于对生产商所生产的产品征收基金时没有进行差异化征收，对企业环保设计包括减少回收处理难度等缺乏直接的激励。

再次，基金征收对自愿履行生产者责任的品牌制造商反而是个打击，上缴基金后企业认为已经履行了生产者责任，会认为再自行履行回收处理责任是个额外的负担。

最后，由于只是根据物理拆解量进行补贴，对处理企业加强技术研发投入、改善处理工艺和提高回收利用效率也缺乏正向激励。

实际上，许多跨国电器电子产品生产企业已经在我国开展废弃电器电子产品回收处理项目（见表3-35），例如，戴尔公司于2006年12月21日宣布在中国开展面向本品牌各产品个人消费者的免费回收服务，并获得了越来越多的客户对于该项利于环境保护的措施的认同与赞赏。尽管市场上存在众多废旧电子计算机收集者，大多数消费者依然表示愿意向戴尔公司免费交还废弃产品，并信任戴尔公司将会对废旧设备实施绿色无污染处理并充分保护客户隐私。这一举措有利于戴尔公司环保负责的跨国公司形象的树立以及知名度的扩大，同时有助于品牌知识产权的保护；对于消费者，向负责任的生产者交还废弃产品可使储存在产品中的个人信息得到相对可靠的保护，并为日益严重的环境资源困境的缓解贡献自己的力量。

为了鼓励企业围绕生态设计（也即绿色设计）积极进行技术创新，鼓励企业承担社会责任，一方面，切实履行生产者责任延伸制度，电器电子产品生产者有必要积极参与废弃电器电子产品回收处理流程，承担经济责任、

表 3 - 35　各主要电器电子产品生产者在华回收计划

电器电子产品生产商		自愿性回收计划
美国	苹果	苹果公司目前在中国无回收项目
	戴尔	2006 年 12 月,戴尔公司在中国开展免费回收废旧计算机服务,且无须购买戴尔任何新品即可回收
	惠普	2007 年 9 月,惠普公司在中国免费回收任意型号的惠普打印机、扫描仪、传真机、笔记本计算机或台式机、显示器、手持设备以及相关的外设,如数据线、鼠标、键盘等
日本	东芝	东芝公司在中国实施笔记本计算机免费回收服务
	佳能	佳能公司通过指定服务店、经销商、区域总部、快修中心以及售后服务网点等渠道免费回收废弃的复印机、传真机、打印机和耗材等产品
韩国	LG	LG 公司目前在中国无回收项目
	三星	2006 年 3 月,三星公司在遍布全国 60 个城市的 76 家三星服务网点安放手机废件回收箱,并建立联网计算机管理系统,专门回收废旧手机及配件
中国	联想	2006 年 12 月,联想在中国大陆地区实施计算机免费回收服务,涉及产品目录包括:Lenovo 品牌的笔记本计算机、台式计算机、服务器、ThinkPad 笔记本计算机及 ThinkCentre 台式计算机,商业客户和个人消费客户均可享受该服务。客户可自行将计算机送往回收网点,也可由联想免费上门回收

信息教育责任甚至实际管理责任, 以此实现外部成本内部化;通过强制规定生产者承担产品的处理成本, 促使电器电子产品可以最节能环保的方式被生产, 同时以最高的资源利用率和环境保护水平被回收处理, 实现资源与能源随产品生命链条的高效循环利用。另一方面, 采取税收等鼓励措施, 推动生产企业与回收处理企业加大科技研发投入, 引导产业技术的不断创新。

专栏 2　日本和欧洲的废弃电子产品处理企业

由于废弃电器电子产品处理通常需要较高的技术水平以及完备的生产线设施, 对于参与处理的员工素质以及安全同样存在一定的要求, 故而在废弃电器电子产品处理产业较为成熟的发达国家, 企业数目一般较少且行业集中度较高, 这有助于技术水平的提高以及处理设备的更新换代。在日本，目前共有 49 家废弃电器电子产品处理企业，主要关注于电视机、房间空调器、电冰箱以及洗衣机等废弃家用电器的回收处理，且处理企业一般分属于各电器电子产品生产品牌，并负责若干合作品牌旗下废弃产品的回收工作。这些处理企业一般具有较大的处理规模及较高的研发水平，例如松下电器公司在西部兵库县建立的环保技术中心，拥有电视机、洗衣机、房间空调器和电冰箱 4 条专用废旧家用电器处理流水线，并采取不同的处理方式，使得回收流程更加专业与高效；位于名古屋市的索尼绿色循环公司（Green Cycle Corporation）主要业务则是依据日本《家用电器再商品化法》进行各种废弃家用电器的中间处理以及依据《日本促进资源有效利用法》进行个人笔记本计算机和办公室自动化设备的中间处理。由此可见，在日本现有的产业结构下，各企业可以展开充分合作，从而有利于降低各地区分支企业数量与物流成本，有利于整体效率的提高。

欧洲废弃电器电子产品处理企业则与日本有所不同，尽管绝大多数企业也为规模较大、流程规范的专业处理工厂，但由于欧洲所规定的废弃电器电子产品回收处理目录覆盖面较广，故而不同的处理企业所处理的产品类型差异较大，例如德国的 Electro Cycling 公司与瑞士的 Immark 公司主要负责存储程序控制交换机、复印机、保险柜等大型设备的处理，而芬兰的 Proventia 公司则定位于含阴极射线管（CRT）产品的处置，可见各废弃电器电子产品处理企业对自身发展定位有着较明确的界定，这对于提高整个产业的效率具有正面作用。

附表 1　国推污染控制认证产品目录（整机产品）

项目	序号	产品名称
计算机行业产品	1	计算机——微型台式计算机 计算机——便携式计算机
	2	与计算机连用的显示设备
	3	与计算机相连的打印设备
家用电子产品	4	电视机
通信设备产品	5	移动用户终端
	6	电话机（包括固定电话终端、无绳电话终端）

附表 2　国推污染控制认证产品目录（组件产品）

项目	序号	产品名称
计算机（含微型台式计算机、便携式计算机）用电子组件产品	1	鼠标器
	2	键盘
	3	硬盘
	4	光盘驱动器
	5	微机主机卡
	6	内存条
	7	声卡
	8	显卡
	9	网卡
	10	其他功能卡和接口卡
	11	开关电源
	12	外接电源适配器
	13	其他
显示设备（含电视机、显示器）用电子组件产品	14	显示组件
	15	遥控发射器
	16	调谐器
	17	行输出变压器
	18	背光组件
	19	显示设备用 PCBA
	20	其他
与计算机相连的打印设备用电子组件产品	21	打印头
	22	硒鼓
	23	其他
移动用户终端及电话机用电子组件产品	24	电源适配器或充电器
	25	移动用户终端及电话机主机板
	26	移动用户终端及电话机 LCD 模块
	27	移动用户终端及电话机 RF 模块
	28	移动用户终端光学摄照相模块
	29	其他

附表 3　国推污染控制认证产品目录（部件及元器件产品）

项目	序号	产品名称
电子元件产品	1	电容器
	2	电阻器
	3	电位器
	4	连接器
	5	开关
	6	插头、插座
	7	继电器
	8	斩波器
	9	传感器

续表

项目	序号	产品名称
电子元件产品	10	磁性元件
	11	电感器
	12	振荡器
	13	环形器
	14	隔离器
	15	限幅器
	16	滤波器
	17	电子变压器
	18	线圈
	19	传声器
	20	扬声器
	21	耳机
	22	拾音器
	23	蜂鸣器
	24	蜂鸣片
	25	频率控制和选择用元件
	26	电子印制电路板
	27	敏感元件及传感器
	28	面板元件
	29	减震器
	30	硒堆、硒片
	31	紧固件
	32	石英晶体器件及继电器管壳、管座
	33	电声器件零部件
	34	电子陶瓷零件
	35	电子塑料零件
	36	微特电机
	37	电子电线电缆
	38	光纤光缆
	39	其他
电子器件产品	40	电子管
	41	电子束管
	42	显像管配件
	43	电光源
	44	PDP 屏
	45	LCD 屏
	46	光电管
	47	光电倍增管
	48	X 射线图像增强管
	49	电子倍增管
	50	摄像管

续表

项目	序号	产品名称
电子器件产品	51	光电图像器件
	52	显示器件
	53	发光器件
	54	光敏器件
	55	光电耦合器件
	56	红外器件
	57	激光器件
	58	光电耦合器件
	59	光电探测器件
	60	发光二极管
	61	激光器件
	62	光通信器件
	63	半导体二极管
	64	半导体三极管
	65	敏感器件及传感器
	66	半导体制冷器件
	67	功率半导体器件(5A以上)
	68	集成电路
	69	电池
	70	其他
电子信息产品用部件产品	71	机箱
	72	软盘片
	73	光盘
	74	散热器
	75	偏转线圈
	76	磁头
	77	光学头
	78	天线
	79	数据传输线
	80	墨盒
	81	色带
	82	按键控制面板(金属薄膜按键组件)
	83	其他

附表4　国推污染控制认证产品目录（材料产品）

项目	序号	产品名称
电子材料产品	1	绝缘板
	2	敷铜板
	3	电子元件专用钢丝
	4	电解二氧化锰粉
	5	电容器用铝箔材料
	6	压电材料
	7	光纤预制棒
	8	钨制品
	9	钼制品
	10	镍基合金
	11	复合金属电子材料
	12	触头材料
	13	液晶材料
	14	合金材料
	15	半导体单晶
	16	半导体片材
	17	半导体封装材料
	18	光刻掩膜板
	19	石英制品
	20	荧光粉
	21	信息化学品用碳酸盐
	22	消气剂
	23	光刻胶
	24	其他
电子信息产品用基础材料产品	25	油墨
	26	胶
	27	焊料
	28	助焊剂
	29	阻燃剂
	30	电解液
	31	正负极材料
	32	色粉（色母）
	33	涂覆材料
	34	金属及金属化合物材料产品
	35	塑料及橡胶材料产品
	36	玻璃材料产品
	37	陶瓷材料产品
	38	复合型材料产品
	39	其他

附表 5 国推污染控制认证限用物质应用的例外要求

铅（Pb）

序号	应用	限值要求
1	阴极射线管用玻璃	无限值要求
2	荧光管用玻璃	0.20%
3	用于加工的钢合金和镀锌钢（铅作为合金元素）	0.35%
4	铝合金（铅作为合金元素）	0.40%
5	铜合金（铜作为合金元素）	4.00%
6	高温熔化焊料（即锡铅焊料合金中铅含量超过85%）	无限值要求
7	焊料：用于服务器、存储器和存储系统	无限值要求
8	焊料：用于交换、信号、传输以及电信网络管理的网络基础设施设备	无限值要求
9	陶瓷及玻璃：用于除陶瓷介质电容以外的电子电器元器件（例如压电器件、玻璃和陶瓷的复合材料）	无限值要求
10	陶瓷介质电容：用于连接大于等于直流125伏或交流250伏	无限值要求
11	陶瓷介质电容：用于连接小于直流125伏或交流250伏	无限值要求
12	C–顺应针连接器系统（仅作为备用部件）	无限值要求
13	除 C–顺应针连接器系统外的连接器系统	无限值要求
14	C–环形导热模块的表面涂层（仅作为备用部件）	无限值要求
15	光学白玻璃	无限值要求
16	滤光玻璃和标准反射玻璃	无限值要求
17	用于微处理器的封装体与插针之间连接的焊料（铅含量在80%~85%，含两种以上元素）（仅作为备用部件）	无限值要求
18	集成电路倒装芯片封装中半导体芯片及载体之间形成可靠连接所用的焊料	无限值要求
19	带有硅酸盐灯管的线形白炽灯	无限值要求
20	用于专业复印领域高强度放电灯（HID）中的激发介质的卤化铅	无限值要求
21	用于含有磷元素（如 BSP–BaSi2O5：Pb）的仿日晒灯中的放电管的荧光粉（铅作为催化剂）	1.00%
22	用在硅硼玻璃表面瓷釉上的印刷油墨	无限值要求
23	用于节距小于等于0.65毫米部件的表面处理	无限值要求
24	通孔盘状及平面阵列的陶瓷多层电容器的焊料	无限值要求
25	表面传导式电子发射显示器（SED）构件（特别是熔接密封和环状玻璃所用的氧化铅）	无限值要求
26	以下4类晶质玻璃：1. 氧化铅含量大于等于30%，密度大于等于3.00，折射率大于等于1.545；2. 氧化铅含量大于等于24%，密度大于等于2.90，折射率大于等于1.545；3. 氧化铅、氧化锌、氧化钡、氧化钾单一含量或含量总和大于等于10%，密度大于等于2.45，折射率大于等于1.520；4. 氧化铅、氧化钡、氧化钾单一含量或含量总和大于等于10%，密度大于等于2.40，表面硬度达到维氏硬度550±20	无限值要求

续表

铅（Pb）		
序号	应用	限值要求
27	用于无汞平板荧光灯（例如用于液晶显示器、设计或工业照明）的焊料	无限值要求
28	用于氩和氪激光管防护窗组合件的封装玻璃料	无限值要求
29	金属陶瓷质的微调电位器	无限值要求
30	以硼酸锌玻璃体为基础的高压二极管的电镀层	无限值要求

汞（Hg）		
序号	应用	限值要求
1	特殊用途的冷阴极荧光灯及外部电极荧光灯（CCFL 和 EEFL）：短型（长度小于等于 500 毫米）	无限值要求
2	特殊用途的冷阴极荧光灯及外部电极荧光灯（CCFL 和 EEFL）：中型（长度大于 500 毫米小于等于 1500 毫米）	无限值要求
3	特殊用途的冷阴极荧光灯及外部电极荧光灯（CCFL 和 EEFL）：长型（长度大于 1500 毫米）	无限值要求

镉（Cd）		
序号	应用	限值要求
1	单点球形热熔断器	无限值要求
2	电触点	无限值要求
3	滤光玻璃和标准反射玻璃	无限值要求
4	用在硅硼玻璃表面瓷釉上的印刷油墨	无限值要求
5	镉合金用于声压（SPL）大于或等于 100 分贝的大功率扬声器的位于音圈上的电导体的电气/机械焊点	无限值要求
6	用氧化铍连接铝制成的厚膜浆料	无限值要求
7	用于固态照明或显示使用系统中的彩色转换 II‑VI 族发光二极管（镉小于 10 微克每平方毫米发光区域）	无限值要求

附录一　欧洲废弃电器电子产品回收处理情况及对我国的启示

1991 年，德国首先将生产者责任延伸制度（EPR）应用于《包装废弃物废除法令》（*Ordinance on the Avoidance of Packaging Waste*），该法令要求使用包装的企业回收包装废品或企业参与全国包装废品回收计划。当时，德国面临严重的垃圾填埋场地短缺问题，究其原因，主要是由于包装废弃物占去极大的填埋处置空间。据统计，德国每年包装材料废弃物的总质量占全国废弃物总量的 30%，体积更高达 50%。为解决这一问题，德国环境部提出生产者应负起回收处理包装废弃物责任的议题，进而颁布该法令。根据法令要求，各包装材料生产商可选择独立回收其包装材料，或加入一个包装材料废弃物管理组织 DSD（Duales System Deutschland）分享使用回收处理系统。在收取一定费用后，DSD 给生产者颁发该组织的绿色标志，生产者可将这一绿色标志印刷在包装材料上，使用印有指定绿色标志包装材料的消费者即可使用 DSD 提供的产品回收设施和产品回收系统完成废弃物的回收工作。

尽管德国所推行的这一生产者责任延伸制度具有较高的政策成本，且在实施过程中面临各种问题，然而这一政策所提出的生产商延伸责任观点却被认为是行之有效的，这种理念在欧洲其他国家迅速传播，且广泛应用于电池、轮胎、汽车、电子计算机等众多行业。目前欧洲各国就废弃电器电子产品回收利用问题使用的生产者责任延伸制度各具特色，但其所具有的共同点是，各国均将减少废弃物总量和回收利用废弃物作为制度目标，侧重于产品的使用寿命终止阶段，且要求生产者承担产品废弃物管理的实际管理或经济责任。

2002 年 10 月，欧洲通过有关废弃电器电子产品回收处理处理规定的建议，出台《废弃电器电子产品管理指令》（*Waste Electrical and Electronic Equipment*，WEEE）和《关于限制在电器电子产品中使用某些有害成分的指令》（*Restriction of Hazardous Substances*，RoHS）的建议。WEEE 主要就电器电子产品生产者的回收处理责任加以要求，明确规定"自 2005 年 8 月 13 日起，欧盟市场上流通的电器电子产品生产商必须在法律上承担起支付废弃产品回收费用的责任，同时欧盟各成员国有义务制订自己的电器电子产品回收计划，建立相关配套回收设施，使电器电子产品的最终用户能够方便并且免费处理废弃产品"。根据 WEEE 对于回收处理计划的规定，欧盟各国应达到每年每人回收废弃电器电子产品 4 千克的回收目标，回收处理比率标准一般设定为 70% ~80%。RoHS 已于 2006 年 7 月 1 日开始在欧盟 27 个成员国正式实施，主要用于规范电器电子产品的材料及工艺标准，使之更加有利于人体健康及环境保护。该标准的目的在于消除电器电子产品中的重金属铅、汞、镉、六价铬、溴化阻燃剂多溴联苯（PBBs）和多溴联苯醚（PBDEs）等 6 种有毒物质，并重点规定了铅的含量不能超过 0.1%。指令涉及电冰箱、洗衣机、电子计算机、电视机以及移动设备等众多种类的电器电子产品。

根据欧洲回收平台（European Recycling Platform，ERP）的最新统计，如附图 3-1 所示，调查涉及的欧盟 11 个国家 2010 年人均回收废弃电器电子产品 8.26 千克，其中挪威、丹麦等北欧国家人均回收量最多，分别为 19.0 千克与 15.0 千克，11 个国家中仅有波兰未达到《WEEE 指令》要求的人均 4 千克标准。由此可以看出，《WEEE 指令》较好地指导并激励欧盟各成员国完成废弃电器电子产品回收处理工作，执行效果显著。各国不仅追求完成《WEEE 指令》的最低标准，同时也以促进资源再生利用与环境保护为目标不断提升废弃电器电子产品回收处理水平。

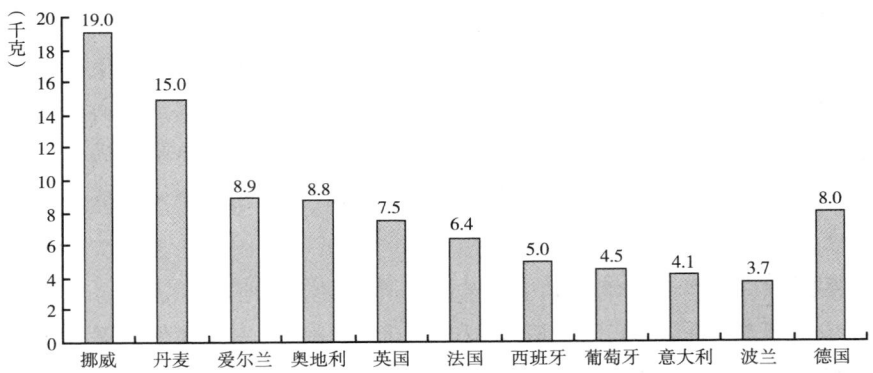

附图 3-1 2010 年欧盟 11 国人均回收废弃电器电子产品回收处理量

资料来源：欧洲回收平台。

2012 年 7 月，《WEEE 指令》制定出废弃电器电子产品回收处理新目标，旨在将回收利用率提高到 85%，每年回收量达到每人约 20 千克，每年回收总量有望高达 1000 万吨，这一数值为当前标准的 5 倍左右。按照新目标计算，至 2020 年，欧盟每年废弃电器电子产品回收处理量预计将达 1200 万吨。最新的《WEEE 指令》可帮助欧盟成员国更有效地打击废弃电器电子产品非法出口，并以出口货物检测的方式严格加以执行。且在新指令要求下，各成员国有望更加紧密结合，共同应对废弃电器电子产品回收处理问题，有望更进一步实现信息资源的共享，并显著降低管理成本。

欧盟在废弃电器电子产品回收处理方面的经验对我国具有较大的借鉴价值。

（1）WEEE 明确规定欧盟市场上流通的电器电子产品的生产商必须在

法律上承担起支付废弃产品回收费用的责任，责任的清晰界定使生产者或者自行解决废弃产品回收处理或者委托第三方来解决，都能达到应有的效果。我国"十一五"和"十二五"规划中都将建立生产者责任延伸制度纳入规划，尽管《循环经济促进法》没有明确我国实行生产者责任延伸制度，但第十五条规定，"生产列入强制回收名录的产品或者包装物的企业，必须对废弃的产品或者包装物负责回收；对其中可以利用的，由各该生产企业负责利用；对因不具备技术经济条件而不适合利用的，由各该生产企业负责无害化处置"。实际上也明确了生产者的责任，但目前尚未出台强制回收名录。《条例》也没有要求生产者必须对废弃的电子产品的回收处理负责。目前，生产者责任的边界并没有真正得到法律确认。明确生产者的责任是落实生产者责任延伸制度、实现外部成本内部化的必然选择，也是政策的发展方向。

（2）制定科学、明确、细致、严格的法律法规与技术标准，有利于电器电子产品生产与回收处理流程的规范，使相关责任得到妥善落实与承担，鼓励废物流向具有更高处理资质的回收处理企业，使存在最大危害性的污染物被有效控制，可以有效率地实现对资源的循环利用和对自然环境和国民健康的保护。目前，我国出台的回收目录涉及的废弃电器电子产品种类有限，回收处理责任的分配较为模糊，对于重要污染物含量上限的限定不够严格，若加以改进则同样有望达到更为出色的执行效果。

（3）WEEE与RoHS指令的要求随实际情况不断做出调整，并对细节陆续加以补充，这有助于推动回收处理技术的不断发展创新，实现对于回收处理费用的节约。我国尚处于废弃电器电子产品回收处理法律法规执行初期，具有处理资质的企业实际技术水平参差不齐，结合客观实际对相关法规做出适应性调整可激励电器电子产品生产者与回收处理企业提升技术水平，推进产业结构的调整。

（4）WEEE鼓励废弃电器电子产品回收处理的国际合作与信息交流，有助于提高法律法规执行效率，利用国外经验妥善解决国内废弃电器电子产品回收处理问题。对于我国来说，受经济水平较低和公民落后观念的制约，很多人未能意识到废弃电器电子产品问题的严重性，这在客观上导致大量外国废弃电器电子产品非法流入我国境内，对我国的自然环境与国民健康造成很大威胁；国际合作不仅可以实现对非法进口的有效限制，对于提高国民环保意识同样具有推动作用。

附录二 基于 B2B 的生产者责任
机构制度设计

在现有政策框架的基础上逐步优化各项政策设计是在我国废弃电器电子产品回收处理领域落实生产者责任的现实路径，但着眼长远，基于 B2B 的 PRO 平台为我国 WEEE 回收处理的 EPR 制度提供了另一种可能性。

本文提出一套全新的回收处理制度体系，即基于 B2B（Business to Business）形式的生产者责任机构制度。这项制度的主要特点是引入在多个发达国家应用的生产者责任机构（PRO）概念，并根据我国实际情况改良。在该制度中，政府将规定生产商强制回收处理额度。生产商通过 PRO 与处理商建立起供求联系，在 PRO 的管理下进行回收处理活动。

新制度分析的逻辑框架如附图 3 - 2 所示，在分析现有制度问题的基础上，结合我国回收处理市场的情况，制定四大政策目标，通过充分借鉴发达国家经验，针对我国建立回收处理体系面临的特殊障碍，提出适合中国特点的新制度。

一 新制度主要内容

（一）政策目标

新制度有 4 个政策目标：环境目标、循环经济目标、生产者责任目标及经济目标。这 4 个目标反映的是新制度需要对废弃电器电子产品回收处理体系的作用与影响。

1. 环境目标

环境目标是回收处理制度中的首要目标，新制度必须可以达到最大限度减少废弃电器电子产品对环境的危害。废弃产品中正价值的物品如铜、铁、稀有金属等依靠市场自身力量就可以重新回收利用，但市场缺少动力处理其中负价值的污染物。根据外部性理论，WEEE 对社会产生环境污染，负外部性造成市场失灵，政府需要创新制度，建立规范的回收处理体系以解决负外部性问题。EPR 制度就是将减少环境污染的成本由政府负责内部化为生产者的成本。因此，新制度需要达到有利于污染物妥善处理、处理技术提高以及产品环保性增强等环境目标。

2. 循环经济目标

新制度的第二个政策目标为促进废弃产品中资源的再生和再利用。废弃

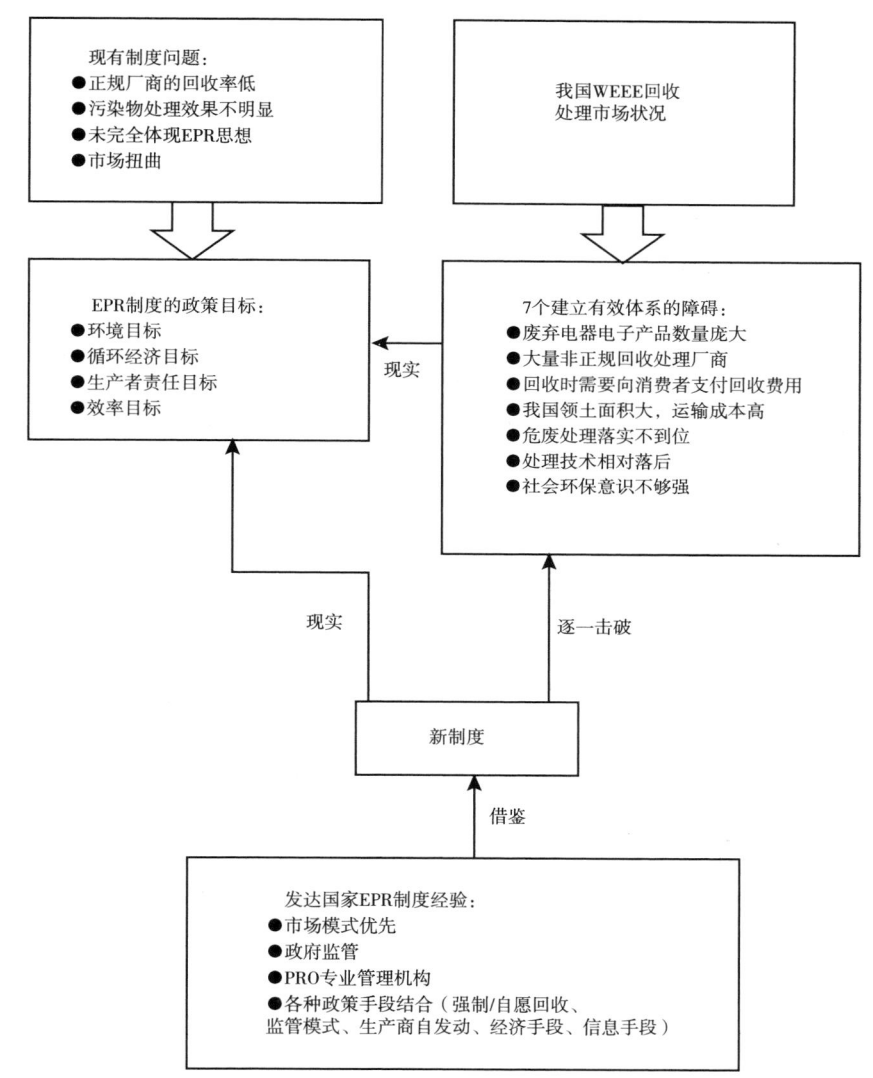

附图 3-2　新制度设计逻辑框架

电器电子产品中有许多可以再生的资源，如金属、塑料等物料。同时，许多产品的零部件也可以经过回收后再使用。资源的再生和再利用大大减少了原材料的使用和矿产等自然资源的开采，对保护自然资源起到了积极作用。新制度需要大力促进废弃资源清洁高效的循环利用。该制度需要达到的目标之一是通过规范回收和处理尽可能多的废弃电器电子产品实现资源的循环利用。

3. 生产者责任目标

新制度的第三个政策目标是使该制度符合生产者责任延伸制的设计理念，使生产者必须在回收处理过程中承担主要责任。一般认为（最早由托马斯提出，后被广泛接受）生产者责任大致分为五种。

（1）产品（环境损害）责任（Liability）。生产者对已经证实的由其生产的问题产品所导致的环境损害负有责任，其责任范围由法律规定，产品（环境损害）责任不但存在于产品使用阶段，而且存在于产品的最终处置阶段，并且可能包括产品生命周期的各个阶段。

（2）经济责任（Economic Responsibility）（或称财务责任）。生产者支付管理产品（使用后）废弃物的全部或部分成本，为其生产的产品（使用后）的收集、循环利用或最终处置支付全部或部分费用。生产者可以通过某种特定费用的方式来承担经济责任。

（3）亲自参与责任（Physical Responsibility）（或称物质责任、有形责任、具体责任）。生产者在产品使用期后（消费后阶段）直接或间接地承担废弃产品物质管理责任，必须亲自实际参与处理其产品（使用后）或其产品引起的影响。这包括：发展必要的技术、建立并运转回收系统以及处理他们生产的产品。

（4）物主责任（Ownership）（或称所有权责任）。在产品的整个生命周期中，生产者保留产品的所有权，为其产品的环境影响承担责任。在此种情况下，生产者应通过管理产品与支付费用的方式来对其产品承担责任。目前，生产者将产品租赁给消费者的做法就体现了生产者物主责任。

（5）信息责任（Informative Responsibility）。生产者有责任提供有关产品以及产品在其生命周期的不同阶段对环境的影响的相关信息。例如，环保标志、能源信息或噪声信息等。

只有生产者尽可能承担以上5种责任，生产者责任延伸制才可能行之有效。否则会造成回收处理中利益相关者的权责不明，导致"人人都有责，人人都不管"的现象。

4. 效率目标

新制度的最后一个政策目标是提高回收处理体系的运行效率。这主要体现在三个方面。一是尽量减少在回收处理体系中产生的各项成本，包括收集成本、各个环节的运输和储存成本、人力成本、行政和监管成本等。二是尽量减少因EPR制度的实行造成的市场扭曲和社会福利减少。三是也要充分考虑政策和法律法规的执行效率。经济目标指标必须与之前的环境目标综合考虑，制度本身需要将减少环境污染放在首位，在此基础上再考虑经济效率。

（二）政策内容

新制度分为 3 个部分：处理商资格认证与分级、强制规定生产商回收处理额度、构建 PRO 运营平台。

1. 处理商资格认证与分级

首先，参与回收处理活动的处理商必须为获得资格认证的合法经营企业。目前的基金征收回收制度中，国家为处理企业设立了高门槛，使得一些中小处理商无法通过资格审核得到补贴。全国只有 63 家企业获得了补贴资格，这对于我国电子垃圾回收处理潜在巨大市场而言是九牛一毛。而大量中小处理商缺少政府监管和具体运营标准约束，对环境造成极大破坏。对大量存在的回收处理企业通过资格认证使其合法化并纳入规范监管是一个现实的选择。资格认证的标准需要适当降低，但政府能对获得认证的处理商进行监督，而非让其以"黑市"形态存在，处于监管的真空状态；政府应该对这些处理商提出更加明确的基本经营标准，例如要求厂商摒弃单纯的家庭作坊式拆解以及将对环境产生污染的部分妥善储藏等，使其改善处理方法，合法化、正规化，杜绝"家庭作坊式"的拆解办法，尽量减少拆解处理造成的环境污染；各个处理商可以自愿向政府提交资格审查和认证申请，以获得合法的经营权；而未获得资格的处理商都作为非法经营进行处理。

其次，要建立处理商分级、分资质的认证体系。对合法的处理厂商将按照处理的技术水平高低进行评级。例如，厂商仅进行手工物理拆解为最低级别，可以用机器进行拆解处理为高一级，可以进行深加工处理则为更高一级等。

此外，还可以根据"3R"原则（Reduce、Recycle、Reuse）进行资质认证。例如，做到减少废弃物污染性，并回收部分物料的厂商获得"减少废弃物资质"；在前一资格基础上做到资源再生的厂商，例如将电路板物中的铜提炼重塑成铜板等工艺，可以申请获得"资源再生资质"；在前两个资格基础上可以做到再制造的厂商，可以申请获得"再制造资质"。

但一般而言，处理商的级别越高，获得的资格越全面，处理成本可能相对越高。因此，政府需要对于获得资格审核的处理厂商根据级别和获得资质实行不同程度的税收减免等优惠措施，鼓励技术先进的处理厂商发展。例如，仅获得"减少废弃物资质"的厂商就无法享受税收减免，而获得"资源再生资质"或者"再制造资质"的厂商可以享受低税甚至免税的优惠。

概括起来，政府对市场上的处理商进行资格认证与分级有三个重要步骤：①降低资格认证门槛，建立处理商基本经营标准，未获资格企业将按非法经营进行取缔；②对合法处理商进行技术分级和资质分级；③按照不同的分级，对技术先进和清洁的处理商进行税收减免优惠等政策支持。

2. 强制规定生产商回收处理额度

政府对每个生产商提出年度强制回收处理额度。该额度一般根据产品的市场份额和生产量进行科学计算得出。额度规定的数量必须在当年按要求回收处理。例如，今年对生产商 A 的回收处理额度为年平均生产量的 50%。目前回收处理技术差异较大，仅进行物理和简单深加工处理的处理商与能实现资源再生和再利用的处理商都属于回收处理范畴，且后者处理成本较高。为了保证生产商不因为降低成本只选择低技术拆解处理方式，在额度中还需规定一部分为高技术处理。例如，在规定的 50% 回收处理额度中，至少有25% 需要通过技术先进的厂商进行处理。如无法达标，生产商将受到政府的严厉处罚，并确保处罚带给生产商的成本高于生产商回收处理产品的成本。另外，额度将按重量而不是件数计算，因为如果按照件数规定，生产商则会为了减少处理成本，尽量选择较小的产品回收，而大件商品回收量偏少，这样对整体回收处理量会造成影响。政府将每年对生产商的任务完成情况进行审核。

总的来说，政府对生产商回收处理额度的要求有三：①额度按照生产商的产量和市场份额决定；②额度中一部分要求生产商必须通过技术先进的方法进行处理；③额度的单位为重量而非件数。

3. 构建 PRO 运营平台

新制度的核心为建立 B2B 形式的生产者责任机构（PRO）的运营形式。

（1）引入 PRO 的必要性。

相比于基金征收和补贴的形式，为生产商与处理商创造一个供求市场可以减少社会福利的无谓损失。在这个市场上众多处理商为生产商提供废弃产品的回收处理服务，而生产商消费这种服务，最终达到市场均衡。根据前文介绍的国外经验，欧洲与北美的发达国家更多的是依靠市场力量进行废弃产品的回收。但是在现实世界中，市场情况比较复杂，参与者众多。尤其在中国，目前有成千上万家，分布在不同城市和地区的废弃产品处理商，而且处理商的规模、技术水平等参差不齐。对于生产商而言，选择适合的回收处理商存在极大的信息不对称。另外，由于中国国土面积大、人口众多，生产商仅仅与一家或者几家处理商签订合约进行回收处理会产生高昂的运输费用。而让每家生产商单独在全国范围内找到众多合适的处理商也耗费大量时间精力，增加管理成本。这时就需要引入代理人的概念，不同生产商将回收处理的管理工作交付给同一个专业管理机构，也就是在发达国家大量运用的生产责任机构（PRO）。目前，欧洲、加拿大和韩国都采用了 PRO 废弃产品管理的形式。仅欧洲就有 250 家 PRO。索尼计算机欧洲中心估算，PRO 帮助其在 2005 年减少了 40.8 万欧元的回收处理成本。在发达国家的回收处理体系中，PRO 一般为非营利组织。生产商根据自身需求选择适合的 PRO，由其全权负责合同生产商对废弃电器电子产品的收集、运输、处理事物等。生产商根据每单位产品回收处理的成本向 PRO 付费。

（2）基于 B2B 的 PRO 平台设计。

根据我国市场情况，引入 PRO 管理制度比较符合我国国情，但需要在发达国家应用的基础上进行改良。本文提出的 PRO 是基于电子商务中的 B2B 理论之上。B2B 全称为 Business to Business，是指互联网市场领域中一种企业与企业的营销关系，即供需双方都是商家。它们通过商务网络平台在网上进行交易。PRO 负责建立起网络平台，并对加入平台的处理商和生产商进行审核，对交易活动进行管理和监督。生产商将根据处理商提出的回收处理费为处理商回收的该品牌废弃产品付费。平台里的生产商和处理商也需要向 PRO 交付一定费用用于维护 PRO 的运营管理。加入平台的处理商必须获得政府的资格认证，并在平台上公布自己的资质情况。

处理商经过 PRO 核实材料，便可以加入该 PRO 商务平台。回收处理活动有三种情况：第一种情况为处理商自行从消费者处回收废弃产品，第二种情况为生产商负责回收；第三种情况，由 PRO 全权代理，帮助生产商完成回收任务。

第一种情况：处理商自行回收。

在这种情况下，处理商需要对回收上来的产品的品牌和类型进行分类，并统计重量，公布在 PRO 平台。生产商可以通过加入该 PRO 获取各处理商回收处理其品牌产品的数量信息以及每单位重量的回收处理价格。此时，生产商可以根据自己的需要，自行选择平台上的处理商进行交易。例如，电视机生产商 A 加入 PRO 后，各处理商每个周期（比如 1 个季度）向 PRO 平台报出回收处理 A 的电视机产品的数量、重量、种类和回收处理费。所有信息均需要通过 PRO 进行审核。拆解处理后，处理商必须将危废品运送到危废处理厂进行处理，并获得危废处理厂开具的危废品处理证明，并将证明提供给 PRO 平台核实。审核通过后，生产商可以根据需要选择适合自己的处理商。由于生产商必须通过资质较高的处理商处理一定额度的废弃产品，因此回收处理费高的技术先进的厂商不会由于价格的劣势被资格低的厂商挤出市场。选定后，生产商根据市场价格和回收处理量将回收处理费交付处理商。

处理商回收 WEEE 的 PRO 平台流程如附图 3 - 3 所示。

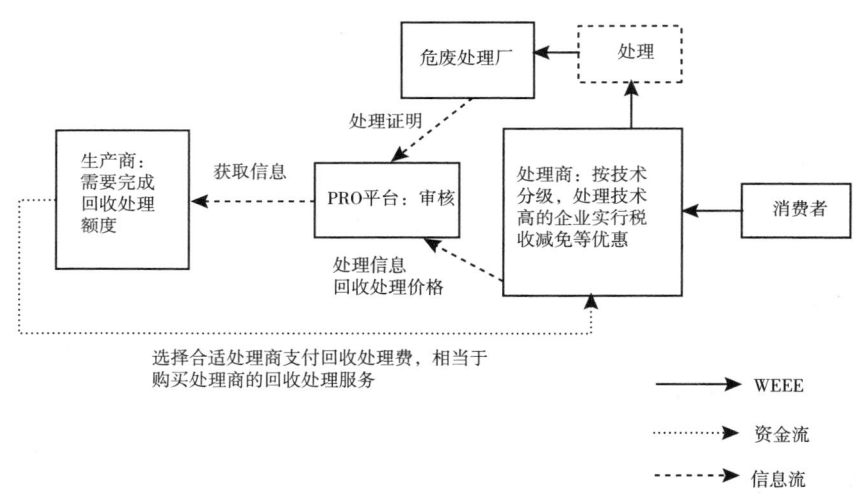

附图 3 - 3　处理商回收 WEEE 的 PRO 平台流程

第二种情况：由生产商负责回收废弃产品，建立逆向物流的回收网络。

为了向消费者提倡废弃电器电子产品的环保回收处理，并有效降低生产商回收成本，生产商应当为消费者主动提供回收渠道，并以其他方式替代提供给消费者的回购费。按照发达国家的经验，生产商的回收服务主要依靠销售商完成，即消费者可以将废弃的产品交给销售点进行回收或寄回销售商指定地址。在有些发达国家城市，消费者也可将废弃产品交送到政府或由政府挨家收取。根据我国的实际情况，可以针对不同消费者采用不同的回收模式。在我国，消费者与销售商主要分为以下几类。

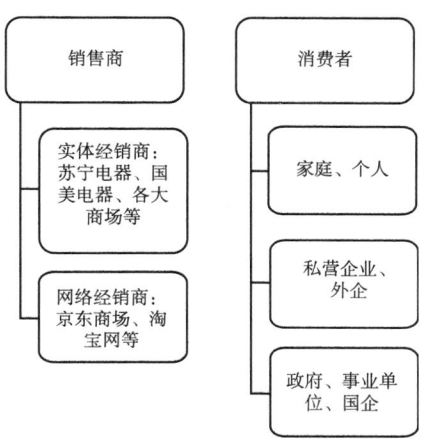

附图 3 - 4

　　生产商可以通过与销售商协议将各销售分店作为废弃产品回收点，号召消费者自行将废弃产品交回任意销售分店或各销售分店可以进行上门取件服务。例如，美国的电器电子产品销售巨头百思买（BestBuy）在美国开展了废弃电器电子产品的回收服务。无论消费者在哪里购买电器商品，只要在百思买规定的回收目录中，都可以送到百思买的营业点，目录包括了绝大多数电器电子产品。百思买在营业时间内每分钟都可回收 400 磅电器电子产品，他们的目标是到 2014 年底可以回收 10 亿磅。消费者可以选择将小件的产品直接投放到营业点的指定位置或收款台。对于大件产品，如电视机等，百思买也可以免费上门回收。百思买对回收处理商的处理流程也做了严格要求，包括避免焚烧和填埋的处理方式以及禁止向发展中国家出口 WEEE 等。因此在中国，尤其是在大中型城市，生产商也可以与苏宁电器、国美电器等销售商合作开展回收服务。另外，目前网络经销商也是电器电子产品销售的一大主力军，由于缺乏实体店，这些网络经销商可以提供邮寄回收服务，即消费者可以将废弃电器电子产品寄回这些经销商的指定地点，并由生产商和经销商承担运费。生产商与销售商可以合作推出针对回收的优惠活动。例如，对有能力自行将废弃产品送回指定回收点的消费者，消费者在购买新产品时可以享受一定折扣优惠，或者消费者从销售点购得新产品，在送货上门的同时将旧电器回收至销售点，并为消费者提供礼品、优惠券等。而政府、事业单位和大型企业在更换电器电子产品时，必须主动联系生产商进行无偿回收。

由生产商自行回收的废弃产品必须交给资质高、技术先进的处理厂进行处理。此时，生产商有两个选择。一是将回收上来的废弃产品直接送到指定处理商，并根据危废处理厂出具的证明交付处理商一定处理费。例如，百思买的回收项目是与三个回收处理商进行合作的。二是将回收上来的产品情况发布到 PRO 平台，并提出最高处理价格。平台上相应地区的处理商可以根据自身情况进行拍卖。生产商可将回收上的废弃产品交给同资质的处理商中处理成本最低的，并付给该处理商协议的处理费。生产商实际如何选择要依照两种方式的成本进行比较。

附图 3－5 表示了由生产商自行回收废弃电器电子产品的逆向物流。

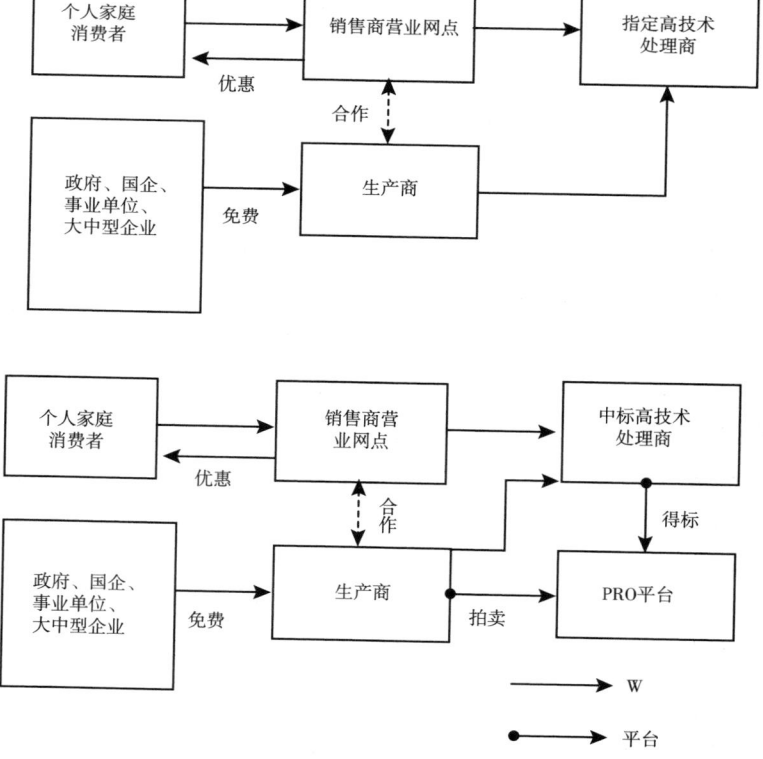

附图 3－5　生产商自行回收逆向物流

第三种情况：由 PRO 代理完成回收任务。

与发达国家相似，PRO 平台也可以全权代理生产商的回收处理任务。生产商只需提供回收处理资金以及其他必要支持，PRO 将负责为生产商达到年度回收处理额度。

理论上，生产商支付的回收处理费要低于生产商自行回收并交付给指定处理商的成本。处理商的净利润为再生资源收入 – 回收处理成本。在原有市场中，假设处理商不按环保要求进行危废处理，则处理商的回收处理成本为提供给消费者的回购费 + "粗放式" 拆解费用 + 运输成本 + 固定成本（如场地租金、设备、人力等）。在新制度下，处理商的回收处理成本还要加上其获得合法经营资格的成本、PRO 收取的管理费与危废处理成本。因此，根据经济学原理，假设回收处理市场为完全竞争市场，当处理商的边际收益（MR）＝边际成本（MC）时，即回收处理费只要等于处理商加入 PRO 所产生的边际成本，该体制便可以运行。这种方式利用当地的回收处理网络，使废弃产品被就近处理，减少了大量无谓的运输费用，该回收处理费涵盖了危废处理费用，相当于生产商为其产品造成的环境问题埋单。

综上所述，这种类型的 PRO 的职责主要有四点：①为生产商和处理商提供并维护交易平台；②审核信息的真实性；③为交易金额提供第三方托管；④必要时 PRO 可以提供全权代理服务，为生产商达到回收处理目标。

（三）相关配套

除了该制度外，政府还应出台其他配套政策对废弃电器电子产品的回收处理活动进行引导。

首先，我国废弃电器电子设备市场存在大量的进口走私产品。这些进口的废弃产品因为数量庞大且涉及跨国处理的问题，往往无法根据生产者责任延伸制来解决。目前，国家最新的 WEEE 进口禁令是《关于调整固体废物管理目录的公告》（2009 年第 36 号公告），该公告禁止进口玻璃废物（包括阴极射线管废玻璃和放射性废玻璃等）、废弃电池、废弃计算机设备及办公用电气电子设备（废弃打印机、复印机、传真机、打字机、计算器、计算机和其他同类设备）、废弃家电（废旧空调器、电冰箱和其他制冷设备等）、废弃通信设备（废弃电话、网络通信设备等）和废弃电气电子元件（印刷电路板、阴极射线管等）。相较 2001 年出台的禁令已经有了很大提高，但仍旧无法完全阻挡 WEEE 的进口走私。因此，为了尽量减少这些进口废料对我国环境的破坏，国家应该出台更为严格的措施，并积极与美国等

WEEE 出口国政府进行合作协调，联合对走私活动进行打击。呼吁各国都要完善 EPR 制度，使生产商切实处理 WEEE，阻止电子垃圾流出国外。

其次，对于废弃产品处理的集散城市，国家应该尽快发展起废弃产品处理集中园区，将成片的家庭作坊整合入专业的园区，引进更先进的技术和设备，并为家庭作坊的从业者提供就业。逐渐整合回收处理的上下游企业，例如回收处理企业、危废处理厂与材料生产厂在同一园区，降低运输成本。

再次，政府需要加大监管。一旦发现已经获取回收处理资格认证的处理商违反规定进行处理或随意弃置危废，将施以重罚或取消其回收处理资格。而与其违法行为有关联的 PRO 也将受到处罚。

最后，政府需要联合生产商和 PRO 对废弃电器电子产品的危害以及绿色的回收处理方式进行广泛宣传，强调消费者也有保证废弃产品安全处置的责任，教育消费者尽量将废弃产品免费交予生产商以减少回收处理的成本，促进先进处理技术的发展。

（四） 实施要点

新制度主要有以下实施要点。

（1） 政府降低回收处理商资格准入门槛，对取得营业资格的回收处理商设立基本处理标准，严禁"家庭作坊"式处理方法。未取得资格的回收处理商按非法经营取缔。

（2） 对获得资格的回收处理商按照技术高低进行分级。政府为技术先进、可以实现资源再生再利用的厂商提供税收减免等政策优惠。

（3） 政府为生产商设定强制回收处理额度。其中必须至少有一定比例的回收处理由技术先进的处理商完成。未达到额度的生产商将受到政府的处罚。

（4） 生产商与处理商经过 PRO 的资格审核加入 PRO 平台，并向平台支付一定管理费。

（5） 处理商将回收处理的 WEEE 按品牌与种类分类，将重量等信息发布于 PRO 平台。处理商必须将 WEEE 的危废送往危废处理厂处理，并开具危废处理证明，发布于平台。处理商在平台报出每单位的回收处理费。

（6） 生产商根据自身情况，按照每单位回收处理费通过平台支付给合适的处理商，以此来积累回收处理额度。

（7） 生产商同时联合销售商为消费者提供更多回收渠道，以各种礼品优惠方式代替回购费。回收上来的 WEEE 必须交由技术先进的处理商处理。

处理可以指定给特定处理商或者在平台上向该地区的处理商进行拍卖。

（8）政府部门、国企、事业单位以及中大型公司有义务主动将 WEEE 免费交由生产商回收处理。

（9）生产商可以选择将回收处理任务全权交由 PRO 进行处理。由 PRO 帮助其达到每年额度。

（10）政府严格进口 WEEE 标准，严禁含有某些危险污染物的 WEEE 进口至国内。

（11）在 WEEE 回收处理集散中心城市尽快建立 WEEE 回收处理园区，整合大量家庭作坊。

（12）政府和生产商需加大力度宣传 WEEE 的危害和正规回收渠道，鼓励消费者免收回购费，减少回收处理成本。

（13）生产商每年向政府报告回收处理情况。政府也对 PRO 运营进行监管。

二 新制度目标可达性分析

（一）政策目标的可达性

第一，该制度能够有效减少废弃电器电子产品的回收处理对环境的影响。一方面，获得资质的处理商必须要符合政府规定的基本环保要求，例如禁止使用"家庭作坊式"的拆解方式等。这种方式明确了合法处理商和非法处理商的区别，减少处理商的不规范活动。另一方面，处理商必须将危废品送往危废处理厂，并获得危废处理厂开具处理证明后才能获得生产商提供的回收处理费。这种做法降低了处理商随意弃置危废的风险，并且促进生产商在制造过程中减少对危险物料的使用，以减少危废处理成本。另外，对于处理商的资质分级和对更清洁、先进回收处理的强制要求以及对高技术厂商的税收等政策优惠使得这些高技术厂商不会在回收处理活动中缺乏竞争优势，也鼓励了处理商的技术发展，逐渐淘汰技术落后的处理商。同时，生产者要承担较高的回收处理费也促使生产商设计易回收产品并减少污染物使用以降低处理成本。最后，其他政策支持中，国家制定对废弃产品进口的更严格标准以及尽快建立废弃产品处理园区以解决目前某些沿海城市成为废弃产品集散中心的问题，以减少这些地区的环境压力。

第二，该制度对循环经济发展也有极大的促进作用。强制的回收处理额度确保生产商至少可以回收规定额度数量的废弃产品。将原有市场上大量处理商纳入该回收体系中，解决了现有制度下有资质处理商回收率低的问题。对废弃电器电子产品的回收宣传以及为消费者提供多渠道回收方式使得消费者可以更便捷地将弃置不用的家电产品投入回收体系，从而增加了产品的回收率。同时，对回收处理商的处理方式分级，并对"资源再生商"及"资源再利用商"提供政策优惠，鼓励了"城市矿山"的发展。

第三，该制度明确了生产者责任延伸制。首先，生产者被强制要求回收处理一定额度的废弃产品，如未达标将受到政府大力处罚。这将使生产者必须对自身产品的整个生命周期负责，这体现了 EPR 中的"产品责任"。通过PRO 平台找到合适处理商，并为处理商提供回收处理费，这体现了生产商的"经济责任"。生产商通过销售商为消费者提供便捷的回收渠道，履行收集、运输等责任体现了"亲自参与责任"。其次，生产商向社会大力宣传废弃产品的危害性及回收的重要性，并告知消费者合法的回收方式，体现了生产商的"信息责任"。

第四，该制度能够提高回收处理体系的经济效率。首先，PRO 平台将生产商与全国各地的处理商直接联系到一起，形成一个供求市场。处理商提供废弃产品处理服务，而生产商用回收处理费消费处理服务。这样的市场机制可以实现资源的更合理配置，减少社会福利损失。处理商为了从生产商获得更多的回收处理费，会增加回收数量并尽量降低回收成本。最终市场上处理效率高的处理商将最有竞争力，处理效率低的将被市场淘汰。其次，这样的方式为生产商节省了一部分回收和运输费用。如果完全由生产商自己负责回收处理，生产商将不得不向消费者支付与非正规回收商贩相同甚至更高的回收费用，而且生产商为了将废弃产品回收且运输到处理地点，又会产生相应的运输费用。索尼在美国进行 WEEE 回收处理的资料显示，在回收处理成本中，运输费与回购费占了 50% 以上。因此，新制度利用了现有市场的回收处理网络，使其成本远低于生产商自己回收。最后，PRO 以网络平台的形式出现，并负起审核、监督、信息提供等责任，降低了每个生产商在回收处理上的信息搜集和管理成本。尤其是生产商可以选择将回收处理任务全权交付 PRO 进行管理，也节省了生产商的管理成本。·

（二）对我国回收处理市场的适应性分析

新制度可以有效消除我国回收处理市场上的 7 个难题（见附表 3-1）。

附表 3 - 1　新制度解决回收市场上的难题

制度设计现实基础	解决办法
废弃电器电子产品数量庞大	政府强制规定回收处理额 加强废弃产品进口限制
大量非正规回收处理厂商	达到基本处理要求的处理商 PRO 平台对处理商活动进行审核 生产商为合适的处理商提供回收处理费,为处理商规范废弃产品处理提供动力
回收时需要向消费者支付回收费用	利用原回收处理市场,继续由处理商支付消费者回购费用。生产商为处理商提供回收处理费。理论上该费用低于生产商自行从消费者处回购 生产商以其他回收优惠政策代替回购费用
我国领土面积大,运输成本高	可以做到本地回收、本地处理,减少跨区域运输费用
危废处理落实不到位	处理商必须得到危废处理厂的处理证明才能获取生产商的回收处理费
处理技术相对落后	实行处理商分级 为技术先进处理商提供税收减免等政策优惠 强制规定生产商利用先进技术回收的额度
社会环保意识不够强	生产商与政府都有宣传废弃电器电子产品对环境的危害以及回收处理重要性的义务 生产商为消费者提供更便捷的清洁回收方式

三　政策总体效果和不确定性

新制度的实施将逐步规范 WEEE 回收处理市场。由于税收与政策优惠,技术先进的处理商会逐步发展,并且在市场机制的作用下,处理效率高的厂商会获得生产商更多的资金,从而淘汰落后的厂商,或者将落后小处理商整合成为大的加盟连锁处理机构。这样一来,处理商的整体水平将提升。一方面非正规处理商将遭到取缔;另一方面正规厂商的回收能力加强,可占据大量市场份额。这样一来,"家庭作坊式"的处理商将逐渐减少。

但是,新制度的设计也存在一些不确定因素。

首先,新制度基本建立在逻辑分析和推演之上,实际效果如何要看市场力量,在此基础上再进行调整。我国市场上目前只有为 WEEE 提供者与拆解企业提供交易平台的服务商。但在此基础上,一旦政府推行新制度,生产者与回收拆解企业间便形成了供求市场,在政府鼓励下,PRO 平台也可以逐步实现。

其次，新制度的建立需要的管理成本较高。对政府而言，审核认证大量回收处理商的资格需要耗费大量时间和精力，增加了行政监管成本。对生产商而言，在PRO平台上进行大量交易远比固定几家处理商的管理成本高。PRO平台需要对各处理商的资质和交易信息进行核实，也增加了管理时间和成本。因此，在具体实施中，生产商还是应该根据自身情况选择适合自己品牌的回收处理办法来达到额度要求。

再次，在制度执行过程中有可能出现谎报处理量等欺诈行为，骗取生产商的回收服务费。因此，可能实际处理量小于公布的处理量。因此，在制度设计上如何完善防治欺诈行为发生需要重点关注。

最后，PRO平台的效率问题也存在不确定性。就国外经验来说，PRO既可能出现完全竞争市场，也出现了一家垄断的现象。如瑞士2/3的废弃产品回收都被一家PRO垄断。垄断的优点在于提高了信息服务的效率，而缺点是可能产生高额的管理费。

综上所述，该制度可以解决现有制度产生的问题，并克服我国回收处理市场的一些特殊障碍，提高WEEE的回收处理效率。但同时在设计过程中由于缺乏市场实际数据，信息不够充分，因此无法进行比较准确的政策"成本—收益分析"来检验其优越性。

第四章
2012年废弃电器电子产品综合利用产业年度报告

第一节 废弃电器电子产品综合利用产业发展背景与意义

一 产业发展背景

随着人们对电器电子产品需求量的与日俱增，废弃电器电子产品也越来越多，已形成较为沉重的负担与压力。据国家统计局统计，18个种类的电器电子产品产量从2002年的7.2亿台增长到2011年的29.9亿台，9年间增长了3倍多。其中，大多是在20世纪80年代中后期进入家庭或企事业单位的，按正常的设备使用寿命计算，早已超过报废期，应予以报废。目前，我国正处于产品技术提升和产品更新换代的高峰期，仅电视机、洗衣机、电冰箱、空调器、微型计算机等五种主要电子产品的报废数量年均就在8000万台以上，报废重量达200多万吨。全世界每年产生大约5000万吨废弃电器电子产品，而且这种废物产生量的增长速度远远高于其他品种的废物。值得一提的是，在废弃电器电子产品之中，至少90%的组成部分具有回收利用价值。在绝对数量上来说，全世界每年产生的5000万吨废弃电器电子产品中，包含1500万吨钢铁、400万吨铝、600万吨铜，以及大量玻璃、塑料、金、银、铂、钯、铱等物质。

与普通生活垃圾废物不同，电器电子产品成分复杂，既含有普通的金属铸件和塑料，又有特殊元器件和稀贵金属；既有许多可重新利用的再生材料，又含有一些对人体健康和环境有害的物质，处置不当会造成严重的环境污染。

与我国等发展中国家相比，发达国家更早地面临废弃电器电子产品回收处理管理问题。从 20 世纪 90 年代末开始，发达国家纷纷通过立法，实施电器电子产品生产者延伸责任制度，确定管理的产品范围，规定废弃电器电子产品回收利用率指标，建立废弃电器电子产品回收处理体系。在越来越多国家和地区实施废弃电器电子产品回收利用立法管理的情况下，作为一个新兴的行业，2012 年国际废弃电器电子产品回收利用行业得到了快速发展。从废弃电器电子产品综合利用产业的呈现区域来看，该产业已经从发达国家向发展中国家延伸。中国、印度等发展中国家在立法的推动下，建立了废弃电器电子产品回收利用行业体系。近年来，我国废弃电器电子产品综合利用产业已粗具规模。对发达国家和地区来说，废弃电器电子产品综合利用产业的发展，减少了垃圾的处理量，促进了资源循环利用。对发展中国家来说，规范的废弃电器电子产品回收利用行业的发展，减少了环境污染，提升了资源综合利用水平。

二　产业发展历程

我国废弃电器电子产品综合利用与我国经济发展、人民生活水平等有很大的相关性和一致性。总体上说，我国废弃电器电子产品综合利用产业经历了萌芽、成长、发展三个阶段。废弃的产品来源于消费，消费产品来源于生产，废弃电器电子产品综合利用产业的发展与电器电子产品的发展密切相关。分析我国废弃电器电子产品综合利用产业之前需要简要分析我国电器电子产品的发展历程。

早期，我国电器电子产品主要是收音机、录音机、电视机、洗衣机、电冰箱、空调器等。从 1955 年天津医疗器械厂试制出第一台使用封闭式压缩机的电冰箱，到 2012 年我国年产"四机一脑"7.33 亿台，我国电器电子产品经历了从无到有、从短缺到普及的快速发展，电视机、电冰箱、洗衣机、空调器等变为人们现代化生活的基本元素。近些年，随着计算机的推广和普及，计算机由奢侈品逐步变为家庭生活的必需品。电器电子产品在 20 世纪 50 年代到 80 年代在生活中还是奢侈品，只有少数城市家庭有电视机、洗衣机、电冰箱等电器电子产品。到改革开放初，除收音机是最流行的家电外，其他电器电子产品都没有普及。20 世纪 90 年代我国电器电子产品产业进入全面快速增长期，城镇居民家庭的彩色电视机、洗衣机、电冰箱等大宗电器电子产品普及。在此之前，我国废弃的电器电子产品以维修再利用为主，产生的废弃物主要来源于维修过程产生的废弃元器件、配件等。可以说我国在 20 世纪 90 年代之前废弃电器电子产品产业基本处于空白状态。

常规的电视机、洗衣机、电冰箱、空调器的使用寿命基本在 10 年左右。由此可以推断，我国废弃电器电子产品的大量废弃应始于 2000 年前后。20 世纪 90 年代到 2000 年可以认为是我国废弃电器电子产品的萌芽阶段。在该阶段，废弃电器电子产品处理处置问题受到社会关注，相关的研究机构开始进行前期研究，管理机构开始对该产业逐步重视，部分企业开始关注该产业。但总体上看没有形成规模性的产业。我国在该阶段的产业特点仍是废弃的电器电子产品维修后进入农村或者城市的二手市场，维修产生的废弃物进入城市环卫系统，最终进入城市垃圾填埋场处理。

2000～2010 年可谓我国废弃电器电子产品综合利用产业的成长期。在该阶段我国废弃电器电子产品综合利用产业出现了很多问题，如以进口废物为主的广东贵屿地区，对废弃电器电子产品的处理处置造成的环境污染问题，引起了国际社会和国内管理部门的高度重视。不可否认的是，在付出沉重代价的同时，我国的废弃电器电子产品综合利用企业对产业发展模式进行了有益的探索，积累了丰富的经验。针对产业发展中存在的问题，管理部门出台了相应的法律法规，推动产业健康、有序发展。如 2007 年环境保护部针对废弃电器电子产品拆解处理过程中存在的严重环境问题出台了《电子废物污染环境防治管理办法》。相关研究单位针对产业发展存在的资源回收问题、环境污染问题等进行了深入系统的研究，为适合我国国情的产业发展提供了技术支撑。2009 年 6 月 1 日，国务院办公厅印发了《关于转发发展改革委等部门促进扩大内需鼓励汽车家电以旧换新实施方案的通知》（国办发〔2009〕44 号），拟在北京、天津、上海、江苏、浙江、山东、广东、福州和长沙等省市开展家电"以旧换新"试点工作，之后在全国铺开，截至 2011 年 12 月 31 日"四机一脑"回收量突破 9000 万台。

2010 年之后我国废弃电器电子产品综合利用产业进入快速发展阶段。在该阶段国家行政管理部门针对回收过程、运输过程、处理处置过程等出台了大量的政策、标准、技术规范等，为产业发展提供了法律依据。对规范产业发展发挥了重大作用。商务部、国家发改委分别针对回收、资源化过程进行了试点示范，对规范回收体系、促进产业园区化发展起到了关键引导作用。电器电子产品中主要的"四机一脑"拆解和资源化技术形成了完善的体系。国内相应的设备、技术基本能够满足国内产业发展的需要。近几年，废弃电器电子产品处理基金制度的实施有助于产业发展。因此，我国形成了相对完善的政策体系、管理体系、技术体系、资金体系，产业发展基本与国际接轨，形成了完整的产业框架。今后我国废弃电器电子产品综合利用产业将进入稳定发展阶段。

三　产业发展意义

进入 21 世纪，我国电器电子产业飞速发展，电器电子产品的数量和种类都在全球处于领先水平。与此同时，我国也迎来电器电子产品报废的高峰期，近年来，我国每年产生的废弃电器电子产品数量超过 1 亿台，重量达数百万吨。与一般的固体废物不同，废弃电器电子产品是一种特殊的废物，它含有许多对环境和人体有害的物质，同时又是具有经济价值的可回收利用的资源。因此，做好废弃电器电子产品的综合利用，具有十分重要的现实意义。

（一）降低环境污染

由于含有有害物质，废弃电器电子产品对空气、水、土壤都会产生污染。加快发展废弃电器电子产品综合利用产业，能有效地降低环境负荷，减少环境污染，缓解气候变化问题，有利于保障人体健康。

（二）增加就业机会

废弃电器电子产品综合利用产业的发展能够提高人们的资源意识，增强公众的环境保护意识。废弃电器电子产品综合利用产业是劳动密集型产业，对增加就业起到良好的促进作用，有利于我国经济的可持续发展。

（三）减少资源消耗

废弃电器电子产品本身是一种再生资源，合理的综合利用，则可改变传统的资源消耗模式，最大限度地实现废弃电器电子产品的资源化利用，能够有效地减少原生资源的开采和消耗，有利于缓解我国经济发展的资源"瓶颈"。近年来，我国废弃电器电子产品综合利用产业年产值达数百亿元甚至上千亿元，是一个发展逐步成熟、规模日益壮大的产业，有利于我国国民经济更加健康有序地发展。

第二节　废弃电器电子产品综合利用产业发展总体评价

一　产业概况

（一）产业数据

近年来，在政府鼓励发展资源综合利用产业的带动下，废弃资源综合利用业的主要经济指标总体保持较高水平。国家统计局公布的数据显示：2012 年 1～12 月，我国废弃资源综合利用业增加值增速为 15.1%，较 2011 年减少了 1.5 个百分点；固定资产投资额为 717.93 亿元，累计增长 53%；资产总计 1158.17 亿元，累计增长 13.2%；利润总额 136.44 亿元，较 2011 年增加了 2.33 亿元；主营业务税金及附加 14.33 亿元，较 2011 年增加了 1.4 亿元；应缴增值税 82.03 亿元，较 2011 年增加了 9.96 亿元。

废弃电器电子产品综合利用产业与废弃资源综合利用业发展趋势基本一致，主要经济指标也保持较高水平。按照废弃电器电子产品综合利用产业占整个废弃资源综合利用业 2% 计算，2012 年废弃电器电子产品综合利用产业固定资产投资额约为 14.4 亿元，资产总计 23.2 亿元，从业人员约为 30 万人。

（二）技术水平

我国废弃电器电子产品处理及综合利用产业处于快速发展阶段，技术的研发创新是支撑产业转型升级的关键要素。经过多年的发展实践，各大科研院校、企业积极投入废弃电器电子产品处理及综合利用技术和设备的研发和推广，我国已经拥有一批具有自主知识产权的废弃电器电子产品拆解处理及综合利用技术，主要包括废电视机的 CRT 和 LCD 处理技术、废电路板资源化技术、废聚氨酯硬泡处理技术、废制冷剂处理技术等。这些技术与德国、日本等发达国家有很多方面较为相似，但是与行业发展的需求相比，仍存在很大差距。德国、日本等人工费用较高的发达国家，为了提高资源再生利用效率，降低处理成本，均采用机械化、自动化程度高的以破碎、分选技术为主的处理工艺，并以回收的各种金属碎料作为冶炼的炉料。总体来看，我国的拆解处理企业仍然以手工拆解为主，少数企业采用进口或国产的专业处理设备进行整机处理。在废弃电器电子产品处理技术方面我国与发达国家有很多不同，主要原因是：第一，我国劳动力价格低廉，相比之下发达国家人工劳动力成本很高。第二，废弃电器电子产品回收处理的付费机制不同。在我国，回收一台电视机要付给消费者一部分费用；而在一些发达国家废弃电器电子产品处理是由消费者付费，费用包括回收费、运输费、管理费，资金流从消费者直接到处理企业手里。第三，旧电器电子产品市场的规模不同。发达国家人工费用高，付费维修旧电器电子产品往往不合算，限制了二手电器电子产品市场的发展。中国各地经济发展不平衡，城市流动人口多，旧电器电子产品消费群体很大，二手电器电子产品市场应运而生。

中国与发达国家国情的明显差异，意味着中国必须在借鉴发达国家先进回收处理经验的同时，探索出适合中国国情的废弃电器电子产品处理技术。中国人力资源丰富、劳动力价格低廉，应充分发挥这种优势，采用手工拆解加专用工具、专用设备为主的技术路线，提高零部件、元器件再使用部分的比例，提高再使用品、材料再生利用的附加值，降低处理成本；同时，应尽量降低焚烧、填埋量，有限度地采用破碎、分选技术和设备，部分引进发达国家适用的处理技术和设备，形成先进、适用、经济、高效的环保型废弃电器电子产品处理工艺和技术。我国企业应密切关注有关回收处理技术的进展情况，适时进行自主技术开发。研制适合我国国情的，经济、高效、环保的拆解处理技术已经成为促进该产业发展的必然要求。

二　产业布局

（一）企业布局

1. 拆解处理企业布局

据统计，目前我国获得废弃电器电子产品拆解资质、列入电子废物拆解利用处置单位临时名录和家电以旧换新中标拆解企业共有139家。从地域分布来看，华东地区企业数量占的比例最大，有50家，占全国的36%；其次是华北地区和华中地区，各有21家，各占全国的15.1%；随后是西南（15家，占全国的10.8%）、华南（14家，占全国的10.1%）、东北（11家，占全国的7.9%），最少的是西北（7家，占全国的5%）。分省份来看，江苏17家，为全国最多。我国废弃电器电子产品主要拆解企业分布情况如表4-1所示。

表 4 - 1 我国废弃电器电子产品主要拆解企业分布情况

单位：家

地区	省份	拆解企业总数
华北	北京市	4
	天津市	7
	河北省	4
	山西省	4
	内蒙古自治区	2
	小计	21
东北	辽宁省	4
	吉林省	5
	黑龙江省	2
	小计	11
华东	上海市	9
	江苏省	17
	浙江省	5
	安徽省	6
	福建省	5
	江西省	5
	山东省	3
	小计	50
华中	河南省	8
	湖北省	7
	湖南省	6
	小计	21
华南	广东省	10
	广西壮族自治区	1
	海南省	3
	小计	14
西南	重庆市	3
	四川省	7
	贵州省	3
	云南省	2
	西藏自治区	0
	小计	15
西北	陕西省	1
	甘肃省	2
	青海省	1

续表

地区	省份	拆解企业总数
西北	宁夏回族自治区	1
	新疆维吾尔自治区	2
	新疆生产建设兵团	0
	小计	7
	合计	139

从企业经营业态来看，主要包括拆解企业、拆解处置企业、拆解利用企业、拆解利用处置企业等，其中，拆解企业占大多数。

从企业性质来看，民营企业在企业数量、从业人数与总产值等方面，都远远超过了国有企业、集体企业、外资企业，占据了绝大部分。

2. 基金补贴企业布局

全国有 64 家企业进入废弃电器电子产品处理基金补贴企业名单，资质许可年处理能力达到 8800 多万台。在这废弃电器电子产品处理基金补贴 64 家企业中，从地域分布来看，华东地区企业数量最多，有 26 家，占全国的 40.6%；其次是华中地区，有 10 家企业，占全国的 15.6%；随后是西南（9 家，占全国的 14.1%）、华北（8 家，占全国的 12.5%）、华南（5 家，占全国的 7.8%）、西北（2 家，占全国的 3.1%）。其中具体省份来看，江苏有 8 家，为全国最多。基金补贴企业分布情况如表 4-2 所示。

表 4-2 基金补贴企业分布情况

单位：家

地区	省份	基金补贴企业数量	审核补贴企业数量
华北	北京市	1	1
	天津市	4	3
	河北省	0	0
	山西省	3	3
	内蒙古自治区	0	0
	小计	8	7
东北	辽宁省	1	0
	吉林省	2	0
	黑龙江省	1	1
	小计	4	1

续表

地区	省份	基金补贴企业数量	审核补贴企业数量
华东	上海市	4	2
	江苏省	8	8
	浙江省	4	4
	安徽省	0	0
	福建省	2	1
	江西省	4	3
	山东省	4	
	小计	26	18
华中	河南省	1	1
	湖北省	5	4
	湖南省	4	0
	小计	10	5
华南	广东省	4	2
	广西壮族自治区	1	0
	海南省	0	0
	小计	5	2
西南	重庆市	2	0
	四川省	5	4
	贵州省	2	2
	云南省	0	0
	西藏自治区	0	0
	小计	9	6
西北	陕西省	0	0
	甘肃省	1	0
	青海省	0	0
	宁夏回族自治区	0	0
	新疆维吾尔自治区	1	0
	新疆生产建设兵团	0	0
	小计	2	0
	合计	64	39

（二）产品布局

1. 主要产品区域分布

2011 年，全国"四机一脑"拆解总量为 5633.1 万台，全国前十名拆解企业拆解总量为 2167.9 万台，占全国拆解总量的 38.5%，产业集中度较高。其中，华东地区占比最多，为全国的 55.6%，"四机一脑"拆解总量

3131 万台；电视机拆解量中，华东地区占比最多，为全国的 57.8%，拆解量为 2733.8 万台；电冰箱拆解量中，华东地区占比最多，为全国的 33.9%，拆解量 76.9 万台；洗衣机拆解量中，华东地区占比最多，为全国的 43%，拆解量 187.2 万台；空调器拆解量中，华南地区占比最多，为全国的 37.4%，拆解量 10.1 万台；计算机拆解量中，华东地区占比最多，为全国的 60.2%，拆解量 126.7 万台。2011 年主要品种废弃电器电子产品区域分布情况如表 4 - 3 所示。

表 4 - 3　2011 年主要品种废弃电器电子产品区域分布情况

单位：台

地区	省份	电视机	电冰箱	洗衣机	空调器	计算机	合计
华北	北京市	1775273	328173	298106	54452	177464	2633468
	天津市	766139	40160	87854	3714	61392	959259
	河北省	1250657	60196	180167	4191	65685	1560896
	山西省	96421	23510	30335	457	8202	158925
	内蒙古自治区	32609	7681	9725	21	1432	51468
	小计	3921099	459720	606187	62835	314175	5364016
东北	辽宁省	1101930	98280	150138	1026	63977	1415351
	吉林省	547018	46303	95112	210	20682	709325
	黑龙江省	566008	48816	94322	160	18520	727826
	小计	2214956	193399	339572	1396	103179	2852502
华东	上海市	5041048	46274	85561	7038	99205	5279126
	江苏省	6899352	310757	816327	28784	207207	8262427
	浙江省	4502734	109488	132345	8373	584267	5337207
	安徽省	1977068	64257	188988	5917	37893	2274123
	福建省	2275350	48007	214881	4719	36471	2579428
	江西省	1640037	36464	94401	2729	11305	1784936
	山东省	5002078	153367	339006	7705	290880	5793036
	小计	27337667	768614	1871509	65265	1267228	31310283
华中	河南省	2003451	54741	174433	12751	50668	2296044
	湖北省	1509195	84706	169968	5123	49271	1818263
	湖南省	2778574	110025	230260	2612	42359	3163830
	小计	6291220	249472	574661	20486	142298	7278137
华南	广东省	3731790	287480	431267	99275	154999	4704811
	广西壮族自治区	179261	12731	21203	1753	3179	218127
	海南省	6655	953	1526	149	630	9913
	小计	3917706	301164	453996	101177	158808	4932851

续表

地区	省份	电视机	电冰箱	洗衣机	空调器	计算机	合计
西南	重庆市	1365427	32843	69874	1805	13503	1483452
	四川省	1406350	121319	206626	7168	52162	1793625
	贵州省	136702	16267	34670	116	5245	193000
	云南省	113102	14539	18722	30	3595	149988
	西藏自治区	1172	70	204	0	5	1451
	小计	3022753	185038	330096	9119	74510	3621516
西北	陕西省	353782	53179	86980	9624	30920	534485
	甘肃省	140121	26670	42033	246	6319	215389
	青海省	25683	3952	7068	1	617	37321
	宁夏回族自治区	35020	9835	18046	85	2019	65005
	新疆维吾尔自治区	74478	17439	22968	312	4059	119256
	新疆生产建设兵团	0	0	0	0	0	0
	小计	629084	111075	177095	10268	43934	971456
	合计	47334485	2268482	4353116	270546	2104132	56330761

2. 基金补贴产品区域分布

从环保部固体废物中心公示的39家企业2012年第三、第四季度废弃电器电子产品拆解处理种类和数量看，华东地区确认拆解数量最多，为238.8万台，占全国总数的31%；东北地区确认拆解数量最少，为45万台，占全国总数的6%；华北、华中、华南和西南地区确认拆解数量均超过了100万台。全国各省份之中，四川省确认拆解数量最多，为165.1万台，占总拆解量的21.5%；福建省确认拆解数量仅为1051台。基金补贴产品区域分布情况如表4-4所示。

表4-4　基金补贴产品区域分布情况

单位：台

地区	省份	申报拆解量	确认拆解量
华北	北京市	326216	253498
	天津市	1065738	619881
	山西省	282022	236533
	小计	1673976	1109912
东北	黑龙江省	463245	453215
	小计	463245	453215

地区	省份	申报拆解量	确认拆解量
华东	上海市	414053	414035
	江苏省	680649	658246
	浙江省	686623	405037
	福建省	1051	1051
	江西省	935410	909442
	小计	2717786	2387811
华中	河南省	816696	807447
	湖北省	1359554	951234
	小计	2176250	1758681
华南	广东省	184407	170123
	小计	184407	170123
西南	四川省	1651429	1651067
	贵州省	153398	148180
	小计	1804827	1799247
总计	合计	9020491	7678989

从企业分布来看，在我国华东和华中的废弃电器电子产品处理企业数量较多，从拆解量来看，华东也基本居全国之首，这是由我国经济发展在地域上存在不平衡造成的。尤其是华东部分发达地区已经进入工业化中期阶段，沿海地区的发展水平高于全国平均水平，并且已经处于工业化中期向工业化后期过渡的时期。而中西部地区总体上仍处于工业化的初期阶段。其中，废弃电器电子产品拆解企业和废弃电器电子产品处理基金补贴企业数量均居全国各省份之首的江苏一直是我国传统的电子信息产业基地，也是中国的电子产业聚集地。在经历国际金融危机的冲击后，江苏省内的电子信息产业正在经历产业结构的调整和提升。物联网、液晶显示、集成电路等领域近期的快速进展显示，在苏南电子信息产业的带动下，江苏正不断向电子信息产业的高端市场迈进。另外，在我国再生资源回收处理领域，江苏无论从数量、质量、发展成熟度、节能减排、环保等方面均居于全国领先地位。上述分析的结果是由多方面原因造成的，主要是由经济基础和市场需求等因素决定的，是规模化和集约化发展的具体体现。

第三节 废弃电器电子产品综合利用产业
面临的形势与挑战

一 产业面临的形势

（一）废弃量日益增加，产业规模逐渐壮大

我国是电器电子产品的生产大国，也是消费大国，同样也是电器电子产品的废弃大国。数以千万计、亿计的电器电子产品已形成庞大的产业规模，成为资源综合利用产业的重要组成部分，回收的废弃电器电子产品成为我国重要的生产原料来源。特别是新型电器电子产品种类日益增加，废弃电器电子产品综合利用产业规模日益壮大。

（二）产业分工不断细化，产业链进一步延伸

产业发展到一定阶段后分工细化是必然趋势，行业内的企业将根据自身特点在产业中分工更加细化。对一些掌握核心技术的企业将发挥自身技术优势延伸产业链，而对市场占有率高的企业将发挥自身的回收系统优势进行专业的物流回收。市场分工细化后产业运行效率将显著提高。

（三）城乡差距逐渐缩小，废弃量逐步增加

随着农村收入水平的提高、购买能力增强，农村电器电子产品的保有量持续增高。如电视机保有量与城市居民相差无几。随着可支配收入的增加，消费者更愿意购买功能齐全的新产品，农村将不再成为二手家电转移的主要市场。在一定时期内，这将导致电器电子产品加速废弃。此外，农村人口在我国占比仍在 50% 左右，农村废弃的电器电子产品将占半壁江山。农村废弃电器电子产品综合利用需要给予高度关注。

（四）大量企业加入，行业竞争更加激烈

节能环保产业作为战略性新兴产业受到世界关注，再生资源产业作为朝阳产业引来大量企业投资，特别是废弃电器电子产品处理基金运营后，企业获利空间增加，大量企业加入该行业中，在这种情况下，企业竞争将更加激烈。

（五）产业集中度提高，新模式作用凸显

20 世纪 90 年代，我国废弃电器电子产品综合利用产业主要以中小企业为主。经过 10 余年的发展，一批龙头企业成长起来了。这些企业对产业发展起到了支撑作用，特别是在技术创新和研发上显现了自身的创新能力。我

国现在推动以企业为主体的产学研创新模式，产业发展将顺应国家科技发展的导向，在研发过程中与高等院校、研究机构形成紧密有效的研发模式，在产业发展中发挥更大的作用。

二　产业面临的挑战

（一）妥善处理废弃电器电子产品，更好地保护环境

资源与环境问题是我国废弃电器电子产品综合利用产业面临的最明显，也是亟须解决的问题。废弃电器电子产品含有有害物质，同时也是能够再生利用的资源，具有环境污染性和资源性双重属性，引起社会各界的广泛关注。由此看来，如何妥善处理废弃电器电子产品以更好地保护环境和节约资源已成为人类社会面临的重大难题。

（二）建立全领域的综合利用体系，完善整个产业

目前，我国废弃电器电子产品综合利用产业仍以电视机、电冰箱、洗衣机、空调器、计算机的综合利用为主，尚未形成覆盖电器电子产品整个领域的资源综合利用体系，办公设备、小家电等没有受到足够重视。只有部分企业对部分拆解能够盈利的产品进行了综合利用，而对不能盈利的产品尚未进入产业中。大量废弃电器电子产品综合利用仍是需要解决的问题，我国在现有基础上仍需要参照欧盟等成功经验，建立全领域的综合利用系统，完善整个产业。

（三）原有技术难以满足新型产品综合利用技术需求

电器电子产业发展迅速，新产品层出不穷，如近些年发展起来的液晶产品。液晶产品大量用于计算机、电视机、手机中，而这些产品具有功能更新快、产品寿命短等特点。此外，新型电器电子产品中应用的材料更加复杂，综合利用过程中需要关注和考虑的问题更多，原有的技术难以满足新型电器电子产品综合利用技术需求。以液晶产品为主的大量新型电器电子产品综合利用问题已经摆在我们面前，如何管理和处置需要尽快解决。

（四）技术集中在拆解阶段，缺乏提高附加值技术

废弃电器电子产品综合利用产业虽已形成相对完备的技术体系，但大部分集中在拆解等前端工段，而对于如何提高资源的附加值，进一步提升资源化效率，最大限度挖掘废弃电器电子产品资源价值，仍需要深入研究。通过技术创新和研发，可以为产业链延伸提供技术支持，促进产业快速发展。

（五）企业提高收购价格，存在规范运营风险

根据我国实践经验和国外发展经验，废弃电器电子产品园区化管理已经成为我国产业发展的最佳模式。现在我国已经批复了很多试点示范园区和企业，国家环境保护部也批复了很多废弃电器电子产品处理基金企业。从国外的发展经验看，废弃物处理和资源化产业以废弃物为原料，如果市场上企业过多将产生企业间竞争废弃物资源的现象。如果此类现象发生，企业将提高收购价格，压缩运营成本，很大程度上对规范运营产生风险。

除此之外，我国废弃电器电子产品综合利用产业还有产业成本高、不能免费交投、技术水平不高、支持力度不够等问题。人们主动交投的意识差，部分卖给走街串巷的小商贩或流入二手市场，正规企业回收的渠道太少。相对于非法拆解的几乎"零成本"，正规处理企业的运输、处理和环保成本远高于"游击队"，历来在回收价格上没有优势，导致回收量难以提升。因为现有回收渠道不健全、回收量低，目前有资格拆解回收并取得补贴的企业很少，并且回收量不足，这些企业"吃不饱"。这些都是亟须解决的问题。

废弃电器电子产品综合利用是在全球范围内都普遍存在的一个问题，特别是欧美发达国家，以及中国、印度这样的新兴工业化国家。我国的政府部门在对电子废弃物回收处理的规划、管理和监督中发挥着核心作用，在政府建设正规回收渠道和处理基础设施，同时提供处理补贴的情况下，正规处理行业有望在技术和经济上取得进一步的发展。然而，由于目前的社会和经济发展实际情况，非正规的收集和处理活动依然存在。在未来的几年里，正规部门和非正规部门将共同存在于中国社会。

第四节　2012年废弃电器电子产品综合利用产业情况

一　总体概况

随着全球经济一体化的来临，虽然废弃电器电子产品综合利用具有一定的区域性特点，但是国际环境的变化对我国废弃电器电子产品综合利用产业还是产生了一定的影响。

越来越多和越来越严格的国外废弃电器电子产品综合利用立法管理将促使更多的废弃电器电子产品在本国进行综合利用，同时我国非法进口电子废

弃物的数量将大大减少。此外，在全球经济疲软的大环境下，我国废弃电器电子产品综合利用产业来自海外的投资在减少。到目前为止，中国台湾和日本是最大的投资方。德国等欧美国家的企业曾经非常关注中国的市场，但现在已经转向东南亚等其他新兴市场。

2001 年，我国启动废弃电器电子产品回收处理管理立法工作。2005 年，国家发改委先后批准青岛海尔、杭州大地、北京华星、天津和昌为废家电回收处理示范企业，确立了我国第一批废弃电器电子产品正规的处理企业。其后，工业和信息化部也在天津子牙、上海等地批准了废弃电器电子产品处理示范企业。但是由于鼓励政策不落实、规范处理成本高，示范企业经营的经营状况并不理想。

2009 年 6 月，我国开展家电"以旧换新"活动，规定试点省市建立1 ~ 2 个废弃电器电子产品拆解处理企业，从 2010 年 6 月开始对拆解处理进行补贴。家电"以旧换新"活动大大促进了我国正规废弃电器电子产品处理企业的发展壮大。据统计，2011 年，我国包括家电"以旧换新"指定拆解企业在内的各类废弃电器电子产品主要拆解处理企业有 139 家。

2012 年，国家家电"以旧换新"政策结束、公布废弃电器电子产品处理基金补贴企业名单和废弃电器电子产品处理基金制度的实施是我国废弃电器电子产品综合利用产业政策领域最重要的三件事情。

废弃电器电子产品处理企业为了在家电"以旧换新"政策后继续发展，必须获得环保部门审批的废弃电器电子产品处理资质。2012 年，财政部和环保部公布了第一批废弃电器电子产品处理基金补贴企业名单，共 43 家，包括 15 个省份。

2012 年 7 月 1 日，《废弃电器电子产品处理基金征收使用管理办法》（以下简称《办法》）实施。《办法》的实施意味着列入处理基金补贴名单的处理企业可以申请处理基金补贴。在处理基金补贴政策的支持下，列入处理基金补贴名单的处理企业开始大量回收处理废弃电器电子产品。

国家的相关政策对废弃电器电子产品综合利用产业具有重要影响。环保部的废弃电器电子产品回收处理行业规划制度，使各省份的废弃电器电子产品处理企业有了总量控制，从而有效地避免了行业恶性竞争和重复投资。处理企业的资质许可制度提升了处理企业的技术水平、管理水平。我国废弃电器电子产品综合利用企业从个体作坊式开始向规模化、规范化和专业化的处理工厂转变。

二　运行特点

随着家电"以旧换新"政策的结束、"废弃电器电子产品处理企业资质管理办法"的实施，2012 年成为我国废弃电器电子产品综合利用产业的大调整年，主要呈现以下几方面特点。

（一）废弃产品品种和数量不断增加

随着电器电子产品制造业的发展，新品种的电器电子产品不断涌现，这些新型电器电子产品（如手机、电饭锅、音响、VCD 机、DVD 机、MP3、MP4 等）具有报废周期短、产品品种多、数量大、体积小、重量轻等特点，回收难度大，难以形成规模，目前只有少数企业在回收处理这些废弃电器电子产品。

（二）"四机一脑"处理量大幅下降

受宏观经济增速下降、家电"以旧换新"政策的结束、废弃电器电子产品处理基金政策等多项政策的影响，2012 年我国"四机一脑"处理数量较 2011 年大幅下降，降幅达 48.5%，近年来首次出现大幅下降。

（三）回收价格呈现上涨趋势

废弃电器电子产品的回收价格是废弃电器电子产品处理的关键成本。表 4 - 5 汇总了北京、上海、江苏、浙江、福建和安徽六省市的 2011 年回收价格。图 4 - 1 为 2012 年 9 月废弃电器电子产品处理企业电视机和电冰箱回收价格。从图 4 - 1 可以看出，2012 年废弃电器电子产品回收价格普遍高于2011 年的回收价格。

表 4 - 5　部分地区 2011 年部分品种废弃电器电子产品回收价格

单位：元

类别	型号	回收价格
电视机 CRT	黑白电视机	5 ~ 15
	17 英寸及以下	5 ~ 20
	21 英寸以下（17 英寸以上）	10 ~ 50
	25 英寸及以下	20 ~ 90
	29 英寸及以下	30 ~ 110
	34 英寸及以下	30 ~ 90
背投电视机 液晶电视机	29 英寸以下	10 ~ 80
	29 英寸及以上	30 ~ 120

续表

类别	型号	回收价格
显示器	CRT 显示器 15 英寸及以下	30
	CRT 显示器 17 英寸及以上	50
	液晶显示器 14 英寸及以上	25
计算机	台式机（配件齐全）	40～110
	笔记本	20～50
洗衣机	洗衣量 3 千克以下波轮	5～100
	洗衣量 3 千克（含）以上波轮	30～100
	滚筒	40～100
电冰箱（含冰柜）	50 升（含）以下	5～30
	50 升以上单门	30～80
	50 升以上双门	40～100
	冰柜	40
空调器	窗机	60～100
	挂机（内外机配件齐全）	100～160
	柜机（内外机配件齐全）	200～700

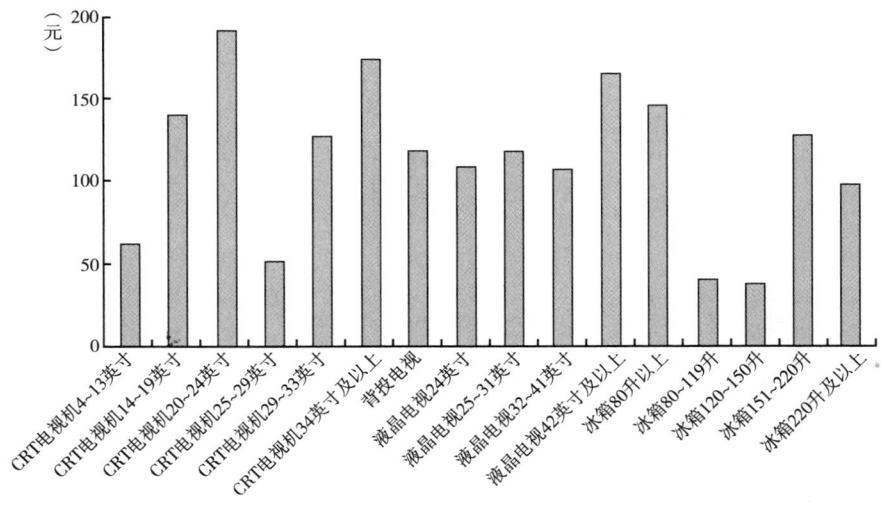

图 4 - 1　2012 年 9 月典型处理企业电视机和电冰箱回收价格

（四）补贴企业处理量明显增加

2012 年 7 月 11 日，财政部、国家发改委等 4 部门公布了第一批 43 家废弃电器电子产品处理基金补贴企业名单。这 43 家企业中少数企业在获得当地资质证书后就开始处理废弃电器电子产品，部分企业是在2012年9月开始正式处理活动，也有部分企业是从2012年11月开始正式处理活动。按照环保部固体废物管理中心公布的处理企业申报拆解数据，短短几个月，39家企业拆解废弃电器电子产品数量达900多万台。废弃电器电子产品处理基金补贴企业名单以外的拆解企业基本处于停业状态。

　　2012年，我国废弃电器电子产品综合利用产业处于大调整时期。一是政策的调整；二是企业为了获得资质和发展的自身的调整。预计废弃电器电子产品综合利用产业的调整还将持续到2013年。

三　资源综合利用情况

（一）报废量测算

　　根据国家统计局数据，2012年我国18个主要品种的电器电子产品产量为299056.10万台，其中，移动通信手持机产量最大，达118159万台，占总量的近40%，"四机一脑"产量总和为7.34亿台，占总量的1/4，详见表4-6。预计每年我国电器电子产品产量超过100亿台。

表4-6　2010~2012年我国主要品种电器电子产品产量

单位：万台

指标	2010 年	2011 年	2012 年
家用电冰箱	7295.72	8699.20	8427.00
房间空气调节器	10887.47	13912.50	10050.00
家用电风扇	18067.92	18845.89	14800.00
家用吸排油烟机	2028.33	2032.06	2106.70
家用洗衣机	6247.73	6715.94	6742.00
家用吸尘器	7669.36	8400.46	8066.50
程控交换机	3137.97	3034.04	2345.30
电话单机	16769.68	14017.91	12640.00
传真机	181.09	187.57	249.80
移动通信手持机	99827.36	113257.71	118159.00
微型计算机设备	24584.46	32036.93	35400.00
笔记本计算机	18584.12	23897.41	25290.30
显示器	13926.99	12680.54	12700.90
彩色电视机	11830.03	12231.34	12800.00
组合音响	11613.84	12231.92	12799.30

续表

指标	2010 年	2011 年	2012 年
照相机	9327. 70	8241. 34	8789. 70
数码照相机	9128. 50	8051. 25	7002. 60
复印和胶版印制设备	534. 82	655. 05	687. 00
合　计	271643. 09	299129. 06	299056. 10

　　电器电子产品社会保有量是测算废弃电器电子产品报废量的基础数据。电器电子产品社会保有量包括居民保有量和机构保有量。其中，居民保有量包括城镇居民与农村居民。居民保有量是按照每年百户拥有量、年人口总数、年家庭规模等进行测算。机构保有量是在居民保有量的基础上，不同产品乘以不同的系数得出。

　　2012 年我国 18 个主要品种电器电子产品保有量为 641554 万台，其中，彩色电视机保有量最大，达 104488 万台，占总量的 16%，"四机一脑"保有量总和为 374258 万台，占总量的 58%，详见图 4 - 2 和表 4 - 7。预计每年我国电器电子产品保有量超过 200 亿台。

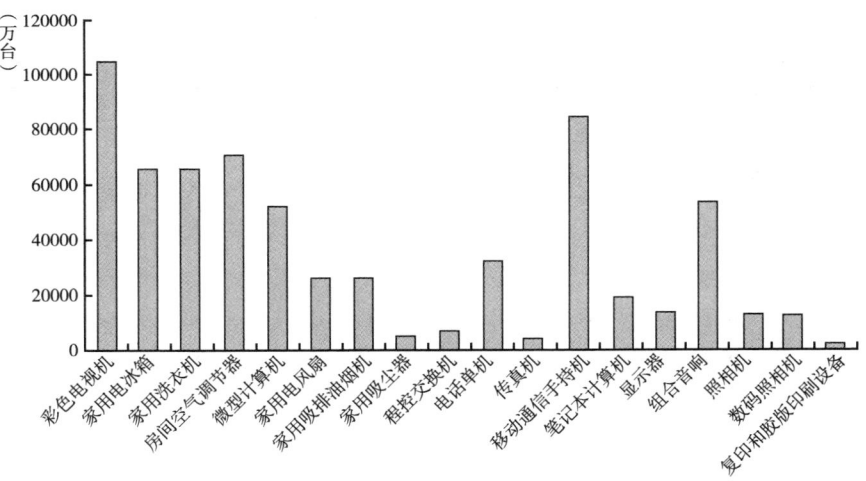

图 4 - 2　2012 年我国主要品种电器电子产品保有量情况

　　废弃电器电子产品报废量的测算是废弃电器电子产品回收处理管理的一项非常重要的基础工作。它直接影响各地区制定废弃电器电子产品回收处理行业发展规划、拆解处理企业布局、建厂规模，避免恶性竞争、资源浪费，促进行业健康有序发展。由于我国是发展中国家，经济发展不均衡，我国存在繁荣的电器二手市场。电器电子产品废弃后，经过维修，大部分在二手电器市场再销售，电器电子产品的实际使用寿命远远大于其设计寿命。废弃电器电子产品报废量的测算是针对不能再使用的废电器电子产品的数量进行的测算。

表 4 - 7 2012 年我国主要品种电器电子产品保有量

单位：万台

品种	2012 年保有量	品种	2012 年保有量
彩色电视机	104488	传真机	559
家用电冰箱	64593	移动通信手持机	84000
家用洗衣机	64593	笔记本计算机	17473
房间空气调节器	70691	显示器	13512
微型计算机设备	52420	组合音响	52244
家用电风扇	24835	照相机	13500
家用吸排油烟机	26000	数码照相机	13448
家用吸尘器	1857	复印和胶版印制设备	354
程控交换机	5987	合　计	641554
电话单机	31000		

废弃电器电子产品报废量的测算包括居民（城镇与农村）废弃电器电子产品报废量测算与机构（国家机关和企事业单位）的报废电器电子产品报废量测算。测算主要依据产品的社会保有量、平均使用寿命（见图 4 - 3）。

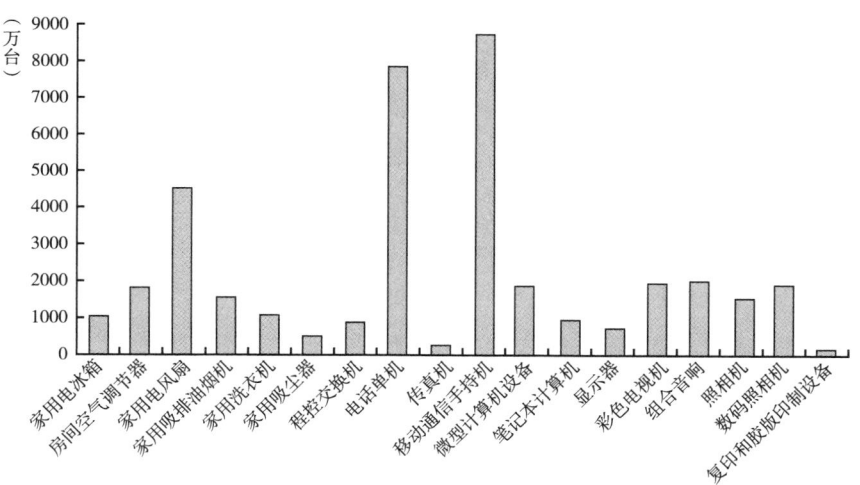

图 4 - 3 2012 年我国主要品种电器电子产品报废量情况

2012 年我国 18 个主要品种电器电子产品废弃量为 37948 万台，其中，移动通信手持机废弃量最大，达 8653 万台，占总量的 22.8%，"四机一脑"废弃量总和为 8264 万台，占总量的 21.8%，详见表 4-8。预计每年我国电器电子产品废弃量超过 30 亿台。

表 4-8　2012 年我国电器电子产品报废量

单位：万台

品种	报废量	品种	报废量
家用电冰箱	929	微型计算机设备	1805
房间空气调节器	1782	笔记本计算机	846
家用电风扇	4474	显示器	650
家用吸排油烟机	1506	彩色电视机	1845
家用洗衣机	1057	组合音响	1800
家用吸尘器	477	照相机	1500
程控交换机	800	数码照相机	1868
电话单机	7779	复印和胶版印制设备	46
传真机	131	合　计	37948
移动通信手持机	8653		

（二）回收材料测算

废弃电器电子产品含有大量能够回收利用的资源，需要对废弃电器电子产品中的回收材料数量和价值进行测算。根据对电器电子产品单位重量的统计，结合报废量，可以推算出废弃电器电子产品的重量，以及相应种类的废弃电器电子产品回收材料的重量。

1. 废电视机回收材料测算

2012 年，我国电视机报废量为 1845 万台，报废的电视机基本是 CRT 和 LCD 电视机，在这其中，CRT 占绝大部分，约为 90%，LCD 占大约 10%。经测算，可得出废电视机的各类回收材料 52.66 万吨，其中包括废钢铁 1.19 万吨，废铜 2500 吨，废铝 1.04 万吨，废塑料 6.03 万吨，回收电子元器件 3.78 万吨，废玻璃 38.19 万吨，以及其他材料 2.18 万吨，如表 4-9 所示。

2. 废电冰箱回收材料测算

2012 年，我国电冰箱报废量为 929 万台，报废的电冰箱基本分为风冷电冰箱和直冷电冰箱，其中，废风冷电冰箱约占30%，废直冷电冰箱约占70%。经测算，可得出废电冰箱的各类回收材料52.93万吨，其中包括废钢铁13.95万吨，废铜2.51万吨，废铝1.40万吨，废塑料21.31万吨，回收电子元器件2900吨，以及其他材料13.47万吨，如表4-10所示。

表4-9　2012年我国废电视机回收拆解各种材料重量

单位：万吨

回收材料	重量	回收材料	重量
钢铁	1.19	电子元器件	3.78
铜	0.25	玻璃	38.19
铝	1.04	其他	2.18
塑料	6.03	总重量	52.66

表4-10　2012年我国废电冰箱回收拆解各种材料重量

单位：万吨

回收材料	重量	回收材料	重量
钢铁	13.95	电子元器件	0.29
铜	2.51	其他	13.47
铝	1.40	总重量	52.93
塑料	21.31		

3. 废洗衣机回收材料测算

2012年，我国洗衣机报废量为1057万台，报废的洗衣机基本分为涡轮洗衣机、双桶洗衣机和滚筒洗衣机，其中，废涡轮洗衣机约占60%，废双筒洗衣机约占15%，废滚筒洗衣机约占25%。经测算，可得出废洗衣机的各类回收材料32.09万吨，其中包括废钢铁10.89万吨，废铜3.42万吨，废铝6500吨，废塑料7.69万吨，回收电子元器件3900吨，以及其他材料9.05万吨，如表4-11所示。

4. 废空调器回收材料测算

2012年，我国空调器报废量为1782万台，报废的空调器基本分为壁挂空调器和柜机空调器，其中，废壁挂空调器约占80%，废柜机空调器约占20%。经测算，可得出废空调器的各类回收材料92.19万吨，其中包括废钢铁47.57万吨，废铜13.19万吨，废铝8.74万吨，废塑料13.51万吨，回收电子元器件3900吨，以及其他材料8.79万吨，如表4-12所示。

表 4 - 11 2012 年我国废洗衣机回收拆解各种材料重量

单位：万吨

回收材料	重量	回收材料	重量
钢铁	10.89	电子元器件	0.39
铜	3.42	其他	9.05
铝	0.65	总重量	32.09
塑料	7.69		

表 4 - 12 2012 年我国废空调器回收拆解各种材料重量

单位：万吨

回收材料	重量	回收材料	重量
钢铁	47.57	电子元器件	0.39
铜	13.19	其他	8.79
铝	8.74	总重量	92.19
塑料	13.51		

5. 废计算机回收材料测算

2012 年，我国计算机报废量为 2651 万台。经测算，可得出废计算机的各类回收材料 37.77 万吨，其中包括钢铁 11.34 万吨，铜 4.54 万吨，铝 7.94 万吨，塑料 13.05 万吨，锌 9000 吨，金 2 吨，如表 4 - 13 所示。

表 4 - 13 2012 年我国废计算机回收拆解各种材料重量

单位：万吨

回收材料	重量	回收材料	重量
钢铁	11.34	锌	0.90
铜	4.54	金	0.0002
铝	7.94	总重量	37.77
塑料	13.05		

6. 废弃电器电子产品回收材料测算

通过对 2012 年我国"四机一脑"报废量的分析，可以得出"四机一脑"各类回收材料总和约为 234.15 万吨，其中回收的废钢铁数量最多，约为 84.94 万吨，如表 4 - 14 所示。

表 4 - 14　2012 年我国"四机一脑"回收拆解各种材料重量

单位：万吨

回收材料	重量	回收材料	重量
钢铁	84.94	玻璃	38.19
铜	23.91	锌	0.90
铝	19.77	金	0.0002
塑料	61.59	其他	33.5
电子元器件	4.85	总重量	234.15

　　除此之外，还有其他多种废弃电器电子产品，这些废弃电器电子产品的回收材料与"四机一脑"的回收材料加在一起，通过粗略估算得出可回收各种材料共约为 1303 万吨，如表 4 - 15 所示。

表 4 - 15　2012 年我国各类废弃电器电子材料回收材料重量

单位：万吨

回收材料	重量	回收材料	重量
钢铁	374	玻璃	118
铜	117	锌	8
铝	103	金	0.00037
塑料	340	其他	218
电子元器件	25	总重量	1303

（三）回收价值测算

　　通过以上对废弃电器电子产品总量的估算，结合再生资源和原生资源的单位价格，可以粗略估算出"四机一脑"拆解产物总回收价值，约为 191.79 亿元，如表 4 - 16 所示。

表 4 - 16　2012 年我国"四机一脑"各类材料回收价值

单位：亿元

回收材料	回收价值	回收材料	回收价值
钢铁	22.51	玻璃	1.91
铜	95.65	锌	0.99
铝	23.72	金	6.36
塑料	40.65	总　计	191.79

除了"四机一脑"之外其他品种的废弃电器电子产品拆解产物也有很大回收价值，将这些材料回收价值与"四机一脑"拆解产物回收价值加在一起，可得出废弃电器电子产品各类材料回收总值约为939亿元，如表4-17所示。

表4-17　2012年我国废弃电器电子产品各类材料回收价值

单位：亿元

回收材料	回收价值	回收材料	回收价值
钢铁	99	玻璃	6
铜	469	锌	9
铝	123	金	9
塑料	224	总　计	939

由此可见，废弃电器电子产品行业本身潜藏着巨大的经济价值，充分回收处理、合理开发利用废弃电器电子产品，能够对我国经济发展起到明显的推动作用。

第五节　废弃电器电子产品综合利用产业政策及其效果分析

一　法规政策体系

（一）法规政策现状

为控制环境污染和实现资源综合利用，我国相继出台了多项法律法规、部门规章及标准规范等。

2002年实施的《中华人民共和国清洁生产促进法》（以下简称《清洁生产促进法》），规定了生产者对其产品的生命周期内的环境问题负有污染防治责任。2004年修订的《中华人民共和国固体废物污染环境防治法》（以下简称《固体废物防治法》）规定了生产者除负有生产环节的环境污染防治责任外，对产品销售后的环节也承担环境污染防治的法律责任。其中第三十七条明确规定："拆解、利用、处置废弃电器产品和废弃机动车船，应当遵守有关法律、法规的规定，采取措施，防止污染环境。"2008年颁布的《中华人民共和国循环经济促进法》（以下简称《循环经济促进法》）第三十八条规定："对废电器电子产品，报废机动车船、废轮胎、废铅酸电池等特定产品进行拆解或者再利用，应当符合有关法律、行政法规的规定。"

为进一步将废弃电器电子产品管理纳入法制化轨道，促进资源综合利用和循环经济发展，保护环境，根据《固体废物防治法》和《清洁生产促进法》，国务院通过并颁布了《废弃电器电子产品回收处理管理条例》（以下简称《条例》），该《条例》是废弃电器电子产品管理的基础和核心，其配套政策包括处理目录、发展规划、资格许可、信息系统等也已于2011年发布并实施。

此外，为规范电子信息产品生产者，体现"污染防治，预防在先"环境保护原则，落实"从源头抓起"的工作思路。2006年2月28日原信息产业部等多部门联合发布了《电子信息产品污染控制管理办法》（信息产业部第39号，2007年3月1日实施），该《办法》也被称为"中国RoHS"。核心内容是限制有毒有害物质在电子信息产品中的使用。为了防治电子废物污染环境，加强对电子废物的环境管理，2007年9月27日原国家环境保护总局发布了《电子废物污染环境防治管理办法》（国家环境保护总局令第40号，2008年2月1日实施），重点规范了拆解、利用、处置电子废物的行为以及产生、贮存电子废物的行为。为规范废弃电子产品等再生资源的回收经营活动。2007年3月27日商务部等联合发布了《再生资源回收管理办法》（商务部令2007年第8号，2007年5月1日实施）。

目前，我国建立了从废弃电器电子产品的产生源头、回收到末端处理、处置全过程管理的一系列法律法规、部门规章及技术规范等。我国废弃电器电子产品所涉的主要法律法规见表4－18。

表4－18 我国废弃电器电子产品管理主要法律法规

序号	法律法规名称	颁布日期	实施日期	颁布机构
1	《废弃电器电子产品回收处理管理条例》	2009年2月25日	2011年1月1日	国务院
2	《电子废物污染环境防治管理办法》	2007年9月27日	2008年2月1日	原国家环保总局
3	《电子信息产品污染控制管理办法》	2006年2月28日	2007年3月1日	原信息产业部、国家发展改革委、商务部、海关总署、国家工商行政管理总局、国家质量监督检验检疫总局、原国家环境保护总局

续表

序号	法律法规名称	颁布日期	实施日期	颁布机构
4	《再生资源回收管理办法》	2007年3月27日	2007年5月1日	商务部、国家发展改革委、公安部、原建设部、国家工商行政管理总局、原国家环境保护总局
5	《废弃家用电器与电子产品污染防治技术政策》	2006年4月27日	2006年4月27日	原国家环境保护总局
6	《废弃电器电子产品处理污染控制技术规范》	2010年1月4日	2010年4月1日	环境保护部

注：《电子信息产品污染控制管理办法》已基本完成修订，改名为《电子电气产品有害物质限制使用管理办法》，即将出台。

（二）《条例》及其配套政策

1. 《条例》

《废弃电器电子产品回收处理管理条例》（以下简称《条例》），从2002年开始研究制定，于2009年公布，2011年1月1日起开始正式实施。该《条例》也被称为"中国 WEEE"，是为了规范废弃电器电子产品的回收处理活动，促进资源综合利用和循环经济发展，保护环境，保障人体健康，根据《中华人民共和国清洁生产促进法》和《中华人民共和国固体废物污染环境防治法》的有关规定制定的。《条例》确定了我国废弃电器电子产品回收处理管理采用生产者延伸责任制的基本原则。《条例》要求采用目录管理的方式，列入有关政府部门制定、批准和实施的目录的废弃电器电子产品的回收处理及相关活动适用此条例。《条例》规定对废弃电器电子产品处理实行多渠道回收和集中处理制度和废弃电器电子产品处理实行资格许可制度，国家建立废弃电器电子产品处理专项基金，同时规定了电器电子产品生产者、销售者、维修机构、售后服务机构、回收经营者和处理企业的责任及政府监督管理职责。

2. 《条例》配套政策

为配合《条例》的贯彻实施，环境保护部也制定下发了一系列相关配套政策（见表4-19），形成了废弃电器电子产品回收处理的管理制度，主要有目录制度、资质许可制度、规划制度、处理补贴制度。

《条例》第三条规定，列入《废弃电器电子产品处理目录》（以下简称《目录》）的废弃电器电子产品的回收处理及相关活动适用本《条例》。2010

年，国家发展改革委会同环境保护部、工业和信息化部下发了《废弃电器电子产品处理目录（第一批）》和《制订和调整废弃电器电子产品处理目录的若干规定》。电视机、电冰箱、洗衣机、房间空调器、微型计算机这五种产品是家庭中体积较大、废弃量较高的废弃电器电子产品，回收处理成本高、难度大，综合考虑资源性、环境性、技术经济性等因素，启动初期需要政策扶持，作为首批《目录》产品纳入《条例》管理范围。

表 4 – 19 　《废弃电器电子产品回收处理管理条例》配套政策

序号	名 称	颁布时间	生效时间	颁布部门
1	《废弃电器电子产品处理目录（第一批）》和《制订和调整废弃电器电子产品处理目录的若干规定》	2010 年 9 月 8 日	2011 年 1 月 1 日	国家发展改革委、环境保护部、工业和信息化部
2	《废弃电器电子产品处理资格许可管理办法》	2010 年 9 月 27 日	2011 年 1 月 1 日	环境保护部
3	《废弃电器电子产品处理企业资格审查和许可指南》	2010 年 12 月 9 日	2011 年 1 月 1 日	环境保护部
4	《废弃电器电子产品处理发展规划编制指南》	2010 年 11 月 15 日	2011 年 1 月 1 日	环境保护部
5	《废弃电器电子产品处理企业建立数据信息管理系统及报送信息指南》	2010 年 11 月 16 日	2011 年 1 月 1 日	环境保护部
6	《废弃电器电子产品处理企业补贴审核指南》	2010 年 11 月 16 日	2011 年 1 月 1 日	环境保护部
7	《废弃电器电子产品处理基金征收使用管理办法》	2012 年 5 月 21 日	2012 年 7 月 1 日	财政部、环境保护部、国家发展改革委、工业和信息化部、海关总署、国家税务总局

　　《条例》第六条规定，国家对废弃电器电子产品处理实行资格许可制度，为废弃电器电子产品处理设置准入门槛，规范处理企业的经营活动，防止处理过程中违法行为的发生。2010 年环境保护部发布了《废弃电器电子产品处理资格许可管理办法》和《废弃电器电子产品处理企业资格审查和许可指南》配套政策。规定设区的市级人民政府环境保护主管部门审批废弃电器电子产品处理企业资格，获得资格证书企业的基本条件包括符合本地区废弃电器电子产品处理发展规划，具备完善的废弃电器电子产品处理设

施，具有相适应的分拣、包装及其他设备，具有健全的环境管理制度和措施。

《条例》第二十一条规定，省级人民政府环境保护主管部门会同同级资源综合利用、商务、工业信息产业主管部门编制本地区废弃电器电子产品处理发展规划。2010 年环境保护部发布了《废弃电器电子产品处理发展规划编制指南》，指导各地区编制废弃电器电子产品处理发展规划，规划应当落实《条例》关于国家对废弃电器电子产品实行集中处理制度的要求，促进本地区废弃电器电子产品处理产业发展。截至 2012 年 12 月，已有 31 个省（自治区、直辖市）制定了 2011～2015 年废弃电器电子产品处理发展规划并在环境保护部备案。

《条例》第七条规定，国家建立废弃电器电子产品处理基金，用于废弃电器电子产品回收处理费用的补贴；电器电子产品生产者、进口电器电子产品的收货人或者其代理人应当按照规定履行废弃电器电子产品处理基金的缴纳义务。2012 年 5 月 21 日，财政部、环境保护部、国家发展改革委等联合发布《废弃电器电子产品处理基金征收使用管理办法》，并于 2012 年 7 月 1日开始实施，制定了具体征收范围和标准。基金对废弃电器电子产品回收处理进行补贴，建立起有效的激励机制。基金是国家为促进废弃电器电子产品回收处理而设立的政府性基金，由中央财政安排用于废弃电器电子产品回收处理费用的补贴。截至 2013 年 4 月，64 家废弃电器电子产品处理企业已经被列入基金补贴的处理企业名单。

为规范和指导地方环境保护主管部门对申请废弃电器电子产品回收处理基金补贴的处理企业，审核其废弃电器电子产品无害化处理数量，促进废弃电器电子产品妥善处理，保障基金使用安全，2010 年环境保护部发布了《废弃电器电子产品处理企业补贴审核指南》。

《条例》第十七条规定，处理企业应当建立废弃电器电子产品的数据信息管理系统，向所在地的设区的市级人民政府环境保护主管部门报送废弃电器电子产品处理的基本数据和有关情况。为指导和规范废弃电器电子产品处理企业建立数据信息管理系统和报送信息，2010 年环境保护部发布了《废弃电器电子产品处理企业建立数据信息管理系统及报送信息指南》。

（三）标准建设

标准是贯彻落实我国废弃电器电子产品回收处理及综合利用管理的重要

技术手段。随着我国废弃电器电子产品回收处理体系的完善，大大促进了废弃电器电子产品回收处理及综合利用标准领域的工作。目前，废弃电器电子产品回收处理相关国家标准及行业标准见表4－20。

表4－20　废弃电器电子产品回收处理相关标准

序号	标准号	标准名称
1	GB/T21097.1－2007	《家用和类似用途电器的安全使用年限和再生利用通则》
2	GB/T 23685－2009	《废电器电子产品回收利用通用技术要求》
3	HJ/T181－2005	《废弃机电产品集中拆解利用处置区环境保护技术规范》
4	HJ527－2010	《废弃电器电子产品处理污染控制技术规范》
5	QB/T 2965－2008	《家用洗衣机再生利用技术通则》
6	QB/T 2964－2008	《家用电冰箱（电冰柜）再生利用通则》
7	QB/T 2963－2008	《房间空调器再生利用通则》
8	GB/T 21474－2008	《废弃电子电气产品再使用及再生利用体系评价导则》
9	GB/T 22426－2008	《废弃通信产品回收处理设备要求》
10	GB/T 26259－2010	《废弃通信产品再使用技术要求》
11	SB/T 10899－2012	《废电视机回收技术规范》

2007年9月5日，国家质量监督检验检疫总局和中国国家标准化管理委员会发布的《家用和类似用途电器的安全使用年限和再生利用通则》（GB/T21097.1－2007）规定了家用和类似用途电器安全使用年限和再生利用的术语和定义，技术要求以及标识等内容。

2009年4月20日，国家质量监督检验检疫总局和中国国家标准化管理委员会发布的《废电器电子产品回收利用通用技术要求》（GB/T 23685－2009）规定了废电器电子产品在收集、运输、贮存、处理和处置过程的资源有效利用和污染控制的技术要求和相关规定。

为促进资源的循环利用，防止废弃机电产品（废五金电器、废电线电缆、废电机以及其他废弃电子电器产品）拆解、利用和处置过程中的环境污染。2005年8月15日原国家环境保护总局发布了《废弃机电产品集中拆解利用处置区环境保护技术规范》（HJ/T181－2005，试行），于2005年9月1日起实施。《规范》规定了废弃机电产品集中拆解利用处置区建设基本原则，规划、设计及建设环境保护要求，运行环境保护要求，污染控制要求，等等。

为了保护环境，防治污染，指导和规范废弃电器电子产品的处理工作，环境保护部于 2010 年 1 月 4 日发布了《废弃电器电子产品处理污染控制技术规范》（HJ527 - 2010），于 2010 年 4 月 1 日起实施，规定了废弃电器电子产品收集、运输、贮存、拆解和处理等过程中污染防治和环境保护的控制内容及技术要求，禁止将废弃电器电子产品直接填埋，并禁止露天焚烧废弃电器电子产品，禁止使用冲天炉、简易反射炉等设备和简易酸浸工艺处理废弃电器电子产品。

长期以来，我国形成了以综合型污染物排放标准为主、行业型污染物排放标准为辅的排放标准体系。目前，我国还没有专门针对废弃电器电子产品处理行业的排放标准，没有行业性国家排放标准的其他一切污染源均执行综合排放标准。

在《废弃电器电子产品回收处理管理条例》的推动下，我国废弃电器电子产品综合利用产业得到了快速的发展。很多有实力的企业，包括上市企业、外资企业，积极投身中国废弃电器电子产品回收处理体系的建设。我国废弃电器电子产品回收处理行业正在由以个体作坊式为主，向规范化、规模化和产业化转型。

二 基金补贴政策效果分析

（一）补贴企业情况分析

1. 第一批补贴企业

《废弃电器电子产品回收处理管理条例》（以下简称《条例》）规定，从事废弃电器电子产品处理活动必须取得废弃电器电子产品处理资格。2010 年 12 月 15 日，环保部发布《废弃电器电子产品处理资格许可管理办法》和《废弃电器电子产品处理企业资格审查和许可指南》，详细规定了获得废弃电器电子产品处理资格的条件和申请程序。

经过企业申请、地方核查、国家审核等一系列程序，2012 年 7 月 11 日，财政部、环保部、国家发展改革委及工业和信息化部公布了第一批废弃电器电子产品处理基金补贴企业名单，共 43 家，涉及 15 个省份。

第一批处理企业拆解处理废电视机、废电冰箱、废洗衣机、废房间空调器和废微型计算机的年处理能力达到 5903 万台。图 4 - 4 为第一批处理企业的年处理能力分布。其中，50 万台以下年处理规模的企业 10 家，占 23%；51 万 ~ 150 万台 20 家，占 47%；151 万台以上 13 家，占 30%。

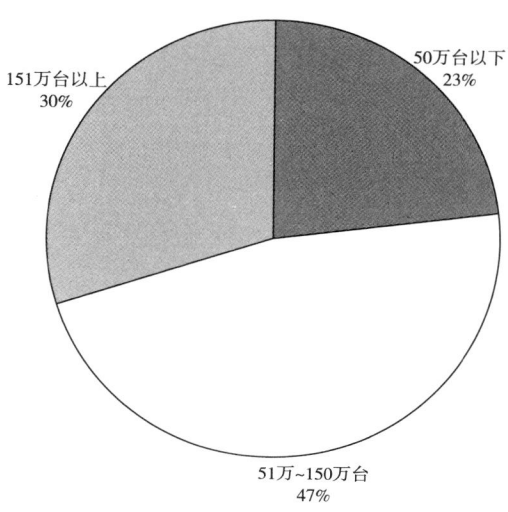

图 4 - 4　第一批处理企业年处理能力分布

图 4 - 5 为第一批处理企业目录产品的年处理规模。其中,废电视机年处理规模为 3249.3 万台,占 55%;废电冰箱为 604.55 万台,占 10%;废洗衣机为 715.8 万台,占 12%;废房间空调器为 408.23 万台,占 7%;废微型计算机为 924.93 万台,占 16%。五种目录产品中,废电视机的规划处理能力最大。

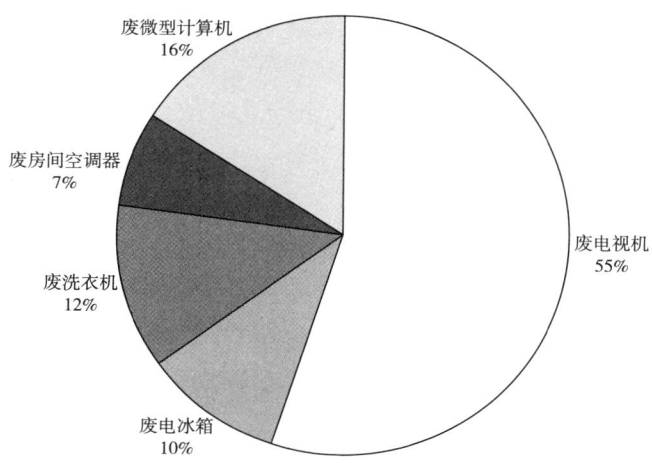

图 4 - 5　第一批处理企业目录产品的年处理规模

2. 第二批补贴企业

随着《条例》的实施，不断有新的获得资格的企业申请国家基金补贴。2013 年 2 月 4 日，财政部、环保部、国家发展改革委及工业和信息化部公布了第二批废弃电器电子产品处理基金补贴企业名单，共 21 家，涉及 12 个省份。综合第一批和第二批处理企业名单，我国已有 64 家处理企业，覆盖范围包括新疆、甘肃、广西等中西部在内的 22 个省份。

第二批废弃电器电子产品处理企业的年处理能力达到 2270 万台。图 4 - 6 为第二批处理企业的年处理能力分布。其中，50 万台以下年处理规模的企业 9 家，占 41%，51 万 ~ 150 万台 8 家，占 36%，151 万台以上 5 家，占 23%。综合第一批和第二批处理企业，我国 64 家废弃电器电子产品处理企业的年处理能力达到了 8173 万台。

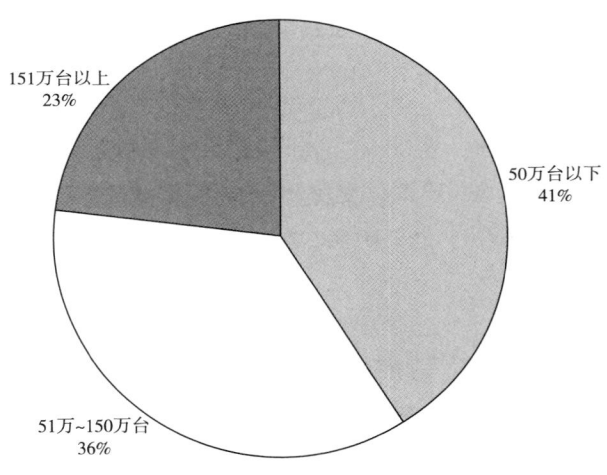

图 4 - 6　第二批处理企业年处理能力分布

图 4 - 7 为第二批处理企业目录产品的年处理规模。其中，废电视机年处理能力为 1364.1 万台，占 60%；废电冰箱为 238 万台，占 10%；废洗衣机为 262.6 万台，占 12%；废房间空调器为 168.45 万台，占 7%；废微型计算机为 240.15 万台，占 11%。与第一批处理企业相同，五种目录产品中，废电视机的处理能力最大。

（二）拆解情况

根据《废弃电器电子产品处理基金征收使用管理办法》的要求，基金

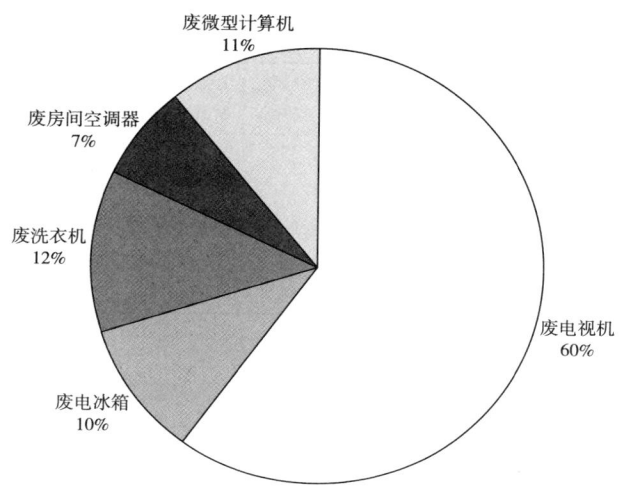

图 4 - 7 第二批处理企业目录产品年处理规模

补贴从 2012 年 7 月 1 日开始执行，大多数企业在 2012 年上半年基本上没有拆解废弃电器电子产品。

2012 年 7 月 1 日起，《废弃电器电子产品处理基金征收和使用管理办法》实施。处理企业按季度对完成拆解处理的废弃电器电子产品种类、数量进行统计，报送各省（区、市）环境保护主管部门。各省（区、市）环境保护主管部门组织开展审核工作，并以书面形式上报环境保护部。环境保护部负责对各省（区、市）环境保护主管部门上报情况进行核实，并汇总提交财政部。财政部核定每个处理企业补贴金额，并支付补贴。

2013 年 6 月 28 日，环保部固体废物管理中心首次公布了第一批处理企业废弃电器电子产品拆解处理种类和数量审核情况。14 个省级环保部门向环境保护部报送了 39 家企业 2012 年第三、第四季度废弃电器电子产品拆解处理种类和数量。环境保护部固体废物管理中心对上述省级环保部门报送的拆解处理种类和数量审核结果进行了技术复核。其中，对 14 省 27 家企业进行了现场抽查。

对技术复核过程发现的处理企业不规范拆解处理的，以及企业未能提供视频信息证实规范拆解的，环保部责令相关省（区、市）环保部门进行了重新审核，对相应数量予以扣除。39 家企业总计申请废弃电器电子产品拆解处理数量为 902.0491 万台，经省（区、市）审核和固体废物管理中心复核，确认规范的拆解处理数量为 767.8989 万台（见表 4 - 21）。

表 4 – 21 　2012 年第三、第四季度第一批处理企业处理数量审核情况

产品名称	企业申报拆解量（台）	确认规范拆解量（台）	申报产品拆解比例（%）	确认产品拆解比例（%）	确认比例（%）	补贴金额（元）
电视机	8527016	7214083	94.53	93.95	84.60	613197055
电冰箱	160670	155369	1.78	2.02	96.70	12429520
洗衣机	332063	309009	3.68	4.02	93.06	10815315
房间空调器	742	528	0.01	0.01	71.16	18480
总　计	9020491	7678989	100.00	100.00	85.13	636460370

注：确认比例是确认处理数占申报处理数的比重。

从表 4 – 21 可以看出，首次处理企业申报处理数量的核查仅为废电视机、废电冰箱、废洗衣机和废房间空调器四类产品。其中，废电视机的处理数量最多，达到 94.5%。在审核方面，废洗衣机的符合率最高，达到 93%；废房间空调器的确认比例最低，为 71.2%。在补贴金额方面，总补贴金额超过 6 亿元。其中，废电视机占 96%。

（三）实施效果分析

1. 企业实现规模化处理

按照 39 家处理企业申报 902.0491 万台核算，每个处理企业平均每月拆解废弃电器电子产品 3.8549 万台。根据部分企业现场调研显示，大部分企业从 2012 年 9 月开始正式拆解处理废弃电器电子产品，有些企业从 2012 年 11 月开始正式拆解处理。实际处理企业月平均拆解处理将大于 5 万台。

按照环保部固体废物管理中心公布的处理企业申报拆解数据，2012 年第三季度和第四季度，单个处理企业最大的拆解处理量达到 81.7 万台。根据各省环保厅公布的处理企业审核数据，2013 年第一季度，四川省的处理数量较大，达到 129 万台。因此，在基金政策的激励下，大部分处理企业实现了规模化的拆解处理。

2. 拆解处理品种差别大

此次公布的审核拆解处理品种包括电视机、电冰箱、洗衣机和房间空调器。微型计算机不在此次审核范围内。确认的 767.8989 万台废弃电器电子产品中，电视机 721.4083 万台，占 94%；电冰箱 15.5369 万台，占 1.8%；洗衣机 30.9009 万台，占 3.7%；房间空调器 528 台，占 0.01%，见图 4 – 8。在首批目录产品中，电视机回收处理的效果最佳。

电视机回收处理量大的主要原因有以下几方面。

社会保有量大、理论报废量大。与电冰箱、洗衣机和房间空调器相比，电视机的社会保有量和理论报废量均大于其他 3 种产品。

物流成本相对较低。与电冰箱、洗衣机和房间空调器相比，电视机的体积较小，重量较轻，易于搬运和码放，运输贮存的成本相对较低。

材料价值相对较低。电视机中玻璃占 2/3。其中，1/3 为含铅玻璃，是危险废物，经济价值低。

补贴标准高。废电视机，不论大小，补贴标准为 85 元/台。对于小尺寸电视机，回收、运输成本都低，回收者有较大的利润空间，因此回收量大。

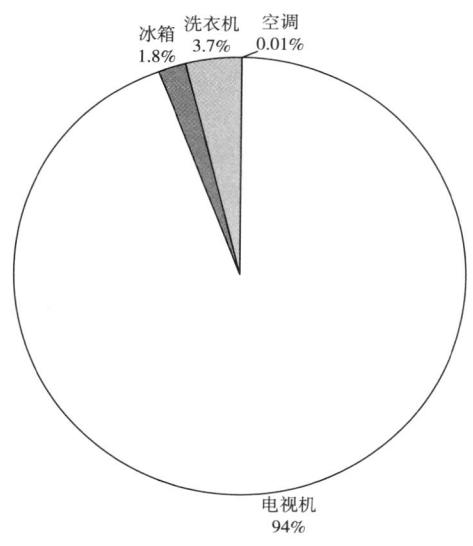

图 4 - 8 首批拆解处理产品的审核数量比例

3. 地区差异显著

环保部固体废物管理中心 2013 年 6 月 28 日公布的第一批处理企业拆解处理废弃电器电子产品的数据显示，在首次申报的 14 个省份中，拆解处理数量的地区差异较大，见图 4 - 9。拆解处理量最大的是四川省，其次是湖北省。而经济发达的江苏省，仅处于中游的水平。广东省的拆解处理量并没有预期的大，排在倒数第三，主要原因有以下几方面。

通常废旧产品由经济发达的省份流向经济不发达的省份。因此，对于经济不发达的省份，积累了大量的"历史废旧产品"，在基金政策实施初期，处理量较高。

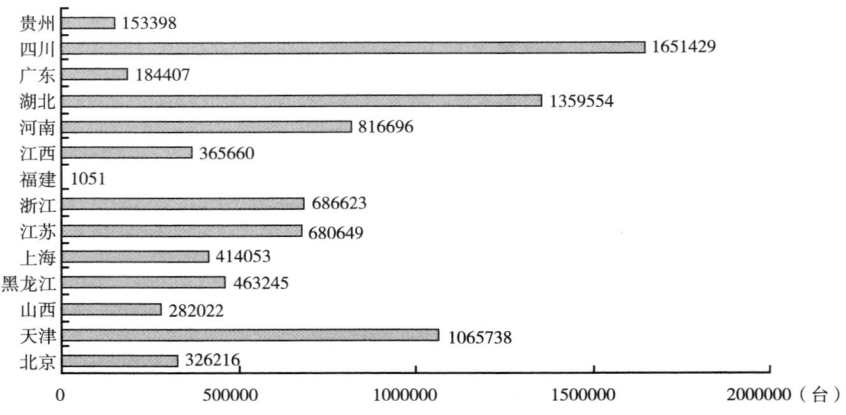

图4-9　不同地区处理企业拆解处理情况

经济发达的地区，土地、人工费用较高。而经济不发达的地区，土地和人工费用都较低。较低回收处理成本的不发达地区可以提高废旧产品的收购价格，使废旧产品大量涌入经济不发达的地区。

部分省份的处理企业还在建设中，尚未达到行业规划的数量，因此处理数量较小。

各省份电器电子产品的社会保有量、消费习惯等，也会导致地区处理量的差异。

4. 管理规范水平不同

2012年第三季度和第四季度，39家处理企业总计申请废弃电器电子产品拆解处理数量为902.0491万台，经省（区、市）审核和固废管理中心复核，确认规范的拆解处理数量为767.8989万台，占申请数量的85.13%。图4-10为处理企业审核通过的拆解处理数量所占比例的企业分布图。其中，100%审核通过的企业有5家，95%~99%审核通过的企业有18家。同时，也有少数企业，在审核过程中，扣减超过50%。处理企业的规范管理水平差异很大。

5. 个体回收是主体

2013年7月，国家发展改革委废弃电器电子产品处理目录评估和调整课题承担单位组成处理企业调研组，对上海新金桥环保有限公司、苏州伟翔电子废弃物处理技术有限公司和荆门市格林美新材料有限公司进行了首批目录产品实施情况调研。三家处理企业在建立废弃电器电子产品回收体系方面都进行了积极的探索，并各有特色。

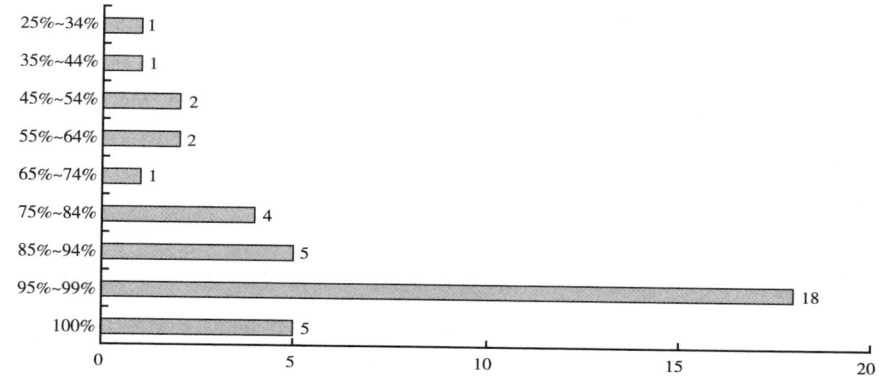

图4-10 处理企业审核通过数量比例分布情况

上海新金桥环保有限公司以回收网络信息化为核心，建立了一个包括回收网络建设、运营和管理的综合管理服务体系。阿拉环保网是全国首创利用物联网模式进行废弃电器电子产品回收、奖励的网站。通过新金桥的阿拉环保卡的条形码识别系统、线上信息流和线下物流在后台服务器的统一处理，形成了一个利用物联网技术低成本回收小家电的体系。

苏州伟翔电子废弃物处理技术有限公司与苏州政府合作，建立苏州社区废弃电器电子产品回收站，通过宣传、礼品换购等方式进行废弃产品回收。

荆门市格林美新材料有限公司在湖北省政府支持下，在武汉设立全国首家"电子废弃物回收超市"。通过"电子废弃物回收超市"对废弃电器电子产品进行阳光交易、规范收集，使分散无序、游击队式的废弃电器电子产品原始回收方式向定点集中、定价回收的文明回收方式转化，被誉为中国废弃电器电子产品回收体系建设的"武汉模式"。

目前，尽管处理企业不断实践新型回收体系建设，但是来自个体回收渠道的废弃电器电子产品仍是处理企业的主要回收渠道，占80%左右。

第六节　废弃电器电子产品综合利用典型案例

一　深圳市格林美高新技术股份有限公司

（一）基本情况

深圳市格林美高新技术股份有限公司于2001年12月28日在深圳注册

成立，2006 年 12 月改制为股份制企业，2010 年 1 月登陆深圳证券交易所中小企业板，股票代码 002340，是中国开采城市矿山资源第一只股票、再生资源行业和电子废物回收利用行业的第一只股票，注册资金 5.8 亿元，净资产 21 亿元，在册员工 2500 余人。2011 年度销售收入达到 9.18 亿元，净利润为 1.2 亿元，纳税总额达到 5000 万元。

（二）案例特征

格林美在国内率先提出"开采城市矿山"的思想以及"资源有限、循环无限"的产业理念（2011 年 1 月 12 日，被国家版权局授予版权），并以废电池、废弃电器电子产品等废弃资源为例，积极探索中国"城市矿山"的开采模式，致力于废弃电器电子产品、废电池、报废汽车等"城市矿产"报废资源的循环利用与循环再造产品的研究与产业化，构建了废电池、废弃电器电子产品、稀有与稀贵金属废料、报废汽车、废塑料与农业废物、工业废渣废泥等六大废物循环产业链，年处理废物总量为 100 万吨，循环再造钴、镍、铜、钨、金、银、钯、铑等 10 多种稀缺资源以及新能源材料、塑木型材等多种高技术产品，被先后授予国家循环经济试点企业、国家创新型企业、国家高技术产业化示范工程、国家高新技术企业，成为拥有国内一流、国际先进水平的国家城市矿山资源循环利用示范基地。2011 年 11 月，格林美以"建设有效的回收体系，对废弃电器电子产品和废电池等进行深度资源化为特征的循环经济发展模式"，入选国家 60 个循环经济典型模式案例；2012 年 2 月格林美被国家授予国家循环经济教育示范基地，为中国政府首批向世界开放的 9 家循环经济企业之一，奠定格林美中国循环经济与低碳制造领域的领军地位。

格林美开启了中国废弃电器电子产品由分散无序、游击队式的原始回收方式向定点集中、定价回收的文明回收方式的先河，通过勇敢实践，创立中国开采城市矿山的"格林美模式"。发动中国最大规模的废电池与废弃电器电子产品回收活动，格林美使中国的废电池回收率由 2006 年的不到 1% 提升到目前的 10% 以上，成为让中国城市迈向循环性社会的勇敢实践者。

（三）先进性分析

通过自主创新，格林美成为行业技术的领导者，成功解决了中国废电池和废弃电器电子产品等突出污染物的绿色回收利用技术难题与产业难题。格林美突破废电池、废弃电器电子产品等废物绿色循环利用的关键技术，获得近 300 件专利，牵头制定 70 余项国家及行业标准，其中 10 多项专利在欧洲、美国等 20 多个国家获得授权，是中国再生资源行业第一个在国外拥有专利、第一个获国家科技进步奖的企业。

格林美有两大核心技术：①废弃钴镍资源与废旧电池的回收技术，包括循环再造超细钴镍粉末技术，以及废电池循环利用技术。其中，循环再造的超细钴镍粉末可以替代原矿产品。②废弃电器电子产品整体资源化技术，包括绿色拆解与高效分离技术，稀贵金属的环保回收技术，废塑料循环再生塑木型材技术。

格林美已组建发改委城市矿产资源循环利用国家地方联合工程研究中心和商务部循环经济研究基地；已建成湖北省城市矿产资源循环利用工程技术研究中心、广东省电子废物资源化工程技术研究中心和深圳市环境友好金属材料工程技术研究开发中心三个省级工程技术研究中心；牵头成立湖北省电子废物整体资源化产业技术创新战略联盟，是中国再生资源产业技术创新战略联盟的理事单位，形成了从技术开发、资源回收到资源化利用的城市矿产资源循环利用完整的工程技术研究体系，强大的创新能力，使格林美成为行业的技术领导者。多年来，格林美通过废电池回收箱、电子废物回收超市、3R 循环消费社区连锁超市等多层次回收体系，建成 15000 多个回收网点，覆盖广东、江西、湖北等省 100 多个县（市），每年，商业、学校、社区、机关团体累计 3000 多万人积极参与格林美废电池的回收活动。

绿色循环、变废为宝。在广东、江西、湖北、江苏和河南建成五大世界先进的循环产业园，总占地面积 5000 余亩，覆盖珠三角、华中和长三角地区，形成以中部为中心，连接南北、东西的城市矿产资源循环产业布局。

格林美建成的四个废弃电器电子产品处理基地，把中国废弃电器电子产品的环保处理水平与世界先进水平完全接轨。年回收处理废弃电器电子产品 200 万台以上，约占中国总量的 6%，成为中国政府报废弃电器电子产品定点处理的主流企业。

格林美利用废弃电器电子产品中的废塑料和稻糠、秸秆等农业废物循环再造塑木型材，可替代木材，减少森林砍伐，广泛用于国内外园林景观工程，成为市场青睐的低碳产品。

格林美采用废电池与钴镍金属废料循环再造的超细钴镍粉末，打破国外公司长期垄断技术的局面，成功支撑中国 50% 以上市场供应的企业，成为力拓、霍尼韦尔等世界知名企业的战略供应商。

在循环再造过程中，对废水、废渣、废气进行整体回收利用；同时，采用物联网技术，对废物回收处置的全过程进行全面感知的实时监控；园区最大限度地采用风能、太阳能、LED 照明和循环材料，绿色和循环的理念贯穿格林美废物处理的全过程，完全杜绝了二次污染，使园区成为世界先进的废物处理的旅游基地。

消除污染，造福人类，得道多助。过去 10 年，格林美大胆实践开采城市矿山资源的试验，把循环从一种理念变成了现实的产业，把低碳从一种号召转变为切实行动，构建了从废旧电池回收开始，到电子废物回收体系建设再到循环产业园建设，成功完成了从"资源有限、循环无限"理念到产业链的实践。

格林美是中国节能减排的杰出代表。2012 年公司处理废电池、钴镍钨废料、废弃电器电子产品类、废五金、废塑料等"城市矿产"资源共 32.52 万吨，相当于节约 38 万桶石油，循环利用水 111 万吨，使相当于 156 亿吨水或 21 万平方公里土壤免遭污染，节约 50 万吨标准煤，使 1409 公顷森林免遭砍伐，减排二氧化碳 3 万吨。

多年来，苹果、力拓、宝马、优美科、长虹等一批世界知名企业前来观摩交流；中央和各部委领导和相关省份领导纷纷来格林美调研指导工作。

2012 年 7 月 13 日，国务院副总理李克强在武汉听取了公司发展汇报，并给予了高度评价；2013 年 7 月，习近平总书记来到格林美武汉分公司，考察废物绿色回收利用情况。习总书记指出，变废为宝、循环利用是朝阳产业，垃圾是放错位置的资源，把垃圾资源化，化腐朽为神奇，是一门艺术，鼓励企业员工要再接再厉。

二 深圳市东江环保股份有限公司

（一）基本情况

东江环保股份有限公司创立于 1999 年 9 月，是一家专业从事废物管理和环境服务的高科技环保企业。东江环保于 2003 年 1 月 29 日在香港联合交易所创业板上市，成为国内第一家在境外上市的民营环保企业。2010 年 9 月 28 日，东江环保正式由香港联交所创业板转至主板上市，股票代码为 00895。2012 年 4 月 26 日，东江环保发行 A 股并成功登陆深圳证券交易所中小板上市，股票代码为 002672。

（二）案例特征

东江环保的经营理念是循环经济，永续发展。文化理念是和谐共赢。东江环保自成立以来，一直专注于"废物处理及处置"、"资源综合利用"及"环境服务"三大核心领域。该公司立足于工业废物（危废）处理业务，积极拓展市政废物处理业务，配套发展环境工程及服务等增值性业务，充分发挥完整产业链优势，铸造以废物资源化为核心的全能固废处理服务平台。卓越的废物处理、资源利用及环境工程运营能力造就了东江环保独具特色的经营模式。

第一，为客户提供包括废物的处理及处置、环保设施的设计、建设及运营管理以及环保技术和咨询的全方位、一站式环保解决方案。

第二，通过独到的技术和手段将废弃电器电子产品等再生资源转化为原材料及能源等再生产品进行销售。

近几年，公司实现了快速发展，通过在广东的深圳、惠州、韶关、清远，江苏昆山，山东青岛以及湖南、湖北等地投资运营的多个环保项目，逐步形成了覆盖泛珠江三角洲、长江三角洲及中西部地区的以工业及市政废物无害化处理及资源化利用为核心的产业布局。目前，东江环保已建成全国规模最大，技术最先进的重金属废物处理和资源化基地，并按国际化标准实施广东省首个危险废物综合处置示范中心。目前，在全国建有 30 多家分（子）公司、12 个处理基地，年处理废物能力达百万吨，实现了良好的社会效益和经济效益，并确立了公司在工业废物处理领域的领先地位。

东江环保拥有专业化的收运队伍和专用运输车辆，所有运输车辆均具备危险品运输许可证，运输全程使用 GPS 系统监控管理。经过严格培训持证上岗的驾驶人员与押运人员，能够保证运输途中的安全以及应对突发事件，能最大限度地减少所运输废物对环境可能产生的危害。

随着业务的发展壮大，东江环保经营业绩保持年均 30% 以上的增速。2011 年实现收入约 15 亿元，净利润约 2 亿元，总资产达到 19.83 亿元，纳税额达 1.6 亿元。

（三）先进性分析

东江环保作为一个快速发展的高新技术企业，一直坚持走自主创新之路，累积研发投入超过 1 亿元，为公司的业务发展提供了强大的技术研发支持体系。公司研发中心自 2001 年成立以来，已实施研究项目 122 项，取得 10 项发明专利、8 项实用新型专利、2 项发明专利独占许可及 15 项专有技术。东江环保现拥有工业废液、废渣、污泥处理和资源化利用的多项核心技术，并形成在市政工业污水、废弃电器电子产品、餐厨垃圾、建筑垃圾及生活垃圾处理和综合利用等领域有丰富的技术储备和研发成果。强大的研发支持使公司可处理的废物种类不断扩大，资源化产品线日趋丰富，并更具向其他技术含量高、发展前景好的环保领域扩展的市场条件。作为国内领先的综合性环境服务提供商，东江环保可为客户提供全方位、一站式的废物管理及环保相关服务，包括废物的收集、处理与综合利用、环保工程设计、建设与运营、环境技术咨询服务。凭借卓越的专业技术和丰富经验，东江环保已成功为超过600家来自电子、电镀、机械制造、化工、能源、制药等行业的客户度身定造环保解决方案，与中海壳牌、艾默生电气、赛格三星、华为、德昌电机、信泰光学等众多国际知名企业建立了长期友好的合作关系。

在制度建设方面，将循环经济的发展理念落实到企业发展规划、制度建设和资源环境管理中，建立健全了资源节约管理制度，加强资源消耗定额管理、生产成本管理和全面质量管理，建立车间、班组岗位责任制；加强基础工作，研究建立循环经济评价指标体系，完善计量、统计核算制度，加强物料平衡。建立有效的激励和约束机制，坚持节奖超罚，完善各项考核制度，调动职工节能降耗、综合利用的积极性。强化宣传教育和培训，将循环经济纳入职工培训内容，树立资源忧患意识、节约意识和环境意识，提高了广大职工节约资源和保护环境的自觉性。

三　新天地环境服务集团

（一）基本情况

新天地环境服务集团是我国循环经济领域的龙头企业之一。2009年以来，先后承担了第一批废家电资源化试点项目，承建了多个城市的再生资源回收体系试点项目，建设了我国首个国家级静脉产业类生态工业示范园区，是国家第一批城市矿产示范基地，并拥有我国最高水平的废弃电器电子产品处置工厂。

2005年，青岛新天地公司和海尔集团共同合资注册成立了青岛新天地生态循环科技有限公司。该公司主要经营范围是废弃电器电子产品的收集、储存及处置。青岛新天地生态循环科技公司承担了国家发展改革委批复立项的全国两个试点示范工程之一废弃电器电子产品回收拆解与资源化利用试点和国家、山东省、青岛市第一批循环经济试点，荣获丰田环境保护奖家电教育示范基地。项目占地100亩，总投资1.2亿元，建设规模180万台套/年，回收对象主要包括：电冰箱、空调器、电视机、计算机显示屏、洗衣机、小家电、废电线电缆、贵重金属处理、硬盘等。

2009年，新天地作为山东省家电"以旧换新"工作中标企业，严格遵照国家有关要求，积极开展"以旧换新"工作，已与全省1300余家商场建立合作关系，通过自主研发的绿色拆解及高效分选技术工艺，对回收的超过400万台的废家电进行资源化利用，实现减排二氧化碳量43万吨/年，节约标准煤18万吨/年，促进了循环经济的发展。目前，公司有生产人员300人、覆盖全省的回收人员200多人。

（二）案例特征

在多年从事废弃电器电子产品综合利用行业的过程中，新天地获得废电视机、废电冰箱处置技术等多项专利，并在山东、陕西、吉林、湖北、安徽、辽宁、湖南、广西等10余省份建设废弃电器电子产品资源化项目，年处理能力达1200万台。对"四机一脑"及办公设备、手机等各类废弃电器电子产品进行绿色拆解、高效破碎分选，项目产生的塑料、铜、铝、铁、橡胶等资源，利用率达到92%。

新天地建立了覆盖山东全省范围的三级回收体系，开通了400－6580055回收热线电话和www.qdxtd.com.cn回收平台，并通过再生资源回收体系建设将社会生活中生产、流通和消费环节产生的包括废弃电器电子产品在内的各种废旧资源收集到园区进行资源利用，承担了山东公共机构报废电子电器产品绿色回收工作。

（三）先进性分析

新天地具有完善的现代化企业管理机制，成立专业管理公司、专家咨询组，建立健全组织保障，创新领导体系和工作机制。并且建设现代化的企业管理体系——五大内部管理体系：管理制度体系、操作规范体系、绩效考核体系、监督制约体系、应急响应体系。新天地通过ISO14001环境管理体系、ISO9001质量管理体系、OHSAS18000职业卫生、健康管理体系认证、清洁生产审核等，实现了全流程信息化管理。新天地静脉产业集群与山东半岛区域的电子、造船、化工等动脉产业集群形成"静脉、动脉"有机结合的"20＋1"生态工业发展模式，实现了区域经济的大循环。

新天地通过技术中心、人才中心和信息中心三大中心，实现科研教育、人才培养、企业孵化、信息平台、咨询服务五大功能，为行业技术革新和产业升级搭建平台，提升科技创新能力。

青岛新天地静脉产业园是我国首个国家级静脉产业类生态工业示范园

区，该园区是我国首批"城市矿产"示范基地，承建了国家第一批废弃电器电子产品资源化试点项目、青岛等多个城市的再生资源回收体系国家试点项目，是国内首个达到欧盟 2000 标准的危险废物处置中心。青岛新天地承建商务部批准的国家第二批试点城市青岛再生资源回收体系，在青岛有 1214 个回收站点、6 个分拣中心、1 个集散市场。另外，在上级主管部门的支持下，新天地建设了山东省固体废物信息交换中心，在山东省 17 个地（市）设立信息中心、139 个县（市、区）设直营回收中心、有 436 家加盟或授权回收站，实现省、市、县的三级网络联动。

四 上海电子废弃物交投中心有限公司

（一）基本情况

上海电子废弃物交投中心有限公司是经上海市人民政府经济委员会于 2004 年 6 月批准设立、并于 2004 年 11 月 13 日正式成立的专门从事废弃电器电子产品交投、收集、分类、处置的专业环保企业。公司主要从事机关及企事业单位淘汰报废电子电器产品和各类生产性电子废料及带有电子器件的其他物件的收集、储存、拆散销毁、分类处置及综合利用等。公司现有人员总数 49 人，其中工程技术人员总数 25 名，高级工程师 5 名、工程师 6 名，年核准处理各类废弃电器电子产品 1 万吨。

（二）案例特征

公司是工业和信息化部批准的全国唯一的城市废旧电子信息产品交投回收处理体系建设试点单位，是上海市环保局公布的电子废弃物拆解利用处置单位名录企业，是环保局颁布的"上海市危险废物经营许可证"企业（拥有电子类危险废物深度处理资格），是环保部颁发的"环境污染治理设施运营资质证书"企业，拥有上海市唯一的含汞荧光灯管处理资质，是上海市国家保密局指定的唯一涉密电子存储介质实行定点销毁企业，是市国资委、市机关事务管理局、市经委、市财政局、市环保局认定的机关事业单位实行废弃电子产品集中交投回收处理的企业，是市经委、上海海关、上海市出入境检疫局、市工商局、市质量技术监督局对本市行政执法单位罚没的电子电器产品实行集中定点销毁处置的定点企业，也是市发改委、市经委、市环保局认定的上海市循环经济试点企业。公司也已通过 ISO9001、ISO14001、OHS18001 三大体系认证，同时也是上海市高新技术企业。

（三）先进性分析

上海电子废弃物交投中心有限公司长期致力于废弃电子产品安全处置和再生资源化利用，创新性地建立了废弃电器电子产品的回收网络，扩大回收资源；建立了标准化的废弃电器电子产品处置基地。

公司目前拥有的生产设备均为自主研发、自行委托制作，主要包括：电冰箱拆解流水线、洗衣机拆解流水线、中型家电拆解流水线、小型家电拆解流水线，显示器、显像管物理法切割处理流水线，液压销毁设备，硬盘粉碎分选处置线，纸张、磁带处置线，洗衣机处置线，IC卡粉碎处置线，光盘粉碎处置线，塑料粉碎处置线，等等。并建有科研基地、化验室、危险化学品贮存场地、再生资源产品展示室、废弃电器电子产品回收大厅及再利用产品交易大厅等。公司目前拥有11项科技专利，其中8项已获授权。

五　伟翔环保科技发展（上海）有限公司

（一）基本情况

伟翔是一家具有丰富的环境保护及废弃电器电子产品回收处理经验的集团公司，总部位于新加坡。伟翔发挥跨国集团的技术及服务优势，为全球500强企业中，入驻中国的IT企业提供废弃电器电子产品的处理处置服务，主要处理生产过程中的边角料、残次品及各类副产品，流通领域中报废的终端电子仪器设备，淘汰的办公用品等各种废弃物。目前，集团90%以上的业务来源于此。

伟翔环保科技发展（上海）有限公司是上海唯一拥有全段处理废弃电器电子产品的企业，成立于2005年9月，投资总额为1800万美元，年处理废物能力达3.9万吨，是一家具有完善物理处理体系、化学处理体系、环境保障体系全段工艺的专业废弃电器电子产品环保处理处置企业。该公司业务主要包括：电子产品及衍生废弃物的回收及循环再生利用；废水、废液、废渣、废纸的综合利用和处理处置；危险废弃物处理处置资源再生及综合利用技术的研发推广和相关产品的生产，包括贵金属，铜、铝、铁等有色金属，塑料等非金属材料等；环境保护产品的研制；环境污染治理设施的建设经营及为产废企业提供相关服务等。2012年，伟翔收集废弃电器电子产品12124吨，2013年上半年的收集量已达到9628吨，预计2013年的产量增长率超过40%。

（二）案例特征

伟翔最大的特色就是具有较为完善的物理处理体系、化学处理体系、环境保障体系全段工艺处理处置系统。伟翔以高科技为依托，凭借自身节能降耗和不产生二次污染、再生利用率高的特点，开拓了一条有自身特色的在生产中求发展，从发展中树形象的可持续发展的良性道路，与电子产品生产商建立了长期互利的合作关系。

伟翔建立了废弃电器电子产品回收网络，采用先进的再生处理技术及设备，建设污染物收集处理系统，构建"废弃电器电子产品集中回收—高效资源化利用—无害化处置"的循环经济产业链，提高资源利用效率。一是建立覆盖长三角、珠三角及京津地区的回收网络体系，并与戴尔、苏宁等大型电子产品生产、销售商之间建立长期合作关系，保障废弃电器电子产品来源；二是加强技术创新，提高废弃电器电子产品再生利用率，从废弃电器电子产品拆解的线路板中提取金、银、铜、铅、锡等金属，对拆解的废塑料进行改性，生产塑料托盘等产品；三是实施清洁生产，加强过程管理，建立完善的污染物收集处理系统，实现固体废弃物、废气的无害化处理以及工业废水的零排放。

（三）先进性分析

1. 运营体系

伟翔拥有一系列完整的先进生产工艺。整个运营体系包含回收体系、系统化的分类和拆解、物理处置工艺、湿法化学线的生产、各类塑料的环保利用，并且在整个过程中有一套严密的环境保护措施，确保整个处置过程的环保、安全、无害。

2. 管理体系

伟翔通过了 ISO9001、ISO14001、ISO27001、OHSAS18001 标准体系的认证以及专门针对欧美市场的 R2 体系认证。企业内部执行《内审程序》，并每年开展内部体系审核，评估公司管理体系的适用性、充分性、有效性。自主开发了废弃电器电子产品追踪系统软件包——EWTS，提供可追溯、可审核的安全的废弃电器电子产品回收再生服务。

3. 技术创新

随着电子产品更新换代，每年会增添许多新类型的废弃电器电子产品。因此，伟翔大力研发新技术，并与清华大学、同济大学等高等学府建立产学研联盟。几年来，伟翔自主研发了"线路板元器件热拆解自动流水线系统"

实用新型专利，并申请了"废锂电池电极组成材料的资源化分离工艺"、"贵金属电解回收体系"和"锂电池组成材料的资源化分离系统"等发明专利。

第七节 废弃电器电子产品综合利用技术

目前，针对废弃电器电子产品广泛采用的拆解处理技术为手工拆解＋专业处理技术。其中，应用最广泛的设备是手工拆解线，主要是借助气动工具、剪刀等简单工具，对废弃产品进行手工解体并分类。手工拆解线主要由手工拆解工作台和传送带组成。此外，还需要负压环境拆解工作台，并安装负压集尘装置。

为了提高拆解效率，不同类别的产品可设置不同的拆解线。拆解线可根据拆解产品数量的多少，灵活设计拆解工作台的数量。由于拆解线制造的技术要求不高，且其布局与处理企业的场地面积密切相关，多数处理企业采用委托加工的方式定购拆解线。

按照环保部对废弃电器电子产品处理企业的处理技术的要求，专业必备技术主要有制冷剂回收技术、CRT 屏锥分离技术。此外，电冰箱破碎分选技术也被行业广泛采用。

制冷剂回收技术是较成熟的技术，广泛应用于制冷器具的维修行业。该技术的核心性能指标是制冷剂回收率。此外，不同制冷剂应分别进行回收。制冷剂回收技术还应包括制冷剂除油、除水等净化功能。

CRT 屏锥分离具有多种技术路线，例如电热丝分离法、激光切割法、金刚石切割法等。目前，广泛采用的是电热丝分离方法，利用在 CRT 表面形成骤冷骤热，使玻璃分裂。该技术性价比高，并已经完全国产化。

电冰箱破碎分选技术的工艺路线较成熟，即二次／三级破碎、磁力分选、重力分选、涡电流分选等，在特殊工位也可增加人工辅助分选。由于电冰箱中的发泡剂具有可燃性，所以该技术应用中防爆是关键。技术的核心性能是材料的分选率。该技术已经国产化，但与发达国家尚有一定差距。

一 拆解技术

废弃电器电子产品的处理流程划分为上游拆解和材料回收利用两个环节。经过多年的发展，我国在废弃电器电子产品拆解技术方面基本与日本、德国等国家具有一致性和相似性。废弃电器电子产品总流程见图 4 – 11。废弃电器电子产品拆解之前先分类，然后针对每种废弃电器电子产品进行有毒有害物质拆解和关键部件的拆解，其中有毒有害物质主要有电冰箱和空调器的制冷剂、电视机和计算机的 CRT 以及所有废弃电器电子产品包含的印刷线路板，这些均需进行专门的无害化处理；关键部件主要包括电冰箱和空调器的压缩机、洗衣机的电动机、计算机附带的液晶显示器等。以上部分拆解完后，剩余的废弃电器电子产品组分按情况适当分类，然后进入破碎、分选环节，按照钢铁、塑料、有色金属等进行下一环节的深加工过程，进行原料回收。

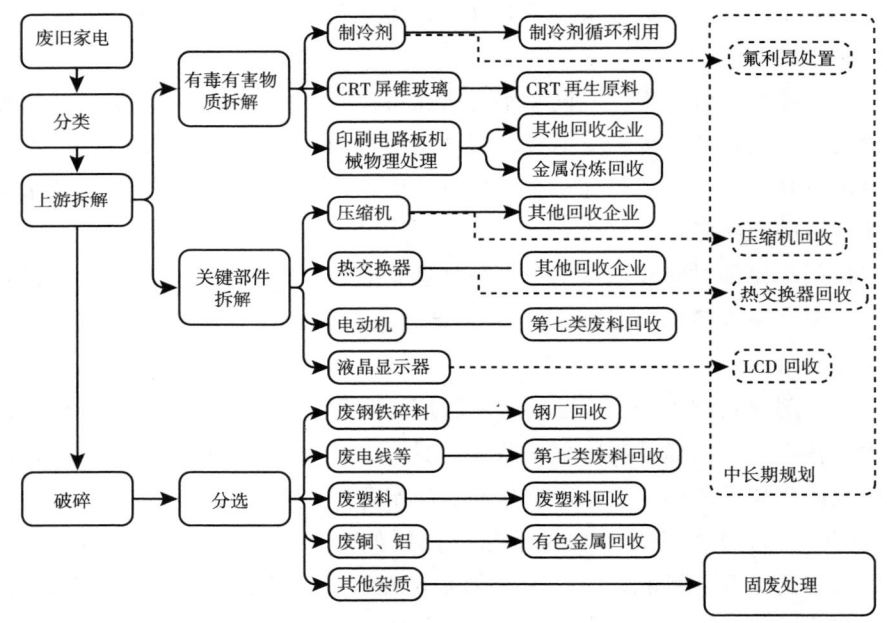

图 4 – 11 废弃电器电子产品拆解技术路线

在废弃电器电子产品回收利用过程中，应建立自动与人工结合的现代化拆解系统，以及先进的材料回收系统。

二 资源综合利用技术

（一）上游拆解产品综合利用技术

1. 废电路板综合利用技术

印刷线路板是家电的重要组成部分，含有丰富的非金属及金属材料，回收价值很高，另外其中还含有部分有毒有害物质，须进行无害化处理。废印刷线路板的回收利用工序包括拆卸废电路板上电子元器件、废板的机械分离处理、提取非金属及金属材料。

目前，印刷线路板的回收处理采用机械物理法，将拆解后的电路板粉碎成 $100\sim300\mu m$ 的粒子，分离金属和非金属的富集体，然后再利用物化方法进行提纯，此方法不需要改变废弃线路板中成分的化学状态，操作简单方便，废弃物全部得到利用，能缓解焚烧、填埋带来的环境压力。

印刷线路板的拆解流程见图4－12。首先通过预拆解过程，手工拆除固定在基板上的可直接利用的组分或元件，以及需要单独处理的有害元器件（如含多氯联苯的电容器、变压器等）；然后送至破碎回收段进行破碎和分选处理，实现金属与非金属的解离；最后将各机械设备及处理过程中产生的粉屑，用抽风机抽送至集尘器处理达标后排放。

在后续材料回收过程中，各种组件进行分类检测后，作为配件销售；废钢铁销售给钢厂进行回收利用，其他混合金属进入有色金属精加工生产线；含贵金属成分高的金手指、IC板、内存等送至贵金属回收系统中精炼回收金、钯、铑等；非金属部分主要是玻璃纤维和树脂混合粉末，可作为填料用于制造无机、有机两大类再生产品，如地砖、人造木材、混凝土替代材料等无机再生产品，以及再生环氧树脂复合材料或其他再生复合材料、涂料、黏合剂等高分子再生产品。

2. 废聚氨酯硬泡综合利用技术

废电冰箱拆解后产生大量的废聚氨酯硬泡，如不妥善处理将释放出大量的发泡剂，成为新的污染源，对我国温室气体减排造成不利影响。目前，废聚氨酯等高分子材料的污染废弃物主要以垃圾的形式存在于环境中，大量的垃圾亟须安全、经济、有效、无害地加以处置。聚氨酯废弃物的处理处置方法主要有：二次利用、填埋、焚烧，或者采用物理、化学或热处理等技术回收其中可用的材料，即资源化再生。

目前，资源化回收利用被认为是最有效、最科学的处理废旧高分子材料的有利途径，它不仅使环境污染问题得到妥善解决，而且使资源得到最有效的节约和利用。高分子聚合材料组成成分复杂，是由高分子和其他助剂或辅料组成的大分子物质，如聚氨酯泡沫塑料、橡胶、黏合剂、涂料等。在充分认识废聚氨酯塑料的污染与资源双重性的基础上，根据废聚氨酯的特性，国内外研究者对废聚氨酯回收处理技术进行了大量开发研究工作。目前，聚氨

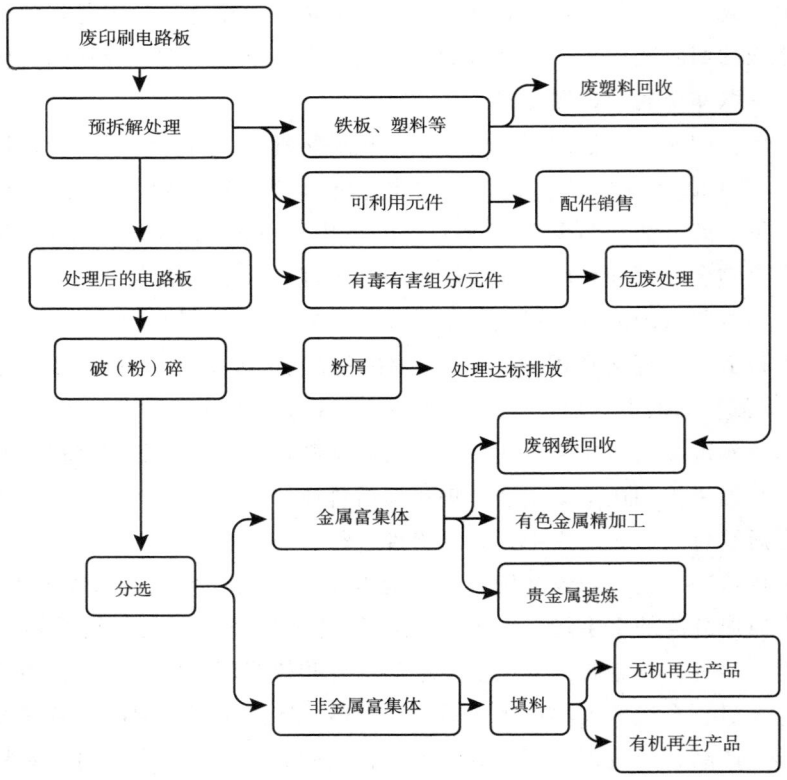

图 4－12　废印刷电路板资源综合利用流程

酯回收利用主要分为物理法和化学法。

　　物理法主要有黏结成型、用作填料和挤出成型 3 种方法。黏结成型法因再生后的泡沫制品性能下降，仅适用于作为低档部件；用作填料法是将粉碎后的聚氨酯粉末以一定量加入新的聚氨酯制品中，可用于制取 RIM 弹性体、吸能泡沫和隔音泡沫，也可用作生产原部件原料；挤出成型法是通过热力学作用把分子链变成中等长度链，将聚氨酯转变成软塑性材料的过程。

　　化学处理法是指聚氨酯在化学降解剂、催化剂或热能的作用下，降解成低相对分子质量的成分。根据所用降解剂和反应条件的不同，具体来说又分为醇解法、水解法、碱解法、氨解法、热解法、裂解法等。其中，醇解法最为成熟，已实现规模化和工业化；水解法因反应条件苛刻，技术难度大而未得到广泛应用；氨解法目前尚处于实验室研究阶段；裂解法因经济成本较高，其使用受到限制，热解法、碱解法处理聚氨酯的技术目前也尚未达到实用阶段。

废聚氨酯的处理处置应考虑各种因素，杜绝一切因不确定因素给环境造成的破坏和某些污染物在不同介质之间的转移，对环境整体而言，要具有安全性和可持续性。因此，在废聚氨酯处理处置时应使废聚氨酯的产生、处理处置与环境保护之间达到一个良好的平衡。开发二次污染小且能实现综合利用的废聚氨酯处理处置技术成为人们关注的热点。

3. 废制冷剂综合利用技术

制冷剂是指在电冰箱、空调器、冷水机组和空调器热泵等制冷系统中不断循环并通过其本身的状态变化以实现制冷的工作物质。20 世纪 90 年代前，广泛应用的制冷剂是氯氟烃物质（CFCs）、含氢氯氟烃物质（HCFCs）和氨。但由于氯氟烃与含氢氯氟烃类物质有破坏大气臭氧层和加剧温室效应的双重影响，遵照国际社会环境保护的系列协议，它们已经被或将被逐步淘汰。20 世纪 90 年代后，陆续出现了不少新型制冷剂及其替代物，如 R404A、R410A 等。目前，每种氯氟烃与含氢氯氟烃类均有多种替代物存在，各国也在遵守国际协议的基础上，结合本国条件，制订了不同淘汰战略和方案，呈现百花齐放的局面。

制冷剂是现代社会生活中不可缺少的工作物质，被大量地使用和排放。制冷剂的处理和回收不仅能够防止臭氧层被破坏，还可以获得经济效益，符合生态保护和循环经济理念。

制冷剂的主要处理流程如图 4 - 13 所示。部分制冷剂通过净化设备在现场进行循环净化后回充至设备系统中；部分制冷剂回收后首先经过纯度检验，确定是否可以再生。当检验表明制冷剂受到严重污染不能有效再生时，需进行妥善的销毁处理。对于可再生的单组分制冷剂，可以通过蒸馏再生设备或系统实现再生；对于多组分制冷剂，可以经过分馏再生系统实现再生。

4. 废 CRT 综合利用技术

废 CRT 是废电视机和废计算机拆解过程中的重要组成部分，在废弃电器电子产品中占有很大的质量比例。彩色 CRT 显示器中的主要成分含铅玻璃、铜、铁、铝、塑料和一些微量元素如荧光粉中的稀土金属等。

针对 CRT 含铅玻璃，国内外的处理处置技术主要包括三个方面：一是回收、循环、再利用；二是熔炼过程，可以把含铅玻璃作为铅熔炉中的熔融

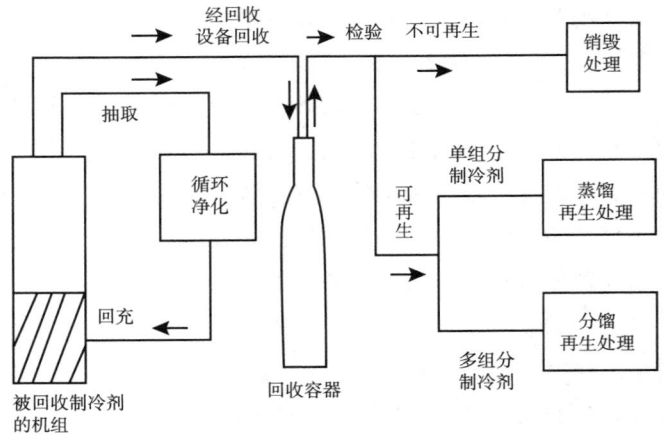

图 4 - 13　制冷剂处理流程

试剂；三是危险废物填埋。

CRT 的综合利用技术是采用电热丝加热方式，分离含铅的锥玻璃和屏玻璃（荧光屏）。屏玻璃须去除荧光涂料，吸取的荧光粉属危险废物，须送至危废中心进行安全处置，避免污染扩散，其余部分经碎片化处理后送至再生厂熔融制玻璃；锥玻璃中的完整锥屏可送至 CRT 生产企业进行循环再利用，其余碎锥玻璃进行破碎，按粒径不同分选成碎屏玻璃和碎锥玻璃，作为 CRT 显示器的生产原料出售。

5. 废 LCD 综合利用技术

近年来，随着液晶显示相关技术的快速发展，制造成本的不断降低，其市场占有率逐年提高。根据资料，2010 年全球液晶显示器出货量达 1.8 亿台。作为电子消耗品，其使用寿命随着产品更新换代速度的加快而逐渐缩短，一般为 3 ~ 5 年，因此，未来几年内将有大量的液晶显示器进入报废期，由此产生的废液晶显示器处理处置问题引起了人们的广泛关注。

我国环境保护部等部委于 2006 年联合颁布的《废弃家用电器与电子产品污染防治技术政策》明确规定：对于便携式计算机及其他含有表面积大于 $100 \, cm^2$ 的液晶显示器应以非破坏方式分离，将其中的液晶面板（其包覆的液晶不得泄漏）、背光源模组及驱动集成电路拆除。液晶物质的无害化处理可采用加热析出，催化分解技术。从市场上回收的废液晶显示器处理过程一般包括拆解、热处理、玻璃资源化、铟回收等主要步骤（见图 4 - 14）。

目前，国内针对废液晶显示器面板的资源化研究主要集中在偏光片、液晶、稀有金属（铟）、玻璃基板等组分的分离上。废液晶显示器的液晶玻璃、电路板中的贵重金属以及透明玻璃电极中的铟等稀有金属，都是宝贵的资源，具有重要的资源再生价值，尤其是铟的回收价值和意义更为重大，都会成为今后废液晶显示器资源化的重要方向。液晶与玻璃基板分离是废液晶显示器处理的关键技术，而贵重金属以及铟的回收是其资源再生的关键技术。

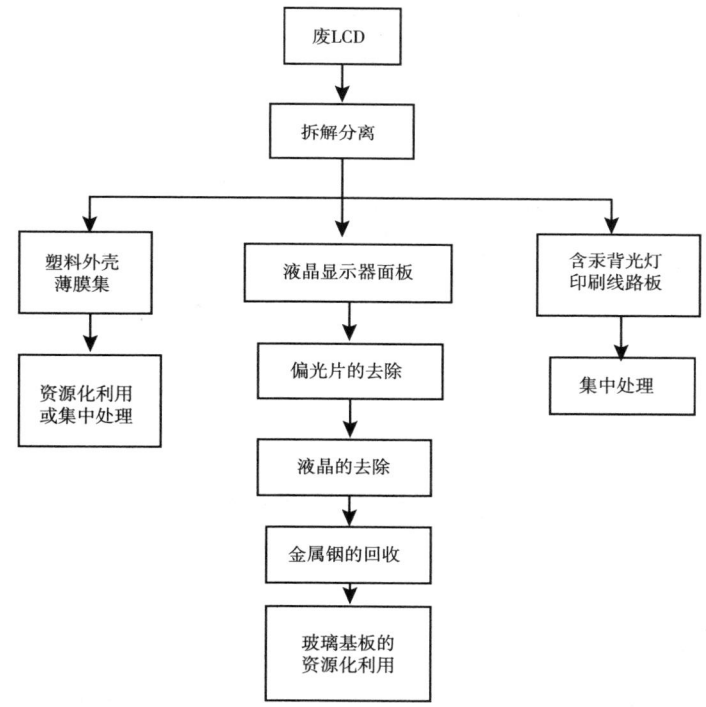

图 4 - 14 废 LCD 资源综合利用技术路线

（二）破碎后资源综合利用技术

经拆解破碎后的废钢铁、废有色金属、废塑料等产品经分拣加工后，作为原料分别送往生产企业。

废电线、废电机经去油污、拆解等工序后，产生的废金属、废塑料等产品，作为原料分别送往生产企业（见图 4 - 15 和图 4 - 16）。

其他杂质作为固体废物进行无害化处理。

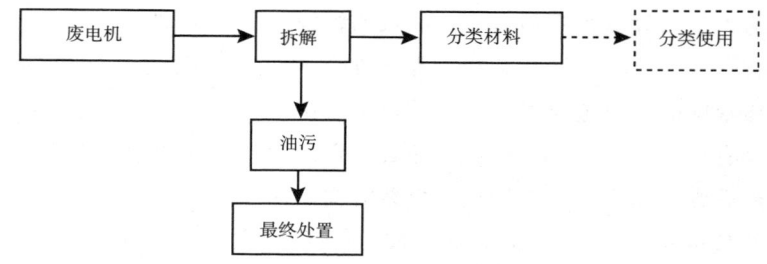

图 4 - 15　废电机综合利用技术路线

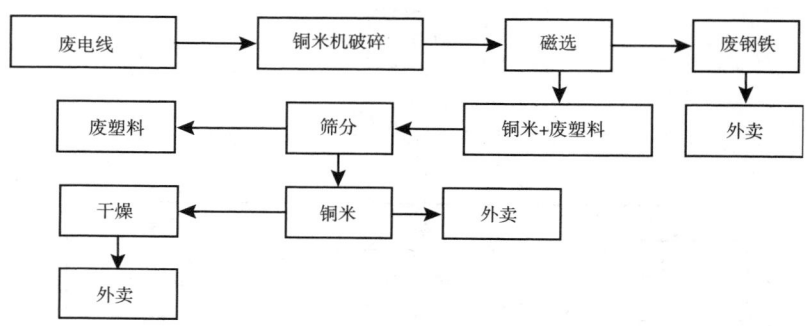

图 4 - 16　废电线综合利用技术路线

第八节　2013 年废弃电器电子产品综合利用产业展望

一　总体概况

（一）管理制度

2012 年 7 月 1 日，我国《废弃电器电子产品处理基金征收和使用管理办法》（以下简称《管理办法》）正式实施。《管理办法》的实施不仅对我国废弃电器电子产品综合利用行业的发展具有重大的推动作用，而且对我国废弃电器电子产品回收行业也将有重要的影响。

2013 年，国家环保部将继续严格实施废弃电器电子产品处理企业和拆解处理补贴的审核，并将建立处理企业的退出机制。

随着我国废弃电器电子产品回收利用管理制度和激励机制的不断完善，在"十二五"期间，废弃电器电子综合利用产业稳步发展。废弃电器电子产品的回收行业将仍以市场为主导，多模式共存。废弃电器电子产品回收的价值不同。对于基金处理补贴高、材料价值低的废弃电器电子产品，例如电视机，可以较顺利地回收并进入规范的处理企业进行拆解处理。而对于基金处理补贴低、材料价格高的废弃电器电子产品，例如房间空调器，将很难回收。

（二）产业发展趋势

在基金补贴的支持下，废弃电器电子产品处理企业可以以较高的价格回收目录产品，这将给废弃电器电子产品的回收经营者带来一定的利润空间，从而吸引规模较大的再生资源回收企业参与废弃电器电子产品的回收。此外，废弃电器电子产品处理企业，从自身发展的需要，也将积极搭建废弃电器电子产品回收体系。电器电子产品的制造企业，利用逆向物流的优势，开展产品的回收服务。

2013 年，废弃电器电子产品的回收行业将呈现以市场为主导的、多模式共存的回收景象。而新型回收模式，例如制造商的逆向物流回收体系是否能顺利发展并形成规模，将与政府是否出台引导和鼓励政策密不可分。

不同目录产品，由于其数量和价值相差较大，其回收情况也各不相同。电视机由于报废数量大，价值相对低，回收的数量也较大。但是，黑白电视机在家电"以旧换新"时期已经被大量的报废，其理论报废量呈现下降的趋势，预计 2013 年，黑白电视机的回收数量将会减少。而房间空调器进入居民家庭的时间较晚，报废数量少，而价值相对较高，废弃房间空调器的回收难度进一步加大。

在经历了 2012 年政策和行业的调整，预计 2013 年，我国废弃电器电子产品处理行业在企业数量和处理规模上将会有较大的发展。

2013 年，废弃电器电子产品处理企业的数量还将增加。2013 年 2 月，财政部和环保部公布了第二批废弃电器电子产品处理企业补贴名单。两批处理企业总计 64 家。与全国规划的 100 家左右的处理企业规模还有一定的差距。随着各省份申报对处理企业审核数量的增加，预计环保部还将组织第三批处理企业资格审核。

废弃电器电子产品的处理量也将大幅增加。2012 年，在基金制度下，只有第一批列入处理企业名单的 43 家企业在 2012 年的第三季度和第四季度进行了废弃电子电器产品的拆解处理。而 2013 年，随着处理企业数量的增加以及基金补贴政策的落实，废弃电器电子产品处理量将出现大幅提高。

废弃电器电子产品综合利用产业的发展，促进了废弃电器电子产品回收材料的资源综合利用行业，例如木塑制造行业、包装制品行业等。国家环保部作为废弃电器电子产品处理企业资质的主管部门，一再重申加强废弃电器电子产品处理企业的管理。随着政策的完善及优势企业的出现，废弃电器电子产品处理企业资质管理将要求更加严格。各地区处理企业的数量均进行了总量控制，新企业将很难进入废弃电器电子产品处理行业。

随着废弃电器电子产品处理补贴制度的完善和落实，不论是企业数量，还是处理废弃电器电子产品的数量，都将大幅提升。预计到"十二五"末期，处理行业有望稳步增长。虽然，处理企业处理数量上升，且有处理基金补贴，但由于回收产品价格的上涨，处理企业的利润空间不断被压缩。

二 资源综合利用情况

2013 年，我国废弃电器电子产品综合利用产业从整体来看，将在 2012 年的基础上稳步增长。尤其是各类电器电子产品产量不断增长，社会保有量随之增加，另外，多种电器电子产品更新淘汰速度加快，在很大程度上也刺激了电器电子产品报废量的增加。

2012 年，我国"四机一脑"的产量总和约为 7.3 亿台，根据各品种电器电子产品历年的情况，结合 2013 年 1 ~ 8 月的实际产量来分析，估算出2013 年我国"四机一脑"产量都有不同程度的增加，电视机、计算机产量会小幅增加，空调器产量增加幅度较大，"四机一脑"总产量可增至约 8 亿台，对 2013 年预测产量如表 4 - 22 所示。

表 4 - 22　2013 年"四机一脑"产量预测

单位：万台，%

项目	2012 年	2013 年	增幅
电视机	12800	13440.0	5.00
电冰箱	8427	9269.7	10.00
洗衣机	6742	7281.4	8.00
房间空调器	10000	14000.0	40.00
计算机	35400	36108.0	2.00
总　计	73369	80099.1	9.17

根据表 4 - 22 对 2013 年"四机一脑"产量的预测，结合近年来"四机一脑"的社会保有量，估算出 2013 年"四机一脑"的社会保有量接近 40 亿台，所有电器电子产品社会保有量总数约为 205 亿台。

根据近些年"四机一脑"的报废量，结合"四机一脑"的社会保有量，测算出 2013 年的"四机一脑"报废量总数约为 1.04 亿台，如表 4 - 23 所示。

表 4 - 23 2013 年"四机一脑"报废量预测

单位：万台，%

项目	2012 年	2013 年	增幅
电视机	1845	3000	62.60
电冰箱	929	1000	7.64
洗衣机	1057	1500	41.91
房间空调器	1782	1900	6.62
计算机	2651	3000	13.16
总　计	8264	10400	25.85

通过以上测算，可以看出，2013 年，我国"四机一脑"的报废量在经历 2012 年的低谷之后有所增加，增量较少，但增幅较大；报废量增量较大，但增幅较为平稳，基本保持近几年的增速。

此外，2013 年，所有品种的电器电子产品报废量总数预计约为 32 亿台，所有品种的废弃电器电子产品拆解产物价值接近 1000 亿元，在我国再生资源行业中占有相当重要的地位。

三　促进产业发展政策建议

（一）加强技术和装备研发，提高资源综合利用效率

科学技术是加快废弃电器电子产品综合利用产业化进程的推动力和支撑力，是发展循环经济的根本途径。近年来，在提高资源利用效率、提高废弃电器电子产品回收利用方面的技术取得一些突破，但总体上看，还相对滞后，甚至差距较大，特别是废弃电器电子产品拆解的工艺技术设备水平，一直在低水平线上重复。知识创新、技术创新、制度创新、管理创新已成为推动经济发展的引领力量，成为有效利用全球资源的核心要素和主要动力，成为可持续发展的基石。

废弃电器电子产品资源综合利用包括"再利用"、"再制造"、"再循环"，其中"再利用"和"再制造"是资源化的最佳形式和首选途径。废弃电器电子产品回收后的"再生产"、"再利用"，其基本流程包含众多技术要素和设备。整个系统运行，既要有良好的硬件，又要有知识含量的软件；既

要有工艺技术的模块组合，又要有主辅设备优化配套；既要有技术标准和质量指标，又要有环保标准和卫生安全指标。因此，要求工艺、技术、设备、人才等各种要素相互匹配，才能实现高效率、高质量、大批量的良性运营。

（二）细化补贴标准，增强基金使用效率

对由于型号不同，带来回收处理成本差异较大的产品，如电冰箱、电视机等，研究制定不同的补贴标准。差异化的补贴标准更好地考虑处理企业实际运行面临的问题，将有利于行业的发展。表4－24为欧盟部分国家CRT电视机的补贴标准。

表4－24　CRT电视机补贴标准

国家	按重量计算　单位：欧元/千克（人民币/千克）			
爱沙尼亚	0.47（4.29）			
芬兰	0.37（3.38）			
	按台数计算　单位：欧元/台（人民币/台）			
丹麦	≥30英寸	22～29英寸		≤21英寸
	90丹麦货币（109.41）	60丹麦货币（72.94）		0.40丹麦货币（0.49）
芬兰	≥28寸		<28寸	
	16.00（145.96）		8.00（72.98）	
爱尔兰	≥73厘米	52～72厘米		0～51厘米
	15.00（136.84）	10.00（91.22）		5.00（45.61）
挪威	10～14寸	15～18寸	19～27寸	28寸以上
	10.00克朗（10.192）	10.00克朗（10.192）	24.00克朗（24.46）	34.00克朗（34.65）
瑞典	32寸以上	22～31寸	7～22寸	6寸以下
	180瑞典克朗（149.4）	120瑞典克朗（99.6）	60瑞典克朗（49.8）	8瑞典克朗（6.64）

欧盟废弃电器电子产品的补贴标准分为两类：一类是按照产品重量补贴。按照产品重量进行补贴很好地反映了不同大小产品补贴的差异。另一类是按照产品的数量补贴。有的国家，针对产品的不同型号，制定差异化的补贴标准，例如：电视机根据不同尺寸进行划分等。

我国可借鉴欧盟差异化补贴的方式，根据产品不同的规格、处理企业资源综合利用率的不同，细化基金补贴标准。建议每种产品，根据材料、结构的不同，制定2～3档补贴标准。

（三）发挥行业协会作用，促进行业自律

随着我国市场经济的不断发展，政府部门积极转变职能，把工作重点转到加强宏观调控、调查研究、制定市场规则、依法行政和有效监管工作上来。不应再对企业行使行政管理权，而应发挥行业协会的为企业服务、自律、协调、监管和维护企业合法权益、协助政府部门加强行业管理的职能。协会是全行业企业的喉舌，代表行业的利益，同时也是政府与企业之间的桥梁和纽带。在我国未来经济发展中，越来越不可忽视行业协会的作用。充分发挥协会在全行业的作用，开展各类废弃电器电子产品生产和地域分布统计调查；进行全国及各地区的各类废弃电器电子产品回收利用率的统计分析；为国家政府提出废弃电器电子产品的情况报告；制定和修改相关国家、行业标准和技术政策；组织行业内的资格认证和咨询论证，开展全行业产品展览、企业间的技术交流和技术培训。

（四）　加强国际交流合作，不断提高自身水平

工业发达国家在资源开发利用的技术上、管理法规上和管理机构上都具有较高的水平。加大国际学术交流和技术合作，引进、消化、吸收国际废弃电器电子产品资源综合利用加工技术，对于提高我国废弃电器电子产品资源综合利用技术水平和管理水平都有极大的帮助。同时，也能够提高劳动生产率和资源替代率，增加就业机会，提高企业经济效益。

（五）　增强资源环境意识，加强宣传教育和舆论引导

一个国家在一定时期的废弃电器电子产品资源综合利用产业发展程度如何，归根结底取决于这个国家经济社会发展水平。经济发展水平越高，废弃电器电子产品数量越大，品种越多。因此，应该从现在起，大力开展全民族的资源意识宣传和全社会的环境意识教育，利用广播、电视机、报刊等媒体加大对废弃电器电子产品资源综合利用的重要性及特殊性的宣传力度，使废弃电器电子产品资源综合利用有关知识做到家喻户晓，并将有关废弃电器电子产品资源综合利用的知识列入中、小学教育课本，让资源再生循环的意义在下一代的思想中根深蒂固；通过宣传使公众树立节约资源、保护资源、变废为宝、积极参与资源回收的意识。

废弃电器电子产品资源综合利用产业是涉及国民经济各个领域、与千家万户有着密切联系、与我国经济和社会持久发展密不可分的一项事业，只要国家给予足够重视，给予一定的空间，采取有效的对策，我国废弃电器电子产品资源综合利用产业将会得到更大发展。

第二篇　比较篇

废弃电器电子产品处理目录（2013）评估与调整研究

第五章
中美目录及配套政策比较研究

第一节　美国废弃电子产品管理法律概述

美国是世界上最大的经济体，2012 年国内生产总值（GDP）15.6 万亿美元，人口约为 3.15 亿。美国也是世界上电子产品的进口大国和消费大国，因各种电子产品消费量巨大，由此而产生的各种电子废弃物规模巨大。由于美国易于从全球获取资源，导致国内不重视对废弃物的利用，废弃物回收利用率总体不高，但随着资源消耗的增加和环保意识的增强，美国政府、企业界和美国公民也认识到加强废弃物管理对保护环境和节约资源的重要性。

尽管电子废物仅占美国固体废弃物总量的 1% ~2%，占市民生活垃圾的 8% 左右，但其管理却备受重视。主要原因有二：一方面，由于电子产品推陈出新速度快，废弃量增长迅猛；另一方面，由于电子产品所使用的材料复杂，废弃产品回收处理的环境效益较高。目前，美国有关电子废弃物回收利用的循环经济模式日益成熟，相关的法律体系也趋于完善。

一　联邦有关立法基本情况

尽管对电子垃圾处理的设想已超过十年，但美国国会始终没有提出一份正式的联邦电子垃圾处理和回收方案的建议。2000 年 12 月制定的《国家电子产品管理计划》规定了联邦层面的电子垃圾管理架构，试图建立一个统一的涵盖全部特定产品的目录，以及一个支撑联邦电子垃圾处理计划的融资体系。但该计划在2004年由于没能解决资金来源问题而搁浅。

由于回收电子垃圾所需要的融资机制无法在全国范围内获得一致的支持，这阻碍了联邦层级的立法。另外，美国环保署（EPA）对于制定综合性的电子垃圾处理法规，也缺乏足够的立法权限，这也极大地限制了EPA解决国内电子垃圾问题的能力。

由于日渐认识到电子垃圾问题的严峻，考虑产品本身的毒性，一旦处置不当有可能造成人体健康安全隐患，对公众健康和环境产生影响，因此企业在进行回收、翻新、原料和能源再利用、灰化和处理时，务必谨慎从事。对于电子垃圾《美国资源保护和循环利用法》（RCRA）主要对阴极射线管的处理和出口做了相应的规定。EPA关于阴极射线管的立法内容包括国内部分的规定以及对回收者在出口环节之前设置提示注意义务。

国会由于无力对电子垃圾数量持续增长的局面提供应对之策并建立联邦级立法，给各州留下了政策空间。

二　各州相关立法及主要内容

截至2013年9月，美国已有25个州通过了全州范围内的电子垃圾回收法律，其中23个州和纽约市明确生产者责任延伸制度，加州明确消费者预付回收利用费制度，犹他州通过了生产者教育的立法，这也就意味着美国已有65%的人口受电子废物回收处理法的规制，还有一些州致力于通过新法律或改善现有法律。另一些州，如阿肯色州、马萨诸塞州、蒙大拿州、新罕布什尔州、新墨西哥州等虽然没有明确的电子垃圾回收法，但也在相关法案中有对电子废物管理的相关规定。

（一）实行消费者预付费制度的州

1. 加州

该州修订后的《电子废物回收法》于2003年签署，2005年1月1日开始回收电子废物。所规定的电子目录产品主要包括电视机和显示器、便携式DVD播放器。该法案特点是规定购买电子产品目录中所涵盖的产品，消费者需要支付6～10美元的费用，这取决于视频显示器的大小。收取的费用计入州回收基金，然后用于支付合格的电子废物的收集和回收企业，以弥补其进行电子废物处理的成本。基金专款专用。

尽管加州在2003年通过了基于预付费（ARF）的电子废弃物回收法案，

2007 年 9 月加州通过了号召采用"生产商延伸责任"（EPR）的决议，作为未来加州立法的框架。

（二）实行生产者责任延伸制度的州

2. 康涅狄格州

该州修订后的《关于受管制电子产品回收法》于 2007 年 7 月签署，2009 年 1 月 1 日生效，但直到 2011 年初才开始真正进行电子废物回收。所规定的回收目录产品主要包括电视机、显示器、个人计算机和笔记本计算机。该法案规定了废弃电子设备强制回收计划，目录中的电子设备生产者必须参与一项计划，收集、运输和回收这些产品，安排运输到回收和循环再造名录厂家。

3. 夏威夷州

该州《关于电子设备回收法》于 2008 年 7 月 1 日签署，但 2010 年 1 月 2 日才开始回收计划。所规定的回收目录产品主要包括电视机、计算机显示器或任何具有显示大于 4 或包含电路板的设备。该州法案特点是截至 2009 年 1 月 1 日前，各生产者新供出售的电子设备必须在卫生署注册，并缴纳 5000 美元的登记费。自 2009 年 7 月 1 日后的每年，每个生产者必须向卫生署递交一份计划书，针对在夏威夷出售的特定电子设备的收集、交易和循环使用事项进行规划、实施和管理。

4. 伊利诺伊州

该州的《电子产品再使用和回收利用法》于 2008 年签署，2010 年 1 月 1 日才开始回收计划，所规定的回收目录产品主要包括计算机、电视机、手机、掌上计算机、打印机、传真机、游戏机、录像机、DVD 播放机、iPod 播放器、其他设备（不包括计算机及打字机）。

法案特点是需要厂商建立设施，以接受消费者的电子垃圾。截至 2012 年，某些电子废物市政废物卫生填埋场处置方式，以及电子废物用焚化炉焚化处置的方式将被禁止。该法案只适用于居民产生的电子设备，但该项规定影响了许多企业。生产者未向伊利诺伊州环境保护局（IEPA）下属的土地管理局（BOL）缴纳注册费，将会面临每天高达 1 万美元的民事罚款。

5. 印第安纳州

该州环境法的修订于 2009 年 5 月 13 日签署，2010 年 2 月才开始电子废物的回收计划。所规定的回收目录产品主要包括电视机、计算机、笔记本计算机、键盘、打印机、传真机、DVD 播放机、盒式磁带录像机。

该法案特点是需要视频显示器供应商搜集和回收他们在过去一年在印第安纳州出售的产品体积总重量的 60%，在最开始的两年，生产者若不能实现这些目标将会支付额外的回收费用，所支付费用的多少与距离目标的差距成正比。

6. 缅因州

缅因州的《关于构建责任承担体系以安全回收和再循环废弃电器电子产品的公共健康和环境保护法》于 2004 年签署，2009 年修订后扩大了产品的范围，2011 年修订后扩展了参与回收的主体范围，其中最初关于电子废物回收的规定于 2006 年 1 月 18 日生效。所规定的回收目录产品主要包括电视机、计算机显示器或任何具有显示大于 4 英寸或包含电路板的电子设备。

该法案要求各市将废旧计算机和废旧电视机监视器送到生产者资金充足的分货中心。厂家要根据缅因州的环境无害化回收指引，给运输和循环利用电子垃圾付费。生产者根据他们在缅因州的回收产品的数量，包括"无主产品"的份额（无主元件是指生产者生产过的已经停产的部件）来计算他们的成本分摊。

7. 马里兰州

该州《关于州内电子废物回收计划环境法》于 2005 年签署，2006 年 1 月 1 日开始回收电子废物。所规定的回收目录产品主要包括台式计算机、个人计算机、笔记本计算机和电视机。该法案建立了从城镇到城镇的收集系统，生产者负责为项目筹集资金或创建他们自己的计划。该法案在 2007 年增加了一项新举措并进行了更新，它扩大了产品范围，将电视机和其他显示设备涵盖在内。修订过的《全州电子垃圾回收计划》于 2012 年 10 月 1 日生效。法案有两处重要的改动，一是采取级差制收取注册费（依据是生产者的销售量），二是对电子产品回收计划增加新的要求，即为电子垃圾上存储的数据的销毁提供教育和指导材料，这项举措可以用来核减更新注册费。

8. 密歇根州

格兰霍姆州长于 2008 年 12 月 26 日签署了《自然资源与环境保护法》，其中关于回收计划的规定于 2010 年 4 月 1 日生效。所规定的回收目录产品主要包括电视机、计算机显示器、笔记本计算机和打印机。该法律给计算机生产者增加了一个新的 2000 ~ 3000 美元的年度注册税（registration tax），包括在密歇根州出售的关联设备和影像显示设备，税款可能会在 2015 年后有所增加。该法律还制定一个新的监管制度，强制要求厂家制定它们回收和再利用的方案。

9. 明尼苏达州

普兰提州长于 2007 年 5 月 8 日签署了《关于构建视频播放设备收集、运输和回收环境法》，于 2007 年 8 月开始回收计划，所规定的回收目录产品主要包括电视机、计算机显示器、笔记本计算机、计算机、打印机、扫描仪等计算机外设。

所涵盖设备的生产者必须向国家注册，缴纳登记注册费并制订电子废物回收计划。这些生产者必须达到既定的回收目标，在 2008 年 7 月前，回收目标必须达到占州内售出的特定电子产品总重量的 60%，自 2008 年 7 月后比例为每年 80%。

10. 密苏里州

《生产者责任和消费者设备回收法》于 2008 年 1 月 16 日签署，2010 年 7 月 1 日后开始回收计划。所涵盖的设备只有计算机。该法案要求计算机生产者实施"复苏计划"来收集、回收或再利用它们陈旧的设备。该计划必须实施，且生产者在将该计划副本提交自然资源部后才能在密苏里州出售其计算机。同时生产者还必须在设备上标注他们的商标来确定生产者的身份。

11. 新泽西州

新泽西州的《电子废物管理法》最初于 2008 年 1 月 15 日签署，经过 2009 年 1 月 12 日的修订后，其中关于回收的规定自 2011 年 1 月生效。所规定的回收目录产品主要包括台式机、个人计算机、显示器、手提计算机和电视机。该项生产者责任立法是 2008 年签署的，根据计划要求目录产品的生产者每年支付注册费并订立回收计划。对于所涵盖的电子设备，建立在市场份额上的回收目标必须每年都要完成，生产者收集和回收覆盖电子设备生产商（CEDs）超过他们目标的可以出售信用额度给其他注册的生产者，从而将他们的信用额度用在次年目标实现上。

12. 纽约州

纽约州的《电子设备收集、再使用和回收利用法》于 2010 年 5 月 29 日签署，从 2011 年 4 月 1 日开始回收处理电子废弃物。所规定的回收目录产品主要包括电视机、计算机显示器、计算机、计算机周边设备、打印机、传真机、小型电子设备和小规模服务器。

纽约州的《电子设备收集、再使用和回收利用法》被誉为全美最先进、最到位的电子垃圾处理法案，EERRA 设计了一个相互关联的对电子垃圾回收供应链上的每一个参与者行为的激励和抑制机制，覆盖了生产、零售、消费到垃圾回收、再生处理等各个环节的主体，它在全州范围内实现了电子垃圾回收的目标，采用将回收费用的负担分配给生产者的做法，在减少消费类电子产品中使用有毒原材料的激励措施方面十分合理有效。

该法案要求生产者设立一个综合性的由生产者提供资金支持的电子垃圾回收处理体系，这一模式不需要消费者、学校、市政当局和小企业以及小型的非营利组织付费。

13. 纽约市

纽约市是第一个通过《电子设备收集、再使用和回收利用法》的市政当局，该市法案于 2008 年 4 月 1 日签署，但从 2009 年 7 月 1 日才开始回收处理电子废弃物。所规定的回收目录产品主要包括 CPU、计算机显示器、计算机配件（包括键盘和鼠标）、笔记本计算机、电视机、打印机、便携式音乐播放器。

该法案需要某些电子设备生产者创建一个征收系统。该系统对城市内任何一个想妥善丢弃他们的电子产品的公民适用。该法案还禁止将电子废物处理纳入城市固体废弃物流。

14. 北卡罗来纳州

该州修订后的《北卡罗来纳州通则法》于 2007 年 8 月签署成为法律，2008 年 8 月修订后将电视机加入产品目录，2010 年 1 月 1 日开始回收处理电子废弃物。所规定的回收目录产品主要包括台式机、笔记本计算机、显示器、键盘、鼠标。该措施需要目录产品的生产者为来自征收地点的目录产品支付运输和回收成本。

15. 俄克拉荷马州

俄克拉荷马州《关于构建计算机设备回收法》于 2008 年 5 月 13 日签署成为法案，2009 年 1 月 1 日才开始对电子废物进行回收处理。所规定的回收目录产品主要包括台式机、笔记本计算机、计算机显示器，不包括电视机。该法案要求在俄克拉荷马州进行商贸行为的计算机生产者需要给州环境质量部提供计算机回收或循环利用系统的证据，如建立自动回复邮件系统或与州电子回收商店签订的合同。该法案同时规定如果生产者生产不合格产品，还将取消他们参与政府招投标合同的权利。

16. 俄勒冈州

《电子产品回收法》于 2007 年 6 月签署，2009 年 1 月 1 日正式开始回收处理电子废物。所规定的回收目录产品主要包括电视机、显示器、个人计算机、笔记本计算机。

覆盖的电子设备生产商（CEDS）必须注册参加回收项目，并提供电子废物的收集点。生产者依据他们在州出售目录电子设备的市场份额来支付一定费用，该法律还禁止对 CEDS 收取托收费（collection fee）。

17. 宾夕法尼亚州

该州法案《议会法案（第 708 号）》于 2010 年 11 月 23 日签署生效，2011 年 1 月 23 日开始回收电子废物。所规定的回收目录产品主要包括电视机和计算机设备，包括硬盘驱动器、显示器、键盘、鼠标和打印机等。该法案于 2010 年 11 月 24 日签署，使宾夕法尼亚州成为第 24 个采用电子回收系统的州。覆盖设备回收法案要求电子垃圾生产者收集、运输和回收他们生产的电子设备。生产者将被要求提交计划至环境保护部，供环境保护部审查和批准。该法案还规定在立法生效后的两年后禁止电子垃圾的填埋处理。

18. 罗得岛州

罗得岛州的《关于废弃电器电子产品管理以保护公众健康和安全的生产者责任法》于 2008 年 6 月 27 日签署成为法案，2009 年 2 月 1 日开始回收电子废物。所规定的回收目录产品主要包括电视机、显示器、个人计算机和笔记本计算机。

该法案在罗得岛州建立一个所涵盖产品的收集、循环再利用并由生产者资助的系统。生产者或者创立自己的电子垃圾回收系统，或者向本州的资源再生公司所属的电子垃圾回收项目缴费，这一项目未来将会扩张。

19. 南卡罗来纳州

该州法案《生产者的责任和消费者便利信息技术设备收集和复苏法案》于 2010 年 5 月 19 日签署，2011 年 7 月 1 日开始回收电子废物。所规定的回收目录产品主要包括台式机、笔记本计算机、计算机显示器、打印机和电视机。

该项措施建立一个全州范围内的生产者延伸责任（EPR）计划，旨在收集和回收电子设备。

20. 得克萨斯州

《关于消费计算机设备回收计划法》于 2007 年 6 月签署，2008 年 9 月 1 日开始回收电子废物。2011 年 6 月又新通过了《电视机设备回收计划法》，所规定的回收目录产品主要包括台式计算机、笔记本计算机、显示器。

电子设备生产者需支付收集、运输和回收再利用涵盖设备的费用，同时建立自己的回收处理项目。

21. 佛蒙特州

该州法案于 2010 年 4 月 19 日签署，2011 年 7 月 1 日开始回收电子废物。所规定的回收产品主要包括计算机（包括笔记本计算机）、计算机显示器、含有阴极射线管、打印机和电视机设备。

该法案禁止对计算机和其他包含有害物质的电子设备进行垃圾填埋处理，同时也为消费者建立一个方便且免费的回收所涵盖电子设备的回收系统。

22. 弗吉尼亚州

《关于计算机设备回收的生产者责任计划法》于 2008 年 3 月 11 日签署，2009 年 7 月 1 日开始回收电子设备。所规定的回收目录产品主要包括台式计算机、笔记本计算机。

该项生产者责任法案要求生产者成立一个收集系统，为消费者返回计算机设备提供免费再利用。

23. 华盛顿州

《关于构建电子产品回收法》于 2006 年 3 月通过，2009 年 1 月 1 日开始回收电子废物。所规定的回收目录产品主要包括电视机、显示器、笔记本计算机和台式计算机。

该州的电子垃圾回收立法的设计理念是建立一个灵活的、以高效市场为基础的电子垃圾回收体系，实施者是企业而非政府，激励企业生产对环境影响更小的产品，企业应将电子垃圾回收处理费用作为经营成本负担，这部分开支将纳入产品价格之中。

24. 西弗吉尼亚州

该州《参议院法案》（第 746 号）第 22 篇第 15a 款修订的法令于 2008 年 3 月 1 日通过，2008 年 7 月正式开始回收电子废物。所规定的回收目录产品主要包括电视机、显示器、笔记本计算机和台式计算机。

该法案要求生产者制订回收计划。生产者为州基金登记缴纳会费，会费用来偿还城镇和市政回收计划和行政成本。

25. 威斯康星州

《电子废物回收法》于 2009 年 10 月 23 日签署成为法案，2010 年 2 月 1 日正式开始回收电子废物。所规定的回收目录产品主要包括桌面式打印机、计算机、电视机、直径至少是 7 英寸的计算机显示器以及其他可能获得回收抵免的电子设备。

该法案在州内建立了收集和回收再利用系统，专门针对住户丢弃的特定消费性电子产品。禁止在州内垃圾填埋或焚烧这些设备。生产者只有具备以下条件才被允许通过直接销售或零售商转售的方式售卖目录电子产品给威斯康星州的住户：①在自然资源部登记注册；②对合格电子设备的收集和回收利用进行安排；③提交必要的报告；④每年支付 5000 美元的登记费，如有必要的话，还需交付差额费用。回收的目标被定为该项目实施年度之前三年出售的电子设备总重量的 80%。其中销售包括卖给家庭的和卖给公立学校的。

（三）通过生产者教育立法的州

26. 犹他州

该州法案于 2011 年 3 月 22 日签署，2011 年 7 月 1 日正式开始回收电子垃圾。所规定的回收目录产品主要包括计算机及计算机外围设备（包括打印机）、电视机和电视机外部设备。

犹他州是美国第 25 个采取电子垃圾回收系统的州。涵盖电子设备的生产者需符合犹他州环境质量部的报告要求（其中包括回收系统），同时为消费者的回收和再利用选择提供公共教育。该州法案的一大特点就是没有对电子废物收集的要求，只对教育做出强制性规定。

（四）其他有相关法律规定的州

27. 阿肯色州

《关于计算机和废弃电器电子产品管理法》于 2001 年颁布，2008 年正式开始回收电子设备，所规定的回收目录产品只包括州机构产生的电子垃圾。设备包括计算机、计算机显示器、电视机、视频和立体声设备、显示器、计算机、录像机、键盘、打印机、电话和传真机。

该法案为处理计算机和填埋电子垃圾设定最后期限。州内政府机构需捐助和回收所有涵盖的电子设备。

28. 马萨诸塞州

《废弃物处置禁令》于 2000 年颁布。就在 2000 年，马萨诸塞州所有的固体处理装置禁止处理电视机和计算机显示器中的阴极射线管（CRT）。

29. 蒙大拿州

《关于电子废物回收或安全处置信息发布法》于 2007 年 4 月修订，所规定的回收目录产品主要包括视频、音频、通信设备、计算机和家用电器等。

该法案为家庭有害废物回收建立公共教育系统。这一项目能为人们提供信息来决定是否将 HHW 填埋处理，以及如何选择将电子垃圾进行循环再生。

30. 新罕布什尔州

该州法案 2007 年 7 月 1 日有效。该法禁止在固体垃圾填埋场或焚化炉处理视频显示设备（包括阴极射线管）。州环境服务部将被要求监察处置电子废物。

31. 新墨西哥州

《关于制定电子产品回收和环境友好技术指南的要求》于 2008 年 2 月 12 日修订后很快生效，该法案涉及州设备的采购和回收。它要求州环境管理部门（DEP）与独立小组合作，截至 2009 年 12 月 1 日，为州电子设备的采购和回收提出建议。由特别工作组专门为州立机构制定对环境无害的电子产品采购和回收指导方针。各州相关立法名称和生效日期见表 5-1。

表 5-1 美国各州废弃电子产品管理立法情况

序号	州名	法规名称	签署日期	生效日期
1	加州	《电子废物回收法》	2003 年	2005 年 1 月 1 日
2	康涅狄格州	《关于受管制电子产品回收法》	2007 年 7 月	2011 年初
3	夏威夷州	《关于电子设备回收法》	2008 年 7 月 1 日	2010 年 1 月 2 日
4	伊利诺伊州	《电子产品再使用和回收利用法》	2008 年	2010 年 1 月 1 日
5	印第安纳州	《州环境法》	2009 年 5 月 13 日	2010 年 2 月
6	缅因州	《关于构建责任承担体系以安全回收和再循环废弃电器电子产品的公共健康和环境保护法》	2004 年初次签订,2009 年修订扩大了产品范围,2011 年修订扩大了所涵盖的整体范围	2006 年 1 月 18 日
7	马里兰州	《关于州内电子废物回收计划环境法》	2005 年	2006 年 1 月 1 日
8	密歇根州	《自然资源和环境保护法》	2008 年 12 月 26 日	2010 年 4 月 1 日
9	明尼苏达州	《关于构建视频播放设备收集、运输和回收环境法》	2007 年 5 月 8 日	2007 年 8 月
10	密苏里州	《生产者责任和消费者设备回收法》	2008 年 1 月 16 日	2010 年 7 月 1 日
11	新泽西州	《电子废物管理法》	2008 年 1 月 15 日签订,2009 年 1 月 12 日修订	2011 年 1 月

续表

序号	州名	法规名称	签署日期	生效日期
12	纽约州	《电子设备收集、再使用和回收利用法》	2010 年 5 月 29 日	2011 年 4 月 1 日
13	纽约市	《电子设备收集、再使用和回收利用法》	2008 年 4 月 1 日	2009 年 7 月 1 日
14	北卡罗来纳州	《北卡罗来纳州通则法》	2007 年 8 月,2008 年 8 月将电视机加入法案中	2010 年 1 月 1 日
15	俄克拉荷马州	《关于构建计算机设备回收法》	2008 年 5 月 13 日	2009 年 1 月 1 日
16	俄勒冈州	《电子产品回收法》	2007 年 6 月	2009 年 1 月 1 日
17	宾夕法尼亚州	《议会法案(第 708 号)》	2010 年 11 月 23 日	2011 年 1 月 23 日
18	罗得岛州	《关于废弃电器电子产品管理以保护公众健康和安全的生产者责任法》	2008 年 6 月 27 日	2009 年 2 月 1 日
19	南卡罗来纳州	《生产者的责任和消费者便利信息技术设备收集和复苏法案》	2010 年 5 月 19 日	2011 年 7 月 1 日
20	得克萨斯州	《关于消费计算机设备回收计划法》《电视机设备回收计划法》	计算机法案是 2007 年 6 月;电视机法案 2011 年 6 月	2008 年 9 月 1 日
21	佛蒙特州	《佛蒙特法案》	2010 年 4 月 19 日	2011 年 7 月 1 日
22	弗吉尼亚州	《关于计算机设备回收的生产者责任计划法》	2008 年 3 月 11 日	2009 年 7 月 1 日
23	华盛顿州	《关于构建电子产品回收法》	2006 年 3 月	2009 年 1 月 1 日
24	西弗吉尼亚州	《参议院法案》	2008 年 3 月 1 日	2008 年 7 月
25	威斯康星州	《电子废物回收法》	2009 年 10 月 23 日	2010 年 2 月 1 日
26	犹他州	《电子废物回收法》	2011 年 3 月	2011 年 7 月 1 日
27	阿肯色州	《关于计算机和废弃电器电子产品管理法》	2001 年	2008 年
28	马萨诸塞州	《废弃物处置禁令》	2000 年	2000 年
29	蒙大拿州	《关于电子废物回收或安全处置信息发布法》	2007 年 4 月	2007 年
30	新罕布什尔州	《议会法案(第 1455 - FN - A 号)》	2007 年	2007 年 7 月 1 日
31	新墨西哥州	《关于制定电子产品回收和环境友好技术指南的要求》	2008 年 2 月 12 日	2008 年

三 美国废弃电子产品管理立法的主要特点

（一）缺少联邦层面的统一立法

尽管做过尝试，但由于融资机制面临困难，美国没有建立联邦层面的法律。美国环保署没有电子垃圾回收处理综合性立法权限，EPA 的工作重心主要集中在国际层面的有毒有害物质处理上，监管对象局限于阴极射线管（CRT）和被《资源保护和回收法》（RCRA）界定为潜在有毒设备的物品。

（二）各州立法时间和生效时间相对集中

美国目前有 25 个州有电子废弃物回收立法，从各年立法数目看，2007年、2008 年各州推行实施废弃电子产品管理法呈现峰值，新泽西、俄克拉荷马、弗吉尼亚、西弗吉尼亚、密苏里、夏威夷、罗得岛、伊利诺伊及密歇根州相继推出适用于各州实际的废弃电子产品管理法。而生效日期则集中在 2010 年以后，有 13 个州的法案在 2010 年以后开始生效（见图 5 - 1）。

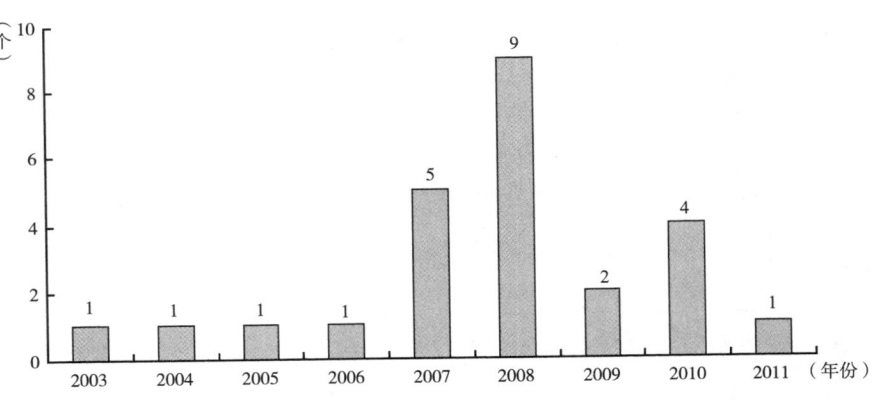

图 5 - 1　美国各年份废弃电子产品管理法出台情况

资料来源：美国国家环境保护局（U. S. Environmental Protection Agency）。

（三）各州立法内容差异较大

在目前已经推行废弃电子产品管理法的 25 个州中，得克萨斯、华盛顿及俄勒冈等 23 个州以及纽约市要求电子产品生产商承担回收处理成本，即推行生产者责任延伸制度（EPR）；加利福尼亚州则要求消费者承担回收处理成本，即推行消费者预付回收利用费制度（ARF）；犹他州并不强制电子产品生产商或消费者回收电子产品，仅要求电子产品生产商向消费者履行关于回收、重复使用及循环利用的教育的责任。即便同是实行生产者责任延伸制度的州，有的采用比较温和的"生产者责任"模式，只是规定了资金责任，有的则比较严格，要求企业设立回收处理设施，履行直接参与责任。此外，纳入管理的目录产品范围、资金制度和监管规则，各州法律都有比较大的差异。

（四）要求联邦立法的呼声很高

美国各州法律立法目的都是回收废弃电器电子产品，禁止或避免废弃电器电子产品的填埋处置。但是，各州废弃电器电子产品管理法规实施的方式却各有不同，这导致跨州经营企业因履行各州不同的法规要求而使回收工作趋于复杂，处理成本也增加。因此，受法规约束的各相关方强烈呼吁联邦立法。

第二节 与美国废弃电子产品目录的比较

一 美国废弃电子产品目录涵盖的范围

与中国将废弃电子产品回收处理监管范围界定为电视机、电冰箱、洗衣机、房间空调器及微型计算机不同，美国定义的"废弃电子产品"由电子计算机、电视机、硬拷贝设备及移动设备等黑色家电构成，而不包括电冰箱、洗衣机等白色家电。美国废弃电子产品目录通常覆盖的范围如表 5 – 2 所示，主要囊括了各类电子计算机、电视机、打印机及扫描仪等硬拷贝设备和数量增长迅速的移动设备。

表 5 – 2 美国各州相关法规主要覆盖的废弃电子产品种类

电子计算机	电视机	硬拷贝设备	移动设备
笔记本计算机	阴极射线管（CRTs）电视机	打印机	移动电话
台式机 CPU	平板电视机	传真机	智能手机
显示器	投影机	扫描仪	掌上计算机（PDAs）
键盘	黑白电视机	复印机	寻呼机
鼠标	—	多功能设备	—

资料来源：美国国家环境保护局（U. S. Environmental Protection Agency）。

各州的电子垃圾立法中电子设备的范围各不相同（尽管电视机、手提计算机、显示器一般来说是包括的）。一些州法倾向于管制阴极射线管，如计算机显示器和电视机。然而，有一些州，如明尼苏达州，电子设备的范围更为广泛。明尼苏达州的电子垃圾法律涵盖计算机、附属设备、传真机、DVD播放器、视频磁带录音机和视频显示设备。这意味着生产者的某些产品在该州将会受到不同于其他州的额外限制。

二　代表性州废弃电子产品管理目录（见表5-3）

（一）加州

在加州，所谓被立法涵盖的电子设备是指被该州《公共资源法典》42463条（e）款中产品目录列明的电子设备，具体包括：电视机和显示器中使用的阴极射线管（CRTs）、液晶显示器（LCD）、含LCD屏幕的手提计算机、液晶电视机、等离子电视机以及其他被加州《健康和安全法典》25214.10.1（b）款中由加州有毒有害物质控制局（DTSC）列明的产品。但以下电子设备：汽车或商业或工业设备不在上述范畴，包括但不限于商业医疗设备，包含阴极射线管、阴极射线管装置、平板屏或其他类似包含在内而非分开的视频显示设备、一部分工业或商业设备。

（二）康涅狄格州

该州目录所涵盖的电子设备包括台式机或个人计算机、计算机监视器、便携式计算机、基于阴极射线管的电视机和非基于阴极射线管的电视机或其他类似或法规中规定的根据该法案第11条确定的出售给消费者的辅助电子设备。但所指的电子设备不包括以下内容。

（1）作为机动车辆一部分的电子装置或任何作为组装机动车辆一部分的电子装置，或车辆生产者或特许经销商，包括在使用中的机动车辆更换的零件。

（2）用于工业、商业或医药用途的大型设备中的电子设备，包括诊断、监测和控制设备。

（3）洗衣机、干衣机、电冰箱、冰柜、微波炉、传统烤箱中的电子设备。

（4）洗碗机、房间空调器、除湿机、空气净化器，任何类型的电话，除非它们含有的依照对角线测量的视频显示器面积超过4英寸。

（5）任何用于访问商业移动广播服务的手持设备。

（三）夏威夷州

所涵盖的电子设备包括计算机、计算机打印机、计算机显示器或便携式计算机，或从对角线测量屏幕尺寸大于4英寸的电子设备，不包括以下几个方面。

（1）机动车辆所涵盖的电子设备或机动车辆的任何组装零件，或机动车辆的生产者或特许经销商，包括机动车辆中替代使用的部分。

（2）用于工业、商业或医药用途的大型设备中的电子设备，包括诊断、监测和控制设备。

（3）洗衣机、干衣机、电冰箱、冰柜、微波炉、传统烤箱中的电子设备。

（4）洗碗机、房间空调器、除湿机、空气净化器、任何类型的电话。

（四）伊利诺伊州

所涵盖的电子设备指任何一台计算机、计算机显示器、电视机、打印机（打印机无论购买地点，只要是在该州所在地取得服务即可），不包括以下内容。

（1）机动车辆所涵盖的电子设备或机动车辆的任何组装零件，或机动车辆的生产者或特许经销商，包括机动车辆中替代使用的部分。

（2）用于工业、商业、图书馆结账、交通管制、电话亭、安全（除了家庭安全），政府、农业、医疗环境，包括但不限于诊断、监控或控制设备，作为这些用途的设备中功能性或物理性的电子设备组成部分。

（3）包含在洗衣机、干衣机、电冰箱、冰柜、微波炉、传统的烤箱、洗碗机、房间空调器、除湿机、水泵、液下泵、空气液化器中的电子装置。

（五）印第安纳州

所涵盖的电子设备是指通过零售、批发或电子商务形式出售的计算机、外部设备、传真机、DVD播放器、磁带录像机、视频显示设备。

（六）缅因州

该州法案规定"所涵盖电子装置"是指计算机中央处理单元的阴极射线管，阴极射线管装置的平板显示器或类似的视频显示设备的屏幕（需通过对角线测量大于4英寸），并包含一个或多个电路板。"涵盖的电子设备"不包括汽车、家用电器、商业或工业设备中的部分，如商业医疗设备包含的阴极射线管、阴极射线管装置的平板显示器或类似的视频内所包含的并没有分开的较大的显示设备，或其他医疗设备。

（七）新泽西州

所涵盖的电子设备是指台式机或个人计算机、计算机显示器、手提计算机或卖给消费者的电视机，不包括以下内容。

（1）汽车或任何组成部分的电子装置，或车辆生产者或特许经销商组装车辆的电子设备。

（2）计划用于工业、商业或医疗环境中的包括诊断、监控或控制设备的一部分在功能上或物理一块较大的电子装置。

（3）洗衣机、干衣机、电冰箱、冰柜、微波炉、传统烤箱、洗碗机、房间空调器、除湿机、空气净化器中的电子设备。

（4）通过对角线测量视频显示面积大于4英寸的任何类型的电话。

（八）西弗吉尼亚州

所涵盖的电子设备是指电视机、计算机、视频播放设备（仅指通过对角线测量大于4英寸的屏幕），不包括机动车的视频设备或位于家庭器械中的电子设备，以及用于商业、工业和医用的电子设备。

（九）新罕布什尔州

主要涵盖"视频显示装置"，视频显示装置是指一个可视化的显示元件的电视机或计算机，无论是单独的或集成的计算机的中央处理单元（盒），并包括一个阴极射线管、液晶显示器、等离子气体、数字光处理或其他的图像投影技术，以及通过对角线测量屏幕大于4英尺的室内电线和电路。

（十）纽约州

电子垃圾是指基于各种主客观原因遭废弃被收集、回收、处理、加工、再利用的特定电子设备。电子垃圾不包括已拆除了合并组件、元件、材料、电线、电路或其他核心部件的电子产品的机箱、外壳和附件。

表5-3 美国主要州所涵盖的电子产品目录范围比较

序号	州名称	产品目录
1	加州	电视机和显示器中使用的阴极射线管（CRTs）、液晶显示器（LCD）、含LCD屏幕的手提计算机、液晶电视机、等离子电视机或其他被加州健康和安全法典25214.10.1（b）款中由加州有毒有害物质控制局（DTSC）列明的产品
2	康涅狄格州	台式机或个人计算机、计算机监视器、便携式计算机、基于阴极射线管的电视机和非基于阴极射线管的电视机或其他类似或法规中规定的根据该法案第11条确定的出售给消费者的辅助电子设备
3	夏威夷州	计算机、计算机打印机、计算机显示器或便携式计算机和从对角线测量屏幕尺寸大于4英寸的电子设备

续表

序号	州名称	产品目录
4	伊利诺伊州	计算机、计算机显示器、电视机、打印机（打印机无论购买地点，只要是在该州所在地取得服务即可）
5	印第安纳州	通过零售、批发或电子商务的形式出售的计算机、外部设备、传真机、DVD播放器、磁带录像机、视频显示设备
6	缅因州	计算机中央处理单元的阴极射线管、阴极射线管装置的平板显示器、类似的视频显示设备的屏幕通过对角线测量大于4英寸，并包含一个或多个电路板
7	新泽西州	台式机、个人计算机、计算机显示器、手提计算机、卖给消费者的电视机
8	西弗吉尼亚州	电视机、计算机、视频播放设备（通过对角线测量大于4英寸的屏幕）
9	新罕布什尔州	可视化的显示元件的电视机或计算机，无论是单独的或集成的计算机的中央处理单元/盒，并包括一个阴极射线管、液晶显示器、等离子气体、数字光处理或其他的图像投影技术，以及通过对角线测量屏幕大于4英尺的室内电线和电路
10	纽约州	基于各种主客观原因遭废弃被收集、回收、处理、加工、再利用的特定电子设备

三　美国各州废弃电子目录产品特点

（一）各州目录产品普遍不包含白色家电

美国回收处理目录主要包括电子产品，普遍不包含白色家电（电冰箱、冰柜、干衣机、洗衣机、洗碗机、烤箱、炉灶、抽油烟机、废物清除器、空调、热泵、除湿机及微波炉）。

其原因在于美国白色家电回收处理行业已经发展得较为成熟，独立商业运行顺畅，对政府补贴的依赖度较低。美国环境保护署（EPA）估算，每年约有1600万件电冰箱、空调及除湿机等包含制冷剂的电器被废弃，同时有800余万件自动售货机和数以千万计的炉灶、洗碗机、暖通空调系统、热水器、管道、电线及灯具退出使用进入报废处置流程，这为处理行业规模发展提供了基础。

另外，白色家电的回收率从1994年开始一直保持在70%以上，2010年回收率更是达到了92%，每年钢材回收量达到7000万吨，铝回收量达到500万吨。由于白色家电的回收处理主要受到金属废料的回收这一经济利益驱动，零售商、生产商、政府、私人都在广泛从事回收工作，故而对于监管法规的需求较弱，并不需要政府成立基金加以激励。

（二）各州对目录产品普遍做了一些除外规定

各州确定产品目录的最小范围是显示器和笔记本计算机；最大范围是电视机、计算机、打印机、键盘、鼠标、小型服务器、个人音响、移动电话、录像机/数字化视频光盘、数目录影机、分线盒/分控箱；大部分州所确定的产品目录都在最大和最小范围之间，就是"五大类"——电视机、台式机、笔记本计算机、显示器和打印机。

除了明确规定纳入目录的电子产品外，一些州还对工业、商业、医用以及汽车及其他设备上的电子产品做了除外的规定。

（三）各州选择目录产品的动因大体相同

尽管目录产品有所差异，但美国各州选择目录电子产品主要出于以下三点考虑。

第一，各种目录废弃电子产品通常包含铅、镉、汞和溴化物等有毒物质，处理不当容易导致环境污染、威胁工作人员生命安全以及危害公众健康，以阴极射线管设备（CRTs）为例，1台阴极射线管设备平均包含1.8千克铅，未经处理而被直接填埋处置极有可能造成泄漏以致污染环境。

第二，目录中的废弃电子产品数量增长迅速，其增长数量、更新换代速度超过当前合理回收处理设施的发展速度。

第三，废弃电子产品回收和处理的成本较高，尤其是产品内部含有的危险成分更增加了处理成本，因而需要资金保证回收处理工作的顺利实施。

第三节　美国废弃电子产品回收处理相关方的责任

明确废弃电子产品回收处理相关各方责任是保证废弃电子产品管理效果的前提。美国各州法律规定的回收责任与承担回收费用相关联，需承担法律规定的回收责任方主要包括生产者、消费者、市政当局。另外，也鼓励销售商参与回收。

一　不同制度下生产者责任的差异

目前美国各州法律所规定的电子废物回收责任主要分为生产者责任延伸制（EPR）、消费者预付回收费制（ARF）——也就是对消费者收费的制度和生产者教育制度。无论采取哪种制度，生产者、消费者、市政当局都承担责任，但责任的偏向有所差异，生产者责任延伸制度更强调生产者的责任，消费者预付回收费制对生产者责任的规定较少，生产者教育制度也主要规定生产者责任，但责任重心在于要求生产者开展教育活动。

（一）生产者责任延伸制

生产者责任延伸制是目前美国各州有关电子废物回收方面主要的责任制度，该模式被 23 个州和纽约市采用。它将激励机制作为电子垃圾处理的核心问题。EPR 的支持者认为生产者作为有毒害威胁的电子产品的设计者、制造者和收益人承担电子垃圾处理的费用是妥当的。如果要在重新设计和重复利用进行取舍的话，生产厂商无疑是掌握最多信息、最合适的决策人，让生产者来处理自己生产的产品，是符合社会效用最大化原则的。

这些州按统一的每磅价格向生产者收取费用，康涅狄格州和罗得岛按重量计算回收费，每磅不超过 0.5 美元。缅因州则将定价权交给了费用的支付对象——回收利用人，而行政管理部门仅仅制定判断合理收费的标准。尽管将决定具体价格的权利赋予回收利用者，但行政管理部门却规定不论产品品牌或类型，每磅的回收费用必须统一。

从理论上讲，生产者支付的回收费用会转嫁到消费者身上，以提高价格的方式化解。生产者为了争取消费者需要拥有低价优势，即包含了回收费的低价。因此，谁能将回收费用降到更低谁就获得了更大的竞争优势。可见，这一制度的关键是由生产者承担责任并支付回收处理费用，回收费用和成本的大小取决于生产者的产品设计。可以说 ERP 在一个竞争的程式下有利于鼓励生产企业实现绿色环保设计。

（二）消费者预付费制

消费者预付回收费制（ARF），即向消费者收费制，在美国各州应用较少。加州是第一个也是唯一一个在电子垃圾处理方案中征收"预付回收费"的州，消费者在购买商品时需要为电子垃圾回收支付一笔可见的费用，ARF 的倡议者们认为消费者作为产品的受益者和电子垃圾消费者，为电子垃圾的处理提供资金支持是合理的。在加州，消费者在购买特定的电子设备的时候需要支出的处理费用是 6~10 美元，具体数额取决于屏幕的尺寸。零售商将这笔费用存放在州管理的"电子垃圾回收和再生利用账户"上，加州资源回收利用部门 CalRecycle 有权使用该账户上的经费来支付垃圾收集者、回收利用者和其他管理方面的费用。

在加州的管理模式中，生产者的责任主要限于信息和报告方面，为资源回收利用部门评估垃圾处理项目效果时提供一些辅助，包括清晰的分类标签、销售报告、再利用效果反馈，告知公众在何处以及怎样回收电子产品。生产者不用支付任何费用，其他参与者诸如回收者和再利用者也是如此。加州生产商还具有报告责任，该州法律规定自 2004 年 7 月 1 日后，除非委员会或有关部门决定所涵盖的电子设备生产者证明符合报告责任该部分的要求，在该州售卖所涵盖的电子设备是违法的。

2005 年 1 月 1 日后，个人将不能在这个州售卖或提供售卖所涵盖的电子设备，除非该设备标有生产者的标签或生产者的名字，进而使该设备明显可见。

2005 年 7 月 1 日前，每年至少一次，此后都由主管部门决定在该州售卖所涵盖的电子设备生产者需要做到以下几点。

（1）向主管部门提供一份包括以下内容的报告。①上一年特定电子设备生产者在该州售卖该电子设备的数量；②展现所涵盖的电子设备生产商在那一年用于制造电子设备使用相关元素总量的基线，相关元素包括汞、镉、铅、六价铬、多溴二苯醚和多溴联苯，以及相比前一年生产者在这些元素的使用上所减少的量；③对生产者所售卖的当年所涵盖电子产品内部所含可回收材料的大概数量，以及与上一年相比该数量增加的量；④需要描述生产者在设计所涵盖电子产品再回收的目标和计划，以及为了回收再利用进一步做出的改进。

（2）使消费者掌握怎样返还、重复利用和处理所涵盖的电子产品，以及收集和返还这些产品的概率和地点，主要通过使用免费的电话号码、网站、设备商标上的信息、包装的信息以及与商品售卖相伴随的一些信息。

（三）生产者教育制度

生产者教育制度是一种比较特殊的制度，目前只有刚刚通过电子废物回收法的犹他州法律中涉及该规定。该州法律规定生产者不得在州内向消费者提供消费性电子设备，除非该生产商建立并实施关于电子垃圾收集和回收项目的公共教育活动。生产者有义务通过一系列的客户拓展材料，例如包装说明书、网站和其他传播方式，并和环境质量部门和其他利益相关方合作开发教育性质的材料让消费者了解电子垃圾处理计划。

犹他州禁止生产者在州内向消费者出售特定电子产品，除非该生产者向州环境质量部门履行了申报义务，生产者的报告义务始于 2011 年 7 月 1 日，每年 8 月 1 日前向环境质量部门提交报告。申报中一定要有关于电子垃圾回收合格项目的内容，还可以包括对消费类电子产品收集、运输和回收系统的介绍以及电子垃圾回收合格项目的实施者情况。实施者可以是消费者电子设备的回收人、修理店、再利用人、零售商、非营利组织、公共部门等。环境质量部门须将生产者的申报内容向自然资源、农业与环境临时委员会以及公共设施和技术过渡委员会汇报。

二 相关法律对生产者的定义

目前除了加州和犹他州外，基本上所有州均采取生产者责任制。各方均需要为电子垃圾处理承担责任。虽然大多数州都将责任分配给了生产者，但各州以不同的方式定义生产者。

大多数州认为分销商也属于生产者。例如俄勒冈州，将"生产者"定义为可以是满足以下条件的任何人，无论是否进行技术转让，远程销售也在此列。

①以自有品牌或者授权生产的方式生产特定电子设备；
②销售由他人代工的自有品牌电子设备；
③生产的特定电子产品无商标；
④生产的特定电子产品所附的商标不属于生产者；
⑤在美国境外生产并进口至美国的电子产品的所有人。

但是当特定电子产品进口到美国之时，另有人注册为该进口商品品牌的生产者，该条不再适用。

包括康涅狄格和华盛顿在内的有些州，在某些情形下将零售商包含在生产者的范畴之内。康涅狄格州的法律认为如果零售商销售的电子产品是由来自境外的生产企业出口的，那么零售商应被视为生产者或者当零售商代替作为产品生产者的进口商注册。

三 代表性州生产者的法定责任

（一）纽约州

1. 实施电子垃圾回收项目

纽约州规定所涵盖电子设备的生产者需实施电子垃圾回收项目，具体内容如下。

（1）以一种对消费者而言便利的方式对电子垃圾进行收集、处理、再利用，采用邮寄或者水运的方式回收电子垃圾。

（2）生产者可以委托代理人或者指派相关方实施回收行为，公共部门和私营机构均可。

（3）生产者或其代理人需要设回收站点并负责运营。

（4）生产者需要同当地政府、零售商、直销零售店超市或者非营利机构建立合作关系，以确保上述主体愿意为回收来的电子垃圾的收集提供设施设备。建立方便消费者的社区收购和多种收购形式混合的收购模式，确保在每一个乡村或人口超过 10000 人的市镇至少有一个电子垃圾回收模式存在。告知消费者将采取什么样的方式清除电子垃圾上存储的数据，无论是通过物理毁坏的方法还是数据擦除技术。

（5）通过公共教育使消费者了解电子垃圾回收项目：通过网站、设定免费电话和产品手册向特定电子产品的消费者告知怎样将废弃的电子产品送还以便回收和再利用；教育消费者在计算机、硬盘驱动或者其他电子设备垃圾上存有私人信息时，在上缴之前如何清除。

（6）生产者必须将自己按照相关法律处理电子垃圾的记录妥善保管，以便接受环境保护部门 3 年一次的审计和检查。

单个的生产者可以通过和其他生产者的合作，联合完成电子垃圾回收项目的任务。联合处理项目和生产者单独处理时对生产者的要求相同，其注册程序和缴纳的费用也和单个生产者注册一样。

由生产者来承担电子垃圾回收项目涉及的一切费用，生产者不能就此向消费者收取电子垃圾的收集、处理和再生费用，但这一收费禁令不适用于企业消费者或其他额外的服务。所谓企业消费者指的是不属于按照纽约州税收法典 501（c）（3）成立的非营利性企业；额外服务指的是设备、数据的保护服务、翻新再利用服务以及其他由环境保护部门界定的惯例服务。

2. 收集、处理、回收或二次利用的义务

纽约州规定：从 2011 年 4 月 1 日开始，生产者必须收集、处理、回收或二次利用自己生产的特定电子设备产生的电子垃圾；只要消费者在购买特定电子产品时，产生了同种类的电子垃圾，那么不论是否为自己生产，生产者必须对这些电子垃圾进行收集、处理、回收或二次利用。

生产者必须将自己按照相关法律处理电子垃圾的记录妥善保管，以便接受环境保护部门 3 年一次的审计和检查。单个的生产者可以通过和其他生产者的合作，联合完成电子垃圾回收项目的任务。联合处理项目和生产者单独处理时对生产者的要求相同。

纽约州的居民可以通过访问注册产品生产商的网站，在上面浏览产品再利用教育信息或拨打网站上的免费电话。在消费者的要求下，生产者不仅需要回收处理他们自己生产的产品，还要处理消费者提供的登记在册的其他生产者的一件产品，生产者还要义务告知消费者如何处理电子设备。

3. 生产者回收任务目标的确定方法

全州范围内的回收和再次利用目标。①从2011年4月1日到2011年12月31日，全州回收和再利用电子垃圾的计划为：由美国人口普查局公布的本州最新人口数量×3磅/人×3/4；②2012年度全州回收和再利用电子垃圾的计划为：由美国人口普查局公布的本州最新人口数量×4磅/人；③2013年度全州回收和再利用电子垃圾的计划为：由美国人口普查局公布的本州最新人口数量×5磅/人；④从2014年度开始全州回收和再利用电子垃圾的计划为：基准重量×目标完成比例。

其中，基准重量等于过去三年里全州回收和再利用电子垃圾总量的平均值；或者由电子垃圾收集站点、电子垃圾集中处理站点以及电子垃圾再利用工厂向环保部门提交的年度报告中申报的过去三年的用于收集、回收和再利用的电子垃圾之和的平均数。

目标完成比例的确定方法如下：①如果基准重量低于上一年度全州电子垃圾回收和再利用计划的90%，那么该年度的目标完成比例为90%；②如果基准重量是上一年度全州电子垃圾回收和再利用计划的90%~95%，那么该年度的目标完成比例为95%；③如果基准重量是上一年度全州电子垃圾回收和再利用计划的95%~100%，那么该年度的目标完成比例为100%；④如果基准重量是上一年度全州电子垃圾回收和再利用计划的100%~110%，那么该年度的目标完成比例为105%；⑤如果基准重量是上一年度全州电子垃圾回收和再利用计划的110%以上，那么该年度的目标完成比例为110%。

单个生产者回收计划＝全州年度回收和再利用的电子垃圾的计划总重量×该生产者的市场份额。

4. 生产者注册义务

从环境保护部门认可之日起生产者的注册即生效。如果注册信息发生任何实质性的变化，那么生产者必须在30日内申请变更。

从2011年1月1日起，任何新成立生产者都必须在环保部门就电子垃圾处理进行注册，否则不允许在州内销售或者以销售为目的提供特定电子产品。

2011 年 4 月 1 日之前，所有生产者将不允许继续销售或提供特定电子设备，除非其在环保部门进行注册，并制定自己的电子垃圾回收项目，在这个项目中生产者可以自己直接从事或者通过代理人、指派的人来向州内的消费者收集电子垃圾以供循环使用。生产者还必须确保零售商已知悉其注册情形。

5. 信息披露义务

该州法律规定生产者需提交一份声明，披露如下信息：其在州内销售的电子产品是否超过了铅、汞、镉、六价铬、多溴联苯和多溴二苯醚等物质的有害物质限制指令（RoHS）规定的最大容许浓度值，该指令的依据是欧洲议会和理事会通过的 2002/95/EC 和修正案，如果确实超标，那么必须将涉及超标的所有产品予以列明，或者为某些元素的使用得到豁免批准。

（二）缅因州

缅因州采取 EPR 的电子垃圾处理模式，生产者责任延伸至电子垃圾回收之后。生产者需要向回收人支付用于垃圾分类和再生循环的费用，但是不用向政府支付收集费用。

缅因州法律关于生产者责任做出如下规定：不论电子产品目录上所包含的电视机或者计算机显示器是通过怎样的渠道销售出去（零售、产品目录、网络、分销），都将产生生产者责任。此外，就算企业没有直接把特定电子产品销售给缅因州的居民，也不影响其承担责任。只要一家企业正在或者曾经销售电视机、计算机显示器出现在缅因州的电子垃圾回收项目中，那么他就是生产者。由此可见，缅因州对生产者的责任做出扩大的解释。生产者负有以下责任。

1. 制定并申报回收计划

一个生产者必须向缅因州环境保护部（MEDEP）申报关于将如何在该州实施家庭废弃电视机和计算机显示器的收集和回收计划。

2. 电子垃圾回收义务

除非生产者选择替代性方案回收其生产的电子垃圾，例如直接从被核准的电子垃圾集中处理人处回收，如果不履行这一替代方案，那么生产者需要支付集中处理人开出的账单，它包括处理和回收来自该生产者的电子垃圾和需要由生产者承担的无主电子垃圾份额。目前约有 150 个电视机和计算机的生产者向 MEDEP 提交计划陈述其回收由该州居民废弃的自有品牌的产品。

它们中有 143 家选择向集中处理人付费的方式回收电子垃圾，还有 7 家选择自主回收。做出前一种选择的又区分为两种情况，第一种仅向集中处理人支付分类费用，而后将分类过的垃圾运送到生产者指定的处理再利用工厂，第二种是直接在集中处理人处进行拆卸，然后将元件送往生产者。

生产者的回收义务是根据其进入缅因州的电子垃圾回收系统的特定电子产品的数量确定的。集中处理人将会统计其收集的每个品牌的电子垃圾重量和总数量，并向 MEDEP 认定的生产者告知其对该产品的法定回收义务。

3. 无主电子垃圾的回收责任

每个生产者还需要承担一定比例的无主电子产品的回收义务。无主电子垃圾的定义为：电视机或计算机显示器的生产者不能被识别或原本的生产者不再营业且相关权益没有继承者。品牌出售、公司兼并或被收购都有可能导致品牌不再存续。MEDEP 已经建立一种对品牌开展调查的协定，用来确定那些应对产品负责任的厂家的身份。MEDEP 列出了一个无主品牌的电视机和计算机显示的名单。这部分产品的回收费用是分摊在全体同类产品的生产者身上的，根据其向家庭消费者出售的产品的市场份额来决定分摊比例。

对于没有申报计划或者不履行回收义务的生产者，零售商有义务配合 MDEP 执法，不得出售其产品。

（三）得克萨斯州

该州法案要求生产者在计算机被销售出去之前执行"回收项目"，回收项目要求为个人消费者支付回收费用，这样可以避免因经费原因导致计划受阻。在回收计划中生产者还需要为消费者提供一个网络链接以供访问，从而了解在何处丢弃计算机或怎样送交电子设备。

如果生产者集团决定设立回收项目中的某一个，这个生产者联合组织在得克萨斯州必须拥有不低于 200 个回收站点，否则每个生产者需要向得克萨斯州环境质量委员会（TCEQ）每年支付 2500 美元，同时按照在州内的市场份额回收电视机，这反映出责任和销量是联系在一起的。不同于计算机回收的是，电视机生产者可以收取回收费，只要其提供的资金激励大于或等于收费的数额。

无论是自己组织回收还是加入回收计划，生产者都必须开展公共教育活动，在向 TCEQ 咨询后向消费者发放教育资料，或者建立网站以方便生活在乡村的消费者获取信息。此外生产者必须每年向 TCEQ 提交一份年度回收报告，这一报告必须包括回收产品目录和回收到的电子垃圾的具体数量。

（四）夏威夷州

该州法案规定生产者自 2009 年 10 月 1 日开始，需对在州内进行售卖和运输的新的所涵盖的电子设备贴有标签，且该标签永久地附在电器上并可见；自 2009 年 1 月 1 日起，每个新涵盖电子设备的生产者为其在州内的售卖和运输行为向有关部门缴纳 5000 美元的注册费。在那以后，若生产者之前没有注册，需在州内为售卖或运输新的涵盖电子产品注册。已注册的生产者需在每年 1 月 1 日缴纳 5000 美元的续展费，生产者的注册和每次续展须包括在生产者商标的列表中，并且部门收到注册费和续展费之后当月生效。

自 2009 年 6 月 1 日后的每年，每个生产者都需向部门提交一份在州内建立、实施、管理收集、运输和回收所涵盖的电子产品的计划。

自 2011 年 3 月 31 日开始之后，每年每个生产者需向部门提交上一年所有回收的涵盖电子设备的总重量，这其中既包括生产者自己所涵盖的电子设备也包括其他的生产者。

自 2011 年 7 月 1 日后，每年部门都要对所有生产者在州内售卖的所涵盖的电子设备出版一个排名，主要基于每个生产者在过去一年内所涵盖的电子设备总重量来确定的。

（五）印第安纳州

生产者需在每个计划年份内回收或计划收集回收所涵盖的视频播放设备总重量至少达到生产者每年注册时向印第安纳州环境管理部门（IDEM）报告的售卖给州内居民的制定电子设备总量的 60%。

生产者需实施和证明收集者和回收者与生产者签订的合同允许生产者遵守该部分内容的尽职调查评估；生产者需要维持 3 年的文件证明所有涵盖电子设备已被回收或部分回收，或已被送到下游回收管理系统企业，符合该法案对于回收的要求。

生产者需要提交给 IDEM 供个人可与生产者联系的信息。

生产者在生产所涵盖设备时须在 IDEM 申请注册且缴纳注册费。提供的申请文件中须包括一份公开的售卖视频电子设备指标超过最大浓度值的生产者；（A）如铅、汞、镉、六价铬、多溴联苯、多溴联苯醚；在欧盟电器和电子设备指令中限制使用的某些有害物质。（B）在 RoHS 指令下生产者获得的有关最大浓度值的豁免，该豁免已被同意并被欧盟出版。

（六）弗吉尼亚州

零售商不能在州内出售或要约出售新的计算机设备，除非该设备标有生产者的商标且该生产者有符合该法案规定的回收计划，同时还公布在生产者的网站上。禁止不是生产者的零售商收集计算机设备用于回收利用。

弗吉尼亚州还对计算机上的信息存储规定了责任，它规定如果制造者的网站上显著表明该免责条款，并且提供给消费者怎样从计算机设备上删除该信息或保护消费者遗落在计算机设备上的信息不被公开的详细信息，生产者或生产者的被指派者或计算机设备的零售者不对消费者以任何形式遗落在计算机中的任何信息负有搜集和回收再利用的责任。但该法案不能豁免一个人在联邦或州法律下的潜在责任。

（七）西弗吉尼亚州

生产者能在州内出售或出租所涵盖的电子设备，需要具备以下条件。

a. 采取和实施回收计划；

b. 在所涵盖的电子设备上贴有永久的易于辨识的生产者商标；

c. 该项目需确保消费者回收所涵盖的设备或电视机时不需支付额外的回收费用；

d. 生产者从消费者处收集的所涵盖的电子设备已达到电子设备的使用期限，同时标有生产者的商标；

e. 在法案规定的条件下进行所涵盖电子设备的回收再利用；

f. 在回收计划下搜集的所涵盖电子设备必须是合理、便利和易于消费者在州内操作的，同时能满足消费者在州内收集的要求。收集方法的例证是单独的或符合该法条的有关规定。（该法条规定：生产者或生产者的被委派者提供的通过邮件返还所涵盖的电子设备的系统对消费者应免费；生产者或生产者的被委派者管理的消费者可能返还所涵盖的电子设备的系统应适用物理分类地点法；生产者或生产者的被委派者所采取的消费者返还所涵盖的电子设备的系统使用收集事件。）

该部分的收集服务可能使用现存的收集基础设施来处理所涵盖的电子设备，同时需鼓励该系统的内含物共同被一组生产者、电子回收站、修配车间、其他商品的回收再利用阻止，非营利性公司、零售商、回收站和其他合适的操作共同管理。如果生产者或生产者的被委派者提供该部分所描述的邮件回复系统，单独与一组生产者合作或与他人合作都被视为符合该部分的要求。

回收计划需要包括消费者如何和到何处返还生产者所涵盖的电子设备的信息。生产者须在公共网站上提供收集、回收再利用的信息。生产者还需给环境保护部门提供收集、回收再利用的信息。生产者可能在包装上或在其他与生产者所涵盖的电子设备信息一起销售出去的材料上标明收集和回收利用信息。

（八）新泽西州

新泽西州比较特别，新泽西州建立了一个信用系统，如果生产者该年度超额完成其电子垃圾回收计划，对于超额部分的工作量他们既可以向其他的电子垃圾回收计划的注册人出售，也可以冲抵下一年度的任务量。

四 其他相关方的责任

（一）消费者承担较少责任

由于用处理普通城市垃圾的方法来处理所涵盖的电子产品是违法的，各州除了对生产者规定回收责任外，消费者一般也承担将废弃产品送到指定回收地点等相应的责任。

在加州，消费者不仅支付处理费用，还需要对生产者提供以下说明负责：管理机构、零售商、当地政府和寿命终止服务提供者。

缅因州要求各市政部门在其辖区内组织实施垃圾收集，并支付相应的费用。如果市政当局拒绝参与，那么将不会在该区域推行 EPR 项目。各市可以确定某一天为专门的电子垃圾收购日，或者要求市民将电子垃圾直接送到附近的集中回收点。市政部门将收集起来的电子垃圾运给回收人，他将按照品牌进行分类并转给授权进行再生循环的企业。

弗吉尼亚州消费者自己需要对遗留在需收集回收再利用计算机中的任何信息负责。

（二）市政当局和监管机构负有监管、处罚和信息责任

1. 生产者责任延伸制度

在采取生产者责任延伸制度模式的各州中，监管机构的主要责任包括为生产者注册提供公共服务，为公众处理电子垃圾提供信息和服务，在网站上公布合格的生产者名单，审阅生产者的回收计划以及每年提交的报告；对生产者行使处罚权和相关建议权。以下举例说明。

（1）得克萨斯州。得克萨斯州环境质量委员会（TCEQ）是国家的环保机构，负责废弃电子产品生产者责任的监管。为了监督生产者遵守条例，得克萨斯州环境质量委员会（TCEQ）有权对其进行审计和检查。如果 TCEQ 认为生产者违反了条例的相关条款，那么它应该首先对其做出警告，这种情

况下生产者有 60 天的改过时间。同时，TCEQ 保留向立法机关建议通过其他路径改进电子垃圾回收做法的建议权。和计算机回收管理机制一样，TCEQ 有权对电视机回收企业进行审计以确信其遵守法律的规定，当 TCEQ 第一次发现违法时，应发出警告并给违法企业 60 天的改过期；第二次违法时应处以不超过 10000 美元的罚款，此后每次违法需支付 25000 美元罚款。

（2）夏威夷州。夏威夷州卫生署是为了保护和促进夏威夷民众的健康和环境而设立的，目标在于防止污染并且为民众提供一个干净、健康和自然的环境。自 2009 年 4 月 1 日开始，卫生署需要将每一个注册的生产者列入清单，将注册生产者的品牌和未注册生产者的品牌分开，这些名单需要公布在部门的网站上且每月第一天更新，零售商在售卖电子产品时需查看网站上的列表，需要符合以下规定：零售商所售卖的生产者的产品，该生产者的品牌需在网站的名单上。卫生署需要在收到生产者计划的 60 日之内对计划进行审核，来确定该计划是否遵照该部分规定。如果计划通过，该部门需通知生产商，或计划被拒绝，部门同样需要通知生产者，同时说明拒绝的理由。在被拒绝的 30 日后，生产者可以再次提交计划。夏威夷州法案规定在 2010 年 1 月 1 日，卫生署需维护和更新其网站以及公布可用免费号码的权利。同时该部门还负责掌管州电子设备回收基金，该基金的主要来源是各参与者所缴纳的费用以及所缴纳的罚金。

（3）印第安纳州。印第安纳州的主管部门是印第安纳州环境管理部门（IDEM），它的主要任务是执行联邦和州的相关规定来保护人类健康和环境，来实现环境和经济的和谐发展。IDEM 为生产者、征收者和回收者提供注册、证明或报告所需要的表格；建立一些程序，如接收和维护注册文件和证明文件的程序，使一些文件和证明容易被生产者、零售商和公共得知。在 2010 年 6 月 1 日前，以及之后的每年 6 月 1 日前，主管部门需要计算在之上的一年售卖给居民的视频播放设备。在 2013 年 8 月 1 日前，以及之后每年的 8 月 1 日前，主管部门需要提交一份报告，包括以下内容：以电子表格形式的会员大会；主管人员建立环境质量服务委员会以及印第安纳州回收市场发展委员会。州会计年度提交的报告包括：必须讨论在会计年度内所回收的涵盖电子设备总量；必须讨论生产者用于收集所涵盖电子设备不同的回收计划，包括由个人而不是注册生产者征收者和回收者收集的指定电子设备；必须包含在该会计年度内对实施行文的描述；必须包括主管部门在该法案规定的实施行为中其他信息的描述。主管部门需要通过公共教育和外联行为使公众参与到该行动中来。主管部门需每年统计注册生产者上缴给它的数据得出：出售给住户的视频电子播放设备的特别模型总量；出售给住户的视频播放设备总量；所涵盖整体回收的电子设备总量；回收奖励的数据。主管部门还需根据收集的数据决定可变的回收费，还可加入区域多态组织来实施该项计划。

（4）弗吉尼亚州。弗吉尼亚州的主管部门是弗吉尼亚环境质量部门（DEQ），该部门需在网站上公布一份已经告知该部门符合州内回收计划可行性的生产者列表。这些生产者的电子设备可在联邦内出售；同时主管部门还需在网站上提供以下链接：生产者的收集、回收和再利用项目，包括生产者的回复计划；有关存储在需收集、回收和再利用计算机上的有关个人信息的潜在安全问题。该州未授予主管部门征费的权利，包括回收费和注册费。

（5）康涅狄格州。在市政当局和监管机构的责任方面，康涅狄格州比较特殊，法案规定市政部门可以和其他收集者一样，从生产者那里得到补贴，但是和其他的项目参与者不同，市政部门加入这一覆盖全州项目是强制性的。

（6）纽约州。环境保护部（NYDEC）负责监管生产者的电子垃圾处理活动，对于没有完成回收指标的企业处以罚款。罚款与处理规模相关，与各类违禁行为适用的固定数额罚款不同，比例处罚是根据企业完成的处理量在年度计划中所占的份额来决定的，这就促使企业尽可能多地处理电子垃圾。企业可以通过适用"回收信用"来规避罚款，"回收信用"是对超额完成任务的一种奖励，可以用来减少一部分回收成本，因为它既可以计入接下来的任务量，也可以出售给其他未完成任务的企业计入它们的处理量。

2. 消费者预付费制度

对于采取"消费者责任"模式的加州，主管机构除了负有审阅生产者提交的回收计划和收取相关费用的责任外，其主要责任是为创造一个公平的竞争环境，为电子垃圾回收处理市场设立相关法规和标准。

加州主管机构努力创建一个公平的竞争环境，确保所有生产商符合既定要求和目标。考虑适当的中立第三方组织管理这样的责任。主管机关包括立法机关，美国环保署加州署（Cal/EPA）、加州废物管理委员会（CIWMB）和其他相关州层级的有关当局。上述主管机构审查和批准代表生产者的由生产者和管理组织提交的管理计划。通过在框架中宣布的指导原则来实施生产者责任（EPR），包括鼓励绿色产品设计的采购说明书，并参与多方协作提高环境效益，包括努力建立产品性能标准。

（三）零售商负有信息和售卖注册合法产品责任

零售商的责任主要包括信息责任、售卖合法电子处理注册的电子产品的责任。举例来说：

纽约州零售商在消费者购买特定电子产品的时候，应该告知消费者生产者回收电子垃圾的信息；如果生产者和生产者拥有的特定电子产品品牌没有在环境保护部门进行电子垃圾处理注册，那么零售商不能销售该生产者的产品。

得克萨斯州法案规定如果零售商并没有制造产品的话，那么没有义务回收计算机设备，但是零售商必须保证其销售的计算机有合法的品牌标签，同时上游生产者已经向得克萨斯州环境质量委员会（TCEQ）报告其回收方案并已位列"已经建立回收计划的生产者名单"中。

夏威夷州法律规定，自 2010 年 1 月 1 日开始，零售商须向消费者提供在州内收集服务的信息。包括部门网站和免费电话。偏远的零售商需将这些信息放在他们网站上显而易见的地方。

伊利诺伊州对零售商做出如下规定：零售商应是给当地消费者提供产品使用末期选择的首要信息来源，这些产品包括计算机、计算机显示器、打印机和电视机。售卖的时候，零售商需提供给每个州内消费者部门网站上的信息，告知消费者如何再利用 CED。自 2010 年 1 月 1 日开始，没有零售商可以售卖或提供售卖计算机、计算机显示器、打印机或电视机，或者运输以上电子设备至州内，除非零售商符合以下条件：①计算机、计算机显示器、打印机或电视机均贴有标签，标签永久附上且信息明确可见；②生产者在代理处已注册，并已支付了规定的注册费；③不适用于在 2010 年 1 月 1 日前购买的计算机、计算机显示器、打印机和电视机；④至 2009 年 7 月 1 日，零售商需通过模型向每个电视机生产商报告在 2008 年 10 月 1 日至 2009 年 3 月 31 日半年间，其在州内销售给州内居民的每个生产者的电视机总量；⑤至2010 年 8 月 1 日，零售商需通过模型向每个电视机生产者报告在 2010 年 1 月 1 日至 2010 年 6 月 30 日半年间，其在州内销售给州内居民的每个生产者的电视机总量；⑥每年 2 月 15 日之前，销售商须向每个电视机生产者通过模型报告其在上一年售卖给州内居民电视机的总量。

印第安纳州规定销售者售卖新的视频播放设备需给居民提供以下信息：有关于回收处理视频播放设备的地点和方法；给住户提供方便的回收视频播

放设备的机会和地点。零售商还需给居民提供 IDEM 的联系信息和网站地址；如果零售商通过电子目录或网络售卖指定设备，需要在零售商的电子目录和网站上的突出位置标明有关信息。

弗吉尼亚州零售商不能在州内出售或要约出售新的计算机设备除非该设备标有生产者的商标且该生产者有符合该法案规定的回收计划，同时还公布在生产者的网站上。不是生产者的零售商不许收集计算机设备用于回收利用。

（四）处理企业一般需获取认证

通常，回收处理企业应具有经审核认证的管理系统和设施，如ISO14001 环境管理认证，或者国际废弃电器电子产品回收商协会（IAER）、废物回收工业协会（ISRI）的认证，如果没有这些认证，企业应按 EPA"废弃电子产品回收行动"导则实施回收管理。如果回收含汞产品，如液晶显示器（LCD）、笔记本计算机和复印机，处理企业在处理前应遵循含汞组分的处理要求。

美国环保署（EPA）鼓励所有的电子产品回收商能被独立的有公众信服力的第三方所认可，符合其标准进而安全地回收和管理电子产品。目前主要有两个主要的认证标准。由美国环保署资助所成立的非营利组织推行的 R2标准和美国非营利组织发起的 e-Stewards 标准，其中 R2 标准不需要有环境管理系统，e-Stewards 标准须有 ISO14001 验证；R2 标准只适用于美国，其对有毒废弃物的出口、有毒物掩埋及焚烧、粉碎含汞装置都是有条件许可，而 e-Stewards 标准适合于全球，其直接禁止有毒废弃物的出口，禁止有毒物掩埋和焚烧，还禁止粉碎含汞装置。

在美国能够授权认证处理企业的机构是美国国家认可委员会（ANAB），认证的电子处理商需要符合严格环境标准以使他们安全地管理使用过的电子产品，一旦处理商被认证，处理商将会受到认证机构持续的监管，来确保其一直符合严格的环境标准。

以犹他州为例，在犹他州对于进行电子垃圾回收的厂商实行认证制度，认证条件为在指定的独立第三方审计人前声明履行安全回收和管理电子垃圾的特定要求。目前通行的认证要求有两种：负责任的回收行为规范（R2）和电子产品处理标准。实行回收商认证制度的好处有：减少不当回收行为给人类和环境的负面影响；为需要的人提供更多的再利用和翻新电子产品；减少对原材料的开采和加工，节约资源。以上两种标准都能够确保回收行为是负责任的，使回收活动科学管理并且包含对环境、工人健康和安全、回收企业规范、下游回收者对原材料的安全使用以及数据清除等内容。认证回收商一旦宣示接受认证就必须接受认证机构的持续监督，同时美国环保署（EPA）也会适时修改认证标准以提高要求。自 2012 年 2 月开始，美国环保署（EPA）对采用上述两种标准的地区提供技术支持。

明尼苏达州法规规定处理企业应遵守关于所有适用的健康、环境、安全和资金责任的要求；应具有经政府主管部门批准的适用的许可证明；不能雇用监狱工人；环境、事故和应急等保险费不应少于 100 万美元；如果非营利企业与有关机构合作在学校使用电器电子产品，可以免保险证明，并雇用监狱工人。

此外，值得一提的是缅因州，缅因州对电子垃圾集中处理站做出了特别要求。（a）自 2006 年 1 月 1 日开始，电子垃圾集中处理站会对送到这里的废弃计算机和电视机的生产者身份进行识别，同时对由州内居民产生的垃圾进行确认，还需通过生产者保持一张家用废弃计算机显示器数量和家用废弃电视机数量的账单，自 2007 年开始在每年的 3 月 1 日，电子垃圾集中处理站要通过生产者向主管部门提供这份账单。（b）电子垃圾集中处理站可能在处理站进行生产商的识别，可能与船运的垃圾回收和分解站共同进行识别和提供账单服务。（c）电子垃圾集中处理站可能和生产者共同工作确保财政计划实施的实际性和可行性。至少电子垃圾集中处理站应记录生产者处理、运输和回收的成本。（d）电子垃圾集中处理站需要把废弃计算机显示器和电视机运送至有执照许可的回收和分解站，还需维护有执照许可的回收和分解站至少 3 年的记录，同时在主管部门需要的情况下 24 小时内上报主管部门。（e）回收拆解处理站需给电子垃圾集中处理站提供证明其对所涵盖电子设备的处理、加工、整修和回收符合主管部门对环境无害的原则。

第四节 美国废弃电器电子产品处理基金模式

一 以加州为代表的消费者预付费制

（一）资金来源

加州的电子垃圾回收处理项目是由消费者在购买立法涵盖的电子设备时以可见的方式向零售商支付的，根据电子产品屏幕尺寸的大小确定收费标准，6 美元（对角线大于 4 英寸小于 15 英寸）、8 美元（对角线大于 15 英寸小于 35 英寸）和 10 美元（对角线大于 35 英寸）。零售商将收取的回收费转交给公平委员会（BOE），该机构将该笔资金存入加州统一垃圾管理基金（IWMF），设立电子垃圾回收账号（EWRRA）。除了回收费以外，该账号的资金来源还包括对违反电子垃圾处理强制性规定的生产者、零售商、电子垃圾回收站点经营者、集中回收人、集中处理人和消费者处征收来的罚款。

另外，电子垃圾回收账户上产生的任何收益都必须通过储蓄的方式留存在该账户上以备各类合法支出。

（二）资金使用和支付范围

Cal Recycle 负责分配资金的用途，过去承担这一职责的是加州统一垃圾管理委员会（CIWMB），CIWMB 是加州负责垃圾回收和降解的主管机构，在 2010 年 6 月 1 日被撤销，其职能由加利福尼亚州资源回收利用部门（Cal Recycle）继承。

Cal Recycle 的支付范围为以下几方面。

（1）按照法定价格 0.28 美元/磅的处理费和 0.20 美元/磅的收集费向回收处理人付款；向实施了收集和回收活动的生产者支付，具体数额等于 ARF 模式下的处理费用。

（2）为 Cal Recycle 和加州有毒有害物质控制局（DTSC）的行政活动提供经费，但用于 Cal Recycle 和 DTSC 管理和执行立法的经费不得超过基金账户的 5%。

（3）为执行健康和安全法典第 20 分支的 6.5 章的规定提供经费。

（4）每年不超过基金总量 1% 的数额被投入公众信息项目，用于教育公众不当保管和处理被立法涵盖的电子产品的危害和回收的途径，同时要给零售商 3% 的 ARF 收入以补偿其收集成本。

（5）当电子垃圾按照有毒有害垃圾出口的规定来处理并满足了全部要求时，Cal Recycle 应支付费用。但是当这些电子垃圾的出口目的地是禁止电子垃圾进出口的国家，则委员会不需要支付费用。

（三）收费调整机制

立法规定 ARFs 收费一旦无法负担全部收集和回收处理费用则必须进行调整。例如在 2008 年早些时候，人们预计在当年 9 月电子垃圾回收处理项目的支出将会大于收入，EWRRA 无法维持收支平衡。做出这一推断是对项目增长空间、当时的支出比例和收入状况综合评估的结果。为此 CIWMB

（现为 Cal Recycle）在 2008 年 6 月调整了消费者预付费的水平，改为 8 美元、16 美元和 25 美元的标准，依据仍然是电子设备的屏幕尺寸。截至 2008 年年中，电子垃圾回收项目规模以每季度增加 400 万磅的速度增长，但是在当年的后半年出人意料地回落，又在 2009 年的第一季度达到峰值，其后再次回落。这一情况导致基金账户出现盈余，于是在 2010 年 6 月，收费标准被再次调回 6 美元、8 美元、10 美元。目前，新近的一次调整是 2013 年 1 月 1 日，收费标准再次下调为 3 美元、4 美元、5 美元。总之收费标准以维持偿付能力为限，但是收费标准的调整的间隔必须控制在一年以上两年以下的期间中，同时由 Cal Recycle 会同环境保护部门经过听证程序确定。

（四）支付程序

从 2004 年 7 月 1 日开始，此后每隔两年的 7 月 1 日 Cal Recycle 联合 DTSC 制定电子垃圾回收支付计划表，该计划表需要满足授权收集人在本州建立的免费、快捷的电子收集、集中和运输体系的运营成本。这笔费用可以直接支付给授权收集人，也可以交付给授权处理人补偿其给收集人的费用。从 2004 年 7 月 1 日开始，此后每隔两年的 7 月 1 日 CIWMB 联合环境保护部门制定电子垃圾处理支付计划表，该计划表需要满足授权处理人从授权收集人处接收、处理、再利用电子垃圾的成本。

具体的支付程序是授权收集人和授权处理人向 Cal Recycle 递交规定格式和形式完整的经确认的账单，CIWMB 在收到后付款。在授权处理人向授权收集人进行转付的时候同样需要遵循上述程序。Cal Recycle 付款条件为：完成规定数量的处理量，同时垃圾处理设施经营合法，例如在过去 12 个月接受环境保护部门的监督且无违法事项，工作时间无异常，作业环境安全、健康，雇员经过培训等。

二 以纽约州为代表的生产者责任延伸制度（见表 5 - 5）

（一）纽约州

1. 一般不对消费者收费

纽约州采取 ERP（生产者责任延伸制），对于绝大多数消费者来说，生产者不能就电子垃圾的收集和处理向他们收取费用，例外情形是：提供上述服务的合同在 2011 年 1 月 1 日前就开始履行；消费者是拥有 50 个以上全职雇员的营利性组织，或者是拥有 75 个全职雇员以上的非营利性组织；提供了额外的服务。额外的服务是指任何超出该州《电子设备回收和再利用法》

（EERRA）规定的合理便利的回收方式以外的服务，包括设备、数据的保护服务、翻新再利用服务。

2. 环境保护基金来源和使用

NYDEC 筹措的资金将拨入纽约环境保护基金，纽约州的电子垃圾处理法案中规定全部收费和支出都进入依据州金融法第九十二节设立的环境保护基金中（EPF）。这包括对未完成回收利用任务的生产商，对回收商不当循环利用的处理行为以及对个人消费者随意丢弃等事项征收费用。EPF 向当地政府和非营利性组织从事的环保事业提供资金支持，EPF 的资金来源渠道多样，包括用于专门用途的资金、不动产交易税等，使用 EPF 的资金需要立法的规定和州长的年度拨款。

（二）明尼苏达州

1. 生产者完成回收任务或支付回收费用

根据《视频播放器和电子设备收集和处理法》，明尼苏达州采用的是延伸的生产者责任，被认定为生产者的企业每年都需要回收或者通过安排收集、回收一定数量的特定电子设备，具体方式有回收一定数量的电子垃圾、使用回收信用或者支付回收费三种方式。具体数额等同于上一年度其销售给该州家庭用户的全部产品重量×监管当局确定的需要回收的比例。生产者责任仅局限从家庭用户处回收来的电子垃圾，其他来源的不计入回收任务。

2. 征收注册费

明尼苏达州的电子垃圾回收体制也采纳了注册方式管理，从生产者、零售商到收集人、回收利用人都要进行注册。注册制度也是该州的电子垃圾回收资金体制的重要部分。在明尼苏达州，凡是 2007 年 9 月 1 日以后注册的生产者每年都必须向税务专员缴纳注册费，税务专员会将这笔税收存入州财政部或者借贷给环境基金（该机构是一家以社会捐赠为资金来源的公益性环保组织）。注册费是由 2500 美元基础费加上数额不定的回收再利用费。

回收再利用费，实际上是对生产者未完成回收再利用目标任务的不足额部分的比例罚款，计算公式如下：$[(A \times B) - (C + D)] \times E$，在这里 A 指的是在本项目年度的上一年生产者向州税务局报告的出售给家庭使用的视频播放器的总重量（磅）。B 设定的是应被回收的电子垃圾在已出售的视频播放器中所占的份额，第一年的系数为 0.6，第二年之后的系数为 0.8。C 指的是在本项目年度的上一年生产者向州税务局报告的向家庭回收的特定电子设备的总重量（磅）。D 指的是生产者获得的可以用来计算可变的回收费的回收信用数额。E 指的是估算的每磅电子垃圾的回收成本，具体价格有 0.5 美元/磅，该价格适用于回收比例低于 50% 的生产者；0.4 美元/磅，该价格适用于回收比例高于 50% 低于 90% 的生产者；0.3 美元/磅，该价格适用于回收比例高于 90% 低于 100% 的生产者。如果 C –（A × B）所得为正数，那么所得的数字（磅）就将被确定为生产者的回收信用，该信用可以整体或部分在以后的任何年份与 C 相加，只要不超过当年度生产者义务（A × B）的 25%。回收信用同样可以整体或部分向其他生产者出售，价格由双方协商确定，购买方的使用权限和出售方等同。值得注意的是如果回收的电子垃圾来自 11 个指定的县市区以外，那么在计算总量的时候要乘以 1.5 倍，另外年销售量在 100 台以下的生产者的注册费为 1250 元。

3. 注册费的使用

注册费的使用由税务专员决定，用作电子垃圾回收的管理经费；支付给特定的 11 个县市以外的从事电子垃圾收集的乡村和电子垃圾收集人，这些地区的电子垃圾回收是纳入当地的固体垃圾回收体系的。这笔经费分配时带有竞争性质，税务局对那些与生产者积极配合回收的乡村和私营回收人予以优先待遇。

（三）华盛顿州

1. 生产者履行义务的途径

华盛顿州的资金模式是由生产者为电子垃圾收集和回收计划提供资金支持，生产者必须加入或者设立回收项目并依据其在特定电子设备中的份额为收集、运输和回收利用提供资金。生产者不能因回收事宜向消费者征收任何费用，只有在收集人提供了额外的，或者路边的便利服务的时候，可以收取适当费用。

生产者履行义务的途径有两种：一是要加入由华盛顿州材料管理和融资局（Authority）设立的标准计划；二是设立独立回收项目，独立项目的设立要经州环保部（DOE）批准，申请人必须是一个或以上的至少占 5% 电子垃圾份额的生产者，新成立的生产者和生产无牌产品的生产者没有资格。

DOE 每年都要对生产者的法定回收份额做出认定，回收义务的基础是被认定是该生产者应付责任的立法涵盖的电子垃圾的总重量，最初确定回收份额时，DOE 需要使用一切合理方法和公开信息，接下来的年份 DOE 在计算回收份额时只需要更新被立法涵盖的电子垃圾份额模型的数据即可。生产者可以对 DOE 的初步认定提出质疑。DOE 每年都需要将生产者的回收份额和电子垃圾的总回收量进行对比得出某个生产者的均等义务（注意：均等义务不是同等义务，强调的是回收比例和销售份额的一致）。每年的 6 月 1 日之前，DOE 都应告知生产者它上一年度的均等义务，同时给没完成均等义务的项目开出账单，生产者将为欠缺部分的处理成本支付费用。对于超出均等义务的项目，DOE 应在每年 9 月 1 日之前支付相关费用。如果某个项目由非营利组织进行收集，那么该项目的购买支出将获得占该生产者均等份额 5% 的贷款支持。对于没有完成回收份额的生产者来说，除了向 DOE 缴纳欠缺部分的回收成本外，还需要支付一笔行政管理费，DOE 收取的费用将被存入一个新设立的电子产品回收账户，用于对回收超出均等份额的生产者给予补偿，另外计划的实施包括对特点电子产品的分类费用。

2. 会员生产者需要向 Authority 支付管理和收集费

生产者参加的标准项目是由 Authority 来制定并组织实施的，该机构为华盛顿州的公共机构，采用董事会制度，由 11 名选举产生的参加该项目的生产者代表组成。其中 5 个席位是由 5 家电子垃圾回收份额最大的 10 个品牌的代表占据，剩下的 6 个席位由其他生产者代表组成。代表们来自电视机和计算机制造行业。DOE、社区工作部、贸易和经济发展组织、州财政部的首长是 Authority 的当然委员。董事会有权制定章程。Authority 规定生产者会员应负的均等义务，并就计划的制定和实施举行至少一次的公开听证会。会员生产者需要向 Authority 支付管理和收集费，如果计费依据是在州内销售的产品的数量，那么初始费不超过 10 美元；如果 Authority 没有设定初始费，那么按照每个计算机和平面计算机显示器 6 美元、其他计算机显示器 8 美元和电视机 10 美元的价格收取。等到第二年，Authority 将收取年费和其他必要的费用。

3. DOE 收取年度注册费和回收项目年审费

为了保障执法活动的开展，DOE 收取年度注册费和回收项目年审费，上述费用的收取是以生产者在本州的年销售量份额确定的，它们将被存入电子产品回收账户。当生产者不参加许可的回收计划时，DOE 必须向生产者进行书面警告，命令其必须在 90 日内加入。如果生产者不遵守警告的提示，则面临最高 10000 美元的罚款，如果 Authority 或者其他被授权主体不实施被核准的回收项目，那么 DOE 的第一次处罚最高可达到 5000 美元，90 日以后，若仍不履行义务，罚款最高可达 10000 美元。对于不遵守生产者注册义务、教育、标识告知、报告义务，收集人、运输人注册和处理义务以及零售商责任的行为都将受到书面警告，90 日后拒不改正的将面临第一次 1000 美元和第二次及以后 2000 美元的罚款。

（四） 缅因州

该州采取 EPR 模式，即由生产者负担电子垃圾的回收成本。生产者负担资金义务的途径有两种，一种是从被核准的电子垃圾集中处理人处回收电子垃圾，完成处理再利用流程；另一种是直接支付集中处理人开出的账单。生产者需要负责的电子垃圾为来自该生产者自身的和无主电子垃圾，无主电子垃圾的回收义务是依据当前的市场份额来分配的。

集中处理人寄给生产者的账单是全州电子垃圾中被认定为该生产者出产的电视机和计算机显示器总数。集中处理站会区分每一个品牌和所属的产品重量，集中处理需要向生产者明示该商品已被缅因州环境保护部（MEDEP）认定为生产者需要承担法律责任的商品。在项目进行的第一个年度 MEDEP 通过美国其他地区的电子垃圾回收实践得出的数据，计算出了市场份额。而缅因州自己的数据需要项目实施一年以后才能得到。对于无主产品的比例责任还存在一些例外，首先那些对家庭销售总量不到市场份额 1% 的企业无须承担这一责任，其次对于那些不付费的回收项目的生产者来说，如果该项目涉及的产品需要在缅因州进行回收的话，生产者将获得贷款。

通过集中处理人给 MEDEP 第一年的报告可以看出，在 2006 年的 5 个月时间里大约有 14000 台电视机和 11000 台计算机被回收，那么可以算出大约一年可以回收 60000 台电视机、计算机，州内居民 1 磅/年的处理量。MEDEP 以单件商品重 50 磅，每磅 30 美分的标准核准计价，那么生产者每年回收的总费用大约在 375000 美元。

（五） 马里兰州

马里兰州是采取电子垃圾回收生产者责任体系的州，由生产者来负担电子垃圾的回收和处理成本。按照该州《全州电子垃圾回收计划》的规定，生产者的责任主要是成立一个电子产品回收项目并负担其经费开支。生产者必须回收公布在产品名录上的全部产品种类，对于电子垃圾的送还者提供免费的服务，例如为电子垃圾提供到付服务，设立电子垃圾收集点等；生产者可以和回收人、当地政府部门、其他生产者等合作经营自己的电子垃圾回收项目。此外生产者必须为回收项目配备免费电话和网站告知消费者如何将准备回收、翻新、再利用的特定电子设备送还。生产者还应该从 2008 年开始就要求被立法涵盖的电子产品的生产者在马里兰州环保部门（MDE）注册并支付注册费，否则将不允许在该州内销售相关产品。

　　注册费的征收依据如下：第一年，上一年度的年销量 1000 台以上被立法涵盖的电子产品的生产者应缴纳注册费为 10000 美元，销量为 100 台以上 999 台以下的生产者为 5000 美元；第二年开始，未完成 MDE 认可的回收计划中上一年度回收计划的生产者，按照第一年的标准缴纳注册费，对于完成回收计划的生产者可以享受注册费更新待遇，每年 500 美元。这笔费用每年的 1 月 1 日向马里兰州环保部门（MDE）提交，汇入州回收信托基金。对于上一年度销量低于 100 台的被立法涵盖的电子产品生产者无须缴纳注册费，但仍然要履行注册手续。

　　州回收信托基金的资金来源有新闻纸回收激励费、电话目录收集激励费，生产者实施电子垃圾回收项目注册费、各类罚款、州预算的拨款，其他基金收益等。该基金由州长 MDE 的行政首长管理，财政部长掌握，审计官监督。当一个财政年度终结时，如果回收信托基金账户上的结余超过 2000000 美元，则需要归还到普通基金中。

三　两种资金模式的特点和优劣势分析

　　概括起来，美国的电子垃圾处理的资金模式大体分为两种，即以加州为代表的消费者预付费制度和以纽约州为代表的延伸的生产者责任制度。由于责任主体的不同，两种回收体系的资金支持方式有很大的差别（见表 5 - 4）。

表 5 - 4　代表性州电子垃圾处理融资模式比较

州名	融资模式
加州	在 ARF 框架下分别在购买时依据产品特性向消费者征收 MYM6、MYM8、MYM10 数额不等的回收费
缅因州	生产者有义务对特定品牌负法律责任，向集中处理人支付相关品牌的运输和回收处理费和一定份额的无主产品的回收费。集中处理人的收费标准为 19 ~ 42 美分/磅
马里兰州	生产者每年需支付 5000 美元的注册年费，但若加入回收计划且完成回收任务只需缴纳 500 美元/年
华盛顿州	生产者必须加入一个州公共机构，同时支付一定数额的电子垃圾的收集和回收成本，已成立的生产者也可以申请成立一个独立的回收项目

（一）　加州 ARF 模式的主要特点

　　在加州，由于采用全体消费者支付预付费（ARF），CIWMB 统一支配的方式，那么如何确定缴费标准和如何分配资金的使用就成了加州模式中最重要的两个问题，这关系到州内消费者的负担和电子垃圾回收计划的正常运转。关于缴费标准的界定，Cal Recycle 每年都会对收费标准进行评估和调整以确保收支平衡和维系理性适度的回收活动。在申请资费调整时需要提供项目成本和收入需求评估、历史资费记录和资费模型分析三份文件以供参考。EWRRA 账号上的付费对象十分广泛，包括授权的收集人和回收人（含有回收行为的生产者）的成本，还有用于管理机关和公共教育项目开支。

（二）纽约州等 EPR 模式的主要特点

与加州相反，以纽约州为代表的延伸的生产者责任（EPR），则在减少行政干预的前提下，在市场主体间寻找最适合的回收责任承担者。电子垃圾处理资金模式是将生产者作为电子垃圾回收成本的负担者，以此为基础给生产者赋予注册、标示、报告、收集、回收等多项义务，这些义务中注册、标识是便于管理，而报告、收集、回收则是生产者义务的主要部分。在实践中，生产者履行收集回收义务的方式是多样的，既可以自己亲自实施，也可以委托专门的回收人和处理人代为实施，并支付相关费用。在 EPR 模式下，管理部门掌握的资金是比较有限的，大致包括注册费、年费和罚款，这些费用将用于维持必要行政管理成本，存入财政账户生息，还可以汇入或者借贷给环保基金用于环境保护用途。

EPR 模式以生产者为中心，带动消费者、零售商、集中回收人、处理人等市场参与者参与，生产者根据自己的选择布局本企业的电子垃圾收集和回收版图，以市场定价的方式向其他参与人支付对价，而管理部门的作用仅仅是设定回收份额，规定计算标准和处罚方式。

值得注意的是在 EPR 下，各州由于管理理念和实际情况的差异存在形式各异的生产者责任，这些差异体现在市场份额的认定标准、注册费用的设定、设立独立回收项目的门槛等。各州在生产者管理方式和基金管理制度上有差异。这些差别仅局限于在生产者内容责任分配的不同，并不影响该模式的本质特性。

（三）两种模式优劣分析

1. ARF 模式的优势和不足

ARF 模式的优势：ARF 以明确可见的方式向消费者征收电子垃圾处理费，可以减少对立法涵盖的电子产品的过度消费；该州的电子垃圾处理计划经费来源和支出都是由管理部门严格控制，统一收费，统一支出，由政府部门在统一评估之后对消费者预付费进行核定，免去了电子垃圾回收的定价问题，操作简便；包括历史遗留产品在内的所有废弃电器电子产品都能得到回收，解决了对历史遗留产品和无主产品的处理问题。有利于快速建立用于回收设施的可持续资金，通过简单有效的实施以及对消费者的收费公开，有助于消费者了解回收费的收取和使用情况。

然而 ARF 也存在如下弊端：由于政府承担着费用征收和经费开支的职责，导致管理部门无可避免地介入回收项目的实施当中，行政成本增加较大；生产者没有直接参与回收系统的建设，故生产者也不太可能将产品回收纳入自身的商业模式，因此该模式在激励生产者生产绿色产品方面意义不大；由于管理部门拥有定价权，这也就决定了该州电子垃圾处理市场的资金规模，故一旦预计支出大于收入，则消费者预付费标准就要进行调整，这种调整往往和实际情况存在差异，导致加重消费者负担；为了回收处理老产品增加了新产品的销售价格，也有可能抑制正常的消费需求，增加消费者的负担；尽管立法规定了行政管理开支的上限，但消费者缴纳的回收费能否确保用于回收项目缺少立法上的保障，如果征收的费用高于回收成本，那些超出费用可能被州政府用于其他用途；增加了零售商向消费者收取费用的负担，并需要向零售商支付手续费；通过网络直接对一级经销商进行的购买可能逃脱 ARF 的缴纳。总之，加州的预付费模式由于政府主导电子垃圾回收的资金规模和定价权而体现出较强的行政管理色彩，市场功能较弱。

2. EPR 的优势和不足

EPR 较 ARF 不同，它认为生产者是最适宜的电子垃圾回收行为的实施者和成本负担者，尽管从根本上来说，回收成本的最终负担者是消费者，但是如果让生产者成为直接的负担者是有利于将回收成本降到最低的。EPR 有利于激励生产者从降低成本的角度考虑革新技术，减少电子产品使用的有毒有害物质；在消费者（到收集点上交废弃产品）、当地组织（经营收集中心）、生产者（负责回收处理）之间分配责任，避免了政府部门或者第三方介入基金管理，减少了管理成本；最后，这种以生产者为中心的回收运行体制，给回收形式的灵活多样提供了可能，生产者可以根据自己的情况，选择由自己还是专门的机构进行收集、回收和处理，这种做法在降低回收成本的同时也有利于在竞争的环境下培育出相关市场主体。

EPR 的不足之处在于已有的生产者和新进入市场的主体之间责任分配不均，来自先前生产者的投入减轻了新加入者的责任；那些年代久远的电子产品的回收成本基本上落在了消费者身上；品牌分类是 EPR 体制下独有的成本；对于电视机这样的商品，由于生命周期较长，生产者改进设计的动力不大。

（四）趋势判断：淘汰 ARF，向 EPR 发展

ARF 和 EPR 都意在改变电子垃圾填埋处理的模式，但是由于 EPR 明确了生产者的强制责任，使市场机制可以发挥效力。目前，除加州以外的州都采用 EPR，无论作为一种指导原则还是一种实用主义做法，EPR 都是效用最大化的模式，电子垃圾的管理趋势是逐步淘汰 ARF，而向着 EPR 发展。

EPR 直面问题的根本即产品的毒性，而不是对有毒的电子垃圾的急速增长做出反应。在 EPR 模式下，生产者负责回收，为了降低回收成本，生产者有重大的激励来直接参加到回收进程，不管是在收集、分类或回收环节，来保证效率同时降低成本。如果公营回收效率不尽如人意，生产者更有足够的动力去创造自己的回收系统，或与公营项目进行竞争。换言之，昂贵的回收费用迫使生产者将回收业务私有化，如果生产者认为自己比市政当局或其他从业者更有效率的时候，他们就会自己从事电子垃圾回收。各州目前已经认识到这一好处，几乎所有的采用 EPR 的州都鼓励或者要求生产者建立私营的回收业务，并带来效率的提升。

EPR 的另一个独到之处在于给生产者在产品设计环节以激励，生产者会努力改变产品自身，使用更少的有毒物质来降低回收的成本。这对于解决产品中含有毒有害物质的问题有很大裨益。

所以，从发展趋势看，消费者预付费制度会逐步向生产者责任延伸制度过渡。事实上，加州 2007 年 9 月 19 日已经通过了号召采用"生产商延伸责任"（EPR）的决议，制定了实施生产者责任延伸制度的整体框架。

表 5 - 5　各州法律相关规定的对比

州名称	免费回收的受益人	支付回收费用的资金机制	对有毒物质的要求	收集的目标	对监狱劳工的禁令	禁止填埋和焚烧
实行生产者责任制州的法律						
康涅狄克州	消费者或每次丢弃少于 7 件电子产品的居民	生产者，电视机依据市场份额，计算机依据实际返回率	无	将于 2010 年 10 月前制定收集目标	无	有，自 2011 年 1 月生效

州名称	免费回收的受益人	支付回收费用的资金机制	对有毒物质的要求	收集的目标	对监狱劳工的禁令	禁止填埋和焚烧
夏威夷州	消费者,商业机构,非营利机构,政府	生产者必须建立收集和回收他们所生产产品的计划	无	无	无	无
伊利诺伊州	消费者	整个州的目标依据返回率;而州目标转化为公司义务时,TV 按市场份额,IT 按返回率	披露义务。企业必须披露它们的产品是否符合欧盟 RoHS 指令	州范围目标	无	有,自 2012年开始
印第安纳州	家庭,公立学校,雇员少于100 人的小公司	市场份额。生产者需支付基于所销售的视频播放设备所占市场份额的收集、运输、回收和满足目标的费用	无	无	无	无
缅因州	2004 年只有家庭,2011 年增加学校,非营利机构和雇员少于 100 人的小公司、运输项目少于八个的公司	生产者支付交通回收费用,部分收集费用。市民支付部分收集费用,IT 公司通过返还份额支付的溢出成本(spilt cost),TV 公司通过市场份额的溢出成本	无	无	无	有
马里兰州	未详细说明	生产者向州缴纳费用,州基金将这些费用用于偿还回收费用	无	无	无	无

续表

州名称	免费回收的受益人	支付回收费用的资金机制	对有毒物质的要求	收集的目标	对监狱劳工的禁令	禁止填埋和焚烧
密歇根州	每天丢弃废物不超过7件的消费者和小商业者	生产者支付收集、运输和回收费用，但没有服务水平被授权	无	电视机企业应回收上一年销售总量的60%	是（在 SB898 中规定）	无，将被研究
明尼苏达州	消费者	市场份额，生产者支付收集、运输和回收费用	披露义务，如果最大浓度限值超过 RoHS 指令，企业应在注册时报告	第一年：生产者应回收前一年销售总重量的60%；一年后（2008.7）回收前一年销售总重量的80%	是	已存在
密苏里州	消费者	生产者支付收集、运输和回收费用，但没有对服务水平进行强制性规定	无	无	无	无
新泽西州	消费者，雇员少于50人（包括50人）的小公司	返还份额。生产者支付收集、运输和回收费用，电视机企业根据返回率和市场份额分配回收费用	必须符合 RoHS 对重金属的规定	自2011年1月开始，法律指导州部门设定目标	有	有，自2011年1月开始
纽约市	每个人，包括消费者，公司以及其他	市场份额。生产者必须收集和回收产品	无	有。基于市场份额的收集目标，2012年:25%；2015年:45%；2018年:65%	无	有，自2010年7月1日开始

续表

州名称	免费回收的受益人	支付回收费用的资金机制	对有毒物质的要求	收集的目标	对监狱劳工的禁令	禁止填埋和焚烧
纽约州（纽约州有一个需要手机供应商进行回收的单独的法规）	除了雇员超过50人（包括50人）的大公司和雇员超过75人（包括75人）的非营利性机构之外的所有主体	生产者根据各自的市场份额支付收集运输和回收费用，法律建立一个全州适用的目标，然后各州根据各自的市场份额确定各自的部分，生产者每卖出一个电子产品就需拿回一个电子产品	有。必须保证其所出售的任何一件产品都未违反 RoHS 的规定	有，需将目标与便利度相结合。全州范围内适用的收集目标计算方式：2011年：每人3磅；2012年：每人4磅；2013年：每人5磅；在2013年后，目标在经验的基础上重新计算	无	有，2011年4月1日开始对生产者、零售商、垃圾处理者和基金会有要求，2012年1月1日开始增加消费者
南卡罗来纳州	2007年没有明确标明，2010年的法案宣称适用于消费者和雇员少于10人的非营利性组织	通过收集的网站和收集的目标。他们不能支付收集费用。电视机公司的市场份额，IT公司的返还份额	无	无	无	有，自2011年7月1日开始禁止填埋和焚化
俄克拉荷马州	消费者	生产者支付收集、运输和回收费用，但没有对服务水平的强制性规定	无	无	无	无
俄勒冈州	家庭，小公司，小型非营利性组织，以及一次在收集点丢弃的废弃物不超过7件的任何实体	生产者支付收集、运输和回收费用。电视机企业根据返回率和市场份额分配回收费用	无	有，便利设施，生产者必须在每个郡县都有收集点，并且每个城市都要超过100个	无	有，自2010年1月1日生效

续表

州名称	免费回收的受益人	支付回收费用的资金机制	对有毒物质的要求	收集的目标	对监狱劳工的禁令	禁止填埋和焚烧
宾夕法尼亚州	消费者,雇员少于50人(包括50人)的小公司	生产者需要建立、制定和管理手机、运输和回收所涵盖电子产品数量的计划,该计划需与生产者的市场份额相当	无		本身没有,但回收企业必须符合R2和e-Stewars的规定	2013年1月1日起有效
罗得岛	家庭,公共和私立的小学和初中	生产者支付收集、运输和回收费用	必须披露超过RoHS标准的视频播放设备	无	有	有,自2009年1月31日生效
得克萨斯州	消费者	生产者必须要有取回计划,但是没有关于服务水平的强制性规定	无	没有针对计算机的,有基于市场份额的对电视机设定的部分目标	无	无
南卡罗来纳州	消费者	生产者必须要有回收项目,但是没有关于服务水平的强制性规定	无	无	无	有,自2011年7月1日开始禁止垃圾填埋
佛蒙特州	家庭,慈善机构,地方学校或雇工少于11人的小公司	将市场份额目标和便利设施结合起来,在每个郡县须有3个站点,另外在超过10000人的城市另增加1个站点	无	有,为收集设立目标,同时有便利设施的要求	无	有,自2011年1月1日生效
弗吉尼亚州	消费者	生产者必须要有回收项目,但是没有关于服务水平的强制性规定	无	无	无	无

续表

州名称	免费回收的受益人	支付回收费用的资金机制	对有毒物质的要求	收集的目标	对监狱劳工的禁令	禁止填埋和焚烧
华盛顿州	消费者、慈善机构、小公司、学校和小政府	生产者为收集、运输和回收付费，返还份额	无	有，便利设施，生产者必须在每个城市都有收集站点，并且要在城市拥有超过 10000 个站点	有	没有法案，但是一些城市已经通过禁令
西弗吉尼亚州	消费者	生产者若没有回收计划需支付 10 美元的注册费，若有回收计划需支付 3 美元的注册费	无	无	无	无
威斯康星州	消费者和家庭	生产者需支付基于市场份额的收集、运输和回收费用	有，生产者必须披露他们售卖出去的不符合 RoHS 标准的产品	目标的80%由三年前售卖给家庭和学校的产品重量决定	有	有，自 2010 年 9 月 1 日生效
实行消费者收费制或其他模式的法律						
加利福尼亚州	所有的所有者，包括消费者和公司	消费者在购买时支付费用，费用进入州基金，用于补偿回收者和收集者	符合 RoHS 中关于重金属的规定，公司不能销售超过 RoHS 标准的笔记本计算机、监视器、电视机以及可能的 DVD 播放器	议案规定到 2007 年 12 月 31 日减少电子废弃物和历史废弃物的目标	无	已存在

续表

州名称	免费回收的受益人	支付回收费用的资金机制	对有毒物质的要求	收集的目标	对监狱劳工的禁令	禁止填埋和焚烧
犹他州	无	生产者必须在2011年8月前简单向州主管机构汇报，并且在2012年1月之前在州政府的网站上进行回收选择的公共教育。生产者自己无须做电子废物回收的任何事情	无	无	无	无

第五节　美国废弃电子产品回收处理行业发展状况

一　美国废弃电子产品及回收处理情况

（一）美国电子产品消费量增长迅速，废弃产品规模巨大

据美国消费电子协会（CEA）统计，美国平均每户家庭拥有的电视机、电子计算机及移动设备等电子产品有24件之多，且每户家庭每年用于电子产品消费的支出平均约为1312美元。2011年，全美共出售电子产品超过5亿件，数量高达1997年总销售量的2倍，总价值超过1440亿美元。

因为各种电子产品消费量巨大，由此美国每年产生的废弃电子产品的数量也同样十分可观，2011年，约有341万吨废弃电子产品报废，这一数字较之2000年增加79.5%，废弃电子产品回收处理已成为城市固体废弃物资源化的重要内容。与其他国家相比，美国电子产品废弃总量比较高，人均值也较高。图5-2比较了2010年美国、中国、日本及德国这全球四大经济体电子产品废弃总量及人均值，美国以332万吨位居第一，而中国则以230万吨的总废弃量位居其后。在人均废弃量方面，仅拥有8190万人口的德国，

人均废弃电子产品量高达惊人的 21.98 千克；美国尽管该数值低于德国，但仍以 10.43 千克的人均废弃量远远超过日本与中国。

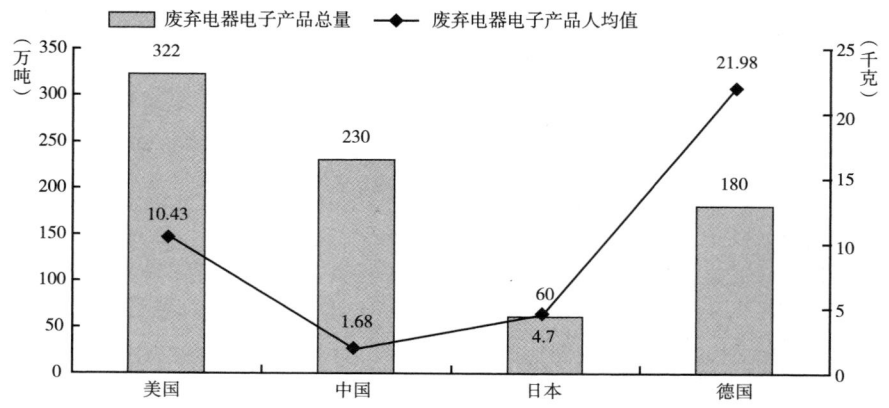

图 5 - 2   2010 年全球四大经济体电子产品废弃总量及人均值

数据来源：联合国环境规划署、各国环保部门。

（二）全美销售和进入报废流程的电子产品呈小型化、轻便化趋势

美国消费电子协会（CEA）指出，移动设备的销售总量在过去 12 年间呈现出超过 900% 的增长。由于移动电话、平板计算机及电子书阅读器等新型电子设备相比于传统的电子计算机、电视机等家用电器质量更小，由此可见，在总量迅速扩大的同时，全美销售和即将进入报废流程的电子产品必然呈现出小型化、轻便化的趋势。

如图 5 - 3 所示，2010 年移动设备销售数量占电子产品总销售数量比重已接近 50%，其数量远超过各种类型电视机数量的总和。仅次于移动设备而销售数量位居第二位的是笔记本计算机，其增长势头渐缓，甚至自 2010 年起有所下降。电视机销售量则呈下降趋势，根据 iSuppli 的数据，2011 年美国电视机销量 3990 万台，2012 年下降到 3760 万台，预计 2013 年将进一步下降到 3660 万台。

从近年变化趋势上看，相比于 2010 年，受消费者需求变化影响，2011 年电子计算机（包含台式电子计算机和笔记本式电子计算机）、电视机及游戏硬件呈现小幅度下降，移动电话占比上升 0.3%，而平板计算机/电子书阅读器则增幅明显，由 2010 年的 5.1% 上升为 10.7%（见图 5 - 4）。

在所有废弃的电子产品中，重量占比最大的三类废弃物分别为电视机、

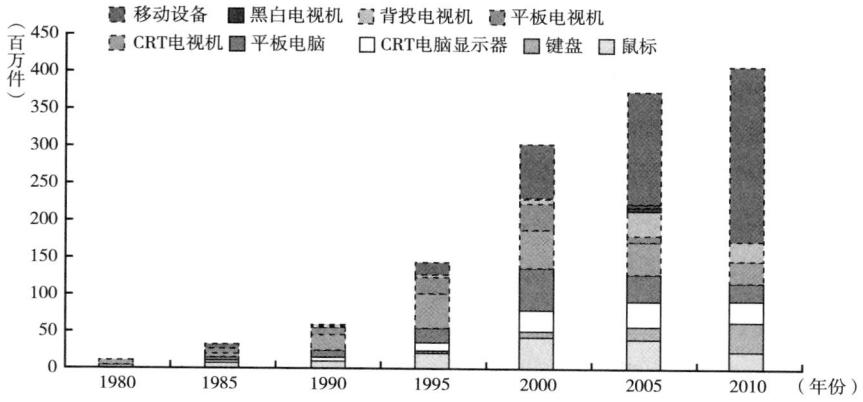

图 5 - 3　1980 ~ 2010 年美国电子产品销售分类情况

数据来源：美国国家环境保护局资源保护和回收办公室（U. S. Environmental Protection Agency Office of Resource Conservation and Recovery）。

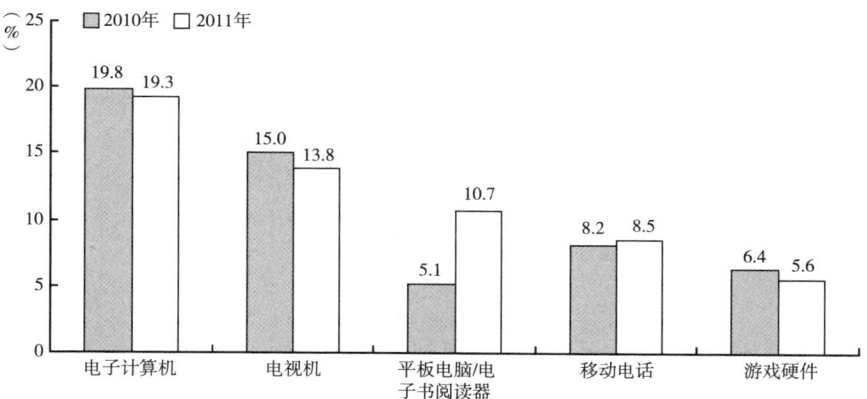

图 5 - 4　2010 年、2011 年美国电子产品销售额分类变化趋势

数据来源：美国消费电子协会（CEA）。

PC 平板以及笔记本计算机，其中电视机与显示器等含有阴极射线管（CRTs）的产品占比高达 47% 。2011 年数量超过 1.6 亿件的移动设备被处置，这一数量远高于其他类别的电子产品，尽管其重量占比低于总重量的 1% 。

（三）美国废弃电子产品回收利用率较低，但逐年提高

由于具有廉价地从世界各地获取资源的优势，并可以低成本将废弃物出口到他国，美国废物利用率水平不高。1980 ~ 2011 年，美国固体废弃物产生量平稳增长，年均增长率约为 1.6%，由于社会各界环保意识的增强，回收利用量年均增长率高达 5.9%。2011 年，全美共产生固体废弃物约 2.5 亿吨，人均每天产生量高达 2 千克，固体废弃物总量中以回收和堆肥方式处理近 8700 万吨，回收利用率相当于 34.7% 左右。

美国对于废弃电子产品的实际回收利用率也不高。根据美国环保局统计，2010 年仅为 19.1%，八成的废弃电子产品资源没有得到有效利用。2011 年废弃的 341 万吨电子产品中，按照重量计算，仅有 24.9% 左右以重复使用、物料回收等手段得到有效再利用，其余 75.1% 则以转化为能源及填埋等方式废弃。虽然近些年来（如图 5-5），再利用比率由 2007 年的 18.3% 出现了明显的提高，然而与欧洲国家横向对比来看，废弃比率仍然过高，资源利用效率较为低下。被废弃的电子产品含有铅、汞、镉等有害化学物质以填埋的方式处置，极有可能威胁到环境与健康。

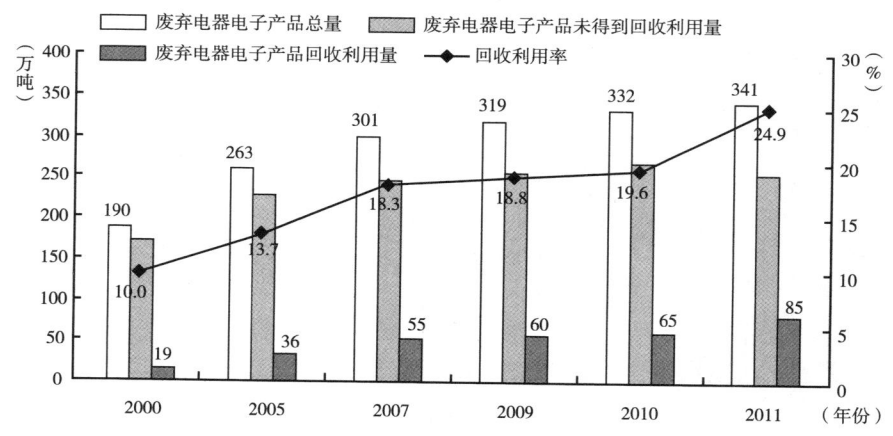

图 5-5　美国废弃电子产品的实际回收利用率

数据来源：美国国家环境保护局（U. S. Environmental Protection Agency）。

事实上，回收处理量的 80% 左右以出口等形式流入中国、印度及尼日利亚等发展中国家，给当地自然环境及人民健康带来极大的威胁与隐患。因为美国拒绝签署《控制危险废料越境转移及其处置巴塞尔公约》（以下简称《巴塞尔公约》），出口废弃产品在美国是合法的。美国也是目前世界上唯一未批准《巴塞尔公约》的工业化国家。

通过与欧洲、亚洲各主要国家环境保护机构及废弃电子设备指令

（WEEE）发布的废弃电子产品的实际回收利用率数据进行横向比较
（见图5-6），2010年美国19.6%的回收利用率仍然较低。日本由于其
回收体系较为简单有效，故而回收利用效率达到70%左右，大部分的废
弃电子产品得到了很好的利用；德国尽管同样具有完备的回收体系，然
而由于一些损坏的废弃电子设备没有得到妥善的处理，其实际回收利用
率低于50%。与德国的情况不同，美国废弃电子产品回收利用率较低是
由于25个州尚未推行相关法案，大量废弃电子产品以粗放的形式被任
意处置，只有更多的州政府认识到废弃电子产品回收处理的重要性并以
法规的形式保证实施，才有望切实提高废弃电子产品的实际回收利
用率。

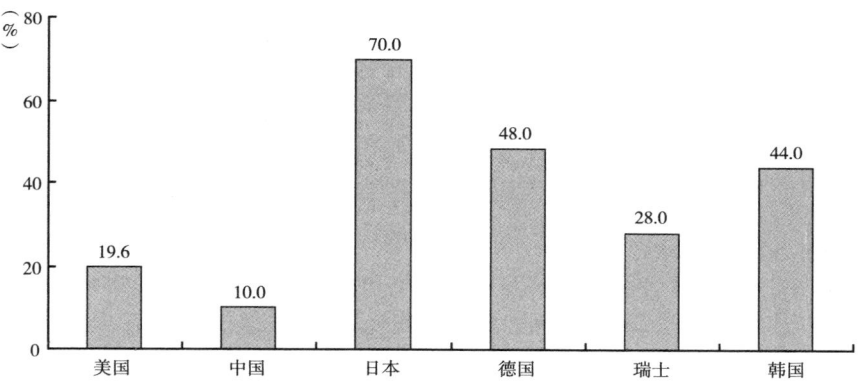

图5-6　2010年各国废弃电子产品的实际回收利用率

数据来源：联合国环境规划署、各国环保部门。

（四）移动设备废弃量大，但处理率更低

根据美国国家环境保护局（EPA）统计的2010年废弃电子产品报废处
置数据（见表5-6），在所列出的六类废弃电子产品中，移动设备所占数量
明显高于其他类别，以1.52亿件占到总量的39.6%。这些数据意味着，每
天全美将有多于14万台电子计算机以及近42万部移动设备被废弃。

从不同种类废弃电子产品处置情况看，虽然移动设备废弃量最大，然而
得到有效回收再利用的比率仅为11.3%，大部分仍以填埋等方式被废弃；
而鼠标和键盘的回收再利用率甚至低于10%。相比之下，电子计算机以其
39.7%的回收再利用率得到了最为环保的处置。

表 5 - 6　2010 年美国废弃电子产品报废处置情况

单位：百万件，%

	废弃电子产品	被废弃	回收再利用	回收再利用率
电子计算机	51.9	31.3	20.6	39.7
硬拷贝设备	33.6	22.4	11.2	33.3
显示器	35.8	24.1	11.7	32.7
电视机	28.5	23.6	4.9	17.2
移动设备	152.0	135.0	17.0	11.3
鼠标和键盘	82.2	74.4	7.8	9.9
总计	384.0	310.8	73.2	19.1

数据来源：美国国家环境保护局（U. S. Environmental Protection Agency）。

（五）多数回收处理的电子废弃物出口到发展中国家

事实上，美国废弃电子产品回收处理量的 80% 左右以出口等形式流入中国、印度及尼日利亚等发展中国家，给当地自然环境及人民健康带来极大的威胁与隐患。因为美国拒绝签署《巴塞尔公约》，出口废弃产品在美国是合法的。美国也是目前世界上唯一未加入、签署和接受《巴塞尔公约》的主要发达国家。

废弃电子产品总量的飞速增长以及相关法律法规的相继出台，推动了处理产业的迅猛发展。事实上，美国废弃电子产品资源化产业与城市二次资源回收利用产业是同步发展的，进入 21 世纪以来，随着废弃电子产品总量的迅速扩大、从业人数显著增加、工艺技术更加专业化，废弃电子产品处理产业成为一个新兴产业。过去 10 年来美国回收处理产业迅猛发展。

二　美国废弃电子回收处理业发展现状

（一）发展阶段

美国废弃电子产品处理产业发展大致经历了以下两个阶段。

（1）在 2003 年以前，废弃电子产品中有用的物质被进行简单地回收，然而数量较少，绝大部分被回收商出口到外国进行填埋。

（2）2003 年至今，25 个州陆续实施废弃电子产品管理法，法律法规覆盖全美约 65% 的人口，废弃电子产品中被回收再利用的数量逐渐增多，采用填埋等废弃方法处置的比例逐渐有所降低。经过多年来的努力和环保意识的普及，美国政府、企业界和普通民众都已经认识到了节约资源、保护环境的重要性，循环经济业已成为美国经济中一个重要的组成部分。

（二）回收处理行业快速增长

据美国废弃物回收工业协会（ISRI）2012年的统计（见图5-7），在 2002~2012年，美国废弃电子产品回收处理行业呈现出巨大的增长。 2012年，作为回收处理行业中发展较为成熟的部分，废弃电子产品的回 收处理为美国经济带来50亿美元的产值，10年间平均增速17.5%；同时 也向社会提供3万个就业岗位，而在2002年这一数字仅为6000。在回收 处理的全部废弃电子产品中，约有30%来自居民消费者，其余70%则源 于企业的消费。数据显示，回收处理的废弃电子产品中70%以上被制成 符合规格的产品，种类包括废钢铁、铝、铜、铅、电路板、塑料以及玻璃 等。这些具有价值的商品，出售给美国和全球范围内的基础材料制造商作 为原材料。

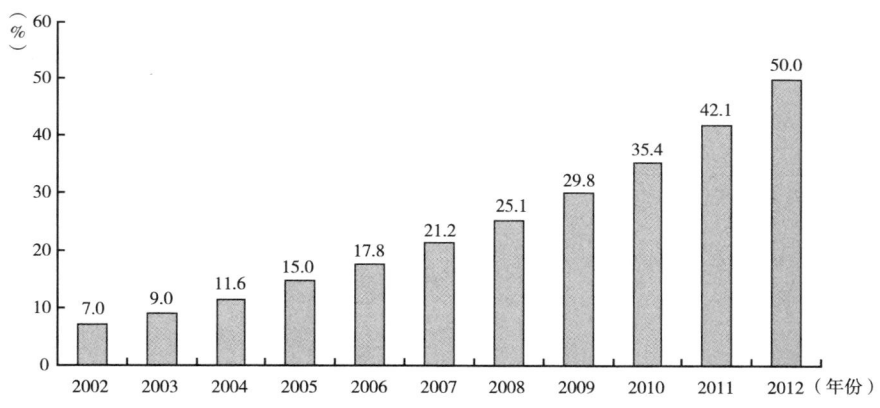

图5-7　2002~2012年美国废弃电子产品回收处理行业产值

数据来源：美国废弃物回收工业协会（ISRI）。

（三）快速增长的原因

美国废弃电子产品处理产业的蓬勃发展，主要有以下两个原因。

（1）从废弃电子产品中回收得到的材料本身具有较高的附加值，将其 分离后出售可以带给处理企业可观的利润，这也成为整个行业扩张的驱动 力。美国国家环境保护局（EPA）估算，每1吨废弃移动电话就可回收得到 总价值15000美元的贵金属。

（2）足够大的生产加工规模可以提高回收处理效率，降低处理成本而 提高回报，因而废弃电子产品回收企业面临着规模化发展的必然趋势。

三　美国废弃电子回收处理业主要特点

（一）注重技术开发，回收利用技术水平较高

尽管美国于1965年制定《固体废物处理法》（1970年修订成为《资源回收法》，1976年再次修订成为《资源保护和回收法》），成为第一个以法律的形式确定废弃物利用的国家，却至今尚未在联邦层次上出台废弃电子产品强制性回收利用管理法规。不过，相比于其他国家，美国更加注重清洁生产工艺的开发，立足于在生产过程中减少废物的生产量，实现对于环境的保护和资源的高效利用。而注重提高技术这一特点，同样反映在美国对于废弃电子产品的回收处理过程中。

1. 完善的回收流程

美国具有完善的回收流程，电子产品在由消费者使用后直接被回收储备以等待处置。如图5-8所示，美国针对废弃电子产品处置的方式主要包括：

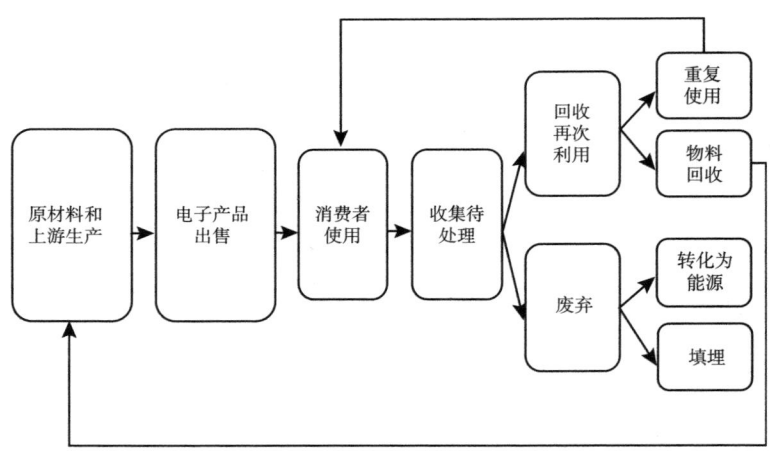

图5-8　美国废弃电子产品处置流程

（1）通过重复使用和翻新或者物料回收的方法再利用，并直接由消费者购买使用或化为原材料再次进入生产流程。

（2）通过转化为能源或者填埋等方式废弃。

2. 政府高额的技术研发投入

为提高废弃电子产品的回收再利用效率，2009年4月22日，美国众议院投票通过《H.R.1580电子设备回收研究和开发法案》。该法案要求美国

国家环境保护局（EPA）择优为大学、政府实验室和私人公司等研究机构提供总额为6000万美元的研究经费，以提高对于电子计算机、打印机、复印机等废弃电子产品的回收技术与效率，进而降低由于废弃电子产品回收能力不足而导致的资源浪费与环境污染。根据美国国会预算办公室（CBO）估算，此法案的实施，在5年间将需要联邦政府提供8400万美元的资金支持。

3. 较高的回收利用效率

在政府注重提高废弃电子产品回收再利用效率的整体氛围以及充分的市场竞争影响之下，美国废弃电子产品回收商普遍具有较高的回收利用能力，废弃电子产品一旦进入回收再利用流程，产物废弃的比例近乎为零。据联合国支持的"解决电子废品问题"联盟（StEP）统计，以美国为代表的发达国家利用现代技术，可实现对于废弃电子产品中的黄金高达71%左右的回收率，而在发展中国家这一数字平均仅为大约13%。

另外，美国国家环境保护局（EPA）针对7家废弃电子产品回收商进行的抽样调查结果显示（见表5-7），2007~2009年平均来看，被处置的废弃电子产品中约有30%被重复使用，70%左右则用于物料回收，只有不到1%被废弃。而对专注于移动设备回收的回收企业的调查显示，重复使用的比例较高，为40%左右，其余60%进入物料回收，废弃电子产品被完全回收利用，几乎不存在废弃的情况。

表5-7 美国废弃电子产品回收利用技术水平情况

单位：吨，%

废弃电子产品回收商抽样调查			
废弃电子产品回收总量	2007 年	2008 年	2009 年
	77779	82561	85387
重复使用和翻新比例	30	32	33
回收再利用比例	69	68	66
废弃比例	< 1	< 1	< 1
移动设备回收商抽样调查			
移动设备回收总量	2007 年	2008 年	2009 年
	561	924	743
重复使用和翻新比例	42	43	38
回收再利用比例	58	57	62
废弃比例	0	0	0

数据来源：美国国家环境保护局（U. S. Environmental Protection Agency）。

美国废弃物回收工业协会（ISRI）统计显示，在美国当前的技术水平下，回收再利用 1 吨钢铁，可节约 1134 千克铁矿石、635 千克煤炭以及 54 千克石灰石；回收 1 吨铝可以节约超过 5 吨的铝土矿以及 1.4 万千瓦时的电力。另外，回收处理废弃电子产品不仅可以节约大量原材料与能源，同样可以减少温室气体的排放，例如 1 台计算机及其 CRT 显示器的回收再利用可减少 183 千克二氧化碳的排放，其提供的能源等同于燃烧 102 升汽油带来的热量。

（二）美国废弃电子产品回收处理行业重点关注黑色家电

与中国将废弃电子产品回收处理监管范围界定为电视机、电冰箱、洗衣机、房间空调器及微型计算机不同，美国定义的"废弃电子产品"由电子计算机、电视机、硬拷贝设备及移动设备等黑色家电构成，而不包括电冰箱、洗衣机等白色家电。美国废弃电子产品目录通常覆盖的范围如表 5 - 8 所示，主要囊括了各类电子计算机、电视机、打印机及扫描仪等硬拷贝设备和数量增长迅速的移动设备。

表 5 - 8　美国各州相关法规主要覆盖的废弃电子产品种类

电子计算机	电视机	硬拷贝设备	移动设备
笔记本计算机	阴极射线管（CRTs）电视机	打印机	移动电话
台式机 CPU	平板电视机	传真机	智能手机
显示器	投影机	扫描仪	掌上计算机（PDAs）
键盘	黑白电视机	复印机	寻呼机
鼠标		多功能设备	

数据来源：美国国家环境保护局（U. S. Environmental Protection Agency）。

（三）美国各州废弃电子产品回收利用企业分布不均

目前，美国从事废弃电子产品回收、处置与利用的企业总计 2878 家，分布于全美 50 个州（见表 5 - 9），其中回收企业数量超过 100 家的州共有 7 个，分别为得克萨斯州（168 家）、威斯康星州（123 家）、纽约州（107 家）、加利福尼亚州（349 家）、佐治亚州（113 家）、佛罗里达州（113 家）以及马萨诸塞州（348 家）。企业集中分布在沿海或内陆边境，这导致废弃电子产品的跨区域转移较多，物流体系比较复杂，处理企业的业务覆盖区域不封闭。

表 5 - 9　2012 年美国各州从事废弃电子产品回收利用的企业分布情况

州名	企业数	州名	企业数	州名	企业数	州名	企业数	州名	企业数
华盛顿	58	缅因	26	新泽西	56	科罗拉多	62	密西西比	6
俄勒冈	49	佛蒙特	26	马里兰	49	新墨西哥	13	阿拉巴马	21
明尼苏达	98	纽约	107	夏威夷	14	亚利桑那	62	佐治亚	113
密苏里	53	宾夕法尼亚	77	加利福尼亚	349	北达科他	3	佛罗里达	158
俄克拉荷马	19	西弗吉尼亚	12	犹他	10	南达科他	6	田纳西	24
得克萨斯	168	弗吉尼亚	55	阿拉斯加	5	内布拉斯加	16	肯塔基	20
威斯康星	123	北卡罗来纳	62	蒙大拿	10	堪萨斯	14	俄亥俄	77
伊利诺伊	98	南卡罗来纳	65	爱达荷	29	爱荷华	35	新罕布什尔	45
密歇根	62	康涅狄格	34	怀俄明	6	阿肯色	30	马萨诸塞	348
印第安纳	48	罗得岛	14	内华达	21	洛杉矶	5	特拉华	17

数据来源：http://www.ecyclingcentral.com/。

这些回收企业可分为市政处理企业、私人企业、非营利机构和从事国家项目的处理企业四类。在这四类处理企业中，大部分企业主要从事分类、翻新、拆解等中间处理后，直接将其运往海外；只有部分跨国公司和专业小型企业选择以环境友好的方式回收处理废弃电子产品。

平均来看，加利福尼亚州、犹他州以及采用生产者责任延伸制度（EPR）的 23 个州，尽管面积较为狭窄，废弃电子产品回收企业平均数量却高达 69 家；与此相对比，不受任何废弃电子产品管理法约束的 25 个州平均数量为 46 家。这可以证明废弃电子产品回收处理的相关立法充分保证了废弃电子产品回收处理流程的组织规范、资金充足、流转高效，对于处理企业的发展有着一定程度上的激励促进作用。

（四）人均废弃电子产品回收量增长迅猛，但各州差距较大

2005～2011 年，由于各州不断推行废弃电子产品管理法且回收处理体系陆续走上正轨，同时消费者拥有并废弃的电子产品数量不断增加，故而人均废弃电子产品回收量同样呈现上升趋势（见图 5 - 9）。在加利福尼亚州、缅因州、马里兰州、明尼苏达州及华盛顿州 5 个州中，马里兰州相对来说回收量最低，平均约为 0.95 千克；加利福尼亚州与缅因州经过多年的体系运行，人均废弃电子产品回收量较为稳定，约为 2.02 千克；而明尼苏达州及华盛顿州则政策效果显著，人均回收量基本保持在 2.8 千克的高位，显著多于全美平均的 2.4 千克。

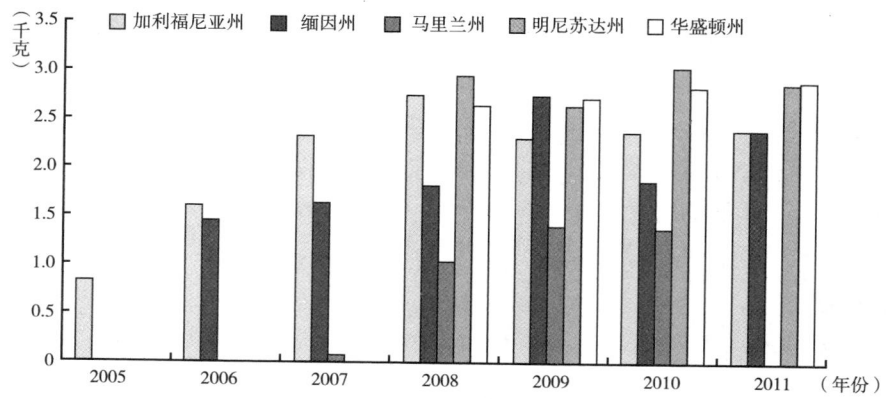

图5－9　2005～2011年美国代表州人均废弃电子产品回收量

数据来源：电子回收联盟（Electronics Takeback Coalition）。

（五）生产者、非营利组织及政府伙伴关系项目在回收处理流程中发挥重大作用

美国政府相对于较少直接干预回收处理产业的运转，注重发挥市场调配资源的力量。美国国家环境保护局（EPA）曾表示，由于不同的废弃电子产品需要不同的回收处理机制，联邦政府更倾向于利用市场的力量推动废弃电子产品回收处理工作的实施，并支持各州政府自行探索适宜的废弃电子产品管理途径；并且只有在回收处理企业不能自行解决问题的前提下，联邦政府才会对此进行强制立法，敦促企业开展废弃电子产品的回收和处理行动。

作为政府职能部门，美国国家环境保护局就废弃电子产品的回收利用提出建议并发起了废弃电子产品回收和资源化行动。

美国国家环境保护局（EPA）将自身的职责定位于以下几方面。

（1）监督负责任的电子产品生产商和零售商增加废弃电子产品的回收量，并将其100%运至获得资格认证的回收商及处理企业。

（2）支持多方利益相关者展开交流对话，提供公众教育，展开国际合作，以推进更高层次的废弃电子产品的循环再利用。

（3）协助电子产品生产商将环境因素不断纳入产品的设计之中。

（4）建立服务于联邦机构的环保采购计划，帮助其购买环境友好型电子产品及服务等。可见EPA的主要职能为协调市场运作，鼓励生产商、消

费者、回收处理企业以及非营利机构等各方积极参与流程，建立公开透明高效的信息交换渠道，仅为协助者，而非充当整个回收处理产业的主导力量。

国防部、能源部、邮政总局等部门建立并资助了一些研究项目和示范项目，所有这些为产业发展提供了法律和资金支持。

而马萨诸塞大学、杜克大学等教育机构对废弃电子产品的立法管理、收集方法、处理技术进行了大量研究，这些工作为相关部门深入了解和认识废弃电子产品提供了大量宝贵信息，并且为其产业化发展提供了技术支持。

美国的废弃电子产品回收工作主要涉及市政部门、销售商、回收商、非营利机构或环保组织、生产者或行业组织、政府伙伴关系项目等（见图5－10）。

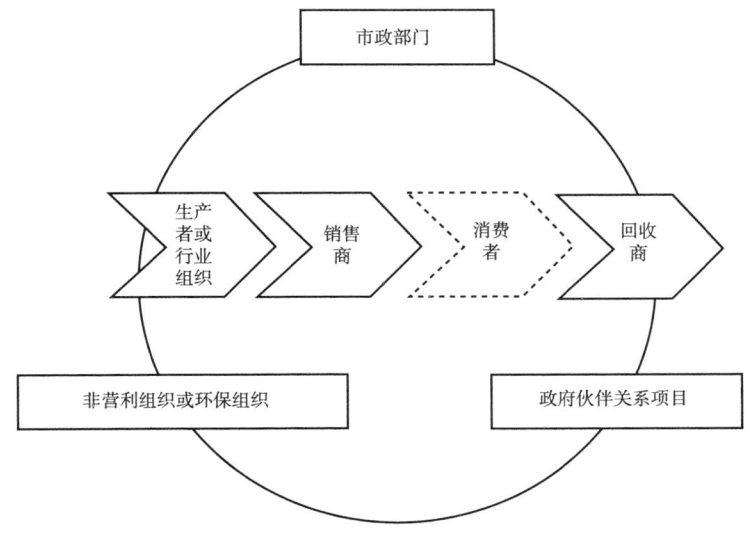

图 5 - 10　美国废弃电子产品回收流程的主要参与者

值得注意的是，在美国废弃电子产品的回收处理流程中，生产者、非营利机构以及政府伙伴关系项目对于促进废弃电子产品的回收管理发挥着重要的作用。

1. 生产者直接或间接参与回收流程

美国并不倾向于使用各品牌电子产品生产商支付的回收处理费用建立起一个生产商责任组织，而是将回收处理任务交由各个生产商独立完成，仅以一些政策激励与要求监督这一流程。

电子产品生产者通常通过美国电器制造商协会（NEMA）、美国贸易协会等行业组织参与废弃电子产品的回收流程中。其中，一些跨国公司如苹果、惠普、IBM、三星、LG 电子、索尼、夏普等，甚至直接参与废弃电子产品的回收。

2. 非营利组织发挥协调作用

美国电子工业联盟（EIA）针对家用电视机和技术设备批准和发布了一项计划，推动由生产电子产品的跨国公司自发的回收活动，借由这样的回收再利用行动，以提升企业整体营销策略。

美国废弃电子产品回收国家中心（NCER）作为非营利机构的代表，于 2005 年成立。该组织与生产商、零售商以及政府机构合作，主要负责以下几方面。

（1）在美国范围内协调针对废弃电子产品回收的各项工作。

（2）发起示范项目以推动和鼓励废弃电子产品回收工作。

（3）研究开发由私人负责管理的废弃电子产品回收方案，以减轻政府的负担。

截至 2013 年 8 月，美国废弃电子产品回收国家中心已经开展 19 个回收项目，覆盖全美 53.9% 的人口，成功建立起 10 条不同的产品回收链条。

3. 政府伙伴关系项目

政府伙伴关系项目中较为具有代表性的是由美国国家环境保护局（EPA）发起的"废弃电子产品回收行动"。该项目于 2003 年发起，与生产商、零售商和服务运营商共同合作，以期为废弃电子产品的回收开辟更多的渠道，促进各方共同承担回收责任。该项目在 2011 年回收了 2.13 万吨废弃电子产品，自 2003 年累计回收量约为 6.44 万吨。由于美国联邦政府不愿承担巨额的回收费用，故而这种发挥企业界优势的公私合作模式有利于实现优势的互补，弥补政府资源的不足。

（六）大量电子产品生产商建立起自愿性的回收计划

即便企业所在州并未出台明确的法律规定，很多品牌企业仍向当地消费者提供回收和循环利用的服务。在回收计划的实施过程中，生产商许诺只使用符合 e-Stewards 许可的高标准回收者，并且禁止将计划回收的废弃电子产品向发展中国家出口。主要电子产品生产商在美国实施的自愿性回收计划如表 5-10 所示。

表 5-10 主要电子产品生产商自愿性回收计划情况

电子产品生产商	自愿性回收计划
苹果	苹果公司采用三种方法回收本品牌的废弃电子产品,即消费者可以用废旧苹果公司产品换取等价值的苹果礼品卡,在购买新产品的同时交还旧产品并获得 10% 的购买折扣,或由公司免费回收处理任何品牌的电子计算机及显示器
佳能	佳能公司针对所有本品牌消费者发起一个邮寄回收项目,消费者可根据网站指导操作并获得废弃电子产品运输标签。然而在这一过程中,消费者需承担部分费用,例如打印机所需回收处理费用为 12 美元
戴尔	戴尔公司通过邮寄回收项目免费回收本品牌废弃电子产品,与此同时也在全美各个州提供固定回收站回收处理渠道
爱普生	爱普生公司仅通过邮寄回收项目回收本品牌下的打印机、扫描仪及投影仪,但并未建立固定回收站,消费者只需在废弃电子产品上粘贴公司预先支付的联邦快递运输标签即可完成产品的回收
惠普	惠普公司通过与斯台普斯(Staples)的合作不断改善其回收计划,消费者可直接将废弃电子产品交至斯台普斯公司在美国设立的任何一个网点,惠普同样为消费者提供联邦快递邮寄回收项目,这一项目针对本品牌产品免费
联想	联想公司为本公司销售的电子产品提供免费的邮寄回收服务
LG	LG 公司的回收计划主要覆盖 Zenith 及金星电视机的免费回收,消费者只需将该类废弃电子产品交至 LG 公司指定的回收网点即可完成该流程。LG 公司的合作伙伴仅限于符合行业最高标准——e-Stewards 的回收商
微软	微软公司通过与戴尔的合作项目,为本品牌废弃电子产品提供回收服务,该服务主要以网点回收的方式进行;另外微软同样为游戏机、计算机配件以及播放器提供免费的 UPS 邮寄回收服务
三星	三星为旗下的消费类电子产品(电视机、数码相机、摄像机、家庭影院、蓝光和 DVD 播放机、打印机、显示器、笔记本计算机等)提供免费的回收服务

数据来源:电子回收联盟 (Electronics Takeback Coalition)。

可以看出,计算机领域的各大生产商表现尤为积极,很早便着手推出相关回收处理计划。例如 2000 年 11 月 IBM 公司启动回收计划,以 29.99 美元的价格从个人和小企业手中回收任何品牌的计算机,并交由宾夕法尼亚州的一家名为 Enviro-cycle 的回收公司进行分类。该公司将功能正常尚可使用的计算机捐献给非营利机构,而不可使用的计算机则进入处理流程回收原料。

而惠普（HP）公司则从 2001 年 5 月启动回收行动，行动覆盖任何品牌的计算机，价格 13～34 美元，并最终将回收的计算机运往惠普（HP）公司在加利福尼亚州和田纳西州的工厂进行循环利用。生产商在废弃电子产品回收处理方面的积极表现有利于树立公司注重节能环保、具有可持续发展理念、富有社会责任感的企业形象，这是除法律法规要求以外的另一个驱动生产商积极参与该流程的重要因素。

（七）为废弃电子产品处理企业建立认证标准

由于废弃电子产品可能存在非环境友好、过度耗费资源的设计，且回收与处理中涉及的拆解、破碎以及冶炼等流程可能导致有毒污染物质的泄漏，故而处理企业一般需要满足一定的设备、技术、规范条件。美国国家环境保护局（EPA）鼓励所有的废弃电子产品处理企业申请获得独立第三方认证机构的认证，以证明其安全处理与电子化处理的能力，并鼓励电子产品生产商等处理服务的使用者选择具有认证资格的处理企业提供服务。截至目前，美国已存在两个认证标准，即责任回收规范（Responsible Recycling Practices，R2）与电子管家标准（e-Stewards4 ® standards）。为废弃电子产品处理企业建立认证标准具有众多益处：①可以减少因不恰当地处理加工而造成的对于环境以及人体的危害；②可为处理服务使用者提供更高质量的再生处理设备；③减少能源和其他原始材料的使用，保护有限的自然资源。

R2 和 e-Stewards ® standards 两个标准在确保废弃电子产品得到负责任的回收处理方面有较多共同点，着眼于推动最佳管理实践以确保环境保护、工人健康以及操作流程的安全性。认证标准基于严格的环保标准，要求处理企业实现重复利用和回收再利用比例的最大化，对于人类健康与资源环境威胁的最小化，保证下游处理者对于废料的安全管理，并且有义务销毁废弃电子产品上保存的全部电子数据以保证消费者的个人隐私。在通过首次认证后，回收企业将接受独立第三方认证机构的持续监管，以保证其履行特定的职责；在这一过程中，EPA 将推进废弃电子产品处理标准的不断提高，实现回收处理技术的进步。

废弃电子产品处理企业认证标准的制定，有利于监管部门对企业的资质进行筛选，产生对于处理企业不断提升技术水平、达到环保标准的激励，同时便于后续监管的实施，可提高行业市场透明度和有效性，有利于整个行业的发展。

第六节　不同制度下美国废弃电子产品
回收处理效果分析

一　美国回收处理制度及背景

2003 年 2 月，欧盟颁布了《废弃电器电子产品管理指令》，尽管在联邦层次上，美国至今尚未出台废弃电子产品强制性回收利用管理法规，在废弃电子产品回收处理立法方面走在欧盟的后面，但是近五年来进展迅速，各州积极采取行动防止废弃电子产品对环境的危害。

针对废弃电子产品回收处理立法问题，美国民间环境保护组织与电子产业界一直存在激烈而持久的争论。一方面，环境保护组织一般倾向于要求联邦政府和各州政府对于废弃电子产品管理采取更为严格的措施，以法律法规的形式要求生产商承担废弃电子产品的回收处理责任。另一方面，产业界基于维护本国电子产业国际竞争力的观点而采取抵制态度，主张废弃电子产品的回收处理应当遵循自愿协议的原则，而并非诉诸法律强制实施。

由于力图在产业界与环境保护组织的观点间寻求调和与平衡，美国联邦政府迟迟未出台法律确定废弃电子产品回收处理的责任归属，仅在国家环境保护局（EPA）的支持下成立了一个基于自愿原则的协调机构，在全国范围内建立起废弃电子产品管理体系，在各州组织实施一系列示范回收项目，不断探究切合各州实际情况的回收处理体系和管理办法。各州在"废弃电子产品的回收处理成本由谁承担"这一问题上存在的巨大分歧，客观上阻碍了联邦层面法律法规的出台。

在联邦立法缺失的情况下，美国各州分别通过州法案建立关于废弃电子产品处置的相关规定。从州层面上，自 2003 年开始截至 2013 年底，共有 25 个州出台相应的废弃电子产品管理法并达成诸多共识，例如，从回收品种上来看，废弃阴极射线管（CRTs）显示器在各个州均被包含在法规管理范围内；立法的最终目的都是回收废弃电子产品并对其进行合理处置；至于处置的方法，各个州全部禁止或避免以填埋的方式处理回收的废弃电子产品。

但是，各州废弃电子产品管理法规实施的方式尤其是废弃电子产品回收处理资金的征收和使用模式存在较大的差异。如表 5–11 所示，除加利福尼

亚州与犹他州以外的 23 个州和纽约市均选择了由生产者承担回收处理成本
的生产者责任延伸制度（EPR），即回收处理所产生的成本由生产者负担。

表 5 – 11　美国废弃电子产品回收处理制度情况

回收处理制度	相关州
生产者责任延伸制度（EPR）	缅因州（2004）、马里兰州（2005）、华盛顿州（2006）、康涅狄格州、明尼苏达州、俄勒冈州、得克萨斯州、北卡罗来纳州（2007）、新泽西州、俄克拉荷马州、弗吉尼亚州、西弗吉尼亚州、夏威夷州、密苏里州、密歇根州、罗得岛州、伊利诺伊州、纽约市（2008）、印第安纳州、威斯康星州（2009）、纽约州、南卡罗来纳州、宾夕法尼亚州、佛蒙特州（2010）
消费者预付回收利用费制度（ARF）	加利福尼亚州（2003）
生产商教育制度（Manufacturer Education）	犹他州（2011）

数据来源：电子回收联盟（Electronics Takeback Coalition）。

加利福尼亚州在费用承担对象上与之有所差异，采取了由消费者承担回
收处理成本的预付回收利用费制度（ARF）。

犹他州在生产商责任程度上明显弱于其他推行 EPR 制度的 23 个州，实
施生产商教育制度（Manufacturer Education），指出生产商对于产品消费者
负有教育责任，而并未规定其承担相关成本的责任。

一般来说，各个国家和地区政府出台的政策和担当的角色都会显著影响
其废弃电子产品回收处理产业的发展。本文分别探讨不同制度下废弃电子产
品管理政策的效果。

二　生产者责任延伸制度实施情况及效果评价

（一）生产者责任延伸制度及基本原则

生产者责任延伸制度（EPR）的核心思想为由造成污染的一方承担治理
的成本，反映出从末端治理转向污染源预防的环境政策新趋势。在废弃电子
产品回收处理的问题上，生产者责任延伸制度（EPR）则规定电子产品生产
商对其引入市场的产品整个生命周期负责，由其承担废弃电子产品收集和回
收处理的费用，实现资源再利用的目标。

生产者责任延伸制度（EPR）并非一个新兴的概念，它于 1988 年由瑞
典环境经济学家托马斯·林赫斯特（Thomas Lindhqvist）首次提出，而世界

上第一个涉及生产者责任延伸制度（EPR）概念和产品回收的计划源于1991年德国的《包装废品废除法令》（*Ordinance on the Avoidance of Packaging Waste*），该法令要求使用包装的企业回收包装废品或企业参与全国包装废品回收计划。随着近年来连续重复使用和循环的传统做法已经被大量一次性产品、大量消费和以前无法想象的大量废弃物所取代，许多工业化国家和地区逐渐颁布或考虑推行 EPR 政策。

从国际范围内来看，EPR 的覆盖范围不断扩大、影响力越发深远的原因主要有三个：①越来越多的国家和地区面临着废弃物填埋空间不足的问题；②废弃物可造成的毒性、腐蚀性以及放射性危害越来越大；③填埋空间不足和对废弃物中有毒物质管理的复杂化使得废弃物的管理成本大大增加。

尽管在不同的国家和地区，生产者责任延伸制度具有差异化的表现形式，但它们拥有相同的两条基本原则：①生产商对因其产品而产生的废弃物和环境问题负责；②减少废弃物和环境问题最有效的方法是污染源头的预防。

第一个基本原则其本质为经济学中"外在成本内在化"的概念——废弃电子产品导致的资源耗费及环境污染具有极强的负外部性，它所造成的社会成本包括政府治理污染必须支付的费用，对于自然资源的极大浪费，以及污染物对人类健康造成的危害；而责令生产商对因其产品而产生的废弃物和环境问题负责可督促其将治理成本内部化为产品生产成本的一部分，减少非环保电子产品的生产，实现资源的有效利用和环境的保护治理。

第二个基本原则指出减少废弃物和环境问题最有效的方法是在问题产生前就设计出解决方法，而非在污染形成后努力控制废弃物和环境污染问题。这一原则指出，EPR 并非单纯地鼓励再循环，因为再循环本身并不能限制能源材料密集型产品以及高污染型产品的生产与扩张。因而 EPR 将其最终目标定位于鼓励生产商在"上游"阶段，针对产品的设计和工艺进行根本改造，促使生产商设计出易于拆解的产品，使用更少、更轻、更耐用且毒性小的材料，调整产品运输和回收体系，在产品生命周期的每一个阶段降低材料和能源的使用强度，从根本上减少环境污染的可能性。

（二）美国实行生产者责任延伸制度的基本情况

1. 各州具体措施各有不同，也有一些共同的特点

截至 2013 年 8 月，全美已有 23 个州及纽约市实施典型的生产者责任延伸制度（EPR），各州制度在产品目录、生产商责任范围及激励惩罚措施方

面各有不同，但在实际应用中一般具有以下共同特点。

（1）制度覆盖的产品范围主要是家用视频显示设备。即电视机、台式计算机、笔记本计算机以及计算机显示器，此类产品占美国家庭废弃电子产品的大部分。但这一目录不包括工业用、商用、医疗用或家用电器（白色家电）用视频显示设备。

（2）废弃电子产品收集、运输和回收的费用由生产商承担，消费者则可获得免费的回收服务。一般生产商支付的费用分为注册费和回收费两种形式，回收费通常依据市场份额或返回率进行分配。

（3）生产商负有标识的义务，即生产商须在其产品上加贴标签，该标签上应有生产商的自有品牌或授权品牌，标签应永久加贴并且清晰可见。

（4）生产商须向州环保管理部门注册，每年缴纳一定的注册费用，采用并实施一定的回收计划，并将该计划以报告的形式提交环保管理部门。

（5）政府主管部门应当根据生产商提交的报告或注册情况对其回收能力进行评估，并在其网站上公布注册企业名单以供零售商和消费者查看，同时管理收取的相关费用，向相关方宣传推广废弃电子产品回收的理念。

（6）生产商在规定的期限后，不得销售未加贴标签或未经注册的产品，并有义务在产品销售时或在其网站上提供如何对产品进行回收的信息。

（7）零售商不得销售未加贴标签或未在官方机构网站上公布的企业名单内的电子产品，并有义务指导消费者如何对产品进行回收及提供相关信息。

2. 制度内容具有灵活性

值得注意的是，生产者责任延伸制度（EPR）的形式不仅具有灵活多样的特点，其内容同样随时间推移表现出很强的适应性。缅因州、马里兰州、北卡罗来纳州、俄勒冈州、得克萨斯州和夏威夷州都在不同程度上扩大了自己的废弃电子产品目录，将电视机及打印机等设备列入回收名单，这也显示出废弃电子产品回收处理普遍化的发展趋势。

3. 生产者责任的严格程度有所不同

不同的州法律对于电子产品生产者延伸责任的要求力度具有显著的差异，例如明尼苏达州、伊利诺伊州、印第安纳州、威斯康星州、纽约州及佛蒙特州鼓励厂商达成绩效目标，并要求未完成目标任务的生产商为自身失职支付附加费用，这一附加费用随生产商未完成额度的增加而递增。法律的严格或许可以解释以上地区在废弃电子产品回收方面的优秀表现，美国国家环境保护局（EPA）统计数据显示，2006～2009年明尼苏达州、俄勒冈州，威斯康星州的收集率位居全国最高水平。相比之下，得克萨斯州、密苏里州、俄克拉荷马州、弗吉尼亚州、宾夕法尼亚州以及南卡罗来纳州的相关法律法规较为宽松，并未对电子产品生产商的回收表现进行强制规定，仅要求生产商自身建立起电子计算机回收处理项目。法律的宽松降低了生产商的执行力度，故而在以上各州废弃电子产品回收率处于较低水平，人均年回收量仅为实施严格法律各州回收量的 1/6 左右。

（三）较为严格的生产者责任延伸制度及效果分析——以明尼苏达州为例

出于对废弃电子产品造成重金属污染的威胁的担忧，明尼苏达州于 2007 年 5 月通过《视频播放器和电子设备收集和处理法》，以规范废弃电子产品的回收处理流程，并建立基金引导生产商积极参与回收处理工作同时补贴边远回收处理企业。这一法律由州环保监管机构——明尼苏达州污染控制局（MPCA）监督以确保实施。明尼苏达州在废弃电子产品的回收处理中采取了生产者责任延伸制度，符合法律法规要求并被划分为生产商的企业每年需要承担一定数量的废弃电子产品的回收责任。明尼苏达州所采取的废弃电子产品回收制度模式在全美具有一定的代表性，印第安纳州、威斯康星州、纽约州、佛蒙特州以及宾夕法尼亚州的现行制度均与其类似。

明尼苏达州采用的是凡是 2007 年 9 月 1 日以后注册的生产商每年都必须向税务专员缴纳注册费，即 2500 美元基础费加上数额不定的回收费用。在该州，负责基金筹措及支付的机构为州税务部门。该费用由各生产商交由税务部门，由后者分配对符合条件的回收处理企业进行补贴。表 5-12 列出明尼苏达州所出台的法规基本内容，可以看出明尼苏达州所包含的条文较为全面严格，覆盖了较广的产品范围，采取了灵活的基金征收模式，强调了生产商减少产品中有害物质含量的义务，并对处理流程参与者以及处理方式加以严格限制，基本上可以实现对于生产商充分履行生产商延伸责任的监督。

表 5-12　明尼苏达州废弃电子产品回收处理制度情况

涵盖产品范围	家用视频显示设备（电视机、显示器、笔记本计算机）、计算机、键盘、打印机、传真机、DVD 播放机、VCR
免费回收的受益方	消费者
筹集回收处理基金模式	生产商根据其市场份额缴纳收集、运输和回收的费用，采用固定的注册费用与从量的回收费用相结合的方式
减少有害物质的要求	生产商承担有害物质含量的披露义务，如果最大浓度超过 RoHS 指令标准限值，企业应在注册时向相关部门报告

续表

涵盖产品范围	家用视频显示设备(电视机、显示器、笔记本计算机)、计算机、键盘、打印机、传真机、DVD 播放机、VCR
回收处理目标	生产商应回收上一年销售总重量的 80%
是否禁止使用犯人劳工	禁止
是否禁止填埋及焚烧	禁止

数据来源：明尼苏达州污染控制局（MPCA）。

1. 政策要点

（1）基于市场份额确定生产者回收义务，同时鼓励超额回收。

根据明尼苏达州相关法规规定，按照重量计算，电子产品生产商有义务回收其上一年度产品销售量的 80%，而这一回收义务是基于其市场份额决定的，市场份额基于生产商直接销售给该州消费者的数量或全国销售量中明尼苏达州所占比例加以计算。考虑到逐年计算生产商回收处理义务的可行性，政策鼓励生产商超额回收，并将其计算入信用量，生产商可根据信用减少以后年度的回收数量。

生产商大多直接与处理企业合作，以一对一或一对多的形式完成废弃电子产品的处理工作；这一合作也延伸至与回收者的配合，保证了生产商每年可以完成既定的回收处理任务。

对于本品牌电子产品中的有害物质含量，生产商负有披露义务，且如果有害物质最大浓度超过 RoHS 指令标准，企业应在注册时向相关部门报告。与华盛顿州、纽约州和俄勒冈州有所区别的是，明尼苏达州法律并未明确要求生产商必须提供至少一个回收处理设施。

（2）通过阶梯式递减的处理费征收模式鼓励生产商提高回收比例。

为激励电子产品生产商生产采用环保设计并支付回收处理流程所需要的成本，明尼苏达州建立废弃电子产品回收处理基金，向生产商收取的费用由固定的注册费用与征收比率随回收任务完成情况而递减的回收费用两部分组成。注册费包括基础注册费和未完成任务额需要缴纳的回收费用。回收费用的总额取决于上一年度生产商向税务局报告的出售给家庭使用的视频播放器的总重量、回收目录中规定强制回收的电子产品在已出售的视频播放器中所占的份额以及每磅废弃电子产品的回收成本等因素。未完成任务的每磅废弃电子产品的回收成本则随着生产商回收比例的增高而递减，从 30～50 美分/磅不等，具体数值取决于制造商对于回收的贡献大小，如表 5 - 13 所示，这一阶梯式递减的征收模式可以激励生产商提高回收比例，更加积极地参与废弃电子产品的回收处理。

表 5 - 13　明尼苏达州废弃电子产品未完成任务的罚款征收标准

生产商回收比例	每磅废弃电子产品回收费用
回收比例≤50%	0.50 美元/磅
50% ＜回收比例≤90%	0.40 美元/磅
90% ＜回收比例≤100%	0.30 美元/磅

数据来源：明尼苏达州污染控制局（MPCA）。

（3）对大都市以外回收提供补贴，促进人口稀少地区的回收服务。

在明尼苏达州，废弃电子产品回收处理基金由税收部门收取，而这一基金的分配补贴工作同样由州税务专员负责，除了支付行政费用外，还补贴边远地区废弃电子产品回收处理企业的运营成本。通过对于大都市区外回收得到的废弃电子产品提供额外补贴的方式鼓励对于人口稀少地区提供回收服务。

（4）资金支付具有一定竞争性质，有利于回收处理企业与生产商的合作。

在向特定的从事废弃电子产品回收处理的企业提供支付时，带有一定竞争性质，税务部门对于那些与生产商积极配合的回收处理企业给予优先待遇。这一做法有利于回收处理企业与生产商的合作，使得回收系统更加流畅高效。

（5）支持多渠道、多方式回收，地方政府在回收过程中发挥主导作用。

该州法律没有明确规定由哪一方具体负责废弃电子产品的回收工作，而是鼓励社会各方参与，支持多方式、多途径的回收，主要包括永久回收网点的建立、定期开展回收处理活动以及邮寄回收等。以零售商百思买（Best Buy）为例，该公司自 2008 年夏天展开废弃电子产品回收活动，每年大约可回收 30% 来自居民家庭的废弃电子产品，成为零售商参与回收渠道的较好代表以及州内最大的回收组织。

在明尼苏达州，地方政府在废弃电子产品回收流程中扮演了较为重要的角色，一些政府出于服务本地居民的目的，主动承担从居民家庭回收废弃电子产品的任务，并将所收集的废弃物交由合格的处理企业进行环保处理；而另外一些政府参与此流程是因为当地缺乏可以提供此类服务的专业机构。通过与处理企业的订单合作，地方政府可以获得少量收入并以此折抵回收废弃电子产品所造成的成本。统计显示，2011 年明尼苏达州回收名单所包含的废弃电子产品中 49% 的部分由地方政府负责回收，主要回收方式包括固定网点、定期活动以及街边回收。MCPA 指出，地方政府参与废弃电子产品回收流程的显著成效意味着当地居民确有积极参与回收处理的意愿，然而出于提高流程效率的考虑，未来会提供更为多样化的回收渠道。

2. 优势和不足

明尼苏达州的废弃电子产品生产者责任制度可以充分鼓励生产商与回收处理企业的合作（见图 5 – 11），提供市场的有效性，具有以下优势与不足。

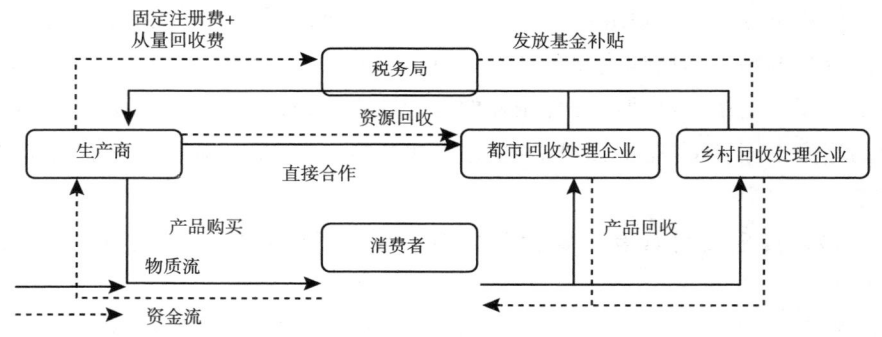

图 5 – 11　明尼苏达州废弃电子产品回收流程

优势：针对生产商确定费率的征收模式使得费率的核算过程较为简化，降低了主管部门的工作难度，压缩了寻租的空间，且具有易于征收的特点，可以保证操作透明、兼顾公平；在电子产品销售量大于废弃量的前提假设下，回收处理基金不会亏损，可以稳定运行；对于生产商与回收处理企业充分合作的激励可以充分促进产业升级，减少回收处理能力的闲置，更由于较强的竞争性可在产业运行成本较低的前提下促使废弃电子产品的资源化。从理论上讲，生产商支付的回收处理费用会转嫁到消费者身上，以提高价格的方式被化解，然而生产商为了争取消费者需要拥有低价优势，因此将回收处理费用降到更低意味着获得了更大的竞争优势，故可以说 EPR 模式可以实现在一个竞争的环境下实现产品绿色环保的设计。另外，EPR 制度下，生产商可承担无主废弃电子产品的回收处理费用，不会出现无人负担的情况。

不足：以确定的费率征收基金虽然较少面临基金亏损的情况，却有可能导致基金额度的不断积累增加，而庞大的资金数额会提高管理的难度。与此同时，行业内部的充分竞争合作对于制度设计有着较高的要求，招标制度造成了暗箱操作的空间，需要有关部门加以监督管理。

3. 政策效果评价：回收处理效果较好

（1）州内的固定回收网点数目出现了显著的增长。

自 2007 年法规推出以来，回收行业取得很大的发展。截至 2011 年，明尼苏达州已经有 75 个品牌的电子产品生产商在州污染控制局（MPCA）注册，建立起明确的回收计划并按照年内出售其产品的重量承担确定的责任。州内的回收商数目出现了显著的增长，州内固定回收网点的数目增长 80%，固定回收网点遍布明尼苏达州的 87 个县，而在 2006 年有 12 个县未启动任何的废弃电子产品回收处理项目，这一变化直接导致消费者的回收程序更为便捷高效，回收的成本大幅度降低，民众参与的意愿有所提高。

如图 5-12 所示，明尼苏达州回收的废弃电子产品有 75% 是通过固定

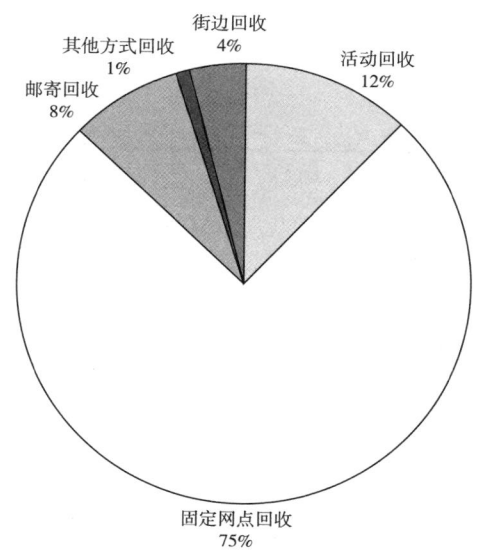

图 5-12　明尼苏达州废弃电子产品回收渠道构成

数据来源：明尼苏达州污染控制局（MPCA）。

网点实现的，即消费者只需将家中的废弃电子产品交至指定的固定回收网点即可完成回收义务，这一回收方式简单可靠，且随着全州固定回收网点数量的不断增长变得越发便捷。其中有一些网点免费接收任何品牌的废弃电子产品，例如，明尼苏达废弃物管理机构的回收网点接受索尼和 LG 品牌的废弃产品，而电子产品生产商回收管理机构（MRM）则接受三菱、松下、三洋、夏普、东芝和 VIZIO 等品牌。

表 5－14 显示，明尼苏达州内大部分的固定回收网点集中分布在 11 个都市区，这一比重高达 75%，故而通过固定网点回收的方式具有一定的地域局限性，不利于废弃电子产品回收工作向乡村地区的推广。仅次于这一回收方式的是通过定期举办回收活动收集废弃电子产品，这一回收方式的特点是回收量大、效率较高，且具有明显的宣传教育作用。通过邮寄回收的方式大概占到 8% 的比重，这需要生产商提前公布回收地址、赠送免费邮寄标签或声明回收所需要支付的费用，此方式对于州内物流网络有较强的依赖性。

表 5－14   明尼苏达州固定回收网点分布情况

年份	11 个都市区	明尼苏达州
2010	90	148
2011	113	158
2012	118	157

数据来源：明尼苏达州污染控制局（MPCA）。

（2）回收处理量在美国处于领先水平。

表 5－15 数据显示，自明尼苏达州推行废弃电子产品管理法以来，人均回收处理量稳定保持在 3 千克左右，相当于该州居民平均每人回收一台笔记本计算机。2010 年，明尼苏达州人均回收 2.95 千克，同年其他在废弃电子产品回收处理领域全国领先的州，例如俄勒冈州、华盛顿州以及威斯康星州，这一数字分别为 2.86 千克、2.68 千克以及 1.91 千克，可见明尼苏达州在回收处理量这一数据上在美国处于领先水平。生产商新增加信用这一数据衡量生产商参与回收的实际重量与其法定回收重量的差值，可以看出 4 年来这一差值持续为正，信用累积量保持增长，这说明生产商有较高的积极性参与回收处理流程，实际完成总量超过政策要求数量。全州 2011 年回收的废弃电子产品 1361 万千克，人均回收量为 2.86 千克。

表 5 – 15　明尼苏达州 2008～2011 年废弃电子产品回收情况

单位：千克

年份 项目	2008	2009	2010	2011
全州人均回收处理量	2.95	2.59	2.95	2.86
全州总回收量	1524	1374	1574	1361
全州生产商新增加信用	798	231	476	463
全州生产商信用年终值	798	1030	1506	1969

数据来源：明尼苏达州污染控制局（MPCA）。

（3）处理企业数量较为稳定并呈现增加趋势。

在明尼苏达州，注册的公共或私人处理企业从回收者处获取待处理的废弃电子产品，并按照 "e-Stewards" 及 "R2" 等相关规定进行无害化处理。图 5 – 13 显示，明尼苏达州废弃电子产品处理企业数量较为稳定并呈现增加趋势，然而事实上由于较高的行业集中度，这一数量在未来将有可能呈现减少趋势。2011 年，处理量最大的 10 家企业瓜分了 95% 的市场份额，而前 3 家处理企业接收的废弃电子产品占全年总量的 72%，垄断趋势明显。

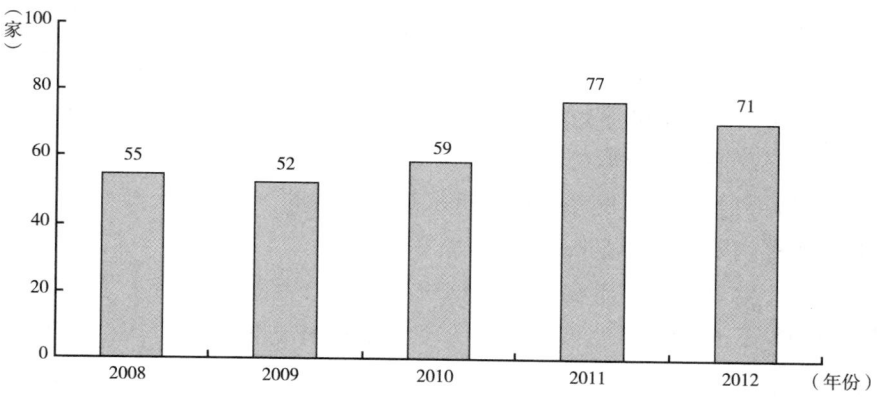

图 5 – 13　2008～2012 年明尼苏达州废弃电子产品处理企业数量

数据来源：明尼苏达州污染控制局（MPCA）。

此外，为推动废弃电子产品管理法案的实施，明尼苏达州污染控制局（MPCA）开展大量相关活动相配合以提高政策效率，例如为乡村区域提供竞争性的补贴，采取合规及监督检查督促生产商、回收者及处理企业进行注册并提供年度报告。另外，MCPA 定期与其他州监管机构进行信息与经验共享，例如伊利诺伊州对于废弃电子产品回收目录的扩大化（目前包括电视机、显示器、打印机、电子计算机、键盘、传真机、录像机、便携式数字音乐播放器、数字视频光盘播放机、游戏机、小规模服务器、扫描仪、电子鼠标、数字转换盒、电缆接收机、卫星电视机接收器和数字视频光盘录像机等）以及俄勒冈州对于"生产商信用"这一概念的引入，均与明尼苏达州现有项目存在密不可分的联系。

（四）较为宽松的生产者责任延伸制度及效果分析——以得克萨斯州为例

得克萨斯州于 2007 年 6 月首先签署《关于消费计算机设备回收计划法》，自 2008 年 9 月 1 日开始以法律法规的形式规范州内废弃电子计算机的回收处理问题，所规定的回收产品目录主要包括台式机、笔记本计算机、显示器以及配套的键盘和鼠标；2011 年 6 月该州后续通过《电视机设备回收计划法》，推动州内大量废弃电视机的规范回收与处理。该法案要求州内电子产品生产商有义务支付回收、运输和处理费用，同时建立自己的回收项目。这一法律由得克萨斯州环境质量委员会（TCEQ）监督以确保实施，针对未妥善完成回收处理义务的生产商，TCEQ 有权采取警告、罚款等惩罚措施。得克萨斯州在废弃电子产品的回收处理中同样采取了生产者责任延伸制度，电子产品生产商承担废弃电子产品的回收责任，然而相对于以明尼苏达州为代表的各州，得克萨斯州的法律要求较为宽松，并未对生产商回收处理服务的级别提出强制要求，生产商也不必向相关政府机构缴纳注册费或回收费用。得克萨斯州所采取的废弃电子产品回收制度模式同样具有一定程度上的代表性，密苏里州、俄克拉荷马州、弗吉尼亚州、宾夕法尼亚州以及南卡罗莱纳州等均采取此种宽松的 EPR 模式。

该州法案要求生产商在电子计算机等电子产品被销售出去之前即执行"回收项目"，回收项目要求生产商为个人消费者支付回收费用，以避免因经费原因可能导致的项目实施受阻。同时，在回收计划中生产商有义务为消费者提供一个网络连接以供其了解废弃电子产品的回收方法与回收渠道。另外，生产商同样负有向消费者教育与宣传的义务，对于监管机构 TCEQ 则负有定期报告的责任。可以看出，由于在得克萨斯州，生产商按照本品牌销量自行负责废弃电子产品的回收流程，并将回收的废弃物交由处理企业或自行进行处理加工，这一流程无须设立废弃电子产品回收处理基金以约束生产商行为并对回收处理企业给予激励。

表 5 - 16 列出了得克萨斯州生产者责任延伸制度的基本内容，可以看出

得克萨斯州所包含的条文较为宽松，覆盖的产品范围仅包括电子计算机和电视机，不涉及移动设备和硬拷贝设备，生产商需建立回收项目并支付回收、运输及处理的费用即可，受到政府的监管力度较小；另外该模式对于生产商减少产品中有害物质含量的义务未加要求，对处理流程参与者以及处理方式也不存在严格限制。这一模式着眼于实现废弃电子产品回收处理这一简单目标，对于实现目标的渠道、方式以及附加影响未进行有效监督。

表 5 - 16　得克萨斯州废弃电子产品回收处理制度情况

涵盖产品范围	台式机、笔记本计算机、显示器、配套的键盘、鼠标以及电视机
免费回收的受益方	消费者
筹集回收处理基金模式	生产商支付回收、运输及处理的费用，并应实施一定的回收计划，但未被强制规定服务的等级，也无须缴纳注册费用或回收费用，因而也不必建立废弃电子产品回收处理基金
减少有害物质的要求	无要求
回收处理目标	无要求
是否禁止使用犯人劳工	无要求
是否禁止填埋及焚烧	无要求

数据来源：得克萨斯州环境质量委员会（TCEQ）。

1. 政策要点

（1）生产商承担回收处理成本并有效建立回收网络。

得克萨斯州法案要求电子产品生产商承担回收处理成本并有效建立回收网络，同时规定如果生产商决定推行一个回收项目，这个联合组织在全州必须设有不低于 200 个回收站点，否则每个制造商需要向得克萨斯州环境质量委员会（TCEQ）每年支付 2500 美元作为补偿。生产商的回收义务基于其在州内的市场份额决定，具体数量与其销量高度相关，这体现出"谁污染谁治理"的 EPR 制度的基本原则。

电子计算机的回收费用应完全由生产商负担，与此不同的是，电视机生产商可以从消费者那里部分收取回收费，然而收取的数额不可超过成本的总额，即至少有一部分回收处理成本由生产商负担。

无论是独自组织回收或是加入回收计划，生产商都有义务开展公共教育活动，在获得 TCEQ 许可后向产品消费者发放教育资料，或者建立网站以方便生活在乡村等地区的消费者获取回收处理信息。

（2）实行年度报告制度。

生产者必须每年向 TCEQ 提交一份年度回收报告，这一报告内容必须包括回收产品目录和回收的废弃电子产品的具体数量，以实现 TCEQ 对于废弃电子产品整体数量以及各生产商责任履行情况的监督管理。

（3）没有基金征收和补贴，政府主要承担监管职责。

与明尼苏达州相比，得克萨斯州的废弃电子产品回收处理流程参与方较少，这一责任主要由产品生产商承担，依照法律规定，如果零售商并未参与产品的制造过程，则无义务回收该设备，然而其必须保证销售的电子产品贴有合法的品牌标签，且其生产商已向得克萨斯州环境质量委员会（TCEQ）报告其回收方案，推行回收计划。

如图 5-14 所示，得克萨斯州的废弃电子产品回收机制监管力度较弱，监管机构较少涉及回收处理资金的使用，基本依靠电子产品生产商进行自主回收。

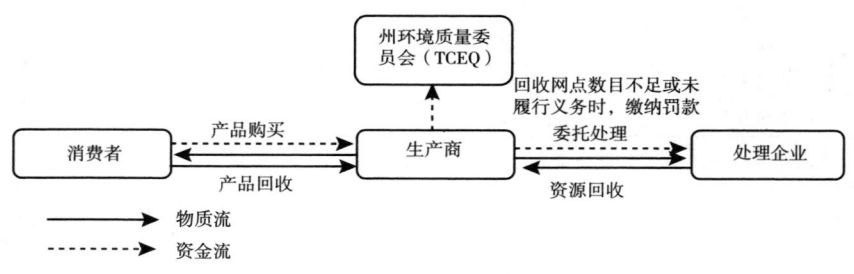

图 5-14 得克萨斯州废弃电子产品回收流程

2. 优势与不足

优势：该模式将废弃电子产品回收处理责任交由各生产商负责，可以充分实现将外部成本内部化，有利于激励生产商改进设计、提升产品的环保水平，并充分利用其广泛的销售渠道与网络以实现高效率的回收；生产商的责任回收处理量与其市场份额挂钩，可以在全社会较为公平地分配回收处理义务；得克萨斯州环境质量委员会（TCEQ）仅需对于生产商的资格以及责任履行情况进行监管，不需要进行费率的核算，可在一定程度上降低工作难度与行政成本。

不足：该模式对于生产商减少产品中有害物质含量的义务未加要求，对处理流程参与者以及处理方式也不存在严格限制，这提高了回收处理流程中出现危害人体健康与环境安全事件的概率，不符合以环保方式回收处理废弃电子产品的本质要求；由于生产商本身无动力追求优于硬性规定的回收处理成果，法规对于生产商的低要求使得生产商完成回收的效果较差，监管力度不足也导致出现暗箱操作、虚报谎报的现象。

3. 政策效果评价：回收处理效果不理想

得克萨斯州环境质量委员会（TCEQ）统计显示，2010 年州内共回收废旧电子计算机硬盘、主板以及其他配件总重量 11022 吨，人均回收量为0.44 千克，尽管这一数字是 2009 年回收量的 2 倍，与明尼苏达等各州相比仍有很大差距。

值得注意的是，得克萨斯州环境质量委员会（TCEQ）过于宽松的监管不利于有害废弃电子产品获得合理处置，其中的部分仍有可能被填埋并对环境造成严重污染。数据证实，在该州宽松的法律制度下，2010 年仅有少数几个电子计算机生产商完成了自身的延伸义务，回收了绝大多数的废弃电子计算机，而其他众多生产商并没有完成根据市场份额所计算出的回收义务。如图 5 – 15 所示，78 家生产商中的戴尔、三星、Altex 以及索尼 4 家大型生产企业完成了 92% 的废弃电子计算机的回收工作，而 36 家生产商未完成任何回收，这显示法律法规并未建立起一个公平竞争的环境。

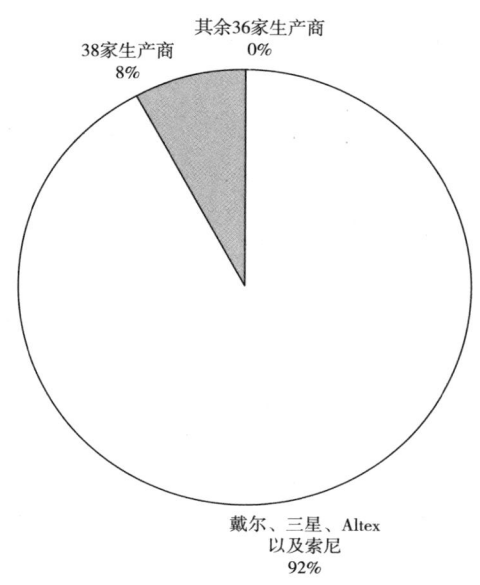

图 5 – 15　得克萨斯州生产商废弃电子产品回收完成情况

数据来源：得克萨斯州环境质量委员会（TCEQ）。

有环保组织调查显示，部分生产商与"假回收企业"合作将回收得到的废弃电子产品出口至发展中国家进行处置，TCEQ 需要加大力度监督电子产品生产商切实以环保方式处理再利用废弃电子产品。

另外，与明尼苏达州固定网点的回收方式占比 75% 左右不同，得克萨斯州的废弃电子产品回收多利用邮寄回收的方式，这给打印机等大型电子产品的消费者带来诸多不便。在弗吉尼亚州、俄克拉荷马州等与得克萨斯州采取相似模式的地区，废弃电子产品回收处理效果均不理想。

三 消费者预付回收利用费制度（ARF）实施情况及效果评价

加利福尼亚州于 2003 年颁布《电子废物回收法》，成为全美第一个针对废弃电器电子产品回收处理流程立法的州，该法律自 2005 年 1 月 1 日开始实施。消费者预付回收利用费制度（ARF）的出发点为由消费者承担废弃电器电子产品回收处理的成本。相比于提倡由生产商承担回收处理成本的典型生产者责任延伸制度（EPR），ARF 在美国应用较少，加利福尼亚州是唯一的在废弃电器电子产品处理方案中向消费者征收"预付回收利用费"的州。消费者 ARF 制度的倡议者们认为消费者作为电器电子产品功能的受益者和废弃电器电子产品的直接制造者，为废弃电器电子产品的回收处理提供资金支持是合情合理的。

尽管如此，加利福尼亚州已于 2007 年 9 月通过了号召推行生产者责任延伸制度（EPR）的决议，将其作为未来立法的框架，旨在扩大生产商对于废弃电器电子产品回收处理承担的责任范围。现行模式中，消费者预先缴纳的费用将覆盖整个的回收及处理流程，用于补贴废弃电器电子产品的回收企业与处理企业。在加利福尼亚州，负责的政府机构为加利福尼亚州资源回收利用部门（Cal Recycle）以及环境保护部门，二者互相配合控制回收管理基金的征收与发放。

根据加利福尼亚州法律，回收处理费用在销售者购买产品时以可见的方式由销售者代为征收，实际征收工作由税务机构加利福尼亚州公平委员会（BOE）负责，该费用将被纳入基金由州委员会或独立第三方组织管理，主要用来向特定废弃电器电子产品的授权回收者支付处理费，并为资源回收利用部门（Cal Recycle）和环境保护部门（加州有毒有害物质控制局，DTSC）的行政活动提供经费。表 5－17 列出加利福尼亚州预付回收利用费制度（ARF）的主要内容。

表 5 - 17　加利福尼亚州废弃电器电子产品回收处理制度情况

涵盖产品范围	台式电子计算机、显示器、笔记本计算机、电视机、带 LCD 屏的便携式 DVD 机等
免费回收的受益方	电器电子产品所有者、消费者以及商业机构
筹集回收处理基金模式	消费者在购买电器电子产品时预先支付一定的费用（6 美元、8 美元或 10 美元），该费用将被纳入废弃电器电子产品回收处理基金，用于弥补回收者（每磅 0.20 美元）与处理企业的成本（每磅 0.28 美元）
减少有害物质的要求	生产商应当符合 RoHS 指令对于重金属含量的规定，不得销售违反该指令的产品
回收处理目标	仅就州内废弃电器电子产品回收总量制定阶段性目标
是否禁止使用犯人劳工	无要求
是否禁止填埋及焚烧	禁止

数据来源：加利福尼亚州资源回收利用部门（Cal Recycle）。

可以看出加利福尼亚州所包含的内容相对较为严格，覆盖了较广的产品范围，将征收费率与废弃电器电子产品回收难度相挂钩，强调了生产商减少产品中有害物质含量的义务，并对填埋及焚烧等处置方式加以严格限制，基本上可以实现回收处理基金的顺利征收与处理流程的安全与环保。

1. 政策要点

（1）在销售环节向消费者征收回收利用费，有利于消费者推迟产品报废时间。

向消费者征收回收利用费用将被计入新电器电子产品的销售价格，在新电器电子产品出售的时候征收。这种征收模式有利于促使消费者推迟废弃电器电子产品的报废时间，在一定程度上延长其使用寿命，可以降低废弃电器电子产品的报废量。另外，向消费者征收回收利用费用有利于向社会大众宣传环境保护知识，提高其保护环境、节约资源的意识。这一回收费用的征收额度为 6~10 美元，具体数额取决于产品屏幕的尺寸，如表5-18 所示，显示器屏幕小于 15 英寸的产品只需缴纳 6 美元费用，而大于 35 英寸的则需缴纳 10 美元。零售商有责任将这笔费用存放在 Cal Recycle 名下的“废弃电器电子产品回收和再生利用账户”，Cal Recycle 有权使用该账户上的经费来支付废弃电器电子产品回收处理企业所需要的补贴以及其他管理费用。立法规定 ARF 制度下的基金征收一旦无法负担全部回收和处理费用则必须进行调整；另外，法律同时规定了回收处理基金的储备数额不得超过5%。

表5-18　加利福尼亚州废弃电器电子产品回收处理基金征收标准

4 英寸＜显示器屏幕＜15 英寸	6 美元
15 英寸≤显示器屏幕＜35 英寸	8 美元
显示器屏幕≥35 英寸	10 美元

数据来源：加利福尼亚州资源回收利用部门（Cal Recycle）。

（2）回收者由授权的处理企业支付相关回收费用。

加利福尼亚州以一致的费率支付由政府授权的回收者和处理企业运营成本以及宣传、管理成本。在回收处理基金的拨付上，回收者和处理企业只有向 Cal Recycle 提出申请，成为政府授权机构后，才能申请支付相关费用。其中回收者由授权的处理企业支付相关回收费用，其额度为 0.20 美元/磅；而授权处理企业的补贴则由 Cal Recycle 按照 0.48 美元/磅的标准支付，如表5-19所示。另外，每年 Cal Recycle 同时要支付给零售商3%的回收处理基金收入以补偿其收集成本，并使用不超过基金总量1%的数额投入公众信息项目，用于教育公众不当保管和处理特定电子产品的危害和回收的途径。

表5-19　加利福尼亚州废弃电器电子产品回收处理基金补贴标准

补贴支付方	补贴获取方	补贴金额
授权处理企业	授权回收者	0.20 美元/磅
Cal Recycle	授权处理企业	0.48 美元/磅
Cal Recycle	零售商	3%的回收处理基金收入
Cal Recycle	公众信息项目	低于1%的回收处理基金收入

数据来源：加利福尼亚州资源回收利用部门（Cal Recycle）。

（3）消费者负有将手中的废弃电器电子产品交至指定回收者的责任。

根据加利福尼亚州法律，电器电子产品生产商有义务告知消费者回收废弃电器电子产品的渠道与方法；而消费者负有将手中的废弃电器电子产品交至指定回收者的责任。回收商通过将废弃电器电子产品汇总至授权处理企业处而获得 0.20 美元/磅的回收补贴，授权处理企业通过上报实际处理量获得来自 Cal Recycle 的 0.48 美元/磅的处理补贴。

（4）生产商对回收处理的参与度较低。

在这一制度模式中，消费者的自主行为以及监管机构的基金激励起到了至关重要的推动作用，而生产商参与度较低，仅完成信息提供的工作。加利福尼亚州法律并未强制规定生产商需要对回收处理流程承担经济责任甚至实际管理责任，这两个责任基本交由产品消费者与政府机构承担，生产商所具有的信息全面、网络广泛、效率较高的优势并未得以发挥。

如图 5-16 所示，在物质流动的过程中，生产商、零售商、消费者、回收商以及授权处理企业闭合成一个循环，使得物质资源以电器电子产品、废弃电器电子产品以及再生资源的形式充分流动。在资金流动的过程中，消费者支付的价格可被分解为覆盖生产商生产成本的产品价格以及覆盖回收商、授权处理企业回收处理成本的基金分别进入循环。废弃电器电子产品回收处理基金由公平委员会（BOE）收取，Cal Recycle 与环境保护部门进行统一管理，分别补贴零售收集、回收运输、处理再生以及教育宣传等各个流程。

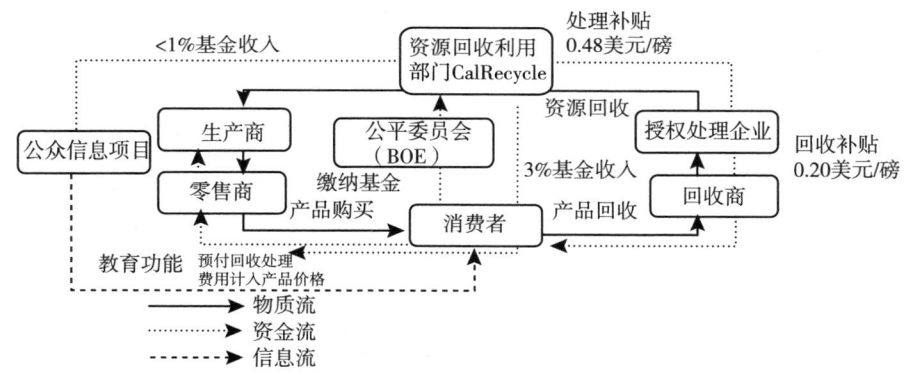

图 5-16　加利福尼亚州废弃电器电子产品回收流程

2. 优势和不足

优势：以 EPR 为基础的基金征收与补贴模式有可能造成市场的不公平现象，对于新进入行业的小型生产商企业来说，本身可能不具备足够的资金来负担废弃电器电子产品回收利用的费用，而那些财力雄厚的大企业故而可以通过降价树立起进入壁垒以阻碍新企业的进入，长期必然导致行业的垄断水平不断提高；而消费者预付回收利用费制度（ARF）可以暂时降低新生企业的负担，有助于行业竞争性发展。另外，直接可见的向消费者征收回收费用对消费者是一种教育手段，有助于循环经济知识的宣传以及公众环保意识的培养。

不足：很明显，在消费者预付回收利用费制度（ARF）下，废弃电器电子产品产生的源头——生产商较少直接参与回收系统的建设，也不太可能将产品回收处理纳入自身的经营模式及研发计划，这不利于从根本上控制废弃电器电子产品的产生。另外，这一模式的运行存在以新产品的提价为老产品的回收处理埋单的可能，且消费者缴纳的回收处理费用能否确保全部用于回收处理项目仍然缺少立法上的保障，负责向消费者收取基金同样增添了零售商的负担。

3. 政策效果评价：回收处理效果尚好，但行政成本较高

（1）加利福尼亚州内回收处理企业众多，企业规模巨大。

加利福尼亚州回收处理企业众多，其业务成功覆盖了整个回收处理链条，并辐射到整个联邦。州内分布的回收处理企业总计 349 家，排名联邦第一位，密集的回收处理网络为整个流程的高效运行提供了可能。其中规模最大的废弃电器电子产品回收处理企业 Electronic Recyclers International（ERI）同时也在美国获得了最高的市场份额。在专业的物流网络支持下，ERI 每年平均回收处理 7.71 万吨废弃电器电子产品，占 2011 年全美回收量的 9.1% 左右。ERI 对于所有废弃电器电子产品采取粉碎处理，禁止非法出口以及填埋处置，并实现 100% 的回收再利用。如表 5 - 20 所示，ERI 的回收处理业务涉及种类繁多的废弃电器电子产品，并提供登记、回收、消毒、转售、处置等一系列服务。以其目前的技术水平，处置一台 CRT 设备仅用时 3 ~ 5 秒，可实现对于废弃电器电子产品的高效处理；而"从摇篮到摇篮"的条形码跟踪系统使在整个回收处理过程的各个阶段，所有材料的信息被跟踪记录，这有助于监管机构统计回收总量等信息，并对废弃电器电子产品回收处理流程各参与方的责任履行情况加以严格监督。

表 5 - 20　Electronic Recyclers International 废弃电器电子产品回收处理业务情况

业务覆盖区域	加利福尼亚州、科罗拉多州、印第安纳州、马萨诸塞州、北卡罗来纳州、得克萨斯州、华盛顿州以及物流网络覆盖地区
回收处理产品目录	电视机、显示器、笔记本计算机、LCD 产品、打印机、传真机、复印机、键盘、鼠标、音响设备、网络设备、通信设备、白色家电、电灯、电池以及所有的办公用电子产品、无生物危害的医疗设备
获得环保认证	巴塞尔行动网络（BAN）、ISO14001、ISO9001、EPA 认证、"从摇篮到摇篮"问责制度

续表

	生命末期废弃电器电子产品回收
回收处理服务	EPR 项目 IT 产品登记、消毒、处置 商品聚集与处置 排序 存储以供转售 销售处回收/返还解决方案

数据来源：http://electronicrecyclers.com。

（2）加利福尼亚州废弃电器电子产品回收总量呈现平稳趋势。

如图 5–17 所示，2011 年回收总量达 8.94 万吨，人均回收废弃电器电子产品重约 2.36 千克，比较接近明尼苏达州等较高水平。回收目录包含的废弃电器电子产品回收率达到 58% 左右，明显高于全美平均的 24.9%。电子产品可持续倡议组织（Sustainable Electronics Initiative）指出，对于消费者征缴的 ARF 制度催生出大量欺诈行为，使这一系列数字的可信度有所下降。

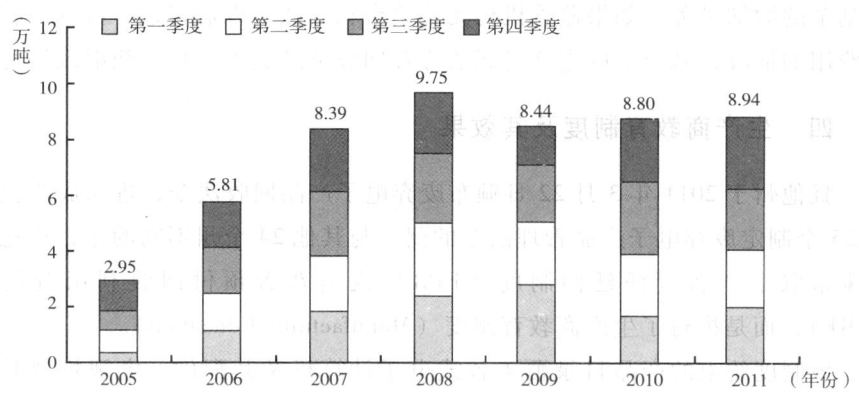

图 5–17　加利福尼亚州废弃电器电子产品回收总量情况

数据来源：加利福尼亚州资源回收利用部门（Cal Recycle）。

（3）处理企业有动力从州外进口废弃产品获取补贴，给加利福尼亚州消费者的福利带来极大的损失。

由于回收处理成本由消费者承担，回收处理企业所受到的监管较弱，于是产生极大的动力从亚利桑那等邻近各州进口废弃电器电子产品以获取更多的基金补贴。据统计，截至 2010 年，加利福尼亚州消费者为废弃电器电子产品的回收处理支付 3.2 亿美元，然而其中至少有 3000 万美元用来回收州外的废物，这一现象相当于使用州内消费者的资金为其他州进行补贴，给加利福尼亚州消费者的福利带来极大的损失。加利福尼亚州有必要从根本上调整废弃电器电子产品回收处理政策，以提高回收利用效率并保护州内消费者利益。

（4）存在明显的生产商"搭便车"现象，政府行政成本高。

生产商不必为自身生产出的电器电子产品承担回收处理成本，这一费用完全由消费者承担。这一模式也增加了政府的监管压力，无形中提高了行政成本。

威胁加利福尼亚州消费者预付回收利用费制度（ARF）存续的另外一个重要原因是网络购物对于基金征收的影响。美国研究机构 eMarketer 明确指出，美国网络购物市场在未来 4 年将保持 14% 的复合增长率，到 2017 年市场规模有望达到 4342 亿美元，其中 3C 数码类购物占比最高达到总额的 21.9%，然而通过网络购物直接从一级经销商处购买电器电子产品可能使消费者顺利规避政府机构及零售商的监督，逃脱对于废弃电器电子产品回收处理基金的缴纳义务。如果监管机构无法出台相关法规以监督这一部分回收处理费用的征收，基金额度逐渐将无法弥补回收处理成本，加大州财政压力。

四 生产商教育制度及其效果

犹他州于 2011 年 3 月 22 日颁布废弃电子产品回收法令，进而成为美国第 25 个制定废弃电子产品管理法令的州。与其他 24 个州不同的是，犹他州并未采取生产者责任延伸制度（EPR）或消费者预付回收利用费制度（ARF），而是推行了生产商教育制度（Manufacturer Education）。

该制度约束的产品目录覆盖各式电子计算机及其配件、电视机及其配件。规定电子产品生产商有义务通过一系列的客户拓展材料，例如包装说明书、网站和其他传播方式，并同环境质量部门与其他利益相关方合作开发教育性质的材料让消费者了解废弃电子产品处理计划，建立并实施关于废弃电子产品收集和处理项目的公共教育活动；若不能依法履行此义务，该生产商将被禁止在州范围内向消费者提供消费性电子产品。

除教育责任以外，生产商同样负有申报义务，即自 2011 年 7 月 1 日开始，生产商有义务于每年 8 月 1 日前向环境质量部门提交报告，内容要求包含关于废弃电子产品回收合格项目的说明，还可以包括对消费类电子产品收集、运输和回收系统的介绍，废弃电子产品回收合格项目的实施者的具体情况。

　　然而，犹他州管理法未强制规定生产商或消费者在废弃电子产品回收利用流程中所应承担的经济责任和实际管理责任，这一点相比于其余 24 个州仍处于立法的初级阶段。另外由于没有规定废弃电子产品的强制回收，该州尚未建立回收处理基金，也并未禁止填埋处置。

　　根据犹他回收联盟（Recycling Coalition of Utah）统计，每年犹他州约有 9.4 万吨废弃电子产品被填埋，其数量已占到犹他州居民废弃物总量的 5%，占全部有毒废弃物总量的 70% 左右，且该比例将随着产品的更新换代而持续上升。随着犹他州法律的发布实施，回收处理行业不断发展，并实现废弃电子产品的安全经济处置。在回收渠道方面，截至目前，零售商百思买（Best Buy）及斯台普斯（Staples）均已发起回收项目，其中百思买可免费接收包括电冰箱、DVD 播放器在内的废弃电子产品，尚不包括电视机以及电子计算机。

第七节　中美废弃电器电子产品管理范围及立法依据比较

　　中国于 2011 年 1 月 1 日实施《废弃电器电子产品回收处理管理条例》，并配合条例的实施制定了一系列相关政策，现已取得初步成效。2003 年美国加州最先进行废旧电器电子产品相关立法，截至目前，已经有 25 个州通过了有关废弃电器电子产品回收处理的法规。美国各个州的发展情况不同，法律制定的背景不同，生产者责任延伸制采取不同的实现形式，因此研究各州政策并进行中美比较，对中国具有重要的参考价值。

一　中美电器电子废弃物管理政策的覆盖产品

（一）国际上代表性国家及地区对电器电子废弃物的界定

　　国际上没有标准的关于废弃电器电子产品的定义，本报告在分析以欧盟和日本为代表的废弃电器电子产品的界定的基础上，比较中国和美国废弃电器电子产品的不同界定。

　　欧盟由于其面临日益紧迫的废弃物处置问题，以及环境保护意识较强，成为较早探索废弃电子产品循环再利用的地区之一。电子废弃物的迅速增加，不仅造成了环境污染和资源浪费，并且对社会的可持续发展构成了威胁。为了依法管理和回收利用电子废弃物，一些欧洲国家先后颁布实施了电子废弃物管理法，如德国、荷兰、瑞典、瑞士、意大利、葡萄牙等。2003年2月欧盟颁布了两项电子法令，即《报废电子电器设备指令》（简称《WEEE 指令》）和《关于在电子电器设备中限制使用六种有害物质指令》（简称 RoHS 指令），规定在十大类电子电器设备中限制使用六种有害物质，生产者负责回收处理废旧电子电器设备。

根据欧盟的规定，电子产品是指依靠电流或电磁场才能正常工作的产品，其使用的交流或直流电压分别不超过 1000V 或 1500V。电子废弃物就是废弃的定义内的电子产品，并包括所有的附件、零部件和消耗品，共计十大类和 101 种产品。十大类产品包括大型家用电器、小型家用电器、IT 和通信产品、生活消费类电子设备、照明设备、电动工具、玩具和体育休闲设备、医疗设备、监控设备和自动售货机。2012 年欧盟又重新对废弃电子产品的目录进行了修订，在 2012～2018 年的过渡期内执行原先制定的目录，2018 年之后执行新的目录（见表 5－21）。

表 5－21　欧盟 2018 年之后的目录

	类别	产品
1	温度转换设备	电冰箱、制冷剂、热泵、空调
2	显示屏，监视器以及面积大于 100 平方厘米的显示屏	显示屏、电视机、LCD 照相机、笔记本、监视器
3	灯具	直管荧光灯、紧凑型荧光灯、高强度气体放电灯－包括高压钠灯和金属卤化物灯、低压钠灯、LED
4	外部尺寸大于 50 厘米的大型家用设备	洗衣机、干衣机、洗碗碟机、电饭煲、音乐器材（不包括安装在教堂的管风琴）、大型计算机主机、大型印刷机械、复印设备、大型投币机、大型医疗设备、大型监控和控制仪器
5	外部尺寸小于 50 厘米的小型家用设备	真空吸尘器、地毯清扫机缝纫、微波炉、通风设备、电熨斗、电刀、电水壶、钟表、电动剃须刀、秤、计算器、收音机、摄像机器具、录像机、Hi-Fi 音响设备、电气及电子玩具、运动器材、潜水跑步划船等的烟雾探测器、小型医疗设备、小型监测和控制仪器、集成光伏板的小家电
6	外部尺寸小于 50 厘米的 IT 和通信设备	手机、GPS、掌上计算器、路由器、个人计算机、打印机、电话

资料来源：DIRECTIVE 2012/19/EU OF THE EUROPEAN PARLIAMENT AND OF THE COUNCIL of 4 July 2012 on waste electrical and electronic equipment（WEEE）。

日本也由于面临废弃物处置和资源节约化利用的问题,成为较早实施废弃电器产品回收利用的国家之一。1998 年颁布实施的 2001 年《特定家用电器回收和再商品化法》是对电视机、电冰箱、洗衣机和空调四种废家电进行有效再生利用、减少废物排放的特定法律,计算机和复印机的回收处理未纳入,而是按《资源有效利用促进法》的规定,形成了不同的回收和再利用模式。

可见,国际上没有界定电器电子产品的统一标准,欧盟和日本相关法律对电器电子产品的界定差别较大,欧盟法律覆盖的范围较为广泛,而日本根据经济发展需要,分阶段地对电器产品和电子产品立法实施管理,欧盟和日本也有共同点,即都是对具有危险性、废弃数量增长较快超过公共的废弃物处理能力的废弃物进行立法管理。

(二)中美对废弃电子产品的界定

中国与美国对"废弃电器电子产品"的定义也有较大的不同。

1. 条例出台之前,中国相关法律对废弃电器电子产品的界定

2006 年中国为贯彻《中华人民共和国固体废物污染环境防治法》和《中华人民共和国清洁生产促进法》,减少家用电器与电子产品使用废弃后的废物产生量,提高资源回收利用率,控制其在综合利用和处置过程中的环境污染,国家环境保护总局发布《废弃家用电器与电子产品污染防治技术政策》。其中,废弃家用电器与电子产品是指已经失去使用价值或因使用价值不能满足要求而被丢弃的家用电器与电子产品,以及其元(器)件、零(部)件和耗材。电器产品包括电视机、电冰箱、空调、洗衣机、吸尘器等;电子产品是指信息技术(IT)和通信产品、办公设备,包括计算机、打印机、传真机、复印机、电话机等(见表 5 - 22)。

表 5 - 22 中国《废弃家用电器与电子产品污染防治技术政策》的产品范围

类别	具体产品
电器产品	电视机、电冰箱、空调、洗衣机、吸尘器
电子产品	信息技术(IT)和通信产品、办公设备,包括计算机、打印机、传真机、复印机、电话机

该政策还对有毒有害物质及含有有毒有害物质的零部件进行了界定。有毒有害物质指家用电器与电子产品中含有的铅、汞、镉、六价铬、多溴

联苯（PBB）和多溴二苯醚（PBDE）以及国家规定的其他有毒有害物质（见表 5 - 23）。

表 5 - 23　含危险物质的零（部）件

1	阴极射线管（CRT）	含铅玻锥、无铅玻屏、玻屏上的含荧光粉涂层
2	液晶显示器（LCD）	背光模组中的阴极荧光管
3	线路板	线路板上拆下的芯片、含金连接器及其他含贵金属的废料、焊料熔化时产生的铅烟尘、多氯联苯电容器
4	含多溴联苯或多溴二苯醚阻燃剂的电线电缆、塑料机壳	含多溴联苯（PBB）和多溴二苯醚（PBDE）电线电缆中的铜、铝等金属
5	电池	蓄电池、充电电池和纽扣电池
6	CFCs 制冷剂	废电冰箱、空调器及其他制冷器具压缩机中的制冷剂与润滑油

2. 中国《废弃电器电子产品处理目录》的覆盖产品

国家发展改革委会同环境保护部、工业和信息化部于 2011 年成立管理委员会，基于①社会保有量大、废弃量大；②污染环境严重、危害人体健康；③回收成本高、处理难度大；④社会效益显著、需要政策扶持的四大原则，制定了《废弃电器电子产品处理目录》（见表 5 - 24）。

表 5 - 24　《废弃电器电子产品处理目录》

序号	产品种类	产品范围
1	电视机	阴极射线管（黑白、彩色）电视机、等离子电视机、液晶电视机、背投电视机及其他用于接收信号并还原出图像及伴音的终端设备
2	电冰箱	冷藏冷冻箱（柜）、冷冻箱（柜）、冷藏箱（柜）及其他具有制冷系统、消耗能量以获取冷量的隔热箱体
3	洗衣机	波轮式洗衣机、滚筒式洗衣机、搅拌式洗衣机、脱水机及其他依靠机械作用洗涤衣物（含兼有干衣功能）的器具
4	房间空调器	整体式空调器（窗机、穿墙式等）、分体式空调器（分体壁挂、分体柜机等）、一拖多空调器及其他制冷量在 14000W 及以下的房间空气调节器具
5	微型计算机	台式微型计算机（包括主机、显示器分体或一体形式、键盘、鼠标）和便携式微型计算机（含掌上计算机）等信息事务处理实体

3. 美国废弃电子产品相关立法的覆盖产品集中于电子产品，电器产品以市场机制为基础可实现回收再利用

美国各州确定产品目录的最小范围是显示器和笔记本计算机；最大范围

是电视机、计算机、打印机、键盘、鼠标、小型服务器、个人音响、移动电话、录像机/数字化视频光盘、数目录影机、分线盒/分控箱；大部分州所确定的产品目录都在最大和最小范围之间，就是"五大件"——电视机、台式机、笔记本计算机、显示器和打印机。

美国对白色家电如电冰箱和洗衣机的回收处理行业没有实施专门的立法管理，美国的《清洁大气法》对其造成的污染构成有效的约束，而其回收处理主要受到金属废料的回收这一经济利益驱动，主要回收废物以钢铁为主，还包括铜、铝、锌等，回收的塑料等非金属材料的处理方式主要是粉碎、分类回收和填埋等方式。

二 对电器电子废弃物管理的法理依据

对废弃电器电子产品的回收处理进行立法管理，主要有三个方面的原因：一是废弃电器电子产品含有有价值的成分，如稀有贵金属；二是废弃电器电子产品中含有危险物质，非法回收处理对环境的污染非常严重；三是在一些国家有关危险废弃物的立法中，家庭危险废弃物的管理不在固体危险废物的立法范围之内，有必要对家庭产生的带有危险物的废弃电器电子产品进行有效的管理，以减少对环境的污染和实现对资源的集约利用。

（一） 对环境的污染性

1989 年 3 月联合国环境规划署于瑞士巴塞尔召开的世界环境保护会议上通过了《控制危险废物越境转移及其处置的巴塞尔公约》（*Basel Convention on the Control of Transboundary Movements of Hazardous Wastes and Their Disposal*），简称《巴塞尔公约》（*Basel Convention*），1992 年 5 月正式生效。该公约把电子废弃物定义为危险废物，并且设计了控制这类废弃物跨境转移的框架。为进一步控制有害废弃物的转移问题，1995 年 9 月在日内瓦通过了《巴塞尔公约》的修正案，即"巴塞尔禁令"，禁止危险废物从发达国家向发展中国家出口。

虽然部分发达国家，尤其是美国未加入《巴塞尔公约》，反对"巴塞尔禁令"，但是《巴塞尔公约》在国际层面上对跨境转移的"电子废物"在非法处理后对发展中国家的环境污染问题予以重视，并提出了相应的控制方案。该公约未对危险电子电器废物提出明确的定义，但列出了废弃电子电器废物中的危险物成分（见表 5 - 25）。

表 5 - 25 "危险废物"：金属和含金属废物

A1010	金属废物和由以下任何物质的合金构成的废物	锑、砷、铍、镉、铅、汞、硒、碲、铊
A1040	其成分为以下任何物质的废物	• 金属碳基化合物 • 六价铬化合物
A1060	金属酸浸产生的废液体	—
A1150	焚烧印制线路板产生的稀有金属灰烬	—
A1160	废铅酸性电池，完整或破碎的	—
A1180	废电气装置和电子装置或碎片	蓄电池和其他电池、汞开关、阴极射线管的玻璃和其他具有放射性的玻璃和多氯联苯电容器，或被附件一物质（例如镉、汞、铅、多氯联苯）污染的程度使其具有附件三所列特性

（二）具有资源性

废弃的电器电子产品蕴藏着丰富的资源，如有色金属、塑料和玻璃等。以计算机主机为例，所含铜、铝、铜、铁和塑料等占其总重量约 90%，另含有少量贵金属金、银、钯等。另外，一些不受使用年限制约的零部件，如果经有效措施处理后进行再制造，能节省加工制造成本。

根据欧盟《报废电子电器设备指令》，共包含十大类电器电子产品，因此，总体上估计废弃物的物质构成比较困难，但根据欧盟资源和废物管理中心的统计，钢和铁是主要成分，占总重量的一半，塑料是第二大成分，占总量的 21%，非冶炼金属大约占 13%，其中铜占 7%。

（三）家庭废弃电子废物不在危险废物管理的法律范围内

美国联邦环保局已经建立了有关危险废物的运输、储存和处理的法律规定，1976 年美国通过了《资源节约与再生利用法案》（*Resource Conservation and Recovery Act*，*RCRA*），但是家庭和小企业不在美国固体危险废物的覆盖范围之内，这意味着在联邦法律下，家庭和某些小企业可以随意填埋和焚烧这些电子电器废弃物。因此，对家庭或者包括家庭、小企业和学校等产生的电子电器废弃物进行专门的立法管理成为废弃电子产品回收处理立法的重要原因。

中国已通过了《中华人民共和国固体废物污染环境防治法》和《国家危险废物名录》。根据《国家危险废物名录》，家庭日常生活中产生的废药品及其包装物、废杀虫剂和消毒剂及其包装物、废油漆和溶剂及其包装物、废矿物油及其包装物、废胶片及废相纸、废荧光灯管、废温度计、废血压计、废镍镉电池和氧化汞电池以及电子类危险废物等，可以不按照危险废物进行管理。但是，上面所述废弃物从生活垃圾中分类收集后，其运输、贮存、利用或者处置，要按照危险废物进行管理。这意味着家庭产生的电器电子产品在废弃阶段不受《中华人民共和国固体废物污染环境防治法》的管辖，但是在废弃之后进入回收处理和再利用阶段，则受到法律的管辖。

三 中美废弃电器电子产品回收利用管理思想的发展演变

生产者责任延伸制度（Extended producer responsibility，EPR）是一个根据"污染者付费"的、将生产者的责任延伸至产品生命周期的最终处理阶段的制度，正在成为废弃物管理的一个新的范例，其目的在于减少产品对环境的影响。生产者责任延伸制度的概念首先见于 Thomas Lindhquist 于 1990 年与 1992 年为瑞典环境部所完成的两份研究报告中，1992 年首届 EPR 国际研讨会在各界的赞助下召开，此后相关的学术研究与执行方式仍持续进行，且日益获各界重视。

生产者责任延伸的政策开始于 1991 年的"德国包装材料条例"。当时，德国面临严重的垃圾填埋场地短缺问题，每年包装材料废弃物的总量占全国废弃物总量的 30%，体积占 50%。为了解决这一问题，德国环境部提出生产业者应承担回收处理包装废弃物责任的议题，环境部长颁布了德国包装材料条例。根据条例的要求，各种包装产品的生产商可以选择自己独立回收其包装材料，或加入一个工业包装材料废弃物管理组织 DSD（Duales System Deutschland）。在收取一定费用后，DSD 给生产者颁发该组织的绿色标识，生产者可将这绿色标识印刷在包装材料上，使用这种印有绿色标识包装材料的消费者就能使用 DSD 提供的产品回收设施和产品回收系统。EPR 理念在欧洲其他国家迅速传播，EPR 制度已广泛应用于电池、轮胎、汽车、计算机、容器等。

（一）生产者责任延伸制在美国的发展：不是最大化地回收废弃物，而是环境影响的最小化

1994 年 11 月，美国清洁生产与技术中心在连续探讨 EPR 四年后，于美国华盛顿特区主办第一次研讨会，集合各界专家，探讨此概念在美国的可能应用方向。他们对 EPR 的观念从宽解释，除了认为 EPR 不应只局限于产品

的弃置阶段外，还认为产品对环境冲击不应由生产者负完全责任，而主张责任分担。

在 1996 年永续发展总统咨询委员会对 EPR 的建议中，则主张应将产品链各阶段所产生的环境冲击由政府、消费者和生产者共同分担。因此特别将 EPR 中的 P 由 Producer（生产者）改成 Product（产品），其着眼点在于产品对环境之冲击在每个阶段皆应顾及，而不应只着重在弃置阶段，于是将欧盟的概念，修正为"产品责任延伸制"，制定一般性实施原则，并建议实行自愿式的 EPR 体系。

产品责任延伸制是指产品生产消费链中每一成员，对于该产品生命周期过程中所产生的环境冲击，负分享式责任。而责任承担之轻重，取决于产品生命周期中不同阶段之环境冲击大小。从上游的原料开采、提炼，到中游的产品设计、生产、包装、铺货、消费，再到下游的弃置、回收、处理至最终处置，哪一个环节所产生的环境冲击程度较大，该阶段的责任归属者即须负担较重的责任。而其目的，则期望在产品的生命周期中，形成产品链，定位上中下游的关联性，同时借由 EPR 的实施，推动整合性生产链管理。

而美国环保局认为不同的产品需要不同生产者责任延伸制度的同时，美国政府则更倾向于利用市场的力量实施生产者责任延伸制度，支持各州政府探索电子废物的各种管理途径。这就为各州在废弃电子产品立法中采取"消费者预付费制度"和"生产者责任延伸制度"提供了空间。

另外，就环境政策的目标来看，美国的政策分析家认为，环境政策的主要目标是同时降低所有的环境影响，而不应仅仅局限在降低产品废弃物这一个方面，而延伸生产者责任政策仅仅是个环境改善工具，欧盟的废弃物管理政策的目标是最大化地回收废弃物，而美国的分析家认为政策的目标应侧重于环境影响的最小化。美国更热衷于推广自己的"为回收而设计"延伸生产者责任和"绿色消费指南"等能同时实现多个环境目标的政策，如降低毒物排放、废弃物减量化和空气质量改善的环境政策。

（二）生产者责任延伸制在中国的发展：积极采纳理念，但执行中生产者的强制性责任相对宽松

生产者责任延伸制度的理念早已在我国立法中予以采纳，如 1989 年颁布的《旧水泥纸袋回收办法》中明确要求水泥厂对废旧水泥袋进行回收，并规定了生产者的回收比例，构建了押金-退款制度，该办法可以视为我国最早的体现生产者责任延伸理念的立法，其所建立的生产者责任延伸制度为我国最早的适用于特定包装物的生产者责任延伸制度。2002年6月，我国颁布的《清洁生产促进法》第27条、第39条都规定了生产者责任延伸制度。《清洁生产促进法》为形成我国生产者责任延伸制度的完整框架奠定了基础。之后，生产者责任延伸制度在我国多部法律法规及规章中得以体现，如2003年10月，国家环保总局等五部委联合发布的《废电池污染防治技术政策》、2005年1月起施行的《电子信息产品污染防治管理办法》，2005年4月施行的修改后的《固体废物污染环境防治法》以及2007年3月商务部等六部委联合颁布、2007年5月正式实施的《再生资源回收管理办法》等。

"生产者责任延伸制"的理念虽早被采纳，但执行程度相对宽松，即更多地体现为"责任分担"。在废弃物的回收、处理、利用的责任分配上，我国相关法律法规分别进行了规定。1995年颁布的《固体废物环境污染防治法》第19条规定"产品生产者、销售者、使用者应当按照国家有关规定对可以回收利用的产品包装物和容器等回收利用"，2005年该法修订后，更进一步明确，"产品的制造者、进口者、销售者、使用者对其产生的固体废物承担污染防治责任"，"生产、销售、进口被列入强制回收目录的产品和包装物的企业，必须按照国家有关规定对该产品和包装物进行回收"，可见我国也强调了生产者的延伸责任。

2003年底信息产业部颁发的《电子信息产品污染防治管理办法（征求意见稿）》第16条规定"生产者应该承担其产品废弃后的回收、处理、再利用的相关责任"。而到2006年的正式稿中，则要求生产者（含生产者、销售者）生产的产品应符合国家标准，标注环保使用期限所含的有毒有害物质等，即生产者承担的主要是产品责任、信息责任，而不是全部的责任。

《电子废物污染环境防治管理办法》第14条规定："电子电器产品、电子电器设备的生产者、进口者和销售者，应当依据国家有关规定建立回收系统，回收废弃产品或者设备，并负责以环境无害化方式贮存、利用或者处置。"生产者还应承担信息责任，披露有毒有害物质的含量和回收处理方法。对拆解者的责任也做了一定的规定，主要是提交环境影响评价、对污染物排放进行监督并遵守相关技术标准等。对消费者的责任未作规定。

《废弃家用电器与电子产品污染防治技术政策》对于废弃电器与电子产品污染防治，推行电子废物减量化、资源化和无害化，并实行"污染者负责"的原则，由产品生产者、销售者和消费者依法分担废弃产品污染防治的责任。并提出通过公众参与，"采取措施激励生产者、销售者、消费者和再利用者等各相关方参与废弃家用电器与电子产品的回收和再利用的积极性"。强调了各个利益关系人在电子废弃物管理上存在共同的责任。

相比而言，2009 年颁布的《废电器电子产品回收处理管理条例》对于各利益关系方的责任规定比较具体。该条例规定：国家对废弃电器电子产品实行多渠道回收和集中处理制度。对于生产者要求："应当符合国家有关电器电子产品污染控制的规定，采用有利于资源综合利用和无害化处理的设计方案，使用无毒无害或者低毒低害以及便于回收利用的材料。"鼓励而不是强制要求生产者回收废弃电子产品。但是，生产者应当承担信息责任，即提供有关有毒有害物质含量、回收处理提示性说明等信息。此外，电器电子产品生产者、进口电器电子产品的收货人或者其代理人应当按照规定履行废弃电器电子产品处理基金的缴纳义务。即明确规定了经济责任的承担。至于如何缴纳和补贴标准，"应当充分听取电器电子产品生产企业、处理企业、有关行业协会及专家的意见"。电子产品的销售者、维修机构、售后服务机构"应当在其营业场所显著位置标注废弃电器电子产品回收处理提示性信息"。回收商应对消费者产品回收提供便利。对于消费者的责任，未做明确规定。

可见，我国相关立法较早地采纳了"生产者责任延伸制"的原则，但生产者应当为产品生命周期内可能造成的污染完全承担责任的理念，并没有严格贯彻。目前我国《废弃电器电子产品管理条例》，明确提出电器电子产品生产企业主要承担经济责任和信息责任，并予以制度化，但生产者不承担强制回收和处理废弃电子产品的义务。

第八节　中美废弃电器电子产品的政策差异

一　中美废弃电器电子产品回收处理管理的法律框架

（一）美国环境保护及电子废弃物管理法律的主要特征

19 世纪末美国就已开始了环境立法，到 20 世纪六七十年代环境立法的速度加快，并逐步形成了现有的涵盖环境保护所有领域的、比较完善的环境法律体系格局。美国环境法体系是一个由多个立法主体制定的、多个层级的、涵盖面比较全的复杂体系。从法律体系、立法管理机构和执法监管看有以下主要特征。

1. 随着环保意识的增强，环境立法加快，法律体系趋于完善

20 世纪七八十年代是美国环境立法最密集的时期，其整个环境立法框架就是在这段时间确立的。美国环境立法的发展与完善在很大程度上是自下而上推动的，民间呼吁和环保组织的压力以及一些研究机构提出的新的政策构想都成为立法的动力。

美国先后出台的法律主要有：①《固体废弃物处置法案》；②《清洁空气法》；③《资源保护与再利用法》；④《杀虫剂、真菌剂和灭鼠剂法》；⑤《有毒物控制法》；⑥《综合环境响应、补偿和责任法》（也被称为《超级基金修正及再授权法案》）。但是目前，美国没有签订废弃物管理的国际条约——《控制危险废物越境转移及其处置的巴塞尔公约》、《固体废物处置法案》和《清洁空气法》是废弃电子产品管理立法的基本法律依据。

美国在 1965 年出台了《固体废弃物处置法案》，20 世纪 70 年代末的腊夫运河事件使得美国政府和公众开始重视固体废弃物的危险性。美国也由此开始固体废弃物的公共政策及法案的大量制定。1976 年美国的《资源保护与再利用法》制定了一个主要用于危险固体废弃物管理的联邦法案。此法案定义的固体包括液体和其他非固体物质。1984 年美国国会通过了《危险和固体废弃物修正案》，将固体废弃物的研究扩大并突出了危险固体废弃物。

目前美国建立的有关危险废弃物处理的主要体系包括：①危险废弃物跟踪系统。美国对于有害废物管理提出了有害废物"从摇篮到坟墓"的概念。有害废物的生成或制造是"摇篮"，而废物处理、储存和处置工厂（Treatment，Storage and Disposal，TSD）则是"坟墓"。TSD 设施包括焚烧、脱水和废物固体物的处理设施，还包括填埋、表面蓄水、地下注水井等处理设施。接受固体危险废物的 TSD 设施必须获得一个 TSD 设施危险废弃物许可。②陆地禁令。在 1984 年 RCRA 的修正案中，美国国会对于陆上危险性物质的处置增加了新的要求。这些要求导致了一系列复杂的附加规则：陆地处置约束。它促使 EPA 规定了关于危险性物质可以被安全放置在填埋场、表面蓄水坝、注水井等地之前所需处理的要求。

美国从 1955 年的《空气污染控制法》到 1963 年的《清洁空气法》，1967 年的《空气质量控制法》，再到 1970 年的《清洁空气法》以及后来的 1977 年修正案、1990 年修正案等多次修正而逐步完善，建立起了一个完整的法律规范体系。依据该法律目前主要涉及六种污染物质，分别为二氧化

硫、空气污染微粒、氮氧化物、一氧化碳、臭氧、铅。对于以上六种空气污染物质，经授权的联邦环境保护总署依据《清洁空气法》的规定，对污染标准进行更加细致的分类，制定保护公众健康的严格的"首要国家空气质量标准"和保护公共福利的"次要国家空气质量标准"。

2. 环境管理权限在联邦与州之间的纵向划分

环境管理组织与制度体系非常严密、细致。美国国家环境管理法律确立了环境管理的整体架构，并从纵向上，通过"联邦—州—地方"三级得到确立，形成了"国家法律—USEPA 环保法规—州（地方）法规"——对应的三级环境制度。

美国联邦与州之间的管理权限划分是由宪法规定的。根据宪法，联邦的权力由宪法授予，宪法没有规定的剩余权力由州行使。联邦主义分权中的商务条款（Commerce Clause）是联邦商业立法的依据，也是大多数环境立法的授权依据。根据该条款，环境保护属于联邦和州共同管辖的领域。诸如环境保护这类共同管理的领域，州立法应该以不抵触联邦法为限，即联邦法是州法的上位法。但是，州可以为达到更好的环境目标，制定比联邦法更为严格的规定。

1970 年前美国的环境法规主要由地方制定，虽然也有联邦环境法律法规，但执行这些法律法规的职权分散于联邦政府的不同部门。从 1970 年美国环境保护局（EPA）正式成立以来，这种现象发生了变化，EPA 的任务是保护人类和环境健康。EPA 与美国 50 个州政府共同承担环境法规责任，地方政府也承担少量法规责任。EPA 成立以来，其和州环境机构之间的关系逐渐发生了变化。目前州环境机构处于环境规范的前沿，执行联邦授权的700 多个联邦环境项目，90% 以上的环境执行行动由州启动。

3. 环境执法与经济处罚较为严格

USEPA 注重执法服务职能，通过守法援助减轻执法压力。USEPA 通过细化法律、法规和制订行业守法方案，在减轻了企业守法成本的同时，也便利了企业更有效地履行法律、法规的要求。

美国的环境法律规定了 3 类处罚：民事司法执法（civil judicial enforcement）、行政处罚（administrative penalty）和刑事处罚（criminal penalty）。其中民事司法执法和行政处罚都与环境行政主管机构有关。行政处罚由 USEPA 决定并执行。民事司法执法通常是由 USEPA 联合司法部向美国地区法院提起诉讼，由法院判决；民事司法执法强度要比单纯的行政处罚强度高。刑事责任由法院裁定。

美国的"清洁空气法"SEC. 113.（e）（1）规定，USEPA 可以对违法行为每天处以最高 25000 美元的罚款，行政处罚总额最高不超过 20 万美元，处罚时效不超过 12 个月。

目前美国有 25 个州由电子垃圾回收立法，2012 年前已有 17 个州通过了关于电子垃圾禁止填埋的法律，有 2 个州 2013 年法律刚刚生效。另有一个州只形成了提议，还未通过立法。

（二）中国电子电器废弃物管理的法律框架的主要特征

1. 环境立法相对较晚，但发展较快，目前法律体系相对完善

1989 年出台的《国家环境保护法》，1995 年颁布的《固定体废物污染环境防治法》，2003 年出台的《中华人民共和国清洁生产法》，2008 年出台的《中华人民共和国循环经济促进法》，为中国废弃电器电子产品的管理立法奠定了坚实的基础。另外，中国已于 1992 年加入《巴塞尔公约》，禁止电子垃圾进口。

随着我国经济的快速发展和社会消费水平的不断提高，废旧计算机、电视机和电冰箱等电子类危险废物迅速增加，已成为不可忽视的环境污染源，处理不当，将会酿成严重的环境污染事故。为规范我国废弃电器电子产品的回收处理活动，促进资源的无害化利用，保护环境，保障人体健康，国务院于 2009 年 12 月公布了《废弃电器电子产品回收处理管理条例》，并于 2011 年 1 月 1 日正式实施。

2. 环保意识虽不断增强，但仍淡薄，法治观念基础整体薄弱

随着经济发展水平的提高和人们对生活质量日益重视，中国公众的环保意识不断增强。但总体上看，中国公众的环保意识目前依然处于较低的水平，环保参与度还不高。公众个人的环保素质依然是环保活动中的一片"洼地"，并成为制约我国环保水平提高的最大障碍。环境保护真正成为全体公众的自觉行为，依然是一项任重道远的工作。

改革开放以来，特别是十一届三中全会以后，我国提出了依法治国的口号，各种法律不断颁布，以法律来规范政府行为和个人行为，广大干部群众的法治观念有了普遍提高，但从总体上说，我国还处于社会主义初级阶段，人民群众的法治观念整体上不高。造成这种情况的原因除了法律本身不完备外，主要是缺乏长期的系统的法治教育，公民遵守法律的自觉性不够。

另外，我国对违法行为的处罚力度不大，违法成本低。例如，中国的"大气污染防治法"和"水污染防治法"对由环境行政主管机构来实施的处罚做了非常细致的规定，但各种处罚情形都没超过最高上限 10000元，而美国的"环境影响评价法"对违反规定的最高处罚上限可达 20 万美元。

二 中美政策设计的差异分析

本报告主要从政策覆盖的产品、政策的实现形式及相关方责任的规定、政策实施的工具以及管理机构与职能的设置四个方面进行比较。

通过政策设计的比较分析，本报告主要回答的核心问题主要有三个。

一是从电器电子产品回收处理的政策形式出发，中国和美国采取的政策实现形式差异，对相关方责任的规定的差异主要有哪些。

二是行政性工具、经济性工具和指导性工具的使用有怎样不同。

三是相关管理机构和职能的设置，中国与美国有怎样的不同（见图 5 - 18）。

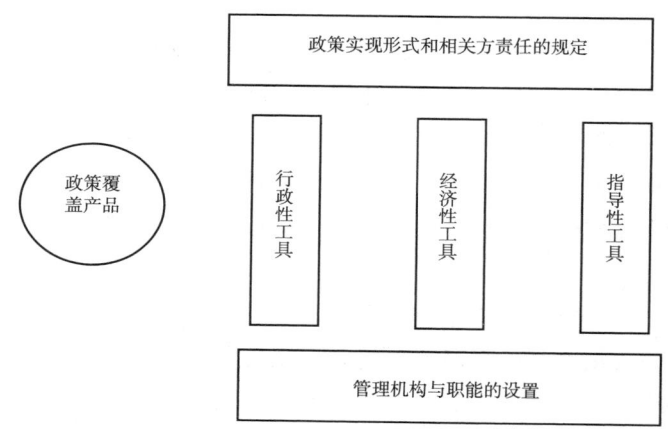

图 5 - 18 中美政策比较的分析框架

（一） 美国主要针对含有害物质的电子产品，中国则包括了"四机一脑"

总体来讲，美国政策覆盖产品不包括洗衣机、空调和电冰箱等白色家电，主要是含有 CRT 的电视机和台式显示器、笔记本计算机及外围设备，而中国的政策覆盖产品包括电视机和计算机，还包括洗衣机、空调和电冰箱。就废弃电子产品的来源看，美国各州的法律有明确的规定。

一是产品种类。美国政策覆盖的产品范围在各个州之间有所差异，但基本上包括电视机、计算机、打印机以及计算机的外围设备（键盘、鼠标）。

小型服务器、个人音响、移动电话、录像机/数字化视频光盘、数字录影机、分线盒/分控箱。中国目前的法律框架中则只覆盖了电视机、洗衣机、空调、电冰箱和计算机，并且对处理产品进行补贴时，实际完成拆解处理的废弃电器电子产品是指整机，不包括零部件或散件（见表 5 - 26）。

表 5 - 26 中美政策覆盖产品的类别比较

国家		产品类别
美国	最小范围	显示器和笔记本计算机
	最大范围	电视机、计算机、打印机、键盘、鼠标、小型服务器、个人音响、移动电话、录像机/数字化视频光盘、数字录影机、分线盒/分控箱
	大部分州	电视机、台式机、笔记本计算机、显示器和打印机
中国	—	电视机、电冰箱、空调、洗衣机、计算机，实际完成拆解处理的废弃电器电子产品是指整机，不包括零部件或散件

二是废弃电子产品的来源。美国各州相关法律对废弃电器电子产品的来源有不同的规定，部分州是只包括家庭废弃物，如明尼苏达州，而部分州则包括了家庭和其他非营利性组织，具体为家庭、慈善组织、学校社区、小企业、华盛顿州的小政府，但不包括经销商和零售商之间的批发交易。如华盛顿州和纽约州。中国并没有对此做出明确规定（见表 5 - 27）。

表 5 - 27 中美政策覆盖产品的来源比较

主要州	来源	具体来源
明尼苏达州	家庭	—
加州	消费者	覆盖电子产品的购买者或者拥有者企业、公司、非营利组织和政府机构
华盛顿州	消费者	家庭、慈善组织、学校社区、小企业、华盛顿州的小政府
纽约州	消费者	个人、企业、公司非营利组织、政府机构、学校和公共法人团体

（二）政策实现形式和相关方责任的规定

废弃电子产品的回收处理采取的模式主要有消费者预付费制和生产者责任延伸制。消费者预付处理费制度，是指消费者预先缴纳的费用将覆盖整个的回收及处理流程，用于补贴废弃电器电子产品的回收企业与处理企业。生产者责任延伸制，根据生产者实施的强度和政府的参与程度，可分为直接承担行为义务的模式、责任转嫁的生产者责任组织模式，以及责任转嫁的基金模式。

中美政策实现形式和相关方责任的规定的差异有以下几方面。

（1）美国加州实施消费者预付费的基金制度。加利福尼亚州是唯一的在废弃电器电子产品处理方案中向消费者征收"预付回收利用费"的州。根据加利福尼亚州法律，回收处理费用在销售者购买产品时以可见的方式由销售者代为征收，实际征收工作由税务机构加利福尼亚州公平委员会（BOE）负责，该费用将被纳入基金由州委员会负责管理，主要用来向特定废弃电器电子产品的授权回收者支付处理费，并为资源回收利用部门（Cal Recycle）和环境保护部门（加州有毒有害物质控制局 DTSC）的行政活动提供经费。

（2）美国实行生产者责任延伸制的州，通常将直接承担行为义务的模式与责任转嫁的生产者组织（或者委托）模式相结合。

生产者在实施回收处理责任的过程中，可以采取直接回收处理的形式，也可以委托或者交由政府的标准回收组织（华盛顿州）进行回收处理，回收处理的资金来源由生产者交给回收处理企业。

采用生产者责任的州，主要有以下三种模式。

第一，生产者执行回收项目，但政府对目标和执行方式没有规定。如得克萨斯州、俄克拉荷马州和弗吉尼亚州。生产商在产品被销售出去之前即执行"回收项目"，回收项目要求生产商为个人消费者支付回收费用，但对生产商回收处理服务的级别提出强制要求，生产商不必向相关政府机构缴纳注册费或回收费用。

第二，生产商或通过市场化、契约式的方式组织或者委托回收处理企业进行回收处理。如纽约州和明尼苏达州。在这种模式下，生产企业需负责对回收处理企业的资质把关，即生产商如果选择间接的行为责任，那么生产商必须指导和负责与其签约的收集者和处理者，并提交相应的准确报告，包括收集和处理企业的相关信息情况。

第三，政府负责成立的标准组织进行回收处理的模式。如华盛顿州。在这种模式下，生产者以付费方式加盟，并不直接干预废弃电子电器产品的回收处理再利用。该组织一般是一个由政府指导、以生产者为核心的联合体，是环保部门的执行机构，运输公司、回收公司、处理公司和社区回收站是联合体的合同承包商。对生产者采取事后收费的模式。

第一种模式的政策工具相对简单，因此本报告不做详细分析。在第二种和第三种模式下，严格地实行生产者责任延伸制度，政府管理机构需确定每家生产商的回收再利用目标。通常以生产者在本州产品销售的市场份额来计算，如纽约州，单个生产者回收计划＝全州年度回收和再利用的电子垃圾的计划总重量×该生产者的市场份额。另外，政策工具也相对较为完善，本报告将进行重点分析。

（3）中国实施生产者责任转嫁的基金模式。

中国的废弃电器电子产品回收处理再利用采用基金模式，即由生产者在特定阶段缴纳一定数额的税费，然后把这笔费用纳入由政府管理的专项基金，回收处理者在对废弃电器电子产品进行回收处理后提供证据，申请基金提供支援（见表5－28）。

表5－28 中美政策实现形式的主要差异

政策实行形式的主要要素	消费者预付费的基金模式	直接承担行为义务与责任转嫁的生产者组织（委托）模式相结合		生产者责任转嫁的基金模式
		市场化方式委托回收处理企业	交由政府负责的标准回收组织	
	加利福尼亚州	纽约州、明尼苏达州	华盛顿州	中国
融资机制				
消费者预付处理费制度	√			
生产者支付		√	√	√
生产者责任				
产品信息表明责任	√	√	√	√
产品有害物质减量化设计要求	√	√	√	√
产品回收和处理的份额要求		√	√	
产品回收处理的行为要求		√	√	
直接承担责任或责任转嫁的要求		√	√	
教育责任	√	√	√	√
消费者责任				
禁止消费者随意丢弃	√	√	√	

数据来源：作者根据相关资料整理。

（三）政策工具的异同比较

1. 目录管理、基金建立、资质许可和制定规划构成主要的政策工具

中国废弃电器电子产品管理的相关制度主要包括：目录管理制度、多渠道回收和集中处理制度、实行处理资格许可制度、处理基金制度和产品成分标识制度。

一是目录管理制度。《目录》是确定《条例》调整范围的依据，纳入《目录》的废弃电器电子产品适用《条例》的相关规定，主要有规划、基金、资质许可、多渠道回收和集中处理、生产者标识、资产核销、信息报送、旧货管理等一系列制度。

二是建立基金。《条例》第 7 条规定，"国家建立废弃电器电子产品处理基金，用于废弃电器电子产品回收处理费用的补贴。电器电子产品生产者、进口电器电子产品的收货人或者其代理人应当按照规定履行废弃电器电子产品处理基金的缴纳义务"。财政部会同环境保护部、国家发展改革委等部门研究出台了基金管理办法，在综合考虑各方利益的基础上，制定了具体的征收和补贴标准，以及能够有效调动处理企业积极性的补贴方式。

三是资质许可。《条例》第 6 条规定，"国家对废弃电器电子产品处理实行资格许可制度"。《条例》第 23 条提出了申请废弃电器电子产品处理资格应当具备的四个条件。环境保护部研究制定《废弃电器电子产品处理企业资格审查和许可指南》，明确处理企业的资质要求，在统一规划、合理布局的基础上，把好准入门槛，对处理企业的技术、设备、人员、资源循环利用及环保、安全、消防等方面做出明确要求，制定相关规范和标准。

四是制定规划。《条例》第 21 条规定，"省级人民政府环境保护主管部门会同同级资源综合利用、商务、工业信息产业主管部门编制本地区废弃电器电子产品处理发展规划"。各省摸清了本地区废弃电器电子产品产生、回收、处理的基本情况，对处理企业进行合理布局，促进企业规模化经营。

除上述主要规定外，《条例》设计的其他制度，包括多渠道回收和集中处理制度、生产者标识制度、资产核销制度、处理企业的日常环境监测和信息报送制度以及旧货管理制度等，均适用于纳入《目录》的废弃电器电子产品的回收处理及相关活动。

2. 美国以任务目标、认证以及注册费和未完成任务罚款为主要政策工具

（1）行政性工具。

一是任务目标。纽约州规定了递增的全州回收和再次利用目标。2011 ~ 2014 年，全州人均回收目标从不足 2.5 磅增加到 4 磅、5 磅（见表 5 - 29）。

表 5 - 29　纽约州全州范围内的回收和再次利用目标

时间	完成时间
2011 年 4 月 1 日至 2011 年 12 月 31 日	由美国人口普查局公布的本州最新人口数量 ×3 磅/人 ×3/4
2012 年	由美国人口普查局公布的本州最新人口数量 ×4 磅/人
2013 年	美国人口普查局公布的本州最新人口数量 ×5 磅/人

数据来源：纽约州环保局。

二是对回收处理主体的资格的规定。加州、明尼苏达州、华盛顿州和纽约州的政府环保部门对生产者、回收企业和处理企业都采取了较为严格的注册制度，加州和华盛顿州对回收企业和处理企业都采取了认证制度，而明尼苏达州和华盛顿州对零售商也实施了注册制。与中国企业对处理企业的资质许可不同，美国环保部门对相关主体的认证，主要是在收到相关主体的申请后的一定时期内（30 天内或者 60 天内）进行资质认证，而目前中国对处理企业的经营许可主要是分批审核许可的模式（见表 5 - 30）。

表 5 - 30　美国对相关主体的管理和资质认证情况

		加州	明尼苏达州	华盛顿州	纽约州	中国
生产商	注册	√	√	√	√	
	缴纳注册费		√	√	√	
	基金					√
回收企业	注册		√	√	√	
	缴纳注册费				√	
	认证	√		√		
处理企业	注册		√	√	√	
	缴纳注册费				√	
	认证	√	√	√		
	许可					√
零售商	注册		√	√		

数据来源：作者根据相关资料整理。

（2）经济性工具。

一是加利福尼亚州的基金征收和补贴。加利福尼亚州以一致的费率支付由政府授权的回收者和处理企业运营成本以及宣传、管理成本。在回收处理基金的拨付上，回收者和处理企业只有向 Cal Recycle 提出申请，成为政府授权机构后，才能申请支付相关费用。其中回收者由授权的处理企业支付相关回收费用，其额度为 0.20 美元/磅；而授权处理企业的补贴则由 Cal Recycle 按照 0.48 美元/磅的标准支付，如表 5 – 31 所示。另外，每年 Cal Recycle 同时要支付给零售商 3% 的回收处理基金收入以补偿其收集成本，并使用不超过基金总量 1% 的数额投入公众信息项目，用于教育公众不当保管和处理特定电子产品的危害和回收的途径。

表 5 – 31　加利福尼亚州废弃电器电子产品回收处理基金征收标准

4 英寸＜显示器屏幕＜15 英寸	6 美元
15 英寸≤显示器屏幕＜35 英寸	8 美元
显示器屏幕≥35 英寸	10 美元

数据来源：加利福尼亚州资源回收利用部门（Cal Recycle）。

二是注册制度构成电子垃圾回收资金体制的重要部分。明尼苏达州、纽约州和华盛顿州的电子垃圾回收体制采纳了注册方式管理，从生产者、零售商到收集人、回收利用人都要进行注册；但是在明尼苏达州和华盛顿州规定只有生产商缴纳注册费；而回收企业和处理企业只需要注册而不需要缴纳注册费；但是在纽约州要求生产商、回收和处理企业都缴纳注册费。

在明尼苏达州，凡是 2007 年 9 月 1 日以后注册的生产者每年都必须向税务专员缴纳注册费，税务专员会向这笔税收存入州财政部或者借贷给环境基金。注册费是由 2500 美元基础费加上数额不定的回收再利用费。回收再利用费的计算公式如下：$[(A \times B) - (C + D)] \times E$，在这里 A 指的是在本项目年度的上一年生产者向州税务局报告的出售给家庭使用的视频播放器的总重量（磅）；B 设定的是应被回收的电子垃圾在已出售的视频播放器中所占的份额；C 指的是在本项目年度的上一年生产者向州税务局报告的向家庭回收的特定电子设备的总重量（磅）；D 指的是生产者获得的可以用来计算可变的回收费的回收信用数额；E 指的是估算的每磅电子垃圾的回收成本（见表 5 – 32）。

表 5 – 32　　纽约州和明尼苏达州对未完成任务的每磅废弃电子产品罚款的征收标准

	生产商回收比例	对未完成任务的每磅废弃电子产品的罚款
1	回收比例≤50%	0.50 美元/磅
2	50% <回收比例≤90%	0.40 美元/磅
3	90% <回收比例≤100%	0.30 美元/磅

数据来源：明尼苏达州污染控制局（MPCA）。

在华盛顿州，环保部门收取年度注册费和回收项目年审费。为了保障执法活动的开展，DOE 收取年度注册费和回收项目年审费，上述费用的收取是以生产者在本州的年销售量份额确定的，它们将被存入电子产品回收账户。在纽约州生产者每年缴纳 5000 美元的注册费，回收企业和处理企业缴纳的费用标准为 2500 美元，而生产者建立的"回收处理方案"（electronic waste acceptance program）缴纳 10000 万美元的评审费。

三是超额回收的信用积分。明尼苏达州的现行政策已经有奖励积分，这个积分可以用来在计算对未完成任务部分的罚款时的抵免，奖励积分的使用有效期为 3 年，纽约州也同样建立了超额回收的奖励积分制度，于 2014 年实施，该积分可交易，可储存，使用有效期同样为 3 年。另外，纽约州还规定，当年不能有高于 25% 的回收任务不使用信用积分。

（3）指导性工具。

加州和其他实施生产者责任延伸制的州，大多规定：使消费者掌握怎样返还、重复利用和处理所涵盖的电子产品，以及收集和返还这些产品的地点，主要通过使用免费的电话号码、网站、设备商标上的信息、包装的信息以及与商品售卖相伴随的一些信息。

（四）中国与美国相关管理机构与职能设置的比较

整体来看，中国相关的管理机构较多，职能设置较为分散。中国废弃电器电子产品回收处理的管理主要涉及国务院资源综合利用主管部门、国务院环境保护主管部门、财政部、国务院商务主管部门、省级人民政府环境保护主管部门和设区的市级人民政府环境保护主管部门等，而管理内容主要包括：①制定和调整《目录》；②负责组织拟定废弃电器电子产品回收处理的政策措施并协调实施；③负责废弃电器电子产品处理的监督管理工作；④废弃电器电子产品处理基金应当纳入预算管理，其征收、使用、管理；⑤负责废弃电器电子产品回收的管理工作；⑥编制本地区废弃电器电子产品处理发展规划；⑦审批废弃电器电子产品处理企业资格等内容。

与中国相比，美国主要州的相关管理机构较少，职能设置也较为集中，以华盛顿州和明尼苏达州为例。华盛顿州的管理机构包括州环保局（department of ecology）和华盛顿物质管理和融资局（Washington Materials Management and Financing Authority）。州环保局，负责每年对制造商的法定回收份额的认定，另外州环保局还要对制造商对华盛顿物质管理和融资局的费用征收提出的质疑给予裁定。华盛顿物质管理和融资局，负责该州的回收处理标准项目的具体实施，包括收集、运输和处理废弃品，会员生产者需要向 Authority 支付管理和收集费。该机构采用董事会制度，由 11 名选举产生的参加该项目的生产者代表组成。其中 5 个席位是由 5 家电子垃圾回收份额最大的 10 个品牌的代表占据，剩下的 6 个席位由其他生产者代表组成。

明尼苏达州的管理机构主要有州环保局和州税收署两个机构。环保局（Minnesota Pollution Control Agency），负责厂商、回收者和处理者的注册，负责生产商注册费的计算，评估参数值的大小，其中包括生产商需要回收的视频显示器份额、回收处理每磅电子产品的价格、基础注册费，以及每个生产者回收的 11 个大都市以外的家庭废弃的视频显示器的数额。州税收署主要负责数据的收集，每个厂家的各种视频显示器的销售量，或者是视频显示器的全部销售量，从家庭回收的处理过的覆盖电子设备总量，以及回收处理信用积分。税收署必须用这些数据审核生产商每年上缴的注册费，以确保注册费准确计算。

表 5 - 33　中美管理机构和管理职能设置比较

管理机构	管理职能
中国	
国务院资源综合利用主管部门	制定和调整《目录》
国务院环境保护主管部门	负责组织拟定废弃电器电子产品回收处理的政策措施并协调实施,负责废弃电器电子产品处理的监督管理工作
财政部	废弃电器电子产品处理基金应当纳入预算管理,其征收、使用、管理
国务院商务主管部门	负责废弃电器电子产品回收的管理工作
省级人民政府环境保护主管部门	编制本地区废弃电器电子产品处理发展规划
设区的市级人民政府环境保护主管部门	审批废弃电器电子产品处理企业资格

续表

管理机构		管理职能
美国		
明尼苏达州	环保局	负责厂商、回收者、处理者的注册,负责生产商注册费的计算;需要计算的不足回收费用时采用的乘数
	州税收署	负责数据的收集,每个厂家的各种视频显示器的销售量,或者是视频显示器的全部销售量,从家庭回收的处理过的覆盖电子设备总量,以及回收处理信用积分;用这些数据审核生产商每年上缴的注册费,以确保注册费准确计算
华盛顿州	州环保局	每年都要对制造商的法定回收份额作出认定,DOE 每年都需要将制造商的回收份额和电子垃圾的总回收量进行对比得出某个制造商的均等义务
	华盛顿物质管理和融资机构	制定和执行标准项目。负责每一家参与生产商的应承担的份额废弃品的收集、运输和处理收集、运输和处理废弃品

数据来源:笔者根据相关资料整理。

三　与美国代表性州的具体政策异同点分析

(一)　与实施消费者预付回收处理费用机制的异同点

1. 尽管承担责任的主体不同,但都实行基金的模式

根据加利福尼亚州法律,回收处理费用在销售者购买产品时以可见的方式由销售者代为征收,零售商将收取的回收费转交给税务机构加利福尼亚州公平委员会,该机构将该笔资金存入加州统一垃圾管理基金设立电子垃圾回收账号。除了回收费以外,该账号的资金来源还包括对违反电子垃圾处理强制性规定的制造商、零售商、电子垃圾回收站点经营者、集中回收人、集中处理人和消费者处征收来的罚款。

中国的废弃电器电子产品回收处理再利用采用基金模式,即由生产者在特定阶段缴纳一定数额的税费,然后把这笔费用纳入由政府管理的专项基金,回收处理者在对废弃电器电子产品进行回收处理后提供证据,申请基金提供支援。

2. 基金征收标准都可适时调整

加州规定收费一旦无法负担全部收集和回收处理费用则必须进行调整。2008年预计在当年9月电子垃圾回收处理项目的支出将会大于收入，基金无法维持收支平衡，为此管理机构在2008年6月调整了消费者预付费的水平，改为8美元、16美元和25美元的标准。这一情况导致基金账户出现盈余，于是在2010年6月，收费标准再次调回6美元、8美元、10美元。目前，新近的一次调整是2013年1月1日，收费标准再次下调为3美元、4美元、5美元。总之收费标准以维持偿付能力为限，但是收费标准调整的间隔必须控制在一年以上、两年以下的期间中，同时由CIWMB会同环境保护部门经过听证程序确定。

中国的《废弃电器电子产品处理基金征收使用管理办法》规定，财政部会同环境保护部、国家发展改革委、工业和信息化部根据废弃电器电子产品回收处理补贴资金的实际需要，在听取有关企业和行业协会意见的基础上，适时调整基金征收标准。

3. 收集者和处理者可随时提出资格认定的申请，中国对处理企业的经营许可采取分批公布补贴企业名单的管理模式

加州对回收企业和处理企业都采取了认证制度，在回收处理基金的拨付上，回收者和处理企业只有向资源回收利用管理部门提出申请，并成为政府授权机构后，才能申请支付相关费用。中国对废弃电器电子产品处理实行资格许可制度。设区的市级人民政府环境保护主管部门审批废弃电器电子产品处理企业资格。

4. 加州的基金的使用包括收集和处理环节，而中国仅补贴处理环节

加州统一垃圾管理委员会（CIWMB）负责分配资金的用途，按照法定价格0.28美元/磅的处理费和0.20/磅的收集费向回收处理人付款；向实施了收集和回收活动的制造商支付。

中国的《废弃电器电子产品处理基金征收使用管理办法》规定，基金使用范围包括：废弃电器电子产品回收处理费用补贴；废弃电器电子产品回收处理和电器电子产品生产销售信息管理系统建设，以及相关信息采集发布支出；基金征收管理经费支出；经财政部批准与废弃电器电子产品回收处理相关的其他支出。

5. 补贴标准有所差异，中国以分类产品的整机为单位，加州以重量为单位

加利福尼亚州以一致的费率支付由政府授权的回收者和处理企业运营成

本以及宣传、管理成本。其中回收者由授权的处理企业支付相关回收费用，其额度为 0.20 美元/磅；而授权处理企业的补贴则由 Cal Recycle 按照 0.48 美元/磅的标准支付。

中国对处理企业按照实际完成拆解处理的废弃电器电子产品数量给予定额补贴。基金补贴标准为：电视机 85 元/台、电冰箱 80 元/台、洗衣机 35 元/台、房间空调器 35 元/台、微型计算机 85 元/台。实际完成拆解处理的废弃电器电子产品是指整机，不包括零部件或散件。

（二）与实行生产者责任延伸制的州的异同点

1. 中国生产商仅承担经济责任，而美国生产商直接参与或者委托第三方处理

中国的废弃电器电子产品回收处理再利用采用基金模式，即由生产者在特定阶段缴纳一定数额的税费，然后把这笔费用纳入由政府管理的专项基金，回收处理者在对废弃电器电子产品进行回收处理后提供证据，申请基金提供支援。对中国电器电子产品生产者、进口电器电子产品的收货人或者其代理人的征收标准为：电视机 13 元/台、电冰箱 12 元/台、洗衣机 7 元/台、房间空调器 7 元/台、微型计算机 10 元/台。

美国废弃电子产品收集、运输和回收的费用由生产商承担，消费者则可获得免费的回收服务。一般生产商支付的费用分为注册费和回收费两种形式，回收费通常依据市场份额或返回率进行分配。①华盛顿州，生产者履行义务的途径有两种：一是要加入由华盛顿州材料管理和融资局设立的标准计划；二是设立独立回收项目，独立项目的设立要经州环保部批准，申请人必须是 1 个或以上的至少占 5% 电子垃圾份额的生产者，新成立的生产者和生产无牌产品的生产者没有资格。②纽约州，生产商注册须建立废弃电器电子产品接收方案，包括收集、处理、循环利用和再使用，作为电子垃圾回收成本的负担者，以此为基础给生产者赋予注册、标识、报告、收集、回收等多项义务，这些义务中注册、标识是便于管理，而报告、收集、回收则是生产者义务的主要部分。在废弃电器电子产品接收方案中，生产者履行收集回收义务的方式是多样的，既可以自己亲自实施，也可以委托专门的回收人和处理人代为实施，并支付相关费用。

由此可见，中国的生产者只承担一定的经济责任，并没有根据自身销售产品的市场份额来承担回收处理对应份额产品的成本，没有全面参与承担产品整个生命周期阶段的责任。没有承担对应份额的产品回收处理责任，也就

不会涉及对超额回收生产者的信用积分奖励，以及对未完成任务的生产者的罚款，因此，相比较而言，如果要实现更好效果的废弃电器电子产品的回收处理，中国的生产者责任延伸制度还需要更加全方位的实行。

2. 生产者责任的延伸至回收处理阶段，而中国行为责任暂还没落实，尤其是在回收环节

美国废弃电子产品收集、运输和回收的费用由生产商承担，华盛顿州，生产者履行义务的途径有两种：一是要加入由华盛顿州材料管理和融资局设立的标准计划；二是设立独立回收项目。不管是哪种情况，回收环节的责任都得到了落实，纽约州的生产商注册须建立废弃电器电子产品接受方案，包括收集、处理、循环利用和再使用，在废弃电器电子产品接受方案中，生产者履行收集回收义务的方式是多样的，既可以自己亲自实施，也可以委托专门的回收人和处理人代为实施，并支付相关费用，在这样的情况，回收环节在市场化运作下，得到了有效的管理。

中国实施多渠道回收，生产者和相关主体没有强制履行回收责任。《条例》的相关规定包括：①电器电子产品生产者、进口电器电子产品的收货人或者其代理人应当按照规定履行废弃电器电子产品处理基金的缴纳义务；②国家鼓励电器电子产品生产者自行或者委托销售者、维修机构、售后服务机构、废弃电器电子产品回收经营者回收废弃电器电子产品；③电器电子产品销售者、维修机构、售后服务机构应当在其营业场所显著位置标注废弃电器电子产品回收处理提示性信息；④国家鼓励处理企业与相关电器电子产品生产者、销售者以及废弃电器电子产品回收经营者等建立长期合作关系，回收处理废弃电器电子产品。

3. 中国政府管理机构相对分散，而美国州管理机构则相对集中

中国生产者的行为责任没有延伸至整个产品生命周期，造成不同环节有不同的管理机构负责管理，机构设置相对分散。制定和调整《目录》、废弃电器电子产品处理基金的征收与使用、废弃电器电子产品回收的管理工作、处理企业资格的审批、编制本地区废弃电器电子产品处理发展规划等内容，其管理职能相对分散，主要由国务院资源综合利用主管部门、国务院环境保护主管部门、财政部、国务院商务主管部门、省级人民政府环境保护主管部门、设区的市级人民政府环境保护主管部门等部门构成。

美国的管理机构相对集中，一是相关主体的注册或者认证、注册费的确定、法定回收处理份额的确定。二是注册费的征收、超额国内任务部分罚款

的征收。如明尼苏达州的环保局，负责厂商、回收者、处理者的注册。负责生产商注册费的计算，评估参数值的大小，其中包括生产商卖给家庭或者住户的需要回收的视频显示器，回收处理每磅电子产品的价格，基础注册费，州税收署主要负责数据的收集，每个厂家的各种视频显示器的销售量，或者是视频显示器的全部销售量，从家庭回收的处理过的覆盖电子设备总量，以及回收处理信用积分。税收署必须用这些数据审核生产商每年上缴的注册费，以确保注册费准确计算。

第九节 中美两国政策影响因素分析及政策建议

中美两国废弃电子产品处理政策存在巨大差异，产生差异的原因包括经济发展、资源要素、体制机制和社会文化等。

一 废弃电子产品处理政策的影响因素

（一）本国能源资源丰腴程度以及全球获取资源的能力

美国拥有丰富的矿产资源，其煤炭、稀土、铁矿石、钼、铜、铅、锌、金、银、硼、硅藻土、天然碳酸钠、重晶石等矿产储量均居世界前列，故而并不存在严重的资源短缺问题。美国不仅自身资源相对比较丰富，而且可以利用军事、政治、外交等各方面的优势在全球获取战略资源。相比于环境保护，节约资源并非回收处理废弃电器电子产品的最重要动因。

作为能源资源消耗大国，我国一些重要的资源能源本身极度短缺或是存在明显的过度耗费现象，作为生产电器电子产品主要原材料的铁、铬、铜、铝等金属资源储量严重不足。2011年，铜矿和铝土矿探明总储量分别为2812.43万吨与10.51亿吨，仅可支持5年和12年的使用。以矿产品为例，国内供给已经无法满足需求的增长，2011年我国矿产品贸易逆差高达3959.61亿美元。更为重要的是，由于技术水平的限制，我国生产单位产品需要耗费更多的资源与能源，这为我国的生态环境与自然资源带来极大的压力。

加之，我国仍处于工业化和城镇化加速发展时期，对资源能源的依赖程度不可能短期内发生根本改变。在这种情况下，废弃产品的资源性较强，充分利用"城市矿产"已经成为我国获取战略资源的重要手段。为此，在制定废弃电器电子产品回收处理政策时要充分加以考虑，对于资源性较强的废弃电子产品，通过营造公平竞争的市场环境引导市场主体开发利用废弃资源的经济价值。

（二） 发展水平和生存状态决定的环境质量要求和环境成本

美国是世界上最大的经济体，2012 年国内生产总值（GDP）总计 15.6 万亿美元，人均 GDP 高达 48147 美元，排名世界第 15 位。由于美国已经进入后工业化社会，对环境要求比较高，环境保护也是美国制定政策的主要目标。美国废弃电子产品目录的制定，主要考虑的是所含物质的危险性和对环境的污染性，具体为包含铅、镉、汞和溴化物等有毒物质、处理不当容易导致环境污染、威胁工作人员生命安全以及危害公众健康的产品。

相对而言，我国正处于高速发展阶段，2012 年我国国内生产总值 8.2 万亿美元，保持了 7.7% 的高速增长，但人均 GDP 仅为 6100 美元。作为世界工厂，我国制造业在全球的竞争力是以环境补偿严重不足为代价换来的，长期对环境资源补偿严重不足，这导致了生态环境恶化的问题日益突出。同时，我国是世界第二大电子设备生产国，也是世界上最大的电子废物倾销国，接收来自美国、欧洲和亚洲邻国（包括韩国和日本）的废弃产品。根据联合国环境规划署的报告，中国 2010 年产 230 万吨电子垃圾，仅比美国少 70 万吨，为世界第二，加上进口 280 万吨，电子废弃物总量 510 万吨，对我国的生态环境造成极大的威胁。

随着经济发展，良好的生态环境越发成为决定生活幸福程度的重要指标；降低污染水平，促进人与自然和谐相处也成为保障人民健康生活的必然要求。在这种情况下，以往以牺牲环境为代价的发展已经不合时宜。为此，我国在制定废弃电器电子产品处理政策时，要更加强调环境性，将保护环境目标放到突出地位。以保持产业竞争力为由，阻止生产者责任延伸制度的实行不符合建设生态文明的时代要求。

（三） 回收处理业和制造业的发展水平

继 25 个州陆续推行废弃电器电子产品管理法规后，美国的回收处理产业便发展迅猛，行业产值由 2002 年的 7.0 亿美元增长为 2012 年的 50.0 亿美元；10 年间平均增速 17.5%，同时也向社会提供了 3 万个就业岗位。除增长迅速以外，美国的回收处理产业还具有竞争性强的特点，全国规模最大的废弃电器电子产品回收处理企业 Electronic Recyclers International （ERI）仅占有 2.3% 左右的市场份额。充分的市场竞争使得回收处理企业具有较大的激励以改善技术水平、提升服务质量。

美国主要州的经济产业发展水平和回收处理水平为相关立法奠定了良好基础。从美国各州废弃电子产品回收利用企业分布情况看，GDP 总量相对较高的 7 个州回收处理企业较多，没有通过立法而且 GDP 总量相对比较小的 6 个州回收处理企业很少（见表 5 – 34）。

表 5 – 34　美国回收处理企业分布的区域特征

	GDP	人均 GDP	回收处理企业数
回收处理企业最多的 7 个州（已立法）			
加利福尼亚州	2003479	46029	349
马萨诸塞州	403823	53221	348
得克萨斯州	1397369	46498	168
威斯康星州	261548	39308	133
佐治亚州	433569	37702	113
佛罗里达州	777164	34802	161
纽约州	1205930	53067	107
回收处理企业最少的 6 个州（未立法）			
南达科他州	42464	43181	6
怀俄明州	38422	54305	6
密西西比州	101490	28944	6
路易斯安那州	243264	43145	5
阿拉斯加州	51859	61156	5
北达科他州	46016	55250	3

我国废弃电器电子产品回收处理行业发展仍处于初级阶段。在处理环节，2005 年前，处理企业以自发形成的拆解处理集散地为主，2005～2009 年，建设了少数废弃家电回收处理示范企业，在 2009 年"以旧换新"政策推动下，产生了大量新兴家电拆解企业，2012 年实行许可制度，将处理企业分为许可企业（有资质的处理企业）和非许可企业（其中包括大量非正规处理企业）。市场上许可企业和非许可企业大量并存，技术水平和管理水平有着巨大差异。并且，各地处理行业发展水平也有较大区别，与当地经济发展水平、电器电子产品保有量和人口密度密切相关。处理企业在中部和东部沿海地区密度较大，且处理能力也较强，而西部和北部的处理企业密度相对较小，处理能力也小。

此外，美国制造业水平发展层次比较高，企业技术能力雄厚，注重品牌等无形资产价值，注重履行企业社会责任。在回收处理行业市场较成熟的情况下，生产者为了实现品牌效应而自愿履行生产者责任，加之政策的积极引导，能够比较好地落实生产者责任延伸制度。

而目前中国经济产业发展水平相对较低，企业总体不注重自主品牌和履行企业社会责任，生产者责任延伸制度也就比较难建立。而且，回收处理体系不规范、技术水平低也成为政策构建的客观约束。

但从发展趋势看，中国企业正在从产品的贴牌生产和制造加工者逐步向品牌的构建者转化，在这个过程中通过政策激励生产者履行生产者责任，不仅有利于环境目标的实现，也有利于推动企业技术进步和建立自主品牌。

（四）回收处理技术水平

尽管美国的废弃电器电子产品回收利用率较低，2011 年仅达到 24.9%，然而回收处理技术水平较高。废弃电器电子产品一旦进入回收再利用流程，产物废弃的比例近乎为零。为提高废弃电器电子产品的回收再利用效率，政府也通过相关法案，要求美国国家环境保护局（EPA）择优为大学、政府实验室和私人公司等研究机构提供研究经费，以提高对于废弃电子产品的回收技术与效率。政府、企业与研究机构的多重努力为美国的废弃电器电子产品回收处理技术提供了有力保障。

与美国相比，我国废弃电器电子产品处理技术水平相对落后。其中，市场中大量存在的非正规处理企业往往以"简单粗暴"的方式拆解废弃产品，而对于具有资质的企业来讲，尽管其在环保意识、能力规模、技术水平以及人员防护及培训方面都具有领先性，但是由于环境友好型的回收处理必然导致较高的费用成本，使其利润受到侵蚀。因此，企业缺少对技术进行投资的激励。现阶段，正规厂商的处理技术参差不齐，大部分正规厂商只能做到物理拆解。

（五）经济市场化程度以及市场机制完善度

中国废弃电器回收处理政策设计中，相关政府管理机构承担的职能相对较强。美国白电的回收处理基本上依靠市场完成，废弃电子产品管理中也注重发挥中介组织的作用。这与美国市场机制比较完善有密切关系。在中国，市场机制不完善和执法能力较弱使得中国倾向于选择政府作用较强的基金—许可—补贴制度。在这种制度下，政府可以约束生产商必须交由许可企业进行处理，并对许可企业的行为进行严格监督，对污染行为追究相关责任。

整体来看，我国的整体市场经济成熟程度要明显落后于美国，突出表现在企业经营者普遍缺乏产权的保护意识和法治观念，相当一部分企业甚至不接受现代市场经济一些公认理念和原则（如诚实经营、履行社会责任、尊重他人知识产权等）。此外，我国政府的执法能力要明显弱于美国，违法不究的现象时有发生。因此，在缺乏政府干预的背景下，企业很可能规避甚至违反法律以谋取超额利润。

与市场机制不完善有关的法治化程度低也对我国直接实施类似美国的生产者责任延伸制度形成了严重制约。若实施类似美国大多数州的以企业为主体的生产者责任延伸制度，企业将成为回收和处理相关废弃电器电子产品的主体，政府则承担对这一环节的环境污染进行监管的职责。在目前成熟的市场经济原则尚未被普遍接受的大环境下，部分生产企业为节约成本，完全可能采取将相关的废弃电器电子设备交由高污染的企业进行处理，以降低处理成本的做法。同时，相对较弱的执法能力则可能导致这种行为的成本很低，甚至为零，最终导致政策失效。

随着中国市场化程度的提高，市场在资源配置中的基础性作用越来越强，通过生产者责任延伸制度将环境外部成本内部化，可以充分发挥市场机制的作用。

（六）消费者的环保意识和生产者的社会责任意识

美国公众的生态环保意识已深深渗透到人们的日常生活行为之中，对环境的爱护、管理和监督已成为公众的习惯。在废弃电器电子产品的回收处理流程中，美国消费者基本可以做到将废弃物交至回收者，极大地保证了废弃电器电子产品进入科学环保的处理渠道。

在相关法律法规的要求及生产商责任延伸制度（EPR）的影响下，美国的电器电子产品生产者建立起自愿性的回收计划，向当地消费者提供回收和循环利用的服务。苹果、佳能、戴尔、爱普生、惠普、联想、LG、微软、三星等品牌均在美国建立起回收项目，与此同时也在生产链条前端不断提升节能环保设计，从根本上减少有害物质的产生。

美国公众废弃电器电子产品回收意识的竖立也与生产者所履行的教育宣传责任息息相关，生产商责任延伸制度（EPR）要求生产者应提供关于产品环境性能的信息及该产品如何以环境友好方式重复使用或再生利用等信息，并向社会公众普及环境保护知识。

我国许多居民环保意识淡薄，缺少将废弃电器电子产品交予指定回收者的意识。根据对北京居民对电子废弃物的调查显示，36.6%的废弃电子产品被各种回收渠道所收集，41.79%废弃电子产品就像普通生活垃圾一样被丢弃，其他21.62%被存放于家中。大部分受访者想把他们的电子废弃物作为可回用产品卖给二手市场（58.59%），或作为材料废品卖给小商贩（11.36%），以获得一定的经济收益。只有12.6%的受访者愿意把电子废弃物运到回收点。

对于生产者商，我国并没有强制要求生产者承担回收处理废弃电器电子产品的责任。生产者也普遍缺乏社会责任意识，不注重品牌价值的提升和培养，很少自愿履行生产者责任。这也成为推行生产者责任延伸制度的巨大阻碍。

二　美国的经验及借鉴

（一）政府在培育和规范市场方面发挥积极作用

美国市场经济和法治经济的发展较为成熟，为其废弃电子产品的管理奠定了良好的市场基础和法制基础。政府对废弃电子产品进行立法后，生产者依法承担"生产者延伸责任"，与回收、处理企业通过市场化契约方式实现对废弃电子产品的回收处理，政府通过规范市场和加强监管促进回收处理行业的快速有序发展。

我国废弃电器电子产品回收处理体系尚不健全、产业化较薄弱，当前我国初步建立了以积极促进废弃电器电子产品回收处理行业健康发展为方向、适应我国市场经济发展水平的废弃电器电子产品处理的相关法律管理体系。电器电子产品废弃量的增加，以及大规模废弃产品种类的扩大，对我国《废弃电器电子产品回收处理条例》提出了更高的要求。为此建议如下。

一是加快培育成熟的废弃电器电子产品回收处理市场。目前，我国处理行业还处在幼稚期，政府采取的"对处理企业实施行政许可并建立基金对其进行补贴以保证处理企业的设施投入和处理能力"的模式，在一定程度上促进了回收处理行业的规模化、产业化发展。可适当扩大目录产品范围，进一步发挥政府在培育市场方面的作用。

二是增强法治建设，实现"有法必依，违法必究"。目前企业经营者普遍缺乏法治观念，相当一部分企业甚至不接受现代市场经济一些公认理念和原则（如诚实经营和履行社会责任），企业违反法律以谋求超额利润的经济惩罚成本，同美国相比明显较低。因此，政府要进一步加强管理，通过行政、法律和经济手段，增强市场主体的法律意识，加大其违法成本。

（二）深化"生产者责任延伸制"理念，加大对生产者的激励与约束

在全球气候变化、资源枯竭和环境污染带来人类居住环境恶化的背景下，将生产者责任延伸制理念引入废弃电器电子产品整个生命周期的管理，对实现可持续生产和消费都具有重要的意义。《条例》及一系列配套政策的实施，是中国废弃物管理与生产者责任延伸制相结合的一个突破，建立了适合中国国情的废弃电器电子产品管理的政策框架。

美国的大部分州和中国都引入了"生产者责任延伸制"的基本理念，通过对比分析中美废弃电器电子产品回收处理政策，发现两国生产者责任延伸的范围、实现的形式以及管理模式都存在较大的差异。与美国相比，中国的制度模式对生产者的激励和约束不足。

因此，可考虑进一步深化"生产者责任延伸制"，加大生产者的激励与约束，基于中国的经济发展水平，在已初见成效的基金管理制度的框架内，建议如下。

（1）考虑将部分电子产品纳入目录但不征收基金，并强制要求生产者履行回收处理行为责任。可研究探讨可行性的产品包括：复印机、打印机、手机等。

（2）鼓励生产者自愿履行生产者责任，对于自愿履行生产者责任的企业，无论自行回收处理或与处理企业建立长期合作关系，可考虑基金减征或给予奖励。

（3）建立和加强生产者信息披露制度建设，须报告其销售的电子产品是否超过了铅、汞、镉、六价铬、多溴联苯和多溴二苯醚等物质的有害物质限制指令（RoHS）规定的最大容许浓度值，审查后如报告不属实，严加惩罚。

（三）落实回收环节的责任承担方，创新回收体系和模式，提高废弃电子产品回收率

理顺和规范回收环节是提高废弃电器电子产品回收利用水平的重要环节。通过分析比较美国不同州的制度设计，实施生产者责任制度的州，生产者有义务自行回收或者安排、委托实施废弃电子产品的回收处理工作，并承担相应的成本。加州实行消费者预付处理费制度，加州资源回收利用部门按照 0.28 美元/磅的处理费和 0.20/磅的收集费分别向包括制造商在内的回收者和处理者付款，以保证回收和处理的完成。中国台湾与中国大陆现行政策接近，在台湾地区的政策框架中，向生产者和进口商征收的基金，其支出范围也包括了对回收环节清理费的补贴，这意味着在中国的政策框架设计中，整个产品生命周期阶段的回收责任没有强制性规定由哪一方承担，与美国各州以及与台湾地区相比，回收环节受到激励的也最弱。

中美政策在回收环节面临的一个巨大差异不容忽视。美国政策的落脚点是解决美国生活垃圾回收处理设施不足的问题。电子垃圾尤其是含有危险的有毒有害物质不能作为一般固体垃圾，以焚烧或者填埋的方式进行处理，需要生产者或者相关责任方承担经济成本并落实行为责任，以对废弃电子产品实施最小污染程度的处理。

而在中国，废弃电器电子产品，并不是完全意义上的废弃物，而仍然作为一种资源性的有价值的东西，是通过采用未达到环境安全管理标准的处理方法对其处理后，可获得有较大的经济价值的资源。也就是说，中国废弃电器电子产品的回收和处理在出台《条例》之前，市场的自发力量进行回收处理大量存在的，但是带来的环境污染代价也非常大。因此，中国政策的落脚点在于规范回收渠道，促使处理企业的处理的技术设备水平，达到最低程度的污染，并实现资源的最大化利用。

基于中美政策环境及落脚点的差异以及中国废弃电器电子产品回收状况，建议加大对回收环节的引导和补贴，进一步完善回收渠道的建设。

建议在基金的使用范围中，增加对回收环节的补贴和激励。

（1）扩大补贴支出范围。借鉴美国加州和台湾地区的做法，对回收环节予以补贴。具体可参考台湾地区的做法，将基金分为"信托基金"和"非营业基金"两部分，除了对企业的回收处理环节进行补贴外，还对偏远地区的回收运输，小区、学校及团体的回收和处理活动进行补助，也对废弃物的再生技术的研发活动进行补助。

（2）进一步增强多渠道的回收体系中销售企业、居民团体和地方政府的作用。多渠道的回收体系是与我国当前经济发展阶段及传统的回收体系相适应的。继续鼓励多渠道的回收体系，建立方便消费者的社区回收和多种收购形式混合的收购模式，建议进一步增强各方的回收责任，具体为：在销售点提供便利的回收设施，并鼓励生产企业与销售商联盟，不定期到社区进行宣传性的回收服务；发挥社区居民的积极作用，加强对宣传教育，实施分类丢弃；地方政府在加大回收设施建设的基础上，建立回收团队，专门组织力量定期对废弃电器电子产品进行回收。

（3）宣传教育与经济补偿相结合。在加大对消费者宣传教育的同时，在消费者处置废弃电器电子产品时，给予一定的经济补偿。不同于美国、中国台湾等地区，回收环节面临的不仅是回收本身的成本，还包括回收产品本身的价值补偿。在目前消费者环保意识不强、不能普遍接受免费交投的情况下，给予消费者一定的经济补偿可提高回收率。销售企业给予经济补偿可与消费者的账户积分结合，或者形成新购产品折扣，或者采用礼品的方式回收废弃产品；市政回收网点也可给予消费者一定的经济补偿。

（四）率先探索对青海、新疆和西藏等边远地区回收者给予补贴

明尼苏达州的 11 个大都市区集中了整个州 70% 以上的人口，但是 11 个大都市区的覆盖面积较小。边远地区的电子垃圾回收，没有建立专门的回收体系，为提高边远地区的回收率，明尼苏达州对在这些地区从事电子垃圾回收的个人或者企业提供补贴。从资金来源看，明尼苏达州实施生产者、回收企业和处理企业的注册制，注册费的一部分用作支付给特定的 11 个都市以外的从事电子垃圾收集的电子垃圾收集人。另外，对生产者的回收服务也建立了激励机制，如果生产商回收的电子垃圾来自 11 个指定的县市区以外，那么在计算该生产商回收处理总量时，要乘以 1.5 倍，以此鼓励生产商对边远地区的回收。

中国的西部边远地区情况类似，人口稀少、地域面积大、经济发展水平较低且差异大，而且青藏高原在中国的生态环境保护中具有重要的意义。从 2011 年每百户家庭耐用消费品的拥有量来看，这些与全国的平均水平有差距，但差距不大，从理论上来讲，有电器电子产品报废处理的需求（见表 5 - 35）。

表 5 - 35　西藏和青海主要电器电子产品保有量

地区	每百户家庭拥有量（台）				人均 GDP（万美元）	人口	面积（万平方公里）
	洗衣机	电冰箱	彩色电视机	计算机			
西藏	88	86	128	59	3073	303	120
青海	97	94	105	53	4523	568	72
全国	97	97	135	82	5500		

为了进一步促进边远地区的回收，可借鉴美国明尼苏达州的经验，对在我国尚未建立回收网络、居住分散和人口密集度小的新疆、青海和西藏地区的回收进行补贴。

专栏　明尼苏达州的基本情况

面积：21.8 万平方公里，占美国总面积的 2.25%。

人口概述：2010 年明尼苏达州有 530 万居民（全美国的 1.7%），平均家庭收入为 48000 美元，列美国第八位。各个县的数值差别很大，从 17369 美元到 42313 美元不等。一般来说农村地区（尤其州的西北部）薪水比较低。

地形：明尼苏达州的平均高度为 366 米，最高点是鹰山（701 米），最低点是苏必利尔湖的湖面（183 米）。明尼苏达州的大部分地区是重复的冰川时期被风化的平原。但该州的最东南部是无碛带，在那里没有冰川流过，密西西比河流过一段崎岖不平的高地。州的东北部是铁山和其他低山。

但是同美国的明尼苏达州相比，中国的青海、西藏和新疆又有所不同，这些地区的平均海拔高，地形复杂，以山地为主，地域面积相对较大，运输成本非常高。因此，需要在进一步调研的基础上，提出更为具体可行的措施。

深入政策调研的主要内容包括，第一，废弃电子产品回收处理的需求分布；第二，原有的回收渠道与回收运输成本；第三，新疆的乌鲁木齐、伊宁、喀什和石河子，以及青海的西宁和格尔木，西藏的拉萨等重点城市的回收状况等。

在未充分调研的情况下，初步建议通过中央财政转移支付的方式，加大对这些地方的地方政府参与回收处理体系的建设的支持力度。政府或委托第三方集中设立处理企业，并对三省区的回收企业和个人给予补贴。

专栏　青海、新疆和西藏的基本地形情况

青海省地貌以山地为主，兼有平地和丘陵。位于达坂山和拉脊山之间的湟水谷地，海拔在 2300 米左右，地表为深厚的黄土层，全省地势自西向东倾斜，最高点（昆仑山的布喀达坂峰 6860 米）和最低点（民和下川口村约 1650 米）海拔相差 5210 米。新疆维吾尔自治区的地形以山地与盆地为主，地形特征为"三山夹两盆"。北部阿尔泰山，南部为昆仑山系；天山横亘于新疆中部，把新疆分为南北两半，南部是塔里木盆地，北部是准噶尔盆地。西藏自治区平均海拔 4000 米以上，是青藏高原的主体部分，有着"世界屋

脊"之称。这里地形复杂，大体可分为三个不同的自然区：北部是藏北高原，占全自治区面积的三分之二；在冈底斯山和喜马拉雅山之间，即雅鲁藏布江及其支流流经的地方，是藏南谷地；藏东是高山峡谷区，为一系列由东西走向逐渐转为南北走向的高山深谷，系著名的横断山脉的一部分。地貌基本上可分为极高山、高山、中山、低山、丘陵和平原六种类型，还有冰缘地貌、岩溶地貌、风沙地貌、火山地貌等。

（五）探索实施生产企业、回收和处理企业的注册制，可从生产企业试行

注册制是美国废弃电子产品回首处理制度的基本特点，也是整个制度框架的基础。要求注册的主体，包括生产企业，回收企业和处理企业，如有的州要求生产者提供废弃电子产品回收方案，方案也要求注册。

从实施注册制度的基本目的是实施对生产者、销售者、回收企业和处理企业的有效管理和监督。对生产企业规定了回收处理目标的州来说，有关州内市场销售的信息是计算该生产者应承担的市场份额的重要依据；回收方案中回收企业或者设施、处理企业或者场所的信息提交是监督和保证废弃电子产品污染最小化处理的重要环节。

从其内容来看，信息报告和注册费是构成注册制度的两大要素。

一是注册费的征收，在固定的年度注册费征收方面，一般采取固定的模式，也有个别州采取根据生产商销售量不同的差异化的政策，如马里兰州。除了年费之外，有的州还包括了和回收处理目标挂钩的、对未完成目标任务的级差制罚款。

二是信息报告制度。年度报告要求提交的信息主要有：①厂家名称、地址和电话号码、法定代表人的信息，生产产品或者代工产品的品牌；②最主要的是销售数据，纽约州要求提供厂商前三年在该州范围内销售的覆盖电子产品的重量，包括销售的各类电子产品的重量以及覆盖电子产品的总重量；③披露其在州内销售的电子产品是否超过了铅、汞、镉、六价铬、多溴联苯和多溴二苯醚等物质的有害物质限制指令规定的最大容许浓度值；另外，纽约州要求提交回收方案的基本内容，包括该州范围内的回收网点的布局。

中国目前对该行业的相关责任主体包括生产或进口企业、销售企业、回收和处理企业，没有统一的管理机构，更没有统一的信息平台。生产者、进口人承担废弃电器电子产品的处理以及相关支出，分别按照销售或者进口的数量定额征收，而对生产企业的相关信息的收集和管理没有重视或者说疏于监督和管理。

　　中国实行注册制的基本目标在于加强对生产企业的信息管理，有助于了解一个地区的生产企业的销售情况和布局的回收网点情况，并为进一步实施生产者责任延伸制奠定基础。

　　中国的注册制度与美国的注册制度有以下几点不同。

　　一是中国的注册制在初期可能不同于美国的注册制的作用，美国的注册制之外的主体不允许在该州从事该行业，即等同于该行业的经营许可，中国的注册制的作用在于加强对相关责任主体的管理，尤其是生产企业的信息管理。

　　二是中国注册制的实施，一定程度上将生产企业、回收和处理企业的管理放入同一个平台，置于一体化的管理体系中，因此，该建议能否实施在很大程度上取决于目前管理职能能否整合。一体化的注册制度在一定程度上要求改变目前的如处理企业主要由环保部门负责监督管理，而回收企业主要由商务部门主管等职能设置。建议前期可从生产企业的注册制度开始。

　　三是注册管理的职能，可分层级设置。全国有统一的信息平台，由省级或者是区域层面具体实施注册管理，对应的管理部门不建议新增，可考虑在现有机构设置的基础上对应落实。

　　四是中国生产企业的注册费设置，可以简化，将生产企业或进口商按其销售量或者是进口量，将其划分为两个等级，差异化收取注册费，这样可减少小企业的负担。

　　五是注册费的使用范围建议为省或者区域级的回收设施的建立和完善。管理部门可根据各地区情况，重点建设和完善回收基础设施，为提高该地区的回收处理水平提供资金支持。

　　（六）建立对处理企业的认证制度

　　美国认证制度的发展较为成熟。美国的废弃电器电子产品处理立法从2003年加州最先立法以来，已经历了一段时间的发展，目前美国处理企业的标准认证主要有两个，一个是国际性的电子产品认证 e-Stewards Initiative，由巴塞尔公约活动网络发起，对劳工标准有要求、并且禁止出口、填埋和焚烧；另一个是美国的第三方机构发起的 2008 年公布的责任回收认证 Responsible Recycling（R2）Practices Standards，2013 年更新，该标准没有对出口、焚烧和填埋实施禁止。就标准本身的内容来看，第一个标准包含了 ISO 14001，R2 还包括了 OHSAS 18001，e-Stewards Initiative 也有在工作场所的健康和安全要求。

从两个认证标准在美国的实际采用情况来看，e-Stewards 和 R2 都是鼓励性的，并不是强制性的。对联邦层面，联邦环保局鼓励所有的处理企业都通过认证，鼓励生产商与有认证的处理企业签订合约，但生产企业也可以与没有通过认证的企业建立合同关系。例如，对联邦政府的电子产品的处理，规定可以通过经过认证的处理商，也可以没有经过认证的处理商，区别在于如果采用没有经过认证的企业，则需提供更多的信息。

美国各个州对处理企业的要求，规定的差异是比较大的。明尼苏达州、华盛顿州的生产者责任延伸制度落实得比较好，在他们的法律规定中，华盛顿州要求处理企业在注册时提交当地政府的许可经营证。明尼苏达州规定，处理企业要被所有相关的政府机构许可，虽然都没有对处理企业实施强制性的达到第三方机构认证的规定，但是经过认证的处理企业，会更多地成为生产企业的选择。

美国认证制度的发展对美国处理企业的市场化和规范化发展发挥了重要的作用。国际电子回收商（Electronic Recyclers International）是美国大型的处理企业之一，在美国有七个战略布局网点，为全国 50 个州的电子回收产业提供服务，是全国唯一获得两个认证的废弃电子处理商。国际电子回收商建立分公司的 7 个州是华盛顿州、加利福尼亚州、犹他州、得克萨斯州、纽约州、印第安纳州和北卡罗来纳州（见图 5 - 22）。

就废弃电器电子产品管理政策框架来看，许可制度或者批准制度，是基金运作模式的一个重要环节，如美国实施消费者预付费的基金模式和台湾地区向生产者征收的基金模式，实施的同样是批准制，加州实施经营许可职能的是美国的有毒有害物质管理委员会，但不同的是处理企业可随时向加州资源回收利用管理部门提出申请。

随着我国废弃电器电子产品回收处理产业的发展，以及生产者责任延伸制度的进一步落实，处理企业的市场化和规范化运作非常重要，培育和促进处理业的第三方认证的发展，成为客观必然要求。目前台湾地区也正在考虑为废弃电子产品的处理制定相关的标准。随着中国目录产品范围的扩大，处理产品的种类及其要求的技术水平将趋于复杂，处理企业增加带来产业的蓬勃发展，势必加大环保部的负担，因此，根据需要，可考虑引进市场化运作的第三方认证机构。因此，本报告初步提出以下三点建议。

（1）基于我国当前的经济基础，在政府实行许可的情况下，可引进第三方认证，政府前期发挥积极作用，建立和完善相关的技术标准。

（2）相关标准的制定，要依据我国经济的发展水平。美国的 e-Stewards 标准包含了：ISO 14001、工作场所的健康和安全管理、电子设备的再利用和翻新、数据的安全性、电子危险物和问题元素的管理、下游回收链的可说明性、物质的回收和最终的处置、危险物的出口、厂址封闭平面图、物质平衡会计和中心数据库报告等内容。中国的标准设计可加以借鉴，但要建立在中国现有的许可标准基础上。

（3）建议鼓励性采用，并非强制性要求。前期可在现有环保部门实施行政许可的基础上，鼓励处理企业申请认证，补贴可以选择发放许可的企业和通过认证的企业，也可以给没有通过认证的企业，但要提供更多的处理信息。政府发放处理企业许可也要结合企业获取认证的情况。

（七）借鉴美国的处置法案，加强对销售商、消费者和回收商等相关者约束

禁止随意丢弃、土地填埋和焚烧废弃电器电子产品的法令，对提高回收利用率起到了非常重要的作用。目前美国通过立法的 25 个州中，有 15 个州包括印第安纳州、纽约州和缅因州等在法案中包括了禁止任何人把含有危险物的电子产品扔到普通的固体废弃物中对其进行处置的规定，而加州在有毒有害物质管理委员会的废弃物管理法案中，明尼苏达州在《关于 CRT 的禁令》中也都有相关规定。美国对任意丢弃或以一般固体废弃物的处置方式的法案，对提高废弃电子产品的回收利用率发挥了积极的作用，正是由于有禁止扔弃规定，上述州回收率通常也比较高。

从美国法案规定的具体内容来看，具有明显的递进特征，通常从时间先后顺序上分别对生产者、销售商和包括家庭在内的个人做出禁止性规定。如纽约州的详细规定为，2011 年 1 月 1 日起，生产企业、销售企业以及废弃电子产品处理企业，不允许将废弃电子产品作为一般的固体废弃物进行填埋或者焚烧处理。2012 年 1 月 1 日起，除了个人和家庭之外的任何人，不得将废弃电子产品放置于固体废弃物以及危险废弃物的收集和处置场所，应交至专门的回收设施。2015 年 1 月 1 日起，纽约州的所有个人包括消费者及组织禁止将废弃电子产品以与一般固体废弃物相同的方式丢弃或者处置。

我国目前尚无明确的禁止废弃电器电子产品扔弃法案，建议进一步完善对其禁止以一般废弃物方式丢弃或处置废弃电器电子产品的规定。根据当前废弃电器电子产品的主要拥有者，渐进性地实施禁止随意处置令。可率先借鉴台湾地区禁止销售商随意处置的法令，禁止销售商、回收企业和生产者随意处置，在条件成熟后在发布对个人消费者和家庭的随意处置的禁止法案。

表 5-36 禁扔法案及其他措施建议实施时间

实施时间	措施内容
2014 年 3 月~7 月	集中对生产者、销售商、回收企业的宣传教育培训
2014 年 7 月 1 日	颁布生产者、销售商、回收企业随意处置的禁止法案
2015~2016 年	开展对消费者的宣传教育
2016 年 12 月 1 日	颁布个人消费者和家庭的随意处置的禁止法案（建议）

禁止丢弃法案的颁布不仅有利于废弃电器电子产品的回收和集中处理，而且通过法律手段对产品环境危害性进行确认，有利于提高消费者对废弃电器电子产品环境危害性的认识，也有利于降低产品回收价格，提高集中回收处理率。

（八）尝试按废弃产品重量或回收材料量给予回收处理补贴

美国加州对回收处理环节按照重量给予补贴，实行"生产者责任延伸制"的州，生产者的法定回收处理责任是按照州总的回收重量乘以其产品销售市场份额来确定的，一旦生产者不能完成回收处理份额，所缴纳罚金也是按照未完成重量征收回收处理费。

目前我国目录产品大小差异相对较小，所以采取按照台（套）征收基金和发放补贴的办法。但随着目录产品的扩大，尤其是如果将零部件产品也纳入目录，可以探索和尝试按照废弃产品重量或拆解回收的材料量给予补贴。

从政策效果上，按照拆解回收材料量的补贴效果可能更好。一方面，回收处理企业有动机提升回收处理技术，在给定的废弃家电中提取更多的可循环利用材料，从而提高回收利用率；另一方面，该政策还可以间接促进生产企业优化产品环保设计。按照拆解回收材料重量给予补贴意味着只对产品可回收部分给予补贴，会使处理企业更愿意（出更高价格购买）回收处理可回收利用材料比例较高的产品。这种偏好会传导到消费者和生产者，使生产厂商有动力增加环保和便于回收利用材料的使用比例，促进实现产业绿色升级。

第六章
中澳目录及配套政策比较研究

第一节 中国废弃电器电子产品目录及配套政策概况

国家环境保护部于 2010 年发布了若干文件对处理企业进行管理，包括：《废弃电器电子产品处理发展规划编制指南》、《废弃电器电子产品处理资格许可管理办法》、《废弃电器电子产品处理企业资格审查和许可指南》和《废弃电器电子产品处理企业建立数据信息管理系统及报送信息指南》，从宏观上指导地方政府制定处理企业发展规划，规定了处理企业资格要求、对处理资格的管理办法，以及对处理企业提出信息管理和报送的要求等内容。财政部等六部委于 2012 年 5 月联合印发了《废弃电器电子产品处理基金征收使用管理办法》（见图 6 - 1）。

一 中国废弃电器电子产品目录及其确定依据

1995 ~ 2011 年，所有五类家电的销售都实现了飞速增长。电视机的销售增长了 4 倍，2011 年的销售量达到 5660 万台。电冰箱和洗衣机的销售年均增速为 12%，2011 年的销量分别为 5810 万台和 5300 万台。空调的销售增长了 10 倍，2011 年达到 9480 万台。由于技术创新和不断增长的市场需求，计算机的销售平均增长率为 37%，2011 年的销量达到 7390 万台。

目前我国废旧电器电子产品的流向主要有三个：一是通过走街串巷的小商贩上门回收或者通过生产厂家、销售商"以旧换新"等方式回收后，流

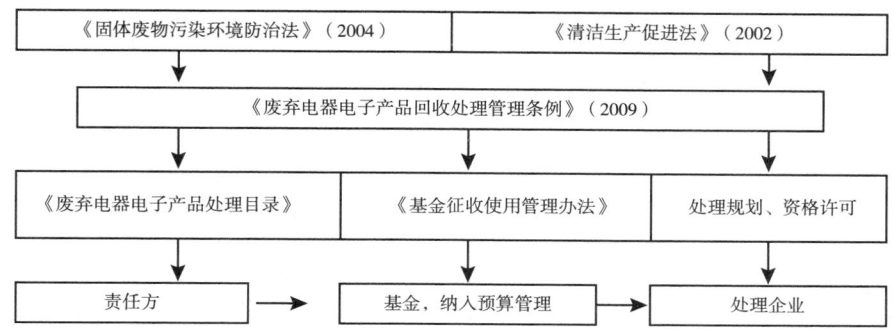

图 6-1 中国废弃电器电子产品法律法规概要

入旧货市场，销售给低端消费者。二是通过捐赠等方式，向西部地区、希望小学等特定地域、群体转移。三是拆解、处理，提取贵金属等原材料。目前的环境污染问题主要集中在第三个流向中，即由于一些地方存在为数众多的拆解处理废弃电器电子产品的个体手工作坊，它们为追求短期效益，采用露天焚烧、强酸浸泡等原始落后方式提取贵金属，随意排放废气、废液、废渣，对大气、土壤和水体造成了严重污染，危害了人类健康。尽管各级人民政府对电子废弃物引发的环境和健康问题给予高度关注，但仍存在应对措施不力的问题，有必要对电子废弃物处理加强法治化管理，以利于可持续发展。

废弃电器电子产品中有许多有用的资源，如铜、铝、铁及各种稀贵金属、玻璃和塑料等，具有很高的再利用价值。通过再生途径获得资源的成本大大低于直接从矿石、原材料等冶炼加工获取资源的成本，而且节约能源。加强废弃电器电子产品的回收利用，对于发展循环经济，克服资源短缺对中国经济发展的制约，具有重要意义。

国家发展改革委会同有关部门，借鉴国外经验，认真总结我国废旧家电回收处理示范试点工作做法，提出将体积较大、回收成本高、处理难度大、需要给予政策扶持的家电产品纳入首批《目录》。2009 年《条例》发布后，国家发展改革委会同环境保护部、工业和信息化部，开展了《目录》制定工作。

（一）成立了专门的管理委员会。由三部委司局级负责官员组成了《目录》管理委员会，秘书处设在国家发展改革委环资司，负责《目录》的制定和调整工作，并邀请长期从事电器电子产品生产、拆解研究工作的有关技术专家、高校学者、政策研究专家以及行业协会、相关企业分别成立了专家小组、行业小组、企业小组，负责《目录》的咨询和评估工作。

（二）组织专题调研论证。组织有关单位和专家赴试点省市和处理企业进行实地调研，提出《目录》制定的基本原则、程序、评估体系以及《目录》和《制订和调整目录的若干规定》。多次召开会议，广泛听取国务院有关部门、行业协会、相关生产企业、处理企业和专家的意见及建议，并在国家发展改革委网站向社会公开征求意见。在充分听取各方面意见的基础上，将环境影响大、回收处理需要政策扶持、有利于形成拆解处理产业化的电视机、电冰箱、洗衣机、房间空调器、微型计算机等五种产品纳入首批《目录》①。

二　中国废弃电器电子产品的法规规定的相关责任

（一）政府

《清洁生产促进法》（2002 年发布、2012 年修订）第四条规定，"国家鼓励和促进清洁生产。国务院和县级以上地方人民政府，应当将清洁生产促进工作纳入国民经济和社会发展计划、年度计划以及环境保护、资源利用、产业发展、区域开发等规划"②。《废弃电器电子产品回收处理管理条例》要求省级人民政府环境保护主管部门会同同级资源综合利用、商务、工业信息产业主管部门编制本地区废弃电器电子产品处理发展规划，报国务院环境保护主管部门备案。

《中华人民共和国固体废物污染环境防治法》（2004）第三条规定，"国家对固体废物污染环境的防治，实行减少固体废物的产生量和危害性、充分合理利用固体废物和无害化处置固体废物的原则，促进清洁生产和循环经济发展。国家采取有利于固体废物综合利用活动的经济、技术政策和措施，对固体废物实行充分回收和合理利用"。

《废弃电器电子产品回收处理管理条例》规定，国务院有关部门负责制定和调整《废弃电器电子产品处理目录》，组织拟订废弃电器电子产品回收

---

① 国家发展改革委有关负责人就发布《废弃电器电子产品处理目录（第一批）》相关问题答记者问（2010.09.15）。

② 《清洁生产促进法》，2002 年发布，2012 年修订第四条。

处理的政策措施并协调实施，负责废弃电器电子产品处理的监督管理工作，负责废弃电器电子产品回收的管理工作，负责基金的征收、使用和管理工作等。

（二）生产者和进口者

《条例》规定电器电子产品生产者、进口电器电子产品的收货人或者其代理人应当按照规定履行废弃电器电子产品处理基金的缴纳义务。

同时，还规定生产、进口的电器电子产品应当符合国家有关电器电子产品污染控制的规定，并鼓励电器电子产品生产者自行或者委托销售者、维修机构、售后服务机构、废弃电器电子产品回收经营者回收废弃电器电子产品。

（三）消费者

《条例》规定机关、团体、企事业单位将废弃电器电子产品交由有废弃电器电子产品处理企业资格的处理企业处理的，依照国家有关规定办理资产核销手续。但并未对个人消费者和机构如何交投废弃电器电子产品做出规定。

（四）回收者

《条例》规定国家对废弃电器电子产品实行多渠道回收制度。废弃电器电子产品回收经营者应当采取多种方式为电器电子产品使用者提供方便、快捷的回收服务。

废弃电器电子产品回收经营者对回收的废弃电器电子产品进行处理，应当依照本条例规定取得废弃电器电子产品处理资格；未取得处理资格的，应当将回收的废弃电器电子产品交由有废弃电器电子产品处理资格的处理企业处理。

（五）处理者

《条例》规定国家对废弃电器电子产品实行集中处理制度，国家对废弃电器电子产品处理实行资格许可制度。取得废弃电器电子产品处理资格，依照《中华人民共和国公司登记管理条例》等规定办理登记，并在其经营范围中注明废弃电器电子产品处理的企业，方可从事废弃电器电子产品处理活动。

《条例》规定，处理废弃电器电子产品，应当符合国家有关资源综合利用、环境保护、劳动安全和保障人体健康的要求。另外还制定了有关环境监测、数据信息管理系统等要求。

三 中国废弃电器电子产品处理资金机制

《条例》规定国家建立废弃电器电子产品处理基金，用于废弃电器电子产品回收处理费用的补贴。电器电子产品生产者、进口电器电子产品的收货人或者其代理人应当按照规定履行废弃电器电子产品处理基金的缴纳义务。

《废弃电器电子产品处理基金征收使用管理办法》规定，基金全额上缴中央国库，纳入中央政府性基金预算管理，实行专款专用，年终结余转下年度继续使用。

基金使用范围包括：

（一）废弃电器电子产品回收处理费用补贴；

（二）废弃电器电子产品回收处理和电器电子产品生产销售信息管理系统建设，以及相关信息采集发布支出；

（三）基金征收管理经费支出；

（四）经财政部批准与废弃电器电子产品回收处理相关的其他支出。

四 中国法律规定废弃电器电子产品处理企业许可条件和环保要求

中国的废弃电器电子处理从业者在技术、规模、管理水平等方面良莠不齐。为此，《条例》规定国家对废弃电器电子产品处理实行资格许可制度。

据此，国家环境保护部于2010年发布了若干文件对处理企业进行管理，包括：《废弃电器电子产品处理发展规划编制指南》、《废弃电器电子产品处理企业资格许可管理办法》、《废弃电器电子产品处理企业资格审查和许可指南》和《废弃电器电子产品处理企业建立数据信息管理系统及报送信息指南》，从宏观上指导地方政府制定处理企业发展规划，规定了处理企业资格要求、对处理资格的管理办法以及对处理企业提出信息管理和报送的要求等内容。

《废弃电器电子产品处理企业资格审查和许可指南》从以下几个方面对处理企业的许可条件做出了规定。

（一）具备完善的废弃电器电子产品处理设施；

（二）具有与所处理废弃电器电子产品相适应的分拣、包装及其他设备；

（三）具有健全的环境管理制度和措施；

（四）人员规定。

第二节　澳大利亚废弃电器电子产品管理体系

一　澳大利亚国家概况及政策背景

澳大利亚联邦（The Commonwealth of Australia）国土面积769.2万平方公里，人口2305万。澳联邦议会成立于1901年，由女王（澳总督为其代表）、众议院和参议院组成。联邦政府由众议院多数党或政党联盟组成，该党领袖任总理，各部部长由总理任命。全国划分为六个州和两个地区。六个州分别是新南威尔士、维多利亚、昆士兰、南澳大利亚、西澳大利亚、塔斯马尼亚；两个地区分别是北方领土地区和首都地区。

澳大利亚是一个后起的工业化国家，农牧业发达，自然资源丰富，盛产羊、牛、小麦和蔗糖，同时也是世界重要的矿产品生产和出口国。2012年国内生产总值约1.6万亿美元，经济增长率3.1%，人均国内生产总值约6.8万美元。2011/2012年度，澳出口主要包括铁矿石、煤、教育旅行服务、黄金、个人旅游、原油、天然气、小麦、铝矾土、铜矿、牛肉、铜、羊毛制品等。进口主要包括个人旅行服务、原油、摩托车、精炼油、航空器材、药物、通信器材、计算机、公交车、货车、黄金等。

澳大利亚是一个高福利国家，福利的种类多而齐全，主要包括：失业救济金、退伍军人及家属优抚金、残疾人救济金、退休金以及家庭补贴等。2013年5月就业人数1166.4万，失业率5.5%。2012年，全职成年职工人均周工资1454.8澳元。截至2012年9月，每千人拥有车辆745辆①。

澳大利亚废弃物的产生量在不断地增加，从2002~2003年度到2006~2007年度增长了31%，达到了4380万吨。巴塞尔公约定义下的有害废弃物也成倍增长，从64万吨增长到了119万吨。② 其中的大部分废弃物以填埋方式进行处置，以电视机、计算机和计算机相关产品为例，2007~2008年有1680万台，约10.6万吨产品达到最后使用期限，其中的84%被填埋，只有10%得到回收利用，9%是计算机，1%是电视机，而同期销售的新产品

---

① 中华人民共和国外交部网站2013年6月数据。http：//www.fmprc.gov.cn/mfa_ chn/gjhdq_ 603914/gj_ 603916/。
② National Waste Policy：Less Waste，More Resources，2009，p.1.

达 13.8 万吨。如果澳大利亚还不建立任何形式的收集和回收机制，考虑到增加的保有量和缩短的更新周期，2028 年将有 4400 万台，约 18.1 万吨电视机和计算机被废弃①。

为此，澳大利亚政府制定了以"更少的废物、更多的资源"为宏观目标的《国家废弃物政策》，并进行立法，对产品的全生命周期进行管理。

二　澳大利亚废弃电器电子产品相关法律法规概述

澳大利亚政府于 2009 年制定了《国家废弃物政策》以实现"更少的废物、更多的资源"。根据该政策，国家进行产品管理立法，制定了《产品管理法》（2011），对废弃产品规定了三种回收处理模式，即自愿的、合作性的以及强制的模式，并针对废弃电视机和计算机产品制定了《产品管理（电视机和计算机）法（2011）》。按《产品管理法》的要求，采取了合作性的回收处理模式，电视机和计算机企业与政府合作建立了国家电视机和计算机回收机制，统一对废弃电视机和计算机的管理。

（一）《国家废弃物政策》

澳大利亚政府历来在废弃物政策制定和行动实施上采取合作方式。第一项关于废弃物的综合政策是 1992 年由国家政策委员会制定的《生态可持续发展国家战略》。政府承诺改进资源利用效率、减少废弃物处置对环境的影响并改进有害废物的管理。

废弃物的产生量在不断地增加，从 2002～2003 年度到 2006～2007 年度增长了 31%，达到了 4380 万吨。巴塞尔公约定义下的有害废弃物也成倍增长，从 64 万吨增长到了 119 万吨。同期从废弃物中回收的资源也在增加，达到了 2270 万吨。②

2009 年 11 月 5 日，澳大利亚各部部长同意制定新的国家废弃物和资源回收政策。2010 年，澳大利亚政府委员会签署了国家废弃物政策："更少的废物、更多的资源"，制定了国家减少废弃物，资源化管理废弃物，创造经济、环境、和社会效益的 10 年目标。

《国家废弃物政策》的目标是以下几点。

---

① Decision Regulatory Impact Statement: Televisions and Computers, October 2009, and Television And Computer Scheme E – Bulletin, Issue 1, May 2010.

② National Waste Policy: Less Waste, More Resources, 2009, p. 1.

- 避免废物的产生，减少需要处置的废弃物（包括有害废物）的数量。
- 将废物作为资源管理。
- 保证以安全、科学及环保的方式对废弃物进行处理、处置、资源化和再使用。
- 为减少温室气体排放、生产和节约能源、提高水利用效率和土壤生产力做出贡献。

该政策在六个方面提出了 16 个优先策略，这些策略为各级政府指出了工作中要关注的重点，制定新的项目并完善现有的项目。

这六个方面是：

- 承担责任——为减少产品和材料在制造、供应、消费及废弃过程中的环境、健康和安全影响分担责任。
- 改进市场——以国际上受欢迎的本地技术和创新建立充分有效的澳大利亚废物和资源市场。
- 追求可持续性——更少的废物并改进对废物的利用以期达到更广的环境、社会和经济效益。
- 减少危害和风险——以一贯的、安全的和可靠的废物再生、管理和处置方式减少废物中潜在的有害成分。
- 合适的解决方案——在中心城区以外地区、边远地区及土著社区中加强管理废物及再生和再使用资源的能力。
- 提供证明——由政策制定者对有意义的、准确的、最新的全国的废物和资源再生数据和信息进行分析，衡量所取得的进展，并对社区开展实践教育并为其指出应做出的选择。

该政策 16 个策略中的第一个即是：

"澳大利亚政府在州政府、地区政府的支持下，以产品立法为基础，建立全国的产品管理框架，支持自愿的、合作性的以及强制的产品管理和生产者责任延伸机制，负责任地管理产品生命过程中及终结后的影响。"

该策略要求在三年内建立第一个全国性的产品管理机制，实施产品管理法。要求政府进行制度建设和选择产品时广泛征求意见。要求法规规定的责任方建立并运行合作性的或强制性的产品管理机制。

根据对立法影响的研究并广泛听取意见，各部部长们共同认为电视机和计算机是首先要管理的产品，按废弃物政策第一策略提议的产品管理立法的要求，采用企业与政府合作管理的方式。

合作管理方式结合了政府立法和企业承担责任的行动，政府制定法规规定了需要达成的目标，企业负责资助并实施计划，并有决定如何达成目标的灵活性。

据此，政府开始制定产品管理法及针对电视机和计算机的专项法规，同时与企业合作，着手建立国家电视机和计算机回收机制。

（二）《产品管理法（2011）》

《产品管理法》于 2011 年 8 月 8 日生效，实现了国家废弃物政策中的一项政府承诺，即第一个策略要求的内容。该法关注产品的环境、健康和安全影响，其实施将有助于减少产品和废弃物中的有害物质，避免和减少废弃物，并增加回收量和资源再生量。该法为自愿的、合作性和强制性的产品管理提供了框架。

《产品管理（自愿计划）法案 2012》于 2012 年 11 月生效，规定了获得澳大利亚政府认可设立自愿的产品管理计划的要求和条件。

《产品管理法案 2012》于 2012 年 11 月生效，规定了为评估自愿产品管理计划的申请而进行的认可的费用和费用机制。

（三）《产品管理（电视机和计算机）法（2011）》

2011 年 11 月 3 日，政府制定了《产品管理（电视机和计算机）法（2011）》，支持国家电视机和计算机回收机制。法规要求电视机和计算机及计算机相关产品的进口者和生产者资助并实施产品的回收服务，并要达到一些具体的要求。

《产品管理（电视机和计算机）法》规定了：

- 需要管理的电视机和计算机产品（通过海关编码）（其附件 1），见附件。
- 这些产品的进口者和生产者将作为《产品管理法》的责任方以及相关豁免条件。
- 企业需要达成的目标和需要遵守的要求，包括逐步提高的回收目标，规定的材料再生利用率，并在城市、郊区及边远地区提供合理的收集服务。

（四）国家电视机和计算机回收机制

国家电视机和计算机回收机制由政府立法和企业承担责任的行动相结合，收集、回收废弃的电视机、计算机、打印机和计算机相关产品。在此机制下，家庭和小企业可以向指定的地点免费投放这些废弃产品。

于 2011 年 11 月 8 日生效的《产品管理（电视机和计算机）法》为电视机、计算机、打印机和计算机相关产品的合作回收机制提供了法律支持（见图 6-2）。

与《国家废弃物政策》的目标一致，该机制的目标如下。

* （1）获得批准的合作管理计划是根据《产品管理法》第26条的要求，获得环境大臣批准的相应产品的
合作管理计划。
　　（2）《产品管理法》第20条规定，合作管理计划（亦或用其他名称）要满足以下条件：
　　　　（a）计划的设立目的是达成《产品管理法》规定的相应产品类别的目标；
　　　　（b）计划应管理《产品管理法》第22条规定的相关事务；
　　　　（c）计划应有一个以上的成员；
　　　　（d）只有责任方才能成为计划的成员；
　　　　（e）计划要有专人（管理者）：
　　　　　　（i）负责保证达成(a)项的目标；并
　　　　　　（ii）也是计划的成员之一；
　　　　（f）管理者是法人公司。

图 6 - 2　澳大利亚废弃电器电子政策法规概要 （电视机和计算机）

- 减少废弃并填埋的电视机和计算机废物 （特别是有害废弃材料） 的数量。

- 增加从废弃的电视机和计算机中以安全、科学和环保的方法回收资源的数量。

- 保证覆盖全国。

- 保证企业公平和平等地参加该机制。

三　澳大利亚废弃电器电子产品管理目录及其确定依据

（一）目录产品

澳大利亚没有制定统一的废弃电器电子产品管理目录，而是由政府各个部门共同讨论，对特定的产品采用相应的或自愿的或合作性的，或强制的产品管理方式。

经各部门同意，澳大利亚优先关注了电视机和计算机产品，采取合作性的管理方式，并制定相关法规和机制。《产品管理 （电视机和计算机） 法

（2011）》对适用的电视机、计算机、打印机和计算机相关产品进行了规定。计算机相关产品包括内部部件（如主板）以及外接设备（如键盘）。为准确识别这些产品，附件 1 列出了 75 个海关编码及相关描述。

除了电视机和计算机及相关产品，澳大利亚还根据已经开展的分别针对荧光灯管和手机的自愿回收计划，确定对其采用自愿的管理方式进行管理，其中的荧光灯已经列入环保部的工作内容当中。

目前尚没有采取强制方式进行管理的产品类别。

（二）目录产品确定依据

1. 电视机、计算机及相关产品

电子电器废物是澳大利亚废弃物中的一项主要组成，并且其数量在不断上升，电子电器废物的增长比其他废物快 3 倍。2005 年澳大利亚大约消费了 69.7 万吨的电子电器产品，同时产生了 31.3 万吨电子电器废物[①]。

电子电器废物中含有有害物质，包括汞、铅、砷、溴化阻燃剂、铍和镉。作为 1992 年巴塞尔公约的缔约方，澳大利亚被要求保证：尽量减少有害废物和其他废物的产生；具备良好环境管理废物的足够的处置设施；管理废弃物以尽量减少对人类健康和环境的风险（4.2 条）。环境、水、遗产和艺术部负责保护澳大利亚履行这些义务。

除了所含有的有害物质，电视机和计算机中还含有不可再生的资源，如锡、镍、锌和铜，把这些产品进行填埋意味着资源的流失。

澳大利亚所有的政府部门都在与企业合作，通过环境保护与遗产委员会减少电子电器废物的环境影响。优先任务是制定电视机和计算机的产品回收机制。

法规制定过程中由环境保护和遗产委员会进行了全面复杂的全国性意见征询，评价立法的影响。2009 年开展了一项法律影响研究，法规影响报告显示，2007～2008 年有 1680 万台，约 10.6 万吨电视机、计算机和计算机相关产品达到最后使用期限，其中的 84% 被填埋，只有 10% 得到回收利用，9% 是计算机，1% 是电视机，而同期销售的新产品达 13.8 万吨。如果澳大利亚还不建立任何形式的收集和回收机制，考虑到增加的保有量和缩短的更新周期，2028 年将有 4400 万台，约 18.1 万吨电视机和计算机被废弃[②]。

---

① Television And Computer Scheme E – Bulletin, Issue 1, May 2010.
② Decision Regulatory Impact Statement: Televisions and Computers, October 2009, and Television And Computer Scheme E – Bulletin, Issue 1, May 2010.

立法影响评估报告对电视机和计算机产品废物的外部环境成本进行了分析。

与电视机和计算机及其他电子产品的填埋相关的健康和环境风险，主要是有害物质的渗漏和蒸发。目前对这些风险仅有有限的资料，还没有实际数据的支持。虽然这些风险很低，但也不能就此忽视。

在电视机和计算机中有些有害物质，如铅、溴化物、汞、锌、可能对人体健康和环境有害。很难估计与电视机和计算机的填埋有关的风险和成本，可以明确的是随着填埋量的增加，风险和成本也将上升。

根据澳大利亚生产力委员会对渗出液的估计，如果不改变目前的电子废物处置方式，填埋的外部成本从 2009~2030 年将为 170 万澳元（仅包括渗出液的成本）和 340 万澳元（渗出液和设施成本），年均 7.5 万~15 万澳元。

与填埋有关的成本还有直接成本和土地的机会成本。虽然电视机和计算机仅占填埋量的 0.4%，但比例将会成倍增加，意味着土地需要量的增加，这与国家减少填埋的政策是相悖的。2009~2030 年，相关的填埋成本约为 4250 万澳元。

在节约不可再生资源方面，电视机和计算机中含有不可再生的资源，但目前却因填埋而丢失了。随着被填埋的电视机和计算机量的增加，丢失的资源也在增加。这些不可再生资源有以下两方面的价值。

市场价值：回收处理商提供的信息显示，回收处理的电视机和计算机中的材料的平均市场回收价值在每吨 300~400 澳元，但目前的收集和加工成本是每吨 970 澳元。如果没有法规要求进行回收利用，会有每吨 620 澳元的亏损。在其他国家实行的规模经济和采用的新技术能减少成本，但在澳大利亚目前经济上采用新技术不可行，因为处理量太低。

回收不可再生资源的社会内在价值：由 URS 公司进行的有超过 2000 人参与的调查显示，多数人愿意为回收资源，在保证回收量的前提下支付回收费用。URS 的研究显示公众愿意为每增加一个百分点的回收率为每件新产品多支付 0.5 澳元。这相当于要达到 50% 的回收目标，每销售一台新产品附加 21.14 澳元，或是每吨新产品附加 963 澳元。URS 的调查说明资源回收的内在价值超过了目前这些废弃物的市场价值。URS 的调查预计从 2008 年到 2030 年，如果在五到七年内达到 70% 的回收目标，将产生 1600 万澳元的内在价值（相对应销售了 1.7 亿澳元的视像产品和 6.5 亿澳元的计算机和计算机相关产品）。

该研究还评价了多种鼓励在全国持续回收电视机和计算机的可选方案。研究结果确定，相对于由地方政府立法，国家立法支持全国的回收机制将对社会产生正面的效益。

澳大利亚信息产品协会与维多利亚政府及会员企业合作于 2007 年建立了一个自愿性的收集和回收废弃 IT 设备的项目——Bateback。到 2010 年，该项目已经收集并处理了 2500 吨的废弃 IT 设备（超过 70 万件）。该计划的实施为全国的电视机和计算机回收机制提供了支持，同时，在全国的电视机和计算机回收机制及法规的支持下，将有更多的企业参加到该计划当中。

2009 年 11 月 5 日的环境保护和遗产委员会会议上，环境部长承诺通过实施联邦的生产者延伸责任立法，制定电视机和计算机的产品回收机制。

2. 荧光灯

澳大利亚每年废弃的荧光灯中有大约 95% 被填埋，这种处置方式释放出的汞占澳大利亚每年向环境中排放汞的 2%～3%。据统计，2008 年澳大利亚进口了大约 1920 万只直线荧光灯管，370 万高强度气体放电（HID）灯和 2880 万只紧凑型荧光灯。一般来说，用能越高的产品的汞含量越高。

高强度气体放电（HID）灯，如街道照明用的汞蒸气灯含有 50～1000 毫克的汞。

支线荧光灯管，普通应用于商业和公共照明，澳大利亚政府要求其汞含量低于 15 毫克。

紧凑型荧光灯管，多用于家庭照明，新的澳大利亚标准要求其汞含量低于 5 毫克。

澳大利亚首先将关注的重点集中在商业和公共照明上，这部分产生的废弃荧光灯约占总量的 90%，而对于紧凑型荧光灯，多从居民家中产生，目前并没有进行管理。①

FluoroCycle（www.fluorocycle.org.au）是一个自愿性的、旨在增加含汞灯管的回收量的全国计划，该计划于 2010 年 7 月 21 日启动。最开始该计划关注的含汞灯管消费量较大的群体、商业及公共照明部分。

FluoroCycle 计划由企业和政府合作进行，由澳大利亚照明理事会管理并得到环境保护与遗产委员会（EPHC）的资助。

---

① Fluoro Cycle Guidelines 2010 and Website of Australian Government.

EPHC 由州、地区及澳大利亚政府的环境大臣组成。它对废弃的紧凑型荧光灯及其他含汞灯管的处理进行了调查研究，由 2009 年 5 月宣布支持 FluoroCycle 计划。

FluoroCycle 还得到了主要行业的支持，包括澳大利亚回收业协会，澳大利亚设备管理协会，澳大利亚地方政府协会，澳大利亚财产理事会及国家电子和通信协会。

四 澳大利亚法律规定的相关责任

澳大利亚的国家政策、法规和法规对相关方的责任进行了明确规定。

（一）政府

《国家废弃物政策》16 个策略中的第一个策略规定："澳大利亚政府在州政府、地区政府的支持下，以产品立法为基础，建立全国的产品管理框架，支持自愿的、合作性的以及强制的产品管理和生产者责任延伸机制，以负责任地管理产品生命过程中及终结后的影响。"

相关的具体的责任有以下几方面。

- 澳大利亚政府负责建立和管理联邦立法框架并为其提供资源；
- 澳大利亚政府通过环境保护与遗产委员会，就建立全国性的产品管理框架向州政府和地区政府征求意见；
- 由环境保护和遗产委员会就将来可能要管理的产品征求意见；
- 负责运行由法规规定的责任方建立的合作的或强制的管理计划及计划制定过程中的有关工作；
- 认可自愿的产品管理机制；
- 州政府和地区政府为现有政策、计划和法规要求的项目提供评估、检查和资料收集；
- 州政府和地区政府可以继续支持当地的产品管理项目。

《产品管理（电视机和计算机）法（2011）》还赋予政府部长以下职责：

- 批准、审查合作管理计划，要求对合作管理计划进行审计或撤销批准；
- 制定法规明确要管理的产品及管理标准；
- 根据法规文件决定认可自愿回收计划的相关事项；
- 制定产品管理标识；
- 对没有参加获得批准的合作管理计划的责任方发出通告和进行处罚。

《产品管理（电视机和计算机）法（2011）》规定了政府的以下职责：

- 制定并公布每种产品的重量换算值；
- 计算各年度的废弃产品量并制定回收目标。

（二）责任方（生产者、进口者）

名义上的责任方包括了生产者和进口者，实际目前的责任方只有进口者，因为澳大利亚市场上销售的几乎都是进口产品，只有少量的计算机产品是在其本地完成的最后组装，但其组装件也都是进口产品，可以通过海关记录确定进口方和进口的数量。

《产品管理（电视机和计算机）法（2011）》对电视机和计算机产品的责任方进行了规定。其条件是：①法人公司；②满足《产品管理（电视机和计算机）法（2011）》第2.02条规定的标准，即在上一财政年度进口或生产法规涉及的产品达到一定数量。

为限制法规对小企业的影响，法规规定了数量限值，豁免了进口或生产计算机产品少于15001件或电视机、计算机或打印机少于5001台的企业。

当一个法人团体集团的总的进口或生产的产品数量超过了规定数量时，该集团内部所有成员都是责任方，只要在其名下进口或生产了超过1000台产品。

该条例还规定了在规定的财政年度中没有加入一项合作管理计划的责任方在后续财政年度的连续责任。

《产品管理（电视机和计算机）法（2011）》要求法规中规定的责任方应当成为获批准的合作管理计划的成员。对没有成为获得批准计划的成员的责任方将苛以民事处罚。

每个责任方都应在成员统计日前成为获得批准的合作管理计划的成员。各财政年度的统计日是9月1日。

责任方还有义务提供其在澳大利亚生产的电视机、打印机和计算机产品的数量信息，以及与相关方合作进口或生产的产品的数量。每个财政年度，报告的截至日期是9月1日。

虽然法规并没有明确的规定，但很明显责任方需要为产品的回收承担全部的费用，包括合作管理计划的运行、物流、存储、处理等。

（三）合作管理计划及其管理者

合作管理计划是为实现回收目标和其他法规要求而制定的一系列活动和方法。所有的计划都要有一个管理者，即代表其成员负责管理该计划的公司，且必须保证完成了达成法规要求的目标需要的所有合理步骤。

合作管理计划可以有一个责任方成员或多个成员参加，合作管理计划需要获得部长的批准。

合作管理计划的首要责任是实现法规规定的结果。《产品管理（电视机和计算机）法（2011）》明确了三个由合作管理计划达成的关键目标：①在城市、郊区和边远地区提供合理的回收服务；②达到年度回收目标；③达到材料再利用率。

1. 提供合理的回收服务

法规要求每个获得批准的计划在 2013 年 12 月 31 日前提供合理的回收服务。法规规定了合理的回收服务必须满足的最低要求。

每个城市，回收服务地点的数量在每个财政年度必须等于该地区人员数量除以 25 万并到最近的整数；

内部地区①，对每个人口 10000 及以上的城镇，每个财政年度必须在距中心 100 公里范围内提供一个服务点；

外部地区②，对每个人口 4000 及以上的城镇，每个财政年度必须在距中心 150 公里范围内提供一个服务点；

边远地区，对每个人口 2000 及以上的城镇，每两个财政年度必须在距中心 200 公里的范围内提供一个服务点。

根据这些要求，预期能为大约 98% 的人口提供合理的回收服务。

结合当地情况采取灵活措施，回收服务的方式有多种，包括长期的回收站点，回收活动或是邮寄服务。

2. 回收目标

《产品管理（电视机和计算机）法（2011）》规定了年度回收目标，从 2012～2013 年度的 30% 开始，到 2021～2022 年将提高到 80%。法规提供了计算方法。

合作管理计划负责达成其成员分担的目标，以其成员前一财政年度进口或生产产品的数量进行核算。

3. 材料再利用目标

《产品管理（电视机和计算机）法（2011）》规定了到 2014～2015 财政年度，材料再利用目标是 90%。

---

① Inner Regional Australia 澳大利亚根据地区的地理位置及货物、服务及社会交流的受到部分限制而划分的区域。

② Outer Regional Australia 澳大利亚根据地区的地理位置及货物、服务及社会交流的受限中等限制而划分的区域。

该目标要求每个合作管理方案保证其在每个财政年度回收的材料的90%（重量）被处理成可用材料。这与澳大利亚电视机和计算机回收者目前估计达到的材料再利用的平均率一致。

合作管理计划还要处理如下事务：

- 管理该计划；
- 财务管理和资金；
- 与成员资格有关的程序；
- 向公众提供如何接受服务信息；
- 评估环境、健康和安全政策是否充分，评估产品收集、存储、转运或回收活动。

获得批准的合作管理计划的管理者有义务采取各种合理的步骤以保证该计划达成法规要求的目标。另外，管理者还有一系列的义务，包括：制作并保留合作管理计划的行政和运营记录，向政府报告其成员组成及变化，提供详细的、经审核过的有关年度运营情况的年度报告。

（四）消费者

澳大利亚的产品管理法律法规并没有针对消费者的规定，消费者和小企业可以免费将废弃的电视机和计算机产品交到指定地点。在某些地方消费者不能随意丢弃这些产品，但并没有全国性的规定。

（五）回收者和处理者

澳大利亚的产品管理法律法规没有针对产品回收者制定相关规定，回收者也不需要取得有关电子废弃物处理的许可，只需要满足一般的法律要求。为此，每个回收计划都有自己的规定。如 ANZRP（澳大利亚和新西兰回收平台）要对为其提供产品回收服务的企业进行职业健康安全和环境方面的审计。

同时，为了达到法规要求的材料再利用率，合作管理计划也会要求回收者达到该再利用率。

（六）法律保障

澳大利亚《产品管理法》中规定多种措施保防法律的执行，包括警告、审计、民事罚款以及人事变更等。该法的第五章赋予环境部长向法院进行申请对当事人进行民事罚款的权力和情形以及罚款限度，其中列出的可以处理的情形包括公司没有按法规要求加入合作管理计划，公司法人没有尽到守法义务等。

《产品管理（电视机和计算机）法（2011）》中规定，对于没有达成的年度回收目标，企业在将其带入下一年度的任务当中，直至完成。

五 澳大利亚废弃电器电子产品处理资金模式

《产品管理法》要求法规中规定的责任方应当成为获批准的合作管理计划的成员。法规并没有制定任何有关责任方与合作管理计划之间责任和义务的要求。有关财务问题由加入该计划的责任方与该计划进行具体协商。

合作管理计划的成员需要为管理计划的运行承担相关费用，包括产品的回收、运输、处理和处置，还包括有关的宣传费用和管理费用。合作管理计划需要编制预算并向其成员进行汇报。

《产品管理（电视机和计算机）法（2011）》规定合作管理计划需要管理的其他事务中包括财务安排和资金管理。

该法规还规定在提交年度报告时要同时提交审计报告，内容包括财务状况，写明合作管理计划的收支情况。

为方便相关方申请成为获得批准的合作管理计划，澳大利亚环境部制定了申请指南，其中要求申请方提供详细的财务能力证明，以及管理其成员的详细制度。

在 2009 年完成的立法对企业的影响的研究报告中提到，澳大利亚全国的电视机和计算机回收计划的成本约为每吨 970 澳元，而从资源再利用中得到的收入为每吨 300~400 澳元。

假设回收量从当时的 10% 提高到 2030/2031 年的 70%，回收成本约增加 8.37 亿~9.95 亿澳元。同时，将从资源再利用上获得的收益为 2.84 亿~3.33 亿澳元，土壤填埋的费用将减少 4100 万~4900 万澳元。即将产生 5.12 亿~6.13 亿澳元的社会成本。

该报告还提出，针对每台电视机和计算机显示器，将增加 5~10 澳元的成本，占价格的 1%~4%。如果分摊到所有的电视机和计算机产品上，则为每件 1.8 澳元。

六 澳大利亚法律规定废弃电器电子产品处理企业许可条件和环保要求

澳大利亚的产品管理法律法规没有针对产品回收者制定相关规定，回收者也不需要取得有关电子废弃物回收处理的许可，只需要满足一般的法律要求。为此，每个合作管理计划有其自己的规定，如 ANZRP 要对为其提供产品回收服务的企业进行职业健康安全和环境方面的审计。

在业界的支持下，澳大利亚和新西兰联合制定了《澳大利亚和新西兰电子电器设备收集、存储、运输和处理标准》（AS/NZS 5377：2013）。ANZRP 将满足该标准作为对其服务提供商的最低要求。

该标准对废弃产品的收集、存储、运输和处理等环节从通用要求、现场管理、运行方式、数据记录和跟踪等方面做出了详细规定。

第三节　中澳废弃电器电子产品管理目录及配套政策对比分析

一　目录及配套政策制定的产业基础对比

（一）产品来源

中澳两国市场上销售的电器电子产品的来源存在很大差别。中国市场上销售的有进口产品，也有本地加工制造的产品，同时，还有大量国内制造的产品出口到其他国家。而澳大利亚市场上销售的几乎都是进口产品，只有少量的计算机产品是在其本地完成的最后组装，但其组装件也都是进口产品。

（二）废弃产品数量、组成结构

从废弃产品量上看，电视机和计算机产品在中澳两国废弃产品中所占比重及人均废弃量有所不同，废弃电视机产品相对废弃计算机产品在澳大利亚比重较小，而在中国则相反（见表6－1、表6－2）。

表 6 - 1　中国"四机一脑"销售量和废弃量

产品类别	保有量（万台）2006 年	销售量（万台）2011 年	废弃量（万台）2006 年	百人平均废弃量（台）
电视机	49000	5660	460	0.34
电冰箱	22000	5810	210	0.15
洗衣机	26000	5300	250	0.18
空调器	15000	9480	140	0.1
计算机	8000	7390	200	0.15
总计	120000	33640	1260	0.92

表 6 - 2　澳大利亚电视机和计算机产品销售量和废弃量

产品类别	销售量(万台)2008 年	废弃量(万台)2008 年	百人平均废弃量(台)
电视机	310	120	5.21
计算机和计算机相关产品	2860	1570	68.11
监视器产品	670	340	14.75
总计	3840	2030	88.07

资料来源：1. Decision Regulatory Impact Statement：Televisions and Computers，October 2009.
2. Television And Computer Scheme E - Bulletin，Issue 1，May 2010。

（三）产品环境风险和资源回收效益分析评估

在环境风险方面，澳大利亚关注最多的是因大量电视机和计算机产品的填埋可能产生的浸出液的环境影响，中国关注更多的是因不规范拆解带来的环境污染和人体健康问题。

在回收效益方面，中澳两国都对废弃产品的资源属性给予了高度重视（见表 6 - 3）。

表 6 - 3　中澳产品环境风险和资源回收效益分析

	中国	澳大利亚
环境风险	不规范拆解处理	填埋及浸出液
资源回收效益	成本低于原生矿,节约能源。发展循环经济,创建节约型社会	不可再生资源的市场价值及社会内在价值

（四）处理技术、水平

1. 共同点

中国的《废弃电器电子产品处理企业资格审查和许可指南》与澳大利亚和新西兰的 AS/NZS 5377：2013 标准都对处理企业提出了共同的要求，包括：满足一般的法律法规的要求其中包括环境保护的要求、对存储场地的要求、对处理设施的要求、对处理工艺的要求及对特殊物品或材料的处理要求、数据记录和报告要求、对人员和培训的要求、职业健康安全要求、应急反应要求。

2. 不同点

在中国的《废弃电器电子产品处理企业资格审查和许可指南》中对处理场地面积提出专门要求，并要求企业安装闭路电视机系统进行监控。

AS/NZS5377 标准中包括了对产品再使用和再制造的要求以及对运输的

要求。此外，AS/NZS5377 标准对各种电子电器产品的零部件提出了更加详细的处理指导意见，包括最低的处理技术要求以及不可使用的处理方式。

标准还对具体产品每个处理批次的处理能力做了规定。

AS/NZS5377 标准举例：

产品或材料	废弃后的最低要求	最低的可接受的加工处理方式	不可接受的加工处理方式
• 电池	• 金属回收 • 塑料回收 • 酸回收	• 从整体中提取 • 手工或机械加工 • 火法冶金或生物湿法冶金	• 填埋 • 不受管理的或未经许可的焚烧
……	……	……	……

二　废弃电器电子产品管理目录及确定依据对比

（一）产品对比

澳大利亚将电视机和计算机及相关产品作为第一批由合作方式管理的两大类电子电器产品，而中国则将电视机、电冰箱、洗衣机、房间空调器及微型计算机作为第一批电器电子产品回收处理目录产品。中国的目录产品的五个大类中包括了澳大利亚的两个大类产品，但这两个大类上有些区别，如澳大利亚的计算机类产品除了包括了计算机整机产品和显示器外，还包括了外围设备和部件，如打印机、主板等。

为了满足管理需求，两国都用海关编码对各类产品进行了界定，此外还有两点不同。

（1）澳大利亚在《产品管理（电视机和计算机）法（2011）》里以附件的形式列出了所有的海关编码，并在后期根据情况进行调整。而中国的《废弃电器电子产品回收处理管理条例》里并没有规定具体的产品，而是指定国家发展和改革委员会制定《目录》。据此，国家发展改革委制定了并公布了第一批《目录》，为了海关和税务部门征收基金的需要，也为了环保部和财政部对处理企业的管理及基金补贴的发放，由财政部等部门制定的《废弃电器电子产品处理基金征收使用管理办法》明确了更加具体的产品项目描述和对应的海关编码。

（2）澳大利亚市场上销售的电视机和计算机产品中绝大多数都是进口产品，少量的本地制造产品也是进口主要部件后组装成的，因此所有的产品进口情况都可以通过海关的数据获得，没有必要为本地制造产品制定详细的产品描述。而中国市场上销售的产品包括进口和国内制造的产品，同时中国也是电视机和计算机的制造输出国，本地制造的产品大量出口，为了满足对本地制造的产品的基金征收和抵扣的需求，需要为本地制造的产品制定详细的产品分类描述，并尽可能地与海关分类相一致（见表6-4）。

表6-4　中澳产品对比

	中国	澳大利亚
产品类别	五大类产品(四机一脑)	两大类(电视机和计算机及计算机相关产品)
产品来源	国产＋进口	进口
产品细分	产品描述(国内)＋海关编码(进口)	海关编码(进口)

（二）确定依据对比

在确定需要管理的废弃产品时，中国和澳大利亚政府在制定政策法规前都进行了广泛深入的调查研究，对产品的废弃量及增长趋势进行了分析，对废弃产品的环境风险和资源利用效益进行了评估。中澳的评估得出了相同的结论：

- 新产品的销售量及产品的废弃量在电器电子产品中占有相当比例；
- 新产品的销售量及产品的废弃量将会增加；
- 现有的处理方式存在着环境风险；
- 废弃产品存在资源再利用的效益。

三　政策体系对比

（一）政策目标

中澳两国都将废弃电子电气（器）产品作为资源，并综合考虑了环保、经济和技术因素，根据国情制定了相应的宏观目标，如中国的"五年规划"，澳大利亚的废弃物政策十年目标（见表6-5）。

表6-5　中澳政策目标对比

中国	澳大利亚
把节约资源作为基本国策,发展循环经济,保护生态环境,加快建设资源节约型、环境友好型社会。推行生产者责任延伸制度,充分考虑再生资源回收利用的驱动机制和环境外部成本,建立大宗废旧物品回收处理成本补偿制度,推动废弃电子电器、废旧轮胎等资源循环产业的形成	• 避免废物的产生,减少需要处置的废弃物(包括有害废物)的数量 • 将废物作为资源管理 • 保证以安全、科学及环保的方式对废弃物进行处理、处置、资源化和再使用 • 为减少温室气体排放、生产和节约能源、提高水利用效率和土壤生产力做出贡献

（二）政策制定依据

中澳两国都将资源回收和循环利用作为国家基本政策，同时通过立法和指导政府和企业开展相关活动（见表6-6）。

表6-6　中澳政策制定依据对比

中国	澳大利亚
	• 澳大利亚于2009年11月制定的《国家废弃物政策》是澳大利亚2010~2020年的废弃物管理和资源回收工作的综合指导 • 该政策提出了16个优先策略，其中的第一个即是："澳大利亚政府在州政府、地区政府的支持下，以产品立法为基础建立全国的产品管理框架，支持自愿的、合作性的以及强制的产品管理和生产者责任延伸机制，负责任地管理产品生命过程中及终结后的影响"
• 《清洁生产促进法》第四条规定，"国家鼓励和促进清洁生产。国务院和县级以上地方人民政府，应当将清洁生产促进工作纳入国民经济和社会发展计划、年度计划以及环境保护、资源利用、产业发展、区域开发等规划"	
• 《中华人民共和国固体废物污染环境防治法》第三条规定，"国家对固体废物污染环境的防治，实行减少固体废物的产生量和危害性、充分合理利用固体废物和无害化处置固体废物的原则，促进清洁生产和循环经济发展 • 国家采取有利于固体废物综合利用活动的经济、技术政策和措施，对固体废物实行充分回收和合理利用"	• 《产品管理法》关注产品的环境、健康和安全影响。其实施将有助于减少产品和废弃物中的有害物质，避免和减少废弃物，并增加回收量和资源再生量

（三）政策导向

中国根据国情，采用了以政府为主导的方式，提出了鼓励多元回收并要求集中处理的方向。澳大利亚的政策和法规要求责任方建立适当的回收渠道，并达成任务目标（见表6-7）。

表6-7　中澳政策导向对比

中国	澳大利亚
• 鼓励多元回收方式 • 强制由有资质的企业集中处理目录产品 • 鼓励和支持废弃电器电子产品处理的科学研究、技术开发、相关技术标准的研究以及新技术、新工艺、新设备的示范、推广和应用	• 要求适当的回收渠道，方便消费者交投废弃产品 • 逐步提高产品的回收率，并达到较高的材料再利用率

（四）措施

中国根据国情，采用了以政府为主导的方式，由政府统一管理处理基金和处理企业。同时，以缴纳基金方式要求生产企业参与。澳大利亚针对不同产品提出了不同的管理方式，包括自愿、合作以及强制管理方式，而对废弃电视机和计算机产品则是采用合作管理方式，以充分调动企业积极性，达成目标。

中国的措施是由政府承担主要的管理和执行责任，由生产企业提供资金，共同监督处理企业完成任务。澳大利亚的措施是让生产者发挥主动性，采用其认为合理的方式达成政府制定的目标（见表6-8）。

表6-8　中澳措施对比

中国	澳大利亚
• 政府征收并管理处理基金 • 政府管理处理企业并进行补贴,保证处理效果	• 政府针对不同的产品选择自愿、合作及强制方式,制定法规和回收机制。对电视机和计算机产品选择的是合作管理的方式,旨在充分调动企业承担责任的积极性,在政府的指导下,由企业承担废弃电视机和计算机产品的回收处理责任及相关费用
• 进口者和生产者按规定的费率为进口的或新生产的产品缴纳基金 • 处理企业需要按规定取得处理企业资格 • 处理企业按核定的处理量申报并领取补贴	• 企业必须加入一个合作管理计划 • 按企业上一年度的进口量核定其在当年度应承担的回收量 • 每个合作管理计划为社区提供可获得的回收服务 • 每个合作管理计划必须完成其成员所承担的回收量 • 达到规定的材料再利用率
进口量/销量→缴纳基金→补贴→处理量	进口量→回收份额→加入管理计划→达成目标

（五）基金征收量、应回收产品量的确定

前面已经提到，中国是电器电子产品制造和消费大国，市场上销售的有国产产品也有进口产品，同时大量的国产产品被出口，销往国外。对于进口产品和国内生产产品采用了不同的管理方式，进口产品的基金由海关负责征收，进口者在进口产品时按量缴纳基金，国内生产产品的基金由国家税务机关负责征收，由国内生产者按季度向国家税务机关上报生产并销售的产品数量，经核定后按量缴纳基金，同时，国内生产者还要上报其生产销售并出口

到国外的产品的数量，并由税务机关核定后在总量中扣除。

国家根据对市场保有量、产品使用年限、新产品销售量、处理产品成本等的统计分析，对基金征收和补贴制定费率，由生产者和进口者统一执行。

澳大利亚市场上销售的电器电子产品都是进口产品，这为政府管理提供了便利条件，所有产品按海关编号进行管理。进口者的应回收废弃产品量由政府指定，政府根据调查研究规定了各类产品的转换重量并每年进行必要调整，规定了产品废弃率，规定了各年度的回收量百分比目标，并依据之前三个年度的进口产品量核定每个产品应由进口者达成的回收量（见表 6 - 9）。

表 6 - 9　中澳生产者/进口者基金和回收量确定方式对比

中国	澳大利亚
政府确定基金总量，制定基金征收费率和补贴费率	政府制定回收产品年度目标、每个产品的转换重量
海关和税务机关按费率从量征收	政府核定每个年度每个进口者每个产品的应回收量
生产者和进口者申报并缴纳	进口者按政府核定的回收任务，将回收量带到"合作回收机制"里，完成任务

第四节　中澳废弃电器电子产品管理政策效果及影响对比

中澳两国关于电子电器产品回收处理都是在 2012 年开始实施的，到目前为止还没有完整的数据。从近两年的实施过程看，两国的法规和制度建设都对电子电器产品的回收处理起到了促进作用。

一　中国废弃电器电子产品政策效果及影响

（一）回收效果及影响

2013 年 6 月 28 日，环境保护部公示了 2012 年第三、四季度废弃电器电子产品拆解处理种类和数量审核情况，数据显示，自《废弃电器电子产品处理基金征收使用管理办法》于 2012 年 7 月 1 日实施起，到 2012 年底，各企业主动上报的处理量超过了 900 万台①，其月平均值达到了家电"以旧换新"首批试点省市销售回收统计数据（2009 年 8 月至 2010 年 5 月共 1479 万台）②。经环境保护部核查初步确认了超过 767 万台。其中电视机超过 94%，洗衣机不到 4%，电冰箱和空调不到 2%，计算机的数量为零（暂未包括在核查之内）。四类产品的总处理量接近 2006 年时的全国全年废弃量，但各类废弃产品的处理量与 2006 年的废弃量相比存在较大差异。考虑到前期的家电"以旧换新"、"节能惠民"、"家电下乡"等政策的影响，对《条例》实施的回收效果的评估还需要长期观察。

《条例》实施以来对处理企业产生了很大影响，但对消费者的影响较小，消费者的废弃行为基本没有改变，主要的影响是对回收从业者（见表 6-10）。

表 6-10　《条例》实施前后回收处理量

	废弃量(万台)2006 年	处理量(万台)2012 年三、四季度
电视机	460	852
电冰箱	210	16
空调器	250	33
洗衣机	140	0.07
合　计	1060	901.07

资料来源：1. 国务院法制办、环境保护部负责人就《废弃电器电子产品回收处理管理条例》答记者问（2009.03.05）。

2. 2012 年第三、四季度废弃电器电子产品拆解处理种类和数量审核情况的公示，环境保护部，2013 年 6 月 28 日。

（二）对处理产业发展的影响

自《条例》及环境保护部相关文件公布之后，各地政府积极编制本地区的规划并审核、批准本地区的废弃电器电子产品处理企业。截至 2012 年底，全国已经有 64 家有资格的废弃电器电子产品处理企业，现仍有企业在申请处理企业资格。

---

① 2012 年第三、四季度废弃电器电子产品拆解处理种类和数量审核情况的公示，环境保护部，2013 年 6 月 28 日。
② 关于发布《废弃电器电子产品处理发展规划编制指南》的公告，环境保护部，2010 年 11 月 15 日。

目前大多数处理企业仅从事简单的物理拆解，依靠其下游的合作企业提供进一步的资源回收利用能力，仅有少数处理企业具备深度处理设备和能力。

根据目前基金制度的实施情况，处理企业较以往获得了更多的"四机一脑"废弃产品。但是，由于资源的再生利用效益是基于规模化处理和较高的处理技术基础上的，因此，处理企业增加深度处理设备也需要根据市场实际需求，才能保证可持续健康发展。

二　澳大利亚废弃电器电子产品政策效果及影响

（一）　回收效果及影响

澳大利亚的第一个回收计划是 DHL 于 2012 年 5 月 12 日开始的，在最初的 5 个星期里共收到了大约 850 吨的废弃电视机和计算机产品。社区的反映明确表明了居民们对以环境友好方式回收这些产品的愿望[①]。

由 ANZRP 建立的 TechCollect 于 2012 年 9 月 14 日起开始回收服务。在 2013 年 4 月末开展的一项为期一周的活动中收集了超过 474 吨的废弃电视机和计算机产品，创造了一项新的吉尼斯纪录。该纪录的创立帮助提升了社区对产品回收的意识[②]。

按照法规要求，责任方要在 2013 年 12 月 31 日前在全国范围内按要求建立合理的回收服务体系，并达到 30% 的回收量，以后逐年增加。

截至 2013 年 8 月，澳大利亚环境部的网站上公布的合作回收计划已经达到了 5 个，居民可以免费投放废弃电视机和计算机产品的网点达到 383 个。

根据 ANZRP 的数据，2012/2013 年度完成了目标任务的 72%，其中电视机的回收量达到任务量的 220%，而计算机产品达到了 52%。对于超过目标的部分可以带到下一年度的任务当中，但最多只能占 25%，而没有完成的任务部分将全部被带到下一年度。

计算机产品回收率达成情况的差异主要是因为在制定目标时没有考虑再制造的因素，有很多产品并没有被废弃。目前还需要对全国的回收情况的数据。

（二）　对处理产业发展的影响

回收处理企业在管理和减少废弃物方面起着关键作用。在《产品管理

---

① Television And Computer Scheme E – Bulletin, Issue 14, June 2012.

② News from TechColletc website, June 27, 2013.

（电视机和计算机）法》实施以及国家电视机和计算机回收机制的启动之前，因为大部分的废弃物被填埋处理，澳大利亚从事电子废弃物的回收处理的企业相对较少，规模较小。随着国家废弃物政策的出台以及《产品管理法》的起草制定，一些回收处理企业开始进行投资建设，如 SIMS 金属管理公司（Sims Metal Management）于 2008 年在悉尼建成了一家年处理量约两万吨的处理厂[①]。据不完全统计，到 2011 年，澳大利亚已经有了 20 个电子废弃物处理设施[②]。

目前，在澳大利亚的官方网站上共有五家合作管理计划机构[③]，这些机构都在全国建立了回收网点，其中最有代表性的 ANZRP 已经在全国设立了超过 70 个长期回收点[④]，主要的电器零售商 Harvey Norman 在全国提供 140 个网点，免费回收电视机和计算机产品[⑤]，而全国的回收网点达到了 383 个[⑥]。

随着《产品管理法》的实施及更多回收计划的启动，以及法规要求的回收量和材料再利用率的提高，回收修理企业的重要性将更加突出。而法律规定的最低材料再利用率以及澳大利亚国内先进的矿业技术和生产能力也为废弃电器电子产品中材料的资源化利用提供了保障。

同时，AS/NZS5377 标准中对各种电子电器产品的零部件提出了更加详细的处理指导意见以及处理能力的要求对处理企业的发展都起到促进作用。

三 影响分析对比

（一）回收效果及影响

中澳两国的废弃电器电子产品管理法规都是刚开始实施，从目前掌握的数据看，两国的情况相似，都接近了预期的回收处理量，但不同类别产品的回收处理量与预期有较大差距，以电视机和计算机最为突出。

中国政策制度的实施对消费者的影响较小，对回收从业者的影响较大。而澳大利亚的政策制度的实施的影响主要是消费者。这是两国国情不

---

① Australia's giant e – waste recycling centre，November 20，2008，ZDNet. com.
② The Australian recycling sector Report，January 2012，p. 29.
③ DHL Supply Chain，Australian & New Zealand Recycling Platform Limited，E – Cycle Solutions. Pty Ltd. ，Electronics Product Stewardship Australasia，Reverse E – Waste.
④ Website of ANZPR http：//techcollect. com. au.
⑤ Media release May 31，2013 from website www. environment. gov. au.
⑥ Recycling Drop Off Points from website of www. environment. gov. au.

同的结果。

（二）对处理产业发展的影响

中澳两国的法规政策都为处理者带来了新的商业机会，处理者通过成为有资格的企业或是一个获得批准的合作管理计划的服务商，可以获得相应的市场份额。

澳大利亚的法规还要求达成材料 90% 的再利用率的目标，相关的标准也对回收处理企业提出了较高的要求。为满足这些要求，现在的回收业者必将提高自身的管理水平和工艺水平，并增加回收站点，以满足法规规定的回收服务要求、回收量的要求以及材料再利用率的要求。同时澳大利亚本国的矿业技术也为材料再利用提供了保障。

中国目前还没有制定材料资源化利用率要求，大部分处理企业只完成了简单拆解，材料的资源化利用完全依赖于与其合作企业。目前政府也在考虑评价处理企业的资源化利用水平。因此，不少处理企业准备投入深度加工设备，以期获得更高的资源再生和处理的经济效益。同时，有资格的处理企业之间存在竞争，必将促进处理企业改进服务，提高处理水平。

第五节　中澳政策比较的启示与建议

一　管理方式

中澳两国都将废弃电子电气（器）产品作为资源，并综合考虑了环保、经济和技术因素，根据国情选择了首先要管理的废弃产品，并制定了相应的要求。两国在制定政策时充分考虑了本国废弃产品回收处理状况、生产者履行企业责任延伸的意愿和社会环境、消费者的环境意识以及政府的作用等各种因素，有重点地选择部分产品进行管理。

澳大利亚的《国家废弃物政策》和《产品管理法》提出了强制、合作和自愿性的产品管理框架，而在法规实施的开始，根据不同产品的特点，有针对性地选择了电视机和计算机两大类保有量和废弃量逐年增加的产品，采用合作的方式进行管理，同时还选择了荧光灯等特殊产品按自愿的方式进行管理。各相关方，包括政府、生产者及使用者在法律的框架下，按具体要求履行各自的责任。

澳大利亚的《产品管理法》明确规定了政府和生产者在回收处理废弃

产品中的责任，政府负责制度建设。对于合作方式管理的产品，政府的责任包括制定产品回收机制建设、制定长期目标、核定企业应承担的年度回收任务目标等，而生产者负责回收和处理并达成指定的目标，具体的执行方式由生产者自行决定。对于自愿方式管理的产品，政府的责任主要是对回收机制进行监督，参与的企业及相关方则按自愿承诺的方式履行各自的责任。

在中国，基金制度和集中处理制度是《废弃电器电子产品回收处理管理条例》的两条主线。据此，生产者的主要责任体现在缴纳基金上，即为产品的回收处理提供财务上的支持，而处理企业的责任是按要求对产品进行处理。在这个制度中，政府起了关键作用，首先要制定基金征收和补贴的标准，这是一项很艰巨的任务，将影响废弃产品的回收和处理量以及生产企业履行社会责任的意愿；其次，政府要制定废弃电器电子产品处理发展规划并审核批准处理企业，还要对处理企业的处理量进行核查，作为基金补贴的依据。

《废弃电器电子产品回收处理管理条例》规定了目录管理制度、多渠道回收制度、集中处理制度、资格许可制度和基金制度，按这些制度对进口者、生产者和处理者进行管理。

在第一批目录的五类产品的基础上，国家正在研究将其他的产品纳入目录进行管理的可行性和必要性。电器电子产品种类繁多，产品个性差异较大，从而造成产品的废弃方式和回收处理方式的不同。有部分企业已经开始尝试自主回收处理并积累了一定的经验。

建议政府有关部门在《条例》的框架下，对不同产品根据其特点研究采用灵活的管理方式。比如，研究目录制度和基金制度与集中处理制度和资格许可制度的关系，对需要纳入目录管理但又不需要进行补贴的产品采用不同的管理方式。

二 材料回收利用率目标

澳大利亚的《产品管理法》规定的三个目标中包括材料回收利用率的目标，这充分体现了国家废弃物政策的目标之一：将废物作为资源管理。为此，回收处理者需要努力达成这个目标，这也是回收机制的动力之一。澳大利亚对材料的回收利用给予高度重视，在法规制定过程中，既定目标从征求意见时的75%提高到了最后的90%。

对废弃电器电子产品的安全处理实现了保护环境、保障人体健康的目标，这是《废弃电器电子产品回收处理管理条例》的任务之一。在此基础上，国家需要进一步制定政策，完成第二步任务，即促进资源综合利用和循环经济发展。这也是国家发展和改革委员会在《"十二五"资源综合利用指导意见》和《国务院关于加快发展节能环保产业的意见》中提出的任务。

废弃电器电子产品的资源化利用水平是处理行业资源综合利用水平的反映，也是循环经济发展水平的体现。通过制定废弃电器电子产品资源化利用目标，在掌握现有处理企业和具有深度处理能力企业的总体布局基础上，做出处理产业链布局的指导意见，为处理行业指出发展的方向，对促进产业升级将起到促进作用。

建议国家考虑制定材料再利用率目标及评价机制，引导处理企业发展方向，提高资源再利用水平。

三　回收渠道建设

根据 2009 年完成的立法对企业的影响的研究报告中，澳大利亚全国的电视机和计算机回收计划的成本约为每吨 970 澳元，而从资源再利用中得到的收入为每吨 300～400 澳元。由 URS 公司进行的超过 2000 人参与的调查显示，多数人愿意为回收资源，在有保证的回收量的前提下支付回收费用。很明显，消费者的行为没有增加废弃产品的回收处理成本。

澳大利亚的国家电视机和计算机回收机制由政府立法和企业承担责任的行动相结合，收集、回收废弃的电视机、计算机、打印机和计算机相关产品。在此机制下，家庭和小企业可以向指定的地点免费投放这些废弃产品。

在该回收机制的运行当中，澳大利亚政府以及合作管理计划开展了宣传活动，号召引导居民和小企业免费交投废弃的产品，并取得了良好的效果。为了保证回收量，澳大利亚规定了合作回收计划要在全国范围内建设多种回收站点，保证对不同人口密度居民区的覆盖率，最终要覆盖到 98% 的人口。

目前在中国，回收处理企业从消费者收取废弃电器电子产品时，大多需要向废弃者支付一定的费用，这是消费者对废弃产品本身资源价值认可的结果。但是消费者没有认识到的是为了再次获得这些资源的价值，除了物流、人工、设施、运营等成本多，还有环境保护成本。

另外，《条例》的基金制度对处理废弃产品的补贴并不应包括对消费者支付的费用。目前根据补贴费率和市场上的产品回收价格，收购废弃产品的费用占了很大比例。例如，从消费者收购一台废弃彩色阴极射线管电视机需要 30～50 元。另据联合国大学的研究报告，处理企业从市场上购买一台电视机的价格在 50～100 元，而目前的补贴标准是每台 85 元。

随着电器电子产品的普及，在中国销售的新产品的数量和废弃产品的数量将趋于相同，生产者将会为新产品承担更高的基金义务，基金的管理和使用效率问题将更加突出。同时，消费者对废弃产品的价值观以及回收环节从业者观念的改变却是未知。

建议政府积极开展宣传教育，让更多的消费者理解废弃电器电子产品回收处理的意义和循环经济发展的经济意义和社会意义，逐步实现在中国无偿交投废弃电器电子产品。

四　资金运作方式

澳大利亚的法规没有对废弃产品的回收处理成本和费用进行任何规定，而是规定了责任方需要达成的年度目标，包括回收服务、回收量以及材料再生利用率。为达成这些目标，责任方作为某一个合作管理计划的成员，需要为管理计划的运行承担相关费用，包括产品的回收、运输、处理和处置，还包括有关的宣传费用和管理费用。合作管理计划需要编制预算并向其成员及政府进行汇报。

在这样的机制下，每个年度每个责任方（进口者）需要承担的费用及这些费用取得的效果是可以衡量的。对于责任方、回收管理计划以及政府来说，这样的机制有利于共同评价制度的实施效果，根据情况修改预算，并在必要时研讨和修订任务目标。

财政部等六部门发布的《废弃电器电子产品处理基金征收使用管理办法》规定基金全额上缴中央国库，纳入中央政府性基金预算管理，并公布了生产者和进口者需为新销售产品缴纳基金的费率和对处理产品的补贴标准。

基金制度的核心是根据预计的新产品销售量和废弃产品数量制定单台新产品的基金费率和废弃产品的补贴标准，同时考虑了废弃产品回收处理过程中各方面的成本和收益。

目前基金的征收和使用刚刚起步，数据还不完整，不同产品的回收处理量之间存在较大的差异。

　　建议政府对理论废弃量与实际回收处理量之间的差异进行原因分析。建议政府有关部门对今后各年度新产品预计销售量、理论产品废弃量、预期回收效果，以及实际回收处理量、基金征收量和使用情况，对基金的征收和使用进行全面的分析研究，并据此编制政府性预算，及时调整征收费率和补贴标准。

第三篇　政策篇

废弃电器电子产品处理目录（2013）评估与调整研究

第七章
目录产品资源化利用评价标准

第一节　国内外相关研究分析

本研究选择了在废弃电器电子产品回收利用方面较为先进的几个国家与地区，与我国在回收处理方面法规与技术标准的企业管理、资源化要求和政府政策等方面进行了研究。

一　国内外相关法规研究

（一）欧盟

欧盟《关于废弃电工电子产品指令（欧盟第 2002/96/EC 号指令，以下简称《WEEE 指令》)》十大类产品中，"四机一脑"产品回收利用率、再生利用率最低目标见表 7－1。

表 7－1　"四机一脑"回收利用率、再生利用率（2002/96/EC）

单位：%

产品组	回收利用率	再生利用率
大型家电（如:电冰箱、洗衣机、空调器）	80	75
IT 及通信设备（如:计算机）	75	65
消费类设备（如:电视机）	75	65

资料来源：2002/96/EC，Waste Electrical and Electronic Equipment。

2012 年，经过长达四年的修改，欧盟公布了新版《WEEE 指令》。修改后的《WEEE 指令》对废弃电工电子产品设置了新的分类标准。该分类方法在产品功能的基础上，结合了产品的尺寸大小，打破了第一版《WEEE 指令》要求中的类别分类。同时规定了新的各类产品回收利用率和再使用或再生利用率需达到的最低目标。"四机一脑"产品根据不同产品分类方法在不同时间需达到的回收利用率和再使用或再生利用率最低要求分别见表 7-2 和表 7-3。

表 7-2 2012~2018 年"四机一脑"回收利用率、再使用和再生利用率最低目标 (2012/19/EU)

单位：%

实施时间	大型家电（如:电冰箱、洗衣机、空调器）	IT 及通信设备（如:计算机）	消费类设备（如:电视机）
2012 年 8 月 13 日至 2015 年 8 月 14 日	回收利用率 80	再生利用率 75	回收利用率 75
	再生利用率 65	回收利用率 75	再生利用率 65
2015 年 8 月 15 日至 2018 年 8 月 14 日	回收利用率 85	再使用和再生利用率 80	回收利用率 80
	再使用和再生利用率 70	回收利用率 80	再使用和再生利用率 70

资料来源：2012/19/EU, Waste Electrical and Electronic Equipment (recast)。

表 7-3 2018 年以后"四机一脑"回收利用率、再使用和再生利用率最低目标 (2012/19/EU)

单位：%

产品组	回收利用率	再使用和再生利用率
温度交换设备（如:电冰箱、空调器）	85	80
显示器、监视器和含有超过 100 平方厘米以上显示屏的设备（如:电视机、计算机显示器、笔记本计算机、膝上计算机）	80	70
大型设备（外边长超过 50 厘米）（如:洗衣机）	85	80
小型 IT 和通信设备（外边长不超过 50 厘米）（如:个人计算机）	75	55

资料来源：2012/19/EU, Waste Electrical and Electronic Equipment (recast)。

可见，欧盟在修订《WEEE 指令》时，不管基于何种分类方法，对产品的回收利用率和再使用和再生利用率规定的最低目标是逐步增长的，同时体现了资源利用最大化，环境污染最小化的原则以及再使用、再生利用的处理顺序。

（二）美国

美国是世界上最大的电子产品生产和消费国，同时也是电子垃圾的最大制造国，早在 20 世纪 90 年代初就对废旧家电的处理制定了一些强制性的条款。美国国家环境保护署（EPA）与制造商、零售商、处理企业、州政府、环保组织和其他利益相关方合作开展了一系列项目促进回收利用规范化并提高资源利用水平。

1. 负责任的回收规范 Responsible Recycling Practices。EPA 召集制造商、处理企业和其他利益相关方提供资金于 2009 年下半年开始实施进行 R2 认证，目的在于处理企业可获得自愿遵守环境、工人健康和安全等保证。R2 认证要求处理企业对废弃电工电子产品中的关键部件和材料，在一定的保护措施下进行特殊处理或出口到会合法接收它们的国家并有相应的证明材料。

2. 电子产品环境评估工具 Electronic Product Environmental Assessment Tool。2006 年 EPA 发起电子产品环境评估工具帮助购买者基于其环境贡献选择和比较计算机和显示器产品。EPEAT 根据一系列必须的和可选的标准评价电子产品，其中包括对生命末期管理的要求。要取得 EPEAT 的注册资料，所有覆盖产品的销售必须拥有符合自愿性电子产品回收计划 EPA Plug – in to eCycling 指导方针的回收或再生利用服务。

3. 联邦电子挑战计划 Federal Electronics Challenge。为促进联邦政府内电子产品的管理，这个项目鼓励联邦机构购买更加环境友好的电子产品，以更低能耗的方式使用产品和用环境无害的方式管理废弃产品。2009 年联邦购买或租用的桌面计算机、笔记本和显示器中有 96% 是 EPEAT 注册的，83% 的废弃产品得到了再使用或再生利用。

除联邦开展的一系列活动外，已有 28 个州根据其产业特点和重点关注问题，建立了一系列法规，强制实施电子产品的回收计划，见表 7 – 4。

表 7 – 4 美国各州的废弃电工电子产品回收处理法规

通过年份	机构或州	法规	涉及产品
2003	California	SB20& SB50	视频设备
2004	Maine	HB1610, Sale of Consumer Products Affecting the Environment	电视机、计算机显示器（包括笔记本与电子相框）、计算机、桌面打印机、视频游戏控制（使用单独显示器或电视机的，而不是手持设备）

续表

通过年份	机构或州	法规	涉及产品
2005	Maryland	HB 468	对角线大于4英寸的计算机和视频显示设备
2006	Washington	SB 6428, AN ACT Relating to Providing Electronic Product Recycling through Manufacturer Financed Opportunities	电视机、计算机显示器、桌面和笔记本计算机
2006	New Hampshire	HB 1455	视频设备
2007	Arkansas	SB 948	计算机和电子设备
2007	Connecticut	HB7249, Regulations Regarding Covered Electronic Devices, Section 22a - 638 - 1 Standards for the Recycling of Covered Electronic Devices	电视机、桌面计算机、笔记本计算机、计算机显示器
2007	Minnesota	HF 854, An Act Relating to Solid Waste; Amending Reporting Requirements for Manufacturers and Retailers of Video Display Devices	视频设备
2007	Oregon	HB 2626, An Act Relating to Recycling of Electronic Device	桌面计算机、笔记本计算机、显示器和电视机
2007	Texas	HB 2714, The Manufacturer Responsibility and Consumer Convenience Computer Equipment Collection and Recovery Act	计算机设备
2007	North Carolina	SB 1492, HB819, SB838, HB1761	计算机设备和电视机
2008	New Jersey	Chapter 130 of an Act Concerning Electronic Waste Managementant	计算机、显示器和电视机
2008	New York City	Chapter 730 of An Act Concerning Wireless Telephone Recycling 2006	计算机、显示器、打印机、电视机、无线电话
2008	Oklahoma	SB 1631, Oklahoma Computer Equipment Recovery Act	计算机和计算机显示器
2008	Virginia	Chapter 541, Article 3.6, Computer Recovery & Recycling Act	计算机设备（除计算机外）
2008	West Virginia	SB 746, A BILL to Amend and Reenact § 22 - 15A - 2 and § 22 - 15A - 5 of the Code of West Virginia	视频设备
2008	Missouri	SB 720, Manufacturer Responsibility and Consumer Convenience Equipment Collection and Recovery Act	计算机
2008	Hawaii	SB 2843, A Bill for an Act Relating to Electronic Device Recycling	计算机、打印机、显示器、电视机

续表

通过年份	机构或州	法规	涉及产品
2008	Rhode Island	HB 7880, RI Resource Recovery Corporation	计算机、显示器、组合单元、笔记本、电视机和对角线大于9英寸的视频设备
2008	Illinois	SB2313, The Electronic Products Recycling and Reuse Act	计算机、打印机、显示器、电视机
2008	Michigan	Act 451 part 173	计算机和电视机
2009	Indiana	HB1589, An Act to Amend the Indiana Code Concerning Environmental Law	视频设备(电视机、显示器和笔记本)
2009	Wisconsin	SB 107, Electronic Waste Recycling	计算机、电视机和打印机
2010	New York	NYS Electronic Equipment Recycling and Reuse Act	计算机及其配件、电视机、小服务器及其他小型电子设备,包括录像机、电子视频记录机、移动电子播放器、DVD、电缆或卫星接收器和电子或视频游戏操控器
2010	South Carolina	South Carolina Manufacturer Responsibility and Consumer Convenience Information Technology Equipment Collection and Recovery Act	计算机设备、电视机
2010	Vermont	No. 79. An Act Relating to the Recycling and Disposal of Electronic Waste	电视机、计算机、计算机显示器和打印机
2010	Pennsylvania	HB708, Covered Device Recycling Act	计算机和电视机
2011	Utah	SB184	桌面计算机、平板计算机、键盘、打印机、电视机和电视机周边设备(DVD 和 VCD 播放机)

资料来源：美国相关法规：http://www.epa.gov/osw/conserve/materials/ecycling/rules.htm；http://www.electronicsrecycling.org。

对于回收利用率和可再生利用率，美国大部分州都没有具体目标，只有美国明尼苏达州、伊利诺伊州和威斯康星州规定收集目标为当年向家庭用户销售产品80%的重量。

因此，美国在回收处理方面，各州都有不同的法律法规，一般没有规定具体的回收利用和再生利用目标，但管辖的产品主要集中在电视机、计算机和周边设备。联邦政府通过认证对回收处理企业的拆解进行规范，同时对于采用再生利用材料的电子产品，通过政府采购加以支持。

（三）日本

日本有关废弃电器电子产品的立法是作为整个促进循环经济发展的法律法规体系的一部分来进行的。日本促进循环经济发展法律法规体系分为三层：基础层是《促进建立循环型社会基本法》；第二层是《固体废弃物管理和公共清洁法》和《促进资源有效利用法》两部综合性法律；第三层是针对具体产品制定的法律，包括《促进容量和包装分类回收法》、《家用电器回收法》、《建筑及材料回收法》、《食品回收法》、《报废车辆回收法》和《绿色采购法》。

日本《促进资源有效利用法》于 2000 年 6 月公布，2001 年 4 月实施，涉及 10 个行业，69 种产品。该法规定个人计算机的再资源化率为：台式个人计算机高于 50%，笔记本个人计算机高于 20%，阴极射线管显示器高于55%，液晶显示器高于 55%。

2009 年，日本修订《家电再商品化法》，对再商品化率做出调整。空调器从 60% 调整到 70%，电视机 55% 不变，电冰箱从 50% 调整到 65%，洗衣机从 50% 调整到 65%，同时，新增加液晶电视机、等离子电视机和干衣机，其再商品化率分别为 50%、50%、65%。

从实施结果来看，日本 2009 年回收利用率：空调器 88%、CRT 电视机86%、电冰箱 75%、洗衣机和干衣机 85%。

但日本与欧盟关于再生利用的定义不同，欧盟将所有经过处理，最终能够利用的材料都看作是再生利用了，而日本则规定，只有那些经过处理，可以在市场上销售，或者有人愿意免费使用的材料，才看作是再生利用，也就是说，如果电子废物经过处理后的最终产品或材料没有实际价值或是负的，要支付一定的费用才有人愿意使用，这种情况就不能算作再生利用。

（四）韩国

韩国是世界上通过立法手段开展电子废弃物治理起步较早的国家之一，在 20 世纪 90 年代初就开始了立法管制电子废弃物的实践，见表 7 - 5。十多年间，韩国在这方面先后实施了从废弃物处理押金返还制度向生产者责任延伸制的制度模式的转变，完成了管理重心从末端治理向事先预防的转化。

表 7 - 5　韩国废弃物回收处理相关法律法规

实施时间	类别	名称
1992 年	制定	《废弃物管理法》(Waste Management Act)
1993 年	制定	《韩国资源再生公社法》(Korea Resources Recovery and Reutilization Corporation Act)
1993 年	制定	《资源节约及回收利用促进法》(Act on the Promotion of Saving and Recycling of Resources)
2002 年	修订	《资源节约及回收利用促进法》(Act on the Promotion of Saving and Recycling of Resources)
2007 年	制定	《电工电子产品及汽车资源回收利用法》(Act for Resource Recycling of Electrical/Electronic Products and Automobiles)

2007 年 4 月 27 日，韩国政府颁布了《电工电子产品及汽车资源回收利用法》，于 2008 年 1 月 1 日起正式实施。这是韩国第一部针对电工电子产品和汽车设备回收利用的专门法律，管控对象包括电视机、电冰箱、空调器、洗衣机、个人计算机（包括显示器和键盘）、音响设备（便携式除外）、移动电话（包括电池和充电器）、打印机、复印机和传真机总共十大类电子产品。2011 年 8 月 22 日，韩国政府发布了《电工电子产品及汽车资源回收利用法》的修订草案（G/TBT/N/KOR/321）。该评议时间截至 2011 年 10 月 22 日，已于 2013 年 1 月 1 日生效。

韩国环境资源公社（前身为韩国资源再生公社）负责全面职责和运营体系，例如记录每个制造商的产品出货、调查回收状况和征收回收费用，其制定的目标再生利用率见表 7 - 6。

表 7 - 6　韩国废弃电工电子产品目标再生利用率

单位：%

产品类别	目标再生利用率	
	2003～2005 年	2006 年以后
电视机(等离子和液晶电视机除外)	>55	>65
个人计算机	>55	>65
电冰箱	>60	>70
音频设备	>60	>70
移动电话	>60	>70
家用洗衣机	>70	>80
空调器	>70	>80

资料来源：Ministry of Environment Republic of Korea，Act for Resource Recycling of Electrical/Electronic Products and Automobiles。

根据法律要求，电工电子产品的制造商应开展面向回收利用的设计，同时必须应废弃物回收处理企业的要求，通过网络或光盘介质等方式提供其产品有关回收拆解和再生利用方面的信息，如产品名称、生产年份、组成材料、拆解程序等，以便减少电子垃圾加工处理过程中不必要的成本增加。电子废弃物的拆解处理要严格按照每种产品对应的《回收利用方法与标准》来执行。

（五）中国台湾地区

早在1997年7月，台湾环保主管部门依据《废弃物清理法》对废弃家电的回收利用进行了规定，并于2006年修订，对一般废弃物的回收处理相关政策进行了要求。台湾实施"废家电资源回收四合一制度"：结合小区居民、回收商、地方政府及回收基金等四方面，实施资源回收、垃圾减量工作，通过回馈方式鼓励全民参与。

针对回收处理企业规范化管理，台湾地区2007年修订了《应回收废弃物回收处理业管理办法》，对具有一定规模以上从事应回收废弃物回收业务的回收业及从事应回收废弃物资源化、处理或输出的处理业进行制度上的管理。2002年，台湾地区环境保护主管部门将台湾的废弃电器电子产品分为废电子电器产品和废资讯产品两类，分别制定了《废电子电器产品回收贮存清除处理方法及设施标准》和《废资讯产品回收贮存清除处理方法及设施标准》两个法规，对它们的回收、贮存、清除、处理、处理设施建设、处理后再生料和衍生废弃物的处置进行了详细规定。其中，废电子电器产品包括电视机、电冰箱、洗衣机和空调器等家电，废资讯产品指废主机板、废机壳、废电源器、废硬盘、废监视器、废笔记型计算机、废打印机。而在2006年，鉴于废电子电器与废资讯产品的同质性很高，处理方法与设施趋于雷同，将以上两种产品合并管理，并健全了管理废电子电器与废资讯产品的回收贮存、清除与处理等作业，重新制定《废电子电器暨废资讯产品回收贮存清除处理方法及设施标准》，规定了回收和处理机构的场所和设备要求以及处理方法和环保措施等，并指出符合要求的回收处理设施向资源回收管理基金申请回收清除处理补贴。回收再使用比例的要求为70%。专项基金由设在环保主管部门的"资源回收管理基金管理委员会"负责基金的收取和拨付。在制定回收废弃物的补贴费率、补贴发放方式及对象时，回收废弃物的目标回收处理量；回收贮存清除处理成本；回收奖励金数额；资源再生利用程度；再生材料的市场价值及稽核认证成本；资源回收管理基金财务状况等均作为考虑因素。

（六）中国大陆

我国对电子废弃物的管理起步较晚，目前已有的相关法律法规有《废弃电器电子产品回收处理管理条例》。其他现有的法律法规有的是从污染防治角度，有的是从清洁生产角度，有的是从环境影响评价角度对电子废弃物的处理进行了相应的规定。

2009 年 3 月 5 日，国务院办公厅正式对外发布了第 551 条国务院令，正式颁布了《废弃电器电子产品回收处理管理条例》，并于 2011 年 1 月 1 日起施行。《管理条例》的核心在于废弃电器电子产品处理实行目录管理、多渠道回收和集中处理制度，并对生产者、进口收货人、销售者、回收经营者和处理企业的相关责任做出了明确规定，如违反相关条例要求，以上各责任方将被处以罚款等处罚。此后相关机构还发布了一系列的法规与标准，见图 7 - 1。

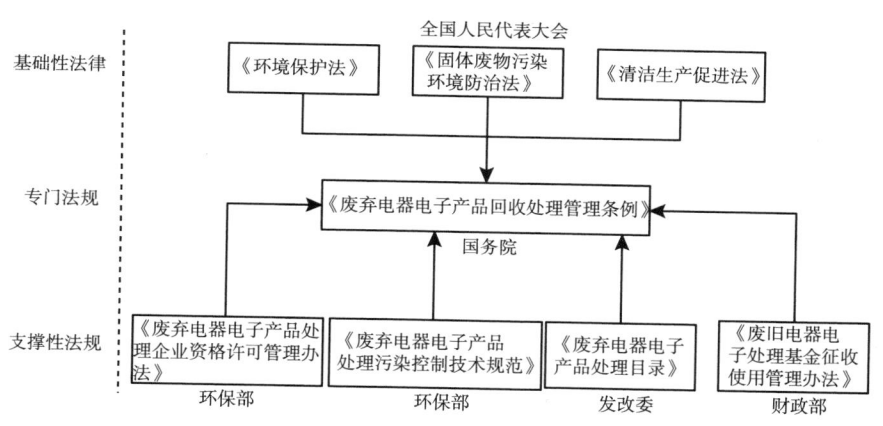

图 7 - 1 中国有关废弃电器电子产品法规

由财政部等有关部门制定的《废弃电器电子产品处理基金征收使用管理办法》于 2012 年 7 月 1 日开始实施。对于回收处理企业的补贴，《办法》规定，基金用于废弃电器电子产品回收处理费用补贴、信息管理系统建设、信息采集发布支出、管理经费支出。基金补贴目前实行 1 档补贴标准，对处理企业提出了环保拆解处理要求，尚无资源化要求。只要是取得废弃电器电子产品处理资格，并列入各省（区、市）废弃电器电子产品处理发展规划的企业（简称处理企业）在规范拆解处理"四机一脑"产品后都可以申请相同额度的基金补贴。

为配合条例的实施，环境保护部制定下发了系列相关配套技术法规与政策：《废弃电器电子产品处理污染控制技术规范》（HJ527 – 2010）、环境保护部令第 13 号《废弃电器电子产品处理企业资格许可管理办法》，以及一系列指南文件：环境保护部 2010 年第 82 号公告《废弃电器电子产品处理发展规划编制指南》、第 83 号公告《废弃电器电子产品处理企业补贴审核指南》、第 84 号公告《废弃电器电子产品处理企业建立数据信息管理系统及报送信息指南》、第 90 号公报《废弃电器电子产品处理企业资格审查和许可指南》，对回收处理企业的发展规划、处理能力、设备、拆解产物的去向以及信息要求等做出了具体规定，对于废弃电器电子产品规范化、无害化拆解起到了积极作用。

可见我国对于回收处理方面的法规，主要针对回收处理的规范性和环保性而制定，目前对于资源化的具体要求还很少。

二　国内外回收利用标准研究

国外关于废弃电器电子产品回收利用方面的标准主要集中在对有毒有害物质的限量要求、检测方法、产品可回收利用率计算方法和要求。国际电工委员会电工电子产品与系统的环境标准化技术委员会（IEC/TC111）2009年发布了 IEC62321 电工电子产品中有毒有害物质测试标准，规定了 RoHS六项有毒有害物质的检测方法。之后，又将该标准拆分为系列标准，规定了电子电器产品的拆分要求，不同物质的不同检测方法。IEC/TC111 在 2012年发布了 IEC/TR62635 电工电子产品制造商与回收企业间信息交换格式以及可再生利用率的计算方法指南（Guidelines for End of Life Information Provision from Manufacturers and Recyclers, and for Recyclability Rate Calculation of Electrical and Electronic Equipment）。该国际标准规定了电器电子产品可再生利用率的计算公式和原则，以及制造商向回收处理企业提供有毒有害物质、回收标识等方面的信息要求。日本在回收利用方面制定了关于电器电子产品可再生利用率的计算方法的相关标准 JIS C9911 – 2007 电器电子产品的可再生利用和再使用指标的计算和报告方法（Calculation and Display Method of Recycled and Reuse Indicator of Electric or Electronic Equipment），对电器电子产品的可再生利用和再使用指标的计算和报告方法进行统一的规定，建立环境化设计的统一评价标准。

我国于 2006 年开始实施一系列关于电工电子产品中有害物质的限量要

求和技术标准，2007 年至今从可回收利用率的计算、通用技术要求、安全使用年限、典型产品的可再生利用率要求、回收处理设备到处理企业实际的再生利用率要求制定了一系列的规范化标准，见表 7 - 7。

表 7 - 7 我国电子废弃物回收利用相关标准

标准号/项目号	标准名称
GB/T 21474 – 2008	废弃电工电子产品再使用及再生利用体系评价导则
GB/T 23685 – 2009	废电器电子产品回收利用通用技术要求
GB/T28555 – 2012	废电器电子产品回收处理设备技术要求制冷器具与阴极射线管显示设备回收处理设备
GB/T 29770 – 2013	电子电器产品制造商与回收处理企业间回收信息交换格式
GB/T 29769 – 2013	废弃电子电器产品回收利用术语
SJ/T11363 – 2006	电子信息产品中有毒有害物质的限量要求
SJ/T 11364 – 2006	电子信息产品污染控制标识要求
SJ/T 11365 – 2006	电子信息产品中有毒有害物质的检测方法
GB/T 20862 – 2007	产品可回收利用率计算方法导则
QB/T 2963/ 2964/2965 – 2008	家用空调器/电冰箱/洗衣机可再生利用率要求
20074568 – Q – 469	废弃电工电子产品再生利用率限定值和目标值 第 1 部分：房间空气调节器 电冰箱 洗衣机
20075936 – Q – 469	废弃电工电子产品再生利用率限定值和目标值 第 2 部分 电视机 计算机
20074565 – Q – 469	电工电子产品可再生利用率限定值和目标值 第 1 部分：房间空气调节器 家用电冰箱
20075931 – Q – 469	电工电子产品可再生利用率指标限定值和目标值 第 2 部分：洗衣机、电视机、计算机
20091243 – Q – 469	电工产品可再生利用率限定值和目标值 第 3 部分 照明产品
20130150 – T – 469	电工电子产品可再生利用率评价值 第 4 部分 复印机和打印机
20130151 – T – 469	电工电子产品可再生利用率评价值 第 5 部分：电机

作为 IEC/TC111 国内归口单位，全国电工电子产品与系统的环境标准化技术委员会（SAC/TC297）转化制定了 IEC62321 和 IEC/TR62635 两项国际标准，同时结合我国回收处理行业现状，制定了《废弃电工电子产品再使用及再生利用体系评价导则》（GB/T 21474 – 2008）、《废电工电子产品回收利用通用技术要求》（GB/T 23685 – 2009）和《废电器电子产品回收处理

设备技术要求制冷器具与阴极射线管显示设备回收处理设备》（GB/T285 55 – 2012）多项国家标准，规定了废电器电子产品在收集、运输、贮存、处理和处置过程的资源有效利用和污染控制的技术要求和相关规定，适用于废弃电工电子产品再使用及再生利用过程中所涉及的企业和产品的质量、安全和环保要求。

目前正在制定的《电工电子产品可再生利用率限定值和目标值》系列标准涉及"四机一脑"、打印机、复印机和电机七大类产品，在规定产品可再生利用率计算方法的基础上，提出每类产品的评价值，有利于促进产品设计时提高环境性能。另一套《废弃电工电子产品再生利用率限定值和目标值》系列标准，对"四机一脑"在处理过程中再生利用率提出了具体要求，有利于促进处理企业实现技术革新、产业升级。

我国对于电工电子产品的绿色性能方面的关注是从有害物质开始的，信息产业部于 2006 年 11 月出台了电子信息产业防污控制三大配套行业标准：《电子信息产品中有毒有害物质的限量要求》、《电子信息产品污染控制标识要求》、《电子信息产品中有毒有害物质的检测方法》，已于 2007 年 3 月 1 日起施行。电子信息产品生产企业可以依照《检测方法》中的标准对有毒有害物质进行自我检测或请第三方检测机构检测，依照《限量要求》做出判断，最后依照《标识要求》提供的方法进行"自我声明"。

GB/T 20862 – 2007《产品可回收利用率计算方法导则》由全国能源基础与管理标准化技术委员会制定，规定了用于计算新生产产品的可回收利用率的术语和定义、编制原则、计算方法。2008 年，3 项行业标准 QB/T 2963、2964、2965 – 2008《家用空调器/电冰箱/洗衣机可再生利用率要求》制定完成，规定了三类优先控制电工电子产品在产品设计阶段对于可再生利用率的要求。

总体来说，国外相关的标准主要针对电器电子产品制造商在设计时为促进生命末端处理，在提高拆分效率，增加零部件再使用率和材料再生利用率方面提出的通用要求。这些标准尚未涉及具体的产品要求，且理想情景下的可再生利用率与实际拆解处理中的再生利用率也有一定的差距。

我国现行再生利用方面的标准除了国外标准涉及的可再生利用率计算方法和信息交换等内容外，还包括再生利用率的计算，并且结合典型产品（"四机一脑"）设置评价值，部分标准还涉及再生利用标识、标注方面的要求，但是对于不同的废弃家电产品（如电冰箱、洗衣机、空调器、小家电等）加工处理的技术规范有待完善和细化，以尽可能提高标准的针对性；涉及各种资源（金属、玻璃、塑料、其他合成材料等）再生和再造的技术规范及要求还有待深入研究。

三　小结

通过对国内外多个国家和地区电器电子产品回收利用相关法规标准的研究，我们发现国内外各地区和国家对于废弃电工电子产品回收利用的法规从管辖产品范围、责任的认定、管理部门、费用、标识、目标和实施效果、回收体系等方面有所不同，其主要原因在于各国法规的现状、国情和社会经济发展背景有所不同。

电器电子产品资源化方面的要求，无论国内或国外的法规与标准，对于产品资源化的要求主要是针对整个产品而言，不涉及具体材料的资源化要求。在欧盟、日本、韩国的法律法规中，尽管对于再生利用的界定有所不同，但是对法规管控范围内的具体产品的再生利用率均提出了明确要求。我国在相关法律法规中，对于再生利用尚未明确规定具体要求。目前在制定的国家标准中对"四机一脑"产品的再生利用率提出了量化要求，但两项标准还在制定过程中，因此资源化要求尚未得到实施。因此，为更好地落实基金政策，我国亟须出台有关废电器电子产品资源化相关政策和标准。

第二节　专家论证与征求意见

截至目前，课题组召开了两次专家论证会议和一次课题中期评审会议。会上，专家们总体肯定了该系列标准的思路和方法，以及对回收处理工作的重要性。同时对 6 项标准的整体框架和具体内容提出了一些建设性意见。主要总结如下。

一　第一次研讨会

会议目的是逐条讨论标准草案的内容，确定资源化评价方法、评价体系指标和参数。会上专家们提的意见包括以下几个方面。

① 为便于操作，对草案原先的评价方式做了修改。建议采用评价表形式，对处理企业资源化情况进行评价。对每一项指标，不设权重，只需要评价该项指标是否满足即可。最后通过计算企业达到指标的个数来判断企业的水平。

② 确定了资源化评价的三大原则。

③ "处理企业能资消耗"指标建议改为"能效指标"，并根据处理企业实际操作情况，主要定为电的能耗。

④ 考虑到再生利用材料的利用属于一个新的生命周期，且绝大部分企业都没有进行资源综合利用，建议去掉"材料资源综合利用率"的指标。

⑤ 考虑到环保部目前对处理企业处理量进行审核时主要审查关键拆解产物，且关键拆解产物中往往含有稀贵金属等资源化材料或者是危废物质，对环境会产生较大影响，建议增加"关键拆解产业资源化"指标。

⑥ 讨论设定了关键工艺、设备、能耗、材料产出量等关键指标参数。

二 第二次研讨会

会议目的是讨论 6 项标准草案修改稿，进一步完善标准框架、评价方法和指标体系。会上专家主要意见为以下几点。

① 由于企业的管理水平也会直接影响企业开展资源化活动，建议在指标体系中增加"管理水平"的指标，具体考核可包括是否获得 ISO9000，ISO14000 等资格。

② 为便于使用者对该标准的使用，增加"实施步骤"章节。

③ "环境保护与职业安全设施"的指标要求是每个有资质的处理企业必须达到的，建议将指标放入资源化原则。

④ 将各产品处理技术规范中的处理流程放在"资料性附录"。

三 中期评审会

意见和建议如下：

① 研究成果中缺少标准的研究过程，要增加研究报告，在其中注明标准参数的来源，同时给出一级、二级指标值的确定评估或估算方法。

② 要细化拆解处理技术，用标准化的方法将回收处理企业进行分级。

此外，2013 年 10 月份将本标准草案发送给 64 家有资质的处理企业及其他利益相关方进行征求意见，并邀请企业进行自评价。截至 10 月 22 日已有 3 家企业提出了共 13 条意见，标准起草组采纳和部分采纳了 6 条意见，对标准文本和编制说明进行了修改，征求意见回复情况见标准编制说明。有 4 家企业进行了自评价，其中废阴极射线管产品的评价结果是 2 家为 A 级、1 家 B 级、1 家 C 级。

第三节 资源化评价标准

一 基本原则和要求

废弃电器电子产品的处理流程主要分为预处理、材料分离、再生利用和能量回收与处置，见图 7-2，其中预处理一般是将无须进行材料分离的零部件预先取出，包括可再使用的零部件、需特殊再生利用方法进行处理的或含有毒有害物质的，剩余部件进行破碎和分选，将金属与塑料分开，不同类型的金属和不同类型的塑料分开，随后将各种材料进行再生利用得到可用于新产品生产的各类金属、塑料和塑木产品等。

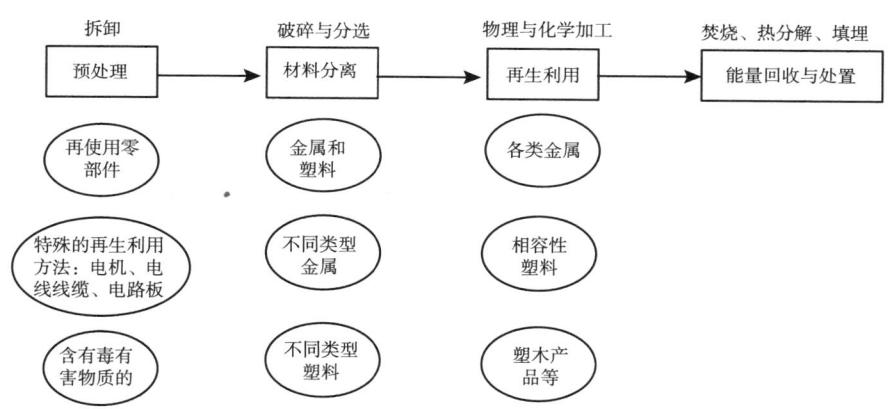

图 7-2 废弃电器电子产品的基本处理流程

在此过程中，废弃电器电子产品的处理应遵循以下原则：

——资源利用最大化，环境污染最小化；

——应符合国家环境保护与职业安全相关的法规与标准；

——应按照再使用、再生利用和能量回收的顺序进行处理。

废弃电器电子产品的处理应满足以下基本要求：

——处理前应优先实现废弃电器电子产品中的零部件在符合相关标准要求下的再使用；

——对需要进行特殊处理的零部件在破碎分选前进行拆卸，包括经简单操作可直接进行再生利用的（例如电线电缆），或需要在拆解流水线之外的地方进行处理的（例如电机），或含有毒有害物质的（例如含有溴化阻燃剂的零部件）；

——再生利用应尽可能分离出可以直接进行原材料生产的单种材料，例如单种金属、单种塑料、两种及以上相容性高的热塑性塑料等；

——处理、处置宜采取当前最佳可行技术及必要的措施，确保处理、处置时对人体健康和环境污染符合相关标准要求，并避免污染物影响处理过程中的其他物品。

二 评价指标体系

本标准选择了三大类 11 个评价指标对处理企业的资源化水平进行评价，具体见图 7-3。

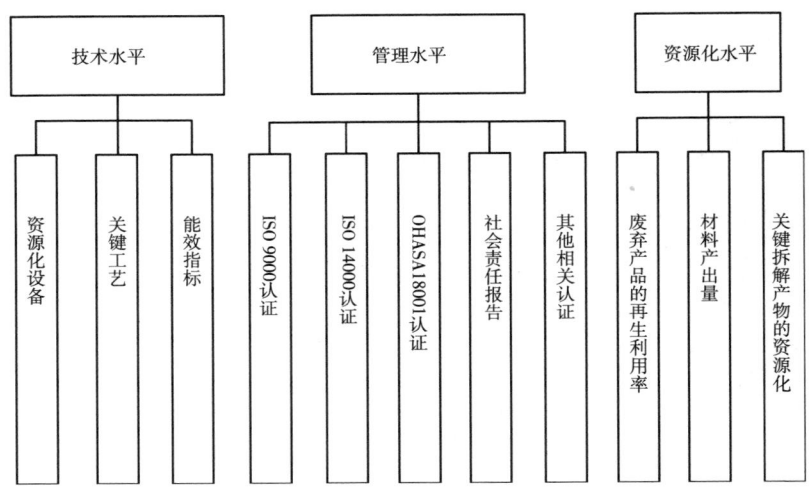

图 7-3 处理企业资源化评价指标体系

三 指标参数

第四章对处理企业资源化评价指标进行了详细的规定和描述，包括有资源化相关的技术水平、企业管理水平和资源化水平，其中有部分参数要依据产品的处理流程和资源化特点进行分别确定。表 7-8 到表 7-13 为产品的资源化设备、关键工艺、废弃产品的再生利用率和关键拆解产物的资源化的指标参数。其中大部分的参数是根据对 31 家企业的调查问卷和 12 家企业的现场调研的结果而设定，产品的再生利用率是根据 TC297 已有标准化研究成果而设定的。

　　资源化水平的表征参数为废弃产品的再生利用率、材料产出量和关键拆解产物的资源化，其中废弃产品的再生利用率指处理企业进行第一步拆解后能够进行再生利用的材料总质量（指进行深加工之前的质量，例如拆出来的电线电缆可认为是能够再生利用的材料，而不需要将其分离为塑胶与铜线）占产品总重量的百分比，是对企业的拆解水平进行的评价；材料产出量指对第一步的拆解产物进行深加工，将其按照类别（包括铁与铁合金、铜与铜电缆、铝与铝合金、玻璃、热塑性塑料等）进行分别收集归类后的质量占产品总质量的百分比，是对企业的材料分离能力进行的评价，其归类原则在企业评价导则和产品技术规范中都有所描述；而关键拆解产物的资源化是指对某些特殊部件进行的资源化深加工。

表 7-8　产品的资源化设备

产品	资源化设备
CRT 电视机 CRT 显示器	屏锥分离设备
	含铅玻璃清洗设备
电冰箱	破碎设备
	金属与塑料分选设备
	不同类型塑料分选设备
	发泡材料压缩设备
	发泡剂收集设备
洗衣机	不同类型塑料分选设备

表 7-9　产品的关键工艺

产品	关键工艺	一级值	二级值
CRT 电视机 CRT 计算机显示器	屏锥分离效率	≥60 个/小时	≥40 个/小时
电冰箱	金属与塑料分离	磁选与涡电流	密度法或磁选法
	不同类型塑料分离	光学法	密度法、光学法及人工分选
	制冷剂回收处理	收集后净化用于维修等	收集
房间空调器	制冷剂回收处理	收集后净化用于维修等	收集
洗衣机	不同类型塑料	光学法	密度法、光学法及人工分选

表 7 - 10　产品的再生利用率

单位：%

废弃产品类别	一级值	二级值
阴极射线管电视机	≥60	≥55
液晶电视机	≥55	≥50
等离子电视机	≥55	≥50
背投电视机	≥55	≥50
电冰箱	≥75	≥65
洗衣机	≥70	≥65
房间空调器	≥80	≥70
便携式计算机	≥55	≥50
台式计算机主机	≥60	≥55
阴极射线管显示器	≥55	≥50
液晶显示器	≥55	≥50

表 7 - 11　产品的材料产出量

单位：kg/t

废弃产品类别	材料	一级值	二级值
阴极射线管电视机	铁与铁合金	≥100	≥60
	铜与铜电缆	≥45	≥25
	热塑性塑料	≥170	≥100
	玻璃（不包括含铅玻璃）	≥350	≥210
液晶电视机	铁与铁合金	≥100	≥60
	铜与铜电缆	≥7	≥4
	铝与铝合金	≥30	≥18
	热塑性塑料	≥220	≥130
等离子电视机	铁与铁合金	≥300	≥180
	铜与铜电缆	≥5	≥3
	热塑性塑料	≥130	≥70
背投电视机	铁与铁合金	≥300	≥180
	铜与铜电缆	≥5	≥3
	热塑性塑料	≥130	≥70
电冰箱	铁与铁合金	≥580	≥350
	铜与铜电缆	≥12	≥7
	铝与铝合金	≥28	≥17
	热塑性塑料	≥110	≥66

续表

废弃产品类别	材料	一级值	二级值
洗衣机	铁与铁合金	≥450	≥270
	铜与铜电缆	≥9	≥5.4
	铝与铝合金	≥30	≥18
	热塑性塑料	≥420	≥250
房间空调器	铁与铁合金	≥700	≥420
	铜与铜电缆	≥90	≥54
	铝与铝合金	≥28	≥16
	热塑性塑料	≥60	≥36
便携式计算机	铁与铁合金	≥280	≥160
	铜与铜电缆	≥4	≥2.4
	铝与铝合金	≥65	≥40
	热塑性塑料	≥240	≥140
台式计算机主机	铁与铁合金	≥550	≥330
	铜与铜电缆	≥65	≥40
	铝与铝合金	≥14	≥8
	热塑性塑料	≥70	≥42
阴极射线管显示器	铁与铁合金	≥100	≥60
	铜与铜电缆	≥50	≥30
	热塑性塑料	≥140	≥85
	玻璃（不包括含铅玻璃）	≥330	≥200
液晶显示器	铁与铁合金	≥280	≥165
	铜与铜电缆	≥50	≥30
	铝与铝合金	≥25	≥15
	热塑性塑料	≥400	≥240

表 7－12　产品的关键拆解产物

产品	关键拆解产物
CRT 电视机 CRT 计算机显示器	含铅玻璃
	印刷线路板
	电线电缆
液晶电视机 便携式计算机 液晶显示器	灯管
	液晶面板
	印刷线路板
	电线电缆

续表

产品	关键拆解产物
电冰箱	发泡材料
	印刷线路板
	电线电缆
	压缩机
房间空调器	印刷线路板
	电线电缆
	压缩机
	电机
洗衣机	印刷线路板
	电线电缆
	电机
等离子电视机、背投电视机	印刷线路板
台式计算机主机	电线电缆

四　分级评价标准

根据上述三大类 11 个评价指标对处理企业的资源化水平进行打分，其中每类产品的评价参数不同。按照满足评价参数的数量进行处理企业资源化水平的分级，一共分为 A、B、C、D 四个等级。其中：

A 级企业满足 75% 以上的指标参数，资源化水平很高；

B 级企业满足 50% 以上的指标参数，较为重视资源化工作，但水平还有进一步提升的空间；

C 级企业在资源化方面做了一些基础工作，但水平不高；

D 级企业在资源化方面所做工作不多，水平较低。

依据以上原则，各种产品的分级评价标准见表 7 - 13。

表 7 - 13　各类产品分级评价标准

产品	指标总数	符合指标数	级别
阴极射线管电视机 阴极射线管显示器	23	≥17	A
		11 ~ 16	B
		6 ~ 10	C
		≤5	D

续表

产品	指标总数	符合指标数	级别
液晶电视机 液晶显示器	21	≥16	A
		10～15	B
		6～9	C
		≤5	D
等离子与背投电视机	17	≥12	A
		8～11	B
		6～7	C
		≤5	D
电冰箱	30	≥22	A
		15～21	B
		6～14	C
		≤5	D
房间空调器	23	≥17	A
		11～15	B
		6～10	C
		≤5	D
便携式计算机	21	≥16	A
		10～15	B
		6～9	C
		≤5	D
台式计算机主机	19	≥14	A
		9～13	B
		6～8	C
		≤5	D
洗衣机	23	≥17	A
		11～15	B
		6～10	C
		≤5	D

五　实施步骤

建议废弃电器电子产品处理企业进行资源化水平的评价由国家指定机构实施，实施步骤为企业申请—现场审查—评价结果的确认与公示。企业申请时需提交企业信息、处理情况、资质文件、证书等书面材料，指定机构按照

《导则》标准和产品的技术规范标准对处理企业进行实地审查，通过审核企业财务、设备、信息系统等数据，确定申请资料的真实性与有效性，并对申请企业某类产品的资源化处理能力进行评价。评价结果在约定时段内向社会进行公示，公示无异议后确定处理企业对各种类型产品的资源化水平级别。

第四节　结果与建议

本研究通过对国内外废弃电器电子产品资源化相关情况的深入了解，并结合 TC297（全国电工电子产品与系统的环境标准化技术委员会）已有的标准化研究成果，并开展了对 12 家不同资源化特点的处理企业的实地调研和 64 家资质处理企业发放数据调查问卷，其中收回 31 份有效问卷，了解企业对"四机一脑"产品在设备、工艺和管理方面的资源化利用能力和现状，确定资源化评价原则和要求，选择具有代表性、可操作性强的三大类 11 个评价指标，并针对各类产品确定指标参数，制定分级标准和实施步骤，形成了一套由一项处理企业资源化评价导则和五项目录产品资源化评价技术规范组成的系列标准及其编制说明，并经过 2 次处理企业、科研机构的专家进行的专家论证形成标准的征求意见稿，并对 64 家资质处理企业及其他利益相关方进行征求意见，并在过程中不断完善标准内容，完成研究报告。

本书的系列标准中《废弃电器电子产品处理企业资源化水平评价导则》（以下简称《导则》）主要规定了处理企业资源化评价的基本原则与要求、分级评价的指标体系和评价方法以及评价实施步骤。《废电视机资源化水平评价技术规范》等五类产品资源化评价技术规范规定了某类产品资源化处理时评价的具体参数。处理企业、行业协会和行业主管部门等机构可根据《导则》和某类产品的技术规范要求对处理企业某类产品的资源化能力进行打分评价，确定企业对于某类目录产品的资源化水平处于哪个等级。

标准建立了一套较为完善、科学、合理的处理企业资源化评价指标体系。既包含了目前对处理企业拆解情况审核中对于关键设备、关键拆解物等重要因素的评价，又设置了产品再生利用率、材料产出量等指标，充分考核了处理企业资源化能力。同时量化的评价方式直观、客观、有效，能够全面、迅速并且客观的判断企业的处理情况。该系列标准既可以作为处理企业进行资源化自我评价的依据，也可以作为政府考核处理企业资源化水平，并实施基金差异性补贴的技术支撑，有利于促进废弃电器电子产品处理行业产业升级，为社会创造更多的经济和资源效益。

本书的产出标准《废弃电器电子产品处理企业资源化水平评价导则》和《废电视机资源化水平评价技术规范》已在 2013 年第二批国家标准中立项，启动了标准的制订流程。目前处理企业参与自评价的还不是很多，在下一步的工作中需要加强宣传，邀请更多的企业参与资源化评价和标准制订工作，对标准的评价指标体系以及指标值进行讨论与调整。

在本书研究过程中，也讨论了对废弃产物进行溯源管理的问题。有些处理企业虽然只是做拆解，没有开展相关资源化活动，但如果这些企业能够建立完善的溯源体系，对拆解产物的流向和资源化情况进行控制和管理，也应加以鼓励。溯源的方法对于处理的无害化和资源化有很好的促进作用，但它涉及供应链的管理，由于目前尚缺乏相关监管措施，在本书研究中没有涉及，可以作为今后的一个研究方向进行积极探索。

附录：标准草案（框架）

附录1　废弃电器电子产品处理企业资源化水平评价导则

1. 范围

本标准规定了对废弃电器电子产品处理企业资源化水平进行评价的术语和定义、基本原则与要求、评价指标、分级评价标准、实施步骤等内容，其中评价指标和分级评价标准只给出了基本框架与方法，应依据具体产品的技术规范进行分别评价与分级。

本标准适用于废弃电器电子产品处理企业、行业协会和行业主管部门等机构，其他行业也可参照使用。

2. 规范性引用文件

下列文件对于本文件应用是必不可少的。凡是注日期的引用文件，仅所注日期的版本适用于本文件。凡是不注日期的引用文件，其最新版本（包括所有的修改单）适用于本文件。

- GB 5085.7　危险废物鉴别标准通则
- GB/T 28001　职业健康安全管理体系规范
- OHSAS 18001　职业安全与卫生管理体系—规范

- OHSAS 18002　职业安全与卫生管理体系 – OHSAS18001 实施指南
- ISO 9000　质量管理体系要求
- ISO 14000　环境管理体系—规范及使用指南

3. 术语和定义

下列术语和定义适用于本标准。

3.1　废弃电器电子产品 waste electrical and electronic product

拥有者不再使用且已经丢弃或放弃的电器电子产品（包括构成其产品的所有零部件、元器件等），以及在生产、流通和使用过程中产生的不合格产品和报废产品。

注：废弃电器电子产品也称为废弃电子电器产品。

3.2　处理 treatment

对废弃电器电子产品进行除污、拆解和回收利用等活动。

3.3　处理企业 recycler

从事废弃电器电子产品处理活动的法人，需具备处理资质并拥有相应的处理设施和场地。

3.4　再使用 reuse

在不违背相关法律、规章或标准前提下，按其原用途继续使用废弃产品或其零/部件、元/器件或经清理、维修后按其原用途继续使用的行为。

3.5　再生利用 recycling

对废弃电器电子产品进行回收利用，使之其中一部分作为原材料重新利用的过程。

3.6　再生利用率 recycling rate

废弃电器电子产品中被再使用部分与再生利用部分的质量之和（不包括能量回收部分）与废弃产品总质量的百分比。

3.7　评价周期 evaluation period

按照国家相关政策文件的要求对处理企业资源化水平进行评价的时段。

4. 基本原则与要求

4.1　基本原则

废弃电器电子产品的处理应遵循以下原则：

——资源利用最大化，环境污染最小化；

——应符合国家环境保护与职业安全相关的法规与标准；

——应按照再使用、再生利用和能量回收的顺序进行处理。

4.2 基本要求

废弃电器电子产品的处理应满足以下基本要求：

——处理前应优先实现废弃电器电子产品中的零部件在符合相关标准要求下的再使用；

——对需要进行特殊处理的零部件在破碎分选前进行拆卸，包括经简单操作可直接进行再生利用的（例如电线电缆），或需要在拆解流水线之外的地方进行处理的（例如电机），或含有毒有害物质的（例如含有溴化阻燃剂的零部件）；

——再生利用应尽可能分离出可以直接进行原材料生产的单种材料，例如单种金属、单种塑料、两种及以上相容性高的热塑性塑料等；

——处理、处置宜采取当前最佳可行技术及必要的措施，确保处理、处置时对人体健康和环境污染符合相关标准要求，并避免污染物影响处理过程中的其他物品。

5. 评价指标

5.1 总则

本标准对于处理企业资源化水平的评价主要依据3类指标：技术水平、管理水平和资源化水平。每类设定有若干指标，针对某种产品的具体指标见相应产品的技术规范。

5.2 技术水平

5.2.1 资源化设备

处理企业应有专门的资源化设备，包括拆解设备和材料分选设备，且有运行记录等材料可证明其正常运行。

拆解设备：将废弃产品拆解分离的设备，推荐按照产品类型与性质设置专门的机械流水线设备或者在通用流水线上按照不同产品类型加装专门的拆解装置，例如废电视机、废计算机显示器拆解处理线；废电冰箱拆解处理线；废线路板拆解处理线等。

材料分选设备：将不同材料，包括不同金属、不同塑料或金属与塑料进行粉碎和分选的设备，例如高磁力分选机、涡流分选机等。具体产品的材料分选设备见相应的技术规范。

5.2.2 关键工艺

处理企业应尽量使用高效、有利于资源化的工艺进行拆解处理。具体产品的关键工艺见相应的技术规范。

5.2.3　能效指标

处理企业对资源进行综合利用之余，要尽量减少能源和资源的消耗量。应统计在评价周期内单位重量废弃产品的耗电量，按照式（1）进行计算，其指标值见各产品的技术规范。

$$EE = \frac{EC}{M} \qquad\qquad 式（1）$$

式中：

EE——处理企业的能效指标（kWh/t）；

EC——评价周期内处理企业耗电量（kWh）；

M——评价周期内废弃产品的总质量（t）。

5.3　管理水平

5.3.1　ISO 9000

企业的管理水平对于质量保证、安全生产、环境保护是至关重要的，处理企业宜通过 ISO 9000 质量保证体系认证来体现其质量管理水平，且评价周期在认证证书有效期内。

5.3.2　ISO 14000

处理企业宜通过 ISO 14000 环境管理体系认证来体现其环境管理水平，且评价周期在认证证书有效期内。

5.3.3　OHSAS 18001

处理企业应关注职业卫生安全问题，宜依据 OHSAS 18001、OHSAS 18002 或 GB/T 28001 通过 OHSAS 18001 认证体现其在职业卫生安全方面的管理水平，且评价周期在认证证书有效期内。

5.3.4　社会责任报告

处理企业宜通过每年发布社会责任报告（CSR）体现其在可持续发展方面所做的工作，可依据国际上的 GRI（全球报告倡议组织，Global Reporting Initiative）出版的 G3 标准，国内的《上市公司企业社会责任编制指引》、《中央企业履行企业社会责任的指导意见》、中国社会科学院发布的《中国企业社会责任报告编写指南（CASS – CSR 1.0)》等标准进行编制。

5.3.5　其他相关认证

处理企业也可通过其他处理企业管理方面的认证体现其在废弃电器电子产品回收处理方面的管理水平，例如 R2（Responsible Recycling）认证等，且评价周期在认证证书有效期内。

5.4　资源化水平

5.4.1　废弃产品的再生利用率

处理企业应收集各种废弃电器电子产品流入的数量和重量，以及流出的各种拆解产物（包括最终废弃物）的类别、重量/数量和再生材料的去向等信息。

废弃产品的再生利用率按式（2）计算：

$$R_{cyc,废弃产品} = \frac{\sum_{i=1}^{n} m_{cyci}}{M_v} \times 100\% \qquad 式（2）$$

式中：

$R_{cyc,废弃产品}$——废弃产品的再生利用率，（%）；

m_{cyci}——第 i 种再生利用或再使用零部件和/或材料的质量（公斤）；

n——再生利用（再使用）的部件和/或材料的类别总数；

M_v——废弃产品总质量（公斤）。

注：废弃产品再生利用率为回收处理企业实际发生或实现的指标，而不是理论计算值。

其中，废弃产品再生利用率计算原则包括：

——再生利用率宜依据评价周期内废弃产品和拆解产物的总量进行计算；

——符合相关标准要求的再使用零部件/材料质量可以计算在分子中；

——再生利用材料的质量是经过处理符合相关国家标准要求并应用到新产品中的材料；

——按照 GB 5085.7 鉴定为危险废弃物的零部件（无论处理企业是否对其进行处理）不可算作再生利用质量；

——按照现有技术可以再生利用、但实际上没有得到再生利用的零部件/材料的质量不可计算在分子内；

——处理企业应针对不同类型产品（材料）建立回收处理统计信息表，可参考附录 B。没有建立回收处理统计信息表的再生利用零部件/材料质量不可以计算在分子内。

注：以上所提"分子"均指公式 1 中的分子。

此外，具体产品的计算原则和指标值见相应的技术规范。

5.4.2　材料产出量

废弃产品铜及铜电缆、铁与铁合金、铝与铝合金、相容热塑性塑料等材料的产出量按式（3）计算。

$$M_{材料产出} = \frac{m_{拆解材料}(kg)}{M_v(t)}$$ 式（3）

式中：

$M_{材料产出}$——各种材料的产出量，（千克/吨，kg/t）；$m_{拆解材料}$——拆解得到的某种材料的质量（千克，公斤）；

M_v——废弃产品总质量（吨，t）。

其中，材料产出量计算原则包括：

——材料产出量宜依据评价周期内废弃产品和拆解产物的总量进行计算；

——依据5.2.1部分计算在分子内的零部件和材料才可认为是产出的材料；

——主要产出的材料包括金属、热塑性塑料和玻璃，其中热塑性塑料指已按照塑料种类分离开的或经材料分选后在附录 D 中相容性高于 3（即优秀、好、可以）的混合塑料，没有依据塑料类型进行分选的混合塑料不可认为是热塑性塑料。

具体产品各种材料产出量的计算原则和指标值见相应的技术规范。

注：按照环保部系统数据对拆解产物进行归类，例如偏转线圈与电线电缆归类为铜与铜电缆；彩色锥玻璃和黑白玻璃归类为玻璃；铁、压缩机与电机归类为铁与铁合金。

5.4.3　关键拆解产物的资源化

大部分处理企业对废弃电器电子产品进行拆解后，将印刷线路板、电机、压缩机、电线电缆等关键拆解产物交给下游处理企业进行处理，但这些关键产物的深加工对资源的综合利用是非常重要的，因此应鼓励企业对关键拆解产物进行深度处理。具体产品的关键拆解产物见相应的技术规范。

注：应依据企业实际的对关键拆解产物的资源化情况进行评价，而不是只看是否有相关设备。

6. 分级评价标准

根据上述三大类 11 个评价指标对处理企业的资源化水平进行打分，其中每类产品的评价参数不同。按照满足评价参数的数量进行处理企业资源化水平的分级，一共分为 A、B、C、D 四个等级。其中：

A 级企业满足 75% 以上的指标参数，资源化水平很高；

B 级企业满足 50% 以上的指标参数，较为重视资源化工作，但水平还有进一步提升的空间；

C 级企业在资源化方面做了一些基础工作，但水平不高；

D 级企业在资源化方面所做工作不多，水平较低。

各类产品的评价参数与分级评价标准见相应的技术规范。

7. 实施步骤

7.1 总则

废弃电器电子产品处理企业进行资源化水平的评价由国家指定机构实施，实施步骤为申请—现场审查—评价结果的确认与公示。按照处理企业申请的产品类型进行分别评价。

7.2 申请

处理企业申请评价应提交正式申请，并随附以下文件：

a）处理企业评价申请表；

b）处理企业信息表（附录 A）；

c）废弃产品处理统计信息表（附录 B 及产品技术规范，按不同产品分别列表）；

d）企业平面图；

e）处理企业资质文件复印件；

f）处理企业获取的认证证书或报告的复印件；

g）营业执照和组织机构代码证复印件。

7.3 现场审查

申请资料经评价机构初审通过后，处理企业和评价机构确定现场审查的时间。现场审查的内容主要为提交资料的真实性和有效性，重点包括：

——证明资源化设备存在且正常运行的文件，如运行和维护记录、视频文件等；

——证明关键工艺相关参数真实性的文件，如设备验收报告、设备运行报告、进出库记录、收货方凭证、视频文件等；

——电费通知单、电费发票等文件，以核实评价周期内的耗电量；

——企业获得的资质证书、认证证书及相关文件，并确认评价周期在其有效期内；

——评价周期内废弃电器电子产品处理信息系统数据，核实企业提交的处理企业信息表和废弃产品处理统计信息表中数据的真实性；

——关键拆解产物进行资源化的相关证明材料，包括现场检查是否有相关设备、设备运行记录、进出库记录和视频文件等。

提交资料的真实性和有效性确认通过后，依据各产品的技术规范进行部分评价指标的计算，并填写评价表，依据分类评价方法确定该产品的资源化水平的级别。

7.4　评价结果的确认与公示

评价机构对处理企业的评价结果在现场审查阶段经企业确认后，在约定时段内向社会进行公示，公示无异议后确定处理企业对各种类型产品的资源化水平级别。

附录 A　（资料性附录）

处理企业信息表

企业名称		电话		传真	
地址		邮编		e - mail	
固定资产总额		法人代表		总回收量（万吨）	
设施与设备	自有仓储容积/m³				
	租用仓储容积/m³				
	运输车辆/台				
	装卸设备/台				
	处理设备 1				
	处理设备 2				
	处理设备 3				
	处理设备 4				
	……				
评价周期起始时间		年　月　日　—　年　月　日			
开工时间/小时					
废弃产品数量		数量/台		重量/吨	
	家用电冰箱				
	房间空调器				
	洗衣机				
	阴极射线管电视机				
	液晶电视机				
	等离子电视机				
	便携式计算机				
	台式计算机主机				
	阴极射线管显示器				
	液晶显示器				
	印刷线路板				
	……				
	总计				
能源消耗	时间	年　月　日　—　年　月　日			
	用电量/kWh				

附录 B（资料性附录）

废弃产品处理统计信息表

说明：1. 填表时同一物品或同一材料的数值只统计一次；

2. 当废弃物质无法按材料归类时，以"零部件"进行归类；

3. 当零部件可再使用时也统计在"可再生利用的材料质量"栏内；

4. 此表为通用型表格，具体产品表格见相应技术规范。

输入（日期： 年 月 日）		输出					
数量（台）	质量（公斤）	材料名称		质量（公斤）	可再生利用的材料质量（公斤）	比例（%）	再生材料去向
		塑料	ABS				
			PE				
			PP				
			……				
		混合塑料					
		铜及铜电缆					
		铝					
		铁					
		金属混合物					
		玻璃和橡胶					
		电子元器件					
		……					
		零部件					
		混合废料					
		其他					
总计		总计					
关键拆解产物		是否进行资源化		相关设备或工艺			
电线电缆		□是 □否					
压缩机		□是 □否					
……							

附录 C（资料性附录）
电器电子产品常用热塑性塑料和热固性塑料

附表 7-1　常用热塑性塑料

名　称	缩　写
低密度聚乙烯	LDPE
线性低密度聚乙烯	LLDPE
超低密度聚乙烯	ULDPE/VLDPE
聚乙烯	PE
高密度聚乙烯	HDPE
聚丙烯	PP
（乙烯/丙烯/二烯）共聚物	EPM/EPDM
聚苯乙烯	PS
（苯乙烯/丙烯腈）共聚物	SAN
（丙烯腈/丁二烯/苯乙烯）共聚物	ABS
聚氯乙烯	PVC
聚酰胺	PA
聚碳酸酯	PC
聚甲基丙烯酸甲酯	PMMA
聚对苯二甲酸丁二酯	PBT
聚对苯二甲酸乙二酯	PET
热塑性丁苯胶	SBS

附表 7-2　常用热固性塑料

名称	缩写	名称	缩写
酚醛树脂	PF	不饱和聚酯树脂	UP
脲醛树脂	UF	环氧树脂	EP
三聚氰胺树脂	MR	有机硅树脂	SI

附录 D（资料性附录）

热塑性塑料相容性列表

附表 7-3　热塑性塑料相容性

	低密度聚乙烯 LDPE	线性低密度聚乙烯 LLDPE	超低密度聚乙烯 ULDPE/VLDPE	聚乙烯 PE	高密度聚乙烯 HDPE	聚丙烯 PP	(乙烯/丙烯二烯)共聚物 EPM/EPDM	聚苯乙烯 PS	(苯乙烯/丙烯腈)共聚物 SAN	(丙烯腈/丁二烯/苯乙烯)共聚物 ABS	聚氯乙烯 PVC	聚酰胺 PA	聚碳酸酯 PC	聚甲基丙烯酸甲酯 PMMA	聚对苯二甲酸丁二酯 PBT	聚对苯二甲酸乙二酯 PET
线性低密度聚乙烯 LLDPE	1															
超低密度聚乙烯 ULDPE/VLDPE	1	1														
聚乙烯 PE	1	1	1													
高密度聚乙烯 HDPE	1	1	1	1												
聚丙烯 PP	4	2	1	2	4											
(乙烯/丙烯二烯)共聚物 EPM/EPDM	4	4	1	3	4	1										
聚苯乙烯 PS	4	4	4	4	4	4	4									
(苯乙烯/丙烯腈)共聚物 SAN	4	4	4	4	4	4	4	4								
(丙烯腈/丁二烯/苯乙烯)共聚物 ABS	4	4	4	4	4	4	4	4	1							
聚氯乙烯 PVC	4	4	4	2	4	4	4	4	2	3						
聚酰胺 PA	4	4	4	1	4	4	1	4	4	4	4					
聚碳酸酯 PC	4	4	4	4	4	4	4	4	2	2	4	4				
聚甲基丙烯酸甲酯 PMMA	4	4	4	3	4	4	4	4	2	2	2	4	2			
聚对苯二甲酸丁二酯 PBT	4	4	4	2	4	4	4	4	4	4	4	4	1	4		
聚对苯二甲酸乙二酯 PET	4	4	4	3	4	4	4	4	4	4	4	4	1	4	3	
热塑性丁苯胶 SBS	4	4	4	4	4	4	4	4	3	2	3	3	4	3	4	4

注：1—优秀；2—好；3—可以；4—不相容。

附录2　废电视机资源化水平评价技术规范

1. 范围

本标准规定了处理企业对电视机进行资源化水平评价的术语和定义、评价指标和分级评价标准等。

本标准适用于废电视机处理企业、行业协会和行业主管部门等机构，其他行业也可参考使用。

2. 规范性引用文件

下列文件对于本文件的应用是必不可少的。凡是注日期的引用文件，仅所注日期的版本适用于本文件。凡是不注日期的引用文件，其最新版本（包括所有的修改单）适用于本文件。

GB/T 28555-2013 废电器电子产品回收处理设备技术要求制冷器具与阴极射线管显示设备回收处理设备。

废弃产品再生利用率限定值和目标值第二部分电视机计算机。

废弃电器电子产品处理企业资源化水平评价导则。

3. 术语和定义

下列术语和定义适用于本标准。

3.1　电视机 television

包括阴极射线管（CRT，分为黑白、彩色两类）电视机、等离子电视机、液晶电视机、背投电视机及其他用于接收信号并还原出图像及伴音的终端设备。

注：本标准将废电视机产品分为阴极射线管电视机、液晶电视机、等离子电视机和背投电视机。

3.2　荧光粉 fluorescent powder

在紫外线、可见辐射和电场作用下引起发光的物质，经常用在阴极射线管中。

注：荧光粉如不经处理直接填埋会对水和土壤环境造成严重影响，是国家相关法规管控的危险废弃物。

3.3　含铅玻璃 lead containing glass

阴极射线管中的锥玻璃，其中含有铅，需要使用特殊工艺进行处理。

注：阴极射线管电视机中的部分屏玻璃含有铅，但含铅量较低，可作为一般废弃物进行处理，在本标准中不包括在含铅玻璃范围内。

4. 评价指标

4.1　资源化设备

废阴极射线管电视机的资源化宜有专门的屏锥分离设备（干法或湿法）和含铅玻璃清洗设备（干法或湿法），应符合 GB/T 28555 - 2012 第六章的要求。其他电视机没有专门的资源化设备。

4.2　关键工艺

废阴极射线管电视机的关键工序为显像管屏、锥分离技术，按照设备对 20 ~ 29 寸阴极射线管电视机的加工效率进行分类，指标值见附表 7 - 4，具体工艺见附录 A。如有多台设备，按照实际加工量将屏锥分离效率加权平均后进行评价。

注：本标准中设置有一级值和二级值的指标，其一级值是包含着二级值的，即如果满足一级值，则也会满足二级值，在进行分级评价时认为同时满足两个条件。

附表 7 - 4　废电视机关键工艺加工效率指标

工艺指标	一级值	二级值
20 ~ 29 寸阴极射线管电视机屏锥分离效率	≥60 个/小时	≥40 个/小时

4.3　能效指标

能效指标为在评价周期内单位重量废弃产品的耗电量，其指标值见附表 7 - 5。如处理企业没有单独测量废电视机处理过程的耗电量，可使用单位重量所有废弃产品的耗电量代替。

附表 7 - 5　处理企业能效指标值

指标	一级值
能效	≤55kWh/t

4.4　废弃产品的再生利用率

各类废电视机的再生利用率的指标值见附表 7 - 6。其中属于危险废物的印刷线路板、锥玻璃以及背光灯、液晶面板不算再生利用材料，但一般废弃物屏玻璃和黑白玻璃算再生利用材料。

附表 7 - 6   废电视机的再生利用率指标

废弃产品类别	一级值	二级值
阴极射线管电视机	≥60%	≥55%
液晶电视机	≥55%	≥50%
等离子电视机	≥55%	≥50%
背投电视机	≥55%	≥50%

4.5   材料产出量

废电视机的材料产出量计算原则包括：

——铁与铁合金包括扬声器等主要由铁制成的零部件与材料；

——铜与铜电缆包括拆下的电线电缆与偏转线圈。

各类废电视机的材料产出量的指标值见附表 7 - 7。

附表 7 - 7   电视机的材料产出量指标值

废弃产品类别	材料	一级值/kg/t	二级值/kg/t
阴极射线管电视机	铁与铁合金	≥100	≥60
	铜与铜电缆	≥45	≥25
	热塑性塑料	≥170	≥100
	玻璃（不包括含铅玻璃）	≥350	≥210
液晶电视机	铁与铁合金	≥100	≥60
	铜与铜电缆	≥7	≥4
	铝与铝合金	≥30	≥18
	热塑性塑料	≥220	≥130
等离子电视机	铁与铁合金	≥300	≥180
	铜与铜电缆	≥5	≥3
	热塑性塑料	≥130	≥70
背投电视机	铁与铁合金	≥300	≥180
	铜与铜电缆	≥5	≥3
	热塑性塑料	≥130	≥70

4.6   关键拆解产物的资源化

废阴极射线管电视机的关键拆解产物为印刷线路板和电线电缆，废液晶电视机的关键拆解产物为背光灯、液晶面板、印刷线路板及电线电缆，其他两类废电视机的关键拆解产物包括电线电缆和印刷线路板。对关键拆解产物进行深加工之后的再使用与其中部分材料的再生利用为其资源化过程,具体工艺见附录 A。

5. 分级评价标准

各种废电视机的评价表格见附录 A,分级评价标准见附表 7 - 8。

附表 7 - 8　各类废电视机产品的分级评价标准

废弃产品类别	级别	符合数量
阴极射线管电视机	A	≥17
	B	11 ~ 16
	C	6 ~ 10
	D	≤5
液晶电视机	A	≥16
	B	10 ~ 15
	C	6 ~ 9
	D	≤5
等离子电视机	A	≥12
	B	8 ~ 11
	C	6 ~ 7
	D	≤5
背投电视机	A	≥12
	B	8 ~ 11
	C	6 ~ 7
	D	≤5

附录 A (资料性附录)

处理工艺

附表 7 - 9　关键工艺

序号	工艺	描述
1	阴极射线管电视机屏锥分离	利用机械、电热丝、激光切割沿着屏玻璃与锥玻璃的分界线将屏玻璃和锥玻璃尽量分离,使混入屏玻璃中的锥玻璃不应高于锥玻璃总重量的 10%

附表 7 – 10　关键拆解产物的资源化

序号	关键拆解产物	资源化操作
1	印刷线路板	一般有两种方式进行处理，一是化学处理，也称湿式处理，将破碎后的电子废弃物颗粒投入酸性或碱性的液体中，浸出液再经过萃取、沉淀、置换、离子交换、过滤以及蒸馏等一系列的过程最终得到高品位的金属；二是火法处理，包括焚烧、熔炼、烧结、熔融等，主要是要去除塑料和其他有机成分然后富集金属
2	电线电缆	铜线较粗且基本成盘的电缆可采取机械破碎电线外皮、人工剥离的方法，分别得到铜线和废旧塑料，但对于细线、软线等，一是将其粉碎为"米铜"，然后经浮选分别得到塑料和铜；二是用有机溶剂溶解，然后从溶剂中回收塑料
3	背光灯	使用直接破碎分离和切端吹扫分离 2 种工艺，通过负压将荧光粉和汞蒸气分类收集，然后通过加热器回收高纯度汞
4	液晶面板	目前采用两种处理工艺，一是熔炉回收法，用 LCD 面板代替玻璃或熔化砂子，形成保护层进行工业废物的焚烧，保护熔炉砖墙不被损坏。LCD 塑料金属薄片则代替石油或燃气，作为焚烧用的热源；二是熔炼金属回收法，将废弃 LCD 面板在金属冶炼过程中，当作原料加入使用，其中 LCD 玻璃可代替熔化砂子，分离贵重金属和普通金属。LCD 金属薄膜可代替煤作为燃烧用的热源

附录 B （规范性附录）
废电视机评价表格

附表 7 – 11　废阴极射线管电视机评价

评价指标类别	评价指标	评价参数	是否满足
技术水平	资源化设备	有专门拆解流水线或设备	□是　□否
		有屏锥分离设备	□是　□否
		有含铅玻璃清洗设备	□是　□否
	关键工艺	屏锥分离效率满足二级值	□是　□否
		屏锥分离效率满足一级值	□是　□否
	能效指标	处理企业能效指标满足一级值	□是　□否
管理水平	ISO 9000	通过 ISO 9000 认证，且在有效期内	□是　□否
	ISO 14000	通过 ISO 14000 认证，且在有效期内	□是　□否
	OHSAS 18001	通过 OHSAS 18001 认证，且在有效期内	□是　□否
	社会责任报告	在评价周期内发布社会责任报告	□是　□否
	其他相关认证	通过其他相关认证，且在有效期内	□是　□否

续表

评价指标类别	评价指标	评价参数	是否满足
资源化水平	废弃产品的再生利用率	废阴极射线管电视机再生利用率满足二级值	□是 □否
		废阴极射线管电视机再生利用率满足一级值	□是 □否
	材料产出量	铁与铁合金产出量满足二级值	□是 □否
		铁与铁合金产出量满足一级值	□是 □否
		铜与铜电缆产出量满足二级值	□是 □否
		铜与铜电缆产出量满足一级值	□是 □否
		热塑性塑料产出量满足二级值	□是 □否
		热塑性塑料产出量满足一级值	□是 □否
		玻璃产出量满足二级值	□是 □否
		玻璃产出量满足一级值	□是 □否
	关键拆解产物的资源化	有印刷线路板的资源化处理	□是 □否
		有电线电缆的资源化处理	□是 □否
符合数量			
级别			

附表 7-12　废液晶电视机评价

评价指标类别	评价指标	评价参数	是否满足
技术水平	资源化设备	有专门拆解流水线或设备	□是 □否
	能效指标	处理企业能效指标满足一级值	□是 □否
管理水平	ISO 9000	通过 ISO 9000 认证，且在有效期内	□是 □否
	ISO 14000	通过 ISO 14000 认证，且在有效期内	□是 □否
	OHSAS 18001	通过 OHSAS 18001 认证，且在有效期内	□是 □否
	社会责任报告	在评价周期内发布社会责任报告	□是 □否
	其他相关认证	通过其他相关认证，且在有效期内	□是 □否
资源化水平	废弃产品的再生利用率	废液晶电视机再生利用率满足二级值	□是 □否
		废液晶电视机再生利用率满足一级值	□是 □否
	材料产出量	铁与铁合金产出量满足二级值	□是 □否
		铁与铁合金产出量满足一级值	□是 □否
		铜与铜电缆产出量满足二级值	□是 □否
		铜与铜电缆产出量满足一级值	□是 □否
		铝与铝合金产出量满足二级值	□是 □否
		铝与铝合金产出量满足一级值	□是 □否
		热塑性塑料产出量满足二级值	□是 □否
		热塑性塑料产出量满足一级值	□是 □否
	关键拆解产物的资源化	有背光灯的资源化处理	□是 □否
		有液晶面板的资源化处理	□是 □否
		有印刷线路板的资源化处理	□是 □否
		有电线电缆的资源化处理	□是 □否
符合数量			
级别			

附表 7 - 13 废等离子电视机评价

评价指标类别	评价指标	评价参数	是否满足
技术水平	资源化设备	有专门拆解流水线或设备	□是　□否
	能效指标	处理企业能效指标满足一级值	□是　□否
管理水平	ISO 9000	通过 ISO 9000 认证,且在有效期内	□是　□否
	ISO 14000	通过 ISO 14000 认证,且在有效期内	□是　□否
	OHSAS 18001	通过 OHSAS 18001 认证,且在有效期内	□是　□否
	社会责任报告	在评价周期内发布社会责任报告	□是　□否
	其他相关认证	通过其他相关认证,且在有效期内	□是　□否
资源化水平	废弃产品的再生利用率	废等离子体电视机再生利用率满足二级值	□是　□否
		废等离子体电视机再生利用率满足一级值	□是　□否
	材料产出量	铁与铁合金产出量满足二级值	□是　□否
		铁与铁合金产出量满足一级值	□是　□否
		铜与铜电缆产出量满足二级值	□是　□否
		铜与铜电缆产出量满足一级值	□是　□否
		热塑性塑料产出量满足二级值	□是　□否
		热塑性塑料产出量满足一级值	□是　□否
	关键拆解产物的资源化	有线路板的资源化处理	□是　□否
		有电线电缆的资源化处理	□是　□否
符合数量			
级别			

附表 7 - 14 废背投电视机评价

评价指标类别	评价指标	评价参数	是否满足
技术水平	资源化设备	有专门拆解流水线或设备	□是　□否
	能效指标	处理企业能效指标满足一级值	□是　□否
管理水平	ISO 9000	通过 ISO 9000 认证,且在有效期内	□是　□否
	ISO 14000	通过 ISO 14000 认证,且在有效期内	□是　□否
	OHSAS 18001	通过 OHSAS 18001 认证,且在有效期内	□是　□否
	社会责任报告	在评价周期内发布社会责任报告	□是　□否
	其他相关认证	通过其他相关认证,且在有效期内	□是　□否

续表

评价指标类别	评价指标	评价参数	是否满足
资源化水平	废弃产品的再生利用率	废背投电视机再生利用率满足二级值	□是　□否
		废背投电视机再生利用率满足一级值	□是　□否
	材料产出量	铁与铁合金产出量满足二级值	□是　□否
		铁与铁合金产出量满足一级值	□是　□否
		铜与铜电缆产出量满足二级值	□是　□否
		铜与铜电缆产出量满足一级值	□是　□否
		热塑性塑料产出量满足二级值	□是　□否
		热塑性塑料产出量满足一级值	□是　□否
	关键拆解产物的资源化	有线路板的资源化处理	□是　□否
		有电线电缆的资源化处理	□是　□否
符合数量			
级别			

附录 C （资料性附录）

废电视机处理流程

废阴极射线管电视机的处理流程见附图 7-1，废液晶电视机、废等离子电视机和废背投电视机的处理流程见附图 7-2。各个工序拆下的后盖、机壳、印刷线路板、偏转线圈、屏玻璃、锥玻璃、荧光粉分别收集，送后续工序处理或作为原料出售。

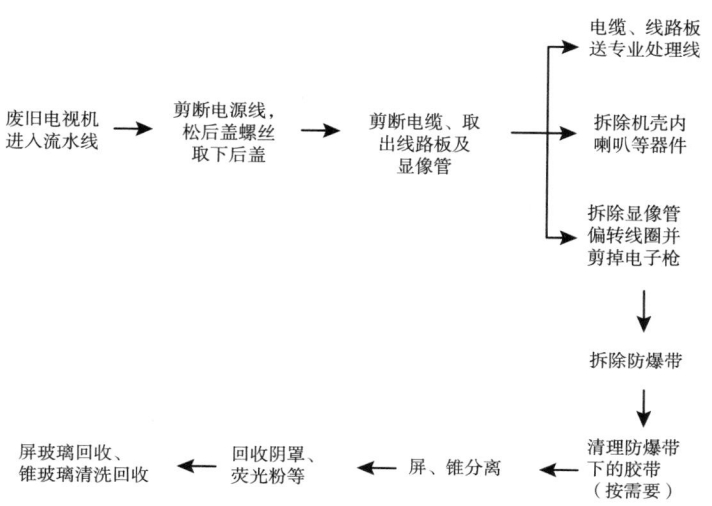

附图 7-1　废阴极射线管电视机处理流程

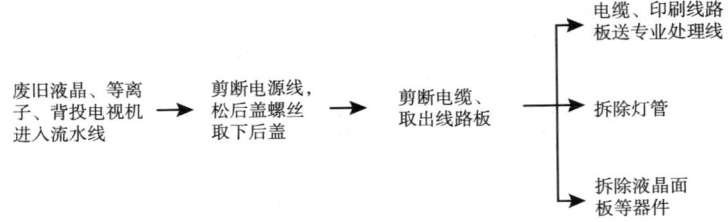

附图 7 - 2 废液晶、等离子、背投电视机处理流程

附录 D （资料性附录）
废电视机处理资源信息统计

附表 7 - 15 废阴极射线管电视机回收处理信息统计

输入（日期： 年 月 日）		输出				
数量（台）	质量（公斤）	材料名称	质量（公斤）	可再生利用的材料质量（公斤）	比例（％）	再生材料去向
		塑料 ABS				
		塑料 PMMA				
		塑料 PE				
		塑料 PP				
		塑料 HIPS				
		混合塑料				
		铜及铜电缆				
		铝				
		铁				
		金属混合物				
		屏玻璃				
		锥玻璃				
		黑白玻璃				
		扬声器				
		遥控器				
		印刷电路板				
		其他（等标明具体名称）				
总计		总计				
关键拆解产物		是否进行资源化		相关设备或工艺		
电线电缆		□是 □否				
印刷线路板		□是 □否				

附表 7-16　废液晶电视机回收处理信息统计

输入(日期：　年　月　日)		输出				
数量 (台)	质量 (公斤)	材料名称		质量 (公斤)	可再生利用的 材料质量(公斤)	比例 (%)	再生材料去向
		塑料	ABS				
			PMMA				
			PE				
			PP				
			HIPS				
		混合塑料					
		橡胶					
		铜及铜电缆					
		铝					
		铁					
		磁铁					
		金属混合物					
		灯管					
		液晶面板					
		扬声器					
		遥控器					
		印刷线路板					
		其他(请标明 具体名称)					
总计		总计					

关键拆解产物	是否进行资源化	相关设备或工艺
电线电缆	□是　□否	
背光灯	□是　□否	
液晶面板	□是　□否	
印刷线路板	□是　□否	

附表 7－17　废等离子体电视机回收处理信息统计

输入(日期：　年　月　日)		输出					
数量 （台）	质量 （公斤）	材料名称		质量 （公斤）	可再生利用的 材料质量（公斤）	比例 （%）	再生材料去向
		塑料	ABS				
			PMMA				
			PE				
			PP				
			HIPS				
		混合塑料					
		橡胶					
		铜及铜电缆					
		铝					
		铁					
		磁铁					
		金属混合物					
		等离子模块					
		扬声器					
		遥控器					
		印刷线路板					
		其他(请标明 具体名称)					
总计		总计					
关键拆解产物		是否进行资源化		相关设备或工艺			
电线电缆		□是　□否					
印刷线路板		□是　□否					

附表7-18 废背投电视机回收处理信息统计

输入(日期: 年 月 日)		输出					
数量 (台)	质量 (公斤)	材料名称		质量 (公斤)	可再生利用的 材料质量(公斤)	比例 (%)	再生材料去向
		塑料	ABS				
			PMMA				
			PE				
			PP				
			HIPS				
		混合塑料					
		橡胶					
		铜及铜电缆					
		铝					
		铁					
		磁铁					
		金属混合物					
		背投模块					
		扬声器					
		遥控器					
		印刷线路板					
		其他(请标明 具体名称)					
总计		总计					
关键拆解产物		是否进行资源化		相关设备或工艺			
电线电缆		□是 □否					
印刷线路板		□是 □否					

附录3 废电冰箱资源化水平评价技术规范

1. 范围

本标准规定了处理企业对电冰箱进行资源化评价的术语和定义、评价指标和分级评价标准等。

本标准适用于废电冰箱处理企业、行业协会和行业主管部门等机构，其他行业也可参考使用。

2. 规范性引用文件

下列文件对于本文件的应用是必不可少的。凡是注日期的引用文件，仅所注日期的版本适用于本文件。凡是不注日期的引用文件，其最新版本（包括所有的修改单）适用于本文件。

GB 150 钢制压力容器。

GB/T 28555－2012 废电器电子产品回收处理设备技术要求制冷器具与阴极射线管显示设备回收处理设备。

废弃电器电子产品处理企业资源化水平评价导则。

废弃产品再生利用率限定值和目标值第一部分房间空气调节器电冰箱洗衣机。

3. 术语和定义

下列术语和定义适用于本标准。

3.1 电冰箱 refrigerator

包括冷藏冷冻箱（柜）、冷冻箱（柜）、冷藏箱（柜）及其他具有制冷系统、消耗能量以获取冷量的隔热箱体。

3.2 制冷剂 refrigerant

在制冷系统中不断循环并通过其自身的状态变化以实现制冷的工作物质。

注：目前在废电冰箱回收利用中常见的制冷剂为 R12（二氯二氟甲烷）、600a（异丁烷）、R134a（1，1，1，2－四氟乙烷）。

4. 评价指标

4.1 资源化设备

废电冰箱的资源化宜有专门的破碎设备、金属与塑料分选设备、不同类型塑料分选设备和泡棉压缩设备。其中破碎设备、金属与塑料分选设备、不同类型塑料分选设备的要求见 GB/T 28555－2012 中第五章的要求。

4.2 关键工艺

废电冰箱的关键工艺为金属与塑料分选工艺、不同类型塑料分选工艺和制冷剂的回收处理。废电冰箱的关键工艺分级指标值见附表 7－19，其中工艺描述请见附录 A。

附表 7 - 19 废电冰箱关键工艺

工艺	一级值	二级值
金属与塑料分离	磁选法与涡电流法	密度法或磁选法
不同类型塑料分离	光学法	密度法、光学法或人工分选
制冷剂回收处理	收集后净化用于维修等	收集

4.3 能效指标

能效指标为在评价周期内单位重量废弃产品的耗电量，其指标值见附表 7 - 20。如处理企业没有单独测量废电冰箱处理过程的耗电量，可使用单位重量所有废弃产品的耗电量代替。

附表 7 - 20 处理企业能效指标值

指标	一级值
能效	$\leq 55\text{kWh/t}$

4.4 废弃产品的再生利用率

废电冰箱的再生利用率指标值见附表 7 - 21。其中属于危险废弃物的线路板、制冷剂，以及送去填埋或焚烧的泡棉、制冷剂和发泡剂不算作再生利用材料。

附表 7 - 21 废电冰箱的再生利用率指标

废弃产品类别	一级值	二级值
电冰箱	$\geq 75\%$	$\geq 65\%$

4.5 材料产出量

废电冰箱的材料产出量计算原则包括：

——铁与铁合金包括压缩机等主要由铁制成的零部件与材料；

——铜与铜电缆包括拆下的电线电缆；

——热塑性塑料包括拆下的 ABS、HIPS 以及少许 PP 等。

废电冰箱的材料产出量指标值见附表 7 - 22。

附表 7 – 22　废电冰箱的材料产出量指标

废弃产品类别	材料	一级值/kg/t	二级值/kg/t
电冰箱	铁与铁合金	≥580	≥350
	铜与铜电缆	≥12	≥7
	铝与铝合金	≥28	≥17
	热塑性塑料	≥110	≥66

4.6　关键拆解产物的资源化

废电冰箱的关键拆解产物包括压缩机、印刷线路板和电线电缆。对关键拆解产物进行深加工之后的再使用与其中部分材料的再生利用为其资源化过程，具体见附录 A。

5　分级评价标准

废电冰箱的评价表格见附录 B，分级评价标准见附表 7 – 23。

附表 7 – 23　各类产品的分级评价标准

废弃产品类别	级别	符合数量
电冰箱	A	≥22
	B	15 ~ 21
	C	6 ~ 14
	D	≤5

附录 A（资料性附录）

处理工艺描述

附表 7 – 24　关键工艺

序号	工艺	描述
1	磁选材料分选	有磁性的物质受到磁力作用改变运动路径从而达到材料分离的目的，一般用于分离金属铁与其他材料
2	涡电流材料分选	依据材料在磁场作用下产生的不同的涡电流性质进行材料分离，一般用于分离非铁金属包括铜、铝和塑料等
3	光学法材料分选	使用红外线技术识别破碎到一定粒度的塑料颗粒，可以按照塑料的类别和颜色区分开，一般适用于 ABS、PP 的分离，以及黑色和白色塑料的分离

续表

序号	工艺	描述
4	密度法材料分选	依照物质的密度进行分选的方法,包括风力分选机、风力摇床、水中浮选等,一般用于金属和塑料或密度差别较大的塑料的分离
5	人工分选	采用眼看、手捏、敲打辨声、敲碎观察断口、加热闻味的方式对塑料的类别进行识别,一般适用于破碎前的大块塑料,例如外壳等
6	制冷剂收集	电冰箱一般使用压缩冷凝法,从压缩机中将制冷剂蒸气集中到符合 GB 150 要求的贮存设备中
7	制冷剂收集后净化用于维修等	制冷剂在使用过程中会发生化学反应,可能含有杂质气体、水分、润滑油和氧化后形成的酸化物等,从压缩机中将制冷剂在气态时通过多次过滤、干燥吸附、加热再生的工艺手段保证制冷剂的纯度

附表 7 - 25 关键拆解产物的资源化

序号	关键拆解产物	资源化操作
1	压缩机	首先清除机内的油脂类物质,采用火焰切割、铣刀开盖、钢锯开缝或整体破碎的技术将压缩机中的材料回收出来
2	印刷线路板	一般有两种方式进行处理,一是化学处理,也称湿式处理,将破碎后的电子废弃物颗粒投入酸性或碱性的液体中,浸出液再经过萃取、沉淀、置换、离子交换、过滤以及蒸馏等一系列的过程最终得到高品位的金属;二是火法处理,包括焚烧、熔炼、烧结、熔融等,主要是要去除塑料和其他有机成分然后富集金属
3	电线电缆	铜线较粗且基本成盘的电缆可采取机械破碎电线外皮、人工剥离的方法,分别得到铜线和废旧塑料,但对于细线、软线等,一是将其粉碎为"米铜",然后经浮选分别得到塑料和铜;二是用有机溶剂溶解,然后从溶剂中回收塑料

附录 B (规范性附录)

废电冰箱评价表格。

附表 7 - 26 废电冰箱评价

评价指标类别	评价指标	评价参数	是否满足
技术水平	资源化设备	有专门拆解流水线或设备	□是 □否
		破碎设备	□是 □否
		有金属与塑料分选设备	□是 □否
		有不同类型塑料分选设备	□是 □否
		有泡棉压缩设备	□是 □否
		有发泡剂收集设备	□是 □否

续表

评价指标类别	评价指标	评价参数	是否满足
技术水平	关键工艺	金属与塑料分选工艺满足二级值	□是　□否
		金属与塑料分选工艺满足一级值	□是　□否
		不同类型塑料分离工艺满足二级值	□是　□否
		不同类型塑料分离工艺满足一级值	□是　□否
		制冷剂回收处理满足二级值	□是　□否
		制冷剂回收处理满足一级值	□是　□否
	能耗指标	处理企业能耗指标满足一级值	□是　□否
管理水平	ISO 9000	通过 ISO 9000 认证,且在有效期内	□是　□否
	ISO 14000	通过 ISO 14000 认证,且在有效期内	□是　□否
	OHSAS 18001	通过 OHSAS 18001 认证,且在有效期内	□是　□否
	社会责任报告	在评价周期内发布社会责任报告	□是　□否
	其他相关认证	通过其他相关认证,且在有效期内	□是　□否
资源化水平	废弃产品的再生利用率	废电冰箱再生利用率满足二级值	□是　□否
		废电冰箱再生利用率满足一级值	□是　□否
	材料产出量	铁与铁合金产出率满足二级值	□是　□否
		铁与铁合金产出率满足一级值	□是　□否
		铜与铜电缆产出率满足二级值	□是　□否
		铜与铜电缆产出率满足一级值	□是　□否
		铝与铝合金产出率满足二级值	□是　□否
		铝与铝合金产出率满足一级值	□是　□否
		热塑性塑料产出率满足二级值	□是　□否
		热塑性塑料产出率满足一级值	□是　□否
		有印刷线路板的资源化处理	□是　□否
		有电线电缆的资源化处理	□是　□否
		有压缩机的资源化处理	□是　□否
符合数量			
级别			

附录 C（资料性附录）

废电冰箱处理流程。

废电冰箱的处理工艺流程见附图 7-3。各个工序拆下的制冷剂、压缩机、印刷线路板、发泡剂、泡棉、金属、塑料分别收集,送后续工序处理或作为原料出售。

注：处理流程中应首先识别制冷剂，从压缩机和铭牌上判断是否为600a，如为600a则不用收集，直接排空即可。600a与其他制冷剂混合在一起会发生燃爆，引发危险。

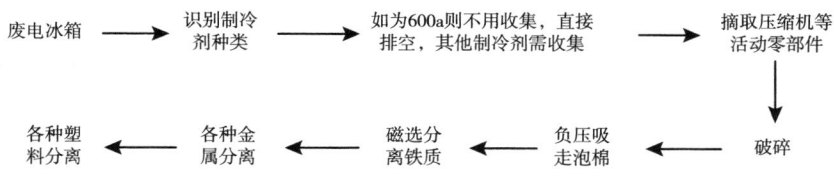

附图 7 - 3　废电冰箱处理流程

附录 D（资料性附录）

废电冰箱处理资源信息统计表。

附表 7 - 27　废电冰箱回收处理的统计信息

输入（日期：　年　月　日）		输出					
数量（台）	质量（公斤）	材料名称		质量（公斤）	可再生利用的材料质量（公斤）	比例（%）	再生材料去向
		塑料	ABS				
			PE				
			PP				
		混合塑料					
		泡棉					
		铜与铜电缆					
		铝与铝合金					
		铁与铁合金					
		金属混合物					
		油					
		氟利昂					
		玻璃和橡胶					
		电子元器件					
		电线					
		零部件					
		混合废料					
		其他					
总计		总计					

关键拆解产物	是否进行资源化	相关设备或工艺
压缩机	□是　□否	
电线电缆	□是　□否	
印刷线路板	□是　□否	

附录 4　废洗衣机资源化水平评价技术规范

1. 范围

本标准规定了处理企业对洗衣机进行资源化水平评价的术语和定义、评价指标和分级评价标准等。

本标准适用于废洗衣机处理企业、行业协会和行业主管部门等机构，其他行业也可参考使用。

2. 规范性引用文件

下列文件对于本文件的应用是必不可少的。凡是注日期的引用文件，仅所注日期的版本适用于本文件。凡是不注日期的引用文件，其最新版本（包括所有的修改单）适用于本文件。

废弃产品再生利用率限定值和目标值第一部分房间空气调节器、电冰箱洗衣机。

废弃电器电子产品处理企业资源化水平评价导则。

3. 术语和定义

下列术语和定义适用于本标准。

3.1　洗衣机 washing machine

包括波轮式洗衣机、滚筒式洗衣机、搅拌式洗衣机、脱水机及其他依靠机械作用洗涤衣物（含兼有干衣功能）的器具。

4. 评价指标

4.1　资源化设备

废洗衣机的资源化宜有专门的不同类型塑料分选设备。

4.2　关键工艺

废洗衣机的关键工艺为不同类型塑料分选工艺，分级指标见附表 7 – 28。

附表 7 – 28 废洗衣机关键工艺指标

工艺	一级值	二级值
不同类型塑料分选	光学法	密度法、光学法及人工分选

4.3 能效指标

能效指标为在评价周期内单位重量废弃产品的耗电量，其指标值见附表 7 – 29。如处理企业没有单独测量废电洗衣机处理过程的耗电量，可使用单位重量所有废弃产品的耗电量代替。

附表 7 – 29 处理企业能效指标值

指标	一级值
能效	≤55KWh/t

4.4 废弃产品的再生利用率

废洗衣机的再生利用率的指标值见附表 7 – 30。其中属于危险废物的印刷线路板不算再生利用材料，无法进行再使用或再生利用的水泥配重不算再生利用质量。

附表 7 – 30 废洗衣机的再生利用率一级值与二级值

废弃产品类别	一级值	二级值
洗衣机	≥70%	≥65%

4.5 材料产出量

废洗衣机的材料产出量计算原则包括：

——铁与铁合金包括电机、阀门等主要由铁制成的零部件与材料；

——铜与铜电缆包括拆下的电线电缆等物质。

废洗衣机的材料产出量的指标值见附表 7 – 31。

附表 7 – 31 废洗衣机的材料产出量一级值与二级值

废弃产品类别	材料	一级值/kg/t	二级值/kg/t
洗衣机	铁与铁合金	≥450	≥270
	铜与铜电缆	≥9	≥5.4
	铝与铝合金	≥30	≥18
	热塑性塑料	≥420	≥250

4.6 关键拆解产物的资源化

废洗衣机的关键拆解产物为印刷线路板、电机和电线电缆。对关键拆解产物进行深加工之后的再使用与其中部分材料的再生利用为其资源化过程，其具体工艺见附录 A。

5. 分级评价标准

废洗衣机的评价表格见附录 A，分级评价标准见附表 7-32。

附表 7-32　废洗衣机的分级评价标准

废弃产品类别	级别	符合数量
洗衣机	A	≥17
	B	11～15
	C	6～10
	D	≤5

附录 A （资料性附录）

处理工艺

附表 7-33　关键工艺

序号	工艺	描述
1	光学法材料分选	使用红外线技术识别破碎到一定粒度的塑料颗粒，可以按照塑料的类别和颜色区分开，一般适用于 ABS、PP 的分离，以及黑色和白色塑料的分离
2	密度法材料分选	依照物质的密度进行分选的方法，包括风力分选机、风力摇床、水中浮选等，一般用于金属和塑料或密度差别较大的塑料的分离
3	人工分选	采用眼看、手捏、敲打辨声、敲碎观察断口、加热闻味的方式对塑料的类别进行识别，一般适用于破碎前的大块塑料，例如外壳等

附表 7-34　关键拆解产物的资源化

序号	关键拆解产物	资源化操作
1	印刷线路板	一般有两种方式进行处理，一是化学处理，也称湿式处理，将破碎后的电子废弃物颗粒投入酸性或碱性的液体中，浸出液再经过萃取、沉淀、置换、离子交换、过滤以及蒸馏等一系列的过程最终得到高品位的金属；二是火法处理，包括焚烧、熔炼、烧结、熔融等，主要是要去除塑料和其他有机成分然后富集金属

续表

序号	关键拆解产物	资源化操作
2	电机	首先清除机内的油脂类物质,采用火焰切割、铣刀开盖、钢锯开缝或整体破碎的技术将电机中的材料回收出来
3	电线电缆	铜线较粗且基本成盘的电缆可采取机械破碎电线外皮、人工剥离的方法,分别得到铜线和废旧塑料,但对于细线、软线等,一是将其粉碎为"米铜",然后经浮选分别得到塑料和铜;二是用有机溶剂溶解,然后从溶剂中回收塑料

附录 B（规范性附录）

废洗衣机评价表格。

附表 7-35　废洗衣机评价

评价指标类别	评价指标	评价参数	是否满足
技术水平	资源化设备	有专门拆解流水线或设备	□是　□否
		有不同类型塑料分选设备	□是　□否
	关键工艺	不同类型塑料分选工艺满足二级值	□是　□否
		不同类型塑料分选工艺满足一级值	□是　□否
	能效指标	处理企业能效指标满足一级值	□是　□否
管理水平	ISO 9000	通过 ISO 9000 认证,且在有效期内	□是　□否
	ISO 14000	通过 ISO 14000 认证,且在有效期内	□是　□否
	OHSAS 18001	通过 OHSAS 18001 认证,且在有效期内	□是　□否
	社会责任报告	在评价周期内发布社会责任报告	□是　□否
	其他相关认证	通过其他相关认证,且在有效期内	□是　□否
资源化水平	废弃产品的再生利用率	废洗衣机再生利用率满足二级值	□是　□否
		废洗衣机再生利用率满足一级值	□是　□否
	材料产出量	铁与铁合金产出量满足二级值	□是　□否
		铁与铁合金产出量满足一级值	□是　□否
		铝与铝合金产出量满足二级值	□是　□否
		铝与铝合金产出量满足一级值	□是　□否
		铜与铜电缆产出量满足二级值	□是　□否
		铜与铜电缆产出量满足一级值	□是　□否
		热塑性塑料产出量满足二级值	□是　□否
		热塑性塑料产出量满足一级值	□是　□否
	关键拆解产物的资源化	有印刷线路板的资源化处理	□是　□否
		有电线电缆的资源化处理	□是　□否
		有电机的资源化处理	□是　□否
符合数量			
级别			

附录 C （资料性附录）

废洗衣机处理流程。

废洗衣机的处理流程见附图 7-4。各个工序拆下的内外桶、配重、印刷线路板、电线电缆、电机、阀门、防水开关等器件分别收集，送后续工序处理或作为原料出售。

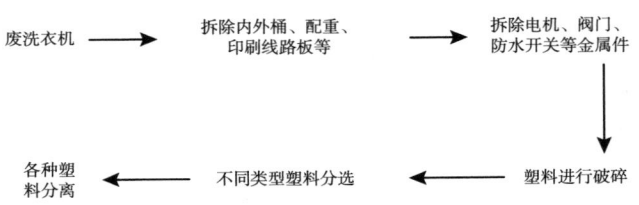

附图 7-4　废洗衣机处理流程

附录 D （资料性附录）

废洗衣机处理资源信息统计表。

附表 7-36　废洗衣机回收处理的统计信息

输入（日期：　年　月　日）		输出					
数量（台）	质量（公斤）	材料名称		质量（公斤）	可再生利用的材料质量（公斤）	比例（%）	再生材料去向
		塑料	ABS				
			PE				
			PP				
		混合塑料					
		铜					
		铁					
		金属混合物					
		电子元器件					
		电线					
		零部件					
		混合废料					
		其他					
总计		总计					

关键拆解产物	是否进行资源化	相关设备或工艺
印刷线路板	□是　□否	
电机	□是　□否	
电线电缆	□是　□否	

附录5　废房间空气调节器资源化水平评价技术规范

1. 范围

本标准规定了处理企业对房间空气调节器进行资源化评价的术语和定义、评价指标和分级评价标准等。

本标准适用于废房间空气调节器处理企业、行业协会和行业主管部门等机构，其他行业也可参考使用。

2. 规范性引用文件

下列文件对于本文件的应用是必不可少的。凡是注日期的引用文件，仅所注日期的版本适用于本文件。凡是不注日期的引用文件，其最新版本（包括所有的修改单）适用于本文件。

GB 150 钢制压力容器。

废弃产品再生利用率限定值和目标值第一部分房间空气调节器电冰箱洗衣机。

废弃电器电子产品处理企业资源化水平评价导则。

3. 术语和定义

下列术语和定义适用于本标准。

3.1　房间空气调节器

包括整体式空调器（窗机、穿墙式等）、分体式空调器（分体壁挂、分体柜机等）、一拖多空调器及其他制冷量在 14000W 以下的房间空气调节器具。

3.2　制冷剂

在制冷系统中不断循环并通过其自身的状态变化以实现制冷的工作物质。

注：目前在废房间空气调节器中常见的制冷剂为 R22（二氟一氯

甲烷）。

4. 评价指标

4.1 资源化设备

废房间空气调节器没有专门的资源化设备。

4.2 关键工艺

废房间空气调节器的关键工艺为制冷剂的回收处理，其指标值见附表 7-37，工艺描述见附录 A。

附表 7-37　废房间空气调节器关键工艺

工艺	一级值	二级值
制冷剂回收处理	收集后净化用于维修等	收集

4.3 能效指标

能效指标为在评价周期内单位重量废弃产品的耗电量，其指标值见附表 7-38。如处理企业没有单独测量废房间空气调节器处理过程的耗电量，可使用单位重量所有废弃产品的耗电量代替。

附表 7-38　处理企业能效指标值

指标	一级值
能效	≤55kWh/t

4.4 废弃产品的再生利用率

废房间空气调节器的再生利用率指标值见附表 7-39。其中属于危险废物的线路板、制冷剂不算再生利用材料。

附表 7-39　废房间空气调节器的再生利用率一级值与二级值

废弃产品类别	一级值	二级值
房间空气调节器	≥80%	≥70%

4.5 材料产出率

废房间空气调节器的材料产出率计算原则包括：

——铁与铁合金包括电机、压缩机等主要由铁制成的零部件与材料；

——铜与铜电缆包括电线电缆。

废房间空气调节器的材料产出率指标值见附表7－40。

附表 7－40　废房间空气调节器的材料产出率指标

废弃产品类别	材料	一级值/kg/t	二级值/kg/t
房间空气调节器	铁与铁合金	≥700	≥420
	铜与铜电缆	≥90	≥54
	铝与铝合金	≥28	≥16
	热塑性塑料	≥60	≥36

4.6　关键拆解产物的资源化

废房间空气调节器的关键拆解产物为印刷线路板、压缩机、电机和电线电缆。对关键拆解产物进行深加工之后的再使用与其中部分材料的再生利用为其资源化过程，具体工艺见附录 A。

5. 分级评价标准

废房间空气调节器的评价表格见附录 A，分级评价标准见附表7－41。

附表 7－41　各类产品的分级评价标准

废弃产品类别	级别	符合数量
房间空气调节器	A	≥17
	B	11～15
	C	6～10
	D	≤5

附录 A（资料性附录）

处理工艺

附表 7－42　关键工艺

序号	工艺	描述
1	制冷剂收集	房间空气调节器一般使用压缩冷凝法，从压缩机中将制冷剂蒸气集中到符合 GB150 要求的贮存设备中
2	制冷剂收集后净化用于维修等	制冷剂在使用过程中会发生化学反应，可能含有杂质气体、水分、润滑油及氧化后形成的酸化物等，从压缩机中将制冷剂在气态时通过多次过滤、干燥吸附、加热再生的工艺手段保证制冷剂的纯度

附表 7 - 43 关键拆解产物的资源化

序号	关键拆解产物	资源化操作
1	印刷线路板	一般有两种方式进行处理,一是化学处理,也称湿式处理,将破碎后的电子废弃物颗粒投入酸性或碱性的液体中,浸出液再经过萃取、沉淀、置换、离子交换、过滤以及蒸馏等一系列的过程最终得到高品位的金属;二是火法处理,包括焚烧、熔炼、烧结、熔融等,主要是要去除塑料和其他有机成分然后富集金属
2	压缩机	首先清除机内的油脂类物质,采用火焰切割、铣刀开盖、钢锯开缝或整体破碎的技术将压缩机中的材料回收出来
3	电机	首先清除机内的油脂类物质,采用火焰切割、铣刀开盖、钢锯开缝或整体破碎的技术将电机中的材料回收出来
4	电线电缆	铜线较粗且基本成盘的电缆可采取机械破碎电线外皮、人工剥离的方法,分别得到铜线和废旧塑料,但对于细线、软线等,一是将其粉碎为"米铜",然后经浮选分别得到塑料和铜;二是用有机溶剂溶解,然后从溶剂中回收塑料

附录 B（规范性附录）
废房间空气调节器评价表格

附表 7 - 44 废房间空气调节器评价

评价指标类别	评价指标	评价参数	是否满足
技术水平	资源化设备	有专门拆解流水线或设备	□是 □否
	关键工艺	制冷剂回收处理满足二级值	□是 □否
		制冷剂回收处理满足一级值	□是 □否
	能效指标	处理企业能效指标满足一级值	□是 □否
管理水平	ISO 9000	通过 ISO 9000 认证,且在有效期内	□是 □否
	ISO 14000	通过 ISO 14000 认证,且在有效期内	□是 □否
	OHSAS 18001	通过 OHSAS 18001 认证,且在有效期内	□是 □否
	社会责任报告	在评价周期内发布社会责任报告	□是 □否
	其他相关认证	通过其他相关认证,且在有效期内	□是 □否

续表

评价指标类别	评价指标	评价参数	是否满足
资源化水平	废弃产品的再生利用率	废房间空气调节器再生利用率满足二级值	□是　　□否
		废房间空气调节器再生利用率满足一级值	□是　　□否
	材料产出率	铁与铁合金产出率满足二级值	□是　　□否
		铁与铁合金产出率满足一级值	□是　　□否
		铜与铜电缆产出率满足二级值	□是　　□否
		铜与铜电缆产出率满足一级值	□是　　□否
		铝与铝合金产出率满足二级值	□是　　□否
		铝与铝合金产出率满足一级值	□是　　□否
		热塑性塑料产出率满足二级值	□是　　□否
		热塑性塑料产出率满足一级值	□是　　□否
	关键拆解产物的资源化	有印刷线路板的资源化处理	□是　　□否
		有电线电缆的资源化处理	□是　　□否
		有压缩机的资源化处理	□是　　□否
		有电机的资源化处理	□是　　□否
符合数量			
级别			

附录 C （资料性附录）

废房间空气调节器处理流程。

废房间空气调节器的处理工艺流程见附图 7－5。各个工序拆下的制冷剂、外壳、压缩机、风扇等分别收集，送后续工序处理或作为原料出售。

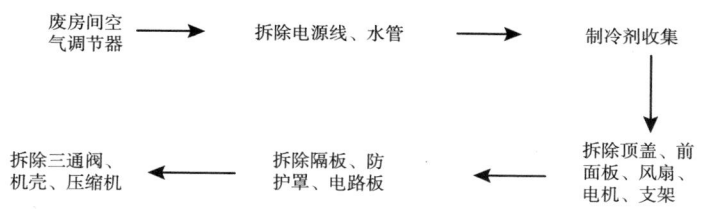

附图 7－5 废房间空气调节器处理流程

附录 D （资料性附录）

废房间空气调节器处理资源信息统计表。

附表 7 - 45　废房间空气调节器回收处理的统计信息

输入(日期：　年　月　日)		输出				
数量 （台）	质量 （公斤）	材料名称		质量 （公斤）	可再生利用的 材料质量（公斤）	比例 （%）	再生材料去向
		塑料	ABS				
			PE				
			PP				
		混合塑料					
		铜电缆					
		铜管					
		铁					
		铝及铝合金					
		金属混合物					
		氟利昂					
		电子元器件					
		电线					
		零 部 件					
		混合废料					
		其他					
总计		总计					
关键拆解产物		是否进行资源化			相关设备或工艺		
电线电缆		□是　　□否					
压缩机		□是　　□否					
印刷线路板		□是　　□否					

附录 6　废微型计算机资源化水平评价技术规范

1. 范围

本标准规定了处理企业对微型计算机进行资源化水平评价的术语和定义、评价指标和分级评价标准等。

本标准适用于废微型计算机处理企业、行业协会和行业主管部门等机构，其他行业也可参考使用。

2. 规范性引用文件

下列文件对于本文件的应用是必不可少的。凡是注日期的引用文件，仅所注日期的版本适用于本文件。凡是不注日期的引用文件，其最新版本（包括所有的修改单）适用于本文件。

GB/T 28555－2013 废电器电子产品回收处理设备技术要求制冷器具与阴极射线管显示设备回收处理设备。

废弃产品再生利用率限定值和目标值第二部分电视机计算机。

废弃电器电子产品处理企业资源化水平评价导则。

3. 术语和定义

下列术语和定义适用于本标准。

3.1　微型计算机

包括台式微型计算机（包括主机、显示器分体或一体形式、键盘、鼠标）和便携式微型计算机（含掌上计算机）等信息事务处理实体。

注：本标准将微型计算机产品分为便携式计算机、台式计算机主机、阴极射线管显示器与液晶显示器。

3.2　荧光粉 fluorescent powder

在紫外线、可见辐射和电场作用下引起发光的物质，经常用在阴极射线管中。

注：荧光粉如不经处理直接填埋会对水和土壤环境造成严重影响，是国家相关法规管控的危险废弃物。

3.3　含铅玻璃 lead containing glass

阴极射线管中的锥玻璃，其中含有铅，需要使用特殊工艺进行处理。

注：阴极射线管电视机中的部分屏玻璃含有铅，但含铅量较低，可作为一般废弃物进行处理，在本标准中不包括在含铅玻璃范围内。

4. 评价指标

4.1　资源化设备

废阴极射线管显示器的资源化宜有专门的屏锥分离（干法或湿法）和含铅玻璃清洗设备（干法或湿法），应符合 GB/T 28555－2012 第六章的要求。废液晶显示器和废计算机主机没有专门的资源化设备。

4.2　关键工艺

废阴极射线管显示器的关键工序为显像管屏、锥分离技术，按照设备加工效率进行分类，分级指标见附表 7－46。如有多台设备，按照实际加工量将屏锥分离效率加权平均后进行评价。其他产品没有资源化关键工艺。

附表 7 – 46　废阴极射线管关键工艺加工效率指标

工艺指标	一级值	二级值
20~29 寸阴极射线管显示器屏锥分离效率	≥60 个/小时	≥40 个/小时

4.3　能效指标

能效指标为在评价周期内单位重量废弃产品的耗电量，其指标值见附表 7 – 47。如处理企业没有单独测量废微型计算机处理过程的耗电量，可使用单位重量所有废弃产品的耗电量代替。

附表 7 – 47　处理企业能效指标值

指标	一级值
能效	≤55kWh/t

4.4　废弃产品的资源化水平

各类废微型计算机产品的再生利用率指标值见附表 7 – 48。其中属于危险废物的印刷线路板、锥玻璃以及背光灯、液晶面板不算再生利用材料，但一般废弃物屏玻璃算为再生利用材料。

附表 7 – 48　废微型计算机产品的再生利用率指标

废弃产品类别	一级值	二级值
便携式计算机	≥55%	≥50%
台式计算机主机	≥60%	≥55%
阴极射线管显示器	≥55%	≥50%
液晶显示器	≥55%	≥50%

4.5　材料产出量

废微型计算机的材料产出量计算原则包括：

——铁与铁合金包括扬声器、电源等主要由铁制成的零部件与材料；

——铜与铜电缆包括拆下的电线电缆、偏转线圈。

各类废微型计算机产品的材料产出量的指标见附表 7 – 49。

附表 7 - 49   废计算机产品的材料产出量一级值与二级值

废弃产品类别	材料	一级值/kg/t	二级值/kg/t
便携式计算机	铁与铁合金	≥280	≥160
	铜与铜电缆	≥4	≥2.4
	铝与铝合金	≥65	≥40
	热塑性塑料	≥240	≥140
台式计算机主机	铁与铁合金	≥550	≥330
	铜与铜电缆	≥65	≥40
	铝与铝合金	≥14	≥8
	热塑性塑料	≥70	≥42
阴极射线管显示器	铁与铁合金	≥100	≥60
	铜与铜电缆	≥50	≥30
	热塑性塑料	≥140	≥85
	玻璃(不包括含铅玻璃)	≥330	≥200
液晶显示器	铁与铁合金	≥280	≥165
	铜与铜电缆	≥50	≥30
	铝与铝合金	≥25	≥15
	热塑性塑料	≥400	≥240

4.6　关键拆解产物的资源化

废阴极射线管电视机的关键拆解产物为印刷线路板和电线电缆,废便携式计算机、废液晶显示器的关键拆解产物为背光灯、液晶面板、印刷线路板和电线电缆,废台式计算机主机的关键拆解产物为印刷线路板(包括计算机主板)和电线电缆。对关键拆解产物进行深加工之后再使用与其中部分材料的再生利用为其资源化过程,具体工艺见附录 A。

5. 分级评价标准

各种废微型计算机产品的评价表格见附录 A,分级评价标准见附表 7 - 50。

附表 7 - 50   各类废微型计算机产品的分级评价标准

废弃产品类别	级别	符合数量
便携式计算机	A	≥16
	B	10 ~ 15
	C	6 ~ 9
	D	≤5

续表

废弃产品类别	级别	符合数量
台式计算机主机	A	≥14
	B	9～13
	C	6～8
	D	≤5
阴极射线管显示器	A	≥17
	B	11～16
	C	6～10
	D	≤5
液晶显示器	A	≥16
	B	10～15
	C	6～9
	D	≤5

附录 A （资料性附录）

处理工艺

附表 7 – 51　关键工艺

序号	工艺	描述
1	阴极射线管显示器屏锥分离	利用机械、电热丝、激光切割沿着屏玻璃与锥玻璃的分界线将屏玻璃和锥玻璃尽量分离,使混入屏玻璃中的锥玻璃不应高于锥玻璃总重量的 10%

附表 7 – 52　关键拆解产物的资源化

序号	关键拆解产物	资源化操作
1	印刷线路板	一般有两种方式进行处理,一是化学处理,也称湿式处理,将破碎后的电子废弃物颗粒投入酸性或碱性的液体中,浸出液再经过萃取、沉淀、置换、离子交换、过滤以及蒸馏等一系列的过程最终得到高品位的金属;二是火法处理,包括焚烧、熔炼、烧结、熔融等,主要是要去除塑料和其他有机成分然后富集金属
2	电线电缆	铜线较粗且基本成盘的电缆可采取机械破碎电线外皮、人工剥离的方法,分别得到铜线和废旧塑料,但对于细线、软线等,一是将其粉碎为"米铜",然后经浮选分别得到塑料和铜;二是用有机溶剂溶解,然后从溶剂中回收塑料

续表

序号	关键拆解产物	资源化操作
3	背光灯	使用直接破碎分离和切端吹扫分离2种工艺,通过负压将荧光粉和汞蒸气分类收集,然后通过加热器回收高纯度汞
4	液晶面板	目前采用两种处理工艺,一是熔炉回收法,用LCD面板代替玻璃或熔化砂子,形成保护层进行工业废物的焚烧,保护熔炉砖墙不被损坏。LCD塑料金属薄片则代替石油或燃气,作为焚烧用的热源;二是熔炼金属回收法,将废弃LCD面板在金属冶炼过程中,当作原料加入使用,其中LCD玻璃可代替熔化砂子,分离贵重金属和普通金属。LCD金属薄膜可代替煤作为燃烧用的热源

附录 B (规范性附录)

废微型计算机评价

附表 7-53 废便携计算机评价

评价指标类别	评价指标	评价参数	是否满足
技术水平	资源化设备	有专门拆解流水线或设备	□是 □否
	能效指标	处理企业能效指标满足一级值	□是 □否
管理水平	ISO 9000	通过 ISO 9000 认证,且在有效期内	□是 □否
	ISO 14000	通过 ISO 14000 认证,且在有效期内	□是 □否
	OHSAS 18001	通过 OHSAS 18001 认证,且在有效期内	□是 □否
	社会责任报告	在评价周期内发布社会责任报告	□是 □否
	其他相关认证	通过其他相关认证,且在有效期内	□是 □否
资源化水平	废弃产品资源化水平	废便携计算机再生利用率满足二级值	□是 □否
		废便携计算机再生利用率满足一级值	□是 □否
	材料产出量	铁与铁合金产出量满足二级值	□是 □否
		铁与铁合金产出量满足一级值	□是 □否
		铝与铝合金产出量满足二级值	□是 □否
		铝与铁合金产出量满足一级值	□是 □否
		铜与铜电缆产出量满足二级值	□是 □否
		铜与铜电缆产出量满足一级值	□是 □否
		热塑性塑料产出量满足二级值	□是 □否
		热塑性塑料产出量满足一级值	□是 □否
	关键拆解产物的资源化	有背光灯的资源化处理	□是 □否
		有液晶面板的资源化处理	□是 □否
		有印刷线路板的资源化处理	□是 □否
		有电线电缆的资源化处理	□是 □否
符合数量			
级别			

附表 7 – 54　废台式计算机主机评价

评价指标类别	评价指标	评价参数	是否满足
技术水平	资源化设备	有专门拆解流水线或设备	□是　□否
	能效指标	处理企业能效指标满足一级值	□是　□否
管理水平	ISO 9000	通过 ISO 9000 认证,且在有效期内	□是　□否
	ISO 14000	通过 ISO 14000 认证,且在有效期内	□是　□否
	OHSAS 18001	通过 OHSAS 18001 认证,且在有效期内	□是　□否
	社会责任报告	在评价周期内发布社会责任报告	□是　□否
	其他相关认证	通过其他相关认证,且在有效期内	□是　□否
资源化水平	废弃产品资源化水平	废台式计算机主机再生利用率满足二级值	□是　□否
		废台式计算机主机再生利用率满足一级值	□是　□否
	材料产出量	铁与铁合金产出量满足二级值	□是　□否
		铁与铁合金产出量满足一级值	□是　□否
		铁与铝合金产出量满足二级值	□是　□否
		铁与铝合金产出量满足一级值	□是　□否
		铜与铜电缆产出量满足二级值	□是　□否
		铜与铜电缆产出量满足一级值	□是　□否
		热塑性塑料产出量满足二级值	□是　□否
		热塑性塑料产出量满足一级值	□是　□否
	关键拆解产物的资源化	有印刷线路板的资源化处理	□是　□否
		有电线电缆的资源化处理	□是　□否
符合数量			
级别			

附表 7 – 55　废阴极射线管显示器评价

评价指标类别	评价指标	评价参数	是否满足
技术水平	资源化设备	有专门拆解流水线或设备	□是　□否
		有屏锥分离设备	□是　□否
		有含铅玻璃清洗设备	□是　□否
	关键工艺	屏锥分离效率满足二级值	□是　□否
		屏锥分离效率满足一级值	□是　□否
	能效指标	处理企业能效指标满足一级值	□是　□否
管理水平	ISO 9000	通过 ISO 9000 认证,且在有效期内	□是　□否
	ISO 14000	通过 ISO 14000 认证,且在有效期内	□是　□否
	OHSAS 18001	通过 OHSAS 18001 认证,且在有效期内	□是　□否
	社会责任报告	在评价周期内发布社会责任报告	□是　□否
	其他相关认证	通过其他相关认证,且在有效期内	□是　□否

续表

评价指标类别	评价指标	评价参数	是否满足
资源化水平	废弃产品资源化水平	废阴极射线管显示器再生利用率满足二级值	□是　□否
		废阴极射线管显示器再生利用率满足一级值	□是　□否
	材料产出量	铁与铁合金产出量满足二级值	□是　□否
		铁与铁合金产出量满足一级值	□是　□否
		铜与铜电缆产出量满足二级值	□是　□否
		铜与铜电缆产出量满足一级值	□是　□否
		热塑性塑料产出量满足二级值	□是　□否
		热塑性塑料产出量满足一级值	□是　□否
		玻璃产出量满足二级值	□是　□否
		玻璃产出量满足一级值	□是　□否
	关键拆解产物的资源化	有印刷线路板的资源化处理	□是　□否
		有电线电缆的资源化处理	□是　□否
符合数量			
级别			

附表 7 – 56　废液晶显示器评价

评价指标类别	评价指标	评价参数	是否满足
技术水平	资源化设备	有专门拆解流水线或设备	□是　□否
	能效水平	处理企业能效水平满足一级值	□是　□否
管理水平	ISO 9000	通过 ISO 9000 认证,且在有效期内	□是　□否
	ISO 14000	通过 ISO 14000 认证,且在有效期内	□是　□否
	OHSAS 18001	通过 OHSAS 18001 认证,且在有效期内	□是　□否
	社会责任报告	在评价周期内发布社会责任报告	□是　□否
	其他相关认证	通过其他相关认证,且在有效期内	□是　□否
资源化水平	废弃产品资源化水平	废液晶显示器再生利用率满足二级值	□是　□否
		废液晶显示器再生利用率满足一级值	□是　□否
	材料产出量	铁与铁合金产出量满足二级值	□是　□否
		铁与铁合金产出量满足一级值	□是　□否
		铜与铜电缆产出量满足二级值	□是　□否
		铜与铜电缆产出量满足一级值	□是　□否
		热塑性塑料产出量满足二级值	□是　□否
		热塑性塑料产出量满足一级值	□是　□否
		玻璃产出量满足二级值	□是　□否
		玻璃产出量满足一级值	□是　□否
	关键拆解产物的资源化	有背光灯的资源化处理	□是　□否
		有液晶面板的资源化处理	□是　□否
		有印刷线路板的资源化处理	□是　□否
		有电线电缆的资源化处理	□是　□否
符合数量			
级别			

附录 C（资料性附录）

废微型计算机处理流程

废便携式计算机、废台式计算机主机、废阴极射线管显示器和废液晶显示器的处理流程见附图 7 - 6 ~ 附图 7 - 9。各个工序拆下的外壳、电源、印刷线路板、屏玻璃、锥玻璃、液晶面板等分别收集，送后续工序处理或作为原料出售。

附图 7 - 6　废便携式计算机处理流程

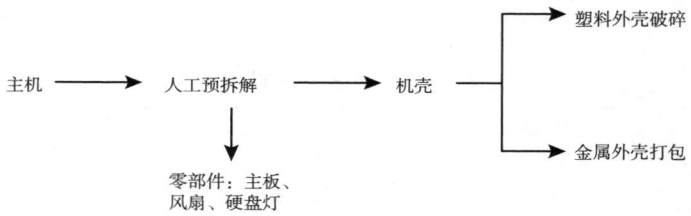

附图 7 - 7　废台式计算机主机处理流程

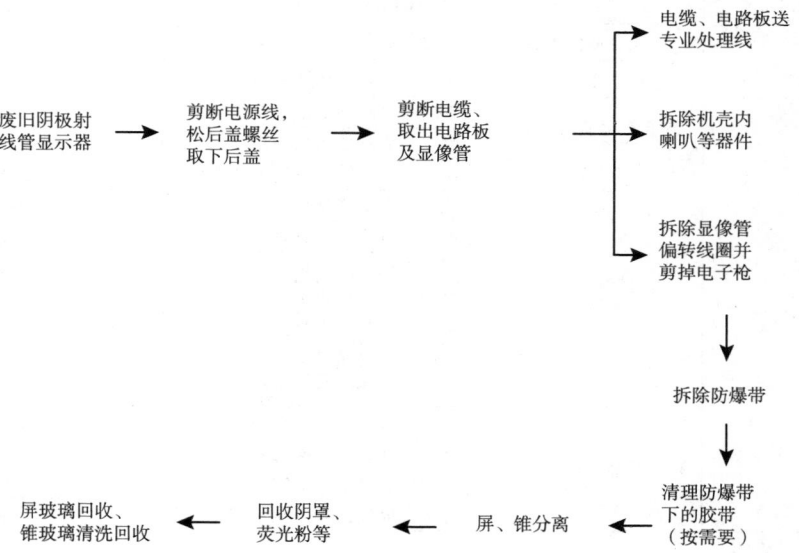

附图 7 - 8　废阴极射线管显示器处理流程

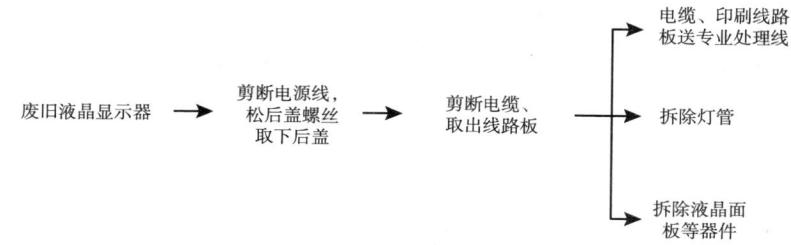

附图 7-9 废液晶显示器处理流程

附录 D (资料性附录)

废微型计算机处理资源信息统计表。

附表 7-57 废便携式计算机回收处理的信息统计

输入(日期: 年 月 日)		输出				
数量 (台)	质量 (公斤)	材料名称		质量 (公斤)	可再生利用的 材料质量(公斤)	比例 (%)	再生材料去向
		塑料	ABS				
			PC				
		金属(钢、铝 或合金)					
		硬盘					
		光驱					
		CPU					
		电源适配器					
		印制线路板					
		音箱					
		内存					
		散热器					
		电源线					
		风扇					
		I/O 附件(遥 控器、无线模 块、数 据 线 等)					
		液晶板					
		其他(请标明 具体名称)					
总计		总计					

续表

关键拆解产物	是否进行资源化	相关设备或工艺
电线电缆	□是　□否	
印刷线路板	□是　□否	
背光灯	□是　□否	
液晶面板	□是　□否	

附表 7－58　废台式计算机主机回收处理的信息统计

输入（日期：年　月　日）		输出					
数量（台）	质量（公斤）	材料名称		质量（公斤）	可再生利用的材料质量（公斤）	比例（%）	再生材料去向
		机箱	塑料　ABS				
			塑料　PC				
			铁				
			铝				
			铜				
			合金				
			附件				
		主要部件	印制线路板				
			CPU				
			硬盘				
			光驱				
			I/O附件（遥控器、无线模块、数据线等）				
			电源				
			风扇				
			散热器				
			键盘				
			鼠标				
			内存				
			电源线				
			其他（请标明具体名称）				
总计		总计					
关键拆解产物		是否进行资源化		相关设备或工艺			
电线电缆		□是　□否					
印刷线路板		□是　□否					

附表 7 - 59 废阴极射线管显示器回收处理的信息统计

输入(日期: 年 月 日)		输出					
数量（台）	质量（公斤）	材料名称		质量（公斤）	可再生利用的材料质量(公斤)	比例（%）	再生材料去向
		塑料	ABS				
		铁					
		铝					
		铜					
		CRT 玻璃管					
		线材					
		高压包					
		印刷线路板					
		其他（请标明具体名称）					
总计		总计					
关键拆解产物		是否进行资源化		相关设备或工艺			
电线电缆		□是 □否					
印刷线路板		□是 □否					

附表 7 - 60 废液晶显示器回收处理的信息统计

输入(日期: 年 月 日)		输出					
数量（台）	质量（公斤）	材料名称		质量（公斤）	可再生利用的材料质量(公斤)	比例（%）	再生材料去向
		塑料	ABS				
		铁					
		铝					
		铜					
		液晶模组	橡胶				
			塑料				
			印刷线路板				
			玻璃				
		线材					
		印刷线路板					
		其他（请标明具体名称）					
总计		总计					

关键拆解产物	是否进行资源化	相关设备或工艺
背光灯	□是　□否	
液晶面板	□是　□否	
印刷线路板	□是　□否	
电线电缆	□是　□否	

第八章
目录产品资源综合利用和无害化
处理基金减征方案

第一节 基金减征需求分析

电器电子产品生产者应当按照规定履行废弃电器电子产品处理基金的缴纳义务;应当符合国家有关电器电子产品污染控制的规定,采用有利于资源综合利用和无害化处理的设计方案,使用无毒无害或者低毒低害以及便于回收利用的材料(《条例》第7、10条)。这是电器电子产品生产者在《条例》下须履行的主要义务,也是其承担生产者延伸责任的重要体现。同时,国家相关主管部门在设计《条例》配套制度时,在推动电器电子产品的绿色设计方面也给予充分的考虑和支持,制定了目录产品基金减征的相关规定,为未来基金减征政策的研究和制定奠定了明确的法规和制度框架。

在现有的法规制度框架下,开展目录产品资源综合利用和无害化处理基金减征方案研究,还需要调研电器电子产品生产者、处理企业等相关利益方对基金减征政策的需求情况,分析制定此项政策的驱动因素。

一 基金相关管理制度介绍

废弃电器电子产品处理目录制度和废弃电器电子产品处理基金制度构成了本课题研究的主要法规和制度框架,因此需要简要介绍这两项制度的实施进展,以及其中与基金减征相关的设计和规定。

在开展基金减征方案研究时,应对废弃电器电子产品处理基金制度的法规内容、管理架构、各相关方的责任和义务进行详细的梳理。

《废弃电器电子产品处理基金征收使用管理办法》（以下简称《基金办法》），由财政部商有关部门制定，共6章39条并2个附件。主要要求及实施进展如图8－1所示：

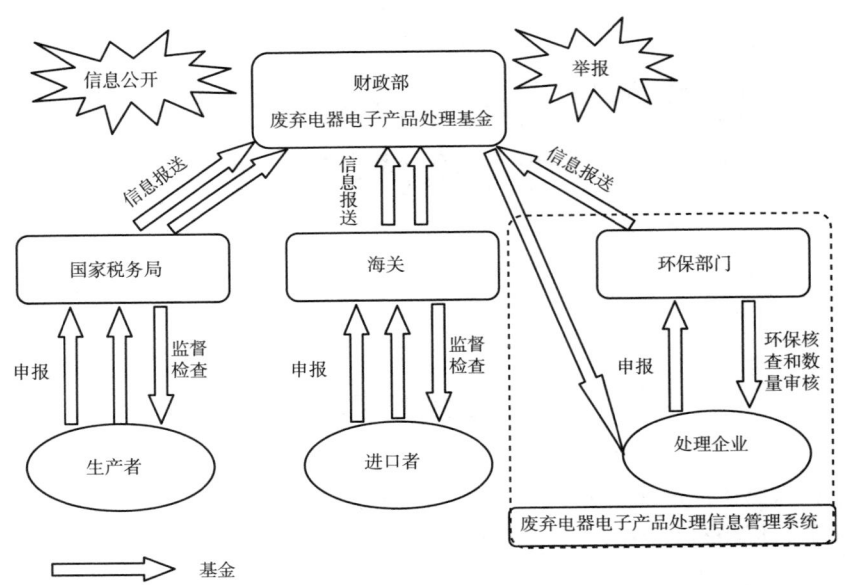

图 8－1　我国废弃电器电子产品处理基金制度图解

1. 征收管理

对第一批纳入《目录》的产品而言，其生产者或进口者自2012年7月1日起须按规定履行基金缴纳义务。生产者包括自主品牌生产企业和代工生产企业。

电器电子产品生产者按季申报缴纳基金，由国家税务机关负责征收。进口产品的收货人或代理人在货物申报进口时缴纳基金，由海关部门负责征收。出口产品免征基金，生产者依据出口货物报关单申请抵扣。

《基金办法》规定，基金按照销售、进口的电器电子产品数量定额征收，征收标准为：电视机13元/台、电冰箱12元/台、洗衣机7元/台、房间空调器7元/台、微型计算机（包括便携式微型计算机、一体台式微型计算机、台式微型计算机用显示器等）10元/台。

《基金办法》附件规定了基金的征收范围和征收标准，分别是针对内销产品的《对电器电子产品生产者征收基金的产品范围和征收标准》及针对进口产品的《对进口电器电子产品征收基金适用的商品名称、海关税则号列和征收标准（2012 年版）》。基金征收范围和征收标准将根据废弃电器电子产品回收处理补贴资金的实际需要适时调整。

针对废弃电器电子产品处理基金的征收事宜，国家税务总局和海关总署这两个征收部门在 2012 年相继出台了具体的征收规定，分别是《废弃电器电子产品处理基金征收管理规定》（国家税务总局 2012 年第 41 号公告）、《关于征收废弃电子产品处理基金有关问题》（海关总署 2012 年第 33 号公告）。

国家税务总局针对基金缴纳环节、缴纳金额的计算、缴纳义务的发生时间、应征数量的核算、扣除情况、缴纳时间、基金缴款凭证、罚则等内容制定了细化的要求。海关总署就基金的起征时间、征收范围、征收环节、起征点、专用缴款书等内容做了具体规定。

财政部和国家税务总局还于 2012 年 10 月联合发布《关于进一步明确废弃电器电子产品处理基金征收产品范围的通知》，就国家税务局对电器电子产品生产者征收废弃电器电子产品处理基金的产品范围进行了进一步明确。

据了解，2012 年第三、四季度合计基金征收规模约为 12 亿元。

2. 补贴管理

《基金办法》规定，基金用于废弃电器电子产品回收处理费用补贴、信息管理系统建设、信息采集发布支出、管理经费支出等。取得废弃电器电子产品处理资格，并列入各省（区、市）废弃电器电子产品处理发展规划的企业（简称处理企业），可作为基金补贴对象。

给予基金补贴的处理企业名单，由财政部、环境保护部会同有关部门向社会公布。2012 年 7 月和 2013 年 2 月，财政部、环境保护部、发展改革委、工业和信息化部四部门分别发布了两批废弃电器电子产品处理基金补贴企业名单，共计 23 个省份的 64 家处理企业纳入基金补贴范围。

对处理企业按照实际完成拆解处理的废弃电器电子产品数量给予定额补贴：电视机 85 元/台、电冰箱 80 元/台、洗衣机 35 元/台、房间空调器 35 元/台、微型计算机 85 元/台。

3. 监督管理

为防止弄虚作假、虚报冒领补贴资金等问题的发生，环境保护主管部门要建立健全基金补贴审核制度，通过数据系统比对、书面核查、实地检查等方式，加强废弃电器电子产品拆解处理的环保核查和数量审核。环境保护部和各省（区、市）环境保护主管部门要分别公开全国和本地区处理企业拆解处理废弃电器电子产品及接受基金补贴情况，接受公众监督。

2013 年 6 月 28 日，环境保护部固体废物管理中心（以下简称"固废管理中心"）在其网站上公示了 2012 年第三、四季度废弃电器电子产品拆解处理种类和数量审核情况。

据介绍，受环境保护部委托，固废管理中心对北京等 14 个省级环保部门报送的 39 家企业 2012 年第三、四季度废弃电器电子产品拆解处理种类和数量审核结果进行了技术复核。其中，对 14 省 27 家企业进行了现场抽查。对技术复核过程发现的处理企业不规范拆解处理的，以及企业未能提供视频信息证实规范拆解的，环境保护部责令相关省（区、市）环保部门进行了重新审核，对相应数量予以扣除。

公示显示，39 家企业总计申请废弃电器电子产品拆解处理数量为 902 万台，经省（区、市）审核和固废管理中心复核，确认规范的拆解处理数量为 768 万台。测算 2012 年第三、四季度基金补贴额约占同期基金征收额的 53%。

据有关部门测算，2013 年预计拆解处理数量将大幅增长至 4000 万台，补贴额激增将给基金的运营管理带来较大压力。

4. 基金减征规定

《基金办法》第 11 条明确规定，对采用有利于资源综合利用和无害化处理的设计方案以及使用环保和便于回收利用材料生产的电器电子产品，可以减征基金，具体办法另行制定。

5. 制度特点

在开展研究时，需考虑我国现行废弃电器电子产品处理基金制度如下特点。

• 我国废弃电器电子产品处理基金为政府性基金，基金征收、补贴和管理的主体为国家相关主管部门；

• 基金分类征收，形成基金池，统一使用，实现的是总量收支平衡，而不是分类的收支平衡；

• 基金实行 1 档征收标准，但因基金减征规定而存在差异化征收的可能，基金减征规定对生产者提出了资源综合利用和环保要求；

• 基金主要用于对处理企业的补贴，实行 1 档补贴标准，基金补贴规定对处理企业提出了环保拆解处理要求，尚无资源化要求。

总的来看，基金减征政策能否推出在很大程度上受到基金收支状况的制约。生产者和主管部门对基金减征产品的投入和推动要落地于末端处理的资源化和环保效益，这部分新增效益再反补给源头设计，如此才能形成良性循环，有持续的资金来进行基金减征。

二 目录产品基金减征需求调研

（一）"第 11 条产品"需求分析

《条例》提出了促进资源综合利用和循环经济发展，保护环境，保障人体健康的目标，为实现此目标，既需要推动产品源头的资源利用和环保设计，又需要对末端的处理提出资源化要求，如此才能使源头设计真正落地，形成合理的"从摇篮到摇篮"的环保良性循环。

对"第 11 条产品"实施基金减征是《条例》配套制度制定的针对产品源头资源利用和环保设计的促进措施。此外中国版 RoHS 及自愿性认证等法规和实施规则的推出体现了对产品环保要求的政策预期。"第 11 条产品"的设计和生产有政策驱动因素。

同时，处理企业对"第 11 条产品"也是有现实需求的。处理企业问卷调研结果显示，一致认为"第 11 条产品"设计和生产将有助于提高拆解效率，提高材料的再生利用率，最大限度地实现资源化。出于有利于电器电子产品废弃后的资源综合利用和无害化处理的考虑，处理企业还对第一批目录产品的可回收利用设计、易拆解设计提出了相关意见和建议，材料使用方面则提出了满足污染控制（RoHS）要求的建议，对"第 11 条产品"符合性要求的研究提供了有益的参考和借鉴。

"第 11 条产品"的消费需求方面，目前主要靠企业自身的环保意识和社会责任感来进行市场推广，因产品成本增加，导致市场竞争力降低，很大程度上制约了"第 11 条产品"产品的终端销售。如果国家迟迟无基金减征等鼓励政策，将会使企业积极性受到很大影响。

（二）生产企业基金减征需求

生产企业问卷调研结果显示，企业设计生产"第 11 条产品"遇到的主要制约因素包括：

- 替代技术不成熟，新材料找寻困难，验证时间长

因受材料本身技术发展限制，有些有毒物质目前还没有很好的替代材

料，配套零件、材料的供应商需变更或进行生产工艺和设备的改进，技术还不成熟。外协企业的检测手段不全面，存在漏检风险。

- 企业担心使用再生材料影响产品的质量

再生材料的稳定供给、含有不纯物质造成的物性降低（强度不足），外观不美观，对外形设计造成制约。

- 制造成本大幅度上升，主要包括材料设计成本和环保方面的成本

新材料和新工艺的投入需要对设备进行改造，甚至要新增加设备。生产设备改造投入费用较大，没有资金支持很难较快推广。改造时间长，影响生产。新型环保材料成本造成产品成本提高，减少企业利润。例如：采购符合RoHS 要求的外协部件成本上升 5%～10%。而终端用户对成本很敏感，对产品寿命终结的回收不太关心，这就制约了环保设计和生产的推广。

- 认证和测试费用高，周期长，影响企业产品正常生命周期内的运作和管理

工厂审核重复、频繁，影响企业正常生产，日常 RoHS 认证和检测费用偏高，使用环保材料元器件和生产、测试设备切换带来的材料成本增加，并导致物料品质监控、测试鉴定成本大幅增加。绿色制造过程控制增加管理成本。

- 客户、用户认可"第 11 条产品"需要较长时间的市场培育

生产企业认为，实施基金减征可推动企业设计生产"第 11 条产品"，原因如下。

欧盟对投放其市场的电器电子产品已强制性要求 RoHS 的符合性，但在其他国家和地区（包括中国）只能是少部分通用零部件已实施，主要的如挤塑件、油墨、阻燃添加剂、电镀类等因成本问题没有实施，零部件供应厂家也因为标准不统一造成不能连续性生产导致价格一直降不下来。进行"第 11 条产品"生产需要基金减征等激励政策的支持。

从长期看，政府实施基金减征，引导了产业的发展方向，企业的产品战略、技术战略必将逐渐往满足"第 11 条产品"方向倾斜；从近期看，基金减征会推动企业在产品开发时主动按其要求进行设计生产，同时利用减征基金可以较好地抵消或部分抵消采用绿色设计、生态设计带来的设计成本、开发成本、原材料采购成本等的增加，会使企业加大对家电可回收利用和环保技术、材料等的开发和研究，缩小环保产品与非环保产品的成本差异，减轻公司推广环保产品的成本压力，能有效促进推广产品的环保设计和生产。

实施基金减征政策将增强产品在国际市场的竞争力，推动企业成为一个负责任的企业，可大大提高企业的社会影响，有助于增加品牌知名度。

基金的减征力度需要大于或者接近设计生产"第11条产品"所产生的额外的支出费用，但对利润微薄的电冰箱冷柜类产品，减征具有较强的激励作用。

总体是，生产企业建议对"第11条产品"制定绿色征收标准，实施基金减征，将对产业发展起到引导作用，能推动企业的产品和技术开发向资源利用设计、环保设计方向转换。但是，基金减征政策也面临以下不利因素：制造企业符合性成本大幅度上升，远超过基金减征水平，仅有减征政策激励，还不足以促使厂商设计生产"第11条产品"；基金减征设计不能增加产品附加值，不能拉动终端市场的销售；RoHS替代技术成本过高，经济性不足。

第二节　基金减征境外做法与经验

课题组通过对发达国家和地区废弃电器电子回收处理基金的管理规定、研究资料等的调查和研究，希望获得可供参考的基金减征的国际经验。来自中国台湾、欧盟和美国的一些新法规要求、研究报告及认证经验对我们基金减征方案研究具有一定的借鉴意义。

一　台湾地区电子电器回收处理绿色费率

台湾地区环保署于2012年12月10日发布修正"物品回收清除处理费费率"公告，自2013年1月1日起执行。

公告称，为稳定基金正常运作及收支平衡，因应近年来国际原物料价格波动，并促进电子电器朝环保化设计，环保署公告调降电冰箱等家电产品回收清除处理费费率，且提供环保家电产品优惠费率。环保署表示，为鼓励业者配合环境友善设计，发展有利于环境的产品并促进绿色消费，特别针对取得国内任一相关绿色标章规格产品，包括环保标章、节能标章、省水标章或符合经济部能源效率分级标准1级或2级产品，提供优惠费率，俾以经济诱因方式，为环境再尽一份努力。

新增电子电器物品类之绿色费率概要如下。

对象：电视机、电冰箱、洗衣机、空调器、电风扇；

符合性要求：优惠对象以具有环保标章、节能标章、省水标章或符合经济部能源效率分级基准一级或二级产品规格之物品；

绿色费率：一般费率的 70%（见表 8-1）。

表 8-1　台湾地区物品回收清除处理费费率

（生效日期：2013 年 1 月 1 日）

项次	项目		费率		
	电子电器物品类			一般	绿色
二	电视机	非液晶类	超过二十七寸	371 元/台	260 元/台
			二十七寸以下	247 元/台	173 元/台
		液晶类	超过二十七寸	233 元/台	163 元/台
			二十七寸以下	127 元/台	89 元/台
三	电冰箱	超过二百五十公升		588 元/台	412 元/台
		二百五十公升以下		392 元/台	274 元/台
四	洗衣机			307 元/台	215 元/台
五	冷暖气机			241 元/台	169 元/台
六	电风扇	超过十二寸		34 元/台	24 元/台
		十二寸以下		19 元/台	13 元/台

资料来源：台湾基金减征通告。

二　欧盟促进产品回收利用设计的规定和研究

（一）《WEEE 指令》有关产品回收利用设计的规定

欧盟《WEEE 指令》最新修订版-2012/19/EU《废弃电气电子设备指令》，于 2012 年 7 月 24 日在欧盟官方期刊上正式公布，于公布后 20 天即 2012 年 8 月 13 日生效。欧盟各成员国必须于 2014 年 2 月 14 日前将新指令转成国内法，制定法规及行政规定，以确保符合该指令的要求。新指令 2012/19/EU 将于 2014 年 2 月 15 日正式施行，旧《WEEE 指令》2002/96/EC 将同时废除。

较之旧版指令，新版《WEEE 指令》在产品设计方面提出了更为具体的要求，如要求成员国实施根据能源相关产品生态设计框架指令（2009/125/EC，简称 ErP 指令）制定的有利于废弃电器电子产品回收再利用的生态设计要求，建议欧洲的集体回收处理组织根据电器电子产品回收再利用水平制定差异化的收费标准等。

两版指令有关产品回收利用设计的相关内容如下。

《WEEE 指令》（2002/96/EC），2003 年 2 月 13 日 OJ 上公布，2004 年 8 月 13 日起欧盟成员国执行国家法规。

第 4 条产品设计。

成员国应鼓励考虑和有利于报废电器电子设备及其组件和材料的拆解和回收再利用特别是再使用和再生利用的电器电子设备的设计和生产。成员国应采取适当措施防止生产者通过特殊的设计方案或者加工工艺阻止报废电子电器设备的再使用，除非这些设计方案或者加工工艺在环境保护和/或者安全需要等方面体现出更大的益处。

WEEE 2 指令（2012/19/EU），2012 年 7 月 24 日 OJ 上公布，2014 年 2 月 15 日起欧盟成员国执行国家法规。

前言第（23）点。

集体计划可以根据产品及其所含有价值二级原材料的回收利用难易程度制定差异化的收费标准。

第 4 条　产品设计。

成员国应鼓励生产商和处理商合作以及采取措施以推动有利于报废电器电子设备及其组件和材料的再使用、拆解和回收再利用的电器电子设备的设计和生产。成员国应采取适当措施以使在 2009/125/EC 指令框架下建立的有利于报废电器电子设备再使用和处理的生态设计要求得到实施，同时防止生产者通过特殊的设计方案或者加工工艺阻止报废电子电器设备的再使用，除非这些设计方案或者加工工艺在环境保护和/或者安全需要等方面体现出更大的益处。

（二）促进产品回收利用设计的制度研究

《WEEE 指令》审议报告（2009 年 4 月）。

生态研究所（Ecologic Institute）是欧洲著名的环境智库之一，专注于如何将环保问题与其他政策结合，是欧洲议会的合作伙伴，并与欧盟委员会和欧盟环境总司签订框架（服务）合同。该机构受欧盟委员会委托于 2009 年 4 月发布《WEEE 指令（2002/96/EC）执行情况报告》，就《WEEE 指令》在欧盟成员国的执行情况进行了汇总和分析。其中对第 4 条执行情况做出如下总结：大多数成员国国家法规仅是"复制"《WEEE 指令》第 4 条要求，局限于宽泛的原则和鼓励声明，没有提出明确的执法要求。

英国 WEEE 法规研究报告 – IPR 制度（2012 年 7 月）。

2012 年 7 月，英国商务、创新与技能部（BIS）外部利益相关者工作组即个别生产商责任（IPR）工作组发布了一个有关 IPR 的报告《报废电器电子设备法规：英国范围内的个别生产商责任》，就改进《WEEE 指令》产品设计要求的实施效果向英国政府提交报告，建议引入个体生产者责任制。

根据 IPR 制度，生产者自身负有资助和/或处理其废弃产品责任。其目的在于使生产者履行 WEEE 义务时拥有一定的灵活性，同时也从经济上刺激生产者设计产品时能着眼于使其更易于维修、升级、回收利用以及生命周期终结处理。通过 IPR，生产者承担的成本反映了他们处理自己生命周期结束产品的实际成本。

英国用于转化《WEEE 指令》的 WEEE 法规目前规定，针对从私人住户收集的 WEEE，适用集体生产者责任制度（CPR）；而 EEE 生产者根据其产品市场份额，共同承担目前市场上各品牌 WEEE 的收集和处理成本。对该 CPR 制度的批评意见认为由于最终成本由各生产商按份额分担，所以该制度无法有效鼓励生产者改善其产品在维修、升级、回收利用方面的设计。

IPR 工作组支持实施"回收利用设计加权机制"，即 EEE 生产商需要回收处理的 WEEE 的重量必须依据上市产品的实际处理费用与产品特征予以增减。

三　美国 EPEAT 认证

EPEAT 全名又称电子产品环境评估工具（The Electronic Product Environmental Assessment Tool），为美国环保署 2006 年公布，作为政府与民间企业绿色采购的指标，采用美国电子电器工程师协会 IEEE 1680 系列标准，评价电子产品是否具有良好环境绩效。

EPEAT 产品评分标准分为环境敏感材料的使用、再生材料的使用、废弃阶段（回收利用）的考虑、长寿命化、节能、废旧产品的管理、制造企业的环境经营、包装 8 个门类，对各评估项目（包括强制性项目和选择性项目，计算机产品共计 51 个、影像设备 59 个、电视机 53 个）进行评分，根据评分结果分别授予铜（最低合格线）、银、金级别。之前 EPEAT 产品仅有计算机产品，从 2012 年起，新增了影像设备和电视机两种产品。

EPEAT 产品评分标准具体如表 8 - 2 至表 8 - 4 所示。

表 8 - 2　EPEAT 产品评分标准：计算机产品

环境绩效指标	强制性项目（Required）	选择性项目（Optional）
1. 减少/消除环境敏感材料（Reduction/elimination of Environmentally Sensitive Materials）	3	8
2. 材料选用（Materials Selection）	3	3
3. 生命周期设计（Design for End of Life）	6	5
4. 产品寿命/寿命延长（Product Longevity/Life Extension）	2	2
5. 能源管理（Energy Conservation）	1	3
6. 生命终期管理（End of Life Management）	2	1
7. 企业绩效（Corporate Performance）	3	2
8. 包装（Packaging）	3	4
合计	23	28
铜牌（符合全部强制性项目）	23	0
银牌（符合全部强制性项目 + 至少 50% 选择性项目）	23	≥50%（14）
金牌（符合全部强制性项目 + 至少 75% 选择性项目）	23	≥75%（21）

资料来源：IEEE 1680.1。

表 8 - 3　EPEAT 产品评分标准：影像设备

环境绩效指标	强制性项目（Required）	选择性项目（Optional）
1. 减少/消除环境敏感材料（Reduction/elimination of Environmentally Sensitive Materials）	4	7
2. 材料选用（Materials Selection）	4	3
3. 生命终期设计（Design of Life Management）	7	2
4. 产品寿命/寿命延长（Product Longevity/Life Extension）	2	1
5. 能源管理（Energy Conservation）	2	4
6. 生命终期管理（End of Life Management）	2	2
7. 企业绩效（Corporate Performance）	2	3
8. 包装（Packaging）	5	2
9. 耗材（Consumables）	4	2
10. 室内空气品质（Indoor Air Quality）	1	0
合计	33	26
铜牌（符合全部强制性项目）	33	0
银牌（符合全部强制性项目 + 至少 50% 选择性项目）	33	≥50%（13）
金牌（符合全部强制性项目 + 至少 75% 选择性项目）	33	≥75%（20）

资料来源：IEEE 1680.2。

表 8 - 4　EPEAT 产品评分标准：电视机

环境绩效指标	强制性项目（Required）	选择性项目（Optional）
1. 减少/消除环境敏感材料（Reduction/elimination of Environmentally Sensitive Materials）	3	9
2. 材料选用（Materials Selection）	3	3
3. 生命终期设计（Design of Life Management）	5	6
4. 产品寿命/寿命延长（Product Longevity/Life Extension）	2	2
5. 能源管理（Energy Conservation）	1	3
6. 生命终期管理（End of Life Management）	2	2
7. 企业绩效（Corporate Performance）	3	
8. 包装（Packaging）	5	2
合计	24	29
铜牌（符合全部强制性项目）	24	0
银牌（符合全部强制性项目 + 至少 50% 选择性项目）	24	≥50%（15）
金牌（符合全部强制性项目 + 至少 75% 选择性项目）	24	≥75%（22）

资料来源：IEEE 1680.3。

从 2007 年开始，美国政府要求政府采购中须有 95% 为 EPEAT 产品，新西兰、澳大利亚、加拿大、法国等国家亦随之跟进，目前世界上已有许多国家皆使用 EPEAT 为政府采购标准。至 2011 年，EPEAT 相关采购市场总额已超过 600 万美元。

目前，EPEAT 的收费标准分为两种，一种是对注册区域在美国和加拿大的收费，另一种是对注册区域在其他国家的收费。这两种收费是基于注册者在所选择的注册区域的年度销售额，按照不同比例提取的。申请认证的制造商可以根据产品销往的国家而选择不同的收费模式。选择在美国和加拿大注册的产品，按照该公司该年度在美国和加拿大境内销售的所有 EPEAT 注册产品金额的不同，共分为 5 个级别进行收费，分别为 1500 美元、1.25 万美元、2.5 万美元、5 万美元和 10 万美元。选择在美国和加拿大以外的国家注册的产品，按照该公司该年度在美国和加拿大之外国家和地区销售的所有 EPEAT 注册产品金额的不同，共分为 5 个级别进行收费，分别为 1500 美元、2500 美元、5000 美元、1 万美元和 2 万美元。

与传统认证的事先检测不同，EPEAT 认证采用"先发证，后检测"

的方式，企业自愿申请、做出承诺、注册取得资格后进行监督检测。EPEAT 的整个认证过程可以分为两个阶段。首先是注册 EPEAT 认证。由制造商进行自我评估，声明产品达到了 EPEAT 认证标准，美国绿色电子委员会通过核查制造商出具的文字信息，确认制造商和产品是否达标，确认达标后即可获得认证并在网上公布。其次是 EPEAT 验证评审。EPEAT 管理机构会随时要求制造商出具相关批次的生产报告等文件内容，同时还会请专家进行秘密抽查，即在任何公司和制造商不知情的情况下，用直接从市场上购买来的产品进行检测，按照该企业申请时填写的情况逐项检查。

四　经验总结

（1）台湾地区的经验表明，电器电子产品处理基金在征收标准的制定上，对环保家电产品提供优惠费率，是促进电器电子产品向环境友好设计发展的有效手段。同时，台湾地区绿色费率的符合性要求和实施规则与现行的节能节水等绿色标准和标识制度很好地结合起来，体现了简便易行、可操作性强并能促进绿色产品的终端销售的优点。这些也是我们在基金减征方案设计时应该加以考量的因素。

（2）欧盟促进产品回收利用设计的制度研究表明，相比集体生产者责任制度，个体生产者责任制度更能从经济上刺激生产者进行有利于资源综合利用和无害化处理的产品设计。这为我国废弃电器电子产品处理目录管理制度的创新提供了新思路。

（3）美国 EPEAT 认证值得借鉴的地方有三：一是其认证标准根据符合性项目的数量不等采用了阶梯评价标准，通过铜（最低合格线）、银、金级别清晰地评价了产品的环境绩效，IEEE 1680 系列标准的制定体现了高水准和良好的可操作性；二是 EPEAT 认证与政府采购成功结合，有效地拉动了EPEAT 产品的终端销售，且有利于产品和企业形象的建立，对生产者设计和生产良好环境绩效产品的激励力度大、激励效果显著；三是 EPEAT 认证"先发证，后检测"的监管模式值得借鉴。

总体来看，由于各国或地区废弃电器电子产品回收处理的管理制度不同，基金或费率的征收水平各异，有关绿色产品优惠费率或基金减征的政策多处于研究和探索阶段，实践方面刚起步，可供借鉴的经验不多。

第三节　基金减征方案要素分析

基金减征方案要素分析包括以下三部分内容。

课题研究的目标、对象和原则的确定，包括：明确基金减征政策的目的和意义，界定减征对象，确定减征方案制定和评估的原则等；

减征模式探讨，研究的内容包括：减征符合性项目、基金减征水平和减征方式、符合性评价方式；

减征影响分析：测算基金减征规模，对各项减征符合性要求和符合性评价方式进行经济效益、社会效益等方面的影响分析。

一　政策目的和意义

基金减征政策的目的是落实生产者延伸责任，推进绿色电器电子产品的设计和生产，这对实现促进资源综合利用和循环经济发展，保护环境，保障人体健康的《条例》目标具有重要意义。为达成政策目标，将通过减征基金的方式对设计和生产资源综合利用和环保水平高的产品、良好履行生产者延伸责任的企业予以奖励，同时对行业和企业的技术发展起到引导和激励作用。

本课题主要针对第一批目录，研究提出对采用有利于资源综合利用和无害化处理的设计方案以及使用环保和便于回收利用材料生产的电器电子产品，减征基金的具体方案。

二　减征对象

在此定义为"绿色目录产品"，即纳入处理目录和基金征收范围的电器电子产品，且符合以下条件：

采用有利于资源综合利用和无害化处理的设计方案；以及生产时使用环保和便于回收利用的材料。

三　减征方案制定原则

在开展基金减征方案的研究时，通过行业的交流和讨论，课题组提出了以下减征方案制定和评估的原则。

（1）减征方案应发挥引导作用，目的是提升电器电子行业资源综合利用和环保的整体水平；

（2）减征方案应具有可实施性，应根据减征各项符合性要求的可操作性和成熟程度，先易后难，分步推进；

（3）减征方案的实施可以带来明显的经济效益和社会环境效益；

（4）减征方案需要通盘考虑资源综合利用效益、对环境的影响、监管成本、基金收支平衡等因素。

四　减征符合性项目

本小节通过调研绿色目录产品的设计和应用现状、发展趋势等，提出绿色目录产品基金减征的符合性项目及相关符合性建议。

根据基金减征的相关规定，绿色目录产品符合性要求因此主要围绕"资源综合利用"和"环保"两大主题展开，通过对生产企业和处理企业的调研和意见反馈，又将之具体细化为"污染控制（RoHS）要求""其他环保要求（化学品减排等）""可回收利用设计要求""使用再生材料""易拆解设计要求""产品节能要求"等符合性要求选项。课题组在此基础上对各项符合性要求选项进行评估，提出基金减征符合性项目。

评估的标准是这些符合性要求的可操作性和成熟程度，以及其在有利于产品资源综合利用和环保方面能起到的引导和促进作用。评估中，课题组对各项符合性要求是否有现行的评价标准、评价指标或已经开展了相关的标准化活动，这些标准和指标的可操作性等进行了研究，同时征询了企业和行业专家的意见。

研究表明，RoHS符合性要求因已出台并实施了相关的限量要求、测试方法及认证规则，标准成熟且可操作性较强，可作为首选的基金减征符合性项目。

可回收利用设计要求已开展了相关的标准化活动，与第一批目录产品相关的两项电工电子产品可再生利用率标准已经相对成熟，其中的可再生利用率指标能反映产品的可回收利用水平，且其判定具备可操作性，这两项标准可作为产品可回收利用设计要求的评价标准，其中的目标值可作为评价指标。新修订的房间空调器环境标志标准《环境标志产品技术要求房间空气调节器》（送审稿）已采纳了该评价标准和评价指标。可回收利用设计要求因此入选基金减征符合性项目。

为达成资源综合利用和发展循环经济的目标，对生产企业而言，在开展电器电子产品可回收利用设计、易拆解设计的同时，还应积极探索再生塑料材料的使用，后者是落实产品可回收利用设计目标的重要手段。目前，再生塑料存在物性降低、要降级使用，供给不稳定，成本较高等不利因素，限制了其在电器电子产品中的使用。

易拆解设计要求和使用再生材料这两项符合性要求虽然存在评价标准定量困难、缺乏可操作性等难点，但考虑到这些要求也是促进资源综合利用的主要符合性内容，纳入基金补贴符合性项目后能起到积极的引导作用，因此最终将其纳入。

至于其他环保符合性要求，如含氟温室气体的化学品减排要求，因已纳入环境保护部主导的相关国家行业管理计划中，故不再列入基金减征符合性项目。

此外，有些企业提出应在基金减征符合性要求中增加产品节能要求。但考虑到基金减征的主要目的是促进资源综合利用、保护环境和人体健康，且节能产品已有相应的政府采购、节能产品补贴等鼓励性政策支持，因此暂不考虑将节能要求纳入基金减征符合性要求中。

最终，绿色目录产品基金减征符合性项目包括以下 4 项：RoHS 符合性要求、可回收利用设计要求、易拆解设计要求和使用再生材料，其相关的评价指标、参考标准/文件见表 8 – 5。

表 8 – 5　绿色目录产品基金减征符合性项目

减征符合性项目	指标		参考标准/文件
污染控制（RoHS）要求	已有相关评价指标和标准		
	六种限用物质（铅、汞、镉、六价铬、多溴联苯和多溴二苯醚）的限量要求		《电子信息产品污染控制管理办法》（中国 RoHS）及其修订版 GB/T 26572 – 2011《电子电气产品中限用物质的限量要求》 GB/T 26125 – 2011《电子电气产品 六种限用物质（铅、汞、镉、六价铬、多溴联苯和多溴二苯醚）的测定》
可回收利用设计要求	已开展相关标准化工作,但需要进一步调整和完善		
	建议指标:可再生利用率		国家标准《电工电子产品可再生利用率限定值和目标值第 1 部分:房间空气调节器家用电冰箱》（报批稿） 国家标准《电工电子产品可再生利用率限定值和目标值第 2 部分:洗衣机、电视机、计算机》（征求意见稿） GB/T16288 – 2008《塑料制品的标志》 GB/T 23384 – 2009《产品及零部件可回收利用标识》
	电冰箱	75%	
	房间空调器	83%	
	洗衣机	波轮式:77% 滚筒式:78%	
	电视机	CRT:80% 等离子和液晶:85%	
	微型计算机	便携式:80% 台式机和显示器:85%	

续表

减征符合性项目	指标	参考标准/文件
易拆解设计要求	未有相关的标准,需要加以制定	—
	建议: 对特定产品的设计和材料使用中影响到拆解效率和拆解质量的环节提出易拆解要求,根据这些环节的符合性进行评价	
使用再生材料	未有相关的标准,需要加以制定	—
	建议: 1. 制定再生品质量标准 2. 设定再生塑料材料的使用比例	

为满足基金减征符合性项目的要求,课题组通过调研收集整理了产品设计和材料使用上的建议如表 8-6 所示。

表 8-6 绿色目录产品的产品设计和材料使用建议

符合性项目	适用对象	建议内容
污染控制(RoHS)要求	通用	产品符合 RoHS 要求 还应注意: 使用环保的无铅焊料、无镉焊料取代非环保焊料; 使用环保阻燃塑料件取代非环保阻燃塑料件; 使用环保油墨、油漆取代有毒油墨、油漆; 使用符合 RoHS 要求的喷涂、电镀、烫金、丝印等材料表面处理工艺,其中使用喷涂合页、白镀锌合页取代镀铬中合页
可回收利用设计	通用	零部件上有可回收利用的标志; 塑料零部件上标记材料名称,包括回收料、混合料的标记,PC、PE、ABS 等聚合物标志用压铸或条形码识别; 使用模压或激光方式标识产品信息,避免使用标签和黏合剂标识产品信息; 使用可再生利用的材料,钣金件、塑料件、包装物等应可回收利用; 减少难以回收利用材料的使用,减少热固性塑料的使用比例; 尽量提高材料通用性,减少回收难度; 零部件的注塑材料标准化,品种尽量减少,并减少使用两种以上的塑料同时注塑成型的工艺; 不同成分的塑料应易于分离; 采用模块化设计或标准化的零部件,在组件上进行标识或标记,相关信息包括零件寿命、升级和维修状况、产品材质等
	电视机	选用热塑性塑料
	洗衣机	脱水桶避免使用玻璃纤维
	房间空调器	铜管的焊点尽量少,以便于铜管回收
	微型计算机	双色注塑已应用广泛

续表

符合性项目	适用对象	建议内容
易拆解设计	通用	不使用特殊工具拆解（涉及电气安全的部件除外）； 采用可更换的固定形式，如弹性配合、卡箍、压槽等，尽量少用使用胶粘的方式固定零部件； 使用自攻螺钉取代螺栓和螺母，并避免螺钉穿孔过深，或使用螺钉的位置防止生锈，使用防腐蚀连接件； 减少线路板上插装元件的使用，增加贴片元件的使用； 金属和塑料零部件应易于分离，不得不使用模制嵌件时，要保证它们可与母体材料一起再生利用，或者易被拆解； 铭牌、窗网等小零部件应易于分离； 避免使用黏合剂、标签、黏合剂基底的泡沫材料和油漆，不得不使用时，要保证它们与母体材料一起再生利用； 为了进行强力拆解，设计中应提供易抓握的部件； 按钮的配置应设计使其易于拆卸，且保持完好无损，硅胶按键的垫应合并成一个单一的组件
	电冰箱	压缩机与压缩机底板采用例如简易卡扣等易拆解形式
	洗衣机	全自动洗衣机离合器采用简易连接方式，方便拆解； 改进电机金属转轴与塑料的注塑成型方式，采用易于分离的连接方式

五　减征标准和减征方式

课题的生产企业调研显示：企业认为制定绿色征收标准能提升全社会整体环保意识，合理科学地推进企业绿色设计，有利于指导企业实施环保要求，有利于促进企业进行绿色环保设计和生产，基金的征收和管理监督过程能够更加透明和公平，企业知道哪些产品可减征，减征金额可知。

企业建议绿色征收标准制定从资源综合利用、环保性能等方面综合考虑。由于不同的企业在设计和生产绿色目录产品时的技术能力和研发投入上会有一定的差距，建议在制定绿色征收标准时，使其有一定的区分度，避免按一个标准减征，对绿色环保方面做得好的企业和高水平产品，加大减征比例。这样既可以提高企业生产绿色目录产品的积极性，也方便企业计算、缴纳基金。

在明确了绿色目录产品基金减征的符合性项目的基础上，课题组对此类产品实施基金减征的标准、具体操作方式等进行了研究探讨。

（一）减征标准

由于列入基金减征的 4 项符合性项目在内容和评价上都是相对独立的，课题组通过与工作组专家的讨论，决定对每项基金减征符合性项目制定对应的减征标准，通过分项累计减征的方式，实现差异化征收。这也遵循了"先易后难"的方案制订原则，有利于企业根据自己的技术特长和优势安排新产品的开发和生产。同时绿色环保水平更高的产品将得到更大幅度的减征激励，会有利于此类产品的生产和销售。

在减征标准的制定上，综合考虑了各项减征符合性项目的技术和成本投入、资源综合利用效益、环境效益、可操作性等因素（见表 8 - 7）。

表 8 - 7　减征符合性项目比较

	技术成本投入	资源综合利用效益	环境效益	可操作性
RoHS 符合性要求	●	○	●	●
可回收利用设计要求	◎	●	◎	○
易拆解设计要求	○	◎	◎	○
使用再生材料	◎	◎	◎	○

注：高● 中◎ 低○。

其中，根据相关主管部门曾经提出的符合 RoHS 要求产品的基金减征方案，符合 RoHS 要求的产品可以减征 20%。课题所做的调查显示，生产企业对这个减征幅度表示认可。可回收利用设计要求是体现产品资源综合利用水平的重要指标，从成本和效益综合考虑与 RoHS 要求同等权重，因此将此项符合性项目的减征幅度也定为 20%。易拆解设计要求和使用再生材料两项符合性项目，因可操作性不强、应用受限等原因，暂定为 10%。

经过调研和讨论，绿色目录产品征收标准暂定如表 8 - 8 所示。

表 8 - 8　绿色目录产品基金征收标准

	一般征收标准(元/台)	减征符合性项目	绿色征收标准
目录产品	电视机 13 电冰箱 12 洗衣机 7 房间空调器 7 微型计算机 10	污染控制（RoHS）要求	减征 20%
		可回收利用设计要求	减征 20%
		易拆解设计要求	减征 10%
		使用再生材料	减征 10%

从基金管理的角度来看，当减征规模达到一定比例（例如占到当年基金收入的10%）时，应考虑停止减免或制定更严格的评价标准。其中，RoHS符合性要求为阶段性的基金减征项目，应视产品符合性比例和相关管理办法（中国版RoHS）实施的进展，从基金减征项目中适时移除。而可回收利用设计要求、易拆解设计要求、再生材料使用三项体现资源综合利用要求和目标的项目则是长期的基金减征项目，这些项目的评价指标应根据符合性产品实际比例的提升情况适时调整，以适当控制减征的比例和规模，突出领跑者的行业进步推动作用。

根据此减征标准，一个绿色目录产品按其符合性项目的多少，可以获得最高60%的基金减征幅度。但考虑到符合性项目的可实施性以及企业目前的研发生产现状，我们认为绿色目录产品在较长一段时间内实际能获得的基金减征幅度为20%，部分产品能达到40%，减征因素是RoHS符合性和/或可回收利用设计符合性。其余两项因评价标准缺位的原因暂时无法付诸实施，放入的目的更多起到的是引导作用。

（二）减征方式

考虑到基金现行征收方式是国家税务局从当地的生产工厂征收基金，从可操作性考虑，合理的减征方式应是工厂在向国家税务局申报缴纳基金时，提供减征符合性证明，申请减征，税务局按减征标准进行扣减。

课题组主要研究讨论了以下两种减征方式。

1. 按产品型号减征

按符合性型号的国内销量开展减征。呈现方式是发布每个产品类别下每个工厂的减征型号目录。

企业反馈显示，建议按产品型号减征的理由包括以下几方面。

初始转换成本低：企业需要进行原料或加工方式的更改，为避免初期投入过大带来经营压力，一般是初步选定几款产品进行一定范围内的材料、工艺的更新，等到更改的技术验证、工艺验证及外协配套均建立完善后，再实行全面生产；

减征门槛低，减征范围广：因为产品大类下面会有很多型号的产品，不同产品之间在符合基金减征条件方面会有差异，有的会符合要求，有的可能需要改进后才符合，按产品型号征收的话，对符合要求的产品型号，很快就可以申报减征，不符合的在改进达到要求后再减征。

因此建议先按产品型号减征，待国内整体企业的大环境成熟后，再考虑变更为按产品类别减征。

不利之处则在于：

符合性证明通用性低，整体符合性成本高：产品型号根据市场需求会不断发生改变，具有一定的时效性，符合性证明通用性差；产品的型号比较多，按型号减征每个型号都要提交符合性报告，工作量大，投入人力和物力过大。

可操作性不强，监管难度高：按型号不易统计销售数量，开票区分较难，不易操作，可实施性会较差。

2. 按产品类别减征

按产品类别（电视机、电冰箱/冰柜、洗衣机、房间空调器、微型计算机）开展减征，工厂国内销售的某个类别产品须全部型号符合绿色目录产品要求才能获得减征。呈现方式是发布每个产品类别下的减征工厂目录。

企业反馈显示，建议按产品类别减征的理由包括以下几方面。

符合性证明通用性强：一种类别的产品具有很强的通用性，很容易拓展延伸，而且与型号相比类别是长期存在的；

与现行征收模式匹配度高，可操作性好，监管难度相对低：由于企业有多个生产基地，质量水平、管控能力、供应商有所不同，因此，发布减征工厂目录能够更加清晰地界定减征范围，而且基金的征收方式是按生产工厂来征收，这样能够确保征收、减征的主体是一致的，有利于主管部门的监管，此外按产品类别减征还可使用体系审核等新认证方式，整体可操作性好，监管成本较低；

减征门槛提高，突出领跑者的行业推动作用：按产品类别减征，对企业与产品提出了更高的要求，有利于企业整体水平的提高，推动行业的进步；有利于适当控制减征的比例，以突出领跑者的行业进步推动作用；

有利于降低企业整体符合性成本：按产品类别减征，设计的标准化本身会降低产品成本，与国家的减征政策会形成合力，并且企业在经营活动中无须区分产品进行不同设计和生产控制，执行起来简单明了，管理成本也低；按产品类别减征，可使用体系审核等新认证方式，易操作易评价，减少企业工作量，节约企业运营成本。

不利之处则在于：

初始转换速度慢、成本高：按类别减征，工厂销售的全部型号都满足才可以减征，这样会延迟企业获得减征的时间，同时为了使所有产品型号都符合要求，会投入很大的财力和精力，企业改造成本和管理成本可能过高；

限制了减征力度：按产品类别减征，会出现同一个型号产品因在不同基地生产，有的能享受到减征有的则不能，存在一定的不公平性，减征力度有所降低。

3. 减征方式小结

两种减征方式的比较概要如表 8 - 9 所示：

表 8 - 9　减征方式比较

减征方式	企业偏好	初始转换成本	整体符合性成本	减征门槛	减征规模	可操作性	监管难度
按产品型号减征	低	低	高	低	大	低	高
按产品类别减征	高	高	低	高	小	高	较低

设计减征方式时最为关注的是减征数量的核定问题，这是体现政策公平和公正性的关键。按产品型号减征的话，推进的难点正在于对应产品型号的数量核定，因型号数量多、变化快，导致数量核定的工作量大，并且难以通过其他手段佐证，监管成本高而监管效果难以评估。之前国家推出的高效家电节能惠民工程也是按生产企业申报的型号数量作为补贴计算的基础，虽然取得了突出的节能减排的政策效果，但骗补问题成为难以解决的政策痼疾，型号销售数量核定困难是症结所在。

相比之下，按产品类别减征可以较好地解决这个问题，与前述按产品型号减征最大的不同在于，这种减征方式的计数基础与现行的基金征收的计数基础是完全一致的，因此可以利用现行征收管理中的监督机制和监督结果，不需另起炉灶再做一套监管系统，降低了监管成本，提高了监管效率，同时还可以通过关键部件的供应数据等进行数据的比对，令数据核定结果更加真实可信。

因此，尽管按产品类别减征事实上提高了减征门槛，对企业提出了更高的符合性要求，但调研结果显示大多数企业还是希望采用这种更有利于减征数据核定、更能体现政策的公平和公正性的减征方式。

六　减征符合性评价

目前国内符合性评价方式可以分为认证和符合性声明两大类，前者的代表有 3C 强制性认证，节能、环保标识等各种自愿性认证；后者的代表是我国能效标识的管理模式。采用认证模式时，需要制定相关认证技术规范、认证规则和合格评定程序，指定认证机构和检测机构，申请方首次认证需要送样检测，认证机构核发证书并开展获证后的监督检查；采用符合性声明方式时，声明方要提供符合性声明和相关证明文件，并接受管理机构的监督检查。

中国的《电子信息产品污染控制管理办法》（中国 RoHS）在修订过程中，对自愿性认证和企业符合性声明这两种合格评定制度进行了研究和实践。目前工业和信息化部会同国家认监委正在实施"国家统一推行的电子信息产品污染控制自愿性认证"（国推 RoHS 认证）。国推 RoHS 认证的实施规则和第一批产品目录已于 2011 年 8 月底发布，2011 年 11 月起正式实施。国推 RoHS 认证目录（第一批）涵盖以下产品：整机产品 6 种——计算机、显示器、打印机、电视机、手机、电话机；组件产品 29 种；部件及元器件产品 83 种；材料产品 39 种。两部门同时发布了对该目录内产品开展认证时限用物质应用的例外要求，涵盖了铅（31 种）、汞（21 种）、镉（7 种）应用的例外要求。2012 年 6 月，国家认监委公布了第一批国推 RoHS 认证的认证机构清单（3 个）及业务范围；2012 年 7 月，认监委发布了第一批国推 RoHS 认证的实验室清单，共有 20 家实验室。

此外，2012 年 7 月，工业和信息化部发布了《电子电气产品污染控制企业符合性声明规范》（征求意见稿），规定了电子电气产品污染控制企业符合性声明的方法、格式和内容。

针对绿色目录产品减征的符合性评价和监督，课题组对以下三种模式进行了研究，同时征询了企业和行业专家的意见：自愿性认证；符合性声明 + 工厂审核；符合性声明 + 市场抽查验证。

这种模式下，需要针对基金减征符合性项目，制定自愿性认证的技术规范、认证规则和获证后的监督检查要求。

企业反馈显示，建议采用自愿性认证这种符合性评价模式的理由包括：目前处于政策推广阶段，应以鼓励企业参与为主，生产企业可以根据自身实际需求和产品绿色设计水平，进行自愿性认证，对达到要求的产品相应减征，这样可以发挥企业的自主性；为避免企业盲目跟风，在自身暂未达到要求时对外声明，欺骗消费者和骗取政策基金，对评价结果需要指定机构认证，统一评定标准，因此建议按自愿性认证实施；实施自愿性认证评价模式，也有利于企业产品的市场推广，便于企业产品参与国际市场竞争。企业建议，开展自愿性认证，同时要加大对不符合行为的处罚力度。

关于国推 RoHS 自愿性认证，企业认为优点是通过制定统一的认证技术规范、认证规则和符合性标志，国家主管部门可对产品的符合性进行有效监管，缺点是产品检测周期长，费用高，给生产企业带来的负担太大。

1. 符合性声明 + 工厂审核

这种模式下，需要针对基金减征符合性项目，制定统一的符合性评价标准，制定统一的符合性声明规范，建立统一的工厂审核程序和要求。企业按照要求进行自我评估，提供符合性声明和符合性技术文件，由第三方技术审核机构负责书面审核，并以工厂为单位进行现场的体系审核，每年度审核一次。

企业反馈显示，建议采用符合性声明 + 工厂审核模式的理由包括：这种评价模式强调的是企业的体系管理以及对整个供应链的品质管控，不会给企业带来太大的负担，同时又有相关的审核活动进行监督，保证了企业活动的真实性；政策实施之初，选择一种符合性成本更低的实施方案，更有利于此项工作的开展，目前电器电子产品行业竞争比较激烈，企业利润微薄，同时已有 3C 认证和多种自愿性认证，不宜增加过多的认证，因此选择符合性声明 + 工厂审核模式更易于被市场接受，这样可以减少企业的认证费用负担，促使企业建立诚信机制，也有了第三方的监督管理；符合性声明是表达企业自愿性的好方式，而且基金减征符合性项目只有通过工厂审核的方式才能较好地达到验证的目的，给企业提供了一个相对公平的竞争环境；这种模式易操作，企业投入小，且可控。

2. 符合性声明 + 市场抽查验证

在这种模式下，需要针对基金减征符合性项目，制定统一的符合性评价标准，制定统一的符合性声明规范，建立统一的市场抽查验证规则。企业按照要求进行自我评估，提供符合性声明和符合性技术文件，由第三方技术审核机构负责书面审核，主管部门依据企业的符合性声明进行后市场抽查检测。例如采用代表产品抽查方式，对工厂所生产并在市场销售的产品中抽取代表性产品 1 件，进行检测，以验证产品的符合性。

企业反馈显示，建议采用符合性声明 + 市场抽查模式的理由包括：这种模式可以实现主管部门对基金减征项目符合性的有效监管；这种模式易操作，社会成本低，公平有效；以符合性声明形式代替自愿性认证，以监督抽查方式代替审核，这样可以减轻企业负担同时也可以保证符合性。

3. 减征符合性评价方式小结

三种符合性评价方式的比较概要如表 8－10 所示：

表 8－10　减征符合性评价方式比较

评价方式	企业偏好	企业负担	可操作性	监管力度	监管成本
自愿性认证	中	高	高	中	低
符合性声明＋工厂审核	高	中	高	中	低
符合性声明＋市场抽查验证	低	中	高	高	高

调查结果显示，这三种评价方式各有其拥趸，都具有可实施性，其中：符合性声明＋市场抽查验证方式适用范围广，适用于所有 4 项减征符合性项目的评价，且对管理部门而言是监管最为直接主动、监管力度最大的一种方式，推进的难点在于制订合理的市场抽查验证方案，能实现有效的监管同时又不给申请企业带来太大的负担；

自愿性认证也是适用于所有 4 项减征符合性项目的评价方式，且有利于绿色目录产品的市场推广，但需要协调其他主管部门制定统一的认证和检测规则，以保证认证结果的一致性，参与部门和机构较多，给企业带来的负担也比较大；

由于资源综合利用相关符合性评价标准尚未到位，符合性声明＋工厂审查方式的适用范围难以完全确定，但仅就减征符合性项目中的污染控制（RoHS）要求而言，国内外经验表明，相比其他两种方式，符合性声明＋工厂审查方式是能达到同样的符合性验证效果最为经济有效的评价方式，不会给企业带来太大的负担，又能通过此种方式帮助企业提高生产管理水平，因此受到企业的青睐。

七　减征影响分析

基金减征符合性项目包括污染控制（RoHS）要求、可回收利用设计要求、易拆解设计要求和使用再生材料 4 项要求。由于前两项要求的内容已有国家的相关标准或已开展相关的标准化活动，在工作组企业和认证机构调研的基础上，对符合此两项要求时，各类产品所增加的成本进行估算。此外还对这两项要求的减征规模以及经济和社会效益进行了初步测算。

（一）RoHS 要求的符合性成本测算

1. RoHS 替代的生产成本（见表 8－11）

表 8－11　RoHS 替代新增成本测算

单位：元/台

产品类别	增加生产成本
电视机	10～100
电冰箱	2～10
空调器	50～60
洗衣机	10～20
微型计算机	260

　　上述各品类产品关于生产成本的增加量根据国内各个主要家电生产企业的调研所得出的平均值，由于各个企业会根据国内销售和出口情况不同，对生产工艺和零部件的材料加以区分以控制成本。对于同一类型产品，不同生产企业的产品符合 RoHS 标准的程度也有所不同，再加上生产过程中的管理成本，造成生产成本增加量的不同。

　　2. 自愿性认证方式的成本估算

　　在采取自愿性认证方式时，平均的单台产品的成本增加值如表 8－12 所示：

表 8－12　RoHS 自愿性认证方式成本测算

单位：元/台

产品类别	认证成本
电视机	1～5
电冰箱	0.5～5
空调器	0.3～5
洗衣机	0.5～3
微型计算机	0.5～5

　　目前，在"四机一脑"产品中只有电视机和计算机可以做国推 RoHS 认证，电冰箱、空调、洗衣机可以选择其他各机构的自愿性 RoHS 认证。根据相关检测机构的调研，RoHS 证书费用包括检测费用和认证费用。其中，国推 RoHS 整机检测是一份检测报告对应多个型号（主型号＋扩展型号），检测费用主要依据拆分单元和检测单元数量。使用通用性材料、部件和模块化结构有助于检测费用的降低。检测费用依靠整机产品拆分后均质材料种类的

多少进行确定。电视机的拆分单元总数约为 600 个，优化检测费用为 37800 元，微型台式计算机和便携式计算机的拆分单元总数约为 240 个，优化检测费用为 50400 元。

对于认证费用，主要包括证书费用、获证后证书年金和监督费用，证书有效期为 5 年。进行估算时，由于认证费用较低，认证成本主要指检测费用。经过估算，1 个型号检测费用不会超过 1 万元，平均单台认证成本为：

单台认证成本 =（型号数 ×1）/国内销量（元/台）

由于电冰箱、空调、洗衣机整机目前不能进行国推 RoHS 认证，但是其整机产品的拆分单元和检测单元与计算机相比较少，费用不会超过目前计算机的国推 RoHS 认证和检测费用。由于各个企业在整机产品中某些零部件的选择和国内销售情况不同，造成单台认证成本的不同。

调研中，企业建议在国推 RoHS 认证中，应参考欧盟相关法规的规定，产品整机的 RoHS 检测和认证可以在供应链中加以分摊，避免整机产品中材料、元器件和部件的重复检测，进一步降低认证所需费用。

3. 符合性声明 + 工厂审核方式的成本估算

采用生产企业符合性声明和工厂审核方式时，将节省企业产品认证的相关费用。按照审核人员的工作日人次和工厂规模计算，平均审查费用为 1 ~ 2 万元/厂，审核内容为 RoHS 符合性要求，审核频率为每年进行一次。

根据行业调查，得到国内主要家电生产厂家的工厂数量和国内销量值，其中审核费用取高值为 2 万元/厂，就可以得到审核大致的费用成本（见表 8 - 13）。

表 8 - 13　RoHS 符合性声明 + 工厂审核方式成本测算

产品类别	工厂数量（个）	总体成本（万元/年）	国内销量规模（万台）	单台整机的成本增加值（元/台）
电视机	100	200	4263	0.047
电冰箱	80	160	5437	0.03
空调	46	92	5744	0.016
洗衣机	50	100	3719	0.027
微型计算机	90	180	8755.9	0.021

根据以上估算结果，平均到单台整机的成本时，工厂审核引起的成本增加将远远低于自愿性认证方式带来的成本增加。

4. 符合性声明 + 市场抽查验证方式的成本估算

与采用生产企业符合性声明和工厂审核方式时相类似，符合性声明将节省企业产品认证的相关费用。市场抽查成本主要包含购买样机和检测的费用，抽查方式为达到符合性要求的工厂每年至少抽查一个样品。假定国内主要企业的生产基地和工厂达到符合性要求，对单台整机增加的成本进行估算（见表8－14）。

表 8 – 14　RoHS 符合性声明 + 市场抽查验证方式成本测算

产品类别	样本数量 （个）	购买成本 （元/台）	检测成本 （元/台）	总体成本 （万元）	国内销量 （万台）	单台整机的成本增加值 （元/台）
电视机	100	3500	30000	390	4263	0.62
电冰箱	80	3000	30000	264	5437	0.049
空调	46	3000	30000	151.8	5744	0.026
洗衣机	50	3000	30000	165	3719	0.044
微型计算机	90	3500	40000	396	8755.9	0.045

在估算中，整机的平均购买价格为 3000～3500 元。对于检测环节，建议审核机构进行招标确定，采用合同管理方式，以减低产品的平均检测费用。根据计算结果，符合性声明 + 市场抽查验证对于产品平均成本增加稍高于符合性声明 + 工厂审核方式。

第一批目录产品 RoHS 要求总的符合性成本汇总如表 8 – 15 所示：

表 8 – 15　单台产品 RoHS 符合性成本

单位：元/台

产品类别	增加生产成本	自愿性认证成本	符合性声明 + 工厂审核成本	符合性声明 + 市场抽查验证成本
电视机	10～100	1～5	0.047	0.62
电冰箱	2～10	0.5～5	0.03	0.049
空调	50～60	0.3～5	0.016	0.026
洗衣机	10～20	0.5～3	0.027	0.044
微型计算机	260	0.5～5	0.021	0.045

（二）可回收利用设计要求的符合性成本测算

根据正在报批和制定的国家标准，《电工电子产品可再生利用率限定值和目标值第 1 部分：房间空气调节器家用电冰箱》和《电工电子产品可再生利用率限定值和目标值第 2 部分：洗衣机、电视机、计算机》中的规定，根据企业反馈的意见，结果如表 8 – 16 所示：

表 8 – 16 可回收利用设计要求成本估算

产品类别		限定值(%)	目标值(%)	达到目标值时单台成本增加值(元/台)
洗衣机	波轮	74	77	增加幅度不大
	滚筒(含洗衣干衣机)	74	78	
电视机	阴极射线管	77	80	需要增加线体、设备等硬件设施
	液晶	80	85	
	等离子	80	85	
计算机	便携式	75	80	增加幅度不大
	台式计算机主机	80	85	
	显示器	80	85	
电冰箱		73	75	增加幅度不大
空调器		80	83	20 ~ 30

由于以上两个国家标准还在制定中，其检测方法和符合性评价方法还有待确定。生产企业只是对部分产品在达到目标值时的生产成本增加进行了大概估计。

（三）减征规模估算

如上所述，基金减征的符合性项目包括 RoHS 符合性要求、可回收利用设计要求、易拆解设计要求、使用再生材料四项。对满足一项或多项减征符合性项目的绿色目录产品，分项累计减征，实现差异化征收。主要对国内销售的产品满足 RoHS 符合性要求和可回收利用设计要求的产品比例分别进行调研和估算，得到大致的减征规模。

1. 满足 RoHS 符合性要求时减征规模

经过对各个国内主要生产企业的调研，得到 2012 年各项产品的国内销量和符合 RoHS 产品的内销量比例，即可计算出满足 RoHS 符合性要求时减征规模，计算结果如表 8 – 17 所示。

表 8 – 17 满足 RoHS 符合性要求时减征规模

产品类别	2012 年国内销量(万台)	国内销量符合 RoHS 产品比例(%)	征收标准(元/台)	减征规模(减征幅度 20% 时,万元)
电视机	4263	66.7	13	7392.9
电冰箱(含冰柜)	5437	47.8	12	6237.3
空调器	5744	11.6	7	932.8
洗衣机	3719	40	7	2082.6
微型计算机	8755.9	66.8	10	11697.9
总计：				28343.5

根据 2012 年度的信息，按照各类别的产品符合 RoHS 标准的国内销量比例和减征幅度，"四机一脑"产品共减征约 2.8 亿元。

2. 满足可回收利用设计要求时减征规模

经过企业调研，国内"四机一脑"主要生产企业都可达到可再生利用率的限定值，但达到目标值还有一定难度，并且相关的国家标准还未颁布，各类别产品具体的检测方法还未确定。大部分生产企业也未对产品达到可再生利用率目标值时的国内销量比例等信息进行核算，所以未对此项内容进行计算。

（四）资源可回收利用规模估算

由于家电类产品中有大量可回收的有色金属、黑金属、塑料、玻璃等，对于各种电子元件，也可采用机械、物理、化学的方法回收原材料。同样，通过对国内主要生产企业的调查，家用电器的主要材料的平均质量如表 8-18 所示。

表 8-18 各产品类别主要材料的平均质量

单位：公斤/台

产品类别	平均质量	钢	铝	铜	玻璃	塑料	电子组件	其他材料
电视机	23.13	6.94	0.57	0.42	2.68	8.36	1.08	3.08
电冰箱	68.5	25	3	2	3	24	3.5	8
洗衣机	49.7	17.9	1.39	1.98	0.64	14.55	1.72	11.48
空调	75.5	26.24	4.87	8.07	—	5.11	—	31.48
微型计算机	16.25	1.56	0.4	0.47	7.04	3.75	2.84	0.18

为了计算方便，以上各产品类别主要材料的平均质量是按照各个类别产品中不同类型产品的平均值进行估算。按照 2012 年的各类别产品的内销量，如果这些产品都能达到可再生资源利用的目标值，可得到 2012 年生产产品中各种主要材料总的可回收利用量。计算结果见表 8-19。

表 8-19 各产品类别主要材料总的可回收利用量

单位：万吨

产品类别	钢	铝	铜	玻璃	塑料	电子组件
电视机	29.59	2.43	1.79	11.42	35.64	4.6
电冰箱	135.93	16.31	10.87	16.31	130.49	19.03
洗衣机	51.59	4.01	5.7	1.84	41.94	4.96
空调	125.1	23.22	38.47	—	24.36	—
微型计算机	11.27	2.89	3.4	50.85	27.08	20.52
合计	353.48	48.86	60.23	80.42	259.51	49.11

在以上计算中，各产品类别能够达到的可再生资源利用的目标值也是按照不同类型产品的平均值进行估算。

（五）社会和环境影响分析

课题组研究提出的四项基金减征符合性项目要求在带来显著的经济效益的同时，也能产生突出的社会和环境效益。其中，污染控制（RoHS）要求在国内虽有相关的标准，但还为非强制要求。在基金减征的激励下，企业生产的电器电子产品符合有害物质限量要求，将有效降低铅、汞、镉、六价铬、多溴联苯（PBB）和多溴二苯醚（PBDE）六种有害物质对人类健康和环境形成的潜在危险。同时，限制这些有害物质的使用也提高了报废电器电子产品回收处理的经济效益并减少回收和拆解过程中对工厂工人健康所造成的负面影响。

可回收利用设计、易拆解设计和使用再生材料等其他三项基金减征符合性项目要求，则能有效地指导生产企业进行相关的设计和生产，实现资源综合利用，从而降低对原材料的使用量，减少资源消耗和环境负荷。

第四节　基金减征方案建议

基金减征政策的目的是落实生产者延伸责任，推进绿色电器电子产品的设计和生产，最终实现促进资源综合利用和循环经济发展、保护环境、保障人体健康的《条例》目标。为达成政策目标，将通过减征基金的方式对设计和生产资源综合利用和环保水平高的产品、良好履行生产者延伸责任的企业予以奖励，同时对行业和企业的技术发展起到引导和激励作用。

基于之前的对基金减征方案各要素的调研和分析，课题组在此提出适合我国国情和现状的具有可实施性的基金减征方案，分析影响方案实施的制约因素，提出相关政策建议。

一　建议的基金减征方案

1. 减征对象

减征对象为绿色目录产品，即纳入处理目录和基金征收范围的、采用有利于资源综合利用和无害化处理的设计方案以及生产时使用环保和便于回收利用的材料的电器电子产品。

2. 要准备哪些工作？——减征符合性评价标准

基金减征符合性项目包括 RoHS 符合性要求、可回收利用设计要求、易拆解设计要求、使用再生材料等四项。标准化工作为基金减征的实施提供技术支撑。每项减征符合性项目需要制定行业一致认可的、具有可操作性的高水平的评价标准和评价指标。这些标准化工作完成后，以下基金减征的后续环节才可以进行。

3. 减征推出的时机

减征推出有以下前提：

通过对末端处理增加资源化要求，生产者和主管部门对绿色目录产品的投入和推动落地于末端处理的资源化和环保效益，这部分新增效益再反补给源头设计，基金制度能在减征的同时实现减补，唯有此，基金减征才能成为一项可持续性的政策，才是减征时机。

4. 减征的标准

对满足一项或多项减征符合性项目的绿色目录产品，分项累计减征，实现差异化征收。

减征标准暂定见表 8 - 20。

表 8 - 20　第一批目录产品处理基金绿色征收标准

单位：元/台

目录产品	一般征收标准	减征符合性项目	绿色征收标准
电视机	13	污染控制（RoHS）要求	减征 20%
		可回收利用设计要求	减征 20%
		易拆解设计要求	减征 10%
		使用再生材料	减征 10%
电冰箱	12	污染控制（RoHS）要求	减征 20%
		可回收利用设计要求	减征 20%
		易拆解设计要求	减征 10%
		使用再生材料	减征 10%
洗衣机	7	污染控制（RoHS）要求	减征 20%
		可回收利用设计要求	减征 20%
		易拆解设计要求	减征 10%
		使用再生材料	减征 10%

续表

目录产品	一般征收标准	减征符合性项目	绿色征收标准
房间空调器	7	污染控制（RoHS）要求	减征20%
		可回收利用设计要求	减征20%
		易拆解设计要求	减征10%
		使用再生材料	减征10%
微型计算机	10	污染控制（RoHS）要求	减征20%
		可回收利用设计要求	减征20%
		易拆解设计要求	减征10%
		使用再生材料	减征10%

从基金管理的角度看，当减征规模达到一定比例（不超过当年基金收入的10%）时，应考虑停止减免或制定更严格的评价标准。

其中，RoHS符合性要求为阶段性的基金减征项目，应视产品符合性比例和相关管理办法（中国版RoHS）实施的进展，从基金减征项目中适时移除。

可回收利用设计要求、易拆解设计要求和再生材料使用三项体现资源综合利用要求和目标的项目则是长期的基金减征项目，这些项目的评价指标应根据符合性产品实际比例的提升情况适时调整，以适当控制减征的比例和规模，突出领跑者的行业进步推动作用。

5. 资金拨付的建议——减征操作

按产品类别减征，分为电视机、电冰箱/冰柜、洗衣机、房间空调器、微型计算机5个类别开展减征，工厂国内销售的某个类别产品须全部型号符合绿色目录产品要求才能获得减征。呈现方式是发布每个产品类别下的减征工厂目录（年度），包括工厂名称、减征符合性项目、减征比例等。在缴纳基金时，工厂根据该目录申请减征，提供符合性证明，国家税务部门按目录给予相应的减征。

6. 符合性评价和监督

在减征初期，考虑到减征的整体社会成本和基金的资金充裕程度，建议按照先易后难、分步推进的原则，以RoHS要求符合性项目作为首先开展的减征项目，积累相关经验。针对RoHS要求减征项目的符合性评价和监督，有以下两种方案供选择。

第一种方案：采用"符合性声明＋市场抽查验证"的方式。随着工作的开展，可以依据工厂符合性表现，建立企业信用等级评价体系，信用等级高的企业可以减少监督抽查频次。"符合性声明＋市场抽查验证"的工作方案见附件1。

第二种方案：企业自主选择"自愿性认证"或"符合性声明＋工厂审查"的符合性评价和监督方式。随着工作的开展，可以依据工厂符合性表现，建立企业信用等级评价体系，信用等级高的企业可以减少监督检测的数量。"符合性声明＋工厂审查"的工作方案见附件2。

在开展 RoHS 要求减征、积累相关经验的基础上，建议尽快完善可回收利用设计要求、使用再生材料、易拆解设计要求等减征项目的实施条件，推动有利于资源综合利用的减征项目的实施。

7. 惩罚和退出机制

为防止弄虚作假、虚报骗取减征等问题的发生，需要建立健全基金减征审核制度，建立公示和举报机制，公开工厂基金减征情况，接受公众监督。对生产企业弄虚作假骗取减征的，除依照有关法律法规进行处理、处罚外，还要取消给予基金减征的资格，并向社会公示。

二 制约因素分析

课题组认为上述基金减征方案的实施面临以下关键的制约因素。

1. 目前的基金制度不能有效促进基金减征政策目标的实现

为实现基金减征政策目标，既需要推动产品源头的资源利用和环保设计，又需要对末端的处理提出资源化要求，如此才能使源头设计真正落地，形成合理的"从摇篮到摇篮"的环保良性循环。目前的基金制度未能对末端处理环节提出资源化要求，则生产者在绿色目录产品设计和生产上的投入和努力不能完全转化为现实的资源有效利用，基金减征也失去了意义，并且不可持续。

实际上，大部分处理企业仅是按要求进行环保拆解处理，深加工较少，在资源化方面所做的工作不多，仅少数企业通过升级拆解处理设备，在提高拆解效率、改善拆解处理质量（如塑料分选和金属分选）方面做了一些尝试。总体而言，因处理企业采取的是比较粗放的、不尽合理的处理技术和处理工艺，资源化水平有限，导致产品可回收利用设计、易拆解设计的目标与实际的资源利用水平之间存在明显差距。

课题组通过调研还发现，生产企业出身的处理企业在产品可回收利用设计、易拆解设计方面可以提供很多有建设性的意见和建议，一般的处理企业则表现出对产品结构和产品设计缺乏深入了解，所提意见比较宽泛粗浅。这也体现出家电生产企业参与废弃电器电子产品的回收处理有其先天的优势，尤其是在推动产品可回收再利用方面。

此外，基金减征政策能否推出在很大程度上受到基金收支状况的制约。从 2012 年下半年基金征收情况看，测算值与实际征收金额之间存在一定差距，征收机制有待完善。

2. 评价标准缺失，亟待完善

目前可回收利用设计要求、使用再生材料、易拆解设计要求等有利于资源综合利用的减征项目尚未有得到行业一致认可的、具有可操作性的评价标准和评价指标，使得减征项目的符合性评价模式难以确定，政策的实施效果难以评价，相关政策难以推进。

3. 实施规则尚待明确

因评价标准缺失或不够完善之故，实施规则包括减征项目符合性评价模式等政策的操作性内容，目前尚不能完全明确。

4. 减征的激励力度不足

减征的激励力度不足来自两方面。

一是征收水平不高。我国是电器电子产品的生产大国，也是消费大国。电视机、电冰箱、洗衣机、房间空调器、微型计算机等第一批目录产品的国内市场规模基本都达到了 4000 万～5000 万台，相比之下产品的理论废弃量在百万台至一两千万台的规模。我国基金征收标准的制定综合考虑了新产品销售规模、回收处理成本和生产企业的承受能力，目前的征收水平给生产企业带来的负担并不重。在此低征收水平上制订的减征方案，不可能造成真正的经济刺激，更多的是起到政策引导作用。

二是符合性成本过高。在 RoHS 要求减征项目的成本分析中，可以看出对于第一批目录产品的生产企业，最大的成本投入是 RoHS 替代技术的转换成本，已经远超出了基金征收水平。

如果没有其他政策的配合和支持，仅仅是基金减征政策本身完全不足以推动企业开展绿色目录产品的国内生产销售。

三　政策建议

基金减征政策的推出需要应对和解决各项关键的制约因素，为此提出以下基金减征的政策实施程序。

1. 完善有利于基金减征政策目标实现的制度设计

完善基金征收机制，做到应征、尽征，为减征打好资金基础；

完善基金补贴政策（标准），对处理企业，在环保准入门槛之上，增加资源化的要求，完善处理企业的退出机制，基金制度能在减征的同时实现减补，基金减征才能可持续；

家电生产企业参与废弃电器电子产品的回收处理有其先天的优势，包括逆向物流的使用、推动产品可回收再利用设计、易拆解设计等，这些优势将有助于降低废弃电器电子产品回收处理成本，实现社会资源的优化配置，同时生产企业的这种参与也是生产者延伸责任制的最好体现，因此建议探讨引入促进产品回收利用设计的个体生产者责任制度，可首先针对一些特定的产品（手机、微波炉等）开展。

2. 制定和完善可操作实施的评价标准、符合性评价方案

（1）制定和完善可回收利用设计要求、使用再生材料、易拆解设计要求等减征项目的评价标准。

需要针对各类产品制定有操作性的、高水平的评价标准和合理的评价指标，在促进行业整体资源综合利用水平和环保水平上发挥引领作用。随着标准化工作的进展和目录产品绿色环保水平的提高，未来可以考虑制定一个整合各项减征符合性因素、对产品的资源综合利用和环保绩效进行综合评价的阶梯标准，并对应制定不同的基金减征幅度。

（2）进一步完善基金减征项目符合性评价工作方案。

建议在未来的绿色目录产品减征符合性评价制度中，企业应可以自主选择"自愿性认证"或"符合性声明"这两种方式。不论采用哪种方式，都应遵从统一的技术标准，并尽量与国际标准一致。

（3）在产品上加贴促进资源综合利用和污染控制要求的标签，以促进绿色目录产品的终端消费。

3. 在相关制度、评价标准、实施规则进一步完善的基础上，可以考虑配套政策和项目的设计，以提高基金减征政策的激励力度，提高绿色目录产品的设计水平，培育和壮大绿色目录产品市场

（1）制定和出台配套政策。

建议将基金减征符合性项目纳入政府采购加分项目；

制定促进再生品（塑料）应用的扶持政策，如通过财政和/或税收政策

开拓、培育、规范再生品市场；

与其他政策配合形成合力，如发展改革委促进节能环保产业加快发展推出的相关政策措施（《关于加快发展节能环保产业的意见》）、工业和信息化部正在推进的中欧产品生态设计政策合作项目等。

（2）出台支持资源综合利用技术、RoHS 替代技术研发和市场转换的项目，消除绿色目录产品市场障碍，促进终端销售，加快市场转换。

（3）组织开展促进资源综合利用的课题研究，包括：废弃电器电子产品塑料材料再生利用技术的开发；产品长寿命设计研究，探讨此类产品的基金减征的可行性。

（4）加强行业间和国际的交流与合作，提高绿色目录产品的研发水平。

组织开展目录产品的生产性企业和处理行业之间的技术交流，在电器电子产品的设计和材料使用、处理环节的资源化方面形成双向交流反馈、互相促进的正向循环，实现资源的充分、有效利用。

加强与发达国家和地区的技术交流与合作，提高我国电器电子产品资源综合利用的设计水平。欧盟资助开展了多项生态设计研究项目，提出了采用生态设计提高电器电子产品可再生率的建议和措施，2013 年 7 月启动的"中欧产品生态设计政策合作项目"是中欧在此领域的最新合作。日本电器电子产品企业在废弃电器电子产品塑料件再商品化方面做出了很多努力，积累了丰富经验。

附件 1：绿色目录产品减征符合性评价工作方案 1：符合性声明＋市场抽查验证

一 基本思路

1. 企业提交申请

企业自评所生产的某类全部产品达到无害化标准后，形成自评报告，向基金征收管理机构提出减征申请，并缴纳申请费用。

2. 代理审核机构进行初审

基金征收机构聘请第三方机构作为代理审核机构，审核机构对报告进行程式性审查，必要时进行现场核实。

3. 申请公示

初审结果进行公示，由全社会进行监督。

4. 抽查

审核机构聘请检测机构对申请企业进行抽查，抽查应在全年内多次进行，并应聘请多家检测机构执行。

5. 终审与公示

以上检查全部通过，可以给予减征，申请费用可以扣除。

6. 纠错

即使终审通过，如发现企业有重大疏漏和过失时，仍可追回减征的基金。

二　说明

1. 审核机构由基金征收机构招标确定，采用合同管理方式。

2. 基金征收机构招标征集检测机构，形成检测机构库，检测任务随机抽取，并实现动态式管理，实行优胜劣汰。

3. 应制定无害化标准，并实现滚动修订。

4. 减征企业达到一定比例时，可停止减免。

附件2：绿色目录产品减征符合性评价工作方案2：符合性声明＋工厂核查

本方案分为《废弃电器电子产品处理基金减征实施规则》和《绿色产品工厂质量保证能力要求》两部分。

废弃电器电子产品处理基金减征实施规则

1. 适用范围

本规则适用于首批进入废弃电器电子产品处理基金目录的五类产品：电视机、电冰箱、空调、洗衣机、微型计算机。

2. 实施模式

企业自我声明＋初始工厂检查＋年度监督。

3. 实施的基本环节

3.1 企业自我声明所生产的产品符合绿色产品评价标准，自我声明需提交××××机构审核备案，并在官网对外公布。

3.2 初始工厂检查。

3.3 结果评价与批准。

3.4 年度监督。

4. 规则实施

4.1 企业自我声明。

4.1.1 单元划分。

原则上按产品类型进行自我声明。产品类型根据产品采用的不同技术、不同材料或外观形态差异进行划分。

4.1.2 企业自我声明的内容：

（1）企业名称；

（2）产品名称；

（3）宣称符合的标准；

（4）企业责任；

（5）签署人；

（6）公章。

4.2 初始工厂检查。

4.2.1 检查内容。

工厂检查的内容为工厂质量保证能力。

4.2.1.1 工厂质量保证能力检查。

为保证企业批量生产的绿色产品符合绿色产品评价标准（后称评价标准）的要求，由×××××机构针对工厂的职责和资源，文件和记录，采购和进货检验，生产过程控制和过程检验，例行和确认检验，检验试验仪器设备，不合格品的控制，内部质量审核等内容制定相应产品的工厂质量保证能力检查实施细则，报国家认监委备案后公布实施。

4.2.1.2 检查范围。

工厂质量保证能力检查应覆盖产品的所有加工场所。

4.3.1 初始工厂检查时间。

一般情况下，企业自我声明在×××××机构备案后且在企业官网公告后，再进行初始工厂检查。根据需要，备案工作和工厂检查也可以同时进行。初始工厂检查时，工厂应生产企业自我宣告范围内的产品。

工厂检查时间根据所宣告产品的类别确定，并适当考虑工厂的生产规模和分布，一般为 1~4 个人／日。

4.3.2 检查结论。

检查组向×××××机构报告检查结论。工厂检查存在不符合项时，工厂应在×××××机构规定的期限内完成整改，×××××机构（检查组）

采取适当方式对整改结果进行验证。未能按期完成整改的，按工厂检查结论不合格处理。

4.4 工厂审查结果评价与批准。

××××机构对工厂检查结论进行综合评价，评价合格后，颁发工厂审查合格报告，并上报发展改革委员会和财政部批复。所宣告产品方能享受废弃电器电子产品处理基金减征优惠。

4.5 时限。

时限是指自提交××××机构备案企业自我声明起至发展改革委员会和财政部批复止所实际发生的工作日，其中企业自我声明备案时间、工厂检查时间及工厂检查后提交报告时间、结果评价和批准时间、发展改革委员会和财政部批复时间。

企业自我声明在××××机构备案时间和安排工厂审查时间为 10 个工作日。

工厂检查后提交报告时间一般为 5 个工作日，以检查员完成现场检查，收到生产企业递交的符合要求的不合格纠正措施报告之日起计算。

结果评价和批准时间一般不超过 5 个工作日。

发展改革委员会和财政部批复一般不超过×个工作日。

4.6 年度监督。

4.6.1 年度监督的内容。

年度监督包括年度跟踪检查，以及××××机构对企业自我声明的产品实施的跟踪调查。

4.6.2 年度跟踪检查。

××××机构在进行常规年度跟踪检查时，应优先安排在企业的生产季度内进行。

同一生产场地、不同制造商，应分别接受跟踪检查。

制造商应在规定的周期内接受跟踪检查，否则按不能接受跟踪检查处理。

4.6.2.1 跟踪检查频次。

一般情况下，从初始工厂检查起，每12个月内至少进行一次跟踪检查。

4.6.2.2 跟踪检查内容。

年度跟踪检查包括工厂产品质量保证能力的复查。

××××机构根据工厂质量保证能力检查实施细则的要求，对工厂进行质量保证能力复查。

4.6.2.3 跟踪检查时间。

工厂跟踪检查时间根据产品的类型数量确定,并适当考虑工厂的生产规模和分布,一般为 1~2 个人／日。

4.6.2.4 跟踪检查结论。

检查组向××××机构报告跟踪检查结论。跟踪检查结论为不合格的,检查组直接向××××机构报告不合格结论;发现不符合要求的,工厂应在 40 个工作日内完成整改,××××机构(检查组)采取适当方式对整改结果进行验证;未能按期完成整改或整改不符合要求的,按跟踪检查结论不合格处理,将上报发展改革委员会和财政部停止该类或该企业基金减征待遇。

4.6.3 跟踪检查结果的评价。

年度跟踪检查合格后,可以继续保持基金减征资格。

5. 收费

工厂检查收费由××××机构按国家有关规定统一收取。

二 绿色产品工厂质量保证能力要求

为保证企业批量生产的绿色产品符合绿色产品评价标准(后称评价标准)的要求,工厂应满足本文件规定的工厂质量保证能力的要求。本文中的工厂涵盖制造商(生产者或销售者、进口商)、被委托生产厂。

1. 工厂应获得的资质

工厂应具备 ISO9001 质量管理体系认证证书和 ISO14001 环境管理体系认证证书。

2. 职责与责任

工厂应规定与企业自我宣告产品与评价标准符合性有关的各类人员的职责及相互关系。

2.1 工厂应在其管理层内指定质量负责人,无论该成员在其他方面的职责如何,应具有以下方面的职责和权限,并有充分能力胜任:

(a)确保本文件的要求在工厂得到有效的实施和保持;

(b)确保产品符合评价相关标准要求并在批量生产中得以落实;

(c)审批和签发企业的自我声明(企业生产的产品符合绿色产品评价标准的要求)。

2.2 工厂应在组织内部指定联络人员,负责与审核机构保持联系,其有责任及时跟踪、了解审核机构及相关政府部门有关绿色产品的要求或规定，并向组织内报告和传达。

联络人员跟踪和了解的内容应至少包括：

绿色产品评价标准换版及其他相关文件的发布、修订的相关要求。

3. 文件和记录

3.1 工厂应建立并保持文件化的程序，确保对本文件要求的文件和记录以及必要的外来文件和记录进行控制。

对可能影响产品与评价标准的符合性的内容，工厂应有必要的设计文件（如图纸、样板）、工艺文件和作业指导书。

3.2 工厂应确保文件的正确性、适宜性及使用文件的有效版本。

3.3 工厂应确保质量记录清晰、完整以作为产品符合评价标准要求的证据。

质量记录的保存期不得少于 24 个月。

3.4 工厂应建立并保持产品的档案。档案内容至少应包括产品在开发中相关资料和记录，如设计规格、测试规范、评测报告、初始/年度监督工厂检查报告、年度监督检查抽样检测报告等。

4. 采购和元器部件控制

4.1 采购控制。

工厂应在采购文件中明确元器部件的技术要求，该要求应满足绿色产品评价标准的规定。

工厂应建立并保持元器部件合格供应商名录。元器部件应从经批准的合格供应商处购买。

工厂应保存元器部件进货单，出入库单、台账。

4.2 元器部件的控制。

4.2.1 工厂应建立并保持文件化的程序，对供应商提供的元器部件的检验或验证进行控制，确保与采购控制要求一致，应保存相关的检验或验证记录。

4.2.2 工厂应选择合适的控制质量的方式，以确保入厂的元器部件的质量特性持续满足评价标准要求，并保存相关的实施记录。

5. 生产过程控制

5.1 工厂如有特殊工序，应进行识别并实施有效控制，控制的内容应包括操作人员的能力、工艺参数、设备和环境的适宜性、元器部件使用的正确性。

注：对形成的产品是否合格不易或不能经济地进行验证的工序通常称为特殊工序。

5.2 如果特殊工序没有文件规定就不能保证产品质量时，应建立相应的作业指导文件，使生产过程受控。

5.3 对最终产品的符合性造成重要影响的关键工序、结构、关键部件等应能在生产过程中通过建立和保持生产作业指南、照片、图纸或样品等加以控制，确保最终产品的符合性。

6. 检验试验的仪器设备与人员

6.1 基本要求。

工厂应配备足够的检验试验仪器设备，确保进货检验的能力满足产品批量生产时的检验要求。

检验人员应能正确地使用仪器设备，掌握检验项目的要求并有效实施。

6.2 校准和检定。

用于确定产品符合规定要求的检验试验仪器设备应按规定的周期进行校准或检定。校准或检定应溯源至国家或国际基准。对自行校准的，应有文件规定校准方法、验收准则和校准周期等。仪器设备的校准或检定状态应能被使用及管理人员方便识别。

应保存仪器设备的校准或检定记录。

7. 不合格产品的控制

工厂应对不合格产品采取标识、隔离、处置等措施，避免不合格产品非预期使用或交付，返工或返修后的产品应重新检验。

附件3：废弃电器电子产品处理目录评估和调整研究（生产企业）调查问卷

2012 年 5 月出台的《废弃电器电子产品处理基金征收使用管理办法》的第十一条明确规定，对采用有利于资源综合利用和无害化处理的设计方案以及使用环保和便于回收利用材料生产的电器电子产品（以下简称"第 11 条产品"），可以减征基金。本问卷围绕此条规定展开。

1. "第 11 条产品"应满足哪些符合性要求？请描述由此引发的成本和收益。

	符合性要求	成本	收益
采用有利于资源综合利用和无害化处理的设计方案			
生产时使用的环保和便于回收利用材料			

2. 贵企业 2012 年"第 11 条产品"的生产销售情况。

2012 年	产量（万台）	产量占比（%）	国内销量（万台）	出口量（万台）
电视机				
电冰箱				
洗衣机				
房间空调器				
微型计算机				

3. 贵企业设计生产"第 11 条产品"遇到的主要制约因素。

4. 实施基金减征能否推动贵企业设计生产"第 11 条产品"，请说明理由可以推动，有了该项资金的支持和相关政策，可以促使企业尽可能采用环保和可重复利用的材料，减少环境的污染。

5. 贵企业建议的"第 11 条产品"符合性评价模式，请说明理由。
□自愿性认证　　□自我声明＋审核　　□其他
理由：

6. 贵企业建议的"第 11 条产品"减征方法，请说明理由。
□制定绿色征收标准　　□按比例扣减　　□其他
理由：

填写人信息：

企业名称：		部门：
地址：		邮编：
填写人姓名：	职务/职称：	
电话：	传真：	电邮：

附件4：废弃电器电子产品处理目录评估和调整研究（处理企业）调查问卷

1. 为有利于电器电子产品废弃后的资源综合利用和无害化处理，处理企业对第一批目录产品在结构设计上的建议。

	产品结构设计	资源综合利用和无害化处理效益描述
总体建议		
电视机		
电冰箱		
洗衣机		
房间空调器		
微型计算机		

2. 为有利于电器电子产品废弃后的资源综合利用和无害化处理，处理企业对第一批目录产品在材料使用上的建议。

	环保材料	便于回收利用的材料	资源综合利用和无害化处理效益描述
总体建议			
电视机			
电冰箱			
洗衣机			
房间空调器			
微型计算机			

3. 对以下第一批目录之外的产品的回收情况。

	2012 年回收量（台）	平均回收价格（元/台）	回收渠道（自建/回收商/其他）
电热水器			
微波炉			
吸油烟机			

4. 对以下第一批目录之外的产品的处理情况。

	拆解处理工艺	是否有需要特殊处理的部件	拆解处理设备（进口/合资/国产）	处理成本*
电热水器				
微波炉				
吸油烟机				

* 主要指拆解处理设备和污染控制技术设备的成本，如无法给出具体数值可回答为"类似第一批目录产品中的某种产品"。

5. 如果以下产品被纳入废弃电器电子产品处理目录，是否会促进它们的回收处理？请对这些产品的处理基金补贴水平提出建议。

	列入目录会否促进回收处理	建议的基金补贴标准（元/台）
电热水器	□是□否	
微波炉	□是□否	
吸油烟机	□是□否	

填写人信息：

机构名称：		部门：
地址：		邮编：
填写人姓名：	职务/职称：	
电话：	传真：	电邮：

附件5：废弃电器电子产品处理目录评估和调整研究第二次调查问卷

1. 绿色目录产品符合性要求

请根据绿色目录产品的五大项符合性要求（RoHS 要求、其他环保要求、易拆解设计、可回收利用设计、再生材料的使用），梳理自己企业在绿色目录产品设计生产方面的现状，哪些要求已经达到或部分达到，哪些要求还未能满足，同时对每大项要求下的细化内容进行审核。请提供相关意见、数据和信息。

	绿色目录产品符合性要求	现状和其他建议
通用要求	有利于无害化处理的设计方案和环保材料 1. 符合 RoHS 要求 部件、材料、生产工艺、包装等符合 RoHS 要求 例如： 材料 使用环保的无铅焊料、无镉焊料取代非环保焊料 使用环保阻燃塑料件取代非环保阻燃塑料件 使用环保油墨、油漆取代有毒油墨、油漆 部件 使用喷涂合页、白镀锌合页取代镀铬中合页 生产工艺 零部件组装、连接过程中应采用无铅焊接工艺 使用符合 RoHS 要求的喷涂、电镀、烫金、丝印等材料表面处理工艺 2. 其他环保要求 化学品减排要求 有利于资源综合利用的设计方案和材料 3. 易拆解设计 不使用特殊工具拆解（涉及电气安全的部件除外） 使用卡扣、减少螺钉的使用,使用螺钉的位置防止生锈,使用防腐蚀连接件 不要使用胶粘的方式固定零部件 减少线路板上插装元件的使用,增加贴片元件的使用 金属和塑料零部件应易于分离 铭牌、窗网等小零部件应易于分离 4. 可回收利用设计 使用可降解、可再生利用的材料,钣金件、塑料件、包装物等可回收利用 塑料零部件上标记材料名称,包括回收料、混合料的标记 零部件上有可回收利用的标志 塑料的颜色和色母要标准化,数量尽量减少 零部件的注塑材料标准化,品种尽量少,减少使用两种以上的塑料同时注塑成型的工艺 不同成分的塑料应易于分离 减少嵌件,减少金属与非金属材料的混合零部件种类和数量,采用易于分离	

续表

	绿色目录产品符合性要求	现状和其他建议
特殊要求		
电视机		已实现： 部分实现： 未实现：
电冰箱		已实现： 部分实现： 未实现：
洗衣机		已实现： 部分实现： 未实现：
房间空调器		已实现： 部分实现： 未实现：
微型计算机		已实现： 部分实现： 未实现：

2. 减征方式

研究探讨基金减征的具体操作方式请对以下绿色征收标准予以评价，陈述理由并提出建议。

制定绿色征收标准（见下表）：

	现行标准（元/台）	绿色目录产品符合性要求	绿色征收标准
目录产品	电视机 13 电冰箱 12 洗衣机 7 房间空调器 7 微型计算机 10	符合可回收利用设计要求（通用和特殊要求）	
		符合 RoHS 要求	
		符合易拆解设计要求（通用和特殊要求）	
		使用再生材料	

现有如下两种减征方式供大家讨论，请予以评价，陈述理由并提出建议。

（1）按产品型号减征：按符合性型号的国内销量开展减征。

理由：

（2）按产品类别减征：按产品大类（四机一脑）开展减征，工厂生产的某个类别产品须全部型号符合绿色目录产品要求才能获得减征，预计发布每个类别下的减征工厂目录。

理由：

3. 符合性评价

提出满足基金减征符合性要求的评价模式，请予以评价，陈述理由并提出建议：

按产品型号减征	按产品类别减征
□自愿性认证	□自愿性认证
□自我声明＋工厂审核	□自我声明＋工厂审核（资质审核＋体系审核）
□自我声明＋市场抽查验证	□自我声明＋市场抽查验证
□其他：	□其他：

生产企业调研结果：

□自愿性认证

理由：

□自我声明＋审核

理由：

□其他

理由：

4. 影响分析

请提供相关意见、数据和信息，可以清晰地比较两种减征模式（型号减征、大类减征）的效果。

按产品型号减征

单位：万台、万元

	2012 年国内销量		符合性项目	减征规模测算	减征成本分析	减征收益分析
	总计	绿色产品				
电视机			可回收利用设计		1. 生产成本	
			RoHS 要求		2. 认证成本	1. 经济效益
			易拆解设计		3. 自我声明 +	2. 社会效益
			使用再生材料		监管成本	
电冰箱						
洗衣机						
房间空调器						
微型计算机						

按产品类别减征

单位：万台、万元

2012 年	总计		绿色产品		符合性项目	减征规模测算	减征成本分析	减征收益分析
	工厂数量	国内销量	工厂数量	国内销量				
电视机					可回收利用设计		1. 生产成本	
					RoHS 要求		2. 认证成本	1. 经济效益
					易拆解设计		3. 自我声明 +	2. 社会效益
					使用再生材料		监管成本	
电冰箱								
洗衣机								
房间空调器								
微型计算机								

5. 政策建议

提出适合我国国情和现状的具有可实施性的基金减征方案，分析影响方案实施的制约因素，提出相关政策建议。

（1）建议的基金减征方案。

（2）制约因素。

（3）政策建议。

填写人信息：

企业名称：		部门：	
地址：		邮编：	
填写人姓名：	职务/职称：		
电话：	传真：		电邮：

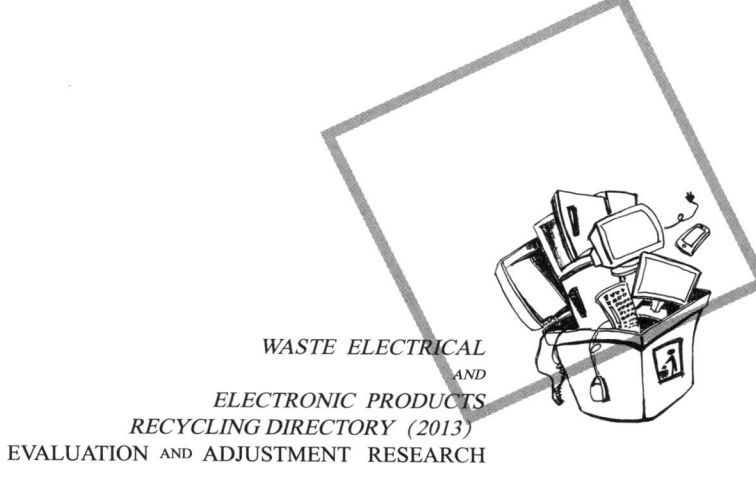

WASTE ELECTRICAL
AND
ELECTRONIC PRODUCTS
RECYCLING DIRECTORY (2013)
EVALUATION AND ADJUSTMENT RESEARCH

废弃电器电子产品处理目录（2013）

评估与调整研究（下）

国家发展和改革委员会资源节约和环境保护司　编

社会科学文献出版社
SOCIAL SCIENCES ACADEMIC PRESS (CHINA)

第四篇　调整篇

废弃电器电子产品处理目录（2013）评估与调整研究

第九章
我国废弃电器电子产品处理目录备选库

第一节　目录备选库产品的范围定义

一　与目录备选库产品相关的定义

明确废弃电器电子产品的定义，首先要明确电器电子产品的定义。表9-1汇总了欧盟《WEEE指令》，我国相关管理规定、国家标准中与电器电子产品相关的定义。从表9-1可以看出，目前还没有针对"电器电子产品"的定义。"电器电子产品"与"电子电气产品"的主要差别在"电器"与"电气"。"电子电气设备"与"电子电气产品"在定义上是相同的，但不同的名称在内涵上有所不同。

（一）电气与电器

"电气"是电能的生产、传输、分配、使用和电工装备制造等学科或工程领域的统称。"电器"泛指所有用电的器具。从定义上来看，"电气"包括了电能的生产、传输、分配和使用，涉及发电设备、输电设备、配电设备和用电设备。而"电器"侧重于电能的使用，主要涉及用电产品和设备。如果把"电气"比喻成"天气"，那"电器"就是"天空"。气是流动的、无形的。电也是流动的、无形的。电气产品，就是控制"电"的产品，控制"电"的生产、传输、分配等。而天空是具体的、固定的。电器就是使用电的、固定的、有形的装置。电气的范围更大，电气包括电器。

表 9 – 1 与电器电子产品相关的定义

序号	出处	名称	定义
1	欧盟《WEEE 指令》	电子电气设备（Electric and Electrical Equipment）	指需要电流或者磁场才能正常运行的设备和依赖设计使用电压为不超过 1000 伏特的交流电和不超过 1500 伏特的直流电来实现这些电流与磁场的产生、传递和测量的设备
2	欧盟 EUP 指令	耗能产品（Energy-using Product）	投放市场和/或（在服务中）使用，依靠能源（电力、矿物燃料和再生燃料）输入工作的产品，产品产生、转换和测量此类能量，包括依靠能量输入的零件，以及本指令中包括的耗能产品中的零件，这些零件可作为独立零件投放市场和/或在服务中（被最终用户）使用，并且可以独立评估环境绩效
3	《电子信息产品污染控制管理办法》	电子信息产品	是指采用电子信息技术制造的电子雷达产品、电子通信产品、广播电视机产品、计算机产品、家用电子产品、电子测量仪器产品、电子专用产品、电子元器件产品、电子应用产品、电子材料产品等产品及其配件
4	《电子电气产品污染控制管理办法（征求意见稿）》	电子电气产品	指依靠电流或电磁场工作或者以产生、传输和测量电流和电磁场为目的，额定工作电压在交流电 1000 伏特以下、直流电 1500 伏特的设备及配套产品
5	《电子电气产品中有害物质检测样品拆分通用要求》GB/Z 20288 – 2006	电子电气产品	需要依靠电流或者电磁场才能正常工作的产品，设计使用电压为交流电不超过 1000 伏特和直流电不超过 1500 伏特，产生、传输和测量这样电流和电磁场的设备
6	《电子电气产品中限用物质的限量要求》GB/T26572 – 2011	电子电气产品	依靠电流或磁场工作，发生、传输和测量这种电流和磁场，额定工作电压交流电不超过 1000 伏特、直流电不超过 1500 伏特的设备及配套产品
7	《家用和类似用途电器的安全使用年限和再生利用通则》GB/T21097.1 – 2007	家用和类似用途电器	在家庭、寓所及类似用途（例如，商店、轻工业和农场等）场合，由非专业人员使用的电子和电器装置（简称家用电器）
8	《电子信息产品污染控制标识要求》SJ/T11364—2006	电子信息产品	采用电子信息技术制造的电子雷达产品、电子通信产品、广播电视机产品、计算机产品、家用电子产品、电子测量仪器产品、电子专用产品、电子元器件产品、电子应用产品、电子材料产品等及其配件

从欧盟的《WEEE 指令》和我国的电子电气产品的定义也可以看到关于"电气"的描述，即"产生、传输和测量电流和电磁场"的设备/产品。但是，从欧盟《WEEE 指令》的产品分类清单可以看到，十大类的电子电气设备均为终端用电产品。从"终端用电产品"这个意义上说，电子电气产品也就是电器电子产品。

（二）电压限制

不论是欧盟的《WEEE 指令》，还是我国电子电气产品的定义中，都有一个共同的电压限制的规定，即使用电压为不超过 1000V 的交流电和不超过 1500V 的直流电。根据我国特种作业目录规定：电工作业指对电气设备进行运行、维护、安装、检修、改造、施工、调试等作业（不含电力系统进网作业）。分高压电工作业：指对 1000V 及以上的高压电气设备进行运行、维护、安装、检修、改造、施工、调试、试验及绝缘工具、器具进行试验的作业；低压电工作业：指对 1000V 以下的低压电气设备进行安装、调试、运行操作、维护、检修、改造施工和试验的作业。

我国将额定 1000V 以上电压称为"高电压"，额定 1000V 以下电压称为"低电压"。额定电压是电力系统及电力设备规定的正常电压，即与电力系统及电力设备某些运行特性有关的标称电压。

低压电气与高压电气的另一个划分界限是对地电压。设备对地电压在 250V 以上者为高压电气设备；设备对地电压在 250V 及以下者为低压电气设备。对地电压即电气设备发生接地故障时，接地设备的外壳、接地线、接地体等与零电位点之间的电位差，称为电气设备接地时的对地电压。对地电压是以大地为参考点。低压电气是指在交流电压小于 1000V，直流电压小于 1500V 的电路中起通断、保护、控制或调节作用的电气。

此外，在低压范围内还有一个"安全电压"的概念。安全电压是指不使人直接致死或致残的电压。一般环境条件下允许持续接触的"安全特低电压"是 24V，也可能是 36V、12V，其中 24V 最常见。

因此，欧盟和我国规定的电子电气设备/产品不是包含所有的设备/产品，而是特指低压电子电气设备/产品，也就是我们生活中通常接触到的各种电子电气设备/产品。

（三）设备与产品

欧盟《WEEE 指令》中最后一个"E"指的是 Equipment，即设备。而欧盟 EUP 指令中的"P"与我国"电子电气产品"都是指"产品"。

设备：指可供人们在生产中长期使用，并在反复使用中基本保持原有实物形态和功能的生产资料和物质资料的总称。产品：向市场提供的，引起注意、获取、使用或者消费，以满足欲望或需要的任何东西。在现代汉语词典当中的解释为"生产出来的物品"。从定义上看，设备强调的是"长期使用"，产品强调的是"对需求的满足"。

欧盟的 EUP 指令是一个框架指令。其对产品的具体要求体现在 EUP 指令框架下的不同产品的实施措施中。那么哪些产品需要制定"实施措施"？欧盟对此的规定是：在欧盟境内年销售量超过 20 万台的产品；在欧盟境内有显著的环境影响；在不需额外花费的情况下，其环境影响有很大改善空间的产品；相同功能但具有悬殊的环境性能的产品。

由此可以看出，产品可以是设备，设备也可以是产品。不同的是，设备强调的是使用属性，而产品强调的是市场属性。

二　制定的原则

（一）符合《条例》的管理原则

《条例》的目标是规范废弃电器电子产品的回收处理活动，促进资源综合利用和循环经济发展，保护环境，保障人体健康。废弃电器电子产品是《条例》管理的对象。废弃电器电子产品回收处理管理不仅体现生产者责任延伸的原则，同时要考虑电器电子产品的废弃特点。电器电子产品范围定义应符合管理的需求。

（二）与相关标准和国际管理惯例相协调

我国在相关标准中已经规定了电子电气产品、家用和类似用途电器、电子信息产品等定义。电器电子产品范围定义应尽可能与相关标准的定义相协调。此外，发达国家，尤其是欧盟，已经制定较为完善的 WEEE 管理制度。我国的废弃电器电子产品回收处理管理在符合国情和行业发展需求的基础上，尽可能与国际接轨。

（三）覆盖面全

电器电子产品种类繁多，用途多样，电器电子产品的范围定义应尽可能将不同种类和用途的电器均包容进来，有助于推动我国废弃电器电子产品回收处理行业的全面发展。此外，电器电子产品，尤其是电子产品，技术发展迅速，产品更新换代快。因此，其范围定义应具有扩展性，可以将今后随技术发展而带来的新产品也包容起来。

三 范围定义与说明

（一）电器电子产品

目录备选库产品的范围非常广泛，国际上通常按照其电压进行划分。例如欧盟的《WEEE 指令》。我国正在修订的电子信息产品污染控制管理办法，也按照电压进行划分。为了我国废弃电器电子产品目录管理更好地与国际接轨，同时建立完善的、协调的管理体系，本研究提出的电器电子产品也采用电压划分的方法进行定义，即电器电子产品是指依靠电流或电磁场工作的产品以及产生、转变和测量这些电流和电磁场的产品。设计使用的电压对于交流电不超过 1000V，对于直流电不超过 1500V。

与正在修订的《电子信息产品污染控制管理办法》（简称《管理办法》）管理范围不同的是，《管理办法》不仅包括整机产品，还关注零部件、材料。而《条例》针对的是终端用能产品。通过规范产品整机的回收处理，建立废弃产品回收处理的产业链。

（二）废弃电器电子产品

废弃电器电子产品指拥有者不再使用且已经丢弃或放弃的电器电子产品（包括构成其产品的所有零/部件、元/器件等），以及在生产、流通和使用过程中产生的不合格产品和报废产品。

废弃电器电子产品的范围定义主要来自《废弃电子电气产品回收利用术语》国家标准。其中，将原定义中的"电子电气产品"改为"电器电子产品"。从定义可以看出，废弃电器电子产品不仅包括来自最终消费者废弃渠道，还包括在生产、流通和使用过程中的废弃渠道。

第二节 国内外目录备选库产品分类比较研究

虽然，我们对电器电子产品进行了电压的划分，但是电器电子产品种类繁多，涉及通信、电子、机械、轻工等多个行业。目前，我国存在多种电器电子产品的分类方法。本研究收集分析了各种分类方法，并提出了适用于《条例》的电器电子产品目录管理的行业分类。

一 欧盟电子电气设备分类

2003 年 2 月 13 日，欧盟官方公报公布了《报废电子电气设备指令》

（简称《WEEE 指令》）。《WEEE 指令》的管理范围采取大而全的管理方式，涉及十大类产品，即大家电、小家电、IT 及通信设备、消费类设备和光伏太阳能板、照明设备、电动工具、玩具、休闲与运动器械、医疗设备、监控仪表和自动售货机。在每类产品中，《WEEE 指令》的附录中列出指示性产品的名称，共 102 类产品。

2008 年，欧盟对《WEEE 指令》实施情况进行评估，并着手修订《WEEE 指令》。2012 年，《WEEE 指令》修订版正式公布。其中变化较大的是产品的分类。产品分类由原来的十大类减为六大类。

《WEEE 指令》修订案中，将原来的十大类中的电动工具、自动售货机、医疗设备等分别归类至新的六大类分类中的小型设备、大型设备类别里，总体而言，新的六大类分类方法侧重于按照产品的结构、材料、环境属性及功能划分，分类方法能够较全面地涵盖所有的电器电子产品。需要注意的是，单从大类来看，《WEEE 指令》修订案中的大型设备、小型设备范围更广泛，与当前国内普遍认可的家用及类似用途电器分类略有不同。

二　日本废弃产品回收利用管理的分类

2000 年 6 月，日本公布《促进资源有效利用法》，并于 2001 年 4 月实施。其目的是综合推进控制产生废弃物，零件等的再使用，报废产品等原材料的再利用。该法中规定实业者（生产者）在产品设计、制造阶段如何应用 3R（Reduce 减量化，Reuse 再使用，Recycle 材料再利用）的措施，为了便于分类回收进行标识，生产商自行建立回收、再利用体系等。

该法中规定了实业者、消费者、国家和地方公共团体的责任，涉及 10 个行业，69 种产品。根据产品的特点，将产品分为指定省资源的产品、指定促使其再使用的产品和制定再资源化的产品三个类别。

所谓指定省资源的产品是指应使其合理使用原材料等，尽量延长使用寿命，控制产生报废物品的产品。所谓指定促使其再使用的产品是指应促进使用再生资源或再生零件（易于进行再使用或材料再利用产品的设计、制造）的产品。所谓指定再资源化的产品是指使其自行回收和再资源化的产品。

其中，电视机、房间空调器、电冰箱、洗衣机、微波炉、干衣机以及个人计算机（包括阴极射线管式、液晶式显示装置）为指定省资源的产品和指定促使其再使用的产品。个人计算机（包括阴极射线管式、液晶式显示装置）为指定再资源化的产品。

三　统计用产品分类目录

2010 年 2 月 9 日，国家统计局签发了第 13 号令，公布、实施《统计用产品分类目录》（以下简称《目录》）。该《目录》是在联合国《产品总分类》的基础上，结合我国实际情况组织编写完成。《目录》对社会经济活动中的实物类产品和服务类产品进行了统一分类和编码，适用于以实物类产品和服务类产品为对象的所有统计调查活动。

《目录》以《国民经济行业分类》为基础，分为 97 大类，是我国目前最具权威的产品分类目录，也是本项目的重点研究和参考依据。统计用产品分类目录中涉及的备选库产品，主要以产品的使用功能和行业管理进行分类。与目录备选库产品相关的产品类别有：（24）文教体育用品，（35）通用设备，（36）专用设备，（39）电气机械及器材，（40）通信设备、计算机及其他电子设备，（41）仪器仪表及文化、办公用机械。

四　工信部行业分类

根据工业和信息化部统计电子信息产业经济指标所用的《电子信息产业行业分类》，对电子信息产品的分类注释，其中涉及电器电子产品的有通信设备、广播电视机设备、计算机、家用电子、电子测量仪器、电子器件、电子应用产品等 12 大类，其分类清单见表 9 - 2。

表 9 - 2　电子信息行业分类

行业代码	电子信息产业行业分类	国标代码	国民经济行业分类
A	雷达工业行业		
A0000	雷达及配套设备制造	402	雷达及配套设备制造
A4020	雷达整机制造		
A4021	雷达专用配套设备及其他制造		
B	通信设备工业行业		
B0000	通信设备制造	401	通信设备制造
B4011	通信传输设备制造	4011	通信传输设备制造
B4012	通信交换设备制造	4012	通信交换设备制造
B4013	通信终端设备制造	4013	通信终端设备制造
B4014	移动通信设备制造	4014	移动通信及终端设备制造
B4015	移动通信终端制造	4014	移动通信及终端设备制造
B4019	其他通信设备制造	4019	其他通信设备制造

续表

行业代码	电子信息产业行业分类	国标代码	国民经济行业分类
C	广播电视机设备工业行业		
C0000	广播电视机设备制造	403	广播电视机设备制造
C4031	广播电视机节目制作及发射设备制造	4031	广播电视机节目制作及发射设备制造
C4032	广播电视机接收设备及器材制造	4032	广播电视机接收设备及器材制造
C4039	应用电视机设备及其他广播电视机设备制造	4039	应用电视机设备及其他广播电视机设备制造
D	电子计算机工业行业		
D0000	电子计算机制造	404	电子计算机制造
D4041	电子计算机整机制造	4041	电子计算机整机制造
D4042	计算机网络设备制造	4042	计算机网络设备制造
D4043	电子计算机外部设备制造	4043	电子计算机外部设备制造
D4044	电子计算机配套服务及耗材制造	4043	电子计算机外部设备制造
D9045	计算机应用产品制造	4152 + 4155	投影设备和计算器及货币专用设备制造业
E	软件产业		
E0000	软件制造及软件服务业	62	软件业
E6201	软件制造		
E6202	系统集成制造		
E6203	软件服务业		
F	家电制造工业行业		
F0000	家用视听设备制造	407	家用视听设备制造
F4071	电视机制造	4071	家用影视设备制造
F4073	摄录像、激光视盘机制造	4071	家用影视设备制造
F4072	家用音响电器设备制造	4072	家用音响设备制造
F3950	其他家用电器电子制造	3959	家用电力器具制造
G	电子测量仪器工业行业		
G0000	电子测量仪器制造	41	仪器仪表及文化、办公用机械制造
G4128	电子测量仪器制造	4128	电子测量仪器制造
G3681	医疗电子仪器及设备制造	3681	医疗电子仪器及设备制造业
G4122	汽车电子仪器制造	4122	汽车及其他用计数仪表制造
G4110	应用电子仪器制造 *	4121、4123 ~ 4127	环境监测专用仪器仪表制造至其他电子专用仪器六个制造业
H	电子工业专用设备工业行业		
H0000	电子工业专用设备制造	366	电子和电工机械专用设备制造
H3662	电子工业专用设备制造	3662	电子工业专用设备制造

续表

行业代码	电子信息产业行业分类	国标代码	国民经济行业分类
H3625	电子工业模具及齿轮制造	3625	模具制造
H3669	其他电子设备制造	3699 + 4090	其他电子设备制造和其他设备制造
I	电子元件工业行业		
I0000	电子元件制造	406	电子元件制造
I4061	电子元件及组件制造	4061	电子元件及组件制造
I4062	电子印制电路板制造	4062	电子印制电路板制造
I4063	敏感元件及传感器制造	4061	电子元件及组件制造
I3070	电子塑料零件制造	3070	塑料零件制造
J	电子器件工业行业		
J0000	电子器件制造	405	电子器件制造
J4051	真空电子器件制造	4051	真空电子器件制造
J4059	光电子器件及其他电子器件制造	4059	光电子器件及其他电子器件制造
J4052	半导体分立器件制造	4052	半导体分立器件制造
J4053	集成电路制造	4053	集成电路制造
K	电子信息机电产品工业行业		
K0000	电子信息机电产品制造	39	电气机械及器材制造
K3919	电子微电机制造	3919	微电机及其他电机制造
K3931	电子电线电缆制造	3931	绝缘电线电缆制造
K3932	光纤、电缆制造	3932	光导纤维电缆制造
K3940	电池制造	3940	电池制造
L	电子信息专用材料工业行业		
L0000	电子信息专用材料制造		
L9001	电子元件材料制造		
L9002	真空电子器件材料制造		
L3353	半导体材料制造		
L2665	信息化学材料制造	2665	信息化学品制造

从表9-2看出，电子信息产业行业分类和行业代码尽可能与国民经济行业分类相协调。但是该行业分类过分强调"电子"，例如电子工业专用设备、电子信息机电产品等。因此，此分类方法侧重于电子信息产品，不足以代表电器电子行业的准确分类。工信部每年出版的《中国电子信息产业统计年鉴》中的产品统计，是以该分类为基础的。从该统计年鉴中可以了解电子信息产品的企业个数、产量、销量和库存量等信息。

五　商务部商品条码分类

我国采用国际通用的商品代码及条码标识体系，推广应用商品条码，建立我国的商品标识系统。为了规范商品条码管理，保证商品条码质量，加快商品条码在电子商务和商品流通等领域的应用，促进我国电子商务、商品流通信息化的发展，《商品条码管理办法》于 2005 年经国家质量监督检验检疫总局局务会议审议通过，自 2005 年 10 月 1 日起施行。

国家质量监督检验检疫总局和国家标准化管理委员会是全国商品条码工作的主管部门，统一组织全国商品条码工作。中国物品编码中心是全国商品条码工作机构，负责全国商品条码管理的具体实施工作。

商品条码由一组规则排列的条、空及其对应代码组成，表示商品代码的条码符号，包括零售商品、储运包装商品、物流单元、参与方位置等代码与条码标识。商品代码是指包含厂商识别代码在内的对零售商品、非零售商品、物流单元、位置、资产及服务进行全球唯一标识的一组数字代码，其编码结构有 13 位、8 位及 12 位三种代码结构。

以厂商识别代码、商品项目代码、校验码三部分组成的 13 位数字代码结构为例，厂商识别代码由 7~10 位数字组成，中国物品编码中心负责分配和管理。厂商识别代码的前 3 位代码为前缀码，国际物品编码协会已分配给中国物品编码中心的前缀码为 690~695。商品项目代码由 2~5 位数字组成，一般由厂商编制，也可由中国物品编码中心负责编制，由 3 位数字组成的商品项目代码 000~999 共有 1000 个编码容量，可标识 1000 种商品；同理，由 4 位数字组成的商品项目代码可标识 10000 种商品。校验码为 1 位数字，用于检验整个编码的正误。表 9－3 列出了几种典型的电器电子产品的商品条码。

表 9－3　电器电子产品商品条码

序号	商品条码	规格型号	生产厂家	产品名称	商标
1	6901570064796	XPB60 – L297AS HM	青岛海尔洗衣机有限公司	洗衣机	海尔
2	6901570065076	XQB65 – KL918			
3	6925876308712	LE4TA300	青岛海尔电子有限公司	电视机	
4	6925876308682	LU32F6			

序号	商品条码	规格型号	生产厂家	产品名称	商标
5	6942147405796	TLM32V68A	青岛海信电器股份有限公司	电视机	海信
6	6942147402696	TLM40V69P			
7	6942147406175	TLM55T69GP			
8	6942147408995	LED19K16			
9	6942147408902	LED24K16P			
10	6942147411049	LED40K11P			
11	6942147408377	LED55T29GP			
12	6943619701460	BCD－176TA	海信（北京）电器有限公司	电冰箱	
13	6943619701477	BCD－196TA			
14	6943619700463	BCD－175U			
15	6943619700487	BCD－195U			
16	6943619700548	BCD－568W			
17	6940287903967	BCD－556WKPM	美的集团电冰箱制造（合肥）有限公司	电冰箱	美的
18	6940287903974	BCD－555WKPM			
19	6940287903981	BCD－555WKMX			
20	6940287904032	BCD－555WKGM			
21	6938187392318	KFR－51QW/DN1Y－B（R1）	广东美的制冷设备有限公司	空调器	
22	6938187392332	KFR－51QW/N1Y－B（R1）			
23	6938187392301	KFR－72QW/DN1Y－B（R1）			
24	6938187392325	KFR－72QW/SDN1Y－B（R1）			
25	6938187399850	KF－51QW/B2－R3			小天鹅
26	6938187399842	KFR－51QW/B2（D）－R3			
27	6933602300022	S1－37AHO 星夜黑 8G	联想移动通信科技有限公司	手机	联想
28	6933602300046	S1－37AHO 星夜黑 16G			
29	6933602300114	S1－37AHO 阿尔卑斯白 8G			
30	6933602300121	S1－37AHO 阿尔卑斯白 16G			
31	6938740972346	G460EXT3500	深圳市傲众实业有限公司	计算机	
32	6938740965461	G475AXE			
33	6938740906549	G475GXE			
34	6938740994355	G575GXE			

从表9-3看出，电器电子产品商品条码具有以下特点。

（1）同一厂家，生产同一商标的同一类型不同规格型号的产品，其商品条码均不相同，如青岛海信电器股份有限公司生产的海信商标电视机。表中列出各种规格型号的电视机，商品条码均不同，因此，体现了商品条码的唯一性。

（2）不同厂家，生产不同商标的不同类型产品，如海信（北京）电器股份有限公司生产海信商标的电冰箱与广东美的制冷设备有限公司生产美的商标的空调器，商品条码不同。

（3）不同生产厂家，生产同一商标的不同类型产品，如青岛海尔洗衣机有限公司和青岛海尔电子有限公司分别生产海尔商标的洗衣机、电视机，厂商识别代码不同，商品条码不同。

（4）同一生产厂家，生产不同商标的同一类型产品，如广东美的制冷设备有限公司分别生产小天鹅和美的商标的空调器，厂商识别代码相同，商品条码不同。

（5）同一厂家，生产同一商标的同一种产品，颜色不同或体积、容量不同，商品条码不同，如联想手机 S1-37AHO。

综合分析商品条码的几点特征得到，通过商品条码来对电器电子产品进行分类，优势在于，可以细分类至厂家、商标、产品名称、规格型号，即具体的单一产品。另外，从厂商识别代码可以获取生产厂家信息，有利于工业主管部门对行业的管理。劣势在于，商品条码均由一组数字组成，条码的编制由中国物品编码中心及厂家共同决定，差异性较大；生产厂家、商标、产品种类、规格型号多样化，导致商品条码繁多；并且，目前没有相关部门统一对外公布商品条码，商品条码信息获取较难；随着商品的更新换代，商品条码也会随之变更，不利于管理的延续性；最重要的是，商品条码仅仅是客观地反映单一具体产品，不能有效地指导电器电子产品的分类。

六　认监委产品认证分类

中国质量认证中心（CQC）对列入《实施强制性产品认证的产品目录》中的 18 个大类 146 种产品承担 3C 认证工作，其中涉及电器电子产品的有电线电缆、电动工具、家用和类似用途设备、音视频设备、信息技术设备、电信终端设备六大类，其产品分类及清单见表9-4。

表 9 - 4　认监委电器电子产品分类

类　别	小类	产品名称
05 电动工具	0501	电钻(含冲击电钻)
	0502	电动螺丝刀和冲击扳手
	0503	电动砂轮机
	0504	砂光机
	0505	圆锯
	0506	电锤(含电镐)
	0507	不易燃液体电喷枪
	0508	电剪刀(含双刃剪刀、电冲剪)
	0509	攻丝机
	0510	往复锯(含曲线锯、刀锯)
	0511	插入式混凝土振动器
	0512	电链锯
	0513	电刨
	0514	电动修枝剪和电动草剪
	0515	电动铣和修边机
	0516	电动石材切割机(含大理石切割机)
07 家用和类似用途设备	0701	家用电冰箱和食品冷冻箱(有效容积在 500 立升以下)
	0702	电风扇
	0703	空调器(制冷不超过 21000 大卡/小时)
	0704	电动机 - 压缩机(输入功率在 5000W 以下密闭式)
	0705	家用电动洗衣机
	0706	电热水器
		快热式电热水器
	0707	室内加热器
	0708	真空吸尘器
	0709	皮肤和毛发护理器具
	0710	电熨斗(含干式和湿式)
	0711	电磁灶
	0712	电烤箱
	0713	厨房机械
	0714	微波炉(频率在 300MHZ 以上)
	0715	电灶、灶台、烤炉和类似器具
	0716	吸油烟机
	0717	液体加热器
		冷热饮水机
	0718	电饭锅

续表

类　别	小类	产品名称
08 音视频设备	0801	总输出功率在 500W（有效值）以下的单扬声器和多扬声器有源音箱
	0802	音频功率放大器
	0803	调谐器
	0804	各种广播波段的收音机
	0805	各类载体形式的音视频录制、播放及处理设备（包括各类光盘磁带等载体形式）
	0806	以上五种设备的组合
	0807	音视频设备配套的电源适配器
	0808	各种成像方式的彩色电视机接收机
	0809	监视器（不包括汽车用电视机接收机）
	0810	黑白电视机接收机及其他单色的电视机接收机
	0811	显像（示）管
	0812	录像机
	0813	电子琴
	0814	天线放大器
	0815	声音和电视机信号的电缆分配系统设备与部件
	0816	卫星电视机广播接收机
09 信息技术设备	0901	微型计算机
	0902	便携式计算机
	0903	与计算机连用的显示设备；投影仪
	0904	与计算机连用的打印设备；绘图仪
	0905	多用途打印复印机
	0906	扫描仪
	0907	计算机内置电源适配器充电器
	0908	计算机游戏机
	0909	学习机
	0910	复印机
	0911	服务器
	0912	金融及贸易结算电子设备（电磁兼容）
	0913	收款机

续表

类　别	小类	产品名称
16 电信终端设备	1601	调制解调器（音频调制解调器、基带调制解调器、DSL 调制解调器、含卡）
	1602	传真机（传真机、电话语音传真卡、多功能传真一体机）
	1603	固定电话终端
	1604	无绳电话终端（模拟无绳电话机、数字无绳电话机）
	1605	集团电话、电话会议总机（含带有 220V 电源的程控用户交换机）
	1606	移动用户终端
	1607	ISDN 终端［网络终端设备（NT1）、终端适配器（卡）（TA）］
	1608	数据终端
	1609	多媒体终端（可视电话、会议电视机终端、信息点播终端、其他多媒体终端）

从表 9 - 4 可以看出，3C 认证产品分类比较细致。但是，3C 产品认证清单不能涵盖所有的电器电子产品。此外，3C 认证的产品分类与现有的行业分类有一定差异。例如，复印机、收款机不属于信息技术设备。

七　海关编码分类

1983 年 6 月，海关合作理事会（现名世界海关组织）主持制定的一部供海关、统计、进出口管理及与国际贸易有关各方共同使用的商品分类编码体系即海关商品编码，简称 HS 编码。HS 编码"协调"涵盖了《海关合作理事会税则商品分类目录》（CCCN）和联合国的《国际贸易标准分类》（SITC）两大分类编码体系，是系统的、多用途的国际贸易商品分类体系。它除了用于海关税则和贸易统计外，对运输商品的计费、统计、计算机数据传递、国际贸易单证简化以及普遍优惠制税号的利用等方面，都提供了一套可使用的国际贸易商品分类体系。HS 于 1988 年 1 月 1 日正式实施，每 4 年修订 1 次。世界上已有 150 多个国家使用 HS，全球贸易总量 90% 以上的货物都是以 HS 分类的。我国也是其中之一。

海关商品编码是一套自成体系、国际认可的产品分类方法。在国际贸易中具有重要的作用。一直以来，海关编码中的产品分类方法与我国产品分类方法是两套独立的体系。而目录备选库产品以国内生产、消费和回收利用管理为主，因此，目录备选库产品分类不选用海关编码的商品分类方法。

八 相关标准产品分类

（一）GB/T 23685 – 2009 废电器电子产品回收利用通用技术要求

由中国标准化研究院、中国电子工程设计院等起草的《废电器电子产品回收利用通用技术要求》（GB/T23685 – 2009）标准指出，其管理的废电器电子产品包括办公设备及计算机产品、通信设备、视听产品及广播电视机设备、家用及类似用途电器产品、仪器仪表及测量监控产品、电动工具和电线电缆共七类，其产品清单见表9 – 5。

表9 – 5 废电器电子产品的类别及清单（GB/T23685 – 2009）

序 号	类 别	细分类
1	办公设备及计算机产品	电子计算机整机产品
		计算机网络产品
		电子计算机外部设备产品
		电子计算机配套产品
		电子计算机应用产品
		复印机、传真机等办公设备
2	通信设备	通信传输设备
		通信交换设备
		通信终端设备
		移动通信设备及移动通信终端设备
		其他通信设备
3	视听产品及广播电视机设备	电视机
		摄录像、激光视盘机等影视产品
		音响产品
		其他电子视听产品
		广播电视机制作、发射、传输设备
		广播电视机接收设备及耗材
		应用电视机设备及其他广播电视机设备

续表

序　号	类　别	细分类
4	家用及类似 用途电器产品	家用制冷电器产品
		家用空气调节产品
		家用厨房电器产品
		家用清洁卫生电器产品
		家用美容、保健电器产品
		家用纺织加工、衣物护理电器产品
		家用通风电器产品
		运动和娱乐器械及玩具
		商用电器设备
		自动售卖机
		其他家用电动产品
5	仪器仪表及测量 监控产品	电工仪器仪表产品
		电子测量仪器产品
		监测控制产品
		绘图、计算及测量仪器产品
6	电动工具	对木材、金属和其他材料进行加工的设备
		用于铆接、打钉或拧紧或除去铆钉、钉子、螺丝或类似用途的工具
		用于焊接或者类似用途的工具
		通过其他方式对液体或气体物质进行喷雾、涂敷、驱散或其他处理的设备
		用于割草或者其他园林活动的工具
7	电线电缆	电线电缆
		光纤、光缆

从表 9 - 5 可以看出，该标准对废电器电子产品的分类，大分类较为全面，但是，细分类没有明确地细分至产品，对于进一步穷举产品增加难度；另外，将运动和娱乐器械及玩具、自动售货机、商用电器设备等也归类至家用及类似用途电器产品，定义范围较为广泛，同样对于进一步穷举产品增加难度。

（二）HJ 537 - 2010 废弃电器电子产品处理污染控制技术规范

由中国电子工程设计院、中国环境科学研究院、中国环境科学学会、清华大学起草，环境保护部科技标准组织制定的 HJ537 - 2010 废弃电器电子产品处理污染控制技术规范附录 A（规范性附录）提出废弃电器电子产品的类别和清单，见表 9 - 6。

表 9 – 6　废弃电器电子产品分类表

序　号	一级分类名称	二级分类名称
1	计算机产品	电子计算机整机产品
		计算机网络产品
		电子计算机外部设备产品
		电子计算机配套产品及材料
		电子计算机应用产品
		办公设备及应用产品
2	通信设备	通信传输设备
		通信交换设备
		通信终端设备
		移动通信设备及移动通信终端设备
		其他通信设备
3	视听产品及广播电视机设备	电视机
		摄录像、激光视盘机等影视产品
		音响产品
		其他电子视听产品
		广播电视机制作、发射、传输设备
		广播电视机接收设备及器材
		应用电视机设备及其他广播电视机设备
4	家用和类似用途电器产品	制冷电器产品
		空气调节产品
		家用厨房电器产品
		家用清洁卫生电器产品
		家用美容、保健电器产品
		家用纺织加工、衣物护理电器产品
		家用通风电器产品
		运动和娱乐器械及电动玩具
		自动售卖机
		其他家用电动产品
5	仪器仪表及测量监控产品	电工仪器仪表产品
		电子测量仪器产品
		检测控制产品
		绘图、计算及测量仪器产品

续表

序　号	一级分类名称	二级分类名称
6	电动工具	对木材、金属和其他材料进行加工的设备
		用于铆接、打钉或拧紧或除去铆钉、钉子、螺钉或类似用途的工具
		用于焊接或类似用途的工具
		通过其他方式对液体或气体物质进行喷雾、涂敷、驱散或其他处理的设备
		用于割草或者其他园林活动的工具
7	电线电缆	电线电缆
		光纤、光缆

（三）GB/T 27610 – 2011 废弃产品分类与代码

由中国标准化研究院、清华大学、中国电子工程设计院等起草、全国产品回收利用基础与管理标准化技术委员会（SAC/TC415）归口的 GB/T27610 – 2011 废弃产品分类与代码，对废弃电器电子产品的代码和分类进行了规定，见表 9 – 7。

表 9 – 7　废电器电子产品分类及代码

代　码		名　　称
13 废电池	1301	干电池
	1302	镍氢电池
	1303	锂离子电池
	1304	扣式电池
	1399	其他
14 废照明器具	1401	电光源
	1402	照明灯具
	1403	灯用电器附件
	1499	其他
15 废电器电子产品	1501	办公设备、计算机产品及零部件
	1502	通信设备及零部件
	1503	视听产品、广播电视机设备及零部件

续表

代　码	名　称
1504	家用、类似用途电器产品及零部件
1505	仪器仪表、测量监控产品及零部件
1506	电动工具及零部件
1507	电线电缆
1508	医用设备及零部件
1599	其他

从表9-7可以看出，2011年新公布的国家标准对废弃电器电子产品的分类与之前的国标有所不同，增加了医用设备。同时各类产品中，除了整机产品，还增加了零部件。此外，该标准将照明电器和电池排除在电器电子产品之外。

第三节　目录备选库产品分类研究

从国内外目录备选库产品分类比较研究可以看出，目录备选库产品的分类分为两种。一种是以产品的功能进行分类，例如欧盟《WEEE指令》（2003），以及我国与目录备选库产品的相关分类。另一种是以产品的环境属性和资源性（体积大小）为特点进行分类，例如欧盟《WEEE指令》（2012），以及日本废弃产品的分类。

目录备选库产品，即废弃电器电子产品的回收处理与其他传统的再生资源，例如废纸、废塑料的管理模式不同。废弃电器电子产品的回收处理管理采用生产者责任延伸的管理模式。虽然各国对生产者责任延伸的理解和实施方法不同，但是总体的原则是一样的。因此，对电器电子产品的分类形成了两个不同的方法。

按产品的功能分类和按产品的结构分类都有各自的优点。按产品功能分类，易于对产品的生产者进行管理，同时，与现行的产品行业管理是一致的，见表9-8。而按照产品的结构进行分类，易于对废弃产品回收处理的管理，结构相似产品采用同样的回收处理工艺。但这种分类方法是打破现有行业分类的全新分类方法，具有很大的挑战性，见表9-9。目录备选库分类按照产品环境特性和材料结构特点进行分类。

表 9－8　电器电子产品分类

序　号	大　类	亚　类	小　类
1	家用和类似用途电器及照明器具	制冷电器具	电冰箱、家用冰激凌机、家用制冰机等
		空气调节器	房间空调器、家用空气湿度调节装置、家用房间空气清洁装置等
		通风电器具	家用电风扇,家用吸排油烟机,家用换气、排气扇,电热干手器等
		厨房电器具	电饭锅、电炒锅、电火锅、电饼铛、电煎锅、电煎炸锅、电压力锅、面包片烘烤炉、三明治炉、家用电烤箱、电热板、电烧烤炉、自动制面包机、电咖啡壶、电水壶、电冷热饮水机、电热水瓶、制酸奶机、家用电炉灶、微波炉、榨汁机(家用)、豆浆机、食品研磨机、电动绞肉机、咖啡研磨机、瓜果电动削皮机、揉面轧面机、家用型洗碗机、厨房废物处理器、家用餐具消毒柜、家用餐具干燥器、家用型滤水器等
		清洁卫生电器具	洗衣机、家用电热水器、家用吸尘器、地板打蜡机、地板擦洗机、电动扫地机、蒸汽清洁机等
		美容、保健电器具	电动剃须刀、电动理发推剪、电吹风机、电热卷发器、电动脱毛器、电美容仪、电动牙刷、家用电动按摩器等
		电热电力器具	电暖气、电暖炉、暖风机、红外线灯泡取暖器、电热毯、电熨斗等
		燃气、太阳能热水器	家用燃气热水器、太阳能热水器
		电光源	白炽灯泡、荧光灯、冷阴极荧光灯、卤钨灯、高强度气体放电灯(HID 灯)、照相闪光灯源等
		灯具及照明装置	室内照明灯具,户外照明用灯具及装置,装饰用灯,特殊用途灯具及照明装置,发光标志、发光铭牌及类似品,非电气灯具及照明装置,自供能源灯具等
		电气音响或视觉信号装置	显示板及类似装置、电气音响、信号及类似装置等

续表

序 号	大 类	亚 类	小 类
2	IT、通信及电子产品	通信传输设备	光通信设备、卫星通信设备、微波通信设备、散射通信设备、载波通信设备、通信导航定向设备等
		通信交换设备	程控交换机、ATM交换机、光交换机等
		通信终端	收发合一中小型电台、电话单机、传真机、数传机等
		移动通信设备	数字蜂窝移动电话系统设备、集群通信系统设备、无中心选址通信系统设备
		移动通信终端设备	移动通信手持机(手机)、集群通信终端、对讲机、小灵通等
		通信接入设备	光纤接入设备、铜缆接入设备、电力线宽带接入设备(BPL)、固定无线接入设备等
		无线电导航设备	机动车辆用无线电导航设备、无线电罗盘、无线电信标、无线电浮标、接收机等
		广播电视机设备	广播电视机节目制作及播控设备、广播电视机发射及传输设备等
		应用广播电视机设备	通用应用电视机监控系统设备、特殊环境应用电视机设备、特殊成像及功能应用电视机设备等
		电子计算机	高性能计算机、工作站、服务器、微型计算机
		计算机网络设备	网络控制设备、网络接口和适配器、网络连接设备、网络优化设备、网络检测设备等
		电子计算机外部设备	绘图仪、扫描仪、摄像头、打印机、手写板、IC卡读写机具、磁卡读写器、字符阅读机、射频卡读写机具、人机交互式设备、图形板、触感屏、生物特征识别设备、语音输出设备、图形图像输出设备等
		视频设备	电视电视机等
		家用影视摄、录、放设备	家用摄录像机,数字激光音、视盘机等
		家用音响设备	收音机及组合音响,半导体收音机,便携式收(放)音组合机,家用电唱机、放音机,家用录放机,数字化多媒体组合机等
		电视机接收机顶盒	有线电视机顶盒、地面广播机顶盒、卫星广播机顶盒、IP机顶盒等
		电子游戏机	自身装荧光屏电子游戏机、投币式电子游戏机、电视机游戏机主机等

序　号	大　类	亚　类	小　类
3	仪器仪表及文化办公电器	电工仪器仪表	电能表、电磁参数测量仪器仪表、电磁参量分析与记录装置、配电系统电气安全检测与分析装置、电源装置、标准与校验设备、扩大量限装置、电力自动化仪表及系统、自动测试系统与虚拟仪器、非电量电测仪表及装置等
		分析仪器及装置	电化学式分析仪器、光学分析仪器、热学分析仪器、质谱仪器、波谱仪器、色谱仪器、电泳仪、能谱仪及射线分析仪器、物性分析仪器、气体分析测定装置等
		试验机械,相关检测仪器	金属材料试验机,非金属材料试验机,电子万能试验机,硬度计,平衡试验机,探伤仪器,其他试验机,真空计,动力测试仪器,电子天平,力学环境试验设备,气候环境试验设备,可靠性试验设备,其他环境试验设备,产品、材料检验专用仪器,检测器具及设备等
		环境监测专用仪器仪表	水污染监测仪器,气体或烟雾分析、检测仪器,噪声监测仪器,相关环境监测仪器等
		计数仪表	计数装置、速度计及转速表、汽车速测仪、频闪观测仪等
		导航仪器及装置	定向罗盘、卫星定位系统(GPS)、激光导向仪、航空或航天导航仪器及装置、船舶定位仪器、船用天文导航设备、超声波探测或搜索设备等
		大地测量仪器	测距仪、经纬仪、电子速测仪、水准仪、平板仪、垂准仪、建筑施工激光仪器、空间扫描测量仪、摄影测量系统、测量型 GNSS 接收机等
		气象、水文仪器及装置	气象观测仪器、水文仪器等
		农林牧渔专用仪器仪表	农、林专用仪器,牧业专用仪器,渔业专用仪器等
		地质勘探和地震专用仪器	测震仪器,地下流体观测仪器,形变仪器,电磁仪器,强震仪器,其他地震专用仪器,金属、矿藏探测器,钻探测试、分析仪器等
		教学专用仪器	电气化教学设备、其他教学专用仪器等
		核子及核辐射测量仪器	离子射线测量或检验仪器、离子射线应用设备、核辐射监测报警仪器等

续表

序　号	大　类	亚　类	小　类
3	仪器仪表及文化办公电器	电子测量仪器	通信测量仪器、通用电子测量仪器、广播电视机测量仪器、新型显示器件测量仪器、新型材料测试仪器、集成电路测试仪器、微波测量仪器、印制电路板测量仪器、声学测量仪器、干扰场强测量仪器等
		纺织仪器，相关专用测试仪器	纺织专用测试仪器等
		钟表与计时仪器	钟、表、定时器、时间记录器及类似计时仪器等
		电影机械	电影摄影机、电影放映机、电路投影装置等
		照相机	通用照相机、数码照相机、制版照相机、专用特种照相机等
		影像投影仪	幻灯机、投影仪等
		复印和胶版印制设备	复印机、胶版印制设备
		计算器及货币专用设备	电子计算器、会计计算机、现金出纳机、转账POS机、售票机、税控机、条码打印机、银行专用机器等
		体育用品	室内训练健身器材等
		电子乐器	电子琴、数码钢琴（电钢琴）、电吉他、电子鼓等
		电动玩具	电动童车、电动火车、带动力装置仿真模型及其附件等
4	电池	原电池及原电池组（非扣式）	二氧化锰原电池（组）、氧化银原电池（组）、锌空气原电池（组）、锂原电池（组）、镁铜原电池、镁银原电池、镁锰原电池等
		扣式原电池	扣式碱性锌锰原电池、扣式氧化银原电池、扣式锂原电池等
		蓄电池	铅酸蓄电池、碱性蓄电池、锂离子电池等
		燃料电池	质子交换膜燃料电池、固体氧化物燃料电池、熔融碳酸盐燃料电池、磷酸盐燃料电池、直接醇类燃料电池、微型燃料电池等
		物理电池	太阳能电池（光伏电池）、硅太阳能电池、砷化镓太阳能电池、温差发电器、其他物理电池等
		其他电池及类似品	超级电容器、其他未列明电池及类似品等

续表

序　号	大　类	亚　类	小　类
5	通用电器	焊接设备	电焊机、钎焊机械等
		工商用制冷、空调器设备	工商用制冷设备,工商用冷藏、冷冻柜及类似设备,房间空调器,单元式空调器机组等
		电动工具	电钻(手提式)、电锯、手提式电刨、电动锤、电动锉削机、电动雕刻工具、电动射钉枪、电动铆钉枪、电动锉具、电动手提磨床、电动手提砂光机、电动手提抛光器、电剪刀、电动刷具等
		衡器(秤)	商业用衡器、称重系统、家用秤等
6	专用电器	医疗仪器	医用 X 射线设备,医用 α、β、γ 射线应用设备,医用超声诊断、治疗仪器及设备,医用电气诊断仪器及装置,医用激光诊断、治疗仪器及设备,医用高频仪器设备,微波、射频、高频诊断治疗设备,中医诊断、治疗仪器设备,病人监护设备及器具,临床检验分析仪器及诊断系统,医用电泳仪,医用化验和基础设备器具等
		口腔科用电器	电动牙钻机,口腔综合治疗设备,电动牙科手机,洁牙、补牙设备等
		医用消毒灭菌电器	热力消毒设备及器具、气体消毒灭菌设备、特种消毒灭菌设备等
		医疗、外科及兽医用电器	电能体温计,电子血压计,诊断专用器械,内窥镜,手术室、急救室、诊疗室设备及器具等
		机械治疗及病房护理电器	机械治疗器具、电疗仪器、光谱辐射治疗仪器、透热疗法设备、磁疗设备、离子电渗治疗设备、眼科康复治疗仪器、水疗仪器、低温治疗仪器、医用刺激器、体外循环设备、婴儿保育设备、医院制气供气设备及装置、医用低温设备等
		邮政专用电器	邮资机,信件处理机械,邮政计费、缴费设备等
		商业、饮食、服务专用电器	自动售货机、售票机,加热或烹煮设备,抽油烟机,洗碗机,自动擦鞋器,洗衣店用洗衣机械等
		社会公共安全电器	安全检查仪器,监控电视机摄像机,防盗、防火报警器及类似装置等
		道路交通安全管制电器	道路交通安全检测设备、交通事故现场勘查救援设备等

表9-9　目录备选库产品分类表

序 号	大 类	亚 类	小 类
01	含有受控气体产品（包括破坏臭氧层物质和温室气体）	制冷器具	电冰箱、冰激凌机、制冰机等
		空气调节器	房间空调器
		工商用制冷、空调器设备	工商用制冷设备，工商用冷藏、冷冻柜及类似设备，房间空调器，单元式空调器机组等
		其他含有受控气体产品	家用电热水器、电冷热饮水机
02	含有超过100平方厘米以上显示屏的产品	视频设备	电视机、移动电视机等
		应用广播电视机设备	通用应用电视机监控系统设备（监视器）、特殊环境应用电视机设备、特殊成像及功能应用电视机设备等
		广播电视机设备	广播电视机节目制作及播控设备
		电子计算机	显示器
03	电光源	白炽灯泡	科研医疗专用白炽灯泡，火车、航空器及船舶用白炽灯泡，机动车辆用白炽灯泡，普通照明用白炽灯泡，低压灯泡，电冰箱、微波炉灯泡，手电筒灯泡等
		荧光灯	双端（直管）荧光灯、环型荧光灯、分体式单端荧光灯、自镇流紧凑型荧光灯等
		冷阴极荧光灯	背景光源用冷阴极荧光灯、照明用冷阴极荧光灯等
		卤钨灯	科研、医疗专用卤钨灯，火车、航空器及船舶用卤钨灯，机动车辆用卤钨灯等
		高强度气体放电灯（HID灯）	汞蒸气灯（水银灯）、钠蒸气灯、金属卤化物灯等
04	电池	原电池及原电池组（非扣式）	二氧化锰原电池（组）、氧化银原电池（组）、锌空气原电池（组）、锂原电池（组）、镁铜原电池、镁银原电池、镁锰原电池等
		扣式原电池	扣式碱性锌锰原电池、扣式氧化银原电池、扣式锂原电池等
		蓄电池	铅酸蓄电池、碱性蓄电池、锂离子电池等
		燃料电池	质子交换膜燃料电池、固体氧化物燃料电池、熔融碳酸盐燃料电池、磷酸盐燃料电池、直接醇类燃料电池、微型燃料电池等
		物理电池	太阳能电池（光伏电池）、硅太阳能电池、砷化镓太阳能电池、温差发电器、其他物理电池等
		其他电池及类似品	超级电容器、其他未列明电池及类似品等

续表

序 号	大 类	亚 类	小 类
05	IT 通信产品	通信传输设备	光通信设备、卫星通信设备、微波通信设备、散射通信设备、载波通信设备、通信导航定向设备等
		通信交换设备	程控交换机、ATM 交换机、光交换机等
		通信终端	收发合一中小型电台、电话单机、传真机、数传机等
		移动通信设备	数字蜂窝移动电话系统设备、集群通信系统设备、无中心选址通信系统设备
		移动通信终端设备	移动通信手持机(手机)、集群通信终端、对讲机、小灵通等
		通信接入设备	光纤接入设备、铜缆接入设备、电力线宽带接入设备(BPL)、固定无线接入设备等
		无线电导航设备	机动车辆用无线电导航设备、无线电罗盘、无线电信标、无线电浮标、接收机等
		广播电视机设备	广播电视机发射及传输设备
		电子计算机	高性能计算机、工作站、服务器、微型计算机
		计算机网络设备	网络控制设备、网络接口和适配器、网络连接设备、网络优化设备、网络检测设备等
		电子计算机外部设备	绘图仪、扫描仪、摄像头、打印机、打印机耗材、复印机、复印机耗材、手写板、IC 卡读写机具、磁卡读写器、字符阅读机、射频卡读写机具、人机交互式设备、图形板、触感屏、生物特征识别设备、语音输出设备、图形图像输出设备等
06	其他	家用和类似用途电器	空气湿度调节装置,房间空气清洁装置;电风扇,吸排油烟机,换气、排气扇,电热干手器;电饭锅,电炒锅,电火锅,电饼铛,电煎锅,电煎炸锅,电压力锅;面包片烘烤炉,三明治炉,电烤箱,电热板,电烧烤炉,自动制面包机;电咖啡壶,电水壶,电热水瓶,制酸奶机,微波炉,电磁灶,电灶,气电两用灶,榨汁机,豆浆机,食品研磨机,电动绞肉机,咖啡研磨机,瓜果电动削皮机,揉面轧面机;洗碗机,厨房废物处理器,餐具消毒柜,餐具干燥器;滤水器;洗衣机,电清洁器具;理发、吹风电器具,电动脱毛器,电美容仪,电动牙刷,电动按摩器;电热取暖器具,电熨烫器具;燃气用具,太阳能用具等

序 号	大 类	亚 类	小 类
06	其他	灯具及照明装置	室内照明灯具，户外照明用灯具及装置，装饰用灯，特殊用途灯具及照明装置，发光标志、发光铭牌及类似品，非电气灯具及照明装置，自供能源灯具等
		电气音响或视觉信号装置	显示板及类似装置，电气音响、信号及类似装置等
		电子产品	家用摄录像机，数字激光音、视盘机；收音机及组合音响，半导体收音机，便携式收录（放）音组合机，家用电唱机、放音机，家用录放音机，数字化多媒体组合机；电视机接收机顶盒；自身装荧光屏电子游戏机，投币式电子游戏机，电视机游戏机主机等
		仪器仪表	电能表，电磁参数测量仪器仪表，电磁参量分析与记录装置，配电系统电气安全检测与分析装置，电源装置，标准与校验设备，扩大量限装置，电力自动化仪表及系统，自动测试系统与虚拟仪器，非电量电测表及装置；电化学式分析仪器，光学分析仪器，热学分析仪器，质谱仪器，波谱仪器，色谱仪器，电泳仪，能谱仪及射线分析仪器，物性分析仪器，气体分析测定装置；金属材料试验机，非金属材料试验机，电子万能试验机，硬度计，平衡试验机，探伤仪器，其他试验机，真空计，动力测试仪器，电子天平，力学环境试验设备，气候环境试验设备，可靠性试验设备，其他环境试验设备，产品、材料检验专用仪器，检测器具及设备；水污染监测仪器，气体或烟雾分析、检测仪器，噪声监测仪器，相关环境监测仪器；计数装置，速度计及转速表，汽车速测仪，频闪观测仪；定向罗盘，卫星定位系统（GPS），激光导向仪，航空或航天导航仪器及装置，船舶定位仪器，船用天文导航设备，超声波探测或搜索设备；测距仪，经纬仪，电子速测仪，水准仪，平板仪，垂准仪，建筑施工激光仪器，空间扫描测量仪，摄影测量系统，测量型 GNSS 接收机；气象观测仪器，水文仪器；农、林专用仪器，牧业专用仪器，渔业专用仪器；测震仪器，地下流体观测仪器，形变仪器，电磁仪器，强震仪器，其他地震专用仪器，金属、矿藏探测器，钻探测试、分析仪器；电

续表

序　号	大　类	亚　类	小　类
06	其他		气化教学设备;离子射线测量或检验仪器,离子射线应用设备,核辐射监测报警仪器;通信测量仪器,通用电子测量仪器,广播电视机测量仪器,新型显示器件测量仪器,新型材料测试仪器,集成电路测试仪器,微波测量仪器,印制电路板测量仪器,声学测量仪器,干扰场强测量仪器;纺织专用测试仪器;钟,表,定时器,时间记录器及类似计时仪器等
		文化办公电器	电影摄影机、电影放映机、电路投影装置,通用照相机、数码照相机、制版照相机、专用特种照相机,幻灯机、投影仪,胶版印制设备,电子计算器、会计计算机、现金出纳机、转账 POS 机、售票机、税控机、条码打印机、银行专用机器等
		文教体育用品	室内训练健身器材,电子琴、数码钢琴(电钢琴)、电吉他、电子鼓,电动童车、电动火车、带动力装置仿真模型及其附件等
		焊接设备	电焊机、钎焊机械等
		电动工具	电钻(手提式)、电锯、手提式电刨、电动锤、电动锉削机、电动雕刻工具、电动射钉枪、电动铆钉枪、电动锉具、电动手提磨床、电动手提砂光机、电动手提抛光器、电剪刀、电动刷具等
		衡器(秤)	商业用衡器、称重系统、家用秤等
		医疗设备	医用 X 射线设备,医用 α、β、γ 射线应用设备,医用超声诊断、治疗仪器及设备,医用电气诊断仪器及装置,医用激光诊断、治疗仪器及设备,医用高频仪器设备,微波、射频、高频诊断治疗设备,中医诊断、治疗仪器设备,病人监护设备及器具,临床检验分析仪器及诊断系统,医用电泳仪,医用化验和基础设备器具;电动牙钻机、口腔综合治疗设备,电动牙科手机,洁牙、补牙设备;热力消毒设备及器具,气体消毒灭菌设备,特种消毒灭菌设备;电能体温计,电子血压计,诊断专用器械,内窥镜,手术室、急救室、诊疗室设备及器具;机械治疗器具,电疗仪器,光谱辐射治疗仪器,透热疗法设备,磁疗设备,离子电渗治疗设备,眼科康复治疗仪器,水疗仪器,低温治疗仪器,医用刺激器,体外循环设备,婴儿保育设备,医院制气供气设备及装置,医用低温设备等

续表

序 号	大 类	亚 类	小 类
06	其他	邮政专用电器	邮资机，信件处理机械，邮政计费、缴费设备等
		商业、饮食、服务专用电器	自动售货机，售票机，加热或烹煮设备，抽油烟机，洗碗机，自动擦鞋器，洗衣店用洗衣机械等
		社会公共安全电器	安全检查仪器，监控电视机摄像机，防盗、防火报警器及类似装置等
		道路交通安全管制电器	道路交通安全检测设备、交通事故现场勘查救援设备等

按环境特性和结构分类的目录备选库，与《条例》管理相一致，有利于回收处理行业发展及对备选产品进行行业调研和评估。同时，该分类还具有如下特点。

（1）简化一级产品分类类别

欧盟《WEEE 指令》（2003）将产品分为十大类。我国相关标准中电器电子产品分为 7~9 类不等。本课题借鉴欧盟《WEEE 指令》（2012）中对报废电子电气设备的分类，将电器电子产品分为 6 类。

（2）突出产品的环境属性

废弃电器电子产品回收处理管理的重要目标之一是减少其回收处理过程中的环境风险。电器电子产品中具有重要环境属性的产品主要有包含 ODS 和 GWP 的产品、含有显示屏的产品，以及含有铅、汞等重金属的产品。

（3）具有扩展性

由于技术的快速发展和更新，新产品不断涌现。为了将不可预见的新产品纳入目录备选库，在分类表的二级分类中，均设定了"其他"项，以适应不断发展的行业管理需求。

（4）将电池进行单独分类

由于电池行业的特性，将电池与其他电器电子产品进行单独分类。一方面强调电池的特点，另一方面，有利于电池回收处理行业的分类管理。

按照行业分类，我国电器电子产品行业涉及轻工、机械制造、电子信息、通信、文教体育、仪器仪表等多个行业。表 9-10 列出目录备选产品相关行业协会。

表 9 – 10　目录备选产品相关行业协会

序号	产品名称	行业协会
1	家用和类似用途电器	中国家用电器协会
2	信息技术产品	中国计算机行业协会
3	通信产品	中国通信工业协会
4	文化办公产品	中国文化办公设备制造行业协会
5	电视机、监视器等	中国电子视像协会
6	音响	中国电子音响工业协会
7	照明产品	中国照明电器协会
8	工商制冷	中国制冷空调器工业协会
9	电池	中国电池工业协会
10	玩具	中国玩具和婴童用品协会
11	运动器具	中国文教体育用品协会
12	仪器仪表	中国仪器仪表行业协会

第四节　目录备选库产品分类体系及范围定义

目录备选库产品按结构分类的方法以《统计用产品分类目录》为基础，以欧盟《WEEE 指令》（2012）为依据。目录备选库产品分类由四级组成，即大类、亚类、小类和产品。目录评估主要针对第三级小类进行评估。例如电冰箱，其编号是 010101 为第三级分类即小类。其下属四级产品为家用冷藏冷冻箱、家用冷藏箱、家用冷冻箱等，都是第三级电冰箱的不同种类。

目录备选库产品的范围定义主要参考和引用了相关产品的标准，以及《中国电力百科全书》《城市供热辞典》《英汉 – 汉英制冷空调器辞典》《军事大辞海》《交通大辞典》《中国大百科全书》等。通过课题组调研和梳理，2013 年，目录备选库产品共有 6 大类，70 个中类，400 多个小类，1000 多种产品。附录 1 为目录备选库产品编码与统计用产品分类编码对应表。

一　含有受控气体产品（包括破坏臭氧层物质和温室气体）

	代码	产品名称	范围定义
0101 制冷电 器具	010101	电冰箱	冷藏冷冻箱(柜)、冷冻箱(柜)、冷藏箱(柜)及其他具有制冷系统、消耗能量以获取冷量的隔热箱体
	0101010100	冷藏冷冻箱	电冰箱至少有一个间室为冷藏室,适用于储藏不需冻结的食品。并至少有一个间室为冷冻室,适用于需要在–18℃或–18℃以下保存的冷冻食品和储藏冷冻食品。包括单门冷藏冷冻箱,双门冷藏冷冻箱,多门冷藏冷冻箱,对开门冷藏冷冻箱,卧式冷藏冷冻箱和其他冷藏冷冻箱
	0101010200	冷藏箱	一个供家用的有适当容积和装置的绝热箱体,用消耗电能的手段来制冷,并具有一个或多个间室,其中至少有一个冷藏室。包括压缩式冷藏箱,电气吸收式冷藏箱,半导体式冷藏箱和其他冷藏箱
	0101010300	冷冻箱	一个供家用的有适当容积和装置的绝热箱体,采用消耗电能的手段来制冷,并具有一个或多个间室,这些间室在规定的冷冻负载试验条件下,24h内能在每100L有效容积内冷冻4.5公斤的试验包并能按电冰箱规定储藏食品。包括卧式冷冻箱,立式冷冻箱,冷藏或冷冻展示柜和其他冷冻箱
	0101019900	其他具有制冷系统、消耗能量以获取冷量的隔热箱体	除冷藏冷冻箱,冷藏箱和冷冻箱外的电冰箱
	0101020000	冰激凌机	用于制作冰激凌的器具
	0101030000	制冰机	通过消耗电能的装置使水冻结成冰并具有储冰间室的器具
	0101990000	其他家用和类似用途制冷电器具	除电冰箱,冰激凌机和制冰机外的家用和类似用途制冷电器具
0102 空气调 节器	010201	房间空调器	整体式空调器(窗机、穿墙式等)、分体式空调器(分体壁挂、分体柜机等)、一拖多空调器及其他制冷量在14000W及以下的房间空气调节器具
	0102010100	整体式房间空气调节器	将制冷压缩机、换热器、通风机、过滤器以及自动控制仪表等组装成一体的空气调节设备。包括窗式空气调节器,移动式空气调节器和其他整体式房间空气调节器

续表

	代码	产品名称	范围定义
0102 空气调节器	0102010200	分体式房间空气调节器	由分离的两个部分组成的空气调节成套设备:一部分为装在房间里的空气冷却装置,另一部分为装在附近的压缩冷凝机组或冷凝器。包括分体壁挂式空气调节器,分体落地式空气调节器,分体嵌入式空气调节器和其他分体式房间空气调节器
	0102010300	一拖多式房间空气调节器	指一台室外机组与多于一台的室内机组相连接,向多个密闭空间、房间或区域直接提供经过处理的空气的设备
	0102019900	其他房间空气调节器	制冷量≤14000W 的房间空调器
	0102990000	其他空气调节器	未列明的空气调节器
0103 工商用制冷、空调器设备	010301	工商用制冷设备	包括工商用制冰机、速冻机、冷饮机、雪泥机,工商用冰激凌机、炒冰机和其他工商用制冷设备
	0103010100	工商用制冰机	最大产冰量为 310 公斤/24h;不包括家用型制冰机
	0103010200	速冻机	制造冰的制冷设备
	0103010300	冷饮机	降温速率很快的冻结,以便在被冻结的食品或其他物品中产生预期结晶结构的设备
	0103010400	雪泥机	既可生产雪粒冷品,又可制作果汁冷饮水的制冷设备
	0103010500	工商用冰激凌机	包括软冰激凌机、硬冰激凌机、冰激凌原料杀菌机;不包括家用型冰激凌机
	0103010600	炒冰机	包括单锅炒冰机、双锅炒冰机
	0103019900	其他工商用制冷设备	除工商用制冰机、速冻机、冷饮机、雪泥机,工商用冰激凌机和炒冰机外的工商用制冷设备
	0103020000	工商用冷藏、冷冻柜及类似设备	包括冷冻冷藏陈列展示柜,食品冷冻冷藏箱(柜),医用及科研用冷冻冷藏箱(柜),工作台电冰箱和其他工商用冷藏、冷冻柜及类似设备
	010303	房间空调器	制冷量 >14000W 的房间空调器。包括窗式空调器,壁挂式空调器和其他房间空调器
	0103030100	窗式空调器	制冷量 >14000W 的房间空调器
	0103030200	壁挂式空调器	制冷量 >14000W 的房间空调器
	0103039900	其他房间空调器	制冷量 >14000W。除窗式空调器和壁挂式空调器外的房间空调器
	010304	单元式空调器机组	包括屋顶式空调器(热泵)机组、多联式空调器(热泵)机组,风管送风式空调器(热泵)机组和其他单元式空调器机组

续表

	代码	产品名称	范围定义
0103 工商用制冷、空调器设备	0103040100	屋顶式空调器（热泵）机组	安装在屋顶的单元式空调器机，可直接将通过蒸发器的冷空气送入室内或通过管道送入室内
	0103040200	多联式空调器（热泵）机组	一台或数台风冷室外机可连接数台不同或相同型式、容量的直接蒸发式室内机构成单一制冷循环系统，它可以向一个或数个区域直接提供处理后的空气
	0103040300	风管送风式空调器（热泵）机组	一种通过风管向密闭空间、房间或区域直接提供集中处理空气的设备，主要包括制冷系统以及空气循环和净化装置，还可以包括加热、加湿和通风装置
	0103049900	其他单元式空调器机组	除屋顶式空调器（热泵）机组、多联式空调器（热泵）机组和风管送风式空调器（热泵）机组外的单元式空调器机组
	0103990000	其他工商用制冷、空调器设备	除工商用制冷设备，工商用冷藏、冷冻柜及类似设备，房间空调器和单元式空调器机组外的工商用制冷、空调器设备
0104 其他含有受控气体产品	010401	家用电热水器	将电能转换为热能，并将热能传递给水，使水产生一定温度的器具。包括储水式电热水器，快热式电热水器和其他电热水器
	0104010100	储水式电热水器	加热水并将水储存在容器中，装有控制水温装置的固定式器具
	0104010200	快热式电热水器	是指当水流过器具时加热水的驻立式器具
	0104019900	其他家用电热水器	除储水式电热水器和快热式电热水器外的家用电热水器
	0104020000	电冷热饮水机	既提供冷饮用水又提供热饮用水和（或）常温水的饮水机

二 含有超过 100 平方厘米以上显示屏的产品

	代码	产品名称	范围定义
0201 视频设备	020101	电视机	用于接收由有线、卫星、地面或互联网传送的电视机信号及其他视频信号并还原出图像及伴音的终端设备
	0201010100	显像管（CRT）电视机	指阴极射线显像管电视机

续表

代码	产品名称	范围定义
0201010200	液晶（LCD）电视机	指把液晶技术应用于显示装置而取代显像管的彩色电视机
0201010300	等离子（PDP）电视机	在两张超薄的玻璃板之间注入混合气体，并施加电压利用荧光粉发光成像的设备
0201010400	投影电视机	将电视机图像用光方法投射到银幕上的电视机接收机
0201019900	其他电视机	除显像管（CRT）电视机、液晶（LCD）电视机、等离子（PDP）电视机和投影电视机外的电视机
0201020000	移动电视机	含车载电视机、手持电视机
0201990000	其他视频设备	未列明的视频设备

其中 0201 视频设备 涵盖上述各行。

代码	产品名称	范围定义
020201	通用应用电视机监控系统设备	包括黑白、彩色监控用摄像机，黑白、彩色视频监视器，信号控制设备（控制主机），视频信号传输设备和其他通用应用电视机监控系统设备
0202010100	黑白、彩色监控用摄像机	监控摄像机是用在安防方面的准摄像机。它只是一个单一的视频捕捉设备，不具备数据保存功能
0202010200	监视器	闭路监控系统（cctv）的组成部分，是监控系统的显示部分，是监控系统的标准输出
0202010300	信号控制设备（控制主机）	包括视频信号放大与分配、图像信号的校正与补偿、图像信号的切换、图像信号（或包括声音信号）的记录、摄像机及其辅助部件（如镜头、云台、防护罩等）的控制（遥控）等
0202010400	视频信号传输设备	包括视频电缆传输设备、光缆传输设备、电缆补偿器等
0202019900	其他通用应用电视机监控系统设备	包括其他信号记录和处理设备
020202	特殊环境应用电视机设备	在一些对人身有危害、人体不能达到或照明条件极差地方应用的电视机设备。包括高温电视机设备，防爆电视机设备，防辐射电视机设备，水下电视机设备，井下电视机设备和其他特殊环境应用电视机设备
0202020100	高温电视机设备	用于观察冶金炉或发电厂锅炉内部火焰燃烧情况的电视机系统。这种电视机除摄像机需要冷却外，有时还要在镜头光路中加入中性滤光器和红外滤光器，用针孔镜头作中继镜头，以减少进入摄像机的热量
0202020200	防爆电视机设备	用于炸药厂、石油工业和煤矿井下有爆炸危险的环境中的电视机设备

其中 0202 应用广播电视机设备 涵盖上述各行。

续表

	代码	产品名称	范围定义
0202 应用广播电视机设备	0202020300	防辐射电视机设备	用于原子能工业、核试验或有强放射性污染场合的具有防放射功能的电视机设备
	0202020400	水下电视机设备	在水下应用和重现水下景物影像的电视机系统。主要由电视机摄像机、水下照明灯、电视机接收机、控制器、电缆等构成
	0202020500	井下电视机设备	通过用电视机摄像机沿井孔扫描,在地面的电视机荧光屏上监视井内情况变化的一种方法
	0202029900	其他特殊环境应用电视机设备	除高温电视机设备、防爆电视机设备、防辐射电视机设备、水下电视机设备和井下电视机设备外的特殊环境应用的电视机设备
	020203	特殊成像及功能应用电视机设备	这类电视机的摄像机采用各类特种成像方式的摄像器件和光学镜头来拍摄景物图像。包括 X 光电视机设备、微光电视机设备、红外电视机设备、紫外电视机设备、显微电视机设备、内窥镜电视机设备、测量电视机设备、跟踪电视机设备和其他特殊成像及功能应用电视机设备
	0202030100	X 光电视机设备	把 X 射线发生器与电视机摄像机结合在一起的电视机设备。其特点是使用对 X 射线敏感的摄像管,把被摄物体放在 X 射线发生器和摄像机之间,利用 X 射线的透视作用进行摄像
	0202030200	微光电视机设备	是在低亮度条件下工作的电视机系统。它由微光摄像机、信号传输系统、控制器和显示器四大部分组成
	0202030300	红外电视机设备	利用被摄景物本身热辐射或反射的红外线来进行电视机摄像和显示的电视机系统。这也是一种将不可视景物转变为可视图像的电视机系统
	0202030400	紫外电视机设备	专门配置在显微镜上拍摄用紫外线照射生物机体活组织图像的电视机系统
	0202030500	显微电视机设备	通过显微镜将微观世界的活动景象摄录下来的一套装置。一般由显微镜、转接器、摄像机和录像机组成
	0202030600	内窥镜电视机设备	摄像机的镜头与内窥镜的目镜相连接,用以观察体内病变。一般采用彩色闭路电视机系统,其摄像机可以固定在内窥镜的目镜上,也可以装在小车或支架上,经光导纤维与内窥镜的目镜连接

续表

	代码	产品名称	范围定义
0202 应用广播电视机设备	0202030700	测量电视机设备	测量电视机能对物体的位置、长度、面积、数目和运动速度等各种参数进行非触接测量。它的作用不在于一般地观察和监视图像,而是取出被测体的特征信息,经处理和运算后求得所需测量的参数,若配合计算机,不仅能进行快速循序检测,而且能反馈信息,自动控制各种工件的加工
	0202030800	跟踪电视机设备	跟踪电视机由摄像机、信号检测处理电路、伺服电路等组成。摄像机拍摄目标物后输出一个包含目标信息的视频信号,跟踪门电路能选出目标信号并消除背景信号。当目标偏离中心时,信号检测处理电路即产生方位角和俯仰角的误差信号。这一误差信号通过伺服机构控制摄像机的方位变化,使摄像机总是对准拍摄目标。这种电视机还具有目标识别功能
	0202039900	其他特殊成像及功能应用电视机设备	除 X 光电视机设备、微光电视机设备、红外电视机设备、紫外电视机设备、显微电视机设备、内窥镜电视机设备、测量电视机设备和跟踪电视机设备外的特殊成像及功能应用电视机设备
	020299	其他应用广播电视机设备	除通用应用电视机监控系统设备、特殊环境应用电视机设备和特殊成像及功能应用电视机设备外的应用广播电视机设备。包括立体电视机设备、可视门铃对讲设备、大屏幕电子显示系统和语言实验室设备
	0202990100	立体电视机设备	一种能模拟实际景物的真实空间关系的电视机系统,又称三维电视机
	0202990200	可视门铃对讲设备	在住宅小区或住宅群内,按楼梯单元设置对讲或可视电控防盗门系统。该系统通常由电源箱、控制主机、电控锁及用户终端机等设备组成
	0202990300	大屏幕电子显示系统	图形或图像在大屏幕上的显示。屏幕面积在一平方米以上。屏幕显示可分为透过型与投影型
	0202990400	语言实验室设备	用多种视听设备装置起来,用于语言教学和研究的一种专用教室
0203 广播电视机设备	020301	广播电视机节目制作及播控设备	包括音频节目制作和播控设备,视听节目制作及播控设备和其他广播电视机节目制作及播控设备
	0203010100	音频节目制作和播控设备	包括广播专用录音、放音设备,调音台,音质加工与信号处理设备,监听机(组)和其他音频节目制作和播控设备

续表

代码	代码	产品名称	范围定义
0203 广播电 视机设 备	0203010200	视听节目制作及播控设备	包括广播电视机专业录、摄像机,视频切换台,视频矩阵,非线性编辑设备,虚拟演播室设备,信号源设备,视频信号处理设备,电视机信号同步设备和其他视听节目制作及播控设备
	0203019900	其他广播电视机节目制作及播控设备	除音频节目制作和播控设备和视听节目制作及播控设备外的广播电视机节目制作及播控设备
0204 电子计 算机	0204010000	显示器	接口类型仅包括 VGA(模拟信号接口)、DVI(数字视频接口)或 HDMI(高清晰多媒体接口)的台式微型计算机的显示器

三　电光源

代码	代码	产品名称	范围定义
0301 白炽灯 泡	0301010000	科研医疗专用白炽灯泡	$P \leqslant 200W, U > 100V$ 用于科研和医疗的白炽灯泡
	0301020000	火车、航空器及船舶用白炽灯泡	火车、航空器及船舶上所使用的白炽灯泡
	0301030000	机动车辆用白炽灯泡	机动车辆上所使用的白炽灯泡
	0301040000	普通照明用白炽灯泡	用作普通照明光源的白炽灯泡
	0301050000	低压灯泡	指 $U \leqslant 36V$ 的灯泡
	0301060000	电冰箱、微波炉灯泡	电冰箱、微波炉上所使用的白炽灯泡
	0301070000	手电筒灯泡	手电筒中所使用的白炽灯泡
	0301990000	其他未列明白炽灯泡	除科研医疗专用白炽灯泡,火车、航空器及船舶用白炽灯泡,机动车辆用白炽灯泡,普通照明用白炽灯泡,低压灯泡,电冰箱、微波炉灯泡和手电筒灯泡外的白炽灯泡
0302 荧光灯	0302010000	双端(直管)荧光灯	双灯头管型低压汞蒸气放电灯。其大部分光是由放电产生的紫外线激活荧光粉涂层而发散出来的
	0302020000	环型荧光灯	单灯头环状管型低压汞蒸气放电灯。灯头装有内启动装置或使用外启动装置

续表

	代码	产品名称	范围定义
0302 荧光灯	0302030000	分体式单端荧光灯	使用外启动装置并连接在外电路上工作的荧光灯。不包括自镇流紧凑型荧光灯(即一体化电子荧光灯)
	0302040000	自镇流紧凑型荧光灯	含有灯头、镇流器和灯管,并使之为一体的荧光灯,这种灯在不损坏其结构时是不可拆卸的。亦称"一体化电子荧光灯"
	0302990000	其他荧光灯	除双端(直管)荧光灯、环型荧光灯、分体式单端荧光灯和自镇流紧凑型荧光灯外的荧光灯
0303 冷阴极 荧光灯	0303010000	背景光源用冷阴极荧光灯	用作背景光源的冷阴极荧光灯
	0303020000	照明用冷阴极荧光灯	用作照明光源的冷阴极荧光灯
	0303990000	其他冷阴极荧光灯	除背景光源用冷阴极荧光灯和照明用冷阴极荧光灯外的冷阴极荧光灯
0304 卤钨灯	0304010000	科研、医疗专用卤钨灯	科研、医疗领域所使用的卤钨灯
	0304020000	火车、航空器及船舶用卤钨灯	火车、航空器及船舶上所使用的卤钨灯
	0304030000	机动车辆用卤钨灯	机动车辆上所使用的卤钨灯
	0304990000	其他卤钨灯	除科研、医疗专用卤钨灯,火车、航空器及船舶用卤钨灯和机动车辆用卤钨灯外的卤钨灯
0305 高强度 气体放 电灯 (HID 灯)	0305010000	汞蒸气灯(水银灯)	大部分光直接或间接由分压超过100kPa的汞蒸气辐射产生的一种HID灯。包括科研、医疗专用汞蒸气灯,火车、航空器及船舶用汞蒸气灯和其他汞蒸气灯
	0305020000	钠蒸气灯	大部分光由分压为10kPa数量级的钠蒸气辐射产生的一种HID灯。包括科研、医疗专用钠蒸气灯,火车、航空器及船舶用钠蒸气灯和其他钠蒸气灯
	0305030000	金属卤化物灯	光主要由金属蒸气、金属卤化物和金属卤化物分解物的混合气体的辐射产生的一种高强度放电灯。包括科研、医疗专用金属卤化物灯,火车、航空器及船舶用金属卤化物灯,机动车辆用金属卤化物灯和其他金属卤化物灯
	0305990000	其他高强度气体放电灯	除汞蒸气灯(水银灯)、钠蒸气灯和金属卤化物灯外的高强度气体放电灯(HID灯)

四　电池

	代码	产品名称	范围定义
0401 原电池 及原电 池组 （非扣 式）	040101	二氧化锰原电池（组）	包括碱性锌锰原电池（组），普通锌锰原电池（组）和其他二氧化锰原电池（组）
	0401010100	碱性锌锰原电池（组）	包括柱形及其他碱性锌锰原电池（组），型号首位用字母"L"表示，如 LR20\LR14；不包括扣式碱性锌锰原电池
	0401010200	普通锌锰原电池（组）	包括糊式锌锰原电池（组）和纸板锌锰原电池（组），常用规格型号如：R20C 或 R20P，R14C 或 R14P 等；C 为高容量型；P 为高功率型；S 为普通型（通常省略）
	0401019900	其他二氧化锰原电池（组）	除碱性锌锰原电池（组）和普通锌锰原电池（组）外的二氧化锰原电池（组）
	040102	氧化银原电池（组）	包括锌银原电池（组）和其他氧化银原电池（组）
	0401020100	锌银原电池（组）	含碱性电解质，正极为银的氧化物，负极为锌的原电池
	0401029900	其他氧化银原电池（组）	除锌银原电池（组）外的氧化银原电池（组）
	040103	锌空气原电池（组）	包括锌空气原电池和其他锌空气（组）
	0401030100	锌空气原电池	以大气中的氧气为正极活性物质，以锌为负极活性物质，含碱性或盐类电解质的原电池
	0401039900	其他锌空气原电池（组）	除锌空气原电池外的锌空气原电池（组）
	040104	锂原电池（组）	包括锂锰原电池（组）和其他锂原电池（组）
	0401040100	锂锰原电池（组）	含非水电解质，正极为二氧化锰，负极为锂的原电池
	0401049900	其他锂原电池（组）	除锂锰原电池（组）外的锂原电池（组）
	0401050000	镁铜原电池	一种备用原电池，靠注水激活后工作。正极为氯化亚铜，负极为镁。比镁－氯化银电池价格低，但容量较小
	0401060000	镁银原电池	一种加水激活后工作的备用原电池。正极为氯化银，负极为镁
	0401070000	镁锰原电池	一种加水激活后工作的备用原电池。正极为二氧化锰，负极为镁
	0401990000	其他原电池及原电池组	不包括各种扣式原电池

续表

代码		产品名称	范围定义
0402 扣式原 电池	0402010000	扣式碱性锌锰原电池	以金属锌为负极,二氧化锰为正极,碱性金属氢氧化物的水溶液为电解液的扣式电池
	0402020000	扣式氧化银原电池	含碱性电解质,正极为银的氧化物,负极为锌的扣式原电池
	0402030000	扣式锂原电池	含非水电解质,正极为二氧化锰,负极为锂的扣式原电池
	0402990000	其他扣式原电池	除扣式碱性锌锰原电池、扣式氧化银原电池和扣式锂原电池外的扣式原电池
0403 蓄电池	040301	铅酸蓄电池	含以稀硫酸为主的电解质、二氧化铅正极和铅负极的蓄电池。包括用于启动活塞发动机铅酸蓄电池、摩托车用铅酸蓄电池、电动自行车用铅酸蓄电池、铁路客车用铅酸蓄电池、固定型铅酸蓄电池、牵引用铅酸蓄电池、航标用铅酸蓄电池和其他铅酸蓄电池
	0403010100	用于启动活塞发动机铅酸蓄电池	供活塞发动机启动、点火等用的铅酸蓄电池
	0403010200	摩托车用铅酸蓄电池	摩托车起动、点火、照明用的铅酸蓄电池
	0403010300	电动自行车用铅酸蓄电池	电动自行车起动、驱动、照明用的铅酸蓄电池
	0403010400	铁路客车用铅酸蓄电池	铁路客车照明及其他电器直流电源用的铅酸蓄电池
	0403010500	固定型铅酸蓄电池	在静止的地方并与固定设备结合在一起的浮充使用或固定在蓄电池室内的用于通信、设备开关、发电、应急电源及不间断电源或类似用途的所有的固定型铅酸蓄电池(以下简称蓄电池)和蓄电池组。蓄电池中的硫酸电解液是不流动的,或吸附在电极间的微孔结构中或呈胶体形式
	0403010600	牵引用铅酸蓄电池	工矿企业、仓库、码头及车站作电动车辆电源,尤其作电力牵引车辆或物料装卸设备的电源使用的牵引用铅酸蓄电池
	0403010700	航标用铅酸蓄电池	供作海洋、江河航标灯及其他小电流放电蓄电池
	0403019900	其他铅酸蓄电池	除用于启动活塞发动机铅酸蓄电池、摩托车用铅酸蓄电池、电动自行车用铅酸蓄电池、铁路客车用铅酸蓄电池、固定型铅酸蓄电池、牵引用铅酸蓄电池和航标用铅酸蓄电池外的铅酸蓄电池
	040302	碱性蓄电池	电解液是碱性溶液的一种蓄电池。包括镉镍蓄电池、铁镍蓄电池、氢镍蓄电池、锌银蓄电池、锌镍蓄电池和其他碱性蓄电池

续表

	代码	产品名称	范围定义
0403 蓄电池	0403020100	镉镍蓄电池	含碱性电解质,正极含氧化镍,负极为镉的蓄电池
	0403020200	铁镍蓄电池	含碱性电解质,正极含氧化镍,负极为铁的蓄电池
	0403020300	氢镍蓄电池	负极活性物质是氢,正极活性物质是镍的(化合物的)一种碱性蓄电池
	0403020400	锌银蓄电池	含碱性电解质,正极含银,负极为锌的蓄电池
	0403020500	锌镍蓄电池	含碱性电解质,正极含氧化镍,负极为锌的蓄电池
	0403029900	其他碱性蓄电池	除镉镍蓄电池、铁镍蓄电池、氢镍蓄电池、锌银蓄电池和锌镍蓄电池外的碱性蓄电池
	040303	锂离子电池	含有机溶剂电解质,利用储锂的层间化合物作为正极和负极的蓄电池。注:锂离子电池不含金属锂。包括液态锂离子电池,聚合物锂离子电池和其他锂离子电池
	0403030100	液态锂离子电池	包括手机用液态锂离子电池、笔记本计算机用液态锂离子电池及其他液态锂离子电池
	0403030200	聚合物锂离子电池	一种用聚合物取代液态有机溶剂的锂离子电池
	0403039900	其他锂离子电池	除液态锂离子电池和聚合物锂离子电池外的锂离子电池
	0403990000	其他蓄电池	除铅酸蓄电池,碱性蓄电池和锂离子电池外的蓄电池
0404 燃料电池	0404010000	质子交换膜燃料电池	使用具有离子交换能力的聚合物作为电解质的燃料电池。注:聚合物电解质燃料电池也被称为质子交换膜燃料电池和固体聚合物燃料电池
	0404020000	固体氧化物燃料电池	使用离子导电氧化物为电解质的燃料电池
	0404030000	熔融碳酸盐燃料电池	使用熔融碳酸盐为电解质的燃料电池。通常使用熔融的锂/钾或锂/钠碳酸盐作为电解质
	0404040000	磷酸盐燃料电池	用磷酸(H_3PO_4)水溶液作为电解质的燃料电池
	0404050000	直接醇类燃料电池	燃料为气态或液态形式的醇类的直接燃料电池
	0404060000	微型燃料电池	易于携带的燃料电池
	0404990000	其他燃料电池	除质子交换膜燃料电池、固体氧化物燃料电池、熔融碳酸盐燃料电池、磷酸盐燃料电池、直接醇类燃料电池和微型燃料电池外的燃料电池

续表

	代码	产品名称	范围定义
0405 物理电池	0405010000	太阳能电池(光伏电池)	将太阳辐射能直接转换成电能的一种器件
	0405020000	硅太阳能电池	以硅为基体材料的太阳能电池。包括单晶硅、多晶硅、非晶硅太阳能电池
	0405030000	砷化镓太阳能电池	以砷化镓为基体材料的太阳能电池
	0405040000	温差发电器	利用温差电效应将热能直接转换成电能的装置。它本质上是一种包括热源、换能器(工质)和散热器的静态热机
	0405990000	其他物理电池	除太阳能电池(光伏电池),硅太阳能电池,砷化镓太阳能电池和温差发电器外的物理电池
0406 其他电池及类似品	0406010000	超级电容器	介于传统物理电容器和电池之间的一种新型储能系统;超级电容器由正极、负极、隔膜、电解液等组成,按照储能机理的不同,可分为双电层电容器、法拉准电容器(又称赝电容器)、双电层与准电容混合的混合型超级电容器
	0406990000	其他未列明电池及类似品	除超级电容器外的其他电池及类似品

五 IT 通信产品

	代码	产品名称	范围定义
0501 通信传输设备	050101	光通信设备	利用光波传输信息的通信设备。由信号发送、信号传输和信号接收 3 部分组成。包括光端机、光缆中继设备、光纤放大器、波分复用器、光交叉连接设备、光分插复用设备(ADM)、多业务传送设备(MSTP)、电光转换器、无源光分路器、自动交换光网络设备(ASON)、光传送网络设备(OTN)、分组传送网络设备(PTN)和其他光通信设备
	0501010100	光端机	光发送端机和光接收端机的总称。光纤通信系统的终端设备。进行光/电/光转换的设备。包括 SDH 光端机、PDH 光端机、SPDH 光端机、ASON 光端机、OTN 光端机、PTH 光端机和其他光端机

续表

	代码	产品名称	范围定义
0501 通信传输设备	0501010200	光缆中继设备	光中继器的作用是对信号进行放大和再生
	0501010300	光纤放大器	是指运用于光纤通信线路中,实现信号放大的一种新型全光放大器
	0501010400	波分复用器	指波分复用光传输设备
	0501010500	光交叉连接设备	具有多个标准的光纤接口,用来在光网络节点处将任一光纤信号(或其各波长信号)与其他光纤的信号进行可控的连接和再连接的设备
	0501010600	光分插复用设备(ADM)	同步数字系列(SDH)中电分插复用设备 ADM 的功能在光域中实现的设备
	0501010700	多业务传送设备(MSTP)	MSTP 是在 SDH 传输网基础上,同时实现 TDM/ATM/Packet 等业务接入处理和传送,并提供统一网管的综合业务传送平台
	0501010800	电光转换器	将模拟输入信号数字化,并能通过吉比特的光纤将信号传送到信号接收器,在那里模拟信号将被重组的设备
	0501010900	无源光分路器	将光信号进行耦合、分支、分配的设备
	0501011000	自动交换光网络设备(ASON)	在光层上实现信息自动交换的设备
	0501011100	光传送网络设备(OTN)	在光域内实现业务信号传送、复用、路由选择、监控的设备
	0501011200	分组传送网络设备(PTN)	用于分组传送网络的设备
	0501019900	其他光通信设备	除光端机,光缆中继设备,光纤放大器,波分复用器,光交叉连接设备,光分插复用设备(ADM),多业务传送设备(MSTP),电光转换器,无源光分路器,自动交换光网络设备(ASON),光传送网络设备(OTN)和分组传送网络设备(PTN)外的光通信设备
	050102	卫星通信设备	利用通信卫星在地球站与地球站之间传递信息的无线电通信设备的统称。包括卫星地面接收机、卫星导航定位接收机、卫星通信地面站终端机和其他卫星通信设备
	0501020100	卫星地面接收机	包括卫星遥感接收设备、卫星气象接收设备
	0501020200	卫星导航定位接收机	指卫星导航定位接收设备
	0501020300	卫星通信地面站终端机	向卫星通信信道发送(或接收)信号的设备
	0501029900	其他卫星通信设备	除卫星地面接收机、卫星导航定位接收机和卫星通信地面站终端机外的卫星通信设备

续表

	代码	产品名称	范围定义
0501 通信传输设备	050103	微波通信设备	实现微波在雷达、通信、测量、遥感等方面应用的设备统称。包括微波收发通信机、微波终端机和其他微波通信设备
	0501030100	微波收发通信机	简称“微波机”。与天馈线系统相连接,用以接收、发送和转接微波信号的通信设备。包括 PDH 微波收发通信机、SDH 微波收发通信机、SPDH 微波收发通信机和其他微波收发通信机
	0501030200	微波终端机	为微波接力设备的组成部分,对用户信号进行基带处理、变换频率、调制解调等以适于微波信道传输的无线电通信设备。包括 PDH 微波终端机,SDH 微波终端机,SPDH 微波终端机和其他微波终端机
	0501039900	其他微波通信设备	包括微波中继设备等
	050104	散射通信设备	利用束射电磁波照射不均匀的大气介质所产生的随机性散射波进行超视距的无线电通信设备的统称。包括散射通信终端机,散射信道机和其他散射通信设备
	0501040100	散射通信终端机	包括对流层散射、流星余迹散射等终端机
	0501040200	散射信道机	包括对流层散射、流星余迹散射等信道机
	0501049900	其他散射通信设备	除散射通信终端机和散射信道机外的散射通信设备
	050105	载波通信设备	利用声频信号对载波的调制来进行多路通信设备的统称。包括载波终端机、载波增音机、电力线载波机和其他载波通信设备
	0501050100	载波终端机	利用频率分割原理,在一条线路上进行多路复用的载波通信设备
	0501050200	载波增音机	补偿载波通信线路传输衰耗和特性变化的设备。其功能是放大载波信号和均衡、调节线路衰耗变化
	0501050300	电力线载波机	将音频信号与载波信号互相转换,通过电力线传送信息的载波通信设备
	0501059900	其他载波通信设备	除载波终端机、载波增音机和电力线载波机外的载波通信设备
	0501060000	通信导航定向设备	包括飞机通信导航定向设备、航用通信导航定向设备、地面通信导航定向设备和其他通信导航定向设备

续表

	代码	产品名称	范围定义
0501 通信传输设备	0501990000	其他通信传输设备	除光通信设备、卫星通信设备、微波通信设备、散射通信设备、载波通信设备和通信导航定向设备外的通信传输设备
0502 通信交换设备	050201	程控交换机	全称"存储程序控制交换机"。利用计算机技术，以预先编好的程序来控制接续的电子式交换机
	0502010100	数字程控交换机	由计算机存储程序控制，对数字话音信号进行交换处理的设备。包括用户交换机、端局交换机、汇接局交换机、长途局交换机、国际局交换机和其他数字程控交换机
	0502010200	固网软交换相关设备	包括软交换控制设备、综合接入设备（IAD），接入媒体网关（AG）和中继媒体网关（TG）
	0502010300	七号信令转接设备	将信令消息从一条信令链路传递到另一条信令链路的信令转接设备。包括七号信令转接点（STP）和 SIGTRAN 信令网关
	0502020000	ATM 交换机	是一种多端口设备，它可以进行以下工作：在一个网络中充当计算机间传输信息的集线器；如果信息是传输到远程网络的，它的角色类似路由器
	0502030000	光交换机	可以进行光信号的数据交换的设备
	0502990000	其他通信交换设备	包括分组交换机、电报交换机等
0503 通信终端	050301	收发合一中小型电台	包括短波电台、超短波电台、短波跳频电台、超短波跳频电台和其他收发合一中小型电台
	0503010100	短波电台	工作波长为 100～10 米（频率为 3～30 兆赫）的无线电通信设备
	0503010200	超短波电台	工作波长为 1～10 米（频率为 30～300 兆赫）的无线电通信设备
	0503010300	短波跳频电台	工作波长为 100～10 米（频率为 3～30 兆赫），载波频率随时间跳变的无线电通信设备
	0503010400	超短波跳频电台	工作波长为 10～1 米（频率为 30～300 兆赫），载波频率随时间跳变的无线电通信设备
	0503019900	其他收发合一中小型电台	除短波电台、超短波电台、短波跳频电台和超短波跳频电台外的收发合一中小型电台

续表

	代码	产品名称	范围定义
0503 通信终端	050302	电话单机	包括 PSTN 普通电话机、网络电话机（IP 电话机）和特种电话机
	0503020100	PSTN 普通电话机	包括按键式、拨盘式、录音、可视、无绳、插卡、投币、短信等电话机
	0503020200	网络电话机（IP 电话机）	通过互联网实现呼叫和通话的用户终端设备
	0503020300	特种电话机	包括保密电话机、井下电话机、船用电话机、安全防爆电话机、潜水员电话机、野战电话机等
	0503030000	传真机	利用扫描和光电变换技术，把文字、图表、相片等静止图像变换成电信号发送出去，接收时以记录形式获取复制稿的通信终端设备
	0503040000	数传机	含机械、电子打字机，包括基带数传机、群路数传机、低速数传机、电话网数传机、数码通信机、短波数传机等
	0503990000	其他通信终端	除收发合一中小型电台、电话单机、传真机和数传机外的通信终端设备
0504 移动通信设备	050401	数字蜂窝移动电话系统设备	包括移动通信基站设备、直放站、干线放大器、移动交换机（MSC）、移动软交换设备、移动通信核心网分组域设备和其他数字蜂窝移动电话系统设备
	0504010100	移动通信基站设备	在一定的无线电覆盖区中，通过移动通信交换中心，与移动电话终端之间进行信息传递的无线电收发信电台。包括 TD－SCDMA 基站及基站控制器，WCDMA 基站及基站控制器，CDMA2000 基站及基站控制器，GSM 基站及基站控制器，CDMA 基站及基站控制器，PHS 基站及基站控制器和 SCDMA 基站及基站控制器
	0504010200	直放站	移动通信网中为特殊情况所设的中继设备。包括 2G、3G 等
	0504010300	干线放大器	在功率变低而不能满足覆盖要求时的信号放大设备
	0504010400	移动交换机（MSC）	完成移动用户到公用网用户之间的自动接续、控制工作的设备。包括 MSC、GMSC
	0504010500	移动软交换设备	包括移动交换机媒体网关（MSCMGW）、移动交换机服务器（MSCServer）和 IP 多媒体子系统（IMS）

续表

	代码	产品名称	范围定义
0504 移动通 信设备	0504010600	移动通信核心网分组域设备	包括分组数据服务节点（PDSN）、分组控制功能节点（PCF）、服务 GPRS 支持节点（SGSN）和网关 GPRS 支持节点（GGSN）
	0504019900	其他数字蜂窝移动电话系统设备	包括 MRFP、AAA 服务器、HA、HLR、VLR、计费网关（CG）、短信网关、短信中心等标准网元设备
	0504020000	集群通信系统设备	用于一种专用的无线电调度通信系统的设备。包括集群基站设备、集群基站天线和集群交换设备
	0504030000	无中心选址通信系统设备	用于一种没有交换（控制）中心的移动通信系统的设备
	0504990000	其他移动通信设备	除数字蜂窝移动电话系统设备、集群通信系统设备和无中心选址通信系统设备外的移动通信设备
0505 移动通 信终端 设备	050501	移动通信手持机（手机）	移动通信手持机的简称。包括 GSM 手持机、CDMA 手持机、3G 手持机，SCDMA 终端和其他移动通信手持机（手机）
	0505010100	GSM 手持机	GSM 手持机是指在 GSM 网络中使用的移动通信终端
	0505010200	CDMA 手持机	CDMA 手持机是指在 CDMA 网络中使用的移动通信终端
	0505010300	SCDMA 终端	SCDMA 终端是指在 SCDMA 网络中使用的移动通信终端
	0505019900	其他移动通信手持机（手机）	包括 TD‑SCDMA、CDMA2000、WCDMA、双模移动电话机，TD‑LTE 数字移动电话机等
	0505020000	集群通信终端	集群通信终端是指在一种专用的无线电调度通信系统中使用的移动通信终端
	0505030000	对讲机	亦称"步话机"。近距离互通信息的通信设备
	0505040000	小灵通	个人接入电话系统的俗称。即利用现有固定电话网络中闲置的交换、传输资源，以无线接入网方式提供可在一定范围内流动使用的无线通信系统。也指这种系统的终端及其服务
	0505990000	其他未列明移动通信终端设备	除移动通信手持机（手机）、集群通信终端、对讲机和小灵通外的其他移动通信终端设备

续表

	代码	产品名称	范围定义
0506 通信接入设备	050601	光纤接入设备	包括无源光网络(PON)和有源光网络(AON)
	0506010100	无源光网络(PON)	采用无源光分路器构成光配线网的"光接入网"。包括光线路终端(OLT)和光网络单元(ONU)
	0506010200	有源光网络(AON)	用有源器件构成光配线网的"光接入网"。包括局端设备(CE)和远端设备(RE)
	050602	铜缆接入设备	包括非对称数字用户线(ADSL),高速率数字用户线路调制解调器(HDSLMODEM)和甚高速率数字用户线(VDSL)
	0506020100	非对称数字用户线(ADSL)	ADSL是数字用户线(DSL)的一种,所谓不对称,是指上下行数据传输速率不一致,下行数据速率可达9Mbps,上行数据速率达640Kbps。包括ADSL接入复用器(DSLAM),ADSL调制解调器(ADSLMODEM)和语音分离器(POTS分离器,非对称)
	0506020200	高速率数字用户线路调制解调器(HDSLMODEM)	利用现有电话网的用户环路实现高数据率、全双工数字信号传输技术的调制解调器
	0506020300	甚高速率数字用户线(VDSL)	一种数字用户线通信技术。由局端设备和用户端组成。适用于双绞线长度不超过1200m的场合,传输速率与线路长度、质量以及速率在上下行方向上的分配情况有关,最高能达到下行(局端向用户端方向)50Mb/s,上行(用户端向局端方向)16Mb/s,也可双向对称运行。包括VDSL接入复用器、VDSL交换机、VDSL调制解调器(VDSLMODEM)和语音分离器(POTS分离器,速率甚高)
	050603	电力线宽带接入设备(BPL)	包括电力网桥和电力线调制解调器(电力猫)
	0506030100	电力网桥	应用于以太网设备与电力线宽带网(PLBN)设备之间的协议转换
	0506030200	电力线调制解调器(电力猫)	电力猫,又名电力网络桥接器,是一种把网络信号调制到电线上,利用现有电线来解决网络布线问题的设备
	050604	固定无线接入设备	包括WiMAX设备、McWill设备和其他固定无线接入设备
	0506040100	WiMAX设备	用于全球微波互联接入(WiMAX)技术设备的统称。包括WiMAX基站和WiMAX用户端设备(WiMAXCPE)

续表

	代码	产品名称	范围定义
0506 通信接 入设备	0506040200	McWill 设备	用于多载波无线信息本地环路（McWill）技术设备的统称。包括 McWill 基站和 McWill 用户端设备（McWillCPE）
	0506990000	其他固定无线接入设备	除 WiMAX 设备和 McWill 设备之外的固定无线接入设备
	0506990000	其他通信接入设备	除光纤接入设备、铜缆接入设备、电力线宽带接入设备（BPL）和固定无线接入设备外的通信接入设备
0507 无线电 导航设 备	0507010000	机动车辆用无线电导航设备	机动车辆上使用的无线电导航设备
	0507020000	无线电罗盘	指装有多路天线或定向线圈天线的无线电罗盘
	0507030000	无线电信标	发射带有自身标识的无线电信号的无线电台
	0507040000	无线电浮标	确定海上捕鱼作业区位置的专用标志。主要用于定置网作业区
	0507050000	接收机	对接收到的电磁信号，经选择、放大、变换和处理后，转变为信息的各种接收设备的统称
	0507990000	其他无线电导航设备	除机动车辆用无线电导航设备、无线电罗盘、无线电信标、无线电浮标和接收机外的无线电导航设备
0508 广播电 视机设 备	050802	广播电视机发射及传输设备	包括广播电视机发射设备、广播发射设备、电视机发射设备、卫星电视机设备、广播电视机微波传输设备和有线电视机网络设备
	0508020100	广播电视机发射设备	用无线电将广播电视机节目播送出去的设备
	0508020200	广播发射设备	用无线电将广播节目播送出去的设备。包括短波广播发射机、中波广播发射机、调频广播发射机、数字声音广播发射机、调频同步广播设备、调幅同步广播设备和其他广播发射设备
	0508020300	电视机发射设备	将视频信号和音频信号调制在射频载波上形成已调射频振荡，送到天线发射到空中去，供电视机接收机接收的设备。包括模拟电视机发射机、数字电视机发射机、电视机差转机、电视机转播发射机和其他电视机发射设备

续表

	代码	产品名称	范围定义
0508 广播电 视机设 备	0508020400	卫星电视机设备	利用地球同步卫星作为中继站,接收与发射广播电视机信号设备的统称。包括卫星电视机上行发射设备、卫星电视机接收转发设备、卫星电视机配套设备和其他卫星电视机设备
	0508020500	广播电视机微波传输设备	利用超高频电波,实现点对点之间的电视机信号传输,或点对面的电视机信号覆盖的装置。包括点对点数字微波中继设备和多频道多点分配系统(MMDS)
	0508020600	有线电视机网络设备	利用同轴电缆或光缆为导体,接收与发送电视机信号设备的统称。包括有线电视机网络前端设备,有线电视机光缆传输系统设备,有线电视机电缆分配系统及终端设备和其他有线电视机网络设备
0509 电子计 算机	0509010000	高性能计算机	计算或处理能力高于目前个人计算机或 PC 服务器的电子计算机,它具有较快的运算速度、较大的可拓展性、可管理性和可用性,即综合性能较高。包括超级计算机
	0509020000	工作站	一种功能单元,通常具有专用的计算能力,包括面向用户的输入设备和输出设备。例:可编程终端、不可编程终端或独立的微型计算机。包括图形工作站
	050902	服务器	计算机网络系统中的通信和处理中枢。包括 RISC 服务器,IA 服务器,x86 服务器和其他服务器
	050903	RISC 服务器	采用精简指令集构架的服务器
	0509030100	IA 服务器	采用 Intel 处理器(复杂指令集构架)的服务器
	0509030200	x86 服务器	采用 x86 指令集构架的服务器
	0509030300	其他服务器	除 RISC 服务器、IA 服务器和 x86 服务器外的服务器
	050904	微型计算机	台式微型计算机(包括主机、显示器分体或一体形式、键盘、鼠标)和便携式微型计算机(含掌上计算机)等信息事务处理实体
	0509040100	台式微型计算机	一种数字计算机,其处理单元由一个或多个微处理器组成,并包括存储器和输入输出设备。不包括货币专用设备

续表

	代码	产品名称	范围定义
0509 电子计 算机	0509040200	主机、显示器一体形式的台式微型计算机	计算机一体机是目前台式机和笔记本计算机之间的一个新型的市场产物，它将主机部分、显示器部分整合到一起的新形态计算机，该产品的创新在于内部元件的高度集成
	0509040300	笔记本计算机	外形和笔记本相似的个人计算机
	0509040400	掌上型计算机（HPC）	含智能型的移动通信设备
	0509040500	学习机	是一种电子教学类产品。也统指对学习有辅助作用的所有电子教育器材
	0509040600	手持式信息终端机	包括个人数字助理（PDA）、快译通、电子词典、电子记事本等
	0509049900	其他微型计算机设备	包括单片机、单板机，以及其他未列明便携式微型计算机等
	0509990000	其他电子计算机	除高性能计算机、工作站、服务器和微型计算机外的电子计算机
0510 计算机 网络设 备	051001	网络控制设备	包括通信控制处理机，集中器，网络终端控制器和其他网络控制设备
	0510010100	通信控制处理机	对各主计算机之间、主计算机与远程数据终端之间，以及各远程数据终端之间的数据传输和交换进行控制的装置
	0510010200	集中器	连接于多个不同种类的异步数据终端与主计算机之间实现数据通信任务的一种缓冲式集线设备
	0510010300	网络终端控制器	在计算机网络系统中控制终端的设备
	0510019900	其他网络控制设备	除通信控制处理机，集中器和网络终端控制器外的网络控制设备
	051002	网络接口和适配器	包括网络收发器，网络转发器，网络分配器，通信网络时钟同步设备和其他网络接口和适配器
	0510020100	网络收发器	指网络接入服务器
	0510020200	网络转发器	是一类重建到来的电子、无线或光学信号的网络设备
	0510020300	网络分配器	用来分配网络信号的网络设备
	0510020400	通信网络时钟同步设备	为通信网络提供高精度时间和频率同步信号的高性能时间频率参考接收机
	0510029900	其他网络接口和适配器	除网络收发器、网络转发器、网络分配器和通信网络时钟同步设备外的网络接口和适配器

续表

	代码	产品名称	范围定义
0510 计算机 网络设 备	051003	网络连接设备	包括集线器、核心路由器、接入路由器、其他路由器、数字数据网络节点设备、数字交叉连接设备、二层交换机、三层交换机、其他交换机、无线局域网接入点(AP)和其他网络连接设备
	0510030100	集线器	作为网络中枢连接各类节点,以形成星状结构的一种网络设备
	0510030200	路由器	为信息流或数据分组选择路由的设备
	0510030300	数字数据网络节点设备	包括 DDN、ISDN、帧中继、X.25 等
	0510030400	数字交叉连接设备	简称"DXC"。一种具有对数字电路群进行半永久性交叉连接功能的新型智能化多功能传输节点设备
	0510030500	交换机	网络节点上话务承载装置、交换级、控制和信令设备以及其他功能单元的集合体。交换机能把用户线路、电信电路和(或)其他要互连的功能单元根据单个用户的请求连接起来
	0510030600	无线局域网接入点(AP)	使用无线设备(手机等移动设备及笔记本计算机等无线设备)用户进入有线局域网的接入点
	0510039900	其他网络连接设备	除集线器,核心路由器,接入路由器,其他路由器,数字数据网络节点设备,数字交叉连接设备,二层交换机,三层交换机,其他交换机和无线局域网接入点(AP)外的网络连接设备
	0510040000	网络优化设备	包括负载均衡器,流量控制器和其他网络优化设备
	0510050000	网络检测设备	包括协议分析器,协议测试设备,差错检测设备和其他网络检测设备
	0510990000	其他计算机网络设备	除网络控制设备,网络接口和适配器,网络连接设备,网络优化设备和网络检测设备外的计算机网络设备
0511 电子计 算机外 部设备	0511010000	绘图仪	绘制图形和文字的计算机外围设备。能将计算机信号转换成图形输出
	0511020000	扫描仪	一种获取图像信号的数字设备,其获取的图像文件可以由计算机等设备进行编辑和存储,也可以通过相关的输出设备显示或打印
	0511030000	摄像头	摄像头(CAMERA)又称为计算机相机,计算机眼等,是一种视频输入设备,被广泛地运用于视频会议,远程医疗及实时监控等方面

	代码	产品名称	范围定义
0511 电子计算机外部设备	051104	打印机	一种输出设备,它产生数据记录的硬拷贝,这些数据主要是一系列离散图形字符的形式,这些字符属于一种或多种预定的字符集。在许多实例中,打印机可以用作绘图机
	0511040100	针式打印机	包括通用针式打印机、票据打印机、行式打印机
	0511040200	激光打印机	一种非击打式打印机通过指向感光表面上的激光束先产生潜像然后用加色剂显现出来再转移固定到纸上
	0511040300	喷墨打印机	一种非击打式打印机其中字符是由投射在纸上的墨粒或墨点构成
	0511040400	热敏打印机	一种非击打式打印机其中字符是通过将加热元件直接加在热敏纸上或是将色带上的墨熔化到普通纸上而打印出来的
	0511049900	其他打印机	除了针式打印机、激光打印机、喷墨打印机和热敏打印机外的打印机
	0511050000	打印机耗材	硒鼓、墨盒、色带等
	051106	复印机	用各种不同复印过程来产生原稿复印品而原稿不受损伤的机器。包括静电复印机,喷墨复印机和其他复印机
	0511060100	静电复印机	采用静电成像方式实现复印过程的复印机。包括静电复印机和静电多功能一体机
	0511060200	喷墨复印机	包括喷墨复印机和喷墨多功能一体机
	0511069900	其他复印机	除静电复印机和喷墨复印机外的复印设备
	0511070000	复印机耗材	硒鼓、墨盒和色带等
	0511080000	手写板	能够将人的自然书写笔迹记录下来,并交由计算机自动识别的装置
	0511090000	IC 卡读写机具	专门用于读写 IC 卡内信息的读写器具
	0511100000	磁卡读写器	专门用于读写磁卡内信息的读写器具
	0511110000	字符阅读机	是一种利用图像扫描技术,通过对纸张上的字符信息进行图像扫描,并应用计算机模糊识别算法进行识别,最终以字符形式将数据存储到计算机的快速录入设备
	0511120000	射频卡读写机具	含 RFID 读写器
	0511130000	人机交互式设备	支持人和计算机系统直接进行交互通信的装置
	0511140000	图形板	一种图形数据的采集装置。可以将图上的点、线转换成坐标数据输入到计算机

续表

	代码	产品名称	范围定义
0511 电子计 算机外 部设备	0511150000	触感屏	一种显示设备它允许用户通过触摸屏幕某一部分与数据处理系统相互作用
	0511160000	生物特征识别设备	识别人体(生物体)唯一的自然生理特征或行为特征的装置
	0511170000	语音输出设备	将计算机处理过的信息转变成模拟人语言的输出装置
	0511180000	图形图像输出设备	将计算机处理过的信息转变成图形图像输出的装置
	0511990000	其他电子计算机外部设备	除绘图仪、扫描仪、摄像头、打印机、打印机耗材、复印机、复印机耗材、手写板、IC卡读写机具、磁卡读写器、字符阅读机、射频卡读写机具、人机交互式设备、图形板、触感屏、生物特征识别设备、语音输出设备和图形图像输出设备外的电子计算机外部设备

六　其他

	代码	产品名称	范围定义
0601 家用和 类似用 途电器	060101	空气湿度调节装置	使用交流电源,调节室内湿度的房间空气调节器。包括除湿机、加湿机和其他空气湿度调节装置
	0601010100	除湿机	将空气中湿度降低到较低水平的设备
	0601010200	加湿机	对空气进行加湿的设备
	0601019900	其他空气湿度调节装置	除除湿机和加湿机外的空气湿度调节装置
	060102	房间空气清洁装置	使用交流电源,调节室内空气洁净度的房间空气调节器。包括空气清洁器和其他房间空气清洁装置
	0601020100	空气清洁器	一种用于除去空气中微小尘埃($0.01\sim0.2\,\mu m$)、细菌、烟臭等,使空气变得清新的空气调节器具,又称空气净化器
	0601029900	其他房间空气清洁装置	除空气清洁器外的房间空气清洁装置
	060103	电风扇	由电动机带动风叶旋转推动空气产生气流,用以加速空气流动或交换的器具。包括台扇、落地扇、吊扇、箱式扇、壁扇、塔式扇和其他电风扇

续表

	代码	产品名称	范围定义
0601 家用和 类似用 途电器	0601030100	台扇	放置在工作台上使用,带有两片或以上数量扇叶,由电动机驱动扇叶旋转并通过自由空间进出风的风扇
	0601030200	落地扇	放置在地面上使用,带有两片或以上数量扇叶,由电动机驱动扇叶旋转并通过自由空间进出风的风扇
	0601030300	吊扇	安装底座固定在天花板上,带有两片或以上数量扇叶,由电动机驱动扇叶在水平面上旋转的风扇
	0601030400	箱式扇	带有两片或以上数量扇叶,由旋转的导风叶轮控制送风方向的电风扇
	0601030500	壁扇	安装底座固定在墙壁上,带有两片或以上数量扇叶,由电动机驱动扇叶旋转并通过自由空间进出风的风扇
	0601030600	塔式扇	由单相交流电容式电动机驱动叶轮旋转,产生切向气流送风的风扇,用微型同步电动机使内有叶轮的柱型送风机构在一定角度内摆动,向不同方向送风
	0601039900	其他电风扇	除台扇、落地扇、吊扇、箱式扇、壁扇和塔式扇外的电风扇
	060104	吸排油烟机	安装在炉灶上方用电力抽排油烟的厨房器具。包括深型吸排油烟机,欧式塔形吸排油烟机,侧吸式吸排油烟机和其他吸排油烟机
	0601040100	深型吸排油烟机	深型抽油烟机的外罩能最大范围地抽吸烹饪油烟,便于安装功率强劲的电机,这使得油烟机的吸烟率大大提高。但深型抽油烟机由于体积较大较重,悬挂时要求厨房墙体具有一定厚度和稳固性
	0601040200	欧式塔形吸排油烟机	由排烟柜和专用油烟机组成,油烟机呈锥形,当风机开动后,柜内开成负压区,外部空气向内部补充,排烟柜前面的开口就形成一个进风口,油烟及其他废气无法逃出,确保油烟和氮氧化物的抽净率。柜式抽油烟机吸烟率高,不用悬挂,不存在钻孔、安装的问题。但是,由于左右挡板的限制,使操作者在烹饪时有些局限和不便
	0601040300	侧吸式吸排油烟机	重量轻、体积小、易悬挂,但其薄型的设计和较低的电机功率,使相当一部分烹饪油烟不能被吸入抽吸范围,其排烟率明显低于其他两类机型

续表

代码	产品名称	范围定义
0601049900	其他吸排油烟机	除深型吸排油烟机,欧式塔形吸排油烟机和侧吸式吸排油烟机外的吸排油烟机
0601050000	换气、排气扇	从隔墙的一方到另一方,或从安装在其进风口、出风口一侧或两侧的导管内作交换空气用的电风扇。包括卫生间、厨房等用换气、排气扇
0601060000	电热干手器	公共场所或家庭内,用作洗手后湿手吹干的电热整容器具
0601070000	电饭锅	利用电能加热,可自动控制锅内蒸煮温度的主要用于蒸煮米饭的电热蒸煮器具
0601080000	电炒锅	利用电能加热,以炒食物为主要功能并用油进行烹调的电加热器具
0601090000	电火锅	利用电能产热来烹饪食物的锅具,主要用于烹饪各式火锅和汤类
0601100000	电饼铛	一种打算通过食品的两面与两个加热面直接同时接触来进行烘烤的器具
0601110000	电煎锅	用于煎制食物的、深度较浅、底部平整的电热器具
0601120000	电煎炸锅	用于炸制食物的、具有深度较深、底部平整容器的电热器具
0601130000	电压力锅	具有自动控制工作压力的电热烹饪器具
0601140000	面包片烘烤炉	通过电热元件的辐射热来烘烤面包片的器具
0601150000	三明治炉	在两片面包中间夹放熟的甜和咸味的食馅进行烘烤的厨房电器具
0601160000	电烤箱	带门的箱内装有电热元件,将放置在箱内架或烤盘上的食物加热烘烤的器具
0601170000	电热板	通电后板面发热而不带电且无明火的电热元件,外形可制成圆形、方形或任意形状
0601180000	电烧烤炉	由带盖的加热容器组成,可将食物放进该容器的器具
0601190000	自动制面包机	具有制作面包或类似食品,通过自动控制系统完成搅拌、发酵、烘烤功能的器具
0601200000	电咖啡壶	具备将容器中的咖啡煮沸、过滤等制备咖啡所需功能的电热器具
0601210000	电水壶	用于将水加热至沸点,可通过出水口倒水的便携式电加热器具
0601220000	电热水瓶	具有蒸汽智能感应控制,过热保护,水煮沸自动断电,防干烧断电及保温功能的厨房电器具

（代码列左侧纵向合并单元格）0601 家用和类似用途电器

续表

代码	产品名称	范围定义
0601230000	制酸奶机	指家用和类似用途制酸奶机,包括酸奶生成器
0601240000	微波炉	利用频率在 300MHz～30GHz 之间的一个或多个 ISM 频段的电磁能量来加热腔体内食物和饮料的器具
0601250000	电磁灶	一种利用感应加热原理,使金属锅体底部在交变磁场中产生涡流,形成热量,以烹饪食物的高效厨房器具
0601260000	电灶	带有一个灶台和至少一个烤炉的器具。同时可以带有一个烤架或烤盘
0601270000	气电两用灶	一是将电磁炉/电陶炉/光波炉和燃气灶共同安装在一个炉盘内;二是把电磁炉与燃气灶分别安装在一个炉盘内,两者都要使用的时候可以对接拼成气电两用灶,也可以拆开单独使用
0601280000	榨汁机	可将含汁食物切碎并将其汁和残渣分离的电动器具
0601290000	豆浆机	至少可制作纯豆浆,也可兼具以谷物、果蔬和水为主要原料制作饮品功能的食品加工器具。制作上述饮品,通常包含食物粉碎、搅拌、加热煮沸等程序
0601300000	食品研磨机	通过高速旋转刀具将固体食物搅打成细颗粒和粉末的厨房器具
0601310000	电动绞肉机	一种通过一个输送螺杆、刀具和筛屏的活动,精细地切割肉和其他食物的器具
0601320000	咖啡研磨机	采用切割、研磨等方式将咖啡豆粉碎成可使用的粉末的电动器具
0601330000	瓜果电动削皮机	可将果蔬表皮去除的电动器具
0601340000	揉面轧面机	利用两个同速辊轮中的固定空隙对面团进行压薄处理的设备
0601350000	洗碗机	用化学、机械、电等方法,对餐具(包括玻璃器皿和炊具)进行洗涤和干燥(如带有烘干功能)的机器
0601360000	厨房废物处理器	安装在洗涤槽的出口处,将废弃食物的颗粒减小,并用水流将其排放至排水系统的器具
0601370000	餐具消毒柜	有适当的容积和装备,用物理、化学或两者结合为手段来消毒食具的器具。它具有放置食具的一个或多个间室
0601380000	餐具干燥器	对餐具进行干燥的设备

0601 家用和类似用途电器

续表

	代码	产品名称	范围定义
	0601390000	滤水器	液体过滤器的一种。以过滤的方法除去水中杂质的器具
	060140	洗衣机	波轮式洗衣机、滚筒式洗衣机、搅拌式洗衣机、脱水机及其他依靠机械作用洗涤衣物（含兼有干衣功能）的器具
	0601400100	波轮式洗衣机	被洗涤物浸没于洗涤水中,依靠波轮连续转动或定时正反向转动的方式进行洗涤的洗衣机
	0601400200	滚筒式洗衣机	被洗涤物放在滚筒内,部分浸于水中,依靠滚筒连续转动或定时正反向转动的方式进行洗涤的洗衣机
	0601400300	搅拌式洗衣机	被洗涤物浸没于洗涤水中,依靠搅拌叶往复运动的方式进行洗涤的洗衣机
	0601400400	干衣机	指干衣量≤10公斤的采用电热通风干燥衣物的器具
	0601400500	脱水机	依靠机械作用除掉被洗涤物中水分的器具
0601 家用和类似用途电器	0601409900	其他洗衣机	除波轮式洗衣机,滚筒式洗衣机,搅拌式洗衣机,干衣机和脱水机外干衣量≤10公斤的洗衣机
	060141	电清洁器具	包括真空吸尘器,地板打蜡机,地板擦洗机,电动扫地机,蒸汽清洁机和其他家用和类似用途清洁器具
	0601410100	真空吸尘器	利用电动机拖动风叶组产生负压吸收空气中灰尘的器具,用于清洁地毯、设备、家具、地面等所积聚的尘埃
	0601410200	地板打蜡机	利用电力对地板及光整地面上蜡打光的清洁器具（见家用电器）,又称地板打光机
	0601410300	地板擦洗机	擦抹和清洁地板的器具
	0601410400	电动扫地机	电动扫地机是一款是专门为现代家庭环境设计的新型地板、地毯清洁用具,使用可充电电池作为电源,集打扫、吸尘功能于一身,轻便快捷,非常适合现代家庭使用
	0601410500	蒸汽清洁机	蒸汽清洁器是一种带杀菌消毒功能的地板清洁工具
	0601419900	其他电清洁器具	除真空吸尘器,地板打蜡机,地板擦洗机,电动扫地机和蒸汽清洁机外的电清洁器具
	060142	理发、吹风电器具	包括电动剃须刀,电动理发推剪,电吹风机,电热卷发器和其他理发、吹风电器具
	0601420100	电动剃须刀	用于剃须的器具

	代码	产品名称	范围定义
0601 家用和 类似用 途电器	0601420200	电动理发推剪	推剪头发的器具。包括电动动物毛发推剪
	0601420300	电吹风机	用于吹干头发的器具。由电动机驱动风叶送出气流，出口端装有电热元件，由开关控制可得冷风或热风
	0601420400	电热卷发器	带有电热元件的卷发器
	0601429900	其他理发、吹风电器具	除电动剃须刀，电动理发推剪，电吹风机和电热卷发器外的理发、吹风电器具
	0601430000	电动脱毛器	用于去除体毛的器具
	0601440000	电美容仪	指家用和类似用途
	0601450000	电动牙刷	用于清洁牙齿的器具
	0601460000	电动按摩器	由电磁力作用产生机械振动，并通过其附件将能量传递到人体局部以起到按摩效果的器具。包括足底电动按摩器，多功能电动按摩器，电动按摩沙发，电动氧摇摆器和其他电动按摩器
	060147	电热取暖器具	包括电暖气，电暖炉，暖风机，红外线灯泡取暖器，电热毯和其他电热取暖器具
	0601470100	电暖气	以自然对流为主要热交换形式的充油式电取暖器
	0601470200	电暖炉	利用冷热空气的自然对流，将室内空间加热的自然对流式电取暖器
	0601470300	暖风机	强制对流式电取暖器
	0601470400	红外线灯泡取暖器	利用加热元件热能的辐射、反射等作用，加热室内局部空间的辐射式电取暖器
	0601470500	电热毯	一般指用于床上取暖的、基本上平坦而柔软的、构成卧具一部分的电热器具
	0601479900	其他电热取暖器具	除电暖气，电暖炉，暖风机，红外线灯泡取暖器和电热毯外的电热取暖器具
	060148	电熨烫器具	包括电熨斗和其他电熨烫器具
	0601480100	电熨斗	利用电加热熨烫衣物、花绣、针纺织品等的清洁器具
	0601489900	其他电熨烫器具	除电熨斗外的电熨烫器具
	060149	燃气用具	供居民家庭、公共建筑和商业设施等用城市燃气制备食品和热水以及采暖等的燃烧用具。包括燃气灶具，燃气热水器和其他燃气用具
	0601490100	燃气灶具	含有燃气燃烧器的烹调器具的总称，包括燃气灶、燃气烤箱、燃气烘烤器、燃气烤箱灶、燃气烘烤灶、燃气饭锅、气电两用灶具，以下简称灶具

续表

代码	产品名称	范围定义
0601490200	燃气热水器	靠可燃气体加热水的装置。多用于家庭,也用于理发店和美容厅。所供热水主要用作洗浴或洗涤
0601499900	其他燃气用具	除燃气灶具和燃气热水器外的燃气用具
060150	太阳能用具	包括太阳能热水器和其他太阳能用具
0601500100	太阳能热水器	把太阳能转变为热能以达到加热水的目的所需的完整装置。包括太阳能快速热水器、贮备式热水器和其他太阳能热水器
0601509900	其他太阳能用具	除太阳能热水器外的太阳能用具
0601990000	其他家用和类似用途电器	未列明的家用和类似用途电器
060201	室内照明灯具	包括台灯、落地灯、吊灯、吸顶灯、壁灯、筒灯、格栅灯、射灯、轨道灯、支架灯具和其他室内照明灯具
0602010100	台灯	放置在家具上的可移式灯具
0602010200	落地灯	安装在高支架上,底座放置在地板上的可移式灯具
0602010300	吊灯	包括枝形吊灯、碗形吊灯及其他吊灯
0602010400	吸顶灯	直接固定于顶棚上的灯具
0602010500	壁灯	安装在墙壁上的灯
0602010600	筒灯	筒灯一般是有一个螺口灯头,可以直接装上白炽灯或节能灯的灯具
0602010700	格栅灯	嵌在天花板内的带有透光格栅或圆罩的灯具
0602010800	射灯	在各种展览会、博物馆或商店,为了突出展品或商品、陈设品,在照明上使用的一种小型聚光灯
0602010900	轨道灯	安装在一个类似轨道上面的灯具,可以任意调节照射角度,一般作为射灯使用在需要重点照明的地方
0602011000	支架灯具	由"上部灯头结构"及"底部灯管结构"组成的灯具
0602019900	其他室内照明灯具	除台灯、落地灯、吊灯、吸顶灯、壁灯、筒灯、格栅灯、射灯、轨道灯和支架灯具外的室内照明灯具
060202	户外照明用灯具及装置	包括街灯及照明装置、庭院灯、投光灯、道路灯、草坪灯、地埋灯和其他户外照明用灯具及装置
0602020100	街灯及照明装置	街灯,又称为路灯,是道路、街道及公众广场上的发光照明系统
0602020200	庭院灯	庭院灯是户外照明灯具的一种,通常是指6米以下的户外道路照明灯具,其主要部件由光源、灯具、灯杆、法兰盘、基础预埋件5部分组成

行首列（纵向分组）:
- 0601 家用和类似用途电器
- 0602 灯具及照明装置

	代码	产品名称	范围定义
0602 灯具及 照明装 置	0602020300	投光灯	借助反射和/或折射增加限定的立体角内的光强的灯具。包括泛光灯具
	0602020400	道路灯	道路灯是在道路上设置为在夜间给车辆和行人提供必要能见度的照明设施
	0602020500	草坪灯	草坪灯的设计主要以外型和柔和的灯光为城市绿地景观增添安全与美丽，并且普遍具有安装方便、装饰性强等特点，可用于公园、花园别墅、广场绿化等场所的绿化带的装饰性照明
	0602020600	地埋灯	埋在地面供人照明用的灯具
	0602029900	其他户外照明用灯具及装置	包括公共建筑、公园及类似公共场所用照明灯
	060203	装饰用灯	包括圣诞树用成套灯具和其他装饰用灯
	0602030100	圣诞树用成套灯具	装饰圣诞树用的成套灯具
	0602039900	其他装饰用灯	包括电气彩灯串、变色灯、滚柱彩灯
	060204	特殊用途灯具及照明装置	包括农业用灯具，医疗用灯具，火车、飞机、船舶用照明装置，应急灯，防爆灯，水下灯，影视舞台灯，探照灯，聚光灯和其他特殊用途灯具及照明装置
	0602040100	农业用灯具	包括黑光诱虫灯，人工温室用灯和其他农业用灯具
	0602040200	医疗用灯具	包括手术反光灯，手术照明灯，医用冷光纤维导光手术灯，紫外线杀菌灯，口腔灯和其他医疗用灯具
	0602040300	火车、飞机、船舶用照明装置	包括火车前灯，机车及铁路车辆用灯，飞机用灯具，船舶用灯具，飞机场用灯具和其他火车、飞机、船舶用照明装置
	0602040400	应急灯	应急照明用的灯具的总称
	0602040500	防爆灯	符合带防爆外壳装置的规则，用于存在有爆炸危险场合的灯具
	0602040600	水下灯	装于水下具有防水效果的灯具
	0602040700	影视舞台灯	舞台演出专用的照明器具。包括光学系统、灯体、支架以及必需的灯用电器附件
	0602040800	探照灯	用光学系统聚光的远距离照明装置
	0602040900	聚光灯	是通过做成抛物面反光罩的照明器来实现集中强光效果的灯具
	0602049900	其他特殊用途灯具及照明装置	包括暗室灯、摄影室用灯具、防爆灯具、机器用灯等
	0602050000	发光标志、发光铭牌及类似品	包括灯饰招牌、铭牌，霓虹灯具，广告灯具，安全标志灯和其他发光标志、发光铭牌及类似品
	060206	非电气灯具及照明装置	包括便携式灯具、烛台、烛架和其他非电气灯具及照明装置

续表

代码	产品名称	范围定义
0602060100	便携式灯具	包括防风灯、马厩灯、手提灯、矿灯、采石矿用灯;不包括矿工安全灯
0602069900	其他非电气灯具及照明装置	除便携式灯具和烛台、烛架外的非电气灯具及照明装置
060207	自供能源灯具	包括手电筒,莫尔斯信号灯,矿工安全灯,头戴通用检查灯(头灯)和其他自供能源灯具
0602070100	手电筒	带有内装式电源,通常为干电池或蓄电池,有时配有手摇发电机的可移式灯具
0602070200	莫尔斯信号灯	通过产生和控制的光信号来表示对应的莫尔斯码信息,应用于船舶上通过光信号联络的一种灯具
0602070300	矿工安全灯	为煤矿井下携带式照明灯具,供矿工个人井下照明使用
0602070400	头戴通用检查灯(头灯)	指装于头带(通常为弧形金属带)上,带有自供电源的电灯供钟表匠、珠宝商等使用
0602079900	其他自供能源灯具	除手电筒、莫尔斯信号灯、矿工安全灯和头戴通用检查灯(头灯)外的自供能源灯具
0602990000	其他灯具及照明装置	除室内照明灯具,户外照明用灯具及装置,装饰用灯,特殊用途灯具及照明装置,发光标志、发光铭牌及类似品,非电气灯具及照明装置和自供能源灯具外的灯具及照明装置
060301	显示板及类似装置	包括办公室显示器,电梯显示器,船舶、机舱传令装置,车站、机场显示板,足球场、体育场等用显示器和其他显示板及类似装置
0603010100	办公室显示器	指一种大型显示板,显示板上的号码与房间号码相同
0603010200	电梯显示器	用于显示电梯所在楼层及运行方向等信息的显示器
0603010300	船舶、机舱传令装置	用指示灯传递信息的主机传令装置
0603010400	车站、机场显示板	指用于显示火车、航班的时间及站台
0603010500	足球场、体育场等用显示器	足球场、体育场中用于显示赛事相关信息等内容的显示器
0603019900	其他显示板及类似装置	包括号码显示器

左侧跨行合并单元格:
- 0602 灯具及照明装置(对应便携式灯具至其他灯具及照明装置各行)
- 0603 电气音响或视觉信号装置(对应显示板及类似装置各行)

续表

	代码	产品名称	范围定义
0603 **电气音** **响或视** **觉信号** **装置**	060302	电气音响、信号及类似装置	包括电蜂音器，电铃、电门钟，电气音响信号装置，闪烁信号灯或间歇信号灯和其他电气音响、信号及类似装置
	0603020100	电蜂音器	蜂鸣器是一种一体化结构的电子讯响器，采用直流电压供电，广泛应用于计算机、打印机、复印机、报警器、电子玩具、汽车电子设备、电话机、定时器等电子产品中作发声器件
	0603020200	电铃、电门钟	一种利用电磁铁特性通电后能发出响声的铃
	0603020300	电气音响信号装置	包括工厂用的电笛、空袭警报器、船用电笛、喇叭等
	0603020400	闪烁信号灯或间歇信号灯	指用于飞机、船舶、火车或其他运输工具的电气信号装置，但自行车或机动车辆用的电气信号装置除外
	0603029900	其他电气音响、信号及类似装置	除电蜂音器，电铃、电门钟，电气音响信号装置和闪烁信号灯或间歇信号灯外的电气音响、信号及类似装置
	0603990000	其他电气音响或视觉信号装置	除显示板及类似装置和电气音响、信号及类似装置外的电气音响或视觉信号装置
0604 **电子产** **品**	060401	家用摄录像机	包括录放像机，家用摄录一体机，数码摄像机和其他家用摄录像机
	0604010100	录放像机	一种能把声像信号记录下来并播放的电器
	0604010200	家用摄录一体机	将便携摄像机和便携录像机组合成一体的设备
	0604010300	数码摄像机	电视机系统中把景物的图像和现场的声音转换为电信号的设备
	0604019900	其他家用摄录像机	除录放像机，家用摄录一体机，数码摄像机和其他家用摄录像机外的家用摄录像机
	060402	数字激光音、视盘机	包括 VCD 视盘播放机，DVD 视盘播放机，硬盘录放机，EVD 机，HVD 机和其他数字激光音、视盘机
	0604020100	VCD 视盘播放机	指视频高密光盘（VCD）播放机
	0604020200	DVD 视盘播放机	指数字化视频光盘（DVD）播放机
	0604020300	硬盘录放机	一种能把声像信号记录在硬盘上并播放的电器
	0604020400	EVD 机	指增强型多媒体光盘（Enhanced Versatile Disc）播放机
	0604020500	HVD 机	指高清多媒体光盘（High - definition Versatile Disc）播放机
	0604029900	其他数字激光音、视盘机	除 VCD 视盘播放机、DVD 视盘播放机、硬盘录放机、EVD 机和 HVD 机外的数字激光音、视盘机

续表

	代码	产品名称	范围定义
	060403	收音机及组合音响	包括收录放音组合机,组合音响,带时钟收音机和其他收音机及组合音响
	0604030100	收录放音组合机	需外接电源的台式、落地式收录(放)音组合机
	0604030200	组合音响	集各种音响设备于一体或由多种音响设备组合而成的高保真立体声放音系统,又称家庭音乐中心
	0604030300	带时钟收音机	收音机和时钟组合在一起,可根据需要调整时钟,在指定的时间开启收音机
	0604039900	其他收音机及组合音响	除收录放音组合机,组合音响和带时钟收音机外的收音机及组合音响
	060404	半导体收音机	即晶体管收音机。包括袖珍盒式磁带收放机和其他半导体收音机
	0604040100	袖珍盒式磁带收放机	使用盒式录音带进行录音、重放的收放机
	0604049900	其他半导体收音机	除袖珍盒式磁带收放机外的半导体收音机
	060405	便携式收录(放)音组合机	包括半导体存储器播放器,CD 机和其他便携式收录(放)音组合机
	0604050100	半导体存储器播放器	含 MP3、MP4 播放器
0604 电子产品	0604050200	CD 机	激光唱机
	0604059900	其他便携式收录(放)音组合机	除半导体存储器播放器和 CD 机外的便携式收录(放)音组合机
	060406	家用电唱机、放音机	包括电唱机,激光唱机,投币式唱机和其他家用唱机、放声机
	0604060100	电唱机	借助电动机驱动唱片旋转,并将唱片上记录的信号转变为声音的电声器具
	0604060200	激光唱机	重放记录在激光唱片上的数字式音频信号的设备,又称激光式数字音频唱机、CD 唱机
	0604060300	投币式唱机	接收投币,并由投币启动电子线路装置的唱机
	0604069900	其他家用唱机、放声机	除电唱机,激光唱机和投币式唱机外的家用电唱机、放音机
	060407	家用录放音机	包括袖珍盒式磁带放声机(单放机),复读机,电话录音机,数字录音机(笔),功率放大器和其他家用录放音机
	0604070100	袖珍盒式磁带放声机(单放机)	随身携带的可存储与播放声音的微型放声机
	0604070200	复读机	具有同声对比、跟读、计算机录音复读等功能的录音机
	0604070300	电话录音机	包括电话自动应答机
	0604070400	数字录音机(笔)	用数字方式记录和重放的录音机

	代码	产品名称	范围定义
0604 电子产品	0604070500	功率放大器	把音频信号放大到足够的功率以便驱动扬声器或扬声器系统的放大器，或称主放大器
	0604079900	其他家用录放音机	除袖珍盒式磁带放声机（单放机）、复读机、电话录音机、数字录音机（笔）和功率放大器外的家用录放音机
	0604080000	数字化多媒体组合机	指需要外接电源，具有多种播放功能的数字化一体组合机；包括广播接收播放功能、DVD 光盘播放功能、半导体存储音视频播放功能
	060409	电视机接收机顶盒	是为电视机用户扩展接收功能，置于电视机顶上的附加装置
	0604090100	有线电视机顶盒	接收有线电视机网上数字编码的电视机信号（使用 MPEG 压缩方式），获得更清晰、稳定的图像和声音质量，称为有线电视机顶盒
	0604090200	地面广播机顶盒	信号源来自地面广播信号的机顶盒
	0604090300	卫星广播机顶盒	接收来自卫星的电视机信号（使用 MPEG 压缩方式），获得更清晰、稳定的图像和声音质量，称为卫星广播机顶盒
	0604090400	IP 机顶盒	内部包含操作系统和因特网 web 浏览软件，通过电话网（ADSL 专线）或有线电视机网连接因特网，使用电视机作为显示器，从而实现没有计算机的上网，这种机顶盒叫作 IP 机顶盒
	0604100000	自身装荧光屏电子游戏机	指与电视机等视频设备配套使用的电子游戏机
	0604110000	投币式电子游戏机	指使用硬币、钞票及类似品的电子游戏机
	0604120000	电视机游戏机主机	使用电视机作为显示器来游玩的电子游戏机
	0604990000	其他电子产品	未列明的电子产品
0605 仪器仪表	060501	电能表	计量某一时段电能累积值的仪表，原称电度表。电能表是记录电能量的专用计量器具。包括单相感应式电能表，三相感应式电能表，单相电子式电能表，三相电子式电能表，多用户电能表和其他电能表
	0605010100	单相感应式电能表	用于单相用电设备（如照明电路）电能计量的由固定线圈电流同导电可动部件（一般是圆盘）感应的电流相互作用而产生转矩的仪表。包括普通单相电能表、单相长寿命电能表、单项预付费感应式电能表、单相脉冲电能表和其他单相感应式电能表

续表

	代码	产品名称	范围定义
0605 仪器仪表	0605010200	三相感应式电能表	用于三相用电设备(如三相异步电动机电能计量的)由固定线圈电流同导电可动部件(一般是圆盘)感应的电流相互作用而产生转矩的仪表。包括三相感应式有功电能表,三相感应式无功电能表,三相脉冲电能表和其他三相感应式电能表
	0605010300	单相电子式电能表	电子式电能表是通过对用户供电电压和电流实时采样,采用专用的电能表集成电路,对采样电压和电流信号进行处理并相乘转换成与电能成正比的脉冲输出,通过计度器或数字显示器显示的仪表。包括普通单相电子式电能表,单相预付费电子式电能表,单相多费率电能表,单相多功能电能表,单相载波电能表和其他单相电子式电能表
	0605010400	三相电子式电能表	电子式电能表是通过对用户供电电压和电流实时采样,采用专用的电能表集成电路,对采样电压和电流信号进行处理并相乘转换成与电能成正比的脉冲输出,通过计度器或数字显示器显示的仪表。包括三相电子式有功电能表,三相电子式无功电能表,三相预付费电能表,三相多费率电能表,三相多功能电能表,三相视在电能表,三相载波电能表和其他三相电子式电能表
	0605010500	多用户电能表	多用户电能表是用来测量电能的仪表,能够同时检测 36 户(单相),12 户(三相)及 36 户以下单三相任意组合的电能表俗称多用户电表
	0605019900	其他电能表	除单相感应式电能表,三相感应式电能表,单相电子式电能表,三相电子式电能表和多用户电能表外的电能表
	060502	电磁参数测量仪器仪表	包括安装式仪表,便携式模拟仪表,数字仪表,5(1/2)位及以下,数字仪表,5(1/2)位以上,精密仪器,测磁仪器和其他电磁参数测量仪器仪表
	0605020100	安装式仪表	包括安装式模拟仪表和安装式数字仪表
	0605020200	便携式模拟仪表	便于携带的模拟式仪表。包括万用表,钳形表,兆欧表和其他便携式模拟仪表
	0605020300	数字仪表,5(1/2)位及以下	五位半及以下的提供数字化输出或数字显示的仪表。包括数字多用表,5(1/2)位及以下,数字多用表(含记录装置),5(1/2)位及以下,数字钳形表,5(1/2)位及以下和其他数字仪表,5(1/2)位及以下

代码	产品名称	范围定义
0605020400	数字仪表,5(1/2)位以上	五位半以上的提供数字化输出或数字显示的仪表。包括数字多用表,5(1/2)位以上,数字多用表(含记录装置),5(1/2)位以上,数字频率表,5(1/2)位以上,数字相位表,5(1/2)位以上和其他数字仪表,5(1/2)位以上
0605020500	精密仪器	广义讲是研究各种量的测量仪器的原理、结构和精密测量技术的科学。分析仪器和计时仪器等是它的分支学科。狭义讲,精密仪器是以几何量和机械量的测量仪器和测量方法为主要研究对象
0605020600	测磁仪器	用于测量各种磁学量(如磁通、磁强等)的仪器的总称
0605029900	其他电磁参数测量仪器仪表	除安装式仪表,便携式模拟仪表,数字仪表,5(1/2)位及以下,数字仪表,5(1/2)位以上,精密仪器和测磁仪器外的电磁参数测量仪器仪表
060503	电磁参量分析与记录装置	包括示波器,频谱分析仪(电工用),逻辑分析仪(电工用),记录仪器和其他电磁参量分析与记录装置
0605030100	示波器	显示某些随时间变化的物理量(如电压、电流等)波形的仪器。一般有阴极射线示波器和磁电式示波器两种。包括模拟示波器,数字示波器,手持示波器,混合示波器,虚拟示波器,示波器校准仪和其他示波器
0605030200	频谱分析仪(电工用)	能自动分析电信号全部频率分量情况的仪器。包括微波频谱分析仪和其他频谱分析仪
0605030300	逻辑分析仪(电工用)	用于观测数字设备和数字电路逻辑关系的信号分析测量仪。可同时观测多个被测点之间的逻辑关系
0605030400	记录仪器	用于记录测试信号和结果,供观测者现场观察、分析或记录备用的仪器
0605039900	其他电磁参量分析与记录装置	除示波器,频谱分析仪(电工用),逻辑分析仪(电工用)和记录仪器外的电磁参量分析与记录装置
060504	配电系统电气安全检测与分析装置	包括电能质量分析仪,电力参数综合测量装置,配电系统电气安全检测装置和其他配电系统电气安全检测与分析装置
0605040100	电能质量分析仪	对电网运行质量进行检测及分析的专用仪器
0605040200	电力参数综合测量装置	测量电气设备电气参数的专用仪器

0605
仪器仪表

续表

	代码	产品名称	范围定义
0605 仪器仪表	0605040300	配电系统电气安全检测装置	检测配电系统电气设备安全性和可靠性的专用仪器
	0605049900	其他配电系统电气安全检测与分析装置	除电能质量分析仪,电力参数综合测量装置和配电系统电气安全检测装置外的配电系统电气安全检测与分析装置
	060505	电源装置	从电网中取得能量,经变换后对一个或多个负载提供电能的装置。包括测量电源和普通电源装置
	0605050100	测量电源	包括信号发生器(电源测量仪)、标准信号发生器、标准电源和其他测量电源
	0605050200	普通电源装置	提供电能的装置
	060506	标准与校验设备	包括标准仪表,交直流仪器,校验装置和其他标准与校验设备
	0605060100	标准仪表	与检定相对应的测试所用仪器的标准计量器具
	0605060200	交直流仪器	测量和记录各种交流或直流电学量的表计和仪器
	0605060300	校验装置	用于测量仪器仪表误差的专用仪器。包括电能表校验装置和其他校验装置
	0605069900	其他标准与校验设备	除标准仪表,交直流仪器和校验装置外的标准与校验设备
	0605070000	扩大量限装置	用以实现同一电量大小的变换,并能扩大仪表量程的装置,称为扩大量程装置。如分流器,附加电阻,电流互感器,电压互感器,等等
	0605080000	电力自动化仪表及系统	包括电量变送器,变送仪表及屏,输变电自动化系统,配用电自动化系统和其他电力自动化仪表及系统
	0605090000	自动测试系统与虚拟仪器	自动测试系统是指在人极少参与或不参与的情况下,自动进行量测,处理数据,并以适当方式显示或输出测试结果的系统。以个人计算机为核心,由功能软件支持,具有虚拟控制面板、必要仪器硬件和通信能力的测量及信息处理仪器
	0605100000	非电量电测仪表及装置	用电测仪器将试验中所要量测的非电量参数转变为电量参数,并进行量测的仪器
	060511	电化学式分析仪器	包括极谱分析仪,电位式分析仪器,电解式分析仪器,电导式分析仪器,电量式分析仪器,滴定仪,溶解氧测定仪和其他电化学式分析仪器
	0605110100	极谱分析仪	进行极谱分析的仪器。能自动描绘或显示加在两个电极上的电压(或工作电极的电位)和通过电解池的电流强度关系曲线,即电流－电压(或电位)曲线

续表

	代码	产品名称	范围定义
0605 仪器仪 表	0605110200	电位式分析仪器	进行电位分析的仪器。能自动描绘或显示加在两个电极上的电压（或工作电极电位）和电解池中离子活度关系曲线，包括 pH 计
	0605110300	电解式分析仪器	包括控制电位电解仪，控制电流电解仪等
	0605110400	电导式分析仪器	测定电解质溶液的电导或电导率的仪器。由音频发生器（常用 1000 赫）、交流电桥、零点指示和放大器以及电导池等主要部件构成。用于测定溶液的电导、水的纯度和电导滴定等方面。包括电导率计等
	0605110500	电量式分析仪器	其传感器为库仑池的电化学分析器。一般分为控制电位库仑分析器和控制电流库仑分析器
	0605110600	滴定仪	进行滴定分析的仪器。包括电位滴定仪、电流滴定仪、电导滴定仪、光度滴定仪
	0605110700	溶解氧测定仪	测定水中溶解氧的装置。其工作原理是氧透过隔膜被工作电极还原，产生与氧浓度成正比的扩散电流，通过测量此电流得到水中溶解氧的浓度
	0605119900	其他电化学式分析仪器	包括半阴旋光计、偏振计、湿化学分析仪
	060512	光学分析仪器	包括分光仪，分光光度计，摄谱仪，光电直读光谱仪，光度计，照度计，折光仪，光电比色分析仪器，光度式分析仪器，红外线分析仪器，激光气体分析仪器和其他光学分析仪器
	0605120100	分光仪	进行光谱分析和光谱测量的仪器，是将复色光分离成光谱的光学仪器
	0605120200	分光光度计	利用待测样品和标准样品相比较的方法，在不同波长下测定物质反射或透射等光学特性及其浓度的一种仪器。是分光仪器和测量光强的仪器的组合。包括可见分光光度计，紫外可见分光光度计，红外分光光度计，原子吸收分光光度计，荧光分光光度计和其他分光光度计
	0605120300	摄谱仪	利用色散元件（分光元件）和光学系统将复色光分解为光谱，并进行摄影记录的精密光学仪器
	0605120400	光电直读光谱仪	亦称"光量计"。一种用于快速进行光谱定量分析的仪器
	0605120500	光度计	测量发光强度的仪器。一般光度计用与已知发光强度的标准光源作比较来测量光度，也有的光度计可以直接读出光源的光量

	代码	产品名称	范围定义
0605 仪器仪表	0605120600	照度计	又称勒克司计。测量照度强弱的仪器
	0605120700	折光仪	亦称"折射计"。测量光线在不同物质中的折射率的仪器。类型有阿贝（Abbé）式（用白光）、普尔弗里希（Pulfrich）式（用单色光）、浸入式和连续自动记录式等
	0605120800	光电比色分析仪器	用可见光作光源，对有色溶液的颜色深度进行比较或测量的仪器
	0605120900	光度式分析仪器	亦称"分光光度分析"。光学分析法之一。基于物质对光的选择性吸收而建立起来的分析方法。将含有各种波长的混合光分散为各种单色光，使每一种单色光分别依次通过某一浓度的溶液，测定溶液对每一种光波的吸光度，可绘出相应的吸收光谱
	0605121000	红外线分析仪器	利用红外光辐射来连续分析、测定排气中含有的 CO_2、CO
0606 文化办公电器	060601	电影摄影机	用照相方法把运动物体的不同运动相位按一定时间间隔逐幅地记录在电影胶片上的光学机械设备。包括普通电影摄影机，特种电影摄影机和同期录音电影摄影机
	0606010100	普通电影摄影机	胶片宽度小于 16mm 或双 8mm
	0606010200	特种电影摄影机	包括高速摄影机，立体电影摄影机，环幕、球幕电影摄影机，字幕动画电影摄影机，特技合成摄影机，空中摄影机，水下摄影设备和其他特种电影摄影机
	0606010300	同期录音电影摄影机	指将影像和声音记录在同一胶片上的电影摄影机
	0606020000	电影放映机	把影片上记录的影像和声音，配合银幕和扩音机等还原出来的机械设备。包括固定式电影放映机，便携式电影放映机，数字电影放映机，流动式数字电影放映设备和其他电影放映机
	0606030000	电路投影装置	包括直接记录到晶片上装置，分步重复校准器和其他电路投影装置
	060604	通用照相机	包括单镜头反光照相机，透视取景照相机和其他通用照相机
	0606040100	单镜头反光照相机	胶片宽度 ≤35mm
	0606040200	透视取景照相机	俗称"傻瓜"照相机

	代码	产品名称	范围定义
	0606049900	其他通用照相机	胶片宽度为35mm的照相机
	060605	数码照相机	包括数码单镜头反光照相机和普通数码照相机
	0606050100	数码单镜头反光照相机	特种用途静像视频数字照相机
	0606059900	普通数码照相机	一种用数码技术控制的新型照相机
	060606	制版照相机	一种将原稿复制到感光材料上，并在复制中完成倍率缩放、分色、加网等工艺操作的制版设备。包括电子分色机和其他制版照相机
	0606060100	电子分色机	采用光电扫描方法、计算机技术和激光技术，把彩色原稿分解成各单色版的制版设备
	0606069900	其他制版照相机	除电子分色机外的制版照相机
	060607	专用特种照相机	包括微缩照相机，水下照相机，航空照相机，一次成像照相机，医用照相机，大地摄影测量用照相机和其他专用特种照相机
	0606070100	缩微照相机	记录文件的微型图像或静止画面的装置
	0606070200	水下照相机	用感光胶片记录水下景物视频图像的装置
	0606070300	航空照相机	安装在飞机上的摄影机
0606 文化办 公电器	0606070400	一次成像照相机	又称拍立得，是一款能够立即拍照便能洗出照片的相机
	0606070500	医用照相机	包括医疗或外科用照相机，例如，可插入胃中，用于检查并诊断胃病的胃镜照相机
	0606070600	大地摄影测量用照相机	指由固定在三脚架上的两部相连照相机构成，用于进行同步拍摄。这类照相机主要用于考古学研究、古迹维修及道路事故拍摄等
	0606079900	其他专用特种照相机	包括供法庭或犯罪学用的比较照相机、带快门自动释放装置的照相机（包括专门用于进行偷拍的照相机）、复制文件（信函、收据、支票、汇票、订单等）用的照相机
	0606080000	幻灯机	将一个小的单个安装的透明静止的画片直接投影的设备。包括自动程序控制幻灯机，氙灯光源幻灯机和其他幻灯机
	060609	投影仪	具有将静止或活动的图像投影到屏幕上的光学系统的设备。包括正射投影仪，光谱投影仪，显微投影仪，透射式投影仪，反射式投影仪和其他投影仪
	0606090100	正射投影仪	正射投影仪是对航空摄影像片进行微分（小面积）纠正晒像，消除因像片倾斜和地形起伏对像点的影响，以获得地面正射投影影像的仪器

续表

代码	产品名称	范围定义
0606090200	光谱投影仪	用来放大光谱干板上谱线的投影仪
0606090300	显微投影仪	将在任何材料上的微型图像放大、投影的设备
0606090400	透射式投影仪	透射式投影仪,它先将光源发出的光线会聚后,透射过被投影的图片、器具后,再由透镜成像,并投射在银幕上形成影像
0606090500	反射式投影仪	反射式投影仪,它将光源发出的光线直接照射到被投影的物体上,物体的反射光再经反射镜反射,并通过放映镜头在银幕上成像
0606099900	其他投影仪	包括带有小屏幕,可将幻灯片的放大影像投射在上面的投影仪
060610	胶版印制设备	包括胶印机、油印机、速印机和其他胶版印制设备
0606100100	胶印机	指 A2 或 A2 以下幅面的小胶印机
0606100200	油印机	一种简单的印刷工具。主要部件为框架、丝网和橡皮滚筒。将经刻写或打字的蜡纸附于网上,再用橡皮滚筒施墨印刷。制造简单,使用方便,但速度较慢
0606100300	速印机	包括数字式印刷、制版一体化速印机
0606109900	其他胶版印制设备	除胶印机、油印机和速印机外的胶版印制设备
060611	电子计算器	电子计算器是能进行数学运算的手持机器。包括非电源电子计算器,可打印电子计算器和其他电子计算器
0606110100	非电源电子计算器	不需外接电源的电子计算器包括袖珍式计算器、配有时钟功能的计算器等不需外接电源的电子计算器
0606110200	可打印电子计算器	装有打印装置的电子计算器
0606119900	其他电子计算器	除非电源电子计算器和可打印电子计算器外的电子计算器
0606120000	会计计算机	指装有计算装置的会计计算机
060613	现金出纳机	现金出纳机提供了一种展示和记录商店销售情况,特别是易手金额的机器。包括销售点终端出纳机,电子收款机和其他现金出纳机
0606130100	销售点终端出纳机	出纳终端机与电子计算机连接起来,可以支付预定的账款、接受领取账单或新支票簿的要求或提供客户账户的余额
0606130200	电子收款机	在交易过程中,具有记录、计算、打印、显示、分类、断电保护等功能的电子设备

左侧纵向表头:0606 文化办公电器

	代码	产品名称	范围定义
0606 文化办 公电器	0606139900	其他现金出纳机	除销售点终端出纳机和电子收款机外的现金出纳机
	0606140000	转账 POS 机	可为商户提供消费、授权、退货、查询流水、查询余额、重印交易凭证、汇总打印、修改密码、查询支付名单等功能
	0606150000	售票机	指用以在售票（例如，电影票或火车票）的同时将票款加以记录并汇总；不包括自动售票机
	0606160000	税控机	具有税控功能的电子收款机，它应保证经营数据的正确生成、可靠存储和安全传递。并可实现税务机关管理和数据核查等要求
	0606170000	条码打印机	条码打印机是一种专门的条码打印设备，一般为热敏型和热转印型
	060618	银行专用机器	包括自动柜员机（ATM 机），硬币分类机，硬币计数机，验钞机，点钞机，票据清分机，硬币清分机，复点机，自动登折机和其他银行专用机器
	0606180100	自动柜员机（ATM 机）	指与自动数据处理机连用，不论是在线的还是离线的自动提款机
	0606180200	硬币分类机	是一种分选硬币的机器
	0606180300	硬币计数机	包括硬币封包机
	0606180400	验钞机	包括利用 X 射线检验钞票或其他证券的设备
	0606180500	点钞机	点钞机是一种自动清点钞票数目的机电一体化装置，一般带有伪钞识别功能，集计数和辨伪钞票的机器
	0606180600	票据清分机	清分机是一种专门用来清点、分选硬币或纸币的金融机具
	0606180700	硬币清分机	硬币分清分机是一种集检伪、清分、计数为一体的分拣机器
	0606180800	复点机	复点机是一种检查所计数的钞票数目是否正确的机器
	0606180900	自动登折机	自动打印存折信息的机器
	0606189900	其他银行专用机器	包括捆钞机
	0606990000	其他文化办公电器	未列明的文化办公电器
0607 文教体 育用品	060701	室内训练健身器材	包括跑步机，一般体疗康复健身器材和其他室内训练健身器材
	0607010100	跑步机	电力驱动跑步机
	0607010200	一般体疗康复健身器材	包括按摩机，按摩椅；不包括专业医用康复器材
	0607019900	其他室内训练健身器材	除跑步机和一般体疗康复健身器材外的室内训练健身器材

	代码	产品名称	范围定义
0607 文教体 育用品	0607020000	电子琴	一种现代电子键盘乐器,一般是采用电子集成电路来将演奏进行处理和放大
	0607030000	数码钢琴(电钢琴)	数码钢琴用数码技术(脉冲编码调制技术)代替模拟技术,使其不仅实现对传统钢琴的逼真模仿,具有机械钢琴的全部功能,还具有独特的多种音色、存贮记忆、变调、混音、节拍器功能,并有MIDI接口、耳机(接上后弹奏时不对周围环境造成噪声污染,尤其适合于练习者)、话筒接口等,实现了钢琴传统技术与现代高科技的结合
	0607040000	电吉他	电吉他是用电子放大的拨奏乐器。普通的木制吉他主要是通过琴体共鸣箱将琴声扩大传出的,而电吉他的声音则是经过电子放大器的扩大和修饰,再由音箱(扬声器)送出
	0607050000	电子鼓	电子打击乐器是把物理打击产生的震动信号,通过触发器拾入音源,音源将信号转换成所需音色,再通过音箱或者耳机变为人耳所能听到的声音
	0607060000	电动童车	指各种款式的电动童车;包括二轮式、三轮式、四轮式等
	0607070000	电动火车	现代的电动火车玩具有火车头、车厢、轨道以及整套行驶控制系统,还包括沿轨道周围的建筑、景色布置
	060708	带动力装置仿真模型及其附件	包括带动力装置仿真车模,带动力装置仿真航模,带动力装置仿真船模和其他带动力装置仿真模型
	0607080100	带动力装置仿真车模及其附件	完全依照真车的形状、结构、色彩,甚至内饰部件,严格按比例缩小而制作的比例模型
	0607080200	带动力装置仿真航模及其附件	航空模型是一种重于空气的,有尺寸限制的,带有发动机的,不能载人的航空器
	0607080300	带动力装置仿真船模及其附件	将实船尺度按比例缩小而制成的供试验用的模型
	0607089900	其他带动力装置仿真模型及其附件	除带动力装置仿真车模,带动力装置仿真航模和带动力装置仿真船模外的带动力装置仿真模型
	0607990000	其他文教体育用品	未列明的文教体育用品

续表

	代码	产品名称	范围定义
0608 焊接设备	060801	电焊机	包括电弧焊接机、等离子弧焊接机、电阻焊接机、电子束焊接机、激光焊接机、摩擦焊接机、超声波焊接机、金属感应焊接机、热塑性材料焊接机和其他电焊机
	0608010100	电弧焊接机	用电弧供给焊接能量的焊机。包括自动半自动电弧焊接机和其他电弧焊接机
	0608010200	等离子弧焊接机	利用等离子弧熔化金属进行非熔化极或熔化极焊接的焊机。包括自动半自动等离子弧焊接机和其他等离子弧焊接机
	0608010300	电阻焊接机	利用电流通过工件及焊接接触面间的电阻产生热量,同时对焊接处加压进行焊接的焊机。包括自动半自动电阻焊接机和其他电阻焊接机
	0608010400	电子束焊接机	供给和控制电子束焊接能量,带有操纵系统,进行电子束焊接的焊机。包括自动半自动电子束焊接机和其他电子束焊接机
	0608010500	激光焊接机	由激光器、光束传输系统和聚焦系统及工件相对光源焦点移动系统组成的用于激光焊接的焊机。包括自动半自动激光焊接机和其他激光焊接机
	0608010600	摩擦焊接机	利用工件端面相互摩擦产生的热量使之达到塑性状态,然后顶锻完成焊接的焊机。包括自动半自动摩擦焊接机和其他摩擦焊接机
	0608010700	超声波焊接机	利用超声波的高频振荡能对工件接头进行局部加热和表面清理,然后施加压力实现焊接的焊机。包括自动半自动超声波焊接机和其他超声波焊接机
	0608010800	金属感应焊接机	高频焊机是利用高频电流（100 ~ 500kHz）通过感应线圈加热被焊接金属边缘达到熔化温度,由一对压缩辊以一定压力挤压焊缝,使金属材料实现焊接的焊机。包括自动半自动金属感应焊接机和其他金属感应焊接机
	0608010900	热塑性材料焊接机	利用超声波的高频振荡能对工件接头进行局部加热和表面清理,然后施加压力实现焊接的焊机。包括自动半自动热塑性材料焊接机和其他热塑性材料焊接机

续表

	代码	产品名称	范围定义
0608 焊接设备	0608019900	其他电焊机	除电弧焊接机,等离子弧焊接机,电阻焊接机,电子束焊接机,激光焊接机,摩擦焊接机,超声波焊接机,金属感应焊接机和热塑性材料焊接机外的电焊机。包括其他自动半自动电焊机和其他未列明电焊机
	060802	钎焊机械	包括钎焊机,钎焊烙铁,焊枪和其他钎焊机械
	0608020100	钎焊机	采用比焊件材料(母材)熔点低的金属作钎料,将焊件和钎料加热到高于钎料熔点、低于母材熔点的温度,利用液态钎料黏连母材,填充接缝并与母材相互扩散,使焊件接缝得以连接的焊接方法。包括软钎焊机、硬钎焊机
	0608020200	钎焊烙铁	用来焊接电工、电子线路及元器件的专用工具
	0608020300	焊枪	焊接过程中,执行焊接操作的部分叫焊枪
	0608029900	其他钎焊机械	指其他钎焊机及装置
	0608990000	其他焊接设备	除电焊机和钎焊机械外的焊接设备
0609 电动工具	060901	电钻(手提式)	钻孔用的电动工具。包括冲击钻,手电钻和其他电钻
	0609010100	冲击钻	具有冲击和旋转两种功能的一种手持机具。装上硬质合金冲击钻头,可在混凝土、砖墙等上钻孔;装上麻花钻头,可在钢铁、木材等上钻孔。广泛用于设备安装、建筑装修等工程中
	0609010200	手电钻	手电钻是对钢板、塑料、木材或其他材料钻孔用的手持式电动工具
	0609019900	其他电钻	指其他手提式电钻
	060902	电锯	电锯以电作为动力,用来切割木料、石料、钢材等的切割工具,边缘有尖齿
	0609020100	电动链锯	简称电锯。以交流电动机为动力的链锯。锯链首尾相连成环形,沿锯板边缘循环运动而锯割木材。使用方便,无污染,但使用场地必须配备电源
	0609029900	其他电锯	指其他手提式电锯
	0609030000	手提式电刨	用于刨削木材和木结构件平面的电动工具。包括电动刨削、修整、磨平器具及类似工具
	0609040000	电动锤	附有气动锤击机构的一种带安全离合器的电动式旋转锤钻。包括电动琢锤、铲锤、捻缝锤、铆钉锤

续表

	代码	产品名称	范围定义
0609 电动工具	0609050000	电动锉削机	用于机械加工中对工件表面进行切削加工，使工件达到所要求的尺寸、形状和表面粗糙度的电动工具
	0609060000	电动雕刻工具	工艺美术中雕刻用的电动工具
	0609070000	电动射钉枪	使钉子、销子及螺栓固定在固体内的电动工具
	0609080000	电动铆钉枪	用于锤打铆钉的手持式电动工具
	0609090000	电动锉具	用以锉削的电动工具
	0609100000	电动手提磨床	利用磨具对工件表面进行磨削加工的手持式电动工具
	0609110000	电动手提砂光机	在打磨底板上粘贴不同粒度的砂纸或抛光布，可对金属、木材等表面进行砂光、抛光、除锈等的手持式电动工具
	0609120000	电动手提抛光器	在电动抛光机的圆盘（垫子）上配置海绵、布、毡、羊毛或其他纤维制成的抛光轮，可以对金属或非金属材料进行抛光作业的手持式电动工具
	0609130000	电剪刀	用于剪切薄钢/铁板、钢带、铝材以及橡胶板和塑料板等的电动工具
	0609140000	电动刷具	包括电动钢丝刷机
	0609990000	其他电动手提式工具	除电钻(手提式)、电锯、手提式电刨、电动锤、电动锉削机、电动雕刻工具、电动射钉枪、电动铆钉枪、电动锉具、电动手提磨床、电动手提砂光机、电动手提抛光器、电剪刀和电动刷具外的电动工具
0610 衡器 （秤）	061001	商业用衡器	包括商业用案秤和商业用台秤
	0610010100	商业用案秤	包括计价案秤、计重案秤、计数案秤、包裹案秤、信函案秤、运费案秤、度盘案秤、百分案秤和其他商业用案秤
	0610010200	商业用台秤	包括计价台秤、计重台秤、计数台秤、包裹台秤、度盘台秤、百分台秤和其他商业用台秤
	0610020000	称重系统	指与其他相关设备组合起来，以特定软件、服务执行特定称量过程的衡器，包括机械式台秤和电子式台秤
	0610030000	家用秤	包括人体秤、婴儿秤、配餐秤、浴室秤、家用便携秤和其他家用秤
	0610990000	其他衡器（秤）	除商业用衡器、称重系统和家用秤外的衡器（秤）

续表

代码	产品名称	范围定义
061101	医用 X 射线设备	包括 X 射线诊断设备,射线断层摄影设备(CT 机),牙科用 X 射线应用设备,医疗用 X 射线应用设备和外科用 X 射线应用设备
0611010100	X 射线诊断设备	包括常规透视用 X 射线机,乳腺 X 射线机,泌尿系统诊断 X 射线机,胃肠检查用 X 射线机,X 射线骨密度测量设备,摄影用 X 射线机,骨科 X 射线设备,胸部荧光缩影 X 射线装置,数字减影 X 射线机,便携式 X 射线机和其他 X 射线诊断设备
0611010200	射线断层摄影设备(CT 机)	包括头部 CT 机,全身 CT 机,螺旋 CT 机,螺旋扇扫 CT 机和其他射线断层摄影设备
0611010300	牙科用 X 射线应用设备	包括牙科(单牙)X 射线机,口腔颌面全景 X 射线机和其他牙科用 X 射线应用设备
0611010400	医疗用 X 射线应用设备	包括深层治疗 X 射线设备,浅层治疗 X 射线设备,接触治疗 X 射线设备和其他医用 X 射线治疗设备
0611010500	外科用 X 射线应用设备	包括 X 射线手术影像设备,手术用床旁 X 射线机,介入治疗 X 射线机,其他外科用 X 射线应用设备,兽医用 X 射线应用设备,低剂量 X 射线安全检查设备和其他医用 X 射线设备
061102	医用 α、β、γ 射线应用设备	包括医用高能射线治疗设备,医用放射性核素诊断设备,医用放射性核素治疗设备和核素标本测定装置
0611020100	医用高能射线治疗设备	包括医用电子直线加速器,医用回旋加速器,医用中子治疗机,医用质子治疗机和其他医用高能射线治疗设备
0611020200	医用放射性核素诊断设备	包括 PECT(正电子发射断层扫描装置),SPECT(单光子发射断层扫描装置),放射性核素透视机,γ 射线探测仪,放射性核素扫描仪,甲状腺放射性核素显像,放射性核素骨密度测量设备,核素听诊器和其他医用放射性核素诊断设备
0611020300	医用放射性核素治疗设备	包括钴 60 治疗机,核素后装近距离治疗机,医用核素远距离治疗装置,植入式放射源和其他医用放射性核素治疗设备
0611020400	核素标本测定装置	包括放射免疫测定仪,其他核素标本测定装置,医用离子射线检验设备和其他医用射线应用设备

注:代码列左侧合并单元格为 0611 医疗仪器设备

	代码	产品名称	范围定义
0611 医疗仪器设备	061103	医用超声诊断、治疗仪器及设备	包括医用超声诊断仪器设备,超声手术及聚焦治疗装置,超声治疗设备和超声换能器(探头)
	0611030100	医用超声诊断仪器设备	包括 B 型超声波诊断仪,彩色超声波诊断仪,M 型超声波诊断仪,A 型超声波诊断仪,C 型超声波诊断仪,超声多普勒设备,超声血流检测设备,超声骨密度检测设备,超声胃镜,超声结肠镜,超声内窥镜,超声宫内镜,复合式扫描超声诊断仪,相控阵超声诊断仪,多普勒超声血流成像仪,超声胎儿监护仪和其他医用超声诊断仪器设备
	0611030200	超声手术及聚焦治疗装置	包括眼科乳化手术系统,超声手术刀,超声癌症治疗机,超声外科吸引装置,经颅超声多普勒,高强度聚焦超声系统(HIFO)和其他超声手术及聚焦治疗装置
	0611030300	超声治疗设备	包括超声治疗机,超声雾化器,穴位超声治疗机,超声骨折治疗机,超声洁牙机,超声去脂仪,超声理疗美容仪和其他超声治疗设备
	0611030400	超声换能器(探头)	包括腔内换能器,导管式换能器,穿刺换能器,血管换能器,线阵换能器,凸阵换能器,环阵换能器,单晶片换能器,相控阵换能器,连续多普勒笔形换能器,声表面波换能器,浅表高频换能器,食道超声换能器,其他超声换能器(探头)和其他医用超声治疗仪器及设备
	061104	医用电气诊断仪器及装置	包括心电诊断仪器、脑电诊断仪器、医用磁共振设备、血流量、容量测定装置、电子压力测定装置、电声诊断仪器、闪烁摄影装置和紫红外线诊断、治疗设备
	0611040100	心电诊断仪器	包括心电图记录仪,心音描记器,心动冲击图仪器,心磁图仪器,心输出量测定仪器,心脏检查器,心电阻描记器,心电分析仪,晚电位测试仪,无损伤心功能检测仪,心率变异性检测仪,运动心电功能计,心电遥测仪,心电电话传递系统,实时心律分析记录仪,长程心电记录仪,心电标测图仪,心电工作站和其他心电诊断仪器
	0611040200	脑电诊断仪器	包括脑电图机,脑电阻仪,脑电流描记器,脑电波分析仪,脑地形图仪,脑电实时分析记录仪和其他脑电诊断仪器

续表

	代码	产品名称	范围定义
0611 医疗仪 器设备	0611040300	医用磁共振设备	包括核磁共振成像装置,骨密度仪,甲状腺功能测定仪,永磁型共振成像系统,常导型磁共振成像系统,超导型磁共振成像系统和其他医用磁共振设备
	0611040400	血流量、容量测定装置	包括脑血流描述器,阻抗血流图仪,电磁血流量计,无创心输出量计,脉搏描述器,心脏血管功能综合测试仪和其他血流量、容量测定装置
	0611040500	电子压力测定装置	包括无创性电子血压计,插入式血压计,体脂肪计,电子血压脉搏仪,动态血压监护仪,眼压,眼震电图仪,视网膜电描述器和其他电子压力测定装置
	0611040600	电声诊断仪器	包括听力计及类似设备,心音图仪,舌音图仪,胃肠电流图仪,诱发电位检测系统和其他电声诊断仪器
	0611040700	闪烁摄影装置	包括医用伽马(γ)照相机,闪烁扫描器和其他闪烁摄影装置
	0611040800	紫红外线诊断、治疗设备	包括医用红外热像仪,红外经乳腺诊断仪,红外线凝固器,紫外线治疗机,红外线治疗机,远红外辐射治疗机,其他紫红外线诊断、治疗设备和其他医用电气诊断仪器及装置
	061105	医用激光诊断、治疗仪器及设备	包括激光诊断仪器,激光手术和治疗设备,弱激光体外治疗仪器和激光手术器械
	0611050100	激光诊断仪器	包括氦镉激光器,激光白内障诊断装置,激光眼科诊断仪,激光肿瘤光谱诊断装置,激光荧光肿瘤诊断仪,眼科激光扫描仪,2类(弱激光)激光诊断仪,激光血液分析仪,激光多普勒血流仪和其他激光诊断仪器
	0611050200	激光手术和治疗设备	包括气体激光手术设备,眼科激光光凝机,固体激光手术设备,3B类半导体激光治疗仪,4类(强激光)半导体激光治疗仪,氮分子激光治疗仪,晶体激光乳化设备,激光血管焊接机,介入式激光治治仪器和其他激光手术和治疗设备
	0611050300	弱激光体外治疗仪器	包括氦氖激光治疗机,氦镉激光治疗机,3A(弱激光)半导体激光治疗机,激光针灸治疗仪和其他弱激光体外治疗仪器
	0611050400	激光手术器械	包括激光显微手术器,LASIK用角膜板层刀和其他激光手术器械

	代码	产品名称	范围定义
	061106	医用高频仪器设备	包括高频手术和电凝设备和高频电熨设备
	0611060100	高频手术和电凝设备	包括高频电刀,高频扁桃体手术器,高频息肉手术器,高频眼科电凝器,内窥镜高频手术器,后尿道电切开刀,高频腋臭治疗仪,高频鼻甲电凝器,高频痔疮治疗仪,射频控温热凝器和其他高频手术和电凝设备
	0611060200	高频电熨设备	包括高频电灼器,高频妇科电熨器,高频五官科电熨器和其他高频电熨设备
	061107	微波、射频、高频诊断治疗设备	包括微波诊断设备,微波治疗设备,射频治疗设备和高频电极装置
	0611070100	微波诊断设备	包括微波肿瘤诊断仪和其他微波诊断设备
	0611070200	微波治疗设备	包括微波手术刀,微波肿瘤热疗仪,微波前列腺治疗仪,微波治疗机和其他微波治疗设备
	0611070300	射频治疗设备	包括射频前列腺治疗仪,射频消融治疗仪,内生物肿瘤热疗系统,肿瘤射频热疗机,短波治疗机,超短波电疗机和其他射频治疗设备
0611 医疗仪器设备	0611070400	高频电极装置	包括电凝钳,电凝镊,手术电极,其他高频电极装置和其他微波、射频、高频诊断治疗设备
	061108	中医诊断、治疗仪器设备	包括中医诊断仪器和中医治疗仪器
	0611080100	中医诊断仪器	包括中医诊断仪,痛阈测量仪,经络分析仪和其他中医诊断仪器
	0611080200	中医治疗仪器	包括综合电针仪,电麻仪,定量针麻仪,电子穴位测定治疗仪,探穴针麻仪,穴位测试仪,耳穴探测治疗机和其他中医治疗仪器
	061109	病人监护设备及器具	包括无创病人监护仪器,有创式电生理仪器,生物反馈仪,体外反搏及其辅助循环装置,医用记录仪器和其他病人监护设备及器具
	0611090100	无创病人监护仪器	包括心律失常监护报警器,麻醉气体监护扩音仪,呼吸功能监护仪,睡眠监护评价系统,分娩监护仪,带T段分析监护仪和其他无创病人监护仪器
	0611090200	有创式电生理仪器	包括体外震波碎石机,病人有创监护系统,颅内压监护仪,有创心输出量计,有创多导生理记录仪,心内希氏束电图机,心内外膜标测图仪,有创性电子血压计和其他有创式电生理仪器
	0611090300	生物反馈仪	包括肌电生物反馈仪,温度生物反馈仪,心率反馈仪和其他生物反馈仪

续表

	代码	产品名称	范围定义
	0611090400	体外反搏及其辅助循环装置	包括气囊式体外反搏装置,睡眠呼吸治疗系统,心电电极,心电导联线和其他体外反搏及其辅助循环装置
	0611090500	医用记录仪器	包括热笔记录仪,热阵记录仪,喷笔记录仪,光记录仪,磁记录仪,X - Y 记录仪,固态记录仪和其他医用记录仪器
	0611099900	其他病人监护设备及器具	除无创病人监护仪器,有创式电生理仪器,生物反馈仪,体外反搏及其辅助循环装置和医用记录仪器外的病人监护设备及器具
0611 医疗仪器设备	061110	临床检验分析仪器及诊断系统	包括血液分析仪器设备,血气分析系统,生理研究实验仪器,生化分析仪器,免疫分析系统,细菌分析系统,基因和生命科学仪器,临床医学检验辅助设备和其他临床检验分析仪器及诊断系统
	0611100100	血液分析仪器设备	包括血红蛋白测定仪,血小板聚集仪,全自动血细胞分析仪,全自动涂片机,流式细胞分析仪,全自动凝血纤溶分析仪,半自动血细胞分析仪,血凝分析仪,自动血库系统,血糖分析仪,血流变仪,血液粘度计,红细胞变形仪,血液流变参数测试仪,血栓弹力仪和其他血液分析仪器设备
	0611100200	血气分析系统	包括全自动血气分析仪,组织氧含量测定仪,血氧饱和度测试仪,CO_2 红外分析仪,经皮血氧分压监测仪,血气酸碱分析仪,电化学测氧仪和其他血气分析系统
	0611100300	生理研究实验仪器	包括方波生理仪,生物电脉冲分析仪,生物电脉冲频率分析仪,微电极控制器,微操纵器,微电极监视器和其他生理研究实验仪器
	0611100400	生化分析仪器	包括全自动生化分析仪,全自动快速(干式)生化分析仪,全自动多项电解质分析仪,半自动生化分析仪,半自动单/多项电解质分析仪和其他生化分析仪器
	0611100500	免疫分析系统	包括全自动免疫分析仪,特定蛋白分析仪,化学发光测定仪,荧光免疫分析仪,酶免仪,半自动酶标仪,荧光显微检测系统和其他免疫分析系统
	0611100600	细菌分析系统	包括细菌测定系统,结核杆菌分析仪,药敏分析仪,快速细菌培养仪,幽门螺旋杆菌测定仪和其他细菌分析系统

续表

代码	产品名称	范围定义
0611100700	基因和生命科学仪器	包括全自动医用 PCR 分析系统，精子分析仪，生物芯片阅读仪，PCR 扩增仪和其他基因和生命科学仪器
0611100800	临床医学检验辅助设备	包括血球计数板，超净装置，自动加样系统，自动进样系统
0611109900	其他临床检验分析仪器及诊断系统	除血液分析仪器设备，血气分析系统，生理研究实验仪器，生化分析仪器，免疫分析系统，细菌分析系统，基因和生命科学仪器和临床医学检验辅助设备外的临床检验分析仪器及诊断系统
061111	医用电泳仪	包括低压电泳仪，中亚电泳仪和高压电泳仪
0611110100	低压电泳仪	包括核酸电泳仪（低压），毛细管电泳仪（低压），细胞电泳仪（低压）和其他低压电泳仪
0611110200	中亚电泳仪	包括核酸电泳仪（中压），毛细管电泳仪（中压），细胞电泳仪（中压）和其他中压电泳仪
0611110300	高压电泳仪	包括核酸电泳仪（高压），毛细管电泳仪（高压），细胞电泳仪（高压）和其他高压电泳仪
061112	医用化验和基础设备器具	包括医用培养箱，病理分析前处理设备，血液化验器具和其他医用化验和基础设备器具
0611120100	医用培养箱	包括 CO_2 培养箱，超净恒温培养箱，厌氧培养装置和其他医用培养箱
0611120200	病理分析前处理设备	包括切片机（医用），整体切片机，自动组织脱水机，染色机，包埋机，组织处理机和其他病理分析前处理设备
0611120300	血液化验器具	包括红白细胞吸管，采血管，微量血液搅拌器，微量血液振荡器和其他血液化验器具
0611129900	其他医用化验和基础设备器具	除医用培养箱，病理分析前处理设备和血液化验器具外的医用化验和基础设备器具
0611130000	电动牙钻机	电动牙钻机系口腔科基本医疗设备，多用于牙体的钻磨切削，修复体的修整、抛光等，也可用于牙周手术及牙槽外科等
061114	口腔综合治疗设备	包括牙科综合治疗机，牙科综合治疗台和其他口腔综合治疗设备
0611140100	牙科综合治疗机	系适用各种牙病手术治疗的综合性口腔科设备
0611140200	牙科综合治疗台	将各种必要的口腔科治疗器械，综合构成一个完整的单位，称为牙科综合治疗台

0611 医疗仪器设备

续表

	代码	产品名称	范围定义
	0611149900	其他口腔综合治疗设备	除牙科综合治疗机和牙科综合治疗台外的口腔综合治疗设备
	0611150000	电动牙科手机	为口腔科专用医疗器材,是用来清洁牙石,研磨龋齿坏牙的器械。包括牙科直手机,连扣直手机,牙科弯手机,连扣弯手机,低速牙科手机和其他牙科手机
	0611160000	洁牙、补牙设备	包括牙根管长度测定仪,牙打磨机,牙抛光机,牙冠机,光固化机(器),医用洁牙机,牙髓活力测试仪,根管治疗仪,包埋材料搅拌机和其他洁牙、补牙设备
	061117	热力消毒设备及器具	包括压力蒸汽灭菌设备,干热消毒灭菌设备,煮沸消毒设备和其他热力消毒设备及器具
	0611170100	压力蒸汽灭菌设备	利用高压、高温杀死一切病原微生物的灭菌设备。包括立式、卧式矩形、卧式圆形压力蒸汽灭菌器
	0611170200	干热消毒灭菌设备	利用加热的高温空气进行灭菌的设备
0611 医疗仪 器设备	0611170300	煮沸消毒设备	包括电热煮沸消毒器、自动控制电热煮沸消毒器
	0611179900	其他热力消毒设备及器具	除压力蒸汽灭菌设备,干热消毒灭菌设备和煮沸消毒设备外的热力消毒设备及器具
	0611180000	气体消毒灭菌设备	包括环氧乙烷灭菌器、轻便型自动气体灭菌器和其他气体消毒灭菌设备
	061119	特种消毒灭菌设备	包括辐射消毒灭菌设备,超声波消毒设备,微波消毒设备,真空蒸气灭菌器,高压电离灭菌设备,医用内窥镜清洗机和其他特种消毒灭菌设备
	0611190100	辐射消毒灭菌设备	用放射性源产生的射线灭菌的设备。包括医用伽马(γ)射线灭菌装置、紫外线消毒器、红外线灭菌器等
	0611190200	超声波消毒设备	利用超声空化效应进行消毒杀菌的设备
	0611190300	微波消毒设备	利用微波进行消毒杀菌的设备
	0611190400	真空蒸气灭菌器	将锅内冷空气抽出 98% 以上,锅内温度达 132℃,压力达 2.67kPa,一般灭菌时间为 4min 的灭菌设备。包括预真空蒸气灭菌器、脉动真空压力蒸汽灭菌器
	0611190500	高压电离灭菌设备	包括手术室用高压电离灭菌设备、病房用高压电离灭菌设备
	0611190600	医用内窥镜清洗机	对医用内窥镜进行清洗、消毒、灭菌的设备

	代码	产品名称	范围定义
0611 医疗仪 器设备	0611199900	其他特种消毒灭菌设备	除辐射消毒灭菌设备，超声波消毒设备，微波消毒设备，真空蒸气灭菌器，高压电离灭菌设备和医用内窥镜清洗机外的特种消毒灭菌设备
	0611200000	电能体温计	利用温度传感器和微电子器件测量人体体温的保健或医用电器。包括电子体温计、红外耳蜗体温计
	0611210000	电子血压计	利用压力传感器和微电子器件测量人体血压的保健或医用电器
	061122	诊断专用器械	包括呼吸功能测定装置，诊察治疗设备，检镜及反光器具和其他诊断专用器械
	0611220100	呼吸功能测定装置	包括综合肺功能测定器，呼吸功能测试仪，肺通气功能测试仪，肺内气体分布功能测试仪，肺量计（电能），肺活量计和其他呼吸功能测定装置
	0611220200	诊察治疗设备	包括舌象仪，脉象仪，脑脊液贮存器，耳鼻喉科检查治疗台和其他诊察治疗设备
	0611220300	检镜及反光器具	包括电额灯，反光灯，检眼灯和其他反光器具
	0611229900	其他诊断专用器械	除呼吸功能测定装置，诊察治疗设备和检镜及反光器具外的诊断专用器械
	061123	内窥镜	一种能插入空腔器官内观察内部情况的医疗器械。包括诊断用内窥镜，手术用窥镜和其他内窥镜
	0611230100	诊断用内窥镜	包括观察用硬管内窥镜－膀胱镜，诊断用纤维内窥镜－支气管镜，诊断用纤维内窥镜－上消化道镜，诊断用纤维内窥镜－结肠镜，诊断用纤维内窥镜－大肠镜，观察用硬管内窥镜－喉镜，观察用硬管内窥镜－鼻镜，观察用硬管内窥镜－子宫镜，观察用硬管内窥镜－直肠镜，观察用硬管内窥镜－羊水镜，内窥镜冷光源，胰腺电子内窥镜和其他诊断用内窥镜
	0611230200	手术用窥镜	包括有创内窥镜－腹腔镜，有创内窥镜－关节镜，有创内窥镜－肾镜，有创内窥镜－胰腺镜，有创内窥镜－椎间盘镜，有创内窥镜－脑窦镜，有创内窥镜－胆道镜，心内窥镜，血管内窥镜，腔内手术用内窥镜－经尿道电切镜，高频电切手术用内窥镜和其他手术用窥镜
	0611239900	其他内窥镜	除诊断用内窥镜和手术用窥镜外的内窥镜
	061124	手术室、急救室、诊疗室设备及器具	包括输血设备、麻醉设备、呼吸机、手术及急救装置和负压吸引装置

	代码	产品名称	范围定义
0611 医疗仪 器设备	0611240100	输血设备	包括单采血浆机、人体血液处理机、腹水浓缩机、血液成分输血装置、血液成分分离机、血液过滤装置、血液净化管路、人工心肺机血路、自体血回输装置、吸附器、血液解毒（灌流灌注）器、血液净化体外循环血路（管道）和其他输血设备
	0611240200	麻醉设备	包括立式麻醉机、综合麻醉机、小儿麻醉机、麻醉开口器和其他麻醉设备
	0611240300	呼吸机	包括电动呼吸机、高频喷射呼吸机、同步呼吸机和其他呼吸机
	0611240400	手术及急救装置	包括输液、注射辅助装置，洗胃机，灌肠机（医疗），洗肠机，胃肠冲吸器，胃肠减压器，输卵管通气机和其他手术及急救装置
	0611240500	负压吸引装置	包括流产吸引器，负压吸引器和其他负压吸引装置
	061125	机械治疗器具	包括电动按摩器具，机械疗法器械，氧气治疗器，臭氧治疗器，喷雾治疗器，人工呼吸器，心理功能测验装置，牵引装置，防治打鼾器械，仿真性辅助器具和其他机械治疗器具
	0611250100	电动按摩器具	包括震颤按摩器，超声波安眠器，磁力按摩床，按摩褥垫和其他电动按摩器具
	0611250200	机械疗法器械	包括上肢综合训练器，手指功能恢复器具，旋转活动脚部器具，活动躯干器具，练习行走器具，下肢康复运动器，机动式多功能器具和其他机械疗法器械
	0611250300	氧气治疗器	包括空气加压氧舱，氧气加压氧舱和其他氧气治疗器
	0611250400	臭氧治疗器	臭氧治疗仪是利用臭氧发生器制取一定浓度的臭氧输出作用于患处达到治疗目的地仪器设备
	0611250500	喷雾治疗器	将药物的溶液或极细粉末经喷雾器或雾化器等形成药物蒸汽、雾粒或汽溶胶，供呼吸道吸入或局部喷洒，以治疗疾病的方法
	0611250600	人工呼吸器	辅助肺通气的一种设备。为治疗呼吸衰竭的最后手段
	0611250700	心理功能测验装置	包括测验下意识反应能力装置，测验肢体灵巧程度装置，旋转椅，智商测试装置和其他心理功能测验装置

	代码	产品名称	范围定义
	0611250800	牵引装置	包括电动牵引装置,骨科牵引器
	0611250900	防治打鼾器械	包括防打鼾器(正压呼吸治疗机),简易防打鼾器
	0611251000	仿真性辅助器具	包括性功能治疗、康复设备、器具
	0611259900	其他机械治疗器具	指其他机械治疗、理疗康复器械
	0611260000	电疗仪器	包括音频电疗机,差频电疗机,体内低频脉冲治疗仪,电化学癌症治疗机,离子导入治疗仪,高压低频脉冲治疗机,高压电位治疗仪,场效应治疗仪(热垫式治疗仪),电击治疗设备和其他电疗仪器
	0611270000	光谱辐射治疗仪器	包括常规光源医疗机,光量子血液治疗机,光谱治疗仪,强光辐射治疗仪和其他光谱辐射治疗仪器
	0611280000	透热疗法设备	用于医治某些可采用热作用治疗的疾病(例如,风湿病、神经痛、牙科疾病),采用高频电流(短波、超声波、超短波等电流)和使用各种形状(例如,片状、环状、管状)的电极进行工作
0611 医疗仪器设备	0611290000	磁疗设备	包括磁疗机,磁感应电疗机,低频电磁综合治疗机和特定电磁波治疗机
	0611300000	离子电渗治疗设备	离子电渗治疗设备,通过电流将活性药物(水杨酸钠、水杨酸锂、碘化钾、组胺等)透过皮肤导入病灶
	0611310000	眼科康复治疗仪器	包括视力训练仪,弱视治疗仪,其他眼科康复治疗仪器
	0611320000	水疗仪器	利用不同温度、压力和溶质含量的水,以不同方式作用于人体以防病治病的设备
	0611330000	低温治疗仪器	包括液氮冷疗机,宫腔冷冻治疗仪,冷冻低温治疗机,低温变速降温仪,压缩式冷冻治疗仪,体内肿瘤低温治疗仪,肝脏冷冻治疗仪,直肠癌低温治疗仪和其他低温治疗仪器
	0611340000	医用刺激器	包括带刺激器心脏工作站,声刺激器,光刺激器,电刺激器,磁刺激器和其他医用刺激器
	061135	体外循环设备	包括肾脏透析设备(人工肾),人工心肺设备及辅助装置和氧合器
	0611350100	肾脏透析设备(人工肾)	包括血液透析机,血液透析管,血液透析装置,血液透析滤过装置,透析血路,中空纤维透析器,多层平板型透析器和其他肾脏透析设备(人工肾)
	0611350200	人工心肺设备及辅助装置	包括人工心肺机,气泡去除器,微栓过滤器和其他人工心肺设备及辅助装置

续表

	代码	产品名称	范围定义
0611 **医疗仪** **器设备**	0611350300	氧合器	包括鼓泡式氧合器,膜式氧合器,其他氧合器和其他体外循环设备
	0611360000	婴儿保育设备	包括早产儿培养箱,辐射式新生儿抢救台,新生儿运输培养箱和其他婴儿保育设备
	0611370000	医院制气供气设备及装置	包括医用制氧机,氧浓度监察仪,氧气减压装置,手提氧气发生器,制氧袋,吸排氧三通阀箱,吸氧调节器,排氧装置和其他医院制气供气设备及装置
	0611380000	医用低温设备	包括冷冻干燥血浆机,真空冷冻干燥箱,尸体冷冻,冷藏箱,低温生物降温仪和其他医用低温设备
	0611990000	其他医疗仪器设备	未列明的医疗仪器设备
0612 **邮政专** **用电器**	061201	邮资机	包括中型邮资机,小型邮资机和邮资盖戳机
	0612010100	中型邮资机	包括中型机械戳印机邮资机和中型喷印式邮资机
	0612010200	小型邮资机	包括小型热转印式邮资机,小型喷印式邮资机和小型机械戳印式邮资机
	0612010300	邮资盖戳机	指装有计算装置的邮资盖戳机
	0612020000	信件处理机械	包括信件折叠机,信件开封机,粘贴或盖销邮票机,推挂机,信盒输送系统和其他信件处理机械
	0612030000	邮政计费、缴费设备	包括邮局自助缴费机,电话计费器和其他邮政计费、缴费设备
	0612990000	其他邮政专用机械	除邮资机,信件处理机械和邮政计费、缴费设备外的邮政专用机械
0613 **商 业、** **饮 食、** **服务专** **用电器**	061301	自动售货机、售票机	包括饮料自动销售机,自动售货机,自动售票机和其他自动售货机、售票机
	0613010100	饮料自动销售机	包括加热饮料自动销售机,冷饮料自动销售机和其他饮料自动销售机
	0613010200	自动售货机	能根据投入的钱币自动付货的机器
	0613010300	自动售票机	包括火车票自动售票机,邮票自动售票机和其他自动售票机
	0613019900	其他自动售货机、售票机	除饮料自动销售机,自动售货机,自动售票机和钱币自动兑换机外的自动售货机、售票机
	0613020000	加热或烹煮设备	包括餐馆、食堂等用的柜台式咖啡渗滤壶、茶壶及奶壶、蒸汽壶等;蒸汽加热锅、加热板、加温橱、干燥箱等;油炸锅

	代码	产品名称	范围定义
0613 商业、 饮食、 服务专 用电器	0613030000	抽油烟机	指餐馆、食堂、医院用,罩平面最大边长 ≤ 120cm 的通风、循环气罩抽油烟机
	0613040000	洗碗机	商用洗碗机是指适用商业用途的洗碗机,一般用于宾馆、饭店、餐厅等,其特点是高温、消毒、大强度、短时间处理
	0613050000	自动擦鞋器	用于家庭、宾馆、餐厅、旅店等公共场所供人们擦鞋的电动器具
	061306	洗衣店用洗衣机械	包括洗衣机,洗涤干燥两用机,干洗机,干燥机(洗衣用),离心干衣机,烫平机和其他洗衣店用洗衣机械
	0613060100	洗衣机	干衣量 >10 公斤
	0613060200	洗涤干燥两用机	具有洗涤和干燥功能的洗衣机
	0613060300	干洗机	服装干洗机就是利用干洗溶剂进行洗涤、溶液过滤、脱液、烘干回收、净化洗涤溶剂,实现再循环工作的洗涤机械
	0613060400	干燥机(洗衣用)	干衣量 >10 公斤
	0613060500	离心干衣机	干衣量 >10 公斤
	0613060600	烫平机	烫平机是洗涤机械的一种,属于洗衣店烫整设备。用于床单、桌布、布料等的轧平过程,达到烫平的效果
	0613069900	其他洗衣店用洗衣机械	除洗衣机,洗涤干燥两用机,干洗机,干燥机(洗衣用),离心干衣机和烫平机外的洗衣店用洗衣机械
0614 社会公 共安全 电器	0614010000	安全检查仪器	包括行李包裹安检仪,射线探测器,安全检查人行通道,虹膜输入装置,指纹输入装置和其他安全检查仪器
	0614020000	监控电视机摄像机	包括补光智能型摄像机,日夜转换型摄像机,一体化彩色摄像机,低照度彩色摄像机和其他监控电视机摄像机
	0614030000	防盗、防火报警器及类似装置	包括机动车辆防盗装置,防盗报警器,防火报警器,电气气体报警器,火焰报警器(火焰探测器)和其他防盗、防火报警器及类似装置
	0614990000	其他社会公共安全设备	除安全检查仪器,监控电视机摄像机和防盗,防火报警器及类似装置外的社会公共安全设备

续表

	代码	产品名称	范围定义
0615 道路交通安全管制电器	0615010000	道路交通安全检测设备	包括移动型雷达测速仪,车载测速雷达,酒精检测仪和其他道路交通安全检测设备
	0615020000	交通事故现场勘查救援设备	包括无火花电锯,电动切割机和其他交通事故现场勘查救援设备
	0615990000	其他道路交通安全管制设备	除道路交通安全检测设备和交通事故现场勘查救援设备外的道路交通安全管制设备

附录：目录备选库产品编码与统计用产品分类编码对应表

代码				类别名称	CCC产品	统计用产品分类目录标号
大类	中类	小类	产品			
01				含有受控气体产品(包括破坏臭氧层物质和温室气体)	—	—
01	01			制冷电器具	—	3914
01	01	01		电冰箱	是	—
01	01	01	0100	冷藏冷冻箱	是	391401
01	01	01	0200	冷藏箱	是	391402
01	01	01	0300	冷冻箱	是	391403
01	01	01	9900	其他具有制冷系统、消耗能量以获取冷量的隔热箱体	—	—
01	01	02	0000	冰激凌机	是	3914990100
01	01	03	0000	制冰机	是	3914990200
01	01	99	0000	其他家用和类似用途制冷电器具	—	3914999900
01	02			空气调节器	—	3915
01	02	01		房间空调器	是	—
01	02	01	0100	整体式房间空气调节器	是	39150101
01	02	01	0200	分体式房间空气调节器	是	39150102
01	02	01	0300	一拖多式房间空气调节器	是	3915010300
01	02	01	9900	其他房间空气调节器	—	3915019900
01	03			工商用制冷、空调器设备	否	3532

续表

代码				类别名称	CCC 产品	统计用产品分类目录标号
大类	中类	小类	产品			
01	03	01		工商用制冷设备	否	353201
01	03	01	0100	工商用制冰机	否	3532010100
01	03	01	0200	速冻机	否	3532010200
01	03	01	0300	冷饮机	否	3532010300
01	03	01	0400	雪泥机	否	3532010400
01	03	01	0500	工商用冰激凌机	否	3532010500
01	03	01	0600	炒冰机	否	3532010600
01	03	01	9900	其他工商用制冷设备	否	3532019900
01	03	02	0000	工商用冷藏、冷冻柜及类似设备	否	353202
01	03	03		房间空调器	否	35320401
01	03	03	0100	窗式空调器	否	3532040101
01	03	03	0200	壁挂式空调器	否	3532040102
01	03	03	9900	其他房间空调器	否	3532040199
01	03	04		单元式空调器机组	否	35320402
01	03	04	0100	屋顶式空调器（热泵）机组	否	3532040201
01	03	04	0200	多联式空调器（热泵）机组	否	3532040202
01	03	04	0300	风管送风式空调器（热泵）机组	否	3532040203
01	03	04	9900	其他单元式空调器机组	否	—
01	03	99	0000	其他工商用制冷、空调器设备	否	—
01	04			其他含有受控气体产品	否	—
01	04	01		电热水器	是	391804
01	04	01	0100	储水式电热水器	是	39180401
01	04	01	0200	快热式电热水器	是	3918040101
01	04	01	9900	其他电热水器	—	3918040102
01	04	02	0000	电冷热饮水机	是	3917030400
02				含有超过 100 平方厘米以上显示屏的产品	—	—
02	01			视频设备	是	402201
02	01	01		电视机	是	
02	01	01	0100	显像管（CRT）电视机	是	—
02	01	01	0200	液晶（LCD）电视机	是	4022010102
02	01	01	0300	等离子（PDP）电视机	是	4022010103
02	01	01	0400	投影电视机	是	4022010104
02	01	01	9900	其他电视机	是	—
02	01	02	0100	移动电视机	是	4022019901

续表

代码				类别名称	CCC 产品	统计用产品分类目录标号
大类	中类	小类	产品			
02	02			应用广播电视机设备	—	400803
02	02	01		通用应用电视机监控系统设备	是	40080301
02	02	01	0100	黑白、彩色监控用摄像机	是	4008030101
02	02	01	0200	监视器	是	4008030102
02	02	01	0300	信号控制设备（控制主机）	是	4008030103
02	02	01	0400	视频信号传输设备	是	4008030104
02	02	01	9900	其他通用应用电视机监控系统设备	是	4008030199
02	02	02		特殊环境应用电视机设备	否	40080302
02	02	02	0100	高温电视机设备	否	4008030201
02	02	02	0200	防爆电视机设备	否	4008030202
02	02	02	0300	防辐射电视机设备	否	4008030203
02	02	02	0400	水下电视机设备	否	4008030204
02	02	02	0500	井下电视机设备	否	4008030205
02	02	02	9900	其他特殊环境应用电视机设备	否	4008030299
02	02	03		特殊成像及功能应用电视机设备	否	40080303
02	02	03	0100	X 光电视机设备	否	4008030301
02	02	03	0200	微光电视机设备	否	4008030302
02	02	03	0300	红外电视机设备	否	4008030303
02	02	03	0400	紫外电视机设备	否	4008030304
02	02	03	0500	显微电视机设备	否	4008030305
02	02	03	0600	内窥镜电视机设备	否	4008030306
02	02	03	0700	测量电视机设备	否	4008030307
02	02	03	0800	跟踪电视机设备	否	4008030308
02	02	03	9900	其他特殊成像及功能应用电视机设备	否	4008030399
02	02	99		其他应用广播电视机设备	否	40080399
02	02	99	0100	立体电视机设备	否	4008039901
02	02	99	0200	可视门铃对讲设备	否	4008039902
02	02	99	0300	大屏幕电子显示系统	否	4008039903
02	02	99	0400	语言实验室设备	否	4008039905
02	03			广播电视机设备	否	4008
02	03	01		广播电视机节目制作及播控设备	否	400801
02	03	01	0100	音频节目制作和播控设备	否	40080101
02	03	01	0200	视听节目制作及播控设备	否	40080102
02	03	01	9900	其他广播电视机节目制作及播控设备	否	—
02	04			电子计算机	是	400901

续表

大类	中类	小类	产品	类别名称	CCC 产品	统计用产品分类目录标号
02	04	01	0000	显示器	是	—
03				电光源	—	3923
03	01			白炽灯泡	否	392301
03	01	01	0000	科研医疗专用白炽灯泡	否	3923010100
03	01	02	0000	火车、航空器及船舶用白炽灯泡	否	3923010200
03	01	03	0000	机动车辆用白炽灯泡	否	3923010300
03	01	04	0000	普通照明用白炽灯泡	否	3923010400
03	01	05	0000	低压灯泡	否	3923019901
03	01	06	0000	电冰箱、微波炉灯泡	否	3923019902
03	01	07	0000	手电筒灯泡	否	3923019903
03	01	99	0000	其他未列明白炽灯泡	否	3923019999
03	02			荧光灯	否	392302
03	02	01	0000	双端（直管）荧光灯	否	3923020501
03	02	02	0000	环型荧光灯	否	3923020502
03	02	03	0000	分体式单端荧光灯	否	3923020503
03	02	04	0000	自镇流紧凑型荧光灯	否	3923020504
03	02	99	0000	其他荧光灯	否	3923029900
03	03			冷阴极荧光灯	否	392303
03	03	01	0000	背景光源用冷阴极荧光灯	否	3923030100
03	03	02	0000	照明用冷阴极荧光灯	否	3923030200
03	03	99	0000	其他冷阴极荧光灯	否	3923039900
03	04			卤钨灯	否	392304
03	04	01	0000	科研、医疗专用卤钨灯	否	3923040100
03	04	02	0000	火车、航空器及船舶用卤钨灯	否	3923040200
03	04	03	0000	机动车辆用卤钨灯	否	3923040300
03	04	99	0000	其他卤钨灯	否	3923049900
03	05			高强度气体放电灯（HID灯）	否	392305
03	05	01	0000	汞蒸气灯（水银灯）	否	39230501
03	05	02	0000	钠蒸气灯	否	39230502
03	05	03	0000	金属卤化物灯	否	39230503
03	05	99	0000	其他高强度气体放电灯	否	3923059900
04				电池	—	—
04	01			原电池及原电池组（非扣式）	否	391301
04	01	01		二氧化锰原电池（组）	否	39130101
04	01	01	0100	碱性锌锰原电池（组）	否	3913010101

续表

代码				类别名称	CCC产品	统计用产品分类目录标号
大类	中类	小类	产品			
04	01	01	0200	普通锌锰原电池（组）	否	3913010102
04	01	01	9900	其他二氧化锰原电池（组）	否	3913010199
04	01	02		氧化银原电池（组）	否	39130102
04	01	02	0100	锌银原电池（组）	否	3913010201
04	01	02	9900	其他氧化银原电池（组）	否	3913010299
04	01	03		锌空气原电池（组）	否	39130103
04	01	03	0100	锌空气原电池	否	3913010301
04	01	03	9900	其他锌空气原电池（组）	否	3913010399
04	01	04		锂原电池（组）	否	39130104
04	01	04	0100	锂锰原电池（组）	否	3913010401
04	01	04	9900	其他锂原电池（组）	否	3913010499
04	01	05	0000	镁铜原电池	否	3913010500
04	01	06	0000	镁银原电池	否	3913010600
04	01	07	0000	镁锰原电池	否	3913010700
04	01	99	0000	其他原电池及原电池组	否	3913019900
04	02			扣式原电池	否	391302
04	02	01	0000	扣式碱性锌锰原电池	否	3913020100
04	02	02	0000	扣式氧化银原电池	否	3913020200
04	02	03	0000	扣式锂原电池	否	3913020300
04	02	99	0000	其他扣式原电池	否	3913029900
04	03			蓄电池	否	391303
04	03	01		铅酸蓄电池	否	39130301
04	03	01	0100	用于启动活塞发动机铅酸蓄电池	否	3913030101
04	03	01	0200	摩托车用铅酸蓄电池	否	3913030102
04	03	01	0300	电动自行车用铅酸蓄电池	否	3913030103
04	03	01	0400	铁路客车用铅酸蓄电池	否	3913030104
04	03	01	0500	固定型铅酸蓄电池	否	3913030105
04	03	01	0600	牵引用铅酸蓄电池	否	3913030106
04	03	01	0700	航标用铅酸蓄电池	否	3913030107
04	03	01	9900	其他铅酸蓄电池	否	3913030199
04	03	02		碱性蓄电池	否	39130302
04	03	02	0100	镉镍蓄电池	否	3913030201
04	03	02	0200	铁镍蓄电池	否	3913030202
04	03	02	0300	氢镍蓄电池	否	3913030203
04	03	02	0400	锌银蓄电池	否	3913030204

代码				类别名称	CCC 产品	统计用产品分类目录标号
大类	中类	小类	产品			
04	03	02	0500	锌镍蓄电池	否	3913030205
04	03	02	9900	其他碱性蓄电池	否	3913030299
04	03	03		锂离子电池	否	39130303
04	03	03	0100	液态锂离子电池	否	3913030301
04	03	03	0200	聚合物锂离子电池	否	3913030302
04	03	03	9900	其他锂离子电池	否	3913030399
04	03	99	0000	其他蓄电池	否	3913039900
04	04			燃料电池	否	391304
04	04	01	0000	质子交换膜燃料电池	否	3913040100
04	04	02	0000	固体氧化物燃料电池	否	3913040200
04	04	03	0000	熔融碳酸盐燃料电池	否	3913040300
04	04	04	0000	磷酸盐燃料电池	否	3913040400
04	04	05	0000	直接醇类燃料电池	否	3913040500
04	04	06	0000	微型燃料电池	否	3913040600
04	04	99	0000	其他燃料电池	否	3913049900
04	05			物理电池	否	391305
04	05	01	0000	太阳能电池（光伏电池）	否	39130501
04	05	02	0000	硅太阳能电池	否	3913050101
04	05	03	0000	砷化镓太阳能电池	否	3913050102
04	05	04	0000	温差发电器	否	3913050200
04	05	99	0000	其他物理电池	否	3913059900
04	06			其他电池及类似品	否	391399
04	06	01	0000	超级电容器	否	3913990100
04	06	99	0000	其他未列明电池及类似品	否	3913999900
05				IT 通信产品	—	—
05	01			通信传输设备	否	4001
05	01	01		光通信设备	否	400101
05	01	01	0100	光端机	否	40010101
05	01	01	0200	光缆中继设备	否	4001010200
05	01	01	0300	光纤放大器	否	4001010300
05	01	01	0400	波分复用器	否	4001010400
05	01	01	0500	光交叉连接设备	否	4001010500
05	01	01	0600	光分插复用设备（DM）	否	4001010600
05	01	01	0700	多业务传送设备（MSTP）	否	4001010700
05	01	01	0800	电光转换器	否	4001010800

续表

代码				类别名称	CCC 产品	统计用产品分类目录标号
大类	中类	小类	产品			
05	01	01	0900	无源光分路器	否	4001010900
05	01	01	1000	自动交换光网络设备（ASON）	否	4001011000
05	01	01	1100	光传送网络设备（OTN）	否	4001011100
05	01	01	1200	分组传送网络设备（PTN）	否	4001011200
05	01	01	9900	其他光通信设备	否	4001019900
05	01	02		卫星通信设备	否	400102
05	01	02	0100	卫星地面接收机	否	4001020100
05	01	02	0200	卫星导航定位接收机	否	4001020300
05	01	02	0300	卫星通信地面站终端机	否	4001020500
05	01	02	9900	其他卫星通信设备	否	4001029900
05	01	03		微波通信设备	否	400103
05	01	03	0100	微波收发通信机	否	40010301
05	01	03	0200	微波终端机	否	40010302
05	01	03	9900	其他微波通信设备	否	4001039900
05	01	04		散射通信设备	否	400104
05	01	04	0100	散射通信终端机	否	4001040100
05	01	04	0200	散射信道机	否	4001040200
05	01	04	9900	其他散射通信设备	否	4001049900
05	01	05		载波通信设备	否	400105
05	01	05	0100	载波终端机	否	4001050100
05	01	05	0200	载波增音机	否	4001050200
05	01	05	0300	电力线载波机	否	4001050300
05	01	05	9900	其他载波通信设备	否	4001059900
05	01	06	0000	通信导航定向设备	否	400106
05	01	99	0000	其他通信传输设备	否	—
05	02			通信交换设备	否	4002
05	02	01		程控交换机	否	400201
05	02	01	0100	数字程控交换机	否	40020101
05	02	01	0200	固网软交换相关设备	否	40020102
05	02	01	0300	七号信令转接设备	否	40020103
05	02	02	0000	ATM 交换机	否	4002020000
05	02	03	0000	光交换机	否	4002030000
05	02	99	0000	其他通信交换设备	否	4002990000
05	03			通信终端	否	4003
05	03	01		收发合一中小型电台	否	400301

代码				类别名称	CCC产品	统计用产品分类目录标号
大类	中类	小类	产品			
05	03	01	0100	短波电台	否	4003010100
05	03	01	0200	超短波电台	否	4003010200
05	03	01	0300	短波跳频电台	否	4003010300
05	03	01	0400	超短波跳频电台	否	4003010400
05	03	01	9900	其他收发合一中小型电台	否	4003019900
05	03	02		电话单机	是	400302
05	03	02	0100	PSTN普通电话机	是	4003020100
05	03	02	0200	网络电话机（IP电话机）	是	4003020200
05	03	02	9900	特种电话机	是	4003020300
05	03	03	0000	传真机	是	4003030100
05	03	04	0000	数传机	是	4003030200
05	03	99	0000	其他通信终端	—	—
05	04			移动通信设备	否	4004
05	04	01		数字蜂窝移动电话系统设备	否	400401
05	04	01	0100	移动通信基站设备	否	40040101
05	04	01	0200	直放站	否	4004010300
05	04	01	0300	干线放大器	否	4004010400
05	04	01	0400	移动交换机（MSC）	否	4004010500
05	04	01	0500	移动软交换设备	否	40040106
05	04	01	0600	移动通信核心网分组域设备	否	40040107
05	04	01	9900	其他数字蜂窝移动电话系统设备	否	4004019900
05	04	02	0000	集群通信系统设备	否	400402
05	04	03	0000	无中心选址通信系统设备	否	4004030000
05	04	99	0000	其他移动通信设备	否	—
05	05			移动通信终端设备	是	4005
05	05	01		移动通信手持机（手机）	是	400501
05	05	01	0100	GSM手持机	是	4005010100
05	05	01	0200	CDMA手持机	是	4005010200
05	05	01	0300	SCDMA终端	是	4005010300
05	05	01	9900	其他移动通信手持机（手机）	是	—
05	05	02	0000	集群通信终端	是	4005990100
05	05	03	0000	对讲机	是	4005990200
05	05	04	0000	小灵通	是	4005990300
05	05	99	0000	其他移动通信终端设备	是	4005999900
05	06			通信接入设备	—	4006

续表

代码				类别名称	CCC 产品	统计用产品分类目录标号
大类	中类	小类	产品			
05	06	01		光纤接入设备	否	400601
05	06	01	0100	无源光网络（PON）	否	40060101
05	06	01	0200	有源光网络（AON）	否	40060102
05	06	02		铜缆接入设备	否	400602
05	06	02	0100	非对称数字用户线（ADSL）	否	40060201
05	06	02	0200	高速率数字用户线路调制解调器（HDSLMODEM）	是	4006020200
05	06	02	0300	甚高速率数字用户线（VDSL）	否	40060203
05	06	03		电力线宽带接入设备（BPL）	否	400603
05	06	03	0100	电力网桥	否	4006030100
05	06	03	0200	电力线调制解调器（电力猫）	否	4006030200
05	06	04		固定无线接入设备	否	400604
05	06	04	0100	WiMAX 设备	否	40060401
05	06	04	0200	McWill 设备	否	40060402
05	06	04	9900	其他固定无线接入设备	否	40060499
05	06	99	0000	其他通信接入设备	否	—
05	07			无线电导航设备	否	400702
05	07	01	0000	机动车辆用无线电导航设备	否	4007020100
05	07	02	0000	无线电罗盘	否	4007020200
05	07	03	0000	无线电信标	否	4007020300
05	07	04	0000	无线电浮标	否	4007020400
05	07	05	0000	接收机	否	4007020500
05	07	99	0000	其他无线电导航设备	否	4007029900
05	08			广播电视机设备	否	4008
05	08	01		广播电视机发射及传输设备	否	400802
05	08	01	0100	广播电视机发射设备	否	40080210
05	08	01	0200	广播发射设备	否	40080211
05	08	01	0300	电视机发射设备	否	40080212
05	08	01	0400	卫星电视机设备	否	40080220
05	08	01	0500	广播电视机微波传输设备	否	40080221
05	08	01	0600	有线电视机网络设备	否	40080222
05	09			电子计算机	是	400901
05	09	01	0000	高性能计算机	是	4009010101
05	09	02	0000	工作站	是	4009010102
05	09	03		服务器	是	40090103

代码				类别名称	CCC 产品	统计用产品分类目录标号
大类	中类	小类	产品			
05	09	03	0100	RISC 服务器	是	4009010301
05	09	03	0200	IA 服务器	是	4009010302
05	09	03	0300	x86 服务器	是	4009010303
05	09	03	9900	其他服务器	是	4009010399
05	09	04		微型计算机	是	40090102
05	09	04	0100	台式微型计算机	是	4009010201
05	09	04	0200	主机、显示器一体形式的台式微型计算机	是	—
05	09	04	0300	笔记本计算机	是	4009010202
05	09	04	0400	掌上型计算机（HPC）	是	4009010203
05	09	04	0500	学习机	是	4009010204
05	09	04	0600	手持式信息终端机	是	4009010205
05	09	04	9900	其他微型计算机设备	是	4009010299
05	09	99	0000	其他电子计算机	是	—
05	10			计算机网络设备	否	4010
05	10	01		网络控制设备	否	401001
05	10	01	0100	通信控制处理机	否	4010010100
05	10	01	0200	集中器	否	4010010200
05	10	01	0300	网络终端控制器	否	4010010300
05	10	01	9900	其他网络控制设备	否	4010019900
05	10	02		网络接口和适配器	否	401002
05	10	02	0100	网络收发器	否	4010020100
05	10	02	0200	网络转发器	否	4010020200
05	10	02	0300	网络分配器	否	4010020300
05	10	02	0400	通信网络时钟同步设备	否	4010020400
05	10	02	9900	其他网络接口和适配器	否	4010029900
05	10	03		网络连接设备	否	401003
05	10	03	0100	集线器	否	4010030100
05	10	03	0200	路由器	否	40100302
05	10	03	0300	数字数据网络节点设备	否	4010030300
05	10	03	0400	数字交叉连接设备	否	4010030400
05	10	03	0500	交换机	否	40100305
05	10	03	0600	无线局域网接入点（AP）	否	4010030600
05	10	03	9900	其他网络连接设备	否	4010039900
05	10	04	0000	网络优化设备	否	401004

续表

代码				类别名称	CCC产品	统计用产品分类目录标号
大类	中类	小类	产品			
05	10	05	0000	网络检测设备	否	401005
05	10	99	0000	其他计算机网络设备	否	4010990000
05	11			电子计算机外部设备	—	4011
05	11	01	0000	绘图仪	是	4011020100
05	11	02	0000	扫描仪	是	4011020300
05	11	03	0000	摄像头	是	4011020600
05	11	04		打印机	是	40110301
05	11	04	0100	针式打印机	是	4011030101
05	11	04	0200	激光打印机	是	4011030102
05	11	04	0300	喷墨打印机	是	4011030103
05	11	04	0400	热敏打印机	是	4011030106
05	11	04	9900	其他打印机	是	4011030199
05	11	05	0000	打印机耗材	是	—
05	11	06		复印机	是	—
05	11	06	0100	静电复印机	是	412501
05	11	06	0200	喷墨复印机	是	—
05	11	06	9900	其他复印机	是	—
05	11	07	0000	复印机耗材	是	—
05	11	08	0000	手写板	否	4011021100
05	11	09	0000	IC卡读写机具	否	4011020400
05	11	10	0000	磁卡读写器	否	4011020500
05	11	11	0000	字符阅读机	否	4011020900
05	11	12	0000	射频卡读写机具	否	4011021000
05	11	13	0000	人机交互式设备	否	4011020200
05	11	14	0000	图形板	否	4011020700
05	11	15	0000	触感屏	否	4011020800
05	11	16	0000	生物特征识别设备	否	4011021200
05	11	17	0000	语音输出设备	否	4011030200
05	11	18	0000	图形图像输出设备	否	4011030300
05	11	99	0000	其他电子计算机外部设备	否	—
06				其他	—	—
06	01			家用和类似用途电器	—	—
06	01	01		空气湿度调节装置	—	391502
06	01	01	0100	除湿机	是	3915020100
06	01	01	0200	加湿机	否	3915020200

续表

代码				类别名称	CCC 产品	统计用产品分类目录标号
大类	中类	小类	产品			
06	01	01	9900	其他空气湿度调节装置	—	3915029900
06	01	02		房间空气清洁装置	否	391503
06	01	02	0100	空气清洁器	否	3915030100
06	01	02	9900	其他房间空气清洁装置	—	3915039900
06	01	03		电风扇	是	391601
06	01	03	0100	台扇	是	3916010100
06	01	03	0200	落地扇	是	3916010200
06	01	03	0300	吊扇	是	3916010300
06	01	03	0400	箱式扇	是	3916010400
06	01	03	0500	壁扇	是	3916010500
06	01	03	0600	塔式扇	是	3916010600
06	01	03	9900	其他电风扇	—	3916019900
06	01	04		吸排油烟机	是	391602
06	01	04	0100	深型吸排油烟机	是	3916020100
06	01	04	0200	欧式塔形吸排油烟机	是	3916020200
06	01	04	0300	侧吸式吸排油烟机	是	3916020300
06	01	04	9900	其他吸排油烟机	—	3916029900
06	01	05	0000	换气、排气扇	是	3916030000
06	01	06	0000	电热干手器	是	3916040000
06	01	07	0000	电饭锅	是	3917010100
06	01	08	0000	电炒锅	否	3917010200
06	01	09	0000	电火锅	是	3917010300
06	01	10	0000	电饼铛	是	3917010400
06	01	11	0000	电煎锅	否	3917010500
06	01	12	0000	电煎炸锅	否	3917010600
06	01	13	0000	电压力锅	是	3917010700
06	01	14	0000	面包片烘烤炉	是	3917020100
06	01	15	0000	三明治炉	是	3917020200
06	01	16	0000	电烤箱	是	3917020300
06	01	17	0000	电热板	是	3917020400
06	01	18	0000	电烧烤炉	是	3917020500
06	01	19	0000	自动制面包机	是	3917020600
06	01	20	0000	电咖啡壶	是	3917030100
06	01	21	0000	电水壶	是	3917030200
06	01	22	0000	电热水瓶	是	3917030500

续表

代码				类别名称	CCC产品	统计用产品分类目录标号
大类	中类	小类	产品			
06	01	23	0000	制酸奶机	是	3917030600
06	01	24	0000	微波炉	是	3917040100
06	01	25	0000	电磁灶	是	3917040200
06	01	26	0000	电灶	是	3917040300
06	01	27	0000	气电两用灶	是	3917040400
06	01	28	0000	榨汁机	是	3917050100
06	01	29	0000	豆浆机	是	3917050200
06	01	30	0000	食品研磨机	是	3917050300
06	01	31	0000	电动绞肉机	是	3917050400
06	01	32	0000	咖啡研磨机	是	3917050500
06	01	33	0000	瓜果电动削皮机	是	3917050600
06	01	34	0000	揉面轧面机	是	3917050700
06	01	35	0000	洗碗机	否	3917060100
06	01	36	0000	厨房废物处理器	否	3917060200
06	01	37	0000	餐具消毒柜	否	3917060300
06	01	38	0000	餐具干燥器	否	3917060400
06	10	39	0000	滤水器	否	3917070100
06	11	40		洗衣机	是	—
06	11	40	0100	波轮式洗衣机	是	3918010101
06	11	40	0200	滚筒式洗衣机	是	3918010102
06	11	40	0300	搅拌式洗衣机	是	—
06	11	40	0400	干衣机	是	3918020000
06	11	40	0500	脱水机	是	3918030000
06	11	40	9900	其他洗衣机	—	3918019900
06	11	41		电清洁器具	—	391805
06	11	41	0100	真空吸尘器	是	3918050101
06	11	41	0200	地板打蜡机	否	3918050200
06	11	41	0300	地板擦洗机	否	3918050300
06	11	41	0400	电动扫地机	否	3918050400
06	11	41	0500	蒸汽清洁机	否	3918050500
06	11	41	9900	其他电清洁器具	—	3918059900
06	12	42		理发、吹风电器具	—	—
06	12	42	0100	电动剃须刀	否	3919010100
06	12	42	0200	电动理发推剪	否	3919010200
06	12	42	0300	电吹风机	是	3919010300

代码				类别名称	CCC产品	统计用产品分类目录标号
大类	中类	小类	产品			
06	12	42	0400	电热卷发器	是	3919010400
06	12	42	9900	其他理发、吹风电器具	—	3919019900
06	12	43	0000	电动脱毛器	否	3919020000
06	12	44	0000	电美容仪	是	3919030000
06	12	45	0000	电动牙刷	否	3919040000
06	12	46	0000	电动按摩器	否	391905
06	13	47		电热取暖器具	—	392001
06	13	47	0100	电暖气	是	3920010100
06	13	47	0200	电暖炉	是	3920010200
06	13	47	0300	暖风机	是	—
06	13	47	0400	红外线灯泡取暖器	是	—
06	13	47	0500	电热毯	否	3920010300
06	13	47	9900	其他电热取暖器具	—	3920019900
06	13	48		电熨烫器具	—	392002
06	13	48	0100	电熨斗	是	3920020100
06	13	48	9900	其他电热电力器具	—	3920990000
06	14	49		燃气用具	—	392201
06	14	49	0100	燃气灶具	—	3922010101
06	14	49	0200	燃气热水器	否	3922010200
06	14	49	9900	其他燃气用具	—	3922019900
06	14	50		太阳能用具	—	392203
06	14	50	0100	太阳能热水器	否	39220302
06	14	50	9900	其他太阳能用具	—	3922039900
06	02			灯具及照明装置	—	3924
06	02	01		室内照明灯具	是	392401
06	02	01	0100	台灯	是	3924010400
06	02	01	0200	落地灯	是	3924010500
06	02	01	0300	吊灯	是	3924010100
06	02	01	0400	吸顶灯	是	3924010200
06	02	01	0500	壁灯	是	3924010300
06	02	01	0600	筒灯	是	3924010601
06	02	01	0700	格栅灯	是	3924010602
06	02	01	0800	射灯	是	3924010900
06	02	01	0900	轨道灯	是	3924010700
06	02	01	1000	支架灯具	是	3924010800

代码				类别名称	CCC产品	统计用产品分类目录标号
大类	中类	小类	产品			
06	02	01	9900	其他室内照明灯具	是	3924019900
06	02	02		户外照明用灯具及装置	否	392402
06	02	02	0100	街灯及照明装置	否	3924020100
06	02	02	0200	庭院灯	否	3924020200
06	02	02	0300	投光灯	否	3924020300
06	02	02	0400	道路灯	否	3924020400
06	02	02	0500	草坪灯	否	3924020500
06	02	02	0600	地埋灯	是	3924020600
06	02	02	9900	其他户外照明用灯具及装置	否	3924029900
06	02	03		装饰用灯	否	392403
06	02	03	0100	圣诞树用成套灯具	否	3924030100
06	02	03	9900	其他装饰用灯	否	3924039900
06	02	04		特殊用途灯具及照明装置	否	392404
06	02	04	0100	农业用灯具	否	39240401
06	02	04	0200	医疗用灯具	否	39240402
06	02	04	0300	火车、飞机、船舶用照明装置	否	39240403
06	02	04	0400	应急灯	否	3924040400
06	02	04	0500	防爆灯	否	3924040500
06	02	04	0600	水下灯	否	3924040600
06	02	04	0700	影视舞台灯	否	3924040700
06	02	04	0800	探照灯	否	—
06	02	04	0900	聚光灯	否	—
06	02	04	9900	其他特殊用途灯具及照明装置	否	3924049900
06	02	05	0000	发光标志、发光铭牌及类似品	否	392405
06	02	06		非电气灯具及照明装置	否	392406
06	02	06	0100	便携式灯具	否	3924060100
06	02	06	9900	其他非电气灯具及照明装置	否	3924069900
06	02	07		自供能源灯具	否	392407
06	02	07	0100	手电筒	否	3924070100
06	02	07	0200	莫尔斯信号灯	否	3924070200
06	02	07	0300	矿工安全灯	否	3924070300
06	02	07	0400	头戴通用检查灯（头灯）	否	3924070400
06	02	07	9900	其他自供能源灯具	否	3924079900
06	02	99	0000	其他灯具及照明装置	否	—
06	03			电气音响或视觉信号装置	否	392505

代码				类别名称	CCC 产品	统计用产品分类目录标号
大类	中类	小类	产品			
06	03	01		显示板及类似装置	否	39250501
06	03	01	0100	办公室显示器	否	3925050101
06	03	01	0200	电梯显示器	否	3925050102
06	03	01	0300	船舶、机舱传令装置	否	3925050103
06	03	01	0400	车站、机场显示板	否	3925050104
06	03	01	0500	足球场、体育场等用显示器	否	3925050105
06	03	01	9900	其他显示板及类似装置	否	3925050199
06	03	02		电气音响、信号及类似装置	否	39250502
06	03	02	0100	电蜂音器	否	3925050201
06	03	02	0200	电铃、电门钟	否	3925050202
06	03	02	0300	电气音响信号装置	否	3925050203
06	03	02	0400	闪烁信号灯或间歇信号灯	否	3925050204
06	03	02	9900	其他电气音响、信号及类似装置	否	3925050299
06	03	99	0000	其他电气音响或视觉信号装置	否	—
06	04			电子产品	—	—
06	04	01		家用摄录像机	是	40220201
06	04	01	0100	录放像机	是	4022020101
06	04	01	0200	家用摄录一体机	是	4022020102
06	04	01	0300	数码摄像机	是	4022020103
06	04	01	9900	其他家用摄录像机	是	4022020199
06	04	02		数字激光音、视盘机	是	40220202
06	04	02	0100	VCD 视盘播放机	是	4022020201
06	04	02	0200	DVD 视盘播放机	是	4022020202
06	04	02	0300	硬盘录放机	是	4022020203
06	04	02	0400	EVD 机	是	4022020204
06	04	02	0500	HVD 机	是	4022020205
06	04	02	9900	其他数字激光音、视盘机	是	4022020299
06	04	03		收音机及组合音响	是	40220301
06	04	03	0100	收录放音组合机	是	4022030101
06	04	03	0200	组合音响	是	4022030102
06	04	03	0300	带时钟收音机	是	4022030103
06	04	03	9900	其他收音机及组合音响	是	4022030199
06	04	04		半导体收音机	是	40220302
06	04	04	0100	袖珍盒式磁带收放机	是	4022030201
06	04	04	9900	其他半导体收音机	是	4022030299

续表

代码				类别名称	CCC 产品	统计用产品分类目录标号
大类	中类	小类	产品			
06	04	05		便携式收录（放）音组合机	是	40220303
06	04	05	0100	半导体存储器播放器	是	4022030301
06	04	05	0200	CD 机	是	4022030302
06	04	05	9900	其他便携式收录（放）音组合机	是	4022030399
06	04	06		家用电唱机、放音机	是	40220304
06	04	06	0100	电唱机	是	4022030401
06	04	06	0200	激光唱机	是	4022030402
06	04	06	0300	投币式唱机	是	4022030403
06	04	06	9900	其他家用唱机、放声机	是	4022030499
06	04	07		家用录放音机	是	40220305
06	04	07	0100	袖珍盒式磁带放声机（单放机）	是	4022030501
06	04	07	0200	复读机	是	4022030502
06	04	07	0300	电话录音机	是	4022030504
06	04	07	0400	数字录音机（笔）	是	4022030505
06	04	07	0500	功率放大器	是	4022030506
06	04	07	9900	其他家用录放音机	是	4022030599
06	04	08	0000	数字化多媒体组合机	是	4022030600
06	04	09		电视机接收机顶盒	否	40220506
06	04	09	0100	有线电视机顶盒	否	4022050601
06	04	09	0200	地面广播机顶盒	否	4022050602
06	04	09	0300	卫星广播机顶盒	否	4022050603
06	04	09	0400	IP 机顶盒	否	4022050604
06	04	10	0000	自身装荧光屏电子游戏机	是	2410010100
06	04	11	0000	投币式电子游戏机	否	2410010200
06	04	12	0000	电视机游戏机主机	否	—
06	05			仪器仪表	否	—
06	05	01		电能表	否	410301
06	05	01	0100	单相感应式电能表	否	41030101
06	05	01	0200	三相感应式电能表	否	41030102
06	05	01	0300	单相电子式电能表	否	41030103
06	05	01	0400	三相电子式电能表	否	41030104
06	05	01	0500	多用户电能表	否	4103010500
06	05	01	9900	其他电能表	否	4103019900
06	05	02		电磁参数测量仪器仪表	否	410304
06	05	02	0100	安装式仪表	否	41030401

续表

代码				类别名称	CCC产品	统计用产品分类目录标号
大类	中类	小类	产品			
06	05	02	0200	便携式模拟仪表	否	41030402
06	05	02	0300	数字仪表,5(1/2)位及以下	否	41030403
06	05	02	0400	数字仪表,5(1/2)位以上	否	41030404
06	05	02	0500	精密仪器	否	4103040500
06	05	02	0600	测磁仪器	否	4103040600
06	05	02	9900	其他电磁参数测量仪器仪表	否	4103049900
06	05	03		电磁参量分析与记录装置	否	410305
06	05	03	0100	示波器	否	41030501
06	05	03	0200	频谱分析仪(电工用)	否	41030502
06	05	03	0300	逻辑分析仪(电工用)	否	4103050300
06	05	03	0400	记录仪器	否	4103050400
06	05	03	9900	其他电磁参量分析与记录装置	否	4103050500
06	05	04		配电系统电气安全检测与分析装置	否	410306
06	05	04	0100	电能质量分析仪	否	4103060100
06	05	04	0200	电力参数综合测量装置	否	4103060200
06	05	04	0300	配电系统电气安全检测装置	否	4103060300
06	05	04	9900	其他配电系统电气安全检测与分析装置	否	4103069900
06	05	05		电源装置	否	410307
06	05	05	0100	测量电源	否	41030701
06	05	05	0200	普通电源装置	否	4103070200
06	05	06		标准与校验设备	否	410308
06	05	06	0100	标准仪表	否	4103080100
06	05	06	0200	交直流仪器	否	4103080200
06	05	06	0300	校验装置	否	41030803
06	05	06	9900	其他标准与校验设备	否	—
06	05	07	0000	扩大量限装置	否	4103090000
06	05	08	0000	电力自动化仪表及系统	否	410310
06	05	09	0000	自动测试系统与虚拟仪器	否	4103110000
06	05	10	0000	非电量电测仪表及装置	否	4103120000
06	05	11		电化学式分析仪器	否	410501
06	05	11	0100	极谱分析仪	否	4105010100
06	05	11	0200	电位式分析仪器	否	4105010200
06	05	11	0300	电解式分析仪器	否	4105010300
06	05	11	0400	电导式分析仪器	否	4105010400

续表

代码				类别名称	CCC产品	统计用产品分类目录标号
大类	中类	小类	产品			
06	05	11	0500	电量式分析仪器	否	4105010500
06	05	11	0600	滴定仪	否	4105010600
06	05	11	0700	溶解氧测定仪	否	4105010800
06	05	11	9900	其他电化学式分析仪器	否	4105019900
06	05	12		光学分析仪器	否	410502
06	05	12	0100	分光仪	否	4105020100
06	05	12	0200	分光光度计	否	41050202
06	05	12	0300	摄谱仪	否	4105020300
06	05	12	0400	光电直读光谱仪	否	4105020400
06	05	12	0500	光度计	否	4105020500
06	05	12	0600	照度计	否	4105020600
06	05	12	0700	折光仪	否	4105020700
06	05	12	0800	光电比色分析仪器	否	4105020800
06	05	12	0900	光度式分析仪器	否	4105020900
06	05	12	1000	红外线分析仪器	否	4105021000
06	05	12	1100	激光气体分析仪器	否	4105021100
06	05	12	9900	其他光学分析仪器	否	4105029900
06	05	13		热学分析仪器	否	410503
06	05	13	0100	热重分析仪	否	4105030100
06	05	13	0200	差热分析仪	否	4105030200
06	05	13	0300	差热天平	否	4105030300
06	05	13	0400	热量计	否	4105030400
06	05	13	0500	量热仪	否	4105030500
06	05	13	0600	热物快速测定仪	否	4105030600
06	05	13	0700	差示扫描量热仪	否	4105030700
06	05	13	0800	平板导热仪	否	4105030800
06	05	13	0900	热膨胀仪	否	4105030900
06	05	13	1000	热机械分析仪	否	4105031000
06	05	13	1100	冰点测定器	否	4105031100
06	05	13	1200	沸点测定器	否	4105031200
06	05	13	1300	检镜切片机	否	4105031300
06	05	13	9900	其他热学分析仪器	否	4105039900
06	05	14		质谱仪器	否	410504
06	05	14	0100	有机质谱仪	否	4105040100
06	05	14	0200	同位素质谱仪	否	4105040200

续表

代码				类别名称	CCC产品	统计用产品分类目录标号
大类	中类	小类	产品			
06	05	14	0300	无机质谱仪	否	4105040300
06	05	14	0400	气体分析质谱计	否	4105040400
06	05	14	0500	表面分析质谱计	否	4105040500
06	05	14	0600	质谱联用仪	否	4105040600
06	05	14	0700	集成电路生产用氦质谱检漏台	否	4105040700
06	05	14	9900	其他质谱仪器	否	4105049900
06	05	15		波谱仪器	否	410505
06	05	15	0100	核磁共振波谱仪	否	4105050100
06	05	15	0200	顺磁共振波谱仪	否	4105050200
06	05	15	0300	核电四极矩共振波谱仪	否	4105050300
06	05	15	9900	其他波谱仪器	否	4105059900
06	05	16		色谱仪器	否	410506
06	05	16	0100	气相色谱仪	否	4105060100
06	05	16	0200	液相色谱仪	否	4105060200
06	05	16	0300	色谱联用仪	否	4105060300
06	05	16	0400	色谱柱	否	4105060400
06	05	16	0500	自动进样器	否	4105060500
06	05	16	9900	其他色谱仪器	否	4105069900
06	05	17		电泳仪	否	410507
06	05	17	0100	自由电泳仪	否	41050701
06	05	17	0200	支持物电泳仪	否	41050702
06	05	18		能谱仪及射线分析仪器	否	410508
06	05	18	0100	电子能谱仪	否	4105080100
06	05	18	0200	离子散射谱仪	否	4105080200
06	05	18	0300	二次离子谱仪	否	4105080300
06	05	18	0400	X射线衍射仪	否	4105080400
06	05	18	0500	发射式X射线谱仪	否	4105080500
06	05	18	0600	吸收式X射线谱仪	否	4105080600
06	05	18	9900	其他能谱仪及射线分析仪器	否	4105089900
06	05	19		物性分析仪器	否	410509
06	05	19	0100	粘度计	否	4105090100
06	05	19	0200	膨胀计	否	4105090300
06	05	19	0300	孔率计	否	4105090400
06	05	19	0400	渗透仪	否	4105090500
06	05	19	0500	浊度计	否	4105090600

代码				类别名称	CCC产品	统计用产品分类目录标号
大类	中类	小类	产品			
06	05	19	0600	密度计	否	4105090700
06	05	19	0700	表面张力仪	否	4105090800
06	05	19	0800	rH(氧化还原值)计	否	4105090900
06	05	19	0900	比重计	否	4105091000
06	05	19	1000	湿度计	否	4105091100
06	05	19	9900	其他物性分析仪器	否	4105099900
06	05	20	0000	气体分析测定装置	否	410510
06	05	21		金属材料试验机	否	41060101
06	05	21	0100	拉力试验机	否	4106010101
06	05	21	0200	金属硬度试验机	否	4106010102
06	05	21	0300	弯曲试验机	否	4106010103
06	05	21	0400	旋转弯折试验机	否	4106010104
06	05	21	0500	反转扭力试验机	否	4106010105
06	05	21	0600	冲击试验机	否	4106010107
06	05	21	0700	松弛试验机	否	4106010108
06	05	21	0800	蠕变试验机	否	4106010109
06	05	21	0900	持久强度试验机	否	4106010110
06	05	21	1000	疲劳试验机	否	4106010111
06	05	21	1100	剪切试验机	否	4106010115
06	05	21	1200	硬度计	否	4106010118
06	05	21	9900	其他金属材料试验机	否	4106010199
06	05	22	0000	非金属材料试验机	否	41060102
06	05	23	0000	电子万能试验机	否	4106010117
06	05	24	0000	硬度计	否	4106010118
06	05	25	0000	平衡试验机	否	41060103
06	05	26		探伤仪器	否	41060104
06	05	26	0100	超声波探伤机	否	4106010401
06	05	26	0200	X射线探伤机	否	4106010402
06	05	26	0300	工业X射线CT	否	4106010403
06	05	26	0400	γ射线探伤仪器	否	4106010404
06	05	26	0500	磁粉探伤机	否	4106010405
06	05	26	0600	表面光洁度检验仪器	否	4106010407
06	05	26	9900	其他探伤仪器	否	4106010499
06	05	27	0000	其他试验机	否	4106019900
06	05	28	0000	真空计	否	4106020000

续表

代码				类别名称	CCC 产品	统计用产品分类目录标号
大类	中类	小类	产品			
06	05	29	0000	动力测试仪器	否	410603
06	05	30		电子天平	否	41060402
06	05	30	0100	普通电子天平	否	4106040201
06	05	30	0200	精密电子天平	否	4106040202
06	05	31		力学环境试验设备	否	41060501
06	05	31	0100	振动试验台	否	4106050101
06	05	31	0200	冲击试验台	否	4106050102
06	05	31	0300	碰撞试验台	否	4106050103
06	05	31	0400	跌落试验台	否	4106050106
06	05	31	9900	其他力学环境试验设备	否	4106050199
06	05	32		气候环境试验设备	否	41060502
06	05	32	0100	温度试验设备	否	4106050201
06	05	32	0200	生物培养设备	否	4106050202
06	05	32	0300	恒温箱	否	4106050203
06	05	32	0400	温度湿度试验设备	否	4106050205
06	05	32	0500	腐蚀试验设备	否	4106050206
06	05	32	0600	低气压试验设备	否	4106050207
06	05	32	0700	高气压试验设备	否	4106050208
06	05	32	0800	老化或综合气候试验设备	否	4106050210
06	05	32	0900	防护试验设备	否	4106050211
06	05	32	9900	其他气候环境试验设备	否	4106050299
06	05	33	0000	可靠性试验设备	否	41060503
06	05	34	0000	其他环境试验设备	否	4106059900
06	05	35		产品、材料检验专用仪器	否	410606
06	05	35	0100	手表及零件检验专用仪器	否	41060601
06	05	35	0200	材料厚度测量或检查仪器	否	41060602
06	05	35	9900	其他产品、材料检验专用仪器	否	4106069900
06	05	36	0000	检测器具及设备	否	410607
06	05	37		水污染监测仪器	否	410701
06	05	37	0100	采水器	否	4107010100
06	05	37	0200	污水流量和液位计	否	4107010200
06	05	37	0300	沉淀物采样器	否	4107010300
06	05	37	0400	水质测试仪器	否	4107010400
06	05	37	0500	水质污染监测系统	否	4107010500
06	05	37	0600	水质污染遥测系统	否	4107010600

续表

代码				类别名称	CCC产品	统计用产品分类目录标号
大类	中类	小类	产品			
06	05	37	9900	其他水污染监测仪器	否	4107019900
06	05	38		气体或烟雾分析、检测仪器	否	410702
06	05	38	0100	气体或烟雾分析仪	否	4107020100
06	05	38	0200	电子烟度检测器	否	4107020200
06	05	38	0300	沼气检定器	否	4107020300
06	05	38	0400	二氧化碳浓度检定器	否	4107020400
06	05	38	0500	尘埃仪	否	4107020500
06	05	38	0600	污染源采样器	否	4107020600
06	05	38	0700	空气环境质量测定仪	否	4107020700
06	05	38	0800	污染源污染物测定仪	否	4107020800
06	05	38	9900	其他气体或烟雾分析、检测仪器	否	4107029900
06	05	39		噪声监测仪器,相关环境监测仪器	否	410703
06	05	39	0100	噪声监测仪器	否	4107030100
06	05	39	0200	振动监测仪器	否	4107030200
06	05	39	0300	放射性监测仪器	否	4107030300
06	05	39	0400	电磁波监测仪器	否	4107030400
06	05	39	9900	其他相关环境监测仪器	否	4107039900
06	05	40		计数装置	否	410802
06	05	40	0100	转数计	否	4108020100
06	05	40	0200	产量计数器	否	4108020200
06	05	40	0300	步数计(计步器)	否	4108020300
06	05	40	0400	入场计数器	否	4108020400
06	05	40	0500	电子脉冲计数器	否	4108020500
06	05	40	0600	机器工作时间计数器	否	4108020600
06	05	40	0700	台球计分器	否	4108020700
06	05	40	9900	其他计数装置	否	4108029900
06	05	41	0000	速度计及转速表	否	410803
06	05	42	0000	汽车速测仪	否	410804
06	05	43	0000	频闪观测仪	否	4108050000
06	05	44		定向罗盘	否	41090101
06	05	44	0100	罗盘仪	否	4109010101
06	05	44	0200	磁罗盘	否	4109010102
06	05	44	0300	陀螺罗盘	否	4109010103
06	05	44	0400	陀螺磁罗盘	否	4109010104
06	05	44	0500	航海罗经	否	4109010105

续表

代码				类别名称	CCC 产品	统计用产品分类目录标号
大类	中类	小类	产品			
06	05	44	9900	其他定向罗盘	否	4109010199
06	05	45	0000	卫星定位系统（GPS）	否	4109010200
06	05	46	0000	激光导向仪	否	4109010300
06	05	47		航空或航天导航仪器及装置	否	410902
06	05	47	0100	高度表	否	4109020100
06	05	47	0200	空速指示器	否	4109020200
06	05	47	0300	升降速度表	否	4109020300
06	05	47	0400	仿真地平仪及陀螺地平仪	否	4109020400
06	05	47	0500	转弯倾斜仪	否	4109020500
06	05	47	0600	马赫计	否	4109020600
06	05	47	0700	加速度计	否	4109020700
06	05	47	0800	自动驾驶仪	否	4109020800
06	05	47	9900	其他航空或航天导航仪器及装置	否	4109029900
06	05	48		船舶定位仪器	否	41090301
06	05	48	0100	罗经	否	4109030101
06	05	48	0200	六分仪	否	4109030102
06	05	48	0300	八分仪	否	4109030103
06	05	48	0400	方位角仪	否	4109030104
06	05	48	0500	计程仪	否	4109030105
06	05	48	0600	测深仪	否	4109030106
06	05	48	0700	自动舵	否	4109030107
06	05	48	9900	其他船舶定位仪器	否	4109030199
06	05	49		船用天文导航设备	否	41090302
06	05	49	0100	航线记录装置	否	4109030201
06	05	49	0200	倾斜仪	否	4109030202
06	05	49	0300	回声测深仪器	否	4109030203
06	05	49	9900	其他船用天文导航设备	否	4109030299
06	05	50		超声波探测或搜索设备	否	41090303
06	05	50	0100	声呐及类似设备	否	4109030302
06	05	50	9900	其他超声波探测或搜索设备	否	4109030399
06	05	51		测距仪	否	411001
06	05	51	0100	光学测距仪	否	4110010100
06	05	51	0200	光电测距仪	否	4110010200
06	05	51	0300	微波测距仪	否	4110010300
06	05	51	0400	手持测距仪	否	4110010400

代码				类别名称	CCC产品	统计用产品分类目录标号
大类	中类	小类	产品			
06	05	51	9900	其他测距仪	否	4110019900
06	05	52		经纬仪	否	411002
06	05	52	0100	光学经纬仪	否	4110020100
06	05	52	0200	电子经纬仪	否	4110020200
06	05	52	0300	激光经纬仪	否	4110020300
06	05	52	0400	陀螺经纬仪	否	4110020400
06	05	52	9900	其他经纬仪	否	4110029900
06	05	53		电子速测仪	否	411003
06	05	53	0100	组合式电子速测仪	否	4110030100
06	05	53	0200	全站型电子速测仪	否	4110030200
06	05	53	0300	陀螺电子速测仪	否	4110030300
06	05	53	9900	其他电子速测仪	否	4110039900
06	05	54		水准仪	否	411004
06	05	54	0100	水准器水准仪	否	4110040100
06	05	54	0200	自动安平水准仪	否	4110040200
06	05	54	0300	数字水准仪	否	4110040300
06	05	54	0400	激光水准仪	否	4110040400
06	05	54	9900	其他水准仪	否	4110049900
06	05	55	0000	平板仪	否	411005
06	05	56		垂准仪	否	411006
06	05	56	0100	光学垂准仪	否	4110060100
06	05	56	0200	自动安平垂准仪	否	4110060200
06	05	56	0300	激光垂准仪	否	4110060300
06	05	56	9900	其他垂准仪	否	4110069900
06	05	57		建筑施工激光仪器	否	411007
06	05	57	0100	激光扫平仪	否	4110070100
06	05	57	0200	激光投线仪	否	4110070200
06	05	57	0300	激光指向仪	否	4110070300
06	05	57	9900	其他建筑施工激光仪器	否	4110079900
06	05	58		空间扫描测量仪	否	411008
06	05	58	0100	激光跟踪测量仪	否	4110080100
06	05	58	0200	三维激光扫描测量仪	否	4110080200
06	05	58	0300	断面扫描测量仪	否	4110080300
06	05	58	9900	其他空间扫描测量仪	否	4110089900
06	05	59		摄影测量系统	否	411009

续表

代码				类别名称	CCC 产品	统计用产品分类目录标号
大类	中类	小类	产品			
06	05	59	0100	近景摄影测量系统	否	4110090100
06	05	59	0200	航空摄影测量系统	否	4110090200
06	05	59	9900	其他摄影测量系统	否	4110099900
06	05	60		测量型 GNSS 接收机	否	411010
06	05	60	0100	测量型静态 GNSS 接收机	否	4110100100
06	05	60	0200	测量型实时差分 GNSS 接收机	否	4110100200
06	05	60	9900	其他测量型 GNSS 接收机	否	4110109900
06	05	61		气象观测仪器	否	411101
06	05	61	0100	气象专用测温仪器及温度传感器	否	4111010100
06	05	61	0200	气象专用测湿仪器及湿度传感器	否	4111010200
06	05	61	0300	温湿组合装置及温、湿传感器	否	41110103
06	05	61	0400	测气压仪器	否	4111010400
06	05	61	0500	测风仪器	否	4111010500
06	05	61	0600	降水蒸发仪器	否	4111010600
06	05	61	0700	辐射、日照记录仪	否	4111010700
06	05	61	0800	测云仪	否	4111010800
06	05	61	0900	能见度仪	否	4111010900
06	05	61	1000	高空探测设备	否	4111011000
06	05	61	1100	气象仪器检定设备	否	4111011100
06	05	61	9900	其他气象观测仪器	否	4111019900
06	05	62		水文仪器	否	411102
06	05	62	0100	自动记录水位计	否	4111020100
06	05	62	0200	三用电导仪	否	4111020200
06	05	62	0300	旋杯式流速仪	否	4111020300
06	05	62	0400	旋桨式流速仪	否	4111020400
06	05	62	0500	涌浪或潮汐观测仪器	否	4111020500
06	05	62	0600	水动态测量仪	否	4111020600
06	05	62	0700	温度测量仪器	否	4111020700
06	05	62	0800	深度测量仪器	否	4111020800
06	05	62	0900	海冰测量仪器	否	4111020900
06	05	62	9900	其他水文仪器	否	4111029900
06	05	63		农、林专用仪器	否	411201
06	05	63	0100	土壤测试仪器	否	4112010100
06	05	63	0200	数粒仪	否	4112010300
06	05	63	0300	植物生长仪	否	4112010400

代码				类别名称	CCC 产品	统计用产品分类目录标号
大类	中类	小类	产品			
06	05	63	0400	叶绿素测定仪	否	4112010500
06	05	63	0500	活体叶绿素仪	否	4112010600
06	05	63	0600	光电叶面积仪	否	4112010700
06	05	63	0700	木材水分测试仪	否	4112010900
06	05	63	9900	其他农、林专用仪器	否	4112019900
06	05	64		牧业专用仪器	否	411202
06	05	64	0100	牧草生长仪	否	4112020100
06	05	64	0200	乳脂测定仪	否	4112020200
06	05	64	0300	测膘仪	否	4112020300
06	05	64	0400	牛胃金属异物探测仪	否	4112020400
06	05	64	9900	其他牧业专用仪器	否	4112029900
06	05	65		渔业专用仪器	否	411203
06	05	65	0100	探鱼仪	否	4112030100
06	05	65	0200	虾苗放流计数仪	否	4112030200
06	05	65	9900	其他渔业专用仪器	否	4112039900
06	05	66		测震仪器	否	411311
06	05	66	0100	宽频带测震仪器	否	4113110200
06	05	66	0200	短周期地震仪器	否	4113110300
06	05	66	9900	其他测震仪器	否	4113119900
06	05	67		地下流体观测仪器	否	41131201
06	05	67	0100	水位观测仪器	否	4113120101
06	05	67	0200	地温观测仪器	否	4113120102
06	05	67	0300	气体观测仪器	否	4113120103
06	05	67	9900	其他地下流体观测仪器	否	4113120199
06	05	68		形变仪器	否	41131202
06	05	68	0100	水准仪器	否	4113120201
06	05	68	0200	地倾斜观测仪器	否	4113120202
06	05	68	0300	钻孔应力应变观测仪器	否	4113120203
06	05	68	0400	硐体应变观测仪器	否	4113120204
06	05	68	0500	跨断层观测仪器	否	4113120205
06	05	68	0600	重力观测仪器	否	4113120207
06	05	68	9900	其他形变仪器	否	4113120299
06	05	69		电磁仪器	否	41131203
06	05	69	0100	地电阻率观测仪器	否	4113120301
06	05	69	0200	大地电场观测仪器	否	4113120302

代码				类别名称	CCC产品	统计用产品分类目录标号
大类	中类	小类	产品			
06	05	69	0300	DI仪	否	4113120303
06	05	69	0400	磁力仪	否	4113120304
06	05	69	0500	地磁经纬仪	否	4113120306
06	05	69	0600	磁秤	否	4113120307
06	05	69	9900	其他电磁仪器	否	4113120399
06	05	70	0000	强震仪器	否	41131204
06	05	71	0000	其他地震专用仪器	否	4113190000
06	05	72		金属、矿藏探测器	否	411320
06	05	72	0100	金属探测器	否	4113200100
06	05	72	0200	井中物探仪器	否	4113200200
06	05	72	0300	核物探仪器	否	4113200300
06	05	72	0400	化探仪器	否	4113200400
06	05	72	9900	其他矿藏探测器	否	4113209900
06	05	73		钻探测试、分析仪器	否	411321
06	05	73	0100	钻探测井仪器	否	4113210100
06	05	73	0200	泥浆分析仪器	否	4113210200
06	05	73	0300	岩矿物理性质测量仪	否	4113210300
06	05	73	9900	其他钻探测试、分析仪器	否	4113219900
06	05	74	0000	电气化教学设备	否	411401
06	05	75		离子射线测量或检验仪器	否	411501
06	05	75	0100	带有电离室检测仪器	否	4115010100
06	05	75	0200	盖革计数器	否	4115010200
06	05	75	0300	电离室	否	4115010300
06	05	75	0400	辐射剂量仪及类似设备	否	4115010400
06	05	75	0500	测量宇宙射线设备	否	4115010500
06	05	75	0600	热电堆中子探测仪器	否	4115010600
06	05	75	0700	热电堆中子测量仪器	否	4115010700
06	05	75	0800	射线测量或探测仪器	否	4115010800
06	05	75	9900	其他离子射线测量或检验仪器	否	4115019900
06	05	76		离子射线应用设备	否	411502
06	05	76	0100	离子射线检验设备	否	4115020100
06	05	76	0200	离子射线测量仪器设备	否	4115020200
06	05	76	0300	电离风速计	否	4115020300
06	05	76	9900	其他离子射线应用设备	否	4115029900
06	05	77		核辐射监测报警仪器	否	411503

续表

代码				类别名称	CCC产品	统计用产品分类目录标号
大类	中类	小类	产品			
06	05	77	0100	射线烟雾探测器火灾报警器	否	4115030100
06	05	77	0200	核辐射剂量监测报警仪器	否	4115030200
06	05	77	0300	核反应堆用记录、监测仪器	否	4115030300
06	05	77	0400	核反应堆用报警仪器	否	4115030400
06	05	77	9900	其他核辐射监测报警仪器	否	4115039900
06	05	78	0000	通信测量仪器	否	411602
06	05	79		通用电子测量仪器	否	411603
06	05	79	0100	频率测量仪器	否	41160301
06	05	79	0200	电子计数器	否	4116030200
06	05	79	0300	时间测量仪器	否	4116030300
06	05	79	0400	电压测量仪器	否	41160304
06	05	79	0500	LCR电桥	否	4116030500
06	05	79	0600	电子元器件参数测量仪器	否	41160306
06	05	79	0700	信号发生器（通用电子）	否	41160307
06	05	79	0800	频谱波形分析仪	否	41160309
06	05	79	0900	逻辑分析仪（通用电子）	否	4116031000
06	05	79	1000	频谱分析仪（通用电子）	否	4116031100
06	05	79	1100	扫频仪	否	4116031200
06	05	79	1200	网络分析仪	否	41160313
06	05	79	1300	功率计及探头	否	41160314
06	05	79	1400	超低频测量仪	否	41160316
06	05	79	1500	总线测量仪器	否	41160317
06	05	80	0000	广播电视机测量仪器	否	411604
06	05	81	0000	新型显示器件测量仪器	否	411605
06	05	82	0000	新型材料测试仪器	否	411606
06	05	83	0000	集成电路测试仪器	否	411607
06	05	84	0000	微波测量仪器	否	411608
06	05	85	0000	印制电路板测量仪器	否	4116090000
06	05	86		声学测量仪器	否	411610
06	05	86	0100	声级计和噪声测量仪	否	41161001
06	05	86	0200	电声测量仪	否	4116100200
06	05	86	0300	震动测量仪	否	4116100300
06	05	86	0400	噪声显示屏	否	4116100400
06	05	87	0000	干扰场强测量仪器	否	4116110000
06	05	88		纺织专用测试仪器	否	411701

续表

代码				类别名称	CCC 产品	统计用产品分类目录标号
大类	中类	小类	产品			
06	05	88	0100	纺织品测试仪器	否	41170101
06	05	88	0200	检验纺织材料设备	否	41170102
06	05	89		钟	否	411801
06	05	89	0100	石英电子钟	否	41180101
06	05	89	0200	电波钟	否	4118010300
06	05	89	0300	设备、仪器仪表用钟	否	41180104
06	05	89	9900	其他钟	否	4118019900
06	05	90		表	否	411802
06	05	90	0100	石英电子表	否	41180201
06	05	90	0200	电波表	否	4118020300
06	05	90	9900	其他表	否	4118029900
06	05	91		定时器	否	411806
06	05	91	0100	电子式定时器	否	41180601
06	05	91	9900	其他定时器	否	4118069900
06	05	92		时间记录器及类似计时仪器	否	411807
06	05	92	0100	考勤钟	否	4118070100
06	05	92	0200	停车计时表	否	4118070300
06	05	92	0300	时段测量仪	否	4118070400
06	05	92	9900	其他时间记录器及类似计时仪器	否	4118079900
06	06			文化办公电器	是	—
06	06	01		电影摄影机	否	412101
06	06	01	0100	普通电影摄影机	否	4121010100
06	06	01	0200	特种电影摄影机	否	41210102
06	06	01	0300	同期录音电影摄影机	否	4121010300
06	06	02	0000	电影放映机	否	412102
06	06	03	0000	电路投影装置	否	412103
06	06	04		通用照相机	否	41220101
06	06	04	0100	单镜头反光照相机	否	4122010101
06	06	04	0200	透视取景照相机	否	4122010102
06	06	04	9900	其他通用照相机	否	4122010199
06	06	05		数码照相机	否	41220102
06	06	05	0100	数码单镜头反光照相机	否	4122010201
06	06	05	9900	普通数码照相机	否	4122010202
06	06	06		制版照相机	否	41220103
06	06	06	0100	电子分色机	否	4122010301

代码				类别名称	CCC产品	统计用产品分类目录标号
大类	中类	小类	产品			
06	06	06	9900	其他制版照相机	否	4122010399
06	06	07		专用特种照相机	否	41220104
06	06	07	0100	缩微照相机	否	4122010401
06	06	07	0200	水下照相机	否	4122010402
06	06	07	0300	航空照相机	否	4122010403
06	06	07	0400	一次成像照相机	否	4122010404
06	06	07	0500	医用照相机	否	4122010405
06	06	07	0600	大地摄影测量用照相机	否	4122010406
06	06	07	9900	其他专用特种照相机	否	4122010499
06	06	08	0000	幻灯机	否	412401
06	06	09		投影仪	是	412402
06	06	09	0100	正射投影仪	是	4124020100
06	06	09	0200	光谱投影仪	是	4124020200
06	06	09	0300	显微投影仪	是	4124020300
06	06	09	0400	透射式投影仪	是	4124020400
06	06	09	0500	反射式投影仪	是	4124020500
06	06	09	9900	其他投影仪	是	4124029900
06	06	10		胶版印制设备	否	412502
06	06	10	0100	胶印机	否	4125030300
06	06	10	0200	油印机	否	4125030100
06	06	10	0300	速印机	否	4125030200
06	06	10	9900	其他胶版印制设备	否	—
06	06	11		电子计算器	否	41260101
06	06	11	0100	非电源电子计算器	否	4126010101
06	06	11	0200	可打印电子计算器	否	4126010102
06	06	11	9900	其他电子计算器	否	4126010199
06	06	12	0000	会计计算机	否	4126010200
06	06	13		现金出纳机	否	41260103
06	06	13	0100	销售点终端出纳机	否	4126010301
06	06	13	0200	电子收款机	否	4126010302
06	06	13	9900	其他现金出纳机	否	4126010399
06	06	14	0000	转账POS机	否	4126010400
06	06	15	0000	售票机	否	4126010500
06	06	16	0000	税控机	否	4126010600
06	06	17	0000	条码打印机	否	4126010700

续表

代码				类别名称	CCC 产品	统计用产品分类目录标号
大类	中类	小类	产品			
06	06	18		银行专用机器	否	412602
06	06	18	0100	自动柜员机（ATM 机）	否	4126020100
06	06	18	0200	硬币分类机	否	4126020200
06	06	18	0300	硬币计数机	否	4126020300
06	06	18	0400	验钞机	否	4126020400
06	06	18	0500	点钞机	否	4126020500
06	06	18	0600	票据清分机	否	—
06	06	18	0700	硬币清分机	否	—
06	06	18	0800	复点机	否	4126020700
06	06	18	0900	自动登折机	否	4126020800
06	06	18	9900	其他银行专用机器	否	4126029900
06	07			文教体育用品	否	—
06	07	01		室内训练健身器材	否	240604
06	07	01	0100	跑步机	否	2406040400
06	07	01	0200	一般体疗康复健身器材	否	2406041100
06	07	01	9900	其他室内训练健身器材	否	2406049900
06	07	02	0000	电子琴	是	2407030100
06	07	03	0000	数码钢琴（电钢琴）	是	2407030200
06	07	04	0000	电吉他	是	2407030300
06	07	05	0000	电子鼓	是	2407030400
06	07	06	0000	电动童车	否	2408010500
06	07	07	0000	电动火车	否	—
06	07	08		带动力装置仿真模型及其附件	否	24080402
06	07	08	0100	带动力装置仿真车模及其附件	否	2408040201
06	07	08	0200	带动力装置仿真航模及其附件	否	2408040202
06	07	08	0300	带动力装置仿真船模及其附件	否	2408040203
06	07	08	9900	其他带动力装置仿真模型及其附件	否	2408040299
06	08			焊接设备	—	3511
06	08	01		电焊机	是	351101
06	08	01	0100	电弧焊接机	是	35110101
06	08	01	0200	等离子弧焊接机	是	35110102
06	08	01	0300	电阻焊接机	是	35110103
06	08	01	0400	电子束焊接机	是	35110104
06	08	01	0500	激光焊接机	是	35110105
06	08	01	0600	摩擦焊接机	是	35110106

续表

代码				类别名称	CCC 产品	统计用产品分类目录标号
大类	中类	小类	产品			
06	08	01	0700	超声波焊接机	是	35110107
06	08	01	0800	金属感应焊接机	是	35110108
06	08	01	0900	热塑性材料焊接机	是	35110109
06	08	01	9900	其他电焊机	是	35110199
06	08	02		钎焊机械	否	351103
06	08	02	0100	钎焊机	否	3511030100
06	08	02	0200	钎焊烙铁	否	3511030200
06	08	02	0300	焊枪	否	3511030300
06	08	02	9900	其他钎焊机械	否	3511039900
06	08	99	0000	其他焊接设备	—	—
06	09			电动工具	是	353302
06	09	01		电钻（手提式）	是	35330201
06	09	01	0100	冲击钻	是	3533020101
06	09	01	0200	手电钻	是	3533020102
06	09	01	9900	其他电钻	是	3533020199
06	09	02		电锯	是	35330202
06	09	02	0100	电动链锯	是	3533020201
06	09	02	9900	其他电锯	是	3533020299
06	09	03	0000	手提式电刨	是	3533020300
06	09	04	0000	电动锤	是	3533020400
06	09	05	0000	电动锉削机	是	3533020500
06	09	06	0000	电动雕刻工具	是	3533020600
06	09	07	0000	电动射钉枪	是	3533020700
06	09	08	0000	电动铆钉枪	是	3533020800
06	09	09	0000	电动锉具	是	3533020900
06	09	10	0000	电动手提磨床	是	3533021000
06	09	11	0000	电动手提砂光机	是	3533021100
06	09	12	0000	电动手提抛光器	是	3533021200
06	09	13	0000	电剪刀	是	3533021300
06	09	14	0000	电动刷具	是	3533021400
06	09	99	0000	其他电动手提式工具	是	3533029900
06	10			衡器（秤）	否	3536
06	10	01		商业用衡器	否	353602
06	10	01	0100	商业用案秤	否	35360201
06	10	01	0200	商业用台秤	否	35360202

续表

代码				类别名称	CCC产品	统计用产品分类目录标号
大类	中类	小类	产品			
06	10	02	0000	称重系统	否	3536030000
06	10	03	0000	家用秤	否	353604
06	10	99	0000	其他衡器（秤）	否	3536990000
06	11			医疗仪器	否	3643
06	11	01		医用X射线设备	否	364301
06	11	01	0100	X射线诊断设备	否	36430101
06	11	01	0200	射线断层摄影设备（CT机）	否	36430102
06	11	01	0300	牙科用X射线应用设备	否	36430103
06	11	01	0400	医疗用X射线应用设备	否	36430104
06	11	01	0500	外科用X射线应用设备	否	36430105
06	11	02		医用α、β、γ射线应用设备	否	364303
06	11	02	0100	医用高能射线治疗设备	否	36430301
06	11	02	0200	医用放射性核素诊断设备	否	36430302
06	11	02	0300	医用放射性核素治疗设备	否	36430303
06	11	02	0400	核素标本测定装置	否	36430304
06	11	03		医用超声诊断、治疗仪器及设备	否	364304
06	11	03	0100	医用超声诊断仪器设备	否	36430401
06	11	03	0200	超声手术及聚焦治疗装置	否	36430402
06	11	03	0300	超声治疗设备	否	36430403
06	11	03	0400	超声换能器（探头）	否	36430404
06	11	04		医用电气诊断仪器及装置	否	364305
06	11	04	0100	心电诊断仪器	否	36430501
06	11	04	0200	脑电诊断仪器	否	36430502
06	11	04	0300	医用磁共振设备	否	36430503
06	11	04	0400	血流量、容量测定装置	否	36430504
06	11	04	0500	电子压力测定装置	否	36430505
06	11	04	0600	电声诊断仪器	否	36430506
06	11	04	0700	闪烁摄影装置	否	36430507
06	11	04	0800	紫红外线诊断、治疗设备	否	36430508
06	11	05		医用激光诊断、治疗仪器及设备	否	364306
06	11	05	0100	激光诊断仪器	否	36430601
06	11	05	0200	激光手术和治疗设备	否	36430602
06	11	05	0300	弱激光体外治疗仪器	否	36430603
06	11	05	0400	激光手术器械	否	36430604
06	11	06		医用高频仪器设备	否	364307

代码				类别名称	CCC产品	统计用产品分类目录标号
大类	中类	小类	产品			
06	11	06	0100	高频手术和电凝设备	否	36430701
06	11	06	0200	高频电熨设备	否	36430702
06	11	07		微波、射频、高频诊断治疗设备	否	364308
06	11	07	0100	微波诊断设备	否	36430801
06	11	07	0200	微波治疗设备	否	36430802
06	11	07	0300	射频治疗设备	否	36430803
06	11	07	0400	高频电极装置	否	36430804
06	11	08		中医诊断、治疗仪器设备	否	364309
06	11	08	0100	中医诊断仪器	否	36430901
06	11	08	0200	中医治疗仪器	否	36430902
06	11	09		病人监护设备及器具	否	364310
06	11	09	0100	无创病人监护仪器	否	36431001
06	11	09	0200	有创式电生理仪器	否	36431002
06	11	09	0300	生物反馈仪	否	36431003
06	11	09	0400	体外反搏及其辅助循环装置	否	36431004
06	11	09	0500	医用记录仪器	否	36431005
06	11	09	9900	其他病人监护设备及器具	否	3643109900
06	11	10		临床检验分析仪器及诊断系统	否	364311
06	11	10	0100	血液分析仪器设备	否	36431101
06	11	10	0200	血气分析系统	否	36431102
06	11	10	0300	生理研究实验仪器	否	36431103
06	11	10	0400	生化分析仪器	否	36431104
06	11	10	0500	免疫分析系统	否	36431105
06	11	10	0600	细菌分析系统	否	36431106
06	11	10	0700	基因和生命科学仪器	否	36431107
06	11	10	0800	临床医学检验辅助设备	否	36431109
06	11	10	9900	其他临床检验分析仪器及诊断系统	否	3643119900
06	11	11		医用电泳仪	否	364312
06	11	11	0100	低压电泳仪	否	36431201
06	11	11	0200	中压电泳仪	否	36431202
06	11	11	0300	高压电泳仪	否	36431203
06	11	12		医用化验和基础设备器具	否	364313
06	11	12	0100	医用培养箱	否	36431301
06	11	12	0200	病理分析前处理设备	否	36431302
06	11	12	0300	血液化验器具	否	36431303

代码				类别名称	CCC 产品	统计用产品分类目录标号
大类	中类	小类	产品			
06	11	12	9900	其他医用化验和基础设备器具	否	3643139900
06	11	13	0000	电动牙钻机	否	3644010100
06	11	14		口腔综合治疗设备	否	364402
06	11	14	0100	牙科综合治疗机	否	3644020100
06	11	14	0200	牙科综合治疗台	否	3644020200
06	11	14	9900	其他口腔综合治疗设备	否	3644029900
06	11	15	0000	电动牙科手机	否	—
06	11	16	0000	洁牙、补牙设备	否	364405
06	11	17		热力消毒设备及器具	否	364501
06	11	17	0100	压力蒸汽灭菌设备	否	3645010100
06	11	17	0200	干热消毒灭菌设备	否	3645010200
06	11	17	0300	煮沸消毒设备	否	3645010300
06	11	17	9900	其他热力消毒设备及器具	否	3645019900
06	11	18	0000	气体消毒灭菌设备	否	364502
06	11	19		特种消毒灭菌设备	否	364503
06	11	19	0100	辐射消毒灭菌设备	否	3645030100
06	11	19	0200	超声波消毒设备	否	3645030200
06	11	19	0300	微波消毒设备	否	3645030300
06	11	19	0400	真空蒸气灭菌器	否	3645030400
06	11	19	0500	高压电离灭菌设备	否	3645030500
06	11	19	0600	医用内窥镜清洗机	否	3645030600
06	11	19	9900	其他特种消毒灭菌设备	否	3645039900
06	11	20	0000	电能体温计	否	3646010102
06	11	21	0000	电子血压计	否	3646010402
06	11	22		诊断专用器械	否	364301
06	11	22	0100	呼吸功能测定装置	否	36460107
06	11	22	0200	诊察治疗设备	否	36460108
06	11	22	0300	检镜及反光器具	否	36460109
06	11	22	9900	其他诊断专用器械	否	3646019900
06	11	23		内窥镜	否	364602
06	11	23	0100	诊断用内窥镜	否	36460201
06	11	23	0200	手术用窥镜	否	36460202
06	11	23	9900	其他内窥镜	否	3646029900
06	11	24		手术室、急救室、诊疗室设备及器具	否	364607
06	11	24	0100	输血设备	否	36460701

续表

代码				类别名称	CCC 产品	统计用产品分类目录标号
大类	中类	小类	产品			
06	11	24	0200	麻醉设备	否	36460702
06	11	24	0300	呼吸机	否	36460703
06	11	24	0400	手术及急救装置	否	36460705
06	11	24	9900	负压吸引装置	否	36460706
06	11	25		机械治疗电器	否	364701
06	11	25	0100	电动按摩器具	否	36470101
06	11	25	0200	机械疗法器械	否	36470103
06	11	25	0300	氧气治疗器	否	36470104
06	11	25	0400	臭氧治疗器	否	3647010500
06	11	25	0500	喷雾治疗器	否	3647010600
06	11	25	0600	人工呼吸器	否	3647010700
06	11	25	0700	心理功能测验装置	否	36470108
06	11	25	0800	牵引装置	否	3647010900
06	11	25	0900	防治打鼾器械	否	3647011100
06	11	25	1000	仿真性辅助器具	否	3647011200
06	11	25	9900	其他机械治疗器具	否	3647019900
06	11	26	0000	电疗仪器	否	364702
06	11	27	0000	光谱辐射治疗仪器	否	364703
06	11	28	0000	透热疗法设备	否	3647040000
06	11	29	0000	磁疗设备	否	364705
06	11	30	0000	离子电渗治疗设备	否	3647060000
06	11	31	0000	眼科康复治疗仪器	否	364707
06	11	32	0000	水疗仪器	否	3647080000
06	11	33	0000	低温治疗仪器	否	364709
06	11	34	0000	医用刺激器	否	364710
06	11	35		体外循环设备	否	364711
06	11	35	0100	肾脏透析设备（人工肾）	否	36471101
06	11	35	0200	人工心肺设备及辅助装置	否	36471102
06	11	35	0300	氧合器	否	36471103
06	11	36	0000	婴儿保育设备	否	364712
06	11	37	0000	医院制气供气设备及装置	否	364713
06	11	38	0000	医用低温设备	否	364716
06	12			邮政专用电器	否	3652
06	12	01		邮资机	否	365201
06	12	01	0100	中型邮资机	否	36520102

续表

代码				类别名称	CCC产品	统计用产品分类目录标号
大类	中类	小类	产品			
06	12	01	0200	小型邮资机	否	36520103
06	12	01	0300	邮资盖戳机	否	3652010400
06	12	02	0000	信件处理机械	否	365203
06	12	03	0000	邮政计费、缴费设备	否	365204
06	12	99	0000	其他邮政专用机械	否	—
06	13			商业、饮食、服务专用电器	否	3653
06	13	01		自动售货机、售票机	否	365301
06	13	01	0100	饮料自动销售机	否	36530101
06	13	01	0200	自动售货机	否	3653010200
06	13	01	0300	自动售票机	否	36530103
06	13	01	9900	其他自动售货机、售票机	否	3653019900
06	13	02	0000	加热或烹煮设备	否	3653020100
06	13	03	0000	抽油烟机	否	3653020200
06	13	04	0000	洗碗机	否	3653020300
06	13	05	0000	自动擦鞋器	否	3653040000
06	13	06		洗衣店用洗衣机	否	365305
06	13	06	0100	洗衣机	否	3653050100
06	13	06	0200	洗涤干燥两用机	否	3653050200
06	13	06	0300	干洗机	否	3653050300
06	13	06	0400	干燥机（洗衣用）	否	3653050400
06	13	06	0500	离心干衣机	否	3653050500
06	13	06	0600	烫平机	否	3653050600
06	13	06	9900	其他洗衣店用洗衣机械	否	3653059900
06	14			社会公共安全电器	否	3654
06	14	01	0000	安全检查仪器	否	365409
06	14	02	0000	监控电视机摄像机	否	365410
06	14	03	0000	防盗、防火报警器及类似装置	否	365411
06	14	99	0000	其他社会公共安全设备	否	—
06	15			道路交通安全管制电器	否	365501
06	15	01	0000	道路交通安全检测设备	否	36550102
06	15	02	0000	交通事故现场勘查救援设备	否	36550103
06	15	99	0000	其他道路交通安全管制设备	否	3655019900

第十章
废弃电器电子产品处理目录
筛选指标体系研究

第一节 目录制定和调整原则

《目录》是《条例》的重要配套制度之一。《规定》提出，今后《目录》制定遵循以下原则：（1）社会保有量大、废弃量大；（2）污染环境严重、危害人体健康；（3）回收成本高、处理难度大；（4）社会效益显著、需要政策扶持。

《目录》管理委员会不定期组织对《目录》实施情况的评估，并根据评估结果以及经济社会发展情况，对《目录》进行调整。《目录》的调整包括增补、变更、取消等情形。

第二节 目录备选产品评估指标体系研究

根据《目录》制定和调整的四项原则，建立了目录备选产品评估指标体系，见表 10-1。目录备选产品评估指标体系分为四大类，即资源性、环境性、经济性和社会性，分别对应《目录》制定和调整的四大原则。在每个评估大类中，指标体系设计了二级和三级的细化评估指标。其中有定量的评估指标，如产量、社会保有量等，也有定性的评估指标，如环境风险的评估等。

目录备选产品评估主要目标是全面了解产品的资源性、环境性、经济性和社会性，为备选产品筛选提供依据。其评估目标有别于目录产品实施情况评估。

表 10 - 1　目录备选产品评估指标体系

类别	指标		备注
1. 资源性	1.1 产量	1.1.1 产品年产量（万台）	评估产品当前的行业规模
		1.1.2 产品总重量（吨）	产品产量×产品平均重量，评估产品当前资源消耗情况
		1.1.3 产品稀贵材料含量	产品总重量×稀贵材料平均的百分比，评估产品当前稀贵金属、稀土材料等含量
	1.2 社会保有量	1.2.1 社会保有数量（万台）	根据不同产品特点，可以选择按照居民百户拥有量测算或国内销量与使用年限测算
		1.2.2 社会保有重量（吨）	社会保有数量×产品平均重量，评估潜在的资源占有量
		1.2.3 稀贵材料含量	社会保有重量×稀贵材料平均的百分比，评估产品潜在稀贵金属、稀土材料等含量
	1.3 理论报废量	1.3.1 年报废数量（万台）	根据产品的社会保有量和产品平均使用年限测算理论报废量（不同产品平均使用年限与测算系数不同）
		1.3.2 年报废重量（吨）	理论报废数量×产品平均重量，评估可以回收利用的资源重量
		1.3.3 稀贵材料含量	理论报废重量×稀贵材料平均的百分比，评估理论可以回收的稀贵金属、稀土材料等含量
2. 环境性	2.1 废弃产品的环境性	2.1.1 RoHS物质含量	废弃产品中 RoHS 六种有害物质的含量
		2.1.2 受控物质含量	根据 CRT、PCB、汞、废矿油、荧光粉、镉镍电池、氧化汞电池、感光鼓、碳粉、温室气体等受控物质成分比例和报废重量计算受控物质的含量
	2.2 回收处理过程的环境性	2.2.1 回收过程的环境风险	低风险 如汞、润滑油、荧光粉等危险物质存在破碎、泄漏的风险
		2.2.2 拆解过程的环境风险	低风险 如汞、废矿油、荧光粉等危险物质存在破碎、泄漏的风险
		2.2.3 深加工处理过程的环境风险	低风险 存在对生态环境、人身安全较小风险 存在对生态环境、人身安全较大风险

续表

3. 经济性	3.1 回收成本	3.1.1 废弃产品价值	根据产品构成比例和各回收材料价格计算废弃产品价值
		3.1.2 运输贮存成本	根据家电以旧换新运费补贴单位重量运费和废弃产品重量计算运输成本
	3.2 处理难度	3.2.1 拆解处理技术	低:产品结构简单,拆解处理工艺技术简单,设备价格低
		3.2.2 污染控制技术	高:产品结构简单,拆解处理工艺技术复杂,设备价格昂贵
			低:只需控制普通生产工业三废
			高:针对铅、温室气体、汞等有害物质,采用特殊工艺设备
4. 社会性	4.1 社会关注度	学术文章检索数:在中国知网(cnki)检索主题词:产品名称+("回收"或"处理")	高:检索数量大于100(含)
			中:检索数量大于10,小于100
			低:检索数量小于10
	4.2 管理需求	4.2.1 生产行业参与回收处理水平	高:大部分企业参与回收处理
			中:部分企业参与回收处理
			低:几乎没有企业参与回收处理
		4.2.2 处理行业规范水平	高:行业较为规范
			中:规范企业与不规范企业并存
			低:处理行业极不规范

一　资源性

电器电子产品中含有大量的塑料、金属、玻璃等。很多电子产品中还含有稀贵金属,是宝贵的城市矿产。对电器电子产品的资源回收利用,可以缓解我国经济快速发展带来的资源消耗的压力,促进电器电子产品行业可持续发展。

《目录》的资源性主要从产品的产量、社会保有量和废弃量三个方面筛选。不仅要考虑数量,更要测算产品的重量(资源量)。不同类别产品的材料组成有一定的差异。

(一)产量与重量

电器电子产品的年产量,体现了行业规模和发展情况,同时可以通过产量和产品平均重量的乘积估算资源消耗的情况。另外，某些特殊的产品中使用、消耗大量如稀贵金属、稀土等稀贵材料。这些材料极为稀少，并且不可再生，普遍价值较高。因此，产品中稀贵材料的成分比例也作为本体系中重要的筛选指标之一。

（二）社会保有量与重量

电器电子产品涉及多个不同的制造行业。各行业的数据统计差别较大。一部分电器电子产品的社会保有量可以通过统计年鉴的居民百户拥有量来测算。而更多的电器电子产品没有居民百户拥有量数据的统计，可以通过在使用年限内的累计销量进行测算。

社会保有量与产品的平均重量相乘为社会保有重量。社会保有重量体现对资源的占有量。另外，通过稀贵材料的含量比例可以得出产品中稀贵材料的社会保有重量。

（三）使用年限

使用年限指新产品从销售到进入处理厂之间的时间，包括二手产品的使用时间。通常来说，电器电子产品分为耐用产品和消费类产品。耐用产品的使用年限较长，通常超过 10 年。消费类产品的使用年限较短，为 3~6 年。本研究中产品使用年限的设定，是通过行业专家和企业调研来确定的。随着生活水平的提高，产品更新换代速度的加快，以及人们使用废弃观念的变化，不同产品的使用年限会发生变化。

（四）理论报废量和重量

理论报废量指进入处理企业进行回收利用的废弃产品数量，不包括可以再使用的二手产品的数量。理论报废量可以通过社会保有量和产品的使用年限进行测算。使用年限越长的产品，需要越多时间的社会保有量数据来测算。

理论报废量与产品平均重量相乘为理论报废重量。理论报废重量体现出每年可以回收利用废弃电器电子产品材料的总重量。另外，为了促进废弃电器电子产品中稀贵材料的回收利用，本体系还通过稀贵材料的含量比例和理论报废重量的乘积评估计算该产品回收稀贵材料的总重量。

二　环境性

废弃电器电子产品中含有大量的 CRT 含铅玻璃、印刷电路板（PCB）、汞、废润滑油、荧光粉、镉镍电池、氧化汞电池、感光鼓、碳粉、温室气体等需要特别控制的对环境极不友好的物质。同时，废弃电器电子产品在回收、拆解、处理等过程中，这些受控物质容易发生破碎、泄漏，对生态环境和人体健康造成威胁。

《目录》的环境性主要从产品的受控物质含量和回收处理过程风险两个角度进行筛选。不仅要考虑废弃电器电子产品的受控物质含量，更要评估这些物质对环境造成风险程度。因此，在评估废弃产品的环境性时，将受控物质含量作为基数，分别相乘回收、拆解和处理过程中的环境风险系数并求和，从而计算得到该产品环境性指数。

（一）受控物质含量

废弃电器电子产品中含有大量对环境不友好的物质，需要严格控制并加以特殊处理。这些受控物质主要包括 CRT 含铅玻璃、PCB、汞、废润滑油、温室气体等六种。本体系通过废弃产品中受控物质的组成比例和理论报废量的乘积，评估受控物质的含量指标。

（二）处理过程环境风险

废弃电器电子产品在回收、拆解和深加工处理过程中，以上所述受控物质和其他非受控物质可能存在环境风险，对生态环境和人类健康造成威胁。对于不同阶段的不同程度风险，设定不同系数。

回收过程中的风险分为两级：低风险；高风险，含有液态、气态及粉末状受控物质的产品在回收过程中存在破碎、泄漏等风险，威胁生态环境和身体健康。

拆解过程中的风险同样分为两级：低风险；高风险，含有液态、气态及粉末状受控物质的产品在回收过程中存在破碎、泄漏等风险，威胁生态环境和身体健康。

在深加工处理阶段，环境风险系数分为三个等级：低风险；中级风险，加工处理过程中存在较小风险；高级风险，加工处理过程中存在较大风险，如易燃易爆、含有放射性物质等。

三　经济性

废弃电器电子产品的回收利用，会产生巨大材料价值。同时，废弃产品在运输贮存过程中存在巨大的运输成本。另外，由于不同产品的拆解处理技术发展水平不一致，从而处理企业在购买、开发高难度处理技术工艺设备的时候，可能产生较大的费用。这些都是《目录》筛选的重要经济指标。

《目录》的经济性主要从产品的回收成本和处理难度风险两个角度进行筛选。不仅要考虑废弃电器电子产品的材料价值和运输成本，更要评估该产品的处理技术工艺和污染控制技术的难易程度。因此，在评估废弃产品的经济性时，将废弃产品材料价值和运输贮存成本之和作为基数，分别相乘拆解处理技术和污染控制技术的难度系数并求和，从而计算得到该产品经济性指数。

（一）回收成本

废弃电器电子产品的回收成本主要体现在材料价值和运输贮存成本两个方面。《目录》通过产品的材料组成和回收材料平均价格的乘积对产品材料价值进行评估，从而计算废弃产品的价值。

废弃产品的运输贮存成本由家电以旧换新单位重量运费补贴和该废弃产品平均重量的乘积进行估算。根据财建《关于家电以旧换新运费补贴的补充通知》（〔2010〕44号文件）中回收数量最大的彩色电视机运费补贴的价格为基础，计算废弃电器电子产品150公里以内单位重量运费为40元/30公斤＝1.333元/公斤。

（二）处理难度

废弃电器电子产品的处理难度由拆解处理和污染控制两部分组成，因此，对于不同产品的处理难度不同，分为不同难度级别。

拆解处理技术的难度分为两级：拆解处理技术要求简单，设备成本较低；或拆解处理技术要求复杂，设备成本较高。

污染控制技术的难度同样分为两级：只需考虑生产过程中普通工业三废；或须针对汞、铅、温室气体等受控物质采用特殊污染控制技术工艺及设备。

四　社会性

废弃电器电子产品的回收利用，会带来巨大的社会效益。随着越来越多的热心环保人士对废弃电器电子产品的关注，制定扶持政策势在必行。社会效益大，政策需求高是优先列入管理目录的重要指标。

《目录》的社会性主要从产品的社会效益和政策扶持需求两个方面进行筛选。不仅要考虑废弃电器电子产品的学术关注程度、资源理论回收程度、环境利益等因素，还同时评估政策扶持需求程度。因此，在评估废弃产品的社会性时，将废弃产品学术文章检索数、资源理论回收量、资源回收利用率、温室气体减排量和受控物质无害资源化程度，分别相乘政策需求指数，并分别排列比较产品的社会性水平。

（一）社会关注度

本体系分别利用学术关注程度、资源回收利用水平、环境效益等几个方面对产品社会效益进行筛选。学术关注程度可由中国知网（cnki）中收录的该产品相关文献数量体现。评估学术文章数量时，检索并计算数据库所有文章标题中含有该产品名称以及"回收"或"处理"字段的文献数量。

（二）管理需求

管理需求主要由行业成熟、规范程度来体现。对于不同的行业规范程度，设定不同需求系数：低级需求，该产品处理行业已较为规范；中级需求，该产品处理行业中规范企业与不规范企业并存；高级需求，该产品处理行业极为不规范。

五　评估结论

在备选产品资源性、环境性、经济性和社会性评估结果的基础上，给出备选产品定性的评估总结。

第三节　目录筛选方法研究

目录备选库产品种类繁多，功能各异。按照目录备选产品功能分类，电器电子产品分为 6 大类，70 个中类，432 个小类，1110 种产品。通过行业调研和产品评估可以获得电器电子产品在资源性、环境性、经济性和社会性方面的表现。不同产品，其特性也不同。有些产品的资源性突出，有些产品的环境性突出，有些产品兼顾资源性与环境性。因此，研究目录筛选方法，筛选出来需要重点管理的产品，有利于推动《目录》的管理，促进《条例》的深入实施。

备选产品的筛选将建立在产品评估的基础上。通过设定不同的筛选指标和筛选方法，得到筛选后的产品排序和清单。课题组充分考虑电器电子产品特性，设计了一套较为灵活的指标权重设置方案和四种不同的筛选方法。

一　权重设置

指标权重的设置直接影响到产品评估的数据，从而影响到筛选结果。因此，指标权重的设置非常重要。为了使产品的评估结果能够进行横向筛选，首先要将产品定性的评估结果进行量化，即所有评估指标均被赋予量化数值。为此，权重的设置必须在拉近各项指标之间的差异的同时，保证不同产品之间的差异性，使筛选工作做到准确、科学、操作性强。经过多方专家的商讨和实验与测算，课题组提出一套科学全面的权重设置方案（见表 10 – 2）。

首先，权重设置按四项原则分为资源性、环境性、经济性、社会性四部分。同时，按年份的不同，采用不同权重设置。由于筛选工作以年为单位，在同一年中，所有备选产品均按统一权重设置进行运算、评分；而不同的年份，由于经济发展水平和社会发展程度的不同，权重设置也可以做出适当调整。

资源性权重是本筛选指标体系中项目最多、指标最复杂的一部分内容。在评估体系中，资源性共有 9 项指标，分别为生产、消费和报废过程中所对应的数量、重量和稀贵材料重量。在计算资源性得分时，本课题采用累加法，对分别乘以权重系数之后的 9 项指标进行叠加。由于产品总重量中已经体现产品数量因素，故产品总产量、社会保有数量和年报废数量三项指标的权重均设为 0，由产品重量和稀贵材料重量来体现资源性的总体表现。其中，由于产品的年产重量、保有重量和报废重量数量级较大，本权重采用 0.0001，同时，为了提高稀贵材料所占权重，将其权重设置为 1。

环境性得分的计算方法采用系数法。计算时，将备选产品的受控物质重量设为基数，分别乘以回收、拆解和深加工过程中的风险系数，所得之和乘以环境性总权重系数，得到评分结果。

例如：某产品 A，受控物质重量为 1000 吨，回收风险为低，拆解风险和深加工风险为高，则该产品 A 的得分为 1000 ×（低风险系数 1 + 高风险系数 1.5 + 高风险系数 2）×环境性总权重系数 0.01 = 45。

经济性的得分计算方式与环境性类似，同样采用系数法，不同之处在于经济性的基数为产品材料价值和运输贮存成本之和。同样由该基数分别乘以拆解处理技术难度和污染控制难度系数，得数之和乘以经济性总权重系数，得到评分。

例如：某产品 B，报废材料价值为 300000 元，运输贮存成本为 100000 元，拆解处理难度为低，污染控制难度为高，则该产品 B 的经济性得分为（300000 + 100000）×（低风险系数 1 + 高风险系数 1.5）×经济性总权重系数 0.0001 = 100。

　　由于社会性难以量化，筛选指标采用等级法分档评分。社会性指标中，中国知网（cnki）文献检索数、生产行业参与回收处理水平、回收处理行业规范程度分别分为高、中、低三档。其中，中国知网（cnki）文献检索数水平中"高"记为 30 分，"中"记为 20 分，"低"记为 10 分；由于生产行业参与回收处理水平与回收处理行业规范程度越低，管理需求越高，同时行业差距越大，管理效益愈加显著；所以该两项指标中"高"记为 10 分，"中"记为 30 分，"低"记为 20 分。三项得分之和乘以社会性总权重系数，得到评分。另外，本项目为了增强可扩展性，增加全国人大和全国政协每年两会提案数等级分档，但由于目前统计信息不够完善，该项暂时不计分。

表 10 - 2　备选目录产品评估权重设置

基本系数	年份（如 2013）	2012				
资源性权重	产品总产量（千台）	0	产品总重量（吨）	0.0001	产品稀贵材料组成（吨）	1
	社会保有数量（千台）	0	社会保有重量（吨）	0.0001	稀贵材料保有量（吨）	1
	年报废数量（千台）	0	年报废重量（吨）	0.0001	稀贵材料报废量（吨）	1
环境性权重	总权重系数 2	0.01				
	回收过程的环境风险					
	高风险	2	中风险	1.5	低风险	1
	拆解过程的环境风险					
	高风险	2	中风险	1.5	低风险	1
	深加工过程的环境风险					
	高风险	2	中风险	1.5	低风险	1
经济性权重	总权重系数 3	0.0001	运输成本单价（元）	1333.3		
	拆解处理技术难度					
	高	2	中	1.5	低	1
	污染控制技术难度					
	高	2	中	1.5	低	1

续表

基本系数	年份(如2013)	2012				
	总权重系数4	2				
	知网关注度等级					
	高	30	中	20	低	10
	两会提案数量					
社会性权重	高	30	中	20	低	10
	生产行业参与回收水平					
	高	10	中	30	低	20
	处理行业规范水平					
	高	10	中	30	低	20

二　叠加筛选法

叠加筛选法是最基本的一种筛选方法。在进行叠加筛选运算时，将备选产品资源性、环境性、经济性、社会性评分相加，对所得总分进行排序，分数高的产品为优先管理产品。

叠加筛选法在实际运行中有很多优势。首先，运算简单，结果明确。备选产品的各项评估指标乘以相应权重后得到数值，对四项原则所对应的四种性质进行总分叠加，评分排序直观明确，便于行业管理部门筛选重点管理产品。

其次，可操作性强。叠加筛选法充分考虑《规定》对调整《目录》的四项原则，并且可以通过对各种性质总权重系数的修改体现筛选工作中对不同性质的关注程度。

叠加筛选法也存在一些劣势。由于各项权重系数对筛选影响巨大，导致最终评分结果过于依赖权重系数的设置。权重的设置是人为制定的，其科学性与客观性还将有待进一步验证。此外，叠加筛选法筛选出来的产品为"全能冠军"，而对于"单项冠军"的产品，往往排除在外。

三　重叠筛选法

重叠筛选法又称交集筛选法，目的是选择各项性质都排列优先的产品，原理为分别对备选产品的四种性质评分进行排序，从中选取各性质排名中的前 n 项中的交集。该方法的优势为削弱各性质总权重系数对筛选结果的影响，由于对资源性、环境性、经济性、社会性分别排序，可以避免叠加筛选法中由叠加造成的影响，使各性排名结果相对独立。当然，重叠筛选法也存在一定的缺陷：第一，无法确定筛选结果的数量，使结果不可控制；第二，筛选结果均列于各项性质中前列的备选产品，但相互之间没有序列关系。

为了弥补重叠筛选法的缺陷，本项目提出其他四种重叠筛选模式供选择：（1）资源性、环境性、经济性取交集，按社会性排序；（2）资源性、环境性取交集，按经济性排序；（3）资源性、经济性取交集，按环境性排序；（4）环境性、经济性取交集，按资源性排序（如图 10 - 1）。

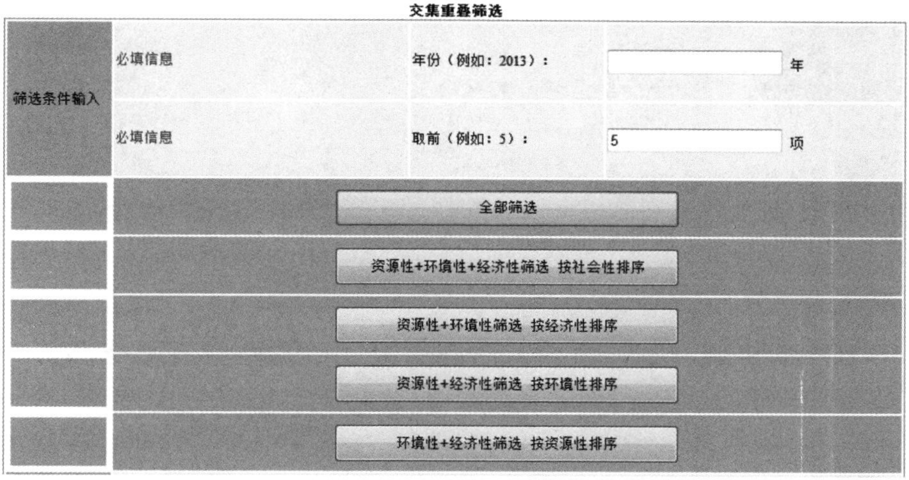

图 10 - 1　备选目录产品评估指标重叠筛选

四　分级筛选法

除了上述筛选方法，本项目还设置另外一种筛选方法，即分级筛选法。筛选过程中，首先确立四种性质的筛选优先顺序，再逐级排序筛选，如图 10 - 2 所示。

例如，确定筛选顺序为：（1）资源性；（2）环境性；（3）经济性；（4）社会性；另外确定各性质的筛选产品数分别为 20、15、10、5。由此，筛选结果即为在资源性前 20 项产品中按环境性排序，留下前 15 项按经济性排序，留下前 10 项按社会性排序，最终取得前 5 项。

分级筛选法可以有效避免重叠筛选法中无法控制筛选结果数量的缺点，主动性更强、可操作性更高。相关管理部门可按照对于四项原则的关注程度优先程度，逐级排序、筛选，并且确定筛选结果数量，从而制订相应《目录》调整计划。与此同时，分级筛选法和叠加筛选法一样，无法避免主观人为因素的干扰，筛选顺序的选择和筛选结果数量的确定均采取人为确定方法，使筛选结果的公正性和客观性降低。

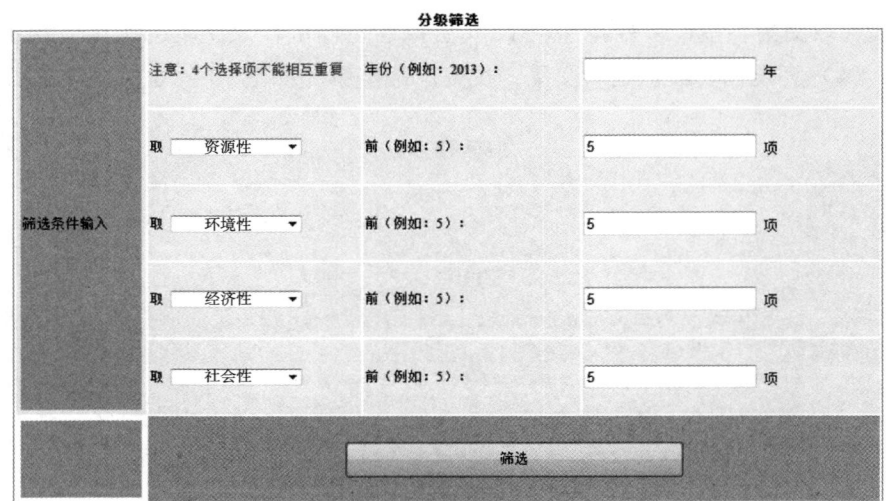

图 10 - 2　备选目录产品评估指标分级筛选

五　排序筛选法

最后还有一种排序筛选法，可以避免权重设置带来的主观性，并保持运算的简便性，使结果明确直观、操作性更强。该方法的优势为削弱各项数据权重系数对筛选结果的影响，对资源性、环境性、经济性、社会性中具体评估项分别排序，使各性权重相等（即权重比例资源性：环境性：经济性：社会性 = 1∶1∶1∶1），使各项排名结果相对独立，同时保持数据的数量关系，使结果直观清晰。排序筛选法的原理是分别对备选产品的各项评估数据进行排序，对所有产品按从低至高分别赋予 1 ~ n 的等差分值，通过叠加同一产品在不同评估项排名得分来获得该产品的最终得分。

由表 10 – 3 和图 10 – 3 可以看出，对目前待筛选的 m 种产品依据某评估筛选指标体系中评估结果分别为 X₁，X₂，…，Xm，并按数值从低到高分别赋予排序分值 1，2，…，m（若数值相同按并列低分值处理），将同一产品在不同评估指标下排序得分相加，获得产品总排序分，从而获得最终排名。

表 10 – 3　排序筛选法原理

评估指标 Z	产品 A	产品 B	产品……	产品 M
得分或数据数值	X₁	X₂	……	Xm
排序得分	1 分	2 分	……	m 分

注：$X_1 < X_2 < \cdots < Xm$。

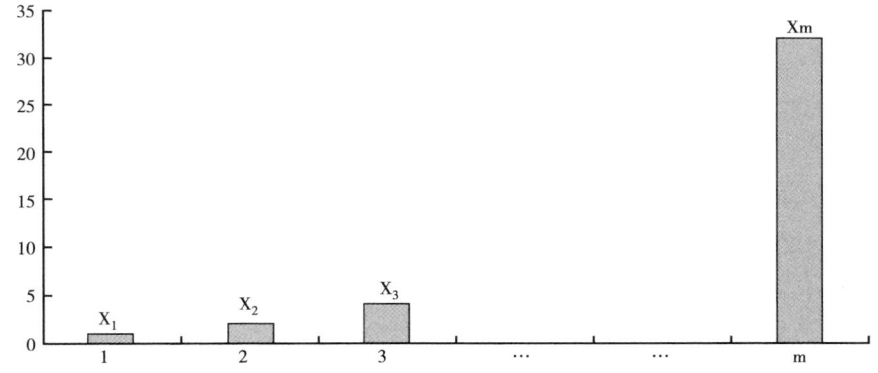

图 10 – 3　排序筛选法计算评估指标 Z 排序分数

例如，根据排序筛选法，共 36 种产品按资源性 9 项评估指标、环境性、经济性、社会性分数从低至高排序，并依次赋予分值 1 ~ 36，累计各产品各项分值之后，得到筛选结果。具体过程如下。

首先，量化定性指标。由于评估指标中存在定性指标和定量指标，所以为了进行筛选，首先应将定性指标量化。量化时，设定环境性和经济性指标系数中环境风险与难度系数："高""中""低"三种等级分别赋予系数值"2""1.5""1"，计算环境性分数时以受控物质重量为基数，分别乘以回收、处理和深加工过程中的环境风险系数，叠加后得到的总分作为环境性总分；而计算经济性分数时以材料价值和运输贮存成本之和作为基数，分别乘以处理难度系数和污染控制难度系数，叠加后得到经济性总分。同时，在设置的社会性中，以中国知网（cnki）检索数按"0～9"设为10分，"10～99"设为20分，"100以上"设为30分；设置生产企业产业回收程度和处理行业规范程度按"高""中""低"分别赋值为"10""30""20"。

其次，进行排序并筛选。由于资源性全部评估指标为定量数据，可以直接排序，之后按数值由低至高，依次赋予分值1～36。但是，资源性中9项排序序号叠加会造成"四项原则"权重不一，因此，将资源性9项数据序号叠加后分值除以9，以平均分数作为资源性总排序分。将环境性和经济性分别按乘以系数之后取得总分进行排序，同样由低到高依次赋予1～36分。将社会性中社会关注水平、生产行业参与回收水平、处理行业规范程度三项赋值得分累加之后总分按由低至高排序，依然依次赋予1～36分。最后，将四种性质最终得分叠加，按从高到低排序，得到最终筛选结果。

综合以上四种筛选方法，排序筛选法为目前最为符合客观实际情况的一种筛选方法。它在平衡资源性、环境性、经济性、社会性权重，减少数量级差异的同时，保证了横向对比的差异性，并确保评估筛选过程科学严谨、客观真实、筛选结果清晰明确。在本项目的分档研究课题中将主要采用排序筛选法。

第四节　评估与筛选模型设计方案

根据目录备选产品评估和筛选的要求，在目录备选产品评估指标体系的基础上，本课题开发了备选目录产品评估与筛选指标模型。模型设计为六大部分，分别是用户管理、目录备选库、评估指标体系、数据库、产品筛选和专家库。

一　用户管理

本模型置于中国家用电器研究院内部局域网络，可供多名课题研究人员同时登录。为了保障目录评估与调整课题研究工作的保密性，在模型设计中，设置不同用户的访问权限和管理尤为重要。模型共有两种用户类型，分别是研究人员和系统管理员。用户管理板块由系统管理员控制，可以对研究人员进行添加、查看或更改其他用户密码、修改其他用户浏览权限和内容。

研究人员即为本项目的承担科研人员，可以访问产品备选库、评估指标体系、数据库，同时可以对备选库进行修改，并对数据库中产品信息进行录入和修改，还可以根据不同的筛选方法对备选产品进行筛选操作。

二　目录备选库

目录备选库是本项目的研究成果之一，同时也是模型的重要组成部分。根据目录备选库的研究成果，目录备选库采用两种分类方式。一种按产品的功能分类，另一种按产品的结构和大小进行分类。目录备选库中不仅包括产品的分类分级，还提供了产品的范围定义、是否为 CCC 认证产品以及与《统计用产品分类目录》的对应编号。

由于技术发展日新月异，产品的种类和行业也在不断变化。目录备选库也是动态的和开发性的，并随着行业和产品的变化定期更新和完善。

三　评估指标体系

目录备选产品评估指标体系是备选产品评估的重要依据（详见报告第 2部分）。在评估指标体系部分列出了评估的原则、评估指标体系以及各指标体系的说明。各细化指标的设定，将随着行业的发展而不断进行完善。

四　数据库

数据库是模型的核心部分。数据库由后台服务器存储并运算，共分为产品信息数据库、权重数据库、经济性材料价格数据库、产品评分四个分数据库。产品信息数据库记录各产品的基本信息，包括产量、销量、进出口量等其他评估指标体系中涉及的数据。权重数据库为以年为单位的独立数据库，记录各项指标所对应的权重设置。经济性材料价格数据库为产品信息数据库的子库，记录各备选产品在特定年份中的材料组成比例以及不同材料单位重量的回收价格。产品评分数据库为评分结果的数据库，供筛选运算时调用。

产品信息数据库中产量、销量、进口量、出口量等数据均来自《国家统计年鉴》《中国信息产业年鉴》《中国电子信息产业统计年鉴》《中国电器工业年鉴》《中国轻工业年鉴》等年鉴及工业和信息化部、国家发展和改革委员会、国家环保部等部委公告。产品经济性数据库中的材料价格来自中国家用电器研究院以及有关合作单位定期对全国各地区回收市场的调研结果。产品材料组成来自中国家用电器研究院拆解实验数据和拆解处理企业拆解数据统计。权重数据库中权重设置根据产品行业特点提出，并进行论证。

为了确保数据的科学性与客观性，对于不同类型的产品，研究人员采用不同的计算方式测算社会保有量和理论报废量。对于具有完整《国家统计年鉴》百户拥有量数据的备选产品，本课题采取户规模和人口数计算居民保有量，并通过社会系数比例估算社会保有量，之后根据中国家用电器研究院"社会保有量－报废高峰"模型测算理论报废量。另外，对于在平均使用寿命之内具有完整国内销量数据的备选产品，本课题采用市场"销量－报废年限"正态分布模型测算理论报废量和社会保有量。

另外，研究人员可以通过查看数据库中的各项数据统计，包括某特定年份某几类产品的产量、销量、社会保有量或报废量对比；或者某产品某种数据在历年的变化情况。

研究人员除了可以查看数据库的数据统计之外，还可以对数据库进行修改，录入备选产品信息，保存评分结果等。

五　产品评估

产品评估部分可供课题研究人员对备选库产品进行评估，因此仅研究人员和系统管理员可以访问。产品评估部分包括权重添加和修改，产品评估和评分两个板块。

在产品进行评估和评分前，首先需确定权重。本部分功能可供研究人员对各项数据添加筛选权重，并可对权重进行修改。权重数据以年为单位，单独保存。数据完善的产品可以进行评估操作，产品的评估结果可以导出。另外，可根据已设置好的权重对备选产品进行评分操作，保存之后可以对已评分的产品进行筛选。

六　产品筛选

按照前文所介绍的三种筛选方法，模型在设计中，还根据实际操作中可能遇到的各种因素和情况，对重叠筛选法和分级筛选法进行功能扩充，除了满足基本筛选能力之外，对重叠筛选法增加了"资源性、环境性、经济性筛选，按社会性排序""资源性、环境性筛选，按经济性排序""资源性、经济性筛选，按环境性排序"和"环境性、经济性筛选，按资源性排序"等模式；同时，对分级筛选法扩展了筛选顺序条件，使研究人员在进行筛选操作时，可随意选择筛选顺序。

第五节　目录筛选指标模型

本模型采用局域网内部服务器，课题研究人员可通过中国家用电器研究院内部网络随时随地登录模型，本章节将详细介绍筛选指标模型的具体操作步骤。

一　注册与登录

本模型设计了"注册与登录"功能。模型使用者（课题研究人员）须先进行注册，填写相关个人信息，获得管理员认证通过后才能登录。注册完成后的研究人员可通过输入用户名和密码，点击"登录"按钮，进入本模型（见图10-4）。研究人员进入模型后会出现欢迎界面（见图10-5）。由图10-5可以看出，本模型由顶部导航栏、左侧导航栏、正文三部分组成。

图10-4　目录筛选指标体系模型登录界面

二　目录备选库

研究人员可以通过点击左侧导航栏中"备选库管理-类别查看"按键

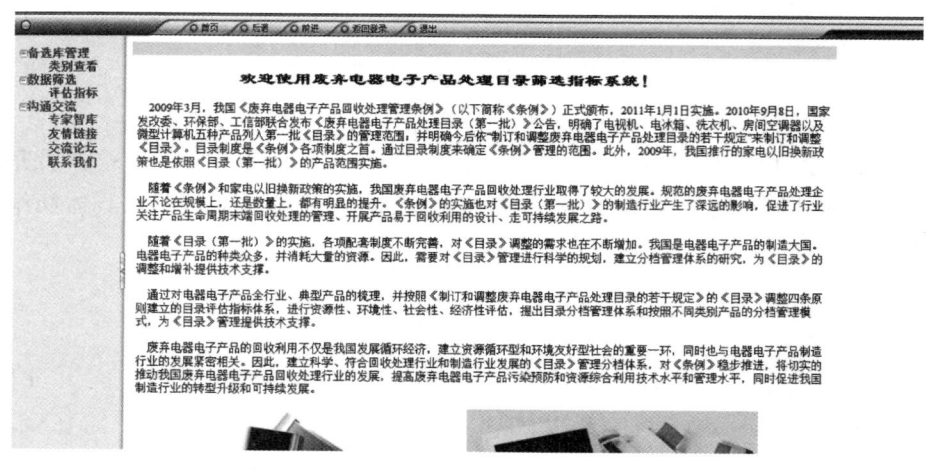

图 10 - 5　目录筛选指标体系模型欢迎界面

浏览由中国家用电器研究院制定的目录备选库。备选库中电器电子产品共分为 6 大类，62 个中类，410 个小类，1055 种产品。

产品备选库中除了对产品逐级分类之外，还提供了产品的范围定义、是否为 CCC 认证产品以及与《统计用产品分类目录》的对应编号（见图 10 - 6）。

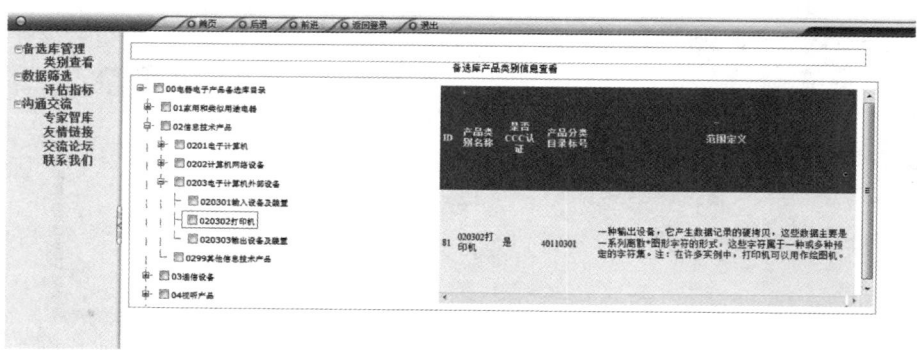

图 10 - 6　产品备选库信息查看（打印机）

三　评估指标体系说明

评估指标体系部分旨在提出本项目所确立的评价指标，供研究人员参考，并以该评估指标体系为评估原则，对备选产品进行评估和筛选（见图 10 - 7）。

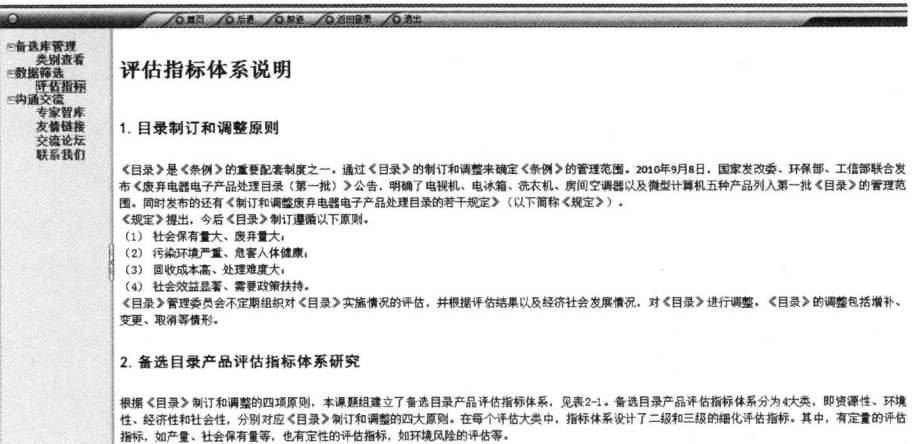

图 10 - 7　评估指标体系说明界面

四　备选产品目录添加

研究人员在使用本模型进行筛选之前，首先需要创建产品数据库，即添加备选目录产品。点击导航目录栏中"类别管理"，可以进入产品目录创建页面（见图 10 - 8）。类别编号由系统自动生成，无须填写。研究人员只需将备选产品名称填写至类别名称一栏，并选择该产品的上级类别，点击"保存新增节点"即可完成创建。

例如：

填写"0104050000 微波炉"至类别名称栏，并选择上级类别的下拉菜单中"0104 家用厨房电器具"，单击"保存新增节点"按钮完成。

五　产品数据录入与修改

对于已经创建的产品，可以进行数据的录入。如图 10 - 9 所示，点击左侧导航菜单栏中的"产品添加"，即展现数据录入界面。研究人员可将产品信息数据逐一填入该页面中的各栏当中。

由于模型的数据存储方式为"时间"和"产品名称"两个关键词对应一条数据，所以"年份"和"类别"两条信息为核心信息，填写时需要仔细核对确认。点击"类别"栏时会出现产品目录选择对话框（见图 10 - 10），已经创建的产品会出现在该对话框中供点选。所有数据填写完成后，

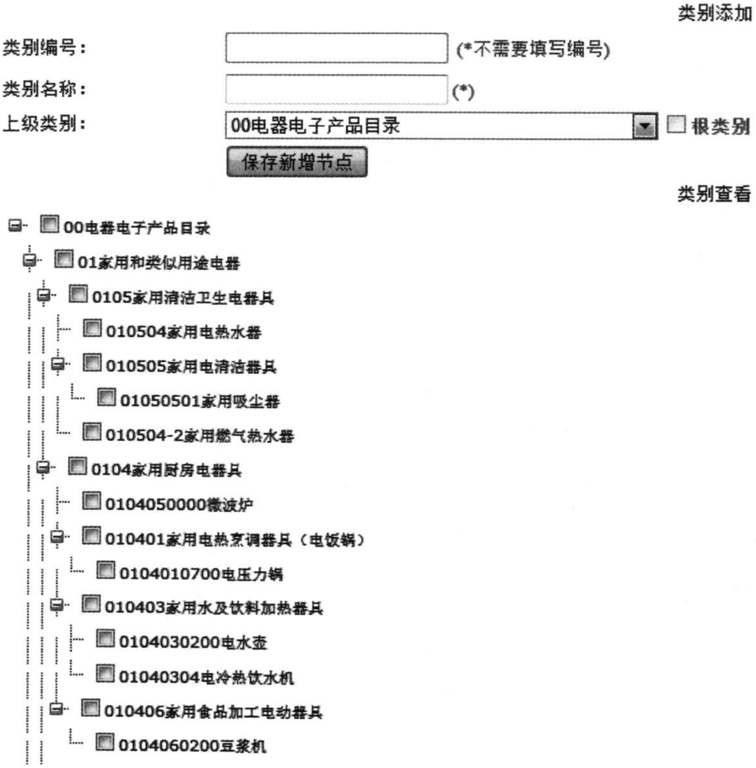

图 10 – 8　目录创建界面

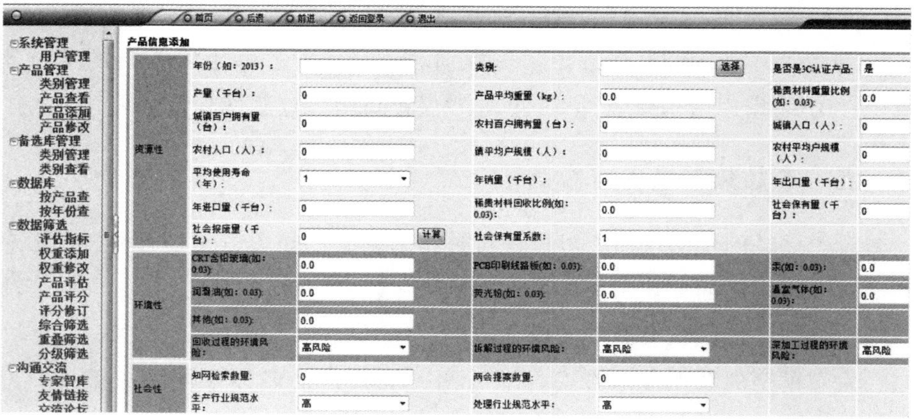

图 10 – 9　产品信息添加界面

单击页面底部的保存按键，将数据保存。

　　对于已经保存的产品信息，可以在"产品修改"中进行查看和修改。保存的数据逐条罗列在页面中部，由于保存条目众多，本模型增加数据搜索功能，直接输入希望查看或修改的"年份"并点选产品类别，即可直接完成搜索（见图 10 - 11）。单击其中希望查看的条目后，该条信息的所有数据都展示在页面的表内。表中的数据都可以进行修改，修改完成之后，单击"信息保存"按键完成保存。

图 10 - 10　目录选择对话框

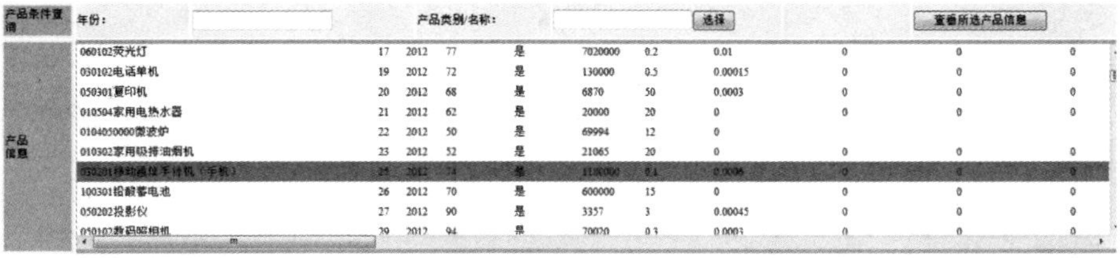

图 10 - 11　目录修改选择框

六　权重录入与修改

　　将数据录入之后，还不能进行评估，必须要设置各项权重。点击导航栏中"权重添加"即可转至权重录入界面。由图 10 - 12 可以看出，权重设置的页面和产品信息添加页面不同，不需要选择产品类别。权重数据以年份为单位记录，对于同一年，所有备选产品以统一权重进行计算和评估。

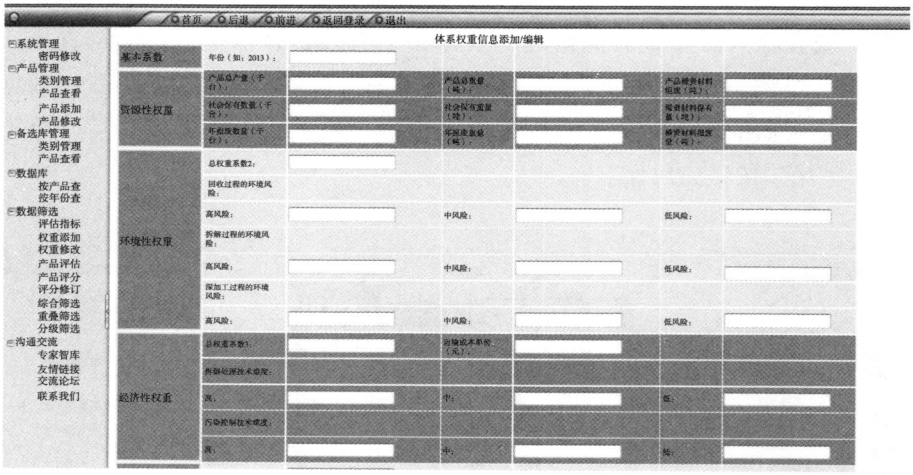

图 10 - 12   权重添加界面

权重的修改功能可以在"权重修改"页面中实现。点选页面中部罗列的权重数据，该年的权重信息将显示在页面的权重表内，修改表中的数值后，单击"保存权重"可以完成保存（见图 10 - 13）。

图 10 - 13   权重修改选择框

七　产品评估与评分

完成产品数据和需评估年份权重的设置之后，可以进行产品评估和评分操作。点击左侧导航栏中"产品评估"选项，即可出现产品评估页面（见图 10 - 14）。同样用户需选择产品类别并填写评估年份。目录选择对话框再次出现，单击希望评估的产品名称即可完成选择。

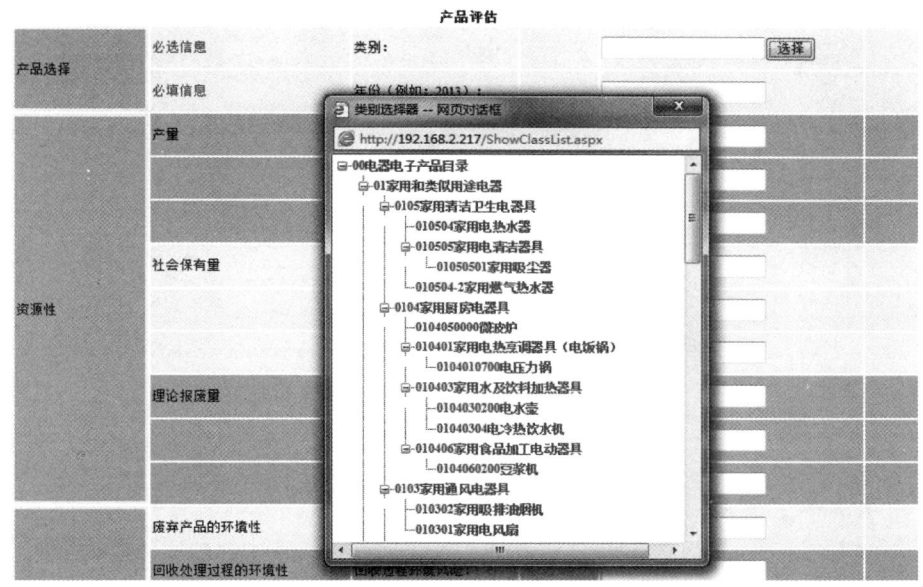

图 10 - 14　产品评估页面

点击右侧"开始评估"按键之后，系统会自动对产品信息数据进行运算，并输出产品评估结果。

例如，选择产品"0104050000 微波炉"，并输入年份"2012"后，本模型会产生对微波炉产品的评估结果（见图 10 - 15）。

"产品评分"的操作方法和页面都与"产品评估"类似，区别是在页面下方增加评分结果展示表和一个"保存得分"按钮。得分验证无误，并保存之后，可供筛选（见图 10 - 16）。

八　产品筛选

当完成对所有产品的评分进行保存之后，本模型可以对评分进行筛选。筛选方法分为叠加筛选法、重叠筛选法、分级筛选法和排序筛选法四种。按照四种不同的筛选方法，本模型分别在左侧导航栏中设置四个方法的链接按键，通过点击，可以转至四种筛选方法的筛选界面。

图 10-15 微波炉 2012 年评估结果举例

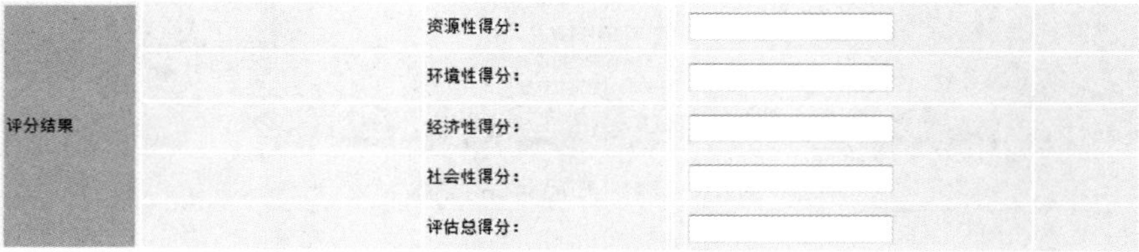

图 10-16 评分保存界面

叠加筛选法是最基本的一种筛选方法。在进行叠加筛选运算时，将备选产品资源性、环境性、经济性、社会性评分相加，对所得总分进行排序。筛选时，研究人员只需输入筛选年份，单击"筛选"按键后，已保存的得分信息将按从高到低的顺序依次排列。例如，当对 2012 年进行叠加筛选时，输入年份"2012"，点击"筛选"后出现排列结果（见图 10-17）。

（一）重叠筛选法

重叠筛选法又称交集筛选法，原理为分别对备选产品的四种性质评分进行排序，从中选取各性质排名中的前 n 项中的交集。研究人员可在填写欲筛选年份和优先序号之后，依据需要分别点击"全部筛选""资源性、环境性、经济性筛选，按社会性排序""资源性、环境性筛选，按经济性排序""资源性、经济性筛选，按环境性排序"和"环境性、经济性筛选，按资源性排序"等按键。

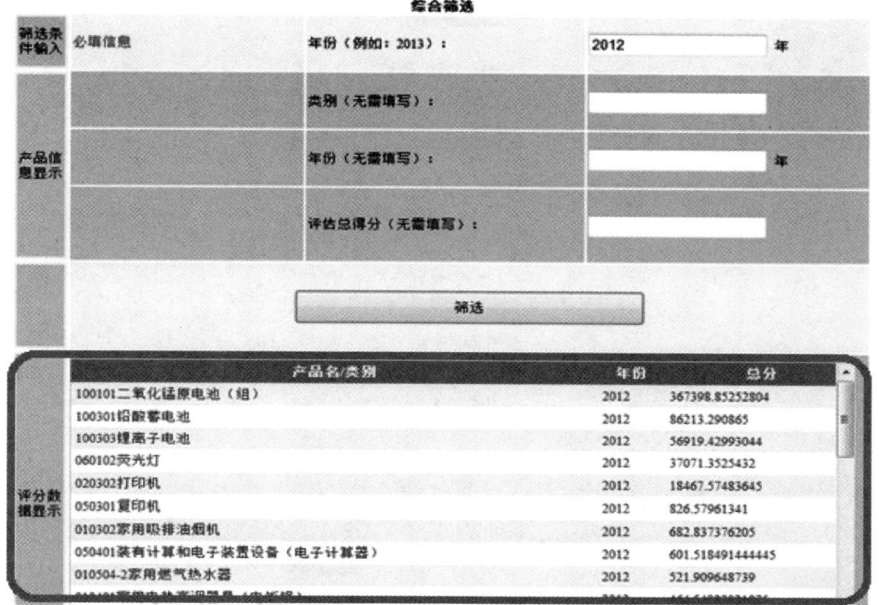

图 10 - 17 叠加筛选结果举例

例如，以"资源性、环境性、经济性筛选，按社会性排序"模式举例，研究人员首先应填写筛选年份"2012"，并输入筛选条件"取前15项"，单击相应筛选按钮，页面会出现筛选结果（见图10-18）。

（二）分级筛选法

本课题还设置另外一种筛选方法，即分级筛选法。筛选过程中，首先确立四种性质的筛选优先顺序，再逐级排序筛选。筛选时，首先应确定筛选顺序，即在下拉菜单中逐一选择四项筛选原则，并分别填写筛选项目数，完成后点击"筛选"按键。

例如，确定筛选顺序为：（1）资源性；（2）环境性；（3）经济性；（4）社会性；另外确定各性质的筛选产品数分别为20、15、10、5。由此，筛选结果即为在资源性前20项产品中按环境性排序，留下前15项按经济性排序，留下前10项按社会性排序，最终取得前5项。依次在分级筛选页面输入上述信息后，即可得到筛选结果（见图10-19）。

（三）排序筛选法

本课题还设置排序筛选法。筛选过程中，首先确立四种性质的筛选权

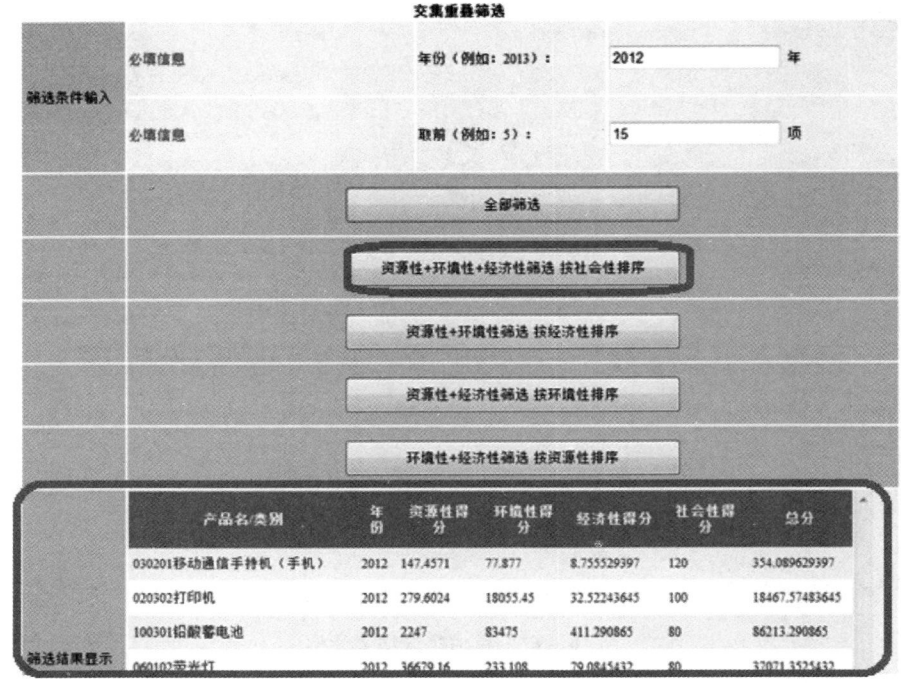

图 10 – 18　重叠筛选结果举例

重，再输入希望筛选出的结果数量，完成后点击"筛选"按键。

　　例如，确定四种性质筛选权重为：资源性∶环境性∶经济性∶社会性 = 1∶
1∶1∶1；另外，确定希望筛选产品数量为 8。输入筛选年份"2012"后，点
击"筛选"按键，即可得到筛选结果。由图 10 – 20 可以看出，筛选结果中
将展示备选产品各种性质总得分，以及排序分数，最后通过排序总分由高到
低排列。

九　数据查看

　　对于研究人员，可以查看并导出本模型中的产品信息数据。可供浏览的
数据包括：产品产量、年销售量、年理论报废量、社会保有量、进口量、出
口量等。

　　本模型提供两种数据查看方式："按产品查看"和"按年份查看"。

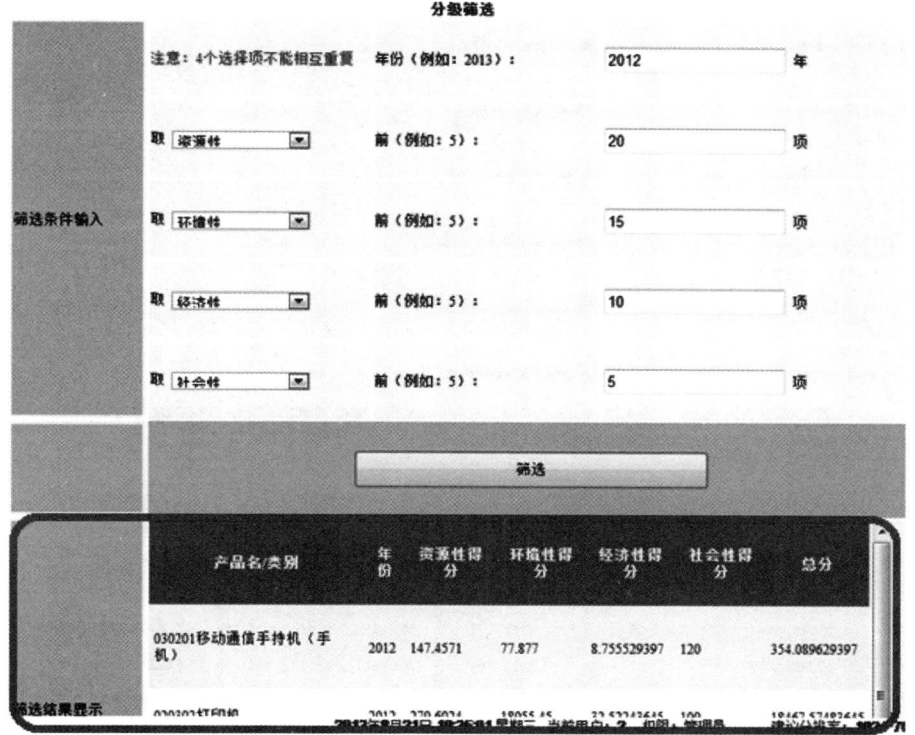

图 10 – 19　分级筛选结果举例

（一）按产品查看

点击左侧导航栏中的"按产品查"，正文页面会显示产品查看选择界面。研究人员可点击类别栏，在产品选择对话框选择某产品，之后，在下拉菜单中选择希望查看的数据类型，点击"绘图"之后，系统会自动生成该产品自有数据以来的该项数据。另外，点击"导出 Excel"之后，所查看的数据将以 Excel 格式保存（见图 10 – 21）。

（二）按年份查看

研究人员也可以选择"按年份查"。输入希望查看的特定年份至"年份"框内，选择下拉菜单中希望查看的数据类型，点击"按全部类别绘图"之后，所有该项数据的记录都将会被调出；或者，可通过选择对话框挑选 5 种希望对比查看的产品类别，点击"绘图"。同样，所有产生的数据图都可以被导出为 Excel 格式（见图 10 – 22）。

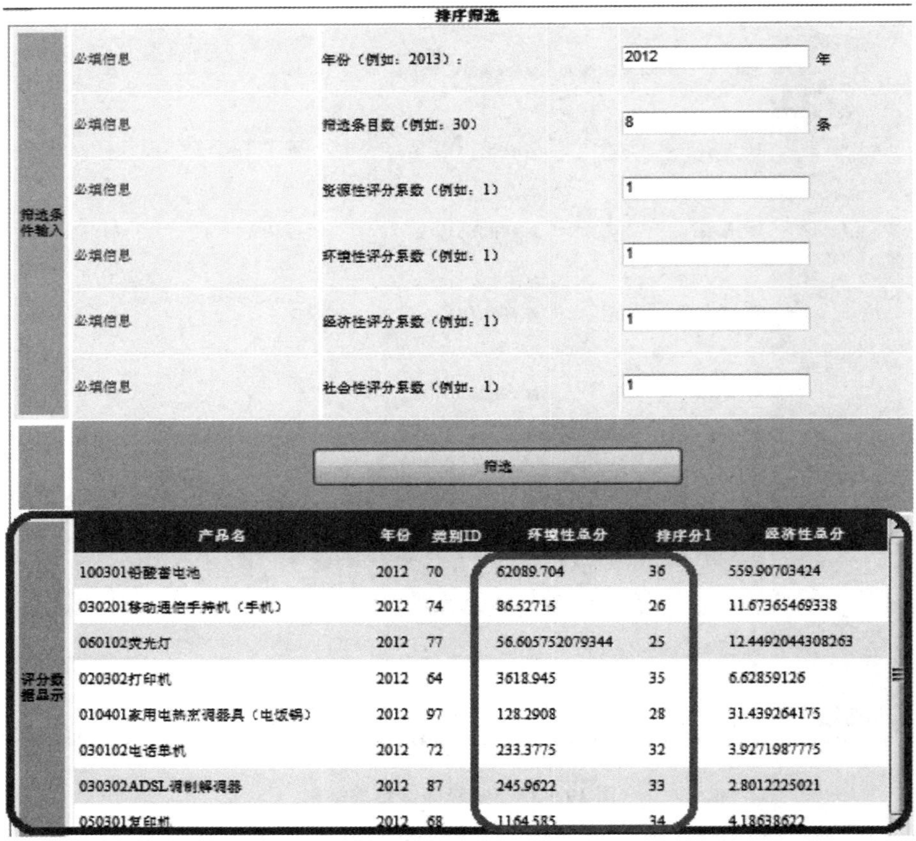

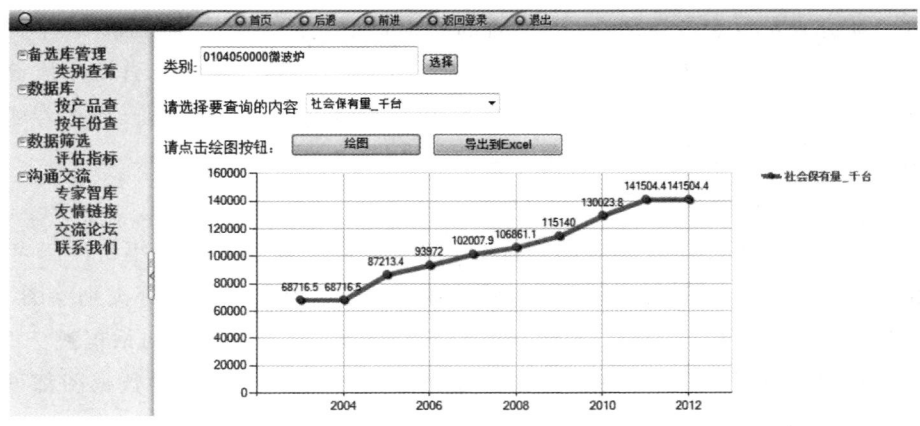

排序筛选
筛选条件输入
必填信息 年份（例如：2013）： 2012 年
必填信息 筛选条目数（例如：30） 8 条
必填信息 资源性评分系数（例如：1） 1
必填信息 环境性评分系数（例如：1） 1
必填信息 经济性评分系数（例如：1） 1
必填信息 社会性评分系数（例如：1） 1
筛选
评分数据显示
产品名 年份 类别ID 环境性总分 排序分1 经济性总分
100301铅酸蓄电池 2012 70 62089.704 36 559.90703424
030201移动通信手持机（手机） 2012 74 86.52715 26 11.67365469338
060102荧光灯 2012 77 56.605752079344 25 12.4492044308263
020302打印机 2012 64 3618.945 35 6.62859126
010401家用电热烹调器具（电饭锅） 2012 97 128.2908 28 31.439264175
030102电话单机 2012 72 233.3775 32 3.9271987775
030302ADSL调制解调器 2012 87 245.9622 33 2.8012225021
050301复印机 2012 68 1164.585 34 4.18638622

图 10－20　排序筛选结果举例

首页 后退 前进 返回登录 退出
备选库管理
类别查看
数据库
按产品查
按年份查
数据筛选
评估指标
沟通交流
专家智库
友情链接
交流论坛
联系我们
类别: 0104050000微波炉 选择
请选择要查询的内容 社会保有量_千台
请点击绘图按钮： 绘图 导出到Excel
社会保有量_千台
160000
140000
120000
100000
80000
60000
40000
20000
0
2004
2006
2008
2010
2012
68716.5
68716.5
87213.4
93972
102007.9
106861.1
115140
130023.8
141504.4
141504.4

图 10－21　按产品查看数据库页面（微波炉社会保有量查看）

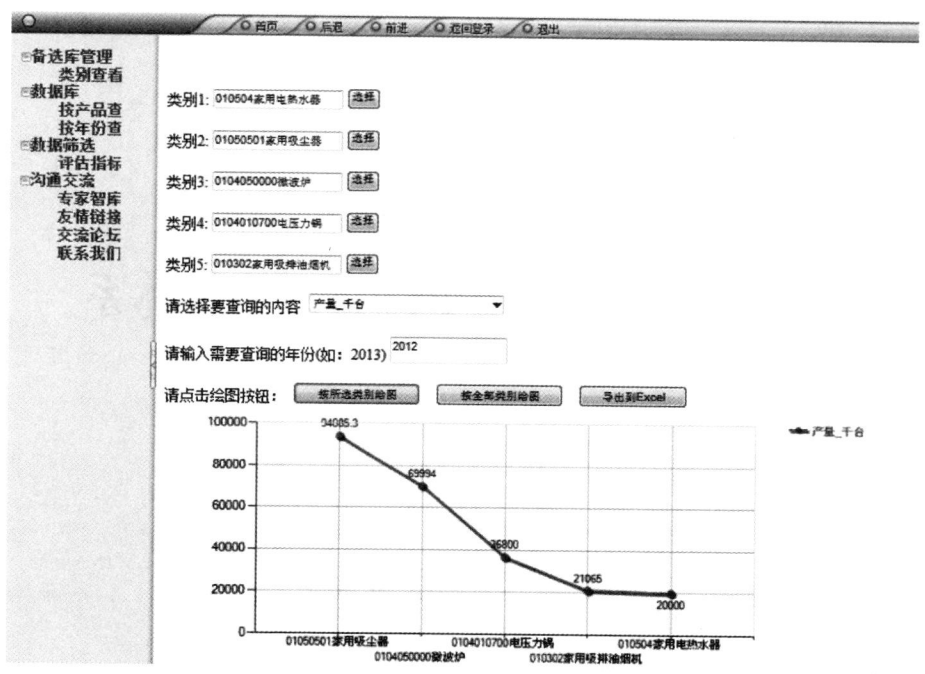

图 10 − 22 按年份查看数据库页面（2012 年五种家用电器产品产量查看）

第十一章
废弃电器电子产品处理目录分档体系

第一节　产品评估

根据目录备选库研究报告，目录备选产品按功能分为六大类，70个中类，432个小类，1110种产品。目录备选产品评估是针对小类产品进行评估。产品评估需要获得产品产量、进出口量、百户拥有量的数据，以及产品的平均重量、材料组成（包括有害物质种类和含量）、产品的平均使用寿命、回收处理现状、处理技术水平、生产企业参与回收处理的现状等。其中，产品产量、进出口量是产品评估的关键数据，它反映该产品的行业规模。而其他产品信息可以通过调研、拆解试验等方法获得。

产品的产量可以通过国家统计年鉴、相关行业统计年鉴，以及行业协会等渠道获得。产品的进出口数据可以通过海关获得。由于我国统计制度的局限，产品产量的统计数据通常不完整。一是，不能覆盖所有的产品制造企业；二是，不是所有的产品都有统计数据。因此，备选产品的评估仅针对数据较完整的产品进行。附录1为部分评估产品的拆解试验报告。通过拆解试验，主要获得产品种类、结构组成、材料组成、产品重量等一手数据，用来支撑产品评估。

一　电器机械及器材

电器机械及器材是由家用电器、照明电器和电池3个行业组成。

　　我国家用电器行业从 20 世纪 80 年代起步，经过 30 多年的快速发展，我国现已成为电器电子产品的制造大国，并成为全球家用电器的制造基地，涌现很多知名的生产企业和品牌。2012 年，中国家电工业总产值达到 1.14 万亿元，同比增长 13%。工业生产总值为 1.1 万亿元。

　　随着人们生活水平的提高，家用电器已成为生活的必备品，我国也成为家用电器的消费大国。2011 年，家电行业累计工业销售产值 10840 亿元（产销率平均为 94.9%），同比增长 21.8%。其中，家用制冷电器、家用空调器、家用通风电器、厨房电器和清洁卫生电器累计销售产值分别为 2492 亿元、3822 亿元、450 亿元、1575 亿元和 1063 亿元，同比增长分别为 18.8%、29.0%、17.1%、10.5% 和 26.4%。2012 年，家电行业累计工业销售产值同比增长 11.0%，出口交货值同比增长 5.6%。2012 年，家用电器行业主营业务收入同比增长 8.4%，利润总额累计同比增长 20.5%。

　　改革开放以来，我国照明电器行业得到快速发展，特别是最近十几年来发展尤为迅速。中国已经成为全球照明电器产品的生产大国和出口大国。其中，荧光灯的产量占全球产量的 80%，白炽灯占全球产量的 1/3。

　　根据中国照明工业协会统计，2011 年，普通白炽灯产品（据对全国 64 家生产企业的统计）全年总产量 41.7 亿只，与 2010 年的 38.5 亿只同比增长 8.3%。特种灯泡灯产品（据对全国 72 家生产企业的统计）全年总产量 17 亿只，同比增长 0.2%。荧光灯产品（据对全国 220 家生产企业的统计）全年产量 70.2 亿只，与 2010 年的 66.9 亿只相比增长 4.9%。双端荧光灯中的 T8 荧光灯产量为 10.98 亿只，同比增长 31.5%。双端荧光灯中的 T5 荧光灯产量为 7.9 亿只，同比增长 14.5%。荧光灯产品中的环型荧光灯产量为 1.83 亿只，与上一年度基本持平稍有下降。荧光灯中的紧凑型荧光灯（俗称节能灯）（据对全国 108 家生产企业的统计）中，自镇流荧光灯产量约为 46.7 亿只，同比增长 14.2%，插拔管的产量 3.3 亿只。

　　高强度气体放电灯（HID 灯）产品（据对全国 50 家生产企业的统计）全年总产量 1.8 亿只，比 2010 年的 1.74 亿只增长 3.4%。低压灯泡产品（据对全国 13 家生产企业的统计）全年总产量 1.73 亿只，同比下降 11.7%。

　　2011 年，全国照明电器行业出口总额超过 223 亿美元，相比 2010 年增长 20.3%，相比上一年同期增幅有所下降。其中电光源产品出口额 62.4 亿美元，主要出口产品中，普通照明用白炽灯出口量 31.8 亿只，同比增长 14.4%，出口额 4.3 亿美元，该类产品的出口单价相比上一年度上涨 5.5%。紧凑型荧光灯出口 28.2 亿只，同比下降 6.24%，出口额 30.3 亿美元，该类产品的出口单价与上一年相比增长 7%。其他类型荧光灯出口量 7.67 亿只，同比上涨 5.36%，出口额 5 亿美元，同比上涨 18.2%。卤钨灯产品出口 9.57 亿只，同比增长 3.44%，出口额 4.57 亿美元；HID 灯产品出口 1.36 亿只，同比增长 2.2%，其中高压钠灯和高压汞灯出口增幅较大，超过 75%，而其他金属卤化物灯下降幅度较大，超过 30%；2011 年，全球经济继续回暖，大部分产品的生产和出口相比上一年度有所增长，但是由于前一年增幅较大，部分产品的增长幅度有所下降。白炽灯产品出口量和出口单价继续保持增势，这与其他国家关闭生产工厂，将生产能力转向中国有直接关系。

灯具类产品的出口额达到 101 亿美元，同比增长 19%。其中，枝形吊灯及天花板或墙壁上的电器照明装置出口额 24.7 亿美元，同比增长 8.2%；电气的台灯、床头灯或落地灯出口额 9.17 亿美元，同比增长 3.29%；圣诞树用成套灯具出口额 11.7 亿美元，同比增长 12.9%；未列明电灯及照明装置出口额 44.9 亿美元，增幅约 32%。各类镇流器产品出口量 3.76 亿只，出口额约 10.8 亿美元，同比上涨 3.8%。电子镇流器和电感镇流器的出口量分别为 2.9 亿只和 8500 万只，相比上一年同期都有所下降，但是出口总额有小幅上升，出口单价有所上涨。

2011 年照明产品进口总额 29.4 亿美元，同比下降 12.5%。在全部进口产品中，科研、医疗专用白炽灯泡，科研、医疗专用热阴极荧光灯，科研、医疗专用放电管等产品，进口量增幅较大。普通照明用白炽灯进口量相比上一年同期有所下降，其他类型热阴极荧光灯以及封闭式聚光灯进口量大幅下降，相比上一年同期下降幅度超过 50%。电感型镇流器进口量下降 37.8%。灯具产品中枝形吊灯及天花板或墙壁上的电气照明装置以及台灯、床头灯或落地灯等进口额比上一年同期分别增长 51.6% 和 61.2%，涨幅明显。

中国电池工业的发展促进了汽车、通信、电动自行车、电动玩具、电子电器等相关产业的发展，在国民经济建设中发挥着重要的作用。近年来，我国已逐渐发展成为世界电池生产、加工和贸易的中心。据初步统计，2010

年中国电池生产企业约 4000 家，从业人员约 600 万人，产业上下游相关总从业人员超过 1000 万人。2010 年，全国电池规模企业销售收入为 4592 亿元，同比增长 49.7%。

2010 年，中国电池总产量 400 多亿块，约占全世界电池总产量 50% 以上。其中，铅蓄电池产量近 18000 万千伏安时，约占世界 1/3；太阳能电池产量约 10.5GW，约占世界 50%；锂离子电池约 27 亿块，镉镍电池和氢镍电池约 20 亿块，一次性电池 439.28 亿块。

2010 年，我国电池出口总量为 282.81 亿块，同比增长 13.65%。出口额 285.3 亿美元。2010 年，我国电池进口量为 72.47 亿块，进口额 84.35 亿美元。

通过行业调研，家用电器，除了列入第一批目录的电冰箱、洗衣机和房间空调器，可评估的产品有微波炉、电热水器、吸排油烟机、电饭锅、家用吸尘器、家用电风扇、电热饮水机、燃气热水器、电动剃须刀、电水壶、豆浆机、电压力锅、电吹风机 13 类产品。照明电器评估产品为荧光灯。电池行业评估的产品有铅酸电池、锂离子电池和二氧化锰原电池 3 种产品。

（一）微波炉

微波炉按操作方式可分为机械式、电子式、机械烧烤式、电子烧烤式。电子烧烤式和机械式是目前市场主流。2011 年上半年分别拥有的零售量市场份额为 53.32% 和 34.65%，两者合计占整体市场的 87.97%，未来的市场份额还将继续上升。

中国的微波炉市场是一个品牌、产地都高度集中的市场，在格兰仕不断大幅降价的市场高压下，国内微波炉生产企业已经减少到 30 多家，产地也主要集中在广东、天津、山东、上海和安徽几个省份。

中国微波炉市场品牌集中度非常高，美的与格兰仕两大巨头占到微波炉产量的 90% 以上，未来还将有进一步上升的趋势。根据中怡康的监测数据，2011 年上半年，格兰仕和美的微波炉的市场占有率分别为 51.95% 和 42.71%，松下和三洋也各有 2% 左右的市场份额，具体如图 11 - 1 所示。

1. 资源性

根据国家统计局数据，2012 年微波炉全年总产量为 6999.4 万台。虽然我国微波炉产量巨大，但 80% 左右用于出口，2012 年出口 5382.9 万台。具体数据见图 11 - 2。

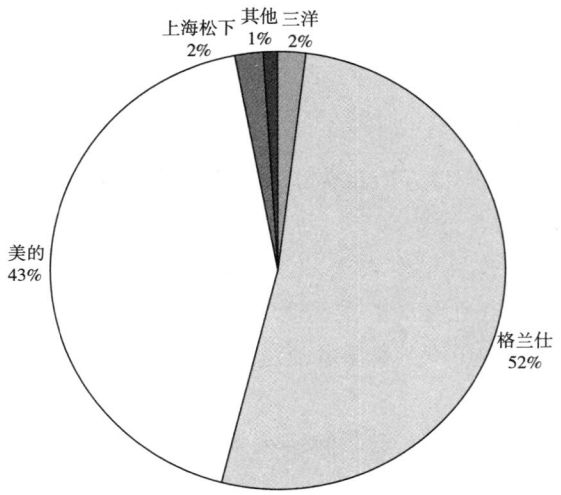

图 11 - 1 2011 年上半年我国微波炉市场品牌占有率

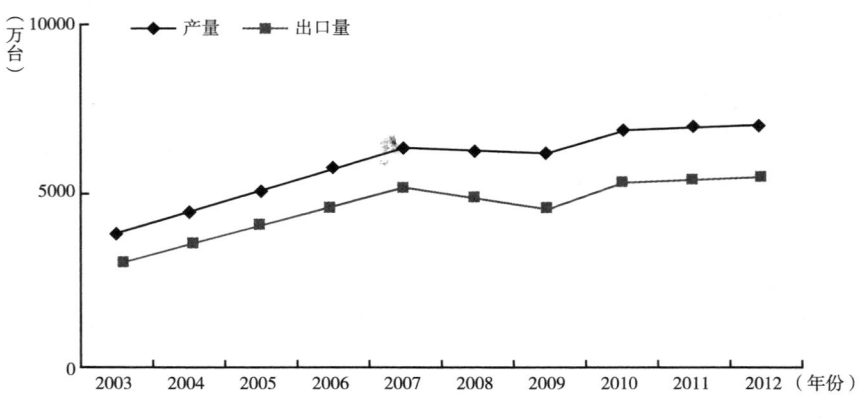

图 11 - 2 2003～2012 年微波炉产量和出口量

微波炉型号众多，但产品重量差异不大。一般家用微波炉为 20L～25L，重量在 10～15 公斤。为方便计算，本报告取 12 公斤为微波炉的平均重量。

微波炉主要由六大部分组成，即磁控管、电源变压器、炉腔、炉门、旋转工作台和时间控制器。主要材料包括金属、玻璃、塑料等。产品结构图如图 11 - 3 所示。材料组成如表 11 - 1 所示。

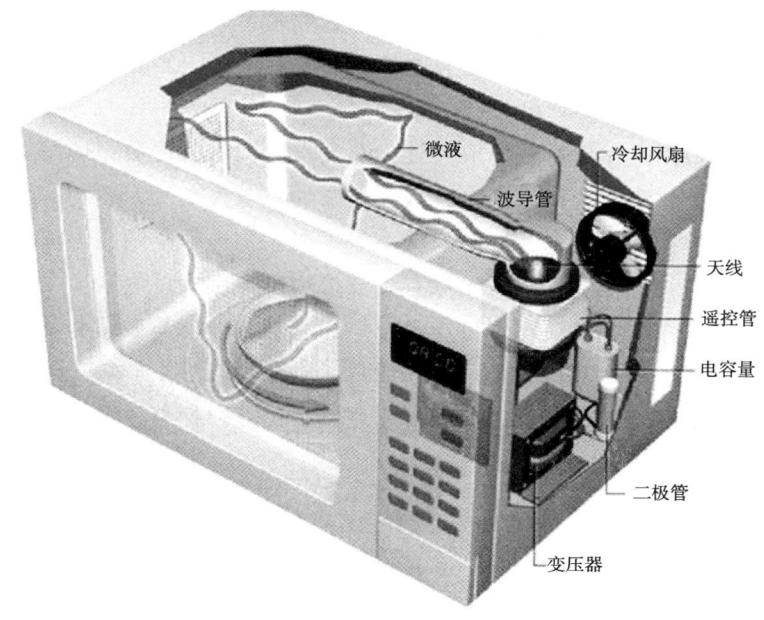

图 11 - 3　微波炉产品结构

表 11 - 1　微波炉的材料组成

部件或材料	占整机比例(%)	部件或材料	占整机比例(%)
塑　　料	8.20	玻　　璃	7.60
变压器	37	电　　容	1
电　　机	1	印刷电路板	0.2
铁　　件	44.20	其　　他	0.10
导　　线	0.60	总　　计	100

注：来自四川长虹格润再生资源有限责任公司拆解数据。

　　磁控管：是微波炉的"心脏"，由它产生和发射微波（直流电能转换成微波振荡输出），它实际上是一个真空管（金属管）。

　　电源变压器：是给磁控管提供电压的部件。

　　炉腔：也称谐振腔，它是烹调食物的地方，由涂敷非磁性材料的金属板制成。在炉腔的左侧和顶部均开有通风孔。经波导管输入炉腔内的微波在腔壁内来回反射，每次传播都穿过或经过食物。在设计微波炉时，通常使炉腔的边长为 1/2 微波导波波长的倍数，这样使食物被加热时，炉腔内能保持谐振，谐振范围会适当变宽。

波导：将磁控管产生的微波功率传输到炉腔，以加热食物。

旋转工作台：旋转工作台安装在炉腔的底部，离炉底有一定的高度，由一只以 5 ~ 6 转/分钟转速的小马达带动。

炉门：炉门的作用是便于取放食物及观察烹调时的情形，炉门又是构成炉腔的前壁，它是整个微波炉防止微波泄漏的一道关卡。

时间功率控制器：选择不同的功率对不同食物进行烹调或解冻。

微波炉的社会保有量是居民保有量与机构用户保有量之和。居民保有量通过国家统计年鉴中城镇与农村居民百户拥有量，分别与城镇和农村居民户数相乘、累加而得。2011 年，微波炉的社会保有量达到 1.4 亿台（目前国家统计年鉴最新统计为 2011 年数据）。城镇居民百户拥有量和社会保有量见图 11 – 4 和图 11 – 5。

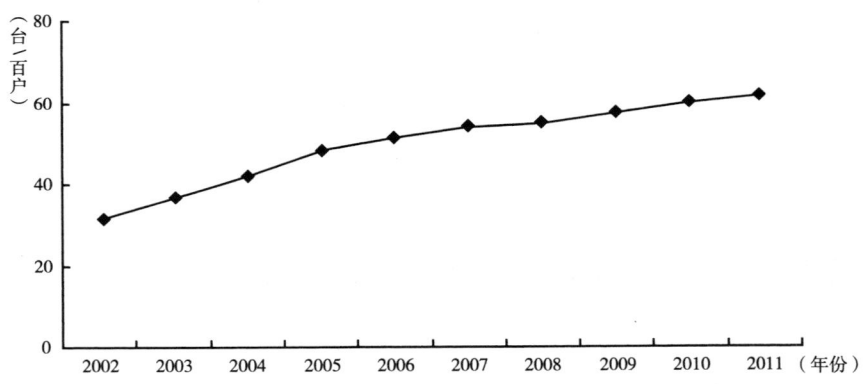

图 11 – 4　2002 ~ 2011 年微波炉城镇居民百户拥有量

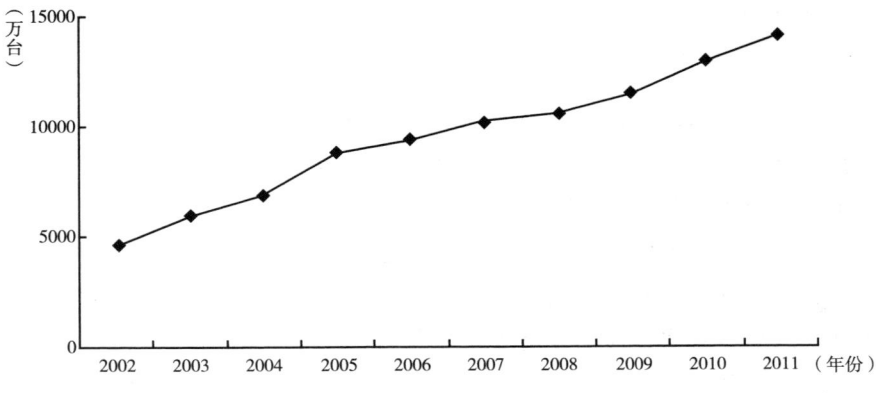

图 11 – 5　2002 ~ 2011 年微波炉社会保有量

微波炉的使用年限一般为 10 年以内，使用第 6 ~ 10 年为报废的高峰期，用社会保有量乘以系数法，计算得出微波炉 2012 年的理论报废量为 702.56 万台，按平均重量 12 公斤/台计算，2012 年微波炉的理论报废重量为 84307.2 吨。微波炉 2007 ~ 2012 年理论报废量和理论报废重量如图 11 - 6 和图 11 - 7 所示。

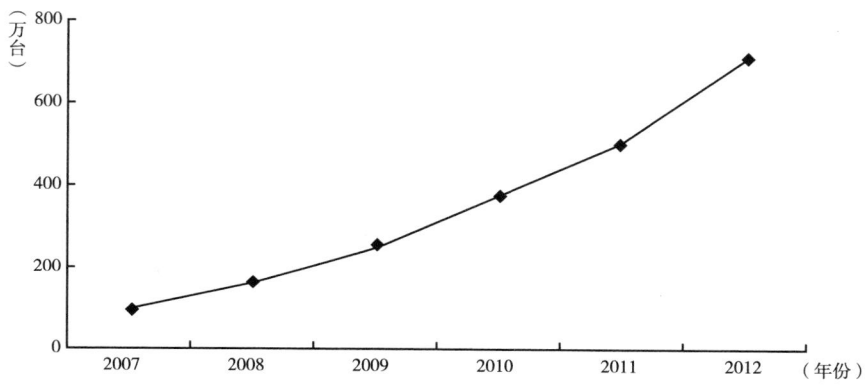

图 11 - 6　2007 ~ 2012 年微波炉理论报废量趋势

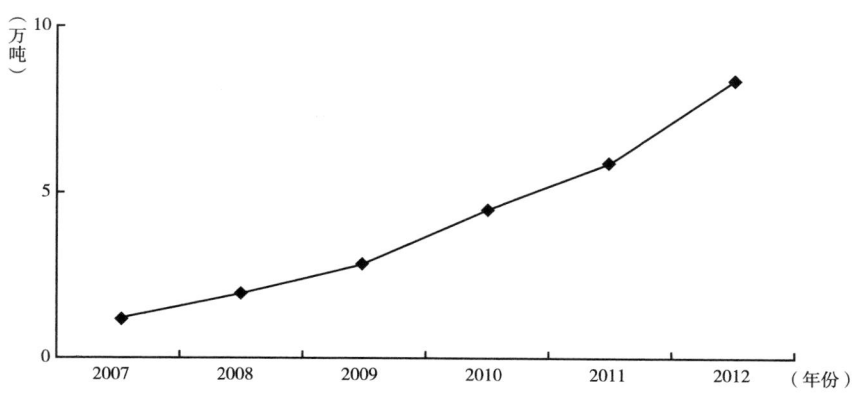

图 11 - 7　2007 ~ 2012 年微波炉理论报废重量趋势

2. 环境性

微波炉中的受控物质主要指印刷电路板。液晶显示器由于面积小于 100 平方厘米，因此暂不予以考虑。印刷电路板被列入国家危险废物名录。它既是对环境具有危害的部件，同时也含有大量的有价值的材料。根据表 11 - 1，印刷电路板的重量占微波炉重量的 0.2%。以 2012 年微波炉理论报废量 702.56 万台测算，2012 年，微波炉中受控物质的总含量为 168.6 吨。

微波炉有坚硬的金属外壳，体积适中，易于搬运，且微波炉发生磕碰后，也不存在液体或气体等外泄污染环境。因此，微波炉回收过程的环境风险评估为低。

废微波炉的拆解主要以手工物理拆解为主。拆解后的拆解产物为微波炉外壳、磁控管、电源变压器、电容器、炉门、旋转工作台、时间控制器等。整个拆解过程中，不存在对环境和人体的危害，微波炉整机拆解过程的环境风险评估为低。

废微波炉的深加工主要指印刷电路板的破碎分选、分离金属和非金属。印刷电路板的处理需要获得环保部门的危废处理许可。2012 年 8 月 24 日，环保部、发改委和商务部联合发布了废塑料加工利用污染防治管理规定，对废塑料加工利用企业进行污染预防严格管理。因此，规范的深加工的环境风险很小，而不规范的深加工将对环境产生较大的风险。

目前还没有形成规范的微波炉的深加工行业，因此，微波炉深加工的环境风险评估为高。

3. 经济性

废弃产品的价值是指废弃产品的材料价值，按照不同材料的回收重量和回收价格进行测算。废微波炉材料价值见表 11 - 2。微波炉单台材料总价值平均为 40.23 元，以 2012 年报废量 702.56 万台计算，废弃微波炉的总价值约为 2.8 亿元。

表 11 - 2　废微波炉材料价值

部件或材料	回收价格（元/公斤）	单台重量（公斤）	所占比例%	单台价格（元）	废弃总价值（万元）
塑　料	4.5	0.98	8.20	4.43	3110.94
变压器	6	4.44	37	26.64	18716.20
电　机	5	0.12	1	0.60	421.54
铁　件	1.5	5.28	44	7.94	5576.92
导　线	6.5	0.07	0.60	0.47	328.80
玻　璃	0.08	0.94	7.80	0.07	52.61
电　容	0.2	0.12	1	0.02	16.86
印刷线路板	3	0.02	0.2	0.06	42.15
其　他	0	0.01	0.10	0	0
总　计		12	100	40.23	28263.99

注：根据 2013 年 7 月课题组的市场调研、拆解实验和项目协作单位四川长虹格润再生资源有限责任公司拆解实验数据等。

运输和贮存成本采用对比测算法进行评估。在家电以旧换新政策实施期间，回收的大部分产品是阴极射线管电视机，其运费补贴约为每件产品40元。按产品30公斤重量计，可以得出每公斤的运费成本为1.33元。不同产品根据重量测算其运费成本。微波炉的重量约为12公斤。测算的运输和贮存成本为15.96元/台。

拆解处理技术与产品的结构复杂程度成正比。微波炉的拆解技术和工艺相对简单，材料组成也不复杂，主要是金属、塑料和玻璃等。微波炉的拆解处理技术等级为低。

微波炉的拆解手工即可完成，拆解过程中没有有毒有害物质的泄漏，不会对人体和环境造成危害，因此，微波炉的污染控制技术等级为低。

4. 社会性

社会关注度采用学术文章检索数，即在中国知网（cnki）检索主题词：产品名称+（"回收"或"处理"）。检索的数量越多，说明关注度越高。微波炉的检索数量为0，社会关注度很低。

我国是微波炉的制造基地，产量的70%~80%用于出口。生产企业的集中度高，大部分市场被格兰仕、美的、松下等企业占据。然而，目前生产企业还未发起微波炉的回收处理行动，因此，微波炉生产行业回收处理水平为低。

目前，废弃的微波炉大部分在流通环节被拆解，正规的处理企业没有大批量地回收处理微波炉。因此，微波炉处理行业规范水平为低。

5. 评估结论

我国是微波炉的生产大国和出口大国，行业集中度极高，社会保有量大。微波炉属于比较耐用的小家电，处理难度不大，由于含有PCB，深加工过程污染控制技术要求高。但目前，很少有微波炉能够流向正规的处理企业，微波炉的处理行业规范水平为低。微波炉的评估结果见表11-3。

（二）电热水器

城市电热水器市场上，储水式电热水器占了90%以上的市场份额，即热式电热水器的零售量市场份额不到10%。储水式电热水器从容积段来看，41L~60L的电热水器拥有50%以上的零售量市场份额，其中，41L~50L的电热水器最受欢迎，零售量市场份额约为30%。电热水器的产量呈逐年增长的趋势，根据家电协会统计，电热水器2012年产量达到2000万台。

表 11-3　微波炉评估结果

类别		指标	评估结果
1. 资源性	1.1 产量	1.1.1 产品年产量（万台）	6999.4
		1.1.2 产品总重量（吨）	839928
		1.1.3 产品稀贵材料含量	0
	1.2 社会保有量	1.2.1 社会保有数量（万台）	14150.44（2011）
		1.2.2 社会保有重量（吨）	1698052.8（2011）
		1.2.3 稀贵材料含量	0
	1.3 理论报废量	1.3.1 年报废数量（万台）	702.56（2012）
		1.3.2 年报废重量（吨）	84307.2（2012）
		1.3.3 稀贵材料含量	0
2. 环境性	2.1 废弃产品的环境性	2.1.1RoHS 物质含量	0
		2.1.2 受控物质含量	PCB 168.6 吨
	2.2 回收处理过程的环境性	2.2.1 回收过程的环境风险	环境风险等级低
		2.2.2 拆解过程的环境风险	环境风险等级低
		2.2.3 深加工处理过程的环境风险	环境风险等级高
3. 经济性	3.1 回收成本	3.1.1 废弃产品的价值	28266.01 万元
		3.1.2 运输贮存成本	15.96 元/台
	3.2 处理难度	3.2.1 拆解处理技术	等级低
		3.2.2 污染控制技术	等级低
4. 社会性	4.1 社会关注度	学术文章检索数:在中国知网（cnki）检索主题词:产品名称+（"回收"或"处理"）	检索数量 0,等级低
	4.2 管理需求	4.2.1 生产行业参与回收处理水平	低:几乎没有企业参与
		4.2.2 处理行业规范水平	低:处理行业极不规范

　　中国家用电热水器市场品牌集中度较高，根据中怡康检测数据，2011年全国重点大商场储水式热水器市场前 5 名品牌市场占有率约为 60%，前10 名品牌市场占有率达到 89%。前 10 名品牌包括海尔、史密斯、美的、阿里斯顿、万家乐、惠而浦、万和、法罗力、帅康、西门子。海尔和史密斯市场占有率较大，均在 20% 以上，美的 15% 左右，其他品牌市场占有率相对较小。具体数据见图 11-8。

　　即热式电热水器的市场集中度比储水式电热水器的市场集中度低一些，前十大品牌占 75%，包括奥特朗、哈佛、诺克司、佳源、联创、汉诺威、欧安尼、罗格、太尔、睿派。

　　1. 资源性

　　近年来，电热水器的产量呈逐年增长的趋势，2012 年产量达到 2000 万台。近五年产量如图 11-9 所示。

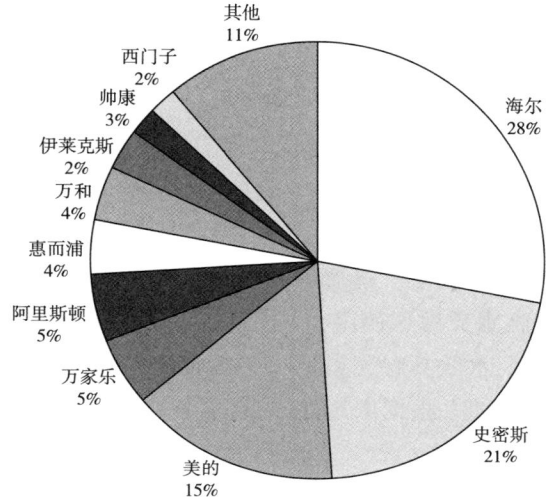

图 11-8　储水式电热水器市场占有率

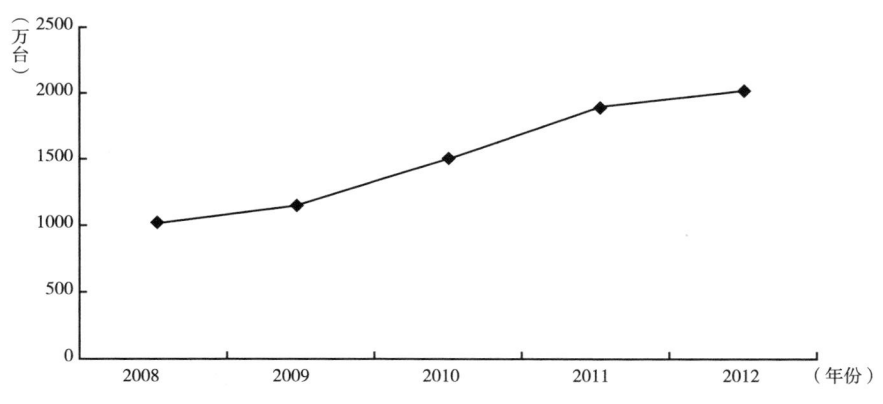

图 11-9　2008~2012 年电热水器产量（数据来自家电协会）

　　家用电热水器型号众多，即热式电热水器相对重量轻，一般 5 公斤左右，储水式电热水器根据储水量不同，重量差异较大，最大的家用电热水器储水量可达到 500 升，本报告以家用最畅销的 50 升电热水器为典型型号，取其平均重量 20 公斤，作为电热水器的平均重量。

　　储水式电热水器的典型结构主要由储水箱、外壳、电热元件、温度控制装置、安全保护装置等组成。储水箱和外壳之间填有玻璃纤维等保温材料，以减少热损失。外壳经过了防锈、装饰涂装处理，正面设有温度调节控制旋钮和工作指示灯，底部设有进水口。热水出口在顶部或底部。储水式电热水器几乎都采用电热管作为加热元件，一般都设有温度控制和限温恒温器，以确保热水安全运行。指示灯可显示供电、工作等两种信号指示，直观地告诉使用者此时热水器的工作状态。安全装置中主要有电气接地装置、储水箱过压和过热保护装置，有的还专门配置了触电安全保护装置。储水式热水器的储水箱由铜板、不锈钢材料制作。其中铜板储水箱适合 pH 值偏高的酸性水质地区使用，不锈钢板储水箱则适合各种水质使用。为了使热水器对不同水质具有通用性，一般都在水箱内安装电极，以阻止水质不纯对箱体的腐蚀。根据取用热水的方式不同，储水箱做成密闭式和敞口式两种。储水式电热水器产品结构如图 11 – 10 所示，材料组成如表 11 –4 所示。

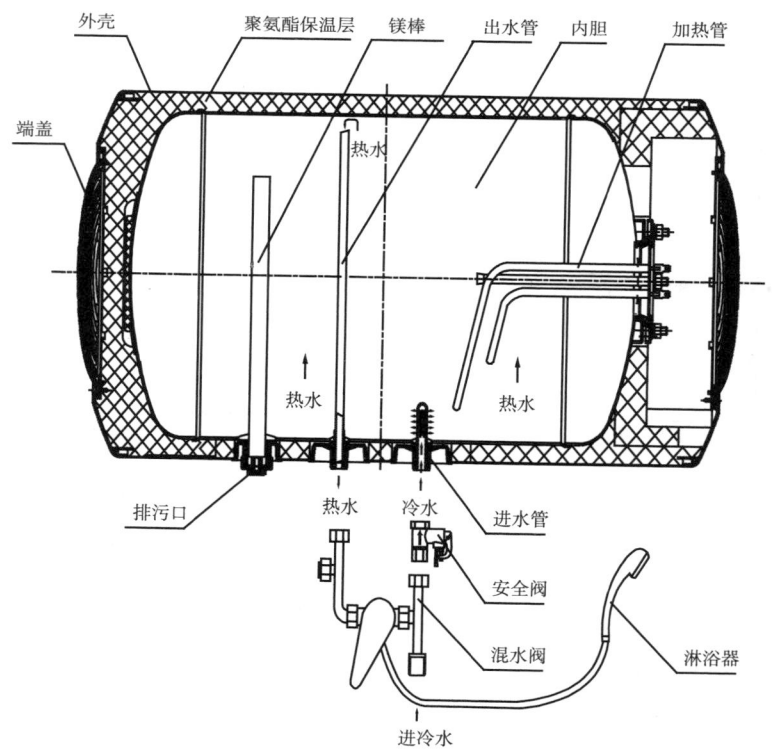

图 11 – 10 储水式电热水器产品结构

表 11 - 4　储水式电热水器材料构成比例

单位：%

部件或材料	所占比例	部件或材料	所占比例
铁	80.42	PCB	0.5
塑料	2.89	其他	0.66
电线	0.54	总计	100
泡沫	15.03		

注：数据来自格林美公司（拆解 100 台取样数据）。

外壳：圆桶型外壳使用烤漆喷涂冷轧钢板；超薄型外壳使用 ABS 板。ABS 板比烤漆喷涂的冷轧钢板韧性更强、易成型，同时耐腐蚀性更强，更耐用。

加热管：电热水器的加热实际上是利用加热管的电能转换成热能的过程，加热管材质有不锈钢、紫铜等；由于紫铜在电热水器中容易氧化，且耐高温、耐干烧性能差，所以大多数品牌使用不锈钢的加热管。

内胆：内胆形式有搪瓷内胆、不锈钢内胆、热浸锌内胆及搪塑内胆等。

聚氨酯保温层：电热水器的保温性能与保温层有关，高密度厚实的聚氨酯保温层保证电热水器具有良好的保温性能，同时极大地降低能量消耗，保温层的材料为聚氨酯。

镁棒：在电热水器通电状态下，起到使镁离子与水里的氯离子及其他腐蚀阴离子产生一种电化学反应的作用，通过牺牲阳极保护内胆，所以镁棒的作用又可称为"阳极保护"。

漏电保护器：在电源插头上装有漏电保护功能的漏电保护器。一旦发生漏电，安全装置在 0.1 秒之内切断电源，以确保人身的安全。

温控器：通过自动接通或断开电路，使热水器水温保持在设定值，有可调和定温两种。

超温器：又称为限温器，如果温度控制失灵，水的温度将会升高，同时产生水蒸气，导致胆内压力过高。为了避免温度继续往上升，当温度过高时，超温器会切断电源的火线和零线。所以超温器起着二级保护的作用，若想再启动电源，必须人工复位或更换。

安全阀：起单向进水和超压安全保护的作用。在自来水压力突然增高或加热过热而造成内胆承压过大时，安全阀就会自动滴漏泄压，不至于因压力过高而损坏内胆。

混水阀：冷、热水通过混水阀的冷热水接管进入混水阀，通过调节混水阀的手柄，可调节出适合的水温以满足洗浴温度的要求。其基本原理是冷水进入混合区后，一路通过冷水连接管、安全阀进入热水器，另一路则通过混水阀的阀柄转动来调节，进入混水阀混合区的冷水与由热水连接管出来的热水混合。

家用电热水器的社会保有量是居民保有量与机构用户保有量之和。居民保有量通过国家统计年鉴中城镇与农村居民百户拥有量，分别与城镇和农村居民户数相乘、累加而得。2011 年，家用电热水器的社会保有量为 9822.31 万台，社会保有重量 1964462 吨（目前国家统计年鉴最新统计为 2011 年数据）。由于国家统计局只针对淋浴热水器的城镇百户拥有量进行了统计，本报告家用电热水器的数值取淋浴热水器数值的一半进行计算。2002～2011 年家用的热水器城镇居民百户拥有量见图 11-11，社会保有量见图 11-12。

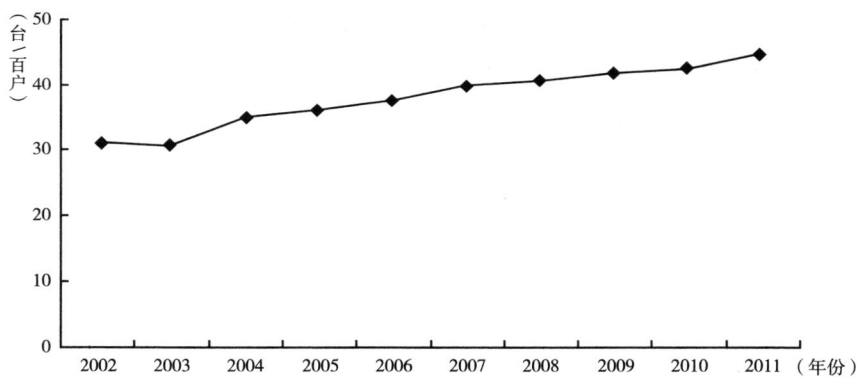

图 11-11　2002～2011 年家用电热水器城镇居民百户拥有量

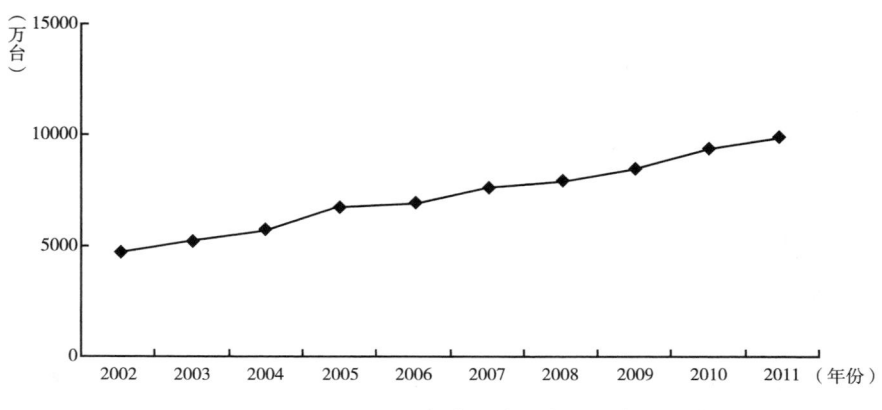

图 11-12　2002～2011 年家用电热水器社会保有量

家用电热水器的使用年限一般为 10 年以内，使用第 6 ~ 10 年为报废的高峰期，用社会保有量乘以系数法，计算得出家用电热水器 2011 年的理论报废量为 791.96 万台，按平均重量 20 公斤/台计算，2011 年家用电热水器的理论报废重量为 158392 吨。家用电热水器 2005 ~ 2012 年理论报废量和理论报废重量如图 11 - 13 和图 11 - 14 所示。

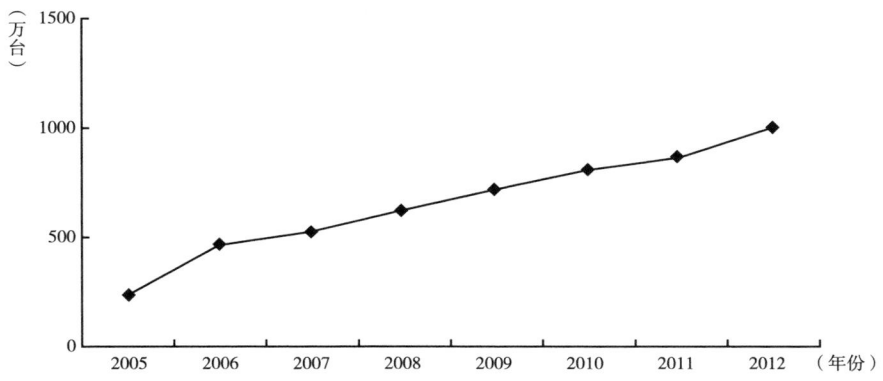

图 11 - 13　2005 ~ 2012 年家用电热水器理论报废量趋势

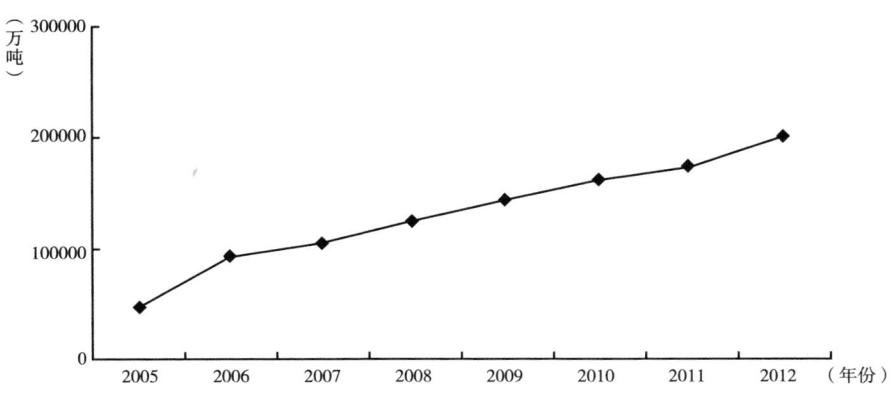

图 11 - 14　2005 ~ 2012 年家用电热水器理论报废重量趋势

2. 环境性

家用电热水器中的受控物质主要指保温层中的温室气体和印刷电路板，印刷电路板占电热水器重量的 0.5%。以 2012 年家用电热水器理论报废重量 15.84 万吨测算，2012 年，家用电热水器中受控物质 PCB 的总含量为 791.96 吨。

　　家用电热水器体积较大，重量较重，但其坚硬外壳可防止磕碰。家用电热水器虽然含有 PCB 和保温层中的温室气体，但在回收和运输过程中不易外泄，因此，家用电热水器回收过程的环境风险评估为低。

　　家用电热水器的拆解需借助专业设备或工具，拆解产物为储水箱、外壳、电热元件、温度控制装置、安全保护装置等。拆解过程中，如没有负压装置，保温层破碎后会有少量含 CFC 物质泄漏的风险，CFC 物质对人体有害，也会对臭氧层产生破坏作用。因此，家用电热水器整机的拆解过程环境风险评估为高。

　　家用电热水器的保温层中含有 CFC 物质的发泡剂，是温室气体，如果在深加工过程中没有采取适当的手段，将有泄漏到环境中的风险。此外，电热水器中含有 PCB，因此，家用电热水器深加工的环境风险评估为高。

　　3. 经济性

　　废弃产品的价值是指废弃产品的材料价值。按照不同材料的回收重量和回收价格进行测算。废家用电热水器材料价值见表 11 - 5。废弃电热水器的单台材料价格为 27. 49 元，按 2012 年废弃量 791. 96 万台计算，电热水器废弃总价值约为 21770. 97 万元。

表 11 - 5　废家用电热水器材料价值

部件或材料	回收价格 （元/公斤）	单台重量 （公斤）	所占比例 （%）	单台价格 （元）	废弃总价值 （万元）
铁	1.50	16.08	80.42	24.13	19109.99
塑料	4.00	0.58	2.89	2.31	1829.43
电线	6.00	0.11	0.54	0.65	514.77
泡沫	0.00	3.01	15.03	0.00	0.00
PCB	4	0.1	0.5	0.4	316.78
其他	—	0.13	0.66	0.00	0.00
总计	—	20	100	27.49	21770.97

　　运输和贮存成本采用对比测算法进行评估。在家电以旧换新政策实施期间，回收的大部分产品是阴极射线管电视，其运费补贴约为每件产品 40 元。按产品 30 公斤重量计，可以得出每公斤的运费成本为 1. 33 元。不同产品根据重量测算其运费成本。家用电热水器的重量约为 20 公斤，测算的运输和贮存成本为 26. 6 元/台。

拆解处理技术与产品的结构复杂程度成正比。家用电热水器的拆解技术和工艺相对复杂，需要专用工具或设备，其主要原因是电热水器外壳与发泡聚氨酯连接紧密，不易分离，类似于冰箱的拆解工艺。因此，电热水器的拆解处理技术等级为高。

污染控制技术与产品含有的受控物质及受控物质处理技术密切相关。家用电热水器含有 CFC 物质的发泡聚氨酯，且与外壳和内胆紧密相连，手工拆解不易分离，且拆解过程中 CFC 物质容易泄漏，需要使用负压装置等专用设备，因此污染控制技术等级为高。

4. 社会性

社会关注度采用学术文章检索数，即在中国知网（cnki）检索主题词：产品名称 +（"回收"或"处理"）。检索的数量越多，说明关注度越高。家用电热水器的检索数量为 0，社会关注度很低。

我国家用电热水器品牌集中度相对较低，前十大品牌市场占有率 89% 左右。目前生产企业还未发起家用电热水器的回收处理行动，因此，家用电热水器生产行业回收处理水平为低。

目前，废家用电热水器大部分在流通环节中被拆解，正规的处理企业还没有大批量地回收处理家用电热水器。因此，家用电热水器处理行业规范水平为低。

5. 评估结论

家用电热水器属于重量较重且耐用的家电产品，拆解工艺较复杂。由于含有 PCB 和 CFC 等物质，拆解处理和污染控制技术等级高。电热水器生产行业较为集中，但目前，仅有少数正规处理企业回收处理了少量废弃电热水器，处理行业规范水平为低。家用电热水器的目录评估结果见表 11 - 6。

（三）吸排油烟机

我国家用吸排油烟机行业经过 20 多年的发展，已成为一个较成熟的产业。与其他家电产品相比，吸排油烟机行业处于一个相对激烈的竞争环境，以珠江三角洲和长江三角洲为代表的各大吸排油烟机企业占据了国内市场的主要份额。从 2001 年至 2012 年，产业规模稳步增长，2012 年产量达到 2016.5 万台。

家用吸排油烟机按照外形特征可细分为平顶式、深罩式、欧式和近吸式四种类型。根据 2011 年一季度的市场分析，传统的深罩式吸排油烟机市场

表 11-6　家用电热水器评估结果

类别	指标		评估结果
1. 资源性	1.1 产量	1.1.1 产品年产量（万台）	2000（2012）
		1.1.2 产品总重量（吨）	400000（2012）
		1.1.3 产品稀贵材料含量	0
	1.2 社会保有量	1.2.1 社会保有数量（万台）	9822.31（2011 年）
		1.2.2 社会保有重量（吨）	1964462（2011）
		1.2.3 稀贵材料含量	0
	1.3 理论报废量	1.3.1 年报废数量（万台）	791.96（2012）
		1.3.2 年报废重量（吨）	158392（2012）
		1.3.3 稀贵材料含量	0
2. 环境性	2.1 废弃产品的环境性	2.1.1 RoHS 物质含量	0
		2.1.2 受控物质含量	PCB 791.96 吨
	2.2 回收处理过程的环境性	2.2.1 回收过程的环境风险	环境风险等级低
		2.2.2 拆解过程的环境风险	环境风险等级高
		2.2.3 深加工处理过程的环境风险	环境风险等级高
3. 经济性	3.1 回收成本	3.1.1 废弃产品的价值	21770.97 万元
		3.1.2 运输贮存成本	26.6 元/台
	3.2 处理难度	3.2.1 拆解处理技术	等级高
		3.2.2 污染控制技术	等级高
4. 社会性	4.1 社会关注度	学术文章检索数:在中国知网(cnki)检索主题词:产品名称 +（"回收"或"处理"）	检索数量 0,等级低
	4.2 管理需求	4.2.1 生产行业参与回收处理水平	低:几乎没有企业参与
		4.2.2 处理行业规范水平	低:处理行业极不规范

份额不断缩小，由 2008 年的 32% 下滑到 17%，外形时尚的欧式吸排油烟机占据市场主导地位，零售额份额超过五成。

中国家用吸排油烟机市场品牌集中度不高，2010 年的品牌数量共 336 个。根据中怡康全国重点大商场主要品牌市场占有率 2012 年 7 月监测数据，吸排油烟机前十大品牌的市场占有率约为 64% 左右，前十大品牌包括老板、方太、华帝、西门子、美的、帅康、樱花、海尔、万和、万家乐，市场占有率见图 11-15。

1. 资源性

我国吸排油烟机产量近年来稳步增长，根据国家统计局数据，2012 年家用吸排油烟机全年总产量为 2106.5 万台，同比增长 4.89%。历年产量数据见图 11-16。

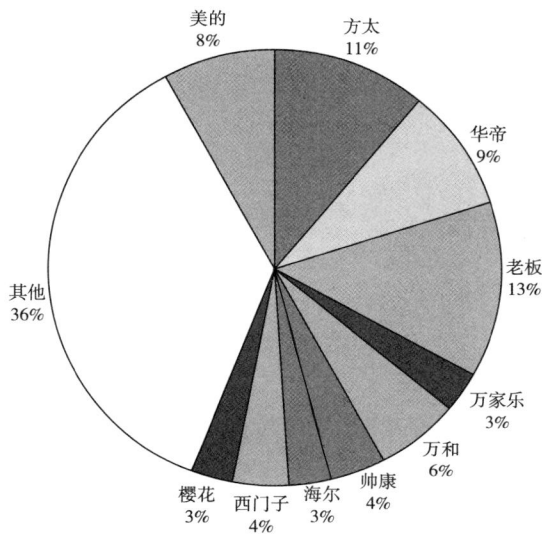

图 11 – 15　家用吸排油烟机品牌市场占有率

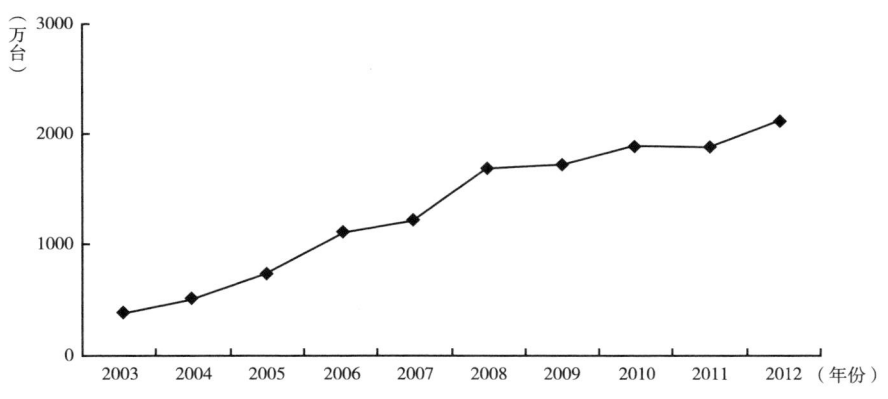

图 11 – 16　2003～2012 年家用吸排油烟机产量

家用吸排油烟机型号众多，产品重量也存在差异。一般深型和侧吸式家用吸排油烟机重量都在 15 公斤左右；欧式较重，在 20～30 公斤左右。本报告取 20 公斤作为家用吸排油烟机的平均重量。

家用吸排油烟机主要由机壳、集烟装置（集烟罩）、过滤装置、风机系统、出风装置和控制部件等几大部分组成。产品结构如图 11 – 17 所示，产品材料组成比例如表 11 – 7 所示。

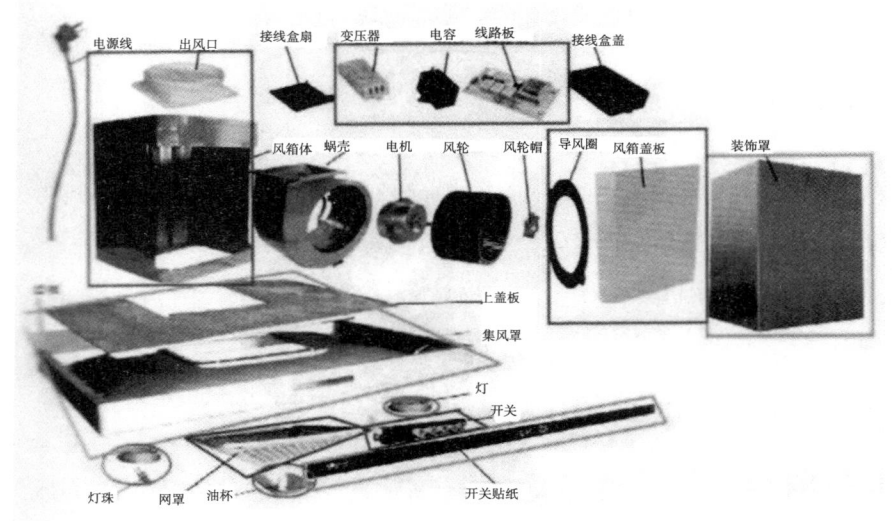

图 11 - 17 典型吸排油烟机产品分解

表 11 - 7 吸排油烟机的材料组成

单位：%

材料名称	所占比例	材料名称	所占比例
铁件	47.99	电源盒	0.50
电机组件	21.49	按键	0.19
塑料	8.60	玻璃	18.93
线束	1.12	带插头电源线	0.29
灯	0.17	变压器	0.56
电容	0.12	印制板	0.04
螺钉	0.27	合计	100

注：数据由四川长虹格润再生资源有限责任公司提供。

机壳：就是通常所说的箱体，其功能是固定安装、容纳油烟、美化造型等。不同形状的吸排油烟机有不同的机壳构造。

集烟罩：收集、聚拢油烟，起辅助负压区形成的作用。

过滤装置：通常设置在风机系统进风口前侧，起到过滤油脂的作用，也是油烟流经的门户。

风机系统：是产生风量和压头最核心的部件，主要由蜗壳、叶轮和电机等组成。

控制部件：主要分主控板和开关控制部分。其中，开关控制部分又分为机械控制、电子轻触和触摸屏三种类型。

家用吸排油烟机的社会保有量是居民保有量与机构用户保有量之和。居民保有量通过《中国统计年鉴》中城镇与农村居民百户拥有量，分别与城镇和农村居民户数相乘、累加而得。由于国家统计局对于家用吸排油烟机城镇百户拥有量只公布到 2006 年，因此，2007～2011 年数据为理论推算数据，计算出 2011 年城镇居民百户拥有量约为 81 台，具体见图 11 – 18；农村居民百户拥有量和社会保有量见图 11 – 19 和图 11 – 20。据推算，2011 年，家用吸排油烟机的社会保有量为 2.4 亿台，社会保有重量 480 万吨（目前《中国统计年鉴》最新统计为 2011 年数据）。

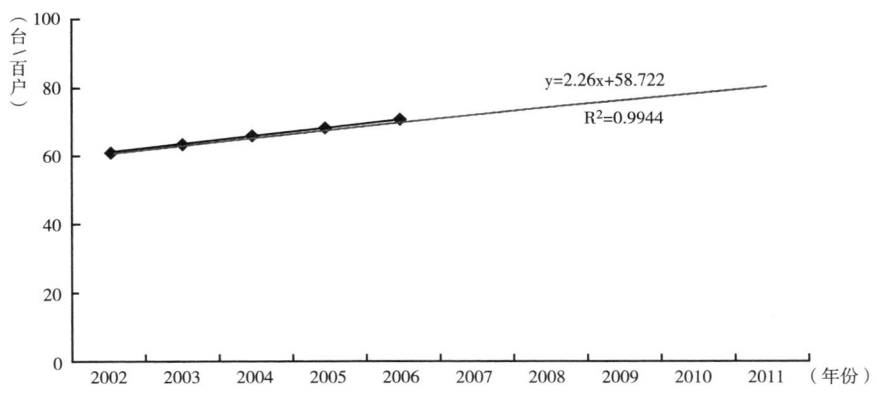

图 11 – 18　2002～2011 年家用吸排油烟机城镇居民百户拥有量

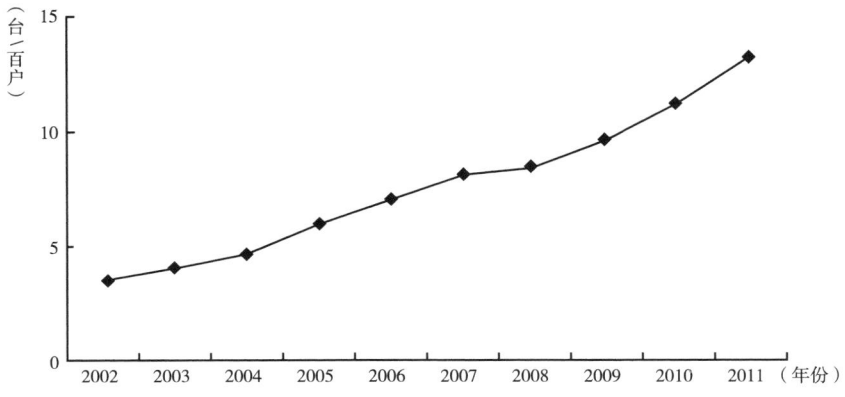

图 11 – 19　2002～2011 年家用吸排油烟机农村居民百户拥有量

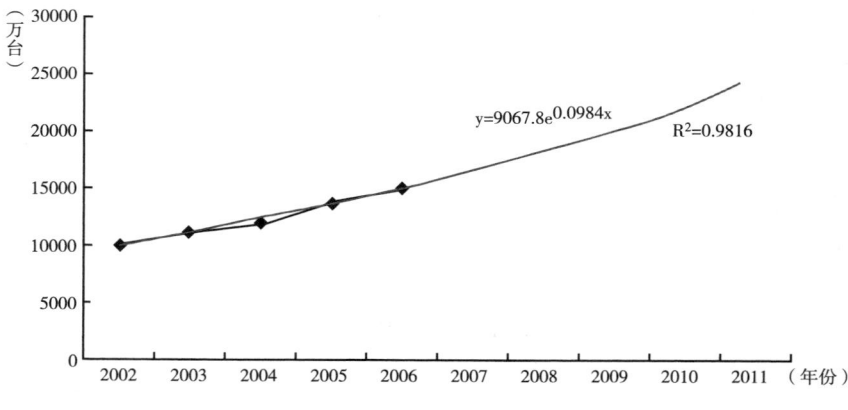

图 11 – 20　2002～2011 年家用吸排油烟机社会保有量

　　家用吸排油烟机的使用年限一般为 10 年以内，使用第 6～10 年为报废的高峰期，用社会保有量乘以系数法，计算得出家用吸排油烟机 2012 年的理论报废量为 1505.77 万台，按平均重量 20 千克/台计算，2012 年家用吸排油烟机的理论报废重量为 301154 吨。家用吸排油烟机 2009～2012 年理论报废量和理论报废重量如图 11 – 21 和图 11 – 22 所示。

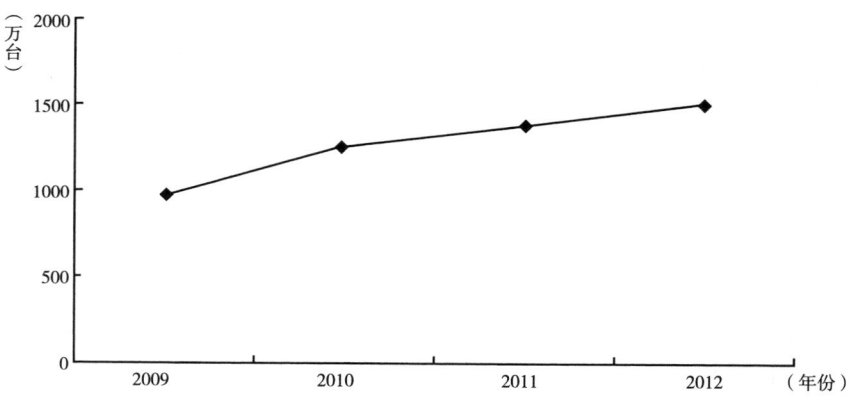

图 11 – 21　2009～2012 年家用吸排油烟机理论报废量趋势

　2. 环境性

　　家用吸排油烟机中的受控物质主要指印刷电路板。印刷电路板被列入国家危险废物名录。它既是对环境具有危害的部件，同时也含有大量的有价值的材料。根据表 11 – 7，印刷电路板的重量占家用吸排油烟机重量的

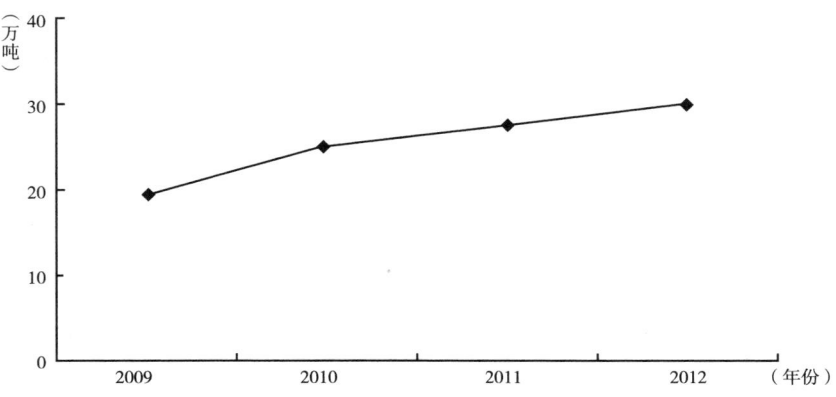

图 11 - 22 2009～2012 年家用吸排油烟机理论报废重量趋势

0.04%。以 2012 年家用吸排油烟机理论报废重量 30.12 万吨测算，2012 年，家用吸排油烟机中受控物质的总含量为 120.46 吨。

家用吸排油烟机体积较大，重量较重，但其坚硬外壳可防止磕碰。家用吸排油烟机虽然含有 PCB，但在回收和运输过程中不易外泄，因此，家用吸排油烟机回收过程的环境风险评估为低。

废家用吸排油烟机的拆解主要以手工物理拆解为主。拆解后的拆解产物为家用吸排油烟机机壳、集烟罩、过滤装置、风机系统和控制部件等。拆解过程中，不存在对环境和人体的危害，家用吸排油烟机整机的拆解过程环境风险评估为低。

废家用吸排油烟机的深加工主要指印刷电路板的破碎分选、分离金属和非金属。印刷电路板的处理需要获得环保部门的危废处理许可。2012 年 8 月 24 日，环保部、发改委和商务部联合发布了废塑料加工利用污染防治管理规定，对废塑料加工利用企业进行污染预防严格管理。因此，规范的深加工的环境风险很小，而不规范的深加工将对环境产生较大的风险。

由于目前还没有形成规范的废家用吸排油烟机深加工行业，因此，家用吸排油烟机深加工的环境风险评估为高。

3. 经济性

废弃产品的价值是指废弃产品的材料价值。按照不同材料的回收重量和回收价格进行测算。废家用吸排油烟机拆解产物和材料价值见表 11 - 8。吸排油烟机单台材料总价值平均为 41.78 元，以 2012 年报废量 1505.77 万台计算，废弃吸排油烟机的总价值约为 6.3 亿元。

表 11 - 8　废家用吸排油烟机材料价值

材料名称	回收价格 （元/公斤）	单台重量 （公斤）	所占比例 （%）	单台价格 （元）	废弃总价值 （万元）
铁件	1.5	9.60	47.99	14.40	21683.09
电机组件	4	4.30	21.49	17.20	25899.24
塑料	4	1.72	8.60	6.88	10359.70
线束	6	0.22	1.12	1.32	1987.62
灯	0.1	0.03	0.17	0.00	4.52
电容	0.2	0.02	0.12	0.00	6.02
螺钉	1.6	0.05	0.27	0.08	120.46
电源盒	4	0.10	0.50	0.40	602.31
按键	1.8	0.04	0.19	0.07	108.42
玻璃	0.1	3.79	18.93	0.38	570.69
带插头电源线	6	0.06	0.29	0.36	542.08
变压器	6	0.11	0.56	0.66	993.81
印制板	3	0.01	0.04	0.03	45.17
合　计	—	20	100	41.78	62923.13

注：根据四川长虹格润再生资源有限责任公司提供数据计算。

　　运输和贮存成本采用对比测算法进行评估。在家电以旧换新政策实施期间，回收的大部分产品是阴极射线管电视，其运费补贴约为每件产品 40 元。按产品 30 公斤重量计，可以得出每公斤的运费成本为 1.33 元。不同产品根据重量测算其运费成本。家用吸排油烟机的重量约为 20 公斤。测算的运输和贮存成本为 26.6 元/台。

　　拆解处理技术与产品的结构复杂程度成正比。家用吸排油烟机的拆解技术和工艺相对简单，以手工拆解为主，拆解处理技术等级为低。

　　吸排油烟机拆解过程中没有有毒有害物质的泄漏，不会对人体和环境造成危害，因此，吸排油烟机的污染控制技术等级为低。

　　4. 社会性

　　社会关注度采用学术文章检索数，即在中国知网（cnki）检索主题词：产品名称 +（"回收"或"处理"）。检索的数量越多，说明关注度越高。家用吸排油烟机的检索数量为 0，社会关注度很低。

　　我国家用吸排油烟机品牌集中度低，共有 300 多个品牌进入消费市场，市场占有率最高的品牌也仅 10% 左右。目前生产企业还未发起家用吸排油烟机的回收处理行动，因此，家用吸排油烟机生产行业回收处理水平为低。

目前，家用吸排油烟机大部分在流通环节被拆解，正规的处理企业还没有大批量地回收家用吸排油烟机。因此，家用吸排油烟机处理行业规范水平为低。

5. 评估结论

家用吸排油烟机是一类较耐用且重量较重的厨房电器，产量和社会保有量逐年攀升。家用吸排油烟机品牌众多，产业集中度不高。由于智能型吸排油烟机含有 PCB，因此，深加工环境风险高。几乎没有正规的处理企业回收处理家用吸排油烟机，处理行业规范水平为低。家用吸排油烟机的评估结果见表 11 − 9。

表 11 − 9　家用吸排油烟机评估结果

类别	指标		评估结果
1. 资源性	1.1 产量	1.1.1 产品年产量(万台)	2106.5
		1.1.2 产品总重量(吨)	421300
		1.1.3 产品稀贵材料含量	0
	1.2 社会保有量	1.2.1 社会保有数量(万台)	24000(2011 年)
		1.2.2 社会保有重量(吨)	4800000(2011)
		1.2.3 稀贵材料含量	0
	1.3 理论报废量	1.3.1 年报废数量(万台)	1505.77(2012)
		1.3.2 年报废重量(吨)	301154(2012)
		1.3.3 稀贵材料含量	0
2. 环境性	2.1 废弃产品的环境性	2.1.1RoHS 物质含量	0
		2.1.2 受控物质含量	PCB 120.46 吨
	2.2 回收处理过程的环境性	2.2.1 回收过程的环境风险	环境风险等级低
		2.2.2 拆解过程的环境风险	环境风险等级低
		2.2.3 深加工处理过程的环境风险	环境风险等级高
3. 经济性	3.1 回收成本	3.1.1 废弃产品的价值	62923.12 万元
		3.1.2 运输贮存成本	26.6 元/台
	3.2 处理难度	3.2.1 拆解处理技术	等级低
		3.2.2 污染控制技术	等级低
4. 社会性	4.1 社会关注度	学术文章检索数:在中国知网(cnki)检索主题词:产品名称 + ("回收"或"处理")	检索数量 0,等级低
	4.2 管理需求	4.2.1 生产行业参与回收处理水平	低:几乎没有企业参与
		4.2.2 处理行业规范水平	低:处理行业极不规范

（四）电饭锅

作为在中国普及率非常高的小家电，电饭锅产业发展得已经非常成熟。据国家统计局数据，2012 年，电饭锅产量达到 1.84 亿台，出口量 4393 万台。电饭锅主要分普通电饭锅和电饭煲两大类。电饭煲的均价高于电饭锅。目前，国内市场销售以电饭煲为主，市场占有率 80% 以上。

目前，我国市场上销售的电饭锅品牌超过 100 个。总体上看，电饭锅品牌格局比较稳定，前十大品牌占据全国市场份额 87% 左右。美的和苏泊尔两大品牌占市场的 60% 以上，其他品牌包括奔腾、九阳、格兰仕、三角、松桥、松下、海尔、格力等。

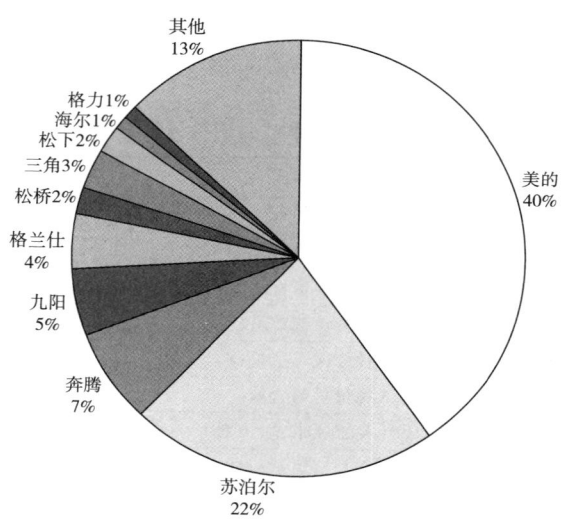

图 11 - 23　电饭锅品牌市场占有率

1. 资源性

近年来，电饭锅的产量呈逐年增长的趋势，根据国家统计局数据，2012 年产量达到 1.84 亿台，产品总重量为 55.21 万吨。历年来产量如图 11 - 24 所示。

电饭锅是利用电能转变为内能的炊具，使用方便，清洁卫生，还具有对食品进行蒸、煮、炖、煨等多种操作功能。常见的电饭锅分为保温自动式、定时保温式以及新型的微电脑控制式三类。现在已经成为日常家用电器，电饭锅的发明缩减了很多家庭花费在煮饭上的时间。

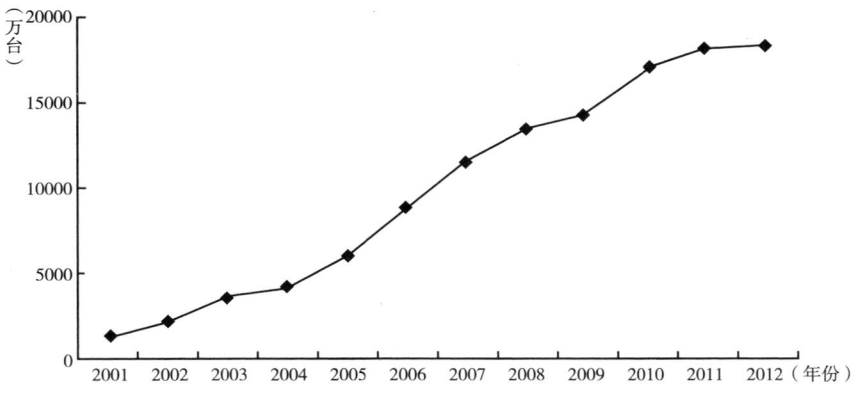

图 11 - 24 2001 ~ 2012 年电饭锅产量趋势

一般家用电饭锅常用 3L ~ 5L 的容量，重量在 2 ~ 4 公斤居多，为方便计算，本报告取 3 公斤为电饭锅的平均重量。普通电饭锅主要由发热盘、限温器、保温开关、杠杆开关、限流电阻、指示灯、桶座等组成。

发热盘：是电饭煲的主要发热元件，是一个内嵌电发热管的铝合金圆盘。

限温器：又叫磁钢，内部装有一个永久磁环和一个弹簧，可以按动，位置在发热盘的中央。煮饭时，按下煮饭开关，靠磁钢的吸力带动杠杆开关使电源触电保持接通。当煮米饭时，锅底的温度不断升高，永久磁环的吸力随温度的升高而减弱，当内锅里的水被蒸发掉，锅底的温度达到 103 度左右时，磁环的吸力小于其上的弹簧的弹力，限温器被弹簧顶下，带动杠杆开关，切断电源。

保温开关：又称恒温器，它是由一个弹簧片、一对常闭触点、一对常开触点、一个双金属片组成。煮饭时，锅内温度升高，由于构成双金属片的两片金属片的热伸缩率不同，结果使双金属片向上弯曲。当温度达到 80 度以上时，在向上弯曲的双金属片推动下，弹簧片带动常开与常闭触点进行转换，从而切断发热管的电源，停止加热。当锅内温度下降到 80 度以下时，双金属片逐渐冷却复原，常开与常闭触点再次转换，接通发热管电源，进行加热，如此反复，即达到保温效果。

杠杆开关：该开关弯曲是机械式结构，有一个常开触点。煮饭时，按下此开关，给发热管接通电源，同时给加热指示灯供电使之点亮。饭好时，限温器弹下，带动杠杆开关，使触点断开，此后发热管仅受保温

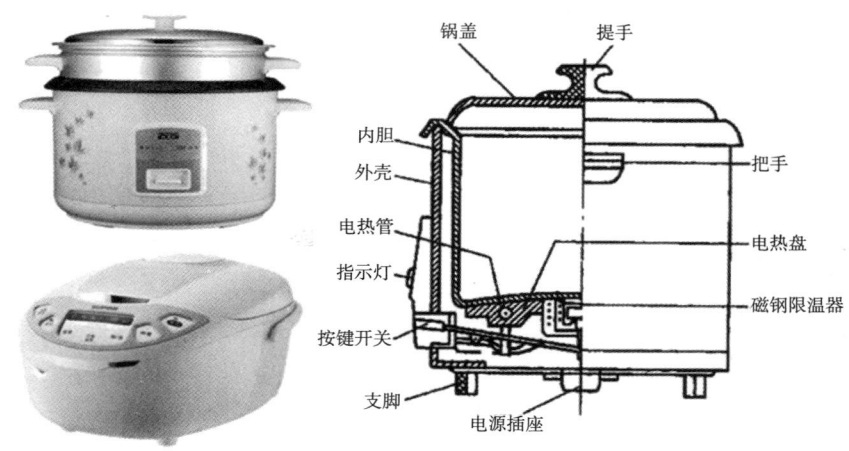

图 11－25　电饭锅结构

开关控制。

温度保险（125℃～130℃）：外观金黄色或白色，大小像 3W 金属膜电阻，安装在发热管与电源之间，起保护发热管的作用。

表 11－10　电饭锅材料构成比例

单位：%

部件或材料	所占比例	部件或材料	所占比例
铁	51. 71	塑料	28. 28
铝	16. 35	废橡胶	0. 82
电路板	0. 99	泡沫	0. 29
电线	1. 55	总计	100. 00

注：数据由格林美公司提供（拆解 100 台取样数据）。

由于统计年鉴中没有电饭锅的百户拥有量数据，电饭锅的社会保有量以"销量－报废年限"为依据进行计算，销量以"产量＋进口量－出口量"计算而得，由于电饭锅的进口量非常小，所以此报告中忽略不计，历年销量数据见表 11－11。电饭锅的使用寿命为 5 年，计算得出 2012 年电饭锅的社会保有量为 49890. 97 万台，社会保有重量为 149. 67 万吨。2003～2012 年电饭锅的社会保有量见图 11－26。

表 11 - 11　2008 ~ 2012 年电饭锅销量数据

单位：万台

年份	销量	年份	销量
2008	10690.9	2011	14439.6
2009	11669.79	2012	14011.8
2010	13773.2		

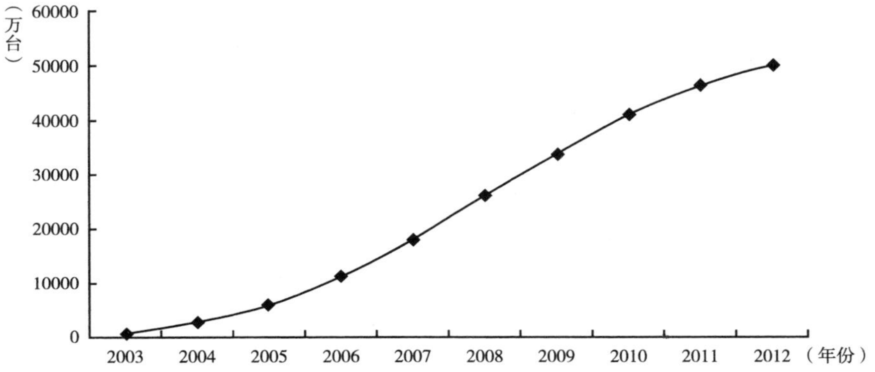

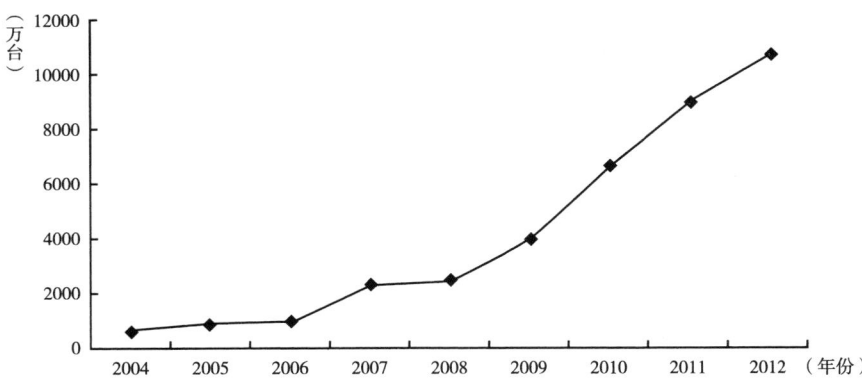

图 11 - 26　2003 ~ 2012 年电饭锅社会保有量

电饭锅属于小家电，小家电的使用寿命一般为 5 年。计算得出，2012 年电饭锅的理论报废量为 10690.9 万台，按平均重量 3 千克/台计算，2012 年电饭锅的理论报废重量为 32.07 万吨。电饭锅 2004 ~ 2012 年理论报废量和理论报废重量如图 11 - 27 和图 11 - 28 所示。

图 11 - 27　2004 ~ 2012 年电饭锅理论报废量趋势

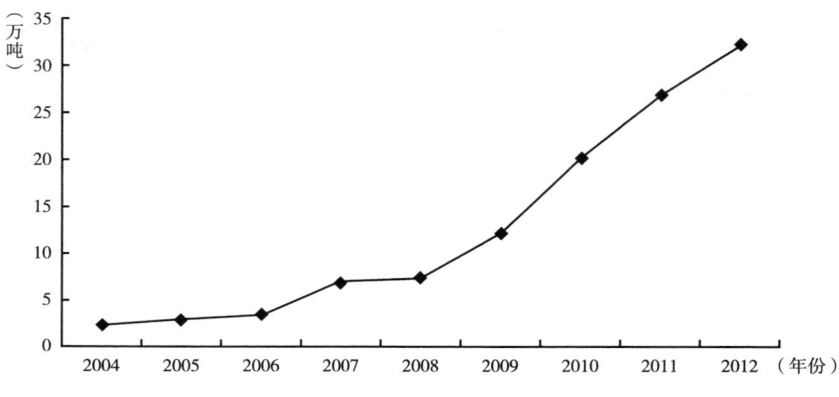

图 11-28　2004~2012 年电饭锅理论报废重量趋势

2. 环境性

电饭锅中的受控物质主要指印刷电路板和保温层中的温室气体。印刷电路板被列入国家危险废物名录。它既是对环境具有危害的部件，同时也含有大量的有价值的材料。印刷电路板的重量占电饭锅重量的 0.99%。以 2012 年电饭锅理论报废重量 32.07 万吨测算，2012 年，电饭锅受控物质的总含量为 3174.93 吨。

电饭锅体积小、重量轻，易于搬运，其坚硬外壳可防止磕碰。有些电饭锅中含有 PCB，但在回收和运输过程中不易外泄，因此，电饭锅回收过程的环境风险评估为低。

废电饭锅的拆解工艺相对简单，手工拆解即可。拆解产物为发热盘、限温器、保温开关、杠杆开关、限流电阻、指示灯、桶座等。虽然有些电饭锅中含有 PCB，但拆解过程中，不会对人体和环境造成危害，因此，电饭锅整机的拆解过程环境风险评估为低。

废电饭锅的深加工主要指印刷电路板的破碎分选、分离金属和非金属。印刷电路板的处理需要获得环保部门的危废处理许可。2012 年 8 月 24 日，环保部、发改委和商务部联合发布了废塑料加工利用污染防治管理规定，对废塑料加工利用企业进行污染预防严格管理。因此，规范的深加工的环境风险很小，而不规范的深加工将对环境产生较大的风险。

由于目前还没有形成规范的废电饭锅深加工行业，因此，电饭锅深加工的环境风险评估为高。

3. 经济性

废弃产品的价值是指废弃产品的材料价值。按照不同材料回收重量和回收价格进行测算。废电饭锅材料价值见表 11 - 12。废弃电饭锅的单台材料价格为 10.61 元，按 2012 年废弃量 10690.9 万台计算，电饭锅废弃总价值约为 11.34 亿元。

表 11 - 12　废电饭锅材料价值

部件或材料	回收价格 （元/公斤）	单台重量 （公斤）	所占比例 （%）	单台价格 （元）	废弃总价值 （万元）
铁	1.62	1.55	51.71	2.51	26834.16
铝	8.12	0.49	16.35	3.98	42549.78
电路板	7.52	0.03	0.99	0.22	2352.00
电线	10.77	0.05	1.55	0.50	5345.45
塑料	4.00	0.85	28.28	3.39	36242.15
废橡胶	0.34	0.03	0.82	0.01	106.91
泡沫	0.00	0.01	0.29	0.00	0.00
总计	—	3.01	100.00	10.61	113430.45

运输和贮存成本采用对比测算法进行评估。在家电以旧换新政策实施期间，回收的大部分产品是阴极射线管电视，其运费补贴约为每个产品 40 元。按产品 30 公斤重量计，可以得出每公斤的运费成本为 1.33 元。不同产品根据重量测算其运费成本。电饭锅的重量约为 3 公斤。测算的运输和贮存成本为 3.99 元/台。

拆解处理技术与产品的结构复杂程度成正比。电饭锅的拆解技术和工艺相对简单，手工拆解即可完成，拆解处理技术等级为低。

电饭锅拆解过程中没有有毒有害物质的泄漏，不会对人体和环境造成危害，因此，电饭锅的污染控制技术等级为低。

4. 社会性

社会关注度采用学术文章检索数，即在中国知网（cnki）检索主题词：产品名称 +（"回收"或"处理"）。检索的数量越多，说明关注度越高。电饭锅的检索数量为 0，社会关注度很低。

我国电饭锅品牌集中度相对较高，前 5 大品牌市场占有率 70% ~ 80%。目前生产企业还未发起电饭锅的回收处理行动，因此，电饭锅生产行业回收处理水平为低。

目前，废弃的电饭锅大部分在流通环节被拆解，正规的处理企业还没有大批量地回收电饭锅，仅有格林美等大企业利用自建回收渠道收取了少量的废弃电饭锅。因此，电饭锅处理行业规范水平为低。

5. 评估结论

电饭锅是普及率非常高的小家电，产业集中度较高。电饭锅价格相对便宜，更新换代较快，且趋向于电脑智能控制。目前，虽然有些正规的处理企业开始收集和处理小家电，但是整体来说，电饭锅处理行业还处于不规范中。电饭锅的评估结果见表 11－13。

表 11－13　电饭锅评估结果

类别	指标		评估结果
1. 资源性	1.1 产量	1.1.1 产品年产量（万台）	18404.8（2012）
		1.1.2 产品总重量（吨）	552100（2012）
		1.1.3 产品稀贵材料含量	0
	1.2 社会保有量	1.2.1 社会保有数量（万台）	49890.97（2012）
		1.2.2 社会保有重量（吨）	149.67 万吨（2012）
		1.2.3 稀贵材料含量	0
	1.3 理论报废量	1.3.1 年报废数量（万台）	10690.9（2012）
		1.3.2 年报废重量（吨）	320727（2012）
		1.3.3 稀贵材料含量	0
2. 环境性	2.1 废弃产品的环境性	2.1.1 RoHS 物质含量	0
		2.1.2 受控物质含量	PCB 3174.93 吨
	2.2 回收处理过程的环境性	2.2.1 回收过程的环境风险	环境风险等级低
		2.2.2 拆解过程的环境风险	环境风险等级低
		2.2.3 深加工处理过程的环境风险	环境风险等级高
3. 经济性	3.1 回收成本	3.1.1 废弃产品的价值	113430.45 万元
		3.1.2 运输贮存成本	3.99 元/台
	3.2 处理难度	3.2.1 拆解处理技术	等级低
		3.2.2 污染控制技术	等级低
4. 社会性	4.1 社会关注度	学术文章检索数：在中国知网（cnki）检索主题词：产品名称＋（"回收"或"处理"）	检索数量0，等级低
	4.2 管理需求	4.2.1 生产行业参与回收处理水平	低：几乎没有企业参与
		4.2.2 处理行业规范水平	低：处理行业极不规范

（五）家用吸尘器

我国是家用吸尘器的制造大国和出口大国，出口量仅次于电风扇和电熨斗，随着人们生活水平的提高，家用吸尘器的普及率也大大提高。据国家统计局数据，2012 年，家用吸尘器产量为 8066.5 万台，出口量

8938.1万台。由于国家统计局统计范围为规模以上企业数据，产量小于出口量，根据中国家用电器研究院企业调研，生产企业一般产量的95%用于出口，从而对吸尘器的产量加以校正，2012年校正后的产量为9408.53万台。

真空吸尘器是利用电动机驱动风机产生负压进行除尘的清洁器具，简称吸尘器。家用吸尘器按过滤方式可分为尘袋过滤式、尘杯过滤式、水过滤式；按结构可分为立式、卧式、手持式、桶式、杆式、便携式、机器人等。吸尘器的工作原理是，利用电动机带动叶片高速旋转，在密封的壳体内产生空气负压，吸取尘屑。

我国销售市场上卧式吸尘器是主流，占整体市场的70%左右。其特点是外形小巧，存放方便。卧式吸尘器也分为"尘盒式吸尘器"和"尘袋式吸尘器"。立式吸尘器则适用于大面积的地毯清洁，占7%左右。手持式吸尘器占20%左右。

家用吸尘器品牌市场集中度较高，根据2013年1月中怡康监测数据，前五大品牌市场占有率为80%以上，前十大品牌占96%。前十大品牌包括飞利浦、莱克、美的、松下、海尔、伊莱克斯、科沃斯、龙的、爱普、LG。

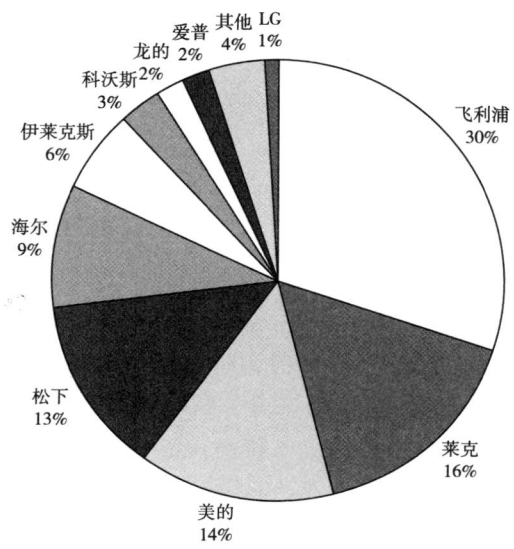

图11-29 家用吸尘器品牌市场占有率

1. 资源性

根据国家统计局数据及校正数据，2012 年产量达到 9408.53 万台，产品总重量为 37.63 万吨。历年来产量如图 11－30 所示。

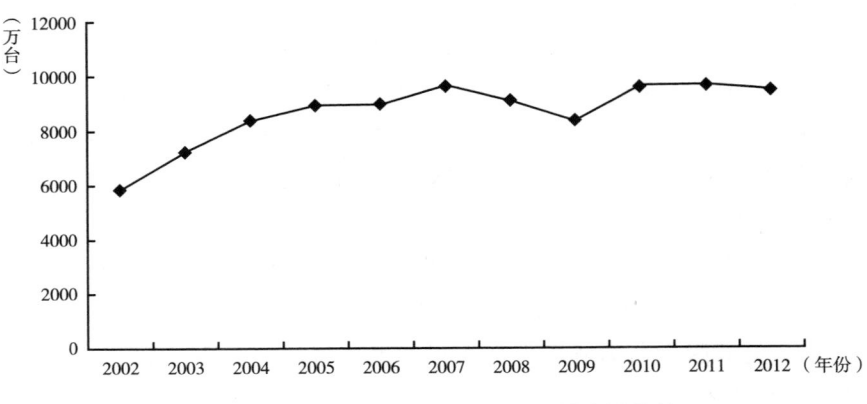

图 11－30　2002～2012 年家用吸尘器产量趋势

一般吸尘器的功率为 400～1000W 或更高，便携式吸尘器的功率一般为 250W 及其以下。吸尘器能除尘，主要在于它的"头部"装有一个电动抽风机。抽风机的转轴上有风叶轮，通电后，抽风机会以每秒 500 圈的转速产生极强的吸力和压力，在吸力和压力的作用下，空气高速排出，而风机前端吸尘部分的空气不断地补充风机中的空气，致使吸尘器内部产生瞬时真空，和外界大气压形成负压差，在此负压差的作用下，吸入含灰尘的空气。灰尘等杂物依次通过地毯或地板刷、长接管、弯管、软管、软管接头进入滤尘袋，灰尘等杂物滞留在滤尘袋内，空气经过滤片净化后，再由机体尾部排出。

一般家用吸尘器的集尘容量为 1L～3L，重量在 3kg～5kg 居多，为方便计算，本报告取 4kg 作为家用吸尘器的平均重量。

吸尘器的基本结构按功能分为五个部分。

（1）动力部分：吸尘器电机和调速器。

电机：有铜线电机和铝线电机之分。铜线电机有耐高温、寿命长、单次操作时间长等优点，但价格较铝线比较高；铝线电机有着价格低廉的特点，但是耐温性较差、熔点低、寿命不及铜线长。

调速器：手控式一般为风门调节；机控式为电源式手持按键或红外线调节。

（2）过滤系统：尘袋、前过滤片、后过滤片。按过滤材料不同又分：纸质、布质、SMS、海帕（HEPA 高效过滤材料）。

（3）功能性部分：收放线机构、尘满指示、按钮或滑动开关。

（4）保护措施：无尘袋保护、真空度过高保护、抗干扰保护（软启动）、过热保护、防静电保护。

（5）附件：手柄和软管、接管、地刷、扁吸、圆刷、床单刷、沙发吸、挂钩、背带。

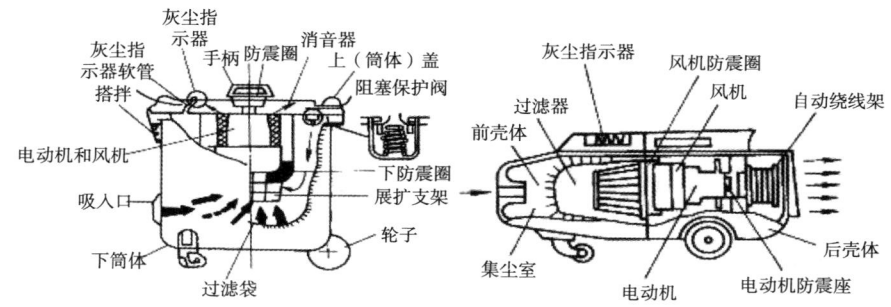

图 11 - 31　家用吸尘器结构图（左图为立式、右图为卧式吸尘器）

表 11 - 14　家用吸尘器材料构成比例

部件或材料	所占比例（%）	部件或材料	所占比例（%）
塑料	65	电线	8
铁件	10	其他	4
电机	10	总计	100
电路板	3		

由于统计年鉴中没有家用吸尘器的百户拥有量数据，家用吸尘器的社会保有量以"销量－报废年限"为依据进行计算，销量根据产量和进出口量计算，见表 11 - 15。设定家用吸尘器的使用寿命为 5 年，计算得出 2012 年家用吸尘器的社会保有量为 1857.26 万台，以平均每台吸尘器 4 公斤计算，社会保有重量为 74290.4 吨。2005～2012 年家用吸尘器的社会保有量见图 11 - 32。

表 11 - 15　2008～2012 年家用吸尘器历年销量

单位：万台

年份	销量	年份	销量
2008	455.44	2011	477.29
2009	414.06	2012	470.43
2010	477.14		

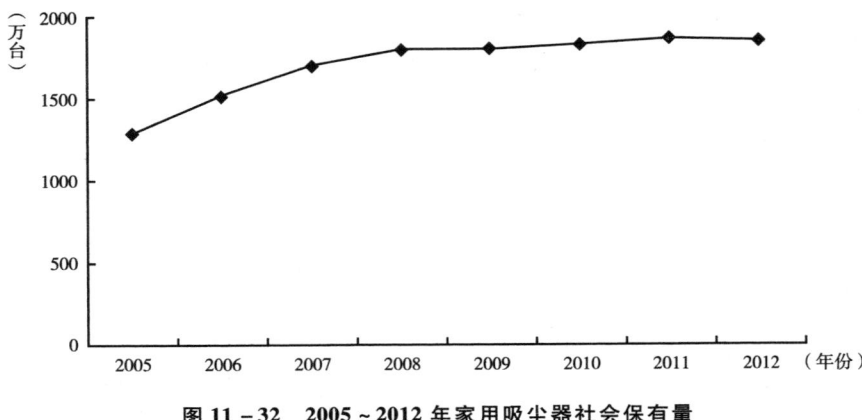

图 11－32　2005～2012 年家用吸尘器社会保有量

家用吸尘器属于小家电，小家电的使用寿命一般为 5 年。计算得出，2012 年家用吸尘器的理论报废量为 477.47 万台，按平均重量 4 千克/台计算，2012 年家用吸尘器的理论报废重量为 19098.8 吨。家用吸尘器 2007～2012 年理论报废量和理论报废重量如图 11－33 和图 11－34 所示。

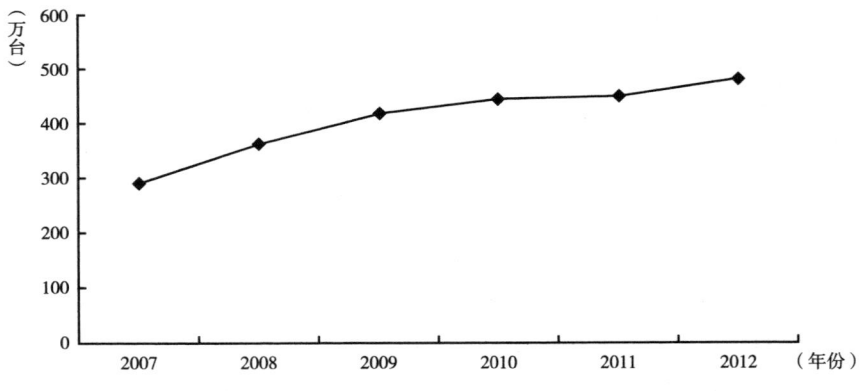

图 11－33　2007～2012 年家用吸尘器理论报废量趋势

2. 环境性

吸尘器中的受控物质主要指印刷电路板。印刷电路板被列入国家危险废物名录。它既是对环境具有危害的部件，同时也含有大量的有价值的材料。印刷电路板的重量占吸尘器重量的 3%。以 2012 年吸尘器理论报废重量 19098.8 吨测算，2012 年，吸尘器受控物质的总含量为 572.96 吨。

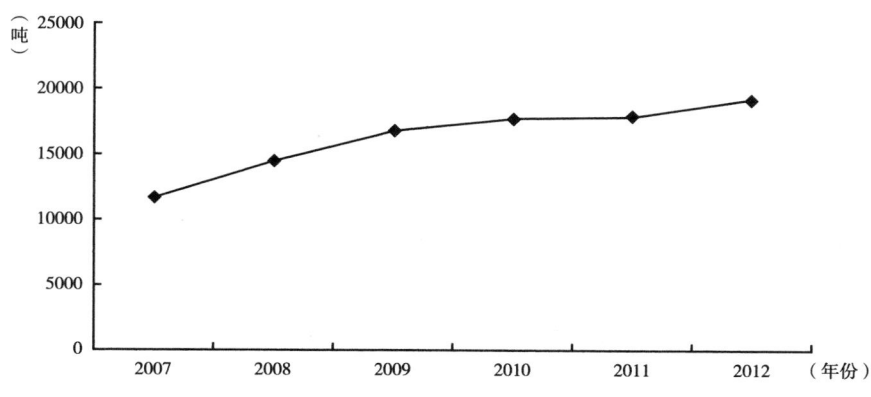

图 11 - 34　2007～2012 年家用吸尘器理论报废重量趋势

家用吸尘器体积小、重量轻，易于搬运，其坚硬外壳可防止磕碰。因此，家用吸尘器回收过程的环境风险评估为低。

废家用吸尘器的拆解工艺相对简单，手工拆解即可。拆解产物为外壳、电机、集尘室、风机、过滤器、电路板等。废家用吸尘器拆解过程环境风险评估为低。

家用吸尘器中含有印刷线路板，废家用吸尘器深加工的环境风险评估为高。

3. 经济性

废弃产品的价值是指废弃产品的材料价值。按照不同材料的回收重量和回收价格进行测算。废家用吸尘器材料价值见表 11 - 16。废弃家用吸尘器的单台材料价格为 15.68 元，按 2012 年废弃量 477.47 万台计算，家用吸尘器废弃总价值约为 7486.73 万元。

表 11 - 16　废家用吸尘器材料价值

部件或材料	回收价格（元/公斤）	单台重量（公斤）	所占比例（%）	单台价格（元）	废弃总价值（万元）
塑　料	4.0	2.6	65	10.40	4965.69
铁　件	1.5	0.4	10	0.60	286.48
电　机	6.0	0.4	10	2.40	1145.93
电路板	3.0	0.12	3	0.36	171.89
电　线	6.0	0.32	8	1.92	916.74
其　他	0.0	0.16	4	0.00	0.00
总　计		4.00	100	15.68	7486.73

运输和贮存成本采用对比测算法进行评估。在家电以旧换新政策实施期间，回收的大部分产品是阴极射线管电视，其运费补贴约为每个产品 40 元。按产品 30 公斤重量计，可以得出每公斤的运费成本为 1.33 元。不同产品根据重量测算其运费成本。家用吸尘器的重量约为 4 公斤。测算的运输和贮存成本为 5.32 元/台。

拆解处理技术与产品的结构复杂程度成正比。家用吸尘器的拆解技术和工艺相对简单，手工拆解即可完成，拆解处理技术等级为低。

家用吸尘器的拆解技术和工艺相对简单，手工拆解即可完成，拆解过程中没有有毒有害物质的泄漏，不会对人体和环境造成危害，因此，家用吸尘器的污染控制技术等级为低。

4. 社会性

社会关注度采用学术文章检索数，即在中国知网（cnki）检索主题词：产品名称 +（"回收" 或 "处理"）。检索的数量越多，说明关注度越高。家用吸尘器的检索数量为 1，社会关注度很低。

我国家用吸尘器品牌集中度相对较高，前五大品牌市场占有率 80%，前十大品牌市场占有率在 96%。目前生产企业还未发起家用吸尘器的回收处理行动，因此，家用吸尘器生产行业回收处理水平为低。

目前，家用吸尘器大部分在流通环节被拆解，正规的处理企业还没有大批量地回收家用吸尘器。因此，家用吸尘器处理行业规范水平为低。

5. 评估结论

我国是家用吸尘器的制造大国和出口大国，吸尘器在我国家庭中的普及率不高，有些用于酒店等服务行业。吸尘器行业集中度较高，更新换代较快，回收处理工艺相对简单。目前，几乎没有正规的处理企业收到废弃的吸尘器，处理行业还处于不规范中。家用吸尘器的评估结果见表 11 - 17。

（六）家用电风扇

我国是家用电风扇的制造大国和出口大国，出口量在家用电器行业位居第一，随着空调器的出现和普及，电风扇行业受到巨大的冲击，经过几十年的发展，虽然市场日趋饱和，但并没有像黑白电视机一样，因彩色电视机的出现而退出市场。据国家统计局数据，2012 年，家用电风扇产量达到 14813.6 万台，出口量 17904.8 万台。由于国家统计局统计范围为规模以上企业数据，产量小于出口量，根据中国家用电器研究院企业调研，以中怡康的销量数据为依据，对电风扇的产量加以校正，2012 年校正后的产量为 22875.25 万台。

表 11 - 17　家用吸尘器评估结果

类别	指标		评估结果
1. 资源性	1.1 产量	1.1.1 产品年产量(万台)	9408.53(2012)
		1.1.2 产品总重量(吨)	376341.2(2012)
		1.1.3 产品稀贵材料含量	0
	1.2 社会保有量	1.2.1 社会保有数量(万台)	1857.26(2012 年)
		1.2.2 社会保有重量(吨)	74290.4 吨(2012)
		1.2.3 稀贵材料含量	0
	1.3 理论报废量	1.3.1 年报废数量(万台)	477.47(2012)
		1.3.2 年报废重量(吨)	19098.8(2012)
		1.3.3 稀贵材料含量	0
2. 环境性	2.1 废弃产品的环境性	2.1.1 RoHS 物质含量	0
		2.1.2 受控物质含量	PCB 572.96 吨
	2.2 回收处理过程的环境性	2.2.1 回收过程的环境风险	环境风险等级低
		2.2.2 拆解过程的环境风险	环境风险等级低
		2.2.3 深加工处理过程的环境风险	环境风险等级高
3. 经济性	3.1 回收成本	3.1.1 废弃产品的价值	7486.73 万元
		3.1.2 运输贮存成本	5.32 元/台
	3.2 处理难度	3.2.1 拆解处理技术	等级低
		3.2.2 污染控制技术	等级低
4. 社会性	4.1 社会关注度	学术文章检索数:在中国知网(cnki)检索主题词:产品名称+("回收"或"处理")	检索数量1,等级低
	4.2 管理需求	4.2.1 生产行业参与回收处理水平	低:几乎没有企业参与
		4.2.2 处理行业规范水平	低:处理行业极不规范

我国销售市场上落地扇占据市场主流,且份额近几年来仍在不断地扩大,零售量占比已达到 45% 以上;高端产品空调器扇是一种全新概念的风扇,兼具多功能于一身,日渐被人们所接受;台式转叶扇所占市场比重日渐萎缩;台扇、升降式转叶扇的市场比重亦均有不同程度的下降。

家用电风扇品牌市场集中度较高,根据中怡康 2010 年监测数据,前五大品牌市场占有率为 79%。前五大品牌包括美的、艾美特、先锋、格力、联创,富士宝、海尔也占有一定的市场份额。

1. 资源性

根据国家统计局数据及校正数据,2012 年产量达到 22875.25 万台,产品总重量为 91.5 万吨。历年来产量如图 11 - 36 所示。

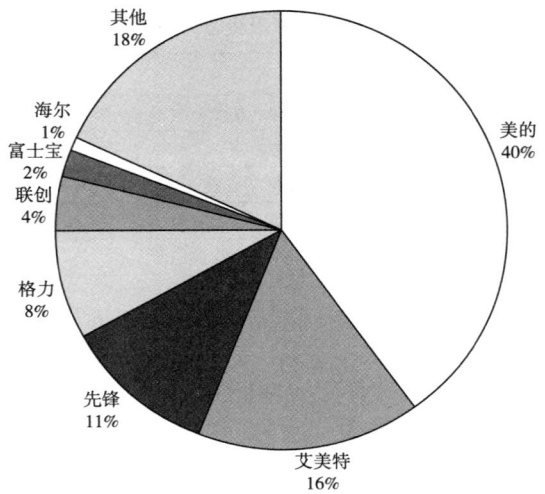

图 11 – 35 家用电风扇品牌市场占有率

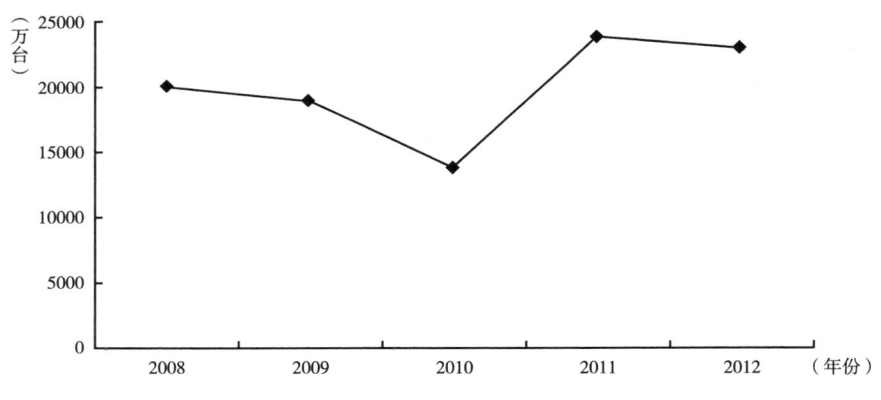

图 11 – 36 2008 ~ 2012 年家用电风扇产量趋势

电风扇的主要部件是交流电动机。其工作原理是通电线圈在磁场中受力而转动。电能转化为机械能，同时由于线圈电阻，因此不可避免地有一部分电能要转化为热能。

家用电风扇分为吊扇、台扇、落地扇、壁扇、顶扇、换气扇、转叶扇、空调器扇（即冷风扇）等；台扇中又有摇头和不摇头之分，也有转叶扇；落地扇中也有摇头、转叶的。

落地扇一般 5 ~ 6 公斤，台扇和台式转叶扇一般 1.5 ~ 2 公斤，由于落地扇市场份额占比较大，综合考虑，取 4 公斤作为电风扇的平均重量。

电风扇的基本结构：

转子：由磁铁、扇叶及轴组成；

定子：由硅钢片、线轴及轴承组成；

控制电路：由 IC 感应磁铁 N 极和 S 极经由电路控制其线圈导通而产生内部激磁使转子旋转。

表 11 – 18 家用电风扇材料构成比例

部件或材料	所占比例（%）	部件或材料	所占比例（%）
电路板	0.31	塑料	59.88
电线	2.00	其他	1.99
电机	16.46	总计	100.00
铁	19.35		

注：数据来自格林美公司。

由于统计年鉴中没有家用电风扇的百户拥有量数据，家用电风扇的社会保有量以"销量 – 报废年限"为依据进行计算，销量根据中怡康公布数据测算，见表 11 – 19。设定家用电风扇的使用寿命为 5 年，计算得出 2012 年家用电风扇的社会保有量为 24834.65 万台，以平均每台电风扇 4 公斤计算，社会保有重量为 993386 吨。2008 ~ 2012 年家用电风扇的社会保有量见图 11 – 37。

表 11 – 19 2008 ~ 2012 年家用电风扇历年销量

单位：万台

年份	销量	年份	销量
2008	4922.70	2011	4980.50
2009	5000.60	2012	4970.45
2010	4960.40		

家用电风扇属于小家电，小家电的使用寿命一般为 5 年。计算得出，2012 年家用电风扇的理论报废量为 4474.2 万台，按平均重量 4 千克/台计算，2012 年家用电风扇的理论报废重量为 178968 吨。家用电风扇 2008 ~ 2012 年理论报废量和理论报废重量如图 11 – 38 和图 11 – 39 所示。

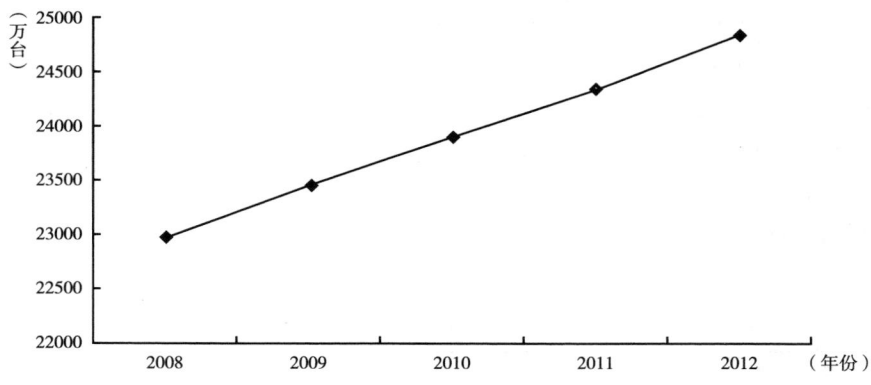

图 11 - 37　2008～2012 年家用电风扇社会保有量

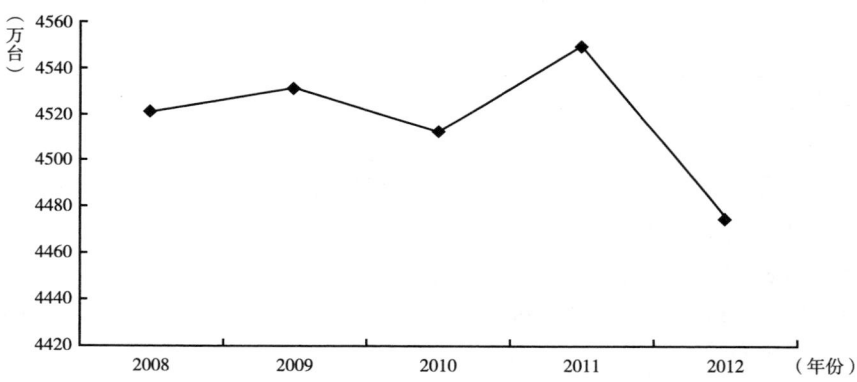

图 11 - 38　2008～2012 年家用电风扇理论报废量趋势

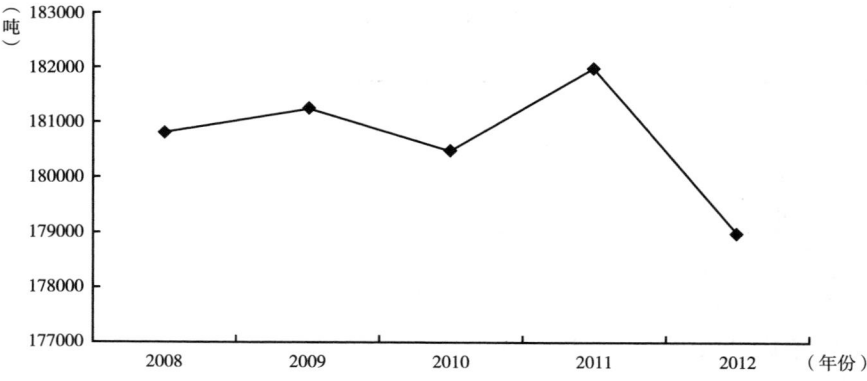

图 11 - 39　2008～2012 年家用电风扇理论报废重量趋势

2. 环境性

电风扇中的受控物质主要指印刷电路板。印刷电路板被列入国家危险废物名录。它既是对环境具有危害的部件，同时也含有大量的有价值的材料。印刷电路板的重量占电风扇重量的 0.31%。以 2012 年电风扇理论报废重量 17.90 万吨测算，2012 年，电风扇受控物质的总含量为 554.80 吨。

家用电风扇虽然含有 PCB，但其坚硬外壳可防止磕碰，运输过程中不易泄漏。因此，家用电风扇回收过程的环境风险评估为低。

废家用电风扇的拆解工艺相对简单，手工拆解即可。拆解产物为电机、塑料、铁、电线等。拆解过程中不会对人体和环境造成严重危害，因此，家用电风扇整机的拆解过程环境风险评估为低。

家用电风扇中含有印刷线路板，因此家用电风扇深加工的环境风险评估为高。

3. 经济性

废弃产品的价值是指废弃产品的材料价值。按照不同材料的回收重量和回收价格进行测算。废家用电风扇材料价值见表 11 - 20。废弃家用电风扇的单台材料价格为 14.4 元，按 2012 年废弃量 4474.2 万台计算，家用电风扇废弃总价值约为 6.44 亿元。

表 11 - 20　废家用电风扇材料价值

部件或材料	回收价格 （元/公斤）	单台重量 （公斤）	所占比例 （%）	单台价格 （元）	废弃总价值 （万元）
电路板	6	0.01	0.31	0.07	334.36
电　线	10	0.08	2.00	0.80	3580.04
电　机	6	0.66	16.46	3.95	17670.51
铁	1.5	0.77	19.35	1.16	5195.27
塑　料	3.5	2.40	59.88	8.38	37508.11
其　他	0.34	0.08	1.99	0.03	121.82
总　计	—	4.00	100.00	14.39	64383.74

运输和贮存成本采用对比测算法进行评估。在家电以旧换新政策实施期间，回收的大部分产品是阴极射线管电视，其运费补贴约为每个产品 40 元。按产品 30 公斤重量计，可以得出每公斤的运费成本为 1.33 元。不同产品根

据重量测算其运费成本。家用电风扇的重量约为 4 公斤。测算的运输和贮存成本为 5.32 元/台。

拆解处理技术与产品的结构复杂程度成正比。废家用电风扇的拆解技术和工艺相对简单，手工拆解即可完成，拆解处理技术等级为低。

家用电风扇拆解过程中没有有毒有害物质的泄漏，不会对人体和环境造成危害，因此，家用电风扇的污染控制技术等级为低。

4. 社会性

社会关注度采用学术文章检索数，即在中国知网（cnki）检索主题词：产品名称 +（"回收"或"处理"）。检索的数量越多，说明关注度越高。家用电风扇的检索数量为 0，社会关注度很低。

我国家用电风扇品牌集中度相对较高，前五大品牌市场占有率 79%。目前生产企业还未发起家用电风扇的回收处理行动，因此，家用电风扇生产行业回收处理水平为低。

目前，家用电风扇大部分在回收环节被拆解，只有格林美等少数企业利用自建回收渠道，回收处理了少量的电风扇，正规的处理企业还没有大批量地回收处理家用电风扇。因此，家用电风扇处理行业规范水平为低。

5. 评估结论

我国是家用电风扇的制造大国和出口大国，行业集中度相对较高，电风扇在我国家庭中的普及率较高。家用电风扇属于小家电，更新换代较快，回收处理工艺相对简单。目前，有些正规的处理企业收到少量废弃电风扇，但总体来说，电风扇的处理行业规范水平为低。家用电风扇的评估结果见表 11 – 21。

（七）电热饮水机

饮水机兴起于 20 世纪 80 年代，在小家电领域里的热度随着近年来国人生活水平的质量提高而逐年攀升。根据中国制造网 2012 年饮水机行业分析报告数据，电热饮水机的品牌集中度较高，以美的、安吉尔、沁园等企业为代表的饮水机企业占据了我国国内饮水机 91% 的市场份额。

1. 资源性

近年来，电热饮水机的产量呈逐年增长的趋势，根据国家统计局数据，2012 年产量达到 1688.2 万台，产品总重量为 16.88 万吨。历年来产量如图 11 – 41 所示。

表 11 - 21　家用电风扇评估结果

类别		指标	评估结果
1. 资源性	1.1 产量	1.1.1 产品年产量(万台)	22875.25(2012)
		1.1.2 产品总重量(吨)	915010(2012)
		1.1.3 产品稀贵材料含量	0
	1.2 社会保有量	1.2.1 社会保有数量(万台)	24834.65(2012 年)
		1.2.2 社会保有重量(吨)	993386 吨(2012)
		1.2.3 稀贵材料含量	0
	1.3 理论报废量	1.3.1 年报废数量(万台)	4474.2(2012)
		1.3.2 年报废重量(吨)	178968(2012)
		1.3.3 稀贵材料含量	0
2. 环境性	2.1 废弃产品的环境性	2.1.1RoHS 物质含量	0
		2.1.2 受控物质含量	PCB 554.80 吨
	2.2 回收处理过程的环境性	2.2.1 回收过程的环境风险	环境风险等级低
		2.2.2 拆解过程的环境风险	环境风险等级低
		2.2.3 深加工处理过程的环境风险	环境风险等级高
3. 经济性	3.1 回收成本	3.1.1 废弃产品的价值	64383.74 万元
		3.1.2 运输贮存成本	5.32 元/台
	3.2 处理难度	3.2.1 拆解处理技术	等级低
		3.2.2 污染控制技术	等级低
4. 社会性	4.1 社会关注度	学术文章检索数:在中国知网(cnki)检索主题词:产品名称 + ("回收"或"处理")	检索数量0,等级低
	4.2 管理需求	4.2.1 生产行业参与回收处理水平	低:几乎没有企业参与
		4.2.2 处理行业规范水平	低:处理行业极不规范

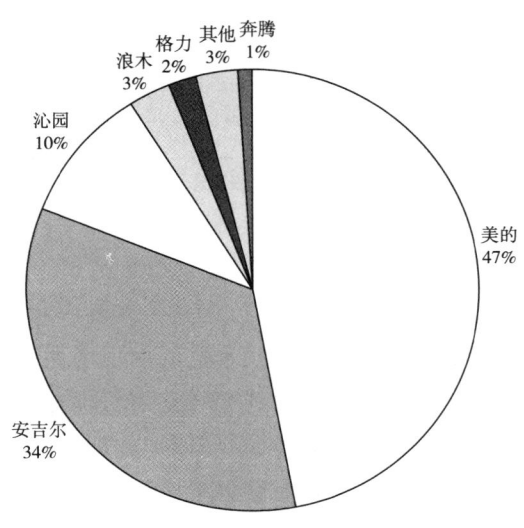

图 11 - 40　电热饮水机品牌市场占有率

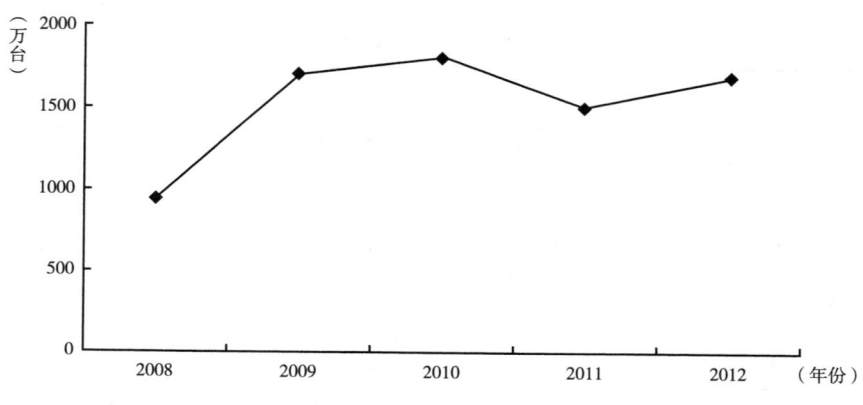

图 11 - 41　2008 ~ 2012 年电热饮水机产量趋势

按照外形分，电热饮水机可分为立式和台式，立式饮水机根据工作原理不同，重量平均在 6 ~ 12 公斤，台式平均重量约为 4 公斤。由于目前市场上 80% 为立式饮水机，综合考虑，本报告取 10 公斤作为电热饮水机的平均重量。

表 11 - 22　电热饮水机材料构成比例

单位：%

部件或材料	所占比例	部件或材料	所占比例
铁	50.16	电线	2.99
塑料	39.55	透明玻璃	0.53
铝	0.70	废橡胶	0.84
变压器	0.84	其他	3.90
电路板	0.49	总计	100.00

注：数据由格林美公司提供（拆解 100 台取样数据）。

由于统计年鉴中没有电热饮水机的百户拥有量数据，电热饮水机的社会保有量以“销量 - 报废年限”为依据进行计算，销量依据产量和进出口量计算，历年销量数据见表 11 - 23。电热饮水机的使用寿命为 10 年，计算得出 2012 年电热饮水机的社会保有量为 5074.37 万台，社会保有重量为 50.74 万吨。

电热饮水机的使用寿命一般为 10 年，计算得出，2012 年电热饮水机的理论报废量为 81.38 万台，按平均重量 10 千克/台计算，2012 年电热饮水机的理论报废重量为 0.81 万吨。

表 11 - 23 2008~2012 年电热饮水机历年销量

单位：万台

年份	销量	年份	销量
2008	573.62	2011	762.44
2009	1254.07	2012	942.45
2010	1138.63		

2. 环境性

电热饮水机中的受控物质主要指印刷电路板和压缩机制冷的电冷热饮水机中的制冷剂。印刷电路板被列入国家危险废物名录。它既是对环境具有危害的部件，同时也含有大量的有价值的材料。印刷电路板的重量占电热饮水机重量的 0.49%。以 2012 年电热饮水机理论报废重量 0.81 万吨测算，2012年，电热饮水机受控物质的总含量为 39.69 吨。

电热饮水机外形比较规则，重量适中，较易搬运。电热饮水机中含有 PCB，有些还含有制冷剂，制冷剂在回收和运输过程中存在泄漏的危险，因此，电热饮水机回收过程的环境风险评估为高。

电热饮水机的拆解工艺相对简单，手工拆解即可。电热饮水机中含有 PCB，但拆解过程中，不会对人体和环境造成危害，而制冷剂需要专用设备加以回收和处置，因此，电热饮水机整机的拆解过程环境风险评估为高。

废电热饮水机的深加工主要指印刷电路板的破碎分选、分离金属和非金属。印刷电路板的处理需要获得环保部门的危废处理许可。2012 年 8 月 24日，环保部、发改委和商务部联合发布了废塑料加工利用污染防治管理规定，对废塑料加工利用企业进行污染预防严格管理。因此，规范的深加工的环境风险很小，而不规范的深加工将对环境产生较大的风险。

由于目前还没有形成规范的电热饮水机的深加工行业，因此，电热饮水机深加工的环境风险评估为高。

3. 经济性

废弃产品的价值是指废弃产品的材料价值。按照不同材料地回收重量和回收价格进行测算。废电热饮水机材料价值见表 11 - 24。废弃电热饮水机的单台材料价格为 28.12 元，按 2012 年废弃量 81.38 万台计算，电热饮水机废弃总价值约为 2288.08 万元。

表 11 - 24 废电热饮水机材料价值

部件或材料	回收价格（元/公斤）	单台重量（公斤）	所占比例（%）	单台价格（元）	废弃总价值（万元）
铁	1.5	5.02	50.16	7.52	612.30
塑料	4	3.96	39.55	15.82	1287.43
铝	8.12	0.07	0.70	0.57	46.35
变压器	7.01	0.08	0.84	0.59	47.68
电路板	7.52	0.05	0.49	0.37	29.74
电线	10.77	0.30	2.99	3.22	262.24
透明玻璃	0.00	0.05	0.53	0.00	0.00
废橡胶	0.34	0.05	0.84	0.03	2.34
其他	0	0.39	3.90	0.00	0.00
总计	—	10.00	100.00	28.12	2288.08

运输和贮存成本采用对比测算法进行评估。在家电以旧换新政策实施期间，回收的大部分产品是阴极射线管电视，其运费补贴约为每个产品 40 元。按产品 30 公斤重量计，可以得出每公斤的运费成本为 1.33 元。不同产品根据重量测算其运费成本。电热饮水机的重量约为 10 公斤。测算的运输和贮存成本为 13.33 元/台。

拆解处理技术与产品的结构复杂程度成正比。电热饮水机的拆解技术和工艺相对简单，手工拆解即可完成，制冷剂的回收需要专用设备，但技术和设备目前已经比较成熟，因此，电热饮水机拆解处理技术等级为低。

有些电热饮水机是利用压缩机制冷的，含有 CFC 制冷剂，拆解处理前要对制冷剂进行回收，CFC 制冷剂是对人体有害的物质，也会破坏臭氧层的物质和温室气体，因此电热饮水机的污染控制技术等级为高。

4. 社会性

社会关注度采用学术文章检索数，即在中国知网（cnki）检索主题词：产品名称 + （"回收"或"处理"）。检索的数量越多，说明关注度越高。电热饮水机的检索数量为 0，社会关注度很低。

我国电热饮水机品牌集中度相对较高，前 3 大品牌市场占有率近 91%，包括美的、安吉尔和沁园，其他小品牌多且分散，市场占有率也不高。目前生产企业还未发起电热饮水机的回收处理行动，因此，电热饮水机生产行业回收处理水平为低。

目前，废弃的电热饮水机大部分在回收环节被拆解，正规的处理企业还没有大批量地回收电热饮水机，仅有格林美等大企业利用自建回收渠道收取了少量废弃电热饮水机。因此，电热饮水机处理行业规范水平为低。

5. 评估结论

随着生活水平的提高，我国电热饮水机的社会保有量逐年攀升，除了家庭使用以外，有些公共场所也开始使用电热饮水机，电热饮水机行业集中度很高。有些饮水机使用压缩机制冷，含有制冷剂，拆解处理环境风险高。目前，有些正规的处理企业收到少量的废弃饮水机，但总体来说，电热饮水机的处理行业还处于不规范中。电热饮水机的评估结果见表 11 - 25。

表 11 - 25　电热饮水机评估结果

类别	指标		评估结果
1. 资源性	1.1 产量	1.1.1 产品年产量（万台）	1688.2（2012）
		1.1.2 产品总重量（吨）	168820（2012）
		1.1.3 产品稀贵材料含量	0
	1.2 社会保有量	1.2.1 社会保有数量（万台）	5074.37（2012 年）
		1.2.2 社会保有重量（吨）	50.74 万吨（2012）
		1.2.3 稀贵材料含量	0
	1.3 理论报废量	1.3.1 年报废数量（万台）	81.38（2012）
		1.3.2 年报废重量（吨）	8100（2012）
		1.3.3 稀贵材料含量	0
2. 环境性	2.1 废弃产品的环境性	2.1.1 RoHS 物质含量	0
		2.1.2 受控物质含量	PCB 39.69 吨、CFC
	2.2 回收处理过程的环境性	2.2.1 回收过程的环境风险	环境风险等级高
		2.2.2 拆解过程的环境风险	环境风险等级高
		2.2.3 深加工处理过程的环境风险	环境风险等级高
3. 经济性	3.1 回收成本	3.1.1 废弃产品的价值	2288.08 万元
		3.1.2 运输贮存成本	13.33 元/台
	3.2 处理难度	3.2.1 拆解处理技术	等级低
		3.2.2 污染控制技术	等级高
4. 社会性	4.1 社会关注度	学术文章检索数：在中国知网（cnki）检索主题词：产品名称 + （"回收"或"处理"）	检索数量 0，等级低
	4.2 管理需求	4.2.1 生产行业参与回收处理水平	低：几乎没有企业参与
		4.2.2 处理行业规范水平	低：处理行业极不规范

（八）燃气热水器

燃气热水器是采用燃气作为主要能源材料，通过燃气燃烧产生的高温热量传递到流经热交换器的冷水中以达到制备热水目的的一种热水器。燃气型热水器是曾经占领热水器市场的主流热水器，其优点就是即开即用，无需等待，而且占用面积较小，能节省很多空间；但相比于电热水器和太阳能热水器来说，安全系数不够高，尤其在密闭的空间里如果发生燃气泄漏的话，后果将非常严重，这也是燃气热水器使用率逐年下降，电热水器后来者居上的主要原因。燃气热水器安装不方便，如今北京要求必须由燃气管理部门安装才能使用，否则安全无保障。

燃气热水器分为烟道式、强排式、强制给排气式、冷凝式等，其中强排式是市场的主流，占整个市场的90%左右。

根据中怡康2011年的监测数据，各主要品牌中，零售量位于前10位的品牌所占市场份额之和为86%，万和位于榜首，市场份额为20%，具体如图11 - 42。

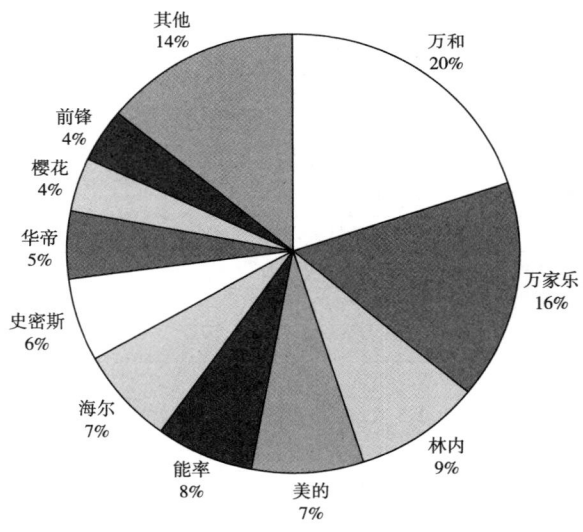

图 11 - 42　燃气热水器品牌市场占有率

1. 资源性

根据国家统计局数据，2012年燃气热水器产量达到1126.26万台，产品总重量为13.52万吨。历年来产量如图11 - 43所示。

燃气热水器一般包括：外壳、给排气装置、燃烧器、热交换器（俗称水箱）、气控装置、水控装置、水气联动装置和电子控制系统等。具体结构

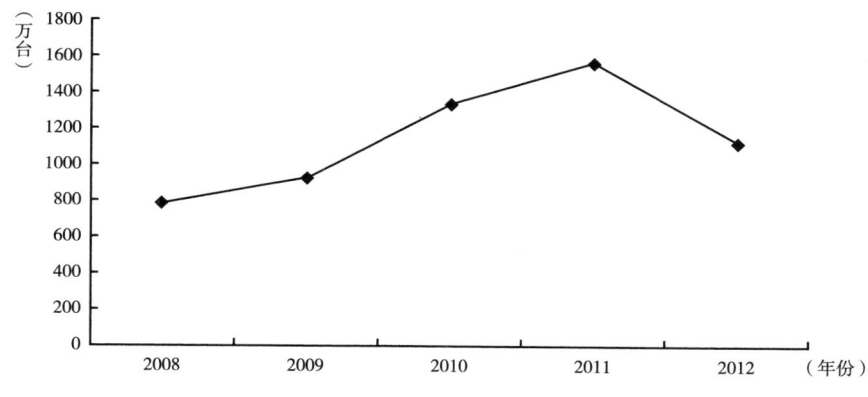

图 11-43　2008~2012 年燃气热水器产量趋势

组成主要是外壳、面壳、开关旋钮、烟管（强排烟管）、风扇电动机（可选）、风压开关、热交换器、温控器、燃烧器、水气联动阀门、电磁阀、排风罩、点火机、离子火焰感应针、脉冲发生器、底壳固定板、电控器、底壳等。

　　畅销的家用燃气热水器容积一般 10L 左右居多，重量在 10~15 公斤，为方便计算，本报告取 12 公斤作为燃气热水器的平均重量。

表 11-26　燃气热水器材料构成比例

单位：%

部件或材料	所占比例	部件或材料	所占比例
变压器	3.49	杂料	3.22
电机	2.43	铁	58.54
铜	26.33	PCB	0.88
电线	1.14	总计	100.00
铸铝	3.97		

注：数据由格林美公司提供（拆解 100 台取样数据）。

　　家用燃气热水器的社会保有量是居民保有量与机构用户保有量之和。居民保有量通过国家统计年鉴中城镇与农村居民百户拥有量，分别与城镇和农村居民户数相乘、累加而得。由于国家统计局只针对淋浴热水器的城镇百户拥有量进行了统计，本报告家用燃气热水器的数值取淋浴热水器数值的 30% 进行计算（根据市场占有率）。2011 年，家用燃气热水器的社会保有量达到 5893.39 万台，社会保有重量 707206.8 吨（目前国家统计年鉴最新统计为 2011 年数据）。历年社会保有量见图 11 - 44。

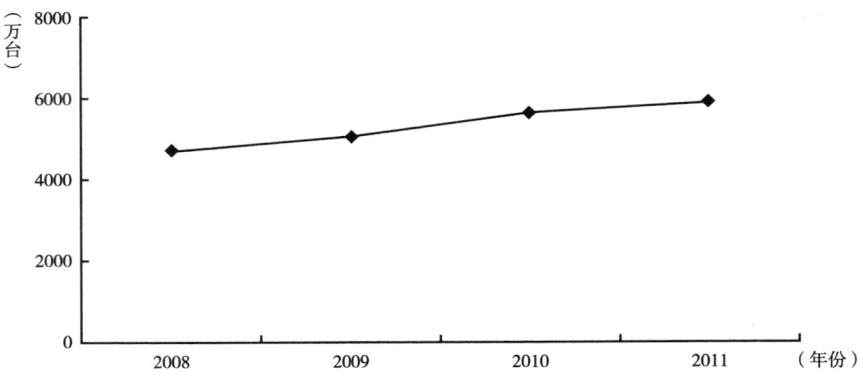

图 11 - 44　2008 ~ 2011 年燃气热水器社会保有量

　　燃气热水器的使用寿命一般为 10 年。计算得出，2012 年燃气热水器的理论报废量为 475.18 万台，按平均重量 12 公斤/台计算，2012 年燃气热水器的理论报废重量为 5.7 万吨。燃气热水器 2007 ~ 2012 年理论报废量和理论报废重量如图 11 - 45 和图 11 - 46 所示。

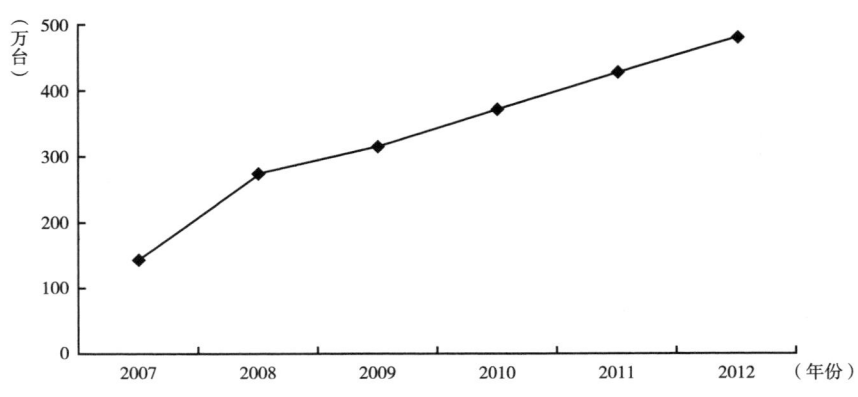

图 11 - 45　2007 ~ 2012 年燃气热水器理论报废量趋势

2. 环境性

　　燃气热水器中的受控物质主要指印刷电路板。印刷电路板被列入国家危险废物名录。它既是对环境具有危害的部件，同时也含有大量的有价值的材料。

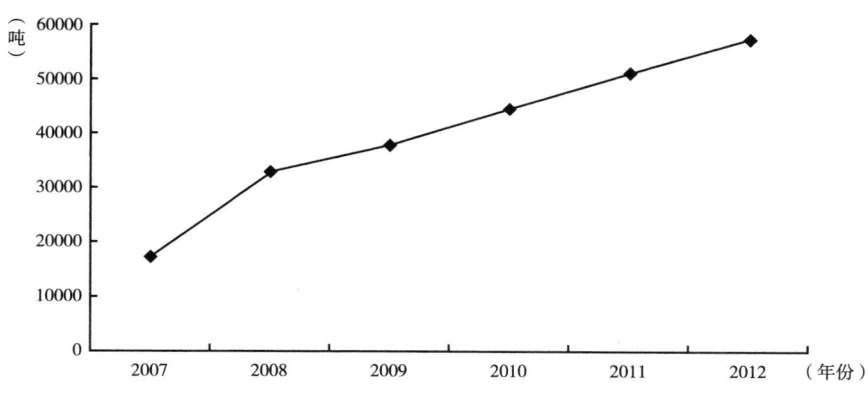

图 11 - 46 2007～2012 年燃气热水器理论报废重量趋势

印刷电路板的重量占燃气热水器重量的 0.88%。以 2012 年燃气热水器理论报废重量 5.7 万吨测算，2012 年，燃气热水器受控物质的总含量为 501.6 吨。

燃气热水器体积小，易于搬运，其坚硬外壳可防止磕碰。有些燃气热水器中含有 PCB，但在回收和运输过程中不易外泄，因此，燃气热水器回收过程的环境风险评估为低。

废燃气热水器的拆解工艺相对简单，手工拆解即可。拆解产物为外壳、面壳、开关旋钮、烟管（强排烟管）、风扇电动机（可选）、风压开关、热交换器、温控器、燃烧器、水气联动阀门、电磁阀、排风罩、点火机、离子火焰感应针、脉冲发生器、底壳固定板、电控器、底壳等。虽然有些燃气热水器中含有 PCB，但拆解过程中，不会对人体和环境造成危害，因此，燃气热水器整机的拆解过程环境风险评估为低。

废燃气热水器的深加工主要指印刷电路板的破碎分选、分离金属和非金属，印刷电路板的处理需要获得环保部门的危废处理许可。2012 年 8 月 24 日，环保部、发改委和商务部联合发布了废塑料加工利用污染防治管理规定，对废塑料加工利用企业进行污染预防严格管理。因此，规范的深加工的环境风险很小，不规范的深加工的环境风险较大。

由于目前还没有形成规范的废燃气热水器深加工行业，因此，燃气热水器深加工的环境风险评估为高。

3. 经济性

废弃产品的价值是指废弃产品的材料价值。按照不同材料的回收重量和回收价格进行测算。废燃气热水器材料价值见表 11 - 27。废弃燃气热水器的单台材料价格为 153.59 元，按 2012 年废弃量 475.18 万台计算，燃气热水器回收材料总价值约为 7.30 亿元。

表 11 – 27　废燃气热水器材料价值

部件或材料	回收价格（元/公斤）	单台重量（公斤）	所占比例（%）	单台价格（元）
变压器	7.01	0.42	3.49	2.94
电机	6.15	0.29	2.43	1.79
铜	41.88	3.16	26.33	132.34
电线	10.77	0.14	1.14	1.47
铸铝	8.12	0.48	3.97	3.87
杂料	0.00	0.39	3.22	0.00
铁	1.50	7.13	58.54	10.70
PCB	4	0.12	0.88	0.48
总计	—	12	100.00	153.59

运输和贮存成本采用对比测算法进行评估。在家电以旧换新政策实施期间，回收的大部分产品是阴极射线管电视，其运费补贴约为每个产品 40 元。按产品 30 公斤重量计，可以得出每公斤的运费成本为 1.33 元。不同产品根据重量测算其运费成本。燃气热水器的重量约为 12 公斤。测算的运输和贮存成本为 15.96 元/台。

拆解处理技术与产品的结构复杂程度成正比。废燃气热水器的拆解技术和工艺相对简单，手工拆解即可完成，拆解处理技术等级为低。

废燃气热水器拆解过程中没有有毒有害物质的泄漏，不会对人体和环境造成危害，因此，燃气热水器的污染控制技术等级为低。

4. 社会性

社会关注度采用学术文章检索数，即在中国知网（cnki）检索主题词：产品名称 +（"回收"或"处理"）。检索的数量越多，说明关注度越高。燃气热水器的检索数量为 0，社会关注度很低。

我国燃气热水器品牌集中度相对较高，前十大品牌市场占有率 86%。目前生产企业还未发起燃气热水器的回收处理行动，因此，燃气热水器生产行业回收处理水平为低。

目前，废弃后的燃气热水器大部分在回收环节被拆解，正规的处理企业还没有大批量地回收处理燃气热水器，仅有格林美等大企业利用自建回收渠道收取了少量废弃燃气热水器。因此，燃气热水器处理行业规范水平为低。

5. 评估结论

淋浴热水器是城镇居民生活中必不可少的家用器具，出于安全等因素的考虑，燃气型的热水器在我国的普及率不高，行业集中度相对较低。燃气热水器的材料价值在小家电中相对较高。目前，有些正规的处理企业收到少量的废弃燃气热水器，但总体来说，废燃气热水器的处理行业规范水平为低。燃气热水器的评估结果见表 11 - 28。

表 11 - 28 燃气热水器评估结果

类别	指标		评估结果
1. 资源性	1.1 产量	1.1.1 产品年产量（万台）	1126.26（2012）
		1.1.2 产品总重量（吨）	135151.2（2012）
		1.1.3 产品稀贵材料含量	0
	1.2 社会保有量	1.2.1 社会保有数量（万台）	5893.39（2011 年）
		1.2.2 社会保有重量（吨）	707206.8 吨（2011）
		1.2.3 稀贵材料含量	0
	1.3 理论报废量	1.3.1 年报废数量（万台）	475.18（2012）
		1.3.2 年报废重量（吨）	57021.6（2012）
		1.3.3 稀贵材料含量	0
2. 环境性	2.1 废弃产品的环境性	2.1.1 RoHS 物质含量	有
		2.1.2 受控物质含量	PCB 501.6 吨
	2.2 回收处理过程的环境性	2.2.1 回收过程的环境风险	环境分析等级低
		2.2.2 拆解过程的环境风险	环境风险等级低
		2.2.3 深加工处理过程的环境风险	环境风险等级高
3. 经济性	3.1 回收成本	3.1.1 废弃产品的价值	72973.39 万元
		3.1.2 运输贮存成本	15.96 元/台
	3.2 处理难度	3.2.1 拆解处理技术	等级低
		3.2.2 污染控制技术	等级低
4. 社会性	4.1 社会关注度	学术文章检索数：在中国知网（cnki）检索主题词：产品名称 +（"回收"或"处理"）	检索数量 0，等级低
	4.2 管理需求	4.2.1 生产行业参与回收处理水平	低：几乎没有企业参与
		4.2.2 处理行业规范水平	低：处理行业极不规范

（九）电动剃须刀

电动剃须刀按刀片动作方式分为旋转式和往复式两类。前者结构简单，噪声较小，剃须力适中；后者结构复杂，噪声大，但剃须力大，锋利度高。旋转式电动剃须刀按外形结构又可分为直筒式、弯头式、带电推剪式和双头式几种。前两种结构较简单，后两种较复杂。电动剃须刀按原动机型式可分为直流永磁电动机式、交直流两用串激电动机式和电磁振动式3类。

电动剃须刀品牌市场集中度相对较高，前三大品牌飞利浦、飞科和超人占整个市场销售的80%。

1. 资源性

根据中怡康的销量数据和海关进出口量数据，测算出 2012 年电动剃须刀的产量达到 7104.04 万台，产品总重量为 1989.13 吨。历年来产量如图11 - 47 所示。

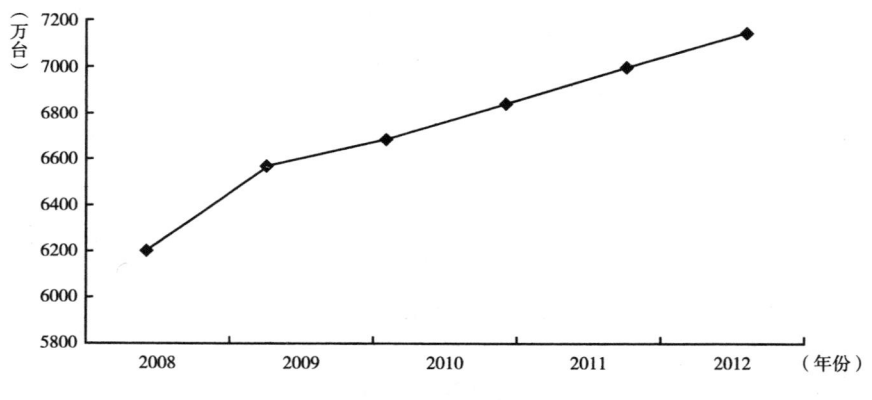

图 11 - 47   2008 ~ 2012 年电动剃须刀产量趋势

一般的电动剃须刀在 180 ~ 380g 之间，为方便计算，本报告取 280g 作为电动剃须刀的平均重量。

电动剃须刀由不锈钢网罩、内刀片、微型电动机和壳体组成。网罩即固定的外刀片，上面有许多孔眼，胡须可以伸入孔中。微型电动机靠电能驱动，带动内刀片动作，利用剪切原理，将伸入孔中的胡须切断。电动剃须刀可按内刀片的动作特点，分为旋转式和往复式两种。所用电源有干电池、蓄电池和交流充电等。

电动剃须刀主要由外壳（包括电池盒）、电动机（或电磁铁）、网罩（包括外刀片、固定刀）、内刀片（可动刀）和内刀刀架组成。外壳多用塑料，网罩采用不锈钢，内刀片多用碳素钢制成。

表 11-29 电动剃须刀材料构成比例

单位：%

部件或材料	所占比例	部件或材料	所占比例
铁 件	11.05	变压器	16.57
铝 件	11.05	电 机	14.36
电 池	5.52	印制板	11.05
电 容	13.81	总 计	100
塑 料	16.57		

注：数据来自四川长虹格润再生资源有限责任公司。

由于统计年鉴中没有电动剃须刀的百户拥有量数据，电动剃须刀的社会保有量以"销量－报废年限"为依据进行计算，销量根据中怡康数据测算，历年销量见表 11-30。电动剃须刀的使用寿命为 5 年，计算得出 2012 年电动剃须刀的社会保有量为 2350 万个，社会保有重量为 6580 吨。

表 11-30 2008~2012 年电动剃须刀历年销量

单位：万个

年份	销量	年份	销量
2008	1250	2011	1880
2009	1379	2012	2350
2010	1528		

电动剃须刀属于小家电，小家电的使用寿命一般为 5 年。计算得出，2012 年电动剃须刀的理论报废量为 1250 万个，按平均重量 0.28 公斤/个计算，2012 年电动剃须刀的理论报废重量为 3500 吨。

2. 环境性

电动剃须刀中的受控物质主要指印刷电路板。印刷电路板被列入国家危险废物名录。它既是对环境具有危害的部件，同时也含有大量的有价值的材料。印刷电路板的重量占电动剃须刀重量的 2%。以 2012 年电动剃须刀理论报废重量 3500 吨测算，2012 年，电动剃须刀受控物质的总含量为 700 吨。

电动剃须刀体积小、重量轻。虽然有些电动剃须刀中含有 PCB，但在回收和运输过程中不易外泄，因此，电动剃须刀回收过程的环境风险评估为低。

废电动剃须刀的拆解工艺相对简单，手工拆解即可。拆解产物为外壳、电动机、网罩、内刀片和内刀刀架等。虽然有些电动剃须刀中含有 PCB，但拆解过程中，不会对人体和环境造成危害，因此，电动剃须刀整机的拆解过程环境风险评估为低。

废电动剃须刀的深加工主要指印刷电路板的破碎分选、分离金属和非金属，印刷电路板的处理需要获得环保部门的危废处理许可。2012 年 8 月 24 日，环保部、发改委和商务部联合发布了废塑料加工利用污染防治管理规定，对废塑料加工利用企业进行污染预防严格管理。因此，规范的深加工的环境风险很小，而不规范的深加工将对环境产生较大的风险。

由于目前还没有形成规范的废电动剃须刀深加工行业，因此，电动剃须刀深加工的环境风险评估为高。

3. 经济性

废弃产品的价值是指废弃产品的材料价值。按照不同材料的回收重量和回收价格进行测算。废电动剃须刀材料价值见表 11 - 31。废弃电动剃须刀的单台材料价格为 1.14 元，按 2012 年废弃量 1250 万个计算，电动剃须刀废弃总价值约为 1420.29 万元。

表 11 - 31 废电动剃须刀材料价值

部件或材料	回收价格（元/公斤）	单台重量（公斤）	所占比例（%）	单台价格（元）	废弃总价值（万元）
铁 件	1.5	0.031	11.05	0.046	58.01
铝 件	8	0.031	11.05	0.248	309.39
电 池	0.2	0.015	5.52	0.003	3.87
电 容	0.3	0.039	13.81	0.012	14.50
塑 料	3	0.046	16.57	0.139	174.03
变压器	6.5	0.046	16.57	0.302	377.07
电 机	5	0.040	14.36	0.201	251.38
印制板	6	0.031	11.05	0.186	232.04
总 计	—	0.279	100	1.137	1420.29

注：根据四川长虹格润再生资源有限责任公司提供数据计算。

运输和贮存成本采用对比测算法进行评估。在家电以旧换新政策实施期间，回收的大部分产品是阴极射线管电视，其运费补贴约为每个产品 40 元。

按产品 30 公斤重量计，可以得出每公斤的运费成本为 1.33 元。不同产品根据重量测算其运费成本。电动剃须刀的重量约为 0.28 公斤。测算的运输和贮存成本为 0.37 元/台。

拆解处理技术与产品的结构复杂程序成正比。电动剃须刀的拆解技术和工艺相对简单，手工拆解即可完成，拆解处理技术等级为低。

电动剃须刀拆解过程中没有有毒有害物质的泄漏，不会对人体和环境造成危害，因此，电动剃须刀的污染控制技术等级为低。

4. 社会性

社会关注度采用学术文章检索数，即在中国知网（cnki）检索主题词：产品名称 +（"回收"或"处理"）。检索的数量越多，说明关注度越高。电动剃须刀的检索数量为 0，社会关注度很低。

我国电动剃须刀品牌集中度相对较高，前五大品牌市场占有率 80% 左右，前五大品牌包括飞利浦、松下、百灵、日立、超人。目前生产企业还未发起电动剃须刀的回收处理行动，因此，电动剃须刀生产行业回收处理水平为低。

目前，废弃的电动剃须刀大部分在流通环节被拆解，正规的处理企业还没有大批量地回收电动剃须刀。因此，电动剃须刀处理行业规范水平为低。

5. 评估结论

由于电动剃须刀的使用仅限于男性，因此社会保有量并不是很高，出口量很大。产品重量轻，价格便宜，更新换代快，废弃后的材料价值不高，回收处理工艺相对简单。目前，很少有正规的处理企业收到废弃电动剃须刀，处理行业还处于不规范中。电动剃须刀的评估结果见表 11 - 32。

（十）电水壶

中国是世界最大的电水壶生产基地，拥有巨大的产能，据不完全统计，我国电水壶产量在 1 亿个左右，70% 以上出口。电水壶市场需求旺盛，加之利润又相当可观，故得到众多企业的青睐。我国电水壶生产企业数量众多，截至 2008 年底，国内电水壶制造商超过 1500 家。其中大中型企业占总产能的 60%，其他 40% 产能都是小企业完成的。

电水壶的品牌集中度较低，根据中怡康 2011 年上半年的监测数据，美的、苏泊尔和九阳三个品牌市场占有率合计超过 63%。其他品牌市场占有率较分散。

表 11 - 32　电动剃须刀评估结果

类别	指标		评估结果
1. 资源性	1.1 产量	1.1.1 产品年产量（万个）	7104.04（2012）
		1.1.2 产品总重量（吨）	1989.13（2012）
		1.1.3 产品稀贵材料含量	0
	1.2 社会保有量	1.2.1 社会保有数量（万个）	2350（2012 年）
		1.2.2 社会保有重量（吨）	6580 吨（2012）
		1.2.3 稀贵材料含量	0
	1.3 理论报废量	1.3.1 年报废数量（万个）	1250（2012）
		1.3.2 年报废重量（吨）	3500（2012）
		1.3.3 稀贵材料含量	0
2. 环境性	2.1 废弃产品的环境性	2.1.1RoHS 物质含量	有
		2.1.2 受控物质含量	PCB 700 吨
	2.2 回收处理过程的环境性	2.2.1 回收过程的环境风险	环境风险等级低
		2.2.2 拆解过程的环境风险	环境风险等级低
		2.2.3 深加工处理过程的环境风险	环境风险等级高
3. 经济性	3.1 回收成本	3.1.1 废弃产品的价值	1420.29 万元
		3.1.2 运输贮存成本	0.37 元/台
	3.2 处理难度	3.2.1 拆解处理技术	等级低
		3.2.2 污染控制技术	等级低
4. 社会性	4.1 社会关注度	学术文章检索数：在中国知网（cnki）检索主题词：产品名称 +（"回收"或"处理"）	检索数量 0，等级低
	4.2 管理需求	4.2.1 生产行业参与回收处理水平	低：几乎没有企业参与
		4.2.2 处理行业规范水平	低：处理行业极不规范

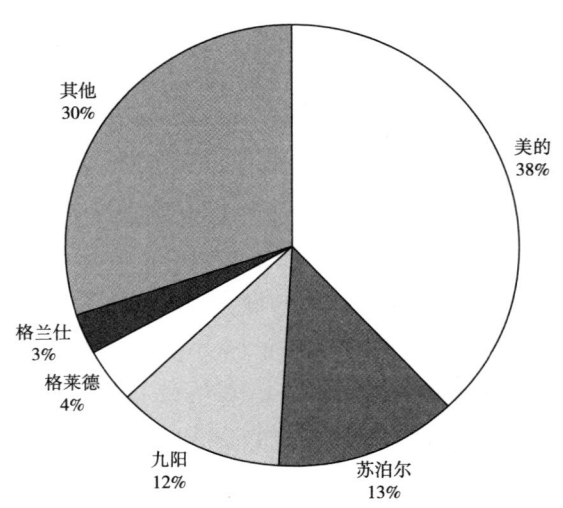

图 11 - 48　电水壶品牌市场占有率

1. 资源性

近年来，电水壶的产量呈逐年增长的趋势，根据中国家用电器研究院"电水壶行业研究报告"测算，2012 年产量约为 1 亿个，产品总重量约为 10 万吨。

按照类型分，电水壶划分为茶壶式、电热水瓶式和电热杯式，其中茶壶式销量占 90% 以上；按照材质分，电水壶分为不锈钢、塑料、玻璃和其他，不锈钢的市场份额最大，占 90% 左右。

电热水壶的关键部件是温控器，温控器的好坏及使用寿命决定了水壶的好坏及使用寿命。除了关键的温控器，一个电水壶的组成必须包含这些基本部件：开壶按键、水壶顶盖、电源开关、手柄、电源指示灯、加热底盘等。

电水壶的容量一般在 1L～2L 之间，重量在 1 公斤左右，本报告取 1 公斤作为电水壶的平均重量。

表 11 - 33　电水壶材料构成比例

单位：%

部件或材料	所占比例	部件或材料	所占比例
铁件	47.94	其他	27.06
电加热管	13.24	总计	100
塑料	11.76		

注：数据由四川长虹格润再生资源有限责任公司提供。

由于统计年鉴中没有电水壶的百户拥有量数据，电水壶的社会保有量以"销量 - 报废年限"为依据进行计算，销量根据中怡康数据测算，历年电水壶销量见表 11 - 34。电水壶的使用寿命为 5 年，计算得出 2012 年电水壶的社会保有量为 9677 万个，社会保有重量为 9.677 万吨。

表 11 - 34　2007～2012 年电水壶历年销量

单位：万个

年份	销量	年份	销量
2007	1209	2010	1903
2008	1438	2011	2200
2009	1571	2012	2565

电水壶属于小家电，小家电的使用寿命一般为 5 年。计算得出，2012 年电水壶的理论报废量为 1438 万个，按平均重量 1 公斤/个计算，2012 年电水壶的理论报废重量为 1.44 万吨。

2. 环境性

电水壶中不含有 PCB 等受控物质，受控物质含量为 0。

电水壶体积小、重量轻，易于搬运，其坚硬外壳可防止磕碰。电水壶回收过程的环境风险评估为低。

电水壶的拆解工艺相对简单，手工拆解即可。拆解产物为不锈钢外壳、温控器、开壶按键、水壶顶盖、电源开关、手柄、电源指示灯、加热底盘等。电水壶整机的拆解过程环境风险评估为低。

电水壶的材料组成比较单一，以不锈钢和塑料为主，并且不含有受控物质，电水壶深加工的环境风险评估为低。

3. 经济性

废弃产品的价值是指废弃产品的材料价值。按照不同材料的回收重量和回收价格进行测算。废电水壶材料价值见表 11－35。废弃电水壶的单台材料价格为 1.34 元，按 2012 年废弃量 1438 万个计算，电水壶废弃总价值约为 1922.27 万元。

表 11－35　废电水壶材料价值

部件或材料	回收价格（元/公斤）	单台重量（公斤）	所占比例（%）	单台价格（元）	废弃总价值（万元）
铁件	1.5	0.48	47.94	0.719	1034.09
电加热管	2	0.13	13.24	0.265	380.65
塑料	3	0.12	11.76	0.353	507.53
其他	0	0.27	27.06	0.000	0.00
总计	—	1.11	100	1.337	1922.27

注：根据四川长虹格润再生资源有限责任公司提供数据计算。

运输和贮存成本采用对比测算法进行评估。在家电以旧换新政策实施期间，回收的大部分产品是阴极射线管电视，其运费补贴约为每个产品 40 元。按产品 30 公斤重量计，可以得出每公斤的运费成本为 1.33 元。不同产品根据重量测算其运费成本。电水壶的重量约为 1 公斤。测算的运输和贮存成本为 1.33 元/个。

拆解处理技术与产品的结构复杂程序成正比。电水壶的拆解技术和工艺相对简单，手工拆解即可完成，拆解处理技术等级为低。

废电水壶拆解过程中没有有毒有害物质泄漏，不会对人体和环境造成危害，因此，电水壶的污染控制技术等级为低。

4. 社会性

社会关注度采用学术文章检索数，即在中国知网（cnki）检索主题词：产品名称 +（"回收"或"处理"）。检索的数量越多，说明关注度越高。电水壶的检索数量为 0，社会关注度很低。

我国电水壶品牌集中度相对较低，制造商超过 1000 家，品牌众多，前 5 大品牌市场占有率为 70% 左右。目前生产企业还未发起电水壶的回收处理行动，因此，电水壶生产行业回收处理水平为低。

目前，废弃的电水壶大部分在流通环节被拆解，正规的处理企业还没有大批量地回收电水壶。因此，电水壶处理行业规范水平为低。

5. 评估结论

我国是电水壶的生产大国和出口大国，生产企业众多，产业格局分散。产品重量轻，价格便宜，更新换代较快，回收处理工艺相对简单。目前，很少有正规的处理企业收到废弃电水壶，处理行业还处于不规范中。电水壶的评估结果见表 11 - 36。

（十一） 豆浆机

豆浆机是我国拥有自主知识产权的产品，1994 年由九阳公司发明，经过近 20 年的市场培育，豆浆机行业现已顺利完成由市场"进入期"到"成长期"的转变。经过多次技术创新和产品升级，豆浆机在使用过程中的便捷性日益显现，逐渐受到消费者的青睐，产品也进入快速发展的阶段。

2008 年，国内奶粉"三聚氰胺"事件的爆发，使豆浆机行业迅猛增长，极大地推动了豆浆机的销售，2008 年零售量达到 1419 万台，增幅达 145%。进入 2009 年，豆浆机销量已经突破 2000 万台。

在市场集中度方面，豆浆机的市场集中度非常高，根据中怡康 2010 年第三季度的监测数据，九阳和美的两大品牌的市场份额合计超过 90%，其他品牌市场份额不足 10%。

表 11 - 36 电水壶评估结果

类别	指标		评估结果
1. 资源性	1.1 产量	1.1.1 产品年产量(万个)	10000(2012)
		1.1.2 产品总重量(吨)	100000(2012)
		1.1.3 产品稀贵材料含量	0
	1.2 社会保有量	1.2.1 社会保有数量(万个)	9677(2012 年)
		1.2.2 社会保有重量(吨)	9.677 万吨(2012)
		1.2.3 稀贵材料含量	0
	1.3 理论报废量	1.3.1 年报废数量(万个)	1438(2012)
		1.3.2 年报废重量(吨)	14380(2012)
		1.3.3 稀贵材料含量	0
2. 环境性	2.1 废弃产品的环境性	2.1.1RoHS 物质含量	0
		2.1.2 受控物质含量	0
	2.2 回收处理过程的环境性	2.2.1 回收过程的环境风险	环境风险等级低
		2.2.2 拆解过程的环境风险	环境风险等级低
		2.2.3 深加工处理过程的环境风险	环境风险等级低
3. 经济性	3.1 回收成本	3.1.1 废弃产品的价值	1922.27 万元
		3.1.2 运输贮存成本	1.33 元/个
	3.2 处理难度	3.2.1 拆解处理技术	等级低
		3.2.2 污染控制技术	等级低
4. 社会性	4.1 社会关注度	学术文章检索数:在中国知网(cnki)检索主题词:产品名称 + ("回收"或"处理")	检索数量 0,等级低
	4.2 管理需求	4.2.1 生产行业参与回收处理水平	低:几乎没有企业参与
		4.2.2 处理行业规范水平	低:处理行业极不规范

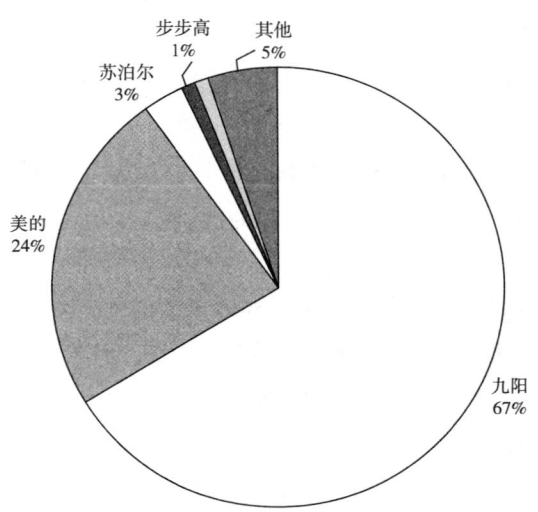

图 11 - 49 豆浆机品牌市场占有率

1. 资源性

近年来，豆浆机的产量呈逐年增长的趋势，根据中怡康数据，2012 年产量达到 5498 万台，产品总重量为 13.75 万吨。

目前，市场上的豆浆机均为全自动豆浆机，主要采用微电脑控制，实现预热、打浆、煮浆和延时熬煮过程的全自动化。豆浆机主要由杯体和机头两大部分组成。机头上安装有电机、控制电路、电热元件、防溢电极、温度传感器、防干烧电极、刀片、网罩等部件。电机、电热元件、控制电路为关键零部件。

按加热方式分，豆浆机可分为加热管加热、底盘加热、立体加热等；按研磨方式分，可分为超微精磨、精磨、无网等。

豆浆机的容量一般在 1000ML ~ 1800ML，重量为 2 ~ 3 公斤，本报告取 2.5 公斤为豆浆机的平均重量。

表 11 - 37　豆浆机材料构成比例

单位：%

部件或材料	所占比例	部件或材料	所占比例
铁件	10.46	印制板	6.77
塑料	28.31	变压器	6.77
电机	43.69	总计	100
线束	4.00		

由于统计年鉴中没有豆浆机的百户拥有量数据，豆浆机的社会保有量以"销量 – 报废年限"为依据进行计算，销量根据中怡康数据测算，历年销量见表 11 – 38。豆浆机的使用寿命为 5 年，计算得出 2012 年豆浆机的社会保有量为 16382 万台，社会保有重量为 40.96 万吨。

表 11 – 38　2006 ~ 2012 年豆浆机历年销量

单位：万台

年份	销量	年份	销量
2006	339	2010	3065
2007	619	2011	4214
2008	1419	2012	5498
2009	2186		

豆浆机属于小家电，小家电的使用寿命一般为 5 年。计算得出，2012 年豆浆机的理论报废量为 1419 万台，按平均重量 2.5 公斤/台计算，2012 年豆浆机的理论报废重量为 3.55 万吨。

2. 环境性

豆浆机中的受控物质主要指印刷电路板。印刷电路板被列入国家危险废物名录。它既是对环境具有危害的部件，同时也含有大量的有价值的材料。印刷电路板的重量占约豆浆机重量的 6.77%。以 2012 年豆浆机理论报废重量 3.55 万吨测算，2012 年，豆浆机受控物质的总含量为 2403.35 吨。

豆浆机体积小、重量轻，易于搬运，其坚硬外壳可防止磕碰。豆浆机中含有 PCB，但在回收和运输过程中不易外泄，因此，豆浆机回收过程的环境风险评估为低。

废豆浆机的拆解工艺相对简单，手工拆解即可。拆解产物为电机、控制电路、电热元件、防溢电极、温度传感器、防干烧电极、刀片、网罩等。虽然豆浆机中含有 PCB，但拆解过程中，不会对人体和环境造成危害，因此，豆浆机整机的拆解过程环境风险评估为低。

废豆浆机的深加工主要指印刷电路板的破碎分选、分离金属和非金属，印刷电路板的处理需要获得环保部门的危废处理许可。2012 年 8 月 24 日，环保部、发改委和商务部联合发布了废塑料加工利用污染防治管理规定，对废塑料加工利用企业进行污染预防严格管理。因此，规范的深加工的环境风险很小，而不规范的深加工将对环境产生较大的风险。

由于目前还没有形成规范的豆浆机的深加工行业，因此，豆浆机深加工的环境风险评估为高。

3. 经济性

废弃产品的价值是指废弃产品的材料价值。按照不同材料的回收重量和回收价格进行测算。废豆浆机材料价值见表 11 - 39。废弃豆浆机的单台材料价格为 11.25 元，按 2012 年废弃量 1419 万台计算，豆浆机回收材料总价值约为 1.6 亿元。

运输和贮存成本采用对比测算法进行评估。在家电以旧换新政策实施期间，回收的大部分产品是阴极射线管电视，其运费补贴约为每个产品 40 元。按产品 30 公斤重量计，可以得出每公斤的运费成本为 1.33 元。不同产品根据重量测算其运费成本。豆浆机的重量约为 2.5 公斤。测算的运输和贮存成本为 3.33 元/台。

表 11-39　废豆浆机材料价值

部件或材料	回收价格 （元/公斤）	单台重量 （公斤）	所占比例 （%）	单台价格 （元）	废弃总价值 （万元）
铁件	1.5	0.26	10.46	0.39	556.68
塑料	4	0.71	28.31	2.83	4016.86
电机	5	1.09	43.69	5.46	7749.92
线束	7	0.10	4.00	0.70	993.30
印制板	5	0.17	6.77	0.85	1200.69
变压器	6	0.17	6.77	1.02	1440.83
总　计	—	2.50	100	11.25	15958.28

　　拆解处理技术与产品的结构复杂程序成正比。豆浆机的拆解技术和工艺相对简单，手工拆解即可完成，拆解处理技术等级为低。

　　豆浆机的拆解技术和工艺相对简单，手工拆解即可完成，拆解过程中没有有害物质的泄漏，不会对人体和环境造成危害，因此，豆浆机的污染控制技术等级为低。

　　4. 社会性

　　社会关注度采用学术文章检索数，即在中国知网（cnki）检索主题词：产品名称 + （"回收"或"处理"）。检索的数量越多，说明关注度越高。豆浆机的检索数量为0，社会关注度很低。

　　我国豆浆机品牌集中度非常高，前4大品牌市场占有率95%以上，九阳和美的占绝对优势。目前生产企业还未发起豆浆机的回收处理行动，因此，豆浆机生产行业回收处理水平为低。

　　目前，废弃的豆浆机大部分都在流通环节被拆解，正规的处理企业还没有大批量地回收豆浆机。因此，豆浆机处理行业规范水平为低。

　　5. 评估结论

　　豆浆机是我国拥有自主知识产权的小家电，近几年得到飞速发展，品牌集中度非常高。产品重量轻，价格相对便宜，更新换代快，回收处理工艺相对简单，目前，几乎没有正规的处理企业收到废弃的豆浆机，处理行业规范水平为低。豆浆机的评估结果见表 11-40。

（十二）电压力锅

　　2003 年开始，电压力锅在中国开始迅猛发展，产值以每年 100% 以上的速度增长。电压力锅可看作是传统高压锅的换代产品，其产业规模不断扩

表 11 - 40　豆浆机评估结果

类别	指标		评估结果
1. 资源性	1.1 产量	1.1.1 产品年产量（万台）	5498（2012）
		1.1.2 产品总重量（吨）	13745（2012）
		1.1.3 产品稀贵材料含量	0
	1.2 社会保有量	1.2.1 社会保有数量（万台）	16382（2012 年）
		1.2.2 社会保有重量（吨）	40.96 万吨（2012）
		1.2.3 稀贵材料含量	00
	1.3 理论报废量	1.3.1 年报废数量（万台）	1419（2012）
		1.3.2 年报废重量（吨）	35475（2012）
		1.3.3 稀贵材料含量	0
2. 环境性	2.1 废弃产品的环境性	2.1.1RoHS 物质含量	0
		2.1.2 受控物质含量	PCB 2403.35 吨
	2.2 回收处理过程的环境性	2.2.1 回收过程的环境风险	环境风险等级低
		2.2.2 拆解过程的环境风险	环境风险等级低
		2.2.3 深加工处理过程的环境风险	环境风险等级高
3. 经济性	3.1 回收成本	3.1.1 废弃产品的价值	15958.28 万元
		3.1.2 运输贮存成本	3.33 元/台
	3.2 处理难度	3.2.1 拆解处理技术	等级低
		3.2.2 污染控制技术	等级低
4. 社会性	4.1 社会关注度	学术文章检索数:在中国知网（cnki）检索主题词:产品名称 +（"回收"或"处理"）	检索数量 0,等级低
	4.2 管理需求	4.2.1 生产行业参与回收处理水平	低:几乎没有企业参与
		4.2.2 处理行业规范水平	低:处理行业极不规范

大。2007 年，全国电压力锅产量约 400 万台，产值约 30 亿元。2008 年电压力锅产量 900 万台左右，产值约 60 亿元。2010 年，电压力锅产量升至 2500 万台，其中出口 500 万台。

经过几年的市场培育，电压力锅成为生活电器中销量规模最大的产品之一。在电压力锅主要品牌中，美的产销量一直在行业首位，2010 年，美的电压力锅销量突破 1000 万台。根据中怡康 2011 年上半年监测数据，电压力锅市场占有率如图 11 - 50 所示。

1. 资源性

近年来，电压力锅的产量呈迅猛增长的趋势，根据中国家用电器研究院电压力锅行业研究报告数据，2012 年产量达到 3680 万台，产品总重量为 18.4 万吨。

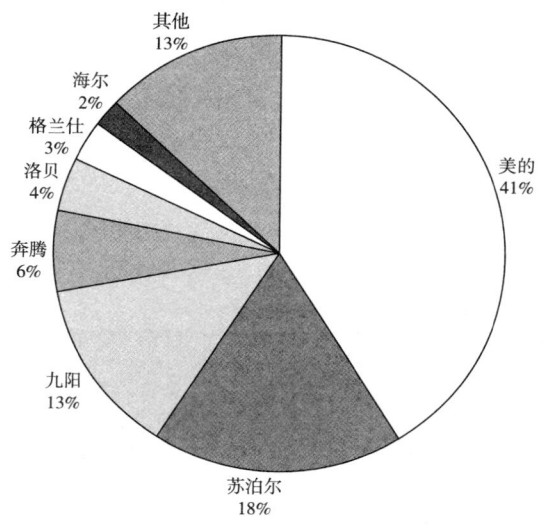

图 11 – 50 电压力锅各品牌市场占有率

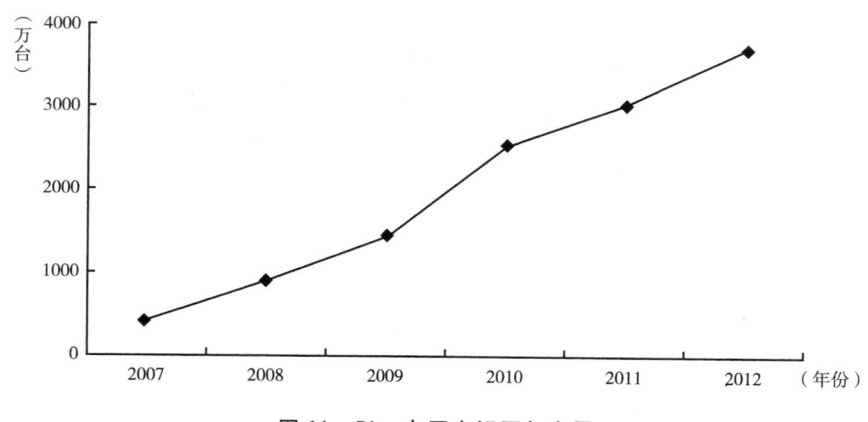

图 11 – 51 电压力锅历年产量

电压力锅是传统高压锅和电饭锅的升级换代产品，它结合了压力锅和电饭锅的优点，采用弹性压力控制，动态密封，外旋盖、位移可调控电开关等新技术、新结构，全密封烹调、压力连续可调，彻底解决了压力锅的安全问题，解除了普通压力锅困扰消费者多年的安全隐患。其热效率大于 80%，省时省电（比普通电饭锅节电 30% 以上）。

电压力锅按照操作方式可分为手动操作和电脑控制两种，内胆有不锈钢、黑晶、陶晶等几种。一般家用电压力锅常用 4L ~ 6L 的容量，重量在

3~7公斤之间，为方便计算，本报告取5公斤为电压力锅的平均重量。

电压力锅的主要部件包括：

锅盖：不锈钢与PP材质一体压接成型，安全、不会分离。

外壳：优质冷轧钢板，外表PVC覆膜，耐磨、光洁度高。

内胆：铝合金、不锈钢等材质。

外胆：不锈钢，易清洗，不发黄，韧性好。

图 11-52　电压力锅结构

表 11-41　电压力锅材料构成比例

单位：%

部件或材料	所占比例	部件或材料	所占比例
不锈钢	55	塑料	35
电路板	2	其他	5
电线	3	总计	100

由于统计年鉴中没有电压力锅的百户拥有量数据，电压力锅的社会保有量以"销量－报废年限"为依据进行计算，销量根据中怡康数据测算，历年电压力锅销量见表 11-42。电压力锅的使用寿命为5年，计算得出2012年电压力锅的社会保有量为7979万台，社会保有重量为39.90万吨。

表 11 - 42 2007～2012 年电压力锅历年销量

单位：万台

年份	销量	年份	销量
2007	469	2010	1659
2008	765	2011	1992
2009	1170	2012	2393

电压力锅属于小家电，小家电的使用寿命一般为 5 年。计算得出，2012 年电压力锅的理论报废量为 765 万台，按平均重量 5 公斤/台计算，2012 年电压力锅的理论报废重量为 3.83 万吨。

2. 环境性

电压力锅中的受控物质主要指印刷电路板。印刷电路板被列入国家危险废物名录。它既是对环境具有危害的部件，同时也含有大量的有价值的材料。印刷电路板的重量占电压力锅重量的 2%。以 2012 年电压力锅理论报废重量 3.83 万吨测算，2012 年，电压力锅受控物质的总含量为 766 吨。

电压力锅体积小、重量较轻，易于搬运，其坚硬外壳可防止磕碰。电压力锅中含有 PCB，但在回收和运输过程中不易外泄，因此，电压力锅回收过程的环境风险评估为低。

废电压力锅的拆解工艺相对简单，手工拆解即可。拆解产物为锅盖、外壳、内胆、PCB、温控器等。虽然电压力锅中含有 PCB，但拆解过程中，不会对人体和环境造成危害，因此，电压力锅整机的拆解过程环境风险评估为低。

废电压力锅的深加工主要指印刷电路板的破碎分选，分离金属和非金属，印刷电路板的处理需要获得环保部门的危废处理许可。2012 年 8 月 24 日，环保部、发改委和商务部联合发布了废塑料加工利用污染防治管理规定，对废塑料加工利用企业进行污染预防严格管理。因此，规范的深加工的环境风险很小，而不规范的深加工将对环境产生较大的风险。

由于目前还没有形成规范的废电压力锅深加工行业，因此，电压力锅深加工的环境风险评估为高。

3. 经济性

废弃产品的价值是指废弃产品的材料价值。按照不同材料的回收重量和回收价格进行测算。废电压力锅材料价值见表 11 - 43。废弃电压力锅的单台材料价格为 12.7 元，按 2012 年废弃量 765 万台计算，电压力锅废弃总价值约为 9715.5 万元。

表 11－43　废电压力锅材料价值

部件或材料	回收价格 （元/公斤）	单台重量 （公斤）	所占比例 （%）	单台价格 （元）	废弃总价值 （万元）
不锈钢	1.6	2.75	55	4.4	3366
电路板	4	0.1	2	0.4	306
电　线	6	0.15	3	0.9	688.5
塑　料	4	1.75	35	7	5355
其　他	0	0.25	5	0	0
总　计	—	5	100	12.7	9715.5

运输和贮存成本采用对比测算法进行评估。在家电以旧换新政策实施期间，回收的大部分产品是阴极射线管电视，其运费补贴约为每个产品 40 元。按产品 30 公斤重量计，可以得出每公斤的运费成本为 1.33 元。不同产品根据重量测算其运费成本。电压力锅的重量约为 5 公斤。测算的运输和贮存成本为 6.65 元/台。

拆解处理技术与产品的结构复杂程序成正比。电压力锅的拆解技术和工艺相对简单，手工拆解即可完成，拆解处理技术等级为低。

电压力锅拆解过程中没有有毒有害物质的泄漏，不会对人体和环境造成危害，因此，电压力锅的污染控制技术等级为低。

4. 社会性

社会关注度采用学术文章检索数，即在中国知网（cnki）检索主题词：产品名称＋（"回收"或"处理"）。检索的数量越多，说明关注度越高。电压力锅的检索数量为 0，社会关注度很低。

我国电压力锅品牌约有 150 个左右，品牌集中度相对较高，前 5 大品牌市场占有率 80% 以上，包括美的、苏泊尔、九阳、奔腾、格兰仕。目前生产企业还未发起电压力锅的回收处理行动，因此，电压力锅生产行业回收处理水平为低。

目前，废弃的电压力锅大部分在流通渠道被拆解，正规的处理企业还没有大批量地回收电压力锅。因此，电压力锅处理行业规范水平为低。

5. 评估结论

近 10 年来，电压力锅在我国迅猛发展，产业规模不断扩大，且集中度相对较高。电压力锅产品重量轻，价格相对便宜，更新换代快，回收处理工艺相对简单，目前，几乎没有正规的处理企业收到废弃的电压力锅，处理行业还处于不规范中。电压力锅的评估结果见表 11 - 44。

表 11 - 44　电压力锅评估结果

类别	指标		评估结果
1. 资源性	1.1 产量	1.1.1 产品年产量(万台)	3680(2012)
		1.1.2 产品总重量(吨)	184000(2012)
		1.1.3 产品稀贵材料含量	0
	1.2 社会保有量	1.2.1 社会保有数量(万台)	7979(2012 年)
		1.2.2 社会保有重量(吨)	39.90 万吨(2012)
		1.2.3 稀贵材料含量	0
	1.3 理论报废量	1.3.1 年报废数量(万台)	765(2012)
		1.3.2 年报废重量(吨)	38250(2012)
		1.3.3 稀贵材料含量	0
2. 环境性	2.1 废弃产品的环境性	2.1.1RoHS 物质含量	0
		2.1.2 受控物质含量	PCB 766 吨
	2.2 回收处理过程的环境性	2.2.1 回收过程的环境风险	环境风险等级低
		2.2.2 拆解过程的环境风险	环境风险等级低
		2.2.3 深加工处理过程的环境风险	环境风险等级高
3. 经济性	3.1 回收成本	3.1.1 废弃产品的价值	9715.5 万元
		3.1.2 运输贮存成本	6.65 元/台
	3.2 处理难度	3.2.1 拆解处理技术	等级低
		3.2.2 污染控制技术	等级低
4. 社会性	4.1 社会关注度	学术文章检索数:在中国知网(cnki)检索主题词:产品名称 + ("回收"或"处理")	检索数量 0,等级低
	4.2 管理需求	4.2.1 生产行业参与回收处理水平	低:几乎没有企业参与
		4.2.2 处理行业规范水平	低:处理行业极不规范

(十三) 电吹风机

电吹风作为一种普及率比较高的小家电，目前市场发展已经比较成熟。如今，电吹风的功能从单一的干发逐渐提升至更多功能、智能化操作的更好层面，电吹风产品技术的发展也逐步走向了更生活化、多样化的道路。

目前，电吹风机市场相对稳定，出口量保持在 8000 万台左右，产量在

1 亿台左右。根据互联网消费调研中心数据，电吹风市场 2011 年品牌关注比例如图 11-53 所示。

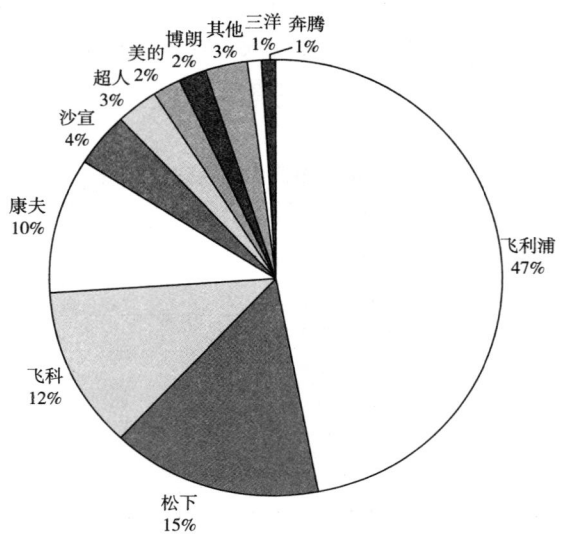

图 11-53 电吹风机市场品牌关注比例

1. 资源性

近年来，电吹风机的产量比较稳定，约在 1 亿台左右，根据中国家用电器研究院测算，2012 年产量达到 10163.14 万台，产品总重量为 6.1 万吨。

按使用方式来分，有手持式和壁挂式电吹风机。按送风方式来分，有离心式电吹风和轴流式电吹风。离心式靠电动机带动风叶旋转，使进入电吹风的空气获得惯性离心力，不断向外排风。它的缺点是排出的风没有全部流经电动机，电动机升温较高；优点是噪音较低。轴流式电动机带动风叶旋转，推动进入电吹风的空气作轴向流动，不断地向外排风。它的优点是排出的风全部流经电动机，电动机冷却条件好，绝缘不容易老化；它的缺点是噪音较大。按外壳所用材料来分，有金属型电吹风和塑料型电吹风。金属型电吹风坚固耐用，可以承受较高的温度。塑料型电吹风重量轻，绝缘性能好，但是容易老化，而且耐高温性能差。

电吹风机的种类虽然很多，但是结构大同小异，都是由壳体、手柄、电动机、风叶、电热元件、挡风板、开关、电源线等组成。

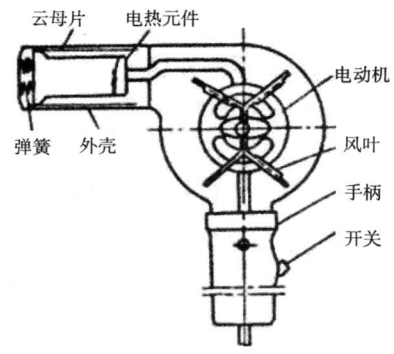

图 11 - 54 电吹风机结构

电吹风的规格大小，主要按电功率划分，家用电吹风机的规格一般在 500～1500 瓦。电吹风机的重量一般在 0.4～0.8 公斤，本报告取 0.6 公斤为电吹风机的平均重量。

表 11 - 45 电吹风机材料构成比例

单位：%

部件或材料	所占比例	部件或材料	所占比例
铁 件	39.18	塑 料	8.76
电 机	23.71	其 他	25.77
加热丝	2.58	总 计	100.00

注：数据由四川长虹格润再生资源有限责任公司提供。

由于统计年鉴中没有电吹风机的百户拥有量数据，电吹风机的社会保有量以"销量－报废年限"为依据进行计算，销量为中国家用电器研究院测算，历年销量见表 11－46。电吹风机的使用寿命为 5 年，计算得出 2012 年电吹风机的社会保有量为 8809.75 万台，社会保有重量为 52858.5 吨。

表 11 - 46 2008～2012 年电吹风机历年销量

单位：万台

年份	销量	年份	销量
2008	1903.28	2011	1763.26
2009	1500.00	2012	1776.54
2010	1866.68		

电吹风机属于小家电，小家电的使用寿命一般为 5 年。计算得出，2012 年电吹风机的理论报废量为 1903.28 万台，按平均重量 0.6 公斤/台计算，2012 年电吹风机的理论报废重量为 11419.68 吨。

2. 环境性

电吹风机中不含有 PCB 等受控物质，受控物质含量为 0。

电吹风机体积小、重量轻，其坚硬外壳可防止磕碰。电吹风机中不含有受控物质，因此，电吹风机回收过程的环境风险评估为低。

废电吹风机的拆解工艺相对简单，手工拆解即可。拆解产物为壳体、手柄、电动机、风叶、电热元件、挡风板、开关、电源线等。电吹风机中不含有 PCB 等受控物质，因此，废电吹风机整机的拆解过程环境风险评估为低。

电吹风机不含有受控物质，拆解产物成分比较简单，因此废电吹风机深加工的环境风险评估为低。

3. 经济性

废弃产品的价值是指废弃产品的材料价值。按照不同材料的回收重量和回收价格进行测算。废电吹风机材料价值见表 11 - 47。废弃电吹风机的单台材料价格为 1.197 元，按 2012 年废弃量 1903.28 万台计算，电吹风机废弃总价值约为 2278.03 万元。

表 11 - 47　废电吹风机材料价值

部件或材料	回收价格 （元/公斤）	单台重量 （公斤）	所占比例 （%）	单台价格 （元）	废弃总价值 （万元）
铁　件	1.5	0.235	39.18	0.353	671.13
电　机	5	0.142	23.71	0.711	1353.80
加热丝	1.8	0.015	2.58	0.028	53.03
塑　料	2	0.053	8.76	0.105	200.07
其　他	0	0.155	25.77	0.000	0.00
总　计		0.6	100.00	1.197	2278.03

注：根据四川长虹再生资源有限责任公司提供数据计算得出。

运输和贮存成本采用对比测算法进行评估。在家电以旧换新政策实施期间，回收的大部分产品是阴极射线管电视，其运费补贴约为每个产品 40 元。按产品 30 公斤重量计，可以得出每公斤的运费成本为 1.33 元。不同产品根据重量测算其运费成本。电吹风机的重量约为0.6公斤。测算的运输和贮存成本为0.798元/台。

拆解处理技术与产品的结构复杂程序成正比。电吹风机的拆解技术和工艺相对简单，手工拆解即可完成，拆解处理技术等级为低。

电吹风机拆解过程中没有有毒有害物质泄漏，不会对人体和环境造成危害，因此，电吹风机的污染控制技术等级为低。

4. 社会性

社会关注度采用学术文章检索数，即在中国知网（cnki）检索主题词：产品名称+（"回收"或"处理"）。检索的数量越多，说明关注度越高。电吹风机的检索数量为0，社会关注度很低。

我国电吹风机品牌集中度相对较高，前5大品牌市场占有率接近90%。目前生产企业还未发起电吹风机的回收处理行动，因此，电吹风机生产行业回收处理水平为低。

目前，废弃的电吹风机大部分在流通环节被拆解，正规的处理企业还没有大批量地回收电吹风机。因此，电吹风机处理行业规范水平为低。

5. 评估结论

电吹风机在我国是普及率较高的小家电，产业发展较为成熟，行业集中度相对较高，出口量大。电吹风机产品重量轻，价格相对便宜，更新换代快，回收处理工艺相对简单，目前，几乎没有正规的处理企业收到废弃的电吹风机，处理行业还处于不规范中。电吹风机的评估结果见表11-48。

表 11-48 电吹风机评估结果

类别	指标		评估结果
1. 资源性	1.1 产量	1.1.1 产品年产量（万台）	10163.14（2012）
		1.1.2 产品总重量（吨）	60978.84（2012）
		1.1.3 产品稀贵材料含量	0
	1.2 社会保有量	1.2.1 社会保有数量（万台）	8809.75（2012年）
		1.2.2 社会保有重量（吨）	52858.5（2012）
		1.2.3 稀贵材料含量	0
	1.3 理论报废量	1.3.1 年报废数量（万台）	1903.28（2012）
		1.3.2 年报废重量（吨）	11419.68（2012）
		1.3.3 稀贵材料含量	0

续表

类别	指标		评估结果
2. 环境性	2.1 废弃产品的环境性	2.1.1 RoHS 物质含量	0
		2.1.2 受控物质含量	0
	2.2 回收处理过程的环境性	2.2.1 回收过程的环境风险	环境风险等级低
		2.2.2 拆解过程的环境风险	环境风险等级低
		2.2.3 深加工处理过程的环境风险	环境风险等级低
3. 经济性	3.1 回收成本	3.1.1 废弃产品的价值	2278.03 万元
		3.1.2 运输贮存成本	0.798 元/台
	3.2 处理难度	3.2.1 拆解处理技术	等级低
		3.2.2 污染控制技术	等级低
4. 社会性	4.1 社会关注度	学术文章检索数：在中国知网（cnki）检索主题词：产品名称＋（"回收"或"处理"）	检索数量0，等级低
	4.2 管理需求	4.2.1 生产行业参与回收处理水平	低：几乎没有企业参与
		4.2.2 处理行业规范水平	低：处理行业极不规范

（十四） 荧光灯

改革开放以来，我国的照明电器行业得到快速发展，特别是最近十几年来发展尤为迅速。中国已经成为全球照明电器产品的生产大国和出口大国。

针对我国 220 家生产企业统计，2011 年荧光灯产量 70.2 亿只，与 2010 年的 66.9 亿只相比增长 4.9%。其中，双端荧光灯产量 21.7 亿只，与 2010 年 18.3 亿只相比增加 18.6%。双端荧光灯中的 T8 荧光灯产量为 10.98 亿只，同比增长 31.5%；双端荧光灯中的 T5 荧光灯产量为 7.9 亿只，同比增长 14.5%。环型荧光灯产量为 1.83 亿只，与上一年度基本持平稍有下降。紧凑型荧光灯（俗称节能灯）（针对 108 家生产企业统计），2011 年产量约为 46.7 亿只，同比增长 14.2%。

我国照明行业的长远目标是，将中国由目前的照明电器产品生产大国逐步发展成为照明电器产品生产强国。"十二五"期间的主要目标是，年均增长率 10%，到 2015 年全行业销售额 4600 亿元；产品抽样合格率达到 80%以上。我国照明行业调整和发展方向主要是产品转型升级、加强环境保护和企业结构调整。

1. 资源性

根据中国照明电器协会对荧光灯产量的统计显示，2010 年，荧光灯产量为 66.9 亿只，双端（直管）荧光灯产量为 18.3 亿只，环型荧光灯产量为 1.85 亿只，自镇流荧光灯产量为 46.75 亿只，如图 11 - 55 所示。

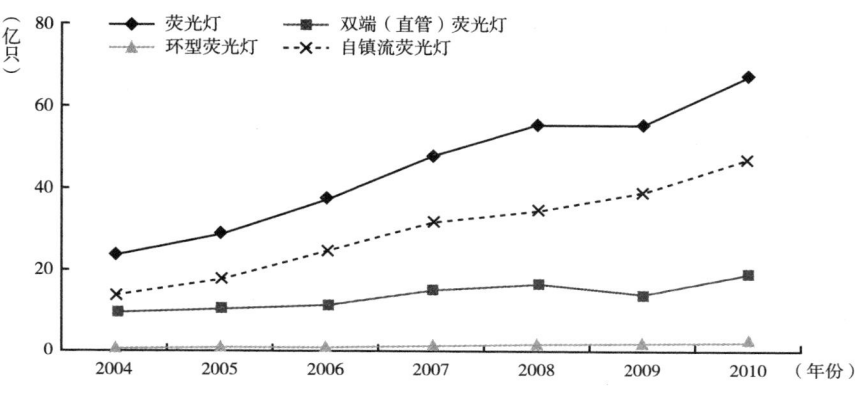

图 11 - 55　2004 ~ 2010 年荧光灯产量

数据来源：《中国轻工业年鉴》（历年）。

荧光灯平均重量按 76.92g/只计算，汞含量按 0.87mg/只计算，荧光粉按 0.48g/只计算（数据来源于荧光灯处理企业调研）。由于荧光灯中双端（直管）荧光灯和自镇流荧光灯的产量最大，并且这两种荧光灯结构和材料组成不尽相同，因此荧光灯的材料组成分成双端（直管）荧光灯和自镇流荧光灯来进行计算。这两种荧光灯的材料组成见表 11 - 49 和表 11 - 50（数据来源于本课题组荧光灯拆解实验）。

表 11 - 49　双端（直管）荧光灯部件（或材料）组成及比例

单位：%

双端(直管)荧光灯部件或材料名称	各部件或材料所占比例
玻璃	92.30
金属导线[1]	0.73
铝	0.91
金属屏蔽环[2]	0.40
灯头绝缘物（塑料）	0.41
其他[3]	5.25
合　计	100.00

注：1. 金属导线可以被磁铁吸引，材料暂时认定为铁。2. 灯头钨丝周边的金属屏蔽环可以被磁铁吸引，材料暂时认定为铁。3. 其他含有灯头中的玻璃、荧光灯中的汞和荧光粉。由于荧光粉与玻璃结合紧密，暂时无法准确称量荧光粉的重量。

表 11 –50　自镇流荧光灯部件（或材料）组成及比例

单位：%

自镇流荧光灯部件或材料名称	各部件或材料所占比例
玻璃	40.09
金属导线（铁）[1]	0.32
铝	5.66
印刷电路板	28.05
塑料	19.71
其他[2]	6.17
合　计	100.00

注：1. 金属导线可以被磁铁吸引，材料暂时认定为铁。2. 其他含有灯头中的玻璃，荧光灯中的汞和荧光粉，还有灯头中用来固定灯管的胶。由于荧光粉与玻璃结合紧密，暂时无法准确称量荧光粉的重量。

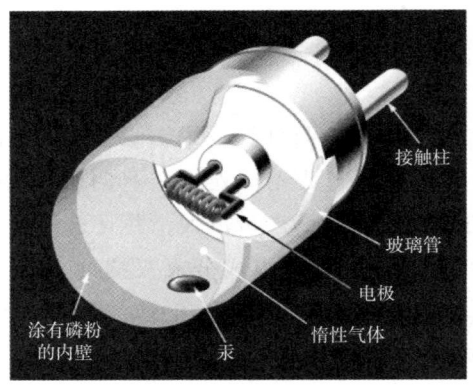

图 11 –56　荧光灯结构

　　由于荧光灯的理论报废量采取市场供给模型进行测算，因此其社会保有量的测算方法为：$Q_{H,n} = \sum_{i=n-(t-1)}^{n} S_i$，式中 t 为荧光灯的平均寿命，$Q_{H,n}$ 为第 n 年荧光灯的社会保有量，S_i 为第 i 年荧光灯的销量。通过此式计算得到的荧光灯 2010 年社会保有量为 111.38 亿只，即 2007～2010 年销量之和。2007～2010 年荧光灯社会保有量如图 11 –57 所示。

　　对于荧光灯理论报废量的计算采取市场供给模型。市场供给模型的使用始于 1991 年德国针对废弃电子电器的调查（IMS，1991），根据产品的销量数据和产品的平均寿命期来估算电子废物量。假设出售的电子产品到达平均寿命期时全部废弃，在寿命期之前仍被消费者继续使用，并且假设该电子产

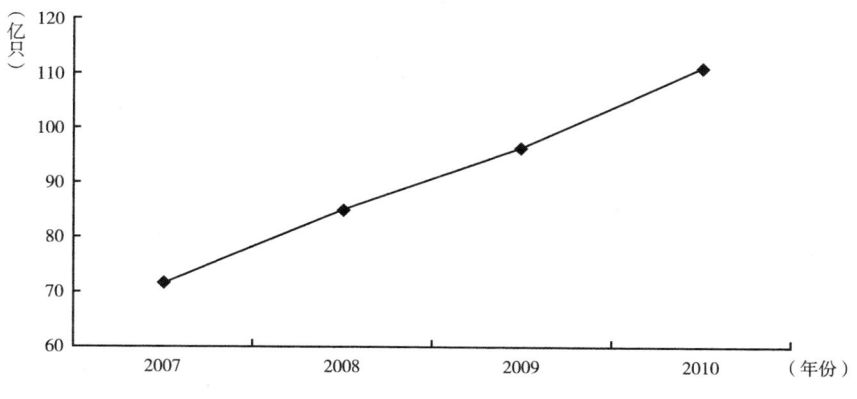

图 11 - 57　2007 ~ 2010 年荧光灯社会保有量

数据来源：《中国轻工业年鉴》（历年）。

品的平均寿命稳定，不会随时间变化起较大波动。某种废弃电子电器每年产生量的估算方法可以表示为：$Q_w = S_n$。式中：Q_w 表示电子废弃物产生量，S_n 表示 n 年前电子产品的销售量，n 为该电子产品的平均寿命期。

本项目组假定荧光灯的平均使用寿命为 4 年。2010 年我国荧光灯理论报废量预测结果为 19.62 亿只，即 2006 年荧光灯全年销量。

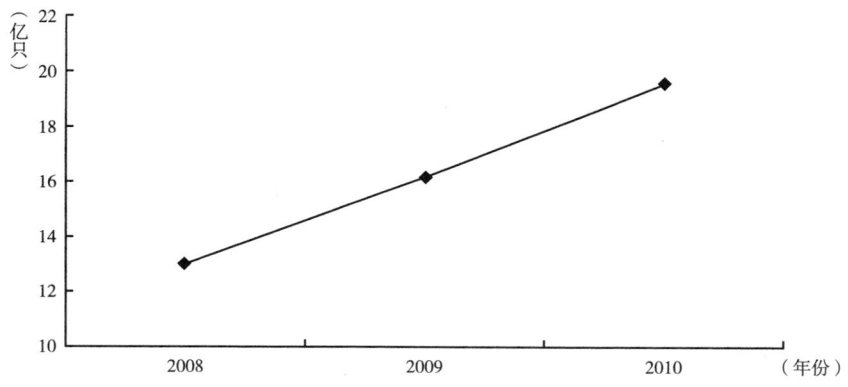

图 11 - 58　2008 ~ 2010 年荧光灯预测报废量

数据来源：《中国轻工业年鉴》（历年）。

2. 环境性

荧光灯中的受控物质主要是荧光粉和汞。按照 2010 年荧光灯理论报废量 19.62 亿只计算，废弃荧光灯中荧光粉重量为 935.72 吨，汞重量为 1.71 吨。

在中国，无论是针对家庭生活产生的废弃荧光灯管，还是企事业单位产生的废弃荧光灯管，均未建立起完善的、行之有效的回收体系。大部分废弃荧光灯管被当作生活垃圾一同处置。近几年，随着人们环保意识的提高，部分省市相继开展和规范废弃荧光灯管的回收工作。例如，北京市部分企事业单位的废弃荧光灯管必须交给北京市危险废物处置中心集中回收处置。2010年，北京市危险废物处置中心共计回收处置废弃荧光灯管 176 吨，约有 200 万只。

由于荧光灯主体材质为玻璃，在回收及运输过程中容易发生碎裂，其中的汞会向周围环境散发，因此废弃荧光灯回收过程的环境风险评估为高。

废荧光灯属于危险废物。国内取得荧光灯处理资质的企业大部分使用的是进口的 MRT 技术和设备。该技术将荧光灯的拆解处理整个过程设为负压状态，不断吸收拆解过程中产生的荧光粉、汞等有害物质，产生的废气经过活性炭处理后排放到大气中，以减少对环境的危害。

由于荧光灯在处理过程中要不断吸收拆解过程中产生的荧光粉、汞等有害物质，因此荧光灯拆解过程的环境风险评估为高。

废弃荧光灯的深加工主要指汞的处理、稀土元素的回收。

（1）汞的处理。汞在荧光灯中以 0、+1、+2 价存在，废弃荧光灯经过物理分离后有 4 个部分：含汞荧光粉、含汞过滤器、破碎的玻璃、灯头。新的荧光灯由于最初充的是汞蒸气，所以主要是以 Hg 原子的形式存在，随着荧光灯的使用原子态的汞与荧光粉发生氧化还原反应，同时原子态的汞会渗透到玻璃中的氧化层或者灯头中，最终形成金属氧化物。+1、+2 价是汞的主要存在价态。研究表明，+1、+2 价汞是以氧化物形式存在的，当荧光灯工作时，其放电区会发生碱金属氧化物的分解，释放出氧气，充入的汞蒸气与氧气反应生成 HgO。

汞在荧光灯不同部位的存在形式不同，其无害化处理的工艺也有所不同。归纳起来主要有 2 种：酸洗法和热脱附法。酸洗是将经过物理破碎的荧光灯玻璃管碎片置于混酸（体积分数为 5% 的硝酸 + 体积分数为 5% 的盐酸按体积比 1:1 混合）中浸泡，在搅拌器的作用下于室温浸泡（18 ± 2）h，浸出液用冷原子蒸汽法检验其中的汞含量。热脱附法是将经过物理破碎的荧光灯玻璃管碎片在不同温度下加热，经过一段时间后将汞回收。

（2）稀土元素的回收。由于荧光灯中荧光粉，尤其是稀土荧光粉的应用，使得回收废弃荧光灯不仅是防治污染的问题，更多的是研究集中在稀土等有价元素的回收上。例如，采用高压釜消解法回收稀土元素，利用硫酸和硝酸提取出废弃荧光灯荧光粉中的钇和铕等。

在汞的处理过程中，酸洗法要使用大量的硝酸和盐酸，会产生大量的废酸液；热脱附法要防止汞的泄漏，这两种汞的处理方法对环境有较大影响。在稀土元素的回收过程中，同样要使用大量的硫酸、盐酸、硫氰酸盐等化学品，会产生大量废液，回收过程中对环境有较大影响。综上所述，荧光灯深加工的环境风险评估为高。

3. 经济性

废弃产品的价值是指废弃产品的材料价值。按照不同材料的回收重量和回收价格进行测算。

通过对废荧光灯处理企业进行调研后得知，处理的荧光灯中双端（直管）荧光灯占 70% ~ 80%（重量百分比），自镇流荧光灯占 20% ~ 30%（重量百分比），因此在计算废弃荧光灯价值时，双端（直管）荧光灯按 75%（重量百分比）计算，自镇流荧光灯按 25%（重量百分比）计算。计算结果如表 11 - 51 和表 11 - 52 所示。

表 11 - 51 双端（直管）荧光灯材料价值

部件或材料	回收价格（元/吨）	单只重量（克）	单只价值（元）	总价值（万元）
玻璃	80	71	0.0057	835.81
铁	1500	0.87	0.0013	191.86
铝	8000	0.7	0.0056	824.04
塑料	4000	0.32	0.0013	1856.35
合 计	—	72.89	0.0139	3708.06

注：回收材料价格来自课题组 2013 年 8 月企业调研。

表 11 - 52 自镇流荧光灯材料价值

部件或材料	回收价格（元/吨）	单只重量（克）	单只价值（元）	总价值（万元）
玻璃	80	30.84	0.00245	72.61
铁	1500	0.25	0.00037	10.87
铝	8000	4.35	0.03483	1025.07
印刷电路板	7000	21.58	0.15104	4445.06
塑料	4000	15.16	0.06065	1784.82
合 计	—	72.18	0.24934	7338.43

注：回收材料价格来自课题组 2013 年 8 月企业调研。

废弃荧光灯总价值为 1.10 亿元。从表 11 - 101 和表 11 - 102 可以看出，废弃荧光灯体积小，重量轻，从回收材料的价值测算单只价值很低。但由于荧光灯报废总量大，所以总价值较高。

运输和贮存成本采用对比测算法进行评估。在家电以旧换新政策实施期间，回收的大部分产品是阴极射线管电视，其运费补贴约为每个产品 40 元。按产品 30 公斤重量计，可以得出每公斤的运费成本。不同产品根据重量测算其运费成本。荧光灯的平均重量为 76.92 克，测算的运输和贮存成本为 0.10 元。

但是，由于废弃荧光灯属于易碎产品，在运输和贮存过程中需要额外的防破碎包装。此外，废弃荧光灯属于危险废物，需要有资质的企业进行回收，因此，废弃荧光灯的运输和贮存成本评估为高。

目前，国内外处理废弃荧光灯方法的基本思路是相同的，首先进行清洗，然后物理破碎再分离。

废弃荧光灯的破碎与物理分离技术有湿法和干法两种，其主要区别在于湿法是在溶液下进行破碎，湿法的产生源于汞可通过水封保存的特性。为避免荧光灯破碎时空气受汞蒸气的污染而在水中添加丙酮或乙醇以便更有效地捕获汞。荧光灯管内壁的荧光粉通过使用旋转的湿刷结合喷雾器喷射分离，经 10lm 细筛过滤而得；剩下含汞溶液经减压蒸馏将汞分离回收。在欧洲，德国、芬兰、瑞士等国家生产的湿法灯碾碎机已经应用于工业。直接湿法破碎回收法工艺如图 11 - 59 所示。

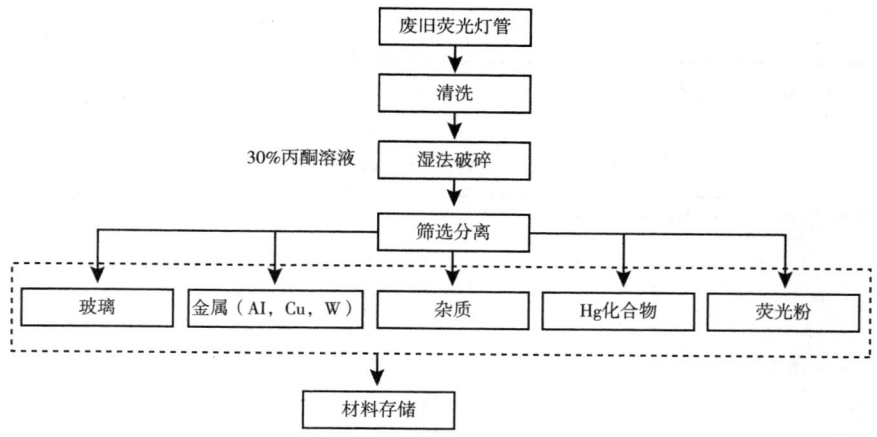

图 11 - 59　直接湿法破碎回收法工艺

　　干法同样为了有效回收汞，通常在密闭或真空条件下进行。为避免废弃荧光灯在运输过程中破碎和占用空间较大的问题，目前还发明了一种处理废弃荧光灯的流动设备。干法处理目前研究较多的主要有直接破碎分离和切端吹扫分离两种工艺。直接破碎分离工艺的处理流程为：先将灯管整体粉碎洗净干燥后回收汞和玻璃管的混合物，然后经焙烧、蒸发并凝结回收粗汞，再经汞精炼装置精制后得到供荧光灯用汞。该工艺的特点是结构紧凑、占地面积小、投资少，但荧光粉较难被再利用。直接干法破碎回收法工艺如图11 - 60所示。

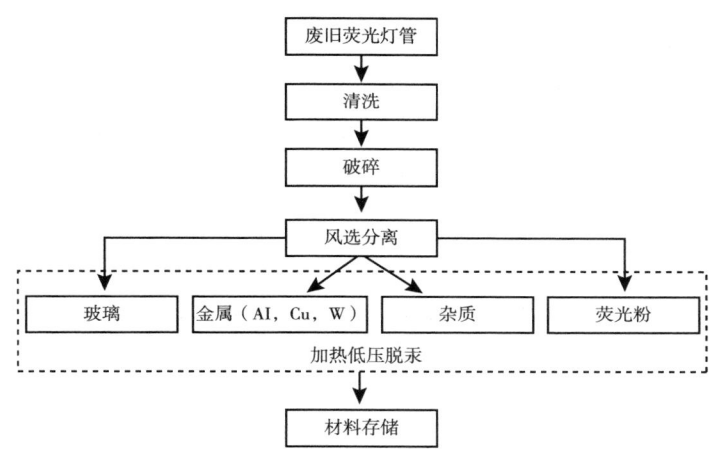

图 11 - 60　直接干法破碎回收法工艺

　　切端吹扫分离工艺是先将灯管的两端切掉，吹入高压空气将含汞的荧光粉吹出后收集，再通过真空加热器回收汞。德国 WEREC 公司与 OSRAM、BISON、OSIMA 公司联合开发的切端吹扫分离废弃荧光灯回收系统见图11 - 61。处理前首先根据荧光粉是否含稀土进行分类，经该系统处理，废弃荧光灯可分成灯头、玻璃和荧光粉。所贮存的灯头经特制的粉碎器粉碎成碎片，通过震动气流床加速，相互推进、摩擦，配合电磁分离器，有效分离成铝、导线、玻璃和塑料。该技术可再回收利用稀土荧光粉并分类收集，但投资较大。

　　MRT 公司对含汞荧光灯的回收处理分为两个阶段：第一阶段是粉碎分选，第二阶段是汞蒸馏。粉碎分选设备可以将整灯分离出荧光粉、玻璃、导丝和灯座材料，还可以针对灯座进行进一步分离，分离出塑料件和金属，包

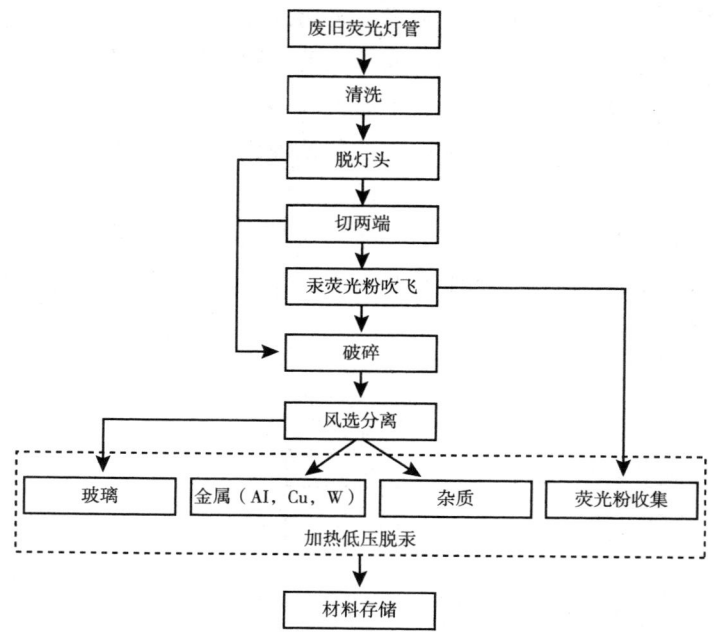

图 11 - 61　直管切端吹飞回收法工艺

括铁、铝等金属，甚至可以分离节能灯电路板元件。此设备除了处理节能灯外，技术不断延伸，成为可以处理各种灯的通用型处理器。分离过程在负压状态下进行，整个过程无污染。第一阶段粉碎分选的工作流程如图 11 - 62 所示。

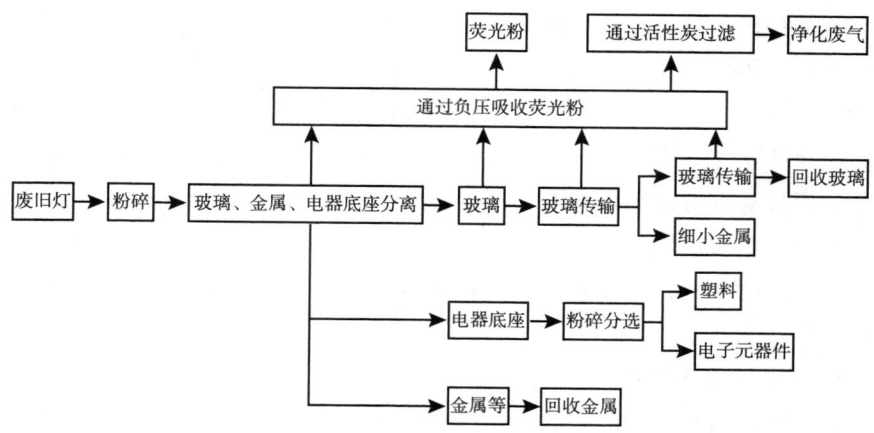

图 11 - 62　MRT 公司的节能灯回收处理系统工艺

在荧光灯的拆解处理过程中需要防范荧光粉和汞的扩散，因此需要专业的技术和设备，所以拆解处理技术评估为高。

荧光灯处理过程的污染控制主要指拆解过程荧光粉和汞的扩散。荧光灯处理的污染控制与所选择的处理工艺紧密相关。荧光灯的处理处置方法有湿法工艺和干法工艺（包括直接破碎分离和切端吹扫分离工艺）。图 11 - 62 MRT 公司节能灯回收处理系统即为干法工艺。由于在处理过程中需要不断吸取含有汞的荧光粉，因此，荧光灯处理过程中的污染控制技术评估为高。

4. 社会性

社会关注度采用学术文章检索数，即在中国知网（cnki）检索主题词：产品名称 +（"回收"或"处理"）。检索的数量越多，说明关注度越高。荧光灯的检索数量为 39，社会关注度为高。

杭州宇中高虹照明电器有限公司，是临安照明行业龙头企业，该公司引进瑞典 MRT 含汞废旧荧光灯管处理回收设备 2 套，在厂区内建设含汞危险废物集中处置设施。年回收处理含汞废旧节能灯管 2500 吨，年回收玻璃 2483.45 吨，荧光粉 0.828 吨，汞 0.193 吨，铜 14.905 吨，不仅可以处理临安市节能灯企业的含汞废管，还可回收杭州地区企事业单位的居民日常生活报废的灯管及医疗机构报废的体温计等含汞废物。

厦门通士达照明有限公司主要从事节能型电光源产品、照明电器、塑胶制品的研究、开发、生产和经营。该公司从瑞典引进了 2 套目前世界上最先进的汞回收处理设备，并且获得了国家环保部颁发的《危险废物经营许可证》，可以面向社会有偿处理含汞废灯管。

浙江阳光照明电器集团股份有限公司是国内照明行业首家民营高科技上市企业。废旧照明产品容易产生汞污染问题。为此，阳光在将照明产品不断推向市场的同时，在行业内率先建立了废旧照明产品回收处理中心。2008年，企业以 110 万欧元从瑞典 MRT 公司引进了 2 套废旧荧光灯管处理装置，用于处理公司生产过程中的报废产品以及从销售商退回的报废产品，使公司具备了回收再利用废旧荧光灯的能力。回收处理中心不仅减少了产品的汞污染问题，而且将荧光灯的主要原材料汞、玻璃、荧光粉等再回收利用，为行业起到了带头示范作用。

目前虽然有一些荧光灯生产企业参与回收处理，但是整个生产行业参与回收处理的水平并不高，因此参与回收处理水平评估为低。

截至 2012 年底，全国取得资质的废弃荧光灯处理能力达到 11412 吨/

年，与 2010 年理论报废量 15.09 万吨相比，处理量仅为 7.32%，由此可见有超过 90% 的废弃荧光灯没有通过取得资质的处理厂进行处理。由于荧光灯的回收价值低，因此超过 90% 的未被回收的废弃荧光灯绝大部分与生活垃圾混在一起，没有得到有效处理。

北京生态岛科技有限责任公司处理废弃荧光灯管使用的是从瑞典引进的先进 MRT 处置设备，主要是对废日光灯管等含汞废物进行最终处置，处置能力 300 万根/年。

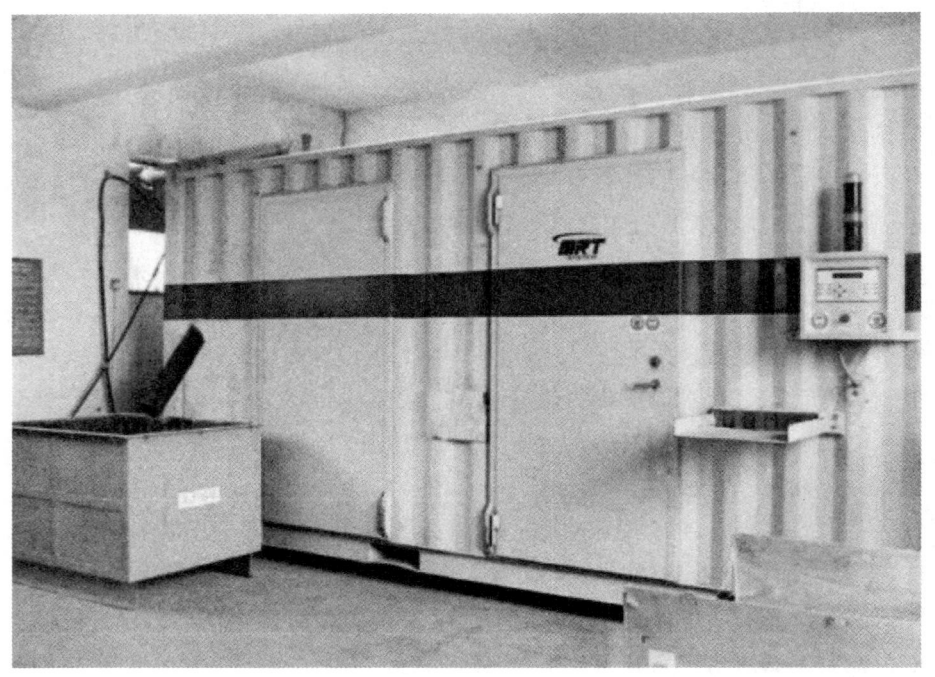

图 11-63　北京生态岛科技有限责任公司引进的 MRT 设备

宜兴市苏南固废处理有限公司的含汞灯管处理装置于 2000 年 4 月建成投产，并于 2000 年 4 月 15 日通过了由省固体有害废物登记和管理中心、宜兴市环保局组织的验收。现有含汞废灯管处理能力 5000 吨/年，服务对象为各类节能灯、荧光灯、汞灯生产企业的机关企事业单位的报废灯管，固废收集单位以及进行 ISO14000 认证的企业。

上海电子废弃物交投中心有限公司 2009 年引进了拥有世界先进水平的瑞典 MRT 废旧荧光灯管处理设备，填补了该市同行业的空白，成为上海世博的一大亮点。该设备为破碎和蒸馏两段式流程的封闭式一体化设备，年处理废荧光灯管 1728 吨（约 540 万根）。

综上所述，取得废弃荧光灯处理资质的处理厂家为规范处理，但是整个废弃荧光灯行业还很不规范，因此处理行业规范水平评估为低。

表 11 - 53　环境保护部危险废物经营许可证颁发情况

单位：吨/年

企业名称	危险废物的种类	年处理能力
宜兴市苏南固废处理有限公司	HW29 含汞废物（废日光灯管、废节能灯管等含汞废灯管）	5000 吨
天津燕捷荧光灯处理技术有限公司	HW29 含汞废物（废日光灯管、废节能灯管等含汞废灯管）	484 吨
北京生态岛科技有限责任公司	HW29（含汞废物）	230.76 吨
上海电子废弃物交投中心有限公司	HW29 含汞废物（废日光灯管、废节能灯管等含汞废灯管）	1728 吨
厦门通士达照明有限公司	HW29 含汞废物（废荧光灯管、废节能灯管等含汞废灯管）	3600 吨

注：北京生态岛科技有限责任公司年处理能力为 300 万根，按每根 76.92 克计算，年处理能力为 230.76 吨。

5. 评估结论

我国照明电器行业是一个快速发展的行业，资源消耗大，尤其是三基色稀土荧光灯消耗大量稀土，荧光灯管中使用较多的汞，如果不对其进行合理有效回收，不仅污染环境，而且是资源的严重浪费。

目前，虽然在全国范围内出现几家获得处理废荧光灯资质的正规处理企业，但是和荧光灯报废量相比，仍然杯水车薪。由于废荧光灯对回收、处理技术和污染控制要求高，整体处理行业仍处于不规范中。

（十五）铅酸蓄电池

铅酸蓄电池是一种世界上广泛使用的化学电源，虽然其能量比较低，且生产过程中涉及有毒性的铅，但是经过 100 多年的发展与完善，已经成为一类安全性高、制造成本低、电压特性平稳、使用寿命长、应用领域广泛，原材料丰富及造价低廉、可低成本再生利用的"资源循环型"产品。

2010 年，我国铅酸蓄电池产量为 $14416.68 \times 10^4 KV \cdot A \cdot h$，约占全国电池工业总产值 40%，同比增加 17.3%。2005～2010 年我国铅酸蓄电池产

表 11 - 54　荧光灯评估结果

类别	指标		评估结果
1. 资源性	1.1 产量	1.1.1 产品年产量	66.9 亿只（2010 年）
		1.1.2 产品总重量	51.46 万吨（2010 年）
		1.1.3 产品稀贵材料含量	—
	1.2 社会保有量	1.2.1 社会保有数量	111.38 亿只（2010 年）
		1.2.2 社会保有重量	85.68 万吨（2010 年）
		1.2.3 稀贵材料含量	—
	1.3 理论报废量	1.3.1 年报废数量	19.62 亿只（2010 年）
		1.3.2 年报废重量	15.09 万吨（2010 年）
		1.3.3 稀贵材料含量	—
2. 环境性	2.1 废弃产品的环境性	2.1.1 受控物质含量	937.43 吨（荧光粉＋汞）
	2.2 回收处理过程的环境性	2.2.1 回收过程的环境风险	环境风险等级高
		2.2.2 拆解过程的环境风险	环境风险等级高
		2.2.3 深加工过程的环境风险	环境风险等级高
3. 经济性	3.1 回收成本	3.1.1 废弃产品的价值	1.10 亿元
		3.1.2 运输贮存成本	0.10 元/只，总体运输贮存成本低
	3.2 处理难度	3.2.1 拆解处理技术	处理技术等级高
		3.2.2 污染控制技术	污染控制等级高
4. 社会性	4.1 社会关注度	学术文章检索数：在中国知网（cnki）检索主题词：产品名称＋（"回收"或"处理"）	检索数量 39，等级高
	4.2 管理需求	4.2.1 生产行业参与回收处理水平	低：仅个别企业参与回收处理
		4.2.2 处理行业规范水平	低：处理行业不规范

量和出口额分别保持 19.9% 和 22.8% 的年均增速，出口增长率在化学电池中位居第一，生产了全世界 1/4 以上的铅酸蓄电池。铅酸蓄电池行业提供了几百万人的就业岗位，拥有庞大的上下游产业链，每年创造的财富在国内国民经济总产值中占有重要的地位与作用。

1. 资源性

根据中国电池工业协会对铅酸蓄电池产量的统计，2010 年，铅酸蓄电池产量为 18000 万 KV·A·h，与 2009 年 12000 万 KV·A·h 相比增长 50%。通过图 11 - 64 可以看出，铅酸蓄电池的产量呈逐年增加态势，并且从 2008 年开始产量快速上升。通过行业调研，铅酸蓄电池的平均容量按每块 700V·A·h 计算，我国铅酸蓄电池产量如图 11 - 65 所示。

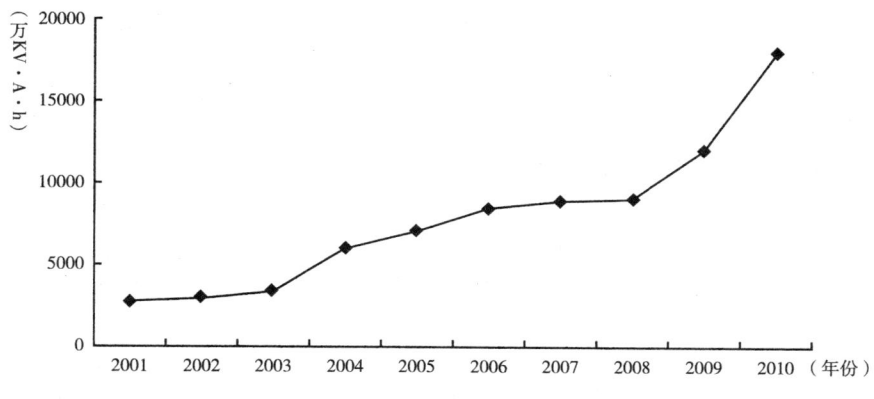

图 11 - 64　2001 ~ 2010 年铅酸蓄电池产量

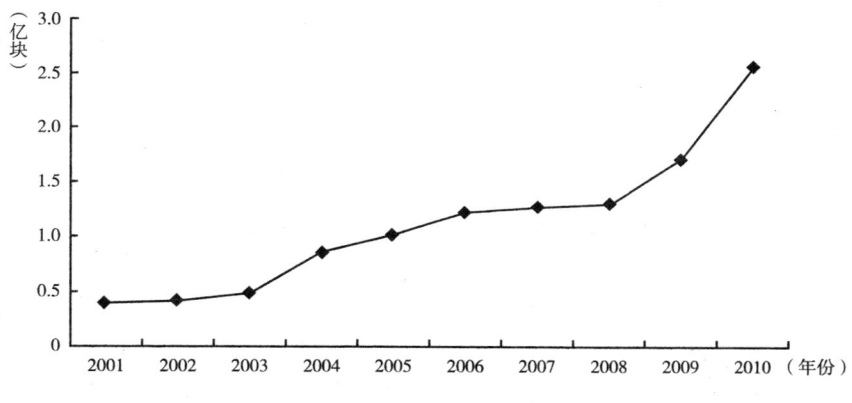

图 11 - 65　2001 ~ 2010 年铅酸蓄电池产量

虽然经历了 150 多年的发展，铅酸蓄电池的基本组成和电池反应原理并没有改变，主要由正极板（活性物质为 PbO_2）、负极板（海绵状金属 Pb）、隔板、电池槽、盖、安全阀、电解液（硫酸水溶液）等组成，并具有正极端子、负极端子。蓄电池通过正负极充、放电反应来实现蓄电池正常工作。放电时，蓄电池将储存的化学能转化为电能；充电时，蓄电池将电能转化为化学能储存下来。电池反应如下：

$$负极反应：Pb + HSO_4^- \xrightleftharpoons[充电]{放电} PbSO_4 + H^+ + 2e^-$$

$$正极反应：PbO_2 + 3H^+ + HSO_4 + 2e^- \xrightleftharpoons[充电]{放电} PbSO_4 + 2H_2O$$

$$总反应：PbO_2 + Pb + 2H_2SO_4 \xrightleftharpoons[充电]{放电} 2PbSO_4 + 2H_2O$$

从反应方程式中可以看出，电池正负极反应是可逆的，因此铅酸蓄电池才可以重复使用。电池放电时，负极板上的铅放出两个电子，在极板上生成难溶的硫酸铅。正极板的铅离子得到来自负极的两个电子后，变成二价铅离子，在极板上也生成难溶的硫酸铅。由于正负极存在电势差，电解液中硫酸根离子向正极移动，氢离子向负极流动，这样在电池内部就形成了整个电流回路。反之就是电池充电的过程。

通过行业调研，铅酸蓄电池平均重量按照 25 公斤计算。铅酸蓄电池的材料组成如表 11-55 所示，结构如图 11-66 所示。

表 11-55　铅酸蓄电池部件（或材料）组成及重量百分比

单位：重量（%）

铅酸蓄电池部件或材料名称	各部件或材料所占比例	铅酸蓄电池部件或材料名称	各部件或材料所占比例
电解液	21	板栅	26
硫酸铅	28	聚丙烯（填充料）	6
氧化铅	13	塑料/硬橡胶和其他产物	6

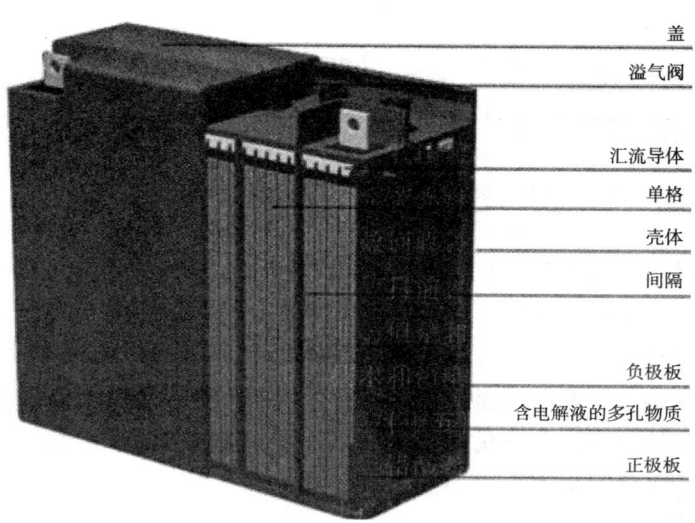

盖
溢气阀
汇流导体
单格
壳体
间隔
负极板
含电解液的多孔物质
正极板

图 11-66　阀控式铅酸蓄电池

铅酸蓄电池的社会保有量和理论报废量均采取市场供给模型进行测算。铅酸蓄电池社会保有量的测算方法为：$Q_{H,n} = \sum_{i=n-(t-1)}^{n} S_i$，式中 t 为铅酸蓄电池的平均寿命，$Q_{H,n}$ 为第 n 年铅酸蓄电池的社会保有量，S_i 为第 i 年铅酸蓄电池的销量。

本课题组通过调研，设定铅酸蓄电池的平均寿命为 1 年。通过上述公式计算得到铅酸蓄电池 2010 年社会保有量为 1.07 亿块（即为 2010 全年铅酸蓄电池销量）。

铅酸蓄电池产量、进口量、出口量和销量的数据如表 11-56 所示。通过表 11-56 可以看出，2003～2008 年铅酸蓄电池销量为负值，有如下两个可能原因：

➤铅酸蓄电池产量统计偏低。产量数据来自行业协会的会员企业的统计。因此，统计的产量数据偏低。

➤不同统计口径数据之间运算带来的影响。铅酸蓄电池进口量和出口量由中国海关提供，因此在用"销量 = 产量 + 进口量 - 出口量"这一公式计算销量时，数据统计口径的不同会对结果产生影响。

表 11-56　铅酸蓄电池产量、进口量、出口量和销量

单位：亿块

时间	产量	进口量	出口量	销量
2010	2.57	0.082	1.58	1.07
2009	1.71	0.061	1.17	0.61
2008	1.30	0.081	1.52	-0.14
2007	1.27	0.112	1.48	-0.10
2006	1.21	0.232	1.78	-0.34
2005	1.01	0.203	1.51	-0.30
2004	0.86	0.215	1.24	-0.17
2003	0.48	0.158	1.02	-0.38

注：（a）铅酸蓄电池产量来源于《中国轻工业年鉴》，原始数据为中国电池工业协会提供的以万 KV·A·h 为单位的产量，通过骆驼集团股份有限公司提供的 0.7KV·A·h/只进行换算后得到产量的数据。（b）铅酸蓄电池进口量和出口量数据来源于《中国海关统计年鉴》。（c）销量通过此公式计算：销量 = 产量 + 进口量 - 出口量。

铅酸蓄电池理论报废量的计算采取市场供给模型。

市场供给模型的使用始于 1991 年德国针对废弃电子电器的调查（IMS，1991），根据产品的销量数据和产品的平均寿命期来估算电子废物量。假设出售的电子产品到达平均寿命期时全部废弃，在寿命期之前仍被消费者继续

使用，并且假设该电子产品的平均寿命稳定，不会随时间变化起较大波动。某种废弃电子电器每年产生量的估算方法可以表示为：$Q_w = S_n$。式中：Q_w 表示电子废弃物产生量，S_n 表示 n 年前电子产品的销售量，n 为该电子产品的平均寿命期。

本项目课题组通过企业调研，电动自行车平均 8 个月左右更换一组电池；汽车启动用电池 1～2 年进行更换，工业电池 5～6 年进行更换。综合调研结果，本课题组假定铅酸蓄电池的平均寿命为 1 年。2010 年，我国铅酸蓄电池理论报废量为 0.61 亿块（即为 2009 全年铅酸蓄电池销量）。

2. 环境性

铅酸蓄电池中受控物质为硫酸铅、氧化铅和铅。按 2010 年铅酸蓄电池理论报废量 0.61 亿块测算，硫酸铅重量为 42.37 万吨，氧化铅重量为 19.67 万吨，铅重量为 39.34 万吨，总重量为 101.39 万吨。

废铅酸蓄电池属于危险废物。其在收集、贮存和运输时都要防止外壳损坏导致的电解液流出，因此回收过程的环境风险评估为高。

同样，废铅酸蓄电池拆解处理和深加工过程不仅需要专业的技术和设备，同时需要严格的污染控制技术和设施。因此，废铅酸蓄电池处理的环境风险为高。

3. 经济性

废弃产品的价值是指废弃产品的材料价值。按照不同材料的回收重量和回收价格进行测算。

表 11 - 57　铅酸蓄电池材料价值

材料	回收价格（元/吨）	单块材料重量（千克）	单块材料价值（元）	总价值（亿元）
精铅	13600	14.10	191.73	116.05
外壳塑料	800	1.50	1.20	0.73
塑料填充物	200	1.50	0.30	0.18
其他	—	—	—	—
合　计	—	—	193.23	116.96

注：回收材料价格来自课题组 2013 年 7 月企业调研。

从表 11 - 57 可以看出，铅酸蓄电池体积和重量大，从回收材料的价值测算单只价格较高。铅酸蓄电池报废总量大，所以总价值很高。

运输和贮存成本采用对比测算法进行评估。在家电以旧换新政策实施期间，回收的大部分产品是阴极射线管电视，其运费补贴约为每个产品 40 元。按产品

30 公斤重量计，可以得出每公斤的运费成本。不同产品根据重量测算其运费成本。铅酸蓄电池的平均重量为 25 公斤，测算的运输和贮存成本为 33.25 元/块。

废铅酸蓄电池在回收和运输中需要专门的容器贮存，此外，废铅酸蓄电池属于危险废物，需要有资质的企业进行回收，因此，废铅酸蓄电池的运输和贮存成本为高。

正规的处理企业废铅酸蓄电池的拆解采用机械破碎分离工艺，且大部分技术和设备是引进意大利 CX 破碎分选系统或美国 MA 破碎分选系统。我国尚无成熟的废铅酸蓄电池处理设备供应商，所以拆解处理技术评估为高。

废铅酸蓄电池属于危废，拆解处理过程中需要严格的污染控制技术和设施，因此，污染控制技术评估为高。

4. 社会性

社会关注度采用学术文章检索数，即在中国知网（cnki）检索主题词：产品名称 +（"回收"或"处理"）。检索的数量越多，说明关注度越高。铅酸蓄电池的检索数量为 61，社会关注度为高。

铅酸蓄电池的基本原料是金属铅和硫酸。与国外发达国家相比，我国在电池回收处置方面的法律法规还不完善，群众的环保意识还较弱，随便倾倒废酸的现象十分严重，这不仅对环境造成一定污染，同时，资源也没有得到合理的回收利用。

我国废铅酸蓄电池的回收市场不规范，没有资质的回收企业充斥回收市场。从事废铅酸蓄电池回收的部门有：数以万计的个体私营收购者、蓄电池零售商和制造企业、再生铅企业、汽车维修和 4S 店以及物资回收公司和物资再生利用公司。回收的主力军是大量个体从业者，其回收量超过一半以上（约占 60%）。废铅资源回收情况如表 11 - 58 所示。

表 11 - 58 我国废铅资源回收的主要渠道

单位：%

类别	比例	类别	比例
个体私营回购点	60	铅酸蓄电池制造商	8
蓄电池零售商	18	再生铅厂及再生铅专业回收点	9
汽车维修和 4S 店	5		

从表 11 - 58 可以看出，我国铅酸蓄电池制造企业也在开展废铅酸电池的回收处理。但所占比例较少。因此，生产行业参与回收处理水平评估为低。

由于废铅酸蓄电池具有较高的经济性。虽然国家不断加强废铅酸蓄电池回收处理的管理。但在利益的驱动下，仍有很多非法拆解处理者。目前，我国废铅酸蓄电池回收处理是正规处理企业与非正规处理企业并存，整个处理行业规范水平评估为低。

5. 评估结论

表11-59为铅酸蓄电池目录评估结果。我国铅酸蓄电池行业是一个快速发展的行业，消耗大量金属铅，铅酸蓄电池中还含有大量的硫酸，如果不对铅和硫酸进行合理有效回收，不仅污染环境，而且是资源的严重浪费。

表 11-59　铅酸蓄电池评估结果

类别	指标		评估结果
1. 资源性	1.1 产量	1.1.1 产品年产量	2.57 亿块（2010 年）
		1.1.2 产品总重量	642.86 万吨（2010 年）
		1.1.3 产品稀贵材料含量	—
	1.2 社会保有量	1.2.1 社会保有数量	1.07 亿块（2010 年）
		1.2.2 社会保有重量	268.36 万吨（2010 年）
		1.2.3 稀贵材料含量	—
	1.3 理论报废量	1.3.1 年报废数量	0.61 亿块（2010 年）
		1.3.2 年报废重量	151.31 万吨（2010 年）
		1.3.3 稀贵材料含量	—
2. 环境性	2.1 废弃产品的环境性	2.1.1 受控物质含量	101.39 万吨（硫酸铅 + 氧化铅 + 铅）
	2.2 回收处理过程的环境性	2.2.1 回收过程的环境风险	环境风险等级高
		2.2.2 拆解过程的环境风险	环境风险等级高
		2.2.3 深加工过程的环境风险	环境风险等级高
3. 经济性	3.1 回收成本	3.1.1 废弃产品的价值	116.96 亿元
		3.1.2 运输贮存成本	33.25 元/块,总体运输贮存成本高
	3.2 处理难度	3.2.1 拆解处理技术	处理技术等级高
		3.2.2 污染控制技术	污染控制等级高
4. 社会性	4.1 社会关注度	学术文章检索数:在中国知网（cnki）检索主题词:产品名称 +（"回收"或"处理"）	检索数量 61,等级高
	4.2 管理需求	4.2.1 生产行业参与回收处理水平	低:仅个别企业参与回收处理
		4.2.2 处理行业规范水平	低:处理行业不规范

目前，虽然在全国范围内出现几家大中型骨干再生铅企业，但是和铅酸蓄电池报废量相比，仍然杯水车薪。由于废铅酸蓄电池对回收、处理技术和污染控制要求高，整体处理行业处于不规范中。

建议将废铅酸蓄电池纳入废弃电器电子产品名录，严格按照《条例》的相关规定进行管理，并给予每吨废铅酸蓄电池补贴 300～400 元的财政资金支持。

（十六）锂离子电池

锂离子二次电池（简称"锂离子电池"）是继氢镍电池之后的新一代可充电电池，由日本索尼公司于 1990 年开发成功，并于 1992 年进入电池市场。我国是在 20 世纪 80 年代初期开始进行锂离子电池的开发研制工作的，1995 年的年产量大约 3100 万块，经过十几年的飞速发展，2011 年锂离子电池的年产量已达到近 23 亿块，产量在 16 年间增长 70 倍。我国现已是全球电池制造大国，但我国锂离子电池产业却是近几年才快速成长起来的。我国锂离子电池产业化始于 1997 年后期，走过了一条引进、学习、研发的产业化道路。2000 年我国的锂离子电池年产量仅为 0.35 亿块，与韩国相近，而当时日本年产量已达 5 亿块，约占全球市场 90%。进入 2001 年以后，随着深圳比亚迪、比克、邦凯、天津力神等锂离子电池企业的迅速崛起，我国的锂电池产业开始进入快速成长阶段，2004 年达到 8 亿块，在全球市场的份额猛增至 38%，仅次于日本。在其后的几年间，我国的锂离子电池全球份额稳定在 30% 左右，自此形成了中日韩三足鼎立的局面。2011 年三国产量约占到世界产量的 94% 左右，根据中国化学与物理电源行业协会的统计分析，2011 年全球锂离子电池产量约为 53 亿块，同比增长 7%。其中，日本企业 16 亿块，约占全世界产量的 30.1%，韩国企业 18 亿块，约占 33.9%，中国企业 15.5 亿块，约占 29.2%。

2010 年我国锂离子电池产量超过 23 亿块（含日本、韩国等国企业在中国的产量约 7.5 亿块），比 2010 年增长 15% 以上。主要市场为手机市场，其次为笔记本电脑市场。

我国锂离子电池产业经过十几年的快速发展，涌现了一批优秀的锂离子电池生产企业，2011 年我国前十大锂离子电池企业的产量合计为 16.1 亿块，占全国总产量的 70%，其中外资企业四家，产量为 8 亿块，占全国的 34.7%；国内企业六家，8.1 亿块，占全国的 35.2%。

1. 资源性

根据中国电池工业协会对全国电池行业的统计，2010 年，锂离子电池的产量为 23. 38 亿块，同比增长 39. 58%，如图 11 - 67 所示。

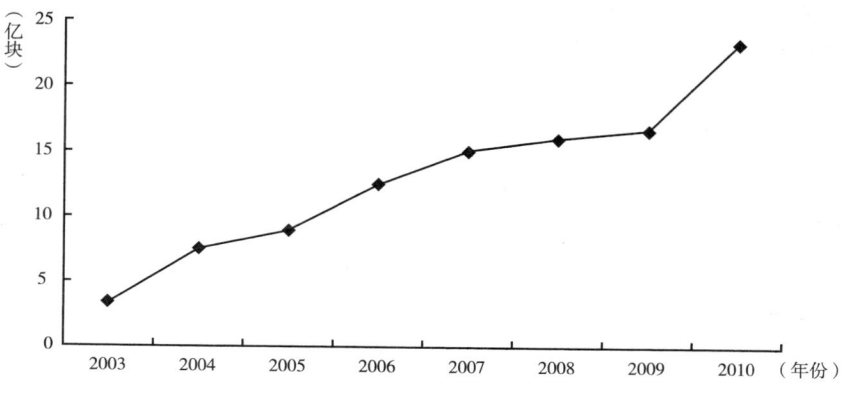

图 11 - 67   2003 ~ 2010 年锂离子电池产量

数据来源：《中国轻工业年鉴》（历年）。

锂离子电池的平均重量按 30g 计算，平均寿命按照 4 年计算。锂离子电池的材料组成列于表 11 - 60 中，构造图如图 11 - 68 所示。

表 11 - 60   锂离子电池材料组成及比例

单位：%

锂离子电池材料名称	材料所占比例	锂离子电池材料名称	材料所占比例
钴	15	铁	25
铜	14	锂	0. 1
铝	4. 7		

数据来源：程家蓉：《湿法提取手机锂离子电池中的钴和铝》，硕士学位论文，重庆大学，2009。

锂离子电池的外壳为不锈钢或镀镍钢壳，有方形和圆柱形等不同的型号。电池的内部为卷式结构，由正极、电解液、隔膜和负极组成。电池的正极由约 90% 的正极活性物质 $LiCoO_2$、7% ~ 8% 的乙炔黑导电剂和 3% ~ 4% 的有机黏合剂 PVDF（聚偏氟乙烯）均匀混合后，涂布于厚约 20μm 的铝箔集流体上；电池的负极活性物质由约 90% 的负极活性物质碳素材料、4% ~ 5% 的乙炔黑导电剂、6% ~ 7% 的黏合剂 PVDF 均匀混合后，涂布于厚约

$20\mu m$ 的铜箔集流体上；正负极的厚度约 $0.18 \sim 0.2mm$，中间用约 $10\mu m$ 的聚乙烯膜或聚丙烯膜隔开，并充以 $1mol/L$ 的六氟磷酸锂的有机碳酸脂电解液。

以废旧 LGICR18650S2 型锂离子电池为研究对象，获得的黑色粉末约 $22g$（钴酸锂占 66%），铝箔 $5g$，隔膜 $113g$，电解液 $4ml$。

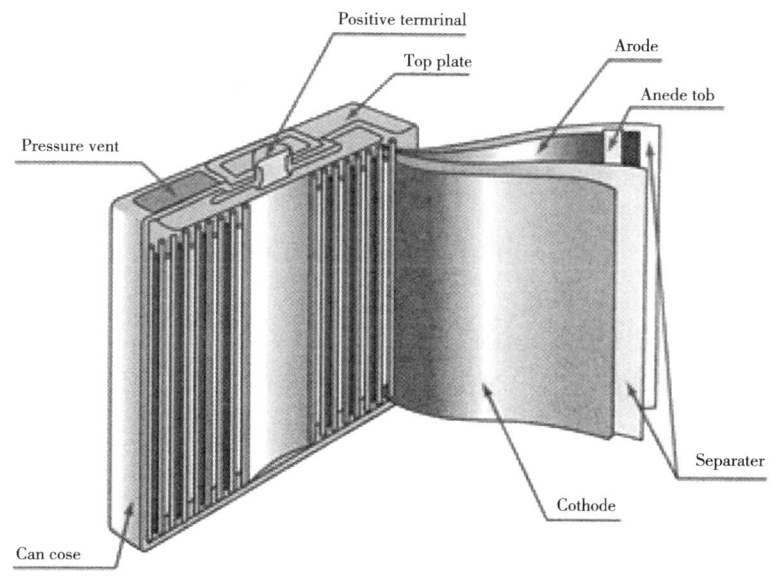

图 11 - 68　棱形或砖状锂离子电池结构

由于锂离子电池的理论报废量采取市场供给模型进行测算，因此其社会保有量的测算方法为：$Q_{H,n} = \sum_{i=n-(t-1)}^{n} S_i$，式中 t 为锂离子电池的平均寿命，$Q_{H,n}$ 为第 n 年锂离子电池的社会保有量，S_i 为第 i 年锂离子电池的销量。通过此式计算得到的锂离子电池 2010 年社会保有量为 102.61 亿块，如图 11 - 69 所示。

对于锂离子电池理论报废量的计算采取市场供给模型。

市场供给模型的使用始于 1991 年德国针对废弃电子电器的调查（IMS，1991），根据产品的销量数据和产品的平均寿命期来估算电子废物量。假设出售的电子产品到达平均寿命期时全部废弃，在寿命期之前仍被消费者继续使用，并且假设该电子产品的平均寿命稳定，不会随时间变化起较大波动。某种废弃电子电器每年产生量的估算方法可以表示为：$Q_w = S_n$。式中：Q_w

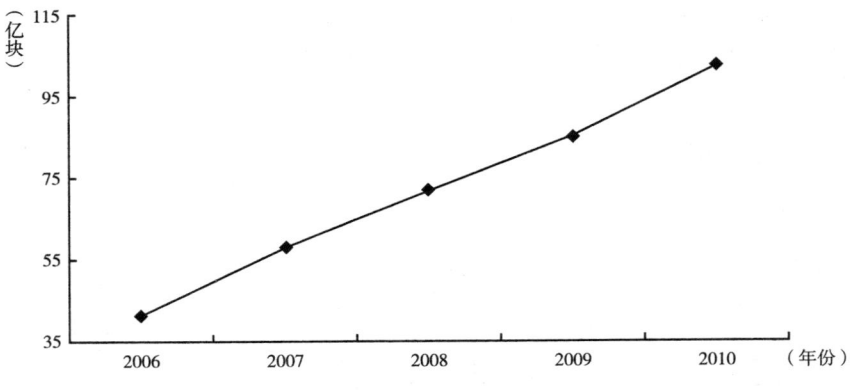

图 11 - 69　2006～2010 年锂离子电池社会保有量

表示电子废弃物产生量，S_n 表示 n 年前电子产品的销售量，n 为该电子产品的平均寿命期。

　　本项目组假定锂离子电池的平均寿命为 4 年。2010 年我国锂离子电池理论报废量预测结果为 16.48 亿块，即 2006 年锂离子电池销量。如图 11 - 70 所示。

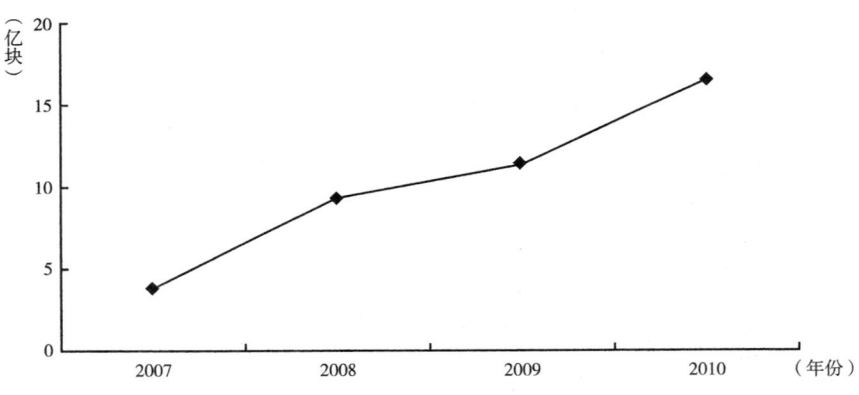

图 11 - 70　2007～2010 年锂离子电池理论报废量

2. 环境性

　　废旧锂离子电池主要由 $LiCoO_2$、乙炔黑、PVDF（聚偏氟乙烯）、铝箔、炭黑、铜箔、聚乙烯、聚丙烯和六氟磷酸锂等组成。这几种物质均不在国家危险废物名录中，因此废旧锂离子受控物质含量为 0。

　　目前我国在废旧手机电池的回收管理方面相当薄弱。首先，对于废旧手机电池的回收国家没有制定具体的政策和法规，我国至今还没有建立一套完整的废电池回收体系，绝大部分废旧手机电池被当作普通生活垃圾来处理。其次，居民们对废旧电池危害认识不足，没有形成普遍的自觉收集、自觉上交的意识，废旧电池回收率低。

随着人们环保意识的进一步加强，废电池的无害化处理和资源化利用逐渐得到重视，目前废电池的回收网络基本上是某些单位、个人自发建成的，回收工作也仅限于在部分城市开展，如北京、上海、杭州和深圳等地。这些城市加强了废电池的收集管理，并出台了一系列环保法规，其废电池回收途径基本形成，但回收上来的废旧电池不及已销售电池的十分之一。除了回收数量难以保证之外，废旧电池回收后还存在难处理的问题。由于缺乏合理的后续处理、处置措施，收集到的废电池只能由有关部门简单堆存起来，或者重新混入生活垃圾中进行填埋处理，不仅不能解决其潜在的环境污染问题，还增加了城市生活垃圾的处理、处置难度，因此急需相关的处理技术和处理政策来解决废电池污染问题。

格林美作为中国废旧电池回收利用的发动单位和国家循环经济试点企业，先后在深圳、武汉、南昌、内蒙古、广州、中山等20多个城市建立了废旧电池回收网络，布置了15000多个废旧电池回收箱，辐射10万平方公里、覆盖7000万人群，年回收废旧电池3300吨以上，使中国小型废旧电池回收率从2006年的不到1%提升到现在的5%以上。以格林美为主体建立的中国废旧电池回收网络的成功实践，标志着对中国资源"城市矿山"开采模式的探索已开始实际运行。

锂离子电池的外壳有用金属如钢或铝材料的，也有采用聚合物作为外壳的（软包装电池）。因此在收集和运输锂离子电池时要防止外壳破裂导致的电解液渗漏。锂离子电池回收过程的环境风险评估为高。

废旧锂离子电池的拆解主要以机械破碎、筛分、磁力分选为主。

机械分离法根据不同电池各种物理性质如密度、导电性、磁性等的不同，对废旧电池直接进行破碎、筛选，以达到初步分离电池各种成分，富集有价金属部分的目的。

机械分离过程包括废旧电池的初步破碎、筛分、磁力分选、二次精细筛分与筛选等，不仅富集了有价金属钴与锂，而且使金属氧化物达到有效酸浸的粒径。该机械过程还有效地从钴锂中分离了铁、铝和铜等金属，简化了后续纯化工艺，提高了生产效率。由于 PVDF 等黏结剂稳定性高且不溶解于强酸中，因此其在机械过程及酸浸过程中不发生变化，并和导电炭黑一起，存留在后续酸浸处理后的滤饼中，LiPF6 等有机电解质在机械过程中分解为 LiF 与 HF 等物质而蒸发除去。

在废旧锂离子电池的破碎、筛分、磁力分选等过程中，要防止粉尘等的扩散，因此拆解过程的环境风险评估为高。

废旧锂离子电池的深加工主要指电池中金属元素的提炼。锂离子电池各组分回收方法如表 11 - 61 所示。

表 11 - 61　锂离子电池各组分回收方法总结表

电池组分	组成元素	回收方法
外壳	Fe	机械破碎；磁力分选；热处理
	塑料	机械破碎；机械研磨
负极	Cu	机械破碎；酸浸
	C（导电炭黑）	机械破碎；热处理
黏结剂	PVDF	热处理；溶剂溶解
电解质	LiPF$_6$	热处理；溶剂溶解
铝箔	Al	热处理；碱浸；机械破碎；酸浸；化学沉淀；溶剂萃取
正极活性物质	Co	机械破碎；热处理；酸浸；生物浸出；溶剂萃取；化学沉积；电化学沉积；离子交换处理
	Li	机械破碎；热处理；酸浸；溶剂萃取；化学沉淀
	C	机械破碎；热处理

通过表 11 - 61 可以看出，在金属元素提炼的过程中要用酸浸、碱浸、溶剂萃取、化学沉淀等方法，需要使用大量化学试剂，因此深加工的环境风险评估为高。

3. 经济性

废弃产品的价值是指废弃产品的材料价值。按照不同材料的回收重量和回收价格进行测算。

通过表 11 - 62 可以看出，从回收材料的价值测算废锂离子电池的价值较高。

运输和贮存成本采用对比测算法进行评估。在家电以旧换新政策实施期间，回收的大部分产品是阴极射线管电视，其运费补贴约为每个产品 40 元。按产品 30 公斤重量计，可以得出每公斤的运费成本。不同产品根据重量测算其运费成本。每块废锂离子电池的重量约为 30 克。测算的运输和贮存成本每块为 0.040 元。

表 11 – 62　废锂离子电池材料价值

材料	回收价格（元/吨）	单块重量（克）	单块价值（元）	总价值（亿元）
钴	195500	4.50	0.880	14.50
铜	51850	4.20	0.218	3.59
铝	14520	1.41	0.020	0.34
铁	3330	7.50	0.025	0.41
锂	380000	0.03	0.011	0.19
其他	—	12.36	—	—
总　计	—	30.0	1.154	19.03

注：1. 金属的回收价格为金属单质的价格，因为镍、钴等金属以化合物形式存在于电池中。
2. 有色金属单质价格来源于上海有色网（www.smm.cn）2013 年 10 月 26 日报价。

废锂离子电池采用机械分离与回收工艺。利用物理方法将回收电池破碎，然后用标准筛进行分级并确定粒径分布。所得料粒通过超声波振动和机械搅拌的方法将正极活性材料、负极活性材料与铝箔、铜箔分离，最后通过气流分选将其分离。机械分离与回收工艺的优点是无需使用化学试剂、能耗低、不会对环境造成二次污染，但其分离效率较低。

废锂离子电池的拆解需要专业的技术和设备，且技术要求较高，因此，拆解处理技术评估为高。

废锂离子电池采用机械分离与回收工艺，在电池破碎过程中会产生粉尘，因此拆解过程的污染控制技术评估为高。

4. 社会性

社会关注度采用学术文章检索数，即在中国知网（cnki）检索主题词：产品名称 +（"回收"或"处理"）。检索的数量越多，说明关注度越高。锂离子电池的检索数量为 178，社会关注度为高。

我国锂离子电池的生产企业众多。既有国际知名品牌，如三星、索尼、三洋，也有国有知名品牌，如比亚迪、东莞新能源、天津力神等，还有更多知名度较小的品牌。目前锂离子电池生产企业还没有开展废弃产品的回收工作，因此生产行业参与回收处理水平评估为低。

由于锂离子电池没有纳入第一批基金目录，加之锂离子电池的回收处理对技术和设备要求很高，因此目前只有一些较大规模的企业从事锂离子电池的回收处理工作。

格林美公司突破了由废旧电池、含钴废料循环再造超细钴粉和镍粉的关键技术，解决了废弃资源再利用的原生化和高技术材料再制备的两大技术难关，获得 58 项专利，并且牵头起草了废弃钴镍资源和钴镍粉体制备方面的 10 项国家标准和 18 项行业标准，成为废弃钴镍资源循环利用领域制定技术标准的先导企业，是国内外采用废弃钴镍资源直接生产超细钴镍粉体材料的技术领先企业。

由于锂离子电池回收处理工作由一些规模较大的企业在从事，因此处理行业规范水平评估为高。

5. 评估结论

表 11-63 为锂离子电池目录评估结果。我国锂离子电池行业是一个快速发展的行业，资源消耗较大，其回收过程对环境的影响较高，而拆解该过程对环境的影响较高，拆解需要机械对废旧锂离子电池进行破碎，拆解过程中会产生粉尘等有害物质，因此拆解过程处理对技术要求较高，污染控制技术同样较高。深加工过程需要相应的技术和设备，环境风险较高。目前锂离子电池生产行业参与回收的程度较低，而锌锰电池回收处理工作主要由一些规模较大的企业在从事，因此处理行业规范水平评估为高。

表 11-63　锂离子电池评估结果（备选库代码：040303）

类别	指标		评估结果
1. 资源性	1.1 产量	1.1.1 产品年产量	23.38 亿块（2010 年）
		1.1.2 产品总重量	70142.36 吨（2010 年）
		1.1.3 产品稀贵材料含量	10521.35 吨（2010 年 Co）
	1.2 社会保有量	1.2.1 社会保有数量	102.61 亿块（2010 年）
		1.2.2 社会保有重量	307816.16 吨（2010 年）
		1.2.3 稀贵材料含量	46172.42 吨（2010 年 Co）
	1.3 理论报废量	1.3.1 年报废数量	16.48 亿块（2010 年）
		1.3.2 年报废重量	49430.11 吨（2010 年）
		1.3.3 稀贵材料含量	7414.52 吨（2010 年 Co）
2. 环境性	2.1 废弃产品的环境性	2.1.1 受控物质含量	—
	2.2 回收处理过程的环境性	2.2.1 回收过程的环境风险	环境风险等级高
		2.2.2 拆解过程的环境风险	环境风险等级高
		2.2.3 深加工过程的环境风险	环境风险等级高
3. 经济性	3.1 回收成本	3.1.1 废弃产品的价值	19.03 亿元
		3.1.2 运输贮存成本	0.040 元/块，总体运输贮存成本低
	3.2 处理难度	3.2.1 拆解处理技术	处理技术等级高
		3.2.2 污染控制技术	污染控制等级高

续表

类别	指标		评估结果
4. 社会性	4.1 社会关注度	学术文章检索数:在中国知网(cnki)检索主题词:产品名称+("回收"或"处理")	检索数量178,等级高
	4.2 管理需求	4.2.1 生产行业参与回收处理水平	低:仅个别企业参与回收处理
		4.2.2 处理行业规范水平	高:处理行业较为规范

（十七）二氧化锰原电池

我国是一次性锌锰电池的生产大国和出口大国,同时也是消费大国。据统计,2010 年我国原电池产量为 439.28 亿块,其中扣式碱性锌锰电池为 90 亿块,圆柱形碱性锌锰电池为 94 亿块,普通锌锰电池为 246 亿块。

1. 资源性

根据中国电池工业协会对全国电池行业的统计,2010 年,我国原电池产量为 439.28 亿块,其中扣式碱性锌锰电池为 90 亿块,圆柱形碱性锌锰电池为 94 亿块,普通锌锰电池为 246 亿块,二氧化锰原电池合计为 430 亿块（2010 年扣式碱性锌锰电池、圆柱形碱性锌锰电池和普通锌锰电池产量之和）,占原电池产量的 97.89%,因此以二氧化锰原电池作为典型产品进行评估,原电池产量作为二氧化锰原电池的产量,如图 11 - 71 所示。

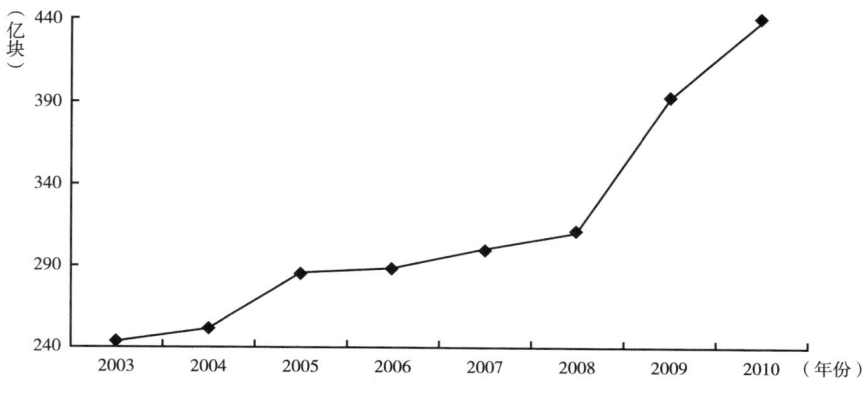

图 11 - 71　2003～2010 年原电池产量

数据来源:《中国轻工业年鉴》(历年)。

各种型号废二氧化锰原电池组成为：锌皮、锰粉、乙炔黑、氯化铵、沥青、塑料、铜帽、铁壳、纸等。常用的 1 号、5 号电池成分见表 11 - 64。

表 11 - 64　废二氧化锰原电池中各组分的重量百分比

单位：%

品牌	1 号电池			5 号电池		
	金钟	中华	混合	金钟	555	光明
取样个数	7	6	10	10	10	8
锰粉	56.6	63.3	62.6	68.0	69.2	64.3
碳棒	7.5	7.8	8.5	10.7	9.6	8.6
锌皮	23.4	16.2	16.2	13.2	12.0	15.2
铜帽	0.36	0.35	0.30	0.58	0.52	0.53
塑料	0.76	1.0	10.0	—	—	—
铁片	1.7	1.9	1.5	—	—	—
沥青	4.6	3.5	5.6	—	—	—
纸	5.2	5.7	4.4	—	—	—
糨糊	—	—	—	6.9	8.6	11.3

数据来源：张翠玲、郝火凡：《废旧锌锰电池中锰的回收方法》，《兰州交通大学学报》（自然科学版）2007 年第 26（1）期。

由表 11 - 64 可以看出废二氧化锰原电池中锰粉含量为 65% 左右。由此可见，废二氧化锰原电池回收处理过程中锰元素是否得到合理的利用至关重要。

二氧化锰原电池的平均重量按 25g（5 号电池）计算，平均寿命按照 2 年计算。将表 11 - 64 中 5 号金钟、555 和光明电池的材料组成平均后作为二氧化锰原电池的材料组成，结果列于表 11 - 65 中，构造如图 11 - 72 和图 11 - 73 所示。

表 11 - 65　二氧化锰原电池材料组成及重量百分比

单位：%

二氧化锰原电池材料名称	材料所占比例	二氧化锰原电池材料名称	材料所占比例
锰粉	67.17	铜帽	0.54
碳棒	9.63	糨糊	8.93
锌皮	13.47		

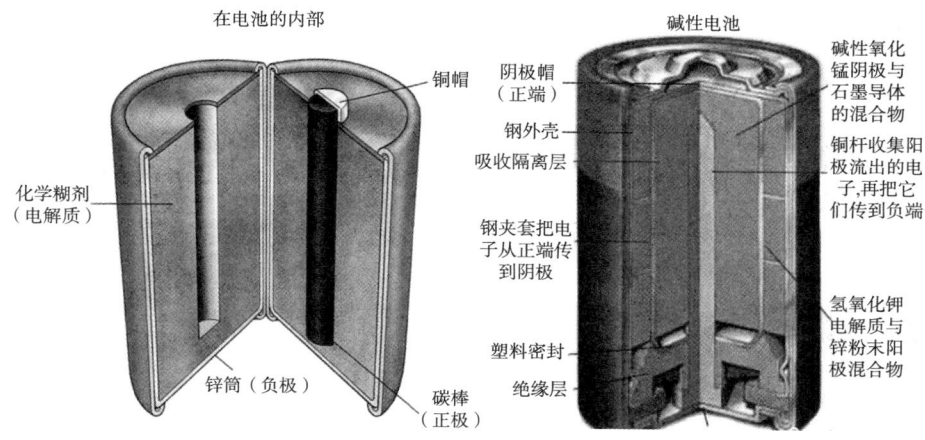

图 11 – 72　普通锌锰电池结构　　　　图 11 – 73　碱性锌锰电池结构

　　由于二氧化锰原电池的理论报废量采取市场供给模型进行测算，因此其社会保有量的测算方法为：$Q_{H,n} = \sum_{i=n-(t-1)}^{n} S_i$，式中 t 为二氧化锰原电池的平均寿命，$Q_{H,n}$ 为第 n 年二氧化锰原电池的社会保有量，S_i 为第 i 年二氧化锰原电池的销量。通过此式计算得到的二氧化锰原电池 2010 年社会保有量为 223.99 亿块。如图 11 – 74 所示。

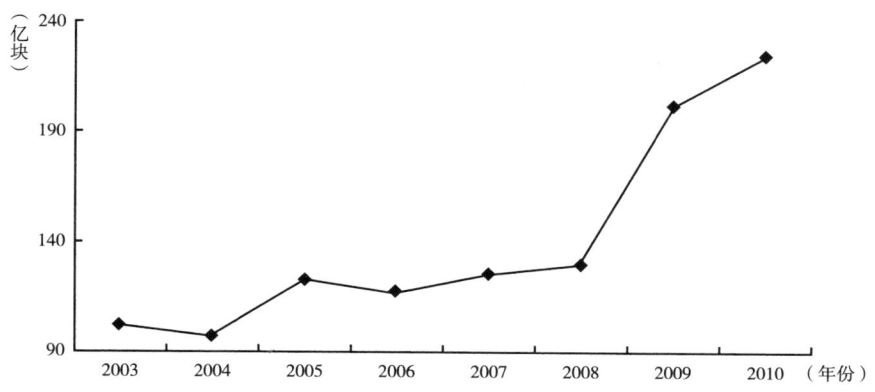

图 11 – 74　2003～2010 年二氧化锰原电池社会保有量

数据来源：《中国轻工业年鉴》（历年）。

　　对于二氧化锰原电池理论报废量的计算采取市场供给模型。市场供给模型的使用始于 1991 年德国针对废弃电子电器的调查（IMS，1991），根据产品的销量数据和产品的平均寿命期来估算电子废物量。假设出售的电子产品到达平均寿命期时全部废弃，在寿命期之前仍被消费者继续使用，并且假设该电子产品的平均寿命稳定，不会随时间变化起较大波动。某种废弃电子电器每年产生量的估算方法可以表示为：$Q_w = S_n$。式中：Q_w 表示电子废弃物产生量，S_n 表示 n 年前电子产品的销售量，n 为该电子产品的平均寿命期。

本项目组假定二氧化锰原电池的平均寿命为 2 年。2010 年我国二氧化锰原电池理论报废量预测结果为 129.42 亿块，即 2008 年二氧化锰原电池销量。如图 11 - 75 所示。

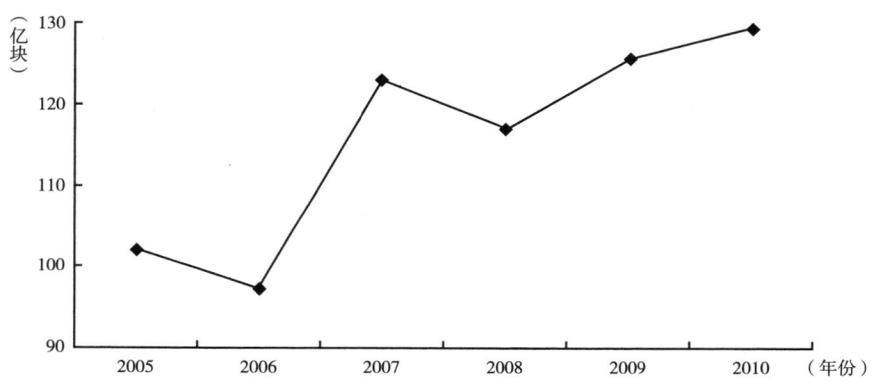

图 11 - 75　2005 ~ 2010 年二氧化锰原电池理论报废量

数据来源：《中国轻工业年鉴》（历年）。

2. 环境性

废二氧化锰原电池由锰粉、碳棒、锌皮、铜帽和糨糊等组成，这几种物质均不在国家危险废物名录中，因此废二氧化锰原电池受控物质含量为 0。

我国是电池生产和消费大国，据统计，2008 年 1 月至 10 月，我国电池年产量达 348 亿块，占世界总产量的 1/3，总体消费中 2/5 是国内消费，平均每个中国人一年要消费 10 节电池。而与庞大的电池生产及使用数量相比，我国废电池回收率却极低。即使在北京、上海这样的大城市中，尽管有关政府部门高度重视，但实际的回收情况非常之差，北京回收率仅有 1.7%，上海仅有 3.3%。北京、上海尚且如此，其他地方情况就可想而知了。"全国尚无一家企业建立了全国性回收网络。也没有任何一个地区建立了规范运行的区域性回收网络。"2011 年 3 月，中国电池工业协会向有关部门提交的《废旧铅酸蓄电池回收押金制度的建议》显示，目前从事废旧电池回收的主要是各地的个体户，占总回收数量的 80% 以上。而且上述回收体系内大部分废旧电池都由个体户交到了无资质、环保不达标的小冶炼厂。

二氧化锰原电池外壳为锌皮或铁皮，在运输过程中不易发生外壳破裂，因此二氧化锰原电池回收过程的环境风险评估为低。

无论采用何种方法，废弃电池的回收处理都首先要进行破碎处理，破碎的效果直接决定了后期处理的效率，甚至可能决定后期的处理工艺方法。早期通常采用人工破碎分离方法，即将废二氧化锰原电池进行分类后，用简单的机械将电池剖开，人工分离各种物质，并作相应回收处理。但因分解效率、经济效益低等缺点现已很少采用。目前一般采用机械破碎，最常用的是链式、锤式、颚式等破碎机。

在废二氧化锰原电池的破碎过程中要防止粉尘等的扩散，因此拆解过程的环境风险评估为高。

废二氧化锰原电池回收处理主要有干法、湿法和干湿法三大类。

（1）干法。

干法又称烟法或火法，是利用各种金属或金属氧化物的熔、沸点与蒸汽压的不同，在不同温度下，可以被分离、蒸发、冷凝出来，达到资源回收再利用的目的。干法处理废锌锰电池一般不需额外加入化学物质，除汞效果好，但缺点是成本较高。

（2）湿法。

湿法是利用酸对废电池进行浸取，发生反应生成可溶性盐，然后可用电解法提取电池中的锌、二氧化锰以及其他各类重金属。湿法处理易造成二次污染，表 11-66 归纳了部分湿法处理技术的特点。

表 11-66　湿法回收废二氧化锰原电池技术

技术类别	技术特点
全湿法处理技术	工艺简单，易造成二次污染，汞的去除不彻底
同槽电解技术	回收较彻底，系统不稳定，工艺要求高

（3）干湿法。

干湿法是将干法、湿法的优点结合起来使用，效果较好，但普遍存在工序复杂、成本高的缺点。表 11-67 是一些典型干湿法的原理及特点分析。

表 11 - 67   干湿法回收废二氧化锰原电池技术

技术类别	技术特点
干湿法技术制取复合微肥	工艺简单，但未对汞进行处理，并且造成二次污染
干湿法技术制取一水硫酸锌及碳酸锰	产品纯度高，但不能同时得到富含锌和锰的产品，工艺过于复杂

二氧化锰原电池各组分回收技术如表 11 - 68 所示。

表 11 - 68   废二氧化锰原电池回收技术比较

技术类别	技术名称	二次污染
干法	真空热处理技术回收金属	低
	直接热处理技术回收金属	低
湿法	全湿法技术制复合微肥	中
	全湿法技术回收锌和锰	较低
	同槽电解工艺回收锌、二氧化锰	中
干湿法	干湿法技术制复合微肥	中
	干湿法技术制备锰锌铁氧体	较高
	干湿法技术生产一水硫酸锌及高纯 $MnCO_3$	中
其他方法	废电池作建筑材料	较低
	锰氧化细菌回收锰	较低
	物理方法回收	较低

通过表 11 - 66、表 11 - 67 和表 11 - 68 可以看出，不管是用干法、湿法、干湿法还是其他方法回收二氧化锰原电池，都会对环境产生一定的二次污染，因此，深加工的环境风险评价为中。

3. 经济性

废弃产品的价值是指废弃产品的材料价值。按照不同材料的回收重量和回收价格进行测算。

表 11 - 69   废二氧化锰原电池材料价值

材料	金属价格（元/吨）	单只重量（克）	单只价值（元）	总价值（亿元）
锰	12600	10.61	0.1337	17.30
锌	15140	3.37	0.0510	6.60
铜	51850	0.14	0.0070	0.91
合　计	—	14.12	0.1917	24.81

注：1. 金属的回收价格为金属单质的价格，因为锰等金属以化合物形式存在于电池中；2. 有色金属单质价格来源于上海有色网（www.smm.cn）2013 年 10 月 26 日报价。

通过表 11 - 69 可以看出，从回收材料的价值测算单只废二氧化锰原电池的价值较低，但由于二氧化锰原电池理论报废量大，因此总价值较高。

运输和贮存成本采用对比测算法进行评估。在家电以旧换新政策实施期间，回收的大部分产品是阴极射线管电视，其运费补贴约为每个产品 40 元。按产品 30 公斤重量计，可以得出每公斤的运费成本。不同产品根据重量测算其运费成本。废二氧化锰原电池的重量约为 25 克，测算的运输和贮存成本每块为 0.033 元。

废二氧化锰原电池的拆解需要专业的技术和设备，且技术要求较高，因此，拆解处理技术评估为高。

目前废二氧化锰原电池拆解主要采用机械破碎的方法，在破碎过程中要防止碎片和粉尘的飞散，因此废二氧化锰原电池拆解过程中的污染控制技术评估为高。

4. 社会性

社会关注度采用学术文章检索数，即在中国知网（cnki）检索主题词：产品名称 +（"回收" 或 "处理"）。检索的数量越多，说明关注度越高。二氧化锰原电池的检索数量为 22，社会关注度为高。

近年来，广东、湖北、湖南等地兴起一些如邦普镍钴技术有限公司、格林美高新技术股份有限公司等专业废电池回收处理的企业，提取废电池中的金属循环利用。武汉格林美公司项目经理苏丽表示，废电池就是一座"城市矿山"。据统计，即便是回收价值最低的废干电池，每回收一吨也相当于节约 72 吨锌/铁原矿，节约标煤 16.8 吨。废电池如能实现稳定、规模化回收，资源节约意义重大。

废电池中有价金属含量远高于矿山的可开采品位。此外，镍等资源也是我国对外依存度很高的战略资源。废旧镍氢电池中含有 30% 镍、4% 钴和 10% 的轻稀土。废旧电池的回收与资源化利用不仅是环境保护的需要，而且是缓解我国战略金属资源紧缺局面、节约有限矿产资源、促进我国电池行业可持续发展的必然选择。

由于二氧化锰原电池回收处理工作由一些规模较大的企业承担，因此处理行业规范水平评估为高。

5. 评估结论

表 11 - 70 为二氧化锰原电池目录评估结果。我国二氧化锰原电池制造

行业是一个快速发展的行业，资源消耗较大，其回收过程对环境的影响较低，而拆解过程对环境的影响较高，拆解需要机械对废二氧化锰原电池进行破碎，拆解过程中会产生粉尘等有害物质，因此拆解过程处理对技术要求较高，污染控制技术同样要求较高。深加工过程需要相应的技术和设备，环境风险为中等。目前二氧化锰原电池生产行业参与回收的程度较低，而二氧化锰原电池回收处理工作主要由一些规模较大的企业承担，因此处理行业规范水平评估为高。

表 11-70　二氧化锰原电池评估结果（备选库代码：040101）

类别	指标		评估结果
1. 资源性	1.1 产量	1.1.1 产品年产量	439.28 亿块（2010 年）
		1.1.2 产品总重量	109.82 万吨（2010 年）
		1.1.3 产品稀贵材料含量	—
	1.2 社会保有量	1.2.1 社会保有数量	425.55 亿块（2010 年）
		1.2.2 社会保有重量	106.39 万吨（2010 年）
		1.2.3 稀贵材料含量	—
	1.3 理论报废量	1.3.1 年报废数量	129.42 亿块（2010 年）
		1.3.2 年报废重量	32.35 万吨（2010 年）
		1.3.3 稀贵材料含量	—
2. 环境性	2.1 废弃产品的环境性	2.1.1 受控物质含量	
	2.2 回收处理过程的环境性	2.2.1 回收过程的环境风险	环境风险等级低
		2.2.2 拆解过程的环境风险	环境风险等级高
		2.2.3 深加工过程的环境风险	环境风险等级中
3. 经济性	3.1 回收成本	3.1.1 废弃产品的价值	24.81 亿元（2010 年）
		3.1.2 运输贮存成本	0.033 元/块，总体运输贮存成本低
	3.2 处理难度	3.2.1 拆解处理技术	处理技术等级高
		3.2.2 污染控制技术	污染控制等级高
4. 社会性	4.1 社会关注度	学术文章检索数：在中国知网（cnki）检索主题词：产品名称+("回收"或"处理")	检索数量 22，等级高
	4.2 管理需求	4.2.1 生产行业参与回收处理水平	低：仅个别企业参与回收处理
		4.2.2 处理行业规范水平	高：处理行业较为规范

二　通信设备、计算机及其电子设备

通信设备、计算机及其他设备同属于通信、计算机及视听等行业。随着电子技术的发展，越来越多的产品电子化、智能化。例如照相机，之前胶片式照相机几乎没有了，取而代之的是数码相机。数码相机从产品上说是一个电子产品，但准确地说，它是一个跨界产品，同时属于电子产品和文办产品。针对越来越多的跨界产品，本研究采用的是产品最初的行业分类原则。

通信设备制造业作为电子信息产业的支柱产业之一，成为新的经济增长点，原因在于其突出的基本特征，使其发展具有传统产业难以比拟的增量效应和乘数效应。半导体、钢铁、塑料、电力作为通信设备制造的原材料，在很大程度上决定了通信产业的成本高低；电子消费市场作为通信行业套现场所，其繁荣程度决定了通信产业的前景；软件供应商和电信运营商决定了设备能否商业化以实现盈利。通信设备制造业对其他产业具有很高的渗透性。当前，各行各业的进一步发展都离不开通信技术和通信设备制造的应用。同时，通信设备制造业内部各行业之间也存在很强的相互渗透，这种高渗透性是由通信设备制造的多样性和通信技术应用的广泛性决定的。

中国通信设备制造业随着中国改革开放而逐步成长起来。目前我国已构建了一个技术先进、业务齐全、覆盖全国、通达世界的现代通信网络。中国通信制造企业陆续在接入网、光传输、移动通信、数据通信等主要领域形成自己的技术优势。改革开放以来，我国设备制造业得到了很大发展。根据国家统计局公布数据，2012 年，我国通信制造业销售产值 13717 亿元，同比增长 19.2%，出口交货值 7115 亿元，同比增长 19%。

近几年，计算机制造业高速发展，行业销售收入逐年增长，竞争激烈。根据国家统计局公布数据，2012 年，我国电子计算机制造业销售产值 22733 亿元，同比增长 11.6%，出口交货值 17243 亿元，同比增长 10.8%。

相对于电子信息产品和通信产品来说，视听产品的行业规模要小得多。根据国家统计局公布数据，2012 年，我国家用视听设备制造业销售产值 5361 亿元，同比增长 8.8%，出口交货值 2532 亿元，同比增长 1.8%。

电子音响产品是视听产品的重要组成部分。2012 年 1~10 月，我国电子音响行业总产值达到 308.25 亿美元，在全国电子信息制造业中的比重达 3% 左右，增速连续 3 个月回落。其中，整机产值达 167.57 亿美元，同比增长 -3.7%，关键配套件产值达 140.68 亿美元，同比增长 6.9%。受国际金融危机深层次影响，全球经济复苏乏力，国际需求持续低迷，电子音响行业转型升级迫在眉睫。

通过行业调研和产品拆解试验，本次评估的通信产品有手机、固定电话、传真机 3 种产品。计算机行业评估产品有服务器、打印机、扫描仪、路由器、调制解调器 5 种产品。视听产品有监视器。

（一）手机

据 IDC 的调查报告显示，全球范围内，三星 2013 年第一季度的市场份额高达 32.7%，同比 2012 年第一季度增长 3.9%。苹果虽然仍以相对比较大的优势占据第二的位置，但是其份额却同比上一年下降了 2.7%。增长速度最快的当属 LG，其在 2013 年第一季度的出货量同比上一年增长了 110.2%，虽然它的市场份额仍不算很多。排在第四和第五的则是两家中国公司——华为和中兴，市场份额跟 LG 相差不多。当把功能手机也算在内的话，排名则发生了一些变化：第一的仍是三星，第二则被诺基亚抢走，苹果跌至第三，第四和第五则分别为 LG 和中兴。

根据赛诺数据显示，2012 年 6 月份，国内手机市场中，三星以 15.73% 位列第一；联想手机以 11% 的市场份额超越华为、诺基亚，成为中国市场的第二名。前十名中还有酷派、中兴、金立、HTC、苹果、天语等品牌。国内前十名的手机生产企业占全国市场总额的 73.61%，行业集中程度较高。

1. 资源性

移动通信手持机俗称手机。根据工信部对规模以上电子信息制造业主要产品产量的统计显示，2012 年，手机产量达到 11.8 亿部，同比增长 4.3%，见图 11 – 76。

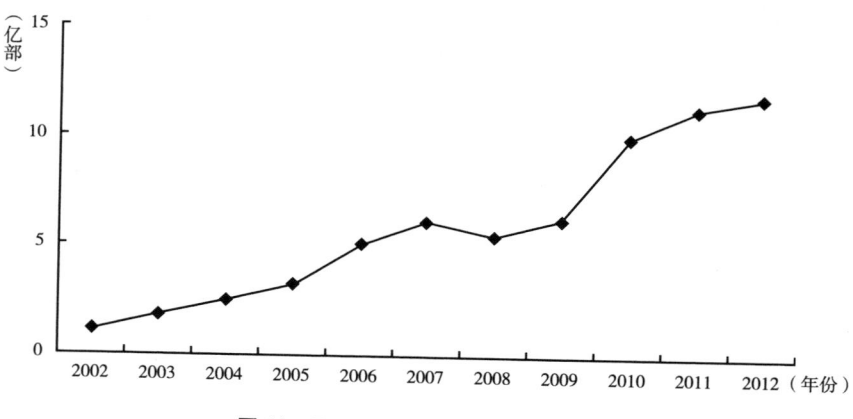

图 11 – 76　2002 ~ 2012 年手机产量

手机，又称移动电话，早期又有"大哥大"的俗称，是可以在较广范围内使用的便携式电话终端，最早是摩托罗拉公司发明的。目前已发展至4G时代。根据手机的通信模块，大致可以分为以下四类：CDMA手机、GSM手机、SCDMA手机、3G手机等。根据手机功能可以分为智能手机和非智能手机两大类。根据行业协会与典型手机生产企业调研，2013年，手机以智能手机为主，每部手机产品的平均重量达到150克，结构如图11-77所示。而非智能手机的平均重量约为100克。

一般手机主要由印刷电路板、液晶显示屏、震动马达、排线、外壳组成（表11-71）。

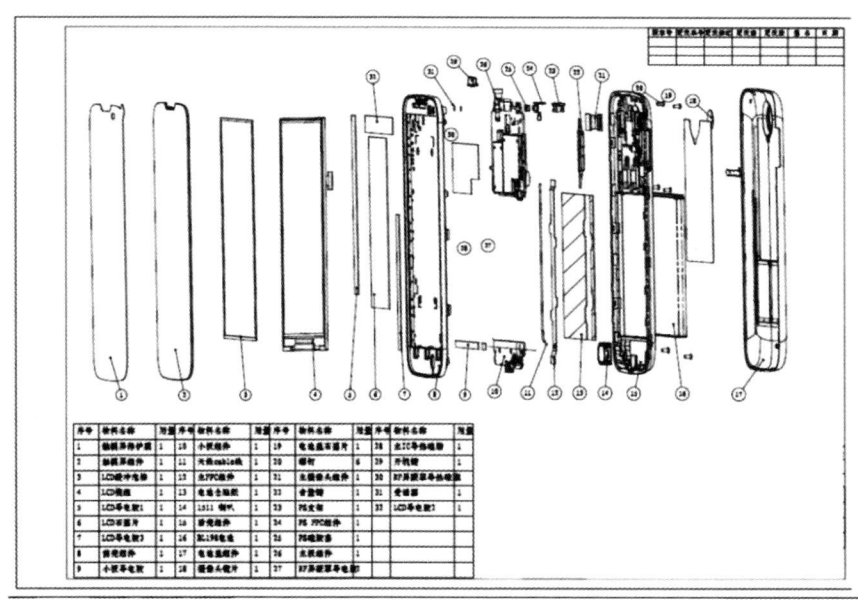

图11-77 智能手机结构

表11-71 手机材料构成比例

单位：%

部件/材料名称	所占比例	部件/材料名称	所占比例
印刷电路板	20	线 材	4
塑 料	25	震动马达	1
铁	5	其 他	10
合 金	25	总 计	100
液晶屏	10		

手机的社会保有量是居民保有量与机构用户保有量之和。居民保有量通过国家统计年鉴中城镇与农村居民百户拥有量，分别与城镇和农村居民户数相乘、累加而得。图 11 - 78 为 2005 ~ 2011 年手机居民保有量。2011 年，手机居民保有量达到 8.0 亿部（目前国家统计年鉴最新统计为 2011 年数据）。

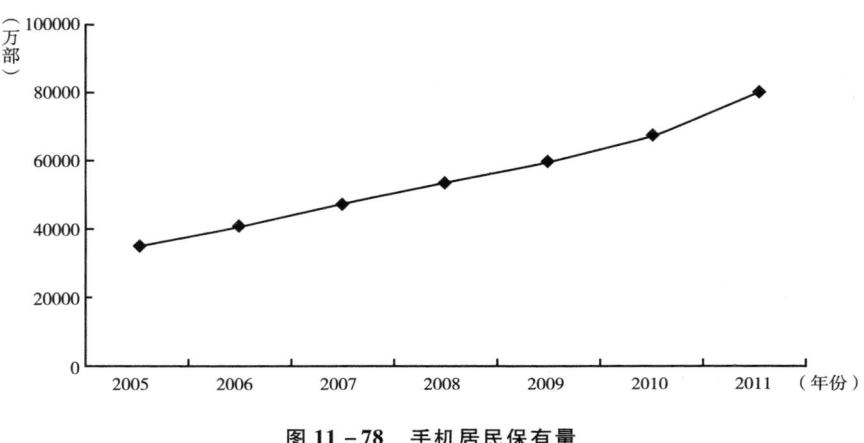

图 11 - 78　手机居民保有量

机构用户保有量可以用居民保有量乘以一个系数。考虑到手机的使用情况，设定系数为 5%。2011 年，手机的社会保有量约为 8.4 亿部。

手机在我国统计年鉴中具有较完善的居民百户拥有量的统计数据，因此，本课题组使用中国家用电器研究院提出的"社会保有量 - 报废高峰"模型估算了我国手机的理论报废量。依照行业协会与典型生产企业调研结果，手机报废年限按 6 年测算，2012 年，我国手机理论报废量达到 8652.7 万部。

2. 环境性

手机中的受控物质主要指印刷电路板。液晶显示器由于面积小于 100 平方厘米，因此暂不予以考虑。印刷电路板被列入国家危险废物名录。它既是对环境具有危害的部件，同时也含有大量的有价值的材料。印刷电路板的重量占手机重量的 20%。以 2012 年手机理论报废量 8652.7 万部测算，2012 年，手机中受控物质的总含量为 1731 吨。

手机体积小、重量轻、易于回收，且手机发生磕碰后，也不会有液体或气体等外漏污染环境。因此，手机回收过程的环境风险评估为低。

废手机的拆解主要以手工物理拆解为主。拆解后的拆解产物为手机外壳、电池、液晶显示组件、印刷电路板、扬声器、振动电机、螺钉等。此外，和其他电器电子产品不同，手机的拆解一般还包括印刷电路板上元器件的拆卸。由于元器件拆解需要加热，加热产生的有机气体对人体和环境具有危害性。手机整机的拆解过程环境风险为低，但是印刷电路板拆解的环境风险为高。因此，总体评估环境风险为高。

废手机的深加工主要指印刷电路板的破碎分选、分离金属和非金属，手机外壳塑料的清洗、破碎、改性和造粒，以及电池的回收利用。其中，印刷电路板的处理需要获得环保部门的危废处理许可。2012 年 8 月 24 日，环保部、发改委和商务部联合发布了废塑料加工利用污染防治管理规定，对废塑料加工利用企业进行污染预防严格管理。手机电池以锂离子和锂离子聚合物电池为主，不属于危险废物。因此，规范的废手机深加工环境风险很小，而不规范的废手机深加工将对环境产生较大的风险。

目前，废手机深加工行业是规范企业与不规范企业并存。因此，手机深加工的环境风险评估为高。

3. 经济性

废弃产品的价值是指废弃产品的材料价值。按照不同材料的回收重量和回收价格进行测算。根据课题组的调研，废手机材料价值见表 11 - 72。按 2013 年 7 月回收材料/部件的价格测算，单台废手机的平均回收材料价值为 3.3 元。

表 11 - 72　废手机材料价值

材料	回收价格（元/吨）	单部重量（克）	所占比例（%）	单部价格	总价值（万元）
印刷电路板	140000	20	20	2.8	17589.6
塑　料	4000	25	25	0.1	628.2
铁	1500	5	5	0.0075	47.12
合　金	7000	25	25	0.175	1099.35
液晶屏	600	10	10	0.006	37.69
线　材	30000	4	4	0.12	753.84
震动马达	6000	1	1	0.006	37.69
其　他	10000	10	10	0.1	628.2
总　计	0	100	100	3.3	20821.69

从回收材料的价值测算废手机的价格较低。市场上高价回收手机的主要目的是翻新再使用和零部件的再使用。

运输和贮存成本采用对比测算法进行评估。在家电以旧换新政策实施期间，回收的大部分产品是阴极射线管电视，其运费补贴约为每个产品 40 元。按产品 30 公斤重量计，可以得出每公斤的运费成本。不同产品根据重量测算其运费成本。每部手机的重量约为 100 克。测算的运输和贮存成本为 0.13 元。

现有技术条件下废手机的拆解处理工艺流程见图 11 – 79。其中，红色部分是环境监管的重点环节。以贵屿的废弃手机拆解作坊为例，已经没有整机再使用价值的废弃手机进入拆解作坊后直接进入拆解流程，在分别除去后盖、电池后，工人用螺丝刀等简易工具将废弃手机的剩余部分拆开，将得到的金属材料、塑料结构、屏幕和电路板等分类，金属材料和塑料结构直接出售，电路板留在作坊进行进一步的拆解。

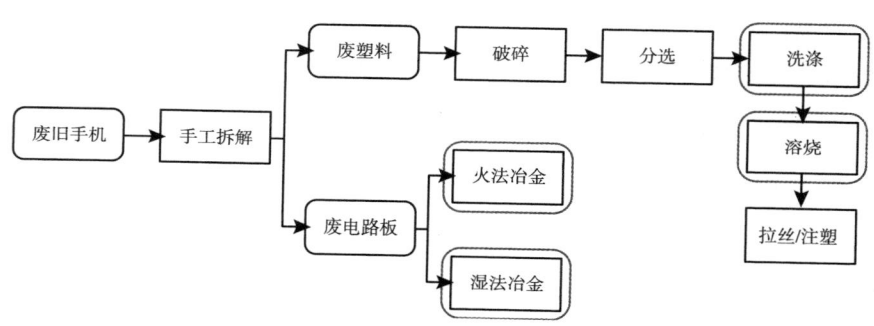

图 11 – 79　废手机拆解处理工艺流程

拆解作坊使用热风工作台（俗称电风枪）对废手机电路板进行进一步的拆解。手机印刷电路板上很多零部件能够再使用，需要小心拆解和细致的分类。拆解后的零部件中能再使用者，经过简单修复后出售，用于维修或者制造或其他电子产品，没有再使用价值的通过湿法冶金过程用于提炼金等贵重金属；拆解后的电路板（俗称光板）留待通过火法冶金或者物理破碎分选提取铜等金属材料。

从上述手机的拆解处理工艺技术流程可以看出，手机的拆解技术相对简单，设备投入少。而手机的深度处理需要专业的技术和设备，且技术要求较高，因此，技术难度评估为高。

手机处理过程的污染控制主要指拆解过程的粉尘、拆解印刷电路板时的焊锡烟雾，以及印刷电路板本身的处理。印刷电路板处理的污染控制与所选择的处理工艺紧密相关。而印刷电路板的处理工艺有物理干法破碎分选、物理湿法破碎分选、火法冶金和湿法冶金等。因此，手机污染控制技术评估为高。

4. 社会性

社会关注度采用学术文章检索数，即在中国知网（cnki）检索主题词：产品名称+（"回收"或"处理"）。检索的数量越多，说明关注度越高。手机的检索数量为225，社会关注度为高。

我国手机的生产企业众多。既有国际知名品牌，如苹果、NOKIA，也有国有知名品牌，如华为、联想，还有更多知名度较小的品牌。随着国际社会上生产者责任延伸制度和企业社会责任的推广和深入，知名品牌的手机生产企业大多对其售后回收的手机委托专业的处理企业进行规范地处理。

此外，中国移动联合摩托罗拉、诺基亚公司于2005年12月共同策划发起了"绿箱子环保计划——废弃手机及配件回收联合行动"，越来越多的手机生产商加入"绿箱子行动"。因此，手机生产行业回收处理水平为中。

虽然越来越多的企业、机构发起手机绿色回收行动，但是与每年手机的报废量相比，还是少之又少。目前，手机处理行业仍处于混乱之中，规模化处理企业有上海伟翔、长虹格润等，但不规范的个体经营者更多。因此，手机处理行业规范水平为低。

5. 评估结论

表11-73为手机评估结果。我国手机行业是一个快速发展的行业，资源消耗大，尤其是稀贵金属的消耗较高，其处理环节、处理技术和污染控制要求高。目前，虽然出现一些规范的手机处理企业，但是整体手机处理行业还处于不规范中。

（二）固定电话

根据国家统计局对工业产品产量的统计显示，从2004年开始，电话单机（主要为固定电话产品）产量基本呈下降趋势，至2012年，电话单机的产量达到1.3亿部。虽然固定电话的用户数量和产量逐年减少，但是在全国范围内仍拥有庞大的规模。

中国固定电话的行业分工专业化、国际化，技术研发由国际大公司如西门子、AT&T、UNIDEN等企业掌握。在设计方案集中的环节上，早期由香港、台湾等地的电话设计商提供方案，现在更多方案来自大陆电话方案提供商。在组装制造的环节上，全国共有400多家正规生产企业。

表 11-73　手机评估结果

类别	指标		评估结果
1. 资源性	1.1 产量	1.1.1 产品年产量	11.8 亿部（2012 年）
		1.1.2 产品总重量	17.7 万吨（平均重量 150 克）
		1.1.3 产品稀贵材料含量	106 吨
	1.2 社会保有量	1.2.1 社会保有数量	8.4 亿部（2011 年）
		1.2.2 社会保有重量	8.4 万吨（平均重量 100 克）
		1.2.3 稀贵材料含量	50.4 吨
	1.3 理论报废量	1.3.1 年报废数量	8653 万部（2012 年）
		1.3.2 年报废重量	0.87 万吨（平均重量 100 克）
		1.3.3 稀贵材料含量	5.2 吨
2. 环境性	2.1 废弃产品的环境性	2.1.1 受控物质含量	1731 吨（PCB）
	2.2 回收处理过程的环境性	2.2.1 回收过程的环境风险	环境风险等级低
		2.2.2 拆解过程的环境风险	环境风险等级高
		2.2.3 深加工过程的环境风险	环境风险等级高
3. 经济性	3.1 回收成本	3.1.1 废弃产品的价值	单部 3.3 元,价值较低
		3.1.2 运输贮存成本	0.13 元/部
	3.2 处理难度	3.2.1 拆解处理技术	处理技术等级高
		3.2.2 污染控制技术	污染控制等级高
4. 社会性	4.1 社会关注度	学术文章检索数:在中国知网（cnki）检索主题词:产品名称 + （"回收"或"处理"）	检索数量 225,等级高
	4.2 管理需求	4.2.1 生产行业参与回收处理水平	中:部分企业参与回收处理
		4.2.2 处理行业规范水平	低:处理行业不规范

固定电话行业经过几十年激烈的竞争，现在行业的集中度较高。根据中国市场调查中心数据表明，2011 年 4 月份，前十强品牌占据行业的主要市场。前三强的行业集中度是 61.7%，前五强的行业集中度为 79.95%，前十强的行业集中度高达 93.9%。

在前十大品牌的市场占有率方面，步步高排在第一，市场占有率为 31.77%；中诺位列第二，市场占有率为 17.50%；飞利浦排名第三，市场占有率为 12.43%。接下来依次是 TCL 9.66%、西门子 8.59%、松下 4.07%、高科 3.48%、堡狮龙 2.49%、宝泰尔 2.10%、三洋 1.81%。

虽然步步高具有相对明显的市场占有优势，但其他品牌固定电话生产商对其的冲击也是很大的。再加上国外的一些知名品牌如飞利浦、西门子、松下、三洋等也纷纷涉足电话机领域，凭借其自身的影响力，在固定电话商场具有不可忽视的竞争实力。

1. 资源性

根据国家统计局对工业产品产量的统计显示，从 2004 年开始，电话单机（主要为固定电话产品）产量基本呈下降趋势，至 2012 年，电话单机的产量达到 1.3 亿部，见图 11 - 80。

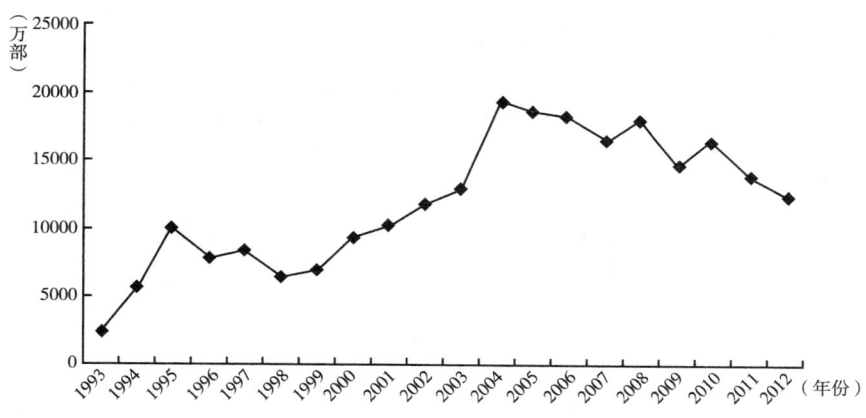

图 11 - 80 1993 ~ 2012 年固定电话产量

固定电话是重要的现代通信手段之一，通过声音的振动利用话机内的话筒调制电话线路上的电流电压，也就是将声音转换为电压信号通过电话线传送到电话另外一端，再利用送话器将电压信号转换为声音信号。因为通常固定在一个位置，所以学术名称为固定电话，也就是平常说的电话座机。简单的电话机回路包括分别放置在甲乙两地的受话器和送话器、电源以及线路，这些部分均串联连接。实际上的固定电话还应该包括振铃线路，拨号回路以及来电显示等功能，电话机还需配合电信局的交换机完成拨号工作。

根据对行业协会和典型生产企业的调研，电话单机主要为家庭和单位中的固定电话，一般重量在 500g 左右。本项目为了便于计算，设定每部电话的平均重量为 500g。

一般固定电话主要由听筒、线束、印刷电路板、液晶显示屏、按键、外壳组成（表 11 - 74）。

图 11 - 81　固定电话结构

表 11 - 74　固定电话材料构成比例

单位：%

部件/材料名称	所占比例	部件/材料名称	所占比例
印刷电路板	15	废　铜	4
废　铁	11	废塑料	50
其　他	20	总　计	100

　　固定电话的社会保有量是居民保有量与机构用户保有量之和。居民保有量通过国家统计年鉴中城镇与农村居民百户拥有量，分别与城镇和农村居民户数相乘、累加而得。图 11 - 82 为 2005 ~ 2011 年固定电话居民保有量。2011 年，固定居民保有量达到 2.4 亿部（目前国家统计年鉴最新统计为 2011 年数据）。

　　机构用户保有量可以用居民保有量乘以一个系数。考虑到固定电话的使用情况，设定系数为 30%。2011 年，固定电话的社会保有量约为 3.12 亿部。

　　固定电话在国家统计年鉴中有较完善的居民百户拥有量的统计数据，本

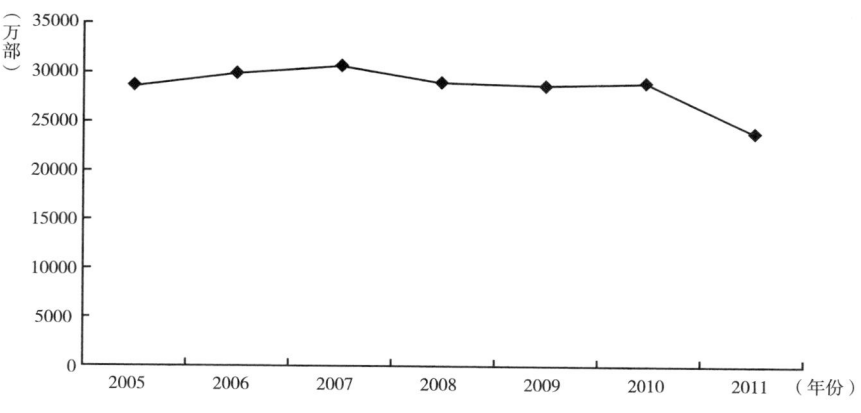

图 11 – 82　2005 ～ 2011 年固定电话居民社会保有量

项目组使用中国家用电器研究院提出的"社会保有量 – 报废高峰系数"模型估算我国固定电话的理论报废量。2012 年，固定电话机报废量达到7779.25 万部。

2. 环境性

固定电话中的受控物质主要指印刷电路板。具备来电显示的固定电话机中的液晶显示器由于面积小于 100 平方厘米，因此暂不予以考虑。印刷电路板被列入国家危险废物名录。它既是对环境具有危害的部件，同时也含有大量的有价值的材料。印刷电路板的重量占电话单机重量的 15%，以 2012 年固定电话理论报废量 7779.25 万部测算，2012 年，固定电话中受控物质的总含量为 0.6 万吨。

固定电话体积小、重量轻、易于回收，且发生磕碰后，也不会有液体或气体等外漏污染环境。因此，固定电话回收过程的环境风险评估为低。

废固定电话的拆解主要以手工物理拆解为主。拆解后的拆解产物为外壳、液晶显示组件、印刷电路板、扬声器、导线、螺钉等。拆解过程对环境几乎不会造成危害，因此，评估环境风险为低。

废固定电话的深加工主要指印刷电路板的破碎分选、分离金属和非金属，以及电话单机外壳塑料的清洗、破碎、改性和造粒。其中，印刷电路板的处理需要获得环保部门的危废处理许可。2012 年 8 月 24 日，环保部、发改委和商务部联合发布了废塑料加工利用污染防治管理规定，对废塑料加工利用企业进行污染预防严格管理。因此，规范的废固定电话深加工的环境风险很小，而不规范的废固定电话深加工将对环境产生较大的风险。

目前，固定电话的深加工行业是规范企业与不规范企业并存，因此，固定电话深加工的环境风险评估为高。

3. 经济性

废弃产品的价值是指废弃产品的材料价值。按照不同材料的回收重量和回收价格进行测算。根据课题组的调研，废固定电话材料价值见表 11 − 75。按 2013 年 7 月回收材料/部件的价格测算，单台废固定电话的平均回收材料价值为 1.858 元。

表 11 − 75　废固定电话材料价值

材料	回收价格（元/吨）	单部重量（克）	所占比例（%）	单部价格（元）	总价值（万元）
印刷电路板	5000	75	15	0.375	2918
废　铜	20000	20	4	0.4	3112
废　铁	1500	55	11	0.083	642
废塑料	4000	250	50	1	7779
其　他	0	100	20	0	0
总　计		500	100	1.858	14451

从回收材料的价值测算废固定电话的价格较低。市场上高价回收固定电话的主要目的是翻新再使用和零部件的再使用。

运输和贮存成本采用对比测算法进行评估。在家电以旧换新政策实施期间，回收的大部分产品是阴极射线管电视，其运费补贴约为每个产品 40 元。按产品 30 公斤重量计，可以得出每公斤的运费成本。不同产品根据重量测算其运费成本。固定电话每部的重量约为 500 克。测算的运输和贮存成本为 0.65 元。

固定电话结构简单、体积小、重量轻。整机初级手工拆解技术相对简单、设备投入少。因此，技术难度评估为低。

废固定电话处理过程的污染控制主要指拆解过程的粉尘，因此，固定电话污染控制技术评估为高。

4. 社会性

社会关注度采用学术文章检索数，即在中国知网（cnki）检索主题词：产品名称 + （"回收"或"处理"）。检索的数量越多，说明关注度越高。固定电话的检索数量为 0，社会关注度为低。

固定电话产品本身技术含量较低，生产企业相对分散。一些跨国外资固定电话生产企业已经在国外开展产品的回收处理工作。但目前在中国，几乎没有企业参加回收处理，整体固定电话生产行业参与回收处理水平为低。

随着电话单机报废量的增多，一些获得环保部废弃电器电子产品处理资质的企业开始回收、拆解处理废固定电话。其中，来自机关、事业单位以及部分大型企业产生的报废电话单机交由报废固定资产核销资质企业或涉密载体销毁资质企业处理。但是由于电话单机本身价值较低，报废价值也较低，其他绝大部分报废电话单机或被简易手工作坊简单拆解零部件投入二手市场，或直接随生活垃圾流入处置中心。处理行业规范水平为低。

5. 评估结论

表 11-76 为固定电话的评估结果。固定电话虽然产量逐年下降，但仍然具有高保有程度，随着人们生活水平提升和观念转变，报废量依然很大。另外，在回收处理环节，对处理技术和污染控制要求低。目前，整体固定电话处理行业极不规范。

表 11-76　固定电话评估结果

类别	指标		评估结果
1. 资源性	1.1 产量	1.1.1 产品年产量	1.3 亿部(2011 年)
		1.1.2 产品总重量	6.5 万吨(平均重量 500 克)
		1.1.3 产品稀贵材料含量	0 吨
	1.2 社会保有量	1.2.1 社会保有数量	3.1 亿部(2011 年)
		1.2.2 社会保有重量	15.5 万吨(平均重量 500 克)
		1.2.3 稀贵材料含量	0 吨
	1.3 理论报废量	1.3.1 年报废数量	7779.25 万部(2012 年)
		1.3.2 年报废重量	3.9 万吨(平均重量 500 克)
		1.3.3 稀贵材料含量	0 吨
2. 环境性	2.1 废弃产品的环境性	2.1.1 受控物质含量	0.6 万吨(PCB)
		2.2.1 回收过程的环境风险	环境风险等级低
	2.2 回收处理过程的环境性	2.2.2 拆解过程的环境风险	环境风险等级低
		2.2.3 深加工过程的环境风险	环境风险等级高
3. 经济性	3.1 回收成本	3.1.1 废弃产品的价值	单部价值 1.858 元,价值较低
		3.1.2 运输贮存成本	0.65 元/部
	3.2 处理难度	3.2.1 拆解处理技术	处理技术等级低
		3.2.2 污染控制技术	污染控制等级低

续表

类别	指标		评估结果
4. 社会性	4.1 社会关注度	学术文章检索数：在中国知网（cnki）检索主题词：产品名称+（"回收"或"处理"）	检索数量 0,等级低
	4.2 管理需求	4.2.1 生产行业参与回收处理水平	低：几乎没有企业参与回收处理
		4.2.2 处理行业规范水平	低：处理行业不规范

（三）传真机

对比中国传真机市场主流品牌关注度变化可以看出，松下、兄弟和佳能的关注度变化均不明显。总体看来，松下关注度基本在43%左右增减，兄弟在20%左右，佳能略低，在15%左右，主流品牌关注度变化较小最主要的原因是整体市场相对稳定。

2011年第一季度，松下、兄弟等榜单前12个品牌在中国传真机市场上的整体情况是，松下、兄弟和佳能的关注度相对较高，其中松下品牌的关注度甚至在40%以上。榜单后九位的品牌关注度相对较低。

1. 资源性

根据国家统计局对工业产品产量的统计显示，从2000年开始，传真机产量急剧上升，至2006年达到顶峰后迅速下降。到2010年开始逐渐恢复缓慢上升趋势，截至2012年，传真机的产量达到249.7万台，见图11-83。

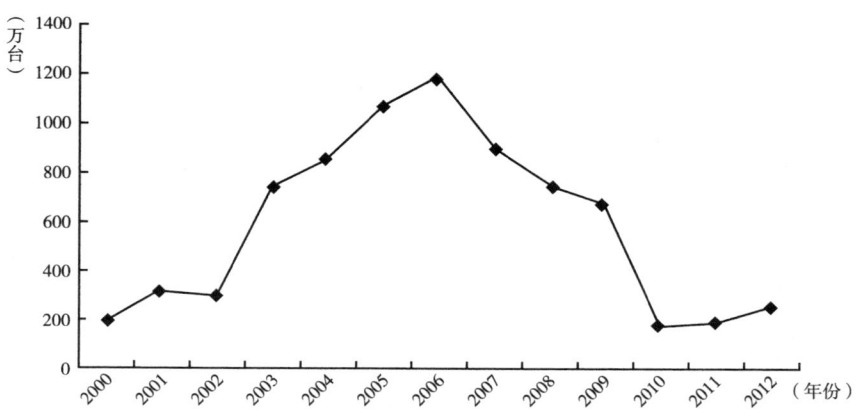

图 11-83　2000~2012 年传真机产量

　　传真机是应用扫描和光电变换技术，把文件、图表、照片等静止图像转换成电信号，传送到接收端，以记录形式进行复制的通信设备。传真机将需发送的原件按照规定的顺序，通过光学扫描系统分解成许多微小单元（称为像素），然后将这些微小单元的亮度信息由光电变换器件顺序转变成电信号，经放大、编码或调制后送至信道。接收机将收到的信号放大、解码或解调后，按照与发送机相同的扫描速度和顺序，以记录形式复制出原件的副本。传真机按其传送色彩，可分为黑白传真机；按占用频带可分为窄带传真机（占用一个话路频带）、宽带传真机（占用 12 个话路、60 个话路或更宽的频带）。另外，按照它的用途，一般可分为以下几种：相片传真机、报纸传真机、气象传真机、文件传真机等。

　　根据对行业协会和典型生产企业的调研，文件传真机是最为普遍、需求量最大的一种传真机。一般重量在 2.5 ~ 5 公斤。本项目为了便于计算，设定传真机的平均重量为 4 公斤。

　　一般传真机主要由听筒、线束、印刷电路板、液晶显示屏、按键、打印组件、扫描组件、外壳等部分组成，见图 11 - 84。根据传真机的特点，课题组采用市场"销量 - 报废年限"正态分布模型测算传真机的社会保有量。设定传真机的平均使用寿命为 6 年，通过《中国信息产业年鉴》中传真机的销量（见表 11 - 78），测算 2012 年我国传真机的社会保有量为 558.65 万台。

图 11 - 84　传真机结构

表 11 - 77　传真机材料构成比例

单位：%

部件/材料名称	所占比例	部件/材料名称	所占比例
印刷电路板	10	其　他	20
废　铁	20	总　计	100
废塑料	50		

表 11 - 78　传真机销量统计

单位：万台

	2006	2007	2008	2009	2010	2011
传真机	90.58	106.56	118.4	128.7	176.3	184.05

传真机的理论报废量采用市场"销量 - 报废年限"正态分布模型进行测算。假定传真机的平均使用寿命为 6 年，且报废高峰值为第 3 年和第 4 年。2012 年，我国传真机的理论报废量为 131.47 万台。

2. 环境性

传真机中的受控物质主要指印刷电路板和墨盒、碳粉。印刷电路板被列入国家危险废物名录。它既是对环境具有危害的部件，同时也含有大量的有价值的材料。印刷电路板的重量占传真机重量的 10%，按 2012 年传真机理论报废量 131.47 万台测算，印刷电路板重量约为 525.88 吨；按每台传真机打印 A4 纸 2 万张，每打印一张黑色单色 A4 纸平均需耗碳粉 0.08 克计算，墨盒或碳粉重量约为 2103.52 吨；合计受控物质含量 2619.4 吨。

传真机体积小，重量轻，易于回收。但发生磕碰后，残留的碳粉或墨水可能泄漏，造成环境污染。因此，传真机回收过程的环境风险评估为高。

废传真机的拆解主要以手工物理拆解为主。拆解后的拆解产物为外壳、液晶显示组件、印刷电路板、扬声器、打印组件、扫描组件、输纸组件、导线、螺钉等。由于产品结构复杂，手工拆解耗时长，而且拆解过程中容易造成碳粉或墨水的泄漏，因此，传真机的拆解过程环境风险评估为高。

废传真机的深加工主要指印刷电路板的破碎分选，分离金属和非金属，以及外壳塑料的清洗、破碎、改性和造粒。其中，印刷电路板的处理需要获得环保部门的危废处理许可。2012 年 8 月 24 日，环保部、发改委和商务部联合发布了废塑料加工利用污染防治管理规定，对废塑料加工利用企业进行污染预防严格管理。因此，规范的废传真机深加工的环境风险很小，而不规范的深加工将对环境产生较大的风险，传真机深加工的环境风险评估为高。

3. 经济性

废弃产品的价值是指废弃产品的材料价值。按照不同材料的回收重量和回收价格进行测算。根据课题组的调研，废传真机材料价值见表 11 - 79。按 2013 年 7 月回收材料/部件的价格测算，单台废传真机的平均回收材料价值为 12 元。从回收材料的价值测算废传真机的价格较低。市场上高价回收传真机的主要目的是翻新再使用和零部件的再使用。

表 11 - 79　废传真机材料价值

材料	回收价格(元/吨)	单台重量(千克)	所占比例(%)	单台价格(元)	总价值(万元)
印刷电路板	7000	0.4	10	2.8	368.12
废　铁	1500	0.8	20	1.2	157.76
废塑料	4000	2	50	8	1051.76
其　他	0	0.8	20	0	0
总　计		4	100	12	1577.64

运输和贮存成本采用对比测算法进行评估。在家电以旧换新政策实施期间，回收的大部分产品是阴极射线管电视，其运费补贴约为每个产品 40 元。按产品 30 公斤重量计，可以得出每公斤的运费成本。不同产品根据重量测算其运费成本。传真机的重量约为 4 千克，测算的运输和贮存成本为 5.3 元。

传真机结构复杂，体积小、重量轻。虽然设备投入较少，但整体手工拆解技术相对复杂，因此，技术难度评估为高。

废传真机处理过程的污染控制主要指拆解过程的粉尘、拆解印刷电路板时的焊锡烟雾，以及印刷电路板处理的污染控制。印刷电路板处理的污染控制与所选择的处理工艺紧密相关。而印刷电路板的处理工艺有物理干法破碎分选、物理湿法破碎分选、火法冶金和湿法冶金等。因此，传真机污染控制技术评估为高。

4. 社会性

社会关注度采用学术文章检索数，即在中国知网（cnki）检索主题词：产品名称 + （"回收"或"处理"）。检索的数量越多，说明关注度越高。传真机的检索数量为 0，社会关注度为低。

传真机产品本身技术含量较低，生产企业相对集中。但目前在中国，几乎没有企业参加回收处理，整体传真机生产行业参与回收处理水平为低。

随着传真机报废量的增多，一些获得环保部废弃电器电子产品处理资质的企业开始回收、拆解处理废传真机。这些处理企业处理的传真机大多来自行政事业单位的报废办公电器。但是由于传真机本身价值较低，报废价值也较低，其他绝大部分报废传真机或被简易手工作坊简单拆解零部件投入二手市场，或直接随生活垃圾流入处置中心。处理行业规范水平为低。

5. 评估结论

表 11 - 80 为传真机的评估结果。传真机虽然产量变化较大，但销量基本稳定，随着人们生活水平提升和观念转变，传真机可能逐渐被带有传真功能的打印或复印设备所替代。另外，在回收处理环节，对处理技术和污染控制要求高。目前，整体传真机处理行业极不规范。

表 11 - 80　传真机评估结果

类别	指标		评估结果
1. 资源性	1.1 产量	1.1.1 产品年产量	249.7 万台（2012 年）
		1.1.2 产品总重量	9988 吨（平均重量 4 千克）
		1.1.3 产品稀贵材料含量	1.0 吨
	1.2 社会保有量	1.2.1 社会保有数量	558.65 万台（2012 年）
		1.2.2 社会保有重量	2.2 万吨（平均重量 4 千克）
		1.2.3 稀贵材料含量	2.2 吨
	1.3 理论报废量	1.3.1 年报废数量	131.47 万台（2012 年）
		1.3.2 年报废重量	5258.8 吨（平均重量 4 千克）
		1.3.3 稀贵材料含量	0.5 吨
2. 环境性	2.1 废弃产品的环境性	2.1.1 受控物质含量	（墨盒、碳粉）2619.4 吨
	2.2 回收处理过程的环境性	2.2.1 回收过程的环境风险	环境风险等级高
		2.2.2 拆解过程的环境风险	环境风险等级高
		2.2.3 深加工过程的环境风险	环境风险等级高
3. 经济性	3.1 回收成本	3.1.1 废弃产品的价值	单台价值 12 元, 价值较低
		3.1.2 运输贮存成本	5.3 元/台
	3.2 处理难度	3.2.1 拆解处理技术	处理技术等级高
		3.2.2 污染控制技术	污染控制等级高
4. 社会性	4.1 社会关注度	学术文章检索数：在中国知网（cnki）检索主题词：产品名称 +（"回收"或"处理"）	检索数量 0, 等级低
	4.2 管理需求	4.2.1 生产行业参与回收处理水平	低：几乎没有企业参与回收处理
		4.2.2 处理行业规范水平	低：处理行业不规范

(四) 服务器

自 2003 年以来，中国服务器市场产品销售进入平稳的增长阶段，增长率在 12% ~13%，服务器销售总量持续稳定增长。2011 年，全球服务器市场仍保持着不断增长的势头，虽然出货量和收入增幅均有所减少，但仍处在增长之中。中国的服务器市场一直以来看似波澜不惊，但实际上暗潮涌动。根据互联网消费调研中心（ZDC）监测数据显示，2012 年 1 ~12 月中国服务器市场上，IBM 品牌关注度始终在 30% 以上，并稳居冠军位。2012 年1 ~5 月，IBM 品牌关注比例保持平稳走势，在 37.3% 上下小幅波动，6 月、7 月出现较为明显的下滑，降至 33% 以下。之后 8 月、9 月小幅回升至 36%以上。12 月，IBM 关注度创下年度新高，超过 40%，为 41%。

中国 PC 服务器市场已经发展为高度集中并且结构相对稳定的市场，前六强占据全部市场份额的 80%，而前三强的市场份额超过 60%。从市场结构来看，教育和中小企业市场成为亮点，电子政务对市场需求拉动也比较突出，大型企业依然是服务器市场的购买大户。品牌关注榜上，2012 年，IBM、惠普和戴尔三个品牌的关注份额相对较高，12 月中国服务器市场上，IBM 以 41.0% 的关注比例领跑市场，这也是 IBM 品牌关注度第一次涨至四成以上。戴尔关注比例为 19.1%，排在第二位，与 IBM 关注比例差距悬殊。其他上榜品牌关注比例均在 10% 以下。

1. 资源性

根据国家工业和信息化部对规模以上企业信息产品产量（1 ~11 月）的统计显示，从 2008 年开始，服务器产量基本稳定，除 2011 年明显提升至 727.5 万台，至 2012 年，服务器的产量回落至 114.3 万台，见图 11 -85。根据工信部公布的数据，课题组按每年第 12 月份产量为 1 ~11 月的平均水平测算，得到 2008 ~2012 年服务器规模以上企业产量的估算值，见表 11 -81。

服务器是一个管理资源、并为用户提供服务的计算机硬件，通常分为文件服务器、数据库服务器和应用程序服务器。运行以上软件的计算机或计算机系统也被称为服务器。相对于普通 PC 来说，服务器在稳定性、安全性、性能等方面要求都更高。服务器按外形的不同可分为机架式服务器、刀片式服务器以及机柜式服务器三类。除金融、证券、交通、邮电、通信等行业涉及大量数据运算处理以外，对于其他一般企业或部门用户仍以入门级服务器为主，其外形与硬件结构均和普通 PC 相似。在没有涉及服务器系统的硬件

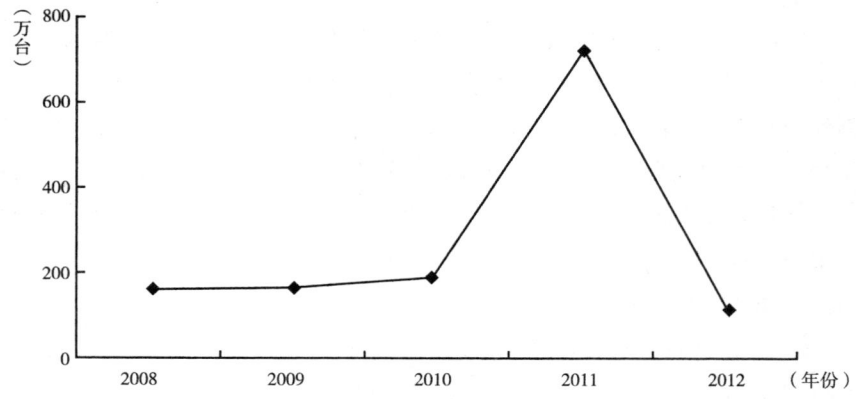

图 11 - 85　2008 ~ 2012 年 1 ~ 11 月规模以上企业服务器产量

表 11 - 81　2008 ~ 2012 年规模以上企业服务器产量估算值

单位：%

月　份　　年　份	2008	2009	2010	2011	2012
1 ~ 11 月	166.6	168	194	727.5	114.3
1 ~ 12 月	181.7	183.3	211.6	793.6	124.7

构成方面与微型计算机（PC）有众多的相似之处，主要的硬件构成仍然包含如下几个部分：中央处理器（CPU）、内存、芯片组、I/O 总线、I/O 设备、电源、机箱和相关软件。

一般销量最大的入门级服务器重量为 15 ~ 38 公斤，为方便计算，本报告取 20 公斤为服务器的平均重量。

图 11 - 86 和图 11 - 87 分别为刀片式服务器结构图和架式服务器结构图。由图 11 - 86 与 11 - 87 可以看出，服务器的结构与微型计算机基本一致，区别在于配备多个 CPU、内存、硬盘、散热器，主板具备更多插口，扩展性更强。由此，课题组根据微型计算机的材料组成，估算服务器的材料组成比例，见表 11 - 82。

根据服务器的特点，课题组采用市场"销量 - 报废年限"正态分布模型测算服务器的社会保有量。服务器的平均使用寿命为 6 年。通过《中国信息产业年鉴》中服务器的销量（见表 11 - 83），测算 2012 年我国服务器的社会保有量为 324.06 万台。

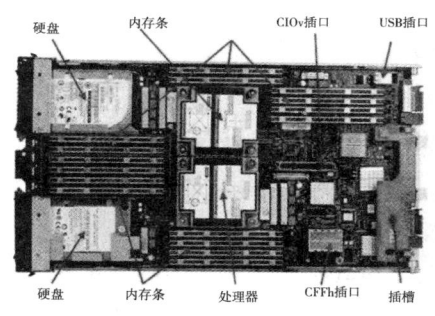

图 11 - 86 刀片式服务器结构

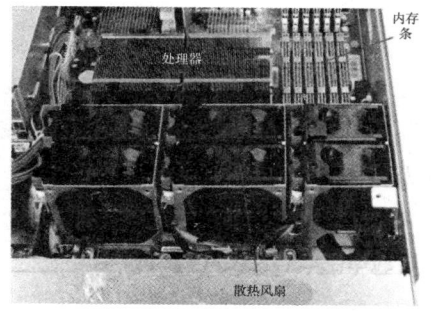

图 11 - 87 架式服务器结构

表 11 - 82 服务器材料构成比例

单位：%

部件或材料	所占比例	部件或材料	所占比例
铁	30	风 扇	10
塑 料	25	总 计	100.00
电路板	35		

表 11 - 83 服务器销量统计

单位：万台

	2006	2007	2008	2009	2010	2011
服务器	53.3	61.9	70.6	73.3	84.1	105

服务器理论报废量采用市场"销量 - 报废年限"正态分布模型进行测算。服务器的平均使用寿命为 6 年，报废高峰值为第 3 年和第 4 年两年。2012 年，我国服务器理论报废量为 73.44 万台。

2. 环境性

服务器中的受控物质主要指印刷电路板。印刷电路板被列入国家危险废物名录。它既是对环境具有危害的部件，同时也含有大量的有价值的材料。印刷电路板的重量占服务器重量的 35%，以 2012 年服务器理论报废量 73.44 万台，共计 14688 吨测算，2012 年，服务器中受控物质的总含量为 5140.8 吨。

服务器体积大，重量较重，不易于回收。但是，服务器体型方正，便于运输，且发生磕碰后，也不会有液体或气体等外漏污染环境。因此，服务器回收过程的环境风险评估为低。

废服务器的拆解主要以手工物理拆解为主。拆解后的拆解产物为外壳、印刷电路板、散热扇、导线、螺钉等。拆解过程中不会对人体和环境造成严重危害，因此，废服务器整机拆解过程中的环境风险评估为低。

废服务器的深加工主要指印刷电路板的破碎分选、分离金属和非金属，以及服务器外壳塑料的清洗、破碎、改性和造粒。其中，印刷电路板的处理需要获得环保部门的危废处理许可。2012年8月24日，环保部、发改委和商务部联合发布了废塑料加工利用污染防治管理规定，对废塑料加工利用企业进行污染预防严格管理。但是由于印刷电路板上元器件基本上可以再使用，其再使用价值要大大高于材料再生利用的价值，导致部分手工作坊式拆解工厂对服务器印刷电路板中元器件进行分离。不规范的废服务器深加工将对环境产生较大的风险，服务器环境风险评估为高。

3. 经济性

废弃产品的价值是指废弃产品的材料价值。按照不同材料的回收重量和回收价格进行测算。服务器的材料价值见表11-84。根据课题组的调研，按2013年7月回收材料/部件的价格测算，单台服务器的平均回收材料价值为88元，回收材料价值较高。

表11-84 废服务器材料价值

部件或材料	回收价格（元/公斤）	单台重量（公斤）	所占比例（%）	单台价格（元）	废弃总价值（万元）
铁	1.5	6	30	9	660.96
风扇	5	2	10	10	734.4
电路板	7	7	35	49	3598.56
塑料	4	5	25	20	1468.8
总计	—	20	100.00	88	6462.72

运输和贮存成本采用对比测算法进行评估。在家电以旧换新政策实施期间，回收的大部分产品是阴极射线管电视机，其运费补贴约为每个产品40元。按产品30公斤重量计，可以得出每公斤的运费成本。不同产品根据重量测算其运费成本。服务器的平均重量约为20千克，测算的运输和贮存成本为26.6元。

服务器结构简单，体积较大，整机初级手工拆解技术相对简单，设备投入少，因此，技术难度评估为低。

服务器处理过程的污染控制主要指拆解过程中的粉尘，因此，服务器污染控制技术评估为低。

4. 社会性

社会关注度采用学术文章检索数，即在中国知网（cnki）检索主题词：产品名称 +（"回收"或"处理"）。检索的数量越多，说明关注度越高。固定电话的检索数量为 0，社会关注度为低。

服务器产品本身技术要求较高，生产企业相对集中，而且高端市场由外资企业占据。目前中国几乎没有企业参加回收处理，整体服务器生产行业参与回收处理水平为低。

随着服务器报废量的增多，一些获得环保部废弃电器电子产品处理资质的企业开始回收、拆解处理废服务器。其中，来自机关、事业单位以及部分大型企业产生的报废服务器交由报废固定资产核销资质企业或涉密载体销毁资质企业处理。但是由于服务器材料价值较高，仍存在相当部分报废服务器被私营回收公司收取，或在回收过程被简易手工作坊简单拆解零部件投入二手市场。处理行业规范水平为低。

5. 评估结论

表 11 - 85 为服务器的评估结果。服务器虽然产量基本稳定，但仍然具有高材料价值。另外，在回收处理环节，对处理技术和污染控制要求低。目前，整体服务器处理行业较为不规范。

表 11 - 85 服务器评估结果

类别	指标		评估结果
1. 资源性	1.1 产量	1.1.1 产品年产量	114.3 万台（2012 年）
		1.1.2 产品总重量	2.3 万吨（平均重量 20 千克）
		1.1.3 产品稀贵材料含量	24.2 吨
	1.2 社会保有量	1.2.1 社会保有数量	324.06 万台（2012 年）
		1.2.2 社会保有重量	6.5 万吨（平均重量 20 千克）
		1.2.3 稀贵材料含量	68.3 吨
	1.3 理论报废量	1.3.1 年报废数量	73.44 万台（2012 年）
		1.3.2 年报废重量	14688 吨（平均重量 20 千克）
		1.3.3 稀贵材料含量	15.2 吨

续表

类别	指标		评估结果
2. 环境性	2.1 废弃产品的环境性	2.1.1 受控物质含量	5140.8 吨（PCB）
		2.1.2 回收过程的环境风险	环境风险等级低
	2.2 回收处理过程的环境性	2.2.1 拆解过程的环境风险	环境风险等级低
		2.2.2 深加工过程的环境风险	环境风险等级高
3. 经济性	3.1 回收成本	3.1.1 废弃产品的价值	单台价值 88 元
		3.1.2 运输贮存成本	26.6 元/台
	3.2 处理难度	3.2.1 拆解处理技术	处理技术等级低
		3.2.2 污染控制技术	污染控制等级低
4. 社会性	4.1 社会关注度	学术文章检索数：在中国知网（cnki）检索主题词：产品名称＋（"回收"或"处理"）	检索数量 0，等级低
	4.2 管理需求	4.2.1 生产行业参与回收处理水平	低：几乎没有企业参与回收处理
		4.2.2 处理行业规范水平	低：处理行业不规范

（五）打印机

从竞争格局看，中国打印机市场基本被惠普、爱普生、佳能等外资品牌占据。2012 年，在市场低迷的情况下，各大厂商调整了其打印机业务发展战略，惠普公司将其打印业务部门与其他部门合并以削减开支；利盟国际出售其喷墨打印机业务，集中资源发展打印管理服务以求转型；佳能扩大其在中国的打印机产品布局，计划使打印机业务成为继照相机后在中国的另一支柱。

2011 年，惠普在打印机行业的整体市场份额超过 40%，但是其打印机业绩呈下滑趋势。2012 财年前三个季度，惠普成像及打印系统集团收入为184.07 亿美元，同比减少 3%。

利盟国际在过去几年进行了数个收购案巩固其打印机业务，但是在激光打印机价格不断下探和市场竞争日趋激烈的背景下，公司喷墨打印机业务和整体经营业绩不佳。2012 年上半年，利盟国际收入为 19.77 亿美元，同比下降 4.9%。2012 年 8 月，利盟国际决定出售其喷墨打印机业务，未来重点着眼于高端影像产品。

新北洋主要生产专用打印机，2012 年上半年收入为 2.88 亿元，新北洋在建的年产 50 万台专用打印机项目将于 2013 年全部投产。

　　珠海赛纳是激光打印机兼容硒鼓制造企业，于2010年推出中国第一台具有自主知识产权的奔图激光打印机，2011年基本完成产品线的布局，目前已经进入澳洲、中东、俄罗斯等市场，2012年下半年计划进入西欧和北美市场。

　　互联网消费调研中心（ZDC）统计数据显示，2012年中国激光打印机市场上，惠普独占五成以上的市场关注份额，关注比例达到了53.5%，领先第二名40.2个百分点，品牌优势十分明显。佳能和联想分列其后，关注比例分别为13.3%和10.4%。富士施乐、三星和兄弟的市场关注份额均在5%~7%之间，相互竞争异常激烈。其他品牌的关注比例均不超过1.0%。

　　1. 资源性

　　打印机包括打印机和以打印机功能为主的多功能一体机。根据工信部对规模以上电子信息制造业主要产品产量的统计显示，2012年，打印机的产量达到7059.2万台，同比增长27.9%，见图11-88。

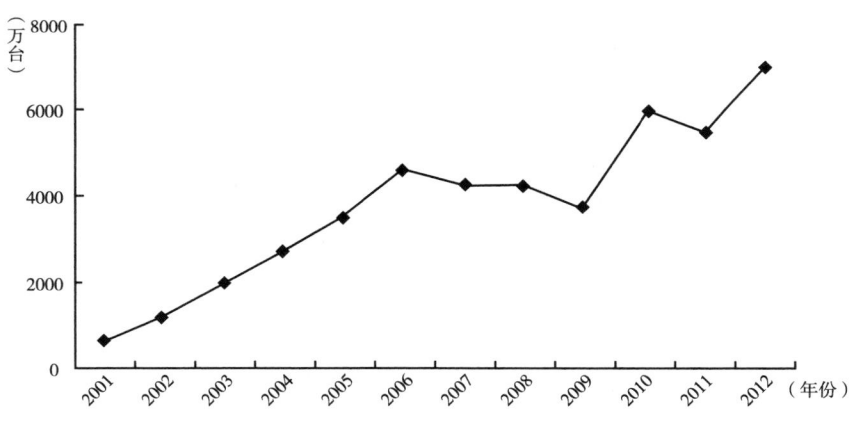

图11-88　2001~2012年打印机产量

　　打印机（Printer）是计算机的输出设备之一，用于将计算机处理结果打印在相关介质上。按打印字符结构，分全形字打印机和点阵字符打印机。按一行字在纸上形成的方式，分串式打印机与行式打印机。按所采用的技术，分喷墨式、热敏式、激光式、针式等打印机。目前较为普遍的打印机为喷墨打印机和激光打印机两种，主要部件通常包括金属框架、塑料壳体、印刷电路板、墨盒或墨粉盒、电线、滚轴及其他零部件等。

　　虽然打印机的种类繁多，最小的如超市、出租车上的发票打印机，最大的是工业打印机，但销量较小。销量较大的为家用或办公用的桌上打印机，重量在 3~8 公斤。本报告取 5 公斤为打印机的平均重量。

图 11-89 为激光打印机结构图。从图 11-89 可以看出，激光打印机结构相当复杂。拆解产物通常包括金属框架、塑料壳体、印刷电路板、墨盒或墨粉盒、电线、滚轴及其他零部件等。课题组对废打印机进行拆解试验，并综合处理企业调研的拆解数据，得出打印机的材料组成比例，如表 11-86 所示。

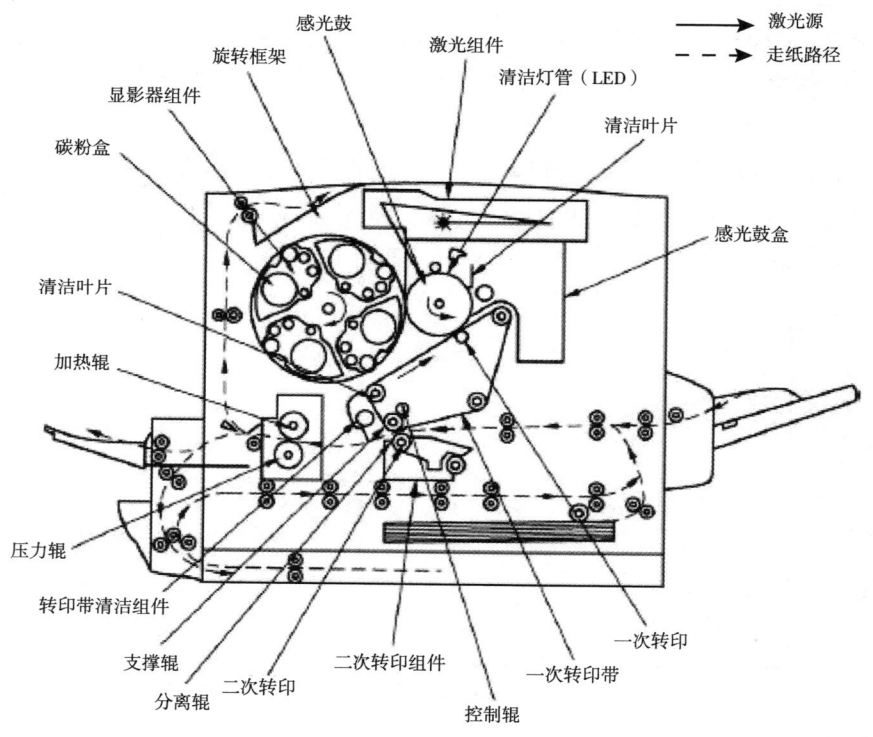

图 11-89　激光打印机结构

表 11-86　打印机材料构成比例

单位：%

部件或材料	所占比例	部件或材料	所占比例
印刷电路板	5	线　束	0.5
塑　料	49	其　他	7.5
铁	30	总　计	100.00
马　达	8		

　　根据打印机的特点，课题组采用市场"销量－报废年限"正态分布模型测算打印机的社会保有量。打印机的平均使用寿命为 6 年。通过《中国信息产业年鉴》中打印机的销量（见表 11-87），测算 2012 年我国打印机的社会保有量为 2171.88 万台。

表 11-87　打印机销量统计

单位：万台

年份	2006	2007	2008	2009	2010	2011
打印机	867.6	842.6	765	729.52	572.4	583.9

　　打印机的理论报废量采用市场"销量－报废年限"正态分布模型进行测算。打印机的平均使用寿命为 6 年，且报废高峰值为第 3 年和第 4 年两年。2012 年，我国打印机理论报废量为 731.10 万台。

　　2. 环境性

　　打印机中的受控物质主要是印刷电路板和墨水或墨粉。按 2012 年打印机理论报废量 731.10 万台测算，印刷电路板重量约为 1827.75 吨；按每台打印机打印 A4 纸 10 万张，每打印一张黑色单色 A4 纸平均需耗墨粉 0.08 克计算（假设喷墨打印机中墨水消耗量一致），墨水或墨粉重量约为 5.85 万吨；合计受控物质含量 6.14 万吨。

　　废弃打印机回收应符合国家再生资源回收相关管理政策。由于打印机不属于首批目录产品，打印机的回收量远远小于废电视机等享受补贴的废弃电器电子产品的回收量。尽管少数外资企业自主回收废弃打印机，如富士施乐有专门回收处理废打印机的企业，但仅限于回收自己品牌的产品。

　　废打印机中墨盒或墨粉盒以及废粉盒中仍然含有残余的墨粉，回收、运输等过程中可能发生破碎、泄漏，回收过程中的环境风险评估为高。

　　废弃打印机的拆解主要以手工物理拆解为主。打印机主要分为针式打印机、喷墨打印机和激光打印机。不同打印机拆解产物不同。拆解产物通常包括金属框架、塑料壳体、印刷电路板、墨盒或墨粉盒、电线、滚轴及其他零部件等。废弃打印机拆解过程主要是墨粉微粒（含表面活性剂、苯乙烯等）扩散，从业人员吸入后易在人体器官蓄积，危害人体健康。另外，如果操作不当，容易造成墨粉爆炸，打印机整机的拆解过程环境风险评估为高。

　　废打印机的深加工主要指印刷电路板的破碎分选、分离金属和非金属；

硒鼓、墨盒或墨粉盒的处理；以及塑料的清洗、破碎、改性和造粒。其中，印刷电路板的处理需要获得环保部门的危废处理许可。2012 年 8 月 24 日，环保部、发改委和商务部联合发布了废塑料加工利用污染防治管理规定，对废塑料加工利用企业进行污染预防严格管理。因此，规范的打印机深加工的环境风险很小，而不规范的打印机深加工将对环境产生较大的风险。

由于目前废打印机的深加工行业是规范企业与不规范企业并存，因此，打印机深加工的环境风险评估为高。

3. 经济性

废弃产品的价值是指废弃产品的材料价值。按照不同材料的回收重量和回收价格进行测算。根据课题组的调研，废打印机的材料价值见表 11 - 88。按 2013 年 7 月回收材料/部件的价格测算，单台废打印机的平均回收材料价值为 16 元。

表 11 - 88   废打印机材料价值

	回收价格（元/吨）	单台重量（公斤）	所占比例（%）	单台价格	总价值（万元）
印刷电路板	7000	0.25	5	1.75	1279.43
塑料	4000	2.45	49	9.8	7164.78
铁	1500	1.5	30	2.25	1644.98
马达	5000	0.4	8	2	1462.2
线束	8000	0.025	0.5	0.2	146.22
其他	0	0.375	7.5	0	0
总 计	—	5.0	100	16	11697.61

运输和贮存成本采用对比测算法进行评估。在家电以旧换新政策实施期间，回收的大部分产品是阴极射线管电视机，其运费补贴约为每个产品 40 元。按产品 30 公斤重量计，可以得出每公斤的运费成本。不同产品根据重量测算其运费成本。打印机的重量约为 5 公斤，测算的运输和贮存成本为 6.5 元。

打印机结构复杂，通常要经过多级拆解。根据拆解物的不同性质，将拆解物进行分类。虽然设备要求不高，但打印机（特别是激光打印机）整机初级拆解技术相对复杂，因此，技术难度评估为高。

打印机处理过程的污染控制主要指拆解过程的粉尘，此外还须考虑防爆措施，使用相应工艺设备。因此，打印机污染控制技术评估为高。

4. 社会性

社会关注度采用学术文章检索数，即在中国知网（cnki）检索主题词：产品名称+（"回收"或"处理"）。检索的数量越多，说明关注度越高。固定电话的检索数量为 15，社会关注度为中。

打印机本身技术含量较高，生产企业相对较集中。知名打印机生产企业以外资为主。随着国际社会上生产者责任延伸制度和企业社会责任的推广和深入，一些打印机生产企业已经开展产品的回收处理工作。例如，富士施乐公司，在苏州建立了打印机和复印机再制造和再生利用工厂。该工厂被列入首批工信部再制造试点企业名单。打印机生产行业参与回收处理水平为中。

随着打印机报废量的增多，一些获得环保部废弃电器电子产品处理资质的企业开始拆解处理废打印机。其中，来自机关、事业单位以及部分大型企业产生的报废服务器交由报废固定资产核销资质企业或涉密载体销毁资质企业处理。但是由于打印机材料价值较高，仍存在相当部分报废打印机或被私营回收公司收取，或在回收过程被简易手工作坊简单拆解零部件投入二手市场。

硒鼓/墨盒作为打印机的主要耗材，每年的报废量远远高于整机的报废量。目前，已有少数企业对废旧硒鼓/墨盒进行二次循环利用，多数硒鼓经多次灌粉之后非法废弃或由处理企业回收后运往有资质企业进行处理，再利用率较低。目前，打印机处理行业仍处于混乱之中，有规范处理企业，但不规范的个体经营者更多。因此，打印机处理行业规范水平为低。

5. 评估结论

表 11-89 为打印机目录评估结果。随着办公电器小型化、家庭化，打印机已经开始进入家庭。我国打印机行业还有很大的发展空间。打印机行业也是资源消耗型行业，尤其是打印机耗材，随着打印机的普及将快速增长。因此，对处理技术和污染控制要求高。目前，虽然出现一些规范的打印机处理企业，但是整体打印机处理行业还处于不规范中。

（六）扫描仪

随着电子商务和电子政务的普及，越来越多的单位需要实现大规模文书档案的无纸化管理，高速和高质的扫描仪开始受到人们的重视。众多扫描仪厂商也纷纷调整战略，开始针对不同用户的需求推出面向不同行业的专业扫描仪。2012 年，中国扫描仪市场品牌格局相对稳定，品牌关注榜的前四家品牌排名相比 2011 年均未发生变动，依次是佳能、中晶、爱普生和惠普。

表 11 - 89　打印机评估结果

类别	指标		评估结果
1. 资源性	1.1 产量	1.1.1 产品年产量	7059.2 万台（2012 年）
		1.1.2 产品总重量	35.3 万吨（平均重量 5 千克）
		1.1.3 产品稀贵材料含量	17.6 吨
	1.2 社会保有量	1.2.1 社会保有数量	2171.88 台（2012 年）
		1.2.2 社会保有重量	108594 吨（平均重量 5 千克）
		1.2.3 稀贵材料含量	5.43 吨
	1.3 理论报废量	1.3.1 年报废数量	731.1 万台（2012 年）
		1.3.2 年报废重量	36555 吨（平均重量 5 千克）
		1.3.3 稀贵材料含量	1.83 吨
2. 环境性	2.1 废弃产品的环境性	2.1.1 受控物质含量	60315.75 吨（PCB + 碳粉）
	2.2 回收处理过程的环境性	2.2.1 回收过程的环境风险	环境风险等级高
		2.2.2 拆解过程的环境风险	环境风险等级高
		2.2.3 深加工过程的环境风险	环境风险等级高
3. 经济性	3.1 回收成本	3.1.1 废弃产品的价值	单台 16 元，价值较高
		3.1.2 运输贮存成本	6.5 元/台
	3.2 处理难度	3.2.1 拆解处理技术	处理技术等级高
		3.2.2 污染控制技术	污染控制等级高
4. 社会性	4.1 社会关注度	学术文章检索数：在中国知网（cnki）检索主题词：产品名称 +（"回收"或"处理"）	检索数量 15，等级中
	4.2 管理需求	4.2.1 生产行业参与回收处理水平	中：部分企业参与回收处理
		4.2.2 处理行业规范水平	低：处理行业不规范

2012 年中国扫描仪市场上，佳能夺得品牌关注榜的冠军，关注份额超过两成，为 20.8%，领先第二名 5.9 个百分点。中晶、爱普生和惠普的关注比例集中在 10%～15% 之间，分列榜单的第二名至第四名。前十名品牌累计占据了 87.8% 的关注份额。商业应用类型的产品占据了超过六成的市场关注份额；2001～5000 元价格段的产品最受市场青睐，关注比例达 25.3%；CIS 扫描元件的产品关注比例上涨，为 23.6%。

1. 资源性

根据工业和信息化部《中国电子信息产业统计年鉴》对规模以上企业

工业产品产量的统计显示，2011 年，5 家规模以上企业共生产扫描仪 24.8
万台，见图 11 - 90。

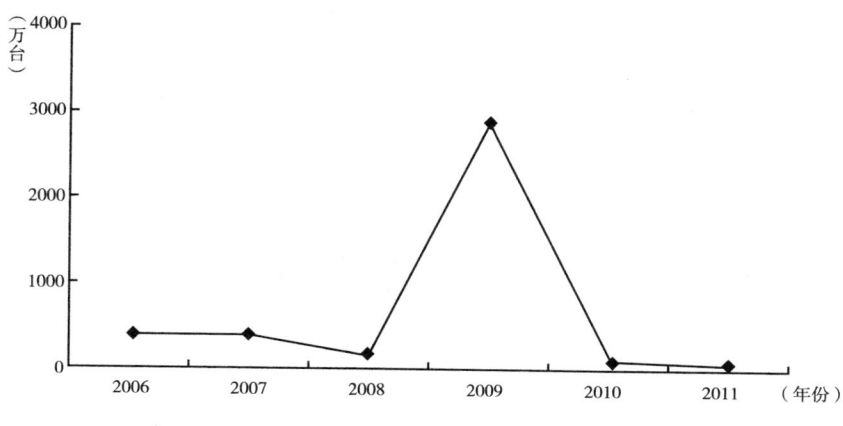

图 11 - 90 2006 ~ 2011 年投影仪产量

　　扫描仪（scanner）是利用光电技术和数字处理技术，以扫描方式将图
形或图像信息转换为数字信号的装置。扫描仪通常被用于计算机外部仪器，
是通过捕获图像并将之转换成计算机可以显示、编辑、存储和输出的数字化
输入设备。照片、文本页面、图纸、美术图画、照相底片、菲林软片，甚至
纺织品、标牌面板、印制板样品等三维对象都可作为扫描对象，是提取并将
原始的线条、图形、文字、照片、平面实物转换成可以编辑或将其加入文件
中的装置。扫描仪可分为三大类型：滚筒式扫描仪和平面扫描仪，以及近几
年才有的笔式扫描仪、便携式扫描仪、馈纸式扫描仪、胶片扫描仪、底片扫
描仪和名片扫描仪。

　　一般扫描仪重量在 2 ~ 3 公斤居多，为方便计算，本报告取 2 公斤为扫
描仪的平均重量。

　　普通扫描仪主要由顶盖、玻璃平台、扫描头、支撑滑杆、传动皮带、排
线等组成（图 11 - 91）。课题组根据扫描仪拆解实验，结合其他拆解处理机
构提供的数据，估算扫描仪的材料组成比例如表 11 - 90 所示。

　　根据扫描仪的特点，课题组采用市场"销量 - 报废年限"正态分布模
型测算投影仪的社会保有量。依据行业协会和典型生产企业调研，设定扫描
仪的平均使用寿命为 6 年，通过《中国信息产业年鉴》中扫描仪的销量
（见表 11 - 91），测算 2012 年我国扫描仪的社会保有量为 193.11 万台。

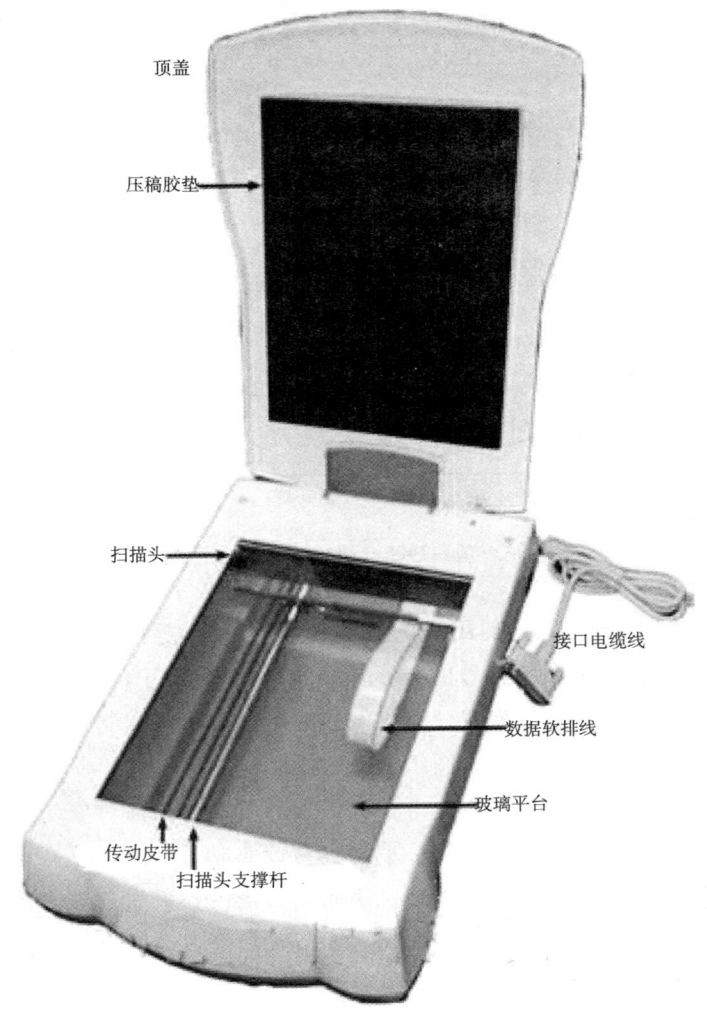

顶盖

压稿胶垫

扫描头

接口电缆线

数据软排线

玻璃平台

传动皮带

扫描头支撑杆

图 11 - 91　扫描仪结构

表 11 - 90　扫描仪材料构成比例

单位：%

部件或材料	所占比例	部件或材料	所占比例
铁　件	10	塑　料	50
玻　璃	20	其　他	14
电路板	5	总　计	100.00
排　线	1		

注：数据由格林美公司提供（拆解 100 台取样数据）。

表 11-91 扫描仪销量统计

单位：万台

年份	2006	2007	2008	2009	2010	2011
扫描仪	85.1	82.6	74.7	62.6	53.3	50.4

扫描仪的理论报废量采用市场"销量-报废年限"正态分布模型进行测算。假定扫描仪的平均使用寿命为6年，且报废高峰值为第3年和第4年两年。2012年，我国扫描仪的理论报废量为68.28万台。

2. 环境性

扫描仪中的受控物质主要指印刷电路板。部分老式扫描仪中可能采用普通荧光灯，并含有汞，但由于含量极少，因此暂不予以考虑。印刷电路板被列入国家危险废物名录。它既是对环境具有危害的部件，同时也含有大量的有价值的材料。印刷电路板的重量占扫描仪重量的5%，以2012年扫描仪理论报废量68.28万台测算，2012年，扫描仪中受控物质的总含量为68.28吨。

扫描仪体积小、重量轻、易于回收。虽然扫描仪含有整块玻璃，在回收过程中容易发生破裂或破碎，但碎玻璃不会对环境造成危害。因此，扫描仪回收过程的环境风险评估为低。

废扫描仪的拆解主要以手工物理拆解为主。拆解后的拆解产物为外壳、玻璃板、扫描头、电机、铁轴、印刷电路板、导线、螺钉等。拆解过程中对环境影响较小，因此，拆解过程中总体评估环境风险为低。

废扫描仪的深加工主要指印刷电路板的破碎分选、分离金属和非金属，以及扫描仪外壳塑料的清洗、破碎、改性和造粒。其中，印刷电路板的处理需要获得环保部门的危废处理许可。2012年8月24日，环保部、发改委和商务部联合发布了废塑料加工利用污染防治管理规定，对废塑料加工利用企业进行污染预防严格管理。因此，规范的废扫描仪深加工环境风险很小。而不规范的扫描仪深加工将对环境产生较大的风险，深加工环境风险评估为高。

3. 经济性

废弃产品的价值是指废弃产品的材料价值。按照不同材料的回收重量和回收价格进行测算。根据课题组的调研，废服务器的材料价值见表11-92。按2013年7月回收材料/部件的价格测算，单台废扫描仪的平均回收材料价值为 5 元。从回收材料的价值测算废扫描仪的价格较低。市场上高价回收扫描仪的主要目的是翻新再使用和零部件的再使用。

表 11 - 92　废扫描仪回收材料价值

	回收价格（元/吨）	单台重量（公斤）	所占比例（%）	单台价格	总价值（万元）
印刷电路板	7000	0.1	5	0.7	47.80
塑料	4000	1	50	4	273.12
玻璃	70	0.4	20	0.028	1.91
铁件	1500	0.2	10	0.3	20.484
其他	0	0.5	15	0	0
总　计		2.2	100	5.028	343.314

　　运输和贮存成本采用对比测算法进行评估。在家电以旧换新政策实施期间，回收的大部分产品是阴极射线管电视机，其运费补贴约为每个产品 40 元。按产品 30 公斤重量计，可以得出每公斤的运费成本。不同产品根据重量测算其运费成本。扫描仪的重量约为 2 千克。测算的运输和贮存成本为 2.7 元。

　　扫描仪结构简单，整机初级手工拆解技术要求相对较低，设备投入少，因此，技术难度评估为低。

　　扫描仪处理过程的污染控制主要指拆解过程的粉尘。因此，扫描仪污染控制技术评估为低。

　　4. 社会性

　　社会关注度采用学术文章检索数，即在中国知网（cnki）检索主题词：产品名称 +（"回收"或"处理"）。检索的数量越多，说明关注度越高。扫描仪的检索数量为 0，社会关注度为低。

　　扫描仪产品本身技术含量较高，生产企业相对集中。但目前在中国，几乎没有企业参加回收处理，整体扫描仪生产行业参与回收处理水平为低。

　　随着扫描仪报废量的增多，一些获得环保部废弃电器电子产品处理资质的企业开始回收、拆解处理废弃扫描仪。其中，来自机关、事业单位以及部分大型企业产生的报废扫描仪交由报废固定资产核销资质企业或涉密载体销毁资质企业处理。但是由于扫描仪材料价值较低，仍存在相当部分报废扫描仪被私营回收公司收取，或在回收过程被简易手工作坊简单拆解零部件投入二手市场的现象。处理行业规范水平为低。

5. 评估结论

表 11 – 93 为扫描仪的评估结果。扫描仪虽然刚刚起步，但产量增长迅速，随着人们工作的拓展，需求量依然很大。另外，在回收处理环节，对处理技术和污染控制要求低。目前，整体扫描仪处理行业极不规范。

表 11 – 93　扫描仪评估结果

类别	指标		评估结果
1. 资源性	1.1 产量	1.1.1 产品年产量	24.8 万台(2011 年)
		1.1.2 产品总重量	496 吨(平均重量 2 千克)
		1.1.3 产品稀贵材料含量	0.02 吨
	1.2 社会保有量	1.2.1 社会保有数量	193.11 万台(2012 年)
		1.2.2 社会保有重量	3862.2 吨(平均重量 2 千克)
		1.2.3 稀贵材料含量	0.2 吨
	1.3 理论报废量	1.3.1 年报废数量	68.28 万台(2012 年)
		1.3.2 年报废重量	1365.6 吨(平均重量 2 千克)
		1.3.3 稀贵材料含量	0.07 吨
2. 环境性	2.1 废弃产品的环境性	2.1.1 受控物质含量	68.28 吨(PCB)
	2.2 回收处理过程的环境性	2.2.1 回收过程的环境风险	环境风险等级低
		2.2.2 拆解过程的环境风险	环境风险等级低
		2.2.3 深加工过程的环境风险	环境风险等级高
3. 经济性	3.1 回收成本	3.1.1 废弃产品的价值	单台价值 5 元,价值较低
		3.1.2 运输贮存成本	2.7 元/台
	3.2 处理难度	3.2.1 拆解处理技术	处理技术等级低
		3.2.2 污染控制技术	污染控制等级低
4. 社会性	4.1 社会关注度	学术文章检索数:在中国知网(cnki)检索主题词:产品名称 + ("回收"或"处理")	检索数量 0,等级低
	4.2 管理需求	4.2.1 生产行业参与回收处理水平	低:几乎没有企业参与回收处理
		4.2.2 处理行业规范水平	低:处理行业不规范

(七) 路由器

移动互联网市场的蓬勃发展从多方面刺激了路由器市场规模的扩大，这使得不论企业级路由器还是适用范围广泛的 SOHO 路由器、宽带路由器，包括网吧专用路由器，都重新获得了发展的机会。路由器领域厂商之间的竞争开始呈现紧张之势。

在整体路由器市场上，TP-LINK 以 22.5% 的比例成为最受用户关注的路由器品牌，H3C、思科分居第二、三位。其他上榜品牌关注比例均在 10% 以下；企业路由器市场上，H3C 以 30.7% 的关注比例高居榜首，华为排在第二位。

2012 年第三季度中国无线路由器市场品牌关注格局集中的状况仍在持续，前十家品牌累计占据九成以上关注度。TP-LINK 品牌一家独大，其他品牌难以望其项背。从产品关注格局看，101～200 元价格段产品为用户关注主流，且短期内这种格局不会改变。另外，高传输速率的产品正在成为未来的发展趋势。

2012 年 12 月，根据 ZDC 统计测算，TP-LINK 仍为最受用户关注的品牌，独占两成关注度，思科以 18.3% 的关注比例排在第二位，与 TP-LINK 相差 2.4%。与上月相比，思科与 TP-LINK 之间的关注比例差距缩小了 2.7 个百分点。H3C 排在第三位。其他上榜品牌关注比例均在 10% 以下。整体来看，中国路由器市场品牌关注集中，前十五大品牌累计占据 95% 以上的关注比例。

1. 资源性

根据工业与信息化部《中国电子信息产业统计年鉴》对工业产品产量的统计显示，从 2006 年开始，路由器产量逐年上升，2011 年，路由器的产量超过 1 亿台，见图 11-92。

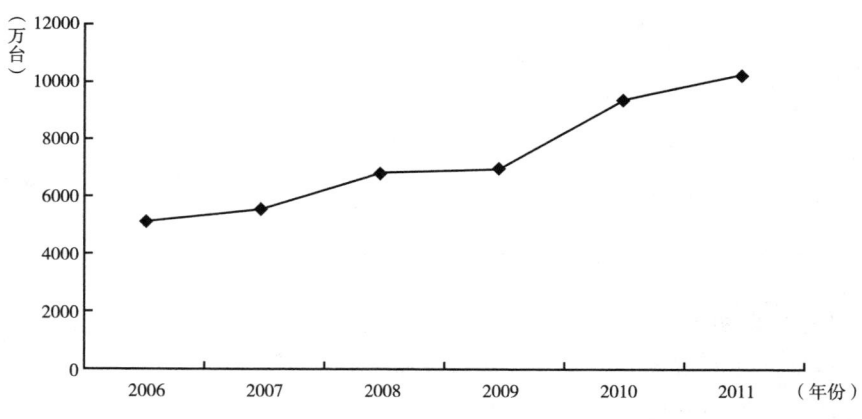

图 11-92　2006～2011 年路由器产量

　　路由器（Router）是连接互联网中各局域网、广域网的设备，它会根据信道的情况自动选择和设定路由，以最佳路径，按前后顺序发送信号的设备。路由器分为接入路由器、企业级路由器、骨干级路由器、太比特路由器等。一般家用路由器最为普遍，分为无线路由器和有线路由器两种。

　　一般家用路由器销量最大，重量在 300～600g，为方便计算，本报告取 500g 为路由器的平均重量。

　　路由器主体结构简单，分为适配器、导线、线路板和外壳两部分。线路板中主要由交换控制器、CPU、时钟信号产生器、以太网络控制器、异步通信控制器、内存等组成（见图 11－93）。根据中国家用电器研究院进行路由器拆解实验，并为了方便计算，本课题设定路由器材料比例如表 11－94 所示。

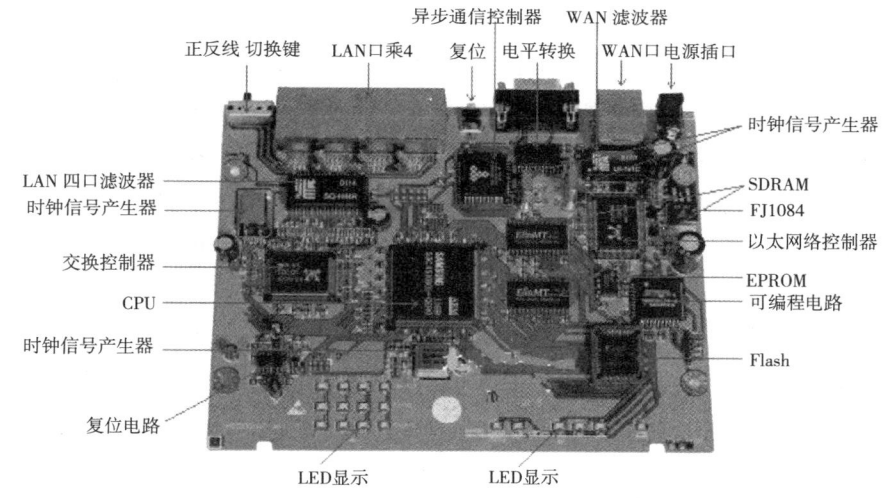

图 11－93　路由器结构

表 11－94　路由器材料构成比例

单位：%

部件或材料	所占比例	部件或材料	所占比例
塑　料	40	变压器	30
电路板	30	总　计	100.00

　　根据路由器的特点，课题组采用市场"销量－报废年限"正态分布模型测算路由器的社会保有量。依据行业协会和典型生产企业调研，设定路由

器的平均使用寿命为 6 年，通过《中国信息产业年鉴》中路由器的销量
（见表 11 - 95），测算出 2012 年我国路由器的社会保有量为 241.47 万台。

路由器的理论报废量采用市场"销量 - 报废年限"正态分布模型进行
测算。设定路由器的平均使用寿命为 6 年，报废高峰值为第 3 年和第 4 年两
年。2012 年，我国路由器的理论报废量为 56.57 万台。

表 11 - 95　路由器销量统计

单位：万台

年份	2006	2007	2008	2009	2010	2011
路由器	40.7	48.2	52.9	58.6	65.9	75.8

2. 环境性

路由器中的受控物质主要指印刷电路板。印刷电路板被列入国家危险废
物名录。它既是对环境具有危害的部件，同时也含有大量的有价值的材料。
印刷电路板的重量占路由器重量的 30%，以 2012 年路由器理论报废量
56.57 万台测算，2012 年路由器中受控物质的总含量为 84.86 吨。

路由器体积小、重量轻、易于回收，且发生磕碰后，也不会有液体或气
体等外漏污染环境。因此，路由器回收过程的环境风险评估为低。

废路由器的拆解主要以手工物理拆解为主。拆解后的拆解产物为外壳、
印刷电路板、导线、适配器（变压器）、螺钉等。拆解过程基本对环境不造
成危害，因此，评估环境风险为低。

废路由器的深加工主要指印刷电路板的破碎分选、分离金属和非金属，
以及路由器外壳塑料的清洗、破碎、改性和造粒。其中，印刷电路板的处理
需要获得环保部门的危废处理许可。2012 年 8 月 24 日，环保部、发改委和商
务部联合发布了废塑料加工利用污染防治管理规定，对废塑料加工利用企业
进行污染预防严格管理。因此，规范的废路由器深加工环境风险很小。而不
规范的废路由器深加工将对环境产生较大的风险，深加工环境风险评估为高。

3. 经济性

废弃产品的价值是指废弃产品的材料价值。按照不同材料的回收重量和
回收价格进行测算。根据课题组的调研，废路由器的材料价值见表 11 - 96。
按 2013 年 7 月回收材料/部件的价格测算，单台路由器的平均回收材料价值
为 2.75 元。

表 11 - 96　废路由器材料价值

	回收价格（元/吨）	单台重量（公斤）	所占比例（%）	单台价格	总价值（万元）
印刷电路板	7000	0.15	30	1.05	59.40
塑　料	4000	0.2	40	0.8	45.26
变压器	6000	0.15	30	0.9	50.91
总　计	—	0.5	100	2.75	155.57

从回收材料的价值测算废路由器的价格较低。市场上高价回收路由器的主要目的是翻新再使用和零部件的再使用。

运输和贮存成本采用对比测算法进行评估。在家电以旧换新政策实施期间，回收的大部分产品是阴极射线管电视机，其运费补贴约为每个产品 40 元。按产品 30 公斤重量计，可以得出每公斤的运费成本。不同产品根据重量测算其运费成本。路由器的重量约为 500 克。测算的运输和贮存成本为 0.65 元。

废路由器整机初级手工拆解技术相对简单，设备投入少，因此，技术难度评估为低。

废路由器处理过程的污染控制主要指拆解过程的粉尘。因此，路由器污染控制技术评估为低。

4. 社会性

社会关注度采用学术文章检索数，即在中国知网（cnki）检索主题词：产品名称 +（"回收"或"处理"）。检索的数量越多，说明关注度越高。路由器的检索数量为 0，社会关注度为低。

路由器产品本身技术含量较低，生产企业相对分散。目前中国几乎没有企业参加回收处理，整体路由器生产行业参与回收处理水平为低。

随着路由器报废量的增多，一些获得环保部废弃电器电子产品处理资质的企业开始回收、拆解处理废路由器。其中，来自机关、事业单位以及部分大型企业产生的报废路由器交由报废固定资产核销资质企业或涉密载体销毁资质企业处理。但是由于路由器本身价值较低，报废价值也较低，绝大部分报废路由器或被简易手工作坊简单拆解零部件投入二手市场，或直接随生活垃圾流入处置中心。处理行业规范水平为低。

5. 评估结论

表 11 - 97 为路由器的评估结果。路由器虽然目前总量不大，随着人们

生活水平提升和观念转变，需求量将急剧增加，届时报废量也会相应提升。另外，在回收处理环节，对处理技术和污染控制要求低。目前，整体路由器处理行业极不规范。

表 11 – 97　路由器评估结果

类别	指标		评估结果
1. 资源性	1.1 产量	1.1.1 产品年产量	10321.7 万台（2011 年）
		1.1.2 产品总重量	5.2 万吨（平均重量 500 克）
		1.1.3 产品稀贵材料含量	46.44 吨
	1.2 社会保有量	1.2.1 社会保有数量	241.47 万台（2012 年）
		1.2.2 社会保有重量	1207.4 吨（平均重量 500 克）
		1.2.3 稀贵材料含量	1.08 吨
	1.3 理论报废量	1.3.1 年报废数量	56.57 万台（2012 年）
		1.3.2 年报废重量	282.85 吨（平均重量 500 克）
		1.3.3 稀贵材料含量	0.24 吨
2. 环境性	2.1 废弃产品的环境性	2.1.1 受控物质含量	84.86 吨（PCB）
	2.2 回收处理过程的环境性	2.2.1 回收过程的环境风险	环境风险等级低
		2.2.2 拆解过程的环境风险	环境风险等级低
		2.2.3 深加工过程的环境风险	环境风险等级高
3. 经济性	3.1 回收成本	3.1.1 废弃产品的价值	单台价值 2.75 元，价值较低
		3.1.2 运输贮存成本	0.65 元/台
	3.2 处理难度	3.2.1 拆解处理技术	处理技术等级低
		3.2.2 污染控制技术	污染控制等级高
4. 社会性	4.1 社会关注度	学术文章检索数：在中国知网（cnki）检索主题词：产品名称 +（"回收"或"处理"）	检索数量 0，等级低
	4.2 管理需求	4.2.1 生产行业参与回收处理水平	低：几乎没有企业参与回收处理
		4.2.2 处理行业规范水平	低：处理行业不规范

（八）　调制解调器

　　国外调制解调器的品牌非常多，比较知名的有贺氏、USR、Diamond、美式坦克等。USR 的"大黑猫"无论从性能还是稳定性上来说都是首屈一指的，而且它内置的喇叭的音量可以自由调节。Diamond 是国外很有名的多媒体设备制造厂中的一个调制解调商，Diamond 的调制解调器外形小巧、选料讲究、价格适中。

国内品牌的调制解调器也有相当大的市场占有率，比较知名的国内品牌有全向、实达、联想等，它们在设计上考虑到了中国的国情，价格也比较平易近人。另外，台湾是世界调制解调器产品的主要生产地，事实上市场上很多调制解调器虽然打着不同的品牌，但是它们都是由台湾厂商 OEM 生产的，包括 USR 的"大黑猫"，Diamond 的产品都是在台湾 OEM 生产的。除了 OEM 以外，台湾比较知名的 Modem 品牌有 Acer、花王、GVC、WISECOM 等。由于 Modem 的技术含量比较低，市场上还充斥着大量的由南方小厂生产的 Modem 产品，这些 Modem 大部分是三无产品，质量很差，只是价格便宜。

即使在 Arris 完成对谷歌的摩托罗拉家庭部门的收购前，该公司的有线调制解调器市场占有率排名已超过思科，上升到第一位置。

根据 IHS isuppli 的统计，在 2012 年三个季度的强劲增长后，Arris 的市场占有率从 2011 年第四季度的 15% 上升到 2012 年第三季度的 27%，从而名列榜首，而思科在此季度结束时降低了几个百分点，为 22%。摩托罗拉持续下降，跌到 21%。

在有线调制解调器终端系统（CMTS）市场，Arris 在上一年第三季度市场占有率增加 4%，达到 39%，再次取代思科的榜首位置，而思科减少7%，为 37%。谷歌的摩托罗拉家庭部门以 14% 居第三。

调制解调器种类繁多，有光纤调制解调器、电力线调制解调器，电缆调制解调器、铜缆接入设备（ADSL、HDSL、VDSL 调制解调器）等。其中以 ADSL 调制解调器最为常见，本课题将以 ADSL 调制解调器为评估对象进行研究。

1. 资源性

根据工业与信息化部《中国信息产业年鉴》和《中国电子信息产业统计年鉴》对工业产品国内销售量、进出口量的统计（由于 2011 年 VDSL 产量突然加剧，该年的 ADSL 调制解调器进出口量按照调制解调器进出口总量乘以规模以上企业 ADSL 调制解调器所占生产产量比例得到），按照公式"产量＝国内销量＋出口量－进口量"测算，从 2008 年开始，ADSL 调制解调器产量基本呈下降趋势，2011 年，ADSL 调制解调器产量测算为 7721 万台，其中根据《中国电子信息产业统计年鉴》中关于规模以上企业的 ADSL 调制解调器的产量为 1018 万台，见图 11－94。

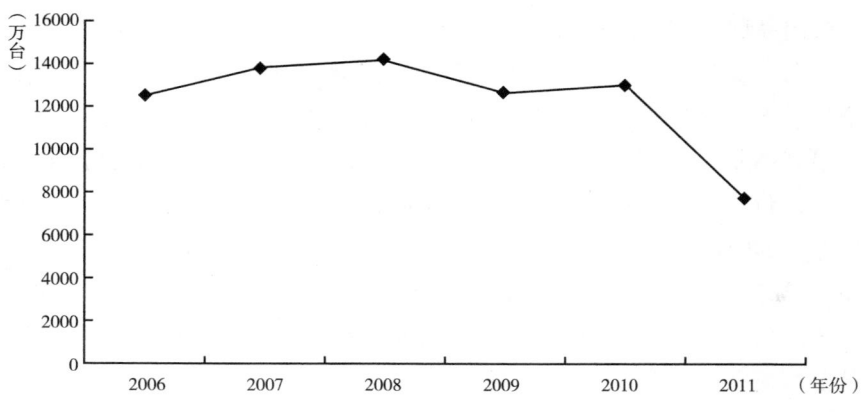

图 11 – 94   2006 ~ 2011 年 ADSL 调制解调器产量

调制解调器（Modem）是一种计算机硬件，它能把计算机的数字信号翻译成可沿普通电话线传送的脉冲信号，而这些脉冲信号又可被线路另一端的另一个调制解调器接收，并译成计算机可懂的语言。这一简单过程完成了两台计算机间的通信。根据 Modem 的形态和安装方式，大致可以分为以下四类：外置式、内置式、插卡式、机架式调制解调器。除以上四种常见的 Modem 外，现在还有 ISDN 调制解调器和一种称为 Cable Modem 的调制解调器，另外还有一种 ADSL 调制解调器。一般家用调制解调器以 ADSL 调制解调器最为普遍。

一般家用外置式调制解调器销量较大，重量在 300 ~ 600g，为方便计算，本报告取 500g 为调制解调器的平均重量。

调制解调器主体结构简单，分为适配器、导线、线路板和外壳两部分（见图 11 – 95）。根据课题组进行调制解调器的拆解试验，设定调制解调器材料比例如表 11 – 98 所示。

根据调制解调器的特点，课题组采用市场"销量 – 报废年限"正态分布模型测算调制解调器的社会保有量。依据行业协会与典型生产企业调研结果，设定调制解调器的平均使用寿命为 6 年，通过《中国信息产业年鉴》中调制解调器的销量（见表 11 – 99），并按趋势测算 2009 ~ 2011 年 ADSL 调制解调器销量，见图 11 – 96。2012 年，我国调制解调器的社会保有量为 15523.53 万台。

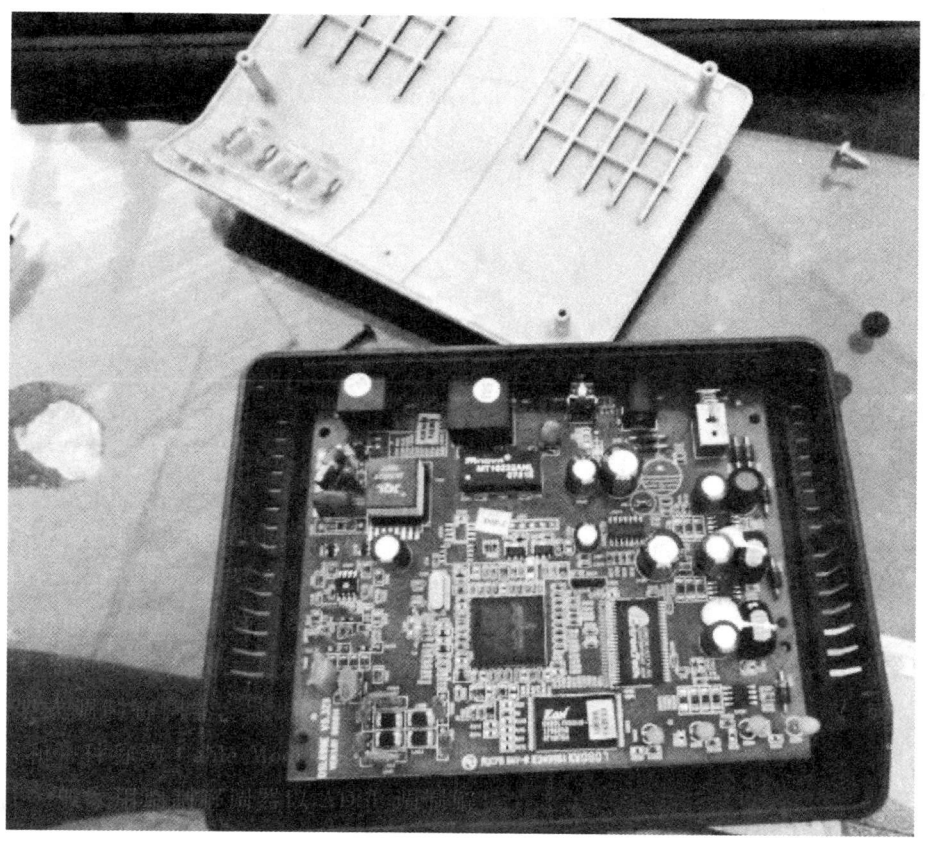

图 11 – 95　调制解调器结构

表 11 – 98　调制解调器材料构成比例

单位：%

部件或材料	所占比例	部件或材料	所占比例
塑　料	40	电源适配器	30
电路板	30	总　计	100.00

表 11 – 99　调制解调器销量统计

单位：万台

年份	2006	2007	2008	2009	2010	2011
调制解调器	3216	3901	4005	4246.57	4419.96	4566.56

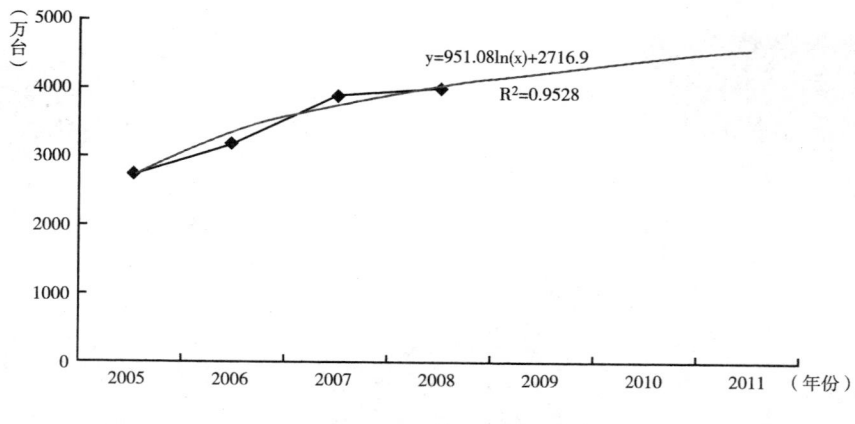

图 11 - 96   调制解调器销量趋势

调制解调器的理论报废量采用市场"销量 - 报废年限"正态分布模型进行测算。设定调制解调器的平均使用寿命为 6 年，报废高峰值为第 3 年和第 4 年两年。2012 年，我国 ADSL 调制解调器理论报废量为 4099.37 万台。

2. 环境性

调制解调器中的受控物质主要指印刷电路板。印刷电路板被列入国家危险废物名录。它既是对环境具有危害的部件，同时也含有大量的有价值的材料。印刷电路板的重量占调制解调器重量的 30%，以 2012 年调制解调器理论报废量 4099.37 万台测算，2012 年，调制解调器中受控物质的总含量为1229.81 吨。

调制解调器体积小、重量轻、易于回收，且发生磕碰后，也不会有液体或气体等外漏污染环境。因此，调制解调器回收过程的环境风险评估为低。

废调制解调器的拆解以手工物理拆解为主。拆解后的拆解产物为外壳、印刷电路板、导线、螺钉等。拆解过程中基本不会对环境造成危害，因此，调制解调器的拆解过程环境风险评估为低。

废调制解调器的深加工主要指印刷电路板的破碎分选、分离金属和非金属，以及路由器外壳塑料的清洗、破碎、改性和造粒。其中，印刷电路板的处理需要获得环保部门的危废处理许可。2012 年 8 月 24 日，环保部、发改委和商务部联合发布了废塑料加工利用污染防治管理规定，对废塑料加工利用企业进行污染预防严格管理。因此，规范的调制解调器深加工的环境风险很小。而不规范的废调制解调器深加工将对环境产生较大的风险，深加工环境风险评估为高。

3. 经济性

废弃产品的价值是指废弃产品的材料价值。按照不同材料的回收重量和回收价格进行测算。根据课题组的调研，废调制解调器的材料价值见表11-100。按2013年7月回收材料/部件的价格测算，单台废调制解调器的平均回收材料价值为2.75元。

从回收材料的价值测算废调制解调器的价格较低。市场上高价回收调制解调器的主要目的是翻新再使用和零部件的再使用。

表 11-100 调制解调器回收材料价值

	回收价格(元/吨)	单台重量(公斤)	所占比例(%)	单台价格(元)	总价值(万元)
印刷电路板	7000	0.15	30	1.05	4304.34
塑 料	4000	0.2	40	0.8	3279.50
变压器	6000	0.15	30	0.9	3689.43
总 计	—	0.5	100	2.75	11273.27

运输和贮存成本采用对比测算法进行评估。在家电以旧换新政策实施期间，回收的大部分产品是阴极射线管电视机，其运费补贴约为每个产品40元。按产品30公斤重量计，可以得出每公斤的运费成本。不同产品根据重量测算其运费成本。调制解调器的重量约为500克。测算的运输和贮存成本为0.65元。

调制解调器结构简单、体积小、重量轻。整机初级手工拆解技术相对简单，设备投入少。因此，技术难度评估为低。

调制解调器处理过程的污染控制主要指拆解过程的粉尘。因此，调制解调器污染控制技术评估为低。

4. 社会性

社会关注度采用学术文章检索数，即在中国知网（cnki）检索主题词：产品名称 + （"回收"或"处理"）。检索的数量越多，说明关注度越高。调制解调器的检索数量为0，社会关注度为低。

调制解调器产品本身技术含量较低，生产企业相对分散。目前中国几乎没有企业参加回收处理，整体调制解调器生产行业参与回收处理水平为低。

随着调制解调器报废量的增多，一些获得环保部废弃电器电子产品处理资质的企业开始回收、拆解处理废调制解调器。其中，来自机关、事业单位以及部分大型企业产生的报废调制解调器交由报废固定资产核销资质企业或涉密载体销毁资质企业处理。但是由于调制解调器本身价值较低，报废价值也较低，绝大部分报废调制解调器或被简易手工作坊简单拆解零部件投入二手市场，或直接随生活垃圾流入处置中心。处理行业规范水平为低。

5. 评估结论

表 11 - 101 为调制解调器的评估结果。调制解调器虽然目前总量不大，随着人们生活水平提升和观念转变，需求量将急剧增加，届时报废量也会相应提升。另外，在回收处理环节，对处理技术和污染控制要求低。目前，整体调制解调器处理行业极不规范。

表 11 - 101　调制解调器评估结果

类别	指标		评估结果
1. 资源性	1.1 产量	1.1.1 产品年产量	7721 万台 (2011 年)
		1.1.2 产品总重量	38605 吨 (平均重量 500 克)
		1.1.3 产品稀贵材料含量	34.75 吨
	1.2 社会保有量	1.2.1 社会保有数量	15523.53 万台 (2012 年)
		1.2.2 社会保有重量	77617.65 吨 (平均重量 500 克)
		1.2.3 稀贵材料含量	69.86 吨
	1.3 理论报废量	1.3.1 年报废数量	4099.37 万台 (2012 年)
		1.3.2 年报废重量	20496.85 吨 (平均重量 500 克)
		1.3.3 稀贵材料含量	18.45 吨
2. 环境性	2.1 废弃产品的环境性	2.1.1 受控物质含量	6149.06 吨 (PCB)
	2.2 回收处理过程的环境性	2.2.1 回收过程的环境风险	环境风险等级低
		2.2.2 拆解过程的环境风险	环境风险等级低
		2.2.3 深加工过程的环境风险	环境风险等级高
3. 经济性	3.1 回收成本	3.1.1 废弃产品的价值	单台价值 2.75 元,价值较低
		3.1.2 运输贮存成本	0.65 元/台
	3.2 处理难度	3.2.1 拆解处理技术	处理技术等级低
		3.2.2 污染控制技术	污染控制等级低
4. 社会性	4.1 社会关注度	学术文章检索数:在中国知网 (cnki)检索主题词:产品名称 + ("回收"或"处理")	检索数量 0,等级低
	4.2 管理需求	4.2.1 生产行业参与回收处理水平	低:几乎没有企业参与回收处理
		4.2.2 处理行业规范水平	低:处理行业不规范

(九) 监视器

监视器作为闭路监控系统（cctv）的显示终端，是除了摄像头外监控系统中不可或缺的一环。长期以来监视器主要应用在金融机场、珠宝店、医院、地铁、火车站、飞机场、展览会所、商业写字楼、休闲娱乐场所等处，起到安防作用。由于技术的发展，闭路监控系统整套成本得到了很好的调整。越来越多的小企业也具备价格承受能力，开始建立自己的监控系统实现安防或其他监控需求。

1. 资源性

根据工业和信息化部对全部国有电子信息产业制造业企业和年主营业务收入在 500 万元以上的非国有电子信息产业制造业企业主要产品产量的统计显示，2011 年，黑白、彩色视频监视器的产量为 2092020 台，同比增长 132.54%。2007～2011 年黑白、彩色视频监视器产量如图 11－97 所示。

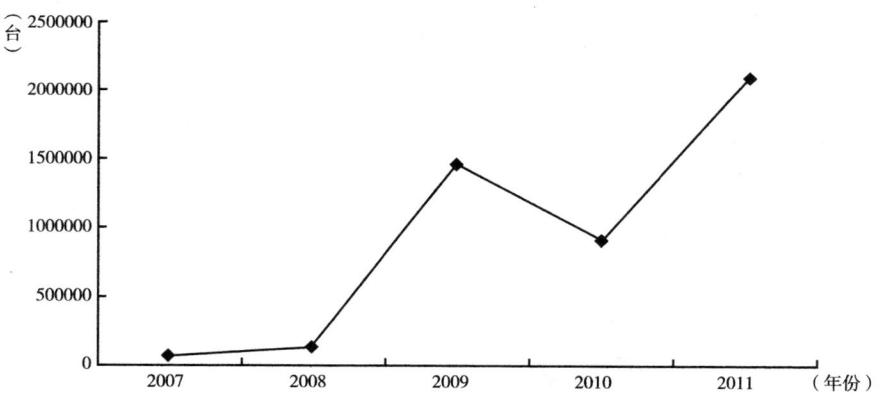

图 11－97 2007～2011 年黑白、彩色视频监视器产量

资料来源：《中国电子信息产业统计年鉴》（历年）。

2007～2010 年黑白、彩色视频监视器出口量列于表 11－102 中。通过表 11－102 可以看出，液晶监视器的出口量远远大于 CRT 监视器的出口量，因此，本课题组以液晶监视器为监视器的典型产品。

液晶监视器的平均重量按 10 公斤计算，平均寿命按照 4 年计算。液晶监视器的材料组成列于表 11－103 中，构造图如图 11－98 和图 11－99 所示。

表 11 - 102　黑白、彩色视频监视器出口量

商品名称	单位	2010	2009	2008	2007
彩色阴极射线管监视器	台	14453	45255	127272	378260
黑白或其他单色的阴极射线管监视器	台	93858	116886	395430	614619
CRT 监视器合计	台	108311	162141	522702	992879
其他彩色监视器	台	11552944	5606672	18807023	48944701
未列名黑白或其他单色的监视器	台	533368	352363	303392	508424
液晶监视器合计	台	12086312	5959035	19110415	49453125
液晶出口量/CRT 出口量		111.59	36.75	36.56	49.81

资料来源：《中国海关统计年鉴》（历年）。

表 11 - 103　液晶监视器部件（或材料）组成及比例

单位：%

液晶监视器部件或材料名称	各部件或材料所占比例	液晶监视器部件或材料名称	各部件或材料所占比例
金属壳体	40	线　材	3
金属屏蔽罩	20	液晶屏	22
印刷电路板	5	其他液晶屏部件	10

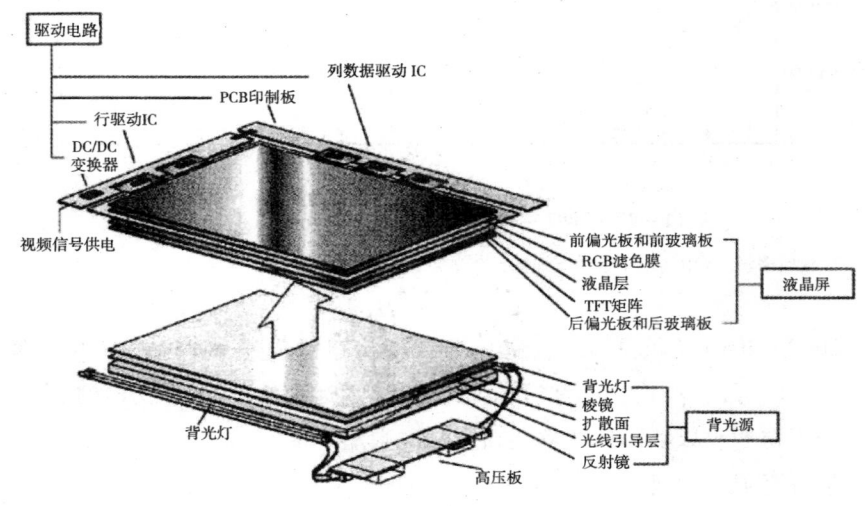

图 11 - 98　CCFL 背光液晶监视器结构

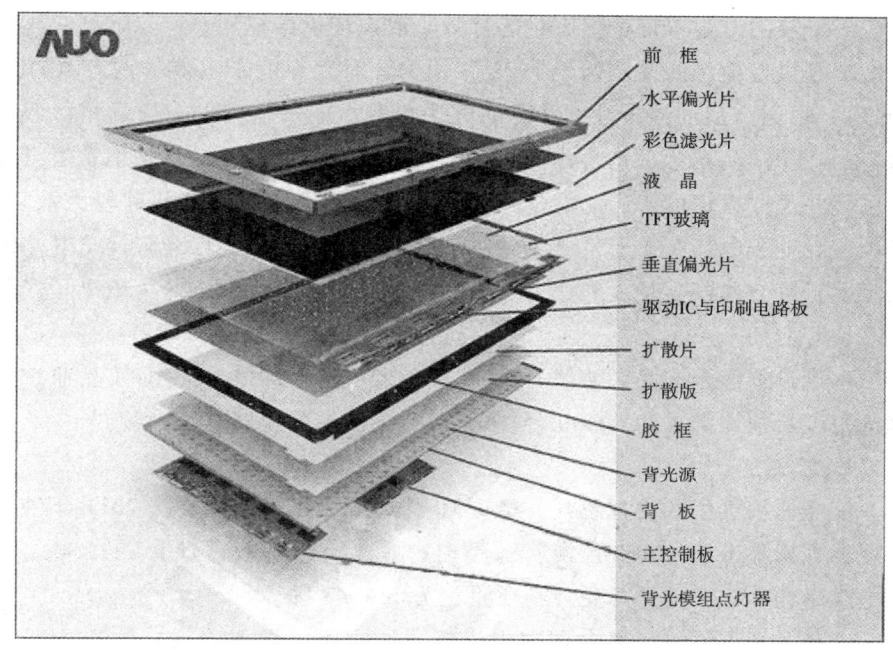

图 11 - 99　LED 背光液晶监视器结构

　　由于液晶监视器的理论报废量采取市场供给模型进行测算，因此其社会保有量的测算方法为：$Q_{H,n} = \sum_{i=n-(t-1)}^{n} S_i$，式中 t 为液晶监视器的平均寿命，$Q_{H,n}$ 为第 n 年液晶监视器的社会保有量，S_i 为第 i 年液晶监视器的销量。通过此式计算得到的液晶监视器 2011 年社会保有量为 321 万台（2007 ~ 2011 年销售量之和）。液晶监视器销售量如图 11 - 100 所示。

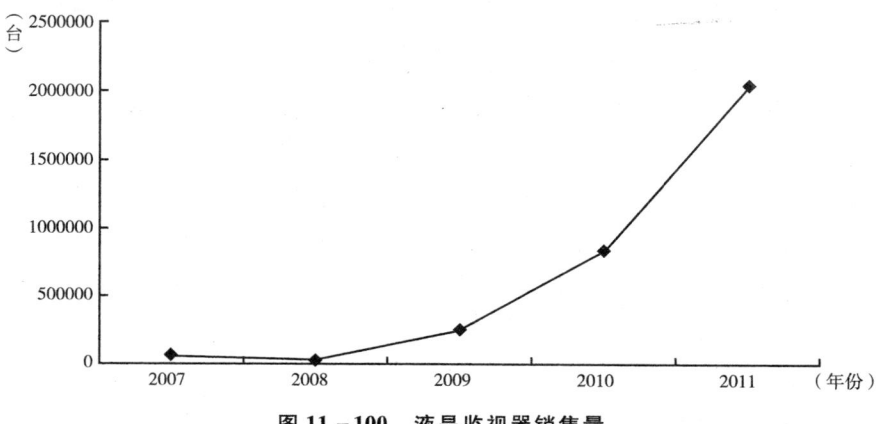

图 11 - 100　液晶监视器销售量

对于液晶监视器理论报废量的计算采取市场供给模型。

市场供给模型的使用始于 1991 年德国针对废弃电子电器的调查（IMS，1991），根据产品的销量数据和产品的平均寿命期来估算电子废物量。假设出售的电子产品到达平均寿命期时全部废弃，在寿命期之前仍被消费者继续使用，并且假设该电子产品的平均寿命稳定，不会随时间变化起较大波动。某种废弃电子电器每年产生量的估算方法可以表示为：$Q_w = S_n$。式中：Q_w 表示电子废弃物产生量，S_n 表示 n 年前电子产品的销售量，n 为该电子产品的平均寿命期。

本项目组假定液晶监视器的平均寿命为 4 年。2011 年我国液晶监视器理论报废量预测结果为 42400 台，即 2007 年液晶监视器全年销量。

2. 环境性

液晶监视器中的受控物质主要是印刷电路板和液晶屏。按 2011 年液晶监视器理论报废量 42400 台测算，受控物质印刷电路板重量为 21.2 吨，液晶屏重量为 93.28 吨，总受控物质重量为 114.48 吨。

液晶监视器回收应符合国家再生资源回收相关管理政策。虽然 CRT 电视机属于首批目录产品，但是液晶监视器和液晶电视机不属于首批目录产品。虽然拆解处理企业也进行少量的液晶监视器和液晶电视机拆解，但由于没有基金补贴，因此拆解处理企业回收到的液晶监视器和液晶电视机只能暂时进行贮存。

液晶监视器主要由金属壳体、金属屏蔽罩、印刷电路板、线材、玻璃和其他液晶屏部件组成。运输过程中液晶监视器发生磕碰后，没有危险物质外泄，因此液晶监视器回收过程的环境风险评估为低。

废液晶监视器的拆解主要以手工物理拆解为主。拆解后的拆解产物为金属壳体、金属屏蔽罩、印刷电路板、线材、玻璃和其他液晶屏部件等。手工拆解过程中不会产生危害人体的粉尘，因此液晶监视器拆解过程的环境风险评估为低。

废液晶监视器的深加工主要指印刷电路板的破碎分选，分离金属和非金属，金属的冶炼。其中，印刷电路板的处理需要获得环保部门的危险废物处理许可。因此，规范的废旧液晶监视器深加工的环境风险很小，而不规范的废旧液晶监视器深加工将对环境产生较大的风险。

目前，废液晶监视器的深加工行业是规范企业与不规范企业并存。因此，废液晶监视器深加工的环境风险评估为高。

3. 经济性

废弃产品的价值是指废弃产品的材料价值。按照不同材料的回收重量和回收价格进行测算。

表 11 - 104 废液晶监视器材料价值

部件或材料	回收价格（元/吨）	单台重量（千克）	单台价值（元）	总价值（万元）
金属壳体	1500	4	6	25.44
金属屏蔽罩	1500	2	3	12.72
印刷电路板	7000	0.5	3.5	14.84
线材	30000	0.3	9	38.16
液晶屏	600	2.2	1.32	5.60
其他液晶屏部件	—	1	—	—
合　计	—	10	22.82	96.76

注：材料回收价格来自 2013 年 8 月的企业调研。

通过表 11 - 104 可以看出，从回收材料的价值测算废液晶监视器的价格较高。

运输和贮存成本采用对比测算法进行评估。在家电以旧换新政策实施期间，回收的大部分产品是阴极射线管电视机，其运费补贴约为每个产品 40 元。按产品 30 公斤重量计，可以得出每公斤的运费成本。不同产品根据重量测算其运费成本。废液晶监视器的平均重量为 10 公斤，测算的运输和贮存成本每个为 13.3 元。

废液晶监视器的拆解主要以手工物理拆解为主。拆解后的产物为塑料外壳、液晶显示组件、印刷电路板和其他零部件等。由于液晶监视器构造比较简单，因此拆解过程并不复杂，同时也不会产生粉尘等有害物质，所以废液晶监视器拆解处理技术评估为低。

废液晶监视器的拆解主要以手工物理拆解为主，由于液晶监视器构造比较简单，因此拆解过程并不复杂，同时也不会产生粉尘等有害物质，所以废液晶监视器拆解过程的污染控制技术评估为低。

4. 社会性

社会关注度采用学术文章检索数，即在中国知网（cnki）检索主题词：产品名称 +（"回收"或"处理"）。检索的数量越多，说明关注度越高。液晶监视器的检索数量为 0，社会关注度为低。

我国液晶监视器的生产企业众多。既有国际知名品牌，如三星、索尼、博世、松下、霍尼韦尔，也有国有知名品牌，如天地伟业、海康威视、泰科、大华、亚安，还有更多知名度较小的品牌。目前液晶监视器生产企业还没有开展废弃产品的回收工作，因此生产行业参与回收处理水平评估为低。

由于液晶监视器没有纳入第一批基金目录，并且其单个价值很低，因此大量废弃的液晶监视器没有进入处理企业进行拆解处理，因此处理行业规范水平评估为低。

5. 评估结论

表 11 - 105 为液晶监视器目录评估结果。我国液晶监视器行业是一个快速发展的行业，资源消耗较大，其回收和拆解过程对环境的影响较低，拆解所需的技术主要以手工物理拆解为主，拆解过程中不会产生粉尘等有害物质，因此拆解过程对技术的要求较低，污染控制技术同样较低。但其拆解所得塑料外壳和印刷电路板深加工过程的环境风险较高，深加工过程需要相应的技术和设备，因此深加工过程对技术的要求较高。目前液晶监视器生产行业参与回收的程度较低，处理行业还处于不规范中。

表 11 - 105　黑白、彩色视频监视器评估结果

类别	指标		评估结果
1. 资源性	1.1 产量	1.1.1 产品年产量	2092020 台（2011 年）
		1.1.2 产品总重量	20920.2 吨（2011 年）
		1.1.3 产品稀贵材料含量	—
	1.2 社会保有量	1.2.1 社会保有数量	3211124 台（2011 年）
		1.2.2 社会保有重量	32111.24 吨（2011 年）
		1.2.3 稀贵材料含量	—
	1.3 理论报废量	1.3.1 年报废数量	42400 台（2011 年）
		1.3.2 年报废重量	424 吨（2011 年）
		1.3.3 稀贵材料含量	—
2. 环境性	2.1 废弃产品的环境性	2.1.1 受控物质含量	114.48 吨（2011 年，PCB + 液晶屏）
	2.2 回收处理过程的环境性	2.2.1 回收过程的环境风险	环境风险等级低
		2.2.2 拆解过程的环境风险	环境风险等级低
		2.2.3 深加工过程的环境风险	环境风险等级高
3. 经济性	3.1 回收成本	3.1.1 废弃产品的价值	96.76 万元
		3.1.2 运输贮存成本	13.3 元/台，总体运输贮存成本中
	3.2 处理难度	3.2.1 拆解处理技术	处理技术等级低
		3.2.2 污染控制技术	污染控制等级低

续表

类别	指标		评估结果
4. 社会性	4.1 社会关注度	学术文章检索数:在中国知网(cnki)检索主题词:产品名称+("回收"或"处理")	检索数量0,等级低
	4.2 管理需求	4.2.1 生产行业参与回收处理水平	低:仅个别企业参与回收处理
		4.2.2 处理行业规范水平	低:处理行业不规范

三　仪器仪表及文化、办公电器

仪器仪表及文化、办公电器同属于仪器仪表行业和文办两个行业。

我国仪器仪表行业面对国内外环境的约束和挑战,克服困难,取得了较快发展业绩。全行业产销持续增长,主营业务收入利润率再创新高;自主知识产权控制系统在国家重大工程项目中的推广应用继续取得突破,高档现场仪表进入国内外重要装备行列,国际标准制定取得新进展;我国企业特别是民营企业市场份额不断扩大,实现了"十二五"规划的良好开局。

2011年,一系列有利于仪器仪表行业发展的政策措施不断推出,电工仪器仪表行业经济总体发展态势平稳,主要经济指标与上年相似,均实现两位数增长,全行业完成工业总产值(当年价)335.39亿元,其中电工仪器仪表工业总产值233.39亿元;主营业务收入391.59亿元,其中电工仪器仪表销售收入262.80亿元。2011年,全行业实现利税总额51.85亿元,同比增长48.71%,其中利润总额27.86亿元,同比增长18.33%。2011年,数字多用表产量为5863604台,同比增长17.15%。

中国是文化办公设备的生产大国,全球60%以上的复印设备和40%的影像打印设备在中国制造;全球80%以上的色带、50%以上的兼容墨盒、30%以上的再生硒鼓、11%的激光鼓粉组件在中国制造。

根据中国文化办公协会公布数据,2012年,我国文化办公设备制造行业规模以上企业388家。2012年1~12月全行业实现工业总产值1856.59亿元,工业销售产值1781.99亿元,出口交货值1307.07亿元;同比分别增长10.14%、6.95%、3.23%,环比分别为-8.65%、-3.68%、-17.94%。

其中,照相机及器材专业有规模以上企业103家,实现工业总产值669.06亿元、工业销售产值646.95亿元、出口交货值547.40亿元,同比分别为 0.20%、0.05%、0.67%。复印和胶印设备专业有规模以上企业 96 家，实现工业总产值 565.02 亿元、工业销售产值 543.23 亿元、出口交货值 443.43 亿元，同比分别为 9.30%、5.28%、-0.83%。计算器及货币专用设备专业有规模以上企业 85 家，实现工业总产值 439.40 亿元、工业销售产值 414.51 亿元、出口交货值 256.74 亿元，同比分别增长 22.92%、18.93%、14.51%。幻灯及投影设备专业有规模以上企业 19 家，实现工业总产值 46.57 亿元、工业销售产值 43.61 亿元、出口交货值 17.64 亿元。电影机械专业有规模以上企业 9 家，实现工业总产值 23.04 亿元、工业销售产值 21.33 亿元、出口交货值 7.68 亿元。其他文化、办公用机械专业有规模以上企业 78 家，实现工业总产值 113.50 亿元、工业销售产值 112.36 亿元、出口交货值 34.195 亿元。

通过行业调研和产品拆解试验，仪器仪表行业评估产品有电子天平、计步器和数字多用表三种产品。文办行业评估的产品有复印机、投影仪、电子乐器、数码相机和电子计算器五种产品。

（一）电子天平

电子天平是以电磁力或电磁力矩平衡原理进行称量的天平。包括普通电子天平和精密电子天平。

1. 资源性

根据中国衡器协会对全国 133 家衡器企业年报的统计，2010 年，电子天平的产量为 50.6 万台，同比增长 30.41%，如图 11-101 所示。

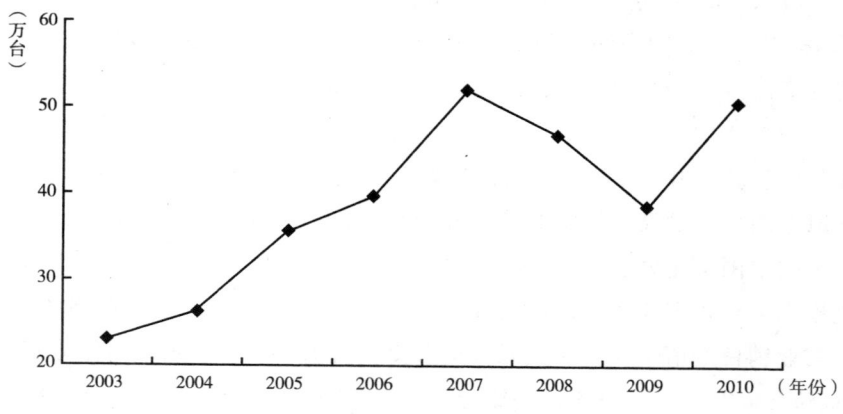

图 11-101　2003～2010 年电子天平产量

数据来源：《中国机械工业年鉴》（历年）。

电子天平的平均重量按1500g计算，平均寿命按照7年计算。电子天平的材料组成列于表11-106中，构造图如图11-102所示。

表11-106　电子天平部件（或材料）组成及比例

单位：%

电子天平部件或 材料名称	各部件或材料 所占比例	电子天平部件或 材料名称	各部件或材料 所占比例
塑料壳体	66.67	金　属	22.67
印刷电路板	10.00	其　他	0.33
液晶屏	0.33		

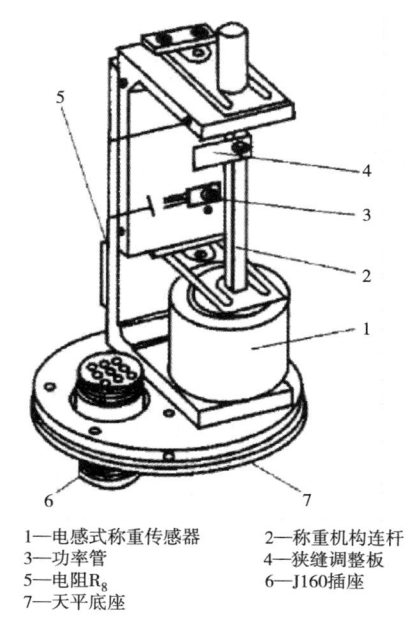

1—电感式称重传感器　　2—称重机构连杆
3—功率管　　　　　　　4—狭缝调整板
5—电阻R_8　　　　　　6—J160插座
7—天平底座

图11-102　电子天平结构

由于电子天平的理论报废量采取市场供给模型进行测算，因此其社会保有量的测算方法为：$Q_{H,n} = \sum_{i=n-(t-1)}^{n} S_i$，式中 t 为电子天平的平均寿命，$Q_{H,n}$为第 n 年电子天平的社会保有量，$S_i$为第 i 年电子天平的销量。通过此式计算得到的电子天平2010年社会保有量为101.58万台。电子天平销量如表11-107所示。

表 11 - 107　电子天平销量

单位：万台

年份	销售量	年份	销售量
2010	3.54	2006	12.62
2009	4.32	2005	18.29
2008	34.19	2004	6.23
2007	22.39	2003	7.16

对于电子天平理论报废量的计算采取市场供给模型。

市场供给模型的使用始于 1991 年德国针对废弃电子电器的调查（IMS，1991），根据产品的销量数据和产品的平均寿命期来估算电子废物量。假设出售的电子产品到达平均寿命期时全部废弃，在寿命期之前仍被消费者继续使用，并且假设该电子产品的平均寿命稳定，不会随时间变化起较大波动。某种废弃电子电器每年产生量的估算方法可以表示为：$Q_w = S_n$。式中：Q_w 表示电子废弃物产生量，S_n 表示 n 年前电子产品的销售量，n 为该电子产品的平均寿命期。

本项目组假定电子天平的平均使用寿命为 7 年。2010 年我国电子天平理论报废量预测结果为 7.16 万台，即 2003 年电子天平全年销量。

2. 环境性

电子天平中的受控物质主要是印刷电路板。液晶显示器由于面积小于 100 平方厘米，因此暂不予以考虑。印刷电路板被列入国家危险废物名录。它既是对环境具有危害的部件，同时也含有大量的有价值的材料。按 2010 年电子天平理论报废量 7.16 万台测算，受控物质印刷电路板重量为 10.74 吨。

电子天平回收应符合国家再生资源回收相关管理政策。由于电子天平不属于首批目录产品，因此，其回收量远远小于废电视机等享受补贴的废弃电器电子产品的回收量。

废电子天平主要由塑料外壳、印刷电路板、液晶屏和其他零部件组成。电子天平发生磕碰后，不存在液体或气体等泄漏问题，因此，废电子天平回收过程的环境风险评估为低。

废旧电子天平的拆解主要以手工物理拆解为主。拆解后的产物为塑料外壳、液晶显示组件、印刷电路板和其他零部件等。由于电子天平构造比较简单，因此拆解过程并不复杂，同时也不会产生粉尘等有害物质，所以废电子天平拆解过程的环境风险评估为低。

廢电子天平的深加工主要指印刷电路板的破碎分选、分离金属和非金属、金属的冶炼，以及废电子体温计塑料外壳的清洗、破碎、改性和造粒。其中，印刷电路板的处理需要获得环保部门的危废处理许可。2012 年 8 月 24 日，环保部、发改委和商务部联合发布了废塑料加工利用污染防治管理规定，对废塑料加工利用企业进行污染预防严格管理。因此，规范的废电子天平深加工的环境风险很小，而不规范的废电子天平深加工将对环境产生较大的风险。

目前，废电子天平的深加工行业是规范企业与不规范企业并存。因此，废电子天平深加工的环境风险评估为高。

3. 经济性

废弃产品的价值是指废弃产品的材料价值。按照不同材料的回收重量和回收价格进行测算。

表 11 - 108　废电子天平材料价值

部件或材料	回收价格（元/吨）	单台重量（克）	单台价值（元）	总价值（万元）
印刷电路板	7000	150	1.05	7.52
塑料	4000	1000	4	28.64
液晶屏	600	5	0.003	0.021
金属	1500	340	0.51	3.65
其他	—	5	—	—
总　计	—	1500	5.563	39.831

注：材料回收价格来自 2013 年 8 月的企业调研。

通过表 11 - 108 可以看出，从回收材料的价值测算废电子天平单个价值较低，虽然其 2010 年理论报废数量为 7.16 万台，但是总价值并不高。

运输和贮存成本采用对比测算法进行评估。在家电以旧换新政策实施期间，回收的大部分产品是阴极射线管电视机，其运费补贴约为每个产品 40 元。按产品 30 公斤重量计，可以得出每公斤的运费成本。不同产品根据重量测算其运费成本。废电子天平的平均重量为 1500 克，测算的运输和贮存成本每个为 2 元。

废电子天平的拆解主要以手工物理拆解为主。拆解后的产物为塑料外壳、液晶显示组件、印刷电路板和其他零部件等。由于电子天平构造比较简单，因此拆解过程并不复杂，同时也不会产生粉尘等有害物质，所以废电子天平拆解处理技术评估为低。

废电子天平的拆解主要以手工物理拆解为主，由于电子天平构造比较简单，因此拆解过程并不复杂，同时也不会产生粉尘等有害物质，所以废电子天平拆解过程的污染控制技术评估为低。

4. 社会性

社会关注度采用学术文章检索数，即在中国知网（cnki）检索主题词：产品名称 + （"回收"或"处理"）。检索的数量越多，说明关注度越高。电子天平的检索数量为 0，社会关注度为高。

我国电子天平的生产企业众多。既有国际知名品牌，如梅特勒、岛津、赛默飞世尔、奥豪斯，也有国有知名品牌，如上海恒平、上海越平、上海浦春、上海上平，还有更多知名度较小的品牌。目前电子天平生产企业还没有开展废弃产品的回收工作，因此生产行业参与回收处理水平评估为低。

由于电子天平没有纳入第一批基金目录，并且单个价值很低，因此大量废弃的电子天平没有进入处理企业进行拆解处理，其处理行业规范水平评估为低。

5. 评估结论

表 11 - 109 为电子天平目录评估结果。我国电子天平行业是一个快速发展的行业，资源消耗较大，其回收和拆解过程对环境的影响较低，拆解所需的技术主要以手工物理拆解为主，拆解过程中不会产生粉尘等有害物质，因此拆解过程对技术的要求较低，污染控制技术同样较低。但其拆解所得塑料外壳和印刷电路板深加工过程的环境风险较高，深加工过程需要相应的技术和设备，因此深加工过程对技术的要求较高。目前电子天平生产行业参与回收的程度较低，处理行业还处于不规范中。

（二）步数计（计步器）

步数计（计步器）是通过统计步数、距离、速度、时间等数据，测算卡路里或热量消耗，用以掌控运动量，防止运动量不足，或运动过量的一种工具。

1. 资源性

根据工业和信息化部对全部国有电子信息产业制造业企业和年主营业务收入在 500 万元以上的非国有电子信息产业制造业企业主要产品产量的统计显示，2011 年，步数计（计步器）的产量为 627 万台，同比增长 428.08%，如图 11 - 103 所示。

表 11 - 109　电子天平评估结果

类别	指标		评估结果
1. 资源性	1.1 产量	1.1.1 产品年产量	50.6 万台(2010 年)
		1.1.2 产品总重量	759 吨(2010 年)
		1.1.3 产品稀贵材料含量	—
	1.2 社会保有量	1.2.1 社会保有数量	101.58 万台(2010 年)
		1.2.2 社会保有重量	1523.7 吨(2010 年)
		1.2.3 稀贵材料含量	—
	1.3 理论报废量	1.3.1 年报废数量	7.16 万台(2010 年)
		1.3.2 年报废重量	107.4 吨(2010 年)
		1.3.3 稀贵材料含量	—
2. 环境性	2.1 废弃产品的环境性	2.1.1 受控物质含量	10.74 吨(2010 年,PCB)
	2.2 回收处理过程的环境性	2.2.1 回收过程的环境风险	环境风险等级低
		2.2.2 拆解过程的环境风险	环境风险等级低
		2.2.3 深加工过程的环境风险	环境风险等级高
3. 经济性	3.1 回收成本	3.1.1 废弃产品的价值	39.83 万元
		3.1.2 运输贮存成本	2 元/台,总体运输贮存成本低
	3.2 处理难度	3.2.1 拆解处理技术	处理技术等级低
		3.2.2 污染控制技术	污染控制等级低
4. 社会性	4.1 社会关注度	学术文章检索数:在中国知网(cnki)检索主题词:产品名称 +("回收"或"处理")	检索数量 0,等级低
	4.2 管理需求	4.2.1 生产行业参与回收处理水平	低:仅个别企业参与回收处理
		4.2.2 处理行业规范水平	低:处理行业不规范

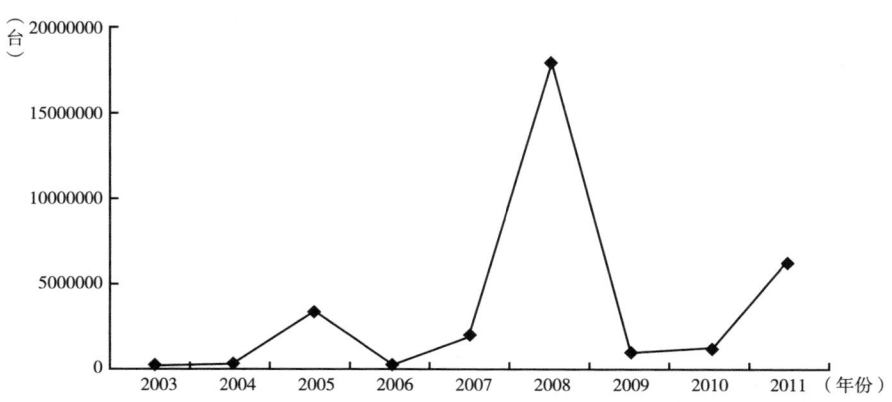

图 11 - 103　2003 ~ 2011 年步数计(计步器)产量

数据来源:《中国电子信息产业统计年鉴》(历年)。

步数计（计步器）的平均重量按 30g 计算，平均使用年限按照 4 年计算。计步器的材料组成列于表 11 - 110 中，构造图如图 11 - 104 所示。

表 11 - 110 步数计（计步器）部件（或材料）组成及比例

单位：%

步数计（计步器）部件或材料名称	各部件或材料所占比例
塑料壳体	60
印刷电路板	26.67
液晶屏	13.33

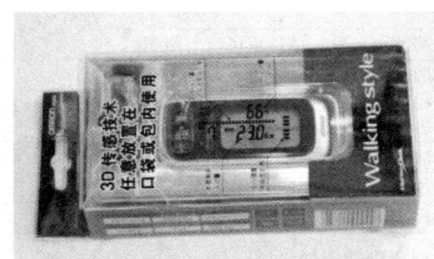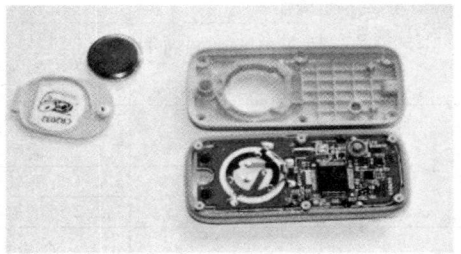

图 11 - 104 欧姆龙 HJ - 302 步数计（计步器）解剖

由于步数计（计步器）的理论报废量采取市场供给模型进行测算，因此其社会保有量的测算方法为：$Q_{H,n} = \sum_{i=n-(t-1)}^{n} S_i$，式中 t 为步数计（计步器）的平均寿命，$Q_{H,n}$ 为第 n 年步数计（计步器）的社会保有量，S_i 为第 i 年步数计（计步器）的销量。通过此式计算得到的步数计（计步器）2011 年社会保有量为 9101644 台。步数计（计步器）销量如表 11 - 111 所示。

表 11 - 111 步数计（计步器）销量

单位：台

年份	销售量	年份	销售量
2011	2292665	2006	193
2010	1183015	2005	2334577
2009	697291	2004	806
2008	2302480	2003	420
2007	290197		

对于步数计（计步器）理论报废量的计算采取市场供给模型。

市场供给模型的使用始于 1991 年德国针对废弃电子电器的调查（IMS，1991），根据产品的销量数据和产品的平均寿命期来估算电子废物量。假设出售的电子产品到达平均寿命期时全部废弃，在寿命期之前仍被消费者继续使用，并且假设该电子产品的平均寿命稳定，不会随时间变化起较大波动。某种废弃电子电器每年产生量的估算方法可以表示为：$Q_w = S_n$。式中：Q_w 表示电子废弃物产生量，S_n 表示 n 年前电子产品的销售量，n 为该电子产品 的平均寿命期。

本项目组假定步数计（计步器）的平均使用寿命为 4 年。2011 年我国步数计（计步器）理论报废量预测结果为 29 万台，即 2007 年步数计（计步器）全年销量。

2. 环境性

步数计（计步器）中的受控物质主要是印刷电路板。液晶显示器由于面积小于 100 平方厘米，因此暂不予以考虑。印刷电路板被列入国家危险废物名录。它既是对环境具有危害的部件，同时也含有大量的有价值的材料。按 2011 年步数计（计步器）理论报废量 29 万台测算，受控物质印刷电路板重量为 2.32 吨。

步数计（计步器）回收应符合国家再生资源回收相关管理政策。由于步数计（计步器）不属于首批目录产品，因此其回收量远远小于废电视机等享受补贴的废弃电器电子产品的回收量。

废步数计（计步器）主要由塑料外壳、印刷电路板、液晶屏和其他零部件组成。步数计（计步器）发生磕碰后，不存在液体或气体等泄漏问题，因此，废步数计（计步器）回收过程的环境风险评估为低。

废步数计（计步器）的拆解主要以手工物理拆解为主。拆解后的产物为塑料外壳、液晶显示组件、印刷电路板和其他零部件等。由于步数计（计步器）构造比较简单，因此拆解过程并不复杂，同时也不会产生粉尘等有害物质，所以废步数计（计步器）拆解过程的环境风险评估为低。

废步数计（计步器）的深加工主要指印刷电路板的破碎分选、分离金属和非金属、金属的冶炼，以及废电子体温计塑料外壳的清洗、破碎、改性和造粒。其中，印刷电路板的处理需要获得环保部门的危废处理许可。2012 年 8 月 24 日，环保部、发改委和商务部联合发布了废塑料加工利用污染防治管理规定，对废塑料加工利用企业进行污染预防严格管理。因此，规范的废步数计（计步器）深加工的环境风险很小，而不规范的废旧步数计（计步器）深加工将对环境产生较大的风险。

目前，废步数计（计步器）的深加工行业是规范企业与不规范企业并存。因此，废步数计（计步器）深加工的环境风险评估为高。

3. 经济性

废弃产品的价值是指废弃产品的材料价值。按照不同材料的回收重量和回收价格进行测算。

表 11 - 112　废步数计（计步器）材料价值

部件或材料	回收价格（元/吨）	单台重量（克）	单台价值（元）	总价值（万元）
印刷电路板	7000	8	0.056	1.63
塑　料	4000	18	0.072	2.09
液晶屏	600	4	0.0024	0.07
总　计	—	30	0.1304	3.79

注：材料回收价格来自 2013 年 8 月的企业调研。

通过表 11 - 112 可以看出，从回收材料的价值测算废步数计（计步器）单个价值较低，虽然其 2011 年理论报废数量为 29 万台，但是总价值并不高。

运输和贮存成本采用对比测算法进行评估。在家电以旧换新政策实施期间，回收的大部分产品是阴极射线管电视机，其运费补贴约为每个产品 40 元。按产品 30 公斤重量计，可以得出每公斤的运费成本。不同产品根据重量测算其运费成本。废步数计（计步器）的平均重量为 30 克，测算的运输和贮存成本每个为 0.04 元。

废步数计（计步器）的拆解主要以手工物理拆解为主。拆解后的产物为塑料外壳、液晶显示组件、印刷电路板和其他零部件等。拆解过程并不复杂，不会产生粉尘等有害物质，所以废步数计（计步器）拆解处理技术评估为低。

废步数计（计步器）的拆解主要以手工物理拆解为主，步数计拆解过程并不复杂，不会产生粉尘等有害物质，所以废步数计（计步器）拆解过程的污染控制技术评估为低。

4. 社会性

社会关注度采用学术文章检索数，即在中国知网（cnki）检索主题词：产品名称 +（"回收"或"处理"）。检索的数量越多，说明关注度越高。

步数计（计步器）的检索数量为 0，社会关注度为低。

我国步数计（计步器）的生产企业众多，既有国际知名品牌，如美国安康盟（acumen）、日本卡西欧（casio）、日本欧姆龙，也有国有知名品牌，如绿森林（Green Forest）、康都，还有更多知名度较小的品牌。目前步数计（计步器）生产企业还没有开展废弃产品的回收工作，因此生产行业参与回收处理水平评估为低。

由于步数计（计步器）没有纳入第一批基金目录，并且单个价值很低，因此大量废弃的步数计（计步器）没有进入处理企业进行拆解处理，其处理行业规范水平评估为低。

5. 评估结论

表 11 - 113 为步数计（计步器）目录评估结果。我国步数计（计步器）行业是一个快速发展的行业，资源消耗较大，其回收和拆解过程对环境的影响较低，拆解所需的技术主要以手工物理拆解为主，拆解过程中不会产生粉尘等有害物质，因此拆解过程对技术的要求较低，污染控制技术同样较低。但其拆解所得塑料外壳和印刷电路板深加工过程的环境风险较高，深加工过程需要相应的技术和设备，因此深加工过程对技术的要求较高。目前步数计（计步器）生产行业参与回收的程度较低，处理行业还处于不规范中。

表 11 - 113 步数计（计步器）评估结果

类别	指标		评估结果
1. 资源性	1.1 产量	1.1.1 产品年产量	6273671 台（2011 年）
		1.1.2 产品总重量	188.21 吨（2011 年）
		1.1.3 产品稀贵材料含量	—
	1.2 社会保有量	1.2.1 社会保有数量	6475451 台（2011 年）
		1.2.2 社会保有重量	273.05 吨（2011 年）
		1.2.3 稀贵材料含量	—
	1.3 理论报废量	1.3.1 年报废数量	290197 台（2011 年）
		1.3.2 年报废重量	8.71 吨（2011 年）
		1.3.3 稀贵材料含量	—
2. 环境性	2.1 废弃产品的环境性	2.1.1 受控物质含量	2.32 吨（2011 年，PCB）
	2.2 回收处理过程的环境性	2.2.1 回收过程的环境风险	环境风险等级低
		2.2.2 拆解过程的环境风险	环境风险等级低
		2.2.3 深加工过程的环境风险	环境风险等级高

续表

类别	指标		评估结果
3. 经济性	3.1 回收成本	3.1.1 废弃产品的价值	3.78 万元
		3.1.2 运输贮存成本	0.04 元/台,总体运输贮存成本低
	3.2 处理难度	3.2.1 拆解处理技术	处理技术等级低
		3.2.2 污染控制技术	污染控制等级低
4. 社会性	4.1 社会关注度	学术文章检索数:在中国知网 (cnki)检索主题词:产品名称 + ("回收"或"处理")	检索数量0,等级低
	4.2 管理需求	4.2.1 生产行业参与回收处理水平	低:仅个别企业参与回收处理
		4.2.2 处理行业规范水平	低:处理行业不规范

（三） 数字多用表

数字多用表是用数字显示测量结果的多功能仪表。

1. 资源性

根据全国电工仪器仪表行业年生产经营指标完成情况统计汇总资料，2011 年，数字多用表产量为 5863604 块，同比增长 17.15%，如图 11 - 105 所示。

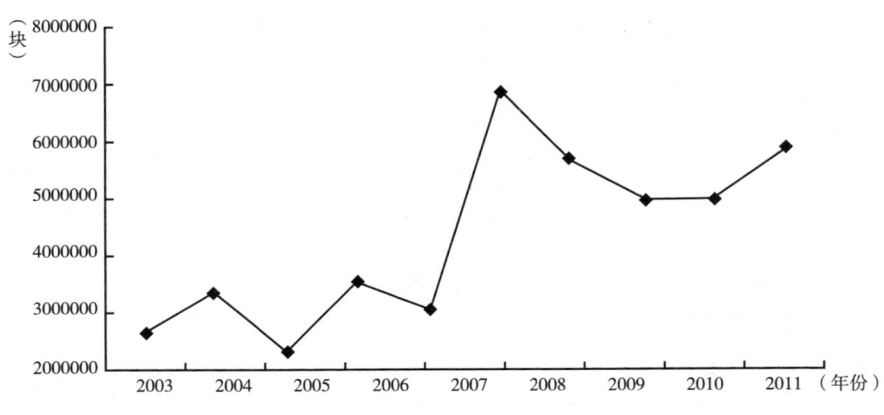

图 11 - 105　2003 ~ 2011 年数字多用表产量

数据来源:《中国机械工业年鉴》（历年）。

数字多用表的平均重量按 400g 计算。表 11 - 114 为数字多用表的材料组成，图 11 - 106 为数字多用表的解剖图。

表 11 -114 数字多用表部件（或材料）组成及比例

单位：%

数字多用表部件或 材料名称	各部件或材料 所占比例	数字多用表部件或 材料名称	各部件或材料 所占比例
塑料壳体	67.5	线 材	2.5
印刷电路板	25	其他零部件	2.5
液晶屏	2.5		

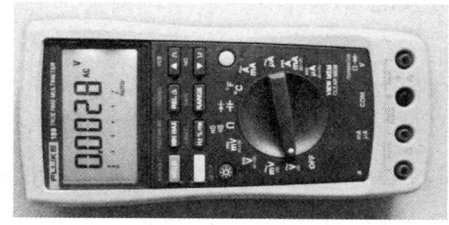

图 11 -106 Fluke 189 数字多用表解剖

由于数字多用表的理论报废量采取市场供给模型进行测算，因此其社会保有量的测算方法为：$Q_{H,n} = \sum_{i=n-(t-1)}^{n} S_i$，式中 t 为数字多用表的平均寿命，$Q_{H,n}$ 为第 n 年数字多用表的社会保有量，S_i 为第 i 年数字多用表的销量。通过此式计算得到的数字多用表 2011 年社会保有量为 9477941 块。数字多用表销量如表 11 -115 所示。

表 11 -115 数字多用表销量

单位：块

时间	销售量	时间	销售量
2011	1101006	2006	1344701
2010	896377	2005	518978
2009	691748	2004	64511
2008	1766649	2003	1538296
2007	1555675	2002	964832

注：数字多用表 2010 年销量为 2009 年和 2011 年销量平均值，2007 年销量为 2006 年和 2008 年销量平均值。

对于数字多用表理论报废量的计算采取市场供给模型。

市场供给模型的使用始于 1991 年德国针对废弃电子电器的调查（IMS，

1991），根据产品的销量数据和产品的平均寿命期来估算电子废物量。假设出售的电子产品到达平均寿命期时全部废弃，在寿命期之前仍被消费者继续使用，并且假设该电子产品的平均寿命稳定，不会随时间变化起较大波动。某种废弃电子电器每年产生量的估算方法可以表示为：$Q_w = S_n$。式中：Q_w 表示电子废弃物产生量，S_n 表示 n 年前电子产品的销售量，n 为该电子产品的平均寿命期。

本项目组假定数字多用表的平均使用寿命为 9 年。2011 年我国数字多用表理论报废量预测结果为 96 万只，即 2002 年数字多用表全年销量。

2. 环境性

数字多用表中的受控物质主要是印刷电路板。液晶显示器由于面积小于100 平方厘米，因此暂不予以考虑。印刷电路板被列入国家危险废物名录。它既是对环境具有危害的部件，同时也含有大量的有价值的材料。按 2011 年数字多用表理论报废量 96 万个测算，受控物质印刷电路板重量为 96.48 吨。

数字多用表回收应符合国家再生资源回收相关管理政策。由于数字多用表不属于首批目录产品，因此其回收量远远小于废电视机等享受补贴的废弃电器电子产品的回收量。

废数字多用表主要由塑料外壳、印刷电路板、液晶屏和其他零部件组成。数字多用表发生磕碰后，不存在液体或气体等泄漏问题，因此，废数字多用表回收过程的环境风险评估为低。

废数字多用表的拆解主要以手工物理拆解为主。拆解后的产物为塑料外壳、液晶显示组件、印刷电路板和其他零部件等。由于数字多用表构造比较简单，因此拆解过程并不复杂，同时也不会产生粉尘等有害物质，所以废数字多用表拆解过程的环境风险评估为低。

废数字多用表的深加工主要指印刷电路板的破碎分选、分离金属和非金属、金属的冶炼，以及废旧电子体温计塑料外壳的清洗、破碎、改性和造粒。其中，印刷电路板的处理需要获得环保部门的危废处理许可。2012 年 8 月 24 日，环保部、发改委和商务部联合发布了废塑料加工利用污染防治管理规定，对废塑料加工利用企业进行污染预防严格管理。因此，规范的废数字多用表深加工的环境风险很小，而不规范的废数字多用表深加工将对环境产生较大的风险。

目前，废数字多用表的深加工行业是规范企业与不规范企业并存。因此，废数字多用表深加工的环境风险评估为高。

3. 经济性

废弃产品的价值是指废弃产品的材料价值。按照不同材料的回收重量和回收价格进行测算。

表 11 - 116 废数字多用表材料价值

部件或材料	回收价格(元/吨)	单块重量(克)	单块价值(元)	总价值(万元)
印刷电路板	7000	100	0.7	67.54
塑料	4000	270	1.08	104.20
液晶屏	600	10	0.006	0.58
线材	30000	10	0.3	28.94
其他	—	10	—	—
总计	0	400	2.086	201.26

注：材料回收价格来自 2013 年 8 月的企业调研。

通过表 11 - 116 可以看出，从回收材料的价值测算废数字多用表单个价值较低，虽然其 2011 年理论报废数量为 96 万块，但是总价值并不高。

运输和贮存成本采用对比测算法进行评估。在家电以旧换新政策实施期间，回收的大部分产品是阴极射线管电视机，其运费补贴约为每个产品 40 元。按产品 30 公斤重量计，可以得出每公斤的运费成本。不同产品根据重量测算其运费成本。废数字多用表的平均重量为 400 克，测算的运输和贮存成本每块为 0.53 元。

废数字多用表的拆解主要以手工物理拆解为主。拆解后的产物为塑料外壳、液晶显示组件、印刷电路板和其他零部件等。由于数字多用表构造比较简单，因此拆解过程并不复杂，同时也不会产生粉尘等有害物质，所以废旧数字多用表拆解处理技术评估为低。

废数字多用表的拆解过程不会产生粉尘等有害物质，所以废数字多用表拆解过程的污染控制技术评估为低。

4. 社会性

社会关注度采用学术文章检索数，即在中国知网（cnki）检索主题词：产品名称 +（"回收"或"处理"）。检索的数量越多，说明关注度越高。数字多用表的检索数量为 0，社会关注度为低。

我国数字多用表的生产企业众多。既有国际知名品牌，如福禄克、安捷伦，也有国有知名品牌，如优利德、胜利，还有更多知名度较小的品牌。目前数字多用表生产企业还没有开展废弃产品的回收工作，因此生产行业参与回收处理水平评估为低。

由于数字多用表没有纳入第一批基金目录，并且单个价值很低，因此大量废弃的数字多用表没有进入处理企业进行拆解处理，因此其处理行业规范水平评估为低。

5. 评估结论

表 11 - 117 为数字多用表目录评估结果。我国数字多用表行业是一个快速发展的行业，资源消耗较大，其回收和拆解过程对环境的影响较低，拆解所需的技术主要以手工物理拆解为主，对技术的要求较低，污染控制技术同样较低。但其拆解所得塑料外壳和印刷电路板深加工过程的环境风险较高，深加工过程需要相应的技术和设备，因此深加工过程对技术的要求较高。目前数字多用表生产行业参与回收的程度较低，处理行业还处于不规范中。

表 11 - 117　数字多用表评估结果

类别	指标		评估结果
1. 资源性	1.1 产量	1.1.1 产品年产量	5863604 块 (2011 年)
		1.1.2 产品总重量	2345.44 吨 (2011 年)
		1.1.3 产品稀贵材料含量	—
	1.2 社会保有量	1.2.1 社会保有数量	9477941 块 (2011 年)
		1.2.2 社会保有重量	3791.18 吨 (2011 年)
		1.2.3 稀贵材料含量	—
	1.3 理论报废量	1.3.1 年报废数量	964832 块 (2011 年)
		1.3.2 年报废重量	385.93 吨 (2011 年)
		1.3.3 稀贵材料含量	—
2. 环境性	2.1 废弃产品的环境性	2.1.1 受控物质含量	96.48 吨 (2011 年, PCB)
	2.2 回收处理过程的环境性	2.2.1 回收过程的环境风险	环境风险等级低
		2.2.2 拆解过程的环境风险	环境风险等级低
		2.2.3 深加工过程的环境风险	环境风险等级高
3. 经济性	3.1 回收成本	3.1.1 废弃产品的价值	201.26 万元
		3.1.2 运输贮存成本	0.53 元/块,总体运输贮存成本低
	3.2 处理难度	3.2.1 拆解处理技术	处理技术等级低
		3.2.2 污染控制技术	污染控制等级低

续表

类别	指标		评估结果
4. 社会性	4.1 社会关注度	学术文章检索数:在中国知网(cnki)检索主题词:产品名称+("回收"或"处理")	检索数量 0,等级低
	4.2 管理需求	4.2.1 生产行业参与回收处理水平	低:仅个别企业参与回收处理
		4.2.2 处理行业规范水平	低:处理行业不规范

(四) 复印机

2012 年全年复印和胶印设备行业规模以上企业有 94 家,同比增长 9.30%,从业人员 62933 人,资产总额 260.84 亿元,共完成销售总产值 543.23 亿元,同比增长 5.28%,主营业务收入 552.10 亿元,利润总额 23.18 亿元,出口交货值 443.43 亿元,同比下降 0.83%。

从竞争格局看,中国复印机市场基本被惠普、爱普生、佳能等外资品牌占据。2012 年,在市场低迷的情况下,各大厂商调整了复印机业务发展战略,惠普公司将其复印业务部门与其他部门合并以削减开支;佳能扩大其在中国的复印机产品布局,计划使复印机业务成为继相机后在中国的另一支柱。

2012 年 12 月中国复印机市场上,夏普以 19.7% 的关注比例成为最受市场关注的第一复印机品牌。佳能位居其次,市场关注比例为 15.7%。柯尼卡美能达、理光和东芝的关注比例为 12% ~ 14%,相互竞争十分激烈。前十名品牌累计占据了 99% 的市场关注份额。

1. 资源性

复印机包括复印机和多功能一体机。根据国家统计局对工业产品产量的统计显示,2012 年,复印和胶版印制设备的产量达到 687 万台,同比增长 4.6%,见图 11 - 107。

复印机是从书写、绘制或印刷的原稿得到等倍、放大或缩小的复印品的设备。复印机属模拟方式,只能如实进行文献的复印。今后复印机将向数字式复印机方向发展,使图像的存储、传输以及编辑排版(图像合成、信息追加或删减、局部放大或缩小、改错)等成为可能。它可以通过接口与计算机、文字处理机和其他微处理机相连,成为地区网络的重要组成部分。复

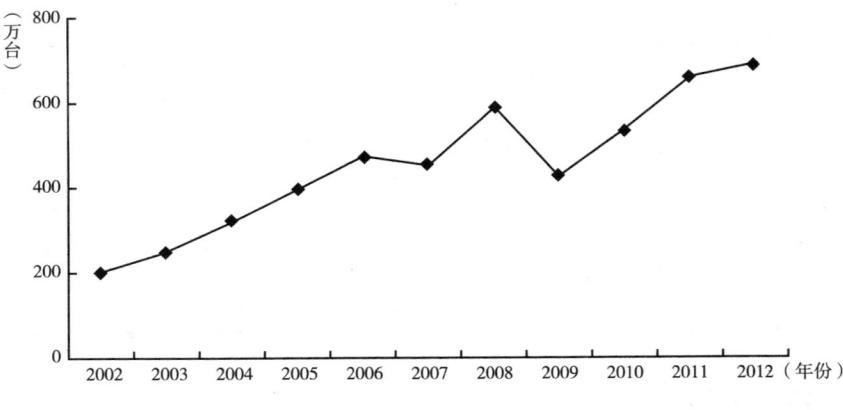

图 11 - 107   2002~2012 年复印和胶版印制设备产量

印机的型号较多，有台式复印机、办公复印机，也有大型工业用复印机。价
格从几千元到几百万元不等。

　　复印机主要有扫描单元、放电灯、显影组件、定影组件、供纸组件、传
动控制组件等构成（见图 11 - 108）。

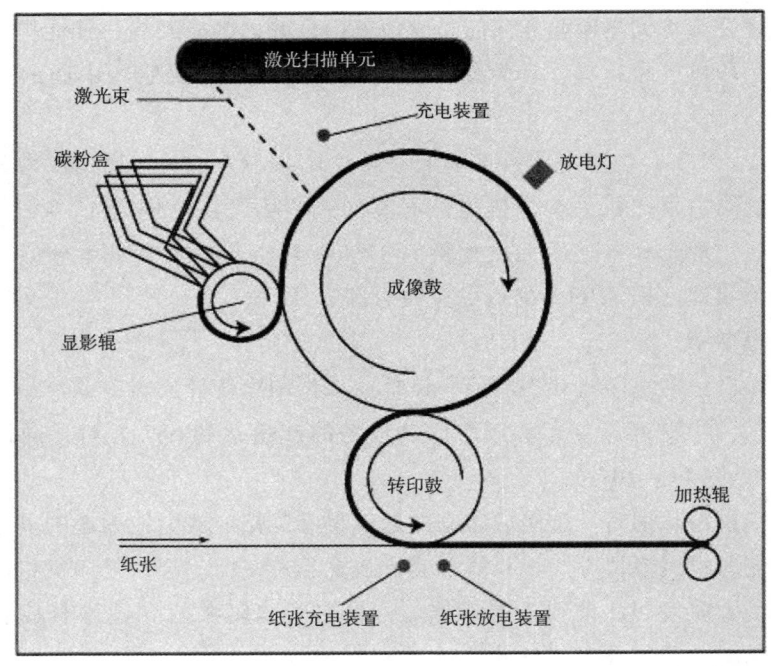

图 11 - 108   复印机结构

复印件的尺寸通常较大，平均重量为 50 公斤。复印机平均材料组成见表 11 - 118。

表 11 - 118 复印机材料构成比例

单位：%

序号	部件或材料名称	所占比例	序号	部件或材料名称	所占比例
1	印刷电路板	5	6	变压器	0.5
2	塑料	58	7	玻璃	5
3	铁	18	8	线束	2
4	马达	5	9	其他	25
5	风扇	0.7	10	总计	100

复印机的社会保有量与打印机的测算方法类似，采用市场"销量 - 报废年限"正态分布模型进行测算，2012 年，复印机的社会保有量达到 354 万台。

表 11 - 119 复印机销量统计

单位：万台

年份	2001	2002	2003	2004	2005	2006	2007	2008	2009	2010	2011
复印机	19.9	23.2	27.0	31.4	34.9	37.7	48.8	54.6	61.8	68.0	77.6

根据复印机报废的特征，参考其他电子废弃物报废量预测资料，本项目组选用市场"销量 - 报废年限"正态分布模型对报废复印机的产生量进行估算。本项目假定复印机的平均使用寿命为 10 年。2012 年，复印机的理论报废量达到 45.67 万台。

2. 环境性

复印机中的受控物质主要是印刷电路板和碳粉。按 2012 年复印机理论报废量 45.67 万台测算，印刷电路板重量约为 1141.75 吨；按每台复印机打印 A4 纸 50 万张，每打印一张黑色单色 A4 纸平均需耗碳粉 0.08 克计算，墨盒或碳粉重量约为 18268 吨；合计受控物质含量 19409.75 吨。

废弃复印机不仅材料价值高，而且其中很多部件可以再使用。在废弃复印机回收过程中，复印机中墨盒或碳粉盒以及废粉盒中仍然含有残余的碳粉，回收、运输等过程中可能发生破碎、泄漏，回收过程中的环境风险为高。

不能再使用的报废复印机以手工拆解为主。复印机被拆解成金属框架、塑料壳体、电路板、硒鼓/墨盒等再次出售。我国已有获得废弃电器电子产品处理资质的企业，在当地政府的支持下，拆解处理来自机关、事业单位报废的复印机等办公电器。但是，由于复印机不在《废弃电器电子产品处理目录》中，缺少对废复印机拆解处理的污染预防监管措施，对环境具有潜在的风险。

废复印机拆解过程的环境风险主要来自墨粉微粒（含表面活性剂、苯乙烯等）扩散，从业人员吸入后易在人体器官蓄积，危害人体健康。另外，如果操作不当，容易造成碳粉爆炸，复印机整机的拆解过程环境风险评估为高。

废复印机的深加工主要指印刷电路板的破碎分选，分离金属和非金属；硒鼓、墨盒或碳粉盒的处理；以及塑料的清洗、破碎、改性和造粒。与打印机深加工的情况类似，规范的复印机深加工的环境风险很小，而不规范的复印机深加工将对环境产生较大的风险。

由于目前复印机的深加工行业是规范企业与不规范企业并存，因此，复印机深加工的环境风险评估为高。

3. 经济性

废弃产品的价值是指废弃产品的材料价值。按照不同材料的回收重量和回收价格进行测算。根据课题组的调研，废复印机材料价值见表 11 - 120。按 2013 年 7 月回收材料/部件的价格测算，单台废复印机的平均材料价值为 166 元。

表 11 - 120 废复印机材料价值

	回收价格（元/吨）	单台重量（公斤）	所占比例（%）	单台价格	总价值（万元）
印刷电路板	5000	2.5	5	12.5	570.88
塑　料	4000	29.0	58	116	5297.72
铁	1500	9.0	18	13.5	616.55
马　达	5000	2.5	5	12.5	570.88
风　扇	4000	0.35	0.7	1.4	63.94
变压器	7000	0.25	0.5	1.75	79.92
玻　璃	80	2.5	5	0.2	9.13
线　束	8000	1.0	2	8	365.36
其　他	0	12.5	25	0	0
总　计	—	50.0	100	166	7581.22

废复印机体积大，重量重，单台材料价值较高。但是由于废复印机的报废数量少，所以总价值较打印机低。

运输和贮存成本采用对比测算法进行评估。在家电以旧换新政策实施期间，回收的大部分产品是阴极射线管电视机，其运费补贴约为每个产品 40 元。按产品 30 公斤重量计，可以得出每公斤的运费成本。不同产品根据重量测算其运费成本。复印机的重量约为 50 公斤。测算的运输和贮存成本为 65 元。

复印机结构复杂，通常要经过多级拆解。除部分部件拆解需要负压装置抽取废粉之外，总体设备要求较小，但拆解复杂，熟练程度要求高。因此，技术难度评估为高。

复印机处理过程的污染控制主要指拆解过程的粉尘、热拆解印刷电路板时的焊锡烟雾、墨盒以及印刷电路板本身的处理；此外还须考虑防爆措施，需使用相应工艺设备。因此，复印机污染控制技术评估为高。

4. 社会性

社会关注度采用学术文章检索数，即在中国知网（cnki）检索主题词：产品名称 +（"回收"或"处理"）。检索的数量越多，说明关注度越高。固定电话的检索数量为 7，社会关注度为低。

复印机本身技术含量较高，生产企业相对较集中。知名复印机生产企业以外资为主。随着国际社会上生产者责任延伸制度和企业社会责任的推广和深入，一些复印机生产企业已经开展产品的回收处理工作。例如富士施乐公司，在苏州建立了复印机和复印机再制造和再生利用工厂。该工厂被列入首批工信部再制造试点企业名单。复印机生产行业参与回收处理水平为中。

随着复印机及以复印为主的多功能一体机报废量的增多，一些获得环保部废弃电器电子产品处理资质的企业开始拆解处理废复印机。其中，来自机关、事业单位以及部分大型企业产生的报废复印机交由报废固定资产核销资质企业或涉密载体销毁资质企业处理。但是由于复印机材料价值较高，仍存在相当部分报废服务器被私营回收公司收取，或在回收过程被简易手工作坊简单拆解零部件投入二手市场的情况。

硒鼓/墨盒作为复印机的主要耗材，每年的报废量远远高于整机的报废量。目前，已有少数企业对废旧硒鼓/墨盒进行二次循环利用，多数硒鼓经多次灌粉之后非法废弃或由处理企业回收后运往有资质企业进行处理，再利用率较低。目前，复印机处理行业仍处于混乱之中，有从可规范处理的企业，但不规范的个体经营者更多。因此，复印机处理行业规范水平为低。

5. 评 估 结 论

复印机是一个专业性极强，且产品再使用价值价高的特殊产品行业。生产产业集中度高，产品在使用过程中耗材消耗量大，在回收处理环节，对处理技术和污染控制要求高。目前，虽然出现了规范的复印机处理企业和硒鼓再制造企业，但是整体复印机机处理行业还处于不规范中。表 11 – 121 为复印机目录评估结果。

表 11 – 121　复印机评估结果

类别	指标		评估结果
1. 资源性	1.1 产量	1.1.1 产品年产量	687 万台（2012 年）
		1.1.2 产品总重量	34.4 万吨（平均重量 50 千克）
		1.1.3 产品稀贵材料含量	17.18 吨
	1.2 社会保有量	1.2.1 社会保有数量	353.97 万台（2012 年）
		1.2.2 社会保有重量	176985 吨（平均重量 50 千克）
		1.2.3 稀贵材料含量	8.85 吨
	1.3 理论报废量	1.3.1 年报废数量	45.67 万台（2012 年）
		1.3.2 年报废重量	22835 吨（平均重量 50 千克）
		1.3.3 稀贵材料含量	1.11 吨
2. 环境性	2.1 废弃产品的环境性	2.1.1 受控物质含量	19409.75 吨（PCB + 废碳粉）
	2.2 回收处理过程的环境性	2.2.1 回收过程的环境风险	环境风险等级高
		2.2.2 拆解过程的环境风险	环境风险等级高
		2.2.3 深加工过程的环境风险	环境风险等级高
3. 经济性	3.1 回收成本	3.1.1 废弃产品的价值	单台价值 166 元，价值较高
		3.1.2 运输贮存成本	65 元/台
	3.2 处理难度	3.2.1 拆解处理技术	处理技术等级高
		3.2.2 污染控制技术	污染控制等级高
4. 社会性	4.1 社会关注度	学术文章检索数：在中国知网（cnki）检索主题词：产品名称 + （"回收"或"处理"）	检索数量 7，等级低
	4.2 管理需求	4.2.1 生产行业参与回收处理水平	中：部分企业参与回收处理
		4.2.2 处理行业规范水平	低：处理行业不规范

（五）　投影仪

全球投影仪市场依旧持续增长着，国内投影仪市场一样保持着增势。在普教行业旺盛的需求拉动下，投影仪在 2012 年的销量依旧会保持高速发展的态势。

目前，不论是投影市场还是投影品牌，还处在一个高速发展的阶段，尽管教育市场占据主流，需开拓的市场空间还依然非常广阔。自投影仪进入中国市场近10年来，尤其是近几年便成全球增长最快的市场之一，这不仅得益于中国整体经济的发展，同时，投影仪技术本身的发展也给市场带来新的活力。投影市场空间广阔，今后的竞争将会逐渐由价格、渠道向集中化、规模化、品牌化转换。

　　2012年12月中国投影仪市场上，明基位居品牌关注榜的榜首，市场关注份额超过两成，达20.4%。爱普生排在第二位，关注比例为15.5%。松下和索尼分列第三位和第四位，关注比例分别为8.7%和8.6%，两者之间仅相差0.1个百分点。前十位的品牌累计占据了80.4%的市场关注份额。商务投影仪市场上，明基位居榜首；教育投影仪市场上，松下与索尼之间的差距正逐渐缩小；家用投影仪市场上，明基市场关注份额大幅上涨。

　　1. 资源性

　　根据工业和信息化部《中国电子信息产业统计年鉴》对规模以上企业工业产品产量的统计显示，2011年，9家规模以上企业共生产投影仪335.7万台，见图11－109。

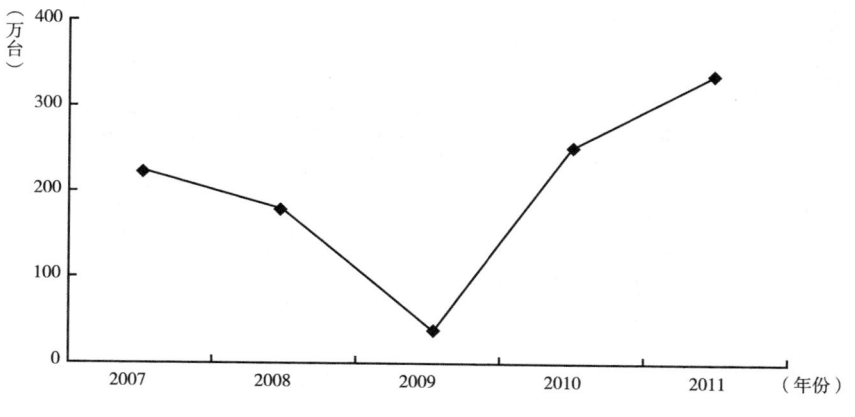

图 11－109　2007～2011 年投影仪产量

　　投影仪又称投影机，是一种可以将图像或视频投射到幕布上的设备，可以通过不同的接口同计算机、VCD、DVD、BD、游戏机、DV 等相连接播放相应的视频信号。投影仪广泛应用于家庭、办公室、学校和娱乐场所，根据工作方式不同，有 CRT、LCD、DLP 等不同类型。按照应用环境可分为：家庭影院型投影仪、便携商务型投影仪、教育会议型投影仪、主流工程型投影仪、专业剧院型投影仪、测量投影仪等。按照成像原理可以分为：CRT 三枪投影仪、液晶（LCD）投影仪、数字光处理器（DLP）投影仪等，其中液晶投影仪可以分成液晶板投影仪和液晶光阀投影仪，前者是投影仪市场上的主要产品。

根据对行业协会和典型生产企业的调研，便携商务型投影仪和教育会议型投影仪为最为普遍、需求量最大的一种投影仪。一般重量在 2～5 公斤。本项目为了便于计算，设定投影仪的平均重量为 3 公斤。

一般投影仪主要由光学透镜、电光源、印刷电路板、控制面板、外壳、打印组件、扫描组件、外壳等部分组成（见表 11－122）。

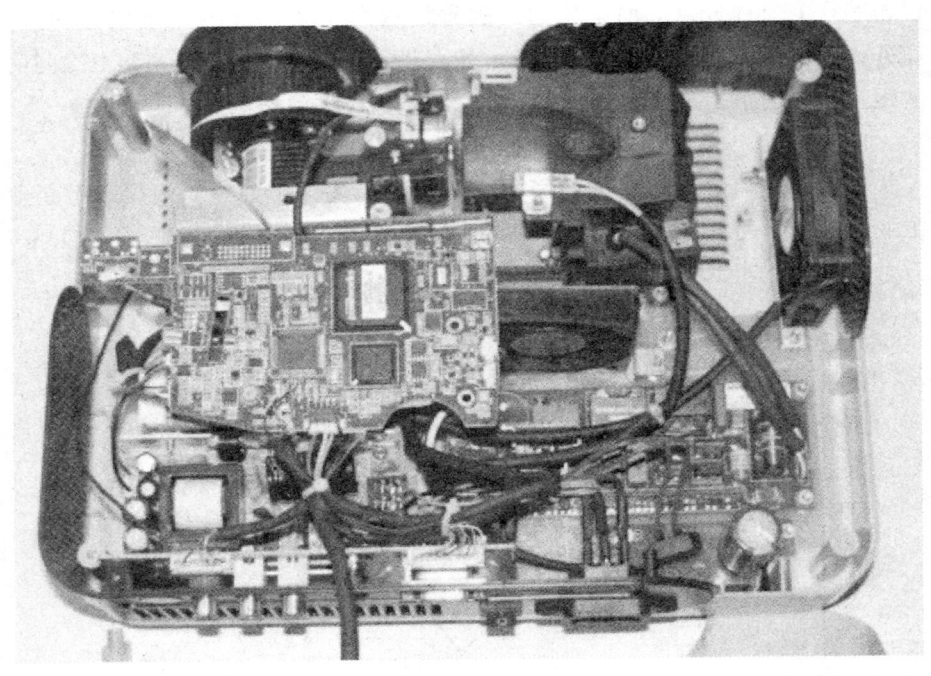

图 11－110　投影仪结构

表 11－122　投影仪材料构成比例

单位：%

序号	部件/材料名称	所占比例	序号	部件/材料名称	所占比例
1	印刷电路板	15	5	光学透镜	5
2	废塑料	30	6	其他	40
3	线束	5	7	总计	100.00
4	风扇	5			

　　根据投影仪的特点，本项目采用市场"销量－报废年限"正态分布模型测算投影仪的社会保有量。依据对行业协会与典型生产企业调研，本项目设定投影仪的平均使用寿命为6年，通过《中国信息产业年鉴》中投影仪销量（见表11－123），测算2012年我国投影仪的社会保有量为301.22万台。

表11－123　投影仪销量统计

单位：万台

年份	2006	2007	2008	2009	2010	2011
投影仪	48.6	64.9	74	33.4	34.7	122.5

　　根据投影仪报废的特征，参考其他电子废弃物报废量预测资料，本项目组选用市场"销量－报废年限"正态分布模型对报废投影仪的产生量进行估算。本项目假定投影仪的平均使用寿命为6年，报废高峰值为第3年和第4年。2012年我国投影仪报废量预测结果为57.55万台。

　　2. 环境性

　　投影仪中的受控物质主要指印刷电路板。LCD投影仪中的液晶板由于面积小于100平方厘米，因此暂不予以考虑。另外，投影仪中的光源种类繁多，如白炽灯、高压汞灯、金属卤化物灯、氙灯、LED灯等均较为普遍，因此暂不考虑其中汞的含量。印刷电路板被列入国家危险废物名录。它既是对环境具有危害的部件，同时也含有大量的有价值的材料。印刷电路板的重量占投影仪重量的15%，以2012年投影仪理论报废量57.55万台测算，2012年，投影仪中受控物质的总含量为259吨。

　　投影仪体积小，重量轻，易于回收。另外，由于不考虑部分投影仪采用特殊光源，可能发生磕碰后破碎导致含汞气体等外漏造成污染环境。因此，投影仪回收过程的环境风险评估为低。

　　废投影仪的拆解主要以手工物理拆解为主。拆解后的拆解产物为外壳、光学组件、液晶板、电光源、印刷电路板、导线、螺钉等。拆解过程中不会对环境造成危害，因此，评估环境风险为低。

　　废投影仪的深加工主要指印刷电路板的破碎分选，分离金属和非金属。以及投影仪外壳塑料的清洗、破碎、改性和造粒。其中，印刷电路板的处理需要获得环保部门的危废处理许可。2012年8月24日，环保部、发改委和商务部联合发布了废塑料加工利用污染防治管理规定，对废塑料加工利用企业进行污染预防严格管理。因此，规范的废投影仪深加工的环境风险很小，而不规范的废投影仪深加工将对环境产生较大的风险，深加工环境风险评估为高。

3. 经济性

废弃产品的价值是指废弃产品的材料价值。按照不同材料的回收重量和回收价格进行测算。根据课题组的调研，废投影仪的材料价值见表 11 - 124。按 2013 年 7 月回收材料/部件的价格测算，单台废投影仪的平均材料价值为 8.262 元。从回收材料的价值测算废投影仪的价格较低。市场上高价回收投影仪的主要目的是翻新再使用和零部件的再使用。

表 11 - 124　投影仪材料价值

	回收价格（元/吨）	单台重量（公斤）	所占比例（%）	单台价格	总价值（万元）
印刷电路板	7000	0.45	15	3.15	181.28
废塑料	4000	0.9	30	3.6	207.18
线束	6000	0.15	5	0.9	51.80
风扇	4000	0.15	5	0.6	34.53
光学透镜	80	0.15	5	0.012	0.6906
其他	0	1.2	40	0	0
总　计	—	3	100	8.262	475.4806

运输和贮存成本采用对比测算法进行评估。在家电以旧换新政策实施期间，回收的大部分产品是阴极射线管电视机，其运费补贴约为每个产品 40 元。按产品 30 公斤重量计，可以得出每公斤的运费成本。不同产品根据重量测算其运费成本。投影仪的重量约为 3 千克。测算的运输和贮存成本为 4.0 元。

投影仪结构复杂，虽然设备投入要求低，但整机初级手工拆解技术要求相对较高，因此，技术难度评估为高。

废投影仪处理过程的污染控制主要指拆解过程的粉尘。因此，废投影仪污染控制技术评估为低。

4. 社会性

社会关注度采用学术文章检索数，即在中国知网（cnki）检索主题词：产品名称 + （"回收"或"处理"）。检索的数量越多，说明关注度越高。投影仪的检索数量为 0，社会关注度为低。

投影仪产品本身技术含量较高，生产企业相对集中。目前中国几乎没有企业参加回收处理，整体投影仪生产行业参与回收处理水平为低。

随着投影仪报废量的增多，一些获得环保部废弃电器电子产品处理资质的企业开始回收、拆解处理废投影仪。其中，来自机关、事业单位以及部分大型企业产生的报废投影仪交由报废固定资产核销资质企业或涉密载体销毁资质企业处理。但是由于投影仪材料价值较高，仍存在相当部分报废投影仪被私营回收公司收取，或在回收过程被简易手工作坊简单拆解零部件投入二手市场。处理行业规范水平为低。

5. 评估结论

表 11 - 125 为投影仪的评估结果。投影仪虽然刚刚起步，但产量增长迅速，随着人们工作的拓展，需求量依然很大。另外，在回收处理环节，对处理技术和污染控制要求低。目前，整体投影仪处理行业极不规范。

表 11 - 125 投影仪评估结果

类别	指标		评估结果
1. 资源性	1.1 产量	1.1.1 产品年产量	335.7 万台(2011 年)
		1.1.2 产品总重量	1.0 万吨(平均重量 3 千克)
		1.1.3 产品稀贵材料含量	4.5 吨
	1.2 社会保有量	1.2.1 社会保有数量	301.22 万台(2012 年)
		1.2.2 社会保有重量	9036.6 吨(平均重量 3 千克)
		1.2.3 稀贵材料含量	4.1 吨
	1.3 理论报废量	1.3.1 年报废数量	57.55 万台(2012 年)
		1.3.2 年报废重量	1726.5 吨(平均重量 3 千克)
		1.3.3 稀贵材料含量	0.8 吨
2. 环境性	2.1 废弃产品的环境性	2.1.1 受控物质含量	259.0 吨(PCB)
	2.2 回收处理过程的环境性	2.2.1 回收过程的环境风险	环境风险等级低
		2.2.2 拆解过程的环境风险	环境风险等级低
		2.2.3 深加工过程的环境风险	环境风险等级高
3. 经济性	3.1 回收成本	3.1.1 废弃产品的价值	单台价值 8.262 元,价值较低
		3.1.2 运输贮存成本	4.0 元/台
	3.2 处理难度	3.2.1 拆解处理技术	处理技术等级高
		3.2.2 污染控制技术	污染控制等级低
4. 社会性	4.1 社会关注度	学术文章检索数:在中国知网(cnki)检索主题词:产品名称 + ("回收"或"处理")	检索数量 0,等级低
	4.2 管理需求	4.2.1 生产行业参与回收处理水平	低:几乎没有企业参与回收处理
		4.2.2 处理行业规范水平	低:处理行业不规范

（六）数码相机

2012 年 1～12 月全国规模以上照相机及器材制造行业企业数量为 103 家，照相机及器材制造行业资产合计 323.6 亿元，同比增加 -0.77%；实现销售收入632.9 亿元，同比增加 -2.7%；完成利润总额 13.1 亿元，同比增加 -17.75%；照相机及器材制造行业整体从业人数 105998 人，同比增长 -12.03%。

中国数码相机市场的品牌格局整体较为稳定，佳能以其在消费数码相机和单反数码相机市场的强大优势领跑中国数码相机市场，其关注比例占到近1/3，冠军宝座稳固。索尼和尼康两大品牌分别在消费、单电数码相机市场以及单反数码相机市场各具优势，竞争相当激烈，关注排名也在第二季度发生调换。富士、松下、三星等品牌则组成第三品牌阵营，虽然关注比例非常接近，但关注排名在上半年并没有出现变动。

2012 年 12 月，中国数码相机市场佳能、尼康与索尼保持品牌关注排行榜前三位，分别为 34.7%、27.2%、12.4%，相互之间关注份额差距显著，关注份额较上月变动幅度均在 1.0% 之内。其他品牌如富士、三星、松下、徕卡、卡西欧、宾得、奥林巴斯等分别占 3%～4%。

在单反数码相机市场中，产品技术门槛较高，中国本土数码相机厂商还未掌握相关核心技术，在这一领域还处于空白。2013 年 5 月中国单反数码相机市场中，佳能与尼康两大厂商占领超九成的关注份额，包揽最受用户喜好的十款产品。

1. 资源性

根据国家统计局对工业产品产量的统计显示，从 2004 年开始，数码照相机产量基本呈上升趋势，从 2010 年开始下降，2012 年，数码照相机的产量达到 7002 万台，见图 11 - 111。

数码相机（又名数字式相机，英文全称：Digital Camera，简称 DC），是一种利用电子传感器把光学影像转换成电子数据的照相机。数码相机是集光学、机械、电子于一体的产品。它集成了影像信息的转换、存储和传输等部件，具有数字化存取模式，与计算机交互处理和实时拍摄等特点。光线通过镜头或者镜头组进入相机，通过成像元件转化为数字信号，数字信号通过影像运算芯片储存在存储设备中。按用途分为：单反相机、卡片相机、长焦相机和家用相机等。

根据对行业协会和典型生产企业的调研，单反相机和卡片相机是最为普遍、需求量最大的数码照相机，单反相机最近才开始慢慢普及，目前仍以卡片相机为主要产品。卡片照相机一般重量在 80～300g。本项目为了便于计

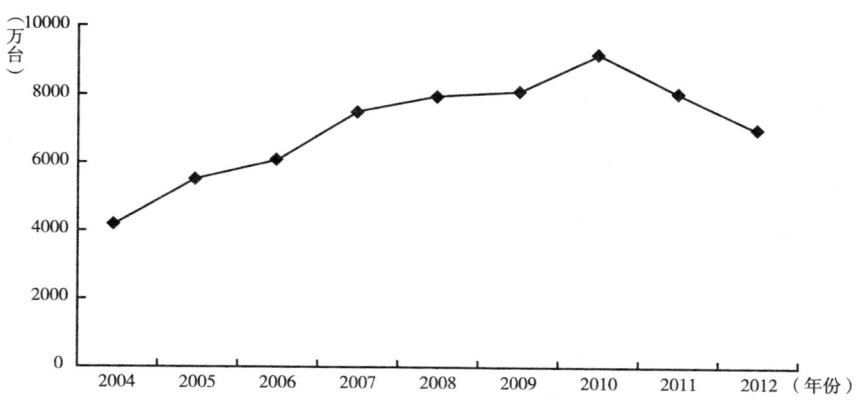

图 11－111　2004～2012 年数码照相机产量

算，设定数码照相机的平均重量为 150g。

　　一般数码照相机主要由光学透镜、电池、外壳、印刷线路板、液晶屏、感光组件、快门等部分组成（见图 11－112）。由于数码照相机和电池在实际回收和处理过程中一般分别处置，所以本项目不考虑电池在数码照相机中的比重。根据中国家用电器研究院的拆解实验和相关拆解处理企业的拆解数据，本项目设定数码照相机的材料比例如表 11－126 所示。

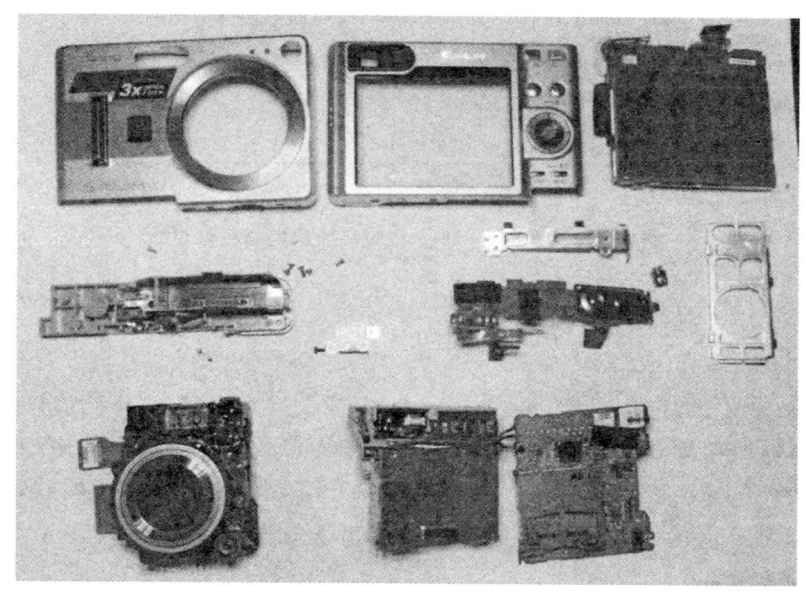

图 11－112　数码照相机结构

表 11 – 126　数码照相机材料构成比例

单位：%

部件/材料名称	所占比例	部件/材料名称	所占比例
印刷电路板	10	镜头	5
外壳塑料	50	其他	10
铁件	10	总　计	100
液晶	15		

　　数码照相机的社会保有量是居民保有量与机构用户保有量之和。数码照相机的居民保有量通过国家统计年鉴中照相机城镇与农村居民百户拥有量，乘以数码照相机的比例系数，分别与城镇和农村居民户数相乘、累加而得。图 11 – 113 为 2004~2011 年照相机居民保有量。2011 年，固定居民保有量达到 1.1 亿台（目前国家统计年鉴最新统计为 2011 年数据）。

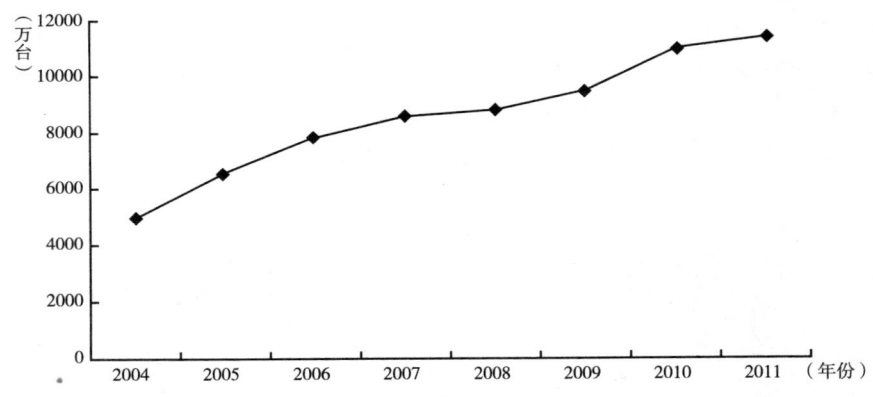

图 11 – 113　2004~2011 年数码照相机居民保有量

　　机构用户保有量采用在居民保有量的基础上乘以一个系数得到。考虑到数码照相机的使用情况，设定系数为 20%。2011 年，数码照相机的社会保有量约为 1.3 亿台。

　　数码照相机有较完善的居民保有量的测算数据，本项目组使用中国家用电器研究院提出的"社会保有量－报废高峰系数"模型估算我国数码照相机的理论报废量。2012 年，数码照相机报废量达到 1867.51 万台。

　　2. 环境性

　　数码照相机中的受控物质主要指印刷电路板和液晶显示屏。印刷电路板被列入国家危险废物名录。它既是对环境具有危害的部件，同时也含有大量的有价值的材料。印刷电路板的重量占数码照相机重量的10%，以2012年数码照相机理论报废量1867.51万台测算，2012年，数码照相机中受控物质的总含量为146.13吨。

数码照相机体积小，重量轻，易于回收。且数码照相机发生磕碰后，也不会有液体或气体等外漏污染环境。因此，数码照相机回收过程的环境风险评估为低。

废数码照相机的拆解主要以手工物理拆解为主。拆解后的拆解产物为外壳、液晶显示组件、印刷电路板、光学组件、导线、螺钉等。拆解过程对环境几乎没有危害，因此，总体评估环境风险为低。

废数码照相机的深加工主要指印刷电路板的破碎分选，分离金属和非金属。以及外壳塑料的清洗、破碎、改性和造粒。其中，印刷电路板的处理需要获得环保部门的危废处理许可。2012年8月24日，环保部、发改委和商务部联合发布了废塑料加工利用污染防治管理规定，对废塑料加工利用企业进行污染预防严格管理。因此，规范的废数码照相机深加工的环境风险很小，而不规范的废数码照相机深加工将对环境产生较大的风险，深加工的环境风险评估为高。

3. 经济性

废弃产品的价值是指废弃产品的材料价值。按照不同材料的回收重量和回收价格进行测算。根据课题组的调研，废数码照相机材料价值见表11-127所示。按2013年7月回收材料/部件的价格测算，单台废数码照相机的平均材料价值为0.471元。从回收材料的价值测算废数码照相机的价格较低。市场上高价回收数码照相机的主要目的是翻新再使用和零部件的再使用。

表11-127 废旧数码照相机材料价值

	回收价格（元/吨）	单台重量（克）	所占比例（%）	单台价格（元）	总价值（万元）
印刷电路板	7000	15	10	0.105	196.09
外壳塑料	4000	75	50	0.3	560.25
铁件	1500	15	10	0.0225	42.02
液晶	600	22.5	15	0.0135	25.21
镜头	4000	7.5	5	0.03	56.03
其他	0	0	10	0	0
总　计	—	135	100	0.471	879.60

运输和贮存成本采用对比测算法进行评估。在家电以旧换新政策实施期间，回收的大部分产品是阴极射线管电视机，其运费补贴约为每个产品40元。按产品30公斤重量计，可以得出每公斤的运费成本。不同产品根据重量测算其运费成本。数码照相机的重量约为150克。测算的运输和贮存成本为0.20元。

数码照相机结构简单，体积小，重量轻。整机初级手工拆解技术相对简单，设备投入少。因此，技术难度评估为低。

废数码照相机处理过程的污染控制主要指拆解过程的粉尘。因此，废数码照相机污染控制技术评估为低。

4. 社会性

社会关注度采用学术文章检索数，即在中国知网（cnki）检索主题词：产品名称+（"回收"或"处理"）。检索的数量越多，说明关注度越高。数码照相机的检索数量为0，社会关注度为低。

数码照相机产品本身技术含量较高，生产企业相对集中。目前中国几乎没有企业参加回收处理，整体数码照相机生产行业参与回收处理水平为低。

随着数码照相机报废量的增多，一些获得环保部废弃电器电子产品处理资质的企业开始回收、拆解处理废数码照相机。但是由于数码照相机本身价值较低，报废价值也较低，其他绝大部分报废数码照相机或被简易手工作坊简单拆解零部件投入二手市场，或直接随生活垃圾流入处置中心。处理行业规范水平为低。

5. 评估结论

表11-128为数码照相机的评估结果。数码照相机虽然产量下降，但随着人们生活水平提升和观念转变，需求量将逐渐增大，报废量依然很大。另外，在回收处理环节，对处理技术和污染控制要求低。目前，整体废数码照相机处理行业极不规范。

（七）电子计算器

全国计算器品牌数量估算有多达百家以上，其中低端品牌占比较多，其销售额占比也较大。计算器产品的科技含量低，已经不属于复杂高精密产品行列，大部分生产技术已经被国内计算器生产加工企业所掌握，这些工厂大多数集中在深圳。国际知名品牌厂商如佳能、卡西欧、夏普等都在国内有计算器OEM生产基地。它们不仅为中国客户提供产品，也为这些品牌在国外的客户订单而加工生产。

表 11 – 128 数码照相机评估结果

类别	指标		评估结果
1. 资源性	1.1 产量	1.1.1 产品年产量	7002 万台（2012 年）
		1.1.2 产品总重量	10503 吨（平均重量 150 克）
		1.1.3 产品稀贵材料含量	3.15 吨
	1.2 社会保有量	1.2.1 社会保有数量	13448.3 万台（2011 年）
		1.2.2 社会保有重量	20172.5 吨（平均重量 150 克）
		1.2.3 稀贵材料含量	6.05 吨
	1.3 理论报废量	1.3.1 年报废数量	1867.51 万台（2012 年）
		1.3.2 年报废重量	2801.27 吨（平均重量 150 克）
		1.3.3 稀贵材料含量	0.84 吨
2. 环境性	2.1 废弃产品的环境性	2.1.1 受控物质含量	146.13 吨（PCB）
	2.2 回收处理过程的环境性	2.2.1 回收过程的环境风险	环境风险等级低
		2.2.2 拆解过程的环境风险	环境风险等级低
		2.2.3 深加工过程的环境风险	环境风险等级高
3. 经济性	3.1 回收成本	3.1.1 废弃产品的价值	单台价值 0.471 元,价值较低
		3.1.2 运输贮存成本	0.20 元/台
	3.2 处理难度	3.2.1 拆解处理技术	处理技术等级低
		3.2.2 污染控制技术	污染控制等级低
4. 社会性	4.1 社会关注度	学术文章检索数:在中国知网(cnki)检索主题词:产品名称 + ("回收"或"处理")	检索数量 0,等级低
	4.2 管理需求	4.2.1 生产行业参与回收处理水平	低:几乎没有企业参与回收处理
		4.2.2 处理行业规范水平	低:处理行业不规范

　　许多做计算器销售多年的经销商，在最初计算器市场成长期和成熟期的时候，通过做国外品牌的销售已经顺利地完成了原始积累。他们已经不满足于做别人的品牌，纷纷开始贴牌推出自己的品牌计算器，如快灵通、东方灵、佳灵通、世龙达、万能通、易利发、信诺、信利、财利隆、金数码等。有些品牌已经做到年销售额过千万的业绩，但能够在全国范围内取得较好销售和知名度的品牌为数不多，像"快灵通""信利""万能通"等品牌的覆盖区域基本上可以做到全国的 60% ~ 70%。有些品牌虽然还没有全国性的较高知名度，但也具有了较强的地域性优势，例如"世龙达"计算器在华

北地区销售业绩都还不错，年销售额可达 800 万元左右。

卡西欧是目前中国计算器行业的领头羊，其借助知名品牌的厂商优势，灵活的市场反应速度，适应中国特色的经销商管理政策，在近几年的中国市场上取得了良好销售业绩。2004 年全国销售额 1.3 亿元（RMB），2005 年预计销售额可达到 1.5 亿元（RMB），占国内计算器市场份额的 10% 以上。

中国的假货计算器市场也较大，鉴于国情原因，打假取得全面胜利尚需要时间和过程。目前，假货主要冲击的品牌是卡西欧、佳能、夏普等国外品牌，其销量非常巨大。仅佳能计算器的一个畅销型号，业内人士估计每年就可能产生 500 万元的销售额。卡西欧的假货更是猖獗，假货不仅仿冒真货固有的型号，而且可以生产真货没有的型号，而消费者却很难识别辨认。假货计算器质量很不稳定，计算错误是常有的事情，会给使用者造成极大不便。

1. 资源性

根据工业和信息化部《中国电子信息产业统计年鉴》对规模以上企业工业产品产量的统计显示，从 2007 年开始，我国计算器产量基本呈下降趋势，2011 年，12 家规模以上企业共生产计算器 7410.6 万台，见图 11 - 114。

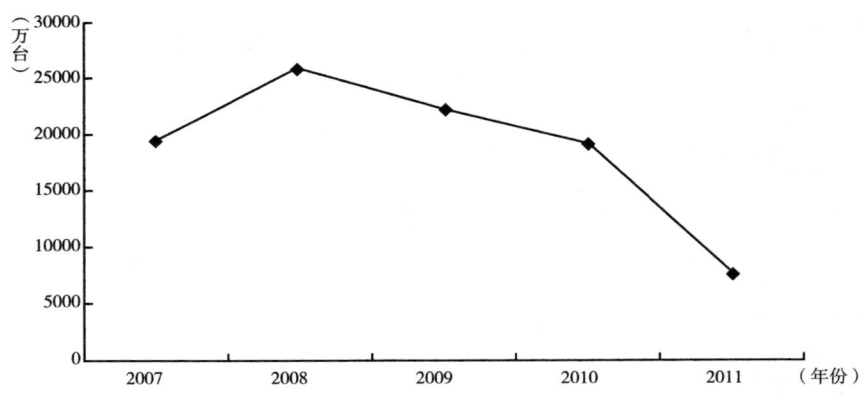

图 11 - 114　2007 ~ 2011 年计算器产量

计算器（calculator）一般指"电子计算器"，该名词由日文传入中国。计算器是能进行数学运算的手持机器，拥有集成电路芯片，但结构简单（比现代计算机结构简单得多），可以说是第一代的电子计算机（计算机）。计算器功能虽然较弱，但较为方便与廉价，可广泛运用于商业交易中，是必备的办公用品之一。计算器一般由运算器、控制器、存储器、键盘、显示器、电源和一些可选外围设备及电子配件通过人工或机器设备组成。低档计算器的运算器、控制器由数字逻辑电路实现简单的串行运算，其随机存储器只有一两个单元，供累加存储用。高档计算器由微处理器和只读存储器实现各种复杂的运算程序，有较多的随机存储单元以存放输入程序和数据。常见的计算器有四类：算术型计算器、科学型计算器、程序员计算器、统计计算器。

根据对行业协会和典型生产企业的调研，算术型计算器和科学型计算器需求和销量最大，一般重量在 100～250g。本项目为了便于计算，设定计算器的平均重量为 150g。

一般计算器主要由电源（电池或太阳能板）、显示幕、电子回路、控制面板、按键等部分组成（见图 11-115 和表 11-129）。

图 11-115 计算器结构

表 11-129 计算器材料构成比例

单位：%

序号	部件/材料名称	所占比例	序号	部件/材料名称	所占比例
1	印刷电路板	20	4	电池	3
2	废塑料(外壳和按键)	65	5	其他	2
3	液晶屏	10	6	总计	100

根据计算器的特点，本项目采用市场"销量-报废年限"正态分布模型测算计算器的社会保有量。假定计算器的平均使用寿命为 3 年，通过

《中国信息产业年鉴》中电子计算器销量（见表 11 - 130），测算 2012 年我国计算器的社会保有量为 17396.43 万台。

表 11 -130　计算器销量统计

单位：万台

年份	2008	2009	2010	2011
计算器	20801.8	20595.8	11443.8	8213.7

根据计算器报废的特征，参考其他电子废弃物报废量预测资料，本项目组选用市场"销量 - 报废年限"正态分布模型对其报废计算器的产生量进行估算。本项目假定计算器的平均使用寿命为 3 年，报废高峰值为第 2 年。2012 年我国计算器报废量预测结果为 13220.37 万台。

2. 环境性

计算器中的受控物质主要指印刷电路板。具液晶显示板由于面积小于 100 平方厘米，因此暂不予以考虑。印刷电路板被列入国家危险废物名录。它既是对环境具有危害的部件，同时也含有大量的有价值的材料。印刷电路板的重量占计算器重量的 20%，以 2012 年计算器理论报废量 13220.37 万台测算，2012 年，计算器中受控物质的总含量为 3966.12 吨。

计算器体积小、重量轻、易于回收，且计算器发生磕碰后，也不会有液体或气体等外漏污染环境。因此，计算器回收过程的环境风险评估为低。

废计算器的拆解主要以手工物理拆解为主。拆解后的拆解产物为外壳、液晶显示组件、印刷电路板、扬声器、导线、螺钉等。手工拆解过程对环境几乎不会造成危害，因此，评估环境风险为低。

废计算器的深加工主要指印刷电路板的破碎分选、分离金属和非金属，以及外壳塑料的清洗、破碎、改性和造粒。其中，印刷电路板的处理需要获得环保部门的危废处理许可。2012 年 8 月 24 日，环保部、发改委和商务部联合发布了废塑料加工利用污染防治管理规定，对废塑料加工利用企业进行污染预防严格管理。因此，规范的废计算器深加工的环境风险很小，而不规范废计算器深加工将对环境产生较大的风险。

目前，废计算器的深加工行业是规范企业与不规范企业并存，因此，废计算器深加工的环境风险评估为高。

3. 经济性

废弃产品的价值是指废弃产品的材料价值。按照不同材料的回收重量和回收价格进行测算。根据课题组的调研,废旧计算器的材料价值见表 11 - 131。按 2013 年 7 月回收材料/部件的价格测算,单台废计算器的平均材料价值为 0.60 元。从回收材料的价值测算废计算器的价格较低。

表 11 - 131 废旧计算器材料价值

	回收价格 (元/吨)	单台重量 (克)	所占比例 (%)	单台价格 (元)	总价值 (万元)
印刷电路板	7000	30	20	0.21	2776.28
废塑料(外壳和按键)	4000	97.5	65	0.39	5155.94
液晶屏	100	15	10	0.0015	19.83
电池	0	4.5	3	0	0
其他	0	3	2	0	0
总计	—	150	100	0.6015	7952.05

运输和贮存成本采用对比测算法进行评估。在家电以旧换新政策实施期间,回收的大部分产品是阴极射线管电视机,其运费补贴约为每个产品 40 元。按产品 30 公斤重量计,可以得出每公斤的运费成本。不同产品根据重量测算其运费成本。计算器的重量约为 150 克。测算的运输和贮存成本为 0.2 元。

计算器结构简单,体积小,重量轻。整机初级手工拆解技术相对简单,设备投入少。因此,技术难度评估为低。

计算器处理过程的污染控制主要指拆解过程的粉尘。因此,计算器污染控制技术评估为低。

4. 社会性

社会关注度采用学术文章检索数,即在中国知网 (cnki) 检索主题词:产品名称 + ("回收"或"处理")。检索的数量越多,说明关注度越高。计算器的检索数量为 0,社会关注度为低。

计算器产品本身技术含量较低,生产企业相对分散。目前中国几乎没有企业参加回收处理,整体计算器生产行业参与回收处理水平为低。

随着计算器报废量的增多,一些获得环保部废弃电器电子产品处理资质的企业开始回收、拆解处理废计算器。这些处理企业处理的计算器大多来自机关、事业单位的报废办公电器。但是由于计算器本身价值较低,报废价值也较低,其他绝大部分报废计算器或被简易手工作坊简单拆解零部件投入二手市场,或直接随生活垃圾流入处置中心。处理行业规范水平为低。

5. 评估结论

表 11 - 132 为计算器的评估结果。计算器虽然产量逐年下降，但仍然具有高保有程度，报废量依然很大。另外，在回收处理环节，对处理技术和污染控制要求低。目前，整体计算器处理行业极不规范。

表 11 - 132　计算器评估结果

类别	指标		评估结果
1. 资源性	1.1 产量	1.1.1 产品年产量	7410.6 万台（2011 年）
		1.1.2 产品总重量	1.1 万吨（平均重量 150 克）
		1.1.3 产品稀贵材料含量	2.23 吨
	1.2 社会保有量	1.2.1 社会保有数量	17396.43 万台（2012 年）
		1.2.2 社会保有重量	2.6 万吨（平均重量 150 克）
		1.2.3 稀贵材料含量	5.21 吨
	1.3 理论报废量	1.3.1 年报废数量	13220.37 万台（2012 年）
		1.3.2 年报废重量	2.0 万吨（平均重量 150 克）
		1.3.3 稀贵材料含量	3.96 吨
2. 环境性	2.1 废弃产品的环境性	2.1.1 受控物质含量	3966.12 吨（PCB）
	2.2 回收处理过程的环境性	2.2.1 回收过程的环境风险	环境风险等级低
		2.2.2 拆解过程的环境风险	环境风险等级低
		2.2.3 深加工过程的环境风险	环境风险等级高
3. 经济性	3.1 回收成本	3.1.1 废弃产品的价值	单台价值 0.60 元，价值较低
		3.1.2 运输贮存成本	0.2 元/台
	3.2 处理难度	3.2.1 拆解处理技术	处理技术等级低
		3.2.2 污染控制技术	污染控制等级低
4. 社会性	4.1 社会关注度	学术文章检索数：在中国知网（cnki）检索主题词：产品名称 +（"回收"或"处理"）	检索数量 0，等级低
	4.2 管理需求	4.2.1 生产行业参与回收处理水平	低：几乎没有企业参与回收处理
		4.2.2 处理行业规范水平	低：处理行业不规范

四　文教体育用品

文教体育用品属于体育用品、乐器、玩具、游乐场设备、游艺用品等多个行业。

2012 年 9 月末，我国规模以上玩具制造企业达 1223 家，行业总资产达 686.7 亿元，同比增长 12.9%。中商情报网数据显示：2012 年前三个季度，我国玩具制造业企业实现主营业务收入达 948 亿元，同比增长 11.03%；实现利润总额达 36.23 亿元，同比增长 23.26%。

2012 年 1~9 月，我国规模以上玩具制造业累计实现工业总产值达 979.9 亿元，同比增长 13.3%；全行业累计实现工业销售产值达 960.78 亿元，同比增长 13.4%；我国玩具制造业的产销率达 98%。2012 年前三个季度，我国玩具制造业累计实现出口交货值达 501 亿元，同比增长 7.3%；全行业的出口交货值占工业销售产值比重为 52.2%。据中国轻工业预警预测系统最新数据显示，2012 年 1~12 月，全国玩具行业累计完成出口交货值 707.76 亿元，同比增长 8.59%。

2012 年我国体育用品行业销售增加值达 1936 亿元，同比增长 9.73%，占 GDP 的比重为 0.37%，与上年同期基本持平。2012 年，中国体育用品行业进出口总额 174.67 亿美元，实现贸易顺差 159.13 亿美元。其中，进口额为 7.7 亿美元，同比增长 14.97%。出口额 166.90 亿美元，同比增长 4.87%，运动器材在出口额中所占比重超过 50%。随着我国体育用品专业化程度和产业品质的不断提高，越来越多的中国产品进入国际市场，占据世界体育用品行业 65% 以上的市场份额。

中国体育用品范围涵盖运动服、运动鞋、运动器材、个人运动防护用品以及户外用品五个子领域。其中，运动器材市场整体发展情况良好，训练健身器材制造行业销售收入逐年上升，年均保持 5% 以上增速。同时，2012 年行业产销率为 100.05%，表明产销衔接处于非常好的状况，该行业前景乐观。据预测未来 5 年内增速均在 6% 以上，总体呈现平民化及品牌化和三四线市场下沉化三大发展趋势。

由于备选库产品中的玩具和运动产品仅是玩具行业和运动行业中的一小部分，目前尚未有独立的统计数据，因此暂不予以评估。本次评估的产品是电子乐器。

（一）电子乐器

2012 年，电声乐器增速减缓，国际市场基本平稳，国内略有增长，从产品分析，电子琴略有下降，电钢琴、电子鼓有所上升，合成器的功能由于可以被计算机音乐软件取代，产销量正在不断减少，2012 年中国电声乐器产品质量与国际先进企业的距离在缩小，技术人员的技术水平在不断提升。

经中国乐器协会与国家轻工业乐器信息中心对主要电声乐器制造企业产量统计，2012 年我国电声乐器产量达到 125.99 万件，同比增长 1.16%，其中电子琴产量 62.93 万件，数码钢琴 18.46 万件。出口电声乐器 106.52 万件，出口占总量的 84.55%。

据海关统计数据，2012 年中国出口通过电产生或扩大声音的键盘乐器 518.32 万件，同比增长 4.56%，金额 3.50 亿美元，增长 13.16%；其他通过电产生或扩大声音的乐器 293.28 万件，同比下降 13.31%，金额 2.11 亿美元，下降 4.51%。两类电声乐器出口金额共计 5.62 亿美元，同比增长 5.79%。

2012 年中国电子键盘乐器出口到世界 147 个国家和地区，出口额前十位的国家和地区依次为：美国、德国、日本、中国香港、法国、韩国、英国、巴西、阿拉伯联合酋长国和马来西亚。出口美国的电子键盘乐器共计 135.17 万件，同比增长 9.447%，出口额 9029.08 万美元，增长 9.82%。其他电声乐器出口到世界 129 个国家和地区，出口额前十位的为：美国、日本、荷兰、德国、巴西、英国、澳大利亚、墨西哥、加拿大和泰国。

2012 年中国从印度尼西亚、日本、中国等 11 个国家和地区进口电子键盘类产品，共计 31476 件，同比增长 9.95%，进口额 1065.83 万美元，增长 25.20%。从日本、印度尼西亚、美国等 18 个国家和地区进口电子键盘类产品，共计 50211 件，同比增长 20.02%，进口额 624.18 万美元，下降 5.81%。

1. 资源性

根据工业与信息化部《中国信息产业年鉴》对工业产品产量的统计显示，从 2005 年开始，电子乐器产量逐年上升，截至 2008 年，电子乐器的产量达到峰值 2642 万台，随后逐渐下降，2011 年为 1308 万台，见图 11-116。

电子乐器指乐手通过特定手段触发电子信号，使其利用电子合成技术或是采样技术来通过电声设备发出声音的乐器，如电子琴、电钢琴、电子合成器、电子鼓等。Z 器不同于传统乐器，它有特殊的电子发音体，具有明显特点。传统乐器的发音体，基本上是弦、膜、簧、板或金属体等。如提琴类、胡琴类和弹弦类乐器，均由弦振动而发出声音；锣和钹类乐器则由金属体振动发出声音。虽然电吉他、电贝斯归为电声乐器范畴，但它们的发音体仍然是弦。电子乐器的发音体是由若干电子元件组成振荡器，通过电压放大，不同的频率变化产生出不同的音频信号，再进行功率放大，由扬声器传送出特定的声音。

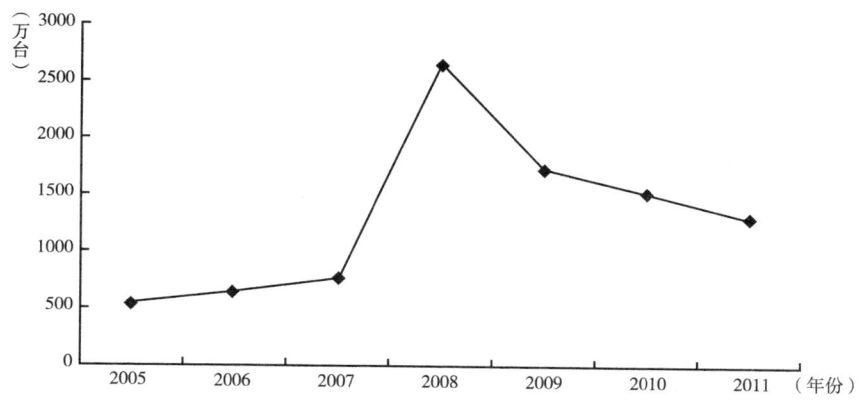

图 11 –116 2005 ~ 2011 年电子乐器产量

电子乐器中以电子键盘类乐器最为普遍，其中以电子琴销量和需求量最大。电子琴有许多种，有电子风琴、便携式电子琴、电钢琴、电子音响合成器等。

根据对行业协会和典型生产企业的调研，便携式电子琴是最为普遍、需求量最大的一种电子琴。本项目以便携式电子琴为典型产品进行评估分档。便携式电子琴一般重量在 4 ~ 9 千克。本项目为了便于计算，设定电子乐器的平均重量为 6 千克。

一般电子乐器（典型产品电子琴）主要由外壳、琴键、印刷电路板、控制面板、扬声器、线束、电源适配器等部分组成（见图 11 –117 和表 11 –133）。

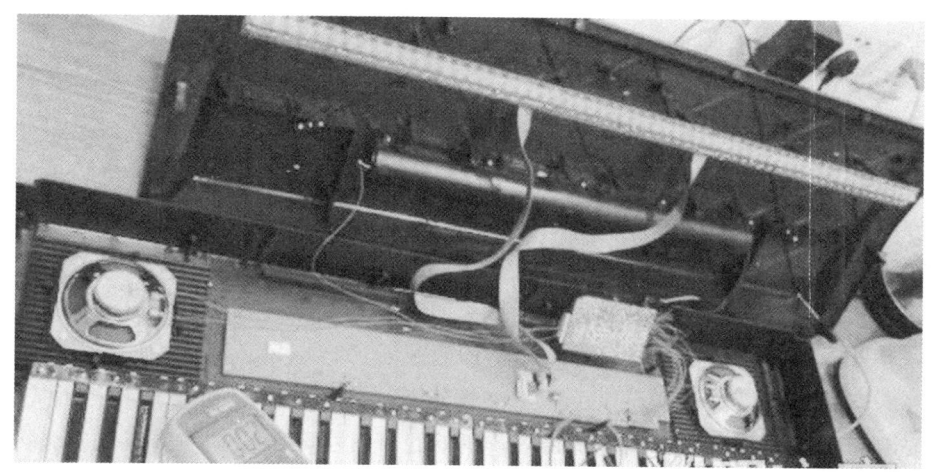

图 11 –117 电子琴结构

表 11 - 133　电子琴材料构成比例

单位：%

序号	部件/材料名称	所占比例	序号	部件/材料名称	所占比例
1	印刷电路板	20	5	塑料键	15
2	外壳塑料	30	6	其他	10
3	线束	5	7	总计	100.00
4	扬声器	20			

根据电子乐器的特点，本项目采用市场"销量 - 报废年限"正态分布模型测算电子乐器的社会保有量。假定电子乐器的平均使用寿命为 6 年，通过《中国信息产业年鉴》中电子乐器销量（见表 11 - 134），测算 2012 年我国电子乐器的社会保有量为 193. 11 万台。

表 11 - 134　电子乐器销量统计

单位：万台

年份	2006	2007	2008	2009	2010	2011
电子乐器	85. 1	82. 6	74. 7	62. 6	53. 3	50. 4

根据电子乐器报废的特征，参考其他电子废弃物报废量预测资料，本项目组选用市场"销量 - 报废年限"正态分布模型对报废电子乐器的产生量进行估算。本项目假定电子乐器的平均使用寿命为 6 年，报废高峰值为第 3 年和第 4 年。2012 年我国电子乐器报废量预测结果为 68. 28 万台。

2. 环境性

电子乐器中的受控物质主要指印刷电路板。印刷电路板被列入国家危险废物名录。它既是对环境具有危害的部件，同时也含有大量的有价值的材料。印刷电路板的重量占电子乐器重量的 20%，以 2012 年电子乐器理论报废量 68. 28 万台测算，2012 年，电子乐器中受控物质的总含量为 819. 36 吨。

电子乐器体积大，重量重，不易于回收。发生磕碰后，不会有液体或气体等外漏污染环境。因此，电子乐器回收过程的环境风险评估为低。

电子乐器的拆解主要以手工物理拆解为主。拆解后的拆解产物为外壳、按键、印刷电路板、导线、螺钉等。拆解过程几乎不会对环境造成危害，因此，总体评估环境风险为低。

废电子乐器的深加工主要指印刷电路板的破碎分选、分离金属和非金属，以及电子乐器外壳塑料的清洗、破碎、改性和造粒。其中，印刷电路板的处理需要获得环保部门的危废处理许可。2012 年 8 月 24 日，环保部、发改委和商务部联合发布了废塑料加工利用污染防治管理规定，对废塑料加工利用企业进行污染预防严格管理。因此，规范的废电子乐器深加工的环境风险很小，而不规范的废电子乐器深加工将对环境产生较大的风险，深加工环境风险评估为高。

3. 经济性

废弃产品的价值是指废弃产品的材料价值。按照不同材料的回收重量和回收价格进行测算。根据课题组的调研，废电子乐器材料价值见表 11 - 135。按 2013 年 7 月回收材料/部件的价格测算，单件废电子乐器的平均材料价值为 29.4 元。

表 11 - 135　电子乐器材料价值

	回收价格（元/吨）	单台重量（千克）	所占比例（%）	单台价格	总价值（万元）
印刷电路板	7000	1.2	20	8.4	573.55
外壳塑料	4000	2.4	30	9.6	655.49
线束	6000	0.3	5	1.8	122.90
扬声器	5000	1.2	20	6	409.68
塑料键	4000	0.9	15	3.6	245.81
其他	0	0.6	10	0	0
总　计		6.6	100	29.4	2007.43

运输和贮存成本采用对比测算法进行评估。在家电以旧换新政策实施期间，回收的大部分产品是阴极射线管电视机，其运费补贴约为每个产品 40 元。按产品 30 千克重量计，可以得出每千克的运费成本。不同产品根据重量测算其运费成本。电子乐器的重量约为 6 千克。测算的运输和贮存成本为 8 元。

电子乐器结构简单，体积大，重量重。整机初级手工拆解技术相对简单，设备投入少。因此，技术难度评估为低。

电子乐器处理过程的污染控制主要指拆解过程的粉尘，因此，电子乐器污染控制技术评估为低。

4. 社会性

社会关注度采用学术文章检索数，即在中国知网（cnki）检索主题词：

产品名称＋（"回收"或"处理"）。检索的数量越多，说明关注度越高。电子乐器的检索数量为 0，社会关注度为低。

　　电子乐器产品本身技术含量较低，生产企业相对分散。目前中国几乎没有企业参加回收处理，整体电子乐器生产行业参与回收处理水平为低。

　　随着电子乐器报废量的增多，一些获得环保部废弃电器电子产品处理资质的企业开始回收、拆解处理废电子乐器。但是也有部分报废电子乐器或被简易手工作坊简单拆解零部件投入二手市场，或直接随生活垃圾流入处置中心。处理行业规范水平为低。

　　5. 评估结论

　　表 11－136 为电子乐器的评估结果。电子乐器虽然目前总量不大，随着人们生活水平提升和观念转变，需求量将会急剧增加，届时报废量也会相应提升。另外，在回收处理环节，对处理技术和污染控制要求低。目前，整体电子乐器处理行业极不规范。

表 11－136　电子乐器评估结果

类别	指标		评估结果
1. 资源性	1.1 产量	1.1.1 产品年产量	1308 万台（2011 年）
		1.1.2 产品总重量	7.85 万吨（平均重量 6 千克）
		1.1.3 产品稀贵材料含量	15.7 吨
	1.2 社会保有量	1.2.1 社会保有数量	193.11 万台（2012 年）
		1.2.2 社会保有重量	11586.6 吨（平均重量 6 千克）
		1.2.3 稀贵材料含量	2.32 吨
	1.3 理论报废量	1.3.1 年报废数量	68.28 万台（2012 年）
		1.3.2 年报废重量	4096.8 吨（平均重量 6 千克）
		1.3.3 稀贵材料含量	0.82 吨
2. 环境性	2.1 废弃产品的环境性	2.1.1 受控物质含量	819.36 吨（PCB）
	2.2 回收处理过程的环境性	2.2.1 回收过程的环境风险	环境风险等级低
		2.2.2 拆解过程的环境风险	环境风险等级低
		2.2.3 深加工过程的环境风险	环境风险等级高
3. 经济性	3.1 回收成本	3.1.1 废弃产品的价值	单台价值 29.4 元,价值较高
		3.1.2 运输贮存成本	8 元/台
	3.2 处理难度	3.2.1 拆解处理技术	处理技术等级低
		3.2.2 污染控制技术	污染控制等级低

续表

类别	指标		评估结果
4. 社会性	4.1 社会关注度	学术文章检索数:在中国知网(cnki)检索主题词:产品名称+("回收"或"处理")	检索数量 0,等级低
	4.2 管理需求	4.2.1 生产行业参与回收处理水平	低:几乎没有企业参与回收处理
		4.2.2 处理行业规范水平	低:处理行业不规范

五　专用设备

专用设备指具有专业用途的电器电子产品,包括医疗设备、环境污染防治专用设备、地质勘查专用设备、邮政专用设备、商业饮食和服务专用设备等多个子行业。本次评估的产品为医疗设备中的电子体温计和电子血压计。

(一)电子体温计

电子体温计是利用某些物质的物理参数,如电阻、电压、电流等,与环境温度之间存在的确定关系,将体温以数字的形式显示出来的医疗设备。

1. 资源性

根据工业和信息化部对全部国有电子信息产业制造业企业和年主营业务收入在 500 万元以上的非国有电子信息产业制造业企业主要产品产量的统计显示,2010 年,电子体温、压力测量装置的产量为 14082479 支,同比增长 22.62%,如图 11 - 118 所示。

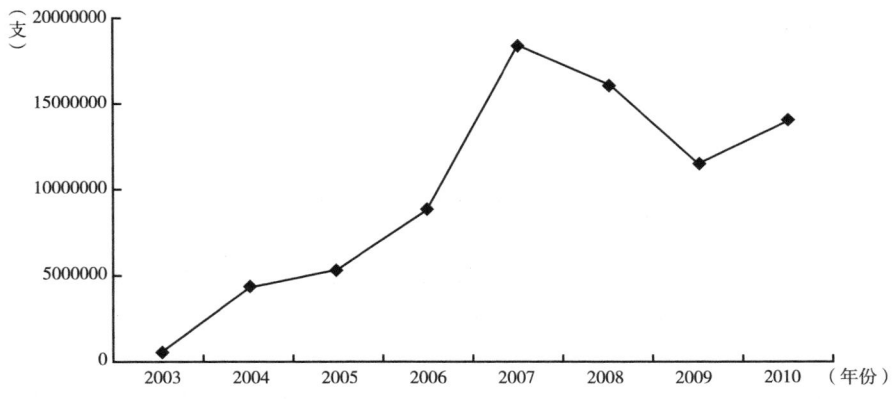

图 11 - 118　2003 ~ 2010 年电子体温、压力测量装置产量

数据来源:《中国电子信息产业统计年鉴》(历年)。

2003～2010 年电子体温计和电子血压计出口量列于表 11 - 137 中。由于工信部公布的是电子体温计和电子血压计合计产量，本课题组按电子体温计出口量/电子血压计出口量的比例测算电子体温计的产量，见图 11 - 119 所示。

表 11 - 137　电子体温计和电子血压计出口量

单位：支

时间	电子体温计出口量	电子血压计出口量	电子体温计出口量/电子血压计出口量
2010	155360282	41041151	3.785
2009	146346821	33980986	4.307
2008	128421882	41944906	3.062
2007	115576679	44675310	2.587
2006	106527910	44383697	2.400
2005	103653653	37700190	2.749
2004	170974176	34661536	4.933
2003	155862256	25230672	6.177

数据来源：《中国海关统计年鉴》（历年）。

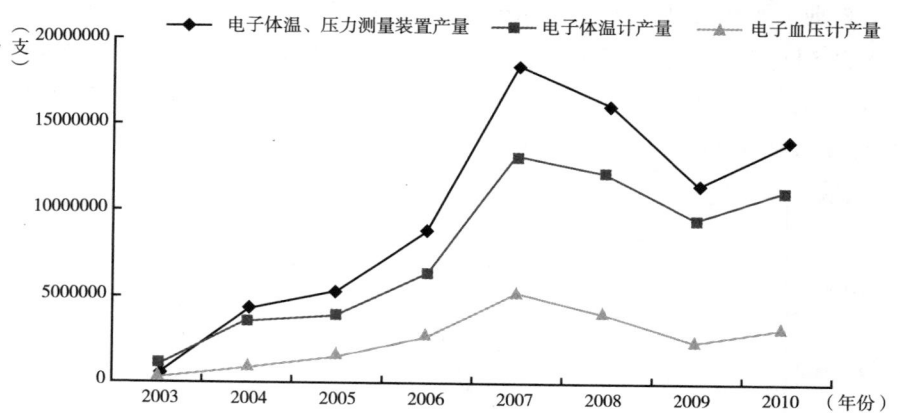

图 11 - 119　2003～2010 年电子体温计、血压计及其测量装置产量

数据来源：《中国电子信息产业统计年鉴》和《中国海关统计年鉴》（历年）。

按照电子体温计的平均重量 15g 计算，平均寿命按照 6 年计算。电子体温计的材料组成及比例列于表 11 - 138 中，电子体温计构造如图 11 - 120 所示。

表 11 – 138　电子体温计的材料组成及比例

单位：%

电子体温计部件或材料名称	各部件或材料所占比例
塑料壳体	50
印刷电路板	36.67
液晶屏	13.33

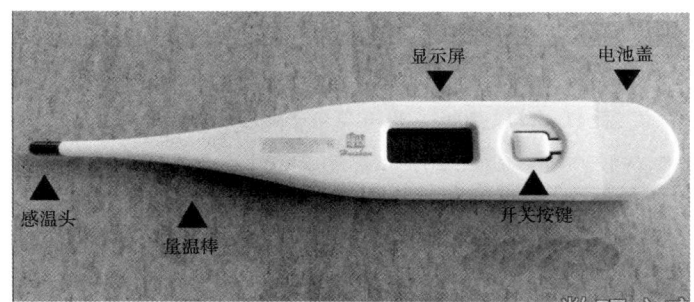

图 11 – 120　电子体温计构造

由于电子体温计的理论报废量采取市场供给模型进行测算，因此其社会保有量的测算方法为：$Q_{H,n} = \sum_{i=n-(t-1)}^{n} S_i$，式中 t 为电子体温计的平均寿命，$Q_{H,n}$ 为第 n 年电子体温计的社会保有量，S_i 为第 i 年电子体温计的销量。通过此式计算得到的电子体温计 2010 年社会保有量为 0.20 亿支，即2005 ~ 2010 年销量之和。

2008 ~ 2010 年电子体温计社会保有量如图 11 – 121 所示，2003 ~ 2010 年电子体温计销量如表 11 – 139 所示。

对于电子体温计理论报废量的计算采取市场供给模型。

市场供给模型的使用始于 1991 年德国针对废弃电子电器的调查（IMS，1991），根据产品的销量数据和产品的平均寿命期来估算电子废物量。假设出售的电子产品到达平均寿命期时全部废弃，在寿命期之前仍被消费者继续使用，并且假设该电子产品的平均寿命稳定，不会随时间变化起较大波动。某种废弃电子电器每年产生量的估算方法可以表示为：$Q_w = S_n$。式中：Q_w 表示电子废弃物产生量，S_n 表示 n 年前电子产品的销售量，n 为该电子产品的平均寿命期。

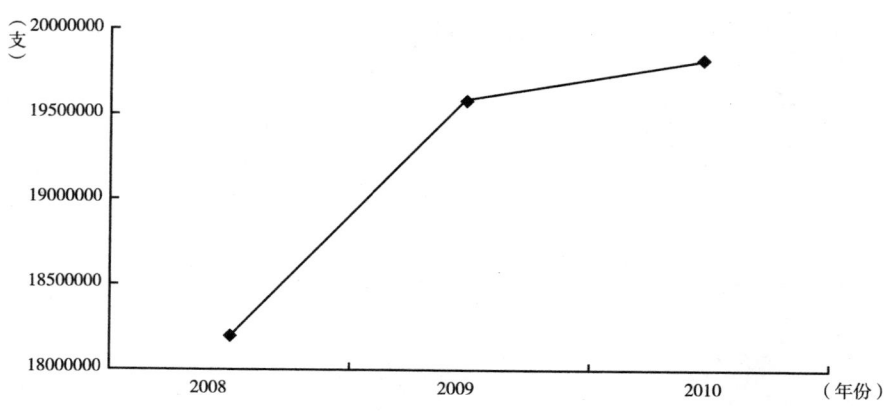

图 11-121 2008～2010 年电子体温计社会保有量

数据来源：《中国电子信息产业统计年鉴》和《中国海关统计年鉴》。

表 11-139 电子体温计销量

单位：支

年份	销售量	年份	销售量
2010	3643484	2006	522511
2009	1406216	2005	447290
2008	11970745	2004	3411532
2007	1851294	2003	7792

数据来源：《中国电子信息产业统计年鉴》和《中国海关统计年鉴》。

本项目组假定电子体温计的平均使用寿命为 6 年。2010 年我国电子体温计理论报废量预测结果为 3411532 支，即 2004 年电子体温计全年销量。

2. 环境性

电子体温计中的受控物质主要是印刷电路板。液晶显示器由于面积小于 100 平方厘米，因此暂不予以考虑。印刷电路板被列入国家危险废物名录。它既是对环境具有危害的部件，同时也含有大量的有价值的材料。按 2010 年电子体温计理论报废量 3411532 支测算，受控物质印刷电路板重量为 18.76 吨。

电子体温计回收应符合国家再生资源回收相关管理政策。由于电子体温计不属于首批目录产品，因此其回收量远远小于废电视机等享受补贴的废弃电器电子产品的回收量。

　　废电子体温计主要由塑料外壳、印刷电路板、液晶屏和其他零部件组成。电子体温计发生磕碰后，不存在液体或气体等泄漏问题，因此，废电子体温计回收过程的环境风险评估为低。

　　废电子体温计的拆解主要以手工物理拆解为主。拆解后的产物为塑料外壳、液晶显示组件、印刷电路板和其他零部件等。由于电子体温计构造比较简单，因此拆解过程并不复杂，同时也不会产生粉尘等有害物质，所以废电子体温计拆解过程的环境风险评估为低。

　　废电子体温计的深加工主要指印刷电路板的破碎分选、分离金属和非金属、金属的冶炼，以及废电子体温计塑料外壳的清洗、破碎、改性和造粒。其中，印刷电路板的处理需要获得环保部门的危废处理许可。2012 年 8 月24 日，环保部、发改委和商务部联合发布了废塑料加工利用污染防治管理规定，对废塑料加工利用企业进行污染预防严格管理。因此，规范的废电子体温计深加工的环境风险很小，而不规范的废电子体温计深加工将对环境产生较大的风险。

　　目前，废电子体温计的深加工行业是规范企业与不规范企业并存。因此，废电子体温计深加工的环境风险评估为高。

　　3. 经济性

　　废弃产品的价值是指废弃产品的材料价值。按照不同材料的回收重量和回收价格进行测算。

　　如表 11 - 140，从回收材料的价值测算废旧电子体温计单支价值较低，虽然其 2010 年理论报废数量为 3411532 支，但是总价值并不高。

表 11 -140　废旧电子体温计材料价值

部件或材料	回收价格（元/吨）	单支重量（克）	单支价值（元）	总价值（万元）
印刷电路板	7000	5.5	0.0385	13.13
塑料	4000	7.5	0.03	10.23
液晶屏	600	2	0.0012	0.41
总　计	—	15	0.0697	23.77

　　注：材料回收价格来自 2013 年 8 月的企业调研。

　　运输和贮存成本采用对比测算法进行评估。在家电以旧换新政策实施期间，回收的大部分产品是阴极射线管电视机，其运费补贴约为每个产品 40元。按产品 30 公斤重量计，可以得出每公斤的运费成本。不同产品根据重量测算其运费成本。废电子体温计的平均每支重量为 15 克，测算的运输和贮存成本每支为 0.02 元。

废电子体温计的拆解主要以手工物理拆解为主。拆解后的产物为塑料外壳、液晶显示组件、印刷电路板和其他零部件等。由于电子体温计构造比较简单，因此拆解过程并不复杂，同时也不会产生粉尘等有害物质，所以废电子体温计拆解处理技术评估为低。

废电子体温计的拆解主要以手工物理拆解为主，由于电子体温计构造比较简单，因此拆解过程并不复杂，同时也不会产生粉尘等有害物质，所以废电子体温计拆解过程的污染控制技术评估为低。

4. 社会性

社会关注度采用学术文章检索数，即在中国知网（cnki）检索主题词：产品名称 +（"回收"或"处理"）。检索的数量越多，说明关注度越高。电子体温计的检索数量为 0，社会关注度为低。

我国电子体温计的生产企业众多。既有国际知名品牌，如德国博朗、欧姆龙，飞利浦新安怡，泰尔茂，也有国有知名品牌，如倍尔康、贝贝鸭、华安，还有更多知名度较小的品牌。目前电子体温计生产企业还没有开展废弃产品的回收工作，因此生产行业参与回收处理水平评估为低。

由于电子体温计没有纳入第一批基金目录，并且其单个价值很低，因此大量废弃的电子体温计没有进入处理企业进行拆解处理，因此处理行业规范水平评估为低。

5. 评估结论

表 11 - 141 为电子体温计目录评估结果。我国电子体温计行业是一个快速发展的行业，资源消耗较大，其回收和拆解过程对环境的影响较低，拆解所需的技术主要以手工物理拆解为主，拆解过程中不会产生粉尘等有害物质，因此拆解过程对技术的要求较低，污染控制技术同样较低。但其拆解所得塑料外壳和印刷电路板深加工过程的环境风险较高，深加工过程需要相应的技术和设备，因此深加工过程对技术的要求较高。目前电子体温计生产行业参与回收的程度较低，处理行业还处于不规范中。

（二）电子血压计

电子血压计是利用现代电子技术与血压间接测量原理进行血压测量的医疗设备。

表 11 - 141　电子体温计评估结果

类别	指标		评估结果
1. 资源性	1.1 产量	1.1.1 产品年产量	0.11 亿支(2010 年)
		1.1.2 产品总重量	167.09 吨(2010 年)
		1.1.3 产品稀贵材料含量	—
	1.2 社会保有量	1.2.1 社会保有数量	0.20 亿支(2010 年)
		1.2.2 社会保有重量	297.62 吨(2010 年)
		1.2.3 稀贵材料含量	—
	1.3 理论报废量	1.3.1 年报废数量	3411532 支(2010 年)
		1.3.2 年报废重量	51.17 吨(2010 年)
		1.3.3 稀贵材料含量	—
2. 环境性	2.1 废弃产品的环境性	2.1.1 受控物质含量	18.76 吨(2010 年,PCB)
	2.2 回收处理过程的环境性	2.2.1 回收过程的环境风险	环境风险等级低
		2.2.2 拆解过程的环境风险	环境风险等级低
		2.2.3 深加工过程的环境风险	环境风险等级高
3. 经济性	3.1 回收成本	3.1.1 废弃产品的价值	23.78 万元
		3.1.2 运输贮存成本	0.02/支,总体运输贮存成本低
	3.2 处理难度	3.2.1 拆解处理技术	处理技术等级低
		3.2.2 污染控制技术	污染控制等级低
4. 社会性	4.1 社会关注度	学术文章检索数:在中国知网(cnki)检索主题词:产品名称 + ("回收"或"处理")	检索数量 0,等级低
	4.2 管理需求	4.2.1 生产行业参与回收处理水平	低:仅个别企业参与回收处理
		4.2.2 处理行业规范水平	低:处理行业不规范

1. 资源性

根据工业和信息化部对全部国有电子信息产业制造业企业和年主营业务收入在 500 万元以上的非国有电子信息产业制造业企业主要产品产量的统计显示,2010 年,电子体温、压力测量装置的产量为 1408 万支,同比增长 22.62%。按照电子体温计出口量/电子血压计出口量的比例测算电子血压计的产量,如图 11 - 122 所示。

电子血压计的平均重量按照 300 克计算,平均寿命按照 6 年计算。电子血压计的材料组成与比例列于表 11 - 142 中,构造如图 11 - 123 所示。

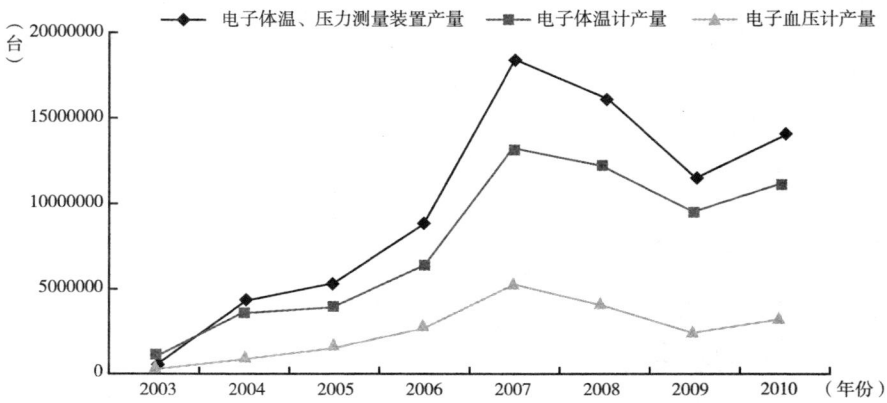

图 11 - 122　2003 ~ 2010 年电子体温计、血压计及其测量装置产量

数据来源：《中国电子信息产业统计年鉴》和《中国海关统计年鉴》（历年）。

表 11 - 142　电子血压计材料组成及比例

单位：%

电子血压计部件或材料名称	各部件或材料所占比例	电子血压计部件或材料名称	各部件或材料所占比例
塑料壳体	56.67	气泵	10.00
印刷电路板	6.67	臂带	16.67
液晶屏	3.33	导管	6.67

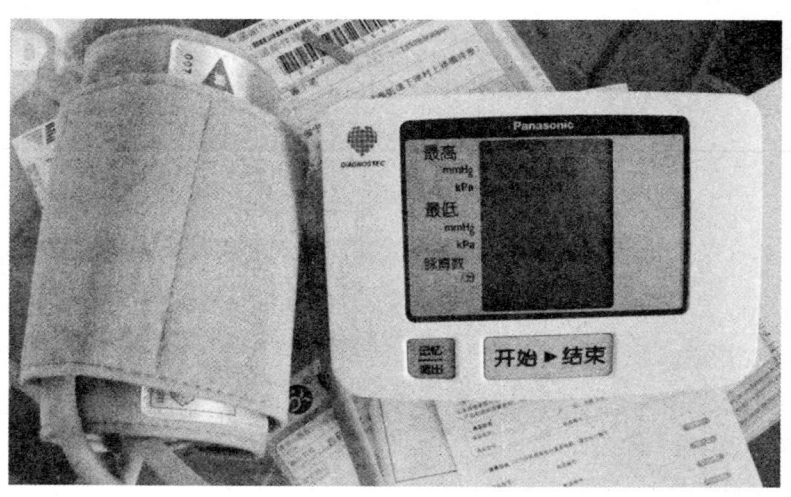

图 11 - 123　电子血压计构造

电子血压计的理论报废量采取市场供给模型进行测算，其社会保有量的测算方法为：$Q_{H,n} = \sum_{i=n-(t-1)}^{n} S_i$，式中 t 为电子血压计的平均寿命，$Q_{H,n}$ 为第 n 年电子血压计的社会保有量，S_i 为第 i 年电子血压计的销量。通过此式计算得到的电子血压计 2010 年社会保有量为 6294597 台，即 2005～2010 年销量之和。2008～2010 年电子血压计社会保有量如图 11-124 所示，电子血压计 2003～2010 年销量如表 11-143 所示。

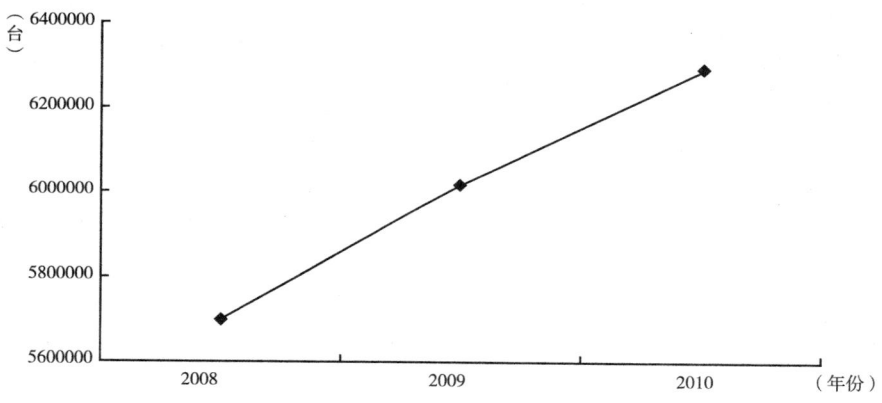

图 11-124　2008～2010 年电子血压计社会保有量

数据来源：《中国电子信息产业统计年鉴》和《中国海关统计年鉴》。

表 11-143　2003～2010 年电子血压计销量

单位：台

年份	销售量	年份	销售量
2010	962611	2006	217713
2009	326495	2005	162710
2008	3909453	2004	691573
2007	715614	2003	1261

数据来源：《中国电子信息产业统计年鉴》和《中国海关统计年鉴》（历年）。

对于电子血压计理论报废量的计算采取市场供给模型。

市场供给模型的使用始于 1991 年德国针对废弃电子电器的调查（IMS，1991），根据产品的销量数据和产品的平均寿命期来估算电子废物量。假设出售的电子产品到达平均寿命期时全部废弃，在寿命期之前仍被消费者继续使用，并且假设该电子产品的平均寿命稳定，不会随时间变化起较大波动。

某种废弃电子电器每年产生量的估算方法 可以表示为: $Q_w = S_n$ 。式中 : Q_w 表示电子废弃物产生量 , S_n 表示 n 年前电子产品的销售量 , n 为该电子产品的平均寿命期。

本项目组假定电子血压计的平均使用寿命为 6 年。2010 年我国电子血压计理论报废量预测结果为 691573 台，即 2004 年电子血压计全年销量。

2. 环境性

电子血压计中的受控物质主要是印刷电路板。液晶显示器由于面积小于 100 平方厘米，因此暂不进行考虑。印刷电路板被列入国家危险废物名录。它既是对环境具有危害的部件，同时也含有大量的有价值的材料。按 2010 年电子血压计理论报废量 691573 台测算，受控物质印刷电路板重量为 13.83 吨。

电子血压计回收应符合国家再生资源回收相关管理政策。由于电子血压计不属于首批目录产品，因此其回收量远远小于废电视机等享受补贴的废弃电器电子产品的回收量。

废电子血压计主要由塑料外壳，印刷电路板，液晶屏和其他零部件组成。电子血压计发生磕碰后，不存在液体或气体等泄漏问题，因此，废旧电子血压计回收过程的环境风险评估为低。

废电子血压计的拆解主要以手工物理拆解为主。拆解后的产物为塑料外壳、液晶显示组件、印刷电路板和其他零部件等。由于电子血压计构造比较简单，因此拆解过程并不复杂，同时也不会产生粉尘等有害物质，所以废电子血压计拆解过程的环境风险评估为低。

废电子血压计的深加工主要指印刷电路板的破碎分选，分离金属和非金属，金属的冶炼，以及废旧电子血压计塑料外壳的清洗、破碎、改性和造粒。其中，印刷电路板的处理需要获得环保部门的危废处理许可。2012 年 8 月 24 日，环保部、发改委和商务部联合发布了废塑料加工利用污染防治管理规定，对废塑料加工利用企业进行污染预防严格管理。因此，规范的废电子血压计深加工的环境风险很小，而不规范的废电子血压计深加工将对环境产生较大的风险。

目前，废电子血压计的深加工行业是规范企业与不规范企业并存。因此，废电子血压计深加工的环境风险评估为高。

3. 经济性

废弃产品的价值是指废弃产品的材料价值。按照不同材料的回收重量和回收价格进行测算。

通过表 11 - 144 可以看出，从回收材料的价值测算废旧电子血压计单台价值较低，虽然其 2010 年理论报废数量为 691573 台，但是总价值并不高。

表 11 - 144 废旧电子血压计材料价值

部件或材料	回收价格（元/吨）	单台重量（克）	单台价值（元）	总价值（万元）
印刷电路板	7000	20	0.14	9.68
塑料	4000	170	0.68	47.03
液晶屏	600	10	0.006	0.41
其他	—	100	—	—
总 计	—	300	0.826	57.12

注：材料回收价格来自 2013 年 8 月的企业调研。

运输和贮存成本采用对比测算法进行评估。在家电以旧换新政策实施期间，回收的大部分产品是阴极射线管电视机，其运费补贴约为每个产品 40 元。按产品 30 公斤重量计，可以得出每公斤的运费成本。不同产品根据其重量测算其运费成本。废电子血压计的平均重量为 300 克，测算的运输和贮存成本每个为 0.40 元。

废电子血压计的拆解主要以手工物理拆解为主。拆解后的产物为塑料外壳、液晶显示组件、印刷电路板和其他零部件等。由于电子血压计构造比较简单，因此拆解过程并不复杂，同时也不会产生粉尘等有害物质，所以废电子血压计拆解处理技术评估为低。

废电子血压计的拆解主要以手工物理拆解为主，由于电子血压计构造比较简单，因此拆解过程并不复杂，同时也不会产生粉尘等有害物质，所以废电子血压计拆解过程的污染控制技术评估为低。

4. 社会性

社会关注度采用学术文章检索数，即在中国知网（cnki）检索主题词：产品名称 +（"回收"或"处理"）。检索的数量越多，说明关注度越高。电子血压计的检索数量为 0，社会关注度为低。

我国电子血压计的生产企业众多。既有国际知名品牌，如德国博朗、欧姆龙，飞利浦新安怡，泰尔茂，也有国有知名品牌，如倍尔康、贝贝鸭、华安，还有更多知名度较小的品牌。目前电子血压计生产企业还没有开展废弃产品的回收工作，因此生产行业参与回收处理水平评估为低。

由于电子血压计没有纳入第一批基金目录，并且其单个价值很低，因此大量废弃的电子血压计没有进入处理企业进行拆解处理，因此处理行业规范水平评估为低。

5. 评估结论

表 11 - 145 为电子血压计目录评估结果。我国电子血压计行业是一个快速发展的行业，资源消耗较大，其回收和拆解过程对环境的影响较低，拆解所需的技术主要以手工物理拆解为主，拆解过程中不会产生粉尘等有害物质，因此拆解过程对技术的要求较低，污染控制技术同样较低。但其拆解所得塑料外壳和印刷电路板深加工过程的环境风险较高，深加工过程需要相应的技术和设备，因此深加工过程对技术的要求较高。目前电子血压计生产行业参与回收的程度较低，处理行业还处于不规范中。

表 11 - 145　电子血压计评估结果

类别	指标		评估结果
1. 资源性	1.1 产量	1.1.1 产品年产量	2943047 台（2010 年）
		1.1.2 产品总重量	882.91 吨（2010 年）
		1.1.3 产品稀贵材料含量	—
	1.2 社会保有量	1.2.1 社会保有数量	6294597 台（2010 年）
		1.2.2 社会保有重量	1888.38 吨（2010 年）
		1.2.3 稀贵材料含量	—
	1.3 理论报废量	1.3.1 年报废数量	691573 台（2010 年）
		1.3.2 年报废重量	207.47 吨（2010 年）
		1.3.3 稀贵材料含量	—
2. 环境性	2.1 废弃产品的环境性	2.1.1 受控物质含量	13.83 吨（2010 年，PCB）
	2.2 回收处理过程的环境性	2.2.1 回收过程的环境风险	环境风险等级低
		2.2.2 拆解过程的环境风险	环境风险等级低
		2.2.3 深加工过程的环境风险	环境风险等级高
3. 经济性	3.1 回收成本	3.1.1 废弃产品的价值	57.12 万元
		3.1.2 运输贮存成本	0.40 元/台，总体运输贮存成本低
	3.2 处理难度	3.2.1 拆解处理技术	处理技术等级低
		3.2.2 污染控制技术	污染控制等级低
4. 社会性	4.1 社会关注度	学术文章检索数：在中国知网（cnki）检索主题词：产品名称 +（"回收"或"处理"）	检索数量 0，等级低
	4.2 管理需求	4.2.1 生产行业参与回收处理水平	低：仅个别企业参与回收处理
		4.2.2 处理行业规范水平	低：处理行业不规范

六 新增产品评估

（一）镍镉电池

镍镉电池自发明以来已有近百年的历史，由于它具有电容量高、易于维护、制造工艺简单及成本低的特点，可广泛地应用于移动通信、家用电器及电动工具等许多方面。镍镉电池含有镉镍等金属元素及碱性电解液（pH = 12.9 ~ 13.5），会对人体健康和生态环境造成不同程度的危害，因此已被许多国家列入危险废物。

废旧镍镉电池中最主要的有害物质是镉，其次是镍和钴。它们主要是通过与市政垃圾一起进行填埋或焚烧时而进入环境的。高浓度的镉会造成植物的生长发育滞缓，还会造成其在生物体内残留或富集，最终通过食物链等进入人体，危及人类健康。镉在人体中的半衰期为 6 ~ 18a，它的毒害效应是积累型的。镉中毒会引起骨痛病、肾损伤、胃肠不适及心血功能障碍等，甚至会导致癌症。镍的毒性仅次于镉，但是大于铅，因此镍对人体健康及环境的危害也不容忽视。

另外，废旧镍镉电池含有大量镍、镉、铁等有价资源，对于有限的矿产资源及国家的可持续发展具有非常的意义，因此世界上许多国家日益重视废旧镍镉电池的回收利用，并出台了许多法律法规。

1. 资源性

根据中国电池工业协会对全国电池行业的统计，2010 年小型二次电池产量为 46.97 亿块，同比 2003 年增长 44.52%，2003 ~ 2010 年小型二次电池产量如图 11 - 125 所示。

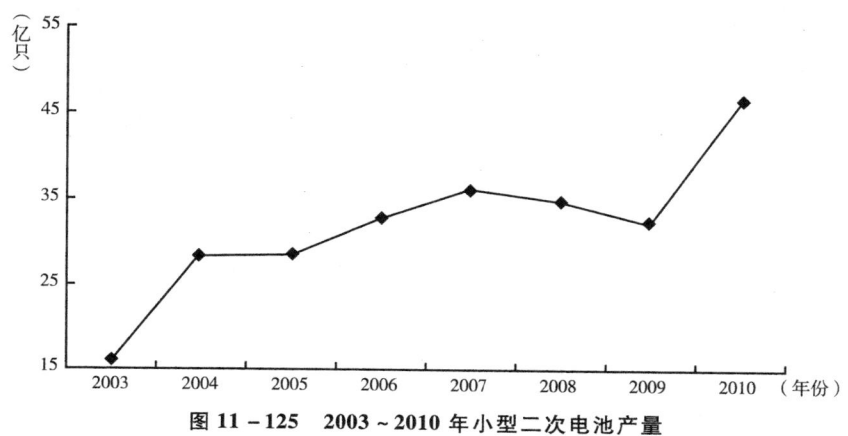

图 11 - 125 2003 ~ 2010 年小型二次电池产量

数据来源：《中国轻工业年鉴》。

2003 ~ 2010 年小型二次电池和镍镉电池出口量列于表 11 - 146 中。由于中国电池工业协会提供的数据为小型二次电池产量，本课题组假设镍镉电池出口量与小型二次电池出口量之比即为镍镉电池产量与小型二次电池产量之比，所得 2003 ~ 2010 年镍镉电池产量如图 11 - 126 所示。

表 11 - 146　小型二次电池和镍氢电池出口量

时间	镍镉电池 出口量（只）	小型二次电池 出口量（只）	镍镉电池出口量/ 小型二次电池出口量
2010	255791158	2401482108	0.107
2009	251565246	2097795417	0.120
2008	587594384	2707358208	0.217
2007	738893516	2923408753	0.253
2006	720865516	2636850476	0.273
2005	805446593	2429506443	0.332
2004	826129126	2063364735	0.400
2003	649072177	1475265146	0.440

数据来源：《中国海关统计年鉴》（历年）。

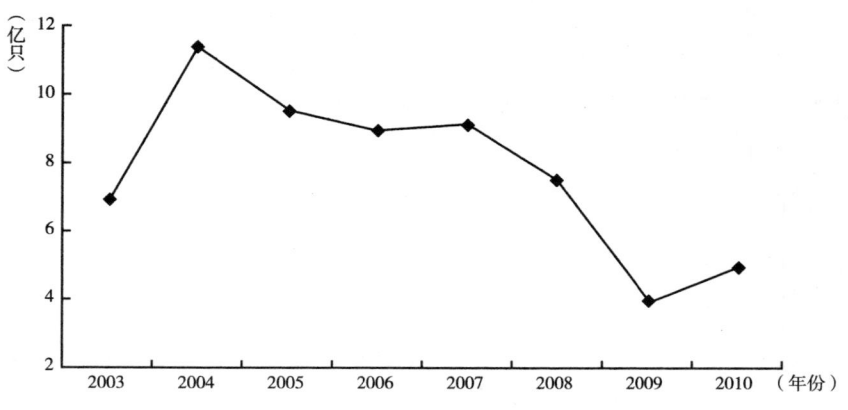

图 11 - 126　2003 ~ 2010 年镍镉电池产量

数据来源：《中国轻工业年鉴》和《中国海关统计年鉴》（历年）。

镍镉电池以 5 号圆柱形镍镉电池作为典型产品进行评估，平均重量按 25g 计算，平均寿命按 4 年计算。镍镉电池材料组成及重量列于表 11 - 147 中。

表 11 - 147 镍氢电池材料组成及重量百分比

单位：重量（%）

镍氢电池材料	材料比例	镍氢电池材料	材料比例
铁	35.0	镉	23.2
镍	16.4	锰	0.0
钴	1.1	钾	0.5
锌	0.5	稀有金属	0.0
铜	0.3	其他金属	0.1

注：铁包括金属外壳；稀有金属指镧、铈、镨和钕的平均值。表中未包括正负极隔膜和其他材料的比例。

镍镉电池是以氢氧化镍为正极活性材料，并加进石墨或镍粉以增加其导电性，负极使用的活性材料是海绵状金属镉，电解质为氢氧化钾或氢氧化钠的水溶液。其结构见图 11 - 127 所示。

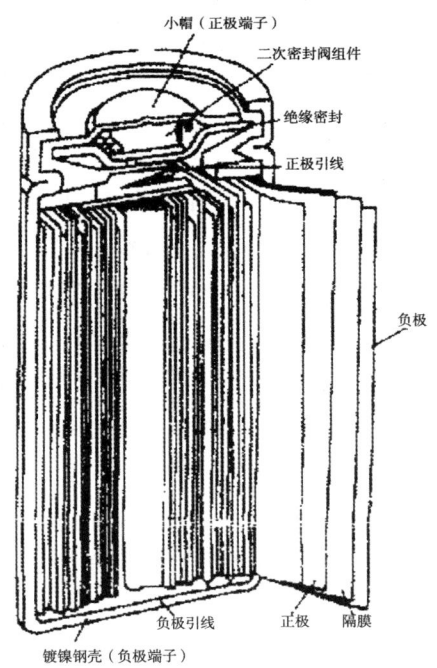

图 11 - 127 镍镉电池结构

数据来源：黄魁：《废旧镍镉、镍氢电池中有价值金属的回收研究》，博士学位论文，上海交通大学，2011。

对镍镉电池的理论报废量采取市场供给模型进行测算，其社会保有量的测算方法为：$Q_{H,n} = \sum_{i=n-(t-1)}^{n} S_i$，式中 t 为镍镉电池的平均寿命，$Q_{H,n}$ 为第 n 年镍镉电池的社会保有量，S_i 为第 i 年镍镉电池的销量。通过此式计算得到的镍镉电池 2010 年社会保有量为 21.14 亿块。2006～2010 年镍镉电池社会保有量如图 11－128 所示。

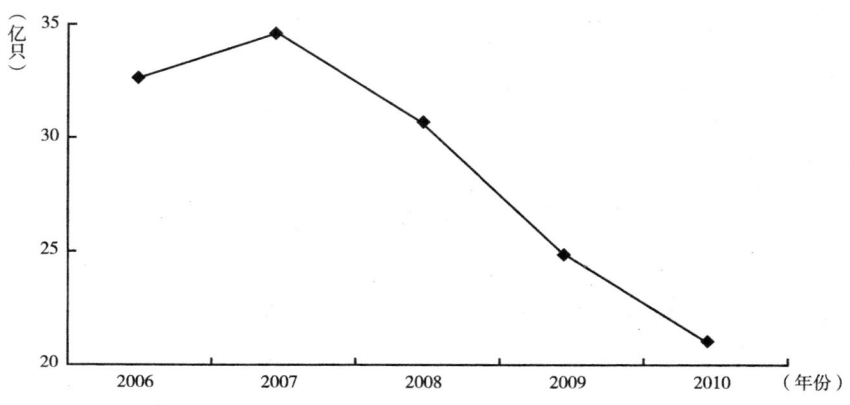

图 11－128　2006～2010 年镍镉电池社会保有量

对于镍镉电池理论报废量的计算采取市场供给模型。

市场供给模型的使用始于 1991 年德国针对废弃电子电器的调查（IMS，1991），根据产品的销量数据和产品的平均寿命期来估算电子废物量。假设出售的电子产品到达平均寿命期时全部废弃，在寿命期之前仍被消费者继续使用，并且假设该电子产品的平均寿命稳定，不会随时间变化起较大波动。某种废弃电子电器每年产生量的估算方法可以表示为：$Q_w = S_n$。式中：Q_w 表示电子废弃物产生量，S_n 表示 n 年前电子产品的销售量，n 为该电子产品的平均寿命期。

本项目组假定镍镉电池的平均寿命为 4 年。2010 年我国镍镉电池理论报废量预测结果为 7.59 亿块。2007～2010 年镍镉电池理论销量。如图 11－129 所示。

2. 环境性

废镍镉电池主要由氢氧化镍、金属镉、氢氧化钾或氢氧化钠溶液等组成。国家危险废物名录中，经拆散、破碎、砸碎后分类收集的镉镍电池为危险废物，受控物质含量按照镍镉电池中金属镉的重量计算，因此废镍镉电池受控物质含量为 4402.45 吨。

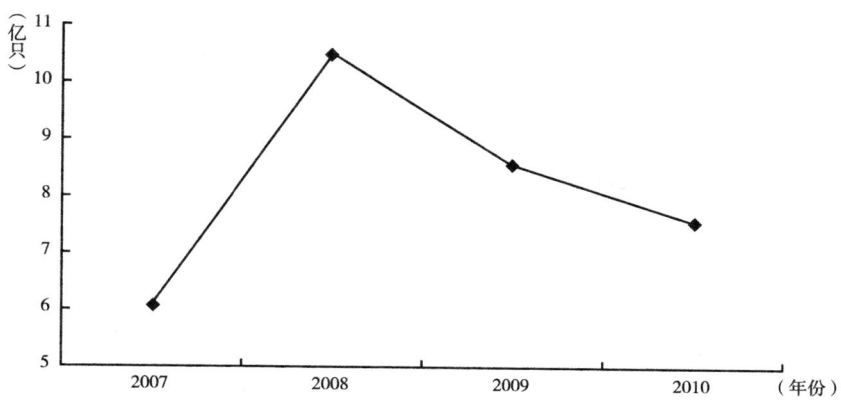

图 11 – 129 2007~2010 年镍镉电池理论报废量

目前我国在废旧电池的回收管理方面相当薄弱，对于废旧电池的回收国家也没有制定具体的政策和法规，至今还没有建立一套完整的废电池回收体系，绝大部分废旧电池被当作普通生活垃圾来处理。同时，居民们对废旧电池危害认识不足，没有形成普遍的自觉收集、自觉上交的意识，废旧电池回收率低。

随着人们环保意识的进一步加强，废电池的无害化处理和资源化利用逐渐得到重视，目前废电池的回收网络基本上是某些单位、个人自发建成的，回收工作也仅限于在部分城市开展，如北京、上海、杭州和深圳等地。这些城市均加强了废电池的收集管理，并出台一系列环保法规，其废电池回收途径基本形成，但回收上来的废旧电池不及已销售电池的 1/10。除了回收数量难以保证之外，废旧电池回收后还存在难处理的问题。由于缺乏合理的后续处理、处置措施，收集到的废电池只能由有关部门简单堆存起来，或者重新混入生活垃圾中进行填埋处理，不仅不能解决其潜在的环境污染问题，还增加了城市生活垃圾的处理、处置难度，因此急需相关的处理技术和处理政策来解决废电池污染问题。

格林美作为中国废旧电池回收利用的发动单位和国家循环经济试点企业，公司先后在深圳、武汉、南昌、内蒙古、广州、中山等 20 多个城市建立了废旧电池回收网络，布置了 15000 多个废旧电池回收箱，辐射 10 万平方公里、覆盖 7000 万人群，年回收废旧电池 3300 吨以上，使中国小型废旧电池回收率从 2006 年的不到 1% 提升到现在的 5% 以上。以格林美为主体建立的中国废旧电池回收网络的成功实践，标志着对中国资源"城市矿山"

开采模式的探索已开始实际运行。

镍镉电池用不锈钢作为外壳，在运输过程中不易发生外壳破裂，因此镍镉电池回收过程的环境风险评估为低。

废镍镉电池主要用机械法进行拆解。一般废镍镉电池的残余电压是 1.6 ~ 1.7V，在机械法拆解前用水浸电池，可避免破碎中机械强力使电池放电而带来的危险。机械预处理涉及粉碎、筛分、磁选、细碎等工序，目的是富集镍镉电极。单转子锤式破碎机（直径 670mm、转速 46m/s、卸料格板孔径 20mm）适合于破碎电池。破碎后的物料须过 0.15mm 筛，将镍镉电池磨碎至小于 2mm，能较好地分离金属外壳与隔板。粉碎至小于 5mm 有利于提高金属浸出效率。除镉外，镍镉电池中的铁、钴、镍均为磁性物质。

在废镍镉电池的破碎、筛分、磁力分选等过程中，要防止粉尘等的扩散，因此拆解过程的环境风险评估为高。

废镍镉电池的深加工主要指电池中金属元素的提炼。处理技术主要包括火法冶金和湿法冶金处理技术等。

火法冶金是使废镍镉电池中的金属及其化合物氧化、还原、分解、挥发及冷凝的过程，火法冶金包括常压冶金和真空冶金蒸馏法。

湿法冶金的原理是基于废镍镉电池中的金属及其化合物溶解于酸性、碱性溶液或某种溶剂，形成溶液，然后通过各种处理，如选择性浸出、化学沉淀、电解、溶剂萃取、置换等手段使其中的有价金属得到资源回收。

废镍镉电池的火法和湿法冶金处理技术会产生灰尘，废液等，因此深加工的环境风险评估为高。

3. 经济性

废弃产品的价值是指废弃产品的材料价值。按照不同材料的回收重量和回收价格进行测算。

通过表 11 - 148 可以看出，从回收材料的价值测算单只废镍镉电池的价值较低，但由于镍镉电池理论报废量较大，因此总价值中等。

运输和贮存成本采用对比测算法进行评估。在家电以旧换新政策实施期间，回收的大部分产品是阴极射线管电视机，其运费补贴约为每个产品 40 元。按产品 30 公斤重量计，可以得出每公斤的运费成本。不同产品根据重量测算其运费成本。废旧镍镉电池的重量约为 25 克。测算的运输和贮存成本每块为 0.033 元。

表 11-148 废镍镉电池材料价值

材料	金属价格（元/吨）	单只重量（克）	单只价值（元）	总价值（亿元）
铁	3330	8.75	0.029	0.22
镍	100200	4.10	0.41	3.12
钴	195500	0.28	0.054	0.41
锌	15140	0.13	0.0019	0.014
铜	51850	0.075	0.0039	0.030
镉	16500	5.80	0.096	0.73
钾	85000	0.13	0.011	0.081
其他	—	5.74	—	—
总计	—	25.005	0.6058	4.605

注：1. 铁包括金属外壳；2. 金属的回收价格为金属单质的价格，因为镍，钴等金属以化合物形式存在于电池中；3. 有色金属单质价格来源于上海有色网（www.smm.cn）2013 年 10 月 26 日报价。

废镍镉电池采用机械分离与回收工艺。利用物理方法将回收电池破碎，然后用标准筛进行分级并确定粒径分布。机械分离与回收工艺的优点是无须使用化学试剂，能耗低，不会对环境造成二次污染，但其分离效率较低。

废镍镉电池的拆解需要专业的技术和设备，且技术要求较高，因此，拆解处理技术评估为高。

废镍镉电池采用机械分离与回收工艺，在电池破碎过程中会产生粉尘，因此拆解过程的污染控制技术评估为高。

4. 社会性

社会关注度采用学术文章检索数，即在中国知网（cnki）检索主题词：产品名称+（"回收"或"处理"）。检索的数量越多，说明关注度越高。镍镉电池的检索数量为 5，社会关注度为低。

中国镍镉电池生产企业主要包括 GP 超霸，Eneloop（爱乐普），PISEN（品胜），南孚，Philips（飞利浦），Energizer（劲量），德赛电池，SONY（索尼），Panasonic（松下），Maxell（麦克赛尔）等。目前镍镉电池生产企业还没有开展废弃产品的回收工作，因此生产行业参与回收处理水平评估为低。

由于镍镉电池没有纳入第一批基金目录，加之镍镉电池的回收处理对技术和设备要求很高，因此目前只有一些较大规模的企业在从事镍镉电池的回收处理工作。

格林美公司突破了由废旧电池、含钴废料循环再造超细钴粉和镍粉的关键技术，跨越了废弃资源再利用的原生化和高技术材料再制备的两大技术难关，获得 58 项专利，并且牵头起草了废弃钴镍资源和钴镍粉体制备方面的 10 项国家标准和 18 项行业标准，成为废弃钴镍资源循环利用领域制定技术标准的先导企业，是国内外采用废弃钴镍资源直接生产超细钴镍粉体材料的技术领先企业。

由于镍镉电池回收处理工作由一些规模较大的企业在从事，因此处理行业规范水平评估为高。

5. 评估结论

表 11-149 为镍镉电池目录评估结果。我国镍镉电池制造行业是一个快速发展的行业，资源消耗较大，其回收过程对环境的影响较低，而拆解该过程对环境的影响较高，拆解需要机械对废旧镍镉电池进行破碎，拆解过程中会产生粉尘等有害物质，因此拆解过程处理对技术要求较高，污染控制技术同样较高。深加工过程需要相应的技术和设备，环境风险较高。目前镍镉电池生产行业参与回收的程度较低，而镍镉电池回收处理工作主要由一些规模较大的企业在从事，因此处理行业规范水平评估为高。

表 11-149　镍镉电池评估结果

类别	指标		评估结果
1. 资源性	1.1 产量	1.1.1 产品年产量	5.00 亿块（2010 年）
		1.1.2 产品总重量	12507.39 吨（2010 年）
		1.1.3 产品稀贵材料含量	137.58 吨（2010 年金属钴）
	1.2 社会保有量	1.2.1 社会保有数量	21.14 亿块（2010 年）
		1.2.2 社会保有重量	52846.21 吨（2010 年）
		1.2.3 稀贵材料含量	581.31 吨（2010 年金属钴）
	1.3 理论报废量	1.3.1 年报废数量	7.59 亿块（2010 年）
		1.3.2 年报废重量	18976.07 吨（2010 年）
		1.3.3 稀贵材料含量	208.74 吨（2010 年金属钴）
2. 环境性	2.1 废弃产品的环境性	2.1.1 受控物质含量	4402.45 吨（2010 年金属镉）
	2.2 回收处理过程的环境性	2.2.1 回收过程的环境风险	环境风险等级低
		2.2.2 拆解过程的环境风险	环境风险等级高
		2.2.3 深加工过程的环境风险	环境风险等级高

续表

类别	指标		评估结果
3. 经济性	3.1 回收成本	3.1.1 废弃产品的价值	4.60 亿元
		3.1.2 运输贮存成本	0.033 元/只,总体运输贮存成本低
	3.2 处理难度	3.2.1 拆解处理技术	处理技术等级高
		3.2.2 污染控制技术	污染控制等级高
4. 社会性	4.1 社会关注度	学术文章检索数:在中国知网(cnki)检索主题词:产品名称+("回收"或"处理")	检索数量5,等级低
	4.2 管理需求	4.2.1 生产行业参与回收处理水平	低:仅个别企业参与回收处理
		4.2.2 处理行业规范水平	高:处理行业较为规范

（二）镍氢电池

镍氢电池（Ni-MH 电池）是 20 世纪 90 年代发展起来的一种新型绿色电池，具有高能量、长寿命、无污染、高性价比等优点，是世界各国竞相发展的高科技产品之一。20 世纪 60 年代末储氢合金材料的发现促进了镍氢电池的兴起。由于储氢合金的主要来源是稀土，而中国稀土资源比较丰富，占世界总储量的 70% 以上，因此中国发展镍氢电池具有得天独厚的优势。中国镍氢电池的研究与开发受到了国家"863 计划"的大力支持，并被列为"重中之重"项目。在 863 计划"镍氢电池产业化"项目的推动下，中国的镍氢电池及相关产业实现了从无到有，赶超世界先进水平的奋斗目标。

据估计，世界镍氢电池市场平均增长率为 13%，而我国镍氢电池生产平均增长率高达 60%。90 年代以后镍氢电池逐渐完善和商品化，是目前二次电池市场上的主流产品之一，其用途十分广泛，可应用于各种电动工具、电动自行车、混合动力汽车（HEV）、磁悬浮列车、潜水艇、通信后备电源设施以及某些军事装置和医疗装置等领域。此外，随着镍氢电池生产技术水平不断突破、产能的规模化发展，小型镍氢电池市场应用趋于平和而动力镍氢电池的应用领域不断扩大。尽管镍氢电池在数码领域逐渐被锂离子电池及锂聚合物电池取代，但镍氢电池经受住了市场的考验，深受消费者信任，在动力电源领域里仍具有较大的市场前景。

镍氢电池现主要应用于混合电动车。2011 年 HEV 市场占 56%，零售市场（包括遥控车、玩具、家用电器、数码摄像机）占 24%，无绳电话占

11%，其他市场为9%。世界镍氢电池主要由中国和日本企业生产，占全球产量的95%以上。全球镍氢电池70%以上在中国生产，中国镍氢电池企业主要包括超霸、豪鹏、比亚迪、环宇、科力远、力可兴、三普、迪生、三捷、量能、格瑞普等。日本企业松下、三洋已将小型镍氢电池生产转移到中国。HEV用大型镍氢电池主要在日本生产，生产企业主要为 Primearth 电动车能源公司（PEVE）和三洋电机，由于松下和三洋合并，而松下的湘南工厂卖给了中国科力远。因此，大型镍氢电池已主要由松下生产。随着电动车技术及产品的不断发展，动力镍氢电池必将有更广阔的发展和应用空间。

1. 资源性

根据中国电池工业协会对全国电池行业的统计，2010年小型二次电池产量为46.97亿块，同比2003年增长44.52%，如图11-130所示。

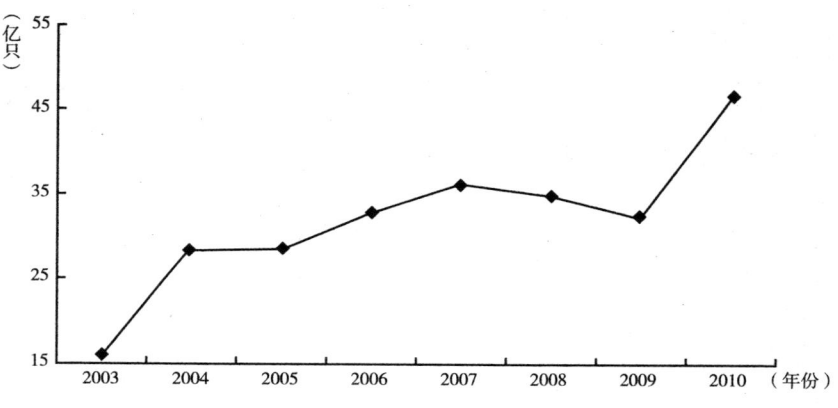

图 11 - 130　2003～2010 年小型二次电池产量

数据来源：《中国轻工业年鉴》（历年）。

2003～2010年小型二次电池和镍氢电池出口量列于表11-150中。由于中国电池工业协会提供的数据为小型二次电池产量，本课题组假设镍氢电池出口量与小型二次电池出口量之比即为镍氢电池产量与小型二次电池产量之比，所得2003～2010年镍氢电池产量如图11-131所示。

限于目前混合动力汽车的发展现状，镍氢电池以5号圆柱形镍氢电池作为典型产品进行评估，平均重量按25g计算，平均寿命按4年计算。镍氢电池材料组成及重量百分比列于表11-151中。

表 11 - 150　镍氢电池和小型二次电池出口量

时间	镍氢电池出口量（只）	小型二次电池出口量（只）	镍氢电池出口量/小型二次电池出口量
2010	950276743	2401482108	0.396
2009	765000941	2097795417	0.365
2008	866985374	2707358208	0.320
2007	970718364	2923408753	0.332
2006	912731086	2636850476	0.346
2005	874744594	2429506443	0.360
2004	675463946	2063364735	0.327
2003	511884759	1475265146	0.347

数据来源：《中国海关统计年鉴》。

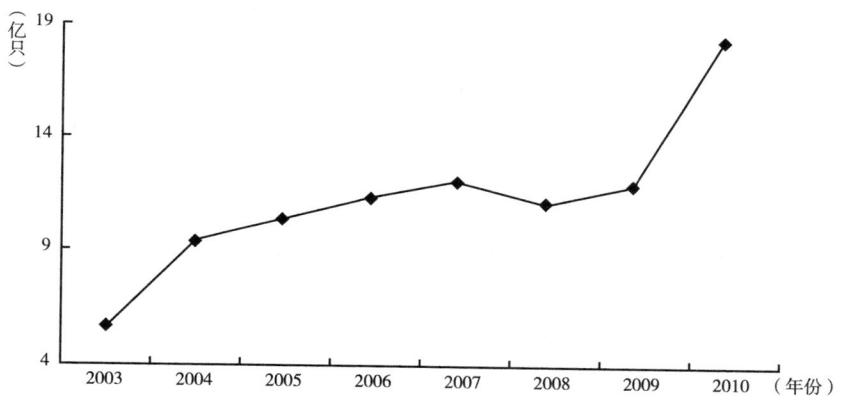

图 11 - 131　2003 ~ 2010 年镍氢电池产量

数据来源：《中国轻工业年鉴》和《中国海关统计年鉴》。

表 11 - 151　镍氢电池材料组成及重量百分比

单位：wt. %

镍氢电池材料	材料比例	镍氢电池材料	材料比例
铁	15.7	镉	0.0
镍	35.0	锰	4.5
钴	3.8	钾	5.2
锌	1.2	稀有金属	5.4
铜	0.5	其他金属	2.0

注：铁包括金属外壳；稀有金属指镧、铈、镨和钕的平均值。表中未包括正负极隔膜和其他材料的比例。

数据来源：黄魁：《废旧镍镉、镍氢电池中有价值金属的回收研究》，博士学位论文，上海交通大学，2011。

镍氢电池由正极、负极、隔膜、碱性电解液、不锈钢壳盖等组成。电池正极活性物质为氢氧化亚镍［Ni（OH）$_2$］，充电后变为氢氧化镍［NiO（OH）］；负极活性物质为贮氢合金（M），充电后变为金属氢化物（MH）；使用以KOH为主并添加少量NaOH、LiOH组成的三元水溶液为电池的电解液；采用聚丙烯接枝隔膜，用于储存电解液、导通离子并阻断电池内部正负电极间电子传递。

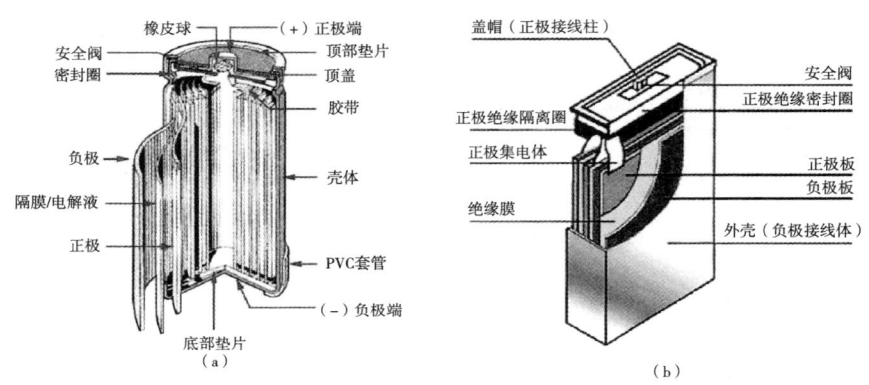

图 11－132　镍氢电池结构：（a）圆柱形镍氢电池；（b）方形镍氢电池

镍氢电池结构示意图（见图 11－132）及各部分作用说明如下。

➢正、负极柱：分别用于连接正、负极板，是电池与外电路的连接点；

➢安全阀：用于完成电池的密封，同时当电池内部压力过大时安全阀开启，释放气体，降低电池内部压力，保证电池能安全使用；

➢电池盖、电池壳：电池反应的容器，同时完成电池体系的密封，并起到保护电池的作用；

➢绝缘垫：实现电池极柱与电池壳体之间的绝缘；

➢正、负电极：电池反应的主体，电池的能量储存在正、负电极上；

➢隔膜：储存电解液，为电池正、负电极提供离子通道，阻断电池内部正、负电极间电子通道；

➢极组构成：电池极组由多片负极、多片正极和隔膜构成。其中正极装在隔膜袋中，负极在隔膜袋外与正极间隔叠片形成电池极组。电池极组经焊极柱、入壳、封口、注液、化成后即可制造出镍氢电池。

镍氢电池的理论报废量采取市场供给模型进行测算，其社会保有量的测算方法为：$Q_{H,n} = \sum_{i=n-(t-1)}^{n} S_i$，式中 t 为镍氢电池的平均寿命，$Q_{H,n}$ 为第 n 年镍氢电池的社会保有量，S_i 为第 i 年镍氢电池的销量。通过此式计算得到的镍氢电池 2010 年社会保有量为 34.82 亿块。如图 11 - 133 所示。

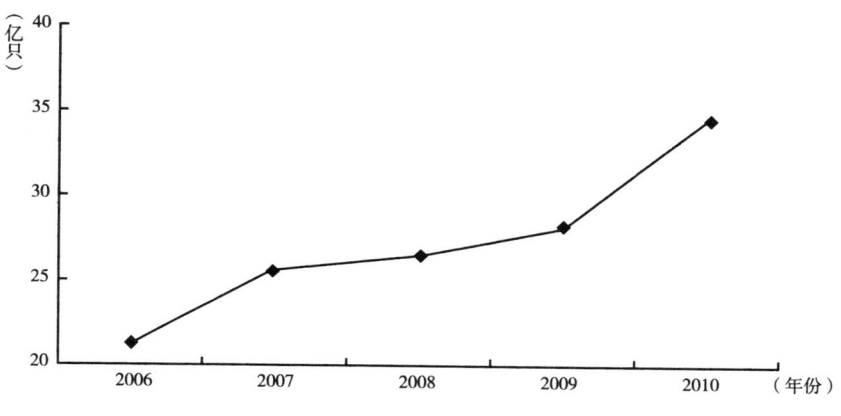

图 11 - 133　2006 ~ 2010 年镍氢电池社会保有量

对于镍氢电池理论报废量的计算采取市场供给模型。市场供给模型的使用始于 1991 年德国针对废弃电子电器的调查（IMS，1991），根据产品的销量数据和产品的平均寿命期来估算电子废物量。假设出售的电子产品到达平均寿命期时全部废弃，在寿命期之前仍被消费者继续使用，并且假设该电子产品的平均寿命稳定，不会随时间变化起较大波动。某种废弃电子电器每年产生量的估算方法可以表示为：$Q_w = S_n$。式中：Q_w 表示电子废弃物产生量，S_n 表示 n 年前电子产品的销售量，n 为该电子产品的平均寿命期。

本项目组假定镍氢电池的平均寿命为 4 年。2010 年我国镍氢电池理论报废量预测结果为 6.55 亿块。2007 ~ 2010 年镍氢电池理论报废量。如图 11 - 134 所示。

2. 环境性

废镍氢电池主要由氢氧化亚镍、贮氢合金、KOH、NaOH、LiOH、聚丙烯接枝隔膜等组成。镍氢电池不在国家危险废物名录中，因此废镍氢电池受控物质含量为 0。

目前我国在废旧电池的回收管理方面相当薄弱，对于废旧电池的回收国家也没有制定具体的政策和法规，我国至今还没有建立一套完整的废电池回

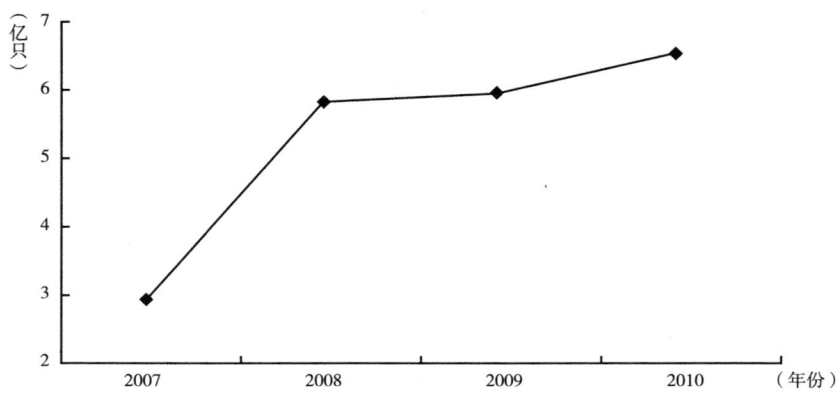

图 11 – 134　2007 ~ 2010 年镍氢电池理论报废量

收体系，绝大部分废旧电池被当作普通生活垃圾来处理。其次，居民们对废旧电池危害认识不足，没有形成普遍的自觉收集、自觉上交的意识，废旧电池回收率低。

随着人们环保意识的进一步加强，废电池的无害化处理和资源化利用逐渐得到重视，目前废电池的回收网络基本上是某些单位、个人自发建成的，回收工作也仅限于在部分城市开展，如北京、上海、杭州和深圳等地。这些城市均加强了废电池的收集管理，并出台了一系列环保法规，其废电池回收途径基本形成，但回收上来的废旧电池不及已销售电池的 1/10。除了回收数量难以保证之外，废电池回收后还存在难处理的问题。由于缺乏合理的后续处理、处置措施，收集到的废电池只能由有关部门简单堆存起来，或者重新混入生活垃圾中进行填埋处理，不仅不能解决其潜在的环境污染问题，还增加了城市生活垃圾的处理、处置难度，因此急需相关的处理技术和处理政策来解决废电池污染问题。

镍氢电池用不锈钢作为外壳，在运输过程中不易发生外壳破裂，因此镍氢电池回收过程的环境风险评估为低。

废镍氢电池的拆解主要以机械破碎、筛分、磁力分选为主。

机械分离法根据电池不同组分各种物理性质如密度、导电性、磁性等的不同，对废电池直接进行破碎、筛选，以达到初步分离电池各种成分，富集有价金属部分的目的。

通过一系列机械过程，不仅富集了镍、钴和稀土等有价成分，而且还有效地从镍、钴和稀土中分离出铁和铜等金属,简化了后续纯化工艺,提高了生产效率。在处理废电池的起始阶段,有一个加热工序,可以除掉有机成分。

在废镍氢电池的破碎、筛分、磁力分选等过程中,要防止粉尘等的扩散,因此拆解过程的环境风险评估为高。

废镍氢电池的深加工主要指电池中金属元素的提炼。处理技术主要包括火法冶金和湿法冶金处理技术等。

火法冶金处理技术一般先将废镍氢电池粉碎,除去电解液 KOH 后干燥,再将隔膜、黏结剂等有机物分离,剩余材料经还原法熔炼可得到以镍铁为主的合金,冶炼得到镍铁合金还可根据不同目标进行再冶炼,冶炼的产品可再次用于合金钢或铸铁的冶炼。

湿法冶金处理技术具有可对各种金属元素进行单独回收且回收率较高等优点。其缺点是处理工艺比较复杂:首先对废镍氢电池进行机械粉碎、除碱、磁力或重力分选等处理将其中的含铁物质分离;然后用酸浸溶解全部电极敷料,过滤除去不溶物(黏结剂等);接着通过添加相应试剂,调节溶液 pH 值,使浸出溶液中的稀土元素、铁、钴、锰、铝等金属元素沉淀析出,过滤后得到镍、钴元素含量较高的溶液。

废镍氢电池的火法和湿法冶金处理技术会产生灰尘,废液等,因此深加工的环境风险评估为高。

3. 经济性

废弃产品的价值是指废弃产品的材料价值。按照不同材料的回收重量和回收价格进行测算。

通过表 11 - 152 可以看出,从回收材料的价值测算单只废镍氢电池的价值较低,但由于镍氢电池理论报废量大,因此总价值较高。

表 11 - 152 废镍氢电池材料价值

材料	金属价格(元/吨)	单块重量(克)	单块价值(元)	总价值(亿元)
铁	3330	3.93	0.013	0.086
镍	100200	8.75	0.88	5.74
钴	195500	0.95	0.19	1.22
锌	15140	0.30	0.0045	0.030
铜	51850	0.13	0.0065	0.042

材料	金属价格（元/吨）	单块重量（克）	单块价值（元）	总价值（亿元）
锰	12600	1.13	0.014	0.093
钾	85000	1.30	0.11	0.72
稀有金属	54000	1.35	0.073	0.48
其他	—	7.16	—	—
总　计	—	25	1.28	8.41

注：1. 铁包括金属外壳，稀有金属指镧、铈、镨和钕，为了计算单块价值，此处稀有金属指镧；2. 金属的回收价格为金属单块的价格，因为镍，钴等金属以化合物形式存在于电池中；3. 有色金属单块价格来源于上海有色网（www.smm.cn）2013 年 10 月 26 日报价。

　　运输和贮存成本采用对比测算法进行评估。在家电以旧换新政策实施期间，回收的大部分产品是阴极射线管电视机，其运费补贴约为每个产品 40 元。按产品 30 公斤重量计，可以得出每公斤的运费成本。不同产品根据重量测算其运费成本。废镍氢电池的重量约为 25 克。测算的运输和贮存成本每块为 0.033 元。

　　废镍氢电池采用机械分离与回收工艺。利用物理方法将回收电池破碎，然后用标准筛进行分级并确定粒径分布。筛分后得到包含诸如镍、钴和稀土等有价成份的细粒产品，以及铁屑、电极隔板、塑料屑、纸和隔膜絮状物等混合物组成的粗粒产品。机械分离与回收工艺的优点是无须使用化学试剂、能耗低、不会对环境造成二次污染，但其分离效率较低。

　　废镍氢电池的拆解需要专业的技术和设备，且技术要求较高，因此，拆解处理技术评估为高。

　　废镍氢电池采用机械分离与回收工艺，在电池破碎过程中会产生粉尘，因此拆解过程的污染控制技术评估为高。

　　4. 社会性

　　社会关注度采用学术文章检索数，即在中国知网（cnki）检索主题词：产品名称 +（"回收"或"处理"）。检索的数量越多，说明关注度越高。镍氢电池的检索数量为 24，社会关注度为高。

　　中国镍氢电池企业主要包括超霸、豪鹏、比亚迪、环宇、科力远、力可兴、三普、迪生、三捷、量能、格瑞普等。日本企业松下、汤浅、三洋已将小型镍氢电池生产转移到中国。目前我国镍氢电池生产企业还没有开展废弃产品的回收工作，因此生产行业参与回收处理水平评估为低。

由于镍氢电池没有纳入第一批基金目录，加之镍氢电池的回收处理对技术和设备要求很高，因此目前只有一些较大规模的企业在从事镍氢电池的回收处理工作。

5. 评估结论

表 11 - 153 为镍氢电池目录评估结果。我国镍氢电池制造行业是一个快速发展的行业，资源消耗较大。镍氢电池回收过程对环境的影响较低，但拆解过程对环境的影响较高，拆解需要机械对废旧镍氢电池进行破碎，拆解过程中会产生粉尘等有害物质，因此拆解过程处理对技术要求较高，污染控制技术同样较高。深加工过程需要相应的技术和设备，环境风险较高。目前镍氢电池生产行业参与回收的程度较低，而镍氢电池回收处理工作主要由一些规模较大的企业在从事，因此处理行业规范水平评估为高。

表 11 - 153　镍氢电池评估结果

类别	指标		评估结果
1. 资源性	1.1 产量	1.1.1 产品年产量	18.59 亿块（2010 年）
		1.1.2 产品总重量	46465.57 吨（2010 年）
		1.1.3 产品稀贵材料含量	1765.69 吨（2010 年金属钴）
	1.2 社会保有量	1.2.1 社会保有数量	34.82 亿块（2010 年）
		1.2.2 社会保有重量	87048.93 吨（2010 年）
		1.2.3 稀贵材料含量	3307.86 吨（2010 年金属钴）
	1.3 理论报废量	1.3.1 年报废数量	6.55 亿块（2010 年）
		1.3.2 年报废重量	16365.42 吨（2010 年）
		1.3.3 稀贵材料含量	621.89 吨（2010 年金属钴）
2. 环境性	2.1 废弃产品的环境性	2.1.1 受控物质含量	0
	2.2 回收处理过程的环境性	2.2.1 回收过程的环境风险	环境风险等级低
		2.2.2 拆解过程的环境风险	环境风险等级高
		2.2.3 深加工过程的环境风险	环境风险等级高
3. 经济性	3.1 回收成本	3.1.1 废弃产品的价值	8.41 亿元
		3.1.2 运输贮存成本	0.033 元/只，总体运输贮存成本低
	3.2 处理难度	3.2.1 拆解处理技术	处理技术等级高
		3.2.2 污染控制技术	污染控制等级高

续表

类别	指标		评估结果
4. 社会性	4.1 社会关注度	学术文章检索数：在中国知网（cnki）检索主题词：产品名称＋（"回收"或"处理"）	检索数量 24，等级高
	4.2 管理需求	4.2.1 生产行业参与回收处理水平	低：仅个别企业参与回收处理
		4.2.2 处理行业规范水平	高：处理行业较为规范

第二节　评估产品筛选指标研究

通过行业调研和产品评估可以看到，电器电子产品在资源性、环境性、经济性和社会性方面具有较多的差异。有些产品的资源性突出，有些产品的环境性突出，有些产品兼顾资源性与环境性。此外，产品的生产行业也有很大的差异。有些产品品牌集中度高，生产企业积极参与产品的回收利用。有些产品品牌集中度很低，绝大部分生产企业还没有产品回收利用的理念。因此，建立评估产品筛选指标体系，将产品按照资源性、环境性、经济性和社会性不同的特性进行单项筛选和综合筛选，从而得到优先纳入目录管理的产品清单。

一　量化评估指标

评估指标体系中，除了定量指标以外，还有部分难以量化的定性指标，因此筛选之前，首先需要量化定性指标。其中，对于环境性和经济性的定性指标采用系数法量化。运算时，设定环境性和经济性指标系数中环境风险或难度系数"高""中""低"三种等级分别赋予系数值"2""1.5""1"。计算环境性分数时以受控物质重量为基数，分别乘以回收、处理和深加工过程中的三项环境风险系数，叠加后得到总分作为环境性总分；而计算经济性分数时以材料价值和运输贮存成本之和作为基数，分别乘以处理难度系数和污染控制难度系数，叠加后得到经济性总分。

另外，设置社会性中中国知网检索数按"0～9"设为10分，"10～99"设为20分，"100以上"设为30分；并设置生产企业产品回收程度和处理行业规范程度中的"高""中""低"分别赋值为"30分""20分""10分"。将赋值相加得到评估产品社会性总分。

二 权重设置

由于电器电子产品的资源性和环境性较经济性和社会性更为重要，筛选过程中，资源性、环境性、经济性、社会性四项属性的权重比重为2∶2∶1∶1。由于不同产品、不同项总分数量级差距极大，首先应统一缩小各项的数量差，以利于筛选。根据排序筛选法，对于四项性质分别进行排序，由低到高分别赋予排序分"1""2""3"…"n"。其中，由于资源性全部评估指标为定量数据，可以直接排序，之后按数值由低至高，依次赋予分值1～n等差排序分。但是，资源性中9项排序序号叠加会造成"四项原则"权重不一，因此，将资源性9项数据序号叠加后分值除以9，以平均分数作为资源性总分。将环境性和经济性分别按乘以系数之后总得分进行排序，同样由低到高依次赋予1～n的排序分。将社会性各项得分累加之后总分按由低至高排序，依然依次赋予1～n的排序分。最后，四项性质分数均介于1～n的区间，将四种性质最终得分叠加，按从高到低排序，得到最终总分排序，同时得到最终筛选结果。

三 单项指标筛选

通过以上关于四种性质排序总分的比较，可以得到分别按资源性、环境性、经济性、社会性总分排名的评估产品清单。

（一）资源性指标排序

根据图11-135可以看出，评估产品的2012年的年产量的总重量排序。产品年产总重量由年产量和产品平均重量的乘积获得。其中铅酸蓄电池的年产量的总重量远远高于其他产品，家电类产品排序普遍居前，此外还有二氧化锰原电池和荧光灯等。

图11-136所示评估产品保有量的水平。可以看出，二氧化锰原电池、荧光灯、锂离子电池、镍氢电池、镍镉电池的社会保有量非常巨大，另外，手机、电饭锅、电话单机、家用吸排油烟机等社会保有量也相当较大。

评估产品年理论报废数量和社会保有量结果类似，但由于不同产品平均重量差异较大，理论报废重量排序结果与报废数量排序相差较大，如图11-137。通过报废数量和平均产品重量相乘得到的理论报废重量最大的产品为铅酸蓄电池、二氧化碳原电池和一些家电类产品。

图 11－135　评估产品年产总重量

图 11-136 评估产品社会保有量

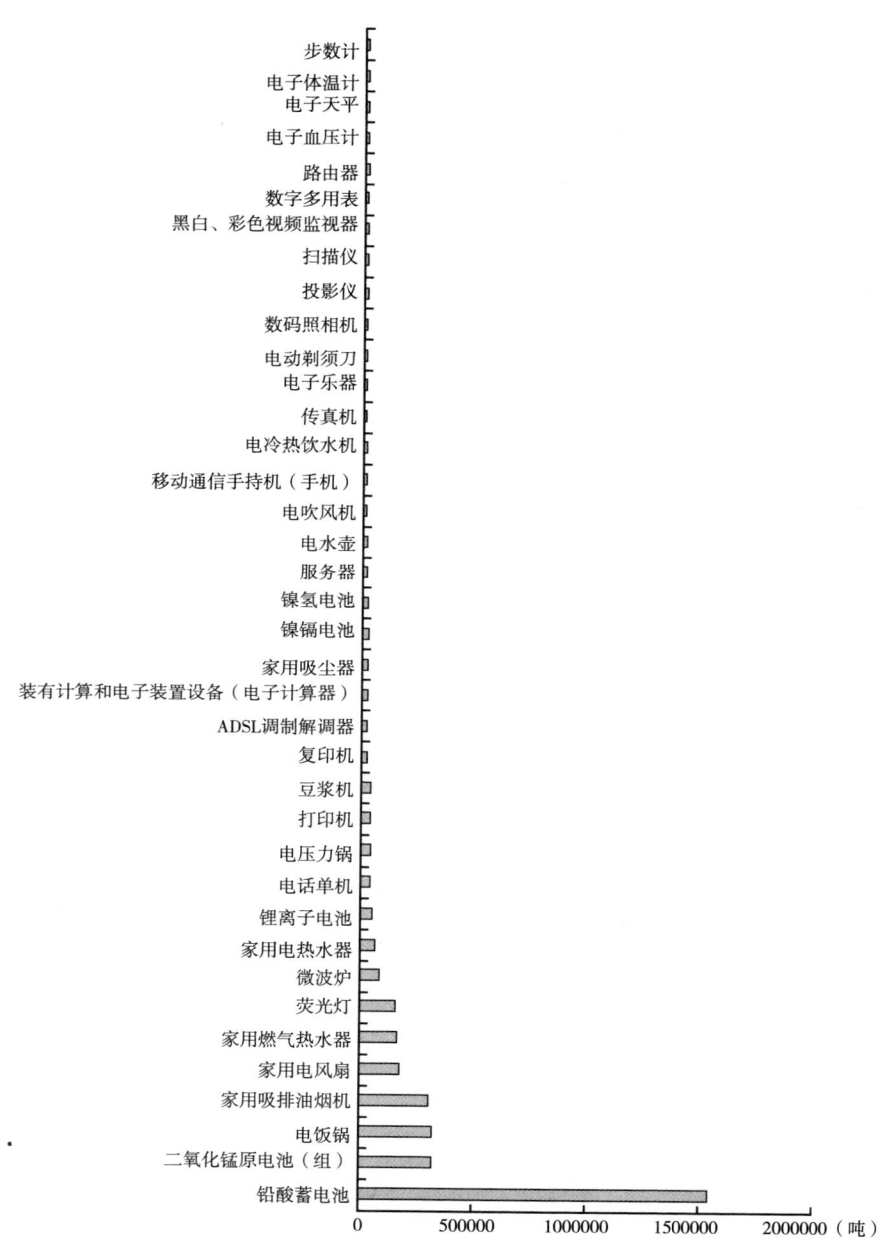

图 11－137　评估产品理论报废重量

如图 11-138 所示，不同产品的稀贵材料比例不同。比例最高的产品是锂离子电池，占 15%，依次有镍氢电池、镍镉电池、服务器、路由器、ADSL 调制解调器、手机等 6 种产品比例较高，其他产品比例相对较低。而对于评估产品的社会保有量和理论报废量中稀贵材料重量，不同产品差距较大。其中锂离子电池、镍氢电池、镍镉电池由于报废量巨大，稀贵材料含量丰富，导致保有和报废稀贵材料重量均远远超过其他产品，该 3 种电池保有稀贵材料重量分别达到 46174.5 吨、3307.9 吨和 581.4 吨，而理论报废稀贵材料重量分别为 7416.0 吨、622.3 吨和 208.7 吨。根据图 11-139 和图 11-140 显示，社会保有量中稀贵材料重量相对较高的产品有 ADSL 调制解调器、服务器、手机分别为 69.9 吨、68 吨、50.4 吨；理论报废量中稀贵材料重量较大的产品依次为 ADSL 调制解调器、服务器、手机、电子计算器，分别为 18.4 吨、15.4 吨、5.2 吨、4.0 吨。

根据资源性 9 项指标（年产量、年产重量、产量中稀贵材料重量、年社会保有量、社会保有重量、社会保有稀贵材料重量、理论报废量、理论报废重量、理论报废稀贵材料重量）排序赋值分数的平均值，可以得到资源性排序总分。由图 11-141 中可以看出，资源性分数较高的产品多为电池、信息和通信产品、照明产品等。其中，锂离子电池、镍氢电池、手机、镍镉电池和 ADSL 调制解调器的资源性分数最高，电子天平、计数器、电子血压计的资源性分数最低。

（二）环境性指标排序

根据图 11-142 可以看出评估产品的受控物质重量排序关系。铅酸蓄电池总受控物质重量明显高于其他产品，打印机、复印机等也含有较高受控物质。另外，图 11-143 展示产品单位重量受控物质比例。可以看出，打印机、复印机、铅酸蓄电池、传真机等产品单位重量所含受控物质最多。其中打印机、复印机、传真机的耗材中墨粉或墨水消耗较大，故所含受控物质较多。

评估产品环境性总分由受控物质重量和回收、处理、深加工过程中的环境风险系数乘积得到。根据图 11-144，产品按环境性总分数排序，铅酸蓄电池、打印机和复印机的环境性分数最高，电吹风机、电水壶、二氧化锰原电池的环境性分数最低。

（三）经济性指标排序

根据图 11-145 可以看出评估产品报废总材料价值。图 11-146 展示单台评估产品报废材料价值，而图 11-147 显示单位重量产品报废材料价值。通

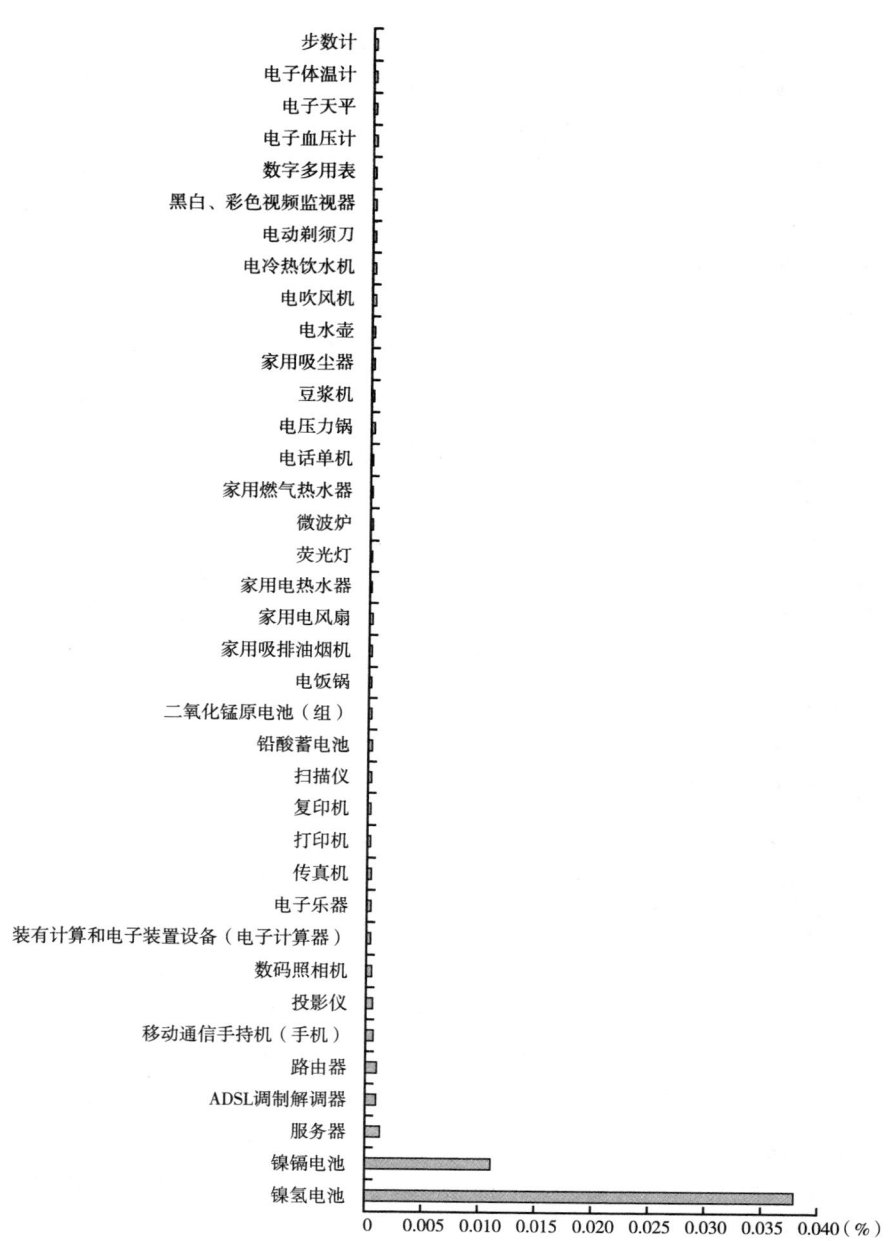

图 11 –138　评估产品报废稀贵材料含量比例

图 11 - 139 社会保有量中稀贵材料重量

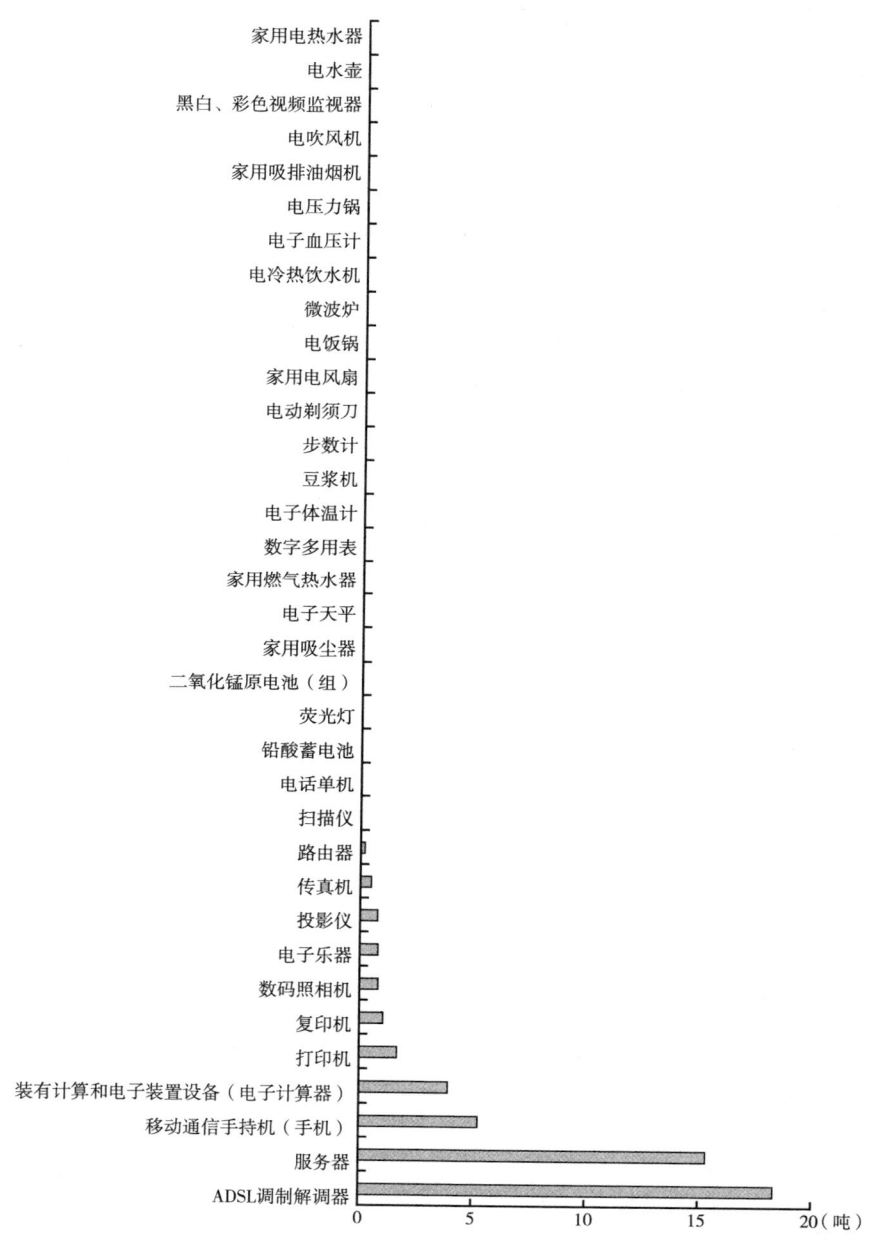

图 11 - 140　理论报废量中稀贵材料总重量

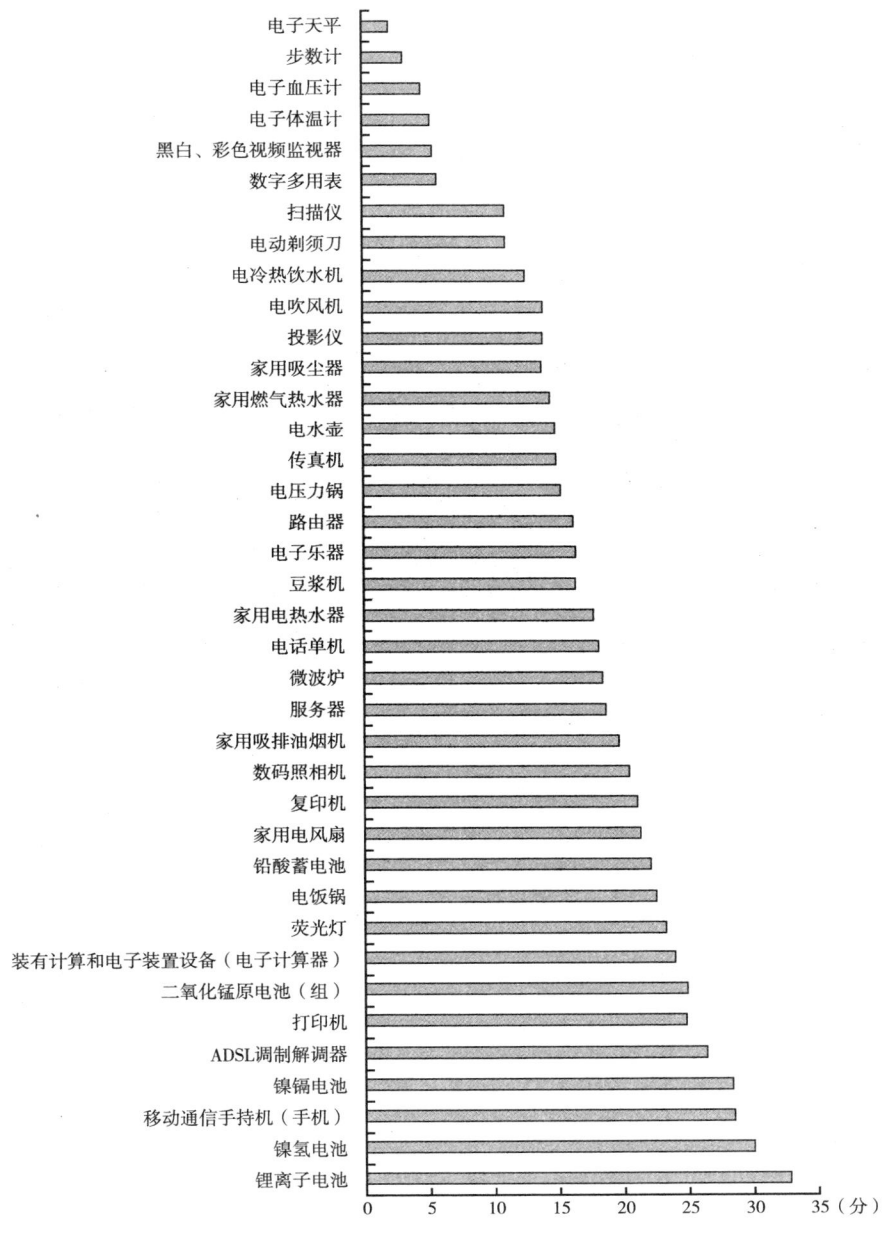

图 11 - 141　资源性筛选排序结果

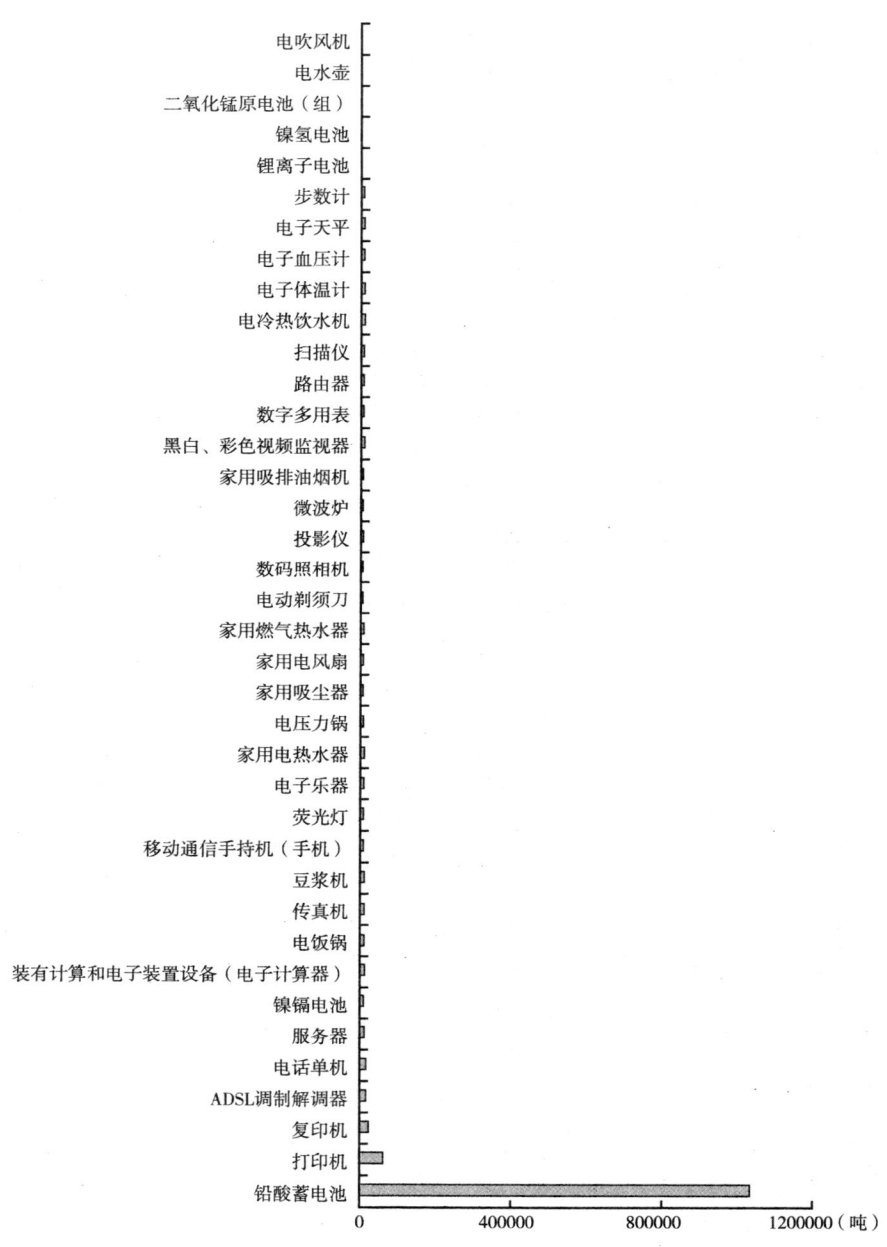

图 11－142　受控物质总重量

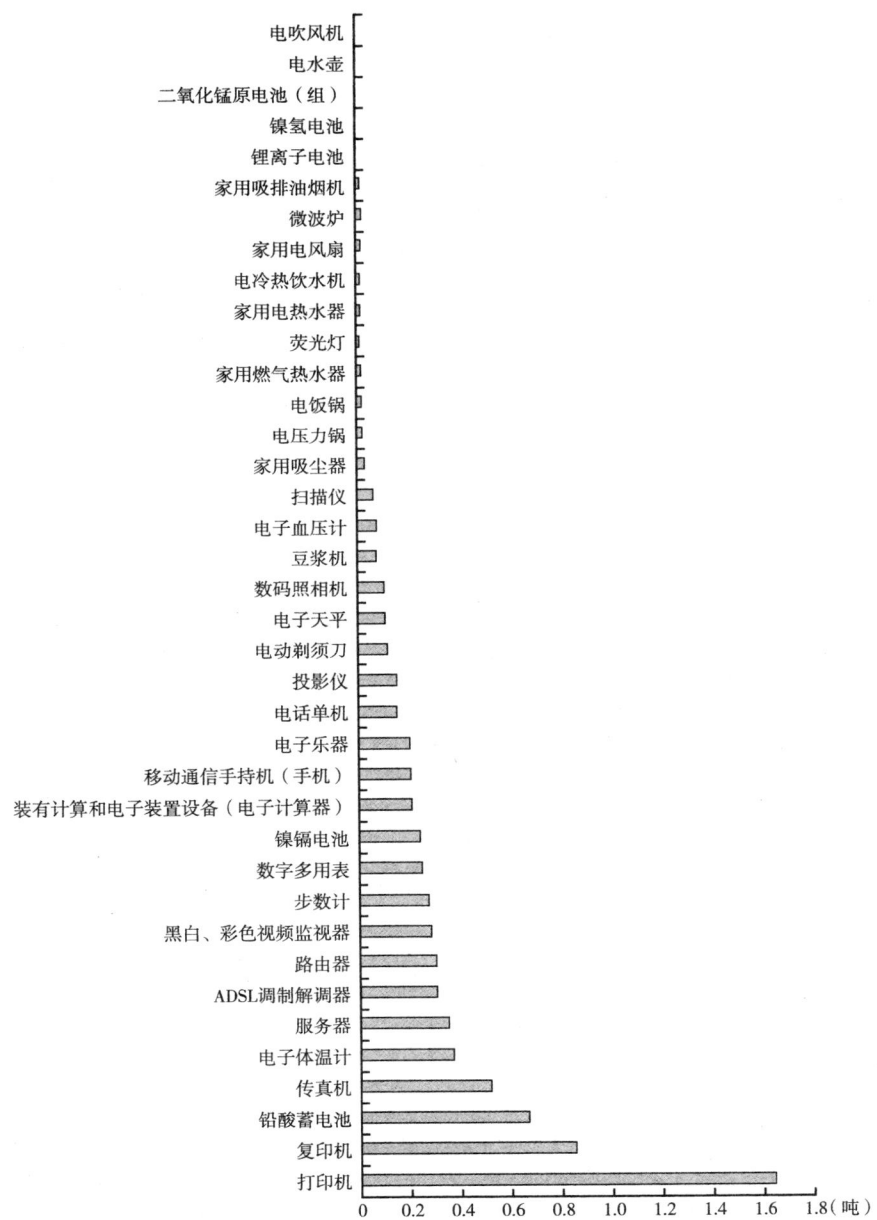

图 11-143 单位重量备选产品受控物质重量

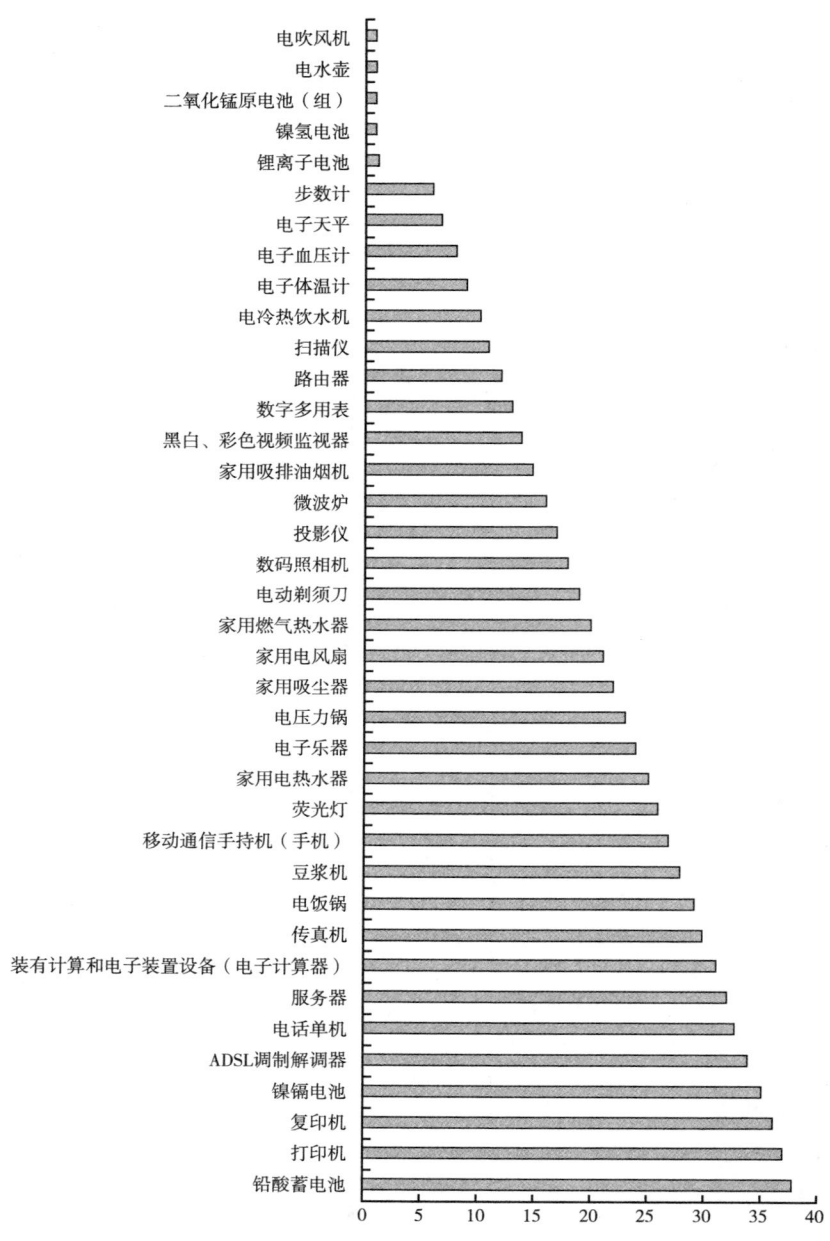

图 11－144 环境性筛选排序

图 11 – 145　评估产品报废材料总价值

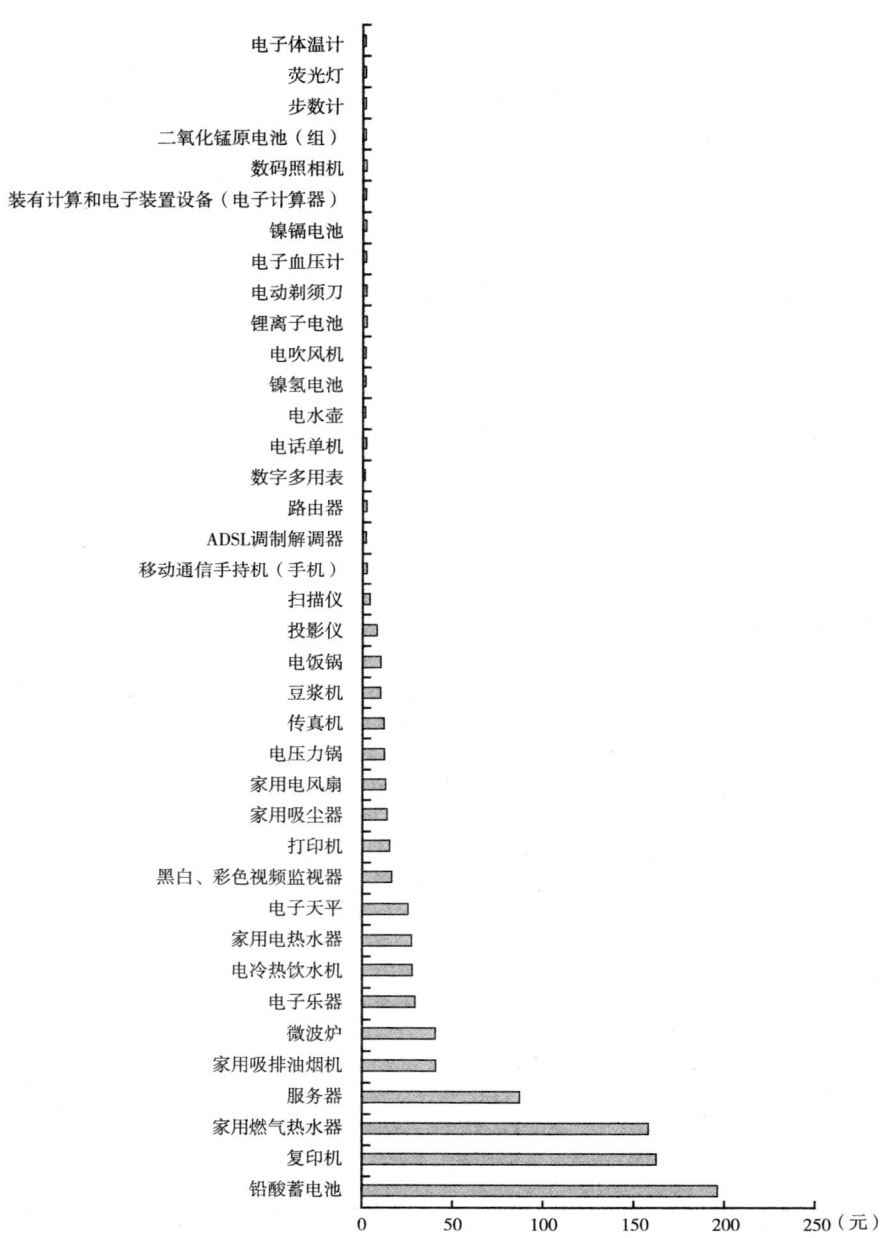

图 11 - 146　评估产品报废材料单价

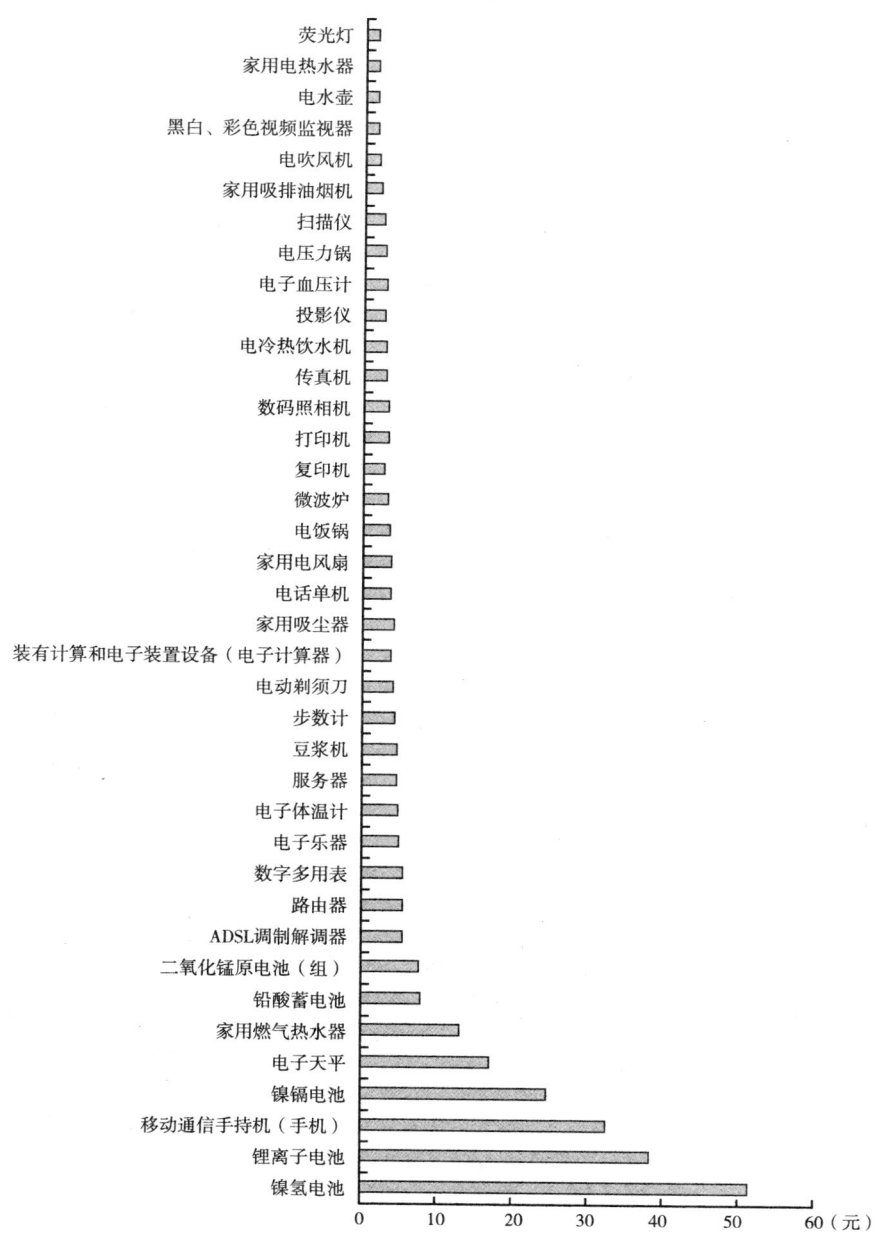

图 11 - 147 单位重量评估产品报废材料价值

过比较可以看出，由于平均重量较轻，镍氢电池、锂离子电池、手机等产品在总价值和单价均不突出，但单位重量报废材料价值较高。另外，平均重量较大或报废数量较多的产品在报废总价值排序上占较大优势，如铅酸蓄电池、复印机、二氧化锰电池、家电类产品等。

通过报废材料价值和技术难度系数的乘积可以得到经济性总分，图 11 –148

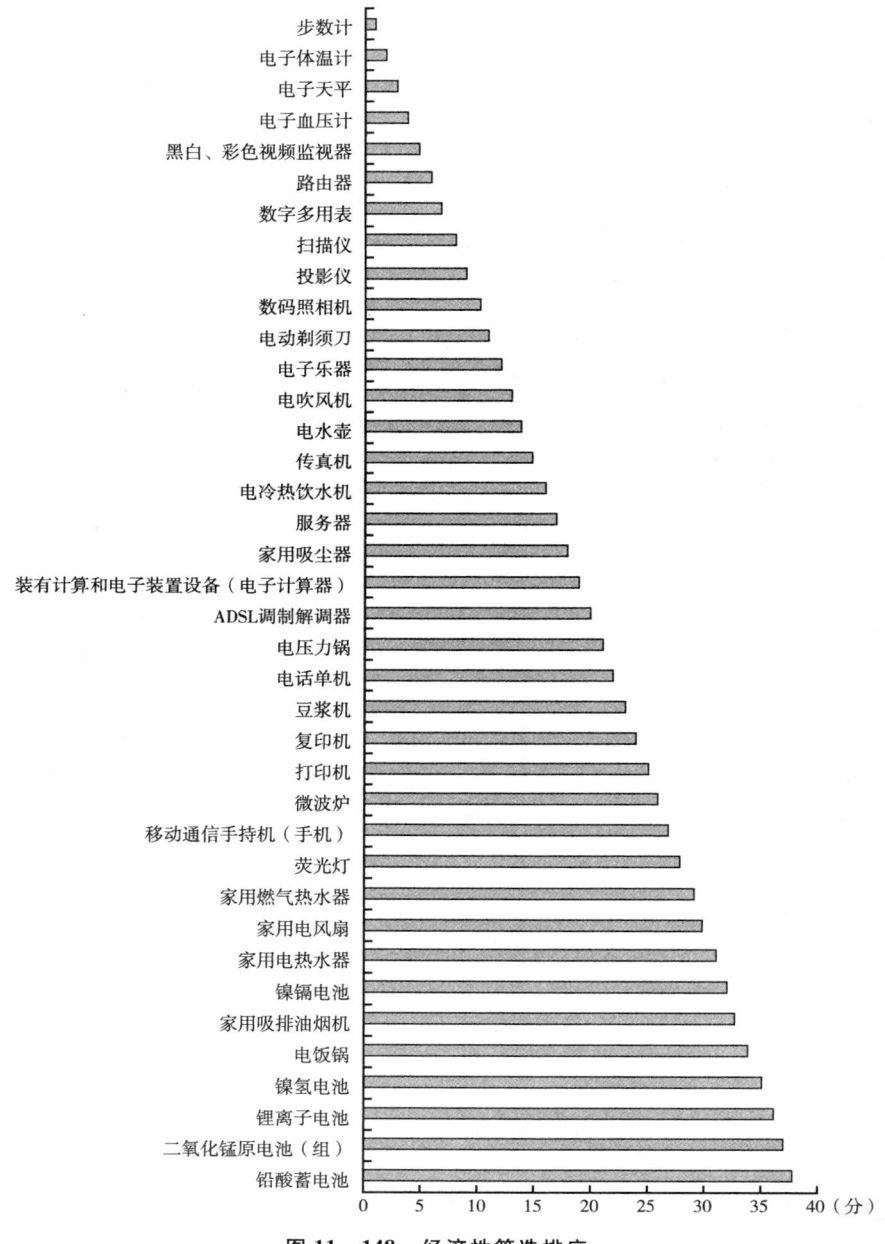

图 11 –148　经济性筛选排序

展示产品按经济性总分数的排序, 从中可以看出, 经济性分数较高的产品多为电池和家用电器产品等, 其中, 铅酸蓄电池、二氧化锰原电池、锂离子电池和镍氢电池的经济性分数最高, 计数器、电子体温计、电子天平的经济性分数最低。

（四）社会性指标排序

根据中国知网 (cnki) 的检索数可以展示评估产品的关注程度。由图 11-149 可以看出, 绝大多数产品检索数为 0, 而手机、锂离子电池、铅酸蓄电池、荧光灯、镍氢电池、镍镉电池、二氧化锰原电池、打印机、复印机等产品检索条目较多。

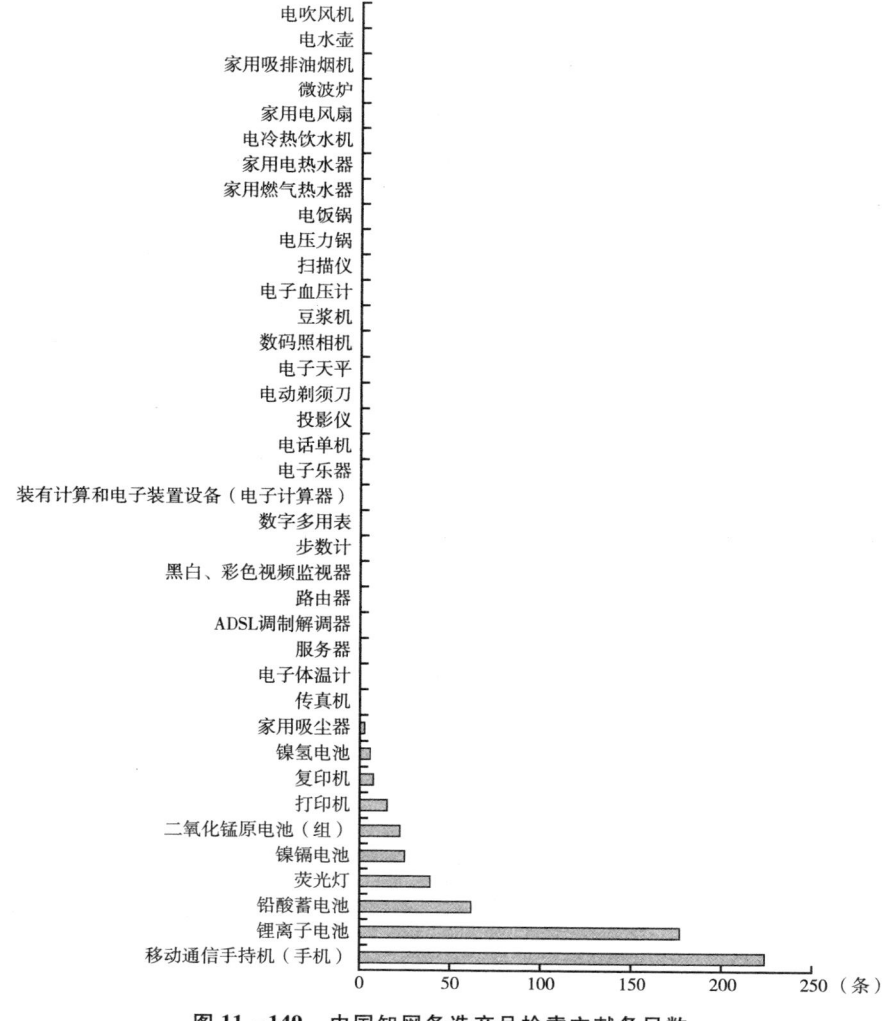

图 11-149 中国知网备选产品检索文献条目数

　　根据社会关注水平、生产行业参与回收水平、回收处理行业规范程度分别赋值的分数叠加，可以得到社会性总分。由图 11 - 150 可以看出，评估产品的社会性分数相差较小，只有手机、打印机、复印机、铅酸蓄电池、二氧化锰原电池、锂离子电池、荧光灯等七种产品的社会性较高。

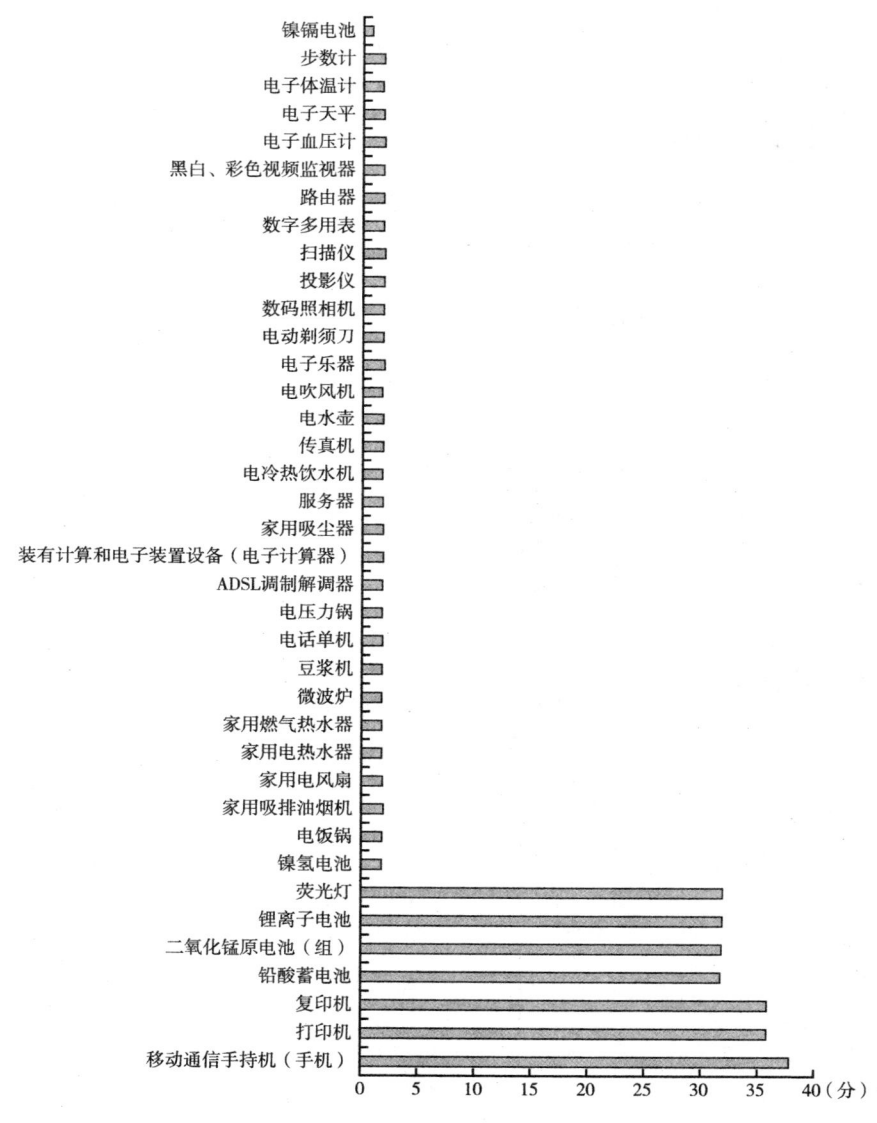

图 11 - 150　社会性筛选排序

（五）单项指标排序小结

表 11-154 为评估产品单项指标排序的前 10 名产品清单。

表 11-154   评估产品单项指标排序前 10 名产品清单

单位：分

序号	资源性		环境性		经济性		社会性	
	产品	分数	产品	分数	产品	分数	产品	分数
1	锂离子电池	65579	铅酸蓄电池	62090	铅酸蓄电池	560	移动通信手持机（手机）	160
2	二氧化锰原电池（组）	10191	打印机	3619	二氧化锰原电池（组）	117	打印机	140
3	镍氢电池	6311	复印机	1165	锂离子电池	79	复印机	140
4	荧光灯	2131	镍镉电池	264	镍氢电池	35	锂离子电池	120
5	镍镉电池	1273	ADSL 调制解调器	246	电饭锅	31	铅酸蓄电池	120
6	铅酸蓄电池	1119	电话单机	233	家用吸排油烟机	21	荧光灯	120
7	家用吸排油烟机	622	服务器	206	镍镉电池	19	二氧化锰电池	120
8	移动通信手持机(手机)	358	电子计算器	159	家用电风扇	18	微波炉	100
9	电饭锅	316	传真机	158	家用电热水器	17	家用吸排油烟机	100
10	微波炉	284	电饭锅	128	家用燃气热水器	16	家用电风扇	100

四   综合指标筛选

评估产品综合指标筛选分为叠加筛选法、重叠筛选法、分级筛选法和排序筛选法四种。

（一）叠加筛选法结果

叠加筛选法是最基本的一种筛选方法。在进行叠加筛选运算时，将评估产品资源性、环境性、经济性、社会性评分相加，对所得总分进行排序，分数高的产品为优先管理产品。

评估产品的各项评估指标乘以相应权重后得到数值，对四项原则所对应的四种性质进行总分叠加，评分排序直观明确，如表 11-155 所示。

（二）重叠筛选法结果

重叠筛选法又称交集筛选法，目的是选择各项性质都排列优先的产品，原理为分别对备选产品的四种性质评分进行排序，从中选取各性质排名中的

表 11 – 155　评估产品叠加得分排序情况

序号	产品名称	总分排序
1	锂离子电池	65798
2	铅酸蓄电池	63889
3	二氧化锰原电池（组）	10428
4	镍氢电池	6445
5	打印机	3851
6	荧光灯	2320
7	镍镉电池	1636
8	复印机	1392
9	家用吸排油烟机	787
10	移动通信手持机（手机）	617
11	电饭锅	575
12	ADSL 调制解调器	513
13	服务器	466
14	家用电热水器	422
15	电话单机	455
16	家用电风扇	240
17	微波炉	439
18	装有计算和电子装置设备（电子计算器）	356
19	豆浆机	282
20	传真机	307
21	家用燃气热水器	274
22	电压力锅	248
23	家用吸尘器	224
24	电冷热饮水机	219
25	路由器	207
26	电子乐器	203
27	数码照相机	187
28	电水壶	183
29	电动剃须刀	177
30	电吹风机	174
31	投影仪	163
32	黑白、彩色视频监视器	150
33	数字多用表	146
34	电子体温计	144
35	扫描仪	144
36	电子血压计	142
37	步数计	141
38	电子天平	141

前 n 项中的交集（见图 11 - 151）。该方法的优势为削弱各性质总权重系数对筛选结果的影响，由于对资源性、环境性、经济性、社会性分别排序，可以避免综合筛选法中由叠加造成的影响，使各项性质的排名结果相对独立。

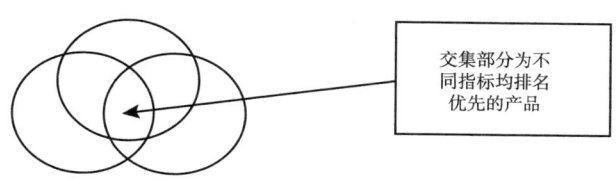

交集部分为不同指标均排名优先的产品

图 11 - 151 重叠筛选法原理示意

由于资源性、环境性和经济性重要性较为突出，在筛选过程中，本课题对资源性、环境性、经济性的前 18 项取交集，对重叠结果按社会性排序。如表 11 - 156 所示，根据中国家用电器研究院所开发的"目录产品筛选体系模型软件"可得到 10 种资源性、环境性、经济性均优先的产品，分别是：手机、打印机、复印机、铅酸蓄电池、荧光灯、家用电热水器、电饭锅、家用电风扇、镍镉电池。

表 11 - 156 评估产品重叠筛选情况

序号	产品名称	资源性	环境性	经济性	社会性	总分
1	移动通信手持机（手机）	358	87	12	160	617
2	打印机	85	3619	7	140	3851
3	复印机	83	1165	4	140	1392
4	铅酸蓄电池	1119	62090	560	120	63889
5	荧光灯	2131	57	12	120	2320
6	家用电热水器	265	40	17	100	422
7	电饭锅	316	128	31	100	575
8	豆浆机	82	96	4	100	282
9	家用电风扇	261	21	18	100	400
10	镍镉电池	1273	264	19	80	1636

（三）分级筛选法结果

本项目设置另外一种筛选方法，即分级筛选法。筛选过程中，首先确立四种性质的筛选优先顺序，再逐级排序筛选，如图 11 - 152 所示。

根据《制订和调整废弃电器电子产品处理目录的若干规定》中四项原则的语句次序，本课题确定筛选顺序为：（1）资源性，（2）环境性，

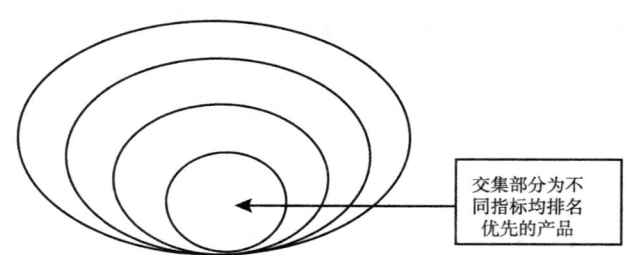

交集部分为不同指标均排名优先的产品

图 11 –152　分级筛选法原理示意图

（3）经济性，（4）社会性；另外确定筛选结果为在资源性前 20 项产品中按环境性排序，留下前 15 项按经济性排序，留下前 10 项按社会性排序，最终取得前 8 项。筛选结果如表 11 – 157 所示，8 种产品分别为手机、打印机、荧光灯、铅酸蓄电池、微波炉、电饭锅、家用燃气热水器、家用电热水器。

表 11 –157　评估产品分级筛选情况

序号	产品名称	资源性	环境性	经济性	社会性
1	移动通信手持机（手机）	358	87	12	160
2	打印机	85	3619	7	140
3	荧光灯	2131	57	12	120
4	铅酸蓄电池	1119	62090	560	120
5	微波炉	284	7	8	100
6	电饭锅	316	128	31	100
7	家用燃气热水器	97	20	16	100
8	家用电热水器	265	40	17	100

（四）排序筛选法结果

根据排序筛选法，通过叠加各项性质排序得分，可以得到产品总分。由于资源性、环境性、经济性、社会性四项的排序分均介于 1 至产品数之间同一区间，同时为了突出资源性和环境性的优势，将资源性、环境性、经济性和社会性分别赋予权重 2∶2∶1∶1，之后将四个得分叠加后，得到最终的总分结果，如表 11 –158 所示。根据产品总排序分，可以得到备选产品综合筛选排序。由表 11 –158 可以看出，评分前 10 名的产品依次为：铅酸蓄电池、打印机、手机、复印机、镍镉电池、荧光灯、ADSL 调制解调器、电饭锅、锂离子电池和电子计算器。

表 11 - 158　备选产品排序得分情况

序号	产品名称	资源性×2	环境性×2	经济性×1	社会性×1	总分排序
1	铅酸蓄电池	44	76	38	32	190
2	打印机	50	74	25	36	185
3	移动通信手持机（手机）	57	54	27	38	176
4	复印机	42	72	24	36	174
5	镍镉电池	57	70	32	1	160
6	荧光灯	47	52	28	32	159
7	ADSL 调制解调器	53	68	20	2	143
8	电饭锅	45	58	34	2	139
9	锂离子电池	66	2	36	32	136
10	装有计算和电子装置设备（电子计算器）	48	62	19	2	131
11	电话单机	36	66	22	2	126
12	二氧化锰原电池（组）	50	2	37	32	121
13	服务器	38	64	17	2	121
14	家用电风扇	43	42	31	2	118
15	家用电热水器	36	50	30	2	118
16	豆浆机	33	56	23	2	114
17	传真机	30	60	15	2	107
18	家用吸排油烟机	40	30	33	2	105
19	家用燃气热水器	29	40	29	2	100
20	电压力锅	31	46	21	2	100
21	镍氢电池	60	2	35	2	99
22	微波炉	37	32	26	2	97
23	电子乐器	33	48	12	2	95
24	家用吸尘器	28	44	18	2	92
25	数码照相机	41	36	10	2	89
26	电动剃须刀	22	38	11	2	73
27	投影仪	28	34	9	2	73
28	路由器	32	24	6	2	64
29	电冷热饮水机	25	20	16	2	63
30	扫描仪	22	22	8	2	54
31	电水壶	30	2	14	2	48
32	数字多用表	12	26	7	2	47
33	黑白、彩色视频监视器	11	28	5	2	46
34	电吹风机	28	2	13	2	45
35	电子体温计	10	18	2	2	32
36	电子血压计	9	16	4	2	31
37	电子天平	4	14	3	2	23
38	步数计	7	12	1	2	22

（五）　综合筛选小结

对以上四种综合筛选方法进行对比研究，不同的综合筛选方法和指标的设定体现不同的筛选目的和原则。例如，评估产品的资源性、环境性、经济性和社会性均衡评估的交集筛选方法；评估产品的资源性、环境性、经济性和社会性具有不同的优先特性的分级法和排序法等。不同的筛选方法得到的筛选结果不同。因此，研究确定以《条例》和《目录》管理的目标和原则的筛选方法对评估产品的筛选和提出目录调整的建议至关重要。

第三节　目录调整重点产品及分档体系研究

一　目录调整重点产品

在产品评估的基础上，以评估产品的行业规模为标准，对评估产品进行初步筛选。然后，以初步筛选产品为核心，依据同类产品评估扩展和首批目录产品评估扩展，提出目录产品调整清单。图 11－153 为目录调整产品筛选流程。

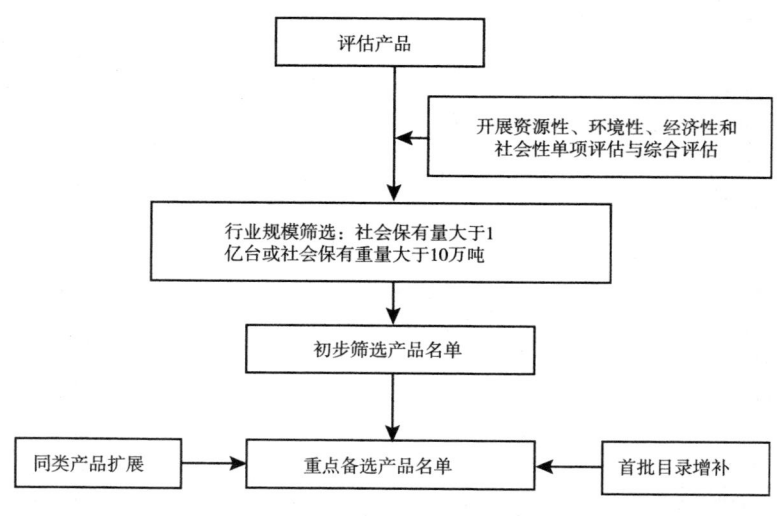

图 11－153　目录调整产品筛选流程

（一）　行业规模筛选

在评估指标体系中，产品数量和重量的指标涉及产量、社会保有量和理论报废量三类指标。产量体现产品目前消耗资源的情况，理论报废量体现产品目前可以回收利用资源的情况，而社会保有量体现该产品占有资源的情况，这些资源将在未来的时间逐步进入回收处理行业。因此，采用社会保有量的指标不仅可以反映产品的资源性，同时也是产品其他属性的重要指标。

根据现有 36 种产品的社会保有量和社会保有重量的调研结果，本课题设定社会保有量 1 亿台或社会保有重量 10 万吨为规模度的分界线。超过分界线的评估产品进入第二步筛选程序。而没达到分界线的评估产品，本次目录调整暂不予以考虑。

表 11 - 159 为社会保有量达到 1 亿台的产品清单，表 11 - 160 为社会保有重量达到 10 万吨的产品清单。

表 11 - 159　评估产品社会保有量清单

单位：千台

序号	产品名称	社会保有量
1	二氧化锰原电池（组）	42555000
2	锂离子电池	10261000
3	荧光灯	8830000
4	镍氢电池	3482000
5	镍镉电池	2114000
6	手机	840000
7	电饭锅	498910
8	电话单机	310000
9	家用吸排油烟机	260000
10	家用电风扇	248347
11	电子计算器	173964
12	豆浆机	163820
13	ADSL 调制解调器	155235
14	微波炉	141504
15	铅酸蓄电池	107000

综合表 11 - 159 和表 11 - 160，以下 21 种产品可以进入评估产品的第二步筛选程序：二氧化锰原电池（组）、锂离子电池、荧光灯、镍氢电池、镍镉电池、手机、电饭锅、电话单机、家用吸排油烟机、家用电风扇、电子计算器、豆浆机、ADSL 调制解调器、微波炉、铅酸蓄电池、家用电热水器、家用燃气热水器、电冷热饮水机、电压力锅、复印机和打印机。

表 11 -160　评估产品社会保有重量清单

单位：吨

序号	产品名称	社会保有重量
1	家用吸排油烟机	5200000
2	铅酸蓄电池	2709240
3	家用电热水器	1964462
4	荧光灯	1766000
5	微波炉	1698053
6	电饭锅	1496729
7	家用电风扇	993386
8	家用燃气热水器	707207
9	电冷热饮水机	507437
10	二氧化锰原电池（组）	425550
11	豆浆机	409550
12	电压力锅	398950
13	锂离子电池	307830
14	复印机	176985
15	电话单机	155000
16	打印机	108594

（二）综合指标排序

评估产品的资源性、环境性、经济性和社会性中，资源性和环境性是优先指标，筛选权重为 2，经济性和社会性权重为 1。表 11 - 161 为资源性、环境性、经济性和社会性的排序。

表 11 -161　综合指标排序

序号	产品名称	资源性 ×2	环境性 ×2	经济性 ×1	社会性 ×1	总分排序
1	铅酸蓄电池	43	72	36	31	182
2	打印机	48	70	25	33	176
3	移动通信手持机（手机）	56	52	27	36	171
4	复印机	41	68	24	33	166
5	镍镉电池	57	70	32	1	160
6	荧光灯	45	50	28	31	154

续表

序号	产品名称	资源性×2	环境性×2	经济性×1	社会性×1	总分排序
7	ADSL 调制解调器	52	66	20	1	139
8	电饭锅	44	56	33	1	134
9	锂离子电池	62	2	35	33	132
10	电子计算器	48	60	19	1	128
11	电话单机	35	64	22	1	122
12	二氧化锰原电池（组）	50	2	37	32	121
13	家用电风扇	42	40	31	1	114
14	家用电热水器	34	48	30	1	113
15	豆浆机	32	54	23	1	110
16	家用吸排油烟机	38	28	32	1	99
17	家用燃气热水器	28	38	29	1	96
18	电压力锅	29	44	21	1	95
19	镍氢电池	60	2	35	2	99
20	微波炉	36	30	26	1	93
21	电冷热饮水机	24	18	16	1	59

从综合指标排序可以看出，铅酸蓄电池、打印机、手机、复印机、镍镉电池和荧光灯的排名靠前，电话单机、电子计算器等电子通信产品居中，大部分小家电产品排名靠后。

（三）重点产品名单

结合初筛产品资源性、环境性、经济性和社会性排序筛选结果，以及目录分档体系表，按照功能性相似和材料结构性相似原则进行同类产品扩展，得到目录调整重点产品名单，见表 11－162。《目录》调整重点产品名单涉及 6 大类、12 亚类、26 种产品和耗材。

表 11－162 《目录》调整重点产品分类及产品名称

序号	大类	亚类	产品名称
01	含有受控气体产品（包括破坏臭氧层物质和温室气体）	制冷器具	电冰箱
		空气调节器	房间空调器
		其他含有受控气体产品	家用电热水器、电冷热饮水机
02	含有超过 100 平方厘米以上显示屏的产品	视频设备	电视机
		应用广播电视机设备	监视器
		电子计算机	显示器

续表

序号	大类	亚类	产品名称
03	电光源	电光源	荧光灯
04	电池	蓄电池	铅酸蓄电池
05	IT通信产品	电子计算机及外部设备	微型计算机、打印机、打印机耗材、复印机、复印机耗材、扫描仪
		移动通信终端设备	移动通信手持机
		通信终端	电话单机、传真机
06	其他	家用和类似用途电器	洗衣机、电风扇、吸排油烟机、电饭锅、电压力锅、微波炉、豆浆机、榨汁机、家用燃气热水器

需要说明的是，传真机在评估产品筛选时，并未列入筛选结果，但是，由于传真机在功能上与电话单机相似，在产品结构上，与打印机相似。而电话单机和打印机均列入重点调整目录，因此，在最终产品清单中增加了传真机。

监视器的产品结构，资源性、环境性、经济性与社会性与首批目录的电视机非常相似。通过对处理企业调研，目前，处理企业已经收到了废监视器，正面临如何处理的问题。此外，通过测算，未来几年，废监视器的数量将快速增加。因此，建议将监视器并入电视机共同进行目录管理。

ADSL调制解调器虽然数量较大，但是其社会关注度较低，因此暂不纳入目录管理。

此外，打印机和复印机的耗材使用量较大，且具有一定的环境风险，因此，与打印机和复印机共同纳入《目录》管理。

二　分档体系研究

从《目录》调整重点产品清单可以看出，虽然重点产品涵盖了6个大类、12亚类、26种电器电子产品，但是每类产品仅仅包含了最具代表性的产品。不同类别的产品之间存在较大的差异，其回收处理体系和管理模式也将不同。因此，本次目录调整重点产品仍是探索性质，即针对不同特性的产品探索《条例》框架下适合的回收处理方式和管理模式。

实际上，目录备选库的分类体系也是目录的分档体系，即按照不同产品的环境和材料结构特点进行分类，而非按照产品的功能进行分类。同类的产品在回收处理过程中具有相似的特点，因此可以纳入同样的管理模式进行规范管理。

目录的分档体系借鉴了欧盟《WEEE指令》2012中对产品的分类方法，

并根据我国的实际情况进行了相应的调整,见表 11 - 163。2013 年,《目录》备选库产品共有 6 个大类,44 亚类,400 多个小类,1000 多种产品。我国目录备选库分档体系与欧盟《WEEE 指令》的主要差别见表 11 - 164。

表 11 - 163　目录备选库分档体系

序号	大类	亚类	小类
01	含有受控气体产品(包括破坏臭氧层物质和温室气体)	制冷器具	电冰箱、冰激凌机、制冰机等
		空气调节器	房间空调器
		工商用制冷、空调器设备	工商用制冷设备,工商用冷藏、冷冻柜及类似设备,房间空调器,单元式空调机组等
		其他含有受控气体产品	家用电热水器、电冷热饮水机
02	含有超过 100 平方厘米以上显示屏的产品	视频设备	电视机、移动电视机等
		应用广播电视机设备	通用应用电视机监控系统设备(监视器)、特殊环境应用电视机设备、特殊成像及功能应用电视机设备等
		广播电视机设备	广播电视机节目制作及播控设备
		电子计算机	显示器
03	电光源	白炽灯泡	科研医疗专用白炽灯泡,火车、航空器及船舶用白炽灯泡,机动车辆用白炽灯泡,普通照明用白炽灯泡,低压灯泡,电冰箱、微波炉灯泡,手电筒灯泡等
		荧光灯	双端(直管)荧光灯、环型荧光灯、分体式单端荧光灯、自镇流紧凑型荧光灯等
		冷阴极荧光灯	背景光源用冷阴极荧光灯、照明用冷阴极荧光灯等
		卤钨灯	科研、医疗专用卤钨灯,火车、航空器及船舶用卤钨灯,机动车辆用卤钨灯等
		高强度气体放电灯(HID 灯)	汞蒸气灯(水银灯)、钠蒸气灯、金属卤化物灯等
04	电池	原电池及原电池组(非扣式)	二氧化锰原电池(组)、氧化银原电池(组)、锌空气原电池(组)、锂原电池(组)、镁铜原电池、镁银原电池、镁锰原电池等
		扣式原电池	扣式碱性锌锰原电池、扣式氧化银原电池、扣式锂原电池等
		蓄电池	铅酸蓄电池、碱性蓄电池、锂离子电池等
		燃料电池	质子交换膜燃料电池、固体氧化物燃料电池、熔融碳酸盐燃料电池、磷酸盐燃料电池、直接醇类燃料电池、微型燃料电池等
		物理电池	太阳能电池(光伏电池)、硅太阳能电池、砷化镓太阳能电池、温差发电器、其他物理电池等
		其他电池及类似品	超级电容器、其他未列明电池及类似品等

序号	大类	亚类	小类
05	IT 通信产品	通信传输设备	光通信设备、卫星通信设备、微波通信设备、散射通信设备、载波通信设备、通信导航定向设备等
		通信交换设备	程控交换机、ATM 交换机、光交换机等
		通信终端	收发合一中小型电台、电话单机、传真机、数传机等
		移动通信设备	数字蜂窝移动电话系统设备、集群通信系统设备、无中心选址通信系统设备
		移动通信终端设备	移动通信手持机（手机）、集群通信终端、对讲机、小灵通等
		通信接入设备	光纤接入设备、铜缆接入设备、电力线宽带接入设备（BPL）、固定无线接入设备等
		无线电导航设备	机动车辆用无线电导航设备、无线电罗盘、无线电信标、无线电浮标、接收机等
		广播电视机设备	广播电视机发射及传输设备
		电子计算机	高性能计算机、工作站、服务器、微型计算机
		计算机网络设备	网络控制设备、网络接口和适配器、网络连接设备、网络优化设备、网络检测设备等
		电子计算机外部设备	绘图仪、扫描仪、摄像头、打印机、打印机耗材、复印机、复印机耗材、手写板、IC 卡读写机具、磁卡读写器、字符阅读机、射频卡读写机具、人机交互式设备、图形板、触感屏、生物特征识别设备、语音输出设备、图形图像输出设备等
06	其他	家用和类似用途电器	空气湿度调节装置,房间空气清洁装置;电风扇,吸排油烟机,换气、排气扇,电热干手器,电饭锅,电炒锅,电火锅,电饼铛,电煎锅,电煎炸锅,电压力锅,面包片烘烤炉,三明治炉,电烤箱,电热板,电烧烤炉,自动制面包机;电咖啡壶,电水壶,电热水瓶,制备奶机;微波炉,电磁灶,电灶,气电两用灶;榨汁机,豆浆机,食品研磨机,电动绞肉机,咖啡研磨机,瓜果电动削皮机,揉面轧面机;洗碗机,厨房废物处理器,餐具消毒柜,餐具干燥器;滤水器;洗衣机,电清洁器具;理发、吹风电器具,电动脱毛器,电美容仪,电动牙刷,电动按摩器;电热取暖器具,电熨烫器具;燃气用具,太阳能用具等
		灯具及照明装置	室内照明灯具,户外照明用灯具及装置,装饰用灯,特殊用途灯具及照明装置,发光标志,发光铭牌及类似品,非电气灯具及照明装置,自供能源灯具等
		电气音响或视觉信号装置	显示板及类似装置,电气音响、信号及类似装置等
		电子产品	家用摄像机,数字激光音、视盘机;收音机及组合音响,半导体收音机,便携式收录(放)音组合机,家用电唱机,放音机,家用录放音机,数字化多媒体组合机;电视机接收器顶盒;自身装荧光屏电子游戏机,投币式电子游戏机,电视机游戏机主机等

续表

序号	大类	亚类	小类
06	其他	仪器仪表	电能表,电磁参数测量仪器仪表,电磁参量分析与记录装置,配电系统电气安全检测与分析装置,电源装置,标准与校验设备,扩大量限装置,电力自动化仪表及系统,自动测试系统与虚拟仪器,非电量电测仪表及装置;电化学式分析仪器,光学分析仪器,热学分析仪器,质谱仪器,波谱仪器,色谱仪器,电泳仪,能谱仪及射线分析仪器,物性分析仪器,气体分析测定装置;金属材料试验机,非金属材料试验机,电子万能试验机,硬度计,平衡试验机,探伤仪器,其他试验机,真空计,动力测试仪器,电子天平,力学环境试验设备,气候环境试验设备,可靠性试验设备,其他环境试验设备,产品、材料检验专用仪器,检测器具及设备;水污染监测仪器,气体或烟雾分析、检测仪器,噪声监测仪器,相关环境监测仪器;计数装置,速度计及转速表,汽车速测仪,频闪观测仪;定向罗盘,卫星定位系统(GPS),激光导向仪,航空或航天导航仪器及装置,船舶定位仪器,船用天文导航设备,超声波探测或搜索设备;测距仪,经纬仪,电子速测仪,水准仪,平板仪,垂准仪,建筑施工激光仪器,空间扫描测量仪,摄影测量系统,测量型 GNSS 接收机;气象观测仪器,水文仪器;农、林专用仪器,牧业专用仪器,渔业专用仪器;测震仪器,地下流体观测仪器,形变仪器,电磁仪器,强震仪器,其他地震专用仪器,金属、矿藏探测器,钻探测试、分析仪器;电气化教学设备;离子射线测量或检验仪器,离子射线应用设备,核辐射监测报警仪器;通信测量仪器,通用电子测量仪器,广播电视机测量仪器,新型显示器件测量仪器,新型材料测试仪器,集成电路测试仪器,微波测量仪器,印制电路板测量仪器,声学测量仪器,干扰场强测量仪器;纺织专用测试仪器;钟,表,定时器,时间记录器及类似计时仪器等
		文化办公电器	电影摄影机、电影放映机、电路投影装置,通用照相机、数码照相机、制版照相机、专用特种照相机,幻灯机、投影仪,胶版印制设备,电子计算机、会计计算机、现金出纳机、转账 POS 机、售票机、税控机、条码打印机、银行专用机器等
		文教体育用品	室内训练健身器材,电子琴、数码钢琴(电钢琴)、电吉他、电子鼓,电动童车、电动火车、带动力装置仿真模型及其附件等
		焊接设备	电焊机、钎焊机械等
		电动工具	电钻(手提式)、电锯、手提式电刨、电动锤、电动锉削机、电动雕刻工具、电动射钉枪、电动铆钉枪、电动锉具、电动手提磨床、电动手提砂光机、电动手提抛光器、电剪刀、电动刷具等
		衡器(秤)	商业用衡器、称重系统、家用秤等
		医疗设备	医用 X 射线设备,医用 α、β、γ 射线应用设备,医用超声诊断、治疗仪器及设备,医用电气诊断仪器及装置,医用激光诊断、治疗仪器及设备,医用高频仪器设备,微波、射频、高频诊断治疗设备,中医诊断、治疗仪器设备,病人监护设备及器具,临床检验分析仪器

续表

序号	大类	亚类	小类
06	其他	医疗设备	及诊断系统,医用电泳仪,医用化验和基础设备器具;电动牙钻机,口腔综合治疗设备,电动牙科手机,洁牙、补牙设备;热力消毒设备及器具,气体消毒灭菌设备,特种消毒灭菌设备;电能体温计,电子血压计,诊断专用器械,内窥镜,手术室、急救室、诊疗室设备及器具;机械治疗器具,电疗仪器,光谱辐射治疗仪器,透热疗法设备,磁疗设备,离子电渗治疗设备,眼科康复治疗仪器,水疗仪器,低温治疗仪器,医用刺激器,体外循环设备,婴儿保育设备,医院制气供气设备及装置,医用低温设备等
		邮政专用电器	邮资机,信件处理机械,邮政计费、缴费设备等
		商业、饮食、服务专用电器	自动售货机、售票机,加热或烹煮设备,抽油烟机,洗碗机,自动擦鞋器,洗衣店用洗衣机械等
		社会公共安全电器	安全检查仪器,监控电视机摄像机,防盗、防火报警器及类似装置等
		道路交通安全管制电器	道路交通安全检测设备、交通事故现场勘查救援设备等

表 11 – 164　我国《目录》备选库分档体系与《WEEE 指令》的差别

序号	分档体系	欧盟《WEEE 指令》2012
1	电池纳入《条例》范围,并进行单独管理	不在《WEEE 指令》范围内,制定单独的电池指令
2	对产品的大小不进行区分	以外形最长边为 50 厘米为界限,区分产品的大小进行分别管理

第四节　目录调整重点产品范围定义和海关编码

一　目录调整重点产品的范围定义

表 11 – 165 为根据目录备选库研究报告梳理的目录调整重点产品范围定义。

二　海关编码

根据 2013 年《中国海关报关实用手册》中的海关商品编码，课题组汇总了重点产品的海关编码，见表 11 – 166。

表 11 – 165 《目录》调整重点产品范围定义

序号	大类	亚类	产品名称	备注
01	含有受控气体产品（包括破坏臭氧层物质和温室气体）	制冷器具	电冰箱	冷藏冷冻箱（柜）、冷冻箱（柜）、冷藏箱（柜）及其他具有制冷系统、消耗能量以获取冷量的家用和类似用途、由非专业人员使用的隔热箱体
		其他含有受控气体产品	房间空调器	整体式空调器（窗机、穿墙式等）、分体式空调器（分体壁挂、分体柜机等）、一拖多空调器及其他家用和类似用途、由非专业人员使用的、制冷量在 14000W 及以下的房间空气调节器具
			家用电热水器	将电能转换为热能，并将热能传递给水，使水产生一定温度的器具。包括家用储水式电热水器，家用快热式电热水器和其他家用电热水器
		水和饮料加热器具	电冷热饮水机	既提供冷饮用水又提供热饮用水和（或）常温水的饮水机
02	含有超过100 平方厘米以上显示屏的产品	视频设备	电视机	阴极射线管（黑白、彩色）电视机、等离子电视机、液晶电视机、背投电视机及其他用于接收信号并还原出图像及伴音的终端设备，包括外壳、显像管/显示屏等
		应用广播电视机设备	监视器	闭路监控系统（cctv）的组成部分，是监控系统的显示部分，是监控系统的标准输出，包括外壳、显像管/显示屏等
		电子计算机	显示器	接口类型仅包括 VGA（模拟信号接口）、DVI（数字视频接口）或 HDMI（高清晰多媒体接口）的台式微型计算机的显示器
03	电光源	电光源	荧光灯	低压汞蒸气放电灯，其大部分光是由放电产生的紫外线激活管壁上的荧光粉涂层而发射出来的。包括双端（直管）荧光灯，环型荧光灯，分体式单端荧光灯，自镇流紧凑型荧光灯和其他荧光灯
04	电池	蓄电池	铅酸蓄电池	含以稀硫酸为主的电解质、二氧化铅正极和铅负极的蓄电池。包括用于启动活塞发动机铅酸蓄电池、摩托车用铅酸蓄电池、电动自行车用铅酸蓄电池、铁路客车用铅酸蓄电池、固定型铅酸蓄电池、牵引用铅酸蓄电池、航标用铅酸蓄电池和其他铅酸蓄电池
			锂离子电池	含有机溶剂电解质，利用储锂的层间化合物作为正极和负极的蓄电池。包括液态锂离子电池，聚合物锂离子电池和其他锂离子电池
05	IT 通信产品	电子计算机及外部设备	微型计算机	台式微型计算机（包括主机、一体机、键盘、鼠标、CPU、主板）和便携式微型计算机（含平板计算机、掌上计算机）等信息事务处理实体
			打印机	一种输出设备，它产生数据记录的硬拷贝，这些数据主要是一系列离散图形字符的形式，这些字符属于一种或多种预定的字符集

续表

序号	大类	亚类	产品名称	备注
05	IT 通 信 产品	电子计算机及外部设备	打印机耗材	硒鼓、墨盒、色带等
			复印机	用各种不同复印过程来产生原稿复印品而原稿不受损伤的机器。包括静电复印机,喷墨复印机和其他复印机
			复印机耗材	硒鼓、墨盒和色带等
			扫描仪	一种获取图像信号的数字设备,其获取的图像文件可以由计算机等设备进行编辑和存储,也可以通过相关的输出设备显示或打印
		移动通信终端设备	移动通信手持机	包括手机、小灵通、对讲机、集团通信终端等,由外壳、显示组件、主板、CPU 及电池等部件组成
		通信终端	电话单机	电话通信中实现声能与电能相互转换的用户设备。包括 PSTN 普通电话机、网络电话机（IP 电话机）和特种电话机
			传真机	应用扫描和光电变换技术,把文件、图表、照片等静止图像转换成电信号,传送到接收端,以记录形式进行复制的通信设备
06	其他	家用和类似用途电器	洗衣机	波轮式洗衣机、滚筒式洗衣机、搅拌式洗衣机、脱水机及其他依靠机械作用洗涤衣物（含兼有干衣功能）的、家用和类似用途、由非专业人员使用的器具
			电风扇	由电动机带动风叶旋转来加速空气流动,或使室内外空气交换的一种空气调节器具。包括台扇、落地扇、吊扇、箱式扇、壁扇、塔式扇和其他家用电风扇
			吸排油烟机	安装在炉灶上方用电力抽排油烟的厨房器具。包括深型吸排油烟机,欧式塔形吸排油烟机,侧吸式吸排油烟机和其他家用吸排油烟机
			电饭锅	利用电能加热,可自动控制锅内蒸煮温度的主要用于蒸煮米饭的电热蒸煮器具
			电压力锅	具有自动控制工作压力的电热烹饪器具
			微波炉	一种利用微波辐射烹饪食物的厨房器具
			豆浆机	至少可制作纯豆浆,也可兼具以谷物、果蔬和水为主要原料制作饮品功能的食品加工器具。制作上述饮品,通常包含食物粉碎、搅拌、加热煮沸等程序
			榨汁机	可将含汁食物切碎并将其汁和残渣分离的电动器具
			家用燃气热水器	依靠可燃气体加热水的装置

表 11 – 166　重点产品的海关编码

序号	产品名称	税则号列	
1	电冰箱	容积 >500 升冷藏 – 冷冻组合机(各自装有单独外门的)	84181010
		200 升 < 容积≤500 升冷藏 – 冷冻组合机(各自装有单独外门)	84181020
		容积≤200 升冷藏 – 冷冻组合机(各自装有单独外门)	84181030
		容积 >150 升压缩式家用型冷藏箱	84182110
		压缩式家用型冷藏箱(50 升 < 容积≤150 升)	84182120
		容积≤50 升压缩式家用型冷藏箱	84182130
		半导体制冷式家用型冷藏箱	84182910
		电气吸收式家用型冷藏箱	84182920
		其他家用型冷藏箱	84182990
		制冷温度 > –40℃ 小的其他柜式冷冻箱(小的指容积≤500 升)	84183029
		制冷温度 > –40℃ 小的立式冷冻箱(小的指容积≤500 升)	84184029
2	房间空调器	独立窗式或壁式空气调节器(装有电扇及调温、调湿装置,包括不能单独调湿的空调器)	84151010
		制冷量≤4000 大卡/时分体式空调器,窗式或壁式(装有电扇及调温、调湿装置,包括不能单独调湿的空调器)	84151021
		4000 大卡/时 < 制冷量≤12046 大卡/时(14000 W)分体式空调器,窗式或壁式(装有电扇及调温、调湿装置,包括不能单独调湿的空调器)	84151022
		制冷量≤4000 大卡/时热泵式空调器(装有制冷装置及一个冷热循环换向阀)	84158110
		4000 大卡/时 < 制冷量≤12046 大卡/时(14000 W)热泵式空调器(装有制冷装置及一个冷热循环换向阀)	84158120
		制冷量≤4000 大卡/时的其他空调器(仅装有制冷装置,而无冷热循环装置)	84158210
		4000 大卡/时 < 制冷量≤12046 大卡/时(14000 W)的其他空调器(仅装有制冷装置,而无冷热循环装置)	84158220
3	家用电热水器	储存式电热水器	8516101000
		即热式电热水器	8516102000
		其他电热水器	8516109000
4	电冷热饮水机	电热饮水机	8516791000

续表

序号	产品名称	税则号列	
5	电视机	其他彩色的模拟电视机接收机,带阴极射线显像管的	85287211
		其他彩色的数字电视机接收机,阴极射线显像管的	85287212
		其他彩色的电视机接收机,阴极射线显像管的	85287219
		彩色的液晶显示器的模拟电视机接收机	85287221
		彩色的液晶显示器的数字电视机接收机	85287222
		其他彩色的液晶显示器的电视机接收机	85287229
		彩色的等离子显示器的模拟电视机接收机	85287231
		彩色的等离子显示器的数字电视机接收机	85287232
		其他彩色的等离子显示器的电视机接收机	85287239
		其他彩色的模拟电视机接收机	85287291
		其他彩色的数字电视机接收机	85287292
		其他彩色的电视机接收机	85287299
		黑白或其他单色的电视机接收机	85287300
6	监视器	其他单色的阴极射线管监视器	8528499000
		其他彩色的阴极射线管监视器	8528491000
		其他单色的监视器	8528599000
		其他彩色的监视器	8528591090
7	显示器	专用或主要用于84.71商品的阴极射线管监视器	85284100
		专用或主要用于84.71商品的液晶监视器	85285110
		其他专用或主要用于84.71商品的监视器	85285190
8	荧光灯	紧凑型热阴极荧光灯	8539319100
		科研、医疗专用热阴极荧光灯	8539311000
		火车、航空器或船舶用热阴极荧光灯	8539312000
		其他用途热阴极荧光灯	8539319900
9	铅酸蓄电池	启动活塞式发动机用铅酸蓄电池	8507100000
		其他铅酸蓄电池（启动活塞式发动机用铅酸蓄电池除外）	8507200000
10	锂离子电池	锂离子蓄电池	8507600000
11	微型计算机	便携式自动数据处理设备（重量≤10公斤,至少由一个中央处理器、键盘和显示器组成）	84713000
		微型机	84714140
		以系统形式报验的微型机	84714940
		含显示器的微型机的处理部件	84715040

续表

序号	产品名称	税则号列	
12	打印机	静电感光式多功能一体加密传真机(可与自动数据处理设备或网络连接)	8443311010
		其他静电感光式多功能一体机(可与自动数据处理设备或网络连接)	8443311090
		其他具有打印和复印两种功能的机器(可与自动数据处理设备或网络连接)	8443319010
		其他多功能一体加密传真机(兼有打印、复印中一种及以上功能的机器,可与自动数据处理设备或网络连接)	8443319020
		其他具有打印、复印或传真中两种及以上功能的机器(具有打印和复印两种功能的机器除外,可与自动数据处理设备或网络连接)	8443319090
		专用于税目84.71所列设备的针式打印机	8443321100
		专用于税目84.71所列设备的激光打印机	8443321200
		专用于税目84.71所列设备的喷墨打印机	8443321300
		专用于税目84.71所列设备的热敏打印机	8443321400
		其他专用于税目84.71所列设备的打印机	8443321900
		幅宽>60cm的数字式喷墨印刷设备,可与网络连接	8443321101
		297mm<幅宽≤360mm的喷墨印刷设备,可与自动数据处理设备或网络连接	8443321102
		其他数字式喷墨印刷设备,可与自动数据处理设备或网络连接	8443321190
		幅宽≥32.9cm的数字式静电照相印刷设备(激光印刷机),可与自动数据处理设备或网络连接	8443322201
		其他数字式静电照相印刷机(激光印刷机),可与自动数据处理设备或网络连接	8443322290
		其他可与自动数据处理设备或网络连接的数字式印刷设备	8443322900
		其他可与自动数据处理设备或网络连接的印刷(打印)机	8443329090
		其他数字式喷墨印刷机(不可与自动数据处理设备或网络连接)	8443393100
		其他数字式静电照相印刷机(激光印刷机)(不可与自动数据处理设备或网络连接)	8443393200
		其他数字式印刷设备(不可与自动数据处理设备或网络连接)	8443393900
		其他印刷(打印)机(不可与自动数据处理设备或网络连接)	8443399000

序号	产品名称	税则号列	
13	复印机	静电感光式多功能一体加密传真机，可与自动数据处理设备或网络连接	8443311010
		其他静电感光式多功能一体机，可与自动数据处理设备或网络连接	8443311090
		其他具有打印和复印两种功能的机器，可与自动数据处理设备或网络连接	8443319010
		其他多功能一体加密传真机，可与自动数据处理设备或网络连接	8443319020
		其他具有打印、复印或传真中两种及以上功能的机器，可与自动数据处理设备或网络连接	8443319090
		其他可与网络连接的复印机	8443329090
		将原件直接复印（直接法）的静电感光复印设备（不可与自动数据处理设备或网络连接）	8443391100
		将原件通过中间体转印（间接法）的静电感光复印设备（不可与自动数据处理设备或网络连接）	8443391200
		带有光学系统的其他感光复印设备（不可与自动数据处理设备或网络连接）	8443392100
		接触式的其他感光复印设备（不可与自动数据处理设备或网络连接）	8443392200
		热敏的其他感光复印设备（不可与自动数据处理设备或网络连接）	8443392300
		热升华的其他感光复印设备（不可与自动数据处理设备或网络连接）	8443292400
		其他复印机（不可与自动数据处理设备或网络连接）	84433990
14	打印机耗材	其他印刷（打印）机、复印机及传真机的感光鼓和含感光鼓的碳粉盒	8443999010
15	复印机耗材	其他印刷（打印）机、复印机及传真机的感光鼓和含感光鼓的碳粉盒	8443999010
16	扫描仪	自动数据处理设备的扫描器	8471605000
17	移动通信手持机	GSM 数字式手持无线电话整套散件	8517121011
		其他 GSM 数字式手持无线电话机	8517121019
		CDMA 数字式手持无线电话整套散件	8517121021
		其他 CDMA 数字式手持无线电话机	8517121029
		其他手持式无线电话机（包括车载式无线电话机）	8517121090
		GSM 数字式手持无线电话整套散件	8517121011
		对讲机（用于蜂窝网络或其他无线网络的）	8517122000
		其他手持式无线电话机（包括车载式无线电话机）	8517121090
		其他手持式无线电话机（包括车载式无线电话机）	8517121090

续表

序号	产品名称	税则号列	
18	电话单机	无绳加密电话机	8517110010
		其他无绳电话机	8517110090
		对讲机	8517122000
		其他用于蜂窝网络或其他无线网络的电话机	8517129000
		其他加密电话机	8517180010
		其他电话机	8517180090
		IP电话信号转换设备	8517623300
19	传真机	其他印刷(打印)机、复印机、传真机和电传打字机(可与自动数据处理设备或网络连接)	8443329090
20	洗衣机	干衣量≤10公斤全自动波轮式洗衣机	84501110
		干衣量≤10公斤全自动滚筒式洗衣机	84501120
		其他干衣量≤10公斤全自动洗衣机	84501190
		装有离心甩干机的非全自动洗衣机(干衣量≤10公斤)	84501200
		干衣量≤10公斤的其他洗衣机	84501900
		干衣量≤10公斤全自动波轮式洗衣机	84501110
21	电风扇	功率≤125W的吊扇(本身装有一个输出功率不超过125W的电动机)	8414511000
		功率≤125W有旋转导风轮的风扇(本身装有一个输出功率不超过125W的电动机)	8414513000
		功率≤125W的台扇(本身装有一个输出功率不超过125W的电动机)	8414519100
		功率≤125W的落地扇(本身装有一个输出功率不超过125W的电动机)	8414519200
		功率≤125W的壁扇(本身装有一个输出功率不超过125W的电动机)	8414519300
		其他功率≤125W其他风机、风扇(本身装有一个输出功率不超过125W的电动机)	8414519900
22	吸排油烟机	抽油烟机(指罩的平面最大边长不超过120厘米,装有风扇的)	8414601000
23	电饭锅	电饭锅	8516603000
24	电压力锅	其他电热器具	8516799000
25	微波炉	微波炉	8516500000
26	豆浆机	其他家用电动器具	8509809000
27	榨汁机	水果或蔬菜的榨汁机	8509401000
28	家用燃气热水器	非电热燃气快速热水器	8419110000
		其他非电热的快速或贮备式热水器	8419199000

第十二章
废弃电器电子产品处理目录调整方案

第一节 高关注产品目录管理可行性

一 电热水器

（一）电热水器现状

1. 热水器定义及分类

按照电器电子产品处理目录备选库产品行业分类，电热水器属于第一类家用和类似用途电器中的家用清洁卫生电器具。

家用电热水器是利用电加热方法提供生活热水的厨房器具，可分为储水式电热水器、即热式电热水器和其他家用电热水器。家用储水式电热水器是加热水并将水储存在容器中，装有控制水温装置的固定式器具，如表 12 - 1。

表 12 - 1　家用电热水器分类和定义

	代码	产品名称	范围定义	CCC 产品
0105 家用清洁卫生电器具	010504	家用电热水器	利用电加热方法提供生活用热水的厨房器具	是
	0105040100	家用储水式电热水器	是指在一个容器内将水加热的固定式器具，它可长期或临时贮存热水，并装有控制或限制水温的装置	是

	代码	产品名称	范围定义	CCC 产品
0105 家用 清洁卫生 电器具	0105040200	家用快热式 电热水器	当水流过器具时加热水的立式器具	是
	0105049900	其他家用 电热水器	除了家用储水式电热水器和家用快热式 电热水器外的家用电热水器	是

储水式电热水器主要由外壳、加热管、内胆、保温层、镁棒、漏电保护器、温控器、超温器、安全阀、混水阀、PCB 板等零部件组成，如图 12 - 1。

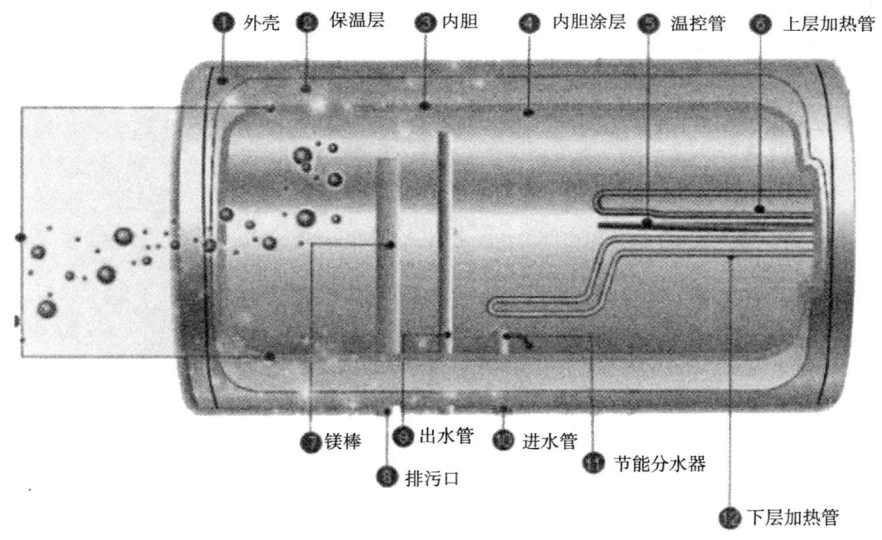

图 12 - 1　储水式电热水器产品构造

外壳：多为冷轧板，也有 ABS 材质。

加热管：加热管材质有不锈钢、紫铜等，大多数品牌使用不锈钢加热管，如图 12 - 2。

内胆：内胆形式有搪瓷内胆、不锈钢内胆、热浸锌内胆及搪塑内胆等，如图 12 - 3。

保温层：目前主要为聚氨酯硬性发泡。

镁棒：用于保护内胆，防止内胆、加热管受水中的氯腐蚀，如图 12 - 4。

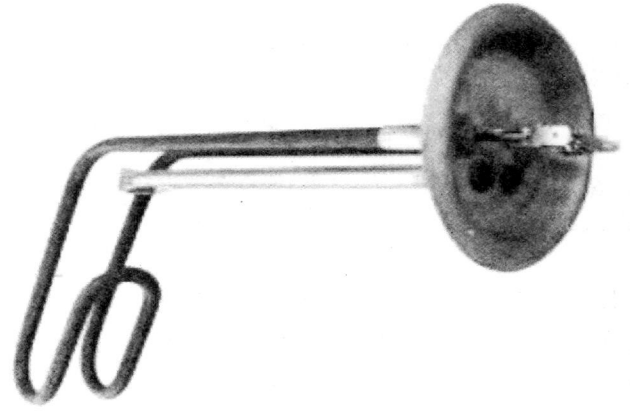

图 12 - 2　储水式电热水器的加热管

图 12 - 3　储水式电热水器的内胆

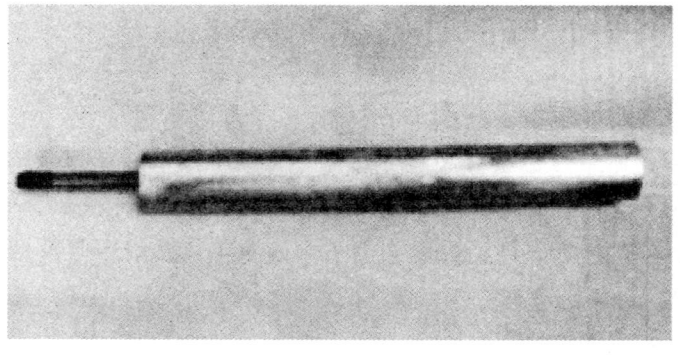

图 12 - 4　储水式电热水器的镁棒

PCB：电热水器功能控制的主要部件，大部分热水器均含有 PCB 板。

2. 2012 年产销情况

截至 2012 年底，全国电热水器产值 2000 万元以上规模企业约 50 家，以民营企业和合资企业为主，主要分布在山东、安徽、湖北、江苏、浙江、广东等地。据中国家用电器协会电热水器专业委员会测算，2012 年产能为 3095 万台，产量为 2335 万台，内销量为 1770 万台，与 2011 年相比，分别增长约 42%、23.5%和 14.7%，较 2002 年 400 万台的产量翻了几番。海关数据显示 2012 年对外出口电热水器 523 万台；增长 11%。

电热水器的产品结构根据容量可以划分为 15L 以下的小厨宝和 40～60L、60～100L 和 100L 以上四种，其中 40～60L 是电热水器消费市场的主流产品，占比 70%，质量在 20～25 公斤/台，本文以 40～60L 为主要研究对象。

2012 年行业前 6 家企业占内销市场比重 80%以上，产业集中度相对较高。主要电热水器生产企业保持 5%～10%的快速增长。

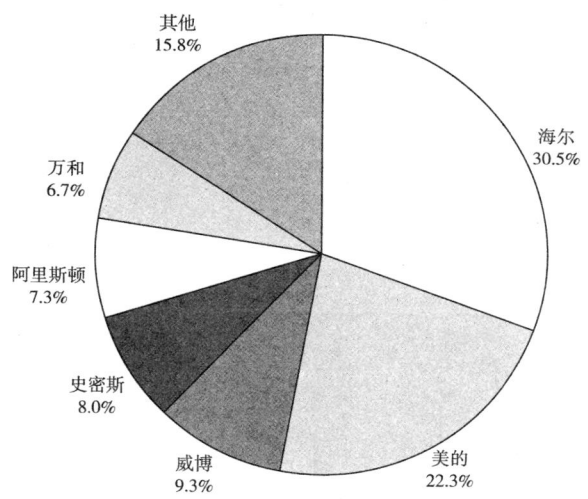

图 12－5　2012 年电热水器生产企业市场占比情况

（二）电热水器产品的社会性

1. 社会保有量

由于热水器行业在我国起步较早，市场相对成熟，已形成一定的品牌格局。热水器家庭覆盖率较高，据国家统计局数据，2002 年全国城市家庭淋浴热水器百户拥有量为 62.42 台，截至 2011 年底全国城市家庭淋浴热水器百户拥有量 89.14 台，9 年中约以每百户 3 台/年的速度递增。热水器农村市场起步比较晚，发展空间广阔，相对发展比较迅速。农村居民保有量约为每百户 20 台。加上太阳能 30 台，相当于城市居民的1/3。目前社会已拥有的热水器，城镇中电热水器所占的比例为 1/2，农村的比例为 3.2/10。根据百户拥有量和企业年产量相结合方式得出，全国电热水器社会保有量保守估计约 1.2 亿台。

2. 理论报废量

根据行业专家建议和对生产企业调研，本课题组认为 8 年作为电热水器的安全使用年限比较合适，据此 7 ~ 10 年是理论的报废高峰期。根据国家统计局和海关总署数据计算各类电子产品的年产量和进出口量，确定电子产品在国内的销售量，根据电子电器产品的平均寿命推算某年度的废旧量。本文中确定电热水器的平均寿命是 8 年。从而可以计算出我国电热水器的理论报废数量。

如图 12 - 6，可以计算出 2013 年底我国报废电热水器的理论数量 577.4 万台。而后续几年均超过 600 万台的理论报废量。

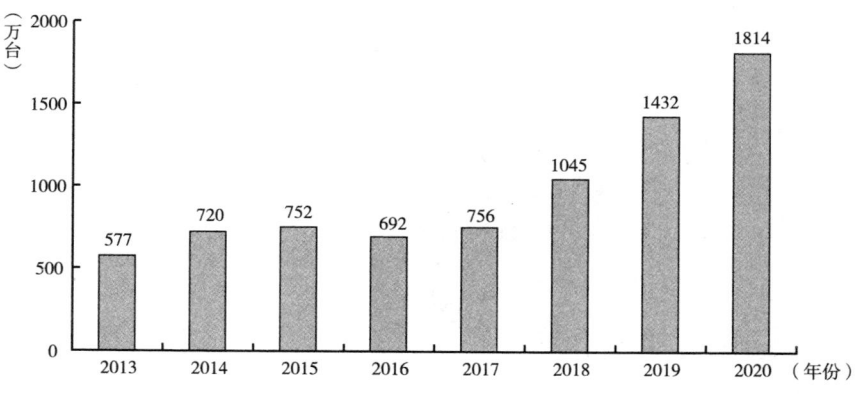

图 12 - 6   2013 ~ 2020 年连续 8 年电热水器理论报废量

（三）电热水器产品的环境性

1. 受控物质含量

家用电热水器中的受控物质主要指印刷电路板和保温层中的温室气体。

印刷电路板被列入国家危险废物名录。它既是对环境具有危害的部件,同时也含有大量的有价值的材料。家用电热水器的平均重量约为23公斤/台,印刷电路板的重量占家用电热水器重量的2%。以2013年家用电热水器理论报废量577.4万台计算,理论报废重量约13.3万吨,测算出2013年家用电热水器中受控物质的总含量约为2656吨。

2. 回收过程的环境风险

家用电热水器体积较大,质量较重,但其坚硬外壳可防止磕碰。家用电热水器虽然含有PCB和保温层中的温室气体,但在回收和运输过程中不易外泄,因此,家用电热水器回收过程的环境风险评估为低。

3. 拆解过程的环境风险

家用电热水器的拆解需借助专业设备或工具,拆解产物为储水箱、外壳、电热元件、温度控制装置、安全保护装置等。拆解过程中,如没有负压装置,保温层破碎后会有少量含CFC物质泄漏的风险,CFC物质对人体有害,也会对臭氧层产生破坏作用。因此,家用电热水器整机的拆解过程环境风险评估为高。

(四) 电热水器产品的资源性

电热水器主要原材料有钢铁、塑料、聚氨酯发泡,以及占比较少的搪瓷、PCB、铜。拆解可再利用材料有钢板、不锈钢、铜、塑料、少量PCB板、搪瓷和镁棒。但镁棒中的镁在安全年限使用中基本已经消耗殆尽,因此可忽略不计。通过对国内主要热水器生产企业的调查,热水器的主要材料比例和平均质量见表12-2。

表12-2　电热水器主要材料比例和平均质量

再生材料类型	材料比例(%)	材料质量(千克)	再生材料类型	材料比例(%)	材料质量(千克)
钢铁	71.0	16.33	聚氨酯发泡	9.0	2.07
铜	1.4	0.33	PCB	2.0	0.46
塑料	11.0	2.53	其他	5.6	1.29

注:"其他"项中主要是搪瓷,下同。

通过平均每台热水器重量及原材料比重可以计算得出40~60L废旧电热水器可回收材料的理论价值约在55元/台(见表12-3)。

表 12 - 3 单台电热水器材料理论回收价值

单位：元

再生材料类型	单价	再生价值	再生材料类型	单价	再生价值
钢铁	2.0	32.7	PCB	3.0	1.4
铜	30.0	9.9	其他		
塑料	4.2	10.6	合计		54.6
聚氨酯发泡					

资料来源：钢铁、铜价格来自废金属网，塑料和聚氨酯发泡价格来自中国塑料协会。

（五）电热水器产品的经济性

1. 市场收购成本

根据中国家用电器协会在北京所组织的市场调查，同时根据对主要废旧回收处理企业调研结果显示，废旧电热水器回收价格约35元/台（见表12 - 4）。

表 12 - 4 废旧电热水器市场收购成本

单位：元/台

产品名称	回收价格范围	收购价格测算值
电热水器	20 ~ 50	35

2. 物流仓储成本

处理厂从回收者那里回收废弃电器产品时，需要额外提供一些费用给回收者，这些费用主要包括回收者的物流成本、贮存成本、回收者收益，称为物流仓储成本。如下公式所示：

物流仓储成本 = 物流成本 + 贮存成本 + 回收者收益

回收处理厂实际支付成本 = 物流仓储成本 + 收购成本

在家电以旧换新政策实施期间，回收的大部分产品是 CRT 电视机，其运费补贴约为每件产品40元。按产品30公斤重量计，可以得出每公斤的运费成本为1.33元。不同产品根据重量测算其运费成本。家用电热水器的重量约为23公斤。测算的运输和贮存成本为30.6元/台，再加上每台10%的回收者收益，约为5元，因此电热水器的物流仓储成本约为35元/台。

3. 处理工艺

电热水器生产企业对生产过程中的不合格产品，或从市场上返回的有问题产品，在进行报废处理时一般采用人工机械拆解。人工机械拆解的一般流程如图 12 - 7。

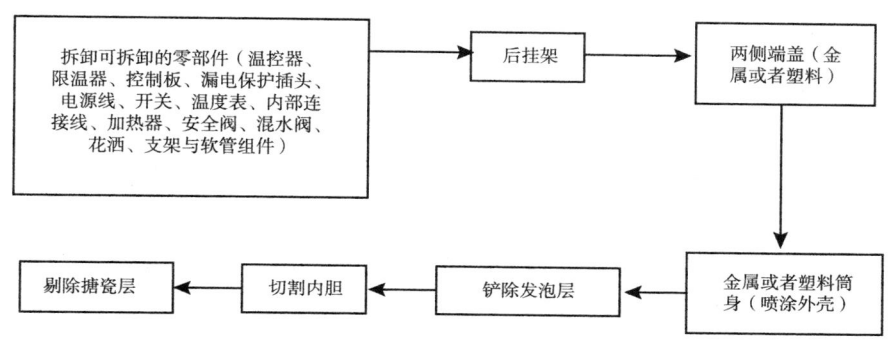

图 12 - 7 人工机械拆解的流程

整个拆解过程中，比较难以处理的是内胆，内胆需要用切割工具切割开，然后剔除搪瓷层。整个拆解过程所需工具有气动螺丝刀、锤子、钢凿、切割机等，拆解工具均可以在国内购置。处理厂需要另行添置的主要设备是切割内胆的切割机，建议内胆在切割之后以钢板的形式存在，这样在减少处理工序的同时还能增加再生材料的价值。

4. 处理成本

废电热水器拆解过程和拆解方式类似废电冰箱拆解，只是将处理冷媒和压缩机的过程换成切割内胆的过程，而处理冷媒和压缩机的过程要比切割内胆的过程复杂很多。相比之下，废电热水器处理费用要低于电冰箱处理费用。废电冰箱拆解的费用约为 35 元/台。

根据对部分回收企业调研发现，每台电热水器处理费用在 20 ~ 35 元，部分处理企业处理电热水器的费用跟废洗衣机的处理费 24.7 元/台相当。通过对废电冰箱拆解费用的了解及对回收处理企业调研显示，废电热水器的处理成本大约为 30 元/台。

5. 回收处理总成本

根据前面对电热水器在回收/处理等各项环节的成本分析，测算得出其回收处理总成本为 94.7 元/台 （见表 12 - 5）。

表 12 - 5　电热水器的回收处理总成本

单位：元/台

产品规格	支出			总成本
	处理费用	废家电初次收购价格	物流仓储费用	
电热水器	24.7	35	35	94.7

（六）回收处理市场现状

1. 回收市场现状

①处理厂回收难，废弃家电多被二手转售或自行拆解处理。废家电典型的回收过程是：消费者把废弃家电交给回收者，回收者进行收购，然后通过物流公司把废家电运输到回收处理厂，最后由回收处理厂完成废家电的回收利用。但是，目前回收者将可以出售的旧电器产品经过二手市场进行商品化再销售，将无法出售的旧电器产品卖给废品收购商，废品收购商再回收金属和其他材料来牟取利益。废弃电器产品几乎不能或极少量传递到正规回收处理企业，而且这种回收的驱动力也不是出于对环境保护和社会责任。

②回收量不理想，回收渠道有待健全。在国家以旧换新等众多政策的支持下，"四机一脑"的回收量仍不是很理想，除 CRT 电视机处在淘汰阶段，回收数量较多之外，其他四种产品回收数量微乎其微，后续第二批目录中的电器产品如何创建良好的回收渠道，保证废弃电器回收量，将成为目前比较紧要的问题。

2. 处理企业现状

①渠道不健全，回收量不稳定，补贴时间过长，使处理企业开工谨慎。

虽然回收处理企业已经开始对回收渠道进行撒网建设，但起步较晚，建设速度跟不上，还需要长时间维护和健全。国内居民对废弃产品做回收处理意识普遍不高，需要加强相关政策法规的引导。

渠道不健全、居民意识不够导致废弃产品回收量得不到保障，对于回收处理企业而言，足够的报废量是回收处理企业保持盈亏平衡的前提。通过调研，处理企业需要每年处理 30 万台废弃家电产品才能保持盈亏平衡，但是政府补贴资金迟迟不到位，出于成本考虑，处理企业在开工的同时也有一定的顾虑。

②处理工艺有待完善，再生材料应细化分类，提高材料利用价值。

目前我国处理企业还处在对废弃产品进行初级拆解的阶段，处理过于粗糙，仅仅按照塑料、玻璃、金属等材料大类进行收集。如果进一步对材料进行细分收集，能够提升材料的价值，提高回收处理企业的盈利水平，同时能避免混合材料导致再生材料质量的下降。

（七）对生产企业的影响

目前，电热水器行业里几个规模比较大的企业平均利润率仅在 8% 左右，小企业还达不到这个利润率。目前行业太多小企业利用不规范用材、价格战等进行恶意竞争，进一步削薄行业利润，同时整个家电行业形势严峻，电热水器生产企业生存也面临强大的压力。

在这种情况下，如果再对电热水器企业征收回收处理基金，无疑是加重企业成本压力，对企业生存雪上加霜。而且很多倒闭企业生产的产品已经流入市场，会陆续报废，也需要回收处理，让现有的企业承担这部分产品的处理费用是不公平的。在回收量得不到保障的情况下建议不征收回收处理基金。

（八）政策建议

经过对部分生产企业以及回收处理企业的走访调研和问卷调研，我国目前在回收处理环节存在问题可以概括为回收渠道不畅、处理工艺粗糙两大问题。对于这些问题提出的政策建议如下：

1. 建立完善的回收渠道

目前我国的回收市场秩序混乱，初次收购的大量废旧家电经修理后进入二手市场买卖，还有部分被非法拆解后按材料变卖，只有少部分被集中卖给正规处理企业。部分处理企业意识到回收难这一问题，已经自发组织人员深入居民小区定点收购，但由于收购力量有限，取得的效果一般。建议如下：

①一方面需要严厉打击非法回收站，保护具有回收资质的正规企业正常运营，规范回收体系；另一方面应建立专业的回收分拣中心，通过专业的分拣中心，减少废旧家电非法拆解。

②拓展其他手段开展废旧家电回收工作。一是可以各种宣传方式培养居民定点回收的意识，二是开展类似以旧换新活动，鼓励生产厂家与其生产基地所在地的处理企业、政府以及企事业单位与当地处理企业开展多种合作。

2. 政策支持处理厂提高其处理工艺

目前我国处理厂家的处理水平还停留在初步分拣阶段，只能做到金属、塑料、玻璃等材料的粗糙分拣，但不同品种的金属、不同类型的塑料无法进一步细分。要实现材料的进一步细分，需要在新技术、生产线以及人员操作水平上加大投入。目前《废弃电器电子产品处理基金征收使用管理办法》实施一年多，补贴资金还未到位，而处理厂为第一批纳入目录的产品已经投入大量资金用于废旧电子收购、生产线购置和人工成本的支付，已无力在短时期内再改善自身技术水平。建议在政策上给予处理企业支持，以鼓励和帮助企业提高处理水平，更好地利用再生资源。

3. 建立试点单位，规范拆解方法

由于各种家电产品都有自己独特的结构，拆解方法、拆解难度、能再利用的材料也不尽相同，对于准备新纳入目录的产品，课题组建议可选择部分处理企业作为先行试点单位，在产品正式纳入《废弃电器电子产品处理目录》（以下简称《目录》）之前对产品进行试回收拆解，建立完整的拆解规范并做相应的回收规模以及拆解成本预测，同时也有利于"废弃电器电子产品处理基金"的征收管理以及补贴的发放。

二 微波炉

（一）微波炉行业发展现状

1. 产品定义

按照电器电子产品处理目录备选库产品行业分类，微波炉属于第一类家用和类似用途电器中的家用厨房电器具。

微波炉是一种利用微波辐射烹饪食物的厨房器具。微波炉按操作方式分可分为机械式、电子式、机械烧烤式和电子烧烤式（见表 12 - 6）。

表 12 - 6 微波炉分类及定义

	代码	产品名称	范围定义	CCC 产品
0104 家用厨房电器具	0104050000	微波炉	一种利用微波辐射烹饪食物的厨房器具,包括机械式、电子式、机械烧烤式和电子烧烤式等	是

2. 产品结构及材料组成

微波炉主要由七大部分组成：磁控管、电源变压器、炉腔、波导管、炉门、旋转工作台和时间控制器。主要材料包括金属、玻璃、塑料等。产品结构如图 12 - 8 所示。

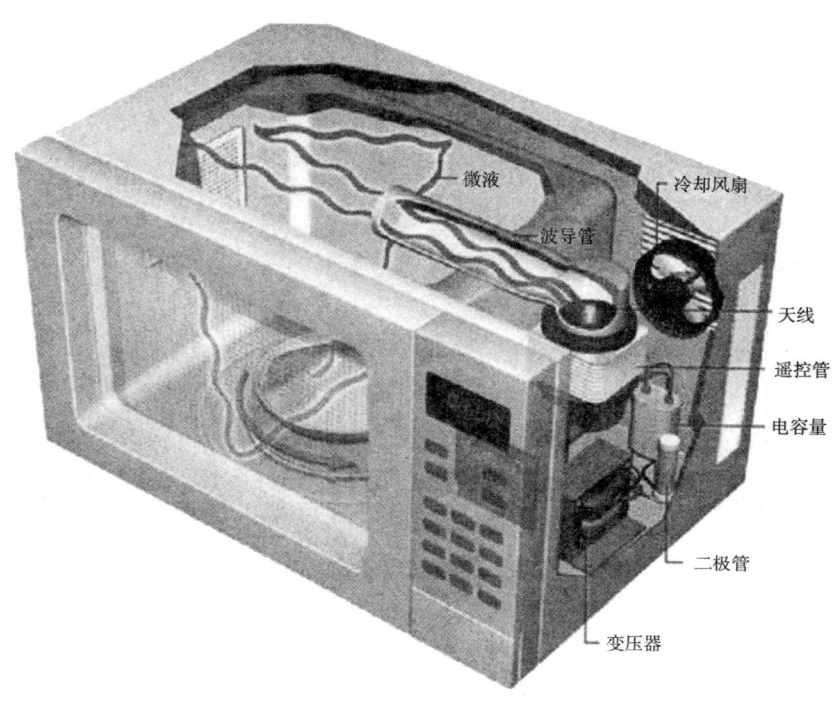

图 12 - 8　微波炉结构

磁控管：是微波炉的"心脏"，由它产生和发射微波（直流电能转换成微波振荡输出），它实际上是一个真空管（金属管）。

电源变压器：给磁控管提供电压的部件（2005 年前产品变压器多用铜质漆包线，2005 年之后多采用铝制漆包线）。

炉腔：也称谐振腔，它是烹调食物的地方，由涂敷非磁性材料的金属板制成。在炉腔的左侧和顶部均开有通风孔。

波导管：将磁控管产生的微波功率传输到炉腔，以加热食物。

旋转工作台：旋转工作台安装在炉腔的底部，由一只以 5 ~ 6 转/分钟转速的小马达带动。

炉门：炉门的作用是便于取放食物及观察烹调时的情形，炉门又是构成炉腔的前壁，它是整个微波炉防止微波泄漏的一道关卡。

时间功率控制器：选择不同的功率对不同食物进行烹调或解冻。

3. 2012 年微波炉产销情况

①消费量情况。微波炉行业从 20 世纪 90 年代开始迅速发展，进入 21 世纪后普及程度逐渐提高。2012 年全国微波炉产量约为 6750 万台，出口量约占产量的 80%，内销量 1367 万台，进口量仅有 1 万台左右，国内市场以国产品牌为主（见图 12-9）。

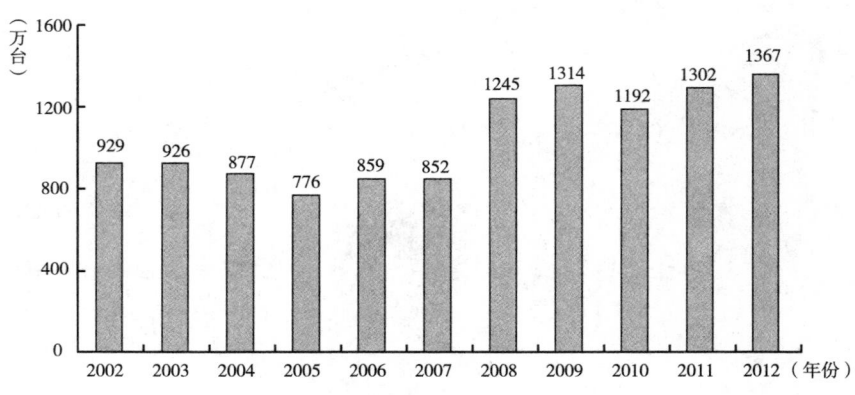

图 12-9 2002～2012 年微波炉国内消费量

②市场集中度。经过几十年的发展，中国的微波炉市场已经成为一个品牌高度集中的市场。20 世纪 90 年代格兰仕几次大幅降价的营销策略，使国内微波炉市场发生了翻天覆地的变化，当时中国市场的微波炉企业从 100 家减少到了不足 30 家，格兰仕也一跃成为国内微波炉生产的龙头企业，美的紧随其后。2012 年的数据显示，格兰仕和美的两个品牌的微波炉占据市场份额的 90% 以上，微波炉市场呈现典型的寡头形态（见图 12-10）。

③利润率。由于 90 年代末格兰仕屡次大规模的降价策略，使得微波炉的价格由当时的每台 3000 元以上降到每台 300 元左右，微波炉利润率也大幅降低。2012 年微波炉的平均利润率在 5% 左右。

（二）微波炉产品的社会性

1. 社会保有量

20 世纪末我国城镇居民家庭微波炉的百户拥有量仅为 12.2 台，2012 年微波炉百户拥有量为 62 台左右，增长较快（见图 12-11）。

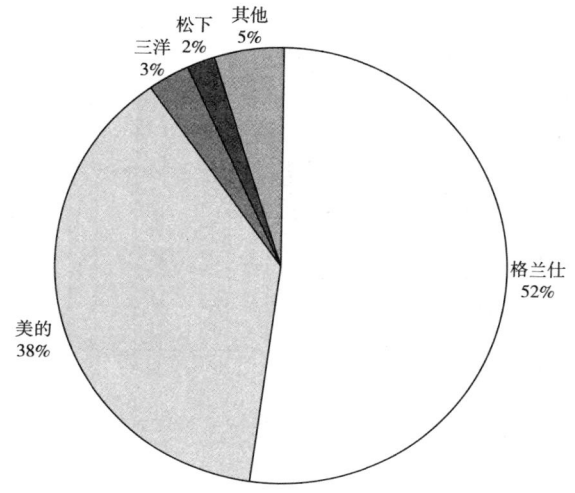

图 12－10　2012 年微波炉市场占有率情况

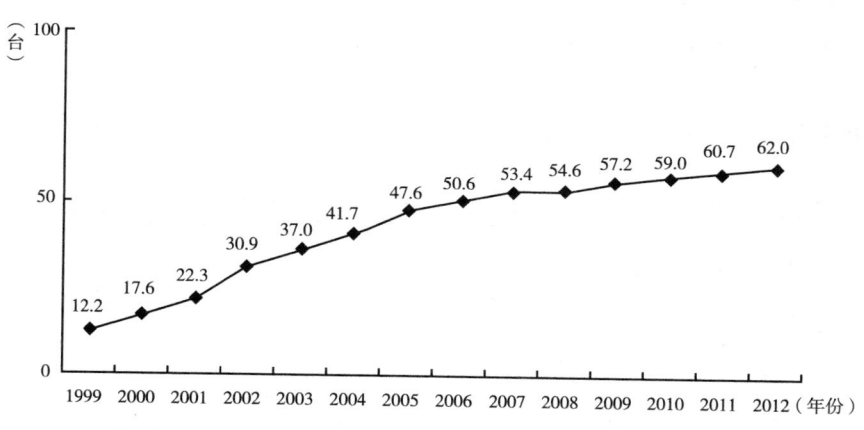

图 12－11　1999～2012 年城镇家庭微波炉每百户平均拥有量

　　按照微波炉的使用寿命为 10 年计算，2012 年微波炉的社会保有量为 1.07 亿台。

　　2. 报废量的测算

　　目前微波炉的使用寿命年限与其他家电类似，一般以 10 年为限，根据过去 10 年的产量及进出口量数据，按照理论报废量 = 产量 － 出口量 + 进口量的计算方式，可以计算得出微波炉 2012～2022 年理论报废量（见图 12－12）。

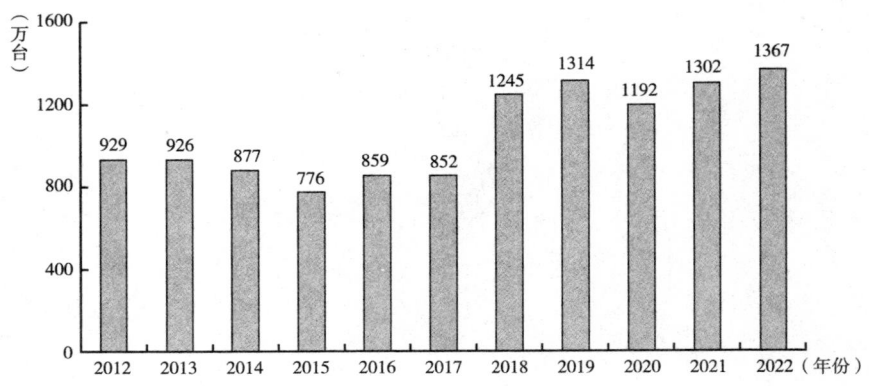

图 12 - 12   2012~2022 年微波炉理论报废量

（三） 微波炉产品的环境性

1. 受控物质含量

微波炉中的受控物质主要是印刷电路板，印刷电路板被列入国家危险废物名录。印刷电路板的重量占微波炉重量的 1.6%，而且处理企业对废弃产品中印刷电路板已有比较成熟的处理方式。由此推算 2012 年报废的机器中，受控物质的重量约为 2300 吨。

2. 回收过程中的环境风险

微波炉体积较大，重量较轻，其坚硬外壳可防止磕碰。微波炉虽然含有 PCB，但在回收和运输过程中不存在外泄，因此，微波炉回收过程的环境风险评估为低。

3. 拆解过程中的环境风险

废微波炉的拆解主要以手工物理拆解为主。拆解后的拆解产物为磁控管、电源变压器、炉腔、炉门、旋转工作台和时间控制器等。拆解过程中，不存在对环境和人体的危害，废微波炉整机的拆解过程环境风险评估为低。

（四） 微波炉产品的资源性

目前市场主流的家用微波炉容量在 20~30L，质量为 14~17 公斤。为方便计算，本报告取 15.5 公斤为微波炉的平均质量，组成部分的比例按照重点厂家主要型号产品进行汇总分析。

表 12 - 7 微波炉的材料组成

		箱体	炉腔	门/面板	磁控管	变压器	托盘	合计
产量比重(%)		13.1	30.3	16.6	7	26	7	100
平均质量(公斤)		2	5	2.5	1	4	1	15.5
平均材料组成(%)	钢铁普冷板热轧板硅钢不锈钢	85	100	30	25	50	—	9.7
	铜	—	—	—	35	—	—	0.35
	铝	—	—	—	15	35	—	1.55
	塑料ABS PS PP	15	—	24	—	—	—	0.9
	玻璃	—	—	35	—	—	100	1.875
	PCB			10				0.25
	荧光粉			1				0.025
	汞	—	—	—	—	—	—	—
	铅	—	—	—	—	—	—	—
	其他				25	15		0.85

根据微波炉组成部分分解后计算的各种材质重量，废钢、铝、铜等废金属的价格信息来自废金属网（2013 年 8 月 15 日），废塑料价格来自中国塑料行业网（2013 年 8 月 15 日）再生材料的价格，以及结合对回收企业回收价格的调研，得到微波炉的回收材料收益数值（如表 12 - 8）。

表 12 - 8 微波炉回收材料收益

品种	废钢	废铜	废铝	废塑料	PCB	废玻璃	合计
单价(元/公斤)	2	30	12	4.2	3	0.1	—
含量(公斤)	9.7	0.35	1.55	0.9	0.25	1.875	—
价格(元)	19.4	10.5	18.6	3.78	0.75	0.18	53.21

注：微波炉的再生材料收入按照 53.21 元/台算。

（五）微波炉产品的经济性

1. 收购成本

根据对几个社区物资回收站点进行的调查显示，目前市场上微波炉的回收价格为 20～30 元，本研究按照 25 元/台计算初次收购成本。

2. 物流仓储成本

处理厂从回收者那里回收废弃电器产品时，需要额外提供一些费用给回收者，这些费用主要包括回收者的物流成本、贮存成本、回收者收益，称为物流仓储成本。如下公式所示：

$$物流仓储成本 = 物流成本 + 贮存成本 + 回收者收益$$
$$回收处理厂实际支付成本 = 物流仓储成本 + 收购成本$$

回收者收益按照 5 元/台计算。采用对比测算法进行评估，类比在家电以旧换新政策实施期间，阴极射线管电视机运费补贴约为每件产品 40 元。按产品 30 公斤重量计，可以得出每公斤的运费成本为 1.33 元。因此，微波炉 15.5 公斤的物流仓储费用应在 25.6 元/台左右。

3. 处理成本

处理成本主要包括直接处理成本、处理费用、财务费用和其他费用。直接处理成本指处理厂在生产经营过程中实际消耗的原材料、燃料、生产工人的工资和补贴等。处理费用指处理厂在组织管理和生产经营中的各项间接费用，主要包括管理费用和固定资产折旧费、设备维修费等。财务费用指处理厂偿还因银行贷款的利息支出。其他费用是指其他不可预测费用。

废微波炉破拆处理难度不大，没有污染物排出，不需要进行特殊处理，处理过程拆解主要以手工为主，不存在对环境和人体的危害。根据微波炉的组成和结构，以及拆解过程及难易程度，采用类比第一批进入目录的家电产品洗衣机的方法，预计处理成本约为 24.7 元/台。

4. 回收处理总成本

根据前面对微波炉在回收/处理等各项环节的成本分析，测算得出其回收处理总成本（见表 12-9）。

表 12-9　微波炉回收处理总成本

单位：元/台

处理费用	废家电初次收购价格	物流仓储费用	总成本
24.7	25	25.6	75.3

（六）回收处理市场现状

1. 回收市场现状

目前，微波炉回收主要依靠物资回收站点和游商收购，没有回收价格标准。回收的废旧电器由对应的收购商汇聚收集再进行处理，而集散中心的大部分人都没有执照，又缺乏对回收家电正确处理的意识，加上利益的驱动，回收上来的电器产品很多都会经过维修，再次流入二手交易市场。

本研究报告按照从回收者—集中点—处理工厂这个过程，经历两次物流以及一次仓储（集中点）的方式对微波炉回收过程进行成本测算，在这些环节里发生的费用主要是收购成本以及物流仓储费用。

2. 处理企业发展现状

通过对几家具备废弃电子产品处理资质的厂家调研后，本课题组发现第一批废弃电子产品目录实施以来，各厂家普遍遇到以下状况。

①回收产品数量不足：回收处理企业处置能力在 100 万件/年左右，只有在年处理废旧家电量达到 30 万台左右时才能保持盈亏平衡，企业的规模效应才能够显现。而目前企业普遍存在回收数量不足的情况，且企业回收渠道主要依靠从回收站点二次收购产品，回收渠道较为单一。

②回收产品品种单一：《废弃电器电子产品处量目录（第一批）》中包含"四机一脑"五大类产品，而目前各家企业回收的产品主要以 CRT 电视机为主，主要是由于目录中的电冰箱、洗衣机和空调器等产品在回收的过程中，有些经过修理再次流入市场，有些在回收过程中把价值较高的压缩机、铜管、钢材和电机等部件，拆解下来再利用或销售，难以到达具备资质的处理厂家进行处理。

③处理工艺粗放：目前回收处理企业对废弃电子的处理还比较粗放，处理水平尚不能达到对废弃电子产品内含有的每一种材料进行分解提取，不能实现完全的再生利用。

④补贴资金到位周期长：第一批目录实施至今，企业支付了大量资金用于废旧电子产品收购、生产线设备购置维护和工人劳动成本支出，而废旧电子产品处理补贴资金仍未到位，这也使得企业在经营和发展方面遇到困难。

（七）对生产企业的影响

目前微波炉的平均利润率仅为 5%，利润率已经很低。随着近年来家电制造原材料价格的不断上涨，以及人工成本的不断提高，企业成本压力日益增大。

1. 对国内市场的影响

随着以旧换新、家电下乡、节能惠民等政策的陆续实施，在政策刺激了家电市场销售增长的同时，也透支了部分未来的消费需求，政策结束后出现了销售的大幅下滑。目前市场正处在回暖时期，如征收回收处理基金，无疑将会给本已微利的微波炉制造企业增加很大负担。

2. 对国际竞争力的影响

从国际市场来看，微波炉出口量约占产量的 80%，进口量仅有 1 万台，进口量只占国内市场极小的比例，回收处理基金的征收对国际市场的竞争力影响不大。

（八）政策建议

1. 建立完善的回收渠道

目前我国的回收市场秩序混乱，初次收购的大量废旧家电经修理后进入二手市场买卖，还有部分通过非正规渠道拆解后按材料变卖，只有少部分被集中卖给正规处理企业。部分处理企业已经意识到回收难这一问题，已经自发组织人员深入居民小区定点收购，但由于收购力量有限，取得的效果一般。建议如下：

①对非正规渠道回收严格管理，加强正规渠道建设力度。游商小贩尽管不具备正规回收处理企业的专业性，但是他们的回收方式更灵活，服务上也更为主动，是目前回收市场的一个重要组成部分。废旧电器没有到达正规回收企业，而是被小贩拆解，主要的原因是废旧家电产品经过简单维修后再次流入二手市场，可以获得更大的利润，因此就需要通过对小商贩进行引导和管理，一方面制定严格的规章制度，完善二手电器销售市场的管理法规，另一方面，以合理的价格收购商贩手中的产品，减少私自拆解和销售废旧电器。这样既可以不破坏现有的回收产业链，又可以保护具有回收处理资质的正规企业正常运营。

②利用各种宣传方式提高居民的环保意识。培养居民定点回收的行为意识，在居民集中的大型社区开辟专业回收站点，居民将家中的废弃家电出售给回收点，或者换取生活用品等，然后回收站点统一将收集的废旧电器交给处理企业处理。

③大力推广经销商回收渠道。总结之前家电以旧换新的成功经验，利用消费者购买新家电产品同时处理废旧产品的一般规律，可以获得稳定的废旧家电产品货源，而废旧家电处理厂家与所在地周边家电经销商进行合作，也有助于形成有规模的、规范的回收处理产业链。经销商统一负责回收废旧电器，然后定期由当地处理企业集中处理，此过程还需要政策给予支持，以及当地政府给予协调。

④鼓励处理企业自建回收渠道。处理企业面对废旧家电回收难的现状，也可以建立自己的回收渠道，例如，调研显示有些处理企业通过建立回收网站、在小区建立环保超市等手段进行废旧家电的回收，但目前效果一般。渠道的建立需要一个长期的过程，而且渠道宣传、运营的成本也是企业尝试过程中不得不面临的问题，因此需要政府给予政策上的支持。

2. 政策支持处理厂提高其处理工艺

目前我国的处理厂家的处理水平还停留在初步分拣阶段，只能做到金属、塑料、玻璃等材料的粗糙分拣，而不同品种的金属、不同类型的塑料无法进一步细分。要实现材料的进一步细分，需要在新技术、生产线以及人员操作水平上加大投入。目前《废弃电器电子产品处理基金征收使用管理办法》实施一年多，补贴资金还未到位，而处理厂为第一批纳入目录的产品已经投入大量资金用于废旧电子收购、生产线购置和人工成本的支付，已无力在短时期内再改善自身技术水平。建议在政策上给予处理企业支持，以鼓励和帮助企业提高处理水平，更好地利用再生资源。

3. 建立试点单位，规范拆解方法

由于各种家电产品都有自己独特的结构，拆解方法、拆解难度、可再利用的材料也不尽相同，对于准备新纳入目录的产品，课题组建议可选择部分处理企业作为先行试点单位，在产品正式纳入《目录》之前对产品进行试回收拆解，建立完整的拆解规范并做相应的回收规模以及拆解成本预测，同时也有利于"废弃电器电子产品处理基金"的征收管理以及补贴的发放。

4. 对生产者延伸责任制模式进行研究和试点

微波炉是家电产品里市场集中度很高的行业，市场90%的产品主要集中在格兰仕和美的两个品牌。目前，我国参与废旧家电回收处理的相关方责权不平衡，也是造成企业不愿承担延伸责任制的原因。因此，如何做好各方责权的划分，是能否推行生产者延伸责任制的关键。

以韩国为例，其实行由生产商承担具体实施责任，政府辅助监督的方式。韩国政府制定的"废弃物再利用责任制"规定，家用电器等18种废旧产品须由生产单位负责回收和循环利用。生产商有义务回收和处理其报废产品并承担为此产生的成本和费用。按照法律规定，消费者在购买一件新的电器产品时，可以要求新产品的制造商免费回收一件同品类的报废产品（不必是同一品牌）。法律同时规定，新产品的制造商对由这种"一对一"方式产生的电子垃圾的回收、运输和加工处理可以通过自行回收处理、加入

"再利用事业共济组合"、外包给专门的废弃物再利用公司等三种方式完成。目前，韩国绝大部分电子产品制造商均选择采用第二种方式来完成这项工作。制造商这种提供免费回收处理服务的法律义务仅限于消费者购买同一种类的新产品的情况，若电子垃圾以其他方式产生时（例如，消费者日常丢弃一件报废电子产品），相关制造商不必负责其回收再生。另外，制造商还必须每年定期向政府主管部门汇报其履行回收利用责任的情况。目前，韩国已经对电视机、电冰箱、家用洗衣机、空调器（汽车空调器除外）、个人计算机（包括显示器和键盘）、音频产品（便携式除外）、移动电话（包括电池和充电器）、打印机、复印机、传真机纳入管理范畴。如果生产者回收和循环利用的废旧产品达不到一定比例，政府将对相关企业处以罚款，罚款比例是回收处理费的 1.15 ~ 1.3 倍。

三 吸排油烟机

（一）家用吸排油烟机行业发展现状

1. 产品定义

按照电器电子产品处理目录备选库产品行业分类，家用吸排油烟机属于第一类家用和类似用途电器中的家用通风电器具，分为深型吸排油烟机、欧式塔形吸排油烟机、侧吸式吸排油烟机和其他家用吸排油烟机。见表 12 – 10。

表 12 – 10 家用吸排油烟机的定义及范围

	代码	产品名称	范围定义	CCC 产品
0103 家用通风电器具	010302	家用吸排油烟机	安装在炉灶上方用电力抽排油烟的厨房器具	是
	0103020100	深型吸排油烟机	深型抽油烟机的外罩能最大范围地抽吸烹饪油烟，便于安装功率强劲的电机，这使得油烟机的吸烟率大大提高。但深型抽油烟机由于体积较大较重，悬挂时要求厨房墙体具有一定厚度和稳固性	是
	0103020200	欧式塔形吸排油烟机	由排烟柜和专用油烟机组成，油烟机呈锥形，当风机开动后，柜内形成负压区，外部空气向内部补充，排烟柜前面的开口就形成一个进风口，油烟及其他废气无法逃出，确保油烟和氮氧化物的抽净率。柜式抽油烟机吸烟率高，不用悬挂，不存在钻孔、安装的问题。但是，由于左右挡板的限制，使操作者在烹饪时有些局限和不便	是

续表

代码		产品名称	范围定义	CCC产品
0103 家用通 风电器 具	0103020300	侧吸式吸排 油烟机	重量轻、体积小、易悬挂,但其薄型的设计和较低的电机功率,使当相当一部分烹饪油烟不能被吸入抽吸范围,其排烟率明显低于其他两类机型	是
	0103029900	其他家用吸排 油烟机	除了深型吸排油烟机、欧式塔形吸排油烟机和侧吸式吸排油烟机外的家用吸排油烟机	是

家用吸排油烟机是安装在炉灶上方用电力抽排油烟的厨房器具,家用吸排油烟机种类丰富,可以按外形、主电机数量、操作方式、安装方式、净化方式等多种分类方法加以细分。

2. 产品结构及材料组成

家用吸排油烟机主要由机壳、集烟装置(集烟罩)、过滤装置、风机系统、出风装置和控制部件等几大部分组成。主要材料有塑料、不锈钢、玻璃等。家用吸排油烟机的具体结构如图12-13所示。

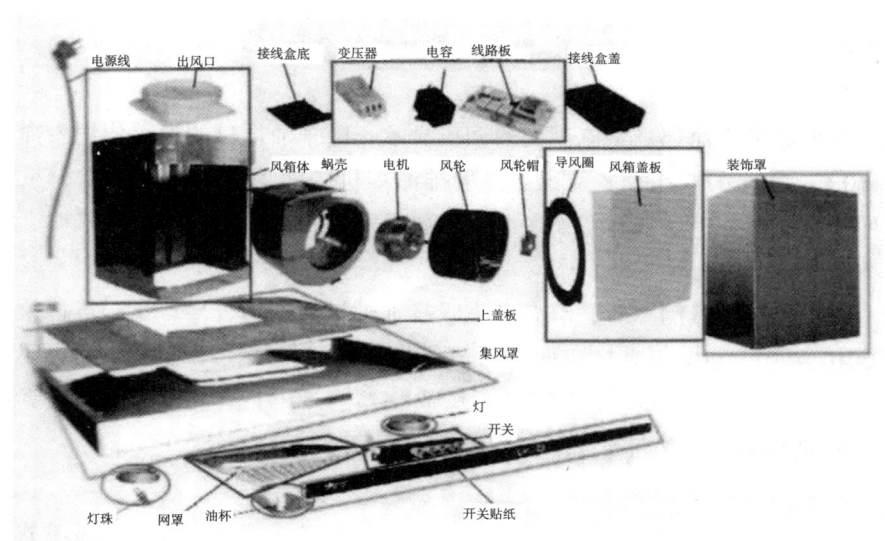

图12-13 家用吸排油烟机的结构

3. 2012年家用吸排油烟机产销情况

从统计局的数据来看,2012年吸排油烟机的产量约为2016.5万台。我国家用吸排油烟机市场品牌集中度不高,目前有品牌的厂家共有300多家,同时在中山、小榄、嵊州等地还有大量没有品牌的、以 OEM 为主的小厂商。从产量上看，排名前三的厂商 2012 年的合计产量在吸排油烟机的全年产量中占比不到 15%。

不过在一二线城市的零售市场，品牌效应还是比较明显的，从中怡康的数据来看，2012 年排名前五的品牌的销售量占到整体销量近一半的份额（见图 12 - 14）。

总体看来，家用吸排油烟机是一个市场准入门槛不高、市场集中度较低、生产企业利润率差异较大，但平均利润率不高的行业。

（二）吸排油烟机产品的社会性

1. 社会保有量

从统计局的数据以及百户拥有量来看，吸排油烟机自 20 世纪 80 年代以来，一直以比较稳定的速度发展，特别是 2003～2005 年，增速一度达到 30% 以上，是一个快速普及期。由于统计局的吸排油烟机城镇居民的百户拥有量数据只到 2006 年，通过多项式回归统计方法，模拟得到 2012 年的百户拥有量数据，截至 2012 年，吸排油烟机的城镇居民百户拥有量在 79 台左右（见图 12 - 15）。

另外根据统计局的数据，2012 年吸排油烟机的产量约为 2017 万台，根据保有量和产量进行测算，其 2012 年的社会保有量在 1.8 亿台左右。

2. 报废量的测算

根据对吸排油烟机主流厂商的调研显示，吸排油烟机的设计使用寿命为 8～10 年，以 10 年者居多。除了在吸排油烟机的使用寿命到期时进行更换以外，也有部分消费者在置换房屋，主要是购买二手房重新进行装修时，置换掉原房屋的吸排油烟机。

在进行报废量测算时，综合考虑吸排油烟机的产量、出口量、进口量得到 2010～2012 年家用吸排油烟机的消费量，再根据其使用寿命以及我国二手房的销售数据（2012 年全国二手房成交约为 60 万套）等因素，测算出 2012 年吸排油烟机的报废量为 234 万台（见图 12 - 16）。

3. 报废类型的测算

家用吸排油烟机按照外形特征可细分为薄型、深罩式、欧式和侧吸式四种类型。

20 世纪 80 年代，厨房最早使用的是薄型吸排油烟机，这种吸排油烟机机身比较薄、易悬挂、装置简易，有点类似排风扇的改进版。截至 2012 年，主流厂家已经很少生产这种机型，一二线城市消费者的厨房里也很难再见到这种类型的吸排油烟机。

2012年1~7月销售量份额

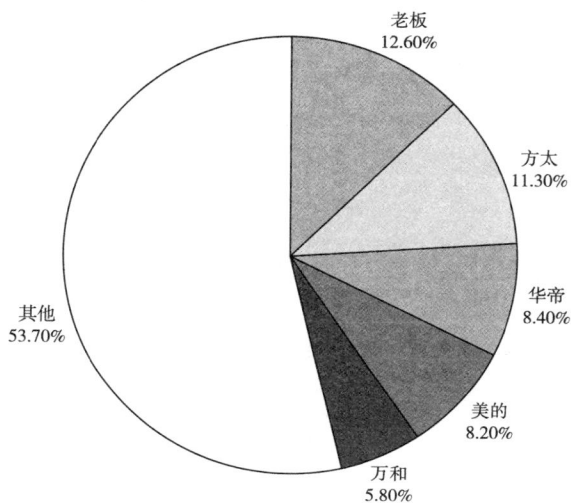

2012年1~7月销售额份额

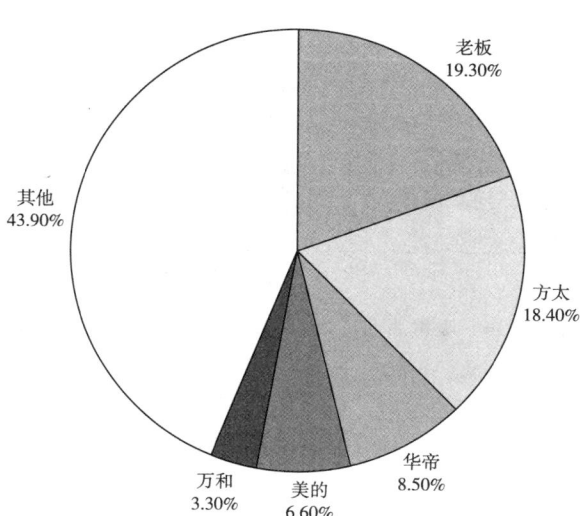

图 12 – 14　2012 年 7 月吸排油烟机市场份额
（上图为销售量，下图为销售额）

数据来源：中怡康、中国家电协会。

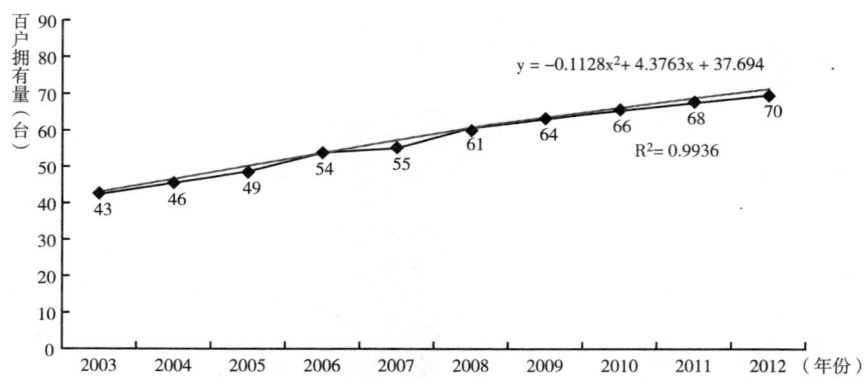

$$y = -0.1128x^2 + 4.3763x + 37.694$$
$$R^2 = 0.9936$$

图 12 – 15　吸排油烟机 2003～2012 年城镇人口百户拥有量

数据来源：国家统计局、中国家电协会。

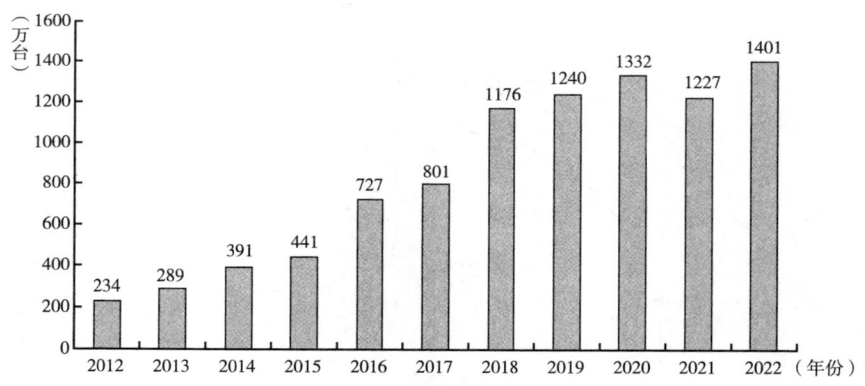

图 12 – 16　吸排油烟机 2012～2022 年国内市场报废量

数据来源：国家统计局、中国家电协会。

深罩式吸排油烟机是我国 20 世纪 90 年代流行的机型，占当时市场约 70% 的份额，目前主流厂商还在生产，但已经不是主推产品，到 2012 年市场份额在 10% 左右。

2001 年欧式塔形机问世并迅速推广开来，2005 年前后其高峰时期的市场份额一度达到 70% 左右，截至 2012 年其市场份额仍在 65% 左右。

侧吸式的吸排油烟机于 2003 年面世，在 2008 年前后开始流行，2012 年其市场份额在 25% 左右。

考虑到吸排油烟机的使用寿命在 8～10 年，目前回收市场上最常见的机型一般是 1995～2000 年流行的深罩式吸排油烟机，另外还有部分超龄服役的薄型吸排油烟机以及少量房屋置换过程中置换下来的欧式塔形机，侧吸式的吸排油烟机在回收市场上很难见到。经过走访小区的废品回收人员，这几种类型的回收比例约为深罩式：薄型：欧式 = 7：2：1。

（三）吸排油烟机产品的环境性

1. 受控物质含量

家用吸排油烟机中的受控物质主要指印刷电路板。印刷电路板被列入国家危险废物名录，它既是对环境具有危害的部件，同时含有大量的有价值的材料。通过我们对生产企业的调研得知，欧式以及侧吸式吸排油烟机多数安装了 PCB 板，其质量约在 100 克/台。但深罩式吸排油烟机只有小部分安装有 PCB 板，薄型吸排油烟机不含 PCB 板。由此推算 2012 报废的机器中，受控物质的质量为 20 吨。

2. 回收过程中的环境风险

家用吸排油烟机体积较大、较重，其坚硬外壳可防止磕碰。家用吸排油烟机虽然含有 PCB，但在回收和运输过程中不易外泄，因此，家用吸排油烟机回收过程的环境风险评估为低。

3. 拆解过程中的环境风险

废家用吸排油烟机的拆解主要以手工物理拆解为主。拆解后的拆解产物为机壳、集烟罩、过滤装置、风机系统和控制部件等。拆解过程不存在对环境和人体的危害，家用吸排油烟机整机的拆解过程环境风险评估为低。

（四）吸排油烟机产品的资源性

家用吸排油烟机的型号众多，产品质量也存在差异，薄型的家用吸排油烟机质量在 10～12 公斤。深罩式的家用吸排油烟机的质量多在 15～20 公斤，欧式塔式的家用吸排油烟机比较重，质量多为 30 公斤，侧吸式的家用吸排油烟机的质量为 20 公斤。

家用吸排油烟机主要由机壳、集烟装置（集烟罩）、过滤装置、风机系统、出风装置和控制部件等几大部分组成。主要材料有塑料、不锈钢、玻璃等。

对各家用吸排油烟机的品牌的调查，其主要的材料平均比例如表 12-12 所示。

表 12-13 列出了家电产品主要再生材料的价格，其中废钢、铝、铜等废金属的价格信息来自废金属网（2013 年 8 月 15 日），废塑料价格来自中国塑料行业网（2013 年 8 月 15 日）。表中数据根据废料价格行情，结合产品情况取均值得到。

表 12 – 11　家用吸排油烟机材料比例

			薄型	深罩式	欧式塔形	侧吸式
产量比重（%）			—	5	70	25
平均质量（公斤）			—	20	30	20
平均材料组成（%）	钢铁	普冷板	—	60	16	30
		硅钢		9.5	8	11.2
		不锈钢		—	46	11.7
	铜		—	2.5	1.6	2.6
	铝		—	0.45	0.32	0.45
	塑料	ABS	—	1	1.2	1.1
		PS		3.8	5.6	5
	PP		—	1.5	1.3	1.2
	玻璃		—	—	3	12
	PCB		—	0.5	0.3	0.5
	荧光粉		—	—	—	—
	汞		—	—	—	—
	铅		—	—	—	—

表 12 – 12　家用吸排油烟机主要材料比例

			薄型	深罩式	欧式塔形	侧吸式
产量比重（%）			—	5	70	25
平均质量（公斤）			—	20	30	20
平均材料组成（%）	钢铁	普冷板	—		4.8	6
		硅钢		12	2.4	2.24
		不锈钢		1.9	13.8	2.2
	铜		—	0.5	0.48	0.5
	铝		—	0.09	0.10	0.09
	塑料	ABS		0.2	0.36	0.22
		PS		0.76	1.68	1
	PP			0.3	0.36	0.24
	玻璃				0.9	2.4
	PCB			0.1	0.1	0.1
	荧光粉			—	—	—
	汞			—	—	—
	铅			—	—	—

表 12 – 13　家电产品主要再生材料价格

单位：元/公斤

品种	废钢	废铝	废铜	废塑料	废 PCB	废玻璃
价格	2	12	30	4.2	3	0.1

根据表 12 – 11、表 12 – 12、表 12 – 13 计算出废弃的吸排油烟机可回收材料的价格，得到表 12 – 14。

表 12 – 14　废弃吸排油烟机可再生材料理论价值

单位：元

产品规格	废钢	废铝	废铜	废塑料	废 PCB	废玻璃	合计
深罩式	27.8	1.08	15	5.29	0.3	0	49.47
欧式塔形	42	1.2	14.4	10.08	0.3	0.09	68.07
侧吸式	20.88	1.46	15	6.13	0.3	0.24	44.01

（五）吸排油烟机产品的经济性

1. 收购成本

收购成本是回收者从消费者手中第一次购买的废弃吸排油烟机的价格。根据对北京部分小区回收者的走访，根据机型和新旧程度的不同，初次收购价格在 5 元至 25 元不等。

表 12 – 15　废弃吸排油烟机初次收购价格

单位：元/台

产品名称	产品规格	回收价格范围	收购价格测算值
吸排油烟机	薄　　型	5 ~ 10	7
	深罩/侧吸式	10 ~ 18	15
	欧式塔形	20 ~ 25	22

注：走访调查时间为 2013 年 7 ~ 8 月，此时金属价格偏低，大部分废品的初次收购价格均为历史新低。

2. 物流和仓储成本

在理想状态下，废弃吸排油烟机从最初的回收者到最终的处理企业，需要经历两次物流以及一次仓储，此处发生的物流和仓储费用采用对比法进行计算。在家电以旧换新政策实施期间，回收的大部分产品是阴极射线管电视机，其运费补贴约为每个产品 40 元。按产品 30 公斤重量计，可以得出每公斤的运费成本为 1.33 元。不同产品根据重量测算其运费成本。家用吸排油烟机根据产品规格的不同，重量也有所不同，其中在回收市场中占比较大的深罩式吸排油烟机，重量为 16～20 公斤。测算的运输和贮存成本最高为 26.6 元/台。

表 12 - 16　废弃吸排油烟机的物流、仓储费用

产品名称	产品规格	重量（公斤）	测算的物流仓储费用（元）
吸排油烟机	薄　　型	12	16
	深罩/侧吸式	15～20	20～26.6
	欧式塔形	30	40

经过初次收购和两次物流后，废弃的吸排油烟机进入处理厂，测算到达处理厂前的成本如下：

表 12 - 17　到达处理厂前的废吸排油烟机的成本 （以下均为测算值）

单位：元/台

产品名称	产品规格	收购价格	物流仓储费用	到达处理厂前的成本
吸排油烟机	薄　　型	7	16	23
	深罩/侧吸式	15	26.6	41.6
	欧式塔形	22	40	62

3. 处理成本测算

处理成本主要包括直接处理成本、处理费用、财务费用等。

直接处理成本指处理厂在生产经营过程中实际消耗的原材料、燃料、生产工人的工资和补贴等，因为购入废弃的吸排油烟机是处理厂最大的支出，本研究将该笔费用单独列出。

处理费用指处理厂在组织管理和生产经营中的各项间接费用，主要包括管理费用和固定资产折旧费、设备维修费等。

财务费用指处理厂偿还银行贷款的利息支出。

处理费用的多少与废弃产品的拆解难度成正比。不过，根据课题组对吸排油烟机的评估，吸排油烟机的拆解处理难度不大，其结构中必要的受控物质为印刷电路板（PCB）。印刷电路板被列入国家危险废物名录。它既是对环境具有危害的部件，同时也含有大量的有价值的材料。印刷电路板的重量

占家用吸排油烟机重量的 0.04%。

根据对多家回收处理企业的调查，目前回收处理企业受到的废弃产品中电视机的占比均超过产品总量的 95%，电视机的主要的组成部分中荧光粉以及印刷电路板（PCB）需要特殊处理，也就是说 PCB 目前已有比较成熟的处理方式，不需要为吸排油烟机准备新的拆解装置。

家用吸排油烟机的拆解主要以手工物理拆解为主。拆解后的拆解产物为机壳、集烟罩、过滤装置、风机系统和控制部件等。拆解过程中，唯一需要注意的是对油污的处理，但在整个拆解过程中不存在对环境和人体的危害。

鉴于吸排油烟机的拆解难度较小，拆解过程中对环境基本没有危害，处理厂不需要额外增加新的拆解处理装置，课题组在这里采用类比法来测算吸排油烟机的处理费用。

以某家接受调研的处理企业作为类比对象，该企业的主营业务是回收利用废旧电池、电子废弃物等废弃资源循环再造高技术产品，是中国对电子废弃物、废旧电池进行经济化、规模化循环利用的领先企业之一。公司最早的主业是回收处理废旧电池，后募集资金兴建了 PCB 以及废弃电子的处理线，并成为第一批进入"废弃电器电子产品处理基金"补贴名单的企业。该公司 2012 年处理的废弃电器在 130 万台左右，公司在此项目累计投资 6.3 亿元，按 10 年折旧期计算，结合其目前的盈利状况以及员工人数以及工资水平，其每台废弃电视机的处理成本在 33.4 元左右，而拆解难度较小的洗衣机的处理成本则在 24.7 元左右。鉴于吸排油烟机的拆解难度与洗衣机相当，在此将其处理成本取为 24.7 元。

4. 回收处理总成本

根据前面对吸排油烟机在回收/处理等各项环节的成本分析，测算得出其回收处理总成本。

表 12-18　吸排油烟机的回收处理总成本

单位：元/台

产品规格	支出			总成本
	处理费用	废家电初次收购价格	物流仓储费用	
深罩式	24.7	15	26.6	66.3
欧式塔形	24.7	22	40	86.7
侧吸式	24.7	15	26.6	66.3

（六）回收处理市场现状

1. 回收市场现状

经过对回收处理企业的走访调查，目前还未有处理企业将吸排油烟机纳入回收拆解体系。现在的回收市场中，吸排油烟机一般是由回收者进行收购并转卖，最后自然流入废弃品集中点。由于目前没有处理公司统一收购吸排油烟机，大部分吸排油烟机在集中点经过分类后，功能还未有严重损毁的被修理后当作二手机出卖，已经报废的机器在经历社会拆解后按材料被再度变卖。

故此只能根据现状，设想如果将该产品进行正规的回收处理，其将要经历的环节以及这些环节中需要花费的成本。在设想的正规拆解处理中，吸排油烟机需要经历"回收者—集中点—处理工厂"这个过程，其中需要有两次物流以及一次仓储（集中点）。

2. 处理企业现状

通过调研，目前我国的处理企业存在以下几个问题：

①处理企业目前开工率并不充分，回收量没有达到预期的效果。对于回收处理企业而言，报废量较大的电器能给回收处理企业带来规模效应，在补贴到位的情况下，年处理量达30万台左右才能保持盈亏平衡。实际情况是，一些大的处理企业，其年处理量能保证在盈亏线以上，但补贴资金迟迟不到位，出于成本的考虑，处理企业在购买废弃家电时还有一定的疑虑。

②处理企业没有建立自己的回收渠道，产品回收比较困难。通过课题组的走访发现，第一批纳入目录管理的家电产品中，只有CRT电视机的回收情况比较好，几家处理厂都表示其每天处理的废旧家电中95%是电视机。这主要得益于CRT电视机是集中进入报废期的产品，报废量比较大，同时适逢家电以旧换新政策，回收比较容易。

此外，由于电冰箱、洗衣机、空调器等产品在回收的过程中，其价值较高的压缩机、电机等部件已经在流转环节中被非法拆解，真正进入处理厂的部分白色家电再生材料的价值已经比较低，这也使得回收厂不能收到足够量的有价值的废旧电冰箱、洗衣机等产品。

这些问题的根本原因是回收渠道不完善，消费者从方便的角度出发，往往会选择就近将废旧家电卖给个体的回收者，个体的回收者在收到废旧家电后，无法保证在之后的流转过程中不发生非法拆解的现象，这样一来，处理厂就难以得到真正有价值的废旧家电。

3. 我国目前处理企业的处理能力比较弱，还停留在简单的拆解阶段

处理企业对于废弃家电的处理仍然比较粗糙，大部分处理企业只能初步将废弃的材料按照塑料、玻璃、金属这几种大类进行分解，涉及同一类材料里不同规格型号的材料就无法进行进一步的细分。

以家用吸排油烟机为例，有一些小的厂商在机身上采用 201 型号的钢板，这种钢板含锰量比较高，抗腐蚀性不强，性能较差。而一些中高端产品会采用含镍比较高的 304 钢板，有一些还采用奥氏体的 430 钢板，这些钢板的性能、市场价格均不相同，处理厂在拆解过程中无法将其区分，混杂在一起，经过这种方式处理后的回收材料性能下降，价格也无法得到体现，没有实现真正意义上的回收再利用。

（七）对生产企业的影响

征收废旧废弃电子产品回收处理基金是我国可持续发展的需要，也符合国际惯例，但基金的征收必须符合中国国情，符合企业的承受能力，必须有利于保护产业的健康发展。

1. 对国内市场的影响

就家用吸排油烟机而言，目前的市场集中度较低，存在大量小厂商，竞争还较为激烈，基金如果在现阶段开始征收，其征收难度较大，并容易发生少征、漏征的情况，对市场目前的竞争格局有一定影响，但影响不大。

基金征收必然要影响到行业盈利水平，目前我国吸排油烟机的平均利润率水平在 10% 左右，盈利水平尚可，但是由于生产厂家数量较多，各厂家之间技术水平差距较大，基金征收如果不能做到公平、公正、公开，会对行业格局造成一定影响。

2. 对国际竞争能力的影响

从国际竞争力上看，由于我国特殊的烹调习惯，国内企业生产的家用吸排油烟机 80% 是在国内市场销售，进口的吸排油烟机比较少，基金的征收对其在国外市场的竞争力影响不大。

（八）政策建议

1. 建立完善的回收渠道

目前我国的回收市场秩序混乱，初次收购的大量废旧家电经修理后进入二手市场买卖，还有部分在流转途中被拆解后按材料变卖，只有少部分被集中卖给正规处理企业。部分处理企业已经意识到回收难这一问题，已经自发组织人员深入居民小区定点收购，但由于收购力量有限，取得的效果一般。对此，

提出如下建议：

①规范回收体系，建立专业的回收分拣中心，通过专业的分拣中心，减少废旧家电非法拆解。

②拓展其他手段开展废旧家电回收工作。可以各种宣传方式培养居民定点回收的意识，开展类似以旧换新，鼓励生产厂家与其生产基地所在地的处理企业合作，政府以及企事业单位与当地处理企业合作等多种有利于回收的活动。

在实际调研的过程中，有少数处理企业已经在初步尝试自建回收渠道，包括与社区超市合作，通过换取超市积分卡或小物品的形式定点回收废弃家电等。

2. 政策支持处理厂提高其处理工艺

目前我国的处理厂家的处理水平还停留在初步分拣阶段，只能做到金属、塑料、玻璃等材料的粗糙分拣，但不同品种的金属、不同类型的塑料无法进一步细分。粗放式的分拣拆解和较低的管理水平不能让处理企业提高自身的利润率，对社会再生资源也是一种浪费。如果维持这种状态，处理企业失去了造血功能，只能是长期处于被输血的状态，对基金的管理而言，也是不利因素。

3. 建立试点单位，规范拆解方法

由于各种家电产品都有自己独特的结构，拆解方法、拆解难度、能再利用的材料也不尽相同，对于准备新纳入目录的产品，课题组建议可选择部分处理企业作为先行试点单位，在产品正式纳入目录之前对产品进行试回收拆解，建立完整的拆解规范并做相应的回收规模以及拆解成本预测，同时也有利于"废弃电器电子产品处理基金"的征收管理以及补贴的发放。

四　手机

（一）产业发展现状

1. 手机产业发展现状

通信产业已经成为我国国民经济的重要支柱产业，也是我国高新技术发展的重要引擎。目前我国大部分通信产品如程控交换机、路由器、手机等产量占到世界产量的50%以上。2012年我国手机产量达11.8亿部，占全球产量17.6亿部的67%，国内销售大约1.6亿部，成为手机的生产和出口大国。全国手机用户达到11.2亿户，全国普及率为每百户82.6部，超过世界平均水平。

当前我国手机产业发展有以下几个趋势：

①智能手机成为产业主流，手机不仅只是通话工具，而且逐渐成为人们的信息终端，是人们必不可少的生活用品。我国智能手机的生产增长非常

快，去年已经超过美国，同时我国也是全球最大的智能手机消费市场。

②近年来国产品牌手机取得巨大进步，华为、中兴通讯、联想、酷派等国产品牌手机占据国内市场的半壁江山。

③我国是世界最大的手机出口国，2012 年出口手机约 10 亿部，占我国产量的 85%。

④中国运营商销售的手机已经占到市场份额的 70%，大部分手机生产企业成为运营商的代工厂。中国移动还在 2013 年 7 月份推出了自主品牌的手机。

⑤国内外市场竞争激烈。除手机产业自身外，其他行业如 PC、音响、煤炭行业的企业也投资生产手机，2012 年全国通信行业的固定资产投资超过全国电子平均水平；企业的投资方向从整机转向芯片、增值服务等领域。

⑥产业转移较为明显，手机制造从沿海地区向条件比较好的中西部地区转移。

2. 主要生产企业及其产量、市场占有率

根据美国市场研究公司 Strategy Analytics 发布的报告显示，2013 年第二季度，全球智能手机出货量同比增长 47%，达到创纪录的 2.3 亿台。根据国家统计局数据，2013 年 1~5 月，我国生产手机 5.58 亿部，比 2012 年同期增长 22%。作为全球手机产业重要生产、出口基地，我国手机产量目前占全球总产量的 60% 以上，根据业内主要企业的未来全球产业布局计划，我国手机产量维持在目前比重或略有提升的可能性较大，未来手机产业出口量仍将保持较快增幅，增幅预计在 10% 以上。

2013 年第二季度全球五大智能手机企业见表 12-19。

表 12-19　全球五大智能手机生产企业

序号	生产企业	出货量（万部）	市场份额（%）
1	三星电子	7600	33.1
2	苹果	3120	13.6
3	LG 电子	1210	5.3
4	中兴通讯	1150	5.0
5	华为	1110	4.8

根据市场调查公司 GfK 的报告，2013 年 6 月，手机生产企业在中国市场的销售量排名及市场份额见表 12-20。

表 12 – 20　中国市场 2013 年 6 月手机销售量及市场份额

品牌	销量（万部）	市场份额（%）
三星（SAMSUNG）	619	20.5
联想（LENOVO）	347	11.5
酷派（COOLPAD）	298	9.9
华为（HUAWEI）	237	7.9
中兴通讯（ZTE）	172	5.7

3. 手机生产企业平均利润率

手机生产企业的平均利润率为 3.5% 左右，而且整个行业的利润高度集中在一两个企业手中，大部分手机生产企业的利润空间非常小，市场竞争非常激烈。

4. 手机的产量、保有量和报废量

①产量。根据工信部对规模以上电子信息制造业主要产品产量的统计显示，2012 年全球的手机产量为 17.6 亿部，其中智能机产量为 2 亿部，我国手机产量 11.8 亿部，同比增长 4.3%，见图 12 – 17。

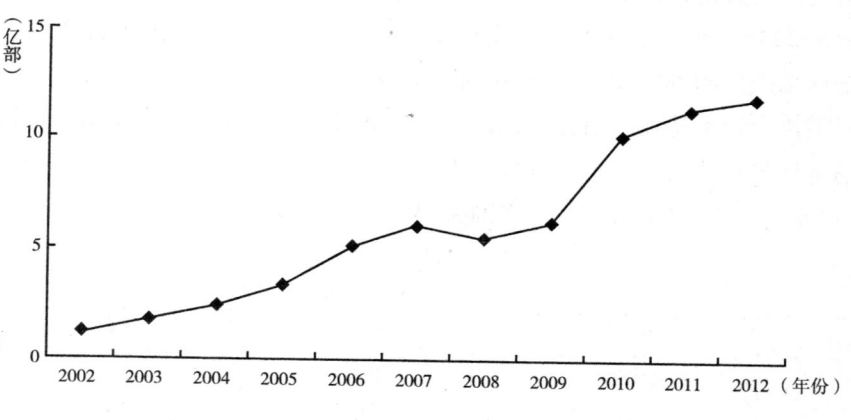

图 12 – 17　2002 ~ 2012 年中国手机产量

②社会保有量。手机的社会保有量是居民保有量与机构用户保有量之和。居民保有量通过国家统计年鉴中城镇与农村居民百户拥有量，分别与城镇和农村居民户数相乘、累加而得。图 12 – 18 为 2005 ~ 2011 年手机居民保有量。2011 年，手机居民保有量达到 8.0 亿部（目前国家统计年鉴最新统计为 2011 年数据）。机构用户保有量可以用居民保有量乘以一个系数，考虑

到手机的使用情况，设定系数为 5%。2011 年，手机的社会保有量约为 8.4 亿部。

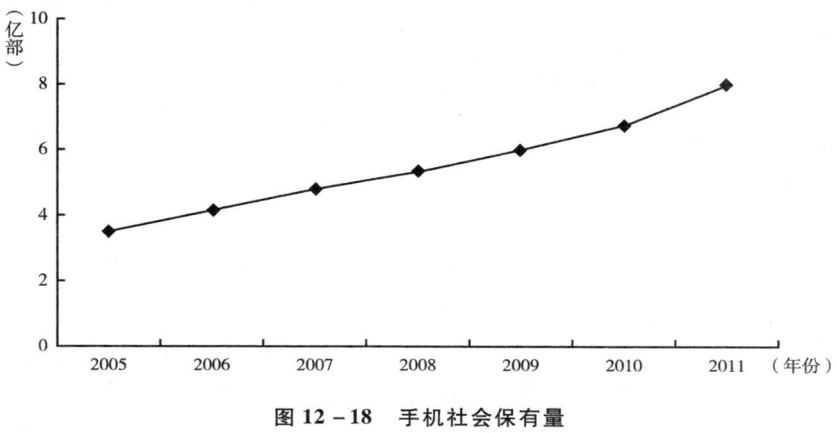

图 12 - 18　手机社会保有量

③理论报废量。手机在我国统计年鉴中具有较完善的居民百户拥有量的统计数据，因此，本课题组使用中国家用电器研究院估算我国手机的理论废弃量。2012 年，我国手机理论报废量为 6282 万部。

（二）国内手机回收处理现状

1. 中国手机回收处理相关管理文件

2003 年 8 月 26 日，国家环境保护总局发布了《关于加强废弃电子电气设备环境管理的公告》，该公告所称"电子电气设备是指依靠电流或电磁场来实现正常工作的设备，以及生产、转换、测量这些电流和电磁场的设备；其设计使用的电压为交流电不超过 1000 伏特或直流电不超过 1500 伏特"。具体产品包括：电冰箱、洗衣机、微波炉、空调器等大型家用电器；吸尘器、电动剃须刀等小型家用电器；计算机、打印机、传真机、复印机、电话机等信息技术（IT）和远程通信设备；收音机、电视机、摄像机、音响等用户设备；钻孔机、电锯等电子和电气工具；电子玩具、休闲和运动设备；放射治疗设备、心脏病治疗仪器、透视仪等医用装置；烟雾探测器、自动调温器等监视和控制工具；各种自动售货机。该公告所称电子废物是指废弃的电子电气设备及其零部件。包括：生产过程中产生的不合格设备及其零部件；维修过程中产生的报废品及废弃零部件；消费者废弃的设备；根据有关法律法规，被视为电子废物的。该公告要求"产生电子废物的单位，包括电子电气设备制造企业、电子电气设备维修服务企业和大量使用电子电气设备的企事业单位等，必须向所在地的县级以上环境保护主管部门提供电子废物的产生量、流向、贮存、处置等有关资料"。该公告"禁止使用污染环境的落后工艺和装置处理电子废物。禁止以露天或简易冲天炉焚烧、简易酸浸等方式从电子废物中提取金属"。

2006 年 4 月 27 日，国家环境保护总局发布的《废弃家用电器与电子产品污染防治技术政策》中家用电器及类似用途产品，包括电视机、电冰箱、空调器、洗衣机、吸尘器等；电子产品指信息技术（IT）和通信产品、办公设备，包括计算机、打印机、传真机、复印机、电话机等。该技术政策适用于家用电器与电子产品的环境设计、废弃产品的收集、运输与贮存、再利用和处置全过程的环境污染防治。

2007 年 9 月 27 日，国家环境保护总局发布了《电子废物污染环境防治管理办法》，并于 2008 年 2 月 1 日起施行。其中规定"拆解、利用和处置电子废物，应当符合国家环境保护总局制定的有关电子废物污染防治的相关标准、技术规范和技术政策的要求；禁止使用落后的技术、工艺和设备拆解、利用和处置电子废物；禁止露天焚烧电子废物；禁止使用冲天炉、简易反射炉等设备和简易酸浸工艺利用、处置电子废物；禁止以直接填埋的方式处置电子废物；拆解、利用、处置电子废物应当在专门作业场所进行；作业场所应当采取防雨、防地面渗漏的措施，并有收集泄漏液体的设施；拆解电子废物，应当首先将铅酸电池、镉镍电池、汞开关、阴极射线管、多氯联苯电容器、制冷剂等去除并分类收集、贮存、利用、处置"及"禁止任何个人和未列入名录（包括临时名录）的单位（包括个体工商户）从事拆解、利用、处置电子废物的活动"等。

2009 年 2 月国务院颁布的《废弃电器电子产品回收处理管理条例》（以下简称《条例》），要求对列入《废弃电器电子产品处理目录》的废弃电器电子产品，产品生产者根据《废弃电器电子产品处理基金征收使用管理办法》，从 2012 年 7 月 1 日起开始缴纳处理基金，用于废弃电器电子产品回收处理的补贴。2010 年 9 月 8 日，国家发改委、环境保护部、工业和信息化部联合发布《废弃电器电子产品处理目录（第一批）》公告，明确了列入第一批《目录》的管理范围；并明确今后依《制订和调整废弃电器电子产品处理目录的若干规定》来制订和调整《目录》。

目前，本报告专门研究是否将手机列入《目录》，如果将手机列入《目录》，则必须遵守条例及基金管理办法的要求。

2. 手机回收处理相关标准规范

针对通信产品的处理，中国通信标准化协会（CCSA）曾经制定了一系列的国家标准，详见表 12－21。

表 12－21　通信产品回收处理相关标准

	标准名称	标准号	主要要求
1	《面向消费者的通信终端产品环境友好声明》	GB/T 公示中	可回收/可维护设计的要求:如标识,拆解报告,材料、器件易分离等
2	《通信终端产品绿色包装规范》	GB/T 公示中	无害化、减量化、成本、便于回收利用、生命周期最小化
3	《通信终端产品可回收性能评价准则》	GB/T29237－2012	模块化、产品回收信息完整、零部件标准化/易识别、尽量使用再生材料、结构易拆卸、材料易回收/易识别/相容
4	《通信终端产品可拆卸设计规范》	GB/T	材料种类最少/相容/单纯/减少危害物质、零部件最少化/模块化/标准化、连接易拆卸/最少化、结构简单/可达、拆卸信息传递以及一些特殊要求
5	《通信终端设备可回收利用率计算方法》	GB/T28522－2012	规定了可再使用率、可再生利用率和可回收利用率的计算方法
6	《通信终端设备的回收处理要求》	GB/T22423－2008	生产企业要求:材料选择应无害,可再利用,尽可能采用回收材料、易拆解设计、提供回收处理指导信息;及对回收处理企业的要求
7	《废弃通信产品有毒有害物质环境无害化处理技术要求》	GB/T26258－2010	提供产品中的有毒有害物质名称、所在位置、拆解的建议和方法;控制处理方法;等等
8	《通信终端产品可回收性能评价准则》	GB/T29237－2012	产品可回收性能的评价准则

3. 手机回收渠道及模式

①小商贩的回收。个体商贩或走街串巷，或在大型卖场、商场门前回收废旧手机。个体商贩以较低的价格回收废旧手机，一些旧手机可以直接销售，或者通过翻新、维修作为二手手机高价出售，获取利益。没有销售价值的旧手机，拆下有用的零部件，作为维修部件销售。剩余没用的部件，作为

垃圾废弃。这种回收方式目前在中国非常普遍，但是缺乏充分的数据，无从了解通过这种回收渠道收集到的数量。

②正规回收企业的回收。我们在调研中考察了目前中国为数不多的专门从事废旧手机回收的公司。某家公司的回收模式是通过搭建再生资源回收电子商务平台，利用网站、微信、应用、短信等多种渠道进行线上回收。消费者通过网上提交投废申请，进行估价，达成交易，系统产生投废单，并自动分配给每个地区的加盟商，由加盟商上门回收服务。线下回收是通过与加盟商委托交易，在校园及小区开展回收服务或通过废旧手机换购 LED 灯等多种形式进行。

目前该公司在全国已有 500 多个服务点，覆盖全国 80 多个市级城市，2012 年废旧手机的交易量为 700 多万部，2013 年预计可突破 1000 万部，按照这个增长速度，2014 年将突破 1400 万部。回收的废旧手机中有 40% ~ 50% 会进入废弃手机处理环节，其余的进入二手市场销售。根据手机型号的不同，每部废弃手机平均回收成本为 4 ~ 8 元。

③处理企业的回收。中国的一些电子废弃物处理企业为了获得原材料，自发开展了废弃手机的回收活动。我们在调研中了解到，某处理企业在当地政府的支持下建立了 100 多个电子废弃物回收超市，月回收电子废弃物 5000 吨，他们将建设 20 个中心城市的回收网络，布置 1500 个电子废弃物回收超市。

通过自主建立的回收渠道，该公司 2013 年上半年回收了 4 万 ~ 5 万部手机。根据手机性能及品牌不同，废弃手机的回收价格略有差异，小灵通为 3 元，非品牌机为 4 元，品牌机为 6 元。从小区居民回收的手机价格为 2 ~ 5 元，从专业回收商（手机市场）回收的价格略高一些，为 2 ~ 6 元，若持续稳定地回收手机，相应的回收价格会提高 8 ~ 10 元。

另外，电子废弃物处理企业通过与手机生产企业合作，回收及处理废弃手机。调研中发现某处理企业在 2008 ~ 2012 年，回收处理了大约 230 万部手机（约 223.4 吨），回收价格根据企业间的合同规定有所不同。

④生产企业的回收。我国手机生产企业众多，既有国际知名品牌，如三星、苹果、诺基亚、索尼，也有国内知名品牌，如华为、联想、中兴通讯，还有更多知名度较低的品牌。随着国际上生产者责任延伸制度和企业社会责任的推广和深入，知名品牌的手机生产企业大多将其售后回收的手机委托给

专业的处理企业进行规范化处理。

2005 年 12 月,中国移动联合摩托罗拉、诺基亚公司共同策划发起了"绿箱子环保计划——废弃手机及配件回收联合行动",开启了中国废弃手机回收和处理的先河。后来,越来越多的手机生产商加入"绿箱子行动"。

但是作为一种企业主动发起的企业社会责任活动,尽管各公司在过去几年开展了丰富多彩的回收活动,"绿箱子环保计划"收集到的废弃手机及配件的数量还是比较有限的。以诺基亚公司为例:他们联合中国绿化基金会,为消费者交回的每一部手机或配件种一棵树,在四个月的时间内,收集到了50000 件废弃的手机及配件;在与中国扶贫基金会的合作项目中,消费者每交回一部任意品牌的废弃手机,都会得到一张价值 30 余元的电影票。每收到 10 部手机,诺基亚公司就捐赠一个价值 100 元的"爱心包裹"(书包)给中国扶贫基金会,通过基金会送到贫困山区的小学生手中。尽管这些活动大都取得了较好的社会效益,但是生产企业不可能长期投资这些公益活动,当生产企业的效益下滑,不能拿出更多的资金开展活动时,这样的回收活动就很难持续下去。

截至 2012 年底,通过"绿箱子环保计划"收集到的废弃手机及配件的总量约为 180 吨,所有收集到的废弃产品全部交给了正规电子废弃物处理企业进行了环保处理。

⑤非法的回收。以广东贵屿、浙江台州等为代表的非正规的电子垃圾处理地区回收的废弃手机,大部分是由欧美及日本等一些发达国家通过走私等非法途径进入我国的废弃手机。更有甚者在本国回收有价值的材料后,再把对本国环境及国民健康危害最大的需要投入高成本处理的部件运到中国。贵屿是著名的世界电子垃圾回收拆解地,贵屿有 80% 的家庭从事该行业,以非常简陋的方法拆解电子垃圾,对当地的环境造成极大的危害。非法回收渠道的回收价格无从考证,通过非法渠道进入中国的电子废弃物不仅是手机,还混杂了很多其他的废弃电子产品。

4. 废弃手机处理现状

废弃手机的拆解不同于"四机一脑"的拆解,相对比较简单。目前对手机的处理有两种截然不同的方式。

①非法的处理。废弃手机非法拆解、处理环境风险很高。近年来,由于媒体的广泛报道,广东贵屿等地区非法拆解手机的方式广为人知。贵屿的处

理方式属于简单的人工拆解和非正规的贵金属提炼方法。人工拆取手机上的主要元器件后，线路板残留元器件和锡膏通过高温加热的方式脱落。在人工拆解芯片过程中，释放松香等有毒气体，长期吸入会致癌，这种操作对工人的身体危害极大。

拆解作坊使用热风工作台（俗称电风枪）对废弃手机电路板做进一步的拆解。手机印刷电路板上很多零部件能够再使用，拆解后的零部件中能再使用的，经过简单修复后出售，用于维修或者制造其他电子产品，没有再使用价值的通过湿法冶炼过程用于提炼金银等贵重金属。

线路板和其他原料（如电线）被露天焚烧或者投入到高炉中进行冶炼，形成铜、金和其他金属的合金。如果元器件无二手使用价值，就会被磨碎成粉状，投入"王水"中进行"酸洗"，提取黄金等贵金属。目前这种酸洗主要集中在野外处理，以躲避监管。但由于"王水"本身的剧毒性，对环境特别是对土壤的污染非常严重。由于没有任何环保设施，贵屿这种高炉冶炼和"王水"酸洗提取金属的方式，对环境负面影响巨大。

②规范的处理。手机处理过程的污染控制主要指对拆解过程的粉尘、拆解印刷线路板时的焊锡烟雾以及印刷线路板和电池本身的处理。印刷线路板处理的污染控制与所选择的处理工艺紧密相关，有物理干法破碎分选、物理湿法破碎分选、火法冶金和湿法冶金等。规范的处理企业在这些环节中都通过技术手段和环保设施确保将环境风险降低，不会造成二次环境污染。废弃手机电池的回收量还非常低，目前在国内只有武汉格林美将少量的废弃手机电池混入矿物类原材料中处理。

目前中国有一批正规的手机处理企业正在成长，尽管他们的生存还比较艰难，主要是通过与一些生产企业、大卖场合作，获取一些废弃手机，或者自己搭建回收网络，试着通过市场化运作获得一定的原料进行处理。他们的实践，为中国的废弃手机处理积累了经验，也为规范地处理废弃手机设置了行业标杆。

规范的废弃手机处理流程如图 12 – 19。

流程解释：

①废弃手机到达处理企业后，首先将锂电池分离；

②将剩余主体进行手工拆解，分解为：塑料、一般金属、液晶玻璃和印刷线路板；

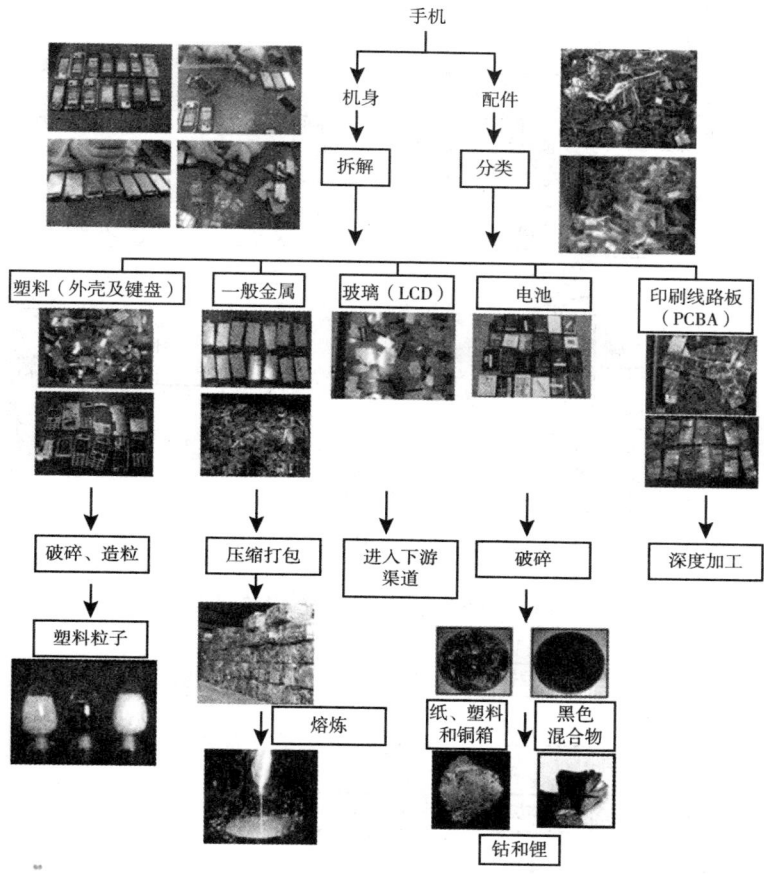

图 12－19　废弃手机拆解处理流程

③塑料：主要来源为手机塑料外壳及键盘，使用大型机械打碎后进行塑料造粒，循环塑料粒子可制作托盘等木塑制品；

④一般金属：主要为铝，汇集后进行压缩打包，运至下游熔炼厂进行熔炼；

⑤液晶玻璃：将液晶屏幕上的软件线路板（如有）剥离汇集至印刷线路板类别，进行液晶清洗后玻璃会运至下游环保局指定的玻璃回收方；

⑥印刷线路板深加工流程见图 12－20；

⑦手机锂电池处理流程见图 12－21。

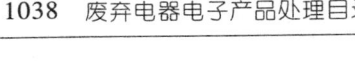

图 12-20 印刷线路板处理流程

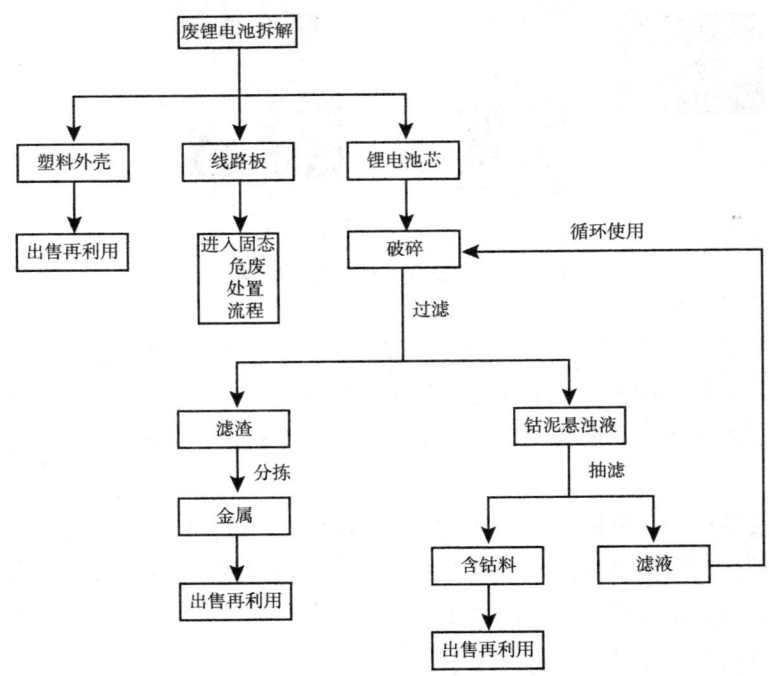

图 12-21 手机锂电池处理流程

废弃锂电池处置流程是先经手工拆解，得到塑料外壳、线路板和锂电池芯。塑料外壳收集后再利用；线路板进入危废处置流程；锂电池芯进入喷淋式破碎机，将金属与钴酸锂、石墨分离，金属铜铝铁再利用，钴泥悬浊液经抽滤得到含钴料及滤液，含钴料再利用，滤液循环使用不排放。处理流程见图 12-21。

（三）其他国家或地区手机回收处理现状

随着通信技术的发展，手机得到迅速普及，手机的生产、销售及使用人群在迅速增加，随之而来的是大量废旧手机的产生，给环境带来了巨大的压力，世界各国都在纷纷制定法律法规，对废弃手机的回收和处理加以规范。我们收集和分析了世界上一些典型的国家和地区在废弃手机回收处理方面的法律法规及实施情况，供中国制定手机回收处理政策借鉴。

1. 欧盟

欧盟发布《关于废弃电子电气设备指令》（简称《WEEE 指令》）中，手机属于第三类"信息技术和远程通信设备"而被纳入管辖范围。

对于手机的规定为：所有在欧盟市场上生产和销售的手机必须在 2005 年 8 月 13 日以前建立完整的分类回收、循环及再生使用系统，并负担产品回收责任。同时还规定每部手机的最低回收率标准，以每部手机的重量来衡量，整机可循环使用率至少要达到原机的 75%，各种零组件和材质可再生使用比率至少要达到 65%，否则将限制在欧盟各成员国销售。

在大多数欧盟成员国，手机生产企业通过参加生产者责任组织（PRO）来承担废弃手机回收处理责任，生产者应支付自己生产产品的回收、处理、再循环和环保处理的费用。

2. 美国

目前美国有 26 个州制定了有关电子废弃物回收的法案或议案，建立了州或地区范围内的电子废弃物回收计划。对于电子废弃物的管理，一般采用生产商责任（EPR）制度，制造商在产品废弃时对其生产的产品负责，支付产品的收集、运输和处理费用。

关于废弃手机，加利福尼亚州立法要求手机零售商必须建立手机回收程序，消费者不能随意将废旧手机扔入垃圾箱，不用的手机需寄到回收中心。在其他州，目前一些手机运营商和非营利组织开始通过在线渠道开展自愿的手机回收工作，如 2012 年，美国推出了特殊的手机自动回收机，回收手机和 MP3 播放器，根据手机的实际情况，给出回收价格，并开展手机翻新业务。

3. 韩国

从 2003 年 1 月起，韩国开始实施《资源节约与再利用促进法》，即生产者延伸责任（EPR）制度。从 2008 年 1 月起，韩国开始实施《电气/电子产品及汽车资源循环法》，生产者需要对电视机、电冰箱、洗衣机、空调器、计算机、音响、手机、打印机、复印机、传真机产品进行回收处理。

生产者及销售者可以通过逆向物流回收产品。在韩国大约有 232 个地方政府建立回收网点进行回收。韩国沿用欧盟的生产者延伸责任制度，生产者负担废弃产品的回收处理费用，但并不直接向生产者征收回收处理费用，而是根据每年产品的销量制定回收目标，生产者需要达到最低回收量。如果生产者无法达到最低回收量，则要缴纳未达成最低回收量对应费用的 115% ～ 130% 的罚款。

4. 日本

2001 年，日本实施了针对电视机、洗衣机、电冰箱和空调器四类大型家电的《家电循环再利用法》，2013 年 4 月 1 日起正式发布法规《小型家电循环再利用法》，将手机的回收处理纳入该法律进行规范。该法律规定"民众分类处理废旧小型家电，并应尽量交给具备相关资质的企业；生产企业必须在小型家电的设计以及部件和原材料的种类上下功夫，降低废旧小型家电再利用所需的费用，并尽力利用废旧小型家电等再利用后生成的物质"。但是该法并不强制所有的地方政府遵守，地方政府将自行判断是否加入该制度。

废旧手机的回收由运营商、制造商自发形成。如日本主要手机通信运营商和手机制造商组成的"手机回收网"。可供选择的手机回收点包括手机专卖店、手机厂家和一些便利店。只要是有"手机回收标志"的手机专卖店，均提供手机回收服务，不分品牌以及使用者。日本还把回收利用电子垃圾的"手续"推进到生产阶段。家电制造商在生产环节就要在各种零部件和材料上标注材料成分、拆解顺序、拆卸方式等细节，以利于今后的回收利用。手机回收后，将直接送至处理企业拆解，将其中的再生资源回收，作为汽车或电器的原料使用。

5. 澳大利亚

2011 年开始尝试实施《产品管理法》，电视机、计算机适用该法律。政府鼓励生产商采取自愿的回收措施，可加入生产者责任组织（PRO）或者建立独立的回收系统。

Mobile Muster（http：//mobilemuster. com. au/）是一个始于 1998 年的

手机产业官方产品责任计划，目标旨在让旧手机远离垃圾填埋场，并将之用安全可靠的方法回收。这是一个手机产业自行对使用寿命结束的手机自愿负责的计划。

此计划建立在自愿的基础上，由手机生产商、业务提供商、网络运营商和分销商共同管理。此计划是迄今为止全球唯一的由产业主导的手机回收计划。自运营起，Mobile Muster 已经回收了 1028 吨手机零部件，包括 750 万部手机和电池、超过 480 吨的手机配件（截至 2013 年 3 月 31 日），并在澳大利亚有超过 4000 个公共回收点。

澳大利亚有超过 3000 万的手机用户。Mobile Muster 的成员每年进口超过 700 万部手机进入澳大利亚。

澳大利亚人平均 18～24 个月更换手机。80% 的澳大利亚人选择自行持有旧机器或把旧机器转交他人使用。估算有超过 2200 万部被使用的手机存放在澳大利亚的家庭中。然而根据 Mobile Muster 2011～2012 年度报告，意识到要回收手机的使用者从 46% 增长到 82%。增长的手机回收利用率使进入垃圾填埋场的手机从 9% 下降到 2%。

在过去的 10 年中，手机的回收利用率相当可观，从 2006 年的 18% 增长到现在超过可用手机总数的 51%。手机、电池和充电器中 90% 以上的材料可以回收。

澳大利亚的手机回收属于自愿项目，相关方责任并非出自法律规定，相关方责任义务等情况如下。

手机持有者（消费者、手机用户）：

旧手机和其配件可以通过下载邮资已付的标签免费运送至 Mobile Muster。

办公地点（workplace）：

办公地点（workplace）在 Mobile Muster 注册后即可成为回收点，有以下两种选择便于收集管理旧手机。

选择一：免费的上门提机和处理服务；

选择二：IMEI 追踪服务。

服务机构、工会（council）在 Mobile Muster 注册后可以获得免费宣传材料，包括海报、宣传册、贴纸。同时还可有权获得电子工具和信息来促进本计划的推广。

与服务机构、工会（council）合作后可以提高公众的回收意识，帮助社区更好地理解回收处理流程。

作为国家电视机和计算机回收机制的一部分，将手机的回收同一般电子废物的回收一体化。为家庭提供品牌合作的免费回收包（satchel）。

学校在 Mobile Muster 注册后将会得到回收箱和宣传材料，并有权获得学校教育包（School Education Kit）（包含 10 种教育模块等）。

自从 2008 年开展了学校计划，超过 1600 家学校和超过 120 万学生通过参加学校回收计划（Schools Recycling Challenge）学习到了回收的重要性，并且回收了 10 吨以上的旧手机以及配件。

2012 年学校回收计划成果：

全国 200 多家学校共回收了超过 5700 部手机和电池。也就是让超过 41 公斤塑料、1.4 公斤镉、9.1 公斤铝、500 克金和银，以及超过 30.4 公斤的铜远离了垃圾填埋场。

澳大利亚废弃电器电子产品处理资金机制：若需要从一般的垃圾回收点分类分离出手机，回收者有资格获得每公斤 2 澳元的回报。

6. 中国台湾

台湾环保署从 2009 年起，与手机生产企业、电信运营商及手机经销商等联合签署《废行动通讯产品回收合作备忘录》，政府鼓励手机生产企业和运营商积极主动采取措施，回收废弃手机。

台湾手机生产企业、电信运营商及手机经销商等通过扩大提供回收渠道，免费回收消费者的废旧手机及配件，并根据手机的实际情况，给予现金、折价券等回收奖励。而且这些企业者积极宣传与回收相关的信息，如提供回收渠道的地点等信息给广大消费者。

所有回收的废旧手机都统一交由有"废通信器材"处理资质的处理企业进行处理。据统计，2010 年台湾回收了约 344 吨废弃手机及配件（含手机电池），2011 年回收了约 367 吨废弃手机及配件（含手机电池），2012 年上半年回收了约 341 吨废弃手机及配件（含手机电池）。

（四）手机纳入《目录》管理的可行性

1. 手机生产企业的集中度

在中国，大约有 850 家手机企业，超过 300 家在从事手机生产制造，其中每年生产超过 1 种机型的企业有 200 余家，但是每年的产销量在 10 万部以上的生产企业只有 40～50 家。中国每年手机的生产量是 11 亿～12 亿部，相对来讲，手机生产企业的集中度比较高。

目前中国手机市场的 70% 份额是通过三大运营商销售的，最近中国移动还推出了自主品牌的手机。今后这种发展趋势还将持续，越来越多的手机将通过运营商定制的方式进入市场。

2. 处理及污染控制技术的成熟度

目前中国的废弃手机处理及污染控制技术出现两个极端。一是以广东贵屿为代表的非法处理，带来严重的环境污染。还有一些处理企业只对废弃手机做简单的拆解，拆解产物交给其他规范的处理企业做深度处理。二是由于正规处理企业的污染控制技术比较成熟，经过几年的运行，一些规范的处理企业已经找到了适合中国国情的处理技术，利用中国廉价的劳动力，将废弃手机的拆解做到了非常细致的程度。它们将分类好的各种废弃物按照所含材料的不同，采取科学合理的处理工艺，既避免了环境污染，更有利于得到价值更高的材料。所以目前废弃手机处理的正规企业的技术成熟度较高。

3. 公众对手机回收处理的认识

①回收认知调查结果。在 2008 年，诺基亚公司请专业咨询公司在全球范围内进行消费者对废旧手机回收认知的调查，结果显示大多数消费者都把不用的废旧手机放在家里，只有 3% 的人会选择将其进行回收处理；在中国，这个数字为 1%。这次调查帮助我们了解了手机消费者对于回收再利用的态度和行为。通过这项调查，我们看到，废旧手机很少能被回收。大多数消费者甚至还没有意识到躺在抽屉里的废旧手机可以被循环利用。

在中国，平均每个受访者拥有超过四部手机，只有 1% 的人会将废旧手机送去回收，5% 的受访者直接丢弃旧手机，49% 的人把手机搁置在家里，30% 的人选择送给别人，12% 的人会出售自己的旧手机。

从全球范围来看，74% 的消费者坦承，他们从来没有想过要回收手机，尽管 72% 的人相信，循环利用会让环境大为改观。而在中国，有 70% 的人没有考虑过回收废旧手机。

该项调查还显示，造成如此少的人回收他们手机的一个重要原因是，他们不知道可以这样做。事实上，手机中近 80% 的原材料是可以被回收再利用的。经过专业的电子废弃物处理厂商的分解处理，手机中的原材料可以用来制作厨房里的水壶、公园里的长凳甚至萨克斯管。从全球范围来看，半数被调查者不知道手机可以被循环利用。在中国，有 49% 的人不知道手机可以被回收利用。

在接受调查的人群中，即使有些人很清楚手机可以被回收利用，但他们却不知道该如何去做。有 2/3 的人表示，他们不知道如何去回收利用废旧手机，中国有71%的人不知道该把废旧手机送去哪里回收处理。

②手机回收存在的问题。目前，中国的废旧手机回收渠道尚不完善。欧美及中国台湾都设立了废弃电子电器产品包括手机的回收渠道，生产企业和运营商也积极投身废弃产品的回收，为消费者提供了便捷的回收渠道。

中国的消费者对于《条例》的认识还比较欠缺，对于废弃手机的回收和处理缺乏了解。加之废旧手机里存储了大量的个人信息，出于对信息保密的要求，很多消费者不放心将废弃的手机交给信不过的回收渠道。这也是目前废弃手机回收量偏低的一个重要原因。

4. 处理成本

如果不考虑处理企业购买废弃手机的成本，当废弃手机的处理量达到一定规模时，废弃手机的处理成本基本与处理产物的价格持平或者略有盈余，其中包括处理设备及相应的污染控制设备的成本。

因此，在规范地处理废弃手机时，要获得较好的经济效益，必须具备深度处理废弃手机的能力。

手机中各种材料的比例见图12－22，手机中的线路板含量约为手机总重量的20%。1吨的废弃手机中可以提取约150克的黄金、3公斤的银和100公斤的铜。而每吨金矿中可以提取的黄金仅为5克。如果规范的处理企业拥有先进的处理技术，在得到足够的原材料时，处理成本将明显降低，从

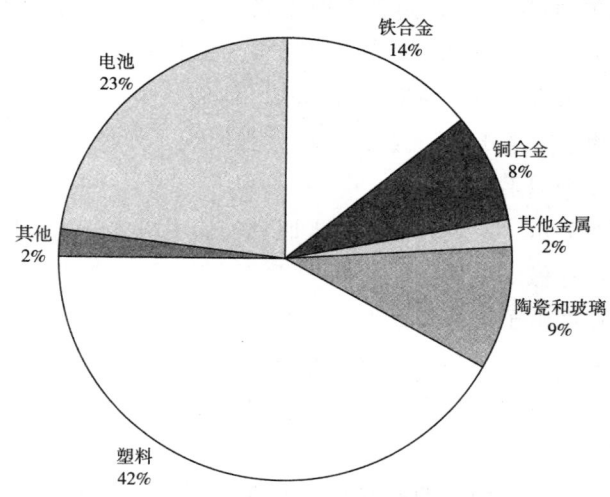

图12－22　手机中不同材料的比例

废弃手机中获得的材料的价值将远高于处理成本。

正规的处理企业从废弃手机中得到的拆解产物比例见表 12－22。

表 12－22 废弃手机的拆解产物比例

拆解后物料种类	所占重量比例*（%）	拆解后物料种类	所占重量比例*（%）
塑料	20	线路板	15
一般金属	25	电池	30
LCD	10		

* 不同型号的手机，拆解后物料所占比例会有所不同。

废弃手机中的可再生利用资源可以被回收和再利用制成新产品。手机中的稀贵金属包括金、银、铂和铜。在废弃手机的回收过程中提取材料比直接提取原材料节省更多能源，也减少了对原材料的提炼和加工。手机的回收同时减少了温室气体甲烷的排放。如果全球 50 亿的手机用户每人都能回收利用一部旧手机，我们就可以节约 40 万吨原材料，并且减少相当于 600 万辆汽车尾气排放所造成的温室气体。

5. 不同基金征收水平对生产者的影响

①基金费率为零。废弃手机的材料价值较高，资源性好，体积及重量都很小，运输和物流成本相对较低。目前在没有政府补贴的情况下，已经有回收和处理企业在开展回收处理工作，并且取得一定的经济效益。

如果把手机放在《目录》中，回收基金费率设置为零，国家也不需要对手机回收处理进行补贴。

目前中国三大电信运营商销售的手机已经占到市场份额的 70%，它们拥有庞大的销售和服务系统，国家应该鼓励三大运营商积极承担企业社会责任，为广大消费者提供废弃回收的服务，将回收到的废弃手机交给正规的处理企业进行环保处理。

国家也要鼓励手机生产企业和经销商主动承担废弃手机回收的责任，将废弃的产品回收回来，交给正规的处理企业。对于生产企业和经销商来说，需要支付必要的资金，投到废弃手机回收工作中，否则，政府、媒体和消费者的监督会给生产企业和运营商及经销商带来巨大的压力。

②征收基金。如果把手机放入《目录》，手机生产企业可以通过缴纳四权处理基金的方式承担责任。但是从手机生产企业征收的基金，用于补贴废弃手机回收处理的金额不宜太高。

手机生产企业的平均利润率为 3.5% 左右，整个行业的利润高度集中在一两个企业手中，大部分手机生产企业的利润空间非常小，市场竞争激烈。把手机放入《目录》之后，在制定四权处理基金费率时，要充分考虑到征收基金对中国手机生产企业的影响。

四权处理基金制定的额度应该避免给手机生产企业带来过重的负担，最主要还是避免给废弃手机回收和处理市场带来太大的冲击，影响到整个产业链的正常运作。同时，也向消费者传递信号，让消费者了解废弃手机的材料价格并不高，在进行回收和环保处理之后，所能获得的利润也非常有限，这样就避免了消费者在回收环节期待过高的物质回报。

2012 年，中国的手机销售量大约为 1.6 亿部。根据现有手机回收企业的估算，每年全国废弃手机的回收量大约为 3000 万 ~ 6000 万部，按照目前手机的社会保有量测算，每年的理论报废量为 8652.7 万部。

在没有国家补贴的情况下，目前每部废弃手机的回收价格为 4 ~ 8 元，按照平均每部补贴 5 元测算，按照 2012 年手机的销售量 1.6 亿部计算，不同的回收量对应的基金征收额见表 12 - 23。

表 12 - 23　不同回收量对应的基金征收额度

每年的回收量（万部）	补贴额度（部/元）	手机销量（万部）	基金额度（部/元）
3000	5	16000	0.9375
6000	5	16000	1.875
6282	5	16000	1.9631

现在在中国市场上销售的手机，尤其是功能机的利润非常低，比如诺基亚的 1050 机型，销售价格仅 159 元，以 3% 的利润计，每部手机仅有不到 5 元的利润，如果每部手机缴纳 2 元的回收处理基金，生产企业的负担可想而知。

手机放入《目录》，征收四权基金，将对手机生产企业带来较大的影响。

第一，最为直接的是对生产企业的现金流产生影响。基金是按季度征收的，本来大部分手机生产企业的利润就非常低，即使基金可以计入成本，生产企业也需要先行缴纳基金，这会严重影响到企业的现金流。

第二，征收基金会严重影响手机生产企业的盈利水平。例如某手机生产企业的年度利润为 3000 万元，销售手机 1000 万部，如果每部手机按照 2 元人民币征收，每年需要支出的基金为 2000 万元，这样年度利润只剩下 1000 万元了。因为缴纳基金，生产企业的年终财报将会受到很大影响。

第三，征收基金会降低生产企业的市场竞争力。对于大多数的手机生产企业来讲，把基金计入生产成本都是非常困难的，因为面对严酷的市场竞争，生产企业的成本已经控制到了每一个元器件的价格，如果缴纳回收处理基金，就会增加生产成本，使企业在市场竞争中处于劣势，所以，大部分生产企业将不得不在利润中承担基金。面对严酷的国内市场和国际市场的竞争，这样的成本负担无疑会对中国手机生产企业的竞争力产生不利影响。

第四，如果将来国家要对手机企业征收基金，企业需要足够的准备时间，安排公司的财务计划，为缴纳基金做好准备。

6. 不同基金补贴水平对回收处理企业的影响

①对回收企业的影响。手机放入《目录》之后，征收基金对回收和处理环节进行补贴，对于废弃手机的回收将产生积极的影响，将会推动回收量的增长，但是同时也将加剧回收环节的竞争。

政府应该大力加强宣传和教育，让公众了解回收和处理废弃手机的意义，知晓正规的回收和处理给环境和人体健康带来的益处，鼓励消费者将废弃的手机无偿交到正规的回收和处理企业。

回收企业需要努力建立更好的回收渠道，例如，通过网上回收平台进行积分兑换、建立更加便捷的回收网点，鼓励消费者将废弃手机交到正规的回收渠道。

在目前国家没有补贴的情况下，一些专业的回收公司找到了适合的运营模式，能够生存得很好，说明单纯依靠市场机制，回收企业是可以收集到废弃手机的。他们现在开展了多种活动，教育公众承担环保责任，将废弃的手机交投给正规的回收渠道，而不是仅仅考虑物质回报。

如果补贴过高，废弃手机的回收环节必将引发过度竞争，类似目前废弃电视机的回收情况将会发生。过高的补贴将会流入回收渠道，正规的处理企业不得不承担过高的收购价格才能得到废弃产品。

在调研过程中发现，回收企业也不希望国家给予过高的补贴。目前正规的专业回收公司的运营经验表明，过高的补贴会扰乱市场规律，引发更多的无序竞争。人为的过度补贴，可能会造成部分旧手机流入处理企业，带来资源的浪费。甚至会出现"制造"废弃手机，骗取国家补贴的情况。或者会带来更多的从国外非法进口的废弃手机，套取国家的补贴，从而产生中国的手机生产企业为全球废弃手机埋单的情况。

②对处理企业的影响。手机放入《目录》之后对废弃手机的处理环节将产生很大的影响。因为手机的体积和重量都很小，1000万部的废弃手机产生的线路板只有200吨，对于线路板的处理来讲，是个很小的数字。国家需要严格控制废弃手机处理企业的数量，确保每家处理企业每年的处理量不少于1000万部手机，这样才能有规模效应，能够降低处理成本，获得较大的处理利润，也有助于国家对手机处理企业的监督管理和数量核查。

目前获得"四机一脑"补贴资格的处理企业大部分没有能够深度处理废弃手机（主要是处理线路板）的能力。如果把废弃手机交给这些企业处理，很难保证废弃手机中的材料能够被环保地提炼出来，反而会造成资源的极大浪费。

手机的处理企业应保持基本持平或者微利运营，否则会带来大批处理企业盲目上马，造成处理能力过剩。

在调研中，我们发现目前具有废弃手机处理能力的企业，也不愿意国家给过高的补贴。如果补贴过高，市场竞争会更加激烈，有些处理企业为了得到过高的补贴，会采取不正当的竞争手段。反而造成现有的一些正规处理企业得不到足够的货源，失去市场竞争力。

7. 不同回收处理管理模式的对比及预期的效果

①放入《目录》，基金费率为零。如果把手机放入《目录》，但是基金费率为零，鼓励三大电信运营商、手机生产企业和经销商主动承担废弃手机的回收责任，将回收的手机交给正规的处理企业。在这种模式下，政府不需要对回收和处理环节进行补贴，对回收环节可能会产生一些影响。例如现在某回收公司每年已经能够回收到将近1000万部废旧的手机，其中40%～50%的废弃手机没有翻新或进入二手手机的渠道，将流入处理环节。

如果手机被放入《目录》管理，政府需要对公众进行宣传教育，使消费者了解自己对废弃手机承担的义务，在产品废弃之后，消费者需要将废弃手机交给正规的回收和处理渠道。

公众对废弃手机的处置行为改变之后，更多的废旧手机会进入正规的回收渠道，从而提高废弃手机的回收量。生产企业、运营商和经销商将严格遵守《条例》和《目录》的要求，积极开展废弃手机的回收工作，将回收到的手机交给有资格的处理企业进行环保处理。

随着回收手机量的提高，正规的回收企业需要将废弃手机交给有资格的处理企业，从正规的企业获得相应的回收费用，正规的处理企业也将得到较多的原材料。这样就可以降低废弃手机的处理成本，处理企业就能够获得较好的效益。

但是这种情形可能对现在废弃手机处理的现状不会产生太大的影响，正规渠道的回收和处理量会有所提升，但是仍将维持在较低的水平。

这种方式的好处是能够靠市场运作解决的问题，不需要政府出手干预，引起市场的混乱。

如果手机的回收处理基金设置为零，最终获益的还是消费者，因为手机的成本不增加。随着时间的推移，公众的意识会慢慢提高，最终废弃手机的回收和处理将逐渐变得正规。

这种模式每年废弃手机的回收和处理量约为 2000 万部左右，如果都能在正规企业得到环保处理，每年可以获得的主要材料如表 12 - 24。不同品牌、不同时期的手机产品所含的材料存在较大差异；不同处理企业采取的处理技术也存在较大的差异，能够获取的材料很难准确测算，表格中的材料只是比较粗略的估算。

表 12 - 24 废弃手机处理可获得的材料估算

回收处理量 （万部）	塑料（吨）	铜（吨）	黑色金属 （吨）	金（吨）	银（吨）	其他材料 （吨）
2000	400	200	500	0.2	6	893.8

建议国家通过 1~2 年的试点，考察将手机放入《目录》基金费率为零的实施效果。如果实施效果不理想，再考虑提高基金征收额。综观世界各国目前在对废弃手机回收和处理的管理，绝大多数采取了自愿的方式，充分发

挥手机生产企业和运营商的力量，建立自主的回收渠道，提升消费者的回收意识，将废弃手机收集起来做环保的处理，得到新的原材料。

②放入《目录》，收取基金。如果把手机放入《目录》，从生产企业收取回收处理基金，补贴给回收和处理企业，鼓励生产企业和电信运营商积极主动承担更多的责任和义务。手机的生产企业、电信运营商可以回收废弃手机，交给有资格的处理企业进行处理后，生产企业或电信运营商可以直接从国家获得与处理企业金额相同的补贴，这部分基金补贴不再补贴给处理企业。

目前三大电信运营商销售的定制手机已经超过市场份额的70%，如果运营商能够参与到手机回收过程中，通过他们强大的市场体系及遍布城乡的营业网点，可以很方便地开展回收工作，但是需要国家给予适当的鼓励，使他们能够有积极性，主动开展工作。如果运营商可以拿到补贴，他们会积极主动地开展回收活动，采取各种措施提升回收量。生产企业或运营商与处理企业之间按照市场行情进行交易。生产企业或运营商获得国家补贴部分的废弃手机，处理企业进行处理后不能再次获取国家补贴。

处理企业从其他回收渠道获得的废弃手机，在进行正规处理后，经过核查，可以获得国家补贴。

对处理企业进行补贴，国家必须要对废弃手机处理企业的数量严格控制，确保达到一定规模，具有先进的处理技术和污染控制水平的企业才可以处理废弃手机。

如果把手机放入《目录》，需要有一整套配套的管理制度和标准，确保废弃手机能够得到环保高效的处理，将所有的材料提取出来，同时不会对环境产生污染。国家要鼓励处理企业技术升级，采用先进的技术和设备，提高处理效率，使资源得到充分的再利用。

如果把手机放入《目录》，每部新销售的手机征收1~2元的基金，按照2012年销售1.6亿部手机估算，每年可以征收的基金总量为1.6亿~3.2亿元。处理每部手机补贴5元（可以直接补贴给回收废弃手机的生产企业或者电信运营商；或者补贴给处理企业），每年可以回收处理的废弃手机数量为3000万~6000万部，补贴金额为1.5亿~3亿元，可以获得的材料估算见表12-25。不同品牌、不同时期的手机产品所含的材料存在较大差异；不同处理企业采取的处理技术也存在较大的差异，能够获取的材料很难准确测算，表格中的材料只是比较粗略的估算。

表 12 - 25　废弃手机处理可获得的材料估算

回收处理量 （万部）	塑料（吨）	铜（吨）	黑色金属 （吨）	金（吨）	银（吨）	其他材料 （吨）
3000	600	300	6500	0.3	9	1340.7
6000	1200	600	13000	0.6	18	2681.4

在基金补贴之下，严格管理处理企业对废弃手机进行规范处理，将会把废弃手机中的材料提取出来，取得一定的经济效益和社会效益，同时达到保护环境的目的。

（五）建议

1. 放入《目录》"零"基金模式

部分手机生产企业认为现阶段国家可以把手机放入《目录》，采取"零"基金管理模式，既不从生产企业收取基金，也不对手机回收和处理环节进行补贴，作为对目前《目录》管理模式的一种新尝试，与世界大多数国家的现行管理模式一致。

目前，三大电信运营商销售的定制手机已经超过市场份额的70%，国家应要求运营商积极承担社会责任，通过它们强大的市场体系及遍布城乡的营业网点，积极开展废弃手机回收活动，并交给有资格的处理企业进行处理。

同时，国家应出台相应政策，鼓励并支持手机生产企业、销售企业、回收企业、处理企业开展废弃手机的回收处理活动，将废弃手机进行妥善回收和处理。

2. 放入《目录》补贴运营商和生产企业回收

也有部分生产企业认为手机放入《目录》，生产企业可以通过缴纳基金的方式承担责任，但是基金的额度不应过高。根据我们的估算和市场调研的结果，每部在中国市场销售的手机征收1~2元基金就能够满足废弃手机回收和处理的补贴需要。

如果手机放入《目录》，从生产企业收取回收处理基金，补贴给处理企业的同时，可以采取一种新的模式，鼓励生产企业和电信运营商积极主动承担更多的责任和义务。手机的生产企业、电信运营商可以回收废弃手机，交给有资格的处理企业进行处理后，生产企业或电信运营商可以直接从国家获得与处理企业金额相同的补贴，这部分基金补贴不再补贴给处理企业。

3. 严格控制处理企业数量

鉴于废弃手机回收和处理的特殊性，如果把手机纳入《目录》管理，在规划废弃手机处理企业时候，必须考虑规模经济效益，在全国范围内统一规划，确保每家处理企业都能得到足够的废弃产品进行环保处理。

国家应该制定废弃手机的深度处理技术和标准，以及对处理企业的审核和数量核查标准，对处理企业严加要求。

4. 大力加强公众宣传教育

国家应该加大对废弃电器电子产品回收处理的宣传教育，让公众了解回收和处理废弃手机的意义，知晓正规的回收和处理给环境和人体健康带来的益处，鼓励消费者无偿地将废弃的手机交给正规的回收和处理企业。只有这样，中国废弃电器电子产品的回收和处理才能健康发展下去，最终走上资源节约和循环的可持续发展之路。

五 固定电话机

（一）产业发展现状

1. 电话机产业发展现状

根据国家统计局对工业产品产量的统计显示，从 2004 年开始，固定电话产品产量基本呈下降趋势，截至 2012 年，固定电话的产量达到 1.3 亿部。2011 年，居民保有量达到 2.4 亿部，机构用户保有量可以用居民保有量乘以一个系数。考虑到固定电话的使用情况，设定系数为 30%。2011 年，固定电话的社会保有量为 3.12 亿部。

当前我国电话机产业发展有以下几个特征：①固定电话生产厂家众多，主要生产企业的市场份额不高；②固定电话的销售价格低，普通固定电话的销售价格从几十元到一二百元不等，生产企业利润很低；③市场竞争激烈，产品之间的同质化现象严重。

2. 主要生产企业及其产量、市场占有率

固定电话在过去几年的产量如表 12 - 26 所示。

表 12 - 26 固定电话产量

年份	2007	2008	2009	2010	2011	2012
产量（亿部）	1.62	1.68	1.43	1.3	1.1	1.3

固定电话的主要的生产企业在广东省，大约占市场90%以上的电话机都是在广东省生产的，福建省产品占3%的市场份额，山东省、上海市和江苏省各占1.5%，其他省份的产量占2.5%。主要的生产企业有：思科、华为、H3C、AVAYA、阿尔卡特朗讯等。

3. 固定电话生产企业平均利润率

固定电话生产企业的平均利润率为3%左右，大部分固定电话生产企业的利润空间非常小，市场竞争非常激烈。

4. 固定电话的产量、保有量和报废量

①固定电话产量。根据国家统计局对工业产品产量的统计显示，从2004年开始，固定电话产量基本呈下降趋势，2012年，固定电话产量为1.3亿部，见图12-23。

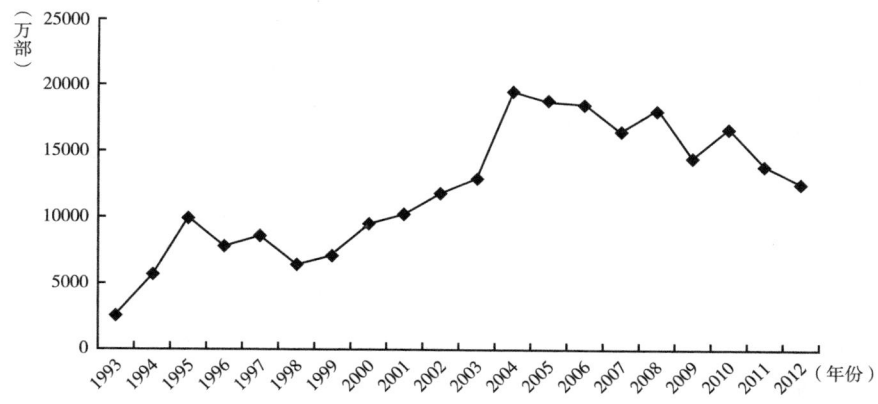

图12-23　1993~2012年固定电话产量

②社会保有量。固定电话的社会保有量是居民保有量与机构用户保有量之和。居民保有量通过国家统计年鉴中城镇与农村居民百户拥有量，分别与城镇和农村居民户数相乘、累加而得。图12-24为2005~2011年固定电话居民社会保有量。2011年，电话机居民保有量达到2.4亿部（目前国家统计年鉴最新统计为2011年数据）。

机构用户保有量可以用居民保有量乘以一个系数。考虑到固定电话的使用情况，设定系数为30%。2011年，固定电话的社会保有量为3.12亿部。

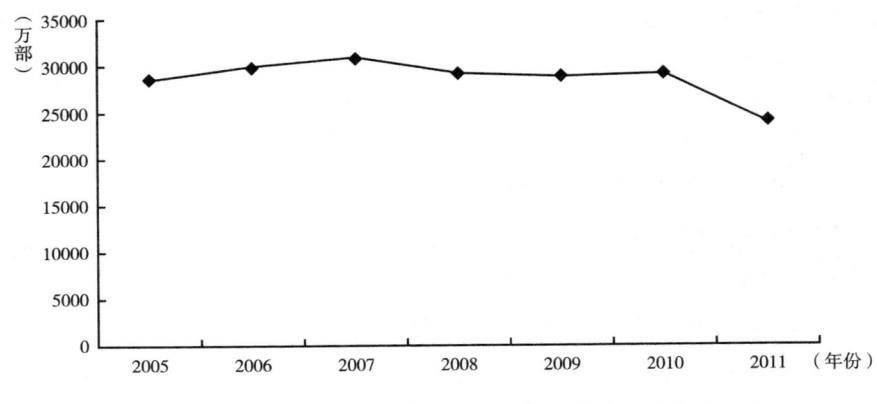

图 12 - 24　2005～2011 年固定电话居民社会保有量

③理论报废量。固定电话在国家统计年鉴中有较完善的居民百户拥有量的统计数据，本项目组使用中国家用电器研究院估算的我国固定电话的理论报废量。2012 年，固定电话报废量达到 7779.25 万部。

（二）国内固定电话回收处理现状

1. 中国固定电话回收处理相关管理文件

2003 年 8 月 26 日，国家环境保护总局发布了《关于加强废弃电子电气设备环境管理的公告》，该公告所称"电子电气设备是指依靠电流或电磁场来实现正常工作的设备，以及生产、转换、测量这些电流和电磁场的设备；其设计使用的电压为交流电不超过 1000 伏特或直流电不超过 1500 伏特。具体产品包括：……计算机、打印机、传真机、复印机、电话机等信息技术（IT）和远程通信设备……"该公告所称电子废物是指废弃的电子电气设备及其零部件。包括：生产过程中产生的不合格设备及其零部件；维修过程中产生的报废品及废弃零部件；消费者废弃的设备；根据有关法律法规，被视为电子废物的。该公告要求"产生电子废物的单位，包括电子电气设备制造企业、电子电气设备维修服务企业和大量使用电子电气设备的企事业单位等，必须向所在地的县级以上环境保护主管部门提供电子废物的产生量、流向、贮存、处置等有关资料"。该公告"禁止使用污染环境的落后工艺和装置处理电子废物。禁止以露天或简易冲天炉焚烧、简易酸浸等方式从电子废物中提取金属"。

2006 年 4 月 27 日，国家环境保护总局发布的《废弃家用电器与电子产品污染防治技术政策》，家用电器及类似用途产品包括电视机、电冰箱、空调器、洗衣机、吸尘器等；电子产品是指信息技术（IT）和通信产品、办公设备，包括计算机、打印机、传真机、复印机、电话机等。该技术政策适用于家用电器与电子产品的环境设计、废弃产品的收集、运输与贮存、再利用和处置全过程的环境污染防治，为废弃家用电器与电子产品再利用和处置设施的规划、立项、设计、建设、运行和管理提供技术指导，引导相关产业的发展。

2007 年 9 月 27 日，国家环境保护总局发布了《电子废物污染环境防治管理办法》，2008 年 2 月 1 日起施行，规定"拆解、利用和处置电子废物，应当符合国家环境保护总局制定的有关电子废物污染防治的相关标准、技术规范和技术政策的要求。禁止使用落后的技术、工艺和设备拆解、利用和处置电子废物。禁止露天焚烧电子废物。禁止使用冲天炉、简易反射炉等设备和简易酸浸工艺利用、处置电子废物。禁止以直接填埋的方式处置电子废物。拆解、利用、处置电子废物应当在专门作业场所进行。作业场所应当采取防雨、防地面渗漏的措施，并有收集泄漏液体的设施。拆解电子废物，应当首先将铅酸蓄电池、镉镍电池、汞开关、阴极射线管、多氯联苯电容器、制冷剂等去除并分类收集、贮存、利用、处置"。"禁止任何个人和未列入名录（包括临时名录）的单位（包括个体工商户）从事拆解、利用、处置电子废物的活动。"

2009 年 2 月国务院颁布的《废弃电器电子产品回收处理管理条例》，要求对列入《废弃电器电子产品处理目录》的废弃电器电子产品，产品生产者根据《废弃电器电子产品处理基金征收使用管理办法》，从 2012 年 7 月 1 日起开始缴纳处理基金，用于废弃电器电子产品回收处理的补贴。2010 年 9 月 8 日，国家发展改革委、环境保护部、工业和信息化部联合发布《废弃电器电子产品处理目录（第一批）》公告，明确了电视机、电冰箱、洗衣机、房间空调器以及微型计算机五种产品列入第一批《目录》的管理范围；并明确今后依《制订和调整废弃电器电子产品处理目录的若干规定》来制订和调整《目录》。目前，本报告专门研究是否将固定电话列入《目录》，如果将固定电话列入《目录》，则必须遵守条例及基金管理办法的要求。

2. 固定电话回收处理相关标准规范

针对通信产品的处理，中国通信标准化协会（CCSA）之前制定了一系列的国家标准，见表 12 - 27。

表 12 - 27　通信产品回收处理相关标准

	标准名称	标准号	主要要求
1	《面向消费者的通信终端产品环境友好声明》	GB/T 公示中	可回收/可维护设计的要求:如标识,拆解报告,材料、器件易分离等
2	《通信终端产品绿色包装规范》	GB/T 公示中	无害化、减量化、成本、便于回收利用、生命周期最小化
3	《通信终端产品可回收性能评价准则》	GB/T29237 - 2012	模块化、产品回收信息完整、零部件标准化/易识别、尽量使用再生材料、结构易拆卸、材料易回收/易识别/相容
4	《通信终端产品可拆卸设计规范》	GB/T	材料种类最少/相容/单纯、减少危害物质、零部件最少化/模块化/标准化、连接易拆卸/最少化、结构简单/可达、拆卸信息传递以及一些特殊要求
5	《通信终端设备可回收利用率计算方法》	GB/T28522 - 2012	规定了可再使用率、可再生利用率和可回收利用率的计算方法
6	《通信终端设备的回收处理要求》	GB/T22423 - 2008	生产企业要求:材料选择应无害,可再利用,尽可能采用回收材料、易拆解设计、提供回收处理指导信息及对回收处理企业的要求
7	《废弃通信产品有毒有害物质环境无害化处理技术要求》	GB/T26258 - 2010	提供产品中的有毒有害物质名称、所在位置、拆解的建议和方法;控制处理方法等
8	《通信终端产品可回收性能评价准则》	GB/T29237 - 2012	产品可回收性能的评价准则

3. 固定电话回收渠道及模式

①小商贩的回收。个体商贩走街串巷,出入各种居民小区,收集废弃固定电话基本上不会给消费者回收费用,因为废弃固定电话的价值太低。收集到的废弃固定电话集中后,小商贩按照废塑料的处理方式,称重后销售给下游处理企业。

②正规回收企业的回收。我们在调研中没有发现正规的回收企业专门收集废弃的固定电话。

③处理企业的回收。中国的一些电子废弃物处理企业为了获得原材料,针对废弃固定电话的回收开展了一些自发的回收活动。比如某处理企业,在当地政府的支持下建立了 100 多个电子废弃物回收超市,月回收电子废弃物达到 5000 吨以上,建设 20 个中心城市的回收网络,布置 1500 个电子

废弃物回收超市。2013 年上半年尝试回收废弃的固定电话，主要是从机关、企事业单位收集。

图 12 - 25　回收的固定电话

4. 废弃固定电话的拆解处理现状

废弃固定电话的拆解主要以手工物理拆解为主。拆解后的拆解产物为外壳、液晶显示组件、印刷电路板、扬声器、导线、螺钉等，见图 12 - 26。

废弃固定电话拆解后，印刷电路板上元器件基本上可以再使用，其再使用价值要大大高于材料再生利用的价值。大部分固定电话拆解企业对印刷电路板上的元件进行拆解、分类。

固定电话印刷电路板上的元件不能直接手工拆解，需要通过加热使焊锡融化，然后拆解元件。印刷电路板在加热过程中产生的气体对人体有危害，拆解过程中需要专业的拆解设备和防护措施。

5. 处理技术水平与环境风险

废弃固定电话的深加工主要指印刷电路板的破碎分选，分离金属和非金

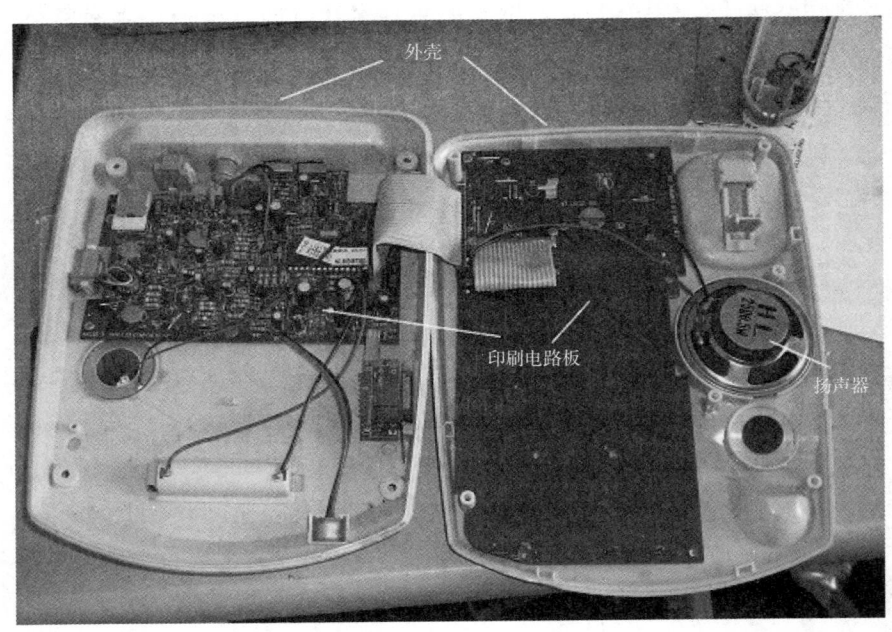

外壳

印刷电路板

扬声器

图 12 - 26　固定电话部件结构

属，以及外壳塑料的清洗、破碎、改性和造粒。其中，印刷电路板的处理需要获得环保部门的危废处理许可。2012 年 8 月 24 日，环保部、发改委和商务部联合发布了废塑料加工利用污染防治管理规定，对废塑料加工利用企业进行污染预防严格管理。因此，规范的固定电话深加工的环境风险低。而不规范的固定电话深加工将对环境产生较大的风险。

　6. 处理成本

　　目前我们在国内的调研中只看到个别处理企业在处理废弃的固定电话，这些电话机是他们从废弃产品市场上回收到的，拆解处理后得到的材料价值基本上可以与回收成本持平。

　（三）国外固定电话回收处理现状

　　随着通信技术的发展，固定电话在 20 世纪后期得到普及，除了办公使用的电话机之外，在我国，固定电话从 20 世纪 90 年代后期开始，迅速进入普通家庭，极大地方便了人们的联系和沟通。但是，近年来随着移动通信技术的发展，移动通信很快进入人们的生活，因为手机使用方式更加便利及使用成本不断降低，固定电话的用户开始逐年下降。

世界上很少有国家专门针对废弃固定电话制定法律法规，目前只有在欧盟的《关于报废电子电器设备指令》（《WEEE指令》）中把固定电话包括在第三类"信息技术和远程通信设备"的管辖范围内。

（四）纳入《目录》管理的可行性

1. 固定电话生产企业的集中度

固定电话的主要生产企业有：思科、华为、H3C、AVAYA、深圳泰丰888、福建侨兴、TCL、西门子等。固定电话的生产企业很分散，而且小型生产企业居多，如果把固定电话放入《目录》管理，很难从生产企业收到回收处理基金。

2. 处理及污染控制技术的成熟度

废弃固定电话的拆解和处理没有特别技术难度，能够处理一般电子废弃物的处理企业均可进行拆解。但是其中的印刷线路板的处理需要有成熟的处理技术，控制处理过程中的废气、废水等，采取科学合理的处理工艺，避免环境污染，以便得到价值更高的材料。

3. 征收基金对生产者的影响

废弃固定电话的重量很轻，体积也不大，其中的材料价值较低，运输和物流成本相对较低。目前在没有政府补贴的情况下，已经有回收和处理企业在开展工作，通过市场化运作，处理企业基本能够持平。

因为废弃固定电话的材料价值不是很高，目前在贵屿等地很少见到不规范处理废弃固定电话的活动。

如果把固定电话放入《目录》，从固定电话生产企业征收基金，会给生产企业带来沉重负担。固定电话的生产企业相对分散，很多生产企业规模小，利润低，收取基金比较困难。

固定电话生产企业的平均利润率为3%左右，大部分固定电话生产企业的利润空间非常小，而且市场竞争非常激烈。固定电话放入回收目录，征收回收处理基金，将对固定电话的生产企业带来非常大的影响。

首先，最为直接的是会对生产企业的现金流产生影响，基金是按季度征收的，本来大部分的固定电话生产企业的利润就非常低，即使基金可以计入成本，生产企业也需要先行缴纳基金，这会严重影响到企业的现金流。

其次，征收基金会严重影响固定电话生产企业的盈利水平。

最后，征收基金会降低生产企业的市场竞争力。

（五）建议

目前固定电话在中国的生产和销售处于不断下降的状态，生产企业过于分散，行业利润非常微薄，资源再利用的价值低，对环境造成危害的风险较低。

从个别处理企业开展的废弃固定电话的回收处理经验来看，依靠完全的市场行为，可以将废弃固定电话回收到正规渠道并进行环保处理。

六 打印机

本课题研究范围仅涉及静电成像产品、喷墨成像产品和针式打印机，见表 12-28。A2 及 A2 以上幅面的打印机、速度超过 60 页/分的打印机不列入本课题研究范围。

表 12-28 打印机回收处理管理可行性研究范围

类别	主要产品
静电成像产品	激光打印多功能一体机（含 A3 和 A4 幅面）(B/W) 激光打印多功能一体机（含 A3 和 A4 幅面）(C) 激光打印机（A3 和 A4 幅面）(B/W) 激光打印机（A3 和 A4 幅面）(C)
喷墨成像产品	喷墨打印机；喷墨多功能一体机
针式打印机	针式打印机

（一）产业发展现状

1. 行业发展现状

我国静电成像、模板成像和喷墨成像等办公设备生产企业大多数是日资独资企业，另有一部分是美资和台资企业或其他外国合资企业，少部分是中资的股份制公司和民营企业。这些企业的工厂多数建厂时间超过 15 年，并已经取得巨大的经济收益。这些工厂在中国境内生产的办公设备产品多数是中速和低速打印设备，近年来彩色打印设备和较高速打印设备有所增加。全部产量的 80%～90% 出口，其余供应国内市场。与此同时，国内市场所需要的高速和中高速打印设备，以及专业化程度较高的特种打印设备仍需进口，这些进口设备的附加值较中低速设备要高。

表 12 - 29 中国境内的主要打印机、复印机品牌及所属国别或地区

序号	品牌	企业所在国或地区
1	夏普 Sharp	日　本
2	佳能 Canon	日　本
3	东芝 TOSHIBA	日　本
4	柯尼卡美能达 KONICAMEINOLTA	日　本
5	松下 Panasonic	日　本
6	富士施乐 FUJIXEROX	日　本
7	理光 RICOH	日　本
8	震旦 AURORA	中国台湾
9	京瓷 KYOCERA	日　本
10	村田 MURATEC	日　本
11	爱普生 EPSON	日　本
12	惠普 Hp	美　国
13	兄弟 BROTHER	日　本
14	利盟 LEXMARK	美　国
15	三星 Samsung	韩　国
16	联想 Lenovo	中　国
17	方正 FOUNDER	中　国
18	富士通 Fujitsu	日　本
19	戴尔 Dell	美　国
20	柯达 Kodak	美　国
21	明基 BenQ	中国台湾
22	理想 RISO	日　本

2. 社会保有量

国家统计年鉴中没有百户拥有量的统计。根据中国家电研究院设计的"销量－报废年限"正态分布模型测算打印机的社会保有量。本项目依据行业协会、重点生产企业调研结果，设定打印机的平均使用寿命为 6 年，通过《中国信息产业年鉴》中打印机的销量数据统计见表 12 - 30，测算 2012 年我国打印机的社会保有量为 2171.88 万台。

表 12 - 30　打印机销量统计

单位：万台

年份	2006	2007	2008	2009	2010	2011
打印机销量	867.6	842.6	765	729.52	572.4	583.9

3. 理论废弃量

根据打印机废弃的特征，参考其他产品理论废弃量预测方法，对废弃打印机的产生量进行了估算。本项目设定打印机的平均使用寿命为6年，废弃高峰值为第3年和第4年。2012年我国打印机废弃量预测结果为731.10万台。

（二）国内回收处理现状

1. 回收处理相关标准

标准是贯彻落实我国废弃电器电子产品回收处理及综合利用的重要技术手段。随着我国废弃电器电子产品回收处理及综合利用管理体系的不断完善，大大促进了相关标准的制定。截至2010年12月31日，在废弃电器电子产品回收处理领域，已公布的国家标准和行业标准见表12-31。

表 12 - 31　与废弃电器电子产品回收处理相关的标准

序号	标准号	标准名称
1	GB/T21097.1 - 2007	《家用和类似用途电器的安全使用年限和再生利用通则》
2	GB/T20861 - 2007	《废弃产品回收利用术语》
3	GB/T20862 - 2007	《产品可回收利用率计算方法导则》
4	GB/T21474 - 2008	《废弃电子电气产品再使用及再生利用体系评价导则》
5	GB/T23384 - 2009	《产品及零部件可回收利用标识》
6	GB/T23685 - 2009	《废电器电子产品回收利用通用技术要求》
7	HJ/T181 - 2005	《废弃机电产品集中拆解利用处置区环境保护技术规范》
8	HJ527 - 2010	《废弃电器电子产品处理污染控制技术规范》

2. 回收现状

①回收渠道及流程。根据现有的回收处理企业以及生产企业的回收方式来看，整个市场的回收渠道和模式主要有如下四种：

a. 生产企业回收；

b. 处理企业回收（生产企业签约的第三方处理企业等）；

c. 正规回收企业回收；

d. 小商贩回收（游击队）。

回收流程简单描述如图 12 - 27。

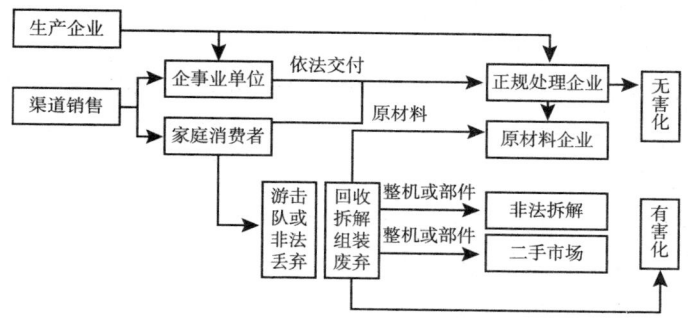

图 12 - 27　打印机回收处理流程

②回收相关费用及成本。根据中国文化办公协会的统计，打印机回收各个环节成本如表 12 - 32。

表 12 - 32　打印机回收环节成本分析

单位：元/台

产品类型	平均回收价格	一次物流	二次物流	仓储	回收者费用	合计
激光打印多功能一体机（含 A3 和 A4 幅面）（B/W）	22.5	3	16	2	5	48.5
激光打印多功能一体机（含 A3 和 A4 幅面）（C）	22.5	3	18	2	9	54.5
激光打印机（A3 和 A4 幅面）（B/W）	15	3	14	3	5	40
激光打印机（A3 和 A4 幅面）（C）	15	3	14	2	8	42
喷墨打印机	10	3	14	2	5	34
喷墨多功能一体机	15	3	16	3	6	43

3. 处理现状

①处理方式。正规的处理企业将从客户处回收来的产品拆分成 70 类零部件和材料，如：铁、铝、玻璃、透镜等，或者被再利用，或者再生加工成原材料，这些原材料交给合作伙伴生产各种不同的产品。在整个处理过程

中，没有丢弃、没有填埋、没有污染。

②处理技术水平与环境风险。目前，从技术上分析，处理废弃打印机的所有环节均不存在障碍，即便是比较难处理的废弃墨粉、有机溶剂都已经有先进的处理设备和方法。

废弃打印机拆解处理工艺流程见图 12-28。打印机结构复杂，通常要经过多级拆解。根据拆解物的不同性质，将拆解物进行分类。

废弃打印机印刷电路板的处理与手机印刷电路板的处理工艺类似，即去除印刷电路板上的元件，光板破碎分选金属与非金属，最后通过火法冶金或湿法冶金提取稀贵金属。复印机整机初级拆解技术相对简单，设备投入少。而深度处理需要专业的技术和设备，且技术要求较高。

③处理成本。废打印机的拆解费及管理费等如表 12-33 所示。

表 12-33　废弃打印机处理盈亏平衡分析

单位：元/台

产品类型	拆解费用	管理费等	材料收入
激光打印多功能一体机（含 A3 和 A4 幅面）(B/W)	30	8	27
激光打印多功能一体机（含 A3 和 A4 幅面）(C)	40	10	40.5
激光打印机（A3 和 A4 幅面）(B/W)	25	6	21
激光打印机（A3 和 A4 幅面）(C)	30	8	33.75
喷墨打印机	10	5	13.5
喷墨多功能一体机	15	6	21

数据来源：中国文化办公设备制造行业协会，以及赛迪顾问、IDC 和 INFOTRENDS 发布数据加权平均值。

（三）纳入《目录》管理的必要性

1. 生产企业的集中度

据不完全统计，中国境内打印机生产企业有 20 多家，还有诸多的进口公司。

打印机本身技术含量较高，生产企业相对较集中。知名打印机生产企业以外资企业为主。随着国际社会上生产者责任延伸制度和企业社会责任的推广和深入，一些打印机生产企业已经开展了废弃产品的回收处理工作。虽然回收、处理阶段的环境风险评价较高，但在企业环保处理的情况下，整体复印机的环保风险得到了很好的控制。

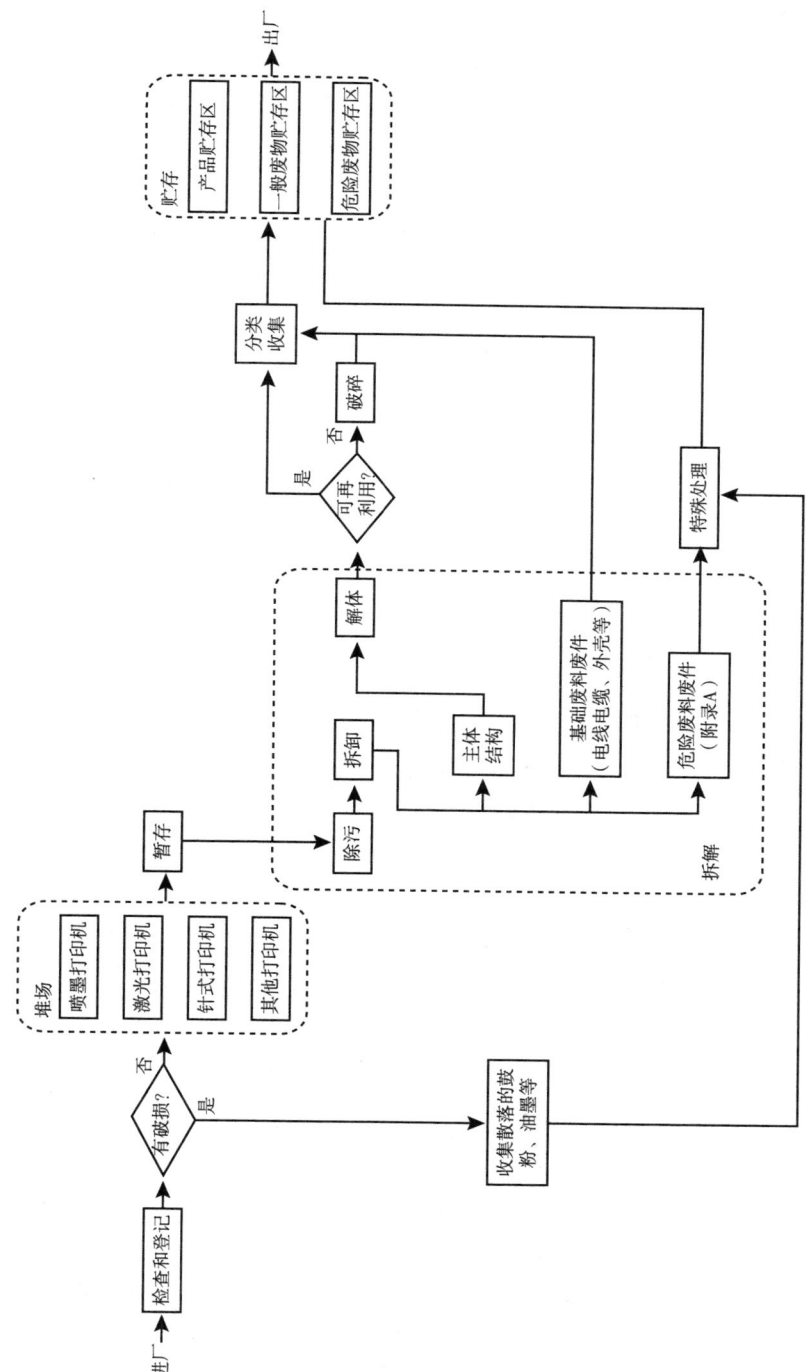

图 12 - 28 废弃打印机拆解处理流程

2. 资源性、环境性、经济型、社会性分析

①资源性分析。以 2011 年的数据为基础，我们把"四机一脑"5 种产品同复印机、打印机共 7 种产品从年度保有量（万台）、年度保有重量（吨）、年度废弃量（万台）、年度废弃重量（吨）四个维度进行比较，由于单位不一致，我们以计算机的年度保有量（万台）、年度保有重量（吨）、年度废弃量（万台）、年度废弃重量（吨）数据为基数，折算出以上 7 种产品的年度保有量系数、年度保有重量系数、年度报废量系数和年度报废重量系数，通过图 12 - 29，我们可以看出打印机的社会保有量偏小。

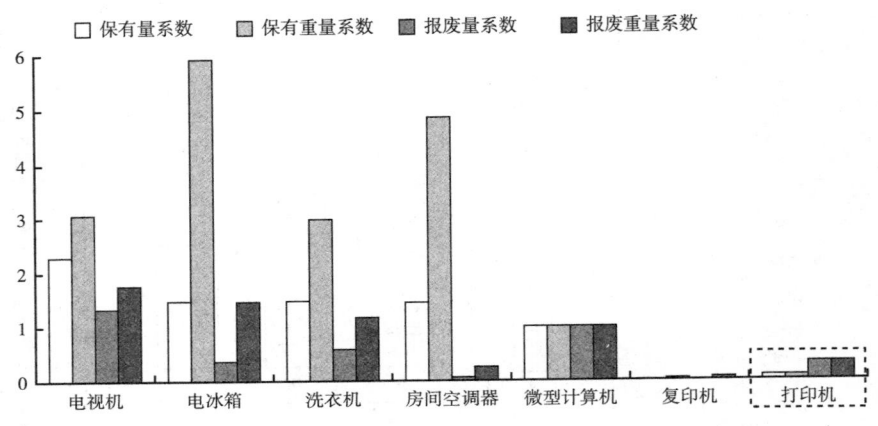

图 12 - 29　2011 年 7 种产品的废弃量、保有量比较

同样，以 2011 年中国家电研究院的数据为基础，我们把"四机一脑"5 种产品同复印机、打印机共 7 种产品的可提取原材料的重量进行了比较。通过图 12 - 30，我们可以看出打印机的年度原材料废弃量和空调器相当。从提取原材料的角度，有一定的回收意义。

通过上述分析，虽然打印机的废弃量和"四机一脑"相比较小，但具有一定量的可回收原材料，这种分析是由于空调器的 2011 年理论年度废弃量数据偏低，而打印机的理论年度废弃量数据偏高造成的（见图 12 - 31）。

②环境性分析。2006 年 11 月，国家财政部和国家环境保护总局正式公布《环境标志产品政府采购实施意见》和首批《环境标志产品政府采购清单》。《环境标志产品技术要求打印机、传真机和多功能一体机》（HJ/T302 - 2006）也于同年生效，该技术对产品环境设计、回收和再循环、产品中有

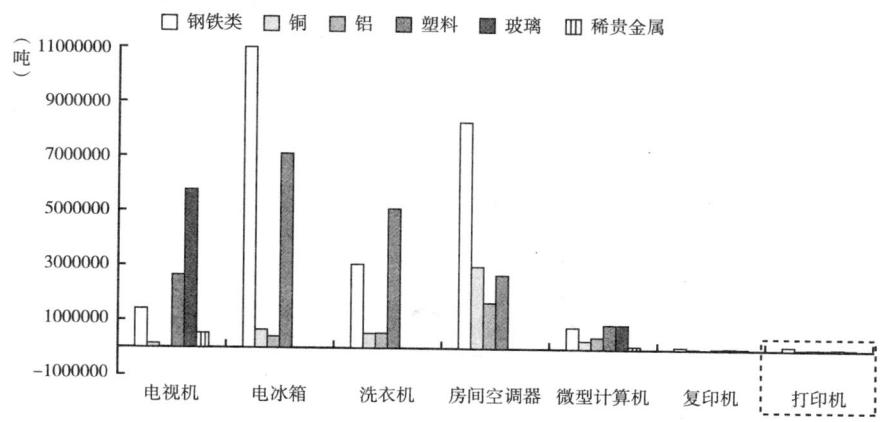

图 12 – 30 2011 年 7 种产品保有量中的各项原材料吨数

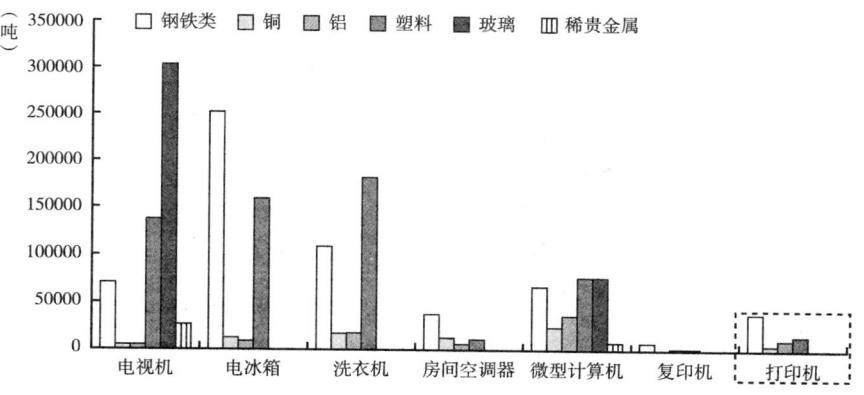

图 12 – 31 2011 年 7 种产品废弃量中的各项原材料吨数

害物质的限制、产品污染物排放等制定了比市场平均水平更高的要求。取得环境标志认证的产品可进入环境标志产品政府采购清单。2012 年 5 月，该技术要求进行了修订，各项要求都更加严格。2013 年初，市场上约 60% 的商用打印机产品进入政府绿色采购的清单。部分企业甚至将所有新上市的打印机产品全部申请了环境标志认证。

中国打印机市场的发展是在其他国家发展水平的基础之上，跳过了产品从低环保性能向高环保经济型转变的过程。销售到中国的产品经过国际环境政策的发展和促进，以及生产技术的不断研发升级，已经是"环境友好"型产品。

根据专业的处理企业提供的数据，打印机产品中的物料构成如图 12 –

32 所示，其中：黑色金属占 37.35%，有色金属占 5.65%，塑料占 14.99%，低价值 PCB 线路板为 22.35%，而中高价值的 PCB 线路板占 1.94%，残余墨粉及墨水仅占 0.69%，其余为玻璃、泡沫等一般废弃物，其中没有对环境有严重危害的材料。

　　打印机中残留的硒鼓和墨粉盒未被列入国家危险废物名录，不属于危险废物范畴（见图 12 – 32）。

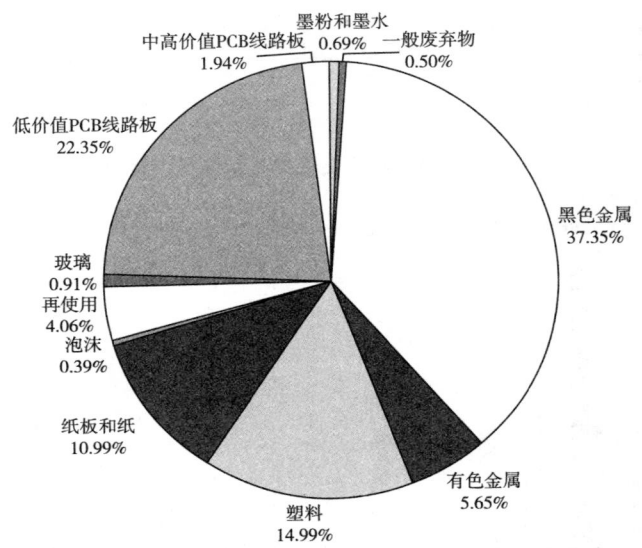

图 12 – 32　打印机成分含量

　　可见，在中国市场上销售的打印机产品已经采用了"绿色"设计及对环境无害的材料，废弃的打印机产品中残留的墨粉及墨水极少，对环境无明显危害。

　　根据发表于 2010 年第 6 期《中国科技投资》上的《废弃电器电子产品处理基金设立的背景、目的》的评价，废弃打印机的处理风险评价与电视机、电冰箱和计算机相同。

　　废弃打印机的回收、拆解和深加工过程的环境风险和废计算机相同（见图 12 – 33）。

　　③经济性分析。参考《废弃办公设备回收处理基金研究》（中国文化办公设备制造行业协会）的数据，打印机的单台回收处理成本如表 12 – 34，其中分摊费用是在假设一定的回收处理率的前提下预测的（具体计算

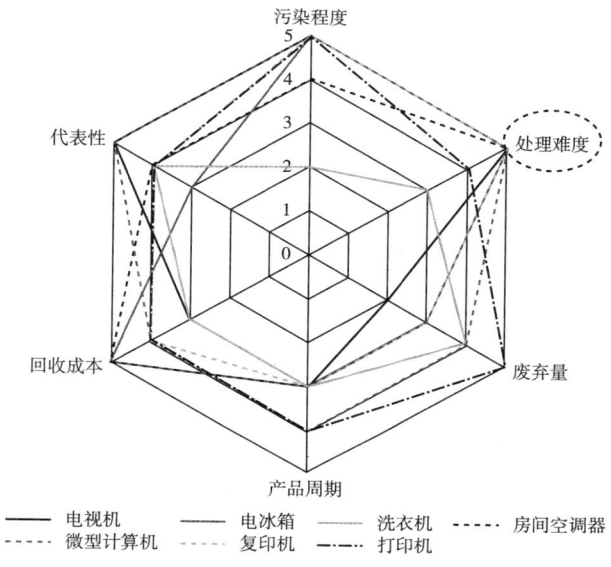

图 12-33　拆解处理技术比较分析

过程可以参考《废弃办公设备回收处理基金研究》），即假设从 2011 ～ 2013 年，打印机的回收处理量分别以 10%、12%、15% 的回收处理率估算，其余产品分别以 5%、8%、10% 的回收处理率估算，则未来 3 年废弃办公设备回收处理量以及所需要补贴的费用进行加权分类合计之后，再除以 2011～2013 年的分类合计销售总量，则可以计算出平均单台分摊的费用。

表 12-34　打印机回收处理成本分析

单位：元/台

产品类型	回收价格	物流费用	处理费用	材料收入	差额
激光打印多功能一体机(A3 + A4)(B/W)	22.5	26	38	27	-59.5
激光打印多功能一体机(A3 + A4)(C)	22.5	32	50	40.5	-64
激光打印机(A3 + A4)(B/W)	15	25	31	21	-50
激光打印机(A3 + A4)(C)	15	27	38	33.75	-46.25
喷墨打印机	10	24	15	13.5	-35.5
喷墨多功能一体机	15	28	20	21	-42

数据来源：中国文化办公设备制造行业协会及赛迪顾问、IDC 和 INFOTRENDS 发布数据加权平均值。

④社会性分析。社会关注度我们采用了学术文章检索数的方法来进行比较。

◆ 网址如下：http：//search. cnki. net/；

◆ 输入搜索信息如下：theme：回收处理 qw：打印机，搜索出 14 条信息（见图 12 –34、图 12 –35）。

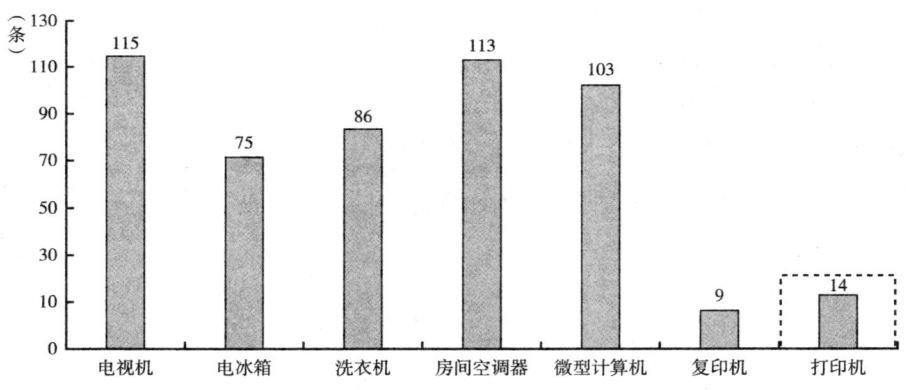

图 12 –34　废弃打印机的社会关注度搜索界面

图 12 –35　废弃打印机的社会性分析

七　复印机

本课题的研究范围仅涉及静电复印设备，包括静电复印机和静电复印多功能一体机。A2 及 A2 以上幅面的复印机不列入本课题研究范围，速度超过 60 页/分的复印机也不包括在本课题研究中。

（一）产业发展现状

1. 行业发展现状

我国静电成像、模板成像和喷墨成像等办公设备生产企业大多数是日资独资企业，另有一部分是美资和台资企业或其他外国合资企业，少部分是中资的股份制公司和民营企业。这些企业的工厂多数建厂时间达15年以上，并已经取得了巨大的经济收益。这些工厂在中国境内生产的办公设备产品多数是中速和低速复印设备，近年来彩色复印设备和较高速复印设备有所增加。全部产量的80%~90%出口，其余供应国内市场。与此同时，国内市场所需要的高速和中高速复印设备，以及专业化程度较高的特种复印设备仍需进口，这些进口设备的附加值较中低速设备要高很多（见表12－35）。

表 12－35 中国境内的主要打印机、复印机品牌及所属国家或地区

序号	品牌	企业所在国家或地区
1	夏普 Sharp	日　本
2	佳能 Canon	日　本
3	东芝 TOSHIBA	日　本
4	柯尼卡美能达 KONICAMEINOLTA	日　本
5	松下 Panasonic	日　本
6	富士施乐 FUJIXEROX	日　本
7	理光 RICOH	日　本
8	震旦 AURORA	中国台湾
9	京瓷 KYOCERA	日　本
10	村田 MURATEC	日　本
11	爱普生 EPSON	日　本
12	惠普 Hp	美　国
13	兄弟 BROTHER	日　本
14	利盟 LEXMARK	美　国
15	三星 Samsung	韩　国
16	联想 Lenovo	中　国
17	方正 FOUNDER	中　国
18	富士通 Fujitsu	日　本
19	戴尔 Dell	美　国
20	柯达 Kodak	美　国
21	明基 BenQ	中国台湾
22	理想 RISO	日　本

2. 社会保有量

根据中国家电研究院设计的"销量－报废年限"正态分布模型测算复印机的社会保有量。依据对行业协会及典型生产企业的调研，本课题组设定复印机的平均使用寿命为 10 年。根据复印机销量的统计数据表 12－36，2012 年复印机的社会保有量为 353.97 万台。

表 12－36　复印机销量统计

单位：万台

年份	2001	2002	2003	2004	2005	2006	2007	2008	2009	2010	2011
销量	19.93	23.18	26.96	31.36	34.94	37.66	48.84	54.6	61.8	68	77.57

3. 理论报废量

根据复印机报废的特征，参考其他电子废弃物报废量预测资料，本课题组选用市场"销量－报废年限"正态分布模型对其报废复印机的产生量进行了估算。本课题假定复印机的平均使用寿命为 10 年。2012 年，报废复印机的产生量达到 45.67 万台。

（二）国内回收处理现状

1. 回收现状

①回收渠道及流程。根据现有的回收处理企业以及生产企业的回收方式来看，整个市场的回收渠道和模式主要有如下 4 种：

a. 生产企业回收；

b. 处理企业回收（生产企业签约的第三方处理企业等）；

c. 正规回收企业回收；

d. 小商贩回收（游击队）。

回收流程与打印机相同，见图 12－27。

②回收相关费用及成本。废弃产品的价值是指废弃产品的材料价值。按照不同材料的回收重量和回收价格进行测算。根据本课题组调研，按照2013 年 7 月回收材料/部件的回收价格，单台废复印机的平均价值为 166元。废复印机体积大，重量重，单台材料价值较高（见表 12－37）。

2. 处理现状

①处理方式。正规的处理企业将从客户处回收来的使用过的产品拆分成 70 类零部件和材料，如铁、铝、玻璃、透镜等，或者被再利用，或者再

表 12 - 37 **废弃复印机回收环节成本分析**

单位：元/台

产品类型	平均回收价格	一次物流	二次物流	仓储	回收者费用	合计
A3 幅面复印机（B/W）	47.5	5	20	3	10	85.5
A3 幅面复印机（C）	95	8	30	5	12	150
平均总回收成本 按回收处理比例 1:1 算						117.75

生加工成原材料，这些原材料交给合作伙伴生产各种不同的产品。在整个处理过程中，没有丢弃、没有填埋、没有污染。

②处理技术水平与环境风险。目前，从技术上分析，处理废弃复印机的所有环节均不存在障碍，即便是比较难处理的废弃墨粉、有机溶剂都已经有先进的处理设备和方法。

废弃复印机拆解处理工艺流程与打印机相同，见图 12 - 28。复印机结构复杂，通常要经过多级拆解。根据拆解物的不同性质，将拆解物进行分类。

废弃复印机印刷电路板的处理与手机印刷电路板的处理工艺类似，即去除印刷电路板上的元件，光板破碎分选金属与非金属，最后通过火法冶金或湿法冶金提取稀贵金属。废弃复印机整机初级拆解技术相对简单，设备投入少。而深度处理需要专业的技术和设备，且技术要求较高。

③处理成本。废弃复印机的再制造也是处理工厂的主要盈利模式和盈利点，特别是对复杂、高端的机器及其重要组件进行再制造和再利用，会取得经济收益，这也是拆解工厂生存的重要条件。

废弃复印机的拆解费及管理费等如表 12 - 38 所示。

表 12 - 38 **废弃复印机拆解费和管理费用等分析**

单位：元/台

产品名称	产品类型	拆解费用	管理费用	运费	合计	平均价值
静电复印多功能一体机 A3 幅面	单色	40	12	38	90	
	彩色	50	15	55	120	
平均费用 按回收处理比例 1:1 算				105		166 参考 4.2.1

数据来源：中国文化办公设备制造行业协会，运费来自中国家电研究院资料。

3. 不同销售模式下回收处理现状

复印机的销售模式同其他产品的销售模式不同，通过对复印机生产企业的调研，了解到有 80% 的产品采用了 B2B 的模式进行销售，而渠道销售的产品占 20%（见表 12-39）。

表 12-39 不同销售模式的回收处理汇总

销售模式	消费者	回收	回收特点	处理	再利用
B2B 模式*占总销售量 80%	企事业单位用户	生产企业回收	生产企业自主回收，不付费	生产企业自己或交有资质的处理企业进行 100% 无害拆解处理	部件再利用
渠道销售占总销售量 20%	个人或小企业	交给生产企业或直接丢弃或卖给回收商	回收商需要支付一定的费用	回收商翻新后流入二手市场或拆解成材料卖出或直接丢弃	二手产品或材料再利用

* B2B 模式包括：租赁、政府采购、直销等，在此种模式下，企业可以采用多种途径回收废弃后的复印机。以上数据来源于复印机企业调查的结果。

（三）纳入《条例》目录管理的必要性

1. 生产企业的集中度

据不完全统计，中国境内复印机、打印机生产工厂为 20 家，还有诸多的进口公司。中国境内销售复印机的厂家更少。

复印机本身技术含量较高，生产企业相对较集中。知名复印机生产企业以外资为主。随着国际社会上生产者责任延伸制度和企业社会责任的推广和深入，一些复印机生产企业已经开展产品的回收处理工作。虽然回收、处理阶段的环境风险评价较高，但在企业环保处理的情况下，整体复印机的环保风险得到了很好的控制。

2. 资源性、环境性、经济性、社会性分析

①资源性分析。以 2011 年的数据为基础，我们把"四机一脑"5 种产品同复印机、打印机共 7 种产品从年度保有量（万台）、年度保有重量（吨）、年度废弃量（万台）、年度废弃重量（吨）四个维度进行比较，由于单位不一致，我们以计算机的年度保有量（万台）、年度保有重量（吨）、年度废弃量（万台）、年度废弃重量（吨）数据为基数，折算出以上 7 种产品的年度保有量系数、年度保有重量系数、年度报废量系数和年度报废重量系数，通过图 12-36，我们可以看出复印机的社会保有量非常小。

同样，以 2011 年的数据为基础，我们把"四机一脑"5 种产品同复印

机、打印机共 7 种产品的可提取原材料量进行了比较。通过图 12 - 37，我
们可以看出复印机的年度废弃量非常小。

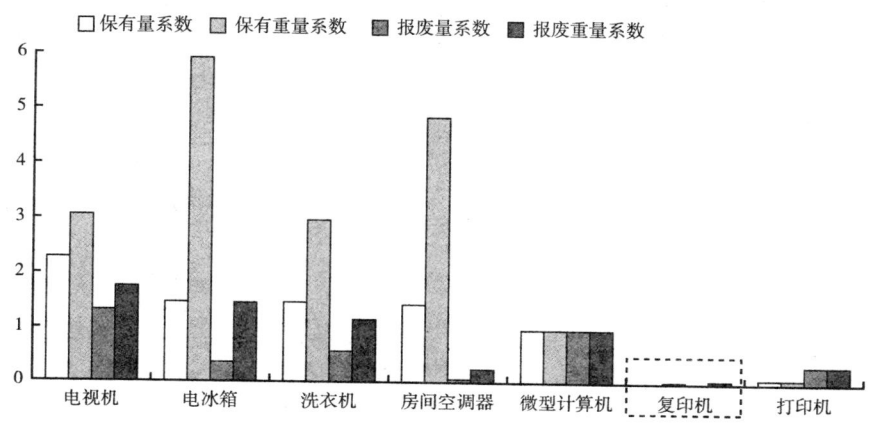

图 12 - 36　2011 年 7 种产品的废弃量、保有量比较

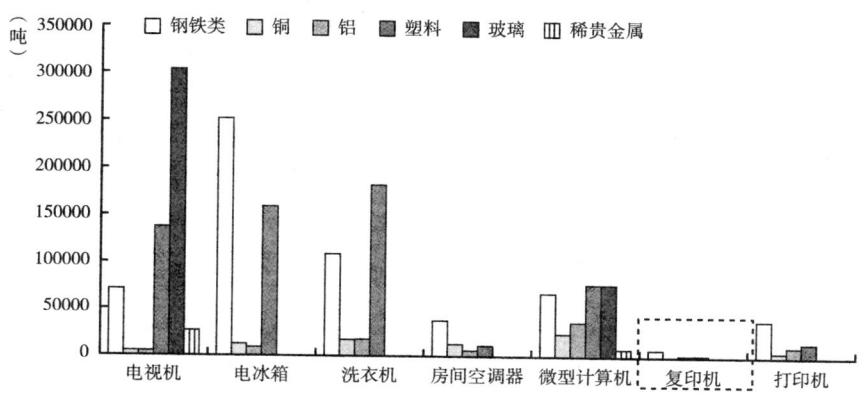

图 12 - 37　2011 年 7 种产品废弃量中的各项原材料吨数

通过上述分析，可以得出如下的结论：复印机产品的社会保有量和废弃
量相对较小。

②环境性分析。根据《废弃电器电子产品处理基金设立的背景、目
的》的评价，废弃复印机的处理风险与废弃的电视机、电冰箱和计算机相
同。

废弃复印机的回收、拆解和深加工过程的环境风险和计算机一致。

另外，根据表 12 - 40 不同销售模式的回收处理汇总表，复印机的回收

处理集中度很高，高达 80%。

③经济性分析。根据前述的回收成本、处理成本、平均单台价值等数据以 2011 年理论废弃量进行如下计算，具体数据总结如表 12－40 所示。

表 12－40　废弃复印机处理企业成本分析

	项目	复印机	数据来源
1	废弃量（万台）	45.67	3.1.2（2012 年）
2	生产企业回收处理比例（%）	80	表 12－4
3	废复印机的平均价值（元/台）	166.00	4.2.1
4	单台平均拆解管理运输费用合计（元/台）	105.00	表 12－3
5	处理企业盈利（元/台）	61.00	项目 3－项目 4
6	平均购买废弃产品的回收成本（元/台）	117.75	表 12－2
7	从回收渠道购买来处理时的亏损（元/台）	－56.75	项目 3－项目 4－项目 6

根据以上数据，假设理论废弃复印机产品需要 100% 处理，根据销售渠道的方式，处理企业可以从生产企业以及企事业单位消费者手中免费获得全年废弃复印机产品总数的 80%，剩余 20% 的废弃复印机需处理企业从回收渠道按平均回收价格购买来进行处理，则处理企业的损益分析如表 12－41 所示。

表 12－41　废弃复印机产品处理企业损益

描述	从回收渠道购买并处理	免费获得并处理
2012 年理论废弃量（万台）	45.67	45.67
不同方式获得废弃产品的比例（%）	20	80
单台损益（元/台）	－56.75	61.00
总金额（万元）	－518.35	2228.69
总损益（万元）		2228.69－518.35＝1710.34
平均单台收益（元/台）		37.45

根据表 12－41，假设完全按照 80% 无偿回收处理和 20% 有偿回收处理，则废弃复印机平均盈利 37.45 元/台。

在没有补贴、完全靠市场运作的情况下，处理企业仍可以有盈利。

④社会性分析。社会关注度我们采用了学术文章检索数的方法来进行比较。

◆ 网址如下：http：//search. cnki. net/；

◆ 输入搜索信息如下：theme：回收处理 qw：复印机，搜索出 14 条信息（见图 12 - 38）。

学术文献　定义　翻译　数字　图片　工具书　学术趋势　更多>>

| theme:回收处理 qw:复印机 | CNKI搜索 |

图 12 - 38　社会关注度搜索界面

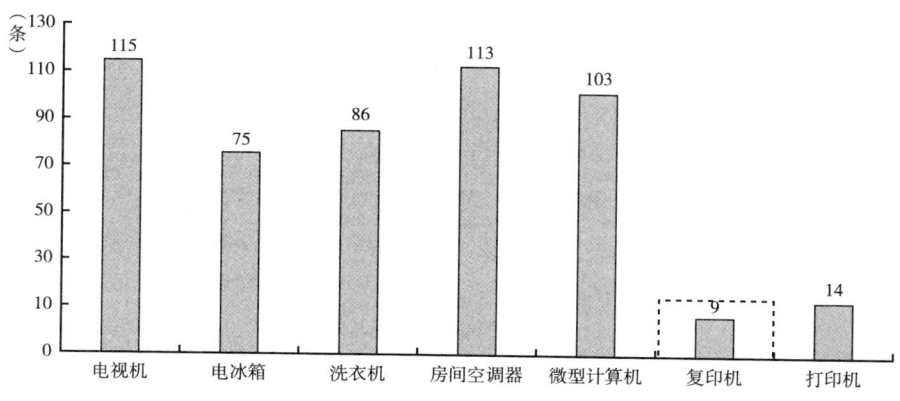

图 12 - 39　社会性分析

八　荧光灯

荧光灯利用低气压的汞蒸气在放电过程中辐射紫外线，激发荧光粉发出可见光，属于低气压放电光源。

所有普通照明用荧光灯均为热阴极荧光灯。根据国际电工委员会（IEC）标准和中国国家标准，可分为双端（直管）荧光灯、单端荧光灯——包括环形荧光灯和紧凑型荧光灯、自镇流荧光灯三类。双端荧光灯及单端荧光灯必须配合外置的控制器件（启动装置和/或镇流器）工作，灯及控制器件均可分别替换。

节能灯本义泛指所有能源效率较高的灯，但本报告中的节能灯特指目前中国大众所说的节能灯，专业术语是"自镇流荧光灯"，这种荧光灯相对于传统白炽灯能源效率高出 4 倍左右，寿命则为 6 倍以上。其灯管、外壳（内装镇流器）和灯头紧密地联成一体，灯管及镇流器均不能拆卸替换。

（一）生产行业状况

1. 生产销售总量

2011 年中国荧光灯产品全年产量 70.2 亿块，其中双端荧光灯产量为 21.7 亿块，环形荧光灯产量为 1.83 亿块，紧凑型荧光灯产量约为 5.5 亿块，自镇流紧凑型荧光灯产量约为 41.2 亿块。这其中有相当一部分被出口至其他国家和地区：2011 年紧凑型荧光灯及自镇流荧光灯（节能灯）出口 28 亿块，其他荧光灯出口 7.7 亿块，出口量约占总产量的 51%。

2004～2011 年中国荧光灯的总产量趋势如图 12-40 所示。

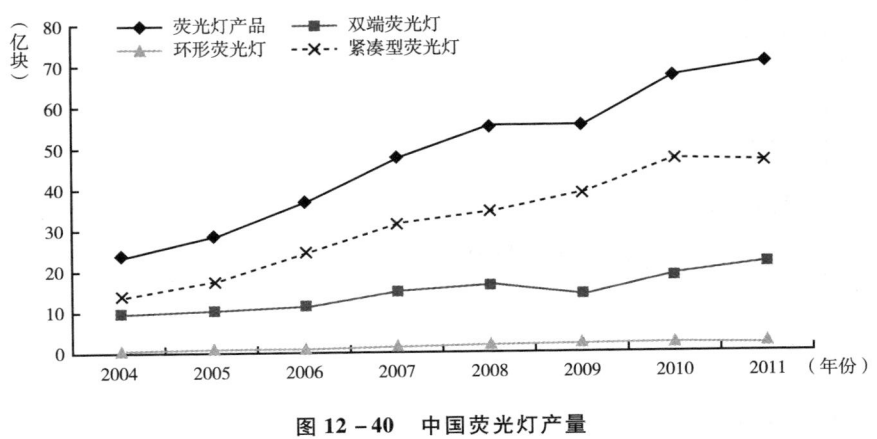

图 12-40 中国荧光灯产量

双端荧光灯占比最大的材料是灯管玻璃，可达总质量的 90%～95%。金属部件主要是灯头，一般是铝质或铜质，但仅占总质量 2% 左右。荧光粉占总质量 1% 左右。

单端荧光灯由于灯头是塑料制造的，相对双端荧光灯多了塑料成分，塑料约占总质量 10% 左右。

自镇流紧凑型荧光灯由于有内置电子镇流器的外壳，塑料成分比例更高。另外线路板组件（包括小型的印刷电路板、二极管、三极管、电容、电感等）占总质量 20% 左右，而灯管质量（包括玻璃、荧光粉等）占总质量 30%~50%。

表 12 - 42   荧光灯材料构成归纳

单位：%

	玻璃	金属	塑料	线路板	荧光粉
双端荧光灯	90~95	2	0	0	1
单端荧光灯	80~85	1~2	10~15	0	1
自镇流紧凑型荧光灯	55~60	<1	15~20	20	<1

2. 主要生产企业

2011 年参与行业统计的全国荧光灯生产企业有 220 家。

粗管（T8）双端荧光灯产量位于前五位的企业是：佛山电器照明股份有限公司、广东本邦电器有限公司、浙江晨辉照明有限公司、飞利浦照明有限公司、浙江缙云山蒲照明电器有限公司。这五家公司的 T8 双端荧光灯产品合计占全国 T8 总产量的 46.3%。

细管（T5）双端荧光灯产量位于前五位的企业是：佛山电器照明股份有限公司、浙江晨辉照明有限公司、浙江缙云山蒲照明电器有限公司、湖北荆州大明灯业有限公司、惠州雷士光电科技有限公司。这五家公司的 T5 双端荧光灯产品合计占全国 T5 总产量的 37.8%。

环型荧光灯产量位于前五位的企业是：惠州雷士光电科技有限公司、浙江缙云天煌实业有限公司、浙江缙云山蒲照明电器有限公司、浙江缙云长虹电光源有限公司、浙江金陵光源电器有限公司，这五家公司的环型荧光灯产量合计占全国环型荧光灯总产量的 60.5%。

在生产紧凑型荧光灯和自镇流荧光灯的 108 家企业中，产量位于前五位的企业是：浙江阳光集团股份有限公司、TCP 中国强凌集团、福建立达信集团有限公司、浙江横店得邦电子公司、厦门通士达照明有限公司，这五家公司的产量合计占全国总产量的 23.2%。

在统计之外还存在近百家小微企业，其产品基本上出口东南亚、中东等地，估计总产量在亿块量级。

3. 产业历史及趋势分析

第一只商业产品的荧光灯产生于 20 世纪 30 年代，随后荧光灯技术缓慢发展，20 世纪 70 年代出现的三基色荧光灯（照明效果改进）和 80 年代末期出现的自镇流荧光灯（尺寸和替换性改进）使得荧光灯在技术上可以完全替代白炽灯，而同等光通量下用电量仅 1/5 ~ 1/4，因而被称为"节能灯"。随着能源危机的出现，许多国家实施了推广节能灯的措施，荧光灯开始广泛替代白炽灯成为室内照明的主要光源。此后荧光灯再无革命性的变革，到 21 世纪初，荧光灯技术已经进入成熟期，行业技术改进着重于推广低汞技术及延长灯的使用寿命。

我国自 20 世纪 50 年代开始生产荧光灯，80 年代开始生产紧凑型荧光灯，到 1990 年荧光灯产量达到 7000 万只，到 2000 年达到近 10 亿只，2008 年政府开始鼓励推广节能灯，在绿色照明工程和节能补贴项目的推动下，节能灯的产销量继续增长，到 2011 年荧光灯的总产量达到 70 亿只。

从照明技术和产业的发展趋势看，荧光灯的光效已接近理论限值，进一步提高的空间很小。近年近 35 亿只的年销售总量使得国内荧光灯消费市场达到了饱和状态，随着荧光灯使用寿命的持续增加，消费者更新替换荧光灯的频率将降低。同时，随着 LED 照明技术的发展，已经有更加高效、长寿命和小型化的商业化 LED 光源产品开始投放市场，今后的几年中，LED 光源性能会持续快速地提高，售价会持续下降，将会在许多应用中替代荧光灯光源。由于上述两个因素，国内荧光灯的销售总量不会继续大幅上升，并有可能在几年内开始下降。

（二）国内废弃荧光灯回收和处理状况

1. 回收状况

①收集、贮存、运输废弃荧光灯相关的法规和标准。根据国家环境保护部 2008 年发布的《国家危险废物名录》，生产、销售及使用过程中产生的废含汞荧光灯管属于"HW29 含汞废物"大类中"多种来源"子类中的一种，危险废物代码为 900 - 023 - 29。名录同时在第六条规定："家庭日常生活中产生的废荧光灯管等，可以不按照危险废物进行管理。将前款所列废弃物从生活垃圾中分类收集后，其运输、贮存、利用或者处置，按照危险废物进行管理。"

国务院 2004 年发布的《危险废物经营许可证管理办法》第二条规定："在中华人民共和国境内从事危险废物收集、贮存、处置经营活动的单位，应当依照本办法的规定："领取危险废物经营许可证"。第七条规定："危险废物收集经营许可证由县级人民政府环境保护主管部门审批颁发"。第六条规定，申请领取危险废物收集经营许可证，应当具备下列条件：（一）有防雨、防渗漏的运输工具；（二）有符合国家或者地方环境保护标准和安全要求的包装工具，中转和临时存放设施、设备；（三）有保证危险废物经营安全的规章制度、污染防治措施和事故应急救援措施。"

国家环境保护总局 1999 年发布的《危险废物转移联单管理办法》第四条规定："危险废物产生单位在转移危险废物前，须按照国家有关规定报批危险废物转移计划；经批准后，产生单位应当向移出地环境保护行政主管部门申请领取联单。产生单位应当在危险废物转移前三日内报告移出地环境保护行政主管部门，并同时将预期到达时间报告接受地环境保护行政主管部门"。

②回收现状。荧光灯在居民生活和企业单位都有广泛的使用（也被称为 B2C 与 B2B 两类应用），但是这两种使用者的废弃物收集渠道不同。

居民在日常生活中产生的废弃荧光灯是作为普通废弃物对待的。由于废弃荧光灯本身含有的有价值材料很少，拆解也相对困难，没有个体废弃物收集者像收集饮料瓶或废纸板那样特意收集废弃荧光灯。市政的废弃物收集过程也未将废弃荧光灯单独分类收集，绝大多数废弃荧光灯都混杂在其他废弃物中进入市政生活垃圾收集渠道。据媒体报道，在个别地区曾零星开展过在居民区设点收集废弃荧光灯的活动，但没有得到推广，未能持续。本课题调研证明。回收处理企业从这种活动中收集的废弃荧光灯数量极少，无法在统计中体现。

政府机关、事业、企业和商业等单位产生的废弃荧光灯数量较大且比较集中，并按照危废管理要求作为含汞危险废物专门收集，但由于目前这一要求缺少严格的监管措施，认真执行的单位不多。另外，由于具有含汞废物处理资质的处理企业很少，并且受《危险废物转移联单管理办法》的约束，基本不接受跨行政辖区的废弃荧光灯转移。许多地区的企事业单位用户即使将废弃荧光灯专门收集起来，也很难交给正规的渠道处理。只有在有条件的少数地区，部分接受环境体系审核的单位会进行专门的分类收集，并付费请具有资质的处理企业回收处理。其他大多数单位是将废弃荧光灯混杂在一般废弃物中进入市政垃圾收集渠道。以上海电子废弃物交投中心有限公司为例，该公司为上海市范围内唯一具有含汞荧光灯处理资质的企业，2012 年全年接受企事业单位委托处理的荧光灯数量为 140 吨，估计回收量占整个上海 2012 年企事业单位用户废弃荧光灯数量的 5% 左右。宜兴市苏南固废处理有限公司的统计显示，从企事业单位用户收集的废弃荧光灯只占约 5%，其他主要来源是照明生产企业在生产过程中报废的荧光灯。

③回收成本估算。目前没有建立起真正有效的收集和回收渠道，所以无法从统计数据中获得实际回收成本数据。如果参考家电以旧换新政策实施期间，对废弃 CRT 电视机的运费补贴 40 元/台的标准换算（平均约 30 千克），得出每公斤的运费成本为 1.3 元。荧光灯的平均重量大约为 0.1 千克，则每块荧光灯的运输费用约为 0.13 元。

上面的估算还没有考虑荧光灯收集运输存储的特殊性，并且假设：产生废弃荧光灯的消费者主动免费将废弃荧光灯完好放入收集箱；回收数量充足；所有收集箱和运输车辆得到充分利用。如果以上任何一个假设不成立，则费用可能成倍增长。理论上的回收成本还应考虑废弃荧光灯收集所需的要素有以下几点：

a. 专用的荧光灯收集箱费用。考虑到目前的公众并没有足够的环保意识，不愿意去离居住地较远的地方投递废弃荧光灯，收集箱网点需要有效覆盖废弃物的产生区域，所需数量会相当多。收集箱需要根据不同荧光灯形状分类，确保直管、环形和紧凑型灯管都能适用，按照含汞危废收集要求，还需要密闭和防水防腐蚀。另外收集箱还需要检查维护。

b. 中转和临时存放设施、设备的费用。这些设施需符合国家或者地方环境保护标准和安全要求。

c. 运输费用。荧光灯单位重量所占的体积较大，运输费用相对 CRT 电视机会更高。

2. 处理状况

①处理废弃荧光灯相关的法规和标准。国务院 2004 年发布的《危险废物经营许可证管理办法》第七条规定："含多氯联苯、汞等对环境和人体健康威胁极大的危险废物的收集、贮存、处置综合经营者，其危险废物经营许可证由国务院环境保护主管部门审批颁发"。第五条规定："申请领取危险废物收集、贮存、处置综合经营许可证，应当具备下列条件：（一）有 3 名以上环境工程专业或者相关专业中级以上职称，并有 3 年以上固体废物污染治理经历的技术人员；（二）有符合国务院交通主管部门有关危险货物运输

安全要求的运输工具；（三）有符合国家或者地方环境保护标准和安全要求的包装工具，中转和临时存放设施、设备以及经验收合格的贮存设施、设备；（四）有符合国家或者省、自治区、直辖市危险废物处置设施建设规划，符合国家或者地方环境保护标准和安全要求的处置设施、设备和配套的污染防治设施；（五）有与所经营的危险废物类别相适应的处置技术和工艺；（六）有保证危险废物经营安全的规章制度、污染防治措施和事故应急救援措施；（七）以填埋方式处置危险废物的，应当依法取得填埋场所的土地使用权。"除了以上要求，在实际申请过程中，处理企业还需要面对所在地的环境规划和地方环境法规要求，特别是环境影响评价要求。

废弃荧光灯处置相关标准，2008 年国家标准化管理委员会发布 GB/T 22908-2008《废弃荧光灯回收再利用技术规范》给出了废弃荧光灯拆解和处置指导，但该标准只给出了粗略的过程指导，并未对处理工艺、设备等给出具体可执行的规范和参数，对处置效果特别是汞回收效果未给出评价方法和判断依据。

②处理现状。根据国家环境保护部公示和实际调研得知，目前具备含汞废物处理经营许可资质并实际从事废弃荧光灯处理的企业有：宜兴市苏南固废处理有限公司、上海电子废弃物交投中心有限公司、厦门通士达照明有限公司、北京市危险废物处置中心等企业。还有少数荧光灯生产企业也购置了废弃荧光灯处理设备，但因为各种原因不能全部满足前述条件，无法取得国家环境保护部的危险废物经营许可证，只能对内从事生产过程中报废荧光灯的处理，无法从企业外部收集废弃荧光灯进行处理。

具备资质的处理企业中，"苏南固废"采用的是化学法，即荧光灯管在切去端口后经过脱汞和两级酸液漂洗处理的湿法工艺。这种工艺的缺点是会使用较多化学试剂，并且产生有害废液，需要添置含汞废液的处理设备。其他企业均采用切端吹扫分离加高温蒸馏的干法工艺，并且大多采购瑞典 MRT 公司的设备。典型的 MRT 处理工艺如图 12-41 所示。但一些采购了 MRT 设备的处理企业反映在实际运行一段时间后发现处理效果（荧光粉的吹扫洁净程度，汞的收集回收率等）达不到 MRT 宣传材料中宣称的，由于缺乏量化评价标准无法向 MRT 追责。另外由于汞蒸馏所消耗的能源费用很高，而所能回收的纯汞量极少，没有销售价值，许多处理企业在实际运营中不运行汞蒸馏工序。

也有一些企业对 MRT 设备进行改造，据宣传可以大幅提高回收效率和纯度，但是因为缺乏评价方法和标准，无法验证其在真实运营环境中的处理效果。

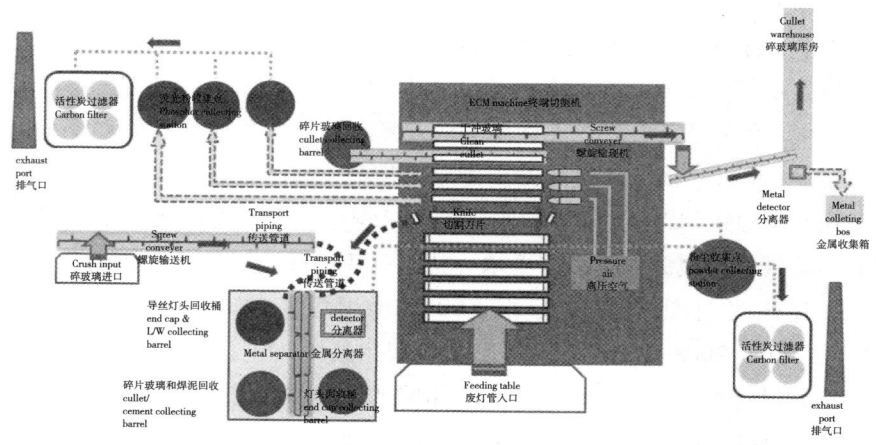

图 12 - 41　典型的 MRT 处理工艺

③处理成本估算。根据调研和新闻报道得到目前处理企业的成本情况如表 12 - 43 所示。

表 12 - 43　目前国内荧光灯处理企业的成本

	处理成本	工艺	备注
苏南固废	1.5 元/只	化学法	该公司和一些荧光灯生产企业有长期处理生产报废灯管的合同,合同中报价为 0.5 元/只
上海交投	2.5 元/只	MRT	
北京危废	1.5 元/只	MRT	
厦门通士达	5.2 元/只	MRT	

目前真正处理从外部收集的废弃荧光灯的持续运行的企业数量较少，并且这些企业所能收集的废旧荧光灯数量都远远小于企业设计处理能力，因此其实际处理成本比按照设计正常运作时的估算处理成本高。清华大学巴塞尔公约协调中心曾经在 2012 年与照明企业合作申请中欧环境治理项目经费（EU-China Environmental Governance Programme，EGP）用于研究城市回收处理废弃荧光灯的成本和可行性，但因项目经费未得到批准而未能进行。

（三）其他国家和地区的回收处理状况

1. 欧盟

欧盟《WEEE 指令》从 2005 年 8 月开始实施，要求各成员国对 10 大类电子电气产品开展回收处理，荧光灯作为照明产品的一种也被包括在内。2010 ~ 2012 年期间为讨论《WEEE 指令》修订，欧盟组织了《WEEE 指令》执行状况的评估，其中对照明产品的评估结果如下。

废弃荧光灯产品的处理相对于其他电子电气废弃物的处理有许多特殊之处。

①生产和销售数量大、单价低和使用范围广，因此废弃量大而且难以集中。

②由于废弃产品缺乏二手价值，并因体积小易于抛弃，在使用者环境意识不足的情况下通常会随意作为普通废弃物抛弃，而不会主动交给专门的回收处理者。

③废弃荧光灯与其他废弃电子电器产品比较同等重量下占用体积大、并且易碎，而且废弃荧光灯产生和收集点分散，导致储存和运输成本较高。

④处理后再生材料的价值远低于回收处理成本。如图 12 - 42 所示，管型荧光灯的回收处理费用相当于新品售价的 50% ~ 80%，即一只售价 1 欧元的荧光灯废弃后回收处理费用就达到 0.5 ~ 0.8 欧元。一体化节能灯处理费用也达到新品价格的 18% ~ 48%。

欧盟《WEEE 指令》并未因为照明产品的特性而给出更宽松的回收率目标（照明产品的回收率目标为 75%，大家电为 80%，小家电为 70%），最终结果是照明生产企业为回收处理支付了巨大的费用，但仍然无法达到法规要求的回收率。2009 年欧盟 12 个有统计数据的国家，回收处理率加权平均值测算为 33%。照明产品废弃量重量仅占全部废弃电子电气产品重量的 1%，但用于照明电器的回收处理费用高达全部电子电气产品回收处理费用的 25%。

2. 韩国

韩国的《资源节约及回收利用促进法》修订版在 2003 年开始采用生产者延伸责任制度（Extended Producer Responsibility System），2004 年起将荧光灯纳入强制回收处理项目中。要求生产者承担废弃荧光灯的回收处理义务，并且根据上年的回收处理和销售情况由政府制定强制回收处理目标，处理目标为回收处理量相对于销售量的百分比，近几年回收目标如表 12 - 44

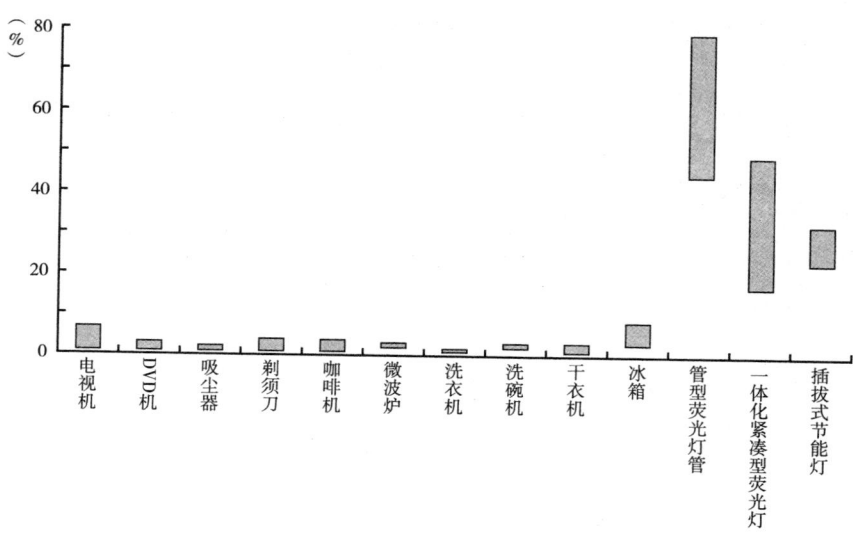

图 12 - 42　欧洲荧光灯处理成本分析

所示，虽然回收目标逐年提高，但目前为止回收处理率也未能超过 33%。

　　由于单个生产企业独立回收处理的效率很低，韩国荧光灯生产企业普遍采用付费委托专业回收处理组织的方式完成法定回收处理义务。韩国光源回收处理联盟（Korea Lamp Recycling Association，KLRA）是韩国最大的专业回收处理组织，2011 年 KLRA 共回收处理 3795 万只荧光灯，占整个韩国荧光灯回收处理量的 92%，相当于韩国全国荧光灯废弃量的 28.5%。该组织向生产企业收取的费用也可见表 12 - 44。

表 12 - 44　韩国荧光灯回收处理目标及处理价格

年份	2010	2011	2012	2013
回收处理目标（%）	26.1	28.5	30	32.8
处理价格（韩元/只）	135	135	120	120
处理价格（人民币元/只）	0.74	0.74	0.66	0.66

3. 中国台湾

　　台湾《废弃物清理法》将荧光灯纳入强制回收处理项目中，根据台湾环保主管部门统计，实施后废弃荧光灯回收处理量由 2002 年的 523 吨提高到 2011 年的 5200 吨，回收率达到 75%，大约相当于一年回收处理了 2600 万只荧光灯。但台湾为回收处理荧光灯管支付了高昂的费用，回收处理基金从 2003 年就开始亏损，在 2010 年亏损 3.2 亿元新台币，因此需要将针对新产品征收的回收处理费率提高。由于台湾市场的照明产品由当地生产供给的数量占比很小，所以这些费用主要由照明产品进口商支付。

为提高废弃荧光灯的收集率，自 2004 年起，台湾地方政府要求销售者也要承担回收责任：消费者可以将废弃荧光灯交还给销售商店，销售者必须妥善保存并转交至有资质的 4 个废弃荧光灯处理企业之一，拒绝收集转交义务的销售者会被罚款。但这种方式收集的荧光灯数量有多少并没有公开的统计资料。

台湾给荧光灯处理企业的补贴费率与处理效果挂钩，对于材料回收率和汞回收率低的处理企业给予较低的补贴费率甚至不予补贴。具体见表 12－45。从中可知直管荧光灯的最高汞回收率要求为 50%，紧凑型荧光灯为 35%。

表 12－45　台湾对废弃荧光灯处理的补贴费率

荧光灯类别	总材料回收率	汞回收率	补贴费率（新台币）	补贴费率（人民币）
直管型荧光灯	≥90%	≥50%	29/千克	0.59/只
		50% > 回收率≥40%	20/千克	0.41/只
		< 40%	0	0
	< 90%	N/A	0	0
紧凑型荧光灯	≥60%	≥35%	40/千克	0.68/只
		35% > 回收率≥20%	20/千克	0.34/只
	< 60%	< 20%	0	0
		N/A	0	0

4. 澳大利亚及其他国家和地区

澳大利亚《产品管理法》（*The Product Stewardship Act*）自 2011 年 8 月实施，给出了废弃产品回收处理方面的法律框架，包括自愿性（voluntary）、半管制（co-regulatory）和强制（mandatory）三种回收处理模式。荧光灯产品归在自愿性模式下，由一个自愿的全国性机构 FluoroCycle 进行操作。FluoroCycle 由澳大利亚照明协会运营，自 2010 年 7 月开始商业运行，主要是采取与政府和企业合作的形式，其回收率和处理费用等信息目前尚未收集到。其他采用类似自愿性质的回收处理项目的国家和地区还有加拿大和香港。

（四）纳入《目录》管理的分析

1. 纳入《目录》管理的可行性

①废弃荧光灯的回收。废弃产品的回收处理，首先要解决的是如何有效回收，以达到一定的回收量。对于荧光灯产品的回收，需要从 B2B（企业对企业之间的营销）和 B2C（企业对消费者之间的营销）两个渠道共同努力。B2B 渠道需要有相应的监管措施，要求政府机关、事业、企业和商业等单位必须将产生的废弃荧光灯交给有资质的处理企业。B2C 渠道需要在法律上明确普通消费者的回收义务，配置足够的分布合理的回收网点和专用回收装置，方便居民交投，并且配合长期的教育宣传，提升消费者的意识。目前中国不具备以上两种渠道回收要求的各项条件，而要转变这种局面需要较长一段时间，且需要各项举措互相配合。因为单独为废弃荧光灯建立分类回收处理的渠道性价比很低，需要与其他各种废弃物的分类和收集处理渠道建设同步配合才可行。

利用销售渠道收集废弃荧光灯目前也有客观困难，因为集中收集、储存和运输废弃荧光灯需要配置必要的设施，并且需要取得相应的危废回收经营资质，涉及许多部门。一旦要跨行政区域转移，还需要取得移出地和接收地两地环保部门的批准，并按规定每批次都要取得转移联单。这些操作要应用在分散、复杂、数量众多的销售网点基本不具备可行性。

通过资金补贴来促进普通消费者主动交投废弃荧光灯，例如直接付费向消费者购买废弃荧光灯，或者在销售新的荧光灯时以废弃荧光灯抵扣部分货款等方式，也存在以下困难。

首先对于普通消费者来说，要吸引其亲自或者通过专业的收集者花费时间精力主动交投废弃荧光灯管，每块补贴的价值不应过低，即使是每块补贴1～2元人民币，相对于荧光灯的售价也是相当可观的，这笔费用每年就会达到数亿元，相对于低门槛、竞争激烈、利润率低的荧光灯行业是一笔巨大的财务负担。

其次，荧光灯的销售渠道非常复杂，从制造商到最终消费者之间有多层的多种性质的批发和零售经销商，销售周期可能达到几个月甚至一年，要由生产者通过销售渠道去补贴到销售终端，又要使消费者在领取时便利，在财务操作上非常困难。

再次，监管补贴是否能正确进行的难度也非常大。各种应用场景中使用的荧光灯在技术上是没有区别的，而且荧光灯数量大、易损坏，从生产、运输、销售和使用的各个环节都有可能产生许多报废的荧光灯，这些性质的废弃荧光灯与普通居民产生的废弃荧光灯是无法通过技术手段区分的，如果采用有偿鼓励普通消费者回收的措施，会吸引专业牟利者将从生产、运输、销售和 B2B 消费者使用产生的废弃荧光灯转移到有偿回收渠道进行牟利。在同样的补偿价格下，可以大批量获得废弃荧光灯的专业牟利者显然比只有零散废弃荧光灯的普通消费者更有动力去获得补贴。极端的情况可能会出现有人故意破坏公共区域使用的荧光灯以换取补贴的情况，带来公共财产的损失和公众的不便。

最后，中国应当培养消费者自觉对废弃物进行分类，主动无偿交投的环境意识。目前第一批《目录》产品的回收和处理的实施过程中，消费者普遍认为废弃物可以卖钱，使得大量的四权处理基金实际花在向消费者购买废弃产品上。如果处理费用远超过回收价值的废弃荧光灯也采用"有偿"回收的政策，则与培养消费者环保意识的努力背道而驰。

综上所述，有偿荧光灯回收的措施社会成本高，回收效果无法保证，防止骗补的难度较大，并且长期来看会对培养消费者的环境责任意识产生负面作用，所以目前不具备大范围回收废弃荧光灯的条件。

②废弃荧光灯处理的效果。对废弃荧光灯污染的忧虑集中在汞污染上，废弃荧光灯在收集后只有有效处理和回收汞，整个投入和操作才有意义。但目前的处理技术现状是化学法处理工艺的化学试剂用量大，产生污水，后续处理成本高，对场地也有很大限制，不适合大面积推广。切端吹扫分离技术工艺均掌握在国外公司手中，瑞典 MRT 公司几乎垄断了中国荧光灯管处理设备的市场。在实际使用中由于汞蒸馏的能耗和维护成本很高，且汞回收效率不理想，提纯后汞的销售价格不高，大多数处理企业其实并不真正进行汞蒸馏回收。由于缺乏汞回收率的评价标准和方法，处理企业即使在实际运营中普遍发现 MRT 设备达不到宣传的汞回收率，也无法向 MRT 公司追诉其责任。

解决汞回收问题，需要制定科学的检测评价标准，对国内外公司的处理工艺（包括现有的和宣传相对 MRT 有大幅改善的处理工艺）进行运行评估，确定其效果、处理能力和成本，在此基础上才能合理制定处理企业的布局和投资规模。以目前的状态，要完成以上评估，达成共识，制定标准，还需要专门的研究经费和一定的时间。

③处理能力建设。目前全国真正具备处理资质，对外营业从事废弃荧光灯处理，并且持续运转的企业只有4家，总设计处理能力约为12000吨/年，约合1.32亿只/年的处理能力。这些企业的满负荷处理能力和汞回收效果并未经过长期运作的验证。荧光灯有一定的使用寿命，废弃后无保留价值，不像电视机有保有量的概念，因此可以认为年销售量大致等同年废弃量，以35亿只年废弃量，回收率75%的目标计算，需要处理的废弃荧光灯数量约为26亿只。现有的处理能力与这个回收规模相比远远不够。

与第一批《目录》的"四机一脑"产品不同，废弃荧光灯属于危险废物，根据危废处理法规的要求，兴建一个合格的处理工厂，在厂址、占用面积、经营范围、运输资质、环境评价、人员配备、设备工艺各方面都有着复杂的要求，需要经过地方及中央两级政府，涉及土地、工商、运输管理、环保等多个职能部门的审核批准，建设周期很长。仅以处理企业涉及重金属处理，需要远离敏感区域1200米这样一个地方工业区的环保要求为例，单这一个要求就可能使一个筹备中的处理工厂搁浅，或者必须付出非常高的土地使用代价。

根据国外荧光灯处理企业的经验，一个合格的具备3000吨/年（3300万只/年）处理能力，汞回收率在90%以上，具备所有环保设施的处理工厂，排除土地费用之外的建设总费用约为1000万美元，另外还需要相当的流动资金才能运转。要在基金征收使用前建设起足够的处理能力，并且确保之后相当一段时间的稳定运营，收回投资成本也是非常困难的。

④基金征收、使用及监管。目前缺乏足够的数据和标准来确定回收率和处理效果，并依此准确测算回收处理成本，根据国外的实际运行经验估计，如果要达到汞回收的目的，总成本不会低于新荧光灯产品销售额的20%。按照2011年34.3亿只国内销售量、平均每只3元的回收处理费用、75%的回收目标来估算，每年需要经费约76亿元，再加上基金征收和使用监督的管理成本，总额相当巨大。如果这部分费用全部由生产企业承担，势必会引起售价大幅上升，造成行业总量萎缩的后果。

在基金征收方面，由于生产企业众多，细分品种繁多，生产销售渠道复杂，销售周期长，出口量大，在征收监管方面的操作难度也很大。由于基金征收数额对售价有显著的影响，如果征收不能做到全面公平，则会严重歪曲市场竞争格局，使遵纪守法的企业生产成本大幅提高，市场竞争力减弱。一且优质的企业被淘汰，就会对整个行业造成严重打击。

在基金使用方面，荧光灯回收处理的数量监督，以及汞回收率的检测监督相对普通废弃电子电气产品的监督难度更大。需要有额外措施和成本投入来防止处理数量欺诈和汞回收效果欺诈。一旦措施不到位产生欺诈行为，会使得巨额回收处理费用的环境收益大打折扣。

2. 纳入《目录》管理的迫切性

①资源性。荧光灯中使用的铝、铜等有色金属的重量比很低，有色金属回收价值不高。含有稀土金属的荧光粉只在少部分高端荧光灯中使用，而目前从各国的回收处理实践来看，提纯废弃荧光粉中的稀土金属成本较高，企业很难承受。不同厂家不同型号荧光灯所采用的玻璃和荧光粉都有不同的配方，处理企业不可能进行分类处理，而且玻璃和荧光粉的价值有限，处理企业实际上不会将玻璃和荧光粉提纯销售。只有个别生产企业有自己建立的处理设备，专门处理本企业生产中报废的灯管所产生的玻璃和荧光粉，会在本企业内进行回用。

由以上分析可以判断，废弃荧光灯回收处理的资源回收利用价值较低。

②环境性。废弃产品带来的环境因素比较复杂，目前尚无科学统一的评价体系和标准。本报告仅从废弃荧光灯排放有害物质的种类和总量做初步分析。

废弃荧光灯产生的主要环境问题在于其中的汞元素带来的污染。从宏观角度看，全世界每年因人为因素向大气中排放的汞是 2000 吨左右，中国大概占了 1/3，约有 700 吨。主要来源包含三部分，煤炭的燃烧、金属的冶炼以及城市垃圾的焚烧，而并非含汞产品的排放。即使在《国家危险废物名录》"HW29 含汞废物"中，相对于电池制造、化学原料制造、含汞催化剂和医用废弃血压计和温度计，荧光灯也并非用汞量排名靠前的产品类别。根据照明行业统计，全行业在 2008 年的用汞量为 80 吨，在当时，汞的注入环节是荧光灯汞污染环节中最关键的环节，其中一半在生产过程中就会损耗掉而没有进入荧光灯，从废弃荧光灯向环境排放的汞只是行业用汞量的一部分。在汞的排放形式上，废弃荧光灯的汞排放相对于煤炭燃烧、金属冶炼和城市垃圾焚烧等行业有所区别，排放汞的形态不同，并且相对分散。废弃荧光灯的排放形式是否相对于其他排放形式会造成更严重的环境污染，正反两方的观点都见诸媒体，但都不是引用自权威机构基于环境和人体危害的评估。

由于荧光灯的寿命有限，而且使用者不会保存损坏的灯，过去汞含量相对较高的老式荧光灯按照寿命应该早就作为普通废弃物处理了，不可能再重新回收处理。根据我国 2008 年发布的行业标准《照明电器产品中有毒有害物质的限量要求》，近年生产的紧凑型荧光灯含汞量不超过 5 毫克/只，直管型荧光灯含汞量不超过 10 毫克/只。2011 年，我国荧光灯产量约 70 亿只，其中，紧凑型荧光灯产量约 47 亿只，出口约 28 亿只，即国内销售约 19 亿只；其他类型荧光灯产量约 23 亿只，出口约 7.7 亿只，即国内销售约 15.3 亿只。就此估算 2011 年全部国内销售的荧光灯内含汞量不会超过 24.8 吨，参考上述国外成功进行废弃荧光灯回收处理经验，荧光灯回收率最高达到 75%，汞收集率最高达到 50%，则最多能够回收汞 9.3 吨，如果参照欧盟、韩国 33% 的荧光灯回收率计算，则回收汞的总量仅为 4 吨。

另外，根据工信部 2012 年发布的《中国逐步降低荧光灯含汞量路线图》，到 2015 年，单只荧光灯产品平均含汞量比 2010 年减少约 80%，一半以上的荧光灯含汞量低于 1 毫克/只。通过高能耗的废弃荧光灯汞蒸馏回收，所能得到的环境受益会更少。另外可以参考的是，欧盟的废弃荧光灯处理企业对于汞含量小于 6 毫克/千克的荧光粉采用填埋处理，而不是进一步蒸馏回收其中的汞。这种做法符合欧洲垃圾填埋法规（2003/33 EU）的限制，并且节约了汞蒸馏所需的大量能源。

由以上分析可以判断，废弃荧光灯的汞排放会造成一定环境危害，但其排放总量不高。其排放方式所带来的环境危害严重程度尚需更为专业的评估。

由于前述废弃荧光灯收集的困难，以及荧光灯处理中对汞回收的经济技术限制，采用废弃荧光灯处理能够消除的环境危害是有限的。

荧光灯在生产过程中，如果采用液汞的注汞技术，则生产过程中的汞排放远远高于灯内存留的汞量，这部分排放可以通过采用固汞技术来改善。此外，采用固汞技术后，通过提高灯管抽真空水平、荧光粉涂层加保护膜等技术，应可按照《中国逐步降低荧光灯汞含量路线图》逐步减少汞的加注量。这两项措施可以有效地降低荧光灯行业的汞排放危害。

③经济性。由前面中国废弃荧光灯回收处理状况分析，并参考国外荧光灯回收处理的数据，荧光灯回收处理的成本很高。

另外，由于废弃荧光灯作为危废处理的特殊性，建立合法合规的处理能力需要较大的一次性投入，并且后续的运营也主要依赖持续的补贴。考虑到上述收集废弃荧光灯的困难、荧光灯被逐步替代的趋势等，维持处理企业的长期稳定运作所面临的财务风险也较大。

由以上分析可以判断，废弃荧光灯汞回收处理的经济性较差。

④社会性。废弃产品带来的社会影响尚未有科学统一的评价体系标准，本报告仅对媒体对荧光灯汞污染报道和公众对报道的反应做初步分析。

公众对废弃荧光灯汞污染的关注主要源自近年的几篇报道，这些报道都强调废弃荧光灯的汞可以污染大量的水，从一只荧光灯污染 30 吨水，到污染 1800 吨水的提法都有，引起一些公众的忧虑，但实际上这些说法并没有任何的公开测试、评价或权威的论文作为依据。相反，北京电光源研究所、绿色照明工程的研究课题等都对荧光灯汞污染专门做了测试和评估，其结论是荧光灯中的汞对人体和环境的影响是有限的，通过低汞措施可以大幅改善。

之所以"一只荧光灯污染 1800 吨水"的提法会反复出现，影响公众，一是公众对环境污染的担忧逐年上升，但大多缺乏相关的知识，无法对有关污染的报道进行筛选判断，许多人抱着"宁可信其有、不可信其无"的心态，选择相信这些耸人听闻的报道。二是没有权威的第三方所做的公开评估供公众参考，而照明行业相关单位所做出的评价，因为利益相关，难以完全得到公众的认可。三是 LED 照明或荧光灯处理设备技术行业的个别利益相关者有意迎合公众对环境污染关注的心理，人为地夸大了荧光灯的汞污染。

由以上分析可以判断，废弃荧光灯汞污染有一定的社会影响，但这些影响在很大程度上应该通过科学公正的评估和广泛宣传来消除。

（五）建议

研究建立废弃产品回收处理的环境性和社会性评价体系和标准，组织评估实施《中国逐步降低荧光灯含汞量路线图》后废弃荧光灯汞污染的改善程度，并探讨荧光灯低汞化后就地收集和无害化处理的技术可行性，为今后荧光灯是否纳入《目录》管理的决策提供参考。

在研究荧光灯是否放入《目录》管理的同时，着手建立居民生活废弃物分类回收处理机制，加强宣传教育，将废弃荧光灯的分类回收作为生活废弃物分类回收系统的一部分进行建设。在适合的地区，从规范政府机关、企事业单位的荧光灯废弃行为入手，通过加强执行监管和宣传教育，促使用户将废弃照明产品交给有资质的企业处理。组织荧光灯生产企业在责任与收益对等的原则下参与回收处理运作。

九　铅酸蓄电池

（一）铅酸蓄电池生产行业现状

铅酸蓄电池经过 100 多年的发展与完善，已经成为一类安全性高、制造成本低、电压特性平稳、使用寿命长、应用领域广泛、原材料丰富及造价低廉、可再生利用的"资源循环型"产品。

近年来，随着世界能源经济的发展，铅酸蓄电池的应用领域不断扩大，市场需求量也大幅度提高。在二次电源中，铅酸蓄电池已占有 80% 以上的市场份额，主要应用在交通运输、通信、电力、铁路、矿山、港口、国防、计算机、科研等国民经济各个领域。根据我国有关标准规定，铅酸蓄电池分为启动活塞发动机用铅酸蓄电池（主要用于汽车、拖拉机、柴油机、船舶等启动和照明）、摩托车用铅酸蓄电池（主要用于各种规格摩托车启动和照明）、电动自行车用铅酸蓄电池（主要用于各种规格电动自行车启动和照明）、铁路客车用铅酸蓄电池（主要用于铁路内燃机车、电力机车、客车启动、照明动力）、固定型铅酸蓄电池（主要用于通信、发电厂、计算机系统作为保护、自动控制的备用电源）、牵引用铅酸蓄电池（主要用于各种蓄电池车、叉车、铲车等动力电源）、航标用铅酸蓄电池（供作海洋、江河航标灯及其他小电流放电蓄电池）、其他铅酸蓄电池（煤矿防爆特殊型铅酸蓄电池和储能用铅酸蓄电池等）。2009 年铅酸蓄电池用途类型比例如图 12 - 43 所示。

2010 年，我国电池销售收入超过 2630 亿元，铅酸蓄电池产量为 14416.68 × 10^4 kV·A·h，约占全国电池工业总产值 40%，同比增加 17.3%，见图 12 - 48。从 2005 年至 2010 年，我国铅酸蓄电池产量和出口额年均保持在 19.9% 和 22.8% 的速度，出口增长率在化学电池中位居第一，产量占全世界铅酸蓄电池的 1/4 以上。

由于铅酸蓄电池在生产过程中具有较大的环境风险，2011 年，为了严厉打击铅酸蓄电池企业环境违法行为，切实保障人民群众身体健康，各省、自治区、直辖市按照《关于 2011 年深入开展整治违法排污企业保障群众健康环保专项行动的通知》（环发 ［2011］41 号）对 1930 家铅酸蓄电池生

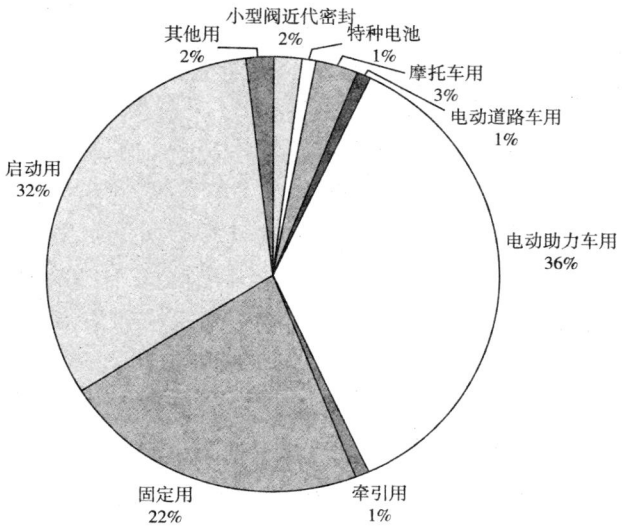

图 12 - 43　2009 年铅酸蓄电池用途类型比例

数据来源:《铅酸蓄电池生产及再生污染防治技术政策》编制说明。

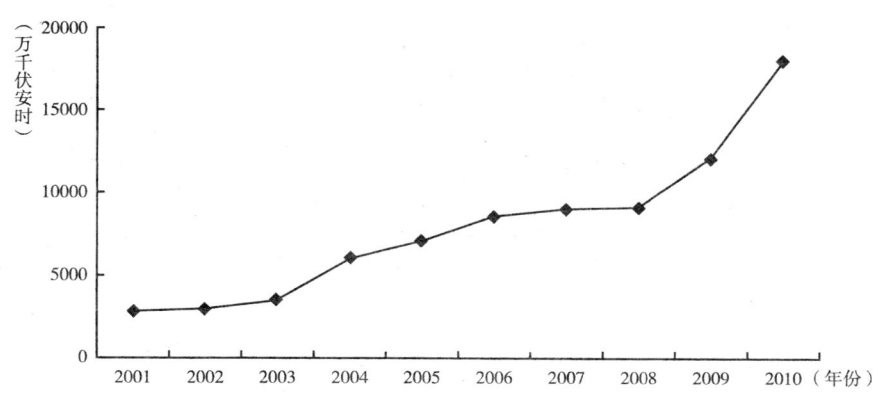

图 12 - 44　2001~2010 年铅酸蓄电池产量

数据来源:《中国轻工业年鉴》。

产、组装及回收企业进行排查,截至 2011 年 7 月底,有 583 家被取缔关闭,405 家被停产整治,610 家停产 (见图 12 - 44)。

2012 年环保部公布的最新数据显示,截至 2012 年 12 月,全国共有 1131 家铅酸蓄电池生产、组装及回收企业 (环保部公布数据为 1151 家,其中广东省有 19 家企业 2012 年生产状况不详，黑龙江省环保局网站暂时无法打开，1 家企业暂时没有计入，扣除这两者 20 家企业后共有 1131 家企业），2012 年全年有 411 家在生产、67 家在建、241 家被取缔关闭、207 家已停产整治、201 家停产、2 家拆除设备、1 家限期治理。铅酸蓄电池生产、组装及回收企业从 1131 家减少到 411 家，行业集中度不断提高。

2013 年，为了确保公众身体健康，提升污染防治水平，环境保护部开展了铅酸蓄电池和再生铅企业环保核查工作。经企业自查、省级环保部门初审、专家资料审查，环境保护部发布《符合环保法律法规要求的铅酸蓄电池和再生铅企业名单公告（第一批）》（环保部发〔2013〕21 号）和《关于第二批符合环保法律法规要求的铅酸蓄电池和再生铅企业环保核查情况的公示》，第一批有 10 家符合环保法律法规要求的铅酸蓄电池和再生铅企业，第二批有 27 家铅酸蓄电池和再生铅企业符合环保法律法规要求。今后，国家对铅酸蓄电池的生产企业将继续严格监管。

（二）我国废铅酸蓄电池回收处理管理制度

1. 《危险废物经营许可管理办法》

废铅酸蓄电池属于危险废物。危险废物的收集、贮存、处置应符合环保部发布的《危险废物经营许可管理办法》。

管理办法规定，危险废物经营许可证按照经营方式，分为危险废物收集、贮存、处置综合经营许可证和危险废物收集经营许可证。领取危险废物综合经营许可证的单位，可以从事各类别危险废物的收集、贮存、处置经营活动；领取危险废物收集经营许可证的单位，只能从事机动车维修活动中产生的废矿物油和居民日常生活中产生的废镉镍电池的危险废物收集经营活动。

申请领取危险废物收集、贮存、处置综合经营许可证，应当具备下列条件：

①有 3 名以上环境工程专业或者相关专业中级以上职称，并有 3 年以上固体废物污染治理经历的技术人员；

②有符合国务院交通主管部门有关危险货物运输安全要求的运输工具；

③有符合国家或者地方环境保护标准和安全要求的包装工具，中转和临时存放设施、设备以及经验收合格的贮存设施、设备；

④有符合国家或者省、自治区、直辖市危险废物处置设施建设规划，符合国家或者地方环境保护标准和安全要求的处置设施、设备和配套的污染防治设施；其中，医疗废物集中处置设施，还应当符合国家有关医疗废物处置

的卫生标准和要求；

⑤有与所经营的危险废物类别相适应的处置技术和工艺；

⑥有保证危险废物经营安全的规章制度、污染防治措施和事故应急救援措施；

⑦以填埋方式处置危险废物的，应当依法取得填埋场所的土地使用权。

申请领取危险废物收集经营许可证，应当具备下列条件：

①有防雨、防渗的运输工具；

②有符合国家或者地方环境保护标准和安全要求的包装工具，中转和临时存放设施、设备；

③有保证危险废物经营安全的规章制度、污染防治措施和事故应急救援措施。

2.《废铅酸蓄电池污染防治技术政策（2003）》

2003年10月9日，为贯彻《中华人民共和国固体废物污染环境防治法》，保护环境，保障人体健康，指导废电池污染防治工作，国家环境保护总局与国家发展和改革委员会、建设部、科学技术部、商务部联合发布废电池污染防治技术政策。在技术政策中提出对废铅酸蓄电池收集、运输、拆解、再生的特殊要求。

废铅酸蓄电池的收集、运输、拆解、再生铅企业应当取得危险废物经营许可证后方可进行经营或运行。废铅酸蓄电池回收拆解应当在专门设施内进行。在回收拆解过程中应该将塑料、铅极板、含铅物料、废酸液分别回收、处理。废铅酸蓄电池中的废酸液应收集处理，不得将其排入下水道或排入环境中。不能带壳、酸液直接熔炼废铅酸蓄电池。废铅酸蓄电池铅冶炼再生过程中收集的粉尘和污泥应当按照危险废物管理要求进行处理处置。

废铅酸蓄电池的回收冶炼企业应满足下列要求：

①铅回收率大于95%；

②再生铅的生产规模大于5000吨/年。本技术政策发布后，新建企业生产规模应大于1万吨/年；

③再生铅工艺过程采用密闭熔炼设备，在负压条件下生产，防止废气逸出；

④具有完整废水、废气的净化设施，废水、废气排放达到国家有关标准；

⑤再生铅冶炼过程中产生的粉尘和污泥得到妥善、安全处置；

⑥逐步淘汰不能满足上述基本条件的土法冶炼工艺和小型再生铅企业。

3.《铅酸蓄电池行业准入条件（2012）》

2012 年 5 月 11 日，工业和信息化部、环境保护部联合发布《铅酸蓄电池行业准入条件》，2012 年 7 月 1 日起正式实施。

准入条件对企业的布局、生产能力、工艺和装备、环境保护、职业卫生和安全生产、节能与回收利用提出了具体的要求。其中，关于生产能力的要求如下。

①新建、改扩建铅酸蓄电池生产企业（项目），建成后同一厂区年生产能力不应低于 50 万千伏安时（按单班 8 小时计算，下同）。

②现有铅酸蓄电池生产企业（项目）同一厂区年生产能力不应低于 20 万千伏安时；现有商品极板（指以电池配件形式对外销售的铅酸蓄电池用极板）生产企业（项目），同一厂区年极板生产能力不应低于 100 万千伏安时。

③卷绕式、双极性、铅碳电池（超级电池）等新型铅酸蓄电池，或采用扩展式（拉网、冲孔、连铸连轧等）板栅制造工艺的生产项目，不受生产能力限制。

关于节能与回收利用的要求如下：

①企业生产设备、工艺能耗和产品应符合国家各项节能法律法规和标准的要求。

②铅酸蓄电池生产企业应积极履行生产者责任延伸制，利用销售渠道建立废旧铅酸蓄电池回收系统，或委托持有危险废物经营许可证的再生铅企业等相关单位对废旧铅酸蓄电池进行有效回收利用。企业不得采购不符合环保要求的再生铅企业生产的产品作为原料。鼓励铅酸蓄电池生产企业利用销售渠道建立废旧铅酸蓄电池回收机制，并与符合有关产业政策要求的再生铅企业共同建立废旧电池回收处理系统。

4.《关于促进铅酸蓄电池和再生铅产业规范发展的意见（2013）》

为加强铅污染防治和资源循环利用，杜绝铅污染事件发生，促进铅酸蓄电池和再生铅行业规范有序发展，经国务院同意，工业和信息化部、环境保护部、商务部、发改委和财政部联合发布关于促进铅酸蓄电池和再生铅产业规范发展的意见。《意见》包括总体要求、加快产业结构调整升级、加强环境执法监督、建立规范有序的回收利用体系、加强政策引导和支持、加强组织实施。

其中，加快产业结构调整升级包括以下几项内容：

第一，加大落后产能淘汰力度。把铅酸蓄电池和再生铅行业作为国家淘汰落后产能的重点行业，立即淘汰开口式普通铅酸蓄电池生产能力，并于2015年底前淘汰未通过环境保护核查、不符合准入条件的落后生产能力。禁止将落后产能向农村和中西部地区转移。鼓励有条件的企业进行兼并重组，促进产业升级，提高产业集中度。

第二，严格行业准入和生产许可管理。按照铅酸蓄电池和再生铅行业相关准入要求，对现有企业逐一进行审查，并向社会公告通过审查的企业名单。严格铅酸蓄电池生产许可管理，申请或重新核发生产许可证的企业，应当符合环境保护要求和行业准入条件；因不符合相关要求而被依法取缔关闭的，要注销其生产许可证。外贸企业出口的铅酸蓄电池应为具备有效生产许可证的企业生产的产品。研究建立再生铅行业生产许可管理制度。

第三，强化项目审批管理。加强铅酸蓄电池和再生铅新、改、扩建项目备案管理，禁止在重要生态功能区、铅污染超标区域和重金属污染防治重点区域内新、改、扩建增加铅污染物排放的项目；在非重点区域内新、改、扩建铅酸蓄电池和再生铅企业要符合区域铅污染物排放总量控制要求。建设铅酸蓄电池和再生铅企业集聚园区应当开展规划环评，强化园区规划控制，严格落实防护距离要求。

第四，加快推行清洁生产。依法对铅酸蓄电池和再生铅企业实施强制性清洁生产审核，各省级环境保护部门会同发展改革部门、工业主管部门公布强制性清洁生产审核企业名单，每两年完成一轮清洁生产审核。指导和督促企业落实清洁生产方案，鼓励金融机构加大对企业清洁生产的信贷支持。

第五，推进行业技术进步。加强双极性密封电池、超级电池、泡沫石墨电池等新型铅酸蓄电池的技术研发，推广卷绕式、胶体电解质铅酸蓄电池技术。采用内化成、无镉化、智能快速固化室、真空合膏、管式电极灌浆挤膏等先进成熟工艺技术对现有铅酸蓄电池生产企业进行升级改造，开展铅酸蓄电池拉网式、冲孔式、连铸连轧式板栅制造工艺技术应用示范。加快废铅酸蓄电池规模化无害化再生关键技术装备的研发与应用。

建立规范有序的回收利用体系包括以下内容：

第一，落实生产者责任延伸制度。制定《废铅酸蓄电池回收利用管理办法》，提出落实生产者责任延伸制度的具体机制和操作办法，明确生产企业（进口商）的回收责任，督促企业在设计和制造环节充分考虑产品废旧回收时的便利性和可回收率。充分发挥市场机制作用，调动销售者、消费者参与回收利用的积极性。

第二，规范回收利用行为。依法规范个体商贩废铅酸蓄电池回收行为，严厉打击非法拆解和土法炼铅等行为。完善危险废物经营许可制度，鼓励生产企业通过其零售网络组织回收废铅酸蓄电池，支持生产企业、销售企业、专业回收企业和再生铅企业共建回收网络。加强对废铅酸蓄电池收集、储存、运输全过程的监管。支持规模化、规范化的铅再生利用示范工程建设。

5.《废铅酸蓄电池铅回收行业清洁生产标准》

标准规定了在达到国家和地方污染物排放标准的基础上，根据当前行业技术、装备水平和管理水平，废铅酸蓄电池铅回收业清洁生产的一般要求。

标准分为三级，一级代表国际清洁生产先进水平，二级代表国内清洁生产先进水平，三级代表国内清洁生产基本水平。标准将废铅酸蓄电池铅回收业清洁生产指标分为六类，即生产工艺与装备指标、资源能源利用指标、产品指标、污染物产生指标（末端处理前）、废物回收利用指标和环境管理要求。标准适用于废铅酸蓄电池铅回收业企业的清洁生产审核和清洁生产潜力与机会的判断、清洁生产绩效评估和清洁生产绩效公告制度，也适用于环境影响评价和排污许可证等环境管理制度。

（三）废铅酸蓄电池回收和处理现状

1. 铅酸蓄电池社会保有量和理论报废量

铅酸蓄电池的社会保有量的测算方法为：$Q_{H,n} = \sum_{i=n-(t-1)}^{n} S_i$，式中 t 为铅酸蓄电池的平均寿命，$Q_{H,n}$ 为第 n 年铅酸蓄电池的社会保有量，S_i 为第 i 年铅酸蓄电池的销量。

通过调研后假定铅酸蓄电池的平均寿命为 1 年，通过上述公式计算得到铅酸蓄电池 2010 年社会保有量为 1.07 亿块（即为 2010 全年铅酸蓄电池销量）。

铅酸蓄电池的理论报废量采取市场供给模型进行测算。市场供给模型的使用始于 1991 年德国针对废弃电子电器的调查（IMS，1991），根据产品的销量数据和产品的平均寿命期来估算电子废物量。假设出售的电子产品到达平均寿命期时全部废弃，在寿命期之前仍被消费者继续使用，并且假设该电子产品的平均寿命稳定，不会随时间变化起较大波动。某种废弃电子电器每年产生量的估算方法可以表示为：$Q_w = S_n$。式中：Q_w 表示电子废弃物产生量，S_n 表示 n 年前电子产品的销售量，n 为该电子产品的平均寿命期。

通过调研，电动自行车消耗铅的比例为40%左右（重量百分比），平均8个月左右更换一组电池；汽车，摩托车启动型和工业电池消耗铅的比例为50%左右（重量百分比），汽车启动用电池1~2年进行更换，工业电池5~6年进行更换。综合调研结果，按照铅酸蓄电池的平均寿命为1年测算，2010年，铅酸蓄电池理论报废量为0.61亿块（即为2009全年铅酸蓄电池销量）。按每块平均重量25公斤测算，2010年铅酸蓄电池理论报废重量达到152万吨。

2. 废铅酸蓄电池回收现状

废铅酸蓄电池属于危险废物，其收集需要获得环保部的相关资质。根据环保部2012年铅酸蓄电池生产、组装及回收企业名单（2012年12月）显示，2012年全国废铅酸蓄电池回收利用能力为167.81万吨（2012年在生产状态企业上报产能），而2010年我国铅酸蓄电池的理论报废量为152万吨。由此可见，有资质的回收处理企业处理能力已大于理论报废量，处于产能过剩的状态。由于个体回收者没有环保成本，其废铅酸蓄电池回收价格在市场上有竞争优势，因此大部分废铅酸蓄电池没有进入有资质的回收处理企业，约有60%的废铅酸蓄电池流向个体回收点，如表12-46所示。

表12-46 我国废铅酸蓄电池回收渠道比例

类别	比例(%)
个体回购点	60
铅酸蓄电池零售商	18
汽车维修和4S店	5
铅酸蓄电池制造商	8
再生铅厂及再生铅专业回收点	9

数据来源：《铅酸蓄电池生产及再生污染防治技术政策》编制说明。

目前，我国废铅酸蓄电池回收环节整体还处于不规范的状态。废铅酸蓄电池中的铅价值高，回收利用率高；而酸价值低，往往被倾倒，严重污染环境，见图12-45。

我国从事废铅酸蓄电池回收的机构有：数以万计的个体私营收购者、铅酸蓄电池零售商、制造企业、再生铅企业、汽车维修和4S店、物资回收公司和物资再生利用公司。回收的主力军是大量个体从业者，其回收量超过一半以上（约占60%）。我国废铅酸蓄电池回收渠道的比例见表12-46。

图 12 – 45　不规范的铅酸蓄电池回收点

从表 12 – 46 可以看出，铅酸蓄电池制造商也在开展废铅酸蓄电池的回收活动。虽然目前回收比例不高，但随着国家政策的支持和引导，铅酸蓄电池的制造商回收废铅酸蓄电池的比例将会大幅提高。

　　3. 废铅酸蓄电池处理现状

废铅酸蓄电池处理包括废铅酸蓄电池的预处理和再生铅熔炼。废铅酸蓄电池的预处理包括破碎分选，分离铅料、废硫酸和塑料。正规的废铅酸蓄电池处理企业需要获得环保部相应的危废处理企业证书。按照废铅酸蓄电池处理工序的不同，处理企业分为两类。一类是预处理企业，例如北京生态岛；另一类是预处理 + 再生铅熔炼，例如湖北金洋。

　　（1）废铅酸蓄电池预处理

正规的处理企业具有完整的处理线和污染预防措施。图 12 – 46 为北京生态岛废铅酸蓄电池的破碎分选线。该处理线是引进意大利的技术和设备。

由于废铅酸蓄电池中铅含量高、价值高。在利益的驱动下，出现众多非正规的小作坊式废铅酸蓄电池的处理者。废铅酸蓄电池的预处理完全是手工拆解。酸液随意倾倒，对环境具有很大危害。

　　（2）再生铅熔炼

湖北金洋是一家专业从事废铅酸蓄电池综合利用、废铝回收利用、铅基系列合金及铝合金研制与生产的高新技术企业。在湖北和江西拥有两个再生铅合金和一个再生铝合金生产基地，已形成年处理废铅酸蓄电池 20 万吨、年产铅合金 25 万吨、铝合金 10 万吨的生产能力，发展成为国内再生铅行业骨干企业。图 12 – 47 为湖北金洋的废铅的低温连续熔炼设备和提纯的铅锭。

图 12 - 46 北京生态岛废铅酸蓄电池预处理线

图 12 - 47 湖北金洋的废铅低温连续熔炼设备和提纯的铅锭

　　非正规的再生铅熔炼往往采用传统的小反射炉、鼓风炉等原始冶炼炉具进行提炼。处理工艺落后，缺乏收尘设施，环境污染严重，铅的回收率最高仅为85%，其余15%的铅以废渣或废气的形式排入环境。另外，由于废铅酸蓄电池中的铅部分以硫酸铅形式存在，因此，在火法冶炼过程中除产生较严重的铅污染外，还存在着很严重的二氧化硫污染。这种小型处理厂的利润主要以牺牲环境为代价，对国内正规处理企业造成了不良竞争。

总体来说，我国废铅酸蓄电池处理是正规企业与众多非正规的小企业共存的局面。

（四）纳入目录管理可行性分析

1. 生产企业集中度

由于铅酸蓄电池在生产过程中，尤其是极板加工过程中，具有巨大的铅污染风险，并且很多铅酸蓄电池生产企业已经给环境和人体健康带来了严重的伤害，为严厉打击铅酸蓄电池企业环境违法行为，切实保障人民群众身体健康，从 2011 年开始，环保部门对铅酸蓄电池生产、组装及回收企业进行排查。经过 2011 年和 2012 年排查后，环保部最新数据显示，截至 2012 年 12 月，全国共有 1131 家铅酸蓄电池生产、组装及回收企业（环保部公布数据为 1151 家，其中广东省有 19 家企业 2012 年生产状况不详，黑龙江省环保局网站暂时无法打开，1 家企业暂时没有计入，扣除这两者 20 家企业后共有 1131 家企业），2012 年全年有 411 家在生产、67 家在建、241 家被取缔关闭、207 家已停产整治、201 家停产、2 家拆除设备、1 家限期治理。铅酸蓄电池生产、组装及回收企业从 1131 家减少到 411 家，行业集中度不断提高。铅酸蓄电池生产、组装及回收企业按省份统计如表 12 - 47 所示。

表 12 - 47　2012 年铅酸蓄电池生产、组装及回收企业统计（2012 年全年）

省　份	总数（家）	在生产（家）	在建（家）	被取缔关闭（家）	已停产整治（家）	停产（家）	拆除设备（家）	限期治理（家）
北　京	0	0	0	0	0	0	0	0
天　津	16	11	0	1	0	4	0	0
河　北	82	23	5	33	10	10	1	0
山　西	9	2	0	1	1	5	0	0
内蒙古	6	1	1	2	0	2	0	0
辽　宁	16	4	0	1	2	8	0	1
吉　林	4	1	2	1	0	0	0	0
黑龙江	1	—	—	—	—	—	—	—
上　海	1	1	0	0	0	0	0	0
江　苏	248	104	8	68	37	31	0	0
浙　江	57	27	20	0	2	8	0	0
安　徽	72	27	5	8	5	27	0	0
福　建	83	21	3	18	30	11	0	0
江　西	56	30	2	9	5	10	0	0
山　东	94	34	5	9	24	22	0	0

续表

省　份	总数 （家）	在生产 （家）	在建 （家）	被取缔 关闭（家）	已停产 整治（家）	停产 （家）	拆除设备 （家）	限期治理 （家）
河　南	62	16	3	8	21	14	0	0
湖　北	54	14	4	17	7	8	0	0
湖　南	29	10	1	6	3	8	1	0
广　东	137	49	2	30	41	15	0	0
广　西	14	3	0	6	2	3	0	0
海　南	0	0	0	0	0	0	0	0
重　庆	30	7	1	15	7	0	0	0
四　川	28	11	2	5	7	3	0	0
贵　州	11	1	2	1	2	5	0	0
云　南	16	11	0	2	1	2	0	0
西　藏	0	0	0	0	0	0	0	0
陕　西	3	1	1	0	0	1	0	0
甘　肃	3	1	0	0	0	2	0	0
青　海	0	0	0	0	0	0	0	0
宁　夏	3	1	0	0	0	2	0	0
新　疆	0	0	0	0	0	0	0	0
新疆建设兵团	0	0	0	0	0	0	0	0
全国合计	1151	411	67	241	207	201	2	1

注：数据统计不包括港、澳、台。

数据来源：环保部2012年铅蓄电池生产、组装及回收企业名单（2012年12月）。

通过表12-47可以看出，2012年江苏省、广东省和山东省在生产状态企业分别为104家、49家和34家，位列前三位，合计占全国总家数的45.50%，说明这3个省份为我国铅酸蓄电池生产、组装及回收大省。

2012年铅酸蓄电池生产企业产量前10位企业如图12-48所示（2012年在生产状态企业上报产量，实际产能可能与此有所不同，因此与图12-44的2001~2010年铅酸蓄电池产量不具有直接可比性）。其中同一公司不同子公司产能合并后计入母公司产能内，例如，天能电池集团有限公司产能即为无锡市天能电源有限公司、浙江天能电池江苏新能源有限公司、浙江天能电池（江苏）有限公司、浙江天能动力能源有限公司、天能电池集团有限公司、天能电池（芜湖）有限公司、天能电池集团（安徽）有限公司。

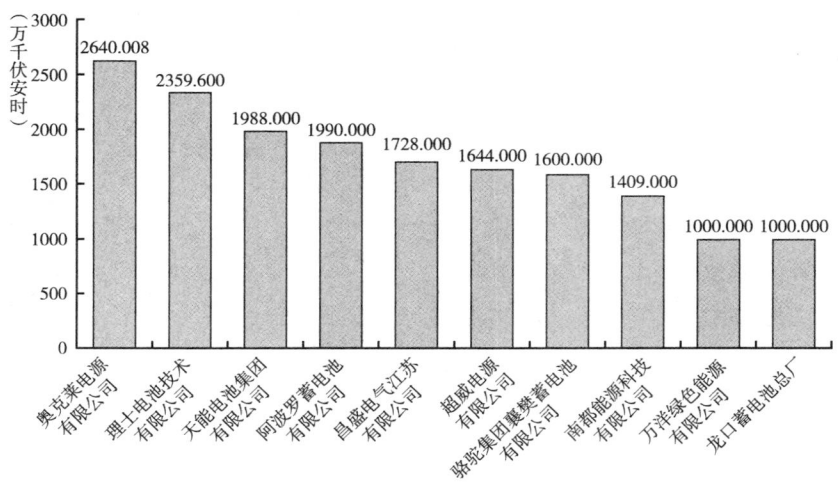

图 12 - 48　2012 年铅酸蓄电池生产企业产量
（极板加工和电池组装产量之和）

数据来源：环保部 2012 年铅酸蓄电池生产、组装及回收企业名单（2012 年 12 月）。

通过图 12 - 48 可以看出，排名前 10 位的铅酸蓄电池生产企业均在 1000 万千伏安时之上（包括 1000 万千伏安时），2012 年全国铅酸蓄电池总产量为 25883.39 万千伏安时（2012 年在生产状态企业上报产量），前 10 位企业产量合计占全国总产量的 66.72%，该行业为垄断型。

2013 年，环境保护部在 2011 年的基础上，继续开展铅酸蓄电池和再生铅企业环保核查工作。经企业自查、省级环保部门初审、专家资料审查，环境保护部发布《符合环保法律法规要求的铅酸蓄电池和再生铅企业名单公告（第一批）》（环保部发〔2013〕21 号）和《关于第二批符合环保法律法规要求的铅酸蓄电池和再生铅企业环保核查情况的公示》，第一批有 10 家符合环保法律法规要求的铅酸蓄电池和再生铅企业，第二批有 27 家铅酸蓄电池和再生铅企业符合环保法律法规要求。

2. 生产企业参与回收处理情况

目前，我国一些铅酸蓄电池的生产企业已经开始对废铅酸蓄电池进行回收。通过调研，山西吉天利、湖北骆驼等铅酸蓄电池生产企业已经及正在建立废铅酸蓄电池处理厂。2012 年全国铅酸蓄电池回收企业回收利用能力如表 12 - 48 所示（2012 年在生产状态企业上报产量，实际产量可能与此有所不同，尤其是废铅酸蓄电池回收企业产量受废铅酸蓄电池回收量影响较大）。

表 12 - 48　2012 年全国铅酸蓄电池回收企业回收利用能力

序号	企业名称	回收利用能力（吨）	企业性质
1	河南豫光金铅集团股份有限公司再生铅厂	360000	豫光金铅出资（金属冶炼企业出资建立的回收企业）
2	安徽华鑫铅业集团有限公司	330000	回收企业
3	安阳市金鹏铅业公司	150000	豫北金铅出资（金属冶炼企业出资建立的回收企业）
4	山西吉天利科技实业有限公司	100000	铅蓄电池生产企业
5	如皋市天鹏冶金有限公司	100000	双登集团出资（铅蓄电池生产企业出资建立的回收企业）
6	江阴春兴合金有限公司	100000	回收企业
7	保定安建有色金属有限公司	100000	回收企业
8	安新县华诚有色金属制品有限公司	82950	回收企业
9	扬州华翔有色金属制品有限公司	80000	回收企业
10	广灵县聚源银业有限公司	60000	回收企业
11	英德市新裕有色金属再生资源制品有限公司	50000	回收企业
12	通辽泰鼎有色金属加工有限公司	50000	回收企业
13	沭阳县新天电源材料有限公司	42000	回收企业
14	天津东邦铅资源再生有限公司	20070	回收企业
15	韶关市中威有色金属再生发展有限公司	16200	回收企业
16	东兴市志成有色金属回收有限公司	15000	回收企业
17	英德市鸿星有色金属再生资源利用有限公司	15000	回收企业
18	饶平县新生金属材料厂有限公司	5000	回收企业
19	南京环务资源再生科技有限公司	1500	回收企业
20	南京金泽金属材料有限公司	300	回收企业
21	山东龙口蓄电池总厂	100	铅蓄电池生产企业

通过表 12 - 48 可以看出，专门从事废铅酸蓄电池回收处理的企业有 16 家，回收利用能力为 968020 吨，占 2012 年全国回收利用能力的 57.68%，其中规模最大的为安徽华鑫铅业集团有限公司。由金属冶炼企业出资建立的回收企业有 2 家，回收利用能力为 51000 吨，占 2012 年全国回收利用能力的 30.39%，其中规模最大的为河南豫光金铅集团股份有限公司再生铅厂。由铅酸蓄电池生产企业出资或直接参与回收的企业有 3 家，回收利用能力为 200100 吨，占 2012 年全国回收利用能力的 11.92%，其中规模最大的为山西吉天利科技实业有限公司和如皋市天鹏冶金有限公司，二者规模均为 100000 吨/年。铅酸蓄电池生产企业的积极实践为规范废铅酸蓄电池回收处理活动和在行业中推行 EPR 制度奠定了良好的基础。

需要说明的是，虽然少数生产企业建立了规范的废铅酸蓄电池处理厂。但是由于不规范的废铅酸蓄电池的回收处理导致废铅酸蓄电池回收成本大大增高，已经超过规范处理企业的承受能力。规范的废铅酸蓄电池处理厂的运营情况十分艰难。

3. 处理技术和污染控制的成熟度

通过行业调研，正规的废铅酸蓄电池企业的预处理均采用机械化自动破碎分选系统对废铅酸蓄电池进行铅、酸、塑料分选。例如环保部公示的河南豫光金铅股份有限公司再生铅厂和江苏新春兴再生资源有限责任公司再生铅企业环保核查自查表中显示，前者引进的是安奇泰克技术有限公司 CX - 1 型铅蓄电池自动破碎系统，后者是自主研发的成套设备。

再生铅熔炼技术方面，一是以反射炉为主，回转炉和竖炉较少；二是原生铅和再生铅相结合，例如将分筛出来的铅膏和铅精矿混合后放入原生铅冶炼炉中，板栅直接做合金。

废铅酸蓄电池处理的污染控制技术与其处理技术密不可分。不同的处理工艺和设备配套不同的污染控制技术和设备。通过典型企业的调研，我国废铅酸蓄电池的处理已经得到产业化应用，处理技术和污染控制技术较为成熟。但是，在废铅酸蓄电池的处理技术领域，尤其是预处理技术，以国外技术为主，自主知识产权的技术很少。

4. 铅酸蓄电池回收处理成本分析

本课题组对国内一家有代表性的废铅酸蓄电池处理企业进行现场调研。目前，企业运行成本不断提高，废铅酸蓄电池的处理一直处在亏损状态。表 12 - 49 为企业实际成本收益表。

表 12 - 49　调研企业实际成本收益

（以 2013 年 6 月实际价格为依据）

项目	无税单价（元）	产品成本（元/吨）	备注
废电池	7300	11400	铅金属量只有 64%
加工费		990	燃料、动力、工资、制造费
环境运行成本		300	
应交附加的税费		200	
成本合计		12890	
减退税		-980	
实际无税成本		11910	
实际有税成本		13870	
实际网上均价		13480.88	上海有色金属网中间月均价
自产再生铅高于网价		389.12	

通过表 12 - 49 可以看出，企业回收废铅酸蓄电池的无税单价为 7300 元。企业的环境运行成本为 300 元/吨。环境运行成本是企业为了从源头和末端削减污染物的排放，增加的清洁生产工艺和优化环保系统的投入。此外，由于公司收集的废铅酸蓄电池价格高且无进项税额，比有进项税额抵扣的一般纳税人企业增值税税负高 8.5%。同时，随增值税附征的城建税、教育费附加及地方教育发展费等地方税，综合税负达到 10.2%，吨税收接近 1000 元。正规的铅酸蓄电池处理企业税负和环境成本高，生产的再生铅价格高于上海有色金属网中间月均价。

通过处理企业调研，正规的废铅酸蓄电池处理企业的运营情况不乐观，企业处于亏损状态。虽然环保部门严厉打击非法废铅酸蓄电池的回收和处理业者，但是利益的驱动使非法回收处理屡禁不止，从而破坏了市场的秩序，使正规的处理企业难以生存。

5. 纳入目录管理对生产企业的影响

（1）征收基金模式对生产企业的影响

按照《废弃电器电子产品处理基金征收使用管理办法》对铅酸蓄电池生产企业征收处理基金，会增加生产企业成本，使其利润率降低。

在该管理模式中，政府是主导。政府制定基金征收标准，并进行基金征收。基金征收模式除了要考虑基金征收的水平和生产企业的承受能力，更重要的是建立公开、公平和透明的基金征收制度。通过基金征收制度保障基金顺利征收。但该模式产生的成本及监管费用，最终要由生产企业承担。

（2）企业自主回收处理模式对生产企业的影响

韩国是生产企业自主回收处理废弃电器电子产品的典型代表。自主回收处理包括生产企业自己回收或委托第三方机构回收，将回收的废铅酸蓄电池交付给正规的处理企业进行处理。假若我国废铅酸蓄电池回收处理采用生产企业自主回收处理模式，企业的管理水平应相应地提高，与基金征收相比，会占有较少的流动资金。

在该管理模式中，生产企业是主导，若生产企业完成年度回收任务，则不需要缴纳或者少缴纳处理基金。虽然生产企业为了达到回收的目标，需要进行一定的投入，例如建立回收网络等，但是其费用可以由生产者控制。由企业进行管理，有利于提高效率，引入竞争机制，减少政府主导的监管成本。此外，生产企业也可以通过废铅酸蓄电池的回收，促进其新产品的销售。

6. 纳入目录管理对处理企业的影响

通过本课题前期对废铅酸蓄电池处理企业的调研，正规的废铅酸蓄电池处理企业存在如下两个问题。

（1）环保设备投入大，各项成本高

正规的废铅酸蓄电池回收处理企业通过采取清洁生产工艺和优化环保系统的统计，分别从源头和末端削减污染物的排放，一次性环保投入较大。一方面投入的固定资产大部分是银行贷款，贷款利率在国家规定利率基础上上浮10%以上，另一方面设备的运行成本高。

然而，国内无资质的再生铅企业不需投入大量的预处理、熔炼和环保等设备，经营过程无票交易，也不需缴纳各种税收，依靠成本优势抢购资源抬高价格，形成恶性竞争，对正规废铅酸蓄电池企业造成更大的成本压力。

（2）废铅酸蓄电池回收无进项税抵扣，企业税负重

2011年11月国家财政部、国家税务总局《关于调整完善资源综合利用产品及劳务增值税政策的通知》（财税［2011］115号）实施后，对达标规范再生铅利用企业增值税实行按50%即征即退政策。公司收集的废铅酸蓄电池价格高且无进项税额，比有进项税额抵扣的一般纳税人企业增值税税负

高 8.5%。同时，随增值税附征的城建税、教育费附加及地方教育发展费等地方税，综合税负达到 10.2%。

如果将废铅酸蓄电池纳入废弃电器电子产品目录，严格按照《废弃电器电子产品回收处理管理条例》的相关规定进行管理，并给予每吨废铅酸蓄电池补贴 300 ~ 400 元的财政资金支持，那么可以降低回收处理企业的成本，有助于其实现盈利。与此同时，在对铅酸蓄电池处理企业补贴的同时，废铅酸蓄电池的回收价格有可能同时上涨，上涨幅度抵消了处理企业获得基金后成本的降低幅度，一方面占用更多废铅酸蓄电池回收资金，另一方面盈利水平与补贴之间没有变好甚至更差。

如果在税收方面能对正规处理企业有一定的优惠，如将再生铅、再生塑料利用企业增值税即征即退比例由 50% 提高到 90%，则有助于正规废铅酸蓄电池处理企业提高市场竞争力，实现扭亏。

（五）建议

1. 通过激励机制，引导生产者开展废弃产品的回收处理

铅酸蓄电池纳入目录管理的核心是让铅酸蓄电池的生产企业承担产品回收处理的责任。与其他电器电子产品不同，废弃铅酸蓄电池本身是铅酸蓄电池生产企业的重要原料。此外，铅酸蓄电池生产行业集中度较高。因此，铅酸蓄电池行业开展废弃铅酸蓄电池的闭环循环具有较好的行业基础。政府主管部门通过制定激励机制，例如，对开展回收处理的铅酸蓄电池生产企业给予一定的经济激励，或免征基金，可以有力地引导生产者开展废弃产品的回收处理。

2. 建立铅酸蓄电池的专营制度

如上所述，铅酸蓄电池不仅资源性高，环境危害性也大。因此，国家不仅应对废铅酸蓄电池严格管理，对新铅酸蓄电池也应建立完善的生产企业、经销商的注册登记制度，使铅酸蓄电池生命周期的各个环节都在监管之下，以建立规范的回收处理体系。

3. 搭建公共回收平台

虽然，生产企业有较好的逆向物流渠道，但是对单个的生产企业来说，搭建完善的废铅酸蓄电池的回收体系还有一定的难度和较大的投入。因此，从行业协会或第三方的角度，在主要城市，在当地政府的支持下，搭建公共的废铅酸蓄电池回收平台，可以大大减少企业回收的成本，有利于提高废铅酸蓄电池回收处理的效益。

4. 解决行业进项税抵扣问题

税收是废铅酸蓄电池处理企业的重要成本之一。回收企业或处理企业进项税抵扣问题不仅是废铅酸蓄电池回收处理行业的问题，同时也是整个再生资源回收利用行业的问题。该问题多年来，一直没有得到有效的解决，成为制约企业发展的一大阻碍。尽快研究出台适合再生资源行业特点的税收政策，将大大促进行业的可持续发展。

5. 产品标识

通过调研，大部分电动自行车和汽车使用者不了解电动自行车或汽车中铅酸蓄电池的危害和正确回收处理的信息。建议铅酸蓄电池的生产企业应在其产品显著位置进行危险废物和回收利用的标识。同时，生产企业通过多种媒介，例如，产品的说明书，告知消费者废铅酸蓄电池应如何进行回收处理，并提供其产品回收处理企业的联系方式。

十　小结

针对手机、固定电话机、打印机/复印机/多功能一体机、节能灯/荧光灯、电热水器、微波炉、吸排油烟机、铅酸蓄电池 9 种高关注产品开展行业调研，表 12-50 为 9 种高关注产品的典型行业指标对比。同时，在高关注产品资源性、环境性、经济性和社会性评估的基础上，提出纳入目录管理的可行性分析及建议，见表 12-51。

表 12-50　高关注产品典型行业指标对比分析

序号	指标名称	手机	电话单机	打印机	复印机	荧光灯	电热水器	微波炉	吸油烟机	铅酸蓄电池
1	生产企业集中度	高	低	高	高	中	中	高	低	中
2	生产行业平均利润水平	低	低	低	低	低	中	低	中	低
3	产品的可再使用性	高	低	高	高	低	低	高	低	低
4	符合现有法规要求的难度	中	低	中	中	高	低	低	低	高
5	现有处理企业是否具有相应处理资质或能力	低	低	低	低	低	中	中	高	低
6	对处理企业的监管难度	难	中	中	中	难	中	中	中	中

序号	指标名称	手机	电话单机	打印机	复印机	荧光灯	电热水器	微波炉	吸油烟机	铅酸蓄电池
7	对生产行业发展的影响	负面	负面	负面	负面	负面	负面	负面	负面	促进
8	对回收行业发展的影响	无	促进	无	无	无	无	无	无	促进
9	对处理行业发展的影响	促进	促进	促进	促进	无	无	负面	无	促进
10	对废弃者/组织的环境意识的影响	无	负面	促进	促进	负面	无	促进	无	促进
11	结论	不可行	不可行	不可行	不可行	不可行	可行	不可行	不可行	可行

表 12－51　高关注产品目录管理可行性研究汇总

产品名称	评估结论	理由	建议管理模式
电热水器	可以纳入目录,但暂缓征收基金	虽然电热水器有一定的报废量,且在处理过程中具有潜在的环境风险,但是目前整个回收体系运转过程中表现出来的问题比较多	后续报废量达到 1000 万台/年时,再考虑征收基金(目前年报废量约为 600～700 万台)
微波炉	不纳入目录	废弃量小、回收处理环境风险小	未来可以针对微波炉产品市场集中度高的特点,再建立个体生产责任制,由生产厂家自行处理方面进行相关的可行性研究和试点工作
家用吸排油烟机	不纳入目录	废弃量较少,行业集中度低	后期产品市场集中度提高、处理企业的能力提升、报废量逐渐增长后,再将其纳入目录
手机	以手机全面评估的结果确定是否纳入目录	废弃量大、稀贵金属含量高,生产企业、回收处理企业对手机纳入目录管理均有一定的预期	引入手机运营商,采用零征收和零补贴模式,或者采用基金征收补贴与生产商、运营商自行回收处理并行的管理模式
固定电话	不纳入目录	固定电话的生产和销售处于不断下降的状态,生产企业过于分散,行业利润非常微薄,资源再利用的价值低,对环境造成危害的风险较低	依靠完全的市场行为进行回收处理
打印机	以打印机全面评估的结果确定是否纳入目录	纳入目录与不纳入目录管理各有利弊	

续表

产品名称	评估结论	理由	建议管理模式
复印机	不纳入目录	社会保有量和废弃量相对较小。针对商业用户，无偿回收和没有补贴，完全靠市场运作的情况下，处理企业仍可以有盈利	完全靠市场运作
荧光灯	对环境性与社会性进一步评估后确定是否纳入目录	回收渠道建设、处理能力建设、采回收效果评价标准以及基金征收管理的条件不成熟	建立居民生活废弃物分类回收处理机制；在适合的地区，从规范政府机关、企事业单位的荧光灯废弃行为入手，促使用户将废弃照明产品交给有资质的企业处理；组织荧光灯生产企业在责任与收益对等的原则下参与回收处理运作
铅酸蓄电池	纳入目录，但非基金管理模式	现有的管理制度不能建立有效的回收处理机制，建议纳入目录管理	基于铅酸蓄电池行业的特性，建议通过制定经济激励机制，引导生产者开展废弃产品的回收处理，从而建立铅酸蓄电池闭环的循环体系

从表 12－50 可以看出，在高关注产品中，除了电热水器和铅酸蓄电池建议可以纳入目录，其他产品均以不纳入目录或深入评估后、确定是否纳入目录为结论。针对建议纳入目录的电热水器和铅酸蓄电池，也是有条件地纳入目录。电热水器建议目前暂缓征收回收处理基金，而铅酸电器则建议制定对生产者回收处理的经济激励机制。

不建议产品纳入目录的原因很多，主要总结如下：

①目前的回收处理基金制度实施情况并不乐观；

②并不是所有的产品都适合现有的回收处理基金管理制度；

③行业集中度低，目录管理实施难度大；

④废弃量小；

⑤回收体系不完善，回收效果难以达到预期。

在实施过程中，产品评估过程也有一些不完善的地方。例如，复印机的评估，只对商业用户进行评估。固定电话的环境评估，只对固定电话拆解的环境风险进行评估，因此环境风险为低。如果对固定电话的印刷电路板深度处理评估，则其环境风险为高。此外，产品的评估结论不明确，在优势与劣势分析后并没有给出结论。

但是，在管理模式建议中，提出了很有创新的管理模式。例如，家电协会提出的针对市场集中度高的微波炉，建议引入个体生产责任制的模式；外商投资企业协会提出，针对手机引入运营商进行其回收处理的管理；以及中国家电研究院提出的针对铅酸蓄电池产品的专营管理模式等。

第二节　首批目录产品行业发展情况

一　电视机

（一）电视机行业发展情况

2012年，全球经济形势并不明朗，欧债危机的影响依然存在，实际经济恢复艰难，出口受限、绿色壁垒、反倾销增加。宏观经济的不景气，使得消费信息低迷，再加上楼市限购政策、通胀压力、成本激增以及需求刺激政策的逐步淡出等原因，使行业在2012年上半年开局不利，内外市场增长没有达到预期，企业压力剧增，超过50%的彩色电视机企业上半年销售量同比下滑，近75%的彩色电视机企业上半年均价同比显著下降。2012年下半年，受节能补贴新政策刺激影响，前三个季度零售市场出现回暖，局面开始扭转。

2012年，电视机行业发展具有以下特点：

①市场需求逐步回暖，产销平稳低速运行；

②市场主体竞争洗牌，本土、外资和台资三大阵营基本形成；

③企业转变发展方式，向多元化方向延伸；

④创新应用产品技术，支撑行业增长动力；

⑤数字电视机进程加速，液晶主导行业发展；

⑥内外市场统一，内需拉动发展。

（二）电视机生产和进出口情况

表12-52为我国电视机产量、进出口量。其中，1997年之前，国家统计局统计的电视机数据包括黑白电视机和彩色电视机，1998年后，国家统计局仅统计彩色电视机的产量。2012年，我国彩色电视机产量为1.40亿台，同比增长7.5%。彩色电视机出口6148.10万台，占产量的44%。而彩色电视机的进口较少，仅为3.48万台。

图12-54为电视机产量、进出口量的趋势。从图12-49可以看出，我国电视机产量持续增长，而我国电视机的出口量在2011年和2012年均出现下滑。说明电视机国际市场萎缩。电视机行业的增长主要靠国内市场的拉动。

表 12 – 52　电视机产量、进出口情况

单位：万台

年份	产量	进口量	出口量
2000	3936.00	8.92	1031.80
2001	4093.70	6.28	1179.16
2002	5155.00	14.78	1917.93
2003	6541.40	96.51	2227.15
2004	7431.83	46.33	2772.48
2005	8283.22	38.51	3974.65
2006	8375.40	140.80	5684.10
2007	8478.01	121.00	5103.00
2008	9033.10	59.20	4637.30
2009	9898.79	15.30	5458.77
2010	11937.70	3.20	6628.50
2011	12436.20	2.20	6537.20
2012	13971.00	3.48	6148.10

注：产量1997年之前的电视机数据包括黑白和彩色电视机，1998年后为彩色电视机数据。进出口量包括黑白电视机和彩色电视机。

数据来源：产量数据来自国家统计年鉴；进出口量数据来自中国海关、中国机电产品进出口商会。

2011 年家电以旧换新政策、2012 年新惠民工程，为电视机行业的发展提供了重要的支撑。

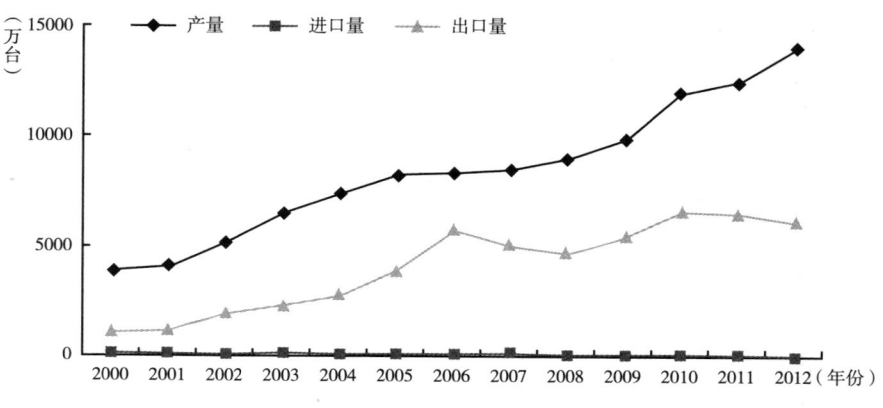

图 12 – 49　我国电视机产量、进出口量趋势

（三）电视机生产企业情况

随着科技的进步、技术的革新、政策的推动，我国电视机生产企业也在

不断变化，竞争力弱的企业被兼并和重组。从目前的情况来看，三足鼎立的格局基本形成。一是本土品牌企业；二是外资品牌企业，例如韩国三星、LG、日本夏普、索尼、松下、东芝、三洋、飞利浦；三是以 OEM/ODM 为主的台资企业，例如冠捷、新奇美、仁宝、纬创、瑞轩、和硕、友达、唯冠、歌林、广达。据中国家用电器研究院电器循环技术研究所不完全统计，我国电视机品牌生产企业 30 家，电视机品牌 34 个。

我国电视机主要品牌生产企业 30 家，分别分布在广东、山东、浙江、福建、江苏、四川、北京、天津、上海等省市。其中，广东、浙江、江苏和福建分布较密集。电视机品牌生产企业中，外资（包括合资、独资、合作）企业居多，共 14 家；国有企业 9 家；私营/民营企业 7 家。

（四）电视机产品发展趋势

互联网技术的发展颠覆了整个电视机行业，让电视机产品拥有了更多可能。通过电视机的大屏幕，我们可以与其发生更为丰富的互动，获得更多的服务。例如查看新闻、语音操控甚至体感游戏，许多曾经只会在电影中出现的画面俨然已经发生在我们身边。

从模拟到数字，从 HD（高保真）到 FUD，再到 4K（分辨率是全高清的 4 倍）；从"看电视机"到"用电视机"再到"玩电视机"。近年来，电视机技术革新成为争相开发的热点，智能电视机步入日新月异的发展趋势。

趋势一：流畅的 TV 大屏游戏受热捧。

如今，很多人的休闲娱乐方式是在家里玩计算机游戏，长时间身体前倾，近距离固定姿势面对计算机屏幕，一伤视力，二伤身体。据悉，目前市面上比较高端的智能电视机都配有 2.4G 无线体感，与微软 XBOX360 蓝牙体感游戏相同，体感响应流畅灵敏，触感强烈，动作识别度高、距离远、范围广。这种基于 TV 大屏设计开发的游戏，操作流畅，属远距离操控，身体运动范围大，在玩游戏的同时，既有助于减少对视力的不良影响，又让身体得到了适时锻炼。但目前能完全满足这一条件的产品非常少，大多还是以次充好的低端通用体感游戏设备，识别准确度较差，体验感也不强。但伴随着各大厂商与游戏开发商的深入合作，海量的体感游戏会不断冲击市场，智能电视机的体感游戏功能势必会成为核心卖点之一。

趋势二：全开放智能平台成为标配。

目前，是否拥有全开放智能平台也是高端智能电视机的重要考量标准之一。所谓全开放平台，指电视机的操作系统可以像智能手机一样从诸如安卓市场、Appstore 等应用商店下载第三方应用程序，同时第三方应用的开发者也可以在平台上开发应用程序供平台使用者使用。

据了解，伪智能电视机或网络电视机大多只兼容 Andriod 系统，并不兼容与苹果手机对应的 IOS 系统，目前仅有长虹的智尚系列和超窄边框 B 系列可以兼容双系统。系统的开放性对于电视机的实际操作有着举足轻重的影响。譬如只兼容 Andriod 系统的电视机，消费者如果使用苹果的手机（IOS 系统），在手机中发现一个有趣的 APP 应用程序，想要在电视机中下载安装使用便无法实现，反之亦然。因此，在新的智能电视机产品中，全开放智能平台会成为标配。

趋势三：语音操控加快智能技术创新。

语音智能是 2012 年电视机市场最火热的一个词，搭载语音识别技术的智能电视机昭示着"遥控不再需要按键"。然而，就当下的产品形态来看，语音智能仍然还是局部性的，只能完成换台、程序转换、视频播放等最简单的操作，距离"不需按键"还有很大差距。

2013 年，语音仍然会是电视机发展的一个热点。语音智能所要实现的是摆脱遥控器，用语言实现操控，这无疑又会是电视机技术的一次重大变革。

目前，有的品牌在电视机技术创新研究中已取得一定的进展，将在智能电视机中最新搭载"全语音浏览器"，在开机后的任意状态下可实现语音搜索、语音遥控、语音解答、语音翻页等多项功能，这无疑将加速语音智能的发展。

总之，电视机的发展趋势是越来越功能化和智能化，已经远远超出了"接收信号并还原出图像及伴音的终端设备"的"看电视机"功能。电视机将成为家庭的一个智能显示终端。

二　电冰箱

（一）电冰箱行业发展情况

高端产品电冰箱市场份额的逆势增长，是 2012 年电冰箱行业最大的亮点。随着高端产品的普及，电冰箱市场也启动了新一轮洗牌。总体而言，2012 年我国电冰箱行业仍然延续了国内品牌独大的发展态势，并且"内进外退"的趋势越加明显。

（二）电冰箱生产和进出口情况

表 12－53 为我国电冰箱产量、进出口量。2012 年，我国电冰箱产量为 8427 万台，同比下降 3.1%。电冰箱出口 3324.00 万台，占产量的 39%。

表 12 - 53 电冰箱产量、进出口情况

单位：万台

年份	产量	进口量	出口量
2000	1279.00	1.22	254.38
2001	1351.26	0.58	353.95
2002	1598.87	1.01	437.60
2003	2242.56	4.40	585.13
2004	3007.59	5.85	856.75
2005	2987.06	7.76	1010.69
2006	3530.89	8.92	1306.34
2007	4397.13	11.72	1608.14
2008	4756.90	13.00	2350.40
2009	5930.45	11.39	2364.59
2010	7546.20	15.10	3066.10
2011	8699.20	18.80	3271.20
2012	8427.00	27.90	3324.00

数据来源：产量数据来自国家统计年鉴；进出口量数据来自中国海关、中国机电产品进出口商会。

图 12 - 50 为电冰箱产量、进出口量的趋势图。从图 12 - 50 可以看出，我国电冰箱产量持续增长，但到 2012 年有所下降。电冰箱的出口量在 2011 年和 2012 年趋于平稳，并略有增长。说明在国际市场不景气的环境下，电冰箱行业的增长主要依靠国内市场。2012 年家电以旧换新政策激励结束，国内市场的需求降低，因此电冰箱的产量也有所下降。

（三）电冰箱生产企业情况

2012 年，电冰箱整体市场竞争格局依然稳定。中国电冰箱市场形成了以海尔、海信系（容声、海信）、美的系（美的、荣事达、小天鹅、华凌）、新飞、美菱等几个龙头企业为主的竞争格局，他们占据电冰箱市场近 70% 的市场份额，是市场的主导力量。以西门子、三星、LG、松下等为代表的合资品牌占据了中国电冰箱市场的高端，但随着中国电冰箱技术的发展，外资品牌在高端市场的优势逐渐减弱。据中国家用电器研究院电器循环技术研究所不完全统计，我国电冰箱品牌制造企业 112 家，共有品牌 161 个。

我国电冰箱主要品牌制造企业共 112 家，分别分布在广东、安徽、江苏、浙江、四川、山东、河南、湖南、江西、陕西、贵州、湖北、上海、天津等省市。其中，广东、江苏、浙江、山东、上海分布较密集。电冰箱品牌

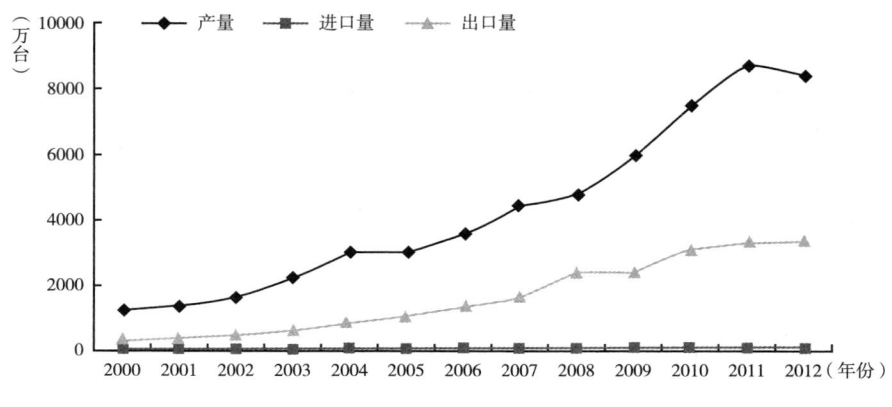

图 12 - 50　我国电冰箱产量、进出口量趋势

制造企业中，私营/民营企业占大多数，共 76 家；国有企业 12 家；外资（包括合资、独资、合作）企业 24 家。

（四）电冰箱产品发展趋势

2012 年，电冰箱产品的发展趋势是高端化。针对一级、二级市场，高能效、大容量、无霜、高保鲜、时尚外观以及智能化都将会是企业新品开发的方向。

据国美电器的预计，2012 年，三门、对开门电冰箱销售份额将从原来的 50% 上升到 65% 以上，加上多门电冰箱销售份额继续稳步提升，双门电冰箱销售份额将被压缩在 25% 以内。受产品结构高端化调整等因素影响，电冰箱制造企业的行业位置将发生变化。内资品牌受惠于政府激励政策更多。第一批中标电冰箱产品中，内资品牌机型超过 1500 款，外资品牌合计尚不到 150 款。而外资品牌依然是行业技术的引导者。例如，2013 年柏林国际电子消费品展览会（IFA）上韩国三星推出的一款全新的电冰箱产品，全新的工业设计、全新的材料选用、全新的功能设置成为电冰箱行业的新标。

三　洗衣机

（一）洗衣机行业发展情况

2012 年，洗衣机市场依然受到产业不景气的影响，上半年洗衣机零售量、额同比下降 13.7% 与 10.8%。另外目前一级、二级市场已经基本饱和，刚性需求较少，反观农村市场，将成为洗衣机市场未来的增长重点。在洗衣机市场全面衰退的情况下，农村市场的零售量与上一年持平，展现了较大的市场活力。

（二）洗衣机生产和进出口情况

表 12 - 54 为我国洗衣机产量、进出口量。2012 年，我国洗衣机产量为 6741.5 万台，同比增长 1.4%。洗衣机出口 2171.3 万台，占产量的 32%。

表 12 - 54　洗衣机产量、进出口情况

单位：万台

年份	产量	进口量	出口量
2000	1442.98	3.49	100.70
2001	1341.61	4.46	161.40
2002	1595.76	3.01	224.40
2003	1964.46	3.66	273.18
2004	2533.41	2.60	610.00
2005	3035.52	2.56	949.26
2006	3560.50	2.81	1040.22
2007	4005.10	3.00	1341.20
2008	4231.16	5.46	1375.84
2009	4973.63	6.12	1370.91
2010	6208.00	7.40	1758.90
2011	6671.20	7.20	2032.00
2012	6741.50	4.70	2171.30

数据来源：产量数据来自国家统计年鉴；进出口量数据来自中国海关、中国机电产品进出口商会。

图 12 - 51 为洗衣机产量、进出口量的趋势图。从图 12 - 51 可以看出，我国洗衣机产量持续增长，2012 年增长变缓。洗衣机的出口量在 2011 年和 2012 年保持增长态势。与彩色电视机和电冰箱相比，洗衣机行业的发展受到国际和国内市场和政策变化的影响较小。

（三）洗衣机生产企业情况

2012 年，洗衣机市场依然是"五强"格局。海尔凭借较大优势称霸洗衣机市场，小天鹅、西门子、松下、三洋紧随其后，这"五强"占据了中国洗衣机市场 70% 以上的市场份额。据中国家用电器研究院电器循环技术研究所不完全统计，我国洗衣机品牌生产企业 103 家，共有品牌 177 个。

我国洗衣机主要品牌制造企业共 103 家，分别分布在广东、浙江、四川、山东、河南、安徽、湖南、江苏、上海、北京、天津等省市。其中，广

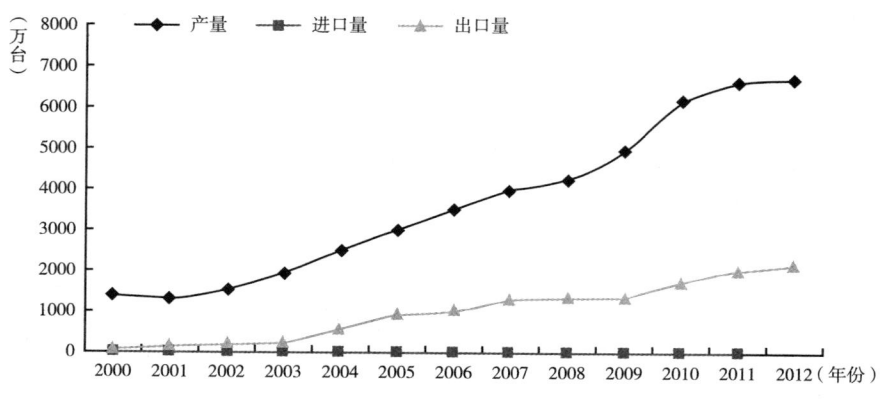

图 12－51　我国洗衣机产量、进出口量趋势

东和浙江相对集中，其余省市分布较平均。洗衣机制造企业中，民营企业占大多数，共 71 家；外资（包括合资、独资、合作）企业 18 家；国有企业 10 家。

（四）洗衣机产品发展趋势

我国洗衣机行业经过多年的发展，已经形成以波轮为主、滚筒为辅的格局。随着人民生活水平的提高，洗涤需求的精细化，具有省水、衣物磨损率低、能够适合羊毛、羊绒、丝绸等洗涤要求的滚筒洗衣机越来越受到消费者的青睐。滚筒洗衣机已经成为高端市场的主流产品。

目前，洗衣机已经从原来单纯追求洁净、节水、节电，逐步向健康、环保等方向发展。同时，随着都市人民生产工作压力的增加，身体健康成为人们日益关注的内容，洗衣机开始出现抑菌、抗菌等健康功能。洗衣机发展的趋势是功能集合化和大容量化。

四　房间空调器

（一）房间空调器行业发展情况

2012 年，房间空调器始终保持市场萎缩、库存压顶、终端不畅的状况。在一系列问题影响下，国内房间空调器市场销售量在 2012 年同比下滑 25.12%，销售额同比下滑 19.36%，以前同比大幅增长态势不再，整个产业都需在调整中突围。

（二）房间空调器生产和进出口情况

表 12－55 为我国房间空调器产量、进出口情况。从表 12－55 可以看

出，2012 年，我国房间空调器产量 1.3 亿台，出口量 4322.6 万台，占产量的 33%。房间空调器的进口量较小，仅为 4.6 万台。

表 12-55　房间空调器产量、进出口情况

单位：万台

年份	产量	进口量	出口量
2000	1826.67	3.49	178.00
2001	2333.64	1.05	318.40
2002	3135.11	0.92	611.63
2003	4820.86	1.41	938.87
2004	6390.33	12.98	2888.00
2005	6764.57	3.46	2483.79
2006	6849.42	5.24	2632.36
2007	8014.28	4.40	3961.70
2008	8230.93	3.10	3751.30
2009	8078.25	3.97	2787.17
2010	11219.80	6.60	4240.00
2011	13912.50	7.70	4444.20
2012	13281.10	4.60	4322.60

数据来源：产量数据来自国家统计年鉴；进出口量数据来自中国海关、中国机电产品进出口商会。

图 12-52 为我国房间空调器产量、进出口量趋势图。房间空调器产量进出口量趋势图与电冰箱类似。房间空调器在 2012 年产量出现下降。出口平稳，但略有下降。

（三）房间空调器生产企业情况

据中国家用电器研究院电器循环技术研究所不完全统计，我国房间空调器品牌生产企业 25 家，共有品牌 24 个。2012 年，格力、美的、海尔三大品牌占据市场 60% 以上的份额。

我国空调器主要品牌制造企业分布在广东、山东、河南、江苏、浙江、辽宁、四川、安徽、天津、上海等省市。其中，广东、山东、浙江和江苏相对集中，其余省市分布较平均。我国空调器品牌制造的 25 家企业中，有外资（包括合资、独资、合作）企业 10 家，国有企业 4 家，私营/民营企业 10 家，集体企业 1 家。

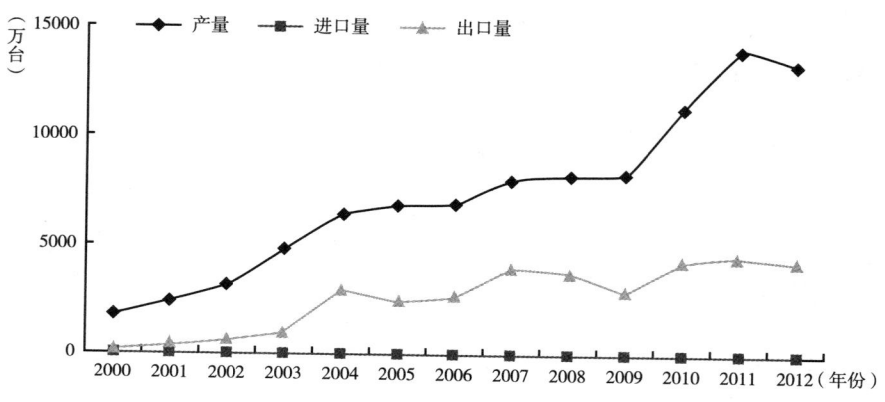

图 12-52　我国房间空调器产量、进出口量趋势

（四）房间空调器产品发展趋势

美的、海尔、格力是我国三大空调器巨头。房间空调器行业经过大浪淘沙后，产品价格战已经转向价值战。房间空调器产品将在节能、环保、舒适以及优化成本等方面全面发展。图 12-53 为房间空调器产业发展的趋势。

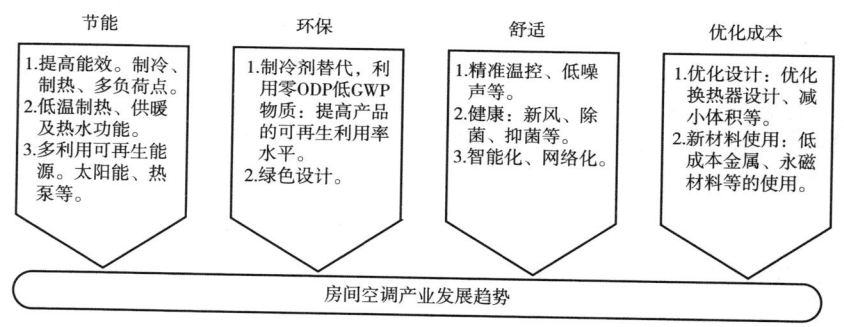

图 12-53　房间空调器产业发展趋势

五　微型计算机

（一）微型计算机行业发展情况

2012 年，受全球经济低迷影响，计算机各类产品市场表现均低于 2011 年底的预期。虽然国家已经出台一系列调控政策，但预计短期内通胀现象还将持续，这时行业投资有较大影响，部分市场需求被压抑。产品价格继续下探，压缩利润空间。但同时，计算机商务用户个性化需求提升，尤其在中小

企业用户上表现尤为明显。

（二）微型计算机生产和进出口情况

表 12-56 为我国微型计算机产量、进出口情况。2012 年，我国微型计算机产量 3.5 亿台。

表 12-56 微型计算机产量、进出口情况

单位：万台

年份	产量	进口量	出口量
2000	672.00	23.09	176.45
2001	877.65	22.75	129.65
2002	1463.51	36.67	351.22
2003	3216.70	66.88	1447.71
2004	5974.90	88.55	2724.71
2005	8084.89	74.47	4440.54
2006	9336.44	73.41	5583.01
2007	12073.38	58.20	7946.10
2008	13666.56	27.01	10466.50
2009	18215.07	61.43	12647.30
2010	24590.34	130.67	19672.75
2011	32036.70	188.42	24374.50
2012	35418.92	—	—

数据来源：产量数据来自国家统计年鉴及中国产业研究报告网；进出口量数据来自中国海关、中国机电产品进出口商会。

图 12-54 为我国微型计算机产量进出口量趋势图。从图 12-54 可以看出，我国微型计算机产量和出口量都保持快速增长的趋势。同时，与电视机、电冰箱、洗衣机等相比，微型计算机的出口占产量的比例也是持续增加，从 2001 年的 14% 增长到 2011 年的 76%。

（三）微型计算机生产企业情况

据中国家用电器研究院电器循环技术研究所不完全统计，我国微型计算机品牌生产企业共 28 家，共有品牌 30 个。

我国微型计算机主要品牌制造企业分布在广东、北京、上海、江苏、四川、福建、江苏、台湾等省市。其中，北京和上海相对集中。微型计算机制造企业中，外资企业占大多数，共 17 家；国有企业 4 家；私营/民营企业 7 家。

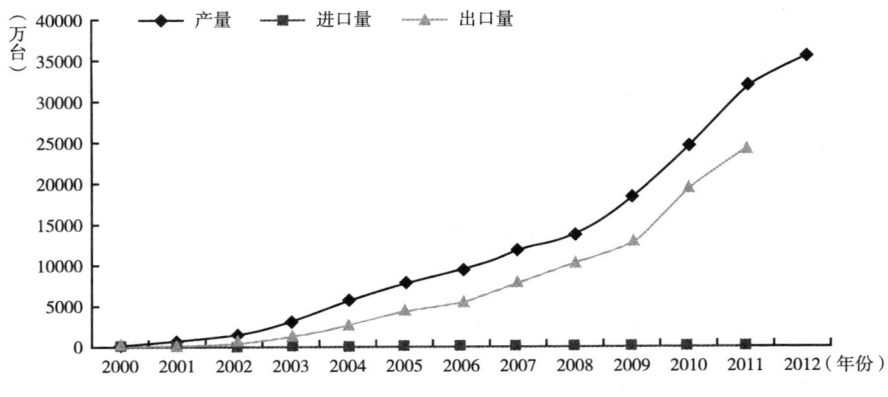

图 12 - 54　我国微型计算机产量、进出口量趋势

（四）　微型计算机产品发展趋势

　　计算机是 20 世纪人类最伟大的发明之一。计算机作为知识和信息的处理、传输和存储的载体，随着计算机在处理速度、存储容量、网络化，以及软件的精巧化方面数十年的发展，已经以难以想象的方式渗入科学、商业和文化领域中，而智能工程又将令其从量转向质的飞跃。随着计算机行业的发展，计算机的功能越来越丰富，已经远远突破了"信息事务处理实体"的功能。

　　近年来，微型计算机越来越轻薄。在苹果 MiniPad 的引导下，平板计算机越做越小。从台式机发展到掌上机，与智能手机不断融合。2013 年，一些平板计算机厂商，例如三星、联想等，推出的带通信功能的平板计算机，更是将 IT 技术与通信技术融合为一。

第三节　首批目录产品增补建议

一　带通话功能的平板计算机

　　随着技术不断提升，产品多功能发展的趋势，平板计算机也具有了通话功能。例如，联想乐 Pad A2107、三星 GALAXY Tab P3100、三星 GALAXY Tab P6200、三星 GALAXY Tab P6800、华为 MediaPad S7 - 301up、HTC Flyer、华硕 Eee Pad MeMo 171 等产品都具有通话功能。

　　平板计算机的通话功能分为两种。一种是通过网络进行通话。例如，使用即时通信的软件进行通话。另一种是在平板计算机上装有与手机相似的通信模块。后者使平板计算机具有手机的通话功能。平板计算机也成为一种手机。

平板计算机和手机是两个不同行业领域的产品。由于信息技术的发展，使两个不同行业领域的产品融合成为可能。但是，这种新产品给行业管理带来了麻烦。尤其是两种产品处于不同的管理制度之下。平板计算机是首批目录产品，生产者需要缴纳回收处理基金。而手机尚未纳入处理目录，生产者不需缴纳回收处理基金。

由于管理制度的不同，生产者更倾向于低成本的管理制度。有理由推测，部分平板计算机可能通过加装通信模块成为手机，从而合理避开缴纳回收处理基金的义务。因此，尽快界定带通信功能的平板计算机的产品属性，为首批目录实施提供管理支撑。

二　电视机与监视器

监视器是监控系统的标准输出，有了监视器才能观看前端送过来的图像。监视器分彩色、黑白两种，常用的是 14 英寸。监视器也有分辨率，同摄像机一样用线数表示，实际使用时一般要求监视器线数要与摄像机匹配。另外，有些监视器还有音频输入、S-video 输入、RGB 分量输入等，除了音频输入监控系统用到外，其余功能大部分用于图像处理工作。

监视器按材质分 CRT、LED、DLP、LCD 等，按照用途分安防监视器、监控监视器、广电监视器、工业监视器、计算机监视器等。

从功能上比较，监视器的性能要高于显示器，更高于电视机。但是，从结构和材质上，监视器同样属于显示设备。废弃的监视器的回收处理与电视机、显示器的回收处理工艺相同。通过行业调研，很多处理企业都接收废弃监视器。但由于监视器不在基金补贴的范围内，一些处理企业拒收监视器，或者将监视器混入电视机一起拆解处理。

废监视器的环境风险与电视机和微型计算机显示器相同。图 12-55 为 2003～2010 年黑白彩色视频监视器产量。从图 12-55 可以看出，2008 年后，监视器产量有较大的增加，2011 年已经达到 200 万台。2011 年，监视器的社会保有量为 321 万台，理论报废量约 4 万台。预计不久的将来，其报废量也将快速增加。

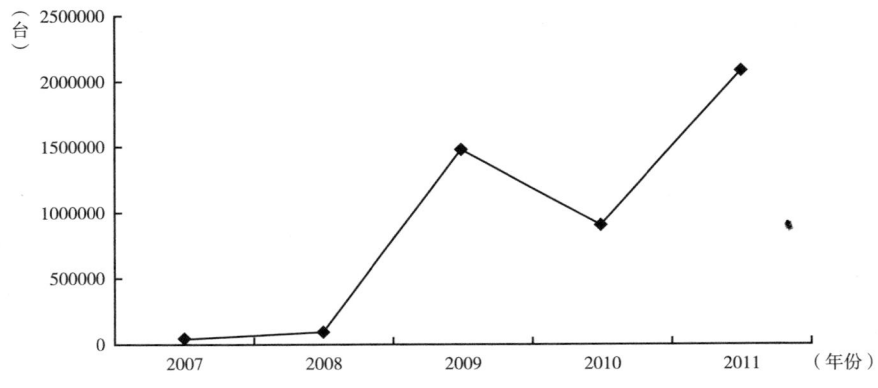

图 12 - 55　2003 ~ 2010 年黑白、彩色视频监视器产量

三　增补建议

（一）电视机

首批目录中电视机的定义为"阴极射线管（黑白、彩色）电视机、等离子电视机、液晶电视机、背投电视机及其他用于接收信号并还原出图像及伴音的终端设备"。从定义上看，电视机不仅包括传统意义上接收卫星信号的终端设备，同时也包括"接收其他信号"的终端设备。例如，来自监控系统的信号。同理，电视机的定义也包括了微型计算机的显示器。

电视机纳入首批目录的主要原因是其社会保有量大、报废量大，同时，不规范的回收处理会带来较大的环境危害和人体健康损害。而监视器与电视机的环境属性相同，虽然目前数量不大，但是其报废量增长迅速。我国的处理企业已经收到一定数量的废监视器。

此外，按照目录备选库产品结构分类原则，电视机和监视器属于同一类产品。从外观上看，监视器与电视机、显示器极其相似。因此，建议将监视器纳入"电视机"目录管理范围。由于电视机和监视器均属于不同的行业，建议将"电视机"改为"电视机和监视器"。由于微型计算机（包括显示器）已经纳入首批目录，为了避免目录调整给行业带来的混乱，因此，暂时不对显示器进行归类调整。

（二）微型计算机

随着信息技术和通信技术的发展，信息产品和通信产品越来越紧密。带通话功能的平板计算机就是信息与通信相结合的新产品。从功能上分，这个

表 12 - 57　电视机目录增补建议

项目	产品种类	产品范围
现有定义	电视机	阴极射线管(黑白、彩色)电视机、等离子电视机、液晶电视机、背投电视机及其他用于接收信号并还原出图像及伴音的终端设备
修订后	电视机和监视器	含有阴极射线管(黑白、彩色)、等离子、液晶、背投电视机和监视器及其他用于接收信号并还原出图像及伴音的终端设备

新产品既是平板计算机，又是手机。因此，需要对其进行界定。建议将其纳入微型计算机进行管理，见表 12 - 58。建议首批目录中微型计算机的定义修订为"台式微型计算机（包括主机、显示器分体或一体形式、键盘、鼠标）和便携式微型计算机（含掌上计算机和带通讯功能的平板计算机）等信息事务处理实体。"

表 12 - 58　微型计算机目录增补建议

项目	产品种类	产品范围
现有定义	微型计算机	台式微型计算机(包括主机、显示器分体或一体形式、键盘、鼠标)和便携式微型计算机(含掌上计算机)等信息事务处理实体
修订后	微型计算机	台式微型计算机(包括主机、显示器分体或一体形式、键盘、鼠标)和便携式微型计算机(含掌上计算机和带通讯功能的平板计算机)等信息事务处理实体

第四节　废弃电器电子产品处理目录调整建议

（一）首批目录实施情况评估

2009 年 6 月至 2011 年 12 月，国家家电以旧换新政策以首批目录产品为政策实施对象，大大促进了我国废弃电器电子产品回收处理行业的发展。2012 年 7 月 1 日实施的《废弃电器电子产品处理基金征收使用管理办法》，使我国废弃电器电子产品处理行业不论在规模上，还是技术水平，都迈上了一个新的台阶。

通过对首批目录产品回收处理行业调研和评估，可以看出《条例》的实施对我国建立规范的废弃电器电子产品回收处理行业具有实质的推动。首批目录产品实施的成果主要体现在以下几个方面：

实现规模化处理，50%以上的处理企业的年规划能力超过100万台。

处理技术水平大大提升，出现一批具有自主知识产权的处理技术和装备。

探索新型的回收模式，例如上海新金桥利用物联网技术建立回收体系。

推动生产者责任延伸制度的发展，长虹、TCL、格力等电器电子产品生产企业纷纷加入废弃产品回收处理行业。

废弃电器电子产品处理管理水平大幅提高。

但是，首批目录产品实施的效果具有较大的差异。根据环保部公布的2013年第3季度、第4季度的首批目录处理数据可以看出，废电视机占94%，废洗衣机占4%，废电冰箱占2%，废房间空调器占0.01%。废微型计算机没有进行统计。从不同产品处理的比例可以看出，具有较大环境风险、回收材料具有一定经济价值，且获得高补贴的废电视机回收处理效果最好。而具有较高回收材料经济价值，但处理补贴不高的产品大部分没有进入规范的回收处理渠道。基金制度对不同特性的产品实施效果差异也很大。此外，与首批目录产品回收处理相应的配套管理还有待进一步完善。例如，液晶电视机和显示器、微型计算机处理的审核制度等。

（二）产品评估筛选与目录调整产品清单

在目录制订和调整的四大原则和首批目录评估指标体系的基础上，完善和细化目录制订和调整产品评估指标体系。评估指标体系分为4个一级指标、9个二级指标、21个三级指标，包括产品生产、使用、回收、处理和处置各个环节。同时，将定量评估与定性评估相结合，较好地反映出产品行业的特点。

通过行业调研、理论数据测算以及废弃产品的拆解试验，获得产品评估的基础数据。课题组对41种电器电子产品的资源性、环境性、经济性和社会性进行评估。41种产品涉及家电、电池、IT、通信行业及电子产品、文化办公设备、仪器仪表、文教体育用品，以及医疗设备等多个行业，较全面地覆盖了电器电子产品范围。

在产品评估的基础上，以评估产品的行业规模为标准，对评估产品进行初步筛选。然后，以初步筛选产品为核心，依据同类产品评估扩展和首批目录产品评估扩展，提出目录调整重点产品清单，见表12-59。

表 12 - 59 目录调整重点产品清单

序号	大类	亚类	产品名称	备注
01	含有受控气体产品（包括破坏臭氧层物质和温室气体）	制冷器具	电冰箱	冷藏冷冻箱（柜）、冷冻箱（柜）、冷藏箱（柜）及其他具有制冷系统、消耗能量以获取冷量的家用和类似用途、由非专业人员使用的隔热箱体
		空气调节器	房间空调器	整体式空调器（窗机、穿墙式等）、分体式空调器（分体壁挂、分体柜机等）、一拖多空调器及其他家用和类似用途、由非专业人员使用的、制冷量在 14000W 及以下的房间空气调节器具
		清洁卫生器具	家用电热水器	将电能转换为热能，并将热能传递给水，使水产生一定温度的器具。包括家用储水式电热水器，家用快热式电热水器和其他家用电热水器
		水和饮料加热器具	电冷热饮水机	既提供冷饮用水又提供热饮用水和（或）常温水的饮水机
02	含有超过 100 平方厘米以上显示屏的产品	视频设备	电视机	阴极射线管（黑白、彩色）电视机、等离子电视机、液晶电视机、背投电视机及其他用于接收信号并还原出图像及伴音的终端设备，包括外壳、显像管/显示屏等
		应用广播电视机设备	监视器	闭路监控系统（cctv）的组成部分，是监控系统的显示部分，是监控系统的标准输出，包括外壳、显像管/显示屏等
		电子计算机	显示器	接口类型仅包括 VGA（模拟信号接口）、DVI（数字视频接口）或 HDMI（高清晰多媒体接口）的台式微型计算机的显示器
03	电光源	电光源	荧光灯	低压汞蒸气放电灯，其大部分光是由放电产生的紫外线激活管壁上的荧光粉涂层而发射出来的。包括双端（直管）荧光灯、环型荧光灯、分体式单端荧光灯、自镇流紧凑型荧光灯和其他荧光灯
04	电池	蓄电池	铅酸蓄电池	含以稀硫酸为主的电解质、二氧化铅正极和铅负极的蓄电池。包括用于启动活塞发动机铅酸蓄电池、摩托车用铅酸蓄电池、电动自行车用铅酸蓄电池、铁路客车用铅酸蓄电池、固定型铅酸蓄电池、牵引用铅酸蓄电池、航标用铅酸蓄电池和其他铅酸蓄电池
			锂离子电池	含有机溶剂电解质，利用储锂的层间化合物作为正极和负极的蓄电池。包括液态锂离子电池、聚合物锂离子电池和其他锂离子电池

续表

序号	大类	亚类	产品名称	备注
05	IT通信产品	电子计算机及外部设备	微型计算机	台式微型计算机（包括主机、一体机、键盘、鼠标、CPU、主板）和便携式微型计算机（含平板计算机、掌上计算机）等信息事务处理实体
			打印机	一种输出设备，它产生数据记录的硬拷贝，这些数据主要是一系列离散图形字符的形式，这些字符属于一种或多种预定的字符集
			打印机耗材	硒鼓、墨盒、色带等
			复印机	用各种不同复印过程来产生原稿复印品而原稿不受损伤的机器。包括静电复印机、喷墨复印机和其他复印机
			复印机耗材	硒鼓、墨盒和色带等
			扫描仪	一种获取图像信号的数字设备，其获取的图像文件可以由计算机等设备进行编辑和存储，也可以通过相关的输出设备显示或打印
		移动通信终端设备	移动通信手持机	包括手机、小灵通、对讲机、集团通信终端等，由外壳、显示组件、主板、CPU及电池等部件组成
		通信终端	电话单机	电话通信中实现声能与电能相互转换的用户设备。包括PSTN普通电话机、网络电话机（IP电话机）和特种电话机
			传真机	应用扫描和光电变换技术，把文件、图表、照片等静止图像转换成电信号，传送到接收端，以记录形式进行复制的通信设备
06	其他	家用和类似用途电器	洗衣机	波轮式洗衣机、滚筒式洗衣机、搅拌式洗衣机、脱水机及其他依靠机械作用洗涤衣物（含兼有干衣功能）的家用和类似用途、由非专业人员使用的器具
			电风扇	由电动机带动风叶旋转来加速空气流动，或使室内外空气交换的一种空气调节器具。包括台扇、落地扇、吊扇、箱式扇、壁扇、塔式扇和其他家用电风扇
			吸排油烟机	安装在炉灶上方用电力抽排油烟的厨房器具。包括深型吸排油烟机、欧式塔形吸排油烟机、侧吸式吸排油烟机和其他家用吸排油烟机
			电饭锅	利用电能加热，可自动控制锅内蒸煮温度的主要用于蒸煮米饭的电热蒸煮器具
			电压力锅	具有自动控制工作压力的电热烹饪器具

续表

序号	大类	亚类	产品名称	备注
06	其他	家用和类似用途电器	微波炉	一种利用微波辐射烹饪食物的厨房器具
			豆浆机	至少可制作纯豆浆,也可兼具以谷物、果蔬和水为主要原料制作饮品功能的食品加工器具。制作上述饮品,通常包含食物粉碎、搅拌、加热煮沸等程序
			榨汁机	可将含汁食物切碎并将其汁和残渣分离的电动器具
			家用燃气热水器	依靠可燃气体加热水的装置

(三) 建议

从首批目录实施情况的评估可以看出,不同类别的电器电子产品具有不同的资源性、环境性、经济性和社会性。不同特性的产品基金制度实施的效果差异很大。也就是说,基金制度并不适用所有种类的电器电子产品。

借鉴首批目录产品实施的经验,建议由国家发改委牵头,会同财政部、工信部、环保部针对目录调整产品不同特性,研究探索不同的回收处理的管理模式,切实推动《条例》的实施,建立可持续发展的废弃电器电子产品回收处理产业。不同特性产品的分类管理模式建议见表 12 – 60。

表 12 – 60 不同特性产品的分类管理模式建议

序号	管理模式建议	产品种类	产品特点
1	基金模式	电视机、监视器、计算机显示器、电冰箱	回收材料具有一定的经济价值,同时具有较大的环境风险
2	基金模式与政府补贴相结合	荧光灯	具有较大的环境风险(属于危险废物),回收材料经济性低,回收处理成本高
3	基金模式与生产者自主回收并行的管理模式	IT、通信和电子类产品、锂离子电池	具有一定的资源性和环境性,且产品回收经济性较高,生产行业集中度不高
4	基金模式与生产者自主回收并行,同时建立新产品行业专营管理制度	铅酸蓄电池	具有较大的环境风险(属于危险废物)、同时具有较高的经济性,行业集中度也较高

续表

序号	管理模式建议	产品种类	产品特点
5	以市场机制为主导的回收处理管理模式	微波炉、电饭锅、电风扇等家电类产品	具有一定的资源性和经济性，环境性相对较小
6	生产者自主回收为主导的回收处理管理模式	打印机、复印机等办公电器	具有一定的环境性和经济性，生产行业集中度较高
7	关键部件与整机并行征收基金模式	IT和通信产品，例如微型计算机和手机等	关键部件在整机产品中具有重要的作用

后 记

　　参加报告研究的有：中国有色金属工业协会再生金属分会、国家发展和改革委员会对外经济研究所、中国物资再生协会、中国质量认证中心、中国家用电器协会、中国家用电器研究院、中国循环经济协会废弃电子电器工作委员会、中国再生资源回收利用协会、中国外商投资企业协会投资性公司工作委员会、物资节能中心等单位。研究过程中还得到了业内诸多企业、专家的支持和指导，也引用了其他大量原始数据文献资料，这些都凝聚了原作者的辛勤劳动，在此一并深表谢意。

　　由于时间及经历有限，报告中疏漏、谬误难免，欢迎各位专家学者批评指正。

图书在版编目（CIP）数据

废弃电器电子产品处理目录（2013）评估与调整研究：全2册/国家发展和改革委员会资源节约和环境保护司编.—北京：社会科学文献出版社，2015.6

ISBN 978 - 7 - 5097 - 6251 - 6

Ⅰ.①废…　Ⅱ.①国…　Ⅲ.①日用电气器具 - 废弃物 - 回收处理 - 研究 - 中国　②电子产品 - 废弃物 - 回收处理 - 研究 - 中国　Ⅳ.①X76

中国版本图书馆 CIP 数据核字（2014）第 155471 号

废弃电器电子产品处理目录（2013）评估与调整研究（全2册）

编　　者 / 国家发展和改革委员会资源节约和环境保护司

出 版 人 / 谢寿光
项目统筹 / 蔡继辉　任文武
责任编辑 / 王凤兰　沈雁南　高 启

出　　版 / 社会科学文献出版社·皮书出版分社（010）59367127
　　　　　地址：北京市北三环中路甲 29 号院华龙大厦　邮编：100029
　　　　　网址：www.ssap.com.cn
发　　行 / 市场营销中心（010）59367081　59367090
　　　　　读者服务中心（010）59367028
印　　装 / 三河市东方印刷有限公司

规　　格 / 开 本：787mm×1092mm　1/16
　　　　　印 张：72　字 数：1241 千字
版　　次 / 2015 年 6 月第 1 版　2015 年 6 月第 1 次印刷
书　　号 / ISBN 978 - 7 - 5097 - 6251 - 6
定　　价 / 198.00 元（全 2 册）